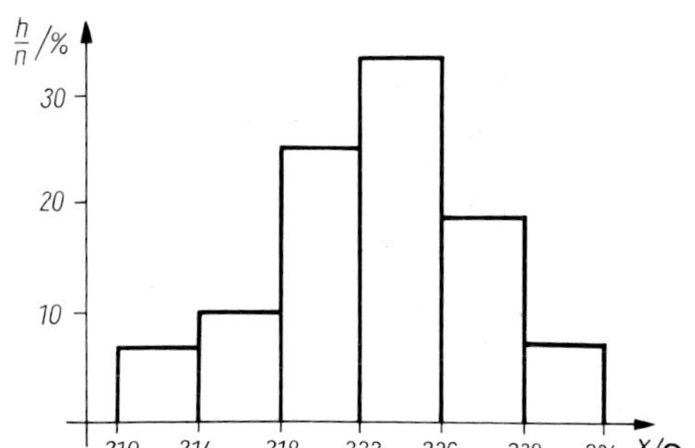
h/n /%
30
20
10
210
214
218
222
226
230
234
x/Ω

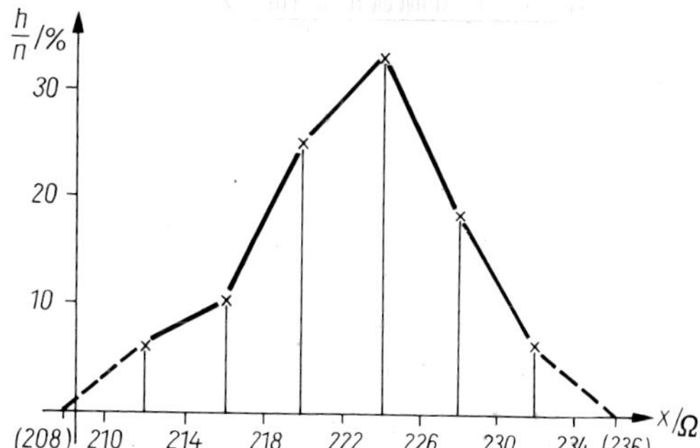
h/n /%
30
20
10
(208)
210
214
218
222
226
230
234
(236)
x/Ω

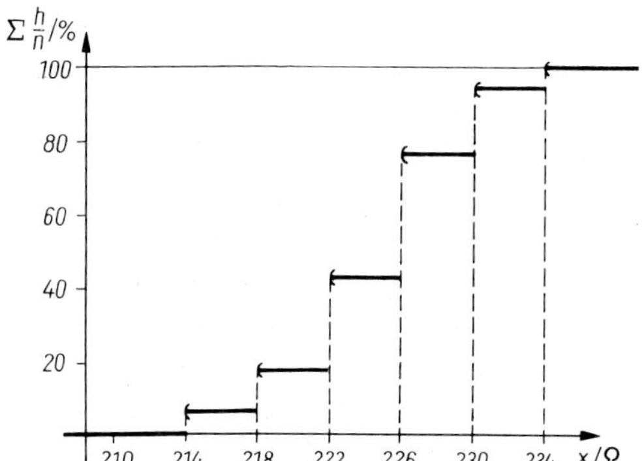
Σ h/n /%
100
80
60
40
20
210
214
218
222
226
230
234
x/Ω

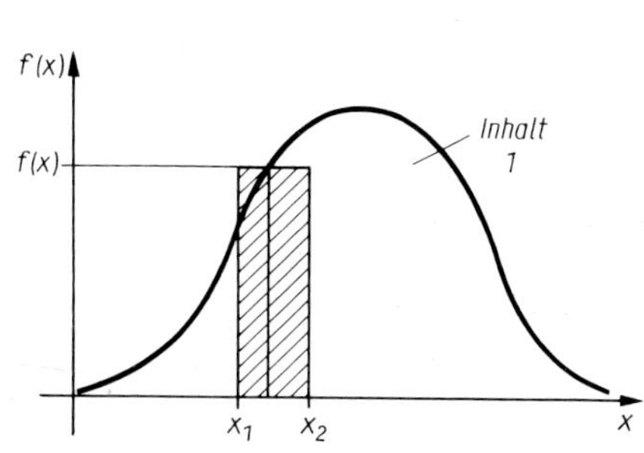
f(x)
f(x)
Inhalt
1
x1
x2
x

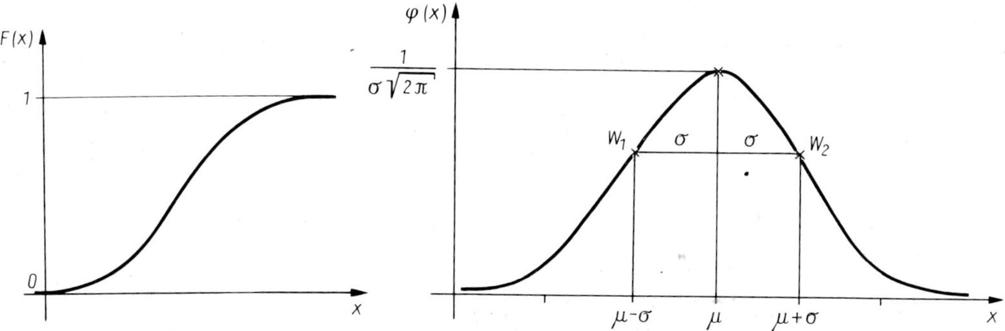
F(x)
1
0
x
φ(x)
1/σ√2π
W1
σ
σ
W2
μ-σ
μ
μ+σ
x

**Mathematik für Techniker**

# Mathematik für Techniker

**6. Auflage**

**mit 468 Bildern, 531 Beispielen und 577 Aufgaben mit Lösungen**

**Fachbuchverlag Leipzig**
im Carl Hanser Verlag

**Autoren:**

*Federführung:*
Studiendirektor Dr. paed. Siegfried Völkel, Dresden

*Autoren der einzelnen Abschnitte:*
Dr. paed. Horst Bach, Eisleben (6 bis 8)
Studiendirektor Dr. rer. nat. Heinz Nickel†, Dresden (2, 3, 5.5 und 5.6)
Dipl.-Math. Jürgen Schäfer, Altenburg (4, 5.0 bis 5.4)
Studiendirektor Dr. paed. Siegfried Völkel, Dresden (1, 9 und 10)

*Bibliografische Information der Deutschen Nationalbibliothek*
Die Deutsche Nationalbibliothek verzeichnet diese Publikation in der Deutschen Nationalbibliografie; detaillierte bibliografische Daten sind im Internet über http://dnb.d-nb.de abrufbar.

**ISBN 978-3-446-41935-3**



Fachbuchverlag Leipzig im Carl Hanser Verlag

Internet: http://www.hanser.de
Lektorat: Christine Fritzsch
Herstellung: Renate Roßbach
Druck und Binden: Druckhaus „Thomas Müntzer“ GmbH, Bad Langensalza
Printed in Germany

# Vorwort

Das vorliegende Lehrbuch soll in erster Linie der Mathematikausbildung an Technikerschulen dienen. Darüber hinaus bietet es jedem mathematisch interessierten Leser die Möglichkeit, sich in den angebotenen Lehrstoff einzuarbeiten bzw. seine mathematischen Kenntnisse aufzufrischen.

Sein Inhalt trägt den Forderungen vieler Lehrpläne Rechnung. Beginnend mit den Rechenoperationen, denen eine kurze Einführung in Grundbegriffe der Mengenlehre und Logik vorangestellt ist, wurde in die 2. Auflage ein Abschnitt über komplexe Zahlen aufgenommen. Daran schließen sich Planimetrie, Stereometrie und Trigonometrie an. Ihnen folgen Gleichungen, Funktionen und Zahlenfolgen sowie eine kurze Einführung in Differential- und Integralrechnung. Die letzten beiden Kapitel enthalten Statistik und Wahrscheinlichkeitsrechnung. In der 6. Auflage wurden bekannt gewordene Fehler berichtigt.

Die Verfasser bemühten sich um eine größtmögliche Verständlichkeit, wobei sie eine jahrelange Berufserfahrung nutzen konnten. Entsprechend dem zu erreichenden Ausbildungsziel an Technikerschulen wurden mathematische Aussagen und Verfahren zum großen Teil anstelle exakter Herleitungen und Beweisführungen anhand zahlreicher Bilder und Beispiele verständlich gemacht.

Die Art der Stoffdarbietung macht das Buch sowohl für den Gebrauch im Unterricht als auch zum Selbststudium geeignet. Durch Kontrollfragen am Ende eines jeden Abschnitts kann das erworbene Wissen überprüft werden. Die umfangreiche Anzahl von Übungsaufgaben mit Lösungen und Hinweisen am Ende des Buches ist durch einen Strich in zwei Gruppen geteilt, von denen die erste als Minimum für das Festigen des neuen Stoffs und den Erwerb von Fertigkeiten empfohlen wird, während die zweite eine Zusammenstellung von zusätzlichen und zum Teil etwas schwierigeren Übungen ist.

Zum Schluß ein Hinweis: Numerische Rechnungen bei Beispielen und Übungen mit dem Taschenrechner werden mit voller Nutzung der zu erreichenden Stellenanzahl durchgeführt. Zwischenergebnisse werden auf die aus den Eingangswerten folgende Genauigkeit gerundet. Beim Fortsetzen der Rechnung mit diesen Zwischenergebnissen wird das Resultat mit der im Taschenrechner gespeicherten größeren Stellenanzahl der Zwischenergebnisse berechnet und dann gerundet.

Die Verfasser wünschen den Nutzern beim Arbeiten mit dem Buch viel Erfolg und nehmen Hinweise und Erfahrungen weiterhin gern entgegen.

Verfasser und Verlag

# Inhaltsverzeichnis

# 1 Rechenoperationen

## 1.1 Grundbegriffe der Mengenlehre und Logik

### 1.1.0 Vorbemerkung

Die Mengenlehre hat sich seit ihrer Begründung durch Georg Cantor (1845–1918) zu einer grundlegenden mathematischen Disziplin entwickelt. Viele Gebiete der Mathematik und der Logik wurden durch sie entscheidend beeinflußt.
Die Logik ist eine Wissenschaft, in der die allgemeinste Struktur des richtigen Denkens untersucht wird.
Mit Hilfe der Mengenlehre und Logik lassen sich mathematische Zusammenhänge präzis und übersichtlich darstellen. Deshalb werden in diesem Abschnitt Grundbegriffe und -beziehungen aus beiden Gebieten eingeführt. Ihre Anwendung in den folgenden Abschnitten wird mit dazu beitragen, das Erkennen der dargestellten Zusammenhänge zu erleichtern.

### 1.1.1 Begriff der Menge

Für den Mengenbegriff gab Cantor die

**Erklärung**

> Eine **Menge** ist eine Zusammenfassung $M$ bestimmter, wohlunterschiedener Objekte $m$ unserer Anschauung oder unseres Denkens zu einem Ganzen. Die Objekte $m$ heißen die **Elemente** von $M$.

Mengen werden mit Großbuchstaben bezeichnet. Die Elemente einer Menge werden durch geschweifte Klammern zusammengefaßt.
Ein Objekt $a$ ist entweder ein Element einer Menge $M$ oder nicht. Man schreibt:

$a \in M$, gelesen »$a$ (ist) Element (von) $M$«;

$a \notin N$, gelesen »$a$ (ist) nicht Element (von) $N$«.

**Beispiele**

1.1 Die Menge $M$ aller positiven Zahlen, die Teiler von 12 sind: $M = \{1; 2; 3; 4; 6; 12\}$. Es ist z.B. $3 \in M$, aber $5 \notin M$.

1.2 Die Menge $L$ aller Lösungen der Gleichung $x^2 = 16$: $L = \{-4; 4\}$.

1.3 Die Menge $K$ aller Primzahlen enthält unendlich viele Elemente: $K = \{2; 3; 5; 7; \ldots\}$.
1.4 Die Menge $P$ aller geraden Primzahlen enthält nur ein Element: $P = \{2\}$.
1.5 Die Menge $B$ aller Hauptstädte der deutschen Bundesländer enthält 16 Elemente: $B =$ {Hauptstadt Bremen; Dresden; München; ... Stuttgart}. Es ist »Schwerin« $\in B$, aber »Meißen« $\notin B$.

Während die Umgangssprache unter einer Menge eine Vielzahl von Elementen versteht, können Mengen im Sinne der angegebenen Erklärung auch aus wenigen Elementen bzw. aus keinem Element bestehen.

Eine Menge, die nur ein Element enthält, heißt Einermenge. Wenn sie zwei verschiedene Elemente enthält, heißt sie Zweiermenge usw. Eine Menge, die kein Element enthält, heißt **leere Menge** (Symbol: $\emptyset$). Es ist $\emptyset = \{\ \}$.

**Beispiele**

1.6 Die Gleichung $x^2 = -4$ hat keine reelle Lösung (denn das Quadrat einer reellen Zahl kann nicht negativ sein). Die Menge ihrer Lösungen ist leer: $L_1 = \{\ \} = \emptyset$.
1.7 Die Gleichung $2x = 0$ hat die Lösung 0 (denn $2 \cdot 0 = 0$). Die Menge ihrer Lösungen ist die Einermenge $L_2 = \{0\}$. $L_2$ ist nicht die leere Menge, denn sie enthält ein Element (die Zahl 0), während $L_1$ in Beispiel 1.6 kein Element enthält.

Zwischen den Begriffen der Mengenlehre und der Logik besteht ein enger Zusammenhang. Das gilt auch für den Begriff »Menge«.
Man kann das Prinzip der Mengenbildung mit den Begriffen »Aussage« und »Aussageform«, die Grundbegriffe der Logik sind, erklären.

Eine **Aussage** ist ein Gebilde, das einen Sachverhalt widerspiegelt. Wenn der Sachverhalt richtig widergespiegelt wird, ist die Aussage **wahr**, anderenfalls ist sie **falsch**.

Die Eigenschaften »wahr (w)« und »falsch (f)« heißen **Wahrheitswerte**.
Für Aussagen gilt der

**Satz der Zweiwertigkeit**

■ Jede Aussage ist entweder wahr oder falsch.

Es gibt also
1. keinen dritten Wahrheitswert,
2. keine Aussage, die sowohl wahr als auch falsch ist.

Aussagen werden schriftlich (oder sprachlich) durch Aussagesätze ausgedrückt. Diese können auch mathematische Beziehungen sein.

**Beispiele**

1.8 »Dresden liegt an der Elbe.« (w)
1.9 »7 ist durch 4 teilbar.« (f)
1.10 $3 + 4 = 7$ (w)
1.11 $3 + 4 = 10$ (f)
1.12 $3 + 4 > 6$ (w)
1.13 $3 + 4 < 5$ (f)

Die Beispiele 1.10 und 1.11 sind Gleichungen (weil sie ein Gleichheitszeichen enthalten), von denen die eine wahr und die andere falsch ist. Aus dem Begriff »Gleichung« kann demnach nicht auf den Wahrheitswert geschlossen werden. Entsprechendes gilt für die Ungleichungen 1.12 und 1.13.

Aussagen sind daran erkennbar, daß sie einen (und nur einen) Wahrheitswert haben. Dieser läßt sich allerdings nicht immer feststellen.

**Beispiele**

1.14 $3 + 5$
1.15 »Komm her!«
1.16 $H_2O$
1.17 $ab + c$
1.18 $3 + 5 = 8$
1.19 »Der Monat März hat 30 Tage.«
1.20 »Auf anderen Sternen gibt es vernunftbegabte Lebewesen.«
1.21 »Am 1. Juni 1750 regnete es in Berlin.«
Die Beispiele 1.14 bis 1.17 sind keine Aussagen; 1.18 ist eine wahre, 1.19 eine falsche Aussage; 1.20 und 1.21 sind Aussagen, deren Wahrheitswert noch nicht bzw. nicht mehr feststellbar ist.

Die Gebilde der beiden folgenden Beispiele haben keinen Wahrheitswert, sind also keine Aussagen. Sie werden aber zu Aussagen, wenn für $u$ bzw. $x$ Objekte (Städtenamen bzw. Zahlen) eingesetzt werden.

**Beispiele**

1.22 »$u$ ist Hauptstadt eines deutschen Bundeslandes.« Wenn z. B. $u$ = »Dresden« ist, entsteht eine wahre Aussage, für $u$ = »Leipzig« ergibt sich eine falsche Aussage.
1.23 $x^2 = 16$ wird für $x = 4$ und für $x = -4$ zu einer wahren, für jede andere Zahl zu einer falschen Aussage.

Für $x^2 = 16$ könnte auch geschrieben werden: $(\ldots)^2 = 16$. Demnach steht $x$ für eine Leerstelle in der Gleichung.

■ Ein Zeichen, das für eine Leerstelle steht, heißt **Variable (Veränderliche)**.

Mit Hilfe des Variablenbegriffs wird definiert:

■ Eine **Aussageform** ist ein Gebilde, das mindestens eine Variable enthält und durch Belegen dieser Variablen zu einer Aussage wird.

Die Gebilde in den Beispielen 1.22 und 1.23 sind demnach Aussageformen.
Für die Objekte, mit denen die Variablen belegt werden können, ist ein Bereich zu wählen **(Grundbereich)**, und zwar so, daß beim Belegen sinnvolle Aussagen entstehen (für Beispiel 1.23 wären z. B. Städtenamen kein möglicher Grundbereich). Wenn sich beim Belegen einer Variablen eine wahre Aussage ergibt, so sagt man »die Aussageform wird erfüllt (gelöst)«, und das Objekt heißt **Erfüllung (Lösung)** der Aussageform. Alle Lösungen können zu einer Menge zusammengefaßt werden.

**Prinzip der Mengenbildung**

Wenn eine Aussageform für die Objekte eines Grundbereichs vorliegt, so bilden alle Objekte, die diese Aussageform erfüllen (lösen), eine **Menge**.

Die Aussageform drückt eine gemeinsame Eigenschaft aller Elemente der Menge aus. Wenn die Aussageform mit $H(x)$ bezeichnet wird (d. h., ein Gebilde, das die Variable $x$ enthält, gelesen: »$H$ von $x$«), so kann man schreiben:

$M = \{x\colon H(x)\}$, gelesen: »$M$ ist die Menge aller (Elemente) $x$, für die $H(x)$ gilt«.

**Beispiele**

1.22 (Fortsetzung) Die Lösungsmenge ist $B$ (s. Beispiel 1.5).
Man kann schreiben $B = \{u\colon u$ ist Hauptstadt eines deutschen Bundeslandes$\}$.

1.23 (Fortsetzung) Die Lösungsmenge ist $L$ (s. Beispiel 1.2).
Es ist $L = \{\pm 4\} = \{x\colon x^2 = 16\}$, falls der Grundbereich die Menge der reellen Zahlen ist.
Wenn der Grundbereich auf die Menge der natürlichen Zahlen eingeschränkt wird, ändert sich die Lösungsmenge: $L_n = \{4\}$.

Mengen lassen sich demnach auf zwei Arten darstellen: durch Angabe der Elemente oder Angabe der die Menge definierenden Aussageform. Eine Menge heißt **Allmenge**, wenn sie alle Objekte des Grundbereichs enthält. Im Abschnitt 1.1 dieses Buches wird sie mit $U$ bezeichnet.

**Beispiel**

1.24 Grundbereich: Gesamtheit aller reellen Zahlen.
Es gilt $\{x\colon x + x = 2x\} = U$, denn die Gleichung wird durch jede reelle Zahl gelöst.

**Kontrollfragen**

1.1 Wie ist nach Cantor der Begriff der Menge erklärt?
1.2 Was ist eine Aussage, und woran ist sie erkennbar?
1.3 Was ist eine Variable?
1.4 Was ist eine Aussageform, und wie läßt sich mit ihrer Hilfe das Prinzip der Mengenbildung erklären?

**Aufgaben: 1.1 und 1.2**

### 1.1.2 Gleichheit, Teilmengenrelation

**Definitionen**

Zwei Mengen $A$ und $B$ heißen **gleich** genau dann, wenn sie dieselben Elemente haben.
Schreibweise: $A = B$, gelesen: »$A$ (ist) gleich $B$«.
$A$ heißt **Teilmenge** von $B$ genau dann, wenn jedes Element von $A$ auch Element von $B$ ist.
Schreibweise: $A \subseteqq B$, gelesen: »$A$ (ist) Teilmenge von $B$«.

Die Teilmengenrelation $A \subseteqq B$ wird auch Inklusion genannt.

Mengen kann man durch Punktmengen in der Ebene veranschaulichen. Alle Punkte, die von einer geschlossenen Kurve begrenzt werden, sollen Elemente der Menge sein. In den Bildern 1.1 und 1.2 sind $A \subseteqq B$ und $A = B$ dargestellt. Die Rechteckfläche soll den Grundbereich (die Allmenge) $U$ darstellen.

Folgerungen:

1. Wenn $A \subseteqq B$ ist, so ist $B \supseteqq A$. $A$ wird auch Untermenge von $B$, und entsprechend $B$ Obermenge von $A$, genannt.
2. Die Gleichheit $A = B$ ist ein Sonderfall von $A \subseteqq B$. Es ist $A = B$ genau dann, wenn $A \subseteqq B$ und $B \subseteqq A$ ist, d.h., wenn jedes Element von $A$ auch Element von $B$ und jedes Element von $B$ auch Element von $A$ ist.
3. Wenn $A \subseteqq B$ ist und $B$ mindestens ein Element enthält, das nicht Element von $A$ ist, so heißt $A$ **echte Teilmenge** von $B$: $A \subset B$.
4. Für die leere Menge, eine beliebige Menge $A$ und die Allmenge gilt

$$\boxed{\emptyset \subseteqq A; \quad A \subseteqq U} \tag{1.1}$$

Zwei Mengen $A$ und $B$, für die weder die Teilmengen- noch die Gleichheitsrelation gilt, können gemeinsame Elemente haben, aber dann enthält jede Menge mindestens ein Element, das nicht Element der anderen Menge ist (Bild 1.3). Falls $A$ und $B$ keine gemeinsamen Elemente haben, heißen sie **disjunkte (elementfremde) Mengen** (Bild 1.4).

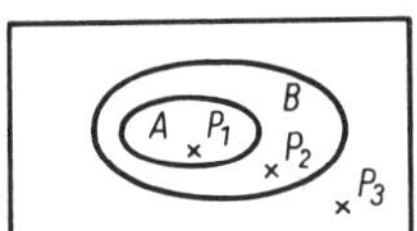

Bild 1.1

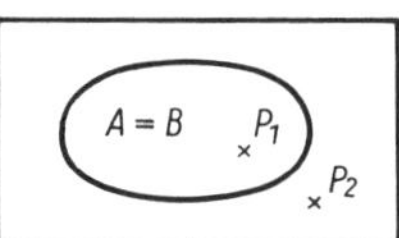

Bild 1.2

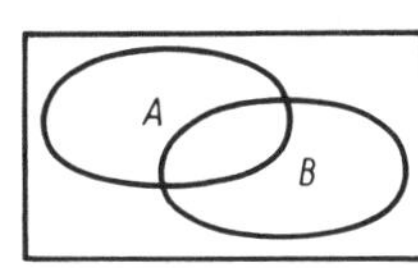

Bild 1.3

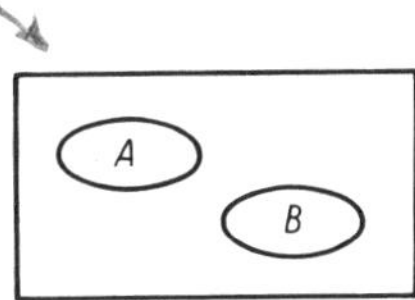

Bild 1.4

**Beispiele**

1.25 Grundbereich: $U = \{1; 2; \ldots; 20\}$ (Menge der ganzen Zahlen von 1 bis 20).
Wenn $A = \{x\colon x \text{ ist teilbar durch } 6\} = \{6; 12; 18\}$ und
$B = \{x\colon x \text{ ist teilbar durch } 3\} = \{3; 6; 9; 12; 15; 18\}$,
so ist $A \subseteqq B$ ($A$ ist sogar echte Teilmenge von $B$: $A \subset B$).

1.26 Grundbereich: Menge aller Vierecke.
Wenn $A$ die Menge aller Quadrate ist und $B$ die Menge aller gleichseitigen Rechtecke, also $A = \{x\colon x \text{ ist ein Quadrat}\}$, $B = \{x\colon x \text{ ist gleichseitiges Rechteck}\}$, so ist $A = B$.

1.27 Welche Relationen bestehen zwischen $P = \{3; 5; 7\}$, $Q = \{5; 7; 10\}$, $R = \{5; 7; 9; 10\}$ und $S = \{4; 6\}$?
*Lösung:*
$P$ und $Q$ enthalten gemeinsame Elemente, es besteht aber keine Teilmengenrelation; für $P$ und $R$ gilt das gleiche; $P$ und $S$ sind disjunkt. Es ist $Q \subset R$; $Q$ und $S$ und gleichfalls $R$ und $S$ sind disjunkt.

**Zusammenhang mit logischen Operationen**

In 1.1.1 wurde festgestellt, daß zwischen Mengenlehre und Logik ein enger Zusammenhang besteht. Das gilt auch für die in diesem Abschnitt eingeführten Relationen:
(1) $A \subseteqq B$: Für alle Elemente des Grundbereichs gilt (vgl. Bild 1.1) »wenn $x \in A$ erfüllt ist,

so muß auch $x \in B$ erfüllt sein (z.B. Punkt $P_1$), aber »wenn $x \in B$ erfüllt ist, so kann $x \in A$ erfüllt sein, muß aber nicht« (z.B. liegen $P_1$ und $P_2$ beide in $B$, aber $P_2$ liegt nicht in $A$). In der Logik gibt es für zwei Aussagen (oder auch Aussageformen) $p$, $q$ die Verknüpfung $p \Rightarrow q$. Sie heißt **Implikation** und wird gelesen »wenn $p$, so (muß) $q$« (bei Vertauschen von $p$ und $q$ »wenn $q$, so kann $p$«). Die Bedingung $p$ heißt hinreichend für $q$, $q$ heißt notwendig für $p$. Zwischen Teilmengenrelation und Implikation besteht demnach der Zusammenhang:

$A \subseteq B$ gilt genau dann, wenn $x \in A \Rightarrow x \in B$ ($x \in B$ folgt aus $x \in A$).

*Die Bedingung* $x \in A$ ist hinreichend für $x \in B$, aber nicht notwendig; andererseits ist $x \in B$ notwendig für $x \in A$, aber nicht hinreichend. Für die Punktmengen in Bild 1.1 bedeutet das: Damit ein Punkt in $B$ liegt, ist es hinreichend, daß er in $A$ liegt ($P_1$), aber nicht notwendig (auch $P_2$ liegt in $B$). Damit ein Punkt in $A$ liegt, ist es notwendig, daß er in $B$ liegt (denn wenn er nicht in $B$ liegt, kann er auch nicht in $A$ liegen: $P_3$); die Bedingung ist aber nicht hinreichend ($P_2$ liegt zwar in $B$, aber nicht in $A$).

(2) $A = B$: Für alle Elemente des Grundbereichs gilt (vgl. Bild 1.2) »wenn $x \in A$, so muß $x \in B$« und auch »wenn $x \in B$, so muß $x \in A$«. In der Logik gibt es eine entsprechende Verknüpfung. Sie heißt **Äquivalenz** (Gleichwertigkeit): $p \Leftrightarrow q$, gelesen »genau dann $q$, wenn $p$«. Da $p \Leftrightarrow q$ sowohl $p \Rightarrow q$ als auch $q \Rightarrow p$ bedeutet, heißt jede der Bedingungen $p$, $q$ notwendig und hinreichend für die andere.

Die Äquivalenz wird auch gelesen »dann und nur dann $q$, wenn $p$«.

Zwischen Gleichheitsrelation und Äquivalenz besteht demnach der Zusammenhang:

$A = B$ gilt genau dann, wenn $x \in A \Leftrightarrow x \in B$.

Da äquivalente Aussageformen gleiche Mengen erklären, wird besonders die letzte Lesart genutzt, wenn ein neuer Begriff definiert wird.

**Beispiele**

1.28 Für die Mengen in Beispiel 1.25 gilt wegen $A \subseteq B$ »$x$ ist teilbar durch 6« $\Rightarrow$ »$x$ ist teilbar durch 3«. Wenn eine Zahl durch 6 teilbar ist, so muß sie auch durch 3 teilbar sein, d.h., die Teilbarkeit durch 6 ist hinreichende Bedingung für die Teilbarkeit durch 3 (aber keine notwendige). Andererseits gilt: Wenn eine Zahl durch 3 teilbar ist, so kann sie durch 6 teilbar sein, d.h., Teilbarkeit durch 3 ist notwendige Bedingung für die Teilbarkeit durch 6 (aber keine hinreichende).

1.29 Grundbereich: Menge aller Vierecke.
Welche der beiden Bedingungen »$x$ ist Rechteck«, »$x$ ist Quadrat« ist notwendige Bedingung für die andere?
*Lösung:*
Für $R = \{x\colon x \text{ ist Rechteck}\}$ und $Q = \{x\colon x \text{ ist Quadrat}\}$ gilt $Q \subseteq R$. Folglich gilt für die Aussageformen »$x$ ist Quadrat« $\Rightarrow$ »$x$ ist Rechteck«.
Da die notwendige Bedingung rechts vom Implikationszeichen steht, ist »$x$ ist Rechteck« eine notwendige (aber nicht hinreichende) Bedingung für »$x$ ist Quadrat«.

1.30 Die Bedingungen »$x$ ist Rhombus« und »$x$ ist gleichseitiges Viereck« sind miteinander zu vergleichen.
*Lösung:*
Es ist $\{x\colon x \text{ ist Rhombus}\} = \{x\colon x \text{ ist gleichseitiges Viereck}\}$, folglich »$x$ ist Rhombus« $\Leftrightarrow$ »$x$ ist gleichseitiges Viereck«, d.h., »ein Viereck ist ein Rhombus genau dann, wenn es gleichseitig ist«. Jede der beiden Bedingungen ist notwendig und hinreichend für die andere.
Das Beispiel zeigt, wie mit Hilfe einer Äquivalenz ein Begriff (der Begriff »Rhombus«) definiert werden kann.

**Kontrollfragen**

1.5 Wie ist die Teilmengenrelation definiert?
1.6 Welche Bedingung muß erfüllt sein, damit eine Menge eine echte Teilmenge einer anderen ist?
1.7 Mit Hilfe welcher Wörter ist eine Implikation $p \Rightarrow q$ zu formulieren? Wie ist sie nach Vertauschen von $p$ und $q$ zu lesen? Welche Art von Bedingung sind $p$ bzw. $q$?
1.8 Mit Hilfe welcher Wörter ist eine Äquivalenz zu formulieren? Welche Art von Bedingung sind $p$ und $q$?

**Aufgaben: 1.3 und 1.4**

### 1.1.3 Operationen mit Mengen

Bei einer Mengenoperation wird aus zwei Mengen eine neue gebildet. Die wichtigsten Operationen sind Durchschnitt, Vereinigung und Differenz.

**Definitionen**

Gegeben seien zwei Mengen $A$ und $B$.
Der **Durchschnitt** $A \cap B$ (gelesen: »$A$ geschnitten mit $B$«) enthält alle Elemente, die gemeinsame Elemente von $A$ und $B$ sind (Bild 1.5).
Die **Vereinigung** $A \cup B$ (gelesen: »$A$ vereinigt mit $B$«) enthält alle Elemente, die Element von mindestens einer der Mengen $A$, $B$ sind (Bild 1.6).
Die **Differenz** $A \setminus B$ (gelesen: »$A$ ohne $B$«) enthält alle Elemente von $A$, die nicht Element von $B$ sind (Bild 1.7).

Entsprechend enthält $B \setminus A$ alle Elemente von $B$, die nicht Element von $A$ sind (Bild 1.8).

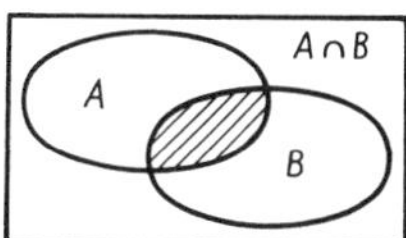

Bild 1.5

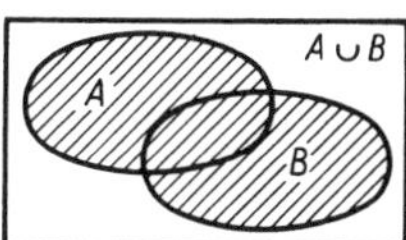

Bild 1.6

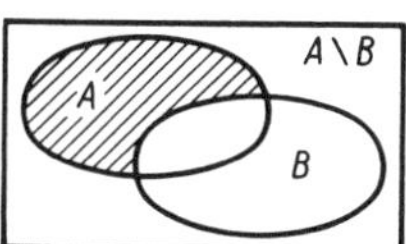

Bild 1.7

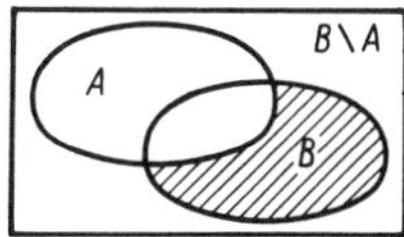

Bild 1.8

**Beispiel**

1.31 Mit $A = \{a; b; c; d\}$ und $B = \{c; d; e; f\}$ sind Durchschnitt, Vereinigung und Differenzmengen zu bilden.
*Lösung:*

$A \cap B = \{c; d\}$ $\quad A \cup B = \{a; b; c; d; e; f\}$

$A \setminus B = \{a; b\}$ $\quad B \setminus A = \{e; f\}$

Allgemein gilt (vgl. Bilder 1.5 bis 1.8):

$$A \cap B \subseteqq A \cup B \tag{1.2}$$

$$A \setminus B \subseteqq A; \qquad B \setminus A \subseteqq B \tag{1.3}$$

$$A \setminus B = A \setminus (A \cap B); \qquad B \setminus A = B \setminus (A \cap B) \tag{1.4}$$

**Beispiele**

1.32 Es seien $A = \{c; d\}$ und $B = \{a; b; c; d; e\}$, d.h., $A \subseteqq B$.
Dann ist

$$A \cap B = \{c; d\} = A; \qquad A \cup B = \{a; b; c; d; e\} = B;$$

und nach Gln. (1.4)

$$A \setminus B = A \setminus (A \cap B) = \{c; d\} \setminus \{c; d\} = \emptyset,$$
$$B \setminus A = B \setminus (A \cap B) = \{a; b; c; d; e\} \setminus \{c; d\} = \{a; b; e\}.$$

1.33 Es seien $A = \{2; 4\}$ und $B = \{10; 12; 14\}$, d.h., $A$ und $B$ sind disjunkt.
Dann ist

$$A \cap B = \emptyset; \qquad A \cup B = \{2; 4; 10; 12; 14\};$$
$$A \setminus B = \{2; 4\} \setminus \emptyset = \{2; 4\} = A,$$
$$B \setminus A = \{10; 12; 14\} \setminus \emptyset = \{10; 12; 14\} = B.$$

Aus diesen Beispielen folgt durch Verallgemeinerung:

1. Wenn eine Menge $A$ Teilmenge einer Menge $B$ ist, so ist der Durchschnitt gleich der Teilmenge, die Vereinigung gleich der Obermenge, und die Differenz $A \setminus B$ ist leer:

$$A \subseteqq B \quad \Rightarrow \quad A \cap B = A, \quad A \cup B = B, \quad A \setminus B = \emptyset.$$

2. Wenn zwei Mengen $A$, $B$ disjunkt sind, so ist der Durchschnitt leer ($A \cap B = \emptyset$). Für die Differenzmengen gilt:

$$A \setminus B = A; \qquad B \setminus A = B.$$

Eigenschaften des Durchschnitts und der Vereinigung von Mengen sind:

**Kommutativität:** $$A \cap B = B \cap A; \qquad A \cup B = B \cup A \tag{1.5}$$

**Assoziativität:** $$A \cap (B \cap C) = (A \cap B) \cap C; \quad A \cup (B \cup C) = (A \cup B) \cup C \tag{1.6}$$

**Distributivität:** $$A \cap (B \cup C) = (A \cap B) \cup (A \cap C); \quad A \cup (B \cap C) = (A \cup B) \cap (A \cup C) \tag{1.7}$$

**Idempotenz:** $$A \cap A = A; \qquad A \cup A = A \tag{1.8}$$

Kommutativität und Idempotenz sind offensichtlich, die beiden anderen Eigenschaften lassen sich an Beispielen leicht nachprüfen.

Die Differenz zweier Mengen ist i. allg. weder kommutativ noch assoziativ:

$$A \setminus B \neq B \setminus A, \qquad A \setminus (B \setminus C) \neq (A \setminus B) \setminus C.$$

**Beispiel**

1.34 Für $A = \{a; b; c; d\}$, $B = \{b; c; d; e\}$ und $C = \{c; d; e; f\}$ ist zu zeigen, daß die Differenz nicht assoziativ ist.

*Lösung:*

Es ist

$A \setminus (B \setminus C) = A \setminus \{b\} = \{a; c; d\}$,

$(A \setminus B) \setminus C = \{a\} \setminus C = \{a\}$;

$\{a; c; d\} \neq \{a\}$, d.h., $A \setminus (B \setminus C) \neq (A \setminus B) \setminus C$.

Als letzte Mengenoperation wird das Bilden des Komplements eingeführt.

**Definition**

> Das **Komplement** $\bar{A}$ einer Menge $A$ enthält alle Elemente des Grundbereichs (der Allmenge $U$), die nicht Element von $A$ sind (Bild 1.9).

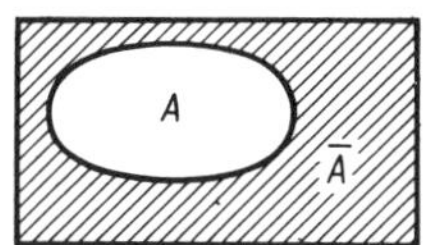


Bild 1.9

$A$ und $\bar{A}$ sind demnach disjunkte Mengen: $A \cap \bar{A} = \emptyset$.
Ferner gilt: $A \cup \bar{A} = U$; $U \setminus A = \bar{A}$; $U \setminus \bar{A} = A$.
Zweifache Komplementbildung hebt sich auf:

$$\bar{\bar{A}} = A \qquad (1.9)$$

**Zusammenhang mit logischen Operationen**

Eine Verknüpfung zweier Aussagen (oder Aussageformen) $p$ und $q$, die ausdrückt, daß bei zwei Sachverhalten sowohl der eine als auch der andere gilt, heißt **Konjunktion** $p \wedge q$, gelesen: »$p$ und $q$«. Wenn von zwei Sachverhalten mindestens einer gilt, heißt die Verknüpfung **Alternative** $p \vee q$, gelesen: »$p$ oder $q$«. Mit Konjunktion und Alternative kann man Durchschnitt und Vereinigung von Mengen definieren:

$x \in A \cap B \Leftrightarrow x \in A \wedge x \in B$

(d.h., $x$ ist genau dann ein Element des Durchschnitts, wenn es Element der einen »und (auch)« der anderen Menge ist);

$x \in A \cup B \Leftrightarrow x \in A \vee x \in B$

(d.h., $x$ ist genau dann ein Element der Vereinigung, wenn es ein Element der einen »oder« der anderen Menge ist (oder auch ein Element beider Mengen ist)).

Das Bindewort »oder« schließt bei der Alternative den Fall mit ein, daß beide Sachverhalte gelten. Deshalb wird es auch »einschließendes ›oder‹« genannt. Das Bindewort »oder« kann aber auch ausdrücken, daß nur einer der beiden Sachverhalte gilt (»ausschließendes ›oder‹«, »entweder – oder«), z.B. in dem Satz »Jede ganze Zahl ist (entweder) gerade oder ungerade«. Eine Verknüpfung mit dem ausschließenden »oder« ist keine Alternative.

Eine Aussage (oder Aussageform) $p$, mit der zu einem gegebenen Sachverhalt der entgegengesetzte ausgedrückt wird, heißt **Negation** $\neg p$ (gelesen: »nicht $p$«). Sie entsteht aus $p$ durch Vorsetzen von »es ist nicht wahr, daß ...«. Wenn eine Menge $A$ die Lösungen der Aussageform $H(x)$ als Elemente hat, so wird das Komplement $\overline{A}$ aus den Lösungen der Negation von $H(x)$ gebildet.

Für die Negation von $p$ ist auch die Schreibweise $\overline{p}$ üblich.

**Beispiele**

1.35 Für $M = \{x\colon x \text{ ist teilbar durch } 2\}$ und
$N = \{x\colon x \text{ ist teilbar durch } 3\}$ ergibt sich
$M \cap N = \{x\colon (x \text{ ist teilbar durch } 2) \wedge (x \text{ ist teilbar durch } 3)\}$,
d. h., $M \cap N$ enthält die durch 2 und durch 3 teilbaren, also die durch 6 teilbaren Zahlen: $M \cap N = \{0; 6; 12; \ldots\}$.
Die Vereinigung ist
$M \cup N = \{x\colon (x \text{ ist teilbar durch } 2) \vee (x \text{ ist teilbar durch } 3)\}$,
d. h., $M \cup N$ enthält die Zahlen, die durch 2 oder durch 3 (oder durch beide) teilbar sind: $M \cup N = \{0; 2; 3; 4; 6; 8; \ldots\}$.

1.36 Im Grundbereich $\{1; 2; \ldots; 10\}$ sei
$A = \{x\colon x < 7\} = \{1; 2; 3; 4; 5; 6\}$.
Wenn die Aussageform »$x < 7$« negiert wird, ergibt sich »es ist nicht wahr, daß $x < 7$«, kürzer »$x$ ist nicht kleiner als 7« oder »$x \geqq 7$«, und das Komplement der Menge $A$ ist
$\overline{A} = \{x\colon x \geqq 7\} = \{7; 8; 9; 10\}$.

## Kontrollfragen

1.9 Mit Hilfe welcher logischer Verknüpfungen werden Durchschnitt und Vereinigung von Mengen definiert?

1.10 Es sei $A$ Teilmenge von $B$. Was folgt daraus für Durchschnitt $A \cap B$, Vereinigung $A \cup B$ und Differenz $A \setminus B$?

1.11 Es seien $A$ und $B$ disjunkte Mengen. Was folgt daraus für Durchschnitt $A \cap B$ und die Differenzen $A \setminus B$, $B \setminus A$?

1.12 Welche Relation besteht zwischen Durchschnitt und Vereinigung zweier Mengen?

**Aufgaben: 1.5 bis 1.9**

## 1.2 Bereich der reellen Zahlen

### 1.2.0 Vorbemerkung

Für die Mathematik und ihre Anwendung sind Zahlen und Operationen mit ihnen von fundamentaler Bedeutung. Während in der Praxis im wesentlichen mit natürlichen Zahlen (z. B. als Stückzahlen) und rationalen Zahlen (z. B. als Zahlenwerte von Größen) gearbeitet wird, werden in der Mathematik besonders die reellen Zahlen benötigt.
Der Abschnitt beginnt mit einer Übersicht über die Zahlenbereiche. Weitere Themen sind die Darstellung von Zahlen, Regeln für ihre Schreibweise und das Runden; ferner der absolute Betrag einer Zahl und Intervalle als Teilmengen des Bereichs der reellen Zahlen.

### 1.2.1 Bereich der reellen Zahlen und seine Teilbereiche

Der Bereich der reellen Zahlen umfaßt die Bereiche der natürlichen, ganzen, rationalen (und irrationalen) Zahlen. Jeder Zahlenbereich bildet eine Menge.

**Natürliche Zahlen:** $N = \{0; 1; 2; 3; \ldots\}$
Mit ihnen kann man

- die Anzahl der Elemente einer (endlichen) Menge angeben **(Kardinalzahlen)**,
- die Elemente einer nach einem beliebigen Prinzip geordneten Menge numerieren (**Ordinalzahlen:** 1.; 2.; 3.; ...).

Die Zahl 0 gibt die Anzahl der Elemente der leeren Menge an.

In $N$ sind die zwei Grundrechenoperationen Addition und Multiplikation uneingeschränkt ausführbar: Wenn $a \in N$ und $b \in N$, so ist auch $a + b \in N$ und $a \cdot b \in N$.
Jede natürliche Zahl hat genau einen (unmittelbaren) Nachfolger: Für $a \in N$ ist $a + 1$ der Nachfolger von $a$. Folglich gibt es keine größte natürliche Zahl. Es gibt aber eine kleinste natürliche Zahl, nämlich die Zahl 0.

**Ganze Zahlen:** $Z = \{\ldots; -3; -2; -1; 0; +1; +2; +3; \ldots\}$
In $Z$ ist als weitere dritte Grundrechenoperation die Subtraktion uneingeschränkt ausführbar.
Jede ganze Zahl hat einen (unmittelbaren) Nachfolger. Es gibt keine größte und keine kleinste ganze Zahl.
Da der positiven ganzen Zahl $+a$ auf der Zahlengeraden derselbe Punkt zugeordnet ist wie der natürlichen Zahl $a$ $(+a = a)$, gilt $N \subseteqq Z$.

**Rationale Zahlen:** $Q = \left\{q\colon q = \frac{a}{b};\ a \in Z,\ b \in Z \setminus \{0\}\right\}$

Rationale Zahlen sind **Brüche** $q = \frac{a}{b}$, deren Zähler $a$ und Nenner $b$ ganze Zahlen sind (mit $b \neq 0$, denn die Division durch Null ist nicht ausführbar).
Brüche, die sich durch Erweitern oder Kürzen ineinander umformen lassen, sind demselben Punkt auf der Zahlengeraden zugeordnet. Als Vertreter (Repräsentant) wird i.allg. der vollständig gekürzte Bruch gewählt, d. h., derjenige Bruch, bei dem Zähler und Nenner teilerfremd sind $\left(\text{z. B. ist bei } q = \frac{-12}{18} = \frac{6}{-9} = -\frac{2}{3} \text{ die letzte Darstellung zu wählen}\right)$.
In $Q$ ist als weitere vierte Grundrechenoperation die Division (außer der Division durch 0) uneingeschränkt ausführbar. Damit ist $Q$ der kleinste Zahlenbereich, in dem alle vier Grundrechenoperationen uneingeschränkt ausführbar sind (außer der Division durch 0).
Für rationale Zahlen läßt sich der (unmittelbare) Nachfolger nicht mehr angeben. Sie liegen auf der Zahlengeraden dicht, d.h., zwischen zwei verschiedenen rationalen Zahlen $a$, $b$ liegt stets (!) eine dritte $\left(\text{z. B. der Mittelwert } \frac{1}{2}(a+b)\right)$.

Da der rationalen Zahl $\frac{a}{1}$ auf der Zahlengeraden derselbe Punkt zugeordnet ist wie der ganzen Zahl $a$ $\left(\frac{a}{1} = a\right)$, gilt $Z \subseteqq Q$. Wenn bei einer rationalen Zahl $q = \frac{a}{b}$ der Zähler $a$ durch den Nenner $b$ dividiert wird, entsteht ein Dezimalbruch. Dieser ist entweder endlich $\left(\text{wenn die Division mit dem Rest 0 abbricht, z. B. } \frac{7}{4} = 1{,}75\right)$ oder unendlich periodisch $\Bigl($da bei nicht abbrechender Division höchstens $b-1$ verschiedene Reste auftreten können, z. B. $\frac{2}{7} = 0{,}285\,714\,285\,714\ldots$ (6stellige Periode), $-\frac{7}{22} = -0{,}318\,18\ldots$ (2stellige Periode)$\Bigr)$.

■ Jede rationale Zahl $q = \frac{a}{b}$ läßt sich als **endlicher oder unendlicher periodischer Dezimalbruch** darstellen.

Umgekehrt kann jeder endliche oder unendliche periodische Dezimalbruch in einen Bruch der Form $q = \frac{a}{b}$ (rationale Zahl) umgeformt werden.

Obwohl die rationalen Zahlen auf der Zahlengeraden dicht liegen, füllen sie diese nicht lückenlos aus. Es gibt auf ihr Punkte (sogar unendlich viele), denen keine rationale Zahl entspricht. Sie lassen sich als unendliche nichtperiodische Dezimalbrüche darstellen. Beispiele sind die meisten Wurzelwerte $(\sqrt{2}\,;\ \sqrt{3}\,;\ \sqrt[3]{2}\,;\ \ldots)$, die meisten Logarithmen (lg 2; ln 3; ...), die meisten Winkelfunktionswerte (sin 10°; cos 20°; ...), die Zahl $\pi$. Sie werden **irrationale Zahlen** genannt.
Vereinigt man die Menge der rationalen mit der Menge der irrationalen Zahlen, erhält man einen Zahlenbereich, der die Zahlengerade lückenlos ausfüllt:

**Reelle Zahlen:** $R = \{r\colon r \text{ ist ein Dezimalbruch}\}$
Jede reelle Zahl ist demnach darstellbar als ein endlicher oder unendlicher periodischer Dezimalbruch (rationale Zahl) oder als ein unendlicher nichtperiodischer Dezimalbruch (irrationale Zahl). Es gilt also $Q \subseteqq R$.
In $R$ sind alle vier Grundrechenoperationen (außer der Division durch 0) uneingeschränkt ausführbar.
Aussagen über Zahlen in diesem und den folgenden Abschnitten gelten grundsätzlich für reelle Zahlen. Auf Einschränkungen des Geltungsbereichs wird hingewiesen.

Da die Zahlengerade lückenlos ausgefüllt wird, werden zunächst keine weiteren Zahlen benötigt. Es gibt aber Probleme, die sich im Bereich der reellen Zahlen nicht lösen lassen (z. B. das Bestimmen der Lösungen der Gleichung $x^2 = -4$). Um solche Probleme lösen zu können, müssen Zahlen eingeführt werden, die nicht reell sind. Die ihnen zugeordneten Punkte liegen außerhalb der reellen Zahlengeraden.

Der Bereich $R$ ist durch die **Kleiner-** bzw. **Größer-Beziehung** linear geordnet:

■ Für zwei reelle Zahlen $a$, $b$ gilt stets genau eine der Beziehungen

$$a < b, \qquad a = b, \qquad a > b.$$

$a < b$ wird gelesen: »$a$ (ist) kleiner als $b$«, entsprechend $a > b$ »$a$ größer als $b$«. $x \leqq b$ bedeutet, daß $x$ kleiner als $b$ oder gleich $b$ ist.

Wenn $a < b$ gilt, so liegt $a$ auf der Zahlengeraden links von $b$.
**Intervalle** sind zusammenhängende Teilmengen von $R$.

Man unterscheidet (Bild 1.10)

| Bezeichnung | Schreibweise | Bedeutung |
|---|---|---|
| abgeschlossenes Intervall | $[a; b]$ $= \{x\colon a \leqq x \leqq b\}$ | Menge aller reellen Zahlen von $a$ bis $b$ (einschließlich $a$ und $b$) |
| offenes Intervall | $(a; b)$ $= \{x\colon a < x < b\}$ | Menge aller reellen Zahlen von $a$ bis $b$ (ohne $a$ und $b$) |

Beide Intervalle haben die Breite $b - a$ (z. B. haben in Bild 1.10 beide Intervalle die Breite 3).

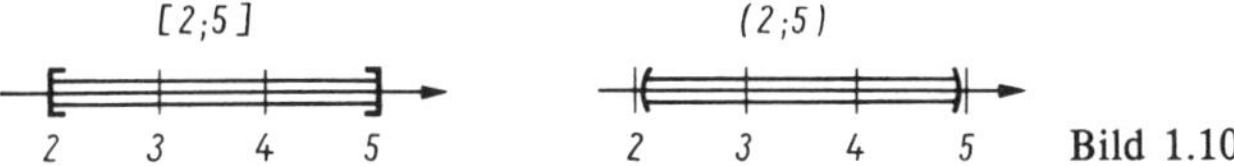

Bild 1.10

Das Intervall $(a; b] = \{x\colon a < x \leqq b\}$ heißt links offenes Intervall. Wenn Intervalle nach einer Seite unbegrenzt sind, sind sie an dieser Seite offen (runde Klammer!), und es wird das Zeichen »∞« (gelesen: »unendlich«) geschrieben, z.B. ist $[a; \infty)$ ein rechts offenes Intervall, das alle Zahlen $x$ enthält, die größer oder gleich $a$ sind $(x \geqq a)$.

Die Klammernschreibweise für Intervalle darf nur auf Teilmengen von $R$ angewandt werden. Während z.B. das Intervall $[2; 5) = \{x\colon 2 \leqq x < 5\}$ alle reellen Zahlen von 2 bis 5 (aber ausschließlich 5) lückenlos enthält, gilt für die Menge $\{x\colon 2 \leqq x < 5;\ x \in N\} = \{2; 3; 4\}$, denn durch die zusätzliche Bedingung $x \in N$ enthält sie nur natürliche Zahlen als Elemente. Die Klammernschreibweise für Intervalle ist nicht anwendbar, die Menge ist durch Aufzählen der Elemente darzustellen. Das offene Intervall wird auch durch ]a; b[ symbolisiert.

**Beispiele**

1.37 Für die Intervalle $A = [1; 3]$ und $B = (2; 5)$ ist (s. Bild 1.11) $A \cap B = (2; 3]$, $A \cup B = [1; 5)$, $A \setminus B = [1; 2]$, $B \setminus A = (3; 5)$. $A \setminus B$ ist rechts abgeschlossen, denn $2 \notin A \cap B$ und bleibt deshalb Element von $A \setminus B$. Entsprechend ist $B \setminus A$ links offen, denn $3 \in A \cap B$, folglich $3 \notin B \setminus A$.

1.38 Für die Intervalle $A = [1; 3]$ und $B = [3; 5]$ ist $A \cap B = \{3\}$ (denn 3 ist einziges gemeinsames Element), $A \cup B = [1; 5]$, $A \setminus B = [1; 3)$, $B \setminus A = (3; 5]$.
$A \cap B$ enthält nur ein Element, ist also kein Intervall und muß als Menge mit geschweiften Klammern geschrieben werden.

1.39 Für die Intervalle $A = [1; 3)$ und $B = (3; 5]$ ist $A \cap B = \emptyset$ (denn wegen $3 \notin A$ und $3 \notin B$ enthalten $A$ und $B$ keine gemeinsamen Elemente), $A \cup B = [1; 3) \cup (3; 5] = [1; 5] \setminus \{3\}$, $A \setminus B = A$, $B \setminus A = B$.

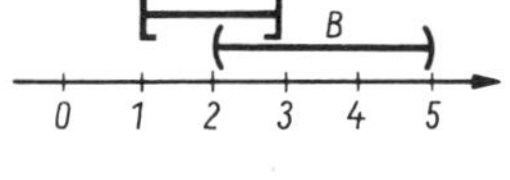

Bild 1.11

## 1.2.2 Absoluter Betrag und Vorzeichen einer Zahl

Zwei Zahlen heißen einander entgegengesetzt, wenn sie sich nur durch das Vorzeichen unterscheiden (z.B. +5 und −5). Sie haben auf der Zahlengeraden den gleichen Abstand von Null. Man sagt, sie haben den gleichen absoluten Betrag. Ihr Vorzeichen wird durch die Signumfunktion ausgedrückt.

## Definitionen

Der **absolute Betrag** (kurz: Betrag) einer Zahl $a$ ist die nichtnegative der beiden Zahlen $a$ und $-a$. Die Funktion $\operatorname{sgn} a$ (gelesen »Signum von $a$«) ist das Vorzeichen von $a$.

$$|a| = \begin{cases} a & \text{für} \quad a \geqq 0 \\ -a & \text{für} \quad a < 0 \end{cases}; \qquad \operatorname{sgn} a = \begin{cases} 1 & \text{für} \quad a > 0 \\ 0 & \text{für} \quad a = 0 \\ -1 & \text{für} \quad a < 0 \end{cases} \tag{1.10}$$

### Beispiel

1.40 Für die Zahlen $+5$, $-3$ und $0$ ist

$|+5| = 5 \qquad |-3| = 3 \qquad |0| = 0$

$\operatorname{sgn}(+5) = 1 \qquad \operatorname{sgn}(-3) = -1 \qquad \operatorname{sgn}(0) = 0$

Folgerungen:
Es gilt stets

a) $|a| \geqq 0$ b) $|-a| = |a|$ (1.10a, b)

c) Für $z \geqq 0$ gilt $|a| = z \Leftrightarrow a = \pm z$ (1.10c)

($a = \pm z$ bedeutet $a = z \vee a = -z$)

d) $a = \operatorname{sgn} a \cdot |a|$ (1.10d)

Wenn vor eine Zahl ein Pluszeichen gesetzt wird, bleibt sie unverändert; wird ein Minuszeichen gesetzt, entsteht die entgegengesetzte Zahl.

Die Zahl $-a$ kann demnach auch positiv sein, nämlich dann, wenn $a$ negativ ist. Mitunter wird $-a$ als Zeichen für eine negative Zahl verwendet. Das ist aber nur richtig, wenn $a$ positiv ist. Die Bedingung »$a$ ist negativ« heißt für beliebige $a$ »$a < 0$«.

### Beispiele

1.41 Es ist $z = |a| - |a - b|$ für $a = -5$, $b = -3$ zu berechnen.

*Lösung:*

$z = |-5| - |-5 - (-3)| = |-5| - |-2| = 5 - 2 = 3$

1.42 Es ist $z = \frac{1}{2}(x + y)$ für $|x| = 4$, $|y| = 6$ zu berechnen.

*Lösung:*

Nach Formel (1.10c) ist $x = \pm 4$, $y = \pm 6$. Jeder Wert für $x$ ist mit jedem Wert für $y$ zu kombinieren. Für $z$ ergeben sich 4 Werte:

| $(x; y)$ | $(4; 6)$ | $(4; -6)$ | $(-4; 6)$ | $(-4; -6)$ |
|---|---|---|---|---|
| $z$ | 5 | $-1$ | 1 | $-5$ |

1.43 Der Ausdruck $3u + 5v - 3|u - 2v|$ ist ohne Betragszeichen zu schreiben.

*Lösung:*

Aus Formel (1.10c) und Definition (1.10) folgt durch Verallgemeinerung

$$|u - 2v| = \begin{cases} +(u - 2v) & \text{für} \quad (u - 2v) \geqq 0 \\ -(u - 2v) & \text{für} \quad (u - 2v) < 0 \end{cases}$$

Es ergibt sich

$$3u + 5v - 3 \cdot \begin{cases} (u - 2v) \\ -(u - 2v) \end{cases} = \begin{cases} 3u + 5v - 3(u - 2v) \\ 3u + 5v + 3(u - 2v) \end{cases} = \begin{cases} 3u + 5v - 3u + 6v \\ 3u + 5v + 3u - 6v \end{cases}$$

$$= \begin{cases} 11v \quad , & \text{wenn} \quad u - 2v \geqq 0 \\ 6u - v, & \text{wenn} \quad u - 2v < 0 \end{cases}$$

Aus Formel (1.10c) folgt durch Verallgemeinerung

$$|x - b| = z \Leftrightarrow x - b = \pm z,$$

also $$|x - b| = z \Leftrightarrow x = b \pm z \qquad (1.10\text{e})$$

**Beispiele**

1.44 Durch welche Zahlen wird die Gleichung $|x - 10| = 2$ gelöst?
*Lösung:*
Nach Formel (1.10e) ist

$$x - 10 = \pm 2$$
$$x \quad = 10 \pm 2$$

Die Lösungen sind $x_1 = 8$, $x_2 = 12$ (Beide haben von der Zahl 10 den Abstand 2).

1.45 Welche Elemente enthält die Menge $A = \{x : |x + 4| = 6\}$?
*Lösung:*
$x + 4 = \pm 6$, $x = -4 \pm 6$; $A = \{-10; 2\}$

### 1.2.3 Zahlensysteme

Zahlen werden durch **Ziffern** dargestellt, die aus **Grundziffern** bestehen. Im Beispiel

$$z = 17 = \text{卌 卌 卌 //} = \text{XVII} = (10\,001)_2 = (11)_{16}$$

wird die Zahl $z$ in fünf verschiedenen Ziffernsystemen dargestellt.

In der Praxis ist es auch üblich, die Grundziffern als Ziffern zu bezeichnen.

Man unterscheidet

**Additionssysteme:** Jede Grundziffer hat einen Zahlenwert, und diese sind in der Zifferndarstellung zu addieren. (Die Grundziffern haben keinen Stellenwert.)

Beispiele:

(1) Strichdarstellung, z. B. 卌 卌 卌 //
(4 Striche senkrecht, der 5. Strich waagerecht)

(2) römische Ziffern, z. B. XVII

| Bedeutung: | I | V | X | L | C | D | M |
|---|---|---|---|---|---|---|---|
| | 1 | 5 | 10 | 50 | 100 | 500 | 1 000 |

MCM bedeutet 1 000 + (1 000 − 100) = 1 900
z. B. MCMLXXXVIII = 1 988

**Positionssysteme:** Jede Grundziffer hat außer dem Zahlen- auch einen Stellenwert, der eine Potenz der Basis $a$ ist. Wenn $a$ die Basis ist, werden $a$ Grundziffern gebraucht. Außer $a = 10$ sind $a = 2$ und $a = 16$ (in der Rechentechnik) von Bedeutung.

(1) Dezimalsystem ($a = 10$). – Grundziffern: 0, 1, 2, ..., 9;
Stellenwerte $10^0 = 1$ (Einer), $10^1$ (Zehner), $10^2$ (Hunderter), ...
Beispiel:

$$3\,208 = 3 \cdot 10^3 + 2 \cdot 10^2 + 0 \cdot 10^1 + 8 \cdot 10^0$$

Bei Brüchen gibt es die Stellenwerte $10^{-1} = 0{,}1$ (Zehntel), $10^{-2} = 0{,}01$ (Hundertstel), ...
Beispiel:

$$2{,}306 = 2 \cdot 10^0 + 3 \cdot 10^{-1} + 0 \cdot 10^{-2} + 6 \cdot 10^{-3}$$

(2) Binärsystem ($a = 2$). – Grundziffern: 0, 1.
Um Mißverständnisse zu vermeiden, wird an die in Klammern geschriebene Ziffer die Basis als Index gesetzt.
Stellenwerte $2^0 = 1$ (Einer), $2^1$ (Zweier), $2^2$ (Vierer), ...
Beispiel:

$$(1\;1\;0\;1\;1)_2 = 1 \cdot 2^4 + 1 \cdot 2^3 + 0 \cdot 2^2 + 1 \cdot 2^1 + 1 \cdot 2^0 = (27)_{10}$$

Ziffern im Binärsystem werden auch mit den Grundziffern 0 und L geschrieben, z. B. L L 0 L L = $(27)_{10}$. Für Bereiche, in denen der Buchstabe L eine spezielle Bedeutung hat (z. B. in der Elektronik), sollte diese Schreibweise vermieden werden, damit sich keine Mißverständnisse ergeben können.

(3) Hexadezimalsystem ($a = 16$). – Gebraucht werden 16 Grundziffern: 0, 1, 2, ..., 9, A = 10, B = 11, C = 12, D = 13, E = 14, F = 15.
Stellenwerte $16^0 = 1$ (Einer), $16^1 = 16$, $16^2 = 256$, ...
Beispiel:

$$(\mathrm{AB8})_{16} = 10 \cdot 16^2 + 11 \cdot 16^1 + 8 \cdot 16^0 = (2\,744)_{10}$$

**Konvertierung** (Umrechnung in ein anderes System)

$$a = 2 \rightarrow a = 10$$

Kleine Binärzahlen lassen sich mit Hilfe der Stellenwerte schnell umrechnen, z. B. $(1\;1\;0\;1)_2 = 8 + 4 + 0 + 1 = (13)_{10}$.
Große Binärzahlen können mit folgendem Schema konvertiert werden:

| $x =$ | 1 | 1 | 1 | 0 | 1 | 1 | 1 |
|---|---|---|---|---|---|---|---|
| | 0 | 2 | 6 | 14 | 28 | 58 | 118 |
| $2 \cdot$ | 1 | 3 | 7 | 14 | 29 | 59 | 119 |

Es wird spaltenweise von links nach rechts gerechnet.

Ablauf der Rechnung:
$1 + 0 = 1$ (erste Spaltensumme; unter die erste 1 wird 0 gesetzt)
$2 \cdot 1 = 2$ (Ergebnis in die Spalte rechts daneben, Zeile 2, schreiben)
$2 + 1 = 3$ (Summe der zweiten Spalte)
$2 \cdot 3 = 6$ usw.
Es ergibt sich $x = (1\;1\;1\;0\;1\;1\;1)_2 = (119)_{10}$.

$$a = 10 \rightarrow a = 2$$

Es kann mit dem gleichen Schema konvertiert werden. Gerechnet wird in umgekehrter Reihenfolge.

Ablauf der Rechnung:
$119 = 118 + 1$ (Zerlegung in eine Summe, bei der ein Summand durch 2 teilbar ist)
$118 : 2 = 59$ (Ergebnis in die Spalte links daneben, Zeile 2, schreiben)
$59 = 58 + 1$
$58 : 2 = 29$ usw.
Es ergibt sich $x = (119)_{10} = (1\ 1\ 1\ 0\ 1\ 1\ 1)_2$

$$a = 2 \rightarrow a = 16$$

**Regel**
Die Binärzahl wird (von rechts nach links) in Gruppen zu je vier Grundziffern geteilt und jede Gruppe für sich in eine Hexadezimalgrundziffer konvertiert.
Beispiel: $x = (1\ 0\ '\ 1\ 1\ 1\ 0\ '\ 0\ 1\ 1\ 1)_2 = (2\text{E}7)_{16}$

$$((1\ 0)_2 = (2)_{16}\,;\ (1\ 1\ 1\ 0)_2 = (14)_{10} = (\text{E})_{16}\,;\ (0\ 1\ 1\ 1)_2 = (7)_{16})$$

$$a = 16 \rightarrow a = 2$$

Es wird die gleiche Regel, in umgekehrter Reihenfolge, genutzt.
Beispiel: $x = (\text{AB}8)_{16} = (1\ 1\ 0\ 0\ '\ 1\ 1\ 0\ 1\ '\ 0\ 1\ 0\ 0)_2 = (1\ 1\ 0\ 0\ 1\ 1\ 0\ 1\ 0\ 1\ 0\ 0)_2$

1. Das Schema zum Konvertieren von Binär- in Dezimalzahlen (und umgekehrt) ist auch anwendbar, wenn Zahlen mit einer beliebigen Basis $a$ in Dezimalzahlen konvertiert werden sollen (und umgekehrt). Man braucht nur den links stehenden Faktor 2 durch den Faktor $a$ (z.B. 16) zu ersetzen.
2. Zahlen im Oktalsystem ($a = 8$) lassen sich nach einer Regel konvertieren, die der Regel für Hexadezimalzahlen ähnlich ist. Die Binärzahl muß in Gruppen zu je drei Grundziffern geteilt werden.

### 1.2.4 Schreibweise und Runden von Zahlen im Dezimalsystem

In der Praxis wird fast ausschließlich mit Zahlen im Dezimalsystem gerechnet. Sie sind ganzzahlig oder endliche Dezimalbrüche, also rationale Zahlen.
Jede rationale Zahl kann in der Form $x = m \cdot 10^k$ geschrieben werden **(Gleitkommadarstellung)**, z. B.

$$x = 324{,}16 = 3{,}241\,6 \cdot 10^2 = 0{,}324\,16 \cdot 10^3 = \ldots$$

Die Form, in der keine Zehnerpotenz als Faktor steht, heißt **Festkommadarstellung.**
Wenn $m$ zwischen 1 und 10 liegt ($1 \leqq m < 10$), so ist die Zehnerpotenz der Stellenwert der links vom Komma stehenden Ziffer.
Beispiel: $x = 3{,}78 \cdot 10^6$; die Ziffer 3 hat den Stellenwert $10^6$.

Regeln für Schreibweise und Runden von Zahlen im Dezimalsystem sind in DIN 1333 (Februar 1972) enthalten. Diese Regeln gelten nicht für Geldwert- und Kostenangaben.

*1. Schreibweise von Zahlen*

a) Bei Dezimalbrüchen sind ganzer und gebrochener Teil durch ein Komma zu trennen. In Texten, die mit Rechen- oder anderen Maschinen geschrieben werden, darf das Komma durch einen Punkt ersetzt werden.
b) Alle Ziffern einer Zahl von der ersten von Null verschiedenen links bis zur letzten rechts heißen **signifikante Ziffern.**
c) Wenn betont werden soll, daß eine exakte Zahl vorliegt, ist das Wort »exakt« dahinterzusetzen (oder die letzte signifikante Ziffer ist halbfett zu drucken).

d) Die Genauigkeit genäherter Zahlen ist durch die Anzahl signifikanter Ziffern festzulegen.
Da in der Praxis fast ausschließlich mit genäherten Zahlen gerechnet wird, ist diese Regel von besonderer Bedeutung.

e) Wenn für eine Zahl eine Unsicherheit (bzw. zulässige Abweichung) angegeben wird, so muß bei beiden die letzte signifikante Ziffer von gleicher Ordnung sein.

f) Bei einer Größe sind Zahlenwert und Fehler zweckmäßigerweise mit der gleichen Einheit zu schreiben.

**Beispiel**

1.46 Zahlenbeispiele zu
a) $3{,}45 = 3.45$ ; $2{,}86 \cdot 10^8 = 2.86 \cdot 10^8$
b) Die Zahlen 24,3; 24,0; 20,0; 0,0243 und $2{,}43 \cdot 10^2$ haben je 3 signifikante Ziffern; die Zahl 20 hat 2 signifikante Ziffern.
c) Für die Zeiteinheiten »Stunde« (h) und »Sekunde« (s) gilt: 1 h = 3600 s (exakt).
d) Von den genäherten Zahlen 3,2 und 3,20 ist die erste auf Zehntel und die zweite auf Hundertstel genau. Der wahre Wert der Zahl 3,20 könnte z. B. 3,204 oder 3,195 sein.
e) Richtige Angaben: $352{,}0 \pm 0{,}5$ ; $8{,}13 \pm 0{,}12$ ; $(6{,}3 \pm 0{,}1) \cdot 10^3$ ;
falsche Angaben: $352{,}03 \pm 0{,}5$ ; $8{,}1 \pm 0{,}12$
f) Beispiele für eine Längenangabe: $(6{,}348 \pm 0{,}001)$ km; Schreibweisen mit verschiedenen Einheiten, z. B. 6,348 km $\pm$ 1 m, sollte man vermeiden.

*2. Runden von Zahlen*

a) Beim Runden werden signifikante Ziffern von rechts weggelassen bis zu einer bestimmten Stelle. Wenn die erste der weggelassenen Ziffern, von links nach rechts gezählt, kleiner als 5 ist, so bleibt die letzte stehenbleibende Ziffer unverändert; wenn die erste der weggelassenen Ziffern gleich oder größer als 5 ist, so wird die letzte stehenbleibende Ziffer um 1 erhöht.

b) Das Runden auf eine gewünschte Stellenzahl ist (nach Möglichkeit) direkt und nicht schrittweise durchzuführen.

c) Wenn doch schrittweise gerundet wird, so gilt:
Wenn die weggelassene Ziffer gleich 5 ist
- und durch vorangegangenes Runden nach oben entstanden ist, so bleibt die letzte stehenbleibende Ziffer unverändert,
- und durch vorangegangenes Runden nach unten entstanden ist, so wird die letzte stehenbleibende Ziffer um eins erhöht.

Gerundete Zahlen werden durch das Zeichen »$\approx$« gekennzeichnet (gelesen »angenähert gleich« oder »rund«). Wenn keine Mißverständnisse möglich sind, darf das Gleichheitszeichen geschrieben werden.

**Beispiel**

1.47 Die folgenden Zahlen sind auf $n$ signifikante Ziffern gerundet:
$n = 3$: $x_1 = 23{,}24 \approx 23{,}2$ ; $n = 2$: $x_2 = 0{,}3654 \approx 0{,}37$
$n = 3$: $x_3 = 12\,365 \approx 1{,}24 \cdot 10^4$
$n = 2$: $x_4 = 0{,}3647 \approx 0{,}36$ ; $n = 2$: $x_5 = 0{,}3653 \approx 0{,}37$
Wenn $x_4$ und $x_5$ schrittweise gerundet werden, ergibt sich nach Regel c):
$x_4 = 0{,}3647 \approx 0{,}365 \approx 0{,}36$ ; $x_5 = 0{,}3653 \approx 0{,}365 \approx 0{,}37$

### 1.2.5 Absolute und relative Genauigkeit von Zahlen

Wenn ein wahrer Wert $w$ durch einen Näherungswert $x$ ersetzt wird, so heißt $\varepsilon = x - w$ der absolute Fehler und $\frac{\varepsilon}{w}$ der relative Fehler des Näherungswertes. Da $w$ meist nicht bekannt ist, wird $\varepsilon$ durch ein positive Zahl $\Delta x$ (gelesen: »Delta $x$«) geschätzt, so daß $w$ im Intervall $[x - \Delta x;\ x + \Delta x]$ liegt (Bild 1.12):

$$x - \Delta x \leqq w \leqq x + \Delta x.$$

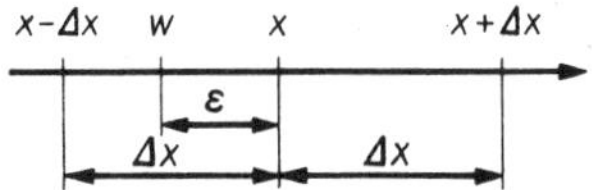


Bild 1.12

Um den relativen Fehler zu berechnen, wird $\varepsilon$ durch $\Delta x$ geschätzt und für $w$ der Näherungswert $x$ eingesetzt. Damit ergibt sich als Schätzwert für den relativen Fehler $\left|\frac{\Delta x}{x}\right|$.

Im Meßwesen (Metrologie) wird der absolute Fehler als »gemessener Wert minus richtiger Wert« einer Meßgröße definiert.
Division durch den richtigen Wert (für den auch der Meßwert gesetzt werden darf) ergibt den relativen Fehler.

Für genäherte und gerundete Zahlen kann man den absoluten und den relativen Fehler nach Regeln schätzen, die im folgenden Beispiel begründet werden.

**Beispiel**

1.48 Für $x_1 = 3{,}47$, $x_2 = 3{,}476$ und $x_3 = 3{,}47 \cdot 10^3$ sind die absoluten und die relativen Fehler zu schätzen.

*Lösung:*

$x_1$ könnte durch Runden einer Zahl aus dem Intervall $[3{,}465;\ 3{,}475)$ entstanden sein (das Intervall muß rechts offen sein, denn die obere Grenze ergibt beim Runden nicht mehr 3,47: $3{,}475 \approx 3{,}48$). Der absolute Fehler ist demnach höchsten gleich der halben Breite des Intervalls: $\Delta x_1 = 0{,}005$. Das ist die Hälfte des Stellenwertes der Ziffer 7, der letzten signifikanten Ziffer von $x_1$.

Die letzte signifikante Ziffer von $x_2$ ist 6 mit dem Stellenwert $10^{-3}$. Nach der gleichen Regel (die Hälfte dieses Stellenwertes) ist $\Delta x_2 = 0{,}5 \cdot 10^{-3} = 0{,}000\,5$.

Verglichen mit $x_1$, hat $x_2$ den kleineren absoluten Fehler, d.h. die größere absolute Genauigkeit.

Bei $x_3$ hat die letzte signifikante Ziffer (Ziffer 7) den Stellenwert $10^1$ und $\Delta x_3 = 0{,}5 \cdot 10^1 = 5$. $x_3$ hat den größten absoluten Fehler und damit die schlechteste absolute Genauigkeit.

Die relativen Fehler sind

$$\Delta x_1/x_1 = 0{,}005/3{,}47 \approx 0{,}001\,4,$$
$$\Delta x_2/x_2 = 0{,}000\,5/3{,}476 \approx 0{,}000\,14,$$
$$\Delta x_3/x_3 = 5/(3{,}47 \cdot 10^3) \approx 0{,}001\,4.$$

$x_1$ und $x_3$ haben den gleichen relativen Fehler und auch die gleiche Anzahl signifikanter Ziffern; $x_2$ hat eine signifikante Ziffer mehr, und der relative Fehler ist eine Zehnerpotenz kleiner. Der relative Fehler wird demnach durch die Anzahl der signifikanten Ziffern bestimmt. Er ist höchstens gleich $5 \cdot 10^{-k}$, wobei $k$ die Anzahl der signifikanten Ziffern ist.

**Regel**

> Für eine genäherte oder gerundete Zahl ist
> - der absolute Fehler höchstens gleich der Hälfte des Stellenwertes der letzten signifikanten Ziffer,
> - der relative Fehler höchstens gleich $5 \cdot 10^{-k}$, wobei $k$ die Anzahl der signifikanten Ziffern ist.

**Beispiel**

1.49 Absolute und relative Fehler für 3 Zahlen $x_i$:

| $i$ | $x_i$ | Stellenwert der letzten signifikanten Ziffer | $\Delta x_i$ | Anzahl der signifikanten Ziffern | $\frac{\Delta x_i}{x_i}$ |
|---|---|---|---|---|---|
| 1 | 0,003 7 | $10^{-4}$ | $0{,}5 \cdot 10^{-4}$ | 2 | $5 \cdot 10^{-2}$ |
| 2 | 0,372 4 | $10^{-4}$ | $0{,}5 \cdot 10^{-4}$ | 4 | $5 \cdot 10^{-4}$ |
| 3 | $3{,}7 \cdot 10^6$ | $10^5$ | $0{,}5 \cdot 10^5$ | 2 | $5 \cdot 10^{-2}$ |

**Kontrollfragen**

1.13 In welchen Zahlenbereichen gilt die Nachfolgerrelation?
1.14 In welchen Zahlenbereichen sind die vier Grundrechenoperationen (außer der Division durch 0) uneingeschränkt ausführbar?
1.15 Wodurch unterscheiden sich die Dezimalbruchdarstellungen rationaler und irrationaler Zahlen?
1.16 Welcher Zahlenbereich wird durch $R \setminus Q$ gebildet?
1.17 Wie wird eine Binärzahl in eine Hexadezimalzahl konvertiert?
1.18 Wie ist die Genauigkeit genäherter Zahlen festzulegen?
1.19 Nach welchen Regeln wird eine Dezimalzahl gerundet?
1.20 Wie wird der absolute und der relative Fehler einer genäherten oder gerundeten Zahl geschätzt?

**Aufgaben: 1.10 bis 1.21**

## 1.3 Rechenoperationen erster und zweiter Stufe

### 1.3.0 Vorbemerkung

In diesem Abschnitt wird Wissen und Können, das in den vorausgehenden Bildungseinrichtungen erworben wurde, über Eigenschaften und Regeln für das Rechnen mit Zahlen und mathematischen Ausdrücken zusammengefaßt und gefestigt. Außerdem werden einige noch nicht bekannte Verfahren eingeführt, z. B. die Partialdivision und ein Verfahren zum Umformen von Doppelbrüchen.

### 1.3.1 Grundbegriffe

Die vier Grundrechenoperationen sind
Addition, Subtraktion (Rechenoperationen 1. Stufe),
Multiplikation, Division (Rechenoperationen 2. Stufe).

| Operation | $a$ | $b$ | $c$ |
|---|---|---|---|
| $a + b = c$ | Summand | Summand | Summe |
| $a - b = c$ | Minuend | Subtrahend | Differenz |
| $a \cdot b = c$ | Faktor (Multiplikand) | Faktor (Multiplikator) | Produkt |
| $a : b = c$ <br> $\frac{a}{b} = c$ | Dividend | Divisor | Quotient |

Addition und Subtraktion sowie Multiplikation und Division sind Umkehroperationen: $(x + a) - a = x$; $(x \cdot a) : a = x$.
Die Zahlen $a$ und $-a$ heißen **entgegengesetzte Zahlen** (s. 1.2.2); ihre Summe ist gleich Null: $a + (-a) = 0$.

Die Zahlen $a$ und $\frac{1}{a}$ heißen **reziproke Zahlen** (jede ist der reziproke oder Kehrwert der anderen);
ihr Produkt ist gleich Eins: $a \cdot \frac{1}{a} = 1$.

Mit ihrer Hilfe lassen sich Subtraktion und Division auf Addition und Multiplikation zurückführen:
$a - b = a + (-b)$; die Subtraktion von $b$ ist gleich der Addition von $-b$;
$a : b = a \cdot \frac{1}{b}$; die Division durch $b$ ist gleich der Multiplikation mit $\frac{1}{b}$.

Eigenschaften der Addition und Multiplikation sind:

**Kommutativität:** $a + b = b + a; \quad a \cdot b = b \cdot a$ (1.11)

**Assoziativität:** $(a + b) + c = a + (b + c)$
$(a \cdot b) \cdot c = a \cdot (b \cdot c)$ (1.12)

**Distributivität:** $a \cdot (b + c) = a \cdot b + a \cdot c$ (1.13)

Für Subtraktion und Division gelten diese Eigenschaften nicht, z. B. ist $6 - 3 \neq 3 - 6$ oder $(12 : 6) : 3 \neq 12 : (6 : 3)$.
Das Multiplikationszeichen darf, wenn sich keine Mißverständnisse ergeben können, weggelassen werden. Eine Ausnahme sind gemischte Zahlen: Sie sind die Summe einer ganzen Zahl und eines Bruches $\left(\text{z. B. } 2\frac{2}{3} = 2 + \frac{2}{3}\right)$, d. h., das fehlende Operationszeichen zwischen beiden Zahlen ist das Pluszeichen. Wenn ein Produkt geschrieben werden soll, ist das Multiplikationszeichen zu setzen $\left(\text{z. B. } 2 \cdot \frac{2}{3} = \frac{4}{3}\right)$.

### Rechnen mit Null und Eins

Es gilt stets $a + 0 = a$, $a \cdot 0 = 0$, $0 : a = 0$ (Bedingung: $a \neq 0$)
$a - 0 = a$, $0 \cdot 0 = 0$
$a \cdot 1 = a$, $a : 1 = a$, $a : a = 1$ (Bedingung: $a \neq 0$)

Von besonderer Bedeutung und bei allen mathematischen Operationen zu beachten ist:

■ Die Division durch Null ist nicht ausführbar.

Begründung: Weder $a : 0$ $(a \neq 0)$ noch $0 : 0$ sind ausführbar, denn
- angenommen, $a : 0$ wäre ausführbar: $a : 0 = x$, würde nach Umformung folgen: $a = x \cdot 0$. Diese Gleichung ist wegen $a \neq 0$ für keine Zahl $x$ erfüllbar;
- angenommen, $0 : 0$ wäre ausführbar: $0 : 0 = x$, würde folgen: $0 = x \cdot 0$. Diese Gleichung ist für jede reelle Zahl $x$ erfüllbar. Da eine Rechenoperation ein eindeutiges Resultat haben muß, ist $0 : 0$ nicht ausführbar.

Wegen $a \cdot 0 = 0$ und $0 \cdot 0 = 0$ gilt der

### Satz

■ Ein **Produkt** ist genau dann **gleich Null**, wenn mindestens ein Faktor gleich Null ist:

$$a \cdot b = 0 \Leftrightarrow a = 0 \vee b = 0 \qquad (1.14)$$

Dieser Satz wird häufig zum Lösen von Gleichungen benutzt.

### Beispiele

1.50 Für die Gleichung $x(x-4) = 0$ ergibt sich nach der Äquivalenz (1.14): $x = 0 \vee x - 4 = 0$. Die Lösungen sind $x_1 = 0$ und $x_2 = 4$.

1.51 Die Gleichung $(x+2)(2x-6)(x-4) = 0$ ist zu lösen.
*Lösung:*
Äquivalenz (1.14) ergibt: $x + 2 = 0 \vee 2x - 6 = 0 \vee x - 4 = 0$.
Die Lösungen sind $x_1 = -2$, $x_2 = 3$, $x_3 = 4$.

### Monotonie der Addition und der Multiplikation

Für reelle Zahlen *a, b, c* gilt stets:

| | | |
|---|---|---|
| Monotonie der Addition: | $a < b \Rightarrow a + c < b + c$ | |
| Monotonie der Multiplikation: | wenn $c > 0 : a < b \Rightarrow a \cdot c < b \cdot c$ | (1.15) |
| | wenn $c < 0 : a < b \Rightarrow a \cdot c > b \cdot c$ | |

Zahlenbeispiel: Aus $6 < 12$ wird bei

- Addition von 3: $9 < 15$ ; Addition von $-3$: $3 < 9$
- Multiplikation von 3: $18 < 36$ ; Multiplikation von $\frac{1}{3}$: $2 < 4$
- Multiplikation von $-3$: $-18 > -36$; Multiplikation von $-\frac{1}{3}$: $-2 > -4$

**Regel**

> Wenn eine Ungleichung mit einer Zahl addiert oder mit einer positiven Zahl multipliziert wird, bleibt das Ungleichheitszeichen erhalten. Wenn sie mit einer negativen Zahl multipliziert wird, ändert sich das Ungleichheitszeichen.

**Kontrollfragen**

1.21 Wie heißen zwei Zahlen, deren Summe gleich Null ist? Wie heißen zwei Zahlen, deren Produkt gleich Eins ist?
1.22 Welche Ergebnisse haben die Operationen $a+0$, $a \cdot 0$, $0:a\ (a \neq 0)$, $a \cdot 1$, $a:1$, $a:a\ (a \neq 0)$?
1.23 Bei welcher Rechenoperation ist bei einer Ungleichung das Ungleichheitszeichen zu ändern?

**Aufgabe: 1.22**

### 1.3.2 Rechenoperationen mit Zahlen

**Vorzeichenregeln**

Addition: $a + b = c$

*a, b* gleiche Vorzeichen

$$(+3) + (+5) = +8$$
$$(-3) + (-5) = -8$$

Betrag und Vorzeichen der Summe:
$|c|$ ergibt sich durch Addieren von $|a|$ und $|b|$;

sgn $c$ ist gleich dem Vorzeichen der beiden Summanden

*a, b* verschiedene Vorzeichen

$$(+3) + (-5) = -2$$
$$(-3) + (+5) = +2$$

Betrag und Vorzeichen der Summe:
$|c|$ ergibt sich durch Subtrahieren von $|a|$ und $|b|$ (der kleinere Betrag wird vom größeren subtrahiert);

sgn $c$ ist gleich dem Vorzeichen des Summanden mit dem größeren Betrag.

Multiplikation: $a \cdot b = c$

Betrag von $c$: $|c| = |a| \cdot |b|$

Vorzeichen von $c$: $c$ ist positiv, wenn $a$ und $b$ gleiche Vorzeichen haben; $c$ ist negativ, wenn $a$ und $b$ verschiedene Vorzeichen haben:

$$\operatorname{sgn} a = \operatorname{sgn} b \Rightarrow \operatorname{sgn} c = 1 \quad (a, b \neq 0)$$
$$\operatorname{sgn} a \neq \operatorname{sgn} b \Rightarrow \operatorname{sgn} c = -1 \quad (a, b \neq 0)$$

Für Subtraktion und Division sind keine speziellen Vorzeichenregeln nötig, da sich diese Operationen auf Addition und Multiplikation zurückführen lassen.

**Fehler einer Summe und eines Produktes**

Wenn zwei genäherte oder gerundete Zahlen $x_1$, $x_2$ mit den absoluten Fehlern $\Delta x_1$, $\Delta x_2$ addiert werden, ergibt sich

$$(x_1 \pm \Delta x_1) + (x_2 \pm \Delta x_2) = x_1 + x_2 \pm \Delta x_1 \pm \Delta x_2 \leqq x_1 + x_2 + (\Delta x_1 + \Delta x_2)\,.$$

Der in Klammern stehende Ausdruck $\Delta x_1 + \Delta x_2$ ist eine Abschätzung für den absoluten Fehler der Summe $x_1 + x_2$.

Das Zeichen »$\leqq$« drückt aus, daß $\Delta x_1 + \Delta x_2$ der größtmögliche Wert für den Fehler ist.

Für das Produkt ergibt sich

$$(x_1 \pm \Delta x_1) \cdot (x_2 \pm \Delta x_2) = x_1 x_2 \pm x_1 \, \Delta x_2 \pm \Delta x_1 \, x_2 \pm \Delta x_1 \, \Delta x_2 \, ;$$

das Produkt $x_1 x_2$ wird ausgeklammert, ferner ist $\Delta x_1 \, \Delta x_2 \approx 0$ (das Produkt der Fehler ist so klein im Vergleich zum Produkt $x_1 x_2$, daß es vernachlässigt werden kann):

$$\ldots = x_1 x_2 \left(1 \pm \frac{\Delta x_2}{x_2} \pm \frac{\Delta x_1}{x_1}\right) \leqq x_1 x_2 \left(1 + \frac{\Delta x_1}{x_1} + \frac{\Delta x_2}{x_2}\right).$$

Der Ausdruck $\frac{\Delta x_1}{x_1} + \frac{\Delta x_2}{x_2}$ ist eine Abschätzung für den relativen Fehler des Produktes $x_1 x_2$.

Aus den beiden Abschätzungen ergibt sich:
Bei der **Addition** zweier Zahlen addieren sich die **absoluten Fehler** der Summanden; bei der **Multiplikation** zweier Zahlen addieren sich die **relativen Fehler** der Faktoren.
Daraus und aus der Regel in 1.2.5 folgt die

**Regel**

> Der **absolute Fehler** einer **Summe** ist mindestens gleich dem absoluten Fehler desjenigen Summanden, der den größten absoluten Fehler hat, d.h. dessen letzte signifikante Ziffer den größten Stellenwert hat.
> Der **relative Fehler** eines **Produkts** ist mindestens gleich dem relativen Fehler desjenigen Faktors, der den größten relativen Fehler hat, d.h. der die kleinste Anzahl signifikanter Ziffern hat.

**Beispiele**

1.52 $x = 47{,}3284 + 1{,}63 - 22{,}5 + 0{,}0003 = 26{,}4587$.
Die Zahl 22,5 hat den größten absoluten Fehler ($0{,}5 \cdot 10^{-1}$, d.h., sie ist auf Zehntel genau). Deshalb wird auch $x$ auf Zehntel gerundet: $x \approx 26{,}5$

1.53 $x = \dfrac{5246{,}8 \cdot 0{,}0468317}{0{,}158} = 1555{,}168\ldots$
Die Zahl 0,158 hat den größten relativen Fehler (3 signifikante Ziffern, d.h., sie ist auf 3 Stellen genau). Deshalb wird auch $x$ auf 3 signifikante Ziffern gerundet: $x = 1{,}56 \cdot 10^3$

1.54 $x = \dfrac{0{,}00315 \cdot 4087{,}0 - 10{,}8}{24{,}3 + 184{,}3 \cdot 0{,}0213} = 0{,}073481\ldots$
Bei einer Kombination von Summen und Produkten wird der Fehler von $x$ nach der Regel für Produkte bestimmt.
Dabei ist zu beachten, daß sich bei Differenzen der relative Fehler vergrößern kann, wenn Minuend und Subtrahend annähernd gleich sind.
Im Beispiel ergibt sich für den Zähler

12,9 (3stellig) $- 10{,}8 = 2{,}1$;

das ist eine relative Genauigkeit von nur 2 signifikanten Ziffern. Also ergibt sich $x$ auf nur 2 Stellen genau: $x = 0{,}073$

**Kontrollfragen**

1.24 Wie werden bei der Addition zweier Zahlen der Betrag und das Vorzeichen der Summe ermittelt?

1.25 Welche Fehler addieren sich bei der Addition zweier Zahlen, und welche Fehler addieren sich bei der Multiplikation?

1.26 Welche Rechenoperation kann in einer Rechnung den relativen Fehler des Ergebnisses stark vergrößern?

**Aufgabe: 1.23**

### 1.3.3 Algebraische Summen

Ein Zahlzeichen, eine Variable oder eine Verknüpfung dieser Zeichen mit Operationszeichen und/oder Klammern wird als **Term** bezeichnet.
Beispiele für Terme sind: $2a$; $3a + b$; $a - 2b + 3$.
Ein Term, der aus nur einem Glied besteht, heißt Monom (griech., »mono-«, einzeln). Ein zweigliedriger Term wird Binom (lat., »bi-«, zwei), ein dreigliedriger Term Trinom (lat., »tri-«, drei) genannt. Der Term $2a$ ist ein Monom, der Term $3a + b$ ein Binom und $a - 2b + 3$ ein Trinom. Für Terme gelten alle Aussagen des Abschnitts 1.3.1. Da sich die Subtraktion eines Terms auf die Addition des entgegengesetzten Terms zurückführen läßt, kann man jeden mehrgliedrigen Term als eine Summe auffassen **(algebraische Summe)**. Eine algebraische Summe wird auch Polynom (griech., »poly-«, viel) genannt.
Für algebraische Summen gelten die bekannten Regeln:
**Summe, Differenz** (Auflösen von Klammern)

$$a + (b - c) = a + b - c\,; \qquad a - (b - c) = a - b + c \tag{1.16}$$

■ Steht ein Pluszeichen vor der Klammer, bleibt beim Auflösen der Klammer der Term in der Klammer unverändert.

■ Steht ein Minuszeichen vor der Klammer, sind beim Auflösen der Klammer bei dem in der Klammer stehenden Term alle Vorzeichen zu ändern.

Bei mehrfachen Klammern ist es zweckmäßig, mit dem Auflösen der Klammern von innen zu beginnen.

**Produkt algebraischer Summen**

$$(a + b)\,(c + d) = ac + ad + bc + bd \tag{1.17}$$

■ Das Produkt zweier Summen wird gebildet, indem jedes Glied der einen Summe mit jedem Glied der anderen Summe multipliziert wird und die Produkte addiert werden.

Das Multiplizieren einer algebraischen Summe mit einem Monom wird nach dem Distributivgesetz Gl. (1.13) ausgeführt.

**Beispiele**

1.55 $(3a-2b)(4a-b)-[a(2a+3b)-(a+b)(a-2b)]$

$= 12a^2-3ab-8ab+2b^2-[2a^2+3ab-(a^2-2ab+ab-2b^2)]$

$= 12a^2-11ab+2b^2-[2a^2+3ab-a^2+2ab-ab+2b^2]$

$= 12a^2-11ab+2b^2-[a^2+4ab+2b^2]$

$= 12a^2-11ab+2b^2-a^2-4ab-2b^2$

$= 11a^2-15ab$

1.56 $(u+v)(u-2v)(2u+3v)(3u-4v)$

$= (u^2-uv-2v^2)(6u^2+uv-12v^2)$

$$\begin{aligned} &= 6u^4 + u^3v - 12u^2v^2 \\ &\quad - 6u^3v - u^2v^2 + 12uv^3 \\ &\quad - 12u^2v^2 - 2uv^3 + 24v^4 \end{aligned}$$

$= 6u^4-5u^3v-25u^2v^2+10uv^3+24v^4$

## Binomische Formeln

$$(a+b)^2 = a^2+2ab+b^2; \qquad (a+b)(a-b) = a^2-b^2 \qquad (1.18a, b)$$

Diese Formeln sind für die Anwendung besonders wichtig. Deshalb sollte man sich ihre Struktur gut einprägen:
Das Quadrat eines Binoms wird berechnet, indem man beide Glieder quadriert ($a^2$; $b^2$), das Produkt $a \cdot b$ bildet und mit 2 multipliziert (d.h., man bildet das doppelte Produkt) und die drei Glieder summiert. – Mit Formel (1.18b) berechnet man das Produkt zweier Binome, die sich nur durch das Vorzeichen des zweiten Summanden unterscheiden: Man quadriert beide Glieder und bildet die Differenz.

**Beispiele**

1.57 $(2x-3y)^2 = (2x)^2+2(2x)(-3y)+(-3y)^2 = 4x^2-12xy+9y^2$

1.58 $(-3u^2v-5uv^2)^2 = (-3u^2v)^2+2(-3u^2v)(-5uv^2)+(-5uv^2)^2$

$= 9u^4v^2+30u^3v^3+25u^2v^4$

1.59 $(8xy+2)(8xy-2) = (8xy)^2-2^2 = 64x^2y^2-4$

1.60 $(-3a+2b)(-3a-2b) = (-3a)^2-(2b)^2 = 9a^2-4b^2$

## Faktorenzerlegung

Wenn jedes Glied einer algebraischen Summe den gleichen Faktor enthält, kann dieser ausgeklammert werden. Dabei wird die Eigenschaft der Distributivität (Gl. (1.13)), von rechts nach links gelesen, angewendet. Auch die binomischen Formeln, beide von rechts nach links gelesen, können genutzt werden. Ziel der Faktorenzerlegung ist, eine algebraische Summe in ein Monom umzuformen.
Die Faktorenzerlegung ist ein grundlegendes mathematisches Verfahren, das als Hilfsmittel zum Lösen vieler Probleme, z. B. in der Bruchrechnung, genutzt wird.

**Beispiele**

1.61 $15a^2-30ab+5a = 5a\cdot 3a-5a\cdot 6b+5a\cdot 1$

$= 5a(3a-6b+1)$

Der gemeinsame Faktor $5a$ wird ausgeklammert; der Term in der Klammer entsteht, indem jedes Glied der algebraischen Summe durch $5a$ dividiert wird. Das Ergebnis ist ein Monom, das aus den drei Faktoren 5, $a$ und $(3a-6b+1)$ besteht.

1.62 $ac - bc + 3a - 3b = c(a - b) + 3(a - b) = (a - b)(c + 3)$
Die gegebenen vier Glieder enthalten keinen gemeinsamen Faktor, aber in jeweils der Hälfte der Glieder kann man einen gemeinsamen Faktor ausklammern. Es entsteht ein Binom, dessen beide Glieder den gemeinsamen Faktor $(a - b)$ enthalten. Dieser wird ausgeklammert.

1.63 $16p^2 - 9q^2 = (4p + 3q)(4p - 3q)$
Die beiden Glieder enthalten keine gemeinsamen Faktoren, aber die binomische Formel (1.18b) ist anwendbar, denn die Summe besteht aus zwei quadratischen Termen mit verschiedenen Vorzeichen.

1.64 $16x^2 - 36y^2 = 4(4x^2 - 9y^2) = 4(2x + 3y)(2x - 3y)$
Zunächst wird der gemeinsame Faktor 4 ausgeklammert und der Term in der Klammer dann weiter mit Hilfe der binomischen Formel zerlegt.
Diese Reihenfolge wird für jede Faktorenzerlegung empfohlen:
(1) Gemeinsamen Faktor bestimmen und ausklammern;
(2) weitere Zerlegung nach einer binomischen Formel versuchen;
(3) Zerlegung durch Probieren versuchen (s. Beispiel 1.66).
Wenn die Summe in diesem Beispiel als erstes nach der binomischen Formel zerlegt würde, ergäbe sich $(4x + 6y)(4x - 6y)$, und bei diesem Produkt könnte möglicherweise nicht erkannt werden, daß sich aus jedem Klammerterm der Faktor 2 ausklammern läßt.

1.65 $4a^2 - 12ab + 9b^2 = (2a - 3b)^2$
Da der erste und dritte Summand die Quadrate von $2a$ und $3b$ sind, wird eine Zerlegung nach der binomischen Formel (1.18a) vermutet. Man macht den Ansatz $(2a - 3b)^2$ und muß überprüfen, ob der zweite Summand $-12ab$ das doppelte Produkt ist:
$2 \cdot (2a) \cdot (-3b) = -12ab$.
In der Summe $4a^2 - 10ab + 9b^2$ ist das z. B. nicht der Fall, folglich ist diese Summe nicht in Faktoren zerlegbar.

1.66 $2a^2 - 5ab - 12b^2 = (2a + 3b)(a - 4b)$
Diese Zerlegung wurde durch Probieren gefunden: Wegen $2a^2 = 2a \cdot a$ und $-12b^2 = 3b \cdot (-4b)$ wird das obenstehende Produkt der beiden Klammerterme als Ansatz für eine Faktorenzerlegung geschrieben. Der Ansatz wird durch Ausmultiplizieren entweder bestätigt, oder er ist zu ändern. Es kann auch möglich sein, daß die Summe nicht zerlegbar ist.

## Quotient algebraischer Summen

Die Division einer algebraischen Summe durch ein Monom wird gliedweise ausgeführt:

$$(a + b) : c = a : c + b : c \tag{1.19}$$

### Beispiel

1.67 $(8a^2b - 6ab^2 + 10a) : 2ab = 8a^2b : 2ab - 6ab^2 : 2ab + 10a : 2ab$

$$= 4a - 3b + \frac{5}{b}$$

Die gleiche Rechnung kann auch mit Bruchstrichen geschrieben werden:

$$\frac{8a^2b - 6ab^2 + 10a}{2ab} = \frac{8a^2b}{2ab} - \frac{6ab^2}{2ab} + \frac{10a}{2ab} = 4a - 3b + \frac{5}{b}$$

Die Division durch eine Summe wird nach dem Algorithmus (Rechenvorschrift) der **Partialdivision** ausgeführt.
Die einzelnen Schritte des Algorithmus sind (vgl. mit Beispiel 1.68):

(1) Dividend und Divisor werden nach dem gleichen Prinzip geordnet (z. B. die Variablen nach dem Alphabet – lexikographische Ordnung – und nach fallenden Potenzen einer Variablen);

im Beispiel: geordnet nach fallenden Potenzen von $a$

(2) das erste Glied des Dividenden (1. Klammernterm) wird **durch das erste Glied des Divisors** (2. Klammernterm) dividiert und der Quotient notiert;

im Beispiel: $9a^3 : 3a = 3a^2$

(3) der Quotient wird **mit dem gesamten Divisor** multipliziert und unter den Dividenden geschrieben;

im Beispiel: $(3a + 2b) \cdot 3a^2 = 9a^3 + 6a^2b$

(4) das Produkt wird vom Dividenden subtrahiert;

im Beispiel:
$$\begin{array}{r} (9a^3 - 9a^2b - 10ab^2) \\ \underline{-(9a^3 + 6a^2b) \qquad\quad} \\ -15a^2b - 10ab^2 \end{array}$$

(5) wenn die Differenz gleich Null ist, endet das Verfahren; wenn sie ungleich Null ist, wird bei (2) fortgesetzt (evtl. muß der neue Dividend, d. h. die in (4) berechnete Differenz, vorher geordnet werden).

Der Algorithmus wird fortgesetzt, bis die Differenz in (4) gleich Null ist oder sich die Division in (2) nicht mehr ausführen läßt. In diesem Fall geht die Division nicht auf; die in (4) berechnete Differenz ist dann der Rest.

Mittels einer Probe kann überprüft werden, ob der Algorithmus fehlerfrei ausgeführt wurde: Das Produkt aus Quotient und Divisor muß gleich dem Dividenden sein.

**Beispiele**

1.68 $(9a^3 - 10ab^2 - 9a^2b) : (3a + 2b)$

Ordnen nach fallenden Potenzen von $a$:

$$\begin{array}{l} (9a^3 - 9a^2b - 10ab^2) : (3a + 2b) = 3a^2 - 5ab \\ \underline{-(9a^3 + 6a^2b) \qquad\qquad} \\ \qquad -15a^2b - 10ab^2 \qquad \text{Division: } -15a^2b : 3a \\ \qquad \underline{-(-15a^2b - 10ab^2)} \\ \qquad\qquad\qquad 0 \end{array}$$

Probe: $(3a^2 - 5ab) \cdot (3a + 2b) = 9a^3 + 6a^2b - 15a^2b - 10ab^2$
$= 9a^3 - 9a^2b - 10ab^2$

1.69 $(x^3 - y^3) : (x - y)$

Beide Summen sind nach fallenden Potenzen von $x$ geordnet

$$\begin{array}{l} (x^3 - y^3) : (x - y) = x^2 + xy + y^2 \\ \underline{-(x^3 - x^2y)} \\ \qquad x^2y - y^3 \\ \quad \underline{-(x^2y - xy^2)} \\ \qquad\quad xy^2 - y^3 \\ \qquad \underline{-(xy^2 - y^3)} \\ \qquad\qquad 0 \end{array}$$

Subtraktion: $(x^3 - y^3) - (x^3 - x^2y) = -y^3 + x^2y$ ; und nach fallenden Potenzen von $x$ ordnen

Probe: $(x^2 + xy + y^2) \cdot (x - y)$
$= x^3 - x^2y + x^2y - xy^2 + xy^2 - y^3 = x^3 - y^3$

1.70 $(2x^3 - 5x + 3) : (4x + 8) = \frac{1}{2}x^2 - x + \frac{3}{4} - \frac{3}{4x+8}$

$$\begin{array}{l}
\underline{-(2x^3 + 4x^2)} \\
\quad -4x^2 - 5x + 3 \\
\quad \underline{-(-4x^2 - 8x)} \\
\qquad\qquad 3x + 3 \\
\qquad\quad \underline{-(3x + 6)} \\
\text{Rest:} \qquad\qquad -3
\end{array}$$

Das Divisionsverfahren endet mit dem Rest $-3$, denn die nächste Division wäre $(-3):(4x) = -\frac{3}{4x}$, und die Variable $x$ würde im Nenner auftreten. Im Quotienten wird ein gebrochener Term addiert, dessen Zähler gleich dem Rest und dessen Nenner gleich dem Divisor ist: $+\frac{-3}{4x+8} = -\frac{3}{4x+8}$.

Probe: $\left(\frac{1}{2}x^2 - x + \frac{3}{4} - \frac{3}{4x+8}\right) \cdot (4x + 8)$

$= 2x^3 - 4x^2 + 3x - 3 + 4x^2 - 8x + 6 = 2x^3 - 5x + 3$

## Kontrollfragen

1.27 Nach welchen Regeln werden Klammern aufgelöst?

1.28 Was ist das Ziel der Faktorenzerlegung einer algebraischen Summe, und welche Schrittfolge wird empfohlen?

**Aufgaben: 1.24 bis 1.26**

### 1.3.4 Bruchrechnung

Der Bruch $\frac{a}{b}$ $(b \neq 0)$ heißt **echter Bruch**, wenn $\left|\frac{a}{b}\right| < 1$; er heißt **unechter Bruch**, wenn $\left|\frac{a}{b}\right| \geqq 1$.

Beispiele: $\frac{9}{10}$ und $-\frac{2}{5}$ sind echte Brüche, $-\frac{7}{4}$ und $\frac{3}{3} = 1$ sind unechte Brüche.

Formänderungen eines Bruches, die seinen Wert nicht ändern (also nur andere Darstellungen der gleichen rationalen Zahl ergeben), sind

**Kürzen:** $\frac{a}{b} = \frac{a:c}{b:c}$ und **Erweitern:** $\frac{a}{b} = \frac{a \cdot c}{b \cdot c}$ $(b, c \neq 0)$.

Zähler $a$ und Nenner $b$ werden durch den gleichen Term $c$ dividiert bzw. mit dem gleichen Term $c$ multipliziert.

**Addition:** $\frac{a}{b} + \frac{c}{b} = \frac{a+c}{b}$

**Multiplikation:** $\frac{a}{b} \cdot \frac{c}{d} = \frac{a \cdot c}{b \cdot d}$; **Division:** $\frac{a}{b} : \frac{c}{d} = \frac{a}{b} \cdot \frac{d}{c}$ (1.20)

*Addition:* Wenn die Brüche gleichnamig sind, werden die Zähler addiert (der Nenner bleibt unverändert). Ungleichnamige Brüche werden vor dem Addieren gleichnamig gemacht, d.h., sie werden durch Erweitern zu Brüchen mit gleichem Nenner gemacht. Der gemeinsame Nenner ist in der Regel der Hauptnenner (das kleinste gemeinschaftliche Vielfache aller Nenner).

*Multiplikation:* Das Produkt ist ein Bruch, dessen Zähler das Produkt der Zähler und dessen Nenner das Produkt der Nenner der Brüche ist.

*Division:* Die Division wird auf die Multiplikation zurückgeführt, d.h., $\frac{a}{b}$ wird mit dem reziproken Wert von $\frac{c}{d}$ $\left(\text{d. h. mit } \frac{d}{c}\right)$, multipliziert.

Multiplikation (Division) mit ganzzahligen Termen wird nach den gleichen Regeln ausgeführt, denn jeder ganze Term läßt sich als Bruch mit dem Nenner 1 schreiben, z.B.

$$\frac{a}{b}\cdot c=\frac{a}{b}\cdot\frac{c}{1}=\frac{a\cdot c}{b}; \qquad \frac{a}{b}:c=\frac{a}{b}:\frac{c}{1}=\frac{a}{b}\cdot\frac{1}{c}=\frac{a}{b\cdot c}.$$

**Beispiele**

1.71 Die folgenden Brüche sind zu kürzen:

a) $\frac{48a^2b}{20ab^2}=\frac{16\cdot 3\cdot a^2b}{4\cdot 5\cdot ab^2}=\frac{16\cdot 3\cdot a^2b:(4ab)}{4\cdot 5\cdot ab^2:(4ab)}=\frac{12a}{5b}$

b) $\frac{30mn+36n^2}{25m^2-36n^2}=\frac{6n(5m+6n)}{(5m+6n)(5m-6n)}=\frac{6n}{5m-6n}$

Zähler- und Nennerterm werden in Faktoren zerlegt, damit man die gemeinsamen Faktoren ermitteln kann: Im Zähler wird $6n$ ausgeklammert, im Nenner nach der binomischen Formel $a^2-b^2$ zerlegt.

Ziel des Kürzens ist, den Bruch zu vereinfachen. Man könnte zwar noch das Ergebnis mit $6n$ kürzen, aber es ergäbe sich ein Doppelbruch, also kein einfacherer Bruch:

$$\frac{6n:6n}{(5m-6n):6n}=\frac{1}{\frac{5m}{6n}-1}$$

c) $\frac{8ax-6bx}{6bx^2-8ax^2}=\frac{2x(4a-3b)}{2x^2(3b-4a)}=\frac{-2x(3b-4a)}{2x^2(3b-4a)}=-\frac{1}{x}$

Die Klammernterme $(4a-3b)$ und $(3b-4a)$ sind entgegengesetzt gleich. Man kann kürzen, wenn man aus einem Term (z.B. im Zähler) den Faktor $-1$ ausklammert: $(4a-3b)=(-1)(-4a+3b)=-(3b-4a)$

d) $\frac{3x^2-2xy-8y^2}{2x^2-8y^2}=\frac{(3x+4y)(x-2y)}{2(x+2y)(x-2y)}=\frac{3x+4y}{2(x+2y)}$

Die Zerlegung des Zählerterms wird durch Probieren gefunden; im Nennerterm wird zunächst 2 ausgeklammert und dann nach der binomischen Formel $a^2-b^2$ zerlegt: $2x^2-8y^2=2(x^2-4y^2)=2(x+2y)(x-2y)$.

e) $\frac{3b-2a}{v-u}=\frac{-(2a-3b)}{-(u-v)}=\frac{2a-3b}{u-v}$

Im Zähler- und im Nennerterm werden die Faktoren $-1$ ausgeklammert und gekürzt. Damit wird erreicht, daß sich bei allen Gliedern des Zählers und des Nenners die Vorzeichen ändern.

f) $\frac{16u-9v}{4u-3v}$ und $\frac{4a+m}{4am}$ lassen sich durch Kürzen nicht vereinfachen, da Zähler und Nenner keine gemeinsamen Faktoren haben.

1.72 Die folgenden Brüche sind gleichnamig zu machen:

a) $\frac{1}{12a^2b}$; $\frac{1}{20ab^2c}$; $\frac{1}{32bc}$

Die Nenner werden in Faktoren zerlegt. Der Hauptnenner $N$ wird aus den Faktoren der Nenner zusammengesetzt: Er enthält jeden Faktor in der höchsten Potenz, in der er auftritt. Die Erweiterungsfaktoren der Brüche ergeben sich, indem $N$ durch den jeweiligen Nenner dividiert wird, z. B. beim ersten Bruch $N/(12a^2b)$.

| Nenner | Zerlegung | Erweiterungsfaktor |
|---|---|---|
| $12a^2b$ | $2^2 \cdot 3a^2b$ | $2^3 \cdot 5bc = 40bc$ |
| $20ab^2c$ | $2^2 \cdot 5ab^2c$ | $2^3 \cdot 3a = 24a$ |
| $32bc$ | $2^5bc$ | $3 \cdot 5a^2b = 15a^2b$ |
| $N = 2^5 \cdot 3 \cdot 5a^2b^2c = 480a^2b^2c$ | | |

Die erweiterten gleichnamigen Brüche sind

$$\frac{1 \cdot 40bc}{12a^2b \cdot 40bc} = \frac{40bc}{480a^2b^2c}; \quad \frac{24a}{480a^2b^2c}; \quad \frac{15a^2b}{480a^2b^2c}$$

b) $\frac{b}{a}$; $\frac{a}{a+b}$; $\frac{c}{ab}$

Die Summe $a + b$ läßt sich nicht in Faktoren zerlegen und wird ein Faktor $(a + b)$ des Hauptnenners: $N = ab(a + b)$.

Erweiterungsfaktoren:

$N/a = b(a + b)$; $N/(a + b) = ab$; $N/(ab) = (a + b)$

Die erweiterten gleichnamigen Brüche sind

$$\frac{b^2(a+b)}{ab(a+b)}; \quad \frac{a^2b}{ab(a+b)}; \quad \frac{c(a+b)}{ab(a+b)}$$

c) $\frac{2x}{9x-6y}$; $\frac{3x-y}{18x^2-8y^2}$; $\frac{y}{12x}$

$9x - 6y = 3(3x - 2y)$; $18x^2 - 8y^2 = 2(3x + 2y)(3x - 2y)$;

$12x = 2^2 \cdot 3 \cdot x$ ergibt $N = 12x(3x + 2y)(3x - 2y)$

Erweiterungsfaktoren:

$4x(3x + 2y)$; $6x$; $(3x + 2y)(3x - 2y)$

Die erweiterten gleichnamigen Brüche sind

$$\frac{8x^2(3x+2y)}{12x(3x+2y)(3x-2y)}; \quad \frac{6x(3x-y)}{12x(3x+2y)(3x-2y)}; \quad \frac{y(3x+2y)(3x-2y)}{12x(3x+2y)(3x-2y)}$$

1.73 Die folgenden Brüche sind zu addieren:

a) $$\frac{12a}{5m} + \frac{3b}{5m} - \frac{12a-7b}{5m} = \frac{12a+3b-(12a-7b)}{5m} = \frac{10b}{5m} = \frac{2b}{m}$$

Beim Addieren sind mehrgliedrige Zähler in Klammern zu setzen.

b) $$\frac{b}{a} + \frac{a}{a+b} + \frac{c}{ab} = \frac{b^2(a+b) + a^2b + c(a+b)}{ab(a+b)} = \frac{a^2b + ab^2 + ac + bc + b^3}{ab(a+b)}$$

(s. Beispiel 1.72 b).

Die Summe im Zählerterm wurde nach fallenden Potenzen von $a$ geordnet.

c) $$\frac{2a-c}{\underbrace{6a^2-4ab}_{2a(3a-2b)}} - \frac{4b-3c}{\underbrace{12ab-8b^2}_{4b(3a-2b)}} = \frac{(2a-c)2b-(4b-3c)a}{4ab(3a-2b)}$$

$$= \frac{4ab-2bc-4ab+3ac}{4ab(3a-2b)} = \frac{3ac-2bc}{4ab(3a-2b)} = \frac{c(3a-2b)}{4ab(3a-2b)} = \frac{c}{4ab}$$

Nach dem Addieren ist zu untersuchen, ob sich der Zähler in Faktoren zerlegen läßt, um evtl. kürzen zu können.

d) $\underbrace{\frac{a}{a^2-1}}_{(a+1)(a-1)} - \underbrace{\frac{1}{a}}_{a} + \underbrace{\frac{1}{a-a^2}}_{a(1-a)} = \frac{a}{(a+1)(a-1)} - \frac{1}{a} - \frac{1}{a(a-1)}$

$= \frac{a^2-(a+1)(a-1)-1(a+1)}{a(a+1)(a-1)} = \frac{a^2-a^2+1-a-1}{a(a+1)(a-1)} = \frac{-a}{a(a+1)(a-1)} = -\frac{1}{a^2-1}$

Da $(1-a)$ und $(a-1)$ entgegengesetzt gleich sind, wird bei $(1-a)$ der Faktor $-1$ ausgeklammert. Um die Rechnung zu vereinfachen, wird dieser Faktor als Minuszeichen vor den dritten Bruch geschrieben.

e) $\frac{1}{a+3} + \frac{1}{a+4} - \frac{2}{a+12} = \frac{1(a+4)(a+12)+1(a+3)(a+12)-2(a+3)(a+4)}{(a+3)(a+4)(a+12)}$

$= \frac{17a+60}{(a+3)(a+4)(a+12)}$

Da sich die Nenner nicht in Faktoren zerlegen lassen, ist jeder Nenner ein Faktor des Hauptnenners.

1.74 Die folgenden Brüche sind zu multiplizieren bzw. zu dividieren:

a) $\frac{42x^2y}{55ab} \cdot \frac{44a^2}{35xy} = \frac{6x}{5b} \cdot \frac{4a}{5} = \frac{24ax}{25b}$

Um mit möglichst einfachen Termen zu rechnen, werden diese vor dem Multiplizieren gekürzt: 42 und 35 mit der Zahl 7, $x^2y$ und $xy$ mit $xy$ usw.

b) $\frac{6a^2+9ab}{4b^2} \cdot \frac{7bc}{4a^2-9b^2} = \frac{3a(2a+3b)}{4b^2} \cdot \frac{7bc}{(2a+3b)(2a-3b)}$

$= \frac{3a}{4b} \cdot \frac{7c}{2a-3b} = \frac{21ac}{4b(2a-3b)}$

c) $\frac{m^2-4mn+4n^2}{3x^2-6xy} : \frac{4m-8n}{10y-5x} = \frac{(m-2n)^2}{3x(x-2y)} \cdot \frac{5(2y-x)}{4(m-2n)}$

$= \frac{(m-2n)}{3x(x-2y)} \cdot \frac{-5(x-2y)}{4} = \frac{-5(m-2n)}{12x} = \frac{10n-5m}{12x}$

c) $\frac{4u^2-9v^2}{5uv} : (2u+3v) = \frac{(2u-3v)(2u+3v)}{5uv} : \frac{(2u+3v)}{1}$

$= \frac{(2u-3v)(2u+3v)}{5uv} \cdot \frac{1}{(2u+3v)} = \frac{2u-3v}{5uv}$

**Doppelbrüche** können durch **Erweitern mit dem Hauptnenner** der in Zähler und Nenner des Doppelbruchs auftretenden Nenner in einfache Brüche umgeformt werden.

**Beispiele**

1.75 $\frac{\frac{a}{b}+2c}{c-\frac{a}{2b}} = \frac{\left(\frac{a}{b}+2c\right)\cdot 2b}{\left(c-\frac{a}{2b}\right)\cdot 2b} = \frac{2a+4bc}{2bc-a} = \frac{2(a+2bc)}{2bc-a}$

1.76 $\frac{\frac{p}{q}+\frac{q}{p}+2}{\frac{p}{q}-\frac{q}{p}} = \frac{\left(\frac{p}{q}+\frac{q}{p}+2\right)\cdot pq}{\left(\frac{p}{q}-\frac{q}{p}\right)\cdot pq} = \frac{p^2+q^2+2pq}{p^2-q^2} = \frac{(p+q)^2}{(p+q)(p-q)} = \frac{p+q}{p-q}$

1.77 $\frac{a}{1-\frac{a}{a+\frac{1}{a}}} = \frac{a}{1-\frac{a\cdot a}{\left(a+\frac{1}{a}\right)\cdot a}} = \frac{a}{1-\frac{a^2}{a^2+1}} \cdot \frac{(a^2+1)}{(a^2+1)}$

$= \frac{a(a^2+1)}{(a^2+1)-a^2} = \frac{a(a^2+1)}{1} = a(a^2+1)$

1.78 Die Gleichung $\frac{1}{R} = \frac{1}{R_1} + \frac{1}{R_2}$ ist nach $R$ aufzulösen.

*Lösung:*

Auf beiden Seiten der Gleichung geht man zum reziproken Term über: $R = \frac{1}{\frac{1}{R_1} + \frac{1}{R_2}}$

Der Doppelbruch wird durch Erweitern umgeformt:

$$R = \frac{1 \cdot R_1 R_2}{\left(\frac{1}{R_1} + \frac{1}{R_2}\right) \cdot R_1 R_2} = \frac{R_1 R_2}{R_2 + R_1} = \frac{R_1 R_2}{R_1 + R_2}$$

## Kontrollfragen

1.29 Welche Bedingung muß erfüllt sein, damit $\frac{a}{b}$ ein echter Bruch ist?

1.30 Wie werden zwei Brüche multipliziert, und wie werden sie dividiert?

1.31 Wie werden Doppelbrüche in einfache Brüche umgeformt?

## Aufgaben: 1.27 bis 1.33

### 1.3.5 Proportionen

In der Mathematik und ihrer Anwendung in der Praxis sind Größenvergleiche weit verbreitet. Wenn zum Vergleich zweier Zahlen (oder Größen) $a$ und $b$ der Quotient $\frac{a}{b}$ gebildet wird, so nennt man diesen Quotienten das **Verhältnis** der beiden Zahlen (bzw. Größen).

Ein Bruch $\frac{a}{b} = a : b$, als Verhältnis aufgefaßt, wird auch gelesen: »$a$ zu $b$«.

## Beispiele

1.79 Die Maßeinheit Radiant (rad) des ebenen Winkels wird als Verhältnis der Länge des Kreisbogens $b$, den die Schenkel des Winkels aus einem Kreis ausschneiden, dessen Mittelpunkt im Scheitelpunkt des Winkels liegt, zum Radius dieses Kreises definiert: $\alpha = \frac{b_1}{r_1} = \frac{b_2}{r_2} = \frac{b}{r}$ (Bild 1.13).

1.80 Ein Vergleich der Wärmeleitfähigkeit (in W/(mK), d. h. Watt/(Meter · Kelvin)) von Kork (0,038) und Stahl (52) ergibt das Verhältnis $52/0{,}038 \approx 1{,}37 \cdot 10^3$, d. h., die Leitfähigkeit von Stahl ist mehr als 1000mal so groß wie die von Kork.

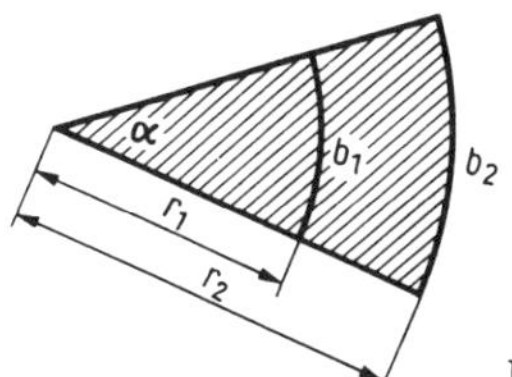


Bild 1.13

1.81 Bei der gleichförmigen Bewegung eines Körpers wird die Geschwindigkeit als das Verhältnis des zurückgelegten Weges zur benötigten Zeit definiert: $v = \frac{s}{t}$.

■ Eine Gleichung zwischen zwei Verhältnissen heißt **Proportion** (Verhältnisgleichung):

$$\frac{a}{b} = \frac{c}{d} \quad \text{oder} \quad a : b = c : d \tag{1.21}$$

Man bezeichnet $a$, $b$, $c$, $d$ als Glieder der Proportion; $a$ und $d$ sind die Außen-, $b$ und $c$ die Innen-, $a$ und $c$ die Vorder-, $b$ und $d$ die Hinterglieder.

Die Proportion kann gelesen werden: »es verhält sich $a$ zu $b$ wie $c$ zu $d$«.

Multiplizieren der Proportion mit $bd$ ergibt die

■ **Produktgleichung:** $a \cdot d = b \cdot c$ (1.21 a)

Das Produkt der Außenglieder ist gleich dem Produkt der Innenglieder.

Jede Proportion ist einer Produktgleichung äquivalent. Mit ihrer Hilfe kann man z. B. ein Glied einer Proportion aus den anderen Gliedern berechnen.
Wenn die Innenglieder gleich sind ($b = c$), werden sie **mittlere Proportionale** genannt. Aus $a : c = c : d$ folgt $c^2 = ad$, $c = \sqrt{ad}$.

## Beispiele

1.82 Die Proportion $\frac{a}{\sin\alpha} = \frac{b}{\sin\beta}$ ist nach dem Term $\sin\beta$ umzustellen.

*Lösung:*
Produktgleichung $a \cdot \sin\beta = b \cdot \sin\alpha$
Division durch $a$ ergibt $\sin\beta = \frac{b \cdot \sin\alpha}{a}$

1.83 Aus der Proportion $\frac{3u + 2v}{x - 2v} = \frac{9u^2 - 4v^2}{3u}$ ist $x$ zu berechnen.

*Lösung:*
Produktgleichung

$$(x - 2v)(9u^2 - 4v^2) = 3u(3u + 2v)$$

$$x - 2v = \frac{3u(3u + 2v)}{(9u^2 - 4v^2)}$$

$$x - 2v = \frac{3u(3u + 2v)}{(3u + 2v)(3u - 2v)}$$

$$x = \frac{3u}{3u - 2v} + 2v = \frac{3u}{3u - 2v} + \frac{2v(3u - 2v)}{3u - 2v}$$

$$x = \frac{3u + 6uv - 4v^2}{3u - 2v}$$

1.84 Die mittlere Proportionale zu $a_1 = 4$ und $d_1 = 9$ ist $c_1^2 = 4 \cdot 9 = 36$, d. h., $c_1 = 6$. Damit ergibt sich die Proportion:
$4 : 6 = 6 : 9$.
Für $a_2 = -6$, $d_2 = -2$ ist $c_2^2 = (-6) \cdot (-2) = 12$, $c_2 = \sqrt{12}$, und die Proportion ist $(-6) : \sqrt{12} = \sqrt{12} : (-2)$.
Die Berechnung der mittleren Proportionale ist nicht eindeutig. Für $c_1$ ist eine zweite Lösung die Zahl $-6$, denn es ist $4 : (-6) = (-6) : 9$, entsprechend ist auch $c_2 = -\sqrt{12}$.

**Direkte Proportionalität**

Wenn in dem Verhältnis, mit dem die Maßeinheit Radiant eines Winkels definiert wird (s. Beispiel 1.79, Bild 1.13), bei konstantem Winkel $\alpha$ der Radius $r$ geändert wird, ändert sich auch die Kreisbogenlänge $b$; das Verhältnis $\frac{b}{r}$ bleibt konstant:

$$\frac{b_1}{r_1} = \frac{b_2}{r_2} = \ldots = \alpha.$$

Der gleiche Zusammenhang besteht bei der gleichförmigen Bewegung eines Körpers (s. Beispiel 1.81) zwischen dem zurückgelegten Weg $s$ und der benötigten Zeit $t$, z. B. gilt für $v = 5\,\frac{\text{m}}{\text{s}}$

| $s$/m | 10 | 20 | 30 | 40 |
|---|---|---|---|---|
| $t$/s | 2 | 4 | 6 | 8 |

d. h., $\frac{s_1}{t_1} = \frac{s_2}{t_2} = \ldots = v.$

Zwei Variablen $x$ und $y$, für die das Verhältnis zusammengehörender Werte konstant ist, heißen **direkt proportional** zueinander ($y \sim x$, gelesen: »$y$ proportional $x$«):

$$\frac{y}{x} = c\,; \qquad y = cx \tag{1.22}$$

Die Konstante $c$ heißt Proportionalitätsfaktor. Die graphische Darstellung ist eine Gerade durch den Ursprung mit dem Anstieg $c$ (Bild 1.14).

**Indirekte Proportionalität**

Wenn bei der gleichförmigen Bewegung eines Körpers der zurückgelegte Weg als konstant angenommen wird und der Zusammenhang zwischen Geschwindigkeit und Zeit interessiert, so gilt z. B.

für $s = 120$ m

| $v$/(m/s) | 10 | 20 | 30 | 60 |
|---|---|---|---|---|
| $t$/s | 12 | 6 | 4 | 2 |

d. h., $v_1 t_1 = v_2 t_2 = \ldots = s.$

Zwei Variablen $x$ und $y$, für die das Produkt zusammengehörender Werte konstant ist, heißen **indirekt** (umgekehrt) **proportional** zueinander:

$$y \cdot x = c\,; \qquad y = \frac{c}{x} \tag{1.23}$$

$\left(\text{wegen } y = c \cdot \frac{1}{x} \text{ schreibt man } y \sim \frac{1}{x}, \text{ gelesen: »}y \text{ proportional } \frac{1}{x}\text{«}\right)$. Die Konstante $c$ heißt Proportionalitätsfaktor. Die graphische Darstellung ist eine Hyperbel (Bild 1.15). Proportionalitäten sind wichtige Zusammenhänge zwischen Größen.

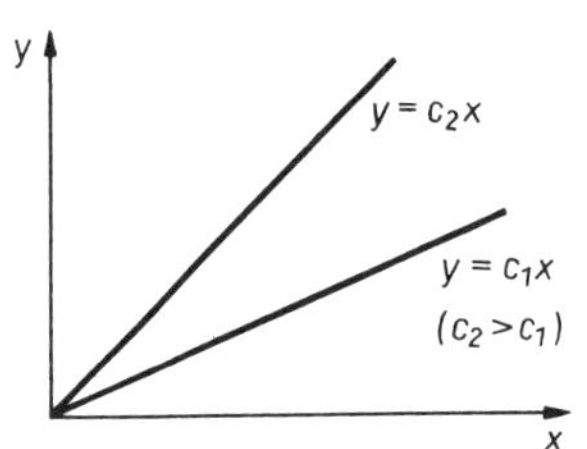

Bild 1.14

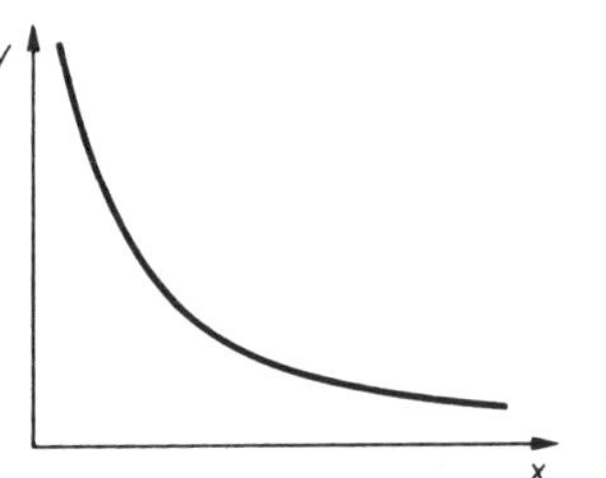

Bild 1.15

**Beispiele**

1.85 Für den Widerstand eines (elektrischen) Leiters gilt $R = \varrho \frac{l}{A}$ ($\varrho$ ist der spezifische Widerstand in $\Omega$ mm²m⁻¹; $l$ ist die Länge in m, $A$ der Leiterquerschnitt in mm²).

Wegen $R = \frac{\varrho}{A} l \sim l$ (wenn $\frac{\varrho}{A}$ konstant ist) sind Widerstand und Leiterlänge direkt proportional zueinander. Entsprechend sind $R$ und $\varrho$ direkt proportional $\left(R = \frac{l}{A}\varrho \sim \varrho\right)$, aber $R$ und $A$ sind indirekt proportional $\left(R = \varrho l \cdot \frac{1}{A} \sim \frac{1}{A}\right)$.

1.86 Die thermische Zustandsgleichung $pV = mRT$ verknüpft die Menge $m$ eines Gases in kg, den Druck $p$ in Pa (Pascal), das Volumen $V$ in m³, die Temperatur $T$ in K (Kelvin) und die spezielle Gaskonstante $R$ in kJ (kg)⁻¹ K⁻¹ (1 J = 1 Joule). Proportionale Zusammenhänge erkennt man durch Auflösen der Gleichung nach einer Variablen, z. B. ist $V = \frac{mRT}{p}$, d. h., $V \sim \frac{1}{p}$ (wenn $m$, $R$ und $T$ konstant sind) und entsprechend $V \sim m$, $V \sim R$ und $V \sim T$.

1.87 Wenn an einem Widerstand $R$ eine Spannung $U$ anliegt und ein Strom $I$ fließt, so ist die Leistung $P = U \cdot I$.

Man könnte $P \sim U$ und $P \sim I$ vermuten. Diese Vermutung trifft aber nicht zu, da $U$ und $I$ voneinander abhängig sind ($I = \frac{U}{R}$, Ohmsches Gesetz). Einsetzen des Terms $\frac{U}{R}$ in die Gleichung für $P$ ergibt $P = \frac{U^2}{R}$.

$P$ und $U$ sind also nicht direkt proportional, sondern es besteht ein quadratischer Zusammenhang.

Das Beispiel zeigt, daß zwischen den Variablen einer Gleichung keine Abhängigkeiten bestehen dürfen, wenn die Variablen auf Proportionalität untersucht werden sollen.

## Prozent-, Zinsrechnung

Auf vielen Gebieten der Praxis wird mit Prozent (lat. »pro centum«, entsprechend hundert) und Promille (lat. »mille«, tausend) gerechnet. Mit ihnen werden spezielle Brüche bezeichnet.

$$1\% = \frac{1}{100} = 0{,}01\,; \qquad 1‰ = \frac{1}{1000} = 0{,}001 \tag{1.24}$$

**Beispiel**

1.88 Die Zahlen 0,340 und 0,002 8 sind in Prozent und Promille zu schreiben.

*Lösung:*

0,340 = 34,0 · 0,01 = 34,0 %; 0,340 = 340 · 0,001 = 340 ‰

0,002 8 = 0,28 %; 0,002 8 = 2,8 ‰

In Prozent (oder Promille) kann das Verhältnis zweier Zahlen (oder Größen) ausgedrückt werden.

■ Der **Prozentsatz** $p$ ist das Verhältnis eines Wertes $a$ zu einem **Grundwert** (Bezugswert) $b$:

$$p = \frac{a}{b} \tag{1.25}$$

Bei jeder Prozentberechnung ist zunächst zu entscheiden, welcher Wert der Grundwert ist.

## Beispiele

1.89 Der Index der industriellen Nettoproduktion in einem Industriezweig war 2000 gleich 200 und 2005 gleich 250 (1985 ≙ 100). Welche prozentuale Änderung ergibt sich mit a) 2000, b) 2005 als Bezugswert?

*Lösung:*

a) $p_1 = \frac{250}{200} = 1{,}25 = 125\,\%$, d. h., ein Zuwachs von 100 % auf 125 % bzw. um 25 % (bezogen auf 2000).

b) $p_2 = \frac{200}{250} = 0{,}80 = 80\,\%$, d. h., ein Zuwachs von 80 % auf 100 % bzw. um 20 % (bezogen auf 2005).

Da sich die Prozentwerte wegen des unterschiedlichen Bezugswerts unterscheiden, ist bei Prozentangaben stets der Bezugswert anzugeben ($p_1$ und $p_2$ sind reziproke Zahlen).

1.90 Von der Elbe sind bei einer Gesamtlänge von 1 165 km 81,3 % schiffbar, von der schiffbaren Länge sind 15,0 % für Seeschiffe schiffbar. Wie lang sind a) der schiffbare und b) der für Seeschiffe schiffbare Anteil?

*Lösung:*

a) Grundwert $b = 1\,165$ km. Aus Gl. (1.25) folgt $a = p \quad b = 81{,}3\,\% \cdot b = 0{,}813 \cdot 1\,165$ km $= 947$ km.

b) Grundwert $b = 947$ km. $a = 15{,}0\,\% \cdot 947$ km $= 142$ km.

1.91 Der Schweriner See hat mit 65,5 km² eine Fläche, die um 69,25 % größer ist als die Fläche des Plauer Sees (in Mecklenburg/Vorpommern). Die Prozentzahl bezieht sich auf die Fläche des Plauer Sees. Es ist die Fläche des Plauer Sees zu berechnen.

*Lösung:*

Die Formulierung »um 69,25 % größer als« bedeutet $p = 169{,}25\,\%$. Zu berechnen ist der Grundwert:

$$b = \frac{a}{p} = \frac{65{,}5\ \text{km}^2}{1{,}692\,5} = 38{,}7\ \text{km}^2$$

Der Plauer See hat eine Fläche von 38,7 km².

Die **Zinsrechnung** ist eine Anwendung der Prozentrechnung.
Der Prozentsatz $p$ heißt **Zinsfuß**, der Grundwert $b$ heißt **Grundbetrag**, $a$ sind die **Zinsen**.

Dabei ist zu beachten, daß bei mehrmaliger Verzinsung die Zinsen jährlich zum Grundbetrag addiert werden und sich damit der Grundbetrag nach jedem Jahr erhöht. Aufgaben solcher Art können hier nicht gelöst werden. Sie sind Aufgabe der Zinseszinsrechnung (s. Abschn. 6). Mit den Ansätzen dieses Abschnitts sind nur Probleme mit einfacher Verzinsung lösbar.

## Beispiele

1.92 Für 12 500 € Grundbetrag und 3,25 % Zinsfuß sind die Zinsen zu berechnen.
*Lösung:*

$$a = p \cdot b = 0{,}0325 \cdot 12\,500\text{ €} = 406{,}25\text{ €}$$

1.93 Wie groß ist ein Geldbetrag, der bei 5 % Zinsfuß auf 18 900 € wächst?
*Lösung:*
Der Betrag wächst von 100 % auf 105 %, d. h., $p = 105\,\% = 1{,}05$.

$$b = \frac{a}{p} = \frac{18900\text{ €}}{1{,}05} = 18000\text{ €}$$

Der Grundbetrag ist 18 000 €.

## Kontrollfragen

1.32 Welche Arten von Proportionalität gibt es zwischen zwei Variablen $x$ und $y$? Durch welche Gleichungen sind $x$ und $y$ verknüpft, und welche Form haben die graphischen Darstellungen?

1.33 Was bedeuten 1 Prozent (1 %) und 1 Promille (1 ‰)?

1.34 Nach welcher Gleichung wird der Prozentsatz $p$ berechnet?

**Aufgaben: 1.34 bis 1.37**

### 1.3.6 Summenzeichen

Wenn in einer Summe die Summanden nach einer bestimmten Regel gebildet werden, so kann diese Summe abkürzend mit Hilfe des Summenzeichens geschrieben werden.

## Definition

**Das Summenzeichen** bedeutet in Verbindung mit einem Variablenterm eine aus mehreren Summanden bestehende Summe:

$$\sum_{i=1}^{n} a_i = a_1 + a_2 + \ldots + a_n \tag{1.26}$$

Die Variable $i$ heißt **Summationsindex** ($i \in G$). Er durchläuft alle Werte von der **unteren** bis zur **oberen** (Summations-) **Grenze**. Sie werden unten und oben an das Summenzeichen geschrieben.

Die untere Grenze darf auch eine andere Zahl als 1 sein.

**Beispiele**

1.94 $\sum_{i=1}^{5} i^2 = 1^2 + 2^2 + 3^2 + 4^2 + 5^2$ (Summe aller Quadratzahlen von 1 bis 5)

1.95. $\sum_{k=3}^{6} \frac{1}{k(k+1)} = \frac{1}{3 \cdot 4} + \frac{1}{4 \cdot 5} + \frac{1}{5 \cdot 6} + \frac{1}{6 \cdot 7}$

Die gleiche Summe wird dargestellt durch $\sum_{k=4}^{7} \frac{1}{(k-1)k}$

1.96 $\sum_{n=-2}^{1} (n+1)^2 = (-1)^2 + 0^2 + 1^2 + 2^2$

1.97 $\sum_{m=3}^{3} \frac{1}{m} = \frac{1}{3}$ 1.98 $\sum_{i=1}^{3} 12 = 12 + 12 + 12 = 36$

Beispiel 1.95 zeigt, daß für eine Summe verschiedene Darstellungen mit dem Summenzeichen möglich sind.

**Rechenregeln**

Es gilt stets:

$$\sum_{i=1}^{n} (a_i + b_i) = \sum_{i=1}^{n} a_i + \sum_{i=1}^{n} b_i \qquad (1.27)$$

konstanter Faktor: Konstante:

$$\sum_{i=1}^{n} ca_i = c\sum_{i=1}^{n} a_i \qquad \sum_{i=1}^{n} c = nc \qquad (1.28)\,(1.29)$$

Im allgemeinen gilt (d. h., es gibt Ausnahmen):

$$\sum_{i=1}^{n} a_i b_i \neq \sum_{i=1}^{n} a_i \cdot \sum_{i=1}^{n} b_i \qquad (1.30)$$

**Beispiele**

1.99 $\sum_{k=1}^{3} (x_k + y_k - z_k) = (x_1 + y_1 - z_1) + (x_2 + y_2 - z_2) + (x_3 + y_3 - z_3)$

$= (x_1 + x_2 + x_3) + (y_1 + y_2 + y_3) - (z_1 + z_2 + z_3)$

$= \sum_{k=1}^{3} x_k + \sum_{k=1}^{3} y_k - \sum_{k=1}^{3} z_k$, vgl. Gl. (1.27)

1.100 $\sum_{n=1}^{3} zu_n = zu_1 + zu_2 + zu_3 = z\sum_{n=1}^{3} u_n$, vgl. Gl. (1.28)

1.101 $\sum_{j=1}^{3} k = k + k + k = 3k$, vgl. Gl. (1.29)

1.102 $\sum_{i=1}^{3} a_i b_i = a_1 b_1 + a_2 b_2 + a_3 b_3$ ist zu unterscheiden von

$\sum_{i=1}^{3} a_i \cdot \sum_{i=1}^{3} b_i = (a_1 + a_2 + a_3)\,(b_1 + b_2 + b_3)$, vgl. Gl. (1.30)

Das Summenzeichen ist der griechische Großbuchstabe »Sigma«. Auch Produkte können abgekürzt geschrieben werden, und zwar mit dem griechischen Großbuchstaben »Pi«: $\prod_{i=1}^{n} a_i = a_1 \cdot a_2 \cdot \ldots \cdot a_n$. Es gelten entsprechende Regeln wie für das Summenzeichen.

**Kontrollfragen**

1.35 Aus welchem Zahlenbereich müssen die Werte sein, die der Summationsindex annehmen darf?

1.36 Kann man beim Summieren einer Summe das Summieren summandenweise durchführen, und kann man beim Summieren eines Produktes das Summieren faktorenweise durchführen (Gln. (1.27), (1.30))?

**Aufgaben: 1.38 und 1.39**

## 1.4 Rechenoperationen dritter Stufe

### 1.4.0 Vorbemerkung

Die Rechenoperationen dritter Stufe sind das Rechnen mit Potenzen, Wurzeln und Logarithmen (Potenzieren, Radizieren und Logarithmieren). In diesem Abschnitt werden die im Unterricht der vorausgehenden Bildungseinrichtungen erworbenen Kenntnisse zusammengefaßt, erweitert (besonders im Bereich des Rechnens mit Logarithmen) und durch Übungen gefestigt. Sie werden ergänzt durch ein Verfahren zur Berechnung der Potenz $(a + b)^n$ eines Binoms.

### 1.4.1 Rechnen mit Potenzen und Wurzeln

Wenn ein Term $a$ mehrfach ($n$-mal) mit sich selbst multipliziert wird, kann man das Produkt in abgekürzter Form als Potenz schreiben:

■ **Definition der Potenz:**

$$\underbrace{a \cdot a \ldots a}_{n \text{ Faktoren}} = a^n \tag{1.31}$$

Das Potenzieren $a^n = b$ hat zwei Umkehroperationen:
1. Zu berechnen ist $a$, wenn $b$ und $n$ gegeben sind: Radizieren;
2. zu berechnen ist $n$, wenn $b$ und $a$ gegeben sind: Logarithmieren.

Addition und Multiplikation haben nur je eine Umkehroperation. Eine Summe $a + b = c$ läßt sich zwar nach dem ersten oder zweiten Summanden auflösen ($a = c - b$; $b = c - a$), da aber die Addition kommutativ ist (d.h., erster und zweiter Summand sind vertauschbar), gibt es nur eine Umkehroperation, die Subtraktion. Da auch die Multiplikation kommutativ ist, gibt es gleichfalls nur eine Umkehroperation. Das Potenzieren ist nicht kommutativ, d.h., $a$ und $n$ sind i. allg. nicht vertauschbar, und deshalb gibt es zwei Umkehroperationen.

Die folgende Zusammenstellung enthält Begriffe, Symbole und je ein Zahlenbeispiel:

| Potenzieren | Radizieren | Logarithmieren |
|---|---|---|
| $a^n = b$ | $\sqrt[n]{b} = a$ | $\log_a b = n$ |
| $a$ Basis<br>$n$ Exponent<br>$b$ Potenzwert | $b$ Radikand<br>$n$ Wurzelexponent<br>$a$ Wurzelwert | $b$ Numerus<br>$a$ Basis<br>$n$ Logarithmus |
| $5^3 = 125$ | $\sqrt[3]{125} = 5$ | $\log_5 125 = 3$ |

**Potenzgesetze**

*Addition:* Potenzen kann man nur addieren (zusammenfassen), wenn sie gleich sind, d.h., wenn sie gleiche Basis und gleichen Exponenten haben.

Beispiele: $5x^3 + 3x^3 = 8x^3$; $6a^5 - 5a^5 = a^5$;
$x^3 + x^2$ (gleiche Basis), $a^2 + b^2$ (gleicher Exponent) kann man nicht addieren.

Es gilt i. allg.: $a^n + b^n \neq (a+b)^n$.

*Multiplikation:* Potenzen kann man nur multiplizieren (zusammenfassen), wenn sie gleiche Basis oder gleichen Exponenten haben, z. B. kann man $x^3 \cdot u^4$ nicht zusammenfassen.

Potenzen

| mit gleicher Basis | mit gleichem Exponenten | |
|---|---|---|
| $a^m \cdot a^n = a^{m+n}$ | $a^n \cdot b^n = (a \cdot b)^n$ | (1.32) (1.33) |
| $\dfrac{a^m}{a^n} = a^{m-n}$ | $\dfrac{a^n}{b^n} = \left(\dfrac{a}{b}\right)^n$ | (1.34) (1.35) |

Der Teil, der beiden Potenzen gemeinsam ist, bleibt stets unverändert: Bei Potenzen mit gleicher Basis bleibt die Basis, bei Potenzen mit gleichem Exponenten bleibt der Exponent unverändert.

*Potenzieren*: $(a^m)^n = a^{m \cdot n}$ (1.36)

Die Gesetze für Potenzen mit gleicher Basis und für das Potenzieren einer Potenz haben eine gemeinsame Eigenschaft: Die mit den Exponenten auszuführende Rechenoperation ist jeweils eine Stufe niedriger, d.h., zwei Potenzen werden multipliziert (dividiert), indem ihre Exponenten addiert (subtrahiert) werden, und eine Potenz wird potenziert, indem die Exponenten multipliziert werden.

**Sonderfälle**

Potenzen von 0 und 1: $0^n = 0$; $1^n = 1$ (1.37)

Positive Basis: $a > 0 \Rightarrow a^n > 0$ (1.38)

Negative Basis: $a < 0 \Rightarrow \begin{cases} a^n > 0, & \text{wenn } n \text{ geradzahlig ist.} \\ a^n < 0, & \text{wenn } n \text{ ungeradzahlig ist.} \end{cases}$ (1.39)

Aus der Definition der Potenz nach Gl. (1.31) folgt, daß $n$ eine natürliche Zahl größer oder gleich 2 sein muß. Der Potenzbegriff wird durch die folgenden Definitionen auf ganzzahlige Exponenten erweitert (allerdings mit der Einschränkung $a \neq 0$).

**Definitionen**

$$a^1 = a\,; \qquad a^0 = 1 \quad (a \neq 0)\,; \qquad a^{-n} = \frac{1}{a^n} \quad (a \neq 0) \tag{1.40}$$

Mit der Bedingung $a \neq 0$, wenn $n$ nicht positiv ist, wird ausgeschlossen, daß sich eine Division durch Null ergibt.

Die Potenzgesetze bleiben uneingeschränkt gültig.

Das bedeutet: Bei formalem Anwenden der Potenzgesetze führen die neuen Definitionen auf keinen Widerspruch.

Beispiele: Durch Dividieren (Kürzen) ergibt sich $\frac{a^3}{a^3} = 1$, $\frac{a^3}{a^5} = \frac{1}{a^2}$; durch Anwenden der Potenzgesetze erhält man die gleichen Ergebnisse $\frac{a^3}{a^3} = a^{3-3} = a^0 = 1$, $\frac{a^3}{a^5} = a^{3-5} = a^{-2} = \frac{1}{a^2}$.

**Folgerungen:**

(1) Potenzieren mit $-1$:

Nach Gl. (1.40) ist $a^{-1} = \frac{1}{a^1} = \frac{1}{a}$.

Wenn ein Term mit $-1$ potenziert wird, ergibt sich der reziproke Wert.

(2) Potenzieren mit $-n$:

$$a^{-n} = \frac{1}{a^n} = \frac{1^n}{a^n} = \left(\frac{1}{a}\right)^n \quad \text{oder} \quad a^{-n} = a^{(-1)\cdot n} = a^{n\cdot(-1)} = (a^n)^{-1}.$$

Ein Term wird mit $-n$ potenziert, indem der reziproke Wert gebildet und dieser mit $n$ potenziert wird. Die Reihenfolge beider Operationen ist vertauschbar.

(3) Vorrang der Operationen höherer Stufe:

Wenn Terme durch Multiplizieren und Potenzieren verknüpft sind, so hat das Potenzieren (Operation 3. Stufe) Vorrang vor dem Multiplizieren (Operation 2. Stufe).

Zum Beispiel ist $ab^2 = a \cdot b \cdot b$, aber $(ab)^2 = ab \cdot ab = a^2b^2$; oder $-a^2 = (-1) \cdot a \cdot a = -a \cdot a$, aber $(-a)^2 = (-a) \cdot (-a) = a^2$.

(4) Potenz entgegengesetzter Terme:

Es sei $a > 0$, dann ist $-a < 0$. Dann gilt nach Gl. (1.39)

$(-a)^n = a^n$, wenn $n$ geradzahlig ist, und

$(-a)^n = -a^n$, wenn $n$ ungeradzahlig ist.

Zum Beispiel ist $(-2)^2 = 2^2$, aber $(-2)^3 = -2^3$.

Im folgenden wird bei allen Beispielen und Übungen vorausgesetzt, daß die einschränkenden Bedingungen erfüllt sind.

**Beispiele**

1.103 $(37{,}8ab)^0 = 1$; $\quad 5^{-1} = \frac{1}{5}$; $\quad (a+b)^{-1} = \frac{1}{a+b}$; $\quad \left(\frac{x}{yz}\right)^{-1} = \frac{yz}{x}$

1.104 $\left(\frac{3}{4}\right)^{-2} = \left(\frac{4}{3}\right)^2 = \frac{16}{9}$; $\quad \left(\frac{3a}{b}\right)^{-3} = \frac{b^3}{27a^3}$; $\quad \left(\frac{1}{a} + \frac{1}{b}\right)^{-2} = \left(\frac{a+b}{ab}\right)^{-2} = \frac{a^2b^2}{(a+b)^2}$

1.105 $\frac{x^2}{y^{-3}} = \frac{x^2y^3}{1} = x^2y^3$; $\quad \frac{a^2b^{-3}}{c^{-4}d^5} = \frac{a^2c^4}{b^3d^5}$

1.106 $(2x - 3y)$ und $(3y - 2x)$ sind entgegengesetzte Terme. Nach Folgerung (4) ist $(3y - 2x)^2 = (2x - 3y)^2$, aber $(3y - 2x)^3 = -(2x - 3y)^3$

1.107 $3(u - 2v)^2 + 5(2v - u)^2 = 8(u - 2v)^2$;
$3(u - 2v)^3 + 5(2v - u)^3 = -2(u - 2v)^3$

1.108 $(-2a^3)^4 = (-2)^4 \cdot (a^3)^4 = 16a^{12}$; $\quad (-2a^4)^3 = -8a^{12}$; $\quad -2(a^3)^4 = -2a^{12}$

1.109 $(-a^{-2})^3 = (-1)^3 \cdot (a^{-2})^3 = -\frac{1}{a^6}$; $\quad (-a^{-3})^{-2} = a^6$; $\quad -a^{3^2} = (-1) \cdot a^9 = -a^9$

1.110 $\frac{u^2v}{w^{3n}} \cdot \frac{v^nw^{3n}}{u^{4n}} = \frac{u^{2-4n}v^{n+1}}{w^{3n-3n}} = \frac{u^{2-4n}v^{n+1}}{w^0} = u^{2-4n}v^{n+1}$

Eine andere Form des Ergebnisses ist $\frac{v^{n+1}}{u^{4n-2}}$, denn $u^{2-4n} = u^{-(4n-2)} = \frac{1}{u^{4n-2}}$

1.111 $\frac{(x+y)^{n-1}}{xy^{3m+1}} \cdot \frac{x^{m+2}y^{2m+1}}{(x+y)^{-2}} = \frac{(x+y)^{n-1-(-2)}x^{m+2-1}}{y^{3m+1-(2m+1)}} = \frac{(x+y)^{n+1}x^{m+1}}{y^m}$

1.112 $\left(\frac{a^{-2}b}{c^3d^{-4}}\right)^{-3} = \frac{(a^{-2})^{-3}(b^1)^{-3}}{(c^3)^{-3}(d^{-4})^{-3}} = \frac{a^6b^{-3}}{c^{-9}d^{12}} = \frac{a^6c^9}{b^3d^{12}}$

1.113 $\frac{(9a^2x)^4}{(18ax^2)^5} \cdot \frac{(10x^2)^3}{(5a^3x)^2} = \frac{9^4a^8x^4 \cdot 10^3x^6}{18^5a^5x^{10} \cdot 5^2a^6x^2}$

Potenzen, deren Basis eine Zahl ist, werden in Primfaktoren zerlegt.

$= \frac{(3^2)^4(2 \cdot 5)^3a^8x^{10}}{(2 \cdot 3^2)^5 5^2a^{11}x^{12}} = \frac{3^8 \cdot 2^3 \cdot 5^3}{2^5 \cdot 3^{10} \cdot 5^2a^3x^2}$

$= \frac{5}{2^2 \cdot 3^2 \cdot a^3x^2} = \frac{5}{36a^3x^2}$

**Aufgaben: 1.40 und 1.41**

Eine Umkehroperation des Potenzierens ist, wie zu Beginn dieses Abschnittes erläutert wurde, das **Radizieren** (Wurzelziehen). Um zu vermeiden, daß die Operation nicht ausführbar ist oder kein eindeutig bestimmtes Resultat ergibt, wird sie nur für nichtnegative Zahlen definiert.

**Definition**

**Die $n$-te Wurzel** aus einer nichtnegativen Zahl $b$ **(Radikand)** ist diejenige nichtnegative Zahl $a$, deren $n$-te Potenz gleich $b$ ist ($n$ ist eine natürliche Zahl außer Null):

$$\sqrt[n]{b} = a \Leftrightarrow a^n = b; \qquad b \geqq 0,\ a \geqq 0,\ n \in N\backslash\{0\} \qquad (1.41)$$

Die Zahl $n$ heißt Wurzelexponent, das Ergebnis $a$ Wurzelwert.

1. Das Wurzelzeichen ist der stilisierte Buchstabe »r«, der erste Buchstabe des Wortes »radizieren« (lat. »radix«, Wurzel).
2. Bei der zweiten Wurzel (auch »Quadratwurzel« oder nur »Wurzel« genannt), wird i. allg. der Wurzelexponent weggelassen.
Die dritte Wurzel wird auch Kubikwurzel genannt.

3. Mit der Bedingung $b \geqq 0$ werden allgemein Wurzeln aus negativen Radikanden ausgeschlossen. Diese sind auch für geradzahliges $n$ (im Bereich der reellen Zahlen) nicht ausführbar, z. B. hat $\sqrt[4]{-16}$ keinen reellen Wurzelwert, denn wenn man annimmt, es wäre $\sqrt[4]{-16} = x$, dann müßte $x^4 = -16$ sein; die vierte Potenz einer beliebigen reellen Zahl ist aber stets größer oder gleich Null, kann also nicht negativ sein. Für ungeradzahliges $n$ wäre es zwar möglich, die Operation auszuführen (z. B. $\sqrt[3]{-8} = -2$, denn $(-2)^3 = -8$); es würden sich aber Widersprüche beim Anwenden der Potenz- und Wurzelgesetze ergeben (s. Beispiel 1.125).
   Für einen positiven Radikanden und geradzahliges $n$ wären 2 Wurzelwerte denkbar $\left(\text{z. B. } \sqrt{16} = 4 \text{ und auch } \sqrt{16} = -4, \text{ denn } (-4)^2 = 16\right)$. Mit der Bedingung $a \geqq 0$ wird erreicht, daß die Rechenoperation eindeutig ist $\left(\sqrt{16} = 4\right)$.
4. Für $n = 0$ ist die $n$-te Wurzel nicht definiert, denn diese Operation wäre entweder nicht oder nicht eindeutig ausführbar. Wenn nämlich angenommen wird, diese Operation wäre ausführbar, also $\sqrt[0]{b} = x$, so müßte gelten $x^0 = b$. Diese Bedingung ist aber für $b \neq 1$ nicht erfüllbar und für $b = 1$ für jeden reellen Wert $x$ (außer 0) erfüllt.

## Sonderfälle

Es ist $\sqrt[n]{0} = 0; \quad \sqrt[n]{1} = 1; \quad \sqrt[1]{a} = a;$ (1.42)

denn $\sqrt[n]{0} = 0 \Leftrightarrow 0^n = 0; \quad \sqrt[n]{1} = 1 \Leftrightarrow 1^n = 1; \quad \sqrt[1]{a} = a \Leftrightarrow a^1 = a.$

Die beiden folgenden Gleichungen drücken aus, daß Potenzieren und Radizieren Umkehroperationen sind:

$$\left(\sqrt[n]{z}\right)^n = z; \quad \sqrt[n]{z^n} = z \tag{1.43}$$

In der ersten Gleichung wird $z$ zuerst radiziert und dann potenziert, in der zweiten Gleichung wird $z$ zuerst potenziert und dann radiziert.

## Zusammenhang zwischen Potenz- und Wurzelbegriff

Für eine Potenz $a^x$ soll $x$ so bestimmt werden, daß $(a^x)^n = a$ gilt. Aus dem Potenzgesetz (1.36) folgt $a^{x \cdot n} = a$, und diese Gleichung wird mit $x \cdot n = 1$, d. h., $x = \frac{1}{n}$ erfüllt: $(a^{1/n})^n = a$.
Ein Vergleich mit Gl. (1.43) ergibt, daß es sinnvoll ist, die $n$-te Wurzel als Potenz mit dem gebrochenen Exponenten $\frac{1}{n}$ zu definieren.

## Definition

$$a^{\frac{1}{n}} = \sqrt[n]{a}; \qquad a > 0 \tag{1.44}$$

Für $\frac{1}{n} > 0$ gilt die Definition auch für $a = 0$. Man kann beweisen, daß für die nach Gl. (1.44) definierten Potenzen alle Potenzgesetze gelten. Zum Beispiel folgt durch Potenzieren mit $m$

$$\left(a^{\frac{1}{n}}\right)^m = a^{\frac{1}{n} \cdot m} = a^{\frac{m}{n}} = a^{m \cdot \frac{1}{n}} = (a^m)^{\frac{1}{n}} = \sqrt[n]{a^m}$$

$$a^{\frac{m}{n}} = \sqrt[n]{a^m} \tag{1.44a}$$

Damit ist der Potenzbegriff auf Potenzen mit rationalen Zahlen $\frac{m}{n}$ (z. B. endliche Dezimalbrüche) als Exponenten erweitert worden.

Man kann ihn auch auf Potenzen mit reellen (z. B. irrationalen) Zahlen als Exponenten erweitern, z. B. $a^{\sqrt{2}}$. Man nähert in diesem Beispiel $\sqrt{2}$ durch einen endlichen Dezimalbruch an. Das kann mit beliebiger Genauigkeit geschehen: $a^{\sqrt{2}} \approx a^{1,4}$; $a^{\sqrt{2}} \approx a^{1,41}$; ... (s. Beispiel 1.138).
Auch die Bedingung für den Wurzelexponent $n$ kann von einer natürlichen Zahl auf eine beliebig reelle Zahl (außer Null) erweitert werden, z. B. ist $\sqrt[0,8]{a} = a^{1/0,8} = a^{1,25}$.

**Wurzelgesetze**

Sie sind wegen der Definition Gl. (1.44) Sonderfälle von Potenzgesetzen (Gln. (1.33), (1.35), (1.36)).

Aus Gl. (1.33) folgt z. B. mit $n = \frac{1}{m}$: $a^{\frac{1}{m}} \cdot b^{\frac{1}{m}} = (a \cdot b)^{\frac{1}{m}}$

Gleichnamige Wurzeln:

$$\sqrt[m]{a} \cdot \sqrt[m]{b} = \sqrt[m]{a \cdot b}\,; \qquad \frac{\sqrt[m]{a}}{\sqrt[m]{b}} = \sqrt[m]{\frac{a}{b}} \tag{1.45) (1.46}$$

Mehrfachwurzeln:

$$\sqrt[q]{\sqrt[p]{a}} = \sqrt[p \cdot q]{a} \tag{1.47}$$

Terme mit Wurzeln kann man auch umformen, indem man jeden Wurzelterm in eine Potenz umwandelt und die Potenzgesetze anwendet.
Folgerungen:

(1) Potenz- und Wurzelexponenten können »gekürzt« und »erweitert«, d. h. beide mit dem gleichen Term multipliziert oder dividiert werden:

$$\sqrt[n]{a^m} = \sqrt[n \cdot p]{a^{m \cdot p}}$$

$$\left(\text{denn} \quad a^{\frac{m}{n}} = a^{\frac{m \cdot p}{n \cdot p}}\right).$$

(2) Vertauschen von Potenzieren und Radizieren: Aus der Herleitung zu Gl. (1.44 a) folgt, daß beide Rechenoperationen vertauschbar sind:

$$\left(\sqrt[n]{a}\right)^m = \sqrt[n]{a^m} \tag{1.48}$$

(3) Wenn ein Faktor vor einem Wurzelterm unter das Wurzelzeichen geschrieben werden soll, muß er potenziert werden:

$$a\sqrt[n]{b} = \sqrt[n]{a^n b}\,.$$

Umgekehrt: Wenn sich der Radikand einer $n$-ten Wurzel in Faktoren zerlegen läßt und ein Faktor eine $n$-te Potenz ist, kann der Radikand partiell (teilweise) radiziert werden:

$$\sqrt[n]{a^n b} = a\sqrt[n]{b}\,.$$

(4) Wurzelterme in binomischen Formeln:

$$(\sqrt{a}+\sqrt{b})^2=(\sqrt{a})^2+2\sqrt{a}\sqrt{b}+(\sqrt{b})^2=a+2\sqrt{ab}+b,$$

$$(a+\sqrt{b})^2 \quad = a^2+2a\sqrt{b}+b.$$

Wenn ein Binom einen Wurzelterm enthält, so enthält auch das Quadrat einen Wurzelterm.

Andererseits ist $(\sqrt{a}+\sqrt{b})(\sqrt{a}-\sqrt{b})=a-b$;
das Ergebnis enthält keinen Wurzelterm.

(5) Es ist $\sqrt[4]{2^4}=\sqrt[4]{16}=2$, aber auch $\sqrt[4]{(-2)^4}=\sqrt[4]{16}=2=|-2|$.
Allgemein:

$$\boxed{\sqrt[n]{a^n}=|a|, \quad \text{wenn } n \text{ geradzahlig ist}} \qquad (1.49)$$

In dieser Gleichung darf $a$ eine beliebige reelle Zahl sein, denn $a^n$ ist für geradzahliges $n$ positiv, und damit ist die Bedingung erfüllt, daß der Radikand positiv sein muß.

Die Gleichung wird bei Formelumstellungen, z.B. beim Lösen von Gleichungen, angewendet, z.B. ist $\sqrt{x^2}=|x|$ (s. Beispiel 1.126).

**Beispiele**

1.114 Umformungen:

a) $\sqrt[3]{a}=a^{\frac{1}{3}}$, $\quad \sqrt{x}=x^{\frac{1}{2}}$, $\quad \sqrt[3]{5^2}=5^{\frac{2}{3}}$, $\quad \dfrac{1}{\sqrt[4]{z^3}}=\dfrac{1}{z^{\frac{3}{4}}}=z^{-\frac{3}{4}}$

b) $a^{\frac{1}{4}}=\sqrt[4]{a}$, $\quad b^{-\frac{2}{3}}=\dfrac{1}{b^{\frac{2}{3}}}=\dfrac{1}{\sqrt[3]{b^2}}$

1.115 Zu Folgerung (1):

$$\sqrt[6]{u^3}=u^{\frac{3}{6}}=u^{\frac{1}{2}}=\sqrt{u}; \quad \sqrt[4]{7^8}=\sqrt[1]{7^2}=7^2=49; \quad \sqrt[3]{x^2}=\sqrt[9]{x^6}; \quad k^3=k^{\frac{6}{2}}=\sqrt{k^6}$$

1.116 $\sqrt[3]{a}\cdot\sqrt[3]{a^2}=\sqrt[3]{a\cdot a^2}=\sqrt[3]{a^3}=a$; $\quad \dfrac{\sqrt{75}}{\sqrt{3}}=\sqrt{\dfrac{75}{3}}=\sqrt{25}=5$

1.117 Zu Folgerung (3):

$$x\cdot\sqrt[4]{x^3}=\sqrt[4]{x^4\cdot x^3}=\sqrt[4]{x^7}; \quad \sqrt[3]{z^8}=\sqrt[3]{z^6\cdot z^2}=z^2\sqrt[3]{z^2}$$

1.118 $5\sqrt[3]{2}=\sqrt[3]{125\cdot 2}=\sqrt[3]{250}$; $\quad \sqrt{48}=\sqrt{16\cdot 3}=4\sqrt{3}$

1.119 $(2\sqrt{10}+4\sqrt{21})\sqrt{6}=2\sqrt{60}+4\sqrt{126}=2\sqrt{4\cdot 15}+4\sqrt{9\cdot 14}$
$=2\cdot 2\sqrt{15}+4\cdot 3\sqrt{14}=4\sqrt{15}+12\sqrt{14}$

1.120 $\sqrt[3]{12a^2b}\cdot\sqrt[3]{36a^2b^2}=\sqrt[3]{2^2\cdot 3\cdot 2^2\cdot 3^2a^4b^3}$
$=\sqrt[3]{2^3\cdot 2\cdot 3^3a^3ab^3}=6ab\sqrt[3]{2a}$

1.121 $\sqrt{\sqrt[3]{a}}=\sqrt[2\cdot 3]{a}=\sqrt[6]{a}$; $\quad \sqrt[6]{16}=\sqrt[3\cdot 2]{16}=\sqrt[3]{\sqrt{16}}=\sqrt[3]{4}$

1.122 Gemischte Wurzeln:

$$\sqrt[4]{a\sqrt{a}} = \sqrt[4]{a}\cdot\sqrt[4]{\sqrt{a}} = \sqrt[4]{a}\cdot\sqrt[8]{a} = \sqrt[8]{a^2}\cdot\sqrt[8]{a} = \sqrt[8]{a^3}$$

$$\text{oder}\ldots = \sqrt[4]{\sqrt{a^2}\sqrt{a}} = \sqrt[4]{\sqrt{a^3}} = \sqrt[8]{a^3}$$

$$\text{oder}\ldots = a^{\frac{1}{4}}\cdot a^{\frac{1}{8}} = a^{\frac{1}{4}+\frac{1}{8}} = a^{\frac{3}{8}} = \sqrt[8]{a^3}$$

1.123 Ungleichnamige Wurzeln:

$$\frac{\sqrt{u}\cdot\sqrt[3]{u}}{\sqrt[4]{u^3}} = \frac{u^{\frac{1}{2}}\cdot u^{\frac{1}{3}}}{u^{\frac{3}{4}}} = u^{\frac{1}{2}+\frac{1}{3}-\frac{3}{4}} = u^{\frac{6+4-9}{12}} = u^{\frac{1}{12}} = \sqrt[12]{u}$$

1.124 In die Gleichung $h = \dfrac{V}{\pi r^2}$ ist $r = \sqrt[3]{\dfrac{V}{2\pi}}$ einzusetzen, und die Terme für $h$ und $r$ sind miteinander zu vergleichen.

*Lösung:*

$$h = \frac{V}{\pi\left(\sqrt[3]{\frac{V}{2\pi}}\right)^2}$$

Um den Bruch zu vereinfachen, werden alle Faktoren als dritte Wurzeln geschrieben:

$$h = \frac{\sqrt[3]{V^3}}{\sqrt[3]{\pi^3}\cdot\sqrt[3]{\left(\frac{V}{2\pi}\right)^2}} = \sqrt[3]{\frac{V^3}{\pi^3\cdot\frac{V^2}{4\pi^2}}} = \sqrt[3]{\frac{V^3\cdot 4\pi^2}{\pi^3\cdot V^2}} = \sqrt[3]{\frac{4V}{\pi}}$$

Zum Vergleich von $h$ und $r$ wird weiter umgeformt:

$$h = \sqrt[3]{\frac{8V}{2\pi}} = \sqrt[3]{8}\cdot\sqrt[3]{\frac{V}{2\pi}} = 2\sqrt[3]{\frac{V}{2\pi}}$$

Ein Vergleich von $h$ und $r$ ergibt: $h = 2r$.

1.125 Nach Formel (1.41) ist $\sqrt[n]{b} = a$ für $b \geqq 0$ und $a \geqq 0$ definiert. Die folgenden Umformungen zeigen, daß sich falsche Aussagen ergeben können, wenn $b$ und $a$ negativ sein dürfen:

$$-2 = \sqrt[3]{-8} = \sqrt[6]{(-8)^2} = \sqrt[6]{64} = \sqrt[6]{8^2} = \sqrt[3]{8} = 2,$$

d.h., $-2 = 2$, und das ist eine falsche Aussage.

1.126 Die Gleichungen a) $x^2 = 16$, b) $x^3 = -8$ sind nach $x$ aufzulösen.

*Lösung:*

a) $x^2 = 16$

$\sqrt{x^2} = \sqrt{16}$, beide Seiten wurden radiziert

$|x| = 4$, die linke Seite wurde nach Gl. (1.49) umgeformt

$x = \pm 4$, vgl. Äquivalenz (1.10c).

b) $x^3 = -8$

$\sqrt[3]{x^3} = -\sqrt[3]{8}$, beide Seiten wurden radiziert; weil $\sqrt[3]{-8}$ nicht definiert ist, die Lösung aber negativ sein muß (denn eine Zahl, deren dritte Potenz negativ ist, muß selbst negativ sein), wird $-\sqrt[3]{8}$ geschrieben

$x = -2.$

Wenn der Nenner eines Bruches ein Wurzelterm ist oder einen Wurzelterm enthält, ist es mitunter zweckmäßig, durch Erweitern den Bruch so umzuformen, daß der Wurzelterm im Nenner beseitigt wird: **Rationalmachen des Nenners.**

**Beispiele**

1.127 a) $\frac{1}{\sqrt{2}} = \frac{1 \cdot \sqrt{2}}{\sqrt{2} \cdot \sqrt{2}} = \frac{\sqrt{2}}{\sqrt{4}} = \frac{\sqrt{2}}{2} = \frac{1}{2}\sqrt{2}$

b) $\frac{a+b}{\sqrt{c}} = \frac{(a+b)\sqrt{c}}{\sqrt{c}\,\sqrt{c}} = \frac{(a+b)\sqrt{c}}{c}$

c) $\frac{x}{\sqrt[4]{y}} = \frac{x \cdot \sqrt[4]{y^3}}{\sqrt[4]{y} \cdot \sqrt[4]{y^3}} = \frac{x\sqrt[4]{y^3}}{\sqrt[4]{y^4}} = \frac{x\sqrt[4]{y^3}}{y} = \frac{x}{y}\sqrt[4]{y^3}$

1.128 In Beispiel 1.124 ist in der Gleichung für $r$ der Nenner rational zu machen.
*Lösung:*

$$r = \sqrt[3]{\frac{V}{2\pi}} = \sqrt[3]{\frac{V \cdot (2\pi)^2}{2\pi \cdot (2\pi)^2}} = \sqrt[3]{\frac{V \cdot (2\pi)^2}{(2\pi)^3}} = \frac{1}{2\pi}\sqrt[3]{4\pi^2 V}$$

Wenn der Nennerterm ein Binom ist, wird so erweitert, daß die binomische Formel $(a+b)(a-b)$ angewendet werden kann (s. Folgerung (4)).

**Beispiele**

1.129 $\frac{a\sqrt{b}}{b+2\sqrt{c}} = \frac{a\sqrt{b}\,(b-2\sqrt{c})}{(b+2\sqrt{c})(b-2\sqrt{c})} = \frac{ab\sqrt{b}-2a\sqrt{bc}}{b^2-(2\sqrt{c})^2} = \frac{ab\sqrt{b}-2a\sqrt{bc}}{b^2-4c}$

1.130 $\frac{1}{1-\sqrt{1-x^2}} = \frac{(1+\sqrt{1-x^2})}{(1-\sqrt{1-x^2})(1+\sqrt{1-x^2})} = \frac{1+\sqrt{1-x^2}}{1^2-(\sqrt{1-x^2})^2}$

$= \frac{1+\sqrt{1-x^2}}{1-(1-x^2)} = \frac{1+\sqrt{1-x^2}}{x^2} = \frac{1}{x^2}(1+\sqrt{1-x^2})$

1.131 $\frac{x}{2-\sqrt{3}} = \frac{x(2+\sqrt{3})}{(2-\sqrt{3})(2+\sqrt{3})} = \frac{x(2+\sqrt{3})}{4-3} = x(2+\sqrt{3})$

**Aufgaben: 1.42 bis 1.46**

**Formelumstellungen**

Wenn eine Formel einen Potenz- oder Wurzelterm enthält, und sie soll nach der Basis des Potenzterms oder dem Radikanden des Wurzelterms aufgelöst werden, so ist dieser Potenz- oder Wurzelterm zunächst zu isolieren, d. h., es sind alle bei diesem Term stehenden Summanden und Faktoren zu beseitigen. Dann ist die Äquivalenz (1.41) anzuwenden.

**Beispiele**

1.132 Flächenträgheitsmoment $I$ eines Kreisringes ($d_a$ Außen-, $d_i$ Innendurchmesser):

$$I = \frac{\pi}{64}(d_a^4 - d_i^4).$$

Die Formel ist nach $d_i$ umzustellen.

*Lösung:*

$$\frac{64}{\pi} I = d_a^4 - d_i^4 \qquad \left(\text{Multiplizieren der Gleichung mit } \frac{64}{\pi}\right)$$

$$d_i^4 = d_a^4 - \frac{64}{\pi} I \qquad \left(\text{Addition von } d_i^4 \text{ und von } -\frac{64}{\pi} I\right)$$

$$d_i = \sqrt[4]{d_a^4 - \frac{64}{\pi} I} \qquad \text{(Radizieren mit der 4ten Wurzel)}$$

Anmerkungen:

1. Nach Gl. (1.49) ist die linke Seite der Gleichung zunächst $\sqrt[4]{d_i^4} = |d_i|$. Da aber $d_i \geqq 0$ ($d_i$ ist eine Länge), ist $|d_i| = d_i$.
2. Der Wurzelterm rechts vom Gleichheitszeichen kann nicht zerlegt werden $\left(\text{z. B. in } \sqrt[4]{d_a^4} - \sqrt[4]{\frac{64}{\pi} I}\right)$. Eine Zerlegung wäre nur möglich, wenn der Radikand ein Produkt ist (vgl. Gl. (1.45)).

1.133 Gleichung für die allgemeine Zustandsänderung eines Gases (Polytrope; $p$ Druck, $V$ Volumen, $n$ Polytropenexponent):

$\frac{p_1}{p_2} = \left(\frac{V_2}{V_1}\right)^n$. Die Formel ist nach $V_1$ umzustellen.

*Lösung:*

$$\left(\frac{V_1}{V_2}\right)^n = \frac{p_2}{p_1} \qquad \text{(Potenzieren mit } -1 \text{ und Vertauschen der Seiten)} \qquad \text{(I)}$$

$$\frac{V_1}{V_2} = \sqrt[n]{\frac{p_2}{p_1}} \qquad \text{(Radizieren mit der } n\text{-ten Wurzel)}$$

$$V_1 = V_2 \sqrt[n]{\frac{p_2}{p_1}} \qquad \text{(Multiplizieren mit } V_2\text{)}$$

Ein anderer Weg ist das Anwenden gebrochener Exponenten:

$$\left[\left(\frac{V_1}{V_2}\right)^n\right]^{\frac{1}{n}} = \left(\frac{p_2}{p_1}\right)^{\frac{1}{n}} \qquad \left(\text{Gl. (I) wird mit } \frac{1}{n} \text{ potenziert}\right)$$

Die linke Seite ergibt nach Gl. (1.36) $\left(\frac{V_1}{V_2}\right)^{n \cdot \frac{1}{n}} = \left(\frac{V_1}{V_2}\right)^{\frac{n}{n}} = \frac{V_1}{V_2}$

folglich $V_1 = V_2 \left(\frac{p_2}{p_1}\right)^{\frac{1}{n}}$

Da sich Potenzen (auch mit gebrochenem Exponenten) mühelos mit dem Taschenrechner berechnen lassen, setzt sich die Potenzschreibweise gegenüber der Wurzelschreibweise immer mehr durch.

1.134 Abstand zweier Punkte $P_1$ und $P_2$ mit den Koordinaten $(x_1; y_1)$ und $(x_2; y_2)$:

$$d = \sqrt{(x_2 - x_1)^2 + (y_2 - y_1)^2}\,.$$

Die Formel ist nach $y_2$ umzustellen.

*Lösung:*

$d^2 = (x_2 - x_1)^2 + (y_2 - y_1)^2$ (Quadrieren der Gleichung)

$(y_2 - y_1)^2 = d^2 - (x_2 - x_1)^2$ (Addition von $-(x_2 - x_1)^2$ und Vertauschen der Seiten)

$|y_2 - y_1| = \sqrt{d^2 - (x_2 - x_1)^2}$ (Radizieren, vgl. Gl. (1.49))

$y_2 - y_1 = \pm\sqrt{d^2 - (x_2 - x_1)^2}$ (Auflösen des Betragszeichens)

$y_2 = y_1 \pm \sqrt{d^2 - (x_2 - x_1)^2}$

## Numerisches Potenzieren und Radizieren

Wichtigstes Hilfsmittel zum Berechnen von Potenz- und Wurzelwerten ist der Taschenrechner. Für die zweite Potenz und die zweite Wurzel gibt es spezielle Tasten: [x²], [√].

Beliebige Potenzen und Wurzeln werden mit der Taste [yˣ] berechnet, wobei $\sqrt[n]{y}$ in $y^{1/n}$ umzuformen ist. Der Exponent $x$ darf auch negativ sein, aber für die Basis $y$ muß eine positive Zahl eingegeben werden.

Es gibt Taschenrechner mit einer speziellen Taste für die dritte Wurzel. Die Rechnung mit dieser Taste kann so programmiert sein, daß bei Eingabe einer negativen Zahl ein negativer Wert berechnet wird (z. B. $\sqrt[3]{-8} = -2$).
Ferner gibt es Taschenrechner, die mit der Potenztaste bei der Eingabe von $y = 0$ stets das Ergebnis 0 anzeigen (z.B. $0^{-2} = 0$, $0^0 = 0$); andere zeigen bei $0^n$ stets das Ergebnis 0 zusammen mit E (engl., »error«, Fehler), z. B. $0^3 = 0$ E. Diese Rechner sind also bezüglich der Eingabe von 0 falsch programmiert.

In allen folgenden Beispielen sind die Ergebnisse nach dem Prinzip gerundet, daß die Anzahl der signifikanten Ziffern im Ergebnis nicht größer ist als bei den eingegebenen Zahlen.

### Beispiele

1.135 $\sqrt{2\,436} = 49{,}36$; $177{,}2^2 = 3{,}140 \cdot 10^4$

Gerechnet wurde mit den Tasten [√] und [x²].

1.136 $x = \sqrt[3]{35{,}68 \cdot 10^7}$

*Lösung:*

$x = (35{,}68 \cdot 10^7)^{1/3}$

Reihenfolge der Eingabe: 35,68 [EEX] 7 [yˣ] 3 [1/x] [=]

$x = 709{,}3$.

1.137 Es ist $V_1 = V_2\left(\frac{p_2}{p_1}\right)^{\frac{1}{n}}$ für $V_2 = 2{,}41\ \text{m}^3$, $p_2 = 0{,}76$ Pa, $p_1 = 1{,}54$ Pa (Pa Pascal: 1 Pa = 1 Nm$^{-2}$) und $n = -0{,}6$ zu berechnen (s. Beispiel 1.133).

*Lösung:*

$$V_1 = 2{,}41\ \mathrm{m}^3 \left(\frac{0{,}76\ \mathrm{Pa}}{1{,}54\ \mathrm{Pa}}\right)^{\frac{1}{-0{,}6}}$$

Die Rechnung kann mit verschiedenen Reihenfolgen der Eingabe ablaufen. (Diese Möglichkeit sollte genutzt werden, um durch eine zweite Rechnung mit anderer Reihenfolge das Ergebnis zu kontrollieren!).

Wenn mit dem Berechnen der Potenz begonnen wird, ergibt sich die Reihenfolge:

0,76 [÷] 1,54 [=] [yˣ] 0,6 [+/−] [1/x] [×] 2,41 [=]

$V_1 = 7{,}82\ \mathrm{m}^3$

1.138 Es ist $5^{\sqrt{2}}$ zu berechnen, indem für $\sqrt{2}$ die gerundeten Werte 1,414; 1,414 2 und 1,414 21 eingesetzt werden.

*Lösung:*

Mit der Potenztaste ergibt sich

$5^{1{,}414} = 9{,}735$; $5^{1{,}4142} = 9{,}738\,3$; $5^{1{,}41421} = 9{,}738\,46$.

Um Rechenfehler (besonders in der Größenordnung) zu vermeiden, kann man das Ergebnis durch eine Überschlagsrechnung schätzen. Der gegebene Zahlenwert wird gerundet und in Gleitkommadarstellung geschrieben.

## Beispiele

1.139 $27{,}3^4 \approx (3 \cdot 10)^4 = 3^4 \cdot 10^4 \approx 100 \cdot 10^4 = 10^6$

(Ergebnis der Rechnung: $5{,}55 \cdot 10^5$);

$0{,}003\,7^3 \approx (4 \cdot 10^{-3})^3 = 4^3 \cdot 10^{-9} \approx 60 \cdot 10^{-9} = 6 \cdot 10^{-8}$

(Ergebnis der Rechnung: $5{,}1 \cdot 10^{-8}$)

1.140 $\sqrt{0{,}003\,42} \approx (3 \cdot 10^{-3})^{1/2} = (30 \cdot 10^{-4})^{1/2} = 30^{1/2} \cdot 10^{-4/2} \approx 5 \cdot 10^{-2}$

(Ergebnis der Rechnung: 0,058 5)

$\sqrt[3]{0{,}000\,821} \approx (8 \cdot 10^{-4})^{1/3} = (800 \cdot 10^{-6})^{1/3} \approx 9 \cdot 10^{-2}$

(Ergebnis der Rechnung: 0,093 6)

## Kontrollfragen

1.37 Wie heißen die Operanden $a$ und $n$ beim Potenzieren ($a^n$) und beim Radizieren ($\sqrt[n]{a}$)?

1.38 Bei welchen Potenzgesetzen werden die Rechenoperationen durch entsprechende Operationen mit den Exponenten ausgeführt, und wie ändert sich in den Exponenten die Stufe der Rechenoperationen?

1.39 Welches Vorzeichen hat $a^n$, wenn $a$ negativ und $n$ ganzzahlig ist?

1.40 Mit welcher Potenzoperation wird der reziproke Wert gebildet?

1.41 Welche Bedingungen müssen $a$ und $b$ in $\sqrt[n]{b} = a$ erfüllen?

1.42 Wie ist eine Potenz mit einem gebrochenen Exponenten ($a^{m/n}$) definiert?

1.43 Gegeben sind $(a^2 + b^2)^2$, $(a^2b^2)^2$, $\sqrt{a^2 + b^2}$, $\sqrt{a^2b^2}$. Welche Terme lassen sich zerlegen?

**Aufgaben: 1.47 bis 1.49**

### 1.4.2 Rechnen mit Logarithmen

Das Logarithmieren ist die zweite Umkehroperation des Potenzierens. Während die Potenzgleichung $a^n = b$ beim Radizieren nach $a$ aufgelöst wird, ist sie beim Logarithmieren nach dem Exponenten $n$ aufzulösen.

### Definition

> Der **Logarithmus** zur Basis $a$ für eine positive reelle Zahl $b$ (gelesen: »Logarithmus von $b$ zur Basis $a$«) ist diejenige Zahl $n$, für die die Potenz $a^n$ gleich $b$ ist. Die Basis $a$ muß eine positive reelle Zahl und ungleich 1 sein:
>
> $$\log_a b = n \Leftrightarrow a^n = b; \qquad b > 0, \qquad a > 0, \qquad a \neq 1 \tag{1.50}$$

Die Zahl $b$ heißt Numerus (auch Logarithmand).

1. Für die Basis $a$ ist die Zahl 1 deshalb auszuschließen, weil $\log_1 b = x \Leftrightarrow 1^x = b$ wäre. Die Gleichung $1^x = b$ ist aber für $b \neq 1$ nicht erfüllbar und für $b = 1$ für jede Zahl $x$ erfüllt.
2. Aus der Bedingung $a > 0$ für die Basis folgt auch für den Numerus $b$, daß er nur positiv sein kann: $a > 0 \Rightarrow a^n = b > 0$.

### Beispiele

1.141 $\log_3 9 = 2$, denn $3^2 = 9$
$\log_3 27 = 3$, denn $3^3 = 27$
$\log_3 81 = 4$, denn $3^4 = 81$

1.142 $\log_4\left(\frac{1}{16}\right) = -2$, denn $4^{-2} = \frac{1}{4^2} = \frac{1}{16}$

$\log_{25} 5 = \frac{1}{2}$, denn $25^{\frac{1}{2}} = \sqrt{25} = 5$

### Sonderfälle

Es ist $\log_a a = 1$; $\log_a 1 = 0$ (1.51)
denn $\log_a a = 1 \Leftrightarrow a^1 = a$ und $\log_a 1 = 0 \Leftrightarrow a^0 = 1$.

Die Rechenoperation »Potenzieren mit der Basis $a$« und »Logarithmieren zur Basis $a$« sind Umkehroperationen:

$$\log_a(a^z) = z; \qquad a^{\log_a z} = z \tag{1.52}$$

### Beispiel

1.143 $\log_2(2^5) = \log_2 32 = 5$; $2^{\log_2 32} = 2^5 = 32$

Bei der Operation »Potenzieren« sind zwei Arten zu unterscheiden:
(1) Potenzieren einer Zahl $z$ mit dem Exponenten $a$ ($z^a$),
(2) Potenzieren von $z$ zur Basis $a$ ($a^z$).

### Logarithmengesetze

Sie sind Sonderfälle der Potenzgesetze für Potenzen mit gleicher Basis und des Gesetzes für die Potenz einer Potenz.

Es gilt beispielsweise

$$5 = 2 + 3,$$
$$\log_2 32 = \log_2 4 + \log_2 8,$$
$$\log_2(4 \cdot 8) = \log_2 4 + \log_2 8.$$

Allgemein gilt für das Produkt zweier Zahlen, die als Potenzen mit der gleichen Basis $a$ geschrieben werden:

$$b = a^p, \quad c = a^q \Longrightarrow b \cdot c = a^{p+q};$$
$$\log_a(b \cdot c) = p + q \quad \text{(s. Äquivalenz (1.50))};$$

und wegen $b = a^p \Leftrightarrow p = \log_a b$ und $c = a^q \Leftrightarrow q = \log_a c$ ergibt sich

$$\log_a(b \cdot c) = \log_a b + \log_a c,$$

d. h., der Logarithmus eines Produktes $b \cdot c$ ist gleich der Summe der Logarithmen der beiden Faktoren $b$ und $c$ (wobei alle Logarithmen zur gleichen Basis zu bilden sind). Entsprechend kann der Logarithmus eines Quotienten umgeformt werden. Für den Logarithmus einer Potenz ergibt sich aus

$$b = a^p \Longrightarrow b^n = a^{np};$$

die Gleichung $\log_a(b^n) = np$;

und wegen $b = a^p \Leftrightarrow p = \log_a b$

folgt $\log_a(b^n) = n \log_a b$.

Der Logarithmus einer $n$-ten Wurzel kann entsprechend umgeformt werden.
Damit ergeben sich die vier Logarithmengesetze:

$$\log_a(b \cdot c) = \log_a b + \log_a c; \qquad \log_a\left(\frac{b}{c}\right) = \log_a b - \log_a c \qquad (1.53)\ (1.54)$$

$$\log_a(b^n) = n \cdot \log_a b; \qquad \log_a(\sqrt[n]{b}) = \frac{1}{n} \cdot \log_a b \qquad (1.55)\ (1.56)$$

Allen Logarithmengesetzen ist gemeinsam, daß beim Umformen jedes Operationszeichen im Term des Numerus zu einem Operationszeichen zwischen den Logarithmen wird, das eine Stufe niedriger ist (aus dem Produkt $bc$ wird z. B. die Summe $\log_a b + \log_a c$).

Die Gesetze werden zum Umformen von Termen genutzt.

**Beispiele**

1.144 $\log_a\left(\frac{pq}{rs}\right) = \log_a(pq) - \log_a(rs) = \log_a p + \log_a q - (\log_a r + \log_a s)$

1.145 $\log_x\left(\frac{a^2}{b^3}\right)^5 = 5[\log_x(a^2) - \log_x(b^3)] = 5[2 \log_x a - 3 \log_x b]$

1.146 $\log_5 \sqrt[3]{ab^2} = \frac{1}{3} \log_5(ab^2) = \frac{1}{3}(\log_5 a + 2 \log_5 b)$

1.147 $\log_a(r + s)^2 = 2 \log_a(r + s)$;
$\log_a(r^2 + s^2)$ läßt sich nicht umformen.

1.148 $\log_c\left(\frac{1}{bc^2}\right) = \log_c 1 - \log_c b - 2 \log_c c = -\log_c b - 2 = -2 - \log_c b$ (vgl. Gln. (1.51))

1.149 $2\log_b u - \log_b v - \log_b w = \log_b\left(\frac{u^2}{vw}\right)$

1.150 $3\left[\log_z(a+b) + \frac{1}{2}\log_z c\right] = \log_z\left((a+b)\sqrt{c}\right)^3$

1.151 $\log_a x + \log_b x$ kann man nach den Gln. (1.53) bis (1.56) nicht umformen, da die Logarithmen keine gleiche Basis haben.

Aus $\log_a\left(\frac{1}{x}\right) = \log_a 1 - \log_a x = -\log_a x$ folgt

$$-\log_a x = \log_a\left(\frac{1}{x}\right) \tag{1.57}$$

Ein mit $-1$ multiplizierter Logarithmus eines Terms ist gleich dem Logarithmus des reziproken Terms.

**Aufgaben: 1.50 bis 1.53**

**Logarithmensysteme**

Ein Logarithmensystem ist eine Menge, die als Elemente alle Logarithmen zur gleichen Basis enthält.
Von praktischer Bedeutung sind drei Systeme. Für ihre Logarithmen gibt es spezielle Bezeichnungen (nach DIN 1302, Dezember 1999):
(1) **Dekadischer (Zehner-) Logarithmus** (Basis $a = 10$)

$$\log_{10} x = \lg x; \qquad \lg x = y \Leftrightarrow 10^y = x \tag{1.58}$$

(2) **Natürlicher Logarithmus** (Basis $a = \mathrm{e} = 2{,}718\,28\ldots$)

$$\log_\mathrm{e} x = \ln x; \qquad \ln x = y \Leftrightarrow \mathrm{e}^y = x \tag{1.59}$$

Für Potenzen mit der Basis e darf geschrieben werden:

$$\mathrm{e}^x = \exp x \tag{1.59a}$$

Diese Schreibweise ist platzsparend und wird besonders dann angewendet, wenn der Exponent ein zusammengesetzter Ausdruck ist. Entsprechend ist die Schreibweise möglich: $a^x = \exp_a x$. (1.59b)

(3) **Binärer Logarithmus** (Basis $a = 2$)

$$\log_2 x = \mathrm{lb}\, x; \qquad \mathrm{lb}\, x = y \Leftrightarrow 2^y = x \tag{1.60}$$

Anmerkungen:

Zu (1): $\lg x$ wird gelesen: »l – g – $x$«.
Dekadische Logarithmen hatten für das praktische Rechnen große Bedeutung, als der Taschenrechner noch nicht verfügbar war. Mit Hilfe von Logarithmentafeln gelang es, auch kompliziertere Berechnungen auszuführen, indem man die Eigenschaften des Logarithmus nutzte, die durch die Logarithmengesetze beschrieben werden. Von den verschiedenen möglichen Systemen eignete sich das

dekadische Logarithmensystem besonders gut (Näheres dazu am Ende dieses Abschnitts). Ein weiteres Hilfsmittel war der Rechenstab, mit dem Rechenoperationen durch Verknüpfung logarithmisch geteilter Skalen ausgeführt werden konnten.
Dekadische Logarithmen haben zwar gegenwärtig für das praktische Rechnen kaum noch Bedeutung, sie werden aber für das Beschreiben bestimmter Zusammenhänge in Naturwissenschaft, Technik und Ökonomie genutzt.
Zu (2): $\ln x$ wird gelesen: »l – n – $x$« (logarithmus naturalis von $x$).
Die Basis e ist eine irrationale Zahl, d. h. ein unendlicher nichtperiodischer Dezimalbruch. Der natürliche Logarithmus und die Potenz $e^x$ sind Hilfsmittel zur Beschreibung von Wachstumsprozessen (z. B. Bevölkerungswachstum, in negativem Sinn z. B. das Abnehmen der Amplituden einer gedämpften Schwingung).
Zu (3): $\text{lb}\, x$ wird gelesen: »l – b – $x$«.
Der binäre Logarithmus wird in der Praxis auch Dual-Logarithmus ($\text{ld}\, x$) genannt. Er wird besonders für Probleme gebraucht, die zum Gebiet der Informationstheorie gehören.

Der dekadische und der natürliche Logarithmus einer Zahl können mit Hilfe des Taschenrechners mit den Tasten [lg] und [ln] ermittelt werden. Umgekehrt erhält man für einen gegebenen Logarithmus den zugehörigen Numerus mit der Zweitbelegung [$10^x$] und [$e^x$] dieser Tasten (vgl. die Äquivalenzen (1.58) und (1.59)).

1. Es gibt Rechnertypen, bei denen die Taste für den dekadischen Logarithmus mit [log] bezeichnet ist.
2. Bei Rechnertypen ohne die Funktionen $10^x$ und $e^x$ wird der Numerus mit der Taste [$y^x$] berechnet, wobei $y = 10$ bzw. $y = e = 2{,}718\,28$ einzugeben ist.

Für den binären Logarithmus hat der Taschenrechner keine Taste. Er muß berechnet werden, indem man die Eigenschaft nutzt, daß die Logarithmen zweier Systeme proportional zueinander sind. Wenn nämlich für eine Zahl $x$ die Logarithmen zu zwei verschiedenen Basen gebildet werden:

$$\log_a x = u \quad \text{und} \quad \log_b x = v, \tag{I}$$

so gilt

$$x = a^u \quad \text{und} \quad x = b^v,$$

d. h.,

$$a^u = b^v.$$

Logarithmieren zur Basis $b$ ergibt

$$\log_b (a^u) = \log_b (b^v)$$

$$u \cdot \log_b a = v \cdot \log_b b \qquad \text{(s. Gl. (1.55))}$$

$$u \cdot \log_b a = v \qquad \text{(s. Gl. (1.51))}$$

und wenn $u$ und $v$ nach den Gln. (I) eingesetzt werden:

$$\log_a x \cdot \log_b a = \log_b x$$

$$\log_a x = \frac{\log_b x}{\log_b a} = \frac{1}{\log_b a} \cdot \log_b x \tag{II}$$

Mit dieser Gleichung kann man den Logarithmus zu einer Basis $a$ berechnen, wenn der Logarithmus zur Basis $b$ bekannt ist. Der Proportionalitätsfaktor ist $1/\log_b a$.
Meist wird das System der natürlichen Logarithmen ($b = e$) als bekanntes System angenommen:

$$\boxed{\log_a x = \frac{\ln x}{\ln a}} \tag{1.61}$$

Der Proportionalitätsfaktor $\frac{1}{\ln a} = M_a$ heißt **Modul** des Logarithmensystems zur Basis $a$.

1. Wenn ein anderes System als bekannt angenommen wird, ergibt sich eine entsprechende Umrechnungsformel, z. B. $\log_a x = \frac{\lg x}{\lg a}$.
2. Der Modul $M_{10} = \frac{1}{\ln 10} \approx 0{,}4343$ ist der Proportionalitätsfaktor zwischen dekadischen und natürlichen Logarithmen. Er kann in Formeln auftreten, wenn logarithmische Zusammenhänge in Naturwissenschaft und Technik von einem Logarithmensystem in das andere umgeformt werden: $\lg x \approx 0{,}4343 \ln x$.

Aus Gl. (II) folgt für $x = b$:

$$\log_a b = \frac{1}{\log_b a} \cdot \log_b b$$

$$\log_a b = \frac{1}{\log_b a} \qquad (1.61\,\text{a})$$

Wenn bei einem Logarithmus Basis und Numerus vertauscht werden, ergibt sich der reziproke Wert.

In einigen Gebieten der Naturwissenschaft und Technik ist es sinnvoll, für Größen den Logarithmus des Verhältnisses anzugeben.

Wenn $x_1$, $x_2$ zwei Größen mit gleicher Einheit sind, so wird die **logarithmische Verhältnisgröße**

$\lg \frac{x_2}{x_1}$ in der Einheit 1 Bel (1 B),

$\ln \frac{x_2}{x_1}$ in der Einheit 1 Neper (1 Np) (1.61 b)

gemessen.

Logarithmische Verhältnisgrößen werden auch häufig in Dezibel angegeben: 1 dB = 0,1 B.

## Beispiele

1.152 Für $x_1 = 32{,}68$; $x_2 = 0{,}0046$; $x_3 = 3{,}5741 \cdot 10^6$ sind $\lg x$, $\ln x$ und $\operatorname{lb} x$ zu berechnen.

*Lösung:*

Mit den Tasten [lg] und [ln] des Taschenrechners ergibt sich

$\lg x_1 = 1{,}514$; $\lg x_2 = -2{,}3$; $\lg x_3 = 6{,}5532$

$\ln x_1 = 3{,}487$; $\ln x_2 = -5{,}4$; $\ln x_3 = 15{,}089$.

Nach Gl. (1.61) ist für $a = 2$: $\operatorname{lb} x = \frac{\ln x}{\ln 2}$;

es ergibt sich $\operatorname{lb} x_1 = 5{,}030$; $\operatorname{lb} x_2 = -7{,}8$; $\operatorname{lb} x_3 = 21{,}769$.

1.153 Aus $\lg x_1 = -3{,}4612$; $\ln x_2 = 4{,}37$ und $\operatorname{lb} x_3 = 5{,}63$ sind die Numeri $x_1$, $x_2$ und $x_3$ zu berechnen.

*Lösung:*

$x_1 = 10^{-3{,}4612} = 3{,}4578 \cdot 10^{-4}$ mit Taste [$10^x$];

$x_2 = e^{4{,}37} = 79{,}0$ mit Taste [$e^x$];

$x_3 = 2^{5{,}63} = 49{,}5$ mit Taste [$y^x$].

1.154 Die Schalldämmung (Schwächung des Schalls beim Durchlaufen einer Wand) wird durch das Schalldämmaß $D$ angegeben:

$D = 10 \lg \frac{J_1}{J_2}$ ($D$ in dB; $J_1$, $J_2$ Schallintensität in $\text{Wm}^{-2}$ vor und hinter der Wand).

a) Welcher Dämmwert ergibt sich für $J_1 = 10^{-6}\,\text{Wm}^{-2}$ und $J_2 = 10^{-11}\,\text{Wm}^{-2}$?

b) Um welche Zehnerpotenz ist $J_1$ größer als $J_2$, wenn $D = 80$ dB ist?

*Lösung:*

a) $D = 10 \lg \frac{10^{-6}}{10^{-11}} = 10 \cdot 5 = 50$ dB

b) Aus $\lg \frac{J_1}{J_2} = \frac{D}{10} = \frac{80}{10}$ folgt $\frac{J_1}{J_2} = 10^8$; $J_1 = 10^8 J_2$

1.155 In der Fertigungstechnik wird der Umformgrad $\varphi_x$ als natürlicher Logarithmus des Verhältnisses von End- zu Anfangsabmessung berechnet: $\varphi_x = \ln \frac{x_1}{x_0}$.

Der natürliche Logarithmus ist in einen dekadischen umzuformen.

*Lösung:*

Nach Gl. (1.61) ist $\lg x = \frac{\ln x}{\ln 10}$, folglich $\ln x = \ln 10 \cdot \lg x$.

Damit ergibt sich $\varphi_x = \ln 10 \cdot \lg \frac{x_1}{x_0} \approx 2{,}302\,6 \lg \frac{x_1}{x_0}$.

### Eigenschaften des dekadischen Logarithmus

Aus der Gleitkommadarstellung $x = m \cdot 10^k$ ($1 \leqq m < 10$; $k \in G$) des Numerus $x$ folgt für den Logarithmus

$$\lg x = \lg m + k \cdot \lg 10 = \lg m + k.$$

Wegen $1 \leqq m < 10$ ist $\lg 1 \leqq \lg m < \lg 10$, d. h., $0 \leqq \lg m < 1$: Der Term $\lg m$ ist ein echter Dezimalbruch.

> Der dekadische Logarithmus einer jeden positiven reellen Zahl $x = m \cdot 10^k$ läßt sich in der Form $\lg x = \lg m + k$ darstellen;
> $\lg m$ heißt **Mantisse** und ist ein echter Dezimalbruch,
> $k$ heißt **Kennziffer** und ist eine ganze Zahl.

Numeri mit der gleichen Folge signifikanter Ziffern (d.h. mit dem gleichen Faktor $m$) haben demnach Logarithmen mit der gleichen Mantisse. Die Kennziffer $k$ ist der Exponent des Stellenwertes der ersten signifikanten Ziffer des Numerus.

### Beispiel

1.156 Die folgende Tabelle enthält verschiedene Numeri $x$ mit der gleichen Folge signifikanter Ziffern, deren Mantissen, Kennziffern und Logarithmen:

| Numerus $x$ | Gleitkomma-darstellung $m \cdot 10^k$ | Mantisse $\lg m$ | Kenn-ziffer $k$ | Logarithmus $\lg x$ |
|---|---|---|---|---|
| 815,2 | $8{,}152 \cdot 10^2$ | 0,911 3 | 2 | 2,911 3 |
| 8,152 | $8{,}152 \cdot 10^0$ | 0,911 3 | 0 | 0,911 3 |
| 0,008 152 | $8{,}152 \cdot 10^{-3}$ | 0,911 3 | −3 | 0,911 3 − 3 = −2,088 7 |

Anmerkungen:
1. Nur dekadische Logarithmen lassen sich als Summe von Kennziffer und Mantisse darstellen. Logarithmen anderer Systeme haben nicht diese Eigenschaft.
2. Die Logarithmen in Beispiel 1.156 sind auf höchstens 5 signifikante Ziffern gerundet. Der vollständige Dezimalbruch läßt sich nicht angeben, denn Logarithmen sind i.allg. irrationale Zahlen (auch die Logarithmen eines beliebigen anderen Systems).
3. Eine Logarithmentafel für dekadische Logarithmen braucht nur die Logarithmen für Numeri zwischen 1 und 10 zu enthalten (s. Beispiel 1.156: Die Numeri 815,2 und 0,008 152 haben die gleiche Folge signifikanter Ziffern wie 8,152, ihre Logarithmen haben deshalb die gleiche Mantisse, sie unterscheiden sich nur in den Kennziffern).

**Aufgaben: 1.54 bis 1.56**

## Formelumstellungen

Wenn eine Formel mit einem Potenz- oder Logarithmenterm nach dem Exponenten der Potenz oder dem Numerus des Logarithmus aufgelöst werden soll, so ist (entsprechend den Formelumstellungen im vorhergehenden Abschnitt) dieser Term zunächst zu isolieren.

## Beispiele

1.157 Zerfallsgesetz für radioaktive Kerne ($N_0$, $N$ Anzahl der zu Beginn und zum Zeitpunkt $t$ vorhandenen zerfallfähigen Kerne; $t$ Zerfallszeit in s; $\lambda$ Zerfallskonstante in $s^{-1}$):

$N = N_0 e^{-\lambda t}$

Die Formel ist nach $\lambda$ umzustellen.

*Lösung:*

$$\frac{N}{N_0} = e^{-\lambda t}$$ (Isolieren der Potenz: Division durch $N_0$)

$$\ln\left(\frac{N}{N_0}\right) = -\lambda t$$ (Formelumstellung nach Äquivalenz (1.59))

$$\lambda = -\frac{1}{t}\ln\left(\frac{N}{N_0}\right)$$ (Division durch $-t$; Vertauschen der Seiten)

$$\lambda = \frac{1}{t}\ln\left(\frac{N_0}{N}\right)$$ (vgl. Gl. (1.57))

1.158 Selbstinduktivität einer Leiterschleife ($L$ Selbstinduktivität in H (Henry), $l$ Länge in cm, $d$ Leiterabstand, $r$ Leiterradius):

$$L = 9{,}2\, l \lg\left(\frac{d}{r}\right) 10^{-9}$$

Die Formel ist nach $d$ umzustellen.

*Lösung:*

$$\frac{L}{9{,}2\, l \cdot 10^{-9}} = \lg\left(\frac{d}{r}\right)$$ (Isolieren des Logarithmusterms)

$$\lg\left(\frac{d}{r}\right) = \frac{10^9 L}{9{,}2\, l}$$

$$\frac{d}{r} = 10^{\frac{10^9 L}{9{,}2\, l}}$$ (nach Äquivalenz (1.58))

$$d = r \cdot 10^{\frac{10^9 L}{9{,}2\, l}} = r \cdot \exp_{10}\left(\frac{10^9 L}{9{,}2\, l}\right) \quad \text{(nach Gl. (1.59 b))}$$

Wenn der dekadische in den natürlichen Logarithmus umgeformt wird, ergibt sich (vgl. Anm. 2 zu Gl. (1.61))

$$0{,}434\,3 \ln\left(\frac{d}{r}\right) = \frac{10^9 L}{9{,}2\, l}$$

$$\ln\left(\frac{d}{r}\right) = \frac{10^9 L}{4\, l} \quad \text{(Division durch 0,434 3)}$$

$$\frac{d}{r} = \mathrm{e}^{\frac{10^9 L}{4\, l}} \quad \text{(nach Äquivalenz (1.59))}$$

$$d = r \cdot \exp\left(\frac{10^9 L}{4\, l}\right) \quad \text{(vgl. Gl. (1.59 a))}$$

1.159 Die Gleichung der Polytrope (s. Beispiel 1.133) ist nach $n$ umzustellen.

*Lösung:*

(1) $\frac{p_1}{p_2} = \left(\frac{V_2}{V_1}\right)^n$

$$n = \log_{\left(\frac{V_2}{V_1}\right)}\left(\frac{p_1}{p_2}\right) \quad \text{(nach Äquivalenz (1.50))}$$

$$n = \frac{\ln\left(\frac{p_1}{p_2}\right)}{\ln\left(\frac{V_2}{V_1}\right)} \quad \text{(vgl. Gl. (1.61))}$$

(2) Eine Gleichung kann auch nach einem Exponenten aufgelöst werden, indem man sie logarithmiert (z. B. zur Basis e) und mit Hilfe der Logarithmengesetze ((1.53) bis (1.56)) umformt:

$$\ln\left(\frac{p_1}{p_2}\right) = \ln\left[\left(\frac{V_2}{V_1}\right)^n\right]$$

$$\ln\left(\frac{p_1}{p_2}\right) = n \cdot \ln\left(\frac{V_2}{V_1}\right)$$

$$n = \frac{\ln\left(\frac{p_1}{p_2}\right)}{\ln\left(\frac{V_2}{V_1}\right)}$$

## Kontrollfragen

1.44 Für welche Numeri sind die Logarithmen positiv, und für welche Numeri sind sie negativ?

1.45 Für welche Basen $a$ ist $\log_a b$ nicht definiert?

1.46 Welche Potenzgleichungen sind äquivalent zu $\lg x = y$ und $\ln x = y$?

1.47 Welche Zahlenwerte können Mantisse und Kennziffer eines dekadischen Logarithmus annehmen, und welcher Zusammenhang besteht zwischen ihnen und dem Numerus?

**Aufgabe: 1.57**

### 1.4.3 Potenz eines Binoms

Die zweite Potenz eines Binoms wird mit einer binomischen Formel berechnet:

$$(a + b)^2 = a^2 + 2ab + b^2.$$

Die dritte Potenz ergibt, wie man durch Ausmultiplizieren leicht berechnen kann:

$$(a + b)^3 = a^3 + 3a^2b + 3ab^2 + b^3.$$

Wenn der Exponent größer ist, kann $(a + b)^n$ (für $n \in N$) nach der Regel berechnet werden:

(1) Die Summe beginnt mit $a^n$ und endet mit $b^n$;
(2) die Summanden sind nach fallenden Potenzen von $a$ (und nach steigenden Potenzen von $b$) geordnet; in jedem Summanden ist die Summe der Exponenten gleich $n$;
(3) die Koeffizienten können nach dem **Pascalschen Dreieck** berechnet werden:

```
          1
        1   1
      1   2   1
    1   3   3   1
  1   4   6   4   1
1   5  10  10   5   1
        usw.
```

Die Zahlen einer jeden Zeile werden berechnet, indem jeweils die beiden benachbarten Zahlen der darüberstehenden Zeile addiert werden.

**Beispiel**

1.160 $(a + b)^5 = a^5 + 5a^4b + 10a^3b^2 + 10a^2b^3 + 5ab^4 + b^5$

Die Potenz eines Binoms kann auch direkt mit dem binomischen Lehrsatz berechnet werden. Zur Vorbereitung dieses Satzes werden zwei Symbole eingeführt:

**Definitionen**

1. Das Produkt aller natürlichen Zahlen von 1 bis $n$ $(n > 1)$ heißt ***n*-Fakultät** und wird mit $n!$ bezeichnet. Die Fakultäten für $n = 0$ und $n = 1$ werden speziell definiert:

$$n! = 1 \cdot 2 \cdot \ldots \cdot n;\ 0! = 1;\ 1! = 1 \tag{1.62}$$

2. Der **Binomialkoeffizient** $\binom{n}{k}$ (gelesen: »$n$ über $k$«) für reelle Zahlen $n$ und natürliche Zahlen $k$ wird definiert durch

$$\binom{n}{k} = \frac{n(n-1)(n-2)\ldots(n-k+1)}{k!} \quad (k \neq 0);$$
$$\binom{n}{0} = 1 \tag{1.63}$$

Aus der Definition ergibt sich als Regel für die Berechnung von $\binom{n}{k}$: Der erste Faktor des Nenners ist 1 und jeder folgende ist eine Einheit größer; der erste Faktor des Zählers ist $n$ und jeder folgende ist eine Einheit kleiner; Zähler und Nenner sind Produkte mit der gleichen Anzahl von $k$ Faktoren.

**Beispiele**

1.161 $4! = 1 \cdot 2 \cdot 3 \cdot 4 = 24; \quad 5! = 4! \cdot 5 = 120; \quad 6! = 5! \cdot 6 = 720$

1.162 $\dfrac{8!}{5! \cdot 3!} = \dfrac{1 \cdot 2 \cdot 3 \cdot 4 \cdot 5 \cdot 6 \cdot 7 \cdot 8}{1 \cdot 2 \cdot 3 \cdot 4 \cdot 5 \cdot 1 \cdot 2 \cdot 3} = \dfrac{6 \cdot 7 \cdot 8}{1 \cdot 2 \cdot 3} = 56$

1.163 Die Basis e des natürlichen Logarithmus kann mit der Summenformel $e = \sum\limits_{n=0}^{\infty} \dfrac{1}{n!}$ mit beliebiger Genauigkeit berechnet werden. Es ist e aus den ersten 8 Gliedern der Summe zu berechnen, und die Summe ist auf 4 signifikante Ziffern zu runden.

*Lösung:*

$$e \approx \frac{1}{0!} + \frac{1}{1!} + \frac{1}{2!} + \ldots + \frac{1}{7!}$$

$$\approx 1 + 1 + \frac{1}{2} + \frac{1}{6} + \frac{1}{24} + \frac{1}{120} + \frac{1}{720} + \frac{1}{5\,040}$$

$$\approx 1 + 1 + 0{,}5 + 0{,}166\,7 + 0{,}041\,7 + 0{,}008\,3 + 0{,}001\,4 + 0{,}000\,2$$

$$e \approx 2{,}718$$

1.164 $\dbinom{8}{3} = \dfrac{8 \cdot 7 \cdot 6}{1 \cdot 2 \cdot 3} = 56$

1.165 $\dbinom{4}{1} = \dfrac{4}{1} = 4; \qquad \dbinom{4}{4} = \dfrac{4 \cdot 3 \cdot 2 \cdot 1}{1 \cdot 2 \cdot 3 \cdot 4} = 1; \qquad \dbinom{4}{5} = \dfrac{4 \cdot 3 \cdot 2 \cdot 1 \cdot 0}{1 \cdot 2 \cdot 3 \cdot 4 \cdot 5} = 0$

1.166 $\dbinom{\frac{1}{2}}{4} = \dfrac{\frac{1}{2} \cdot \left(-\frac{1}{2}\right) \cdot \left(-\frac{3}{2}\right) \cdot \left(-\frac{5}{2}\right)}{1 \cdot 2 \cdot 3 \cdot 4} = -\dfrac{15}{384} = -\dfrac{5}{128}$

Eigenschaften des Binomialkoeffizienten:

(1) $\dbinom{n}{1} = n;$ (2) $\dbinom{n}{n} = 1$

(3) $\dbinom{n}{k} = \dfrac{n!}{k!\,(n-k)!};$ wenn $n \in N$ und $k \leqq m$

(4) $\dbinom{n}{k} = 0$ wenn $n \in N$ und $k > n$

Mit den Binomialkoeffizienten läßt sich eine Summenformel für $(a + b)^n$ angeben:

**Binomischer Lehrsatz**

Für $n \in N$ und beliebige Terme $a$, $b$ gilt

$$(a + b)^n = \sum_{k=0}^{n} \binom{n}{k} a^{n-k} b^k = a^n + n a^{n-1} b + \binom{n}{2} a^{n-2} b^2 + \binom{n}{3} a^{n-3} b^3 + \ldots + b^n \qquad (1.64)$$

Aus der Summendarstellung folgt $\ldots = \binom{n}{0} a^n + \binom{n}{1} a^{n-1}b + \ldots + \binom{n}{n} b^n$; da aber $\binom{n}{0} = 1$, $\binom{n}{1} = n$ und $\binom{n}{n} = 1$, ergibt sich die Summendarstellung in Gl. (1.64).
Die Eigenschaft (3) des Binomialkoeffizienten wird durch die Beispiele 1.162 und 1.164 veranschaulicht.

**Beispiele**

1.167 $(2x - 3y)^4 = (2x)^4 + 4(2x)^3(-3y) + \binom{4}{2}(2x)^2(-3y)^2 + \binom{4}{3}(2x)(-3y)^3 + (-3y)^4$

$$= 16x^4 + 4(8x^3)(-3y) + \frac{4 \cdot 3}{1 \cdot 2}(4x^2)(9y^2) + \frac{4 \cdot 3 \cdot 2}{1 \cdot 2 \cdot 3}(2x)(-27y^3) + (81y^4)$$

$$= 16x^4 - 96x^3y + 216x^2y^2 - 216xy^3 + 81y^4$$

1.168 Für $(a + b)^8$ sind die ersten 4 Summanden zu berechnen.
*Lösung:*

$$(a + b)^8 = a^8 + 8a^7b + \binom{8}{2}a^6b^2 + \binom{8}{3}a^5b^3 + \ldots$$

$$= a^8 + 8a^7b + 28a^6b^2 + 56a^5b^3 + \ldots$$

## Kontrollfragen

1.48 Wie viele Faktoren enthält der Zähler von $\binom{n}{k}$, und wie viele enthält der Nenner?

1.49 Wie sind 0! und $\binom{n}{0}$ definiert?

1.50 Welchen Wert hat $\binom{n}{k}$, wenn $n \in N$ und $k > n$ ist?

**Aufgaben: 1.58 und 1.59**

## 1.5 Bereich der komplexen Zahlen

### 1.5.1 Arithmetische Form der komplexen Zahlen

Im Bereich der reellen Zahlen sind alle vier Grundrechenoperationen (außer der Division durch Null) uneingeschränkt ausführbar. Bei den Rechenoperationen dritter Stufe gibt es aber Aufgabenstellungen, die sich mit reellen Zahlen nicht lösen lassen. Beispiele sind die zweite Wurzel aus einer negativen Zahl (denn das Quadrat einer jeden reellen Zahl ist positiv oder gleich Null) und der Logarithmus einer negativen Zahl.
Durch Erweitern des Bereichs der reellen Zahlen werden neue Zahlen mit Eigenschaften erklärt, mit denen solche Rechenoperationen ausgeführt werden können.

**Definition**

Eine **komplexe Zahl** $z$ ist ein geordnetes Paar reeller Zahlen:
$z = (a\,;\,b),\ a \in R,\ b \in R.$
$a$ heißt Realteil von $z$.
$b$ heißt Imaginärteil von $z$. (1.65)

Zwei komplexe Zahlen $z_1 = (a_1\,;\,b_1)$, $z_2 = (a_2\,;\,b_2)$ werden als gleich definiert, wenn ihre Komponenten gleich sind: $a_1 = a_2\,;\,b_1 = b_2$. Ihre Summe wird als Summe ihrer Komponenten definiert: $z_1 + z_2 = (a_1 + a_2\,;\,b_1 + b_2)$.
Jeder komplexen Zahl läßt sich in einer Koordinatenebene eindeutig ein Punkt mit den Koordinaten $(a\,;\,b)$ zuordnen und umgekehrt (Bild 1.16). Die Ebene heißt GAUSSsche **(komplexe) Zahlenebene**.

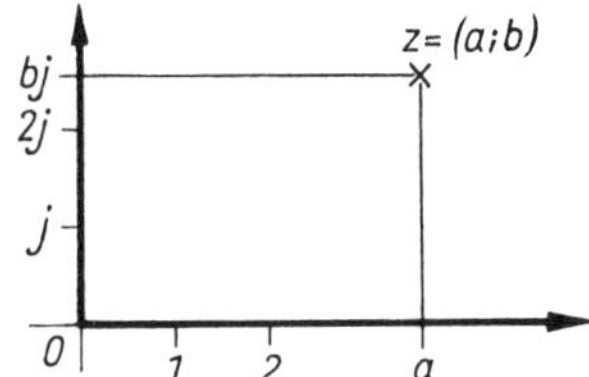


Bild 1.16

Die waagerechte Achse heißt **reelle Achse**. Sie ist die Zahlengerade der reellen Zahlen. Der reellen Zahl $a$ und der komplexen Zahl $(a;b)$ mit dem Imaginärteil $b = 0$ ist der gleiche Punkt zugeordnet: $(a : 0) = a$.
Die senkrechte Achse heißt **imaginäre** Achse, die auf ihr liegenden Zahlen heißen **imaginäre** Zahlen. Damit sie sich von den reellen Zahlen unterscheiden, wird ihre Einheit mit j bezeichnet. Der imaginären Zahl $b$j und der komplexen Zahl $(a\,;\,b)$ mit dem Realteil $a = 0$ ist der gleiche Punkt zugeordnet: $(0\,;\,b) = b\mathrm{j}$.

Die imaginäre Einheit wird auch mit i bezeichnet. In der Technik wird jedoch j verwendet, um Verwechslungen mit i als Symbol für die Stromstärke zu vermeiden.

Aus der Definition der Summe komplexer Zahlen folgt:
$z = (a\,;\,b) = (a\,;\,0) + (0\,;\,b) = a + b\mathrm{j}$.

**Definitionen**

Die Darstellung einer komplexen Zahl $z = (a\,;\,b)$ als Summe einer reellen und einer imaginären Zahl heißt
**arithmetische Form**: $\boldsymbol{z = a + b\mathrm{j}}$.
Zwei komplexe Zahlen $z$ und $z^*$ heißen **konjugiert komplex,** wenn sie gleiche Realteile und entgegengesetzt gleiche Imaginärteile haben: $z = a + b\mathrm{j};\ z^* = a - b\mathrm{j}$. (1.66)

Der imaginären Einheit j wird durch Definition eine Eigenschaft zugeschrieben, die auf keine reelle Zahl zutrifft.

**Definition**

Die **imaginäre Einheit** j = (0 ; 1) ist eine Zahl,
deren Quadrat –1 ist: $j^2 = -1$. (1.67)

Die Grundrechenoperationen für imaginäre und komplexe Zahlen sind so definiert, daß formal nach den bekannten Regeln gerechnet werden kann und nur bei der Einheit j die Eigenschaft (1.67) beachtet werden muß.

**Beispiel**

1.169 Rechenoperationen mit imaginären Zahlen:
Für $z_1 = 12j$ , $z_2 = -4j$ sind $z_1 + z_2$, $2z_1 - 3z_2$, $z_1 \cdot z_2$, $z_1 : z_2$, $z_1^2$ und $z_2^2$ zu berechnen.

*Lösung:*
$z_1 + z_2 = 12j + (-4j) = 8j$;
$2z_1 - 3z_2 = 2\,(12j) - 3\,(-4j) = 24j + 12j = 36j$;
$z_1 \cdot z_2 = 12j \cdot (-4j) = -48j^2 = -48\,(-1) = 48$;
$z_1 : z_2 = 12j : (-4j) = -3$;
$z_1^2 = 144j^2 = -144$; $z_1^2 = 16j^2 = -16$.

Allgemein gilt:

- Produkt und Quotient zweier imaginärer Zahlen sind reell:
$(b_1 j)(b_2 j) = b_1 b_2 j^2 = -b_1 b_2$; $(b_1 j) : (b_2 j) = b_1 / b_2$ $(b_2 \neq 0)$;

- das Quadrat einer imaginären Zahl ist negativ oder gleich Null: $(bj)^2 = b^2 j^2 = -b^2$;

- die Potenzwerte von j wiederholen sich periodisch:
$j^1 = j$; $j^2 = -1$; $j^3 = j^2 j = (-1)j = -j$;
$j^4 = j^3 j = (-j)\,j = -j^2 = 1$; $j^5 = j^4 j = 1j = j$;
$j^6 = j^4 j^2 = 1(-1) = -1$; ...

- der reziproke Wert von j ist gleich –j:

$$\frac{1}{j} = \frac{1 \cdot j}{j \cdot j} = \frac{j}{-1} = -j$$

**Beispiele**

1.170 In dem Ausdruck $\frac{1}{\omega C}$ ist ω durch jω zu ersetzen,

und der entstehende Ausdruck ist umzuformen.
*Lösung:*

$$\frac{1}{j\omega C} = -\frac{1}{\omega C}\,j$$

1.171 Rechenoperationen mit komplexen Zahlen (außer Division):
Für $z_1 = 4 + 6\mathrm{j}$, $z_2 = 3 - 2\mathrm{j}$ sind $z_1 + z_2$, $2z_1 - 3z_2$, $z_1 \cdot z_2$ und $z_1{}^2$ zu berechnen.

*Lösung:*

$$\begin{aligned}
z_1 + z_2 &= (4 + 6\mathrm{j}) + (3 - 2\mathrm{j}) \\
&= 4 + 6\mathrm{j} + 3 - 2\mathrm{j} = 7 + 4\mathrm{j}; \\
2z_1 - 3z_2 &= 2\,(4 + 6\mathrm{j}) - 3\,(3 - 2\mathrm{j}) \\
&= 8 + 12\mathrm{j} - 9 + 6\mathrm{j} = -1 + 18\mathrm{j} \\
z_1 \cdot z_2 &= (4 + 6\mathrm{j})\,(3 - 2\mathrm{j}) = 12 - 8\mathrm{j} + 18\mathrm{j} - 12\mathrm{j}^2 \\
&= 12 + 10\mathrm{j} - 12\,(-1) = 24 + 10\mathrm{j}; \\
z_1{}^2 &= (4 + 6\mathrm{j})^2 = 16 + 48\mathrm{j} + 36\mathrm{j}^2 \\
&= 16 + 48\mathrm{j} - 36 = -20 + 48\mathrm{j}.
\end{aligned}$$

Summe und Produkt von zwei konjugiert komplexen Zahlen sind reell:
$z + z^* \quad = (a + b\mathrm{j}) + (a - b\mathrm{j}) = 2a;$
$z \cdot z^* \quad = (a + b\mathrm{j})\,(a - b\mathrm{j}) = a^2 - b^2\mathrm{j}^2 = a^2 + b^2.$
Diese Eigenschaft wird genutzt, um die Division durch eine komplexe Zahl ausführen zu können.

Der Bruch $\frac{z_1}{z_2}$ wird mit dem konjugiert komplexen Nenner $z_2{}^*$ erweitert. Damit wird der Nenner reell, und aus der Division durch eine komplexe Zahl wird eine Division durch eine reelle Zahl.

**Beispiele**

1.172 Für $z_1 = 4 + 6\mathrm{j}$ und $z_2 = -3 - 2\mathrm{j}$ ist $z_1 : z_2$ zu berechnen.

*Lösung:*

$$\frac{z_1}{z_2} = \frac{4 + 6\,\mathrm{j}}{-3 - 2\,\mathrm{j}} = \frac{(4 + 6\,\mathrm{j})(-3 + 2\,\mathrm{j})}{(-3 - 2\,\mathrm{j})(-3 + 2\,\mathrm{j})} = \frac{-12 - 18\mathrm{j} + 8\,\mathrm{j} + 12\,\mathrm{j}^2}{9 - 4\,\mathrm{j}^2} = \frac{-24 - 10\,\mathrm{j}}{13} = \frac{-24}{13} - \frac{10}{13}\mathrm{j}$$

1.173 Für $R + \mathrm{j}\omega L$ ist der reziproke Ausdruck zu berechnen.

*Lösung:*

$$\frac{1}{R + \mathrm{j}\omega L} = \frac{1}{R + \mathrm{j}\omega L} \cdot \frac{R - \mathrm{j}\omega L}{R - \mathrm{j}\omega L} = \frac{R - \mathrm{j}\omega L}{R^2 - (\mathrm{j}\omega L)^2}$$
$$= \frac{R - \mathrm{j}\omega L}{R^2 + (\omega L)^2} = \frac{R}{R^2 + (\omega L)^2} - \frac{\omega L}{R^2 + (\omega L)^2}\,\mathrm{j}$$

Wenn zwei komplexe Zahlen $z_1 = a_1 + b_1\mathrm{j} = (a_1\,;\,b_1)$, $z_2 = a_2 + b_2\,\mathrm{j} = (a_2\,;\,b_2)$ und deren Summe in der GAUSSschen Zahlenebene dargestellt werden, so bilden die 4 Punkte 0, $(a_1\,;\,b_1)$, $(a_2\,;\,b_2)$ und $(a_1 + a_2;\, b_1 + b_2)$ ein Parallelogramm (Bild 1.17). Wenn $z_1$ und $z_2$ als

Vektoren dargestellt werden, die im Ursprung *0* beginnen, so kann ihre Summe als Addition der beiden Vektoren ausgeführt werden, indem der eine Vektor parallel so verschoben wird, daß sein Anfang mit der Spitze des anderen zusammenfällt. Die Summe wird durch den Vektor dargestellt, der bei *0* beginnt und die Diagonale des Parallelogramms bildet.

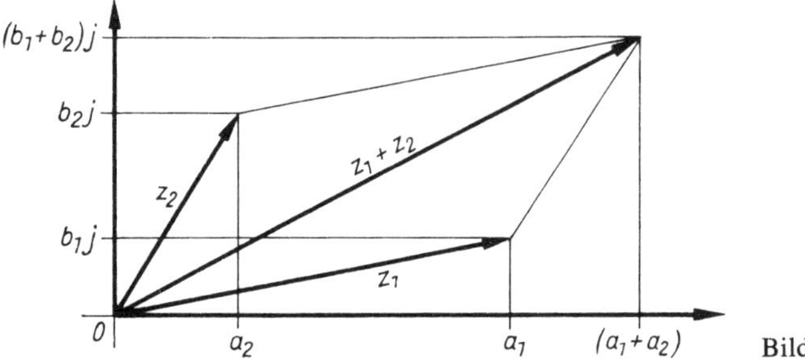


Bild 1.17

Speziell läßt sich jede komplexe Zahl $z = a + b\mathrm{j}$ als Vektor mit der waagerechten Komponente $a$ und der senkrechten Komponente $b\mathrm{j}$ darstellen (Bild 1.18). Die Vektoren zweier konjugiert komplexer Zahlen $z = a + b\mathrm{j}$ und $z^* = a - b\mathrm{j}$ liegen symmetrisch zur reellen Achse (Bild 1.19).

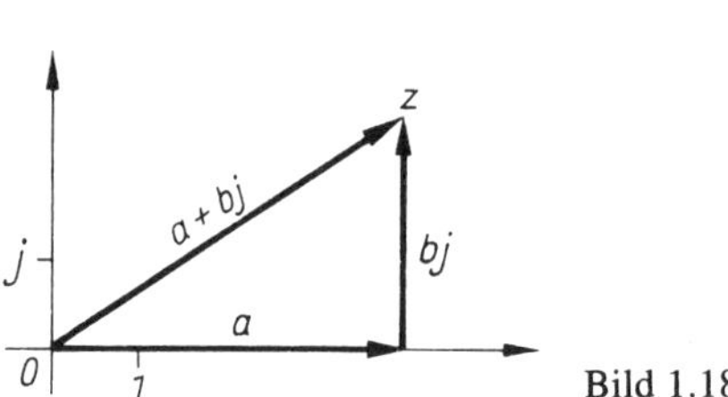


Bild 1.18

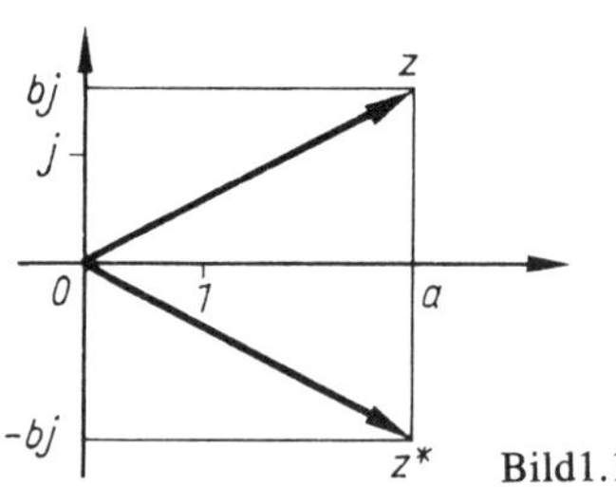


Bild1.19

Im Bereich der komplexen Zahlen sind die vier Grundrechenoperationen außer der Division durch Null uneingeschränkt ausführbar. Addition und Multiplikation sind kommutativ, assoziativ und distributiv. Es ist aber keine Ordnungsrelation erklärt, d. h., zwei komplexe Zahlen können nicht der Größe nach geordnet werden. Die Zeichen < und > sowie die Eigenschaften »positiv« und »negativ« haben für komplexe Zahlen keinen Sinn.

## Kontrollfragen

1.51 Welchen Wert muß der Real- bzw. Imaginärteil einer komplexen Zahl $z$ haben, damit $z$ reell bzw. imganär ist?

1.52 Wie ist die imaginäre Einheit j definiert? Welchen Wert haben $\mathrm{j}^3$, $\mathrm{j}^4$ und $1/\mathrm{j}$?

1.53 Was sind konjugiert komplexe Zahlen? Welchen Wert haben ihre Summe und ihr Produkt?

1.54 Welche Lage haben die Vektoren konjugiert komplexer Zahlen in der GAUSSschen Zahlenebene?

1.55 Wie werden zwei komplexe Zahlen in der arithmetischen Form dividiert?

**Aufgaben 1.60 und 1.61**

### 1.5.2 Andere Darstellungsformen der komplexen Zahlen

Zum Verständnis diese Abschnittes ist es notwendig, Winkelfunktionen und ihre Berechnung zu kennen (s. Teilabschnitte 3.1.1 bis 3.1.3 im Abschnitt 3 Trigonometrie).

Jeder komplexen Zahl $z = a + b\mathrm{j}$ läßt sich in der GAUSSschen Zahlenebene ein Punkt mit den rechtwinkligen Koordinaten $(a\ ;\ b)$ zuordnen (Bild 1.20). Seine Polarkoordinaten $(r\ ;\ \varphi)$ heißen (absoluter) **Betrag** (Modul) $r$ und **Argument** $\varphi$. Der Betrag ist positiv oder gleich Null und bedeutet die Länge des Vektors, das Argument $\varphi$ gibt die Abweichung von der positiven reellen Achse an. Wenn $\varphi$ in mathematisch positivem Drehsinn (entgegen dem Uhrzeigersinn) gemessen wird, so ist $\varphi > 0$, anderenfalls ist $\varphi < 0$. Aus Bild 1.20 folgt:

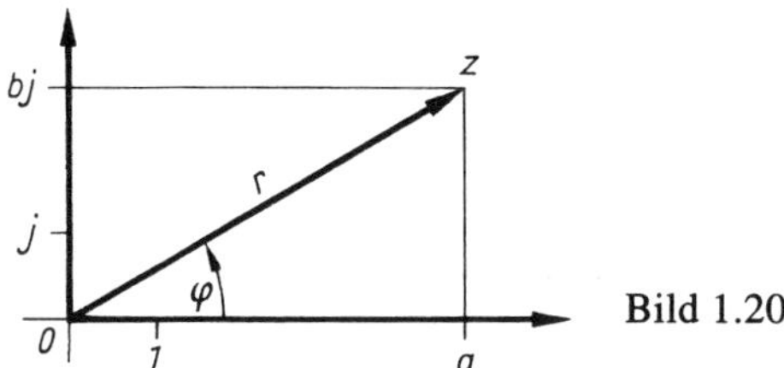


Bild 1.20

$$r = |z| = \sqrt{a^2 + b^2} \qquad \tan\varphi = \frac{b}{a} \tag{1.68}$$

$$a = r\cos\varphi \qquad b = r\sin\varphi \tag{1.69}$$

Der Quadrant von $\varphi$ wird aus den Vorzeichen von $a$ und $b$ ermittelt, denn aus der Gleichung für $\tan\varphi$ in den Gln. (1.68) kann er nicht eindeutig bestimmt werden. Im allgemeinen wird $\varphi$ im Bereich $0° \le \varphi < 360°$ angegeben, bei Anwendungen z. B. in der Elektrotechnik wird auch $-180° < \varphi \le 180°$ gewählt.
Wenn mit $\overline{\varphi}$ der entsprechende spitze Winkel bezeichnet wird, so ist

| $a$ | $b$ | Quadrant | $\varphi$ | |
|---|---|---|---|---|
| $>0$ | $>0$ | I | $\overline{\varphi}$ | |
| $<0$ | $>0$ | II | $180° - \overline{\varphi}$ | |
| $<0$ | $<0$ | III | $180° + \overline{\varphi}$ | oder $-(180° - \overline{\varphi})$ |
| $>0$ | $<0$ | IV | $360° - \overline{\varphi}$ | oder $-\overline{\varphi}$ |

Bei jeder Umrechnung wird empfohlen, sich die Lage des Vektors $z$ in der GAUSSschen Zahlenebene vorzustellen.
Wenn die Gln. (1.69) in die arithmetische Form eingesetzt werden, ergibt sich
$z = a + b\mathrm{j} = r\cos\varphi + r\mathrm{j}\sin\varphi$.

**Satz**

Jede komplexe Zahl läßt sich in der Form
$z = r\,(\cos\varphi + \mathrm{j}\sin\varphi)$ (1.70)
darstellen **(goniometrische Form)**.

Die einzige Ausnahme ist $z = 0$. Es ist zwar $r = 0$, aber $\varphi$ ist nicht eindeutig bestimmt.

Mit Polarkoordinaten gibt es noch andere Darstellungsformen. Mit Hilfe der **Euler**schen Formel (Euler, 1707 bis 1783)

$\cos\varphi + \mathrm{j}\sin\varphi = \mathrm{e}^{\mathrm{j}\varphi}$
wird aus G. (1.70) $z = r\,\mathrm{e}^{\mathrm{j}\varphi}$.

**Satz**

Jede komplexe Zahl (außer z = 0) ist in der **Exponentialform**
$z = r\,\mathrm{e}^{\mathrm{j}\varphi}$ (1.71)
darstellbar.

Für Anwendungen in der Elektrotechnik wird eine von KENNELLY vorgeschlagene Abkürzung für den **Winkelfaktor** benutzt:
$\mathrm{e}^{\mathrm{j}\varphi} = \underline{/\varphi}$, gelesen »**Versor** $\varphi$«.
Damit wird aus Gl. (1.71) $z = r\,\underline{/\varphi}$.

Da die Winkelfunktionen periodisch mit der Periode 360° = 2π sind, haben die Ausdrücke $\cos\varphi + \mathrm{j}\sin\varphi$, $\mathrm{e}^{\mathrm{j}\varphi}$ und $\underline{/\varphi}$ die gleiche Eigenschaft, d.h., es lassen sich die Winkel 360° = 2π beliebig oft addieren bzw. subtrahieren.
In den folgenden Beispielen werden Zahlen von einer Darstellungsform in die andere umgerechnet. Dazu werden die Gleichungen (1.68), (1.69) gebraucht. Vereinfacht wird die Umrechnung mit Hilfe des Taschenrechners, der Funktionstasten für die Umrechnung von rechtwinkligen in Polarkoordinaten (und umgekehrt) besitzt.

**Beispiele**

1.174 Die Zahlen $z_1 = -4 + 3\mathrm{j}$, $z_2 = -125 - 347\mathrm{j}$ sind in die Formen mit Polarkoordinaten umzurechnen.

*Lösung:*
Für $z_1$ ist $a_1 = -4$, $b_1 = 3$; $z_1$ liegt im Quadrant II.

$r_1 = \sqrt{(-4)^2 + 3^2} = 5$

$\tan\varphi_1 = \dfrac{3}{-4}$; $\varphi_1 = 180° - 36{,}9° = 143{,}1°$;

$z_1 = 5(\cos 143{,}1° + \mathrm{j}\sin 143{,}1°) = 5\,\mathrm{e}^{\mathrm{j}143{,}1°} = 5\underline{/143{,}1°}$.

Für $z_2$ ist $a_2 = -125$, $b_2 = -347$; $z_2$ liegt im Quadrant III.

$r_2 = \sqrt{(-125)^2 + (-347^2)} = 369$;

$\tan \varphi_2 = \dfrac{-347}{-125};$

$\varphi_2 = 180° + 70{,}2° = 250{,}2°$ oder $-109{,}8°$ ($= 250{,}2° - 360°$)
$z_2 = 369\,(\cos 250{,}2° + \mathrm{j} \sin 250{,}2°) = 369\,\mathrm{e}^{\mathrm{j}\,250{,}2°} = 369\,\underline{/250{,}2°}$
oder
$z_2 = 369\,[\cos(-109{,}8°) + \mathrm{j} \sin(-109{,}8°)] = 369\,\mathrm{e}^{-\mathrm{j}\,109{,}8°} = 369\,\underline{/-109{,}8°}$

1.175 Die Zahlen $z_1 = 12\,(\cos 120° + \mathrm{j} \sin 120°)$ und $z_2 = 220\,\underline{/-12°}$ sind in die arithmetischen Formen umzurechnen.

*Lösung:*
Für $z_1$ ist $r_1 = 12$, $\varphi_1 = 120°$;
$a_1 = 12 \cos 120° = -6$, $b_1 = 12 \sin 120° = 10{,}4$;
$z_1 = -6 + 10{,}4\mathrm{j}$

für $z_2$ ist $r_2 = 220$, $\varphi_2 = -12°$;
$a_2 = 220 \cos(-12°) = 215$, $b_2 = 220 \sin(-12°) = -45{,}7$;
$z_2 = 215 - 45{,}7\mathrm{j}$.

1.176 Für die Zahlen $z_1 = -3\mathrm{j}$, $z_2 = -15$, $z_3 = 4\underline{/90°}$, $z_4 = 25\underline{/180°}$ sind die Versor- bzw. arithmetischen Formen anzugeben:

*Lösung:*
Da die Vektordarstellungen dieser Zahlen auf der reellen bzw. imaginären Achse liegen, ergeben sich diese Formen ohne Rechnung aus den entsprechenden Darstellungen:
$z_1 = 3\underline{/270°} = 3\underline{/-90°}$ (Bild 1.21);
$z_2 = 15\underline{/180°}$ (negative reelle Achse);
$z_3 = 4\mathrm{j}$ (positive imaginäre Achse);
$z_4 = -25$.

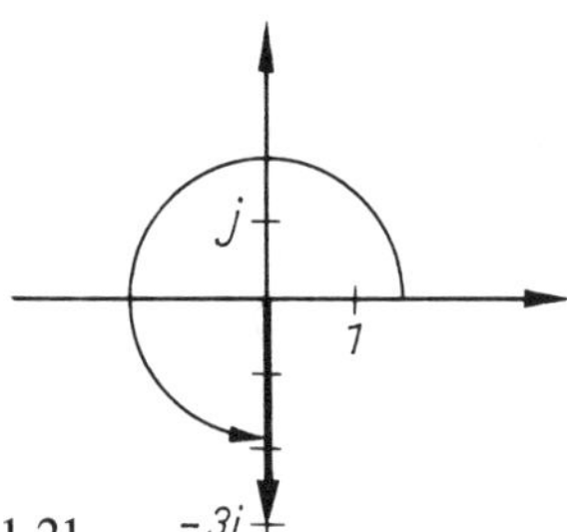


Bild 1.21

Rechenoperationen mit komplexen Zahlen in der Exponentialform werden mit den für reelle Zahlen bekannten Potenz- und Logarithmengesetzen ausgeführt.
Multiplikation, Division:

$$z_1\, z_2 = r_1\, \mathrm{e}^{\mathrm{j}\varphi_1}\, r_2\, \mathrm{e}^{\mathrm{j}\varphi_2} = r_1\, r_2\, \mathrm{e}^{\mathrm{j}(\varphi_1 + \varphi_2)} \tag{1.72}$$

$$\frac{z_1}{z_2} = \frac{r_1\, \mathrm{e}^{\mathrm{j}\varphi_1}}{r_2\, \mathrm{e}^{\mathrm{j}\varphi_2}} = \frac{r_1}{r_2}\, \mathrm{e}^{\mathrm{j}(\varphi_1 - \varphi_2)} \tag{1.73}$$

**Beispiele**

1.177 Mit $z_1 = 12\,\mathrm{e}^{\mathrm{j}\,42^\circ}$, $z_2 = 5\,\mathrm{e}^{\mathrm{j}\,15^\circ}$, $z_3 = 15\,\mathrm{e}^{\mathrm{j}\,22^\circ}$, ist $z = \dfrac{z_1\,z_2}{z_3}$ zu berechnen.

$z$ ist auch in der arithmetischen Form anzugeben.

*Lösung:*

$$z = \frac{12\,\mathrm{e}^{\mathrm{j}\,42^\circ}\;5\,\mathrm{e}^{\mathrm{j}\,15^\circ}}{15\,\mathrm{e}^{\mathrm{j}\,22^\circ}} = \frac{12\cdot 5}{15}\,\mathrm{e}^{\mathrm{j}\,(42^\circ + 15^\circ - 22^\circ)} = 4\,\mathrm{e}^{\mathrm{j}\,35^\circ}$$

$$= 4(\cos 35^\circ + \mathrm{j}\sin 35^\circ) = 3{,}3 + \mathrm{j}\,2{,}3$$

1.178 Mit $z_1 = 520\ \underline{/25^\circ}$, $z_2 = 280\ \underline{/{-75^\circ}}$ ist $z = \dfrac{z_1\,z_2}{z_1 + z_2}$ zu berechnen.

*Lösung:*

Die Summe $z_1 + z_2$ kann mit Formen in Polarkoordinaten nicht berechnet werden. Deshalb ist in die arithmetischen Formen umzuwandeln.

$z_1 = 520\,(\cos 25^\circ + \mathrm{j}\sin 25^\circ) \quad = 471{,}3 + \mathrm{j}\,219{,}8;$

$z_2 = 280\,[\cos(-75^\circ) + \mathrm{j}\sin(-75^\circ)] \quad = 72{,}5 - \mathrm{j}\,270{,}5;$

$z_1 + z_2 = 543{,}8 - \mathrm{j}\,50{,}7 = 546{,}2\ \underline{/{-5{,}3^\circ}}.$

Damit wird

$$z = \frac{520\ \underline{/25^\circ}\ 280\ \underline{/-75^\circ}}{546{,}2\ \underline{/-5{,}3^\circ}} = \frac{520\cdot 280}{546{,}2} = \underline{/26^\circ + (-75^\circ) - (-5{,}3^\circ)}$$

$$= 267\ \underline{/-44{,}7^\circ} = 190 - \mathrm{j}\,188.$$

Potenzieren, Radizieren, Logarithmieren:

$$z^n = (r\,\mathrm{e}^{\mathrm{j}\varphi})^n = r^n\,\mathrm{e}^{\mathrm{j}n\varphi} \tag{1.74}$$

Beim Radizieren und Logarithmieren ist zu beachten, daß der Winkelfaktor periodisch ist.

$$\sqrt[n]{z} = z^{\frac{1}{n}} = \left[r\,\mathrm{e}^{\mathrm{j}(\varphi + k\cdot 360^\circ)}\right]^{\frac{1}{n}} = r^{\frac{1}{n}}\,\mathrm{e}^{\mathrm{j}\frac{\varphi + k\cdot 360^\circ}{n}}$$

$$\sqrt[n]{z} = \sqrt[n]{r}\,\mathrm{e}^{\mathrm{j}\left(\frac{\varphi}{n} + k\cdot\frac{360^\circ}{n}\right)};\ k \in G \tag{1.75}$$

Da die Periode durch $n$ dividiert wird, ergeben sich für die $n$-te Wurzel $n$ verschiedene Wurzelwerte.

Der Logarithmus ist

$$\ln z = \ln\left[r\,\mathrm{e}^{\mathrm{j}(\varphi + k\cdot 360^\circ)}\right] = \ln r + \ln \mathrm{e}^{\mathrm{j}(\varphi + k\cdot 360^\circ)}$$

$$= \ln r + \mathrm{j}\,(\varphi + k\cdot 360^\circ)\ln\,\mathrm{e}$$

und wegen $\ln \mathrm{e} = 1$ folgt

$$\ln z = \ln r + \mathrm{j}\,(\varphi + k\cdot 360^\circ);\ k \in G \tag{1.76}$$

Der Logarithmus ist demnach eine komplexe Zahl in der arithmetischen Form. Ihr Imaginärteil nimmt unendlich viele verschiedene Werte an, die sich um $360^\circ = 2\pi$ unterscheiden.

**Beispiele**

1.179 Für $z = 2{,}35 - 1{,}75\text{j}$ sind $\sqrt[3]{z}$ und $\ln z$ zu berechnen.

*Lösung:*
Radizieren und Logarithmieren sind nur in Polarkoordinatendarstellung ausführbar. Deshalb wird $z$ umgeformt:
Aus $a = 2{,}35$ und $b = -1{,}75$ (Quadrant IV) folgt
$r = 2{,}93$ und $\varphi = -36{,}7°$;
$z = 2{,}93\ \underline{/-36{,}7°}$.

$$\sqrt[3]{z} = \sqrt[3]{2{,}93}\ \underline{/(-36{,}7°)/3 + k \cdot (360°)/3}$$

$$\sqrt[3]{z} = 1{,}43\ \underline{/-12{,}2° + k \cdot 120°}$$

Für $k = 0, 1, 2$ ergeben sich die 3 Wurzelwerte

$$\sqrt[3]{z} = 1{,}43\ \underline{/-12{,}2°} = 1{,}40 - \text{j}\ 0{,}302;$$

$$\sqrt[3]{z} = 1{,}43\ \underline{/107{,}8°} = -0{,}437 + \text{j}\ 1{,}36;$$

$$\sqrt[3]{z} = 1{,}43\ \underline{/227{,}8°} = -0{,}961 - \text{j}\ 1{,}06;$$

Wird für $k$ ein anderer ganzzahliger Wert gewählt, ergibt sich wieder einer der drei berechneten Wurzelwerte.

Der Logarithmus ist

$$\begin{aligned} \ln z &= \ln 2{,}93 + \text{j}\,(-36{,}7° + k \cdot 360°) \\ &= 1{,}08 + \text{j}\,(-36{,}7° + k \cdot 360°) \\ &= 1{,}08 + \text{j}\,(-0{,}641 + k \cdot 2\pi). \end{aligned}$$

In der letzten Form wurden die Winkelwerte in die Einheit Radiant umgerechnet.

1.180 Für $z = -16$ sind $\sqrt{z}$ und $\ln z$ zu berechnen.

*Lösung:*
Mit $z = -16 = 16\ \underline{/180°}$ ergibt sich

$$\sqrt{z} = \sqrt{16}\ \underline{/(180°)/2 + k \cdot (360°)/2} = 4\ \underline{/90° + k \cdot 180°}.$$

Das ergibt die zwei Werte

$$\sqrt{-16} = 4\ \underline{/90°} = 4\text{j};$$

$$\sqrt{-16} = 4\ \underline{/270°} = -4\text{j}.$$

Der Logarithmus ist

$$\begin{aligned} \ln(-16) &= \ln 16 + \text{j}\,(180° + k \cdot 360°) \\ &= 2{,}77 + \text{j}\,(180° + k \cdot 360°) \\ &= 2{,}77 + \text{j}\,(\pi + k \cdot 2\pi). \end{aligned}$$

**Kontrollfragen**

1.56 Mit welchen Formeln werden Betrag und Argument einer komplexen Zahl aus ihrem Real- und Imaginärteil berechnet?

1.57 Wie werden Zahlen in der Exponentialform multipliziert (dividiert)?

**Aufgaben: 1.62 bis 1.66**

## 1.6 Aufgaben

**1.1** Entscheiden Sie, ob die folgenden Gebilde Aussagen oder Aussageformen sind:
a) $2 + 5 < 3$ b) $5x - 3y = 2$ c) $2a^2 + 5 = 0$
d) $(3r - 4)(3r + 4)$ e) $6 + 4 = 9$ f) 3,26
g) »Monat $x$ hat 31 Tage«

**1.2** Die folgenden Mengen sind durch Angabe der Elemente darzustellen (Grundbereich: Alle ganzen Zahlen von 0 bis 10):
a) $A = \{x: 3x \leqq 12\}$ b) $B = \{x: 3x = 12\}$
c) $C = \{u: u^2 - 8u + 15 = 0\}$ d) $D = \{y: 2y^2 + 32 = 0\}$

**1.3** Sind die Mengen $A$, $B$ gleich, besteht eine Teilmengenrelation oder sind sie disjunkt?
a) $A = \{x$: $x$ ist ein Trapez$\}$, $B = \{x$: $x$ ist ein Parallelogramm$\}$
b) $A = \{u$: $u$ ist eine durch 6 teilbare Zahl$\}$,
$B = \{u$: $u$ ist eine durch 2 und durch 3 teilbare Zahl$\}$
c) $A = \{z$: $z$ ist ein Viereck$\}$, $B = \{z$: $z$ ist ein Würfel$\}$

**1.4** Stellen Sie für die Aussageformen $H(x)$ und $K(x)$ fest, ob $H(x)$ hinreichende, notwendige oder notwendige und hinreichende Bedingung für $K(x)$ ist.
a) $H(x)$: »$x$ ist eine Tanne«; $K(x)$: »$x$ ist ein Nadelbaum.«
b) $H(x)$: »$x$ ist eine gerade Zahl«; $K(x)$: »$x$ ist eine durch 2 teilbare Zahl.«
c) $H(x)$: »$x$ ist ein Rechteck«; $K(x)$: »$x$ ist ein Quadrat.«

**1.5** Mit $A = \{r; s; t; u\}$, $B = \{q; r; s; t\}$, $C = \{t; u\}$, $D = \{v; w\}$ sind zu bilden:
a) $A \cap B$, $A \cup B$, $A \setminus B$, $B \setminus A$ b) $A \cap C$, $A \cup C$, $A \setminus C$, $C \setminus A$
c) $A \cap D$, $A \cup D$, $A \setminus D$, $D \setminus A$

**1.6** Mit $A = \{x: x \leqq 6\}$, $B = \{u: u > 3\}$, $C = \{v: v \geqq 8\}$ $D = \{4; 5; 6\}$ (Grundbereich: Alle ganzen Zahlen von 0 bis 10) sind zu bilden:
a) bis c) Aufgaben wie bei 1.5

**1.7** Mit $K = \{m; n; o; p; q\}$, $M = \{n; o; p; r; s\}$, $N = \{o; p; q; s; t\}$, $L = \{o; p; q\}$ sind zu bilden:
a) $K \cap (M \setminus N)$ b) $K \cup (M \setminus L)$ c) $K \setminus (M \cup N)$ d) $K \setminus (L \cap N)$

**1.8** Welches Ergebnis haben die folgenden Operationen (veranschaulichen Sie sich die Operationen an einem Diagramm)?
a) $(A \setminus B) \cup (A \cap B) \cup (B \setminus A)$ b) $(A \setminus B) \cap (B \setminus A)$
c) $A \cup (A \cap B)$ d) $B \cap (A \cup B)$

**1.9** Mit $A = \{p; q; r\}$, $B = \{r; s; t\}$, $C = \{q; r; u\}$ ist zu zeigen, daß die Gln. (1.7) gelten.

**1.10** Berechnen Sie für die folgenden Brüche die Dezimalbruchdarstellung:
a) $\frac{16}{75}$ b) $\frac{5}{37}$ c) $\frac{5}{52}$

**1.11** Bilden Sie mit den Intervallen $A = [5; 10]$, $B = (7; 15)$, $C = (3; 7)$, $D = [2; 5]$:
a) $A \cap B$, $A \cup B$, $A \setminus B$, $B \setminus A$ b) $B \cap C$, $B \cup C$, $A \cap D$, $A \cup D$
c) $(A \cup C) \setminus B$, $(C \cap D) \setminus A$ d) $A \setminus (B \cup C)$, $C \cap (A \setminus D)$

**1.12** Berechnen Sie $a + 2(a - b) + |2b - 3a| - |b|$ für:
a) $a = 3, b = 4$ b) $a = 4, b = -2$ c) $a = 1, b = 0$

**1.13** Berechnen Sie alle Werte von
a) $2a + 3b + 1$ b) $3a - 4b + 2$ c) $a \cdot \operatorname{sgn} a + b \cdot \operatorname{sgn} b$
für $|a| = 3, |b| = 1$.

**1.14** Lösen Sie die Betragszeichen auf:
a) $2r + 8s + 4|r - 2s|$ b) $5u - 3|2u + v|$

**1.15** Bestimmen Sie die Elemente der folgenden Mengen:
a) $A = \{x : |x - 15| = 5\}$ b) $B = \{u : |u + 2| = 10\}$

**1.16** Konvertieren Sie die gegebenen Ziffern in das System mit Basis $a$:
a) $(11\,001\,101)_2$; $a_1 = 10$, $a_2 = 16$
b) $(1\,012)_{10}$; $a_1 = 2$, $a_2 = 16$ c) $(\mathrm{A4B})_{16}$; $a_1 = 2$, $a_2 = 10$

**1.17** Runden Sie auf 2 Stellen nach dem Komma:
a) 6,378 b) 3,454 c) 3,785 d) 12,345

**1.18** Runden Sie auf 3 signifikante Ziffern:
a) 0,064 348 b) 376 200 c) 69,953

**1.19** Runden Sie schrittweise zunächst auf 3 und anschließend auf 2 signifikante Ziffern:
a) 4,647 b) $6{,}253 \cdot 10^4$ c) 894,6

**1.20** Geben Sie Schätzwerte für den absoluten und den relativen Fehler der folgenden Zahlen an:
a) $x_1 = 374{,}23$ b) $x_2 = 4{,}786 \cdot 10^4$ c) $x_3 = 12{,}67$ d) $x_4 = 0{,}025$

**1.21** Welche der Zahlen in Aufgabe 1.20 haben
a) den gleichen absoluten Fehler, b) den gleichen relativen Fehler?
Welche Zahl hat
c) den größten absoluten Fehler, d) den größten relativen Fehler?

**1.22** Lösen Sie die folgenden Gleichungen mit Hilfe der Äquivalenz (1.14):
a) $(x - 2)(x + 3) = 0$ b) $x^2 - 4x = 0$ c) $(2x + 6)(3x - 12) = 0$

**1.23** Berechnen Sie bei Beachtung der Regeln für das Rechnen mit genäherten Zahlen:
a) $12{,}734\,8 - 0{,}043 + 18{,}62 - 19{,}1 + 6{,}374$

b) $\dfrac{3\,652 \cdot 6{,}8 \cdot 0{,}372\,4}{34\,832}$ c) $\dfrac{4\,354{,}82 \cdot 26{,}4}{13{,}685 \cdot 0{,}000\,5 + 0{,}035}$

d) $\dfrac{(5{,}28 \cdot 10^4) \cdot (3{,}624 \cdot 10^{-2}) - 83{,}2}{3{,}682 \cdot 10^4 + 6{,}2 \cdot 10^5}$

e) $\dfrac{34{,}28 - 0{,}003\,58}{6{,}32 \cdot 183{,}4 - 1{,}19 \cdot 10^3}$

**1.24** Multiplizieren Sie, lösen Sie die Klammern auf und fassen Sie zusammen (wenden Sie bei c) und d) die binomischen Formeln an):
a) $110a - [(40b - 46a) + 2(56a - 2b)] - 3(15a - 12b)$
b) $[0{,}6x - 0{,}3(0{,}08y - 0{,}04z)] - 0{,}2[0{,}4(0{,}9x - 0{,}3y) - 2z]$
c) $(2x^2 - 7x + 4)(2x^2 - 7x - 4) - (2x^2 + 3x)^2$
d) $(2a - 3b)^2 - (3a + b)(3a - b) - (-a - 2b)^2$

**1.25** Zerlegen Sie in Faktoren:
a) $36uv^2w - 63u^2vw$ b) $4x^2(2x + 3y) - 8x(2x + 3y)$
c) $162p^2 - 32q^2$ d) $4a^2 - 16ab + 16b^2$
e) $8ux + 2vx - 12uy - 3vy$ f) $8m^2 + 14mn - 15n^2$

**1.26** Dividieren Sie nach dem Algorithmus der Partialdivision:
a) $(6x^3 - 7x^2 - 14x + 15) : (2x + 3)$
b) $(4abc + 4a^2b^2 + c^2 - 16) : (2ab + c + 4)$
c) $(20x^2 - 23x - 20) : (5x + 3)$
d) $x^3 : (2x - 3)$

**1.27** Erweitern Sie die Brüche auf den Nenner $N$:

a) $\frac{5x}{6y}$; $N = 42y^3$ b) $\frac{9}{11p^2q}$; $N = 55p^2q^2$

c) $\frac{2a-3b}{5a-4b}$; $N = 10ab - 8b^2$ d) $\frac{4x}{2u+3v}$; $N = 4u^2 - 9v^2$

**1.28** Vereinfachen Sie die Brüche durch Kürzen (falls es möglich ist):

a) $\frac{62a^2bc^2}{155ab^3c^2}$ b) $\frac{48x^2}{72xy}$ c) $\frac{12ax}{24ap + 30aq}$ d) $\frac{25x^2 - 15xy}{25x^2 - 9y^2}$

e) $\frac{12u(3u+1)^2}{36u^2 - 4}$ f) $\frac{4a^2 + 25b^2}{2a + 5b}$

**1.29** Kürzen Sie $\frac{4a^2 + 25b^2}{2a + 5b}$ mit $2a$

**1.30** Bestimmen Sie das kleinste gemeinschaftliche Vielfache und die Erweiterungsfaktoren:

a) $12a^2b$; $15b^3c$; $20ac$

b) $a^2 + 4ab$; $3ab + 12b^2$; $6a$

c) $8m^2 - 10mn$; $24m^2 + 30mn$; $16m^2 - 25n^2$

**1.31** Addieren Sie die Brüche:

a) $\frac{18a-6b}{24ab} - \frac{4a-5b}{24ab} + \frac{b-2a}{24ab}$ b) $\frac{9x+10z}{15xz} - \frac{2y-6z}{3xy} - \frac{5x+3y}{5yz}$

c) $\frac{3u^2+6uv}{15u-20v} - \frac{5uv-4v^2}{6u-8v} - \frac{uv}{3u-4v} - \frac{5u-14v}{30}$

d) $\frac{4x^2}{10xy-25y^2} - \frac{25y^2}{10xy-4x^2} + \frac{5y}{2x} - \frac{2x}{5y}$

e) $\frac{1}{x+5} + \frac{3}{x+15} - \frac{2}{x}$ f) $\frac{u-1}{u^2+u} - \frac{u+1}{u^2-u} - \frac{1}{u} + \frac{4}{u^2-1}$

**1.32** Berechnen Sie:

a) $\frac{12a^2b}{11c^2} \cdot 55ac$ b) $\frac{25xy}{24(x+y)} \cdot 32(xy+y^2)$

c) $\frac{12x^2y + 6xy}{6x} : (2x+1)$ d) $\frac{36(a^2+ab)}{11(a+b)^2} : \frac{48(ab+b^2)}{33(a^2-b^2)}$

**1.33** Vereinfachen Sie die Doppelbrüche durch Erweitern:

a) $\frac{\frac{x}{4} + 5y}{\frac{x}{5} + 4y}$ b) $\frac{3a - \frac{5}{2b}}{1 + \frac{1}{6b^2}}$ c) $\frac{\frac{2}{9b^2} + \frac{1}{3ab}}{1 + \frac{2a}{3b}}$ d) $\frac{1}{\frac{1}{R} - \frac{1}{R_2} - \frac{1}{R_3}}$

**1.34** Vergleichen Sie die Schmelztemperaturen für Aluminium (660 °C), Kupfer (1 083 °C) und Silizium (1 413 °C), bezogen auf a) Aluminium, b) Kupfer. Um wieviel Prozent sind sie höher bzw. niedriger?

**1.35** In einem Betrieb mit 640 Arbeitnehmern sind 11,72 % Hoch- oder Fachschulabsolventen (HF-Absolventen), davon haben 42,67 % ihre Qualifizierung im Fernstudium erworben.

a) Wie viele Arbeitnehmer sind HF-Absolventen?

b) Wie viele haben sich im Fernstudium qualifiziert, und wie hoch ist ihr prozentualer Anteil, bezogen auf alle Arbeitnehmer?

**1.36** Ein Betrieb hat von 2000 bis 2003 die tägliche Produktion eines Erzeugnisses um 18,4 % auf 1 350 Stück/Tag erhöht. Der Materialverbrauch konnte um 14,3 % auf 1,32 kg/Stück gesenkt werden. Berechnen Sie die tägliche Produktion und den Materialverbrauch pro Stück im Jahr 2000.

**1.37** a) Auf welchen Betrag wachsen 25 600 € bei einem Zinsfuß von 5,5 %?
b) Bei welchem Zinsfuß erhöht sich ein Betrag von 12 730 € auf 13 175,55 €?
c) Welcher Betrag erhöht sich bei einem Zinsfuß von 4 % auf 19 240 €?

**1.38** Berechnen Sie für

| $i$ | 1 | 2 | 3 | 4 | 5 |
|---|---|---|---|---|---|
| $a_i$ | 2 | 3 | 1 | −2 | −3 |
| $b_i$ | 4 | 2 | −3 | 3 | −2 |

a) $\sum_{i=1}^{5}(a_i + b_i)$ b) $\sum_{i=1}^{5} a_i + \sum_{i=1}^{5} b_i$ c) $\sum_{i=1}^{5} a_i b_i$ d) $\sum_{i=1}^{5} a_i \cdot \sum_{i=1}^{5} b_i$

**1.39** Schreiben Sie mit Summenzeichen:

a) $x_1^2 + x_2^2 + x_3^2 + x_4^2$ b) $\frac{1}{y_3} + \frac{1}{y_4} + \frac{1}{y_5}$

c) $4 + 8 + 12 + 16 + 20$ d) $1 + 4 + 9 + 16 + 25$

**1.40** Berechnen Sie und vereinfachen Sie das Ergebnis:

a) $16a \cdot (-0{,}03b)^0$ b) $\left(\frac{a}{b}\right)^0 \cdot \left(\frac{1}{2a}\right)^3 \cdot \left(\frac{1}{8b}\right)^{-2}$ c) $x^{-2}\left(\frac{y}{x}\right)^{-3}$

d) $8(2a - 3b)^{20} - 5(3b - 2a)^{20}$ e) $5(x - 2y)^{11} + 7(2y - x)^{11}$

f) $[(-2x)^{-3}]^4$; $(-2x^{-3})^{-4}$; $(-2x^{-4})^3$; $-(2x^3)^4$; $-2x^{3^4}$

**1.41** Berechnen Sie und vereinfachen Sie das Ergebnis:

a) $\frac{a^4 b^x}{c} \cdot \frac{b^2 c^y}{a^6}$ b) $\frac{x^a y^b}{z^3} : \frac{x^{2a} y^{b+1}}{z^4}$

c) $\frac{a^{m+n} b^{n+3}}{c^m} \cdot a^{n-m} b c^m$ d) $\frac{r^{2a+3} s^{a-2}}{t^{a-5}} : \frac{s^a}{r^{2a-3} t^{a-4}}$

e) $\frac{(x+y)^z xy^2}{(x-y)^{z+1}} : [(x+y)^z (x-y)^{1-z} x^2]$

f) $\left(\frac{u^3}{v^5 w^8}\right)^8 \left(\frac{v^6}{u^3 w}\right)^8$ g) $\left(\frac{u^{-1}}{r^4 s^{-3}}\right)^6 \left(\frac{r^{-6}}{s^{-5} u^2}\right)^{-4}$

h) $\frac{(18a^{-2} b^3)^{-5}}{(27a^6)^{-2}} : (6a^{-4} b^2)^{-5}$ i) $\frac{(24a^2 b)^4}{(9ab^2)^3} \cdot \frac{(6a^5 b^2)^3}{(16a^4 b)^5}$

**1.42** a) Schreiben Sie als Potenzterme:

$\sqrt[5]{x}$, $\sqrt[7]{y^5}$, $\sqrt[3]{(a+2b)^2}$, $\frac{1}{\sqrt[4]{x^3}}$, $\sqrt{x^2 + y^2}$

b) Schreiben Sie als Wurzelterme:

$a^{\frac{3}{4}}$, $x^{0{,}25}$, $(x - y)^{\frac{1}{2}}$, $b^{-0{,}8}$

c) Berechnen Sie ohne Hilfsmittel (z. B. Taschenrechner):

$16^{\frac{1}{2}}$, $32^{\frac{2}{5}}$, $\left(\frac{8}{27}\right)^{\frac{2}{3}}$, $\left(\frac{16}{9}\right)^{-\frac{1}{2}}$

**1.43** a) Bringen Sie den Faktor vor dem Wurzelterm unter das Wurzelzeichen:

$a\sqrt[4]{a}$, $x^3\sqrt{x}$, $x\sqrt[3]{x}$, $(2a + 3b)\sqrt{c}$, $4\sqrt{3}$, $7\sqrt{2}$

b) Radizieren Sie partiell:

$\sqrt{a^5}$, $\sqrt[4]{b^9}$, $\sqrt{80}$, $\sqrt[3]{16}$

**1.44** Berechnen Sie und vereinfachen Sie das Ergebnis, ohne Hilfsmittel (z. B. Taschenrechner) zu benutzen:

a) $(4\sqrt{5})^2 - (5\sqrt{3})^2$ b) $\sqrt{9x^2}\cdot\sqrt{16y^2}$ c) $\sqrt{9x^2+16y^2}$

d) $(5\sqrt{12} - 6\sqrt{18})\cdot 3\sqrt{6}$ e) $(3\sqrt{5}+2\sqrt{3})(3\sqrt{5}-2\sqrt{3})$

f) $(4\sqrt{32}+5\sqrt{12}-2\sqrt{6})\cdot 3\sqrt{6}$ g) $(2\sqrt{15}-3\sqrt{5})^2$

h) $(a\sqrt{ax} - b\sqrt{bx})\cdot\sqrt{abx}$ i) $\sqrt[n]{a^{2n-2}b^{3n}}\cdot\sqrt[n]{a^2b^n}$

j) $\sqrt[3]{a^2}\,\sqrt{a}$ k) $\sqrt[5]{x^4}\,\sqrt[10]{x^3}\,\sqrt[15]{x^7}$

l) $\dfrac{\sqrt[4]{x^3}\,\sqrt[9]{x^4}}{\sqrt[6]{x^5}}$ m) $\sqrt[6]{\sqrt[3]{a^5}}\,\sqrt{\sqrt[9]{a^7}}$

n) $\sqrt[3]{a\sqrt{a}}$ o) $\sqrt[4]{x^2\sqrt[3]{x}}$ p) $\sqrt[4]{4\sqrt[3]{2}}$

**1.45** Machen Sie die Nenner rational:

a) $\dfrac{5}{2\sqrt{3}}$ b) $\dfrac{18}{5\sqrt{6}}$ c) $\dfrac{x^2}{\sqrt{x}}$ d) $\dfrac{a^3}{\sqrt[4]{a}}$

e) $\dfrac{a}{1-2\sqrt{b}}$ f) $\dfrac{1}{x-\sqrt{x^2-1}}$

**1.46** Welchen Wert hat $h$, wenn $h = 2\sqrt{R^2 - r^2}$ und $r = \dfrac{R}{3}\sqrt{6}$ ist?

**1.47** Stellen Sie die folgenden Formeln um:

a) $f = \dfrac{q_m l^4}{120\,EI}$ nach $l$ b) $p_{\max} = 0{,}388\sqrt[3]{\dfrac{FE^2}{r^2}}$ nach $E$

c) $I_x = \dfrac{BH^3 - bh^3}{12}$ nach $H$ d) $\omega = \sqrt{\dfrac{1}{LC} - \dfrac{R^2}{4L^2}}$ nach $R$

e) $\varphi = \sqrt[z-1]{\dfrac{n_{max}}{n_{\min}}}$ nach $n_{\max}$ f) $\varphi = \left(\dfrac{T_1}{T_2}\right)^y$ nach $T_2$

g) $L = \left(\dfrac{C}{F}\right)^{\frac{10}{3}}$ nach $C$ h) $v = kR^{\frac{2}{3}}J^{\frac{1}{2}}$ nach $R$

**1.48** Berechnen Sie mit dem Taschenrechner:

a) $3{,}47^{0{,}8}$ b) $4{,}35^{\frac{5}{7}}$ c) $\sqrt[4]{37{,}2^3}$ d) $\dfrac{1}{\sqrt[3]{0{,}006\,34^2}}$ e) $\dfrac{1}{347{,}2^{0{,}7}}$

**1.49** Schätzen Sie das Ergebnis:

a) $381{,}2^3$ b) $0{,}004\,3^4$ c) $\sqrt{3{,}85\cdot 10^7}$ d) $\sqrt{0{,}000\,0{,}68\,3}$ e) $\sqrt[3]{0{,}000\,068\,3}$

**1.50** Berechnen Sie $x$ ohne Hilfsmittel (z. B. Taschenrechner):

a) $\log_2 32 = x$; $\log_3 81 = x$; $\log_{10} 100 = x$

b) $\log_2\left(\dfrac{1}{32}\right) = x$; $\log_3\left(\dfrac{1}{81}\right) = x$; $\log_{10}\left(\dfrac{1}{100}\right) = x$

c) $\log_{32} 2 = x$; $\log_{81} 3 = x$; $\log_{100} 10 = x$

**1.51** Desgleichen:

a) $\log_2 x = 3$; $\log_3 x = 2$; $\log_{10} x = 4$

b) $\log_x 25 = 2$; $\log_x 1\,000 = 3$; $\log_x 16 = 2$

**1.52** Zerlegen Sie die folgenden Terme:

a) $\log_a\left(\frac{x^2}{yz}\right)$ b) $\log_u\left(\frac{a^2b}{c}\right)^3$ c) $\log_x \sqrt[5]{\frac{a^2b}{c^3}}$

d) $\log_a\left(\frac{(x+y)^2}{x^2+y^2}\right)$ e) $\log_m\left(\frac{1}{x+y}\right)$

f) $\log_c\left(\frac{c^2}{d}\right)$ g) $\log_x \sqrt{\frac{1+x}{1-x}}$

**1.53** Fassen Sie die Terme zusammen:

a) $2\log_a x - \log_a y$ b) $\log_u(cy) - \log_u(cx)$

c) $\frac{1}{3}(\log_x a - 4\log_x b)$ d) $4[\log_c(x+y) - \log_c(x^2-y^2)]$

**1.54** Berechnen Sie mit dem Taschenrechner:

a) $\ln\left(\frac{32{,}84}{7{,}836}\right)^3$ b) $\lg \sqrt[4]{6{,}378^3 + 1{,}253^4}$

c) $e^{-0{,}34\cdot 4{,}21}$ d) $10^{\frac{0{,}006\,31}{0{,}47}}$

**1.55** Berechnen Sie $y$ für die Werte $x = 0;\ 0{,}2;\ 0{,}4;\ 0{,}6$ (runden Sie auf 3 signifikante Ziffern):

a) $y = \ln\left(x + \sqrt{x^2+1}\right)$ b) $y = \ln\sqrt{\frac{1+x}{1-x}}$

c) $y = \frac{1}{2}(e^x + e^{-x})$ d) $y = \frac{1}{\sqrt{2\pi}}\exp\left(-\frac{x^2}{2}\right)$

**1.56** Berechnen Sie mit dem Taschenrechner:

a) lb 32; lb 3,2; lb 0,32
b) $\log_5 324$; $\log_{16} 10$; $\log_8 70$

**1.57** Stellen Sie die Formeln um:

a) $i = I\,e^{-\frac{t}{T}}$ nach $t$ b) $p_s = 20\lg\left(\frac{U_x}{U_0}\right)$ nach $U_x$

c) $E = \frac{U}{r\ln\left(\frac{r_2}{r_1}\right)}$ nach $r_2$ d) $\varphi = \left(\frac{T_1}{T_2}\right)^y$ nach $y$

**1.58** Berechnen Sie:

a) $\binom{12}{5}$ b) $\binom{12}{7}$ c) $\binom{20}{3}$ d) $\binom{20}{20}$ e) $\binom{20}{24}$ f) $\binom{-2}{3}$ g) $\binom{-2}{4}$ h) $\binom{\frac{1}{3}}{3}$

**1.59** Berechnen Sie mit dem binomischen Lehrsatz:

a) $(a-b)^8$ b) $(3x-y)^4$
c) die ersten 4 Glieder von $(a-1)^{30}$
d) den Koeffizient von $a^5$ in $(a-b)^9$.

**1.60** Es sind zu berechnen:

a) $2 + 3j - 7j$ b) $2j \cdot 3j$ c) $\frac{3j}{2j}$

d) $\frac{4j \cdot 5j}{4j - 6j}$ e) $\frac{1}{j^2}$ f) $\frac{2j + 10j}{4j \cdot 2j}$

**1.61** Mit $z_1 = 5 - 3j$, $z_2 = 2 + 4j$, $z_3 = -3 - 6j$ sind zu berechnen:

a) $z_1 + z_2 z_3$ b) $z_1^2 z_2$ c) $\frac{z_1 z_2}{z_3}$ d) $z_1 + \frac{z_2 z_3}{z_2 + z_3}$

e) $\frac{z_2}{z_1 z_3}$

**1.62** Für a) und b) sind die Exponentialformen, für c) und d) die Versorformen zu berechnen:
a) $5 + 2j$, b) $-18 + 15{,}4j$ c) $-6 - 25j$ d) $183 - 14j$

**1.63** Es sind die arithmetischen Formen zu berechnen:
a) $20e^{j\,168{,}3°}$ b) $4{,}0\,e^{-j\,22{,}6°}$ c) $0{,}30\,\underline{/245{,}0°}$ d) $162\,\underline{/-132°}$

**1.64** Es sind ohne Rechnung die Versor- bzw. arithmetischen Formen zu ermitteln:
a) $-8j$ b) $220$ c) $4\,\underline{/180°}$ d) $20\,\underline{/-90°}$

e) $j\,\omega L$ e) $-j\frac{1}{\omega C}$

**1.65** Mit $z_1 = 20\,e^{j\,25°}$, $z_2 = 0{,}6\,e^{j\,141°}$, $z_3 = 3{,}0\,\underline{/-65°}$, $z_4 = 0{,}120\,\underline{/260°}$ sind zu berechnen:

a) $z_1 z_2$ b) $\frac{z_2}{z_3}$ c) $\left(\frac{z_1 z_4}{z_2}\right)^2$ d) $\sqrt{z_3}$

Die Resultate sind auch in der arithmetischen Form anzugeben.

**1.66** Mit $z_1 = 25 + 12j$, $z_2 = 81$ sind zu berechnen:

a) $z_1^3$ b) $\sqrt{z_1}$ c) $\sqrt[4]{z_2}$

---

**1.67** Bilden Sie mit den Mengen der Aufgaben 1.5 und 1.6:

a) $(A \cap B) \setminus (C \cup D)$ b) $(B \cup C) \setminus (A \cup D)$

**1.68** Zeigen Sie mit den Mengen $A = \{3; 5; 7; 9\}$, $B = \{6; 7; 8; 9\}$ und $C = \{4; 5; 6; 7\}$, daß die Gleichungen gelten:

a) $(A \cap B) \setminus C = (A \setminus C) \cap B$ b) $(A \setminus B) \setminus C = A \setminus (B \cup C)$

**1.69** a) Schraffieren Sie in Bild 1.22 $[C \setminus (B \cup D)] \cup [A \setminus (B \cap D)]$
b) Welche Menge wird in Bild 1.23 durch die waagerecht schraffierte Fläche dargestellt?
c) Welche Menge wird in Bild 1.23 durch die senkrecht schraffierte Fläche dargestellt?

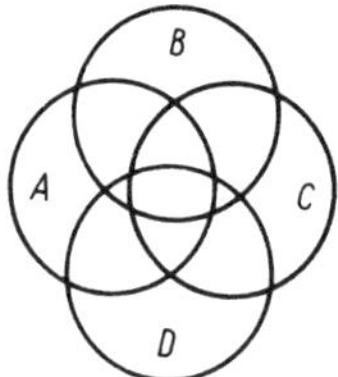

Bild 1.22

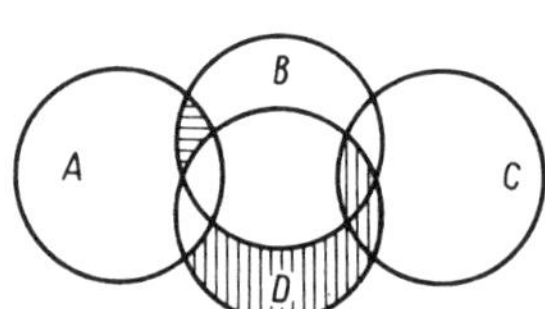

Bild 1.23

**1.70** Bilden Sie mit $A = [3; 10]$, $B = (5; 12)$, $C = (2; 8]$, $D = (6; 12]$:

a) $(B \cap D) \setminus (A \cup C)$ b) $[(A \cap B) \cup C] \setminus (C \cap D)$

c) $(D \setminus B) \cup [(A \cap C) \setminus D]$

**1.71** Berechnen Sie alle Werte von $s = 2a + b - c$ für

$|a| = 4, \quad |b| = 5, \quad |c| = 6.$

**1.72** Stellen Sie für $y = \frac{1}{4}|2x - 4| + 1$ für alle ganzzahligen $x$ im Intervall $-2 \leqq x \leqq 6$ eine Wertetabelle auf.

**1.73** Lösen Sie die Betragszeichen auf und deuten Sie bei b) das Ergebnis:

a) $|2a| - |3a + 4b|$ b) $\frac{1}{2}(a + b + |a - b|)$

**1.74** Bilden Sie mit $A = \{x \mid |x - 3| = 2\}$, $B = \{x \mid |x + 2| = 3\}$, $C = \{x \mid |x - 4| = 1\}$:

a) $(A \setminus B) \cap C$ b) $(B \cup C) \setminus A$

**1.75** Schreiben Sie mit römischen Ziffern: a) 1739 b) 1993

**1.76** Schreiben Sie als Ziffern im Dezimalsystem:
a) MDCCCLXXIII b) MMCMLXII

**1.77** Konvertieren Sie in das System mit der Basis $a$:

$(1\,1\,1\,1\;\;1\,1\,1\,1)_2;\quad a_1 = 10,\quad a_2 = 16$

**1.78** Desgleichen:

a) $(1\;\;1\,1\,0\,0\;\;0\,1\,1\,1)_2;\quad a_1 = 10,\quad a_2 = 16,\quad a_3 = 8$
b) $(23\text{AD})_{16};\quad a_1 = 10,\quad a_2 = 8,\quad a_3 = 2$

**1.79** Berechnen Sie, ohne zu konvertieren:

a) $(1\,1\,0\,0\,1)_2 + (1\,1\,1\,0)_2$ (beachten Sie den Übertrag: $(1)_2 + (1)_2 = (10)_2$)
b) $(3\text{AC})_{16} + (872)_{16}$ (beachten Sie den Übertrag, z. B. $(8)_{16} + (\text{A})_{16} = (12)_{16}$)

**1.80** Berechnen Sie bei Beachtung der Regeln für das Rechnen mit genäherten Zahlen:

a) $x = \dfrac{12{,}66 \cdot 2{,}9566 + 3{,}742 \cdot 10^6}{5{,}47 \cdot 10^{-2}}$

b) $x = \left(342{,}684 - \dfrac{196{,}168}{73{,}4658} \cdot 128{,}334\right) \cdot 2{,}688$

**1.81** Multiplizieren Sie und fassen Sie zusammen:

a) $(a + b)\,[(a - 2b)(a + b) - (a + 2b)(a - b) + 2ab]$
b) $(4x^2 - 3)(4x^2 + 3) - (5x^2 - 2)^2 + (3x^2 - 4)^2$
c) $(0{,}3a - 0{,}2b)^2 + (0{,}4a + 0{,}03b)^2$

**1.82** Dividieren Sie:

a) $(1{,}08x^4 + 0{,}96y^4 - 3{,}81x^2y^2 + 0{,}03x^3y - 0{,}92xy^3) : (0{,}9x^2 - 1{,}2y^2 - 1{,}1xy)$
b) $(125x^6 - 27y^3z^3) : (5x^2 - 3yz)$
c) $(9a^3 + 5b^3 - 7ab^2) : (3a - 2b)$

**1.83** Erweitern Sie die Brüche auf den Nenner $N$:

a) $\dfrac{2x}{2x + 3y};\quad N = 4x^2 + 6xy$ b) $\dfrac{3a - 2b}{a - b};\quad N = 4b - 4a$

c) $\dfrac{5}{x - 3y};\quad N = 2x^2 - 5xy - 6y^2$

**1.84** Vereinfachen Sie die Brüche durch Kürzen:

a) $\frac{3x-2y}{4y^2-9x^2}$ b) $\frac{2ac+3bc-4ad-6bd}{8a+12b}$

c) $\frac{4u^2-12uv+9v^2}{4u^2-9v^2}$ d) $\frac{x^2+xy-2y^2}{2x^2+4xy}$

**1.85** Addieren Sie die Brüche:

a) $\frac{s}{4r-2s}+\frac{r}{s-2r}$ b) $\frac{x-9y}{6y^2-2xy}+\frac{x+6y}{3xy-x^2}+\frac{1}{2y}$

c) $\frac{20x^2-30xy}{8x^2-10xy}-\frac{4(2x+3y)}{4x+5y}-\frac{4x^2-25xy}{16x^2-25y^2}$

d) $\frac{7a+2b}{6ab-2b^2}-\frac{6a^2+7b^2}{9a^2b-b^3}-\frac{6a^2-4b^2}{27a^3-3ab^2}-\frac{3a-4b}{9a^2+3ab}$

e) $\frac{2m-3n}{3m+4n}-\frac{3m-4n}{2m-3n}-3+\frac{7m^2-11mn+5n^2}{6m^2-mn-12n^2}$

**1.86** Berechnen Sie:

a) $\left(\frac{a^2}{x^2}+\frac{ab}{xy}+\frac{b^2}{y^2}\right)\left(\frac{x}{a}-\frac{y}{b}\right)$ b) $\frac{a^2+3a+2}{4p^2-9}:\frac{a+2}{2p-3}$

**1.87** Vereinfachen Sie durch Erweitern:

a) $\frac{3a-\frac{16b^2}{3a}}{1+\frac{4b}{3a}}$ b) $\frac{6-10x}{4x+\frac{15}{5+\frac{30x}{2-6x}}}$

**1.88** In eine Fachschule wurden 2000 345 Studenten immatrikuliert, davon 65 in die Fachrichtung Elektrotechnik. Von den 65 Studenten sind 9 weiblich. 2002 wurden 380 Studenten immatrikuliert, davon 75 in die Fachrichtung Elektrotechnik. Von ihnen sind 15 Studenten weiblich. Berechnen Sie den prozentualen Anteil

a) der in die Fachrichtung Elektrotechnik immatrikulierten Studenten an der Gesamtzahl der immatrikulierten Studenten für 2000;

b) der in die Fachrichtung Elektrotechnik immatrikulierten weiblichen Studenten an der Zahl der in diese Fachrichtung immatrikulierten Studenten für 2000;

c) der in die Fachrichtung Elektrotechnik immatrikulierten weiblichen Studenten an der Gesamtzahl der immatrikulierten Studenten für 2000;

d) wie bei b), aber für 2002.

e) Berechnen Sie die absolute und relative Änderung der in b) und d) berechneten Prozentzahlen, bezogen auf 2000.

**1.89** Die Erde hat eine (Land-)Fläche von $149{,}0 \cdot 10^6\ \text{km}^2$. Die Erdteile Europa und Asien haben zusammen $54{,}9 \cdot 10^6\ \text{km}^2$, davon entfallen auf Rußland $17{,}1 \cdot 10^6\ \text{km}^2$ und davon auf seinen europäischen Teil $3{,}9 \cdot 10^6\ \text{km}^2$. Berechnen Sie den prozentualen Anteil des europäischen Teils Rußlands an Gesamtrußland und an der Erdlandfläche, den Anteil Rußlands an der Gesamtfläche der Erdteile Europa und Asien und den Anteil der beiden Erdteile an der Erde.

Welcher Zusammenhang besteht zwischen diesen Prozentzahlen?

**1.90** a) Fassen Sie zusammen: $\sum_{n=3}^{k}(2n-3)+\sum_{n=3}^{k}(5-n)$

b) Zerlegen Sie: $\sum_{i=1}^{n}(x_i-a)$

c) Fassen Sie zusammen: $\sum_{i=1} (i+1)^2 + \sum_{i=5}^{10} (i+1)^2$

**1.91** Berechnen Sie und vereinfachen Sie das Ergebnis:

a) $2(3a-b)^8 + 3(3a-b)^7 - (b-3a)^8 + 2(b-3a)^7 - (3a-b)^8$

b) $\dfrac{x^{a+b}(y^a)^3}{y^{a-b}(xy)^{2a}}$ c) $\dfrac{a^m(ab^3)^{m+n}\,a\,c^{2m}}{(bc)^m\,(ab)^{2m}}$ d) $\left(\dfrac{a^{r-2}}{c^{2t}}\right)^3 \cdot (a^{4-2r}\,c^{3t+1})^2$

e) $\left(\dfrac{a^2-4b^2}{x^2-2xy}\right)^3 \cdot \left(\dfrac{x^2-4y^2}{2a^2+4ab}\right)^3$ f) $\dfrac{(6a^3b^2)^3}{(8a^2b^3)^4} \cdot \dfrac{(12ab^2)^4}{(9a^2b)^3}$

**1.92** Berechnen Sie und vereinfachen Sie das Ergebnis, ohne Hilfsmittel (z. B. Taschenrechner) zu benutzen:

a) $\sqrt{7+\sqrt{13}} \cdot \sqrt{7-\sqrt{13}}$ b) $(2\sqrt{6} - 3\sqrt{24})(4\sqrt{3} + \sqrt{2})$

c) $(a\sqrt{a^3x} - b\sqrt{ax^3})(b\sqrt{a^2x^3} + a\sqrt{ax^2})$

d) $\dfrac{\sqrt[10]{a} \cdot \sqrt[12]{a^5} \cdot \sqrt[5]{a}}{\sqrt[6]{a} \cdot \sqrt{a}}$ e) $\dfrac{\sqrt[4]{x^3\sqrt[3]{x}}}{\sqrt[3]{x\sqrt[4]{x}}} : \sqrt[4]{x\sqrt{x}}$

**1.93** Machen Sie die Nenner rational:

a) $\dfrac{3+x^2}{2-\sqrt{1-x^2}}$ b) $\sqrt{\dfrac{x}{3+\sqrt{7}}}$ c) $\dfrac{10\sqrt{2} - 2\sqrt{30}}{5\sqrt{3} - 3\sqrt{5}}$

**1.94** a) Kürzen Sie $\dfrac{1}{(1+x)^2}\sqrt{\dfrac{1+x}{1-x}}$

b) Beseitigen Sie den Doppelbruch: $\dfrac{\sqrt{1+x^2} - \dfrac{x^2}{\sqrt{1+x^2}}}{1+x^2}$

**1.95** Stellen Sie die folgenden Formeln um:

a) $Q = C'\,A\left[\left(\dfrac{T_1}{100}\right)^4 - \left(\dfrac{T_2}{100}\right)^4\right]$ nach $T_1$

b) $\tau_{\mathrm{m}} = \dfrac{1}{2}\sqrt{(\sigma_x - \sigma_y)^2 + 4\tau^2}$ nach $\sigma_x$

c) $\lambda_0 = 1 - \varepsilon_0\left[\left(\dfrac{p_{\mathrm{D}}}{p_{\mathrm{S}}}\right)^{\frac{1}{n'}} - 1\right]$ nach $p_{\mathrm{D}}$ d) $x = \sqrt[i]{\dfrac{p_{\mathrm{e}}}{p_{\mathrm{S}}}}$ nach $p_{\mathrm{S}}$

**1.96** Berechnen Sie $x$: $\left(\dfrac{0{,}743}{0{,}532}\right)^{1{,}25} = \left(\dfrac{x}{1{,}54}\right)^{-1{,}47}$

**1.97** Berechnen Sie

a) $v = 140 \cdot R^{0{,}645} \cdot J^{\frac{5}{9}}$ (Fließgeschwindigkeit in Rohrleitungen in $\mathrm{m\,s^{-1}}$) für $R = 3{,}25$, $J = 0{,}25$ ‰;

b) den Druck $p_1$ aus der Formel $\dfrac{T_1}{T_2} = \left(\dfrac{p_1}{p_2}\right)^{\frac{\varkappa-1}{\varkappa}}$

für $T_1 = 393$ K, $T_2 = 293$ K, $p_2 = 93{,}25$ kPa, $\varkappa = 1{,}405$

c) $f_0 = \frac{1}{2\pi}\sqrt{\frac{1}{LC} - \left(\frac{R}{L}\right)^2}$ (Resonanzfrequenz eines Parallelresonanzkreises) für $C = 400\,\text{pF}$, $L = 0{,}3\,\text{mH}$, $R = 120\,\Omega$.

**1.98** Berechnen Sie $x$ ohne Hilfsmittel (z. B. Taschenrechner):

a) $\log_{32}\left(\frac{1}{2}\right) = x$ b) $\log_{0{,}01} x = \frac{1}{2}$ c) $\log_x 2 = -\frac{1}{3}$

**1.99** Beweisen Sie, daß folgende Gleichung gilt:

$$-\ln\left(x + \sqrt{x^2 - 1}\right) = \ln\left(x - \sqrt{x^2 - 1}\right)$$

**1.100** Stellen Sie die Formeln um:

a) $\varphi_1 = \ln\sqrt{0{,}3\beta^2 + 0{,}7}$ nach $\beta$ b) $F_n = F_2(e^{\mu\beta} - 1)$ nach $\beta$

c) $\varphi = \sqrt[z-1]{B}$ nach $z$ d) $\frac{T_1}{T_2} = \left(\frac{p_1}{p_2}\right)^{\frac{n-1}{n}}$ nach $n$

**1.101** Berechnen Sie

a) $\varphi_1 = \ln\sqrt{0{,}3\beta^2 + 0{,}7}$ (Fertigungstechnik: Umformgrad beim Tiefziehen mit Formstempel) für $\beta = 1{,}25$

b) $i = I\left[1 - \exp\left(-\frac{t}{T}\right)\right]$ (Elektrotechnik: Einschaltvorgang) für $I = 200\,\text{mA}$, $T = 50\,\text{ms}$, $t = 20\,\text{ms}$

c) $L_J = 10\lg\left(\frac{J}{J_0}\right)$ (Schallintensitätspegel in dB) für $J_0 = 10^{-12}\,\text{Wm}^{-2}$ (Schwellenwert: gerade noch wahrnehmbare Schallintensität eines Tones mit der Frequenz 1000 Hz) und $J = 1{,}6 \cdot 10^{-4}\,\text{Wm}^{-2}$

**1.102** Welche Beziehung besteht zwischen den Einheiten Neper (Np) und Dezibel (dB) für logarithmische Verhältnisgrößen?

**1.103** Berechnen Sie mit dem binomischen Lehrsatz:

a) $(a + 2)^5 - (a - 2)^5$ b) $(-2x - y)^6$ c) die ersten 5 Glieder von $(1 - a)^{15}$

**1.104** Welche Beziehung folgt aus dem binomischen Lehrsatz für $a = b = 1$?

**1.105** Es sind zu berechnen:

a) $\frac{z_1 z_2}{z_1 + z_2}$ für $z_1 = 420 + 60j$, $z_2 = 250 - 30j$;

b) $\frac{1 + z}{1 - z}$ für $z = 0{,}678\,e^{j\,21{,}6^\circ}$

Die Rechnung bei a) ist mit den arithmetischen Formen und mit den Versorformen auszuführen.

**1.106** Mit $z_1 = 120 - 40j$, $z_2 = 20j$ sind zu berechnen:

a) $\frac{z_1}{z_2}$ b) $\sqrt[3]{z_2}$ c) $\ln z_1$ d) $\ln z_2$

**1.107** Es ist $z_1 = \ln\left(z + \sqrt{z^2 - 1}\right)$ für $z = 0{,}68 - 0{,}75j$ zu berechnen.

# 2 Geometrie

## 2.1 Planimetrie

### 2.1.0 Vorbemerkung

In der **Planimetrie**, einem Teilgebiet der Geometrie, werden ebene geometrische Figuren untersucht wie zum Beispiel das Dreieck oder der Kreis.
Der griechische Mathematiker EUKLID (etwa 365 bis 300 v. u. Z.) hat als erster die ebene Geometrie streng logisch aufgebaut. Für jeden Lehrsatz wird die Wahrheit der in ihm enthaltenen Aussage unter Verwendung anderer, bereits bewiesener Lehrsätze durch logische Schlüsse gezeigt; und jeder so bewiesene Satz kann wiederum bei folgenden Beweisen verwendet werden. Wird dieser stufenweise Aufbau der Geometrie rückwärts verfolgt, dann stößt man auf Aussagen, die sich nicht beweisen lassen und wegen ihrer »Einfachheit« offensichtlich keines Beweises bedürfen. Sie heißen **Axiome** und stellen das Fundament des geometrischen Gebäudes dar. Zum Beispiel findet sich bei EUKLID das Axiom: Das Ganze ist größer als sein Teil. Der von EUKLID angestrebte logische Aufbau der Geometrie wurde später auch für andere mathematische Gebiete zum Vorbild.
Viele Sätze der Planimetrie sind bereits Inhalt der Ausbildung der vorhergehenden Bildungseinrichtungen. Deshalb wird in diesem Abschnitt der Stoff in gestraffter Form geboten. Durch die ausführlichere Behandlung geometrischer Grundbegriffe wie Gerade, Strecke, Winkel, Symmetrie, Kongruenz und Ähnlichkeit soll erreicht werden, daß geometrische Aussagen exakt formuliert werden können. Der Leser soll befähigt werden, diese Grundbegriffe sowie die Kenntnisse der wichtigsten Sätze über das Dreieck und das Vieleck, über den Kreis und über Flächeninhalte bei der Lösung planimetrischer Aufgaben sicher anzuwenden. Konstruktionsaufgaben mit Zirkel und Lineal dienen der Festigung dieser Kenntnisse und der Veranschaulichung geometrischer Sachverhalte.

### 2.1.1 Grundbegriffe

Grundbegriffe der Planimetrie, die nicht definiert werden, sind **Punkt** und **Gerade**
Punkte werden durch große lateinische Buchstaben, teilweise mit einem Index, bezeichnet: $A, B, C, \ldots, P, Q, \ldots, A_1, A_2, \ldots,$ Geraden durch kleine lateinische Buchstaben: $g, h, \ldots, l_1, l_2, \ldots$
Die Gerade kann als Menge von Punkten der Ebene aufgefaßt werden (wie z. B. Perlen, die auf einem »unendlich langen« gespannten Faden aufgereiht sind). Auch beliebige

Kurven werden als Punktmengen betrachtet. Daher können in der Geometrie die Symbole der Mengenlehre verwendet werden.

Liegt ein Punkt $P$ auf einer Geraden $g$, so ist $P$ Element der Punktmenge $g$: $P \in g$. Entsprechend bedeutet $Q \notin g$, daß der Punkt $Q$ nicht auf der Geraden $g$ liegt.

Durch zwei Punkte ist eine Gerade eindeutig bestimmt. $g = AB$ ist die Gerade $g$ durch die Punkte $A$ und $B$ (Bild 2.1 a). Die Gerade ist nach »beiden Seiten« unbegrenzt.

**Zwei Geraden** $g_1$, $g_2$

haben entweder keinen Punkt gemeinsam, dann **sind** sie **parallel**: $g_1 \parallel g_2$;

oder sie haben einen Punkt gemeinsam, dann **schneiden** sie **sich**: $g_1 \cap g_2 = P$;

oder sie haben alle Punkte gemeinsam, dann **fallen** sie **zusammen**: $g_1 = g_2$ (Bild 2.2).

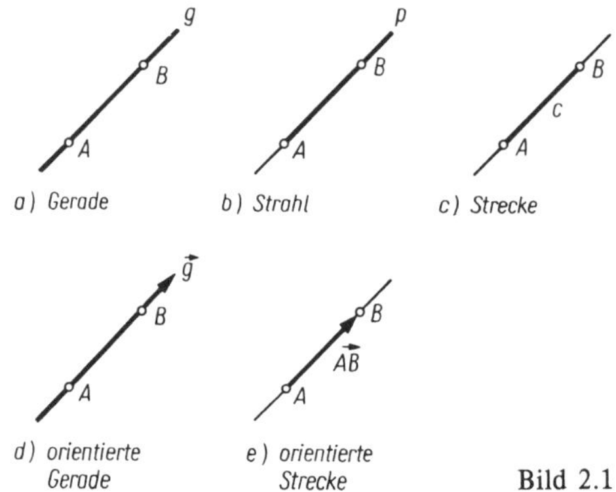


Bild 2.1

Ein **Strahl** $AB$ ist die Menge aller Punkte einer Geraden, die mit dem Punkt $B$ auf derselben Seite eines Punktes $A$ der Geraden liegen (Bild 2.1 b). $A$ heißt Anfangspunkt des Strahles. Ein Strahl, auch Halbgerade genannt, ist nach einer Seite begrenzt, nach der anderen unbegrenzt. Ein Punkt zerlegt eine Gerade in zwei Strahlen. Strahlen werden auch durch kleine lateinische Buchstaben wie $p$, $q$, ... bezeichnet.

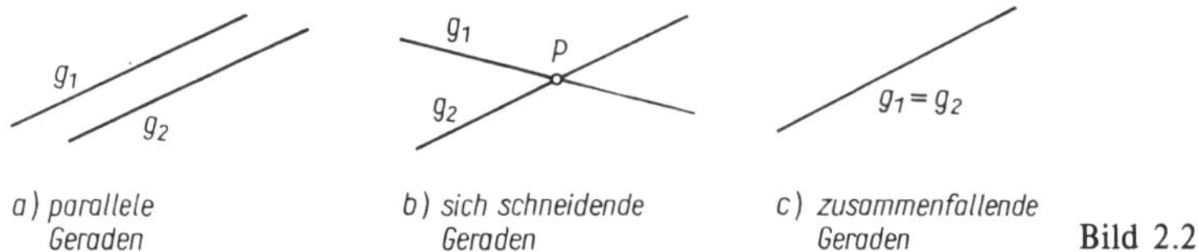


Bild 2.2

Eine **Strecke** $\overline{AB}$ ist eine Punktmenge, die aus $A$, $B$ und allen Punkten der Geraden $AB$ besteht, die zwischen $A$ und $B$ liegen. (Bild 2.1 c). Unter $\overline{AB}$ wird aber nicht nur die Strecke als geometrische Figur verstanden, sondern auch ihre Länge, die dann mit kleinem lateinischen Buchstaben bezeichnet wird, z. B. $\overline{AB} = c = 5$ cm.

Häufig ist auf einer Geraden ein Richtungssinn, eine Orientierung festzulegen, wie z. B. in einer Einbahnstraße. Eine **orientierte Gerade** ergibt sich, wenn für zwei Punkte $A$ und $B$ der Geraden festgelegt wird, welcher Punkt vor dem anderen kommt. Die Orientierung wird im Bild durch einen Pfeil angegeben, und für eine orientierte Gerade $g$ wird $\vec{g}$ geschrieben. Im Bild 2.1 d ist $g$ so orientiert, daß $A$ vor $B$ kommt. Bild 2.1 e zeigt eine **orientierte Strecke**, die mit $\overrightarrow{AB}$ bezeichnet wird. $A$ ist der Anfangspunkt, $B$ der Endpunkt. Zwei parallele orientierte Geraden (oder orientierte Strecken) können **gleich orientiert** oder **entgegengesetzt orientiert** sein (Bild 2.3).

Eine Schar paralleler Geraden bestimmt eine **Richtung** in der Ebene. Die Richtung kann auch orientiert sein. Als Beispiel für eine **orientierte Richtung** diene die Nordrichtung in einer Karte (Bild 2.4).

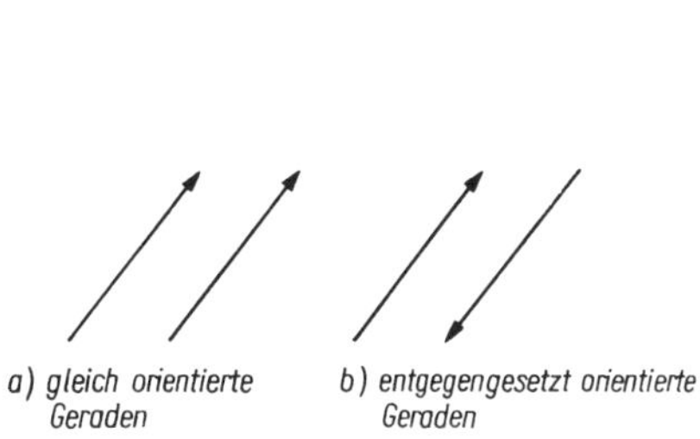


Bild 2.3

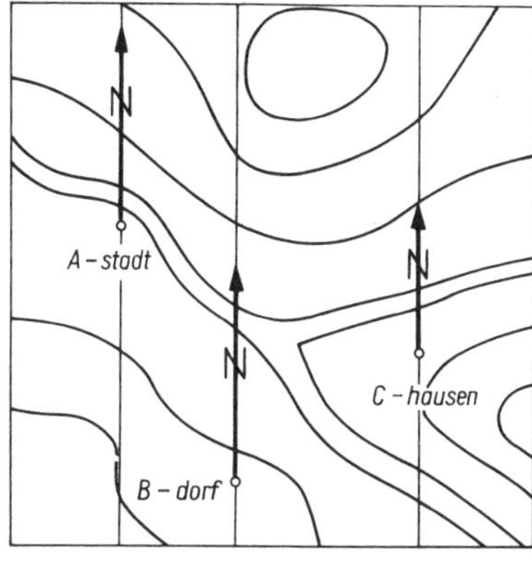


Bild 2.4

Zwei Strahlen $p$, $q$, die von einem Punkt $S$ ausgehen, zerlegen die Ebene in zwei Teile $E_1$, $E_2$. Ein Teil, z. B. $E_1$ werde ausgewählt (in Bild 2.5 grau getönt). Dann bilden $S$, $p$, $q$ und $E_1$ einen **Winkel**. $S$ ist der **Scheitelpunkt**, $p$ und $q$ sind die **Schenkel** und $E_1$ heißt das **Innere** des Winkels. Bild 2.6 zeigt den Winkel, für den $E_2$ als Inneres gewählt wird. Winkel werden durch kleine griechische Buchstaben bezeichnet, z. B. $\alpha$, $\beta$, $\gamma$, ..., $\varphi$, $\psi$, ... und in der Zeichnung durch einen Bogen mit Pfeilen fixiert. Auch folgende Bezeichnungen sind möglich:

$$\alpha = \sphericalangle (p, q) = \sphericalangle ASB \qquad \text{(Bild 2.7)}$$

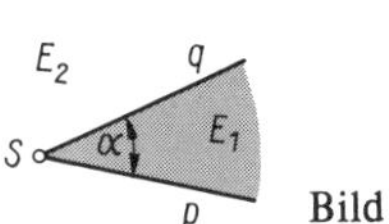


Bild 2.5

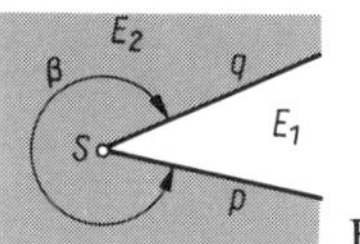


Bild 2.6

Zwei Sonderfälle des Winkels ergeben sich für $p = q$: der **Nullwinkel** $\alpha_0$ (das Winkelinnere ist die leere Punktmenge) und **der Vollwinkel** $\alpha_v$ (Bild 2.8).

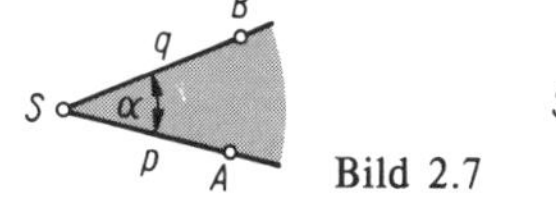


Bild 2.7

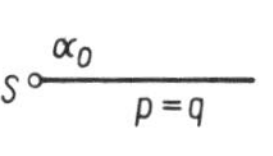


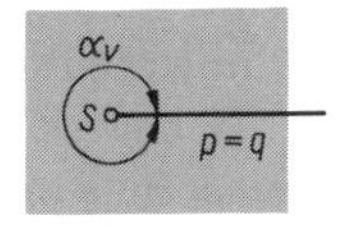


Bild 2.8

Die Hälfte eines Vollwinkels heißt **gestreckter Winkel** $\alpha_g$, ein Viertel des Vollwinkels heißt **rechter Winkel** $\alpha_r$. Ein Winkel $\alpha$ heißt für

$\alpha_0 < \alpha < \alpha_r$ **spitzer Winkel**
$\alpha_r < \alpha < \alpha_g$ **stumpfer Winkel** (Bild 2.9)
$\alpha_g < \alpha < \alpha_v$ **überstumpfer Winkel**.

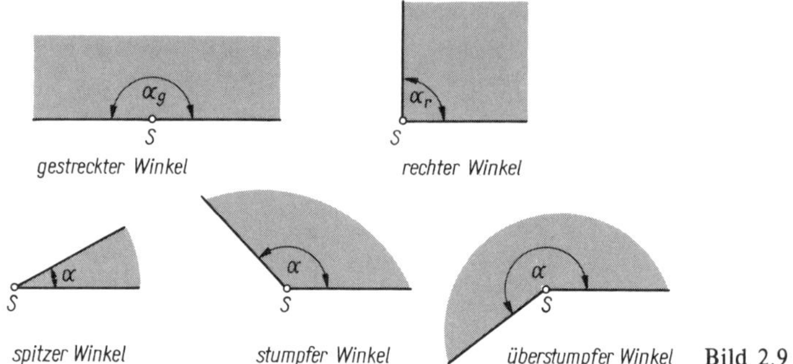


Bild 2.9

Es gibt verschiedene Winkelmaße, mit denen die Größe eines Winkels angegeben werden kann.

**Gradmaß**

Der 360ste Teil des Vollwinkels heißt ein **Grad**, im Zeichen **1°** und wird entweder **dezimal** oder **sexagesimal** unterteilt. Bei der sexagesimalen Teilung sind ein Grad gleich 60 Minuten und eine Minute gleich 60 Sekunden:

$$1° = 60', \quad 1' = 60'' \quad \text{oder} \quad 1° = 3\,600''.$$

Zum Beispiel ist $\alpha = 24{,}645° = 24°38'42''$.

Die Umrechnung von einer Teilung zur anderen ist mit geeigneten Programmen im Taschenrechner möglich oder es sind Proportionen zu verwenden. So gilt für die Umrechnung aus dezimaler in sexagesimale Teilung für obigen Winkel $\alpha$:

$$x : 60' = 0{,}645° : 1° \Rightarrow x = \frac{60' \cdot 0{,}645°}{1°} = 38{,}7'$$

$$y : 60'' = 0{,}7' : 1' \quad \Rightarrow y = \frac{60'' \cdot 0{,}7'}{1'} = 42''$$

Im Vermessungswesen wird der Vollwinkel in 400 Teile geteilt. Ein Teil wird Gon genannt: 1 gon. Die Unterteilung ist dezimal, der 1 000ste Teil des Gon heißt Milligon: 0,001 gon = 1 mgon. Für obigen Winkel $\alpha$ gilt: $\alpha = 24{,}645° = 27{,}383\,3$ gon.

**Bogenmaß**

Werden um den Scheitelpunkt $S$ eines Winkels $\alpha$ Kreise mit den Radien $r_1$, $r_2$ gezeichnet, so schneidet $\alpha$ die Bogen $b_1$, $b_2$ aus (Bild 2.10). Es läßt sich die Proportion aufstellen:

$$\text{Kreisbogen} : \text{Kreisumfang} = \text{Zentriwinkel} : \text{Vollwinkel}$$

$$b_1 : 2\pi r_1 = \alpha : 360°, \tag{I}$$

woraus $\dfrac{b_1}{r_1} = \dfrac{2\pi\alpha}{360°}$ folgt. Entsprechend ist $\dfrac{b_2}{r_2} = \dfrac{2\pi\alpha}{360°}$. Daher gilt: $\dfrac{b_1}{r_1} = \dfrac{b_2}{r_2}$.

Der Quotient $b/r$ ist also bei beliebiger Wahl des Radius $r$ für den Winkel konstant und kann als Winkelmaß verwendet werden:

$$\boxed{\alpha = \frac{b}{r}} \tag{2.1}$$

Seine Einheit ist derjenige Winkel, für den $b = r$ und somit $b/r = 1$ ist (Bild 2.11). Er heißt **Radiant**, im Zeichen **1 rad**. Wegen 1 rad = 1 m/1 m (Quotient zweier Längeneinheiten) kann das Einheitenzeichen rad auch weggelassen werden: 1 rad = 1.
Für den obigen Winkel $\alpha$ gilt: $\alpha = 24{,}645° = 0{,}430\,14\ \text{rad} = 0{,}430\,14$.
Die Maßzahl des in Radiant gemessenen Winkels $\alpha$ heißt **Bogenmaß**, denn im Einheitskreis ($r = 1$ m) ist $b/r = b/1$ m die Maßzahl des zu $\alpha$ gehörenden Bogens $b$.

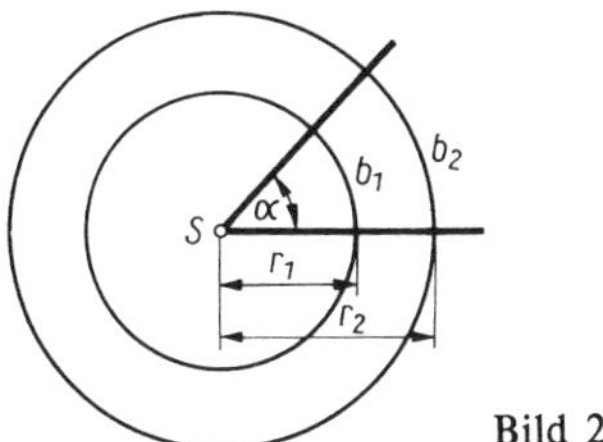

Bild 2.10

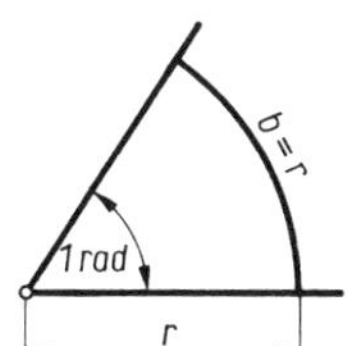

Bild 2.11

Der in Radiant gemessene Winkel wird deshalb auch mit arc $\alpha$ bezeichnet.

Für den Vollwinkel $\alpha_v$ ist der zugehörige Bogen gleich dem Kreisumfang:

$$\alpha_v = 360° = \frac{b}{r} = \frac{2\pi r}{r} = 2\pi, \quad \text{d. h.,} \quad 360° = 2\pi.$$

folglich $\boxed{180° = \pi}$ bzw. $\boxed{180° = \pi\ \text{rad}}$. (2.1 a)

Eine weitere Unterteilung ergibt die folgende Tabelle häufig gebrauchter Winkel:

| Winkel in Grad | 0° | 30° | 45° | 60° | 90° | 180° | 270° | 360° |
|---|---|---|---|---|---|---|---|---|
| Winkel in Radiant | 0 | $\frac{\pi}{6}$ $= 0{,}524$ | $\frac{\pi}{4}$ $= 0{,}785$ | $\frac{\pi}{3}$ $= 1{,}047$ | $\frac{\pi}{2}$ $= 1{,}571$ | $\pi$ $= 3{,}142$ | $\frac{3}{2}\pi$ $= 4{,}712$ | $2\pi$ $= 6{,}283$ |

Aus (2.1 a) ergeben sich die Beziehungen

$$\boxed{1° = \frac{\pi}{180}; \qquad 1\ \text{rad} = 1 = \frac{180°}{\pi} \approx 57{,}295\,78°} \qquad (2.1\,\text{b})$$

Mit ihnen werden Winkel von der Einheit Grad in die Einheit Radiant umgerechnet und umgekehrt.

**Beispiel**

2.1 Wie lang ist der Bogen im Kreis mit dem Radius $r = 65$ cm, der zum Zentriwinkel $\alpha = 24°$ gehört?
*Lösung:*
Nach (2.1) ist $b = r\alpha$,

und nach (2.1 b) ist $\alpha = 24° = 24 \cdot 1° = 24 \cdot \frac{\pi}{180}$. Damit ergibt sich

$$b = r\alpha = 65\ \text{cm} \cdot 24 \cdot \frac{\pi}{180} = 27{,}2\ \text{cm}.$$

Zwei Winkel, die sich zu einem $\left\{\begin{matrix}\text{rechten}\\ \text{gestreckten}\end{matrix}\right\}$ Winkel ergänzen, heißen $\left\{\begin{matrix}\textbf{Komplementwinkel}\\ \textbf{Supplementwinkel}\end{matrix}\right\}$. Zum Beispiel sind die Winkel $\alpha = 35°$, $\beta = {}_{5}5°$ Komplementwinkel und $\gamma = 21°$, $\delta = 159°$ Supplementwinkel.

**Kontrollfragen**

2.1 Wie werden Gerade, Strecke und Strahl erklärt?
2.2 Was sind orientierte Geraden und Strecken?
2.3 Wie wird der Winkel definiert?
2.4 Welche wichtigen Winkelmaße werden verwendet?
2.5 Wie erfolgt die Umrechnung zwischen den Winkelmaßen?

**Aufgaben: 2.1 und 2.2**

### 2.1.2 Winkel an sich schneidenden Geraden

Zwei Winkel $\alpha$ und $\beta$ heißen **Nebenwinkel**, wenn sie den Scheitelpunkt und einen Schenkel gemeinsam haben und die anderen Schenkel entgegengesetzt gerichtete Strahlen sind (Bild 2.12 a).

■ Nebenwinkel ergänzen sich zu einem gestreckten Winkel.

Zwei Winkel $\alpha$ und $\beta$ heißen **Scheitelwinkel**, wenn sie den Scheitelpunkt gemeinsam haben und ihre Schenkel paarweise entgegengesetzt gerichtete Strahlen sind (Bild 2.12 b).

■ Scheitelwinkel sind gleich groß.

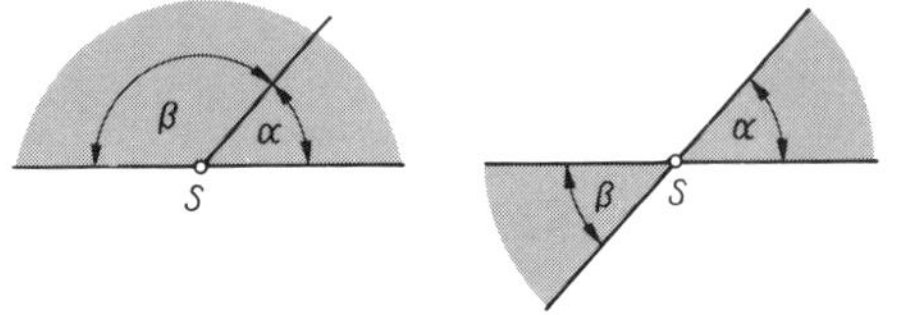


Bild 2.12

Zwei sich schneidende Geraden bilden 4 Winkel miteinander, z. B. in Bild 2.14 die Geraden $g_1$, $g_3$ die Winkel $\alpha_1$, $\beta_1$, $\gamma_1$, $\delta_1$. Die Winkelpaare $\alpha_1, \beta_1$; $\beta_1, \gamma_1$; $\gamma_1, \delta_1$; $\delta_1, \alpha_1$ sind je Nebenwinkel und die Winkelpaare $\alpha_1, \gamma_1$; $\beta_1, \delta_1$ sind je Scheitelwinkel.
Ist ein Winkel, z. B. $\alpha_1$, ein rechter Winkel, so sind nach den Sätzen über Neben- und Scheitelwinkel auch $\beta_1$, $\gamma_1$, $\delta_1$ rechte Winkel. Die beiden Geraden sind **senkrecht** oder **orthogonal** zueinander: $g_1 \perp g_3$.
Bild 2.13 zeigt eine Gerade $g$ und einen Punkt $P \notin g$. Eine Gerade $l$, die durch $P$ geht und orthogonal zu $g$ ist, heißt **Lot von *P* auf *g***. Der Punkt $L = g \cap l$ heißt **Lotfußpunkt**.
Werden zwei parallele Geraden $g_1$, $g_2$ von einer dritten Geraden $g_3$ geschnitten, dann entstehen 8 Winkel (Bild 2.14).

Dabei heißen die Winkelpaare

$\alpha_1, \alpha_2;\ \beta_1, \beta_2;\ \gamma_1, \gamma_2;\ \delta_1, \delta_2$ **Stufenwinkel**
$\alpha_1, \delta_2;\ \beta_1, \gamma_2;\ \gamma_1, \beta_2;\ \delta_1, \alpha_2$ **entgegengesetzt liegende Winkel**
$\alpha_1, \gamma_2;\ \beta_1, \delta_2;\ \gamma_1, \alpha_2;\ \delta_1, \beta_2$ **Wechselwinkel**.

- Stufenwinkel sind gleich groß.
- Entgegengesetzt liegende Winkel sind Supplementwinkel.
- Wechselwinkel sind gleich groß.

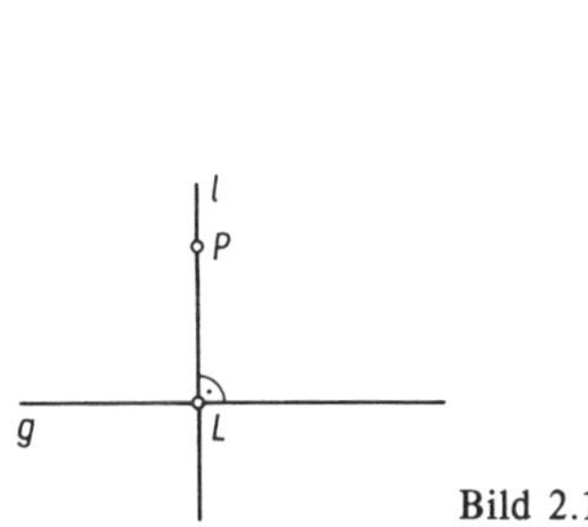

Bild 2.13

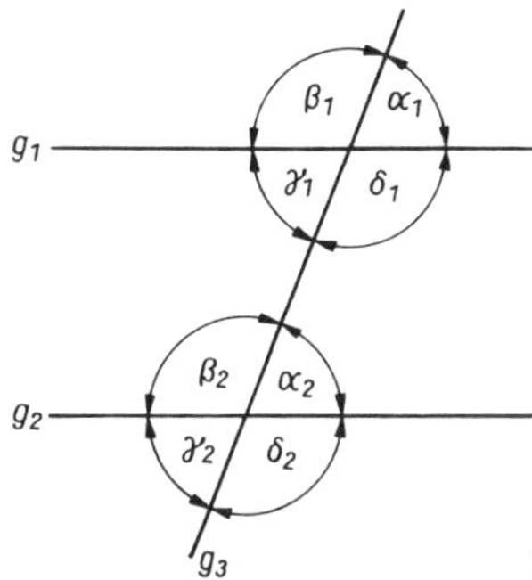

Bild 2.14

Für zwei Winkel $\alpha_1 = \sphericalangle(p_1, q_1)$ und $\alpha_2 = \sphericalangle(p_2, q_2)$ sei $p_1 \perp p_2$ und $q_1 \perp q_2$. Außerdem liege der Scheitelpunkt des einen Winkels nicht im Inneren oder auf einem Schenkel des anderen Winkels (Bild 2.15). Es sei $p'_1 \parallel p_1$, somit $p'_1 \perp p_2$ und aus $q'_2 \parallel q_2$ folgt $q'_2 \perp q_1$.

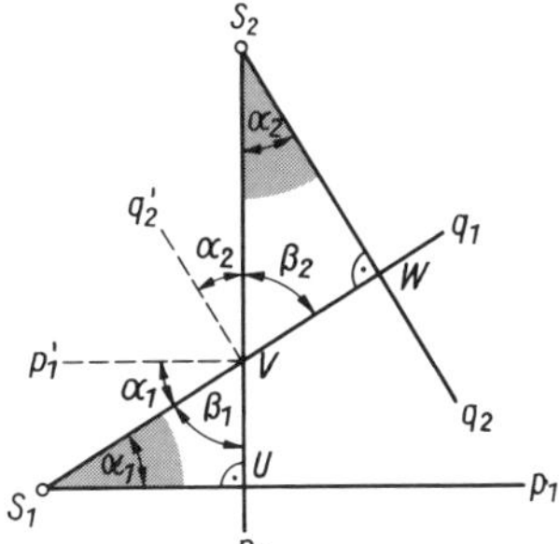

Bild 2.15

Wegen $\alpha_1 + \beta_1 = 90°$, $\alpha_2 + \beta_2 = 90°$ und $\beta_1 = \beta_2$ (Scheitelwinkel) folgt $\alpha_1 = \alpha_2$. Unter Beachtung der genannten Einschränkungen gilt der

**Satz**

> Zwei Winkel sind gleich, wenn ihre Schenkel paarweise zueinander senkrecht sind.

**Kontrollfrage**

2.6 Welche Beziehung besteht zwischen je zwei der in Bild 2.14 angegebenen Winkel, und wie heißt das Winkelpaar?

### 2.1.3 Bewegungen in der Ebene, Kongruenz, Symmetrie

In der Ebene seien $Z$ ein fester Punkt und $P$ ein beliebiger Punkt (Bild 2.16). Es wird folgende Konstruktion durchgeführt: Durch $P$ wird ein Strahl mit dem Anfangspunkt $Z$ gelegt und auf dem Strahl die Strecke $2 \cdot \overline{ZP}$ von $Z$ aus abgetragen bis $P'$. Durch die Konstruktion wird jedem Punkt der Ebene eindeutig ein Punkt der gleichen Ebene zugeordnet. Es liegt eine eindeutige (und umkehrbar eindeutige) **Abbildung der Ebene auf sich** vor. Jede ebene Figur wird auf eine andere abgebildet, z.B. das Dreieck $ABC$ auf das Dreieck $A'B'C'$. Bei dieser Abbildung ist die **Bildfigur** $F'$ gegenüber der **Originalfigur** $F$ vergrößert.

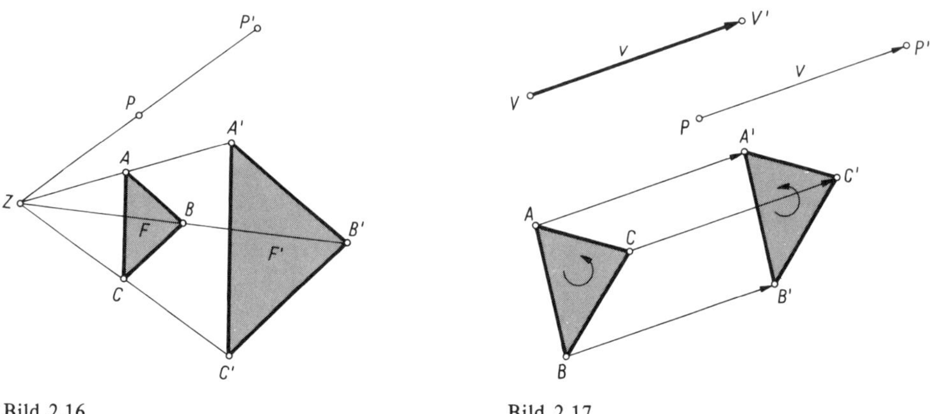


Bild 2.16 Bild 2.17

Abbildungen, bei denen Original- und Bildfigur in Form und Größe übereinstimmen und sich nur durch ihre Lage in der Ebene unterscheiden, heißen **Bewegungen**. Es gibt folgende Bewegungen in der Ebene:

**Die Verschiebung** (auch Parallelverschiebung)

Gegeben ist eine orientierte Strecke $\overrightarrow{VV'}$ (Bild 2.17) mit der Länge $v$. Durch jeden Punkt $P$ der Ebene wird eine orientierte Strecke gelegt, die $P$ als Anfangspunkt hat, zu $\overrightarrow{VV'}$ parallel und gleichorientiert ist und die Länge $v$ hat. Ihr Endpunkt ist $P'$, der Bildpunkt von $P$. $\overrightarrow{VV'}$ heißt **Verschiebungspfeil** oder Verschiebungsvektor. Er gibt die Verschiebungsrichtung und die Größe $v$ der Verschiebung an.

**Die Drehung** (um einen Punkt)

Gegeben sind ein fester Punkt $D$ und ein fester Winkel $\delta$. Durch jeden Punkt $P$ der Ebene ($P \neq D$) wird ein Kreis mit dem Mittelpunkt $D$ gelegt und darauf $P'$ so bestimmt, daß $\sphericalangle PDP' = \delta$ ist (Bild 2.18). Bei dieser Abbildung wird die Ebene um $D$ und um den Winkel $\delta$ gedreht. $D$ heißt **Drehzentrum**, $\delta$ heißt **Drehwinkel**. $D$ wird auf sich selbst abgebildet: $D = D'$. Erfolgt die Drehung entgegengesetzt zum Uhrzeigerdrehsinn, dann liegt ein **positiver Drehsinn** vor (Bild 2.18). Der Uhrzeigerdrehsinn stellt den **negativen Drehsinn** dar (Bild 2.19).

Bei der Verschiebung und der Drehung bleibt der durch die Reihenfolge $ABC$ gegebene Umlaufsinn eines Dreiecks erhalten (Bild 2.17 und 2.18). Verschiebung und Drehung sind **gleichsinnige Bewegungen**.

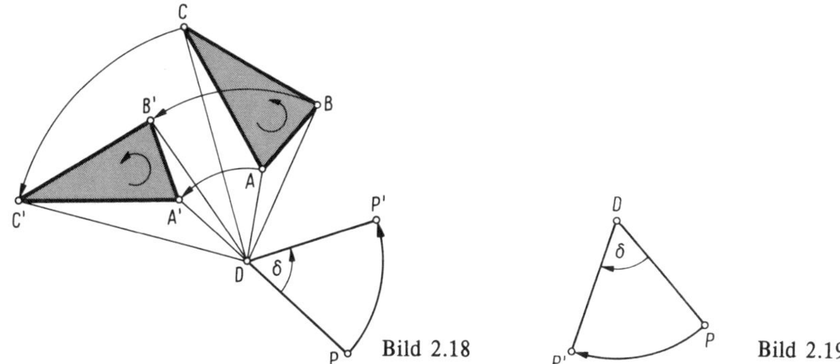


Bild 2.18 Bild 2.19

## Die Spiegelung an einer Geraden

Gegeben ist eine feste Gerade $s$, die **Spiegelachse**. Durch jeden Punkt $P$ wird eine Gerade senkrecht zu $s$ gelegt und auf der Geraden $P'$ so gewählt, daß $P$ und $P'$ von $s$ gleichen Abstand haben und auf verschiedenen Seiten von $s$ liegen (Bild 2.20). $P'$ heißt das Spiegelbild von $P$ bezüglich $s$. Die Abbildung läßt sich auch deuten als eine Drehung der Ebene um die Gerade $s$ um 180° und wird als Umklappung bezeichnet. Ein Dreieck $ABC$ und sein Spiegelbild Dreieck $A'B'C'$ haben verschiedenen Umlaufsinn. Die Spiegelung ist eine **ungleichsinnige Bewegung**.

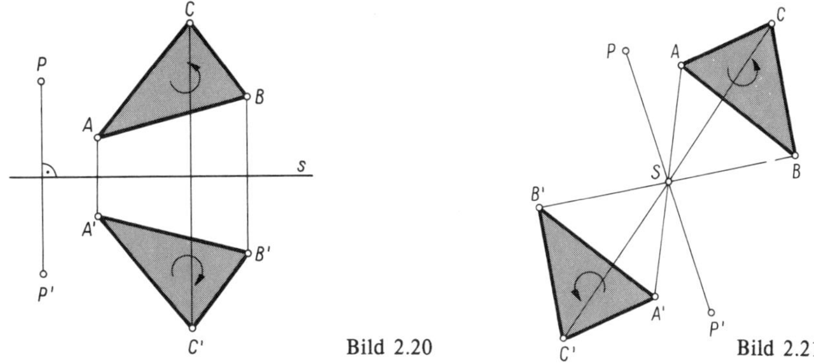


Bild 2.20 Bild 2.21

## Die Spiegelung an einem Punkt

Gegeben ist ein fester Punkt $S$, der **Zentralpunkt**. Durch jeden Punkt $P$ wird eine durch $S$ gehende Gerade gelegt und darauf $P'$ so bestimmt, daß $P$ und $P'$ von $S$ gleichen Abstand haben und auf verschiedenen Seiten von $S$ liegen (Bild 2.21). $P'$ folgt auch aus $P$, wenn die Ebene um $S$ mit dem Drehwinkel $\delta = 180°$ gedreht wird. Die Spiegelung an einem Punkt ist daher eine spezielle Drehung und gehört zu den gleichsinnigen Bewegungen.

## Die Kongruenz

Zwei Figuren $F$ und $F'$ heißen **kongruent** genau dann, wenn eine Figur in die andere durch eine Bewegung überführt, d.h. mit der anderen zur Deckung gebracht werden kann. Man schreibt

$$F \cong F' \quad \text{(gelesen: } F \text{ kongruent } F'\text{)}.$$

Die Dreiecke $ABC$ und $A'B'C'$ in den Bildern 2.17, 2.18, 2.20 und 2.21 sind kongruent ($\triangle ABC \cong \triangle A'B'C'$), und zwar in den Bildern 2.17, 2.18, 2.21 **gleichsinnig kongruent** und in Bild 2.20 **ungleichsinnig kongruent**.
Die in Bild 2.22 gezeigten Figuren $F$ und $F'$ sind kongruent. $F$ kann durch eine Bewegung, die sich aus einer Verschiebung und einer Drehung zusammensetzt, nach $F'$ überführt werden.

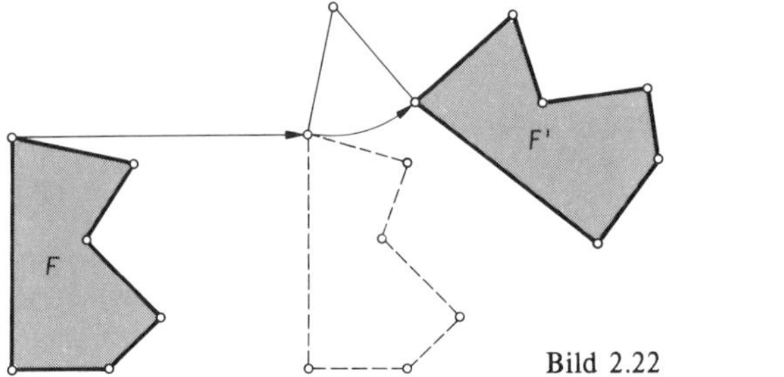

Bild 2.22

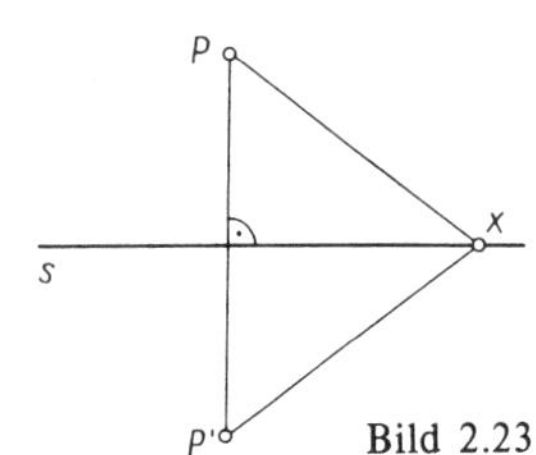

Bild 2.23

## Die Symmetrie

Einen Sonderfall der Kongruenz stellt die **Symmetrie** dar. Zwei Figuren $F$ und $F'$ liegen **symmetrisch zu einer Geraden** $s$, wenn eine Figur durch Spiegelung an $s$ auf die andere abgebildet wird. Zum Beispiel liegen die Dreiecke in Bild 2.20 symmetrisch zu $s$. Diese Symmetrie heißt **Axialsymmetrie** oder **Spiegelsymmetrie**. Die Gerade $s$ heißt **Symmetrieachse**.
Sind $P$ und $P'$ zwei zu $s$ symmetrisch gelegene Punkte und ist $X$ ein Punkt von $s$ (Bild 2.23), dann gelten die Eigenschaften:

$\overline{PX} = \overline{P'X}$, d.h., jeder Punkt der Symmetrieachse zweier Punkte hat von diesen den gleichen Abstand;

$\sphericalangle(PX, s) = \sphericalangle(P'X, s)$, d.h., die Symmetrieachse halbiert den Winkel $PXP'$.

Zwei Figuren $F$ und $F'$ liegen **symmetrisch zu einem Punkt** $S$, wenn eine Figur durch Spiegelung an $S$ auf die andere abgebildet wird. Die Dreiecke in Bild 2.21 liegen symmetrisch zu $S$. Diese Symmetrie heißt **Zentralsymmetrie**. Der Punkt $S$ heißt **Symmetriezentrum**.
Die Symmetrie wird auch für eine Figur erklärt. Eine Figur $F$ heißt **axialsymmetrische Figur**, wenn es eine Gerade $s$ gibt, so daß $F$ durch Spiegelung an $s$ auf sich selbst abgebildet wird. $s$ ist Symmetrieachse der Figur. Die Bilder 2.24 zeigen Figuren mit unterschiedlicher Anzahl von Symmetrieachsen:

Bild 2.24a 1 Symmetrieachse
Bild 2.24b 1 Symmetrieachse (Parabelabschnitt)
Bild 2.24c 2 Symmetrieachsen (Ellipse)

Bild 2.24d  4 Symmetrieachsen

Bild 2.24e  unendlich viele Symmetrieachsen (Kreis, jede Gerade durch den Mittelpunkt ist Symmetrieachse)

Bild 2.24f  0 Symmetrieachsen (Parallelogramm)

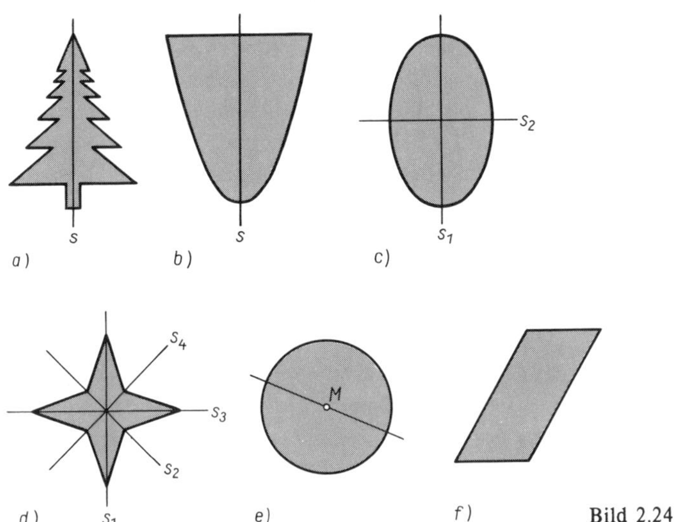


Bild 2.24

Eine Figur *F* heißt **zentralsymmetrische Figur**, wenn ein Punkt *S* existiert, so daß *F* durch Spiegelung an *S* auf sich selbst abgebildet wird. Bild 2.25 zeigt zwei zentralsymmetrische Figuren. Auch die Figuren in den Bildern 2.24c, d, e, f sind zentralsymmetrisch.

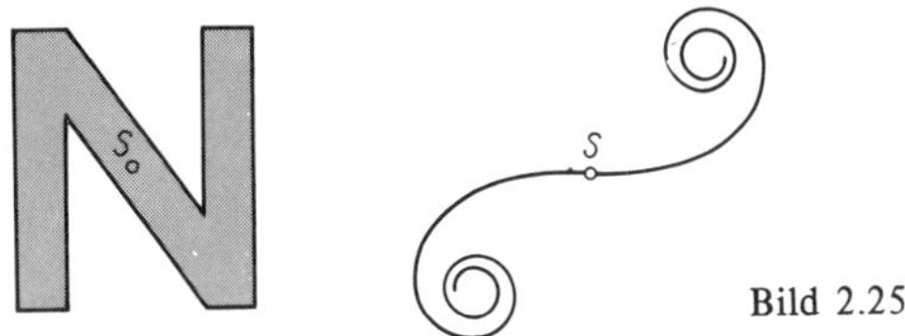


Bild 2.25

## Kontrollfragen

2.7 Erläutern Sie die verschiedenen Arten von Bewegungen in der Ebene.
2.8 Welche Bewegungen sind gleichsinnig bzw. ungleichsinnig?
2.9 Wann sind zwei Figuren kongruent und wann sind sie symmetrisch?
2.10 Welche Arten der Symmetrie werden unterschieden?

**Aufgaben: 2.3 bis 2.5**

### 2.1.4 Grundkonstruktionen

Unter geometrischer Konstruktion wird im allgemeinen die Anfertigung von Zeichnungen geometrischer Figuren mit bestimmten Zeichenhilfsmitteln verstanden. Zeichenhilfsmittel können Lineal, Zeichendreiecke, Zirkel, Winkelmesser, Schablonen oder auch Zeichenmaschinen wie Digitalzeichentisch oder Plotter sein. Bei dem klassischen Aufbau der Geometrie durch Euklid waren nur Konstruktionen mit Zirkel und Lineal zugelassen. Geometrische Konstruktionsaufgaben werden heute meist mit Hilfe computergestützter Zeichengeräte gelöst. Die im folgenden behandelten Grundkonstruktionen mit Zirkel und Lineal (bzw. noch mit Zeichendreiecken und Winkelmesser) haben aber noch ihre Bedeutung, da sie wesentlich zum Verständnis geometrischer Zusammenhänge beitragen.

Für die Konstruktionsbeschreibung wird statt der sprachlichen Form eine geeignete **symbolische Schreibweise** verwendet, die den algorithmischen Charakter der Konstruktion hervorhebt:

| | |
|---|---|
| $g := AB$ | $g$ ergibt sich als Gerade durch die Punkte $A$ und $B$ (Verwendung des Lineals). |
| $k := KR(M, r)$ | $k$ ergibt sich als Kreis mit Mittelpunkt $M$ und Radius $r$ (Verwendung des Zirkels). |
| $P := g \cap h$ | $P$ ergibt sich als Schnittpunkt der Geraden $g$ und $h$. |
| $\{P_1, P_2\} := g \cap k$ | $P_1$ und $P_2$ ergeben sich als Schnittpunkte zwischen Gerade $g$ und Kreis $k$. |
| $\{P_1, P_2\} := k_1 \cap k_2$ | $P_1$ und $P_2$ ergeben sich als Schnittpunkte zwischen den Kreisen $k_1$ und $k_2$. |

#### 1. Grundkonstruktion: Abtragen einer Strecke auf einem Strahl

*Aufgabe:* Gegeben sind die Strecke $\overline{AB}$, der Strahl $p$ mit Anfangspunkt $O$ (Bild 2.26). Von $O$ ist auf $p$ die Strecke $\overline{AB}$ abzutragen.

*Konstruktionsbeschreibung:*

$r := \overline{AB}$ (als Radius wird im Zirkel die Strecke $\overline{AB}$ eingestellt)

$k := KR(O, r)$

$P := k \cap p$

Bild 2.26

#### 2. Grundkonstruktion: Halbieren einer Strecke

*Aufgabe:* Es ist der Mittelpunkt einer gegebenen Strecke $\overline{AB}$ zu bestimmen (Bild 2.27).

*Konstruktionsbeschreibung:*

$r$ beliebig gewählt mit $r > \frac{\overline{AB}}{2}$

$k_1 := KR(A, r)$

$k_2 := KR(B, r)$

$\{P, Q\} := k_1 \cap k_2$

$s := PQ$

$M := AB \cap s$

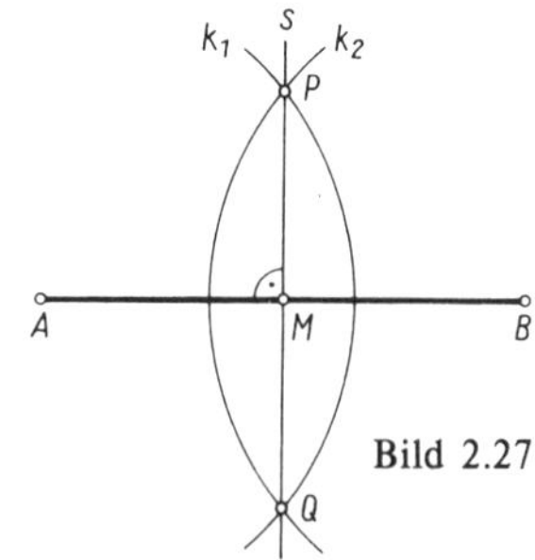


Bild 2.27

*Beweis* der Konstruktion: Der Punkt $P$ hat von $A$ und $B$ je gleichen Abstand. Daher liegt er nach den in 2.1.3 genannten Eigenschaften der Axialsymmetrie auf der Symmetrieachse $s$ der Punkte $A$ und $B$. Analog gilt $Q \in s$. Folglich ist $s = PQ$ die Symmetrieachse des Punktepaares $A, B$, und aus der Symmetrieeigenschaft folgt: $\overline{AM} = \overline{BM}$. Da als Symmetrieeigenschaft auch $AB \perp PQ$ folgt, wird mit dieser Grundkonstruktion auch die **Mittelsenkrechte der Strecke $\overline{AB}$** bestimmt.

Für die weiteren Grundkonstruktionen wird dem Leser die Beweisführung empfohlen.

### 3. Grundkonstruktion: Halbieren eines Winkels

*Aufgabe:* Gegeben ist $\sphericalangle ASB$ (Bild 2.28). Gesucht wird seine Winkelhalbierende $w$.

*Konstruktionsbeschreibung:*
$r$ beliebig gewählt
$k_1 := KR(S, r)$
$P := k_1 \cap SA$
$Q := k_1 \cap SB$
$k_2 := KR(P, r)$
$k_3 := KR(Q, r)$
$\{S, W\} := k_2 \cap k_3$
$w := SW$

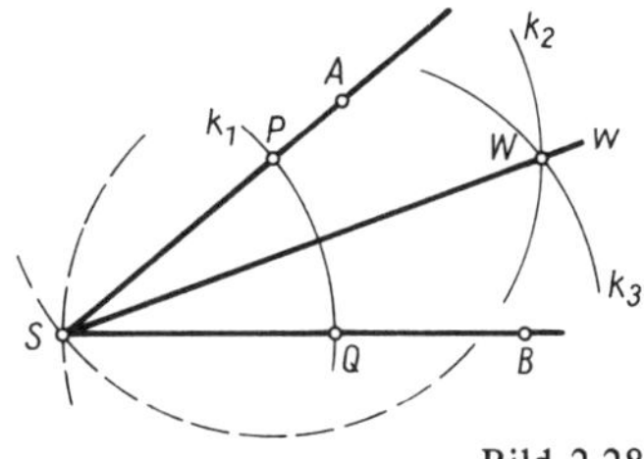

Bild 2.28

### 4. Grundkonstruktion: Errichten der Senkrechten zu einer Geraden in einem Punkt

*Aufgabe:* Gegeben sind eine Gerade $g$ und ein Punkt $G \in g$. Gesucht wird die Gerade $l$, die durch $G$ geht und senkrecht zu $g$ ist.

*Konstruktionsbeschreibung* (Bild 2.29):
$r_1$ beliebig gewählt
$k_1 := KR(G, r_1)$
$\{P, Q\} := g \cap k_1$
$r_2$ beliebig mit $r_2 > \overline{PG}$
$k_2 := KR(P, r_2)$
$k_3 := KR(Q, r_2)$
$\{L_1, L_2\} := k_2 \cap k_3$
$l := L_1 L_2$

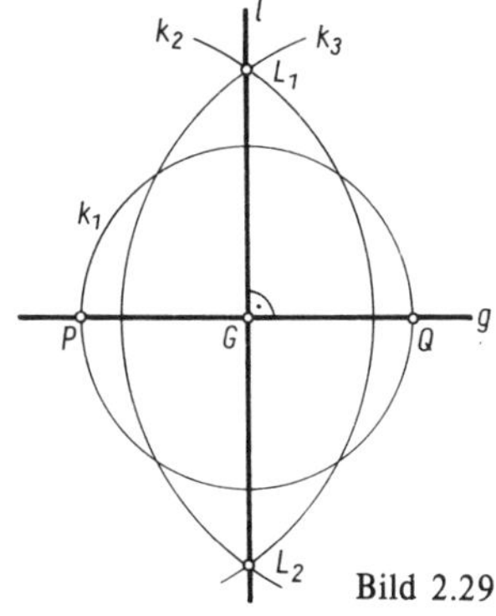

Bild 2.29

### 5. Grundkonstruktion: Fällen des Lotes von einem Punkt auf eine Gerade

*Aufgabe:* Gegeben sind eine Gerade $g$ und ein Punkt $A \notin g$. Gesucht werden das Lot $l$ von $A$ auf $g$ und der Lotfußpunkt $L$.

*Konstruktionsbeschreibung* (Bild 2.30):
$r$ beliebig mit $r >$ Abstand $A$ von $g$

$k_1 := KR(A, r)$
$\{P, Q\} := g \cap k_1$
$k_2 := KR(P, r)$
$k_3 := KR(Q, r)$
$\{A, B\} := k_2 \cap k_3$
$l := AB$
$L := g \cap l$

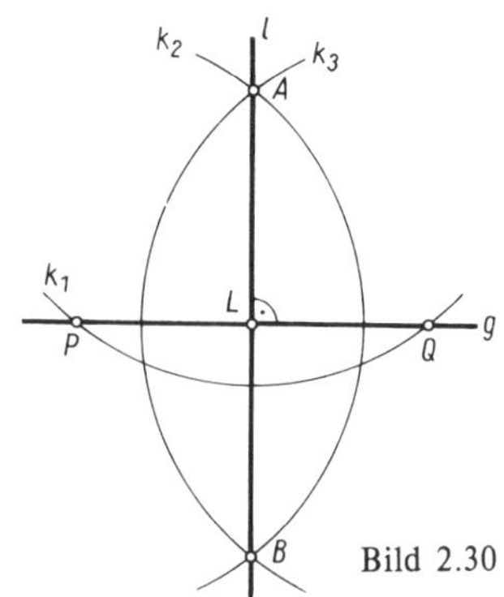


Bild 2.30

**6. Grundkonstruktion: Zeichnen einer Parallelen zu einer Geraden**

*Aufgabe:* Gegeben sind eine Gerade $g$ und die Länge $a$ einer Strecke. Gesucht wird eine Gerade $h$, die parallel zu $g$ ist und von $g$ den Abstand $a$ hat.

*Konstruktionsbeschreibung:* Es wird zweimal die 4. Grundkonstruktion verwendet, daher liegt eigentlich keine Grundkonstruktion vor. In zwei gewählten Punkten $G_1 \in g$, $G_2 \in g$ werden Senkrechte zu $g$ errichtet (Bild 2.31). Auf den Senkrechten wird von $G_1$ bzw. $G_2$ aus $a$ nach derselben Seite der Geraden abgetragen bis $H_1$ bzw. $H_2$. $h = H_1H_2$ ist die gesuchte Parallele. Der Leser gebe die symbolische Konstruktionsbeschreibung an.

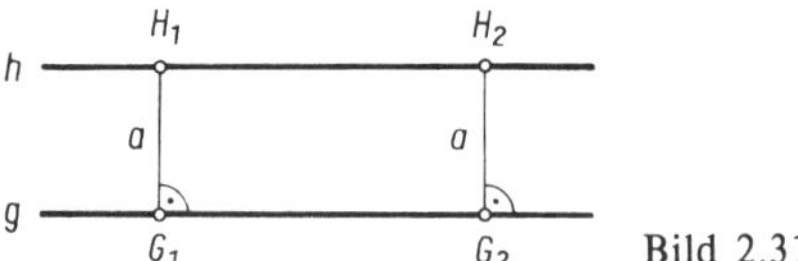


Bild 2.31

Praktisch werden Geraden, die parallel oder senkrecht zu einer gegebenen Geraden sind, mit Hilfe von zwei Zeichendreiecken (oder von einem Dreieck und einem Lineal) gezeichnet. Die Bilder 2.32 und 2.33 geben hinreichend Auskunft.

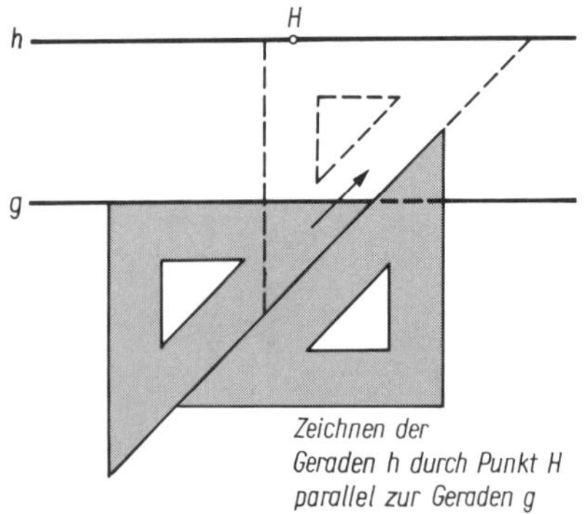


Bild 2.32

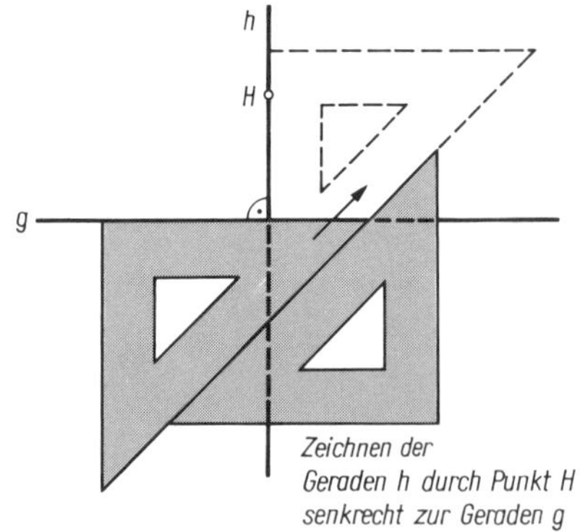


Bild 2.33

### 7. Grundkonstruktion: Antragen eines Winkels an einen Strahl

*Aufgabe:* Gegeben sind der Winkel $\alpha = \sphericalangle(m, n)$ und der Strahl $p$ mit Anfangspunkt $O$ (Bild 2.34). An $p$ ist in $O$ der Winkel $\alpha$ anzutragen.

*Konstruktionsbeschreibung:*
$r_1$ beliebig
$k_1 := KR(S, r_1)$
$M := k_1 \cap m$
$N := k_1 \cap n$
$k_2 := KR(O, r_1)$
$P := k_2 \cap p$
$r_2 := \overline{MN}$
$k_3 := KR(P, r_2)$
$Q := k_2 \cap k_3$
$q := OQ$
$\sphericalangle(q, p) = \sphericalangle(m, n) = \alpha$
Praktisch werden gegebene Winkel mit einem Winkelmesser angetragen.

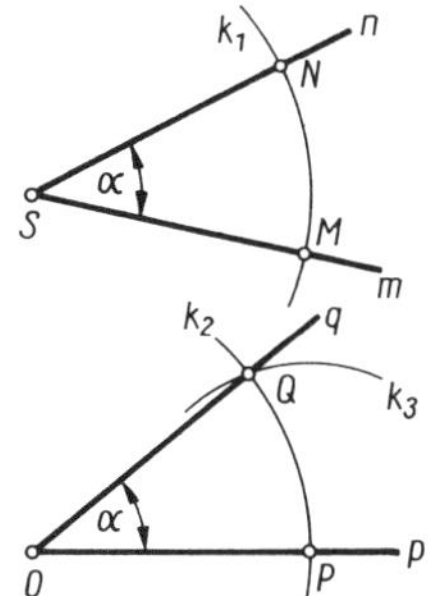


Bild 2.34

**Kontrollfrage**

2.11 Nennen Sie die mit Zirkel und Lineal ausführbaren Grundkonstruktionen!

**Aufgabe: 2.6**

### 2.1.5 Ähnlichkeit

Die in 2.1.3 behandelten Bewegungen als Abbildungen der Ebene auf sich lassen »Form« und »Größe« von Figuren unverändert. Bei der folgenden Abbildung bleibt nur die Form erhalten. Sie heißt **zentrische Streckung.**
Gegeben ist ein fester Punkt $Z$. Durch jeden Punkt $P$ $(P \neq Z)$ der Ebene und durch $Z$ wird eine orientierte Gerade $\overrightarrow{ZP}$ gelegt und darauf von $Z$ aus die Strecke $k \cdot \overline{ZP}$ abgetragen bis $P'$, und zwar für $k > 0$ in Orientierungsrichtung, für $k < 0$ entgegengesetzt. $P'$ ist das Bild von $P$. Es gilt somit

$$\overline{ZP'} = k \cdot \overline{ZP} \quad \text{oder} \quad k = \frac{\overline{ZP'}}{\overline{ZP}} \quad \text{(Bild 2.35)}.$$

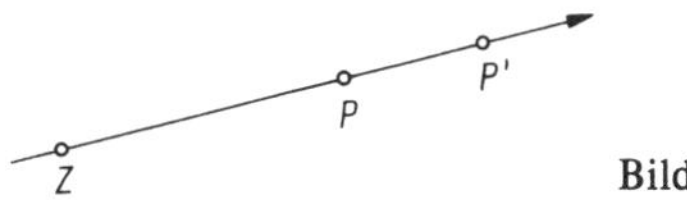


Bild 2.35

Der Punkt $Z$ heißt **Streckungszentrum**; $k$ heißt der **Streckungsfaktor** oder **Maßstab** und ist das Verhältnis von Bildstrecke zu Urbildstrecke. Der Punkt $Z$ wird auf sich selbst abgebildet: $Z' = Z$. In Bild 2.36 wurde das Fünfeck $ABCDE$ durch zentrische Streckung mit $k = 2$ auf das Fünfeck $A'B'C'D'E'$,

mit $k = \frac{1}{2}$ auf das Fünfeck $A''B''C''D''E''$ und

mit $k = -\frac{2}{3}$ auf das Fünfeck $A'''B'''C'''D'''E'''$ abgebildet.

Für $|k| > 1$ werden Figuren vergrößert abgebildet, es findet eine **Dehnung** statt. Für $|k| < 1$ werden Figuren verkleinert, es liegt eine **Stauchung** vor. Für $k = 1$ ergibt sich die **Identität**, d. h., jeder Punkt wird auf sich selbst abgebildet. Für $k < 0$ kommt zur Dehnung, Stauchung bzw. Identität noch eine Punktspiegelung an $Z$ hinzu.

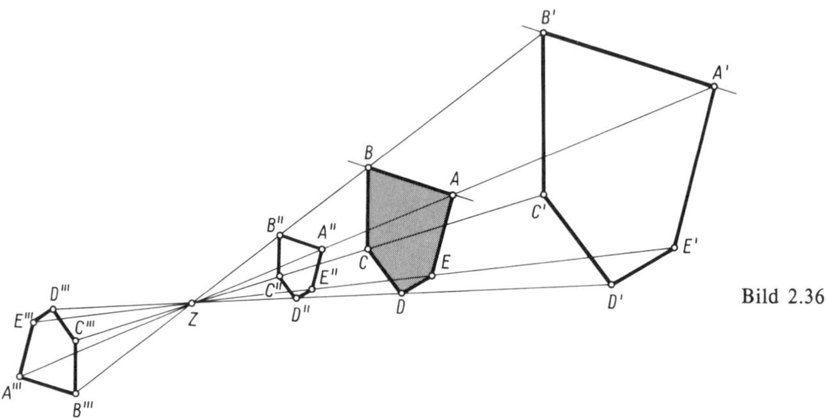


Bild 2.36

Bei der zentrischen Streckung wird jede Gerade auf eine zu ihr parallele Gerade abgebildet und jeder Winkel auf einen zu ihm gleich großen Winkel, während die Länge jeder Strecke mit $k$ multipliziert wird.
Zwei Figuren $F$ und $F'$ heißen **ähnlich**, wenn $F$ durch eine zentrische Streckung oder eine Bewegung oder durch eine Nacheinanderausführung von beiden auf $F'$ abgebildet werden kann. Man schreibt:

$$F \sim F' \quad (F \text{ ähnlich } F').$$

Die vier Fünfecke in Bild 2.36 sind ähnlich zueinander. Auch die Dreiecke $F$ und $F'$ in Bild 2.37 sind ähnlich. $F$ läßt sich auf $F'$ abbilden durch eine Verschiebung, eine zentrische Streckung und eine Drehung.
Aus der Definition der Ähnlichkeit ergibt sich der

**Satz**

> Bei ähnlichen Figuren sind einander entsprechende Winkel gleich, und einander entsprechende Strecken stehen im gleichen Verhältnis zueinander.

Zum Beispiel ist in Bild 2.37

$\measuredangle ABC = \measuredangle A'B'C'$, $\measuredangle BCA = \measuredangle B'C'A'$, $\measuredangle CAB = \measuredangle C'A'B'$,

$$\frac{\overline{A'B'}}{\overline{AB}} = \frac{\overline{B'C'}}{\overline{BC}} = \frac{\overline{C'A'}}{\overline{CA}} = k = 2{,}1\,.$$

$k$ heißt auch Ähnlichkeitsfaktor. Für $k = 1$ ergibt sich als Sonderfall der Ähnlichkeit die Kongruenz.

Zwischen den Figuren in Bild 2.36 bzw. 2.37 besteht gleichsinnige Ähnlichkeit. Enthält die Abbildung auch eine Spiegelung an einer Geraden, dann liegt ungleichsinnige Ähnlichkeit vor.

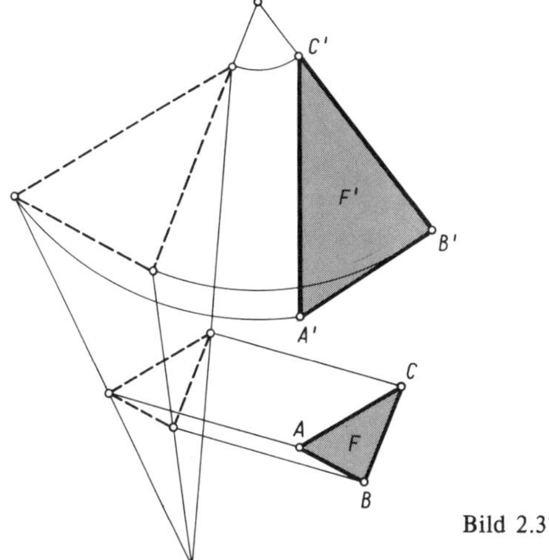


Bild 2.37

## Kontrollfragen

2.12 Wie wird die Ähnlichkeit von Figuren erklärt?
2.13 Welche Beziehungen bestehen zwischen ähnlichen Figuren?

**Aufgabe: 2.7**

### 2.1.6 Allgemeines Dreieck

Drei nicht auf einer Geraden liegende Punkte bilden mit ihren Verbindungsstrecken ein ebenes *Dreieck* (Bild 2.38). $A, B, C$ sind die **Eckpunkte** des Dreiecks, die Strecken $\overline{AB} = c$, $\overline{BC} = a$, $\overline{CA} = b$ seine **Seiten** und $\sphericalangle CAB = \alpha$, $\sphericalangle ABC = \beta$, $\sphericalangle BCA = \gamma$ seine **Innenwinkel** oder kurz **Winkel**. Die Nebenwinkel der Innenwinkel, das sind die Winkel $\alpha_1 = \alpha_2$, $\beta_1 = \beta_2$, $\gamma_1 = \gamma_2$, heißen **Außenwinkel**. Die Bezeichnung der Eckpunkte wird so vereinbart, daß der durch die Reihenfolge $ABC$ bestimmte Umlaufsinn mathematisch positiv ist.

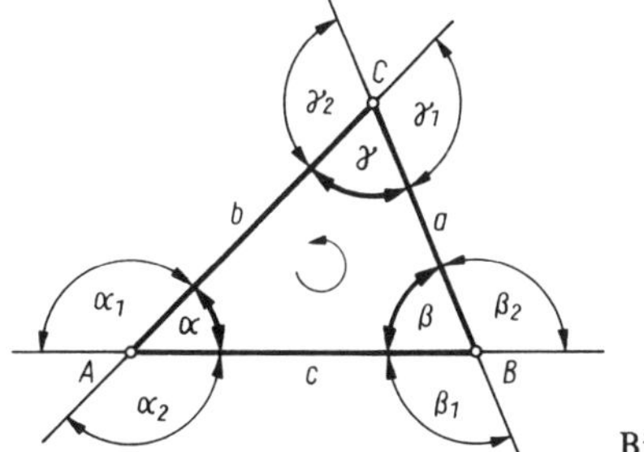


Bild 2.38

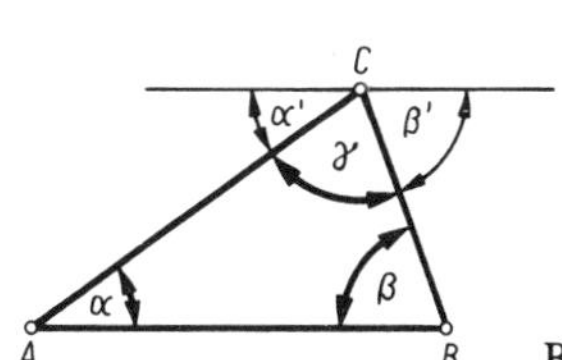


Bild 2.39

**Satz**

> Die Summe der Innenwinkel eines ebenen Dreiecks beträgt 180°.
>
> $$\alpha + \beta + \gamma = 180° \qquad (2.2)$$

*Beweis:* In Bild 2.39 ist durch $C$ eine Parallele zu $AB$ gelegt. Die Winkelpaare $\alpha, \alpha'$ bzw. $\beta, \beta'$ sind Wechselwinkel, daher ist $\alpha = \alpha'$, $\beta = \beta'$. Mit $\alpha' + \beta' + \gamma = 180°$ folgt (2.2). Folgerung: Ein Dreieck enthält höchstens einen stumpfen oder einen rechten Winkel.

Dreiecke werden nach den Größenverhältnissen ihrer Seiten oder nach der Größe der Winkel entsprechend Bild 2.40 unterschieden.

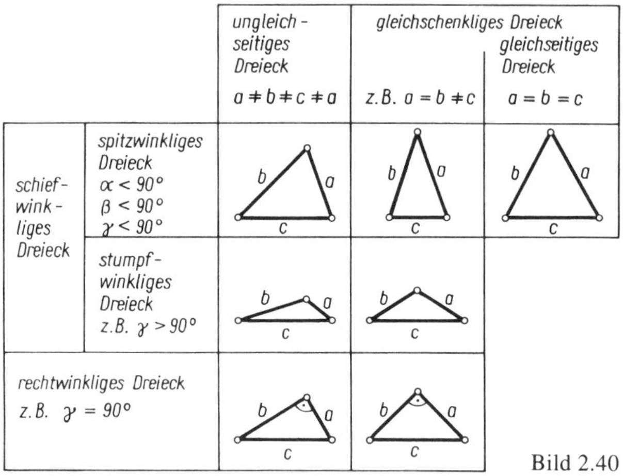

| | | ungleichseitiges Dreieck $a \neq b \neq c \neq a$ | gleichschenkliges Dreieck z.B. $a = b \neq c$ | gleichschenkliges Dreieck: gleichseitiges Dreieck $a = b = c$ |
|---|---|---|---|---|
| schiefwinkliges Dreieck | spitzwinkliges Dreieck $\alpha < 90°$ $\beta < 90°$ $\gamma < 90°$ | b a c | b a c | b a c |
| schiefwinkliges Dreieck | stumpfwinkliges Dreieck z.B. $\gamma > 90°$ | b a c | b a c | |
| rechtwinkliges Dreieck z.B. $\gamma = 90°$ | | b a c | b a c | |

Bild 2.40

**Satz**

> Der Außenwinkel eines Dreiecks ist gleich der Summe der beiden nichtanliegenden Innenwinkel.

Zum Beispiel gilt: $\alpha_1 = \beta + \gamma$. Beweis: Aus (2.2) folgt $\beta + \gamma = 180° - \alpha = \alpha_1$ nach Bild 2.38.

**Satz**

> In einem Dreieck ist die Summe zweier Seiten größer als die dritte Seite:
> $a + b > c,\ b + c > a,\ c + a > b,$
> und die Differenz zweier Seiten ist kleiner als die dritte Seite:
> $a - b < c,\ b - c < a,\ c - a < b,$
>
> $b - a < c,\ c - b < a,\ a - c < b.$

**Satz**

> Der größeren Seite des Dreiecks liegt der größere Winkel gegenüber und umgekehrt dem größeren Winkel die größere Seite.

Zum Beispiel gilt: $a > b \Leftrightarrow \alpha > \beta$.

*Beweis:* Die Aussage wird in beiden »Richtungen« bewiesen. Es sei $a > b$. Die Gerade $w$, die $\gamma$ halbiert, schneidet $AB$ in $D$ (Bild 2.41). $\triangle ADC$ wird an $w$ gespiegelt und auf $\triangle A_1CD$ abgebildet. Wegen $a > b$ liegt $A_1$ zwischen $B$ und $C$. Da die Spiegelung eine kongruente Abbildung ist, ist $\sphericalangle DA_1C = \alpha$. Nach dem Satz über Außenwinkel ist $\alpha = \beta + \delta$, d.h. $\alpha > \beta$.

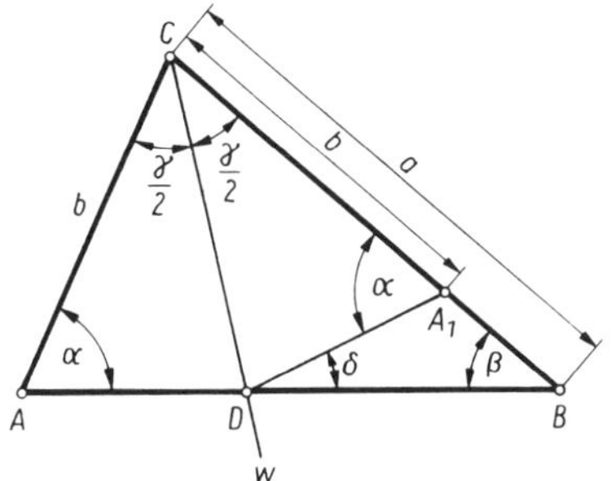

Bild 2.41

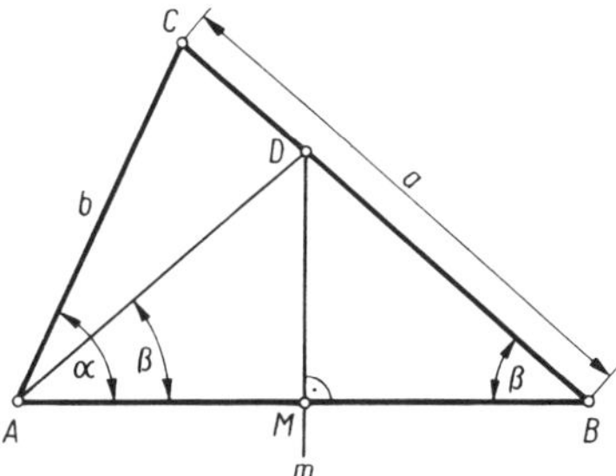


Bild 2.42

Nun sei $\alpha > \beta$. Die Mittelsenkrechte $m$ der Strecke $\overline{AB}$ schneidet $BC$ in $D$ (Bild 2.42). $\triangle MBD$ wird durch Spiegelung an $m$ auf $\triangle AMD$ abgebildet. Daher ist $\sphericalangle MAD = \beta$ und $\overline{AD} = \overline{BD}$. Wegen $\alpha > \beta$ liegt $D$ zwischen $B$ und $C$. Nach dem Satz über Dreieckseiten ist $\overline{AD} + \overline{DC} > b$ und mit $\overline{AD} = \overline{BD}$ folgt: $\overline{BD} + \overline{DC} > b$ oder $a > b$. Eine Folgerung ist, daß gleichen Seiten gleiche Winkel gegenüberliegen.
Unter Verwendung von Bewegungen lassen sich folgende Sätze über die Kongruenz von Dreiecken beweisen.

**Kongruenzsätze**

> Zwei Dreiecke sind kongruent, wenn sie in
> 1. einer Seite und zwei Winkeln (den beiden anliegenden oder einem anliegenden und einem gegenüberliegenden Winkel, Fall WSW oder SWW)
> 2. zwei Seiten und dem von ihnen eingeschlossenen Winkel (Fall SWS)
> 3. zwei Seiten und dem der größeren Seite gegenüberliegenden Winkel (Fall SSW)
> 4. drei Seiten (Fall SSS)
>
> übereinstimmen.

Die Kongruenzsätze legen fest, aus welchen gegebenen Größen (Seiten, Winkel) Dreiecke eindeutig konstruiert werden können. Sie werden auch häufig bei Beweisen verwendet.

## Beispiele

2.2 Es ist ein Dreieck mit den Seiten $a = 7$ cm, $b = 5$ cm, $c = 6$ cm zu konstruieren.

*Lösung:*
Die Aufgabe ist nur lösbar, wenn die Summe zweier Seiten größer als die dritte Seite ist. Die gegebenen Seiten erfüllen die Bedingung.
Konstruktionsbeschreibung:
Zeichnen der Strecke $\overline{AB} = c$ (Bild 2.43)
$k_1 := KR(A, b)$
$k_2 := KR(B, a)$
$\{C, C_1\} := k_1 \cap k_2$
$\triangle ABC$ ist das gesuchte Dreieck.

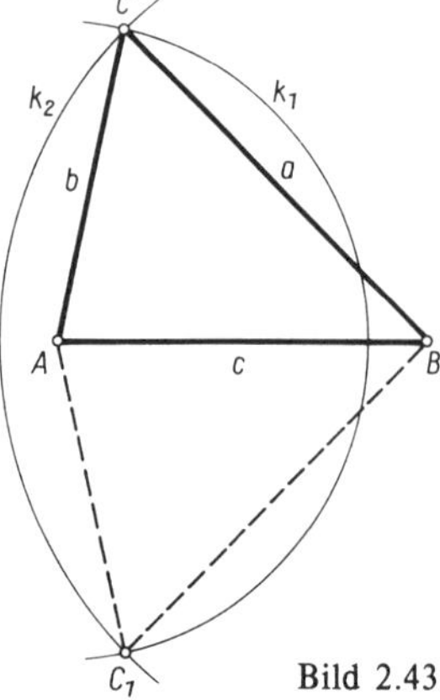


Bild 2.43

Für das Dreieck $ABC_1$ ist der Umlaufsinn negativ, was der Vereinbarung widerspricht; es ist deshalb keine Lösung. Die Aufgabe ist eindeutig lösbar.

2.3 Es ist ein Dreieck mit den Seiten $a = 6$ cm, $b = 4$ cm und $\alpha = 60°$ zu konstruieren.
*Lösung:*
Bild 2.44
Konstruktionsbeschreibung:
Zeichnen des Strahles $p$ mit Anfangspunkt $A$
$q :=$ Antragen von $\alpha$ an $p$ in $A$ (7. Grundkonstruktion)
$C :=$ Abtragen von $b$ auf $q$ von $A$ aus (1. Grundkonstruktion)
$k := KR(C, a)$
$B := k \cap p$
$\triangle ABC$ ist das gesuchte Dreieck.

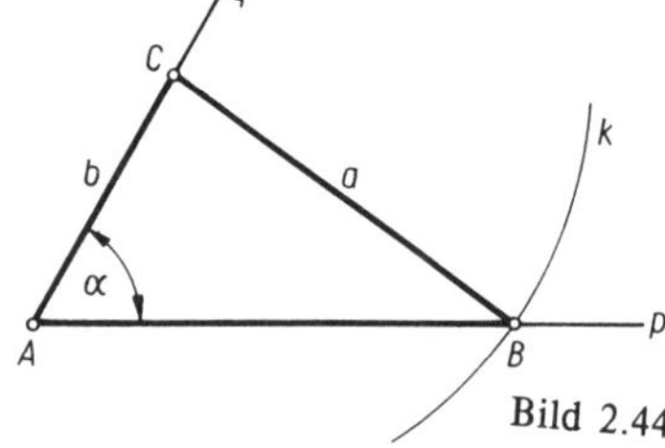


Bild 2.44

Mit den Größen $a = 4$ cm, $b = 6$ cm, $\alpha = 60°$ führt die Konstruktion auf keinen Punkt $B$ (Bild 2.45), d. h., es existiert kein Dreieck mit den gegebenen Größen, während sich mit $a = 4$ cm, $b = 6$ cm, $\alpha = 35°$ zwei Punkte $B_1, B_2$ und damit zwei Dreiecke $AB_1C$ und $AB_2C$ ergeben (Bild 2.46). Im ersten Fall ist $a > b$, d. h., $\alpha$ liegt der größeren Seite gegenüber; im zweiten und dritten Fall ist $a < b$, $\alpha$ liegt der kleineren Seite gegenüber.

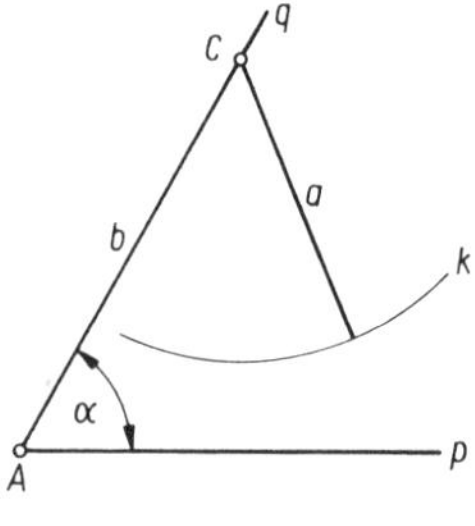


Bild 2.45

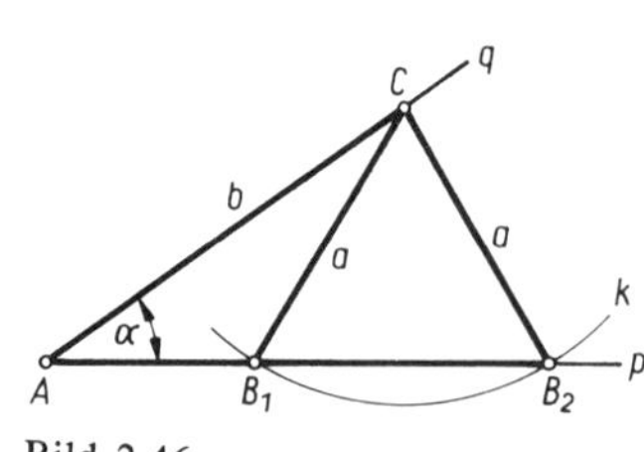


Bild 2.46

2.4 Es ist der Satz zu beweisen: Alle Punkte der Halbierenden eines Winkels haben von den Schenkeln jeweils gleichen Abstand.

*Lösung:*

Es sei $\sphericalangle(p, q) = \delta$ und $w$ die Winkelhalbierende (Bild 2.47). $W$ ist ein beliebiger Punkt von $w$; $P$ und $Q$ sind die Fußpunkte der Lote von $W$ auf $p$ bzw. $q$. Es ist $\triangle WPS \cong \triangle WQS$ (ungleichsinnige Kongruenz), denn

$$\sphericalangle PSW = \sphericalangle QSW = \frac{\delta}{2}$$

$$\sphericalangle WPS = \sphericalangle WQS = 90°$$

$$\overline{SW} = \overline{SW}$$

(gemeinsame Seite beider Dreiecke).

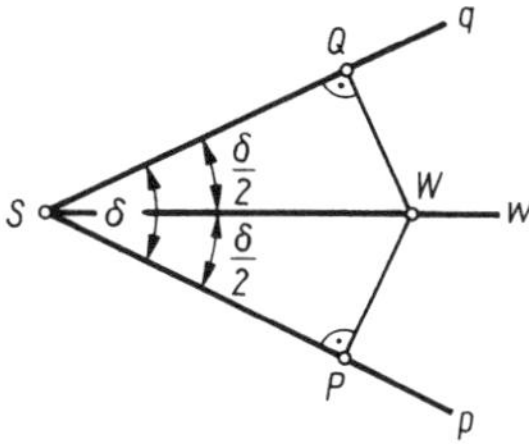


Bild 2.47

Damit stimmen beide Dreiecke in einer Seite und zwei Winkeln überein und sind nach dem ersten Kongruenzsatz kongruent. Folglich gilt auch $\overline{WP} = \overline{WQ}$ und der Satz ist bewiesen.

Aus dem Satz über ähnliche Figuren in 2.1.5 folgen für Dreiecke die

**Ähnlichkeitssätze**

Zwei Dreiecke sind ähnlich, wenn sie in
1. zwei Winkeln
2. dem Verhältnis von zwei Seiten und in dem von ihnen eingeschlossenen Winkel
3. dem Verhältnis von zwei Seiten und in dem der größeren Seite gegenüberliegenden Winkel
4. den Verhältnissen der drei Seiten

übereinstimmen.

Zum Beispiel besagt der dritte Ähnlichkeitssatz, daß für die zwei Dreiecke in Bild 2.48 die Ähnlichkeit aus den Gleichungen

$$\frac{a}{c} = \frac{a'}{c'} \quad \text{und} \quad \alpha = \alpha'$$

folgt.

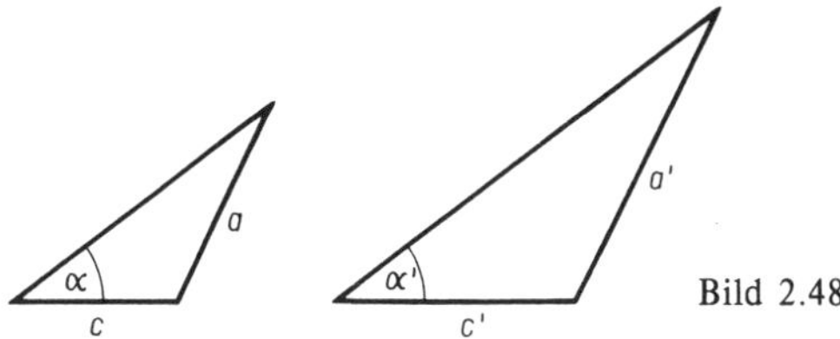


Bild 2.48

Die Ähnlichkeit von Dreiecken wird meist über den 1. Ähnlichkeitssatz bewiesen. Die bekannten **Strahlensätze** lassen sich stets auf die Ähnlichkeit von Dreiecken zurückführen und werden deshalb nicht gesondert behandelt.

**Beispiel**

2.5 Für die in Bild 2.49 gezeigte Figur sind die Strecken $a = 32{,}1$ m, $b = 46{,}5$ m, $c = 66{,}0$ m bekannt und es ist $BC \parallel DE$. Gesucht wird die Strecke $x$.

*Lösung:*

Nach dem 1. Ähnlichkeitssatz ist $\triangle ABC \sim \triangle ADE$, denn $\sphericalangle BAC = \sphericalangle DAE$ (gemeinsamer Winkel), $\sphericalangle ABC = \sphericalangle ADE$ (Stufenwinkel). Aus der Ähnlichkeit folgen die Streckenverhältnisse

$$\frac{\overline{BC}}{\overline{AB}} = \frac{\overline{DE}}{\overline{AD}} \quad \text{oder} \quad \frac{a}{c} = \frac{b}{c + x}.$$

Umstellung ergibt

$$x = \frac{bc}{a} - c = \underline{\underline{29{,}6\text{ m}}}$$

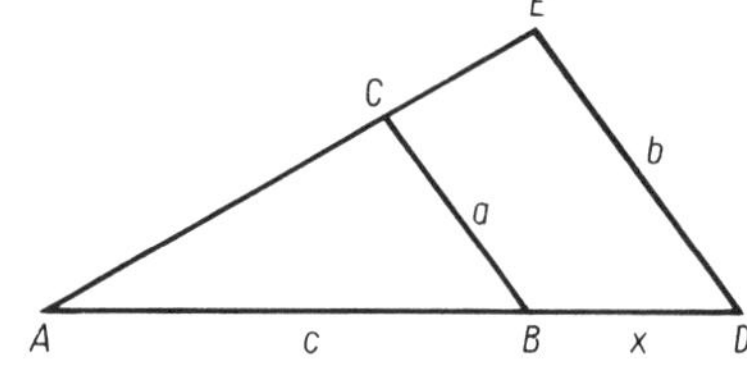


Bild 2.49

Eine **Dreieckstransversale** ist eine Gerade, die das Dreieck schneidet. Besondere Bedeutung haben die folgenden Transversalen.

**Mittelsenkrechte** $m_a, m_b, m_c$: Jede Mittelsenkrechte geht durch den Mittelpunkt einer Dreieckseite und steht senkrecht auf dieser (Bild 2.50).

■ Die Mittelsenkrechten des Dreiecks schneiden sich in einem Punkt $M$. Er ist der Mittelpunkt des Umkreises.

**Höhen** $h_a, h_b, h_c$: Jede Höhe geht durch einen Eckpunkt des Dreiecks und ist senkrecht zur gegenüberliegenden Seite (Bild 2.51). Der Schnittpunkt der Höhe mit der gegenüberliegenden Seite oder ihrer Verlängerung heißt Höhenfußpunkt ($H_a, H_b, H_c$ in Bild 2.51).

■ Die Höhen des Dreiecks schneiden sich in einem Punkt $H$.

**Seitenhalbierende** $s_a, s_b, s_c$: Jede Seitenhalbierende verbindet den Mittelpunkt einer Dreieckseite mit dem gegenüberliegenden Eckpunkt (Bild 2.52).

■ Die Seitenhalbierenden des Dreiecks schneiden sich in einem Punkt $S$. Er ist der Schwerpunkt des Dreiecks.

Die Seitenhalbierenden heißen auch Schwerelinien des Dreiecks. Durch $S$ werden die Seitenhalbierenden so geteilt, daß die Proportionen bestehen:

$$\overline{AS} : \overline{SM_a} = \overline{BS} : \overline{SM_b} = \overline{CS} : \overline{SM_c} = 2 : 1$$

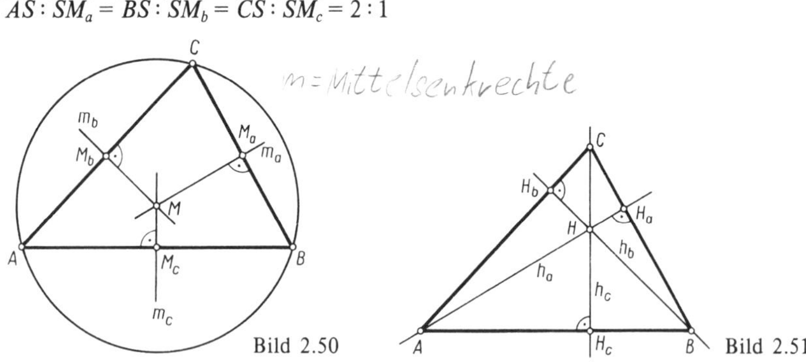


Bild 2.50

Bild 2.51

**Winkelhalbierende** $w_\alpha, w_\beta, w_\gamma$: Jede Winkelhalbierende geht durch einen Eckpunkt des Dreiecks und halbiert den zum Eckpunkt gehörigen Innenwinkel (Bild 2.53).

■ Die Winkelhalbierenden des Dreiecks schneiden sich in einem Punkt $W$. Er ist der Mittelpunkt des Inkreises.

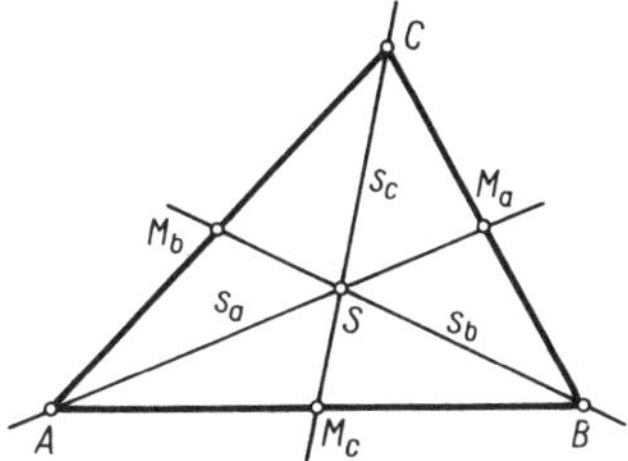

Bild 2.52

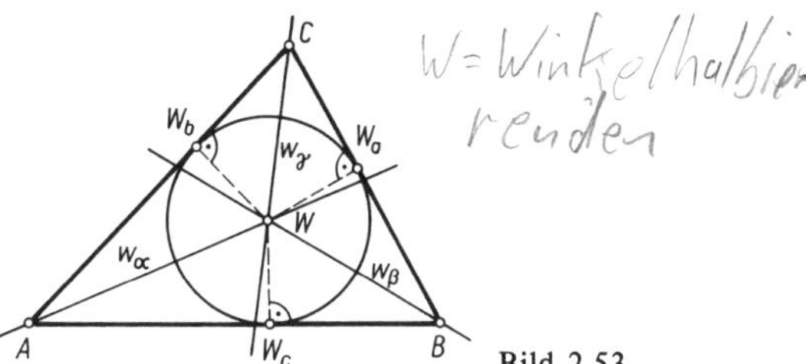

Bild 2.53

Der Beweis wird nur für den Schnittpunkt der Winkelhalbierenden geführt: Die Winkelhalbierenden $w_\alpha$ und $w_\beta$ schneiden sich in einem Punkt $W$. Es wird gezeigt, daß auch $\overline{WC}$ eine Winkelhalbierende ist. Zunächst gilt nach Beispiel 2.4

$$\overline{WW_a} = \overline{WW_c} \quad \text{und} \quad \overline{WW_b} = \overline{WW_c} \quad \text{und daher} \quad \overline{WW_a} = \overline{WW_b} = \overline{WW_c}. \qquad \text{(I)}$$

Nach dem 3. Kongruenzsatz gilt

$$\triangle CWW_a \cong \triangle CWW_b, \quad \text{denn} \quad \overline{WW_a} = \overline{WW_b} \quad \text{(nach (I))}$$
$$\sphericalangle CW_aW = \sphericalangle CW_bW = 90°$$
$$\overline{CW} = \overline{CW} \quad \text{(gemeinsame Seite)}$$

Aus der Kongruenz folgt $\sphericalangle WCW_a = \sphericalangle WCW_b$, d. h., $CW$ ist die Halbierende von $\gamma$. Wegen (I) hat $W$ von den Dreieckseiten gleichen Abstand. Ein Kreis um $W$ mit diesem Abstand berührt daher alle drei Seiten.

Die vier Punkte $M$, $H$, $S$, $W$ werden häufig als die vier »merkwürdigen Punkte« des Dreiecks bezeichnet. $M$, $H$ und $S$ liegen auf einer Geraden, die Eulersche Gerade heißt.

Die hier genannten Transversalen werden unterschiedlich als Geraden, Strahlen oder Strecken aufgefaßt. So wird unter Höhen, Seitenhalbierenden oder Winkelhalbierenden als Strecke jeweils die Strecke vom entsprechenden Dreieckspunkt bis zum Schnittpunkt der Transversalen mit der gegenüberliegenden Seite verstanden; z. B. ist $s_a = \overline{AM_a}$.

### Beispiele

2.6 Ein Dreieck ist zu konstruieren aus $b = 6{,}5$ cm, $c = 6{,}0$ cm, $h_a = 5{,}5$ cm.
*Lösung:*
Zur Herleitung der Konstruktionsschritte wird eine (unmaßstäbliche) Skizze, auch **Planfigur** genannt, angefertigt (Bild 2.54).
Konstruktionsbeschreibung (Bild 2.55):
Zeichnen der Strecke $\overline{CH_c} = h_c$
$g :=$ Gerade durch $H_c$ senkrecht zu $CH_c$
$k := KR(C, b)$
$\{A_1, A_2\} := k \cap g$
$B_1 :=$ Abtragen von $c$ auf $g$ von $A_1$ aus (in Richtung $H_c$)
$B_2 :=$ Abtragen von $c$ auf $g$ von $A_2$ aus (gleichgerichtet zu $\overrightarrow{A_1H_c}$)
Die Aufgabe hat zwei Lösungen: $\triangle A_1B_1C$ und $\triangle A_2B_2C$.

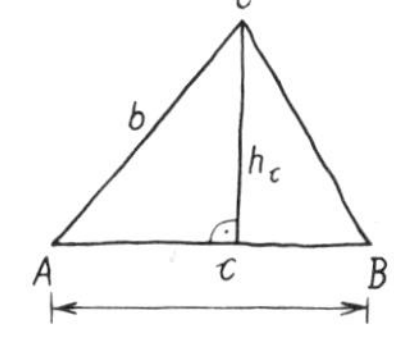

Bild 2.54

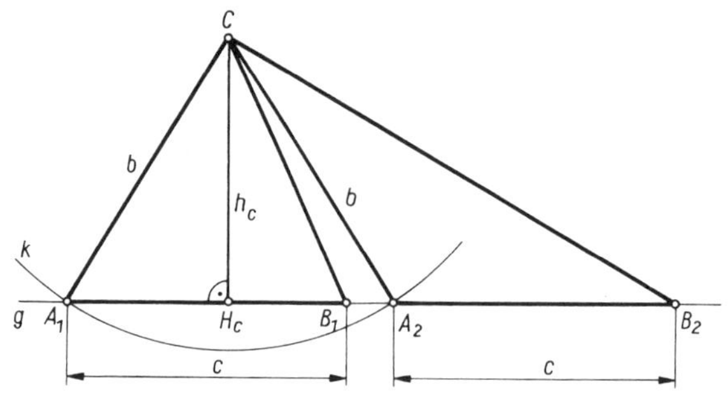

Bild 2.55

2.7 Ein Dreieck ist zu konstruieren aus $b = 9{,}0$ cm, $\alpha = 40°$, $s_b = 5{,}6$ cm.
*Lösung:*
Skizze (Bild 2.56)
Konstruktionsbeschreibung (Bild 2.57):
Zeichnen des Strahles $p$ mit Anfangspunkt $A$
$q :=$ Antragen von $\alpha$ an $p$ in $A$
$C :=$ Abtragen von $b$ auf $q$ von $A$ aus
$M_b :=$ Abtragen von $b/2$ *auf* $q$ von $A$ aus
$k := KR(M_b, s_b)$
$B := k \cap p$
$\triangle ABC$ ist das gesuchte Dreieck.

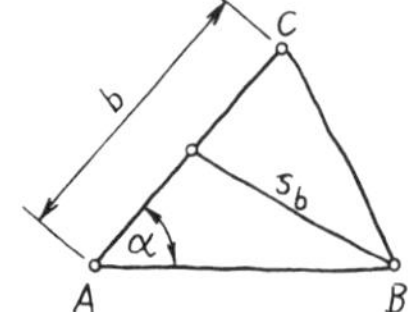

Bild 2.56

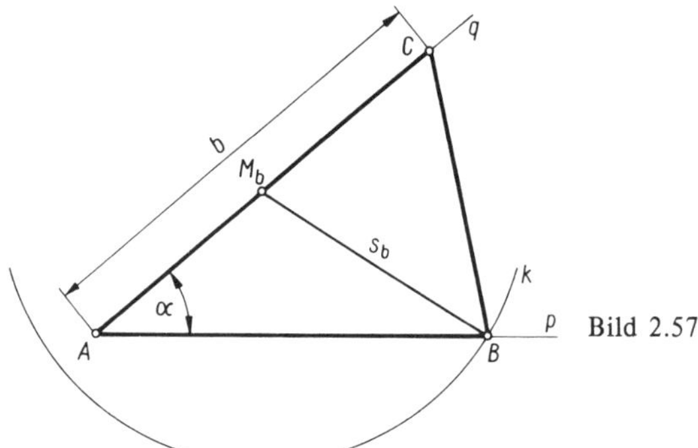

Bild 2.57

## Kontrollfragen

2.14 Welche Sätze der Planimetrie gibt es zwischen Seiten und Winkeln im Dreieck?
2.15 Wann sind zwei Dreiecke kongruent, und wann sind sie sich ähnlich?
2.16 Welche wichtigen Dreieckstransversalen gibt es, und welche Eigenschaften haben sie?

## Aufgaben: 2.8 bis 2.11

### 2.1.7 Rechtwinkliges, gleichschenkliges und gleichseitiges Dreieck

#### Das rechtwinklige Dreieck

Es sei $\gamma = 90°$ (Bild 2.58). Die den rechten Winkel einschließenden Seiten $a$, $b$ heißen **Katheten**, die dem rechten Winkel gegenüberliegende Seite $c$ heißt **Hypotenuse**. Die

Winkel $\alpha$ und $\beta$ heißen **Kathetenwinkel** und sind stets spitz. Die Höhe $h$ teilt $c$ in die Hypotenusenabschnitte $p$ und $q$.
Die drei rechtwinkligen Dreiecke in Bild 2.58 sind ähnlich: $\Delta ABC \sim \Delta AH_cC \sim \Delta H_cBC$.

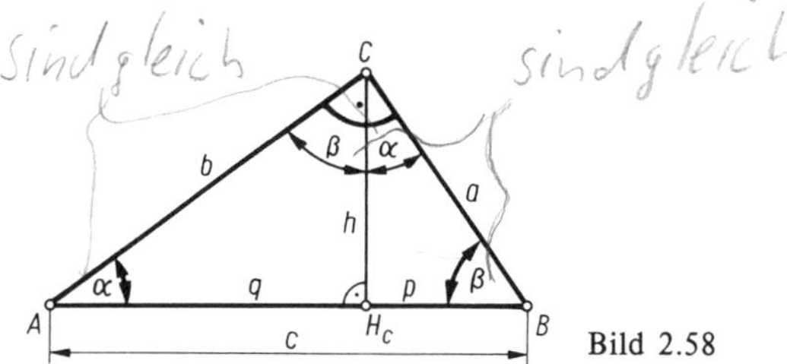

Bild 2.58

Zum Beweis genügt es, nach dem ersten Ähnlichkeitssatz die Übereinstimmung von je einem Winkel zu zeigen. Nach dem Satz aus 2.1.2 ist $\sphericalangle BAC = \sphericalangle H_cCB = \alpha$, d. h., alle drei Dreiecke enthalten $\alpha$. Aus der Ähnlichkeit folgen die Seitenverhältnisse in den Dreiecken

$ABC$ und $H_cBC$: $c:a = a:p$ oder $\boxed{a^2 = cp}$ (2.3)

$ABC$ und $AH_cC$: $c:b = b:q$ oder $\boxed{b^2 = cq}$ (2.4)

$H_cBC$ und $AH_cC$: $p:h = h:q$ oder $\boxed{h^2 = pq}$ (2.5)

Die Formeln (2.3) und (2.4) stellen den **Kathetensatz von Euklid** dar, die Formel (2.5) beschreibt den **Höhensatz von Euklid**.
Die Addition von (2.3) und (2.4) ergibt mit

$$a^2 + b^2 = cp + cq = c(p+q) = c \cdot c$$

$$\boxed{a^2 + b^2 = c^2} \tag{2.6}$$

den **Satz des Pythagoras**:

> Im rechtwinkligen Dreieck ist die Summe der Quadrate der Katheten gleich dem Quadrat der Hypotenuse.

**Beispiel**

2.8 Im rechtwinkligen Dreieck ist die Höhe $h$ aus den Katheten $a$ und $b$ zu berechnen.
*Lösung:*
Aus $\Delta AH_cC \sim \Delta ABC$ folgt:

$$h:b = a:c \quad \text{oder} \quad h = \frac{ab}{c} = \underline{\underline{\frac{ab}{\sqrt{a^2+b^2}}}}$$

### Das gleichschenklige Dreieck

Im gleichschenkligen Dreieck des Bildes 2.59 sind die Seiten $\overline{AC} = \overline{BC} = a$ die **Schenkel**, $\overline{AB} = c$ ist die **Basis**, die Winkel $BAC$ und $CAB$ heißen **Basiswinkel**. Die zur Basis gehörige Höhe $h_c$ zerlegt das gleichschenklige Dreieck in zwei kongruente rechtwinklige Dreiecke $AH_cC$ und $H_cBC$. Aus der Kongruenz folgt:

■ Im gleichschenkligen Dreieck halbiert die zur Basis gehörige Höhe den Winkel zwischen den Schenkeln und die Basis. Basiswinkel sind gleich.

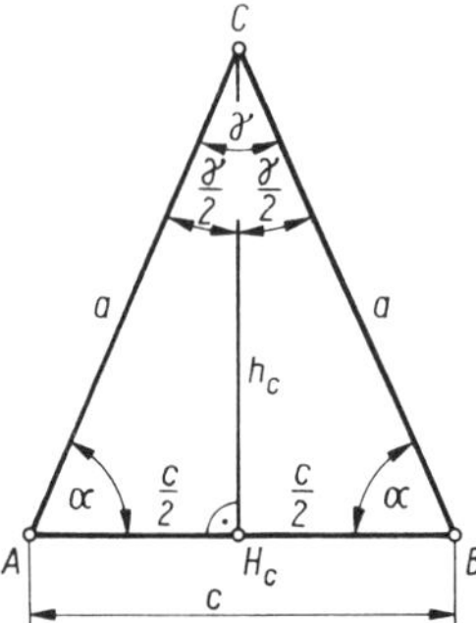


Bild 2.59

**Beispiel**

2.9 Von einem gleichschenkligen Dreieck sind Basis $c$ und Schenkel $a$ gegeben. Gesucht wird die Höhe $h_a$ auf einen Schenkel (Bild 2.60).

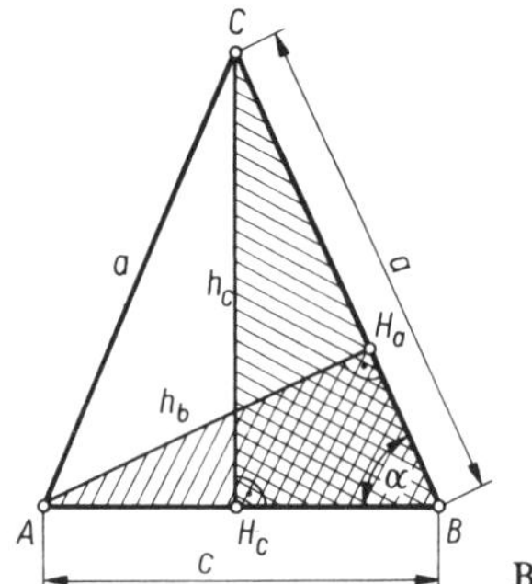


Bild 2.60

*Lösung:*

$\triangle ABH_a \sim BCH_c$ (ungleichsinnig ähnlich)

wegen $\measuredangle AH_aB = \measuredangle BH_cC = 90°$

$\measuredangle ABH_a = \measuredangle H_cBC = \alpha$.

Aus der Ähnlichkeit folgt die Proportion:

$$h_a : c = h_c : a \quad \text{oder} \quad h_a = \frac{c}{a} \cdot h_c. \qquad \text{(I)}$$

Für $h_c$ ergibt sich nach dem Satz von Pythagoras:

$$h_c = \sqrt{a^2 - \left(\frac{c}{2}\right)^2} = \sqrt{a^2 - \frac{c^2}{4}} = \sqrt{\frac{4a^2 - c^2}{4}} = \frac{1}{2}\sqrt{4a^2 - c^2}$$

und damit aus (I):

$$\underline{\underline{h_a = \frac{c}{2a}\sqrt{4a^2 - c^2}}}.$$

### Das gleichseitige Dreieck

Da den gleichen Seiten $\overline{AB} = \overline{BC} = \overline{CA} = a$ gleiche Winkel gegenüber liegen müssen, beträgt jeder Innenwinkel 60°. Aus Symmetriegründen fallen die Punkte $H$, $M$, $S$, $W$ zusammen.

### Beispiel

2.10 Aus der Seite $a$ eines gleichseitigen Dreiecks ist der Radius $r_i$ des Inkreises zu berechnen (Bild 2.61).

*Lösung:*

Es ist $CW_c = \sqrt{a^2 - (a/2)^2} = \sqrt{3/4\,a^2} = \frac{a}{2}\sqrt{3}$.

Da $W$ und $S$ und ebenso $w_\gamma$ und $s_c$ zusammenfallen und $S$ die Seitenhalbierende im Verhältnis 1:2 teilt, gilt

$$r_i = \overline{WW_c} = \frac{1}{3}\,\overline{CW_c} = \underline{\underline{\frac{a}{6}\sqrt{3}}}\,.$$

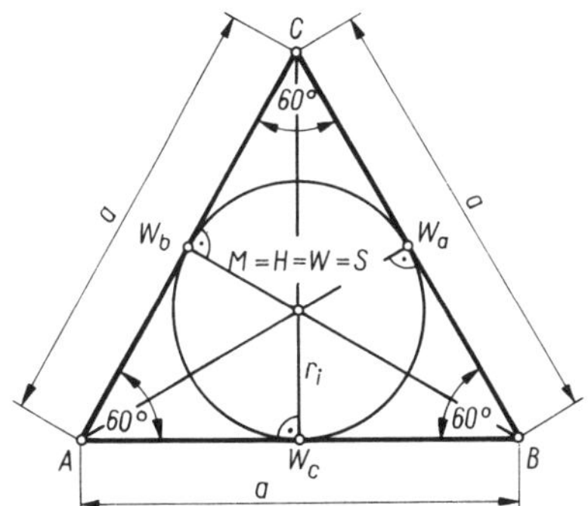


Bild 2.61

### Kontrollfragen

2.17 Welche besonderen Eigenschaften haben das rechtwinklige, das gleichschenklige und das gleichseitige Dreieck?

2.18 Welche Lage haben die Punkte $M$, $H$, $S$, $W$ bei einem spitzwinkligen, stumpfwinkligen, rechtwinkligen, gleichschenkligen und bei einem gleichseitigen Dreieck?

### Aufgaben: 2.12 bis 2.16

## 2.1.8 Viereck

Vier Punkte $A$, $B$, $C$, $D$, von denen nicht drei auf einer Geraden liegen, bilden mit den Verbindungsstrecken $\overline{AB} = a$, $\overline{BC} = b$, $\overline{CD} = c$, $\overline{DA} = d$ das Viereck $ABCD$ (Bild 2.62). Diese Strecken sind die **Seiten**, $\alpha$, $\beta$, $\gamma$, $\delta$ die **Winkel** und $\overline{AC} = e$, $\overline{BD} = f$ die **Diagonalen** des Vierecks. Die Seitenpaare $a, c$ bzw. $b, d$ heißen **Gegenseiten**. Es sind auch »überschlagene« Vierecke (Bild 2.63) und »konkave« Vierecke (Bild 2.64) möglich. Im folgenden werden nur »konvexe« Vierecke wie in Bild 2.62 betrachtet.

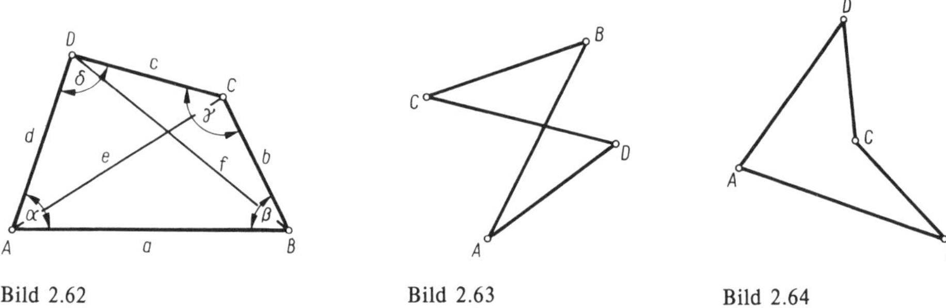


Bild 2.62 Bild 2.63 Bild 2.64

**Satz**

Die Summe der Winkel im Viereck beträgt 360°.

$$\alpha + \beta + \gamma + \delta = 360° \quad (2.7)$$

Der Beweis folgt sofort aus der Zerlegung des Vierecks durch eine Diagonale in zwei Dreiecke.

Zur Konstruktion oder Berechnung eines allgemeinen Vierecks müssen fünf Größen, darunter mindestens zwei Seiten, gegeben sein, z.B. $a$, $b$, $\alpha$, $\beta$, $\gamma$. Bei speziellen Vierecken wie z.B. Parallelogrammen, verringert sich diese Anzahl. Konstruktionen und Berechnungen erfolgen im allgemeinen über die durch die Diagonalen entstehenden Teildreiecke.

Bild 2.65 gibt einen Überblick über die Arten der Vierecke.

Ein **Trapez** ist ein Viereck mit (mindestens) einem Paar paralleler Seiten. Die parallelen Seiten heißen **Grundlinien**, die beiden anderen Seiten heißen **Schenkel**. Die **Mittellinie** $m$ verbindet die Mittelpunkte beider Schenkel; $m$ ist parallel zu den Grundlinien. Ein Trapez heißt **rechtwinkliges Trapez**, wenn ein Innenwinkel gleich 90° ist. Ein Trapez mit gleichlangen Schenkeln heißt **gleichschenkliges Trapez**.

Ein **Drachenviereck** ist ein Viereck mit zwei Paaren benachbarter gleichlanger Seiten.

**Parallelogramm** heißt ein Viereck mit zwei Paaren paralleler Seiten. Das Parallelogramm ist daher ein spezielles Trapez.

Ein **Rechteck** ist ein Parallelogramm, dessen Winkel rechte Winkel sind.

**Rhombus** heißt ein Parallelogramm, dessen Seiten gleich lang sind.

Ein **Quadrat** ist ein Rechteck mit gleichlangen Seiten oder ein Rhombus mit vier rechten Winkeln.

In Bild 2.65 sind für jede Vierecksart die zugehörigen Eigenschaften angegeben. Zum Beispiel stehen im Drachenviereck die Diagonalen senkrecht aufeinander: $e \perp f$, im Parallelogramm sind die zu einer Seite gehörenden Winkel Supplementwinkel: $\alpha + \delta = 180°$ usw. Alle Eigenschaften einer Art gelten auch für die entsprechend den Pfeilen folgenden Unterarten und wurden bei diesen im allgemeinen nicht noch einmal aufgeführt.

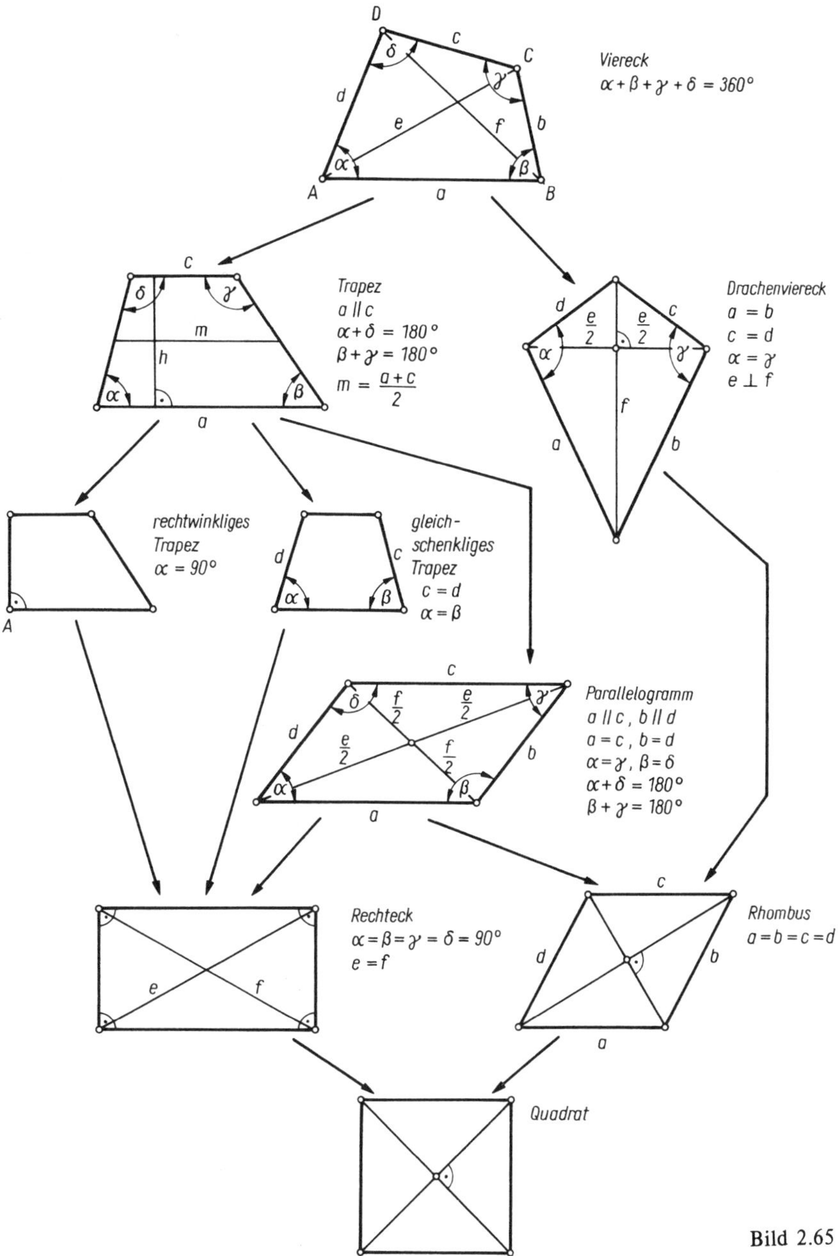
D
c
C
Viereck
$\alpha + \beta + \gamma + \delta = 360°$
d
e
f
b
A
a
B
c
Trapez
$a \parallel c$
$\alpha + \delta = 180°$
$\beta + \gamma = 180°$
$m = \frac{a+c}{2}$
m
h
a
Drachenviereck
$a = b$
$c = d$
$\alpha = \gamma$
$e \perp f$
rechtwinkliges
Trapez
$\alpha = 90°$
A
gleich-
schenkliges
Trapez
$c = d$
$\alpha = \beta$
Parallelogramm
$a \parallel c$, $b \parallel d$
$a = c$, $b = d$
$\alpha = \gamma$, $\beta = \delta$
$\alpha + \delta = 180°$
$\beta + \gamma = 180°$
Rechteck
$\alpha = \beta = \gamma = \delta = 90°$
$e = f$
Rhombus
$a = b = c = d$
Quadrat

Bild 2.65

### Beispiele

2.11 Ein Viereck ist zu konstruieren aus $a = 6$ cm $d = 3{,}5$ cm, $e = 7$ cm, $\alpha = 120°$, $\beta = 70°$.

*Lösung:* Bild 2.66

Konstruktionsbeschreibung:

Zeichnen des Strahles $p$ mit Anfangspunkt $A$

$B$ := Abtragen von $a$ auf $p$ von $A$ aus

$q$ := Antragen von $\alpha$ an $p$ in $A$

$D$ := Abtragen von $d$ auf $q$ von $A$ aus

$r$ := Antragen von $\beta$ an $p$ in $B$

$k$ := $KR(A, e)$

$C$ := $r \cap k$

Viereck $ABCD$ ist das gesuchte Viereck.

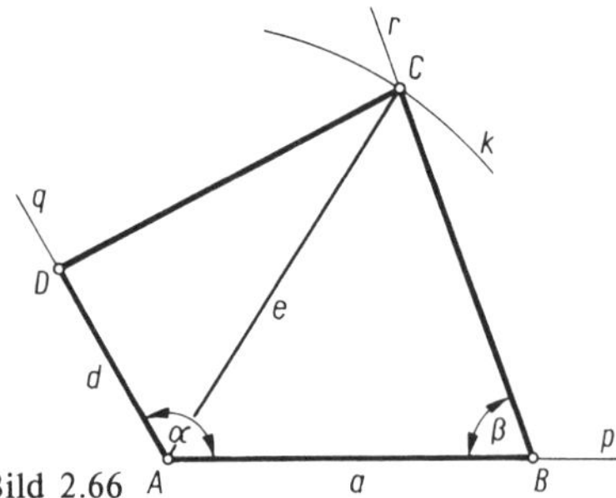

Bild 2.66

2.12 Ein Rhombus ist aus $a = 4$ cm, $e = 7$ cm zu konstruieren.

*Lösung:* Bild 2.67

Konstruktionsbeschreibung:

Zeichnen des Strahles $p$ mit Anfangspunkt $A$

$C$ := Abtragen von $e$ auf $p$ von $A$ aus

$m$ := Mittelsenkrechte von $\overline{AC}$

$k$ := $KR(A, a)$

$\{B, D\}$ := $m \cap k$

Viereck $ABCD$ ist der gesuchte Rhombus.

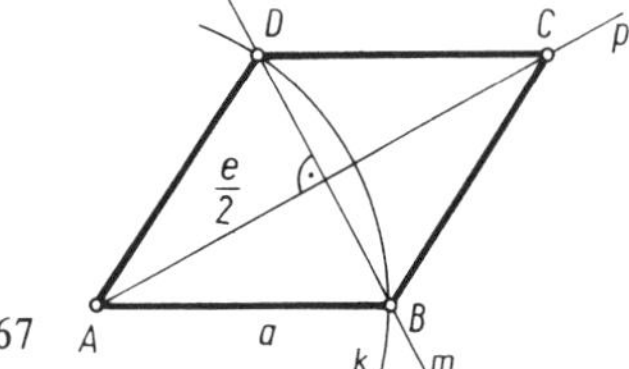

Bild 2.67

2.13 Ein rechtwinkliges Trapez ($\alpha = 90°$) ist durch $a = 16{,}4$ cm, $b = 12{,}9$ cm, $d = 10{,}5$ cm gegeben. Es sind $c$, $e$, $f$, $m$ zu berechnen.

*Lösung:* Nach Bild 2.68 folgt unmittelbar

$$c = a - \sqrt{b^2 - d^2} = 8{,}9 \text{ cm}$$

$$e = \sqrt{c^2 + d^2} = 13{,}8 \text{ cm}$$

$$f = \sqrt{a^2 + d^2} = 19{,}5 \text{ cm}$$

$$m = \frac{a + c}{2} = 12{,}7 \text{ cm}$$

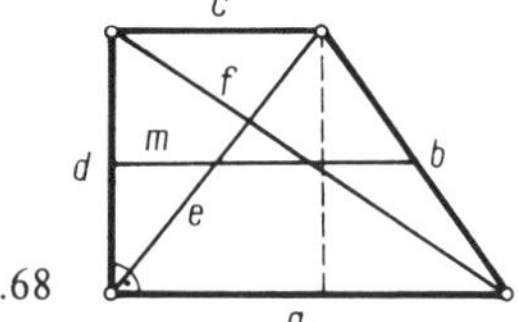

Bild 2.68

### Kontrollfragen

2.19 Welche Arten von Vierecken gibt es, und wie werden sie definiert?

2.20 Welche Eigenschaften haben die verschiedenen Arten von Vierecken?

### Aufgaben: 2.17 bis 2.20

### 2.1.9 Regelmäßiges $n$-Eck

$n$ Punkte $P_1$, $P_2$, …, $P_n$, von denen drei benachbarte nicht auf einer Geraden liegen, bilden mit den Verbindungsstrecken $P_1P_2$, $P_2P_3$, …, $P_nP_1$ ein **$n$-Eck**. Die Winkel $\alpha_1$, $\alpha_2$, …, $\alpha_n$ sind seine Winkel (vgl. das konvexe Siebeneck in Bild 2.69). Wird ein Eckpunkt, z. B. $P_1$, mit den anderen Punkten verbunden, dann entstehen $n-2$ Dreiecke. Aus der Winkelsumme im Dreieck folgt sofort:

■ Die Summe der Winkel im $n$-Eck beträgt $(n-2) \cdot 180°$.

Ein **regelmäßiges $n$-Eck** hat gleichlange Seiten $s_n$ und gleichgroße Winkel $\alpha_n$. Seine Punkte liegen auf einem Kreis, dem Umkreis, und teilen ihn in $n$ Teile (Bild 2.70 für $n = 5$). Zwei benachbarte Punkte des $n$-Ecks und der Mittelpunkt $M$ des Umkreises bilden das **Bestimmungsdreieck** des regelmäßigen $n$-Ecks.

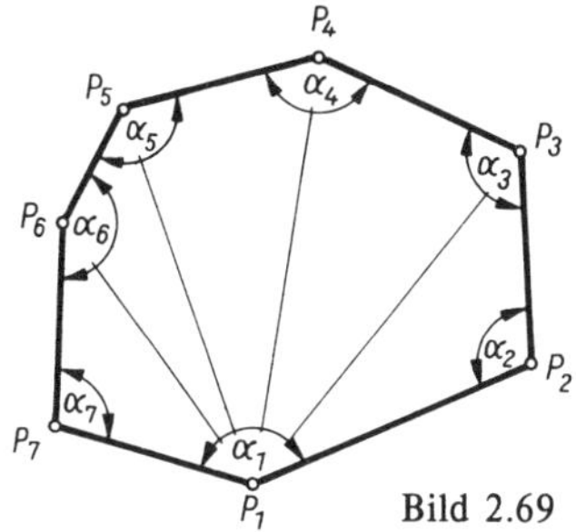


Bild 2.69

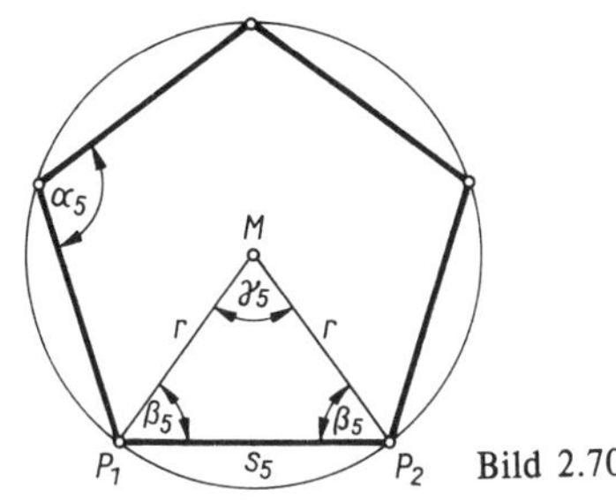


Bild 2.70

Das Bestimmungsdreieck ist gleichschenklig mit den Schenkeln $r$; es hat die Basiswinkel $\beta_n = \alpha_n/2$ und in $M$ den Winkel $\gamma_n = 360°/n$. Die Summe der Seiten $s_n$ ist der Umfang des regelmäßigen $n$-Ecks: $u_n = n \cdot s_n$.

Bei dem regelmäßigen Sechseck ist wegen $\gamma_6 = 360°/6 = 60°$ auch $\beta_6 = 60°$, d.h., das Bestimmungsdreieck ist gleichseitig und damit $s_6 = r$. Daraus folgt die leichte Konstruierbarkeit des regelmäßigen Sechsecks mit einem Zirkel und Lineal (Bild 2.71).

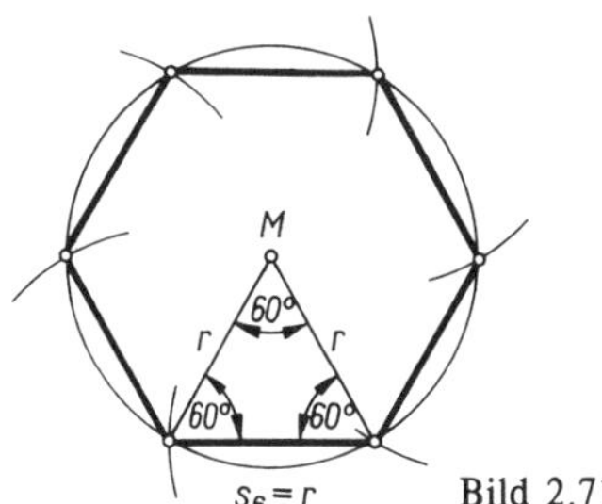


Bild 2.71

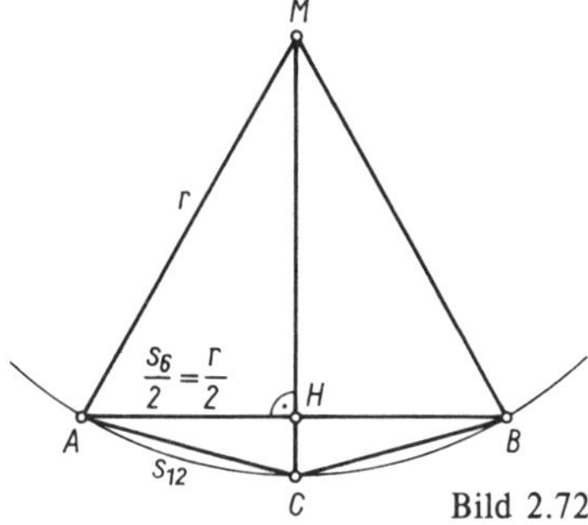


Bild 2.72

**Beispiel**

2.14 Die Seite $s_{12}$ und der Umfang $u_{12}$ des regelmäßigen 12-Ecks sind zu berechnen.

*Lösung:*

$\triangle ABM$ sei ein Bestimmungsdreieck des regelmäßigen Sechsecks (Bild 2.72). Seine Höhe $MH$ schneidet den Umkreis in $C$, und $\overline{AC} = \overline{CB} = s_{12}$ ist eine Seite des regelmäßigen 12-Ecks. Es ist

$$\overline{MH} = \sqrt{r^2 - (r/2)^2} = \sqrt{\frac{3}{4}r^2} = \frac{r}{2}\sqrt{3}$$

$$\overline{CH} = r - \overline{MH} = r - \frac{r}{2}\sqrt{3} = r\left(1 - \frac{1}{2}\sqrt{3}\right)$$

$$\overline{AC} = s_{12} = \sqrt{\overline{AH}^2 + \overline{CH}^2} = \sqrt{(r/2)^2 + r^2\left(1 - \frac{1}{2}\sqrt{3}\right)^2}$$

$$= r\sqrt{\frac{1}{4} + 1 - \sqrt{3} + \frac{3}{4}} = r\sqrt{2 - \sqrt{3}} = \underline{\underline{0{,}518\,r}}$$

$$u_{12} = 12 \cdot s_{12} = \underline{\underline{6{,}212\,r}}$$

### 2.1.10 Kreis

Der **Kreis** $k$ ist die Menge aller Punkte der Ebene, die von einem festen Punkt der Ebene einen konstanten Abstand haben.
Der feste Punkt heißt **Mittelpunkt** $M$, der konstante Abstand heißt **Radius** $r$. Wird, ausgehend vom regelmäßigen Sechseck, die Zahl der Ecken ständig verdoppelt und werden die Umfänge $u_n$ dieser regelmäßigen $n$-Ecke entsprechend Beispiel 2.14 berechnet, dann ergibt sich die Folge

$$\begin{aligned} u_6 &= 6r &&= 3 \cdot 2r \\ u_{12} &= 6{,}212r &&= 3{,}106 \cdot 2r \\ u_{24} &= 6{,}265r &&= 3{,}132 \cdot 2r \\ u_{48} &= 6{,}279r &&= 3{,}139 \cdot 2r \\ u_{96} &= 6{,}282r &&= 3{,}141 \cdot 2r \\ &\vdots \end{aligned}$$

Je größer $n$ wird, um so mehr nähert sich der Umfang des regelmäßigen $n$-Ecks dem Umfang des Kreises. Der vor $2r$ stehende Faktor nähert sich dabei immer mehr der Zahl $\pi = 3{,}1415926\ldots$ Für den Kreisumfang gilt daher

$$\boxed{u = 2\pi r} \tag{2.8}$$

Eine Gerade, die den Kreis in zwei Punkten $A$, $B$ schneidet, heißt **Sekante** (Bild 2.73); die Strecke $s = \overline{AB}$ heißt Sehne. Eine durch $M$ gehende Sekante ist eine **Zentrale** $z$, die zugehörige Sehne heißt **Durchmesser** $d$. Eine Gerade $t$, die den Kreis in einem Punkt $T$ berührt, ist eine **Tangente** des Kreises. Die Tangente steht senkrecht auf dem »Berührungsradius« $\overline{MT}$.

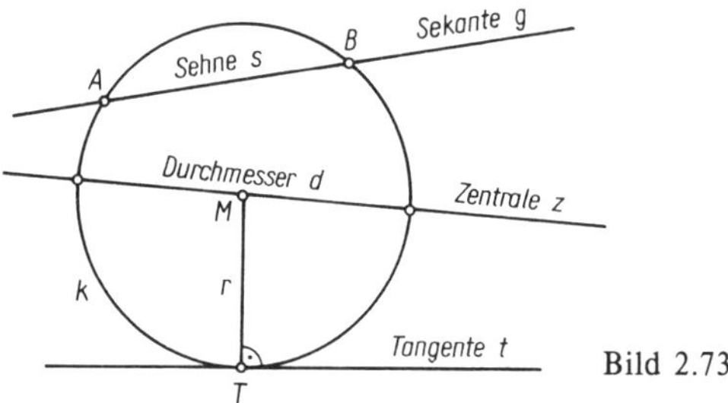


Bild 2.73

Das von einer Sehne $\overline{AB}$ und den Radien $\overline{AM}$ und $\overline{BM}$ gebildete Dreieck ist stets gleichschenklig. Daher geht die Mittelsenkrechte $m$ jeder Sehne durch $M$ (Bild 2.74). Ein Kreis ist durch drei nicht auf einer Geraden liegende Punkte festgelegt. Soll aus drei gegebenen Kreispunkten $A$, $B$, $C$ der Mittelpunkt $M$ konstruiert werden, dann sind für zwei Sehnen, z. B. $\overline{AB}$ und $\overline{BC}$, die Mittelsenkrechten zu konstruieren, die sich in $M$ schneiden ($M$ ist Mittelpunkt des Umkreises im $\triangle ABC$).
Zwei Kreispunkte $A$, $B$ zerlegen den Kreis in zwei Bögen, die beide mit $\overset{\frown}{AB}$ bezeichnet werden. Bei einer konkreten Aufgabe ergibt sich aus dem Zusammenhang, welcher von beiden Bögen gemeint ist.

Es seien $A$, $B$, $C$ drei Kreispunkte (Bild 2.75). Der $\sphericalangle ACB = \alpha$ heißt **Peripheriewinkel** über dem Bogen $\overset{\frown}{AB} = b$; $\sphericalangle AMB = \beta$ heißt **Zentriwinkel** über $\overset{\frown}{AB} = b$.

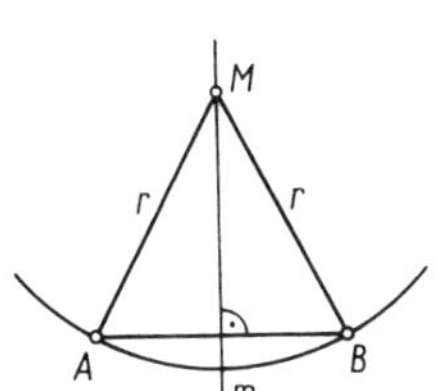

Bild 2.74

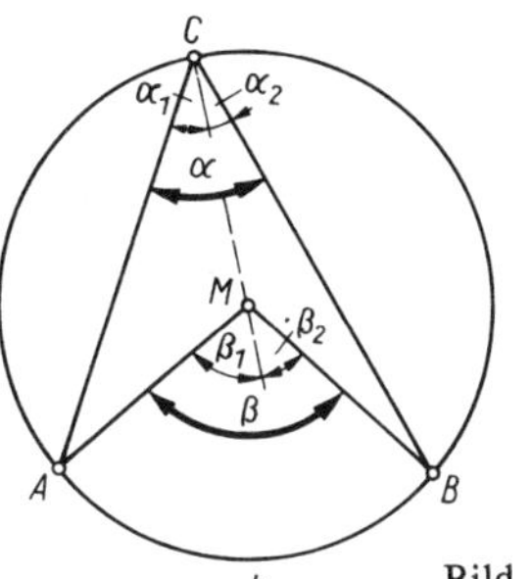

Bild 2.75

**Sätze**

> Jeder Zentriwinkel ist doppelt so groß wie der Peripheriewinkel über demselben Bogen.
> Alle Peripheriewinkel über demselben Bogen sind gleich.
> Jeder Peripheriewinkel über dem Halbkreis ist ein rechter Winkel (Satz des THALES).

*Beweis:* $\triangle AMC$ ist gleichschenklig, daher ist $\sphericalangle MCA = \sphericalangle MAC = \alpha_1$, und für den Außenwinkel dieses Dreiecks bei $M$ gilt: $\beta_1 = 2\alpha_1$. Entsprechend gilt für den bei $M$ liegenden Außenwinkel des Dreiecks $BCM$: $\beta_2 = 2\alpha_2$. Damit ist $\beta = \beta_1 + \beta_2 = 2\alpha_1 + 2\alpha_2 = 2(\alpha_1 + \alpha_2) = 2\alpha$. Der Beweis ist ähnlich, wenn $M$ auf einem Schenkel von $\alpha$ oder nicht im Inneren von $\alpha$ liegt. Alle Peripheriewinkel über $\overset{\frown}{AB} = b$ sind halb so groß wie $\beta$ und daher untereinander gleich. Ist $\overset{\frown}{AB}$ der Halbkreis, dann ist $\beta = 180°$ und folglich $\alpha = \beta/2 = 90°$.

**Beispiel**

2.15 Gegeben sind ein Kreis $k$ mit dem Mittelpunkt $M$ und ein Punkt $P$ außerhalb des Kreises. Es sind die durch $P$ gehenden Kreistangenten $t_1$, $t_2$ zu konstruieren.

*Lösung:*
Bild 2.76
Konstruktionsbeschreibung:

$M_1 :=$ Mittelpunkt von $\overline{PM}$
$r_1 := \overline{PM_1}$
$k_1 := KR(M_1, r_1)$
$\{T_1, T_2\} := k \cap k_1$
$t_1 := PT_1$
$t_2 := PT_2$

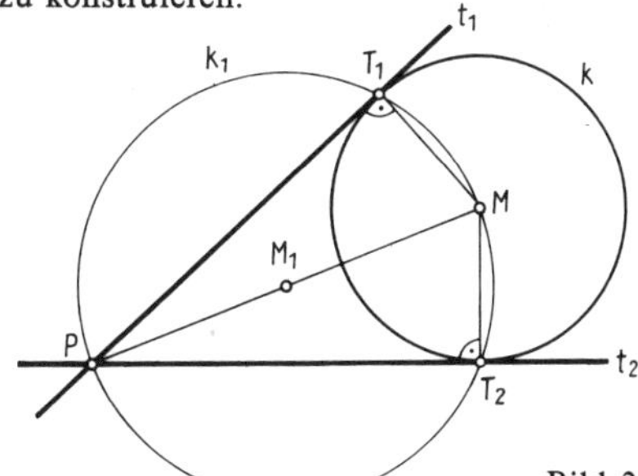

Bild 2.76

*Beweis:* $\sphericalangle PT_1M = \sphericalangle PT_2M = 90°$ nach dem Satz des THALES, daher sind $t_1$, $t_2$ als Senkrechte zu den Berührungsradien Tangenten des Kreises.
Aus $\triangle PT_1M \cong \triangle PT_2M$ folgt $\overline{PT_1} = \overline{PT_2}$, d.h., die Abschnitte der von einem Punkt an den Kreis gelegten Tangenten, gemessen vom gemeinsamen Punkt bis zu den Berührungspunkten, sind gleich. Außerdem ist $\sphericalangle T_1PM = \sphericalangle T_2PM$, d.h., der von den Tangenten gebildete Winkel wird von der Zentralen $PM$ halbiert.

In Bild 2.77 ist über dem Bogen $\widehat{AB} = b$ ein Peripheriewinkel $\alpha$ gezeichnet. Die Tangente $t$ in $A$ an den Kreis bildet mit der Sehne $\overline{AB}$ zwei Winkel $\gamma$ und $\gamma'$. Der Winkel $\gamma$, in dessen Inneren der Bogen $b$ liegt, heißt **Sehnentangentenwinkel** zum Bogen $b$.

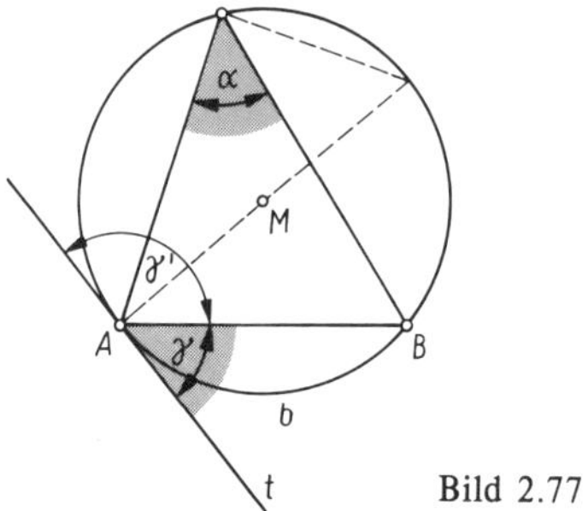


Bild 2.77

**Satz**

> Der Sehnentangentenwinkel ist gleich dem Peripheriewinkel zum gleichen Bogen.

Der Leser führe den Beweis selbst unter Verwendung der eingezeichneten Hilfslinien. Zwei Sekanten sollen sich entsprechend den Bildern 2.78a und b innerhalb oder außerhalb des Kreises schneiden. Die Strecken $\overline{SA}$, $\overline{SB}$ bzw. $\overline{SC}$, $\overline{SD}$ vom Schnittpunkt $S$ bis zum entsprechenden Kreispunkt heißen Sekantenabschnitte.

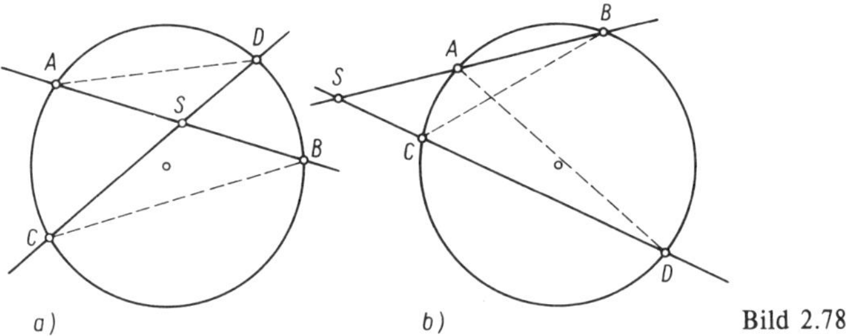


Bild 2.78

**Sekantensatz**

> Schneiden sich zwei Sekanten des Kreises, so ist das Produkt der Abschnitte der einen Sekante gleich dem Produkt der Abschnitte der anderen Sekante:
>
> $$\overline{SA} \cdot \overline{SB} = \overline{SC} \cdot \overline{SD} \qquad \text{(I)}$$

*Beweis:* $\triangle ASD \sim \triangle BSC$, denn $\sphericalangle CDA = \sphericalangle CBA$ (Peripheriewinkel) und $\sphericalangle ASD = \sphericalangle BSC$ (gemeinsamer Winkel bzw. Scheitelwinkel). Aus der Ähnlichkeit folgt die Proportion $\overline{SA} : \overline{SD} = \overline{SC} : \overline{SB}$ und damit (I).

Wird in Bild 2.78b eine der Sekanten, z. B. *SD*, um *S* gedreht, bis sie in eine Tangente übergeht (Bild 2.79, *C* und *D* fallen in *T* zusammen), dann folgt aus (I)

$$\overline{SA} \cdot \overline{SB} = \overline{ST}^2 \qquad \text{(II)}$$

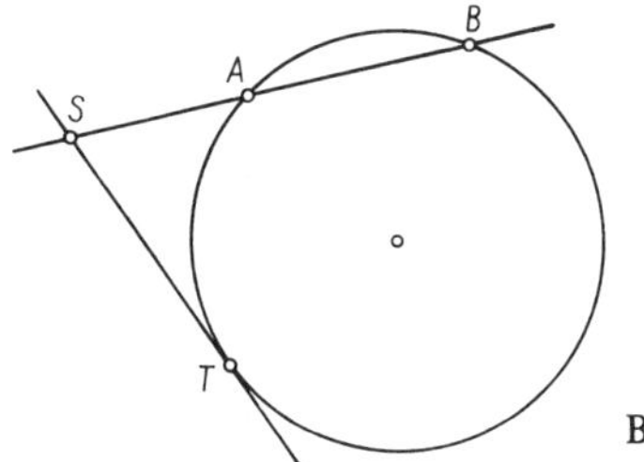

Bild 2.79

## Beispiele

2.16 Bis zu welcher Entfernung *e* ist das Licht eines Leuchtturmes mit der Höhe $h = 38$ m von der Meeresoberfläche aus sichtbar?

*Lösung:*

Die Erde wird als Kugel mit dem Radius $r = 6370$ km betrachtet (Bild 2.80). Nach (II) ist $h(h+2r) = e^2$ oder

$$e = \sqrt{h(h+2r)} = \underline{\underline{22 \text{ km}.}}$$

Da $h$ im Verhältnis zu $2r$ sehr klein ist, genügt die Näherungsformel $e \approx \sqrt{2rh}$.

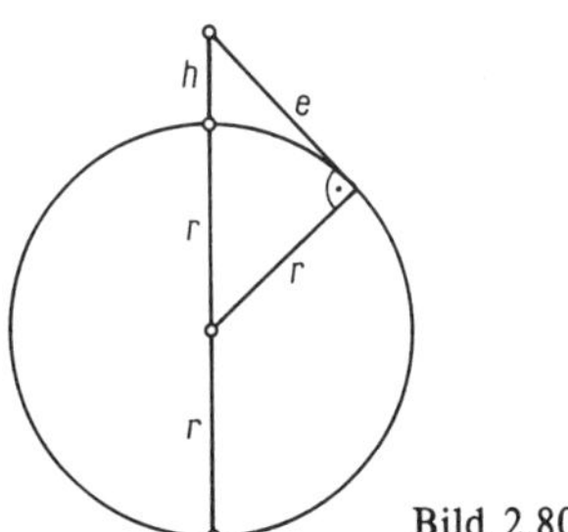

Bild 2.80

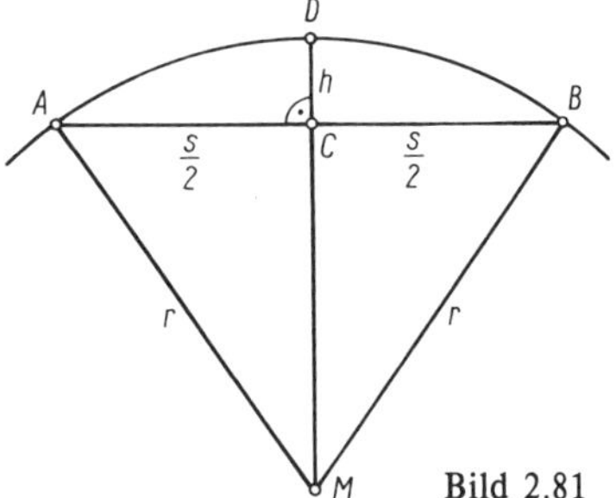

Bild 2.81

2.17 Von einem im Kreisbogen liegenden Eisenbahngleis wurden die Sehne $\overline{AB} = s = 20$ m und in Sehnenmitte die »Pfeilhöhe« (Stichmaß) $\overline{CD} = h = 0{,}14$ m gemessen (Bild 2.81). Gesucht wird der Kreisradius *r*.

*Lösung:*

Im rechtwinkligen Dreieck *AMC* ist $\overline{AC} = s/2$, $\overline{MC} = r - h$. Nach dem Satz des Pythagoras ist

$$\left(\frac{s}{2}\right)^2 + (r-h)^2 = r^2.$$

Die Gleichung wird nach *r* umgestellt:

$$\frac{s^2}{4} + r^2 - 2rh + h^2 = r^2$$

$$r = \frac{s^2}{8h} + \frac{h}{2} = 357{,}21 \text{ m} \approx \underline{\underline{357 \text{ m}}}$$

Ist wie im vorliegenden Fall *h* sehr klein gegen *s*, dann gilt die Näherung $r \approx \dfrac{s^2}{8h}$.

Kreise mit gemeinsamem Mittelpunkt heißen **konzentrische Kreise**, sonst heißen sie **exzentrisch** (Bild 2.82).
Zwei exzentrische Kreise
schneiden sich entweder in zwei Punkten: $k_1 \cap k_2 = \{P_1, P_2\}$
oder sie berühren sich in einem Punkt: $k_1 \cap k_2 = T$
oder sie haben keinen Punkt gemeinsam: $k_1 \cap k_2 = \emptyset$.
Im Fall der Berührung haben beide Kreise im Berührungspunkt eine gemeinsame Tangente, die senkrecht zur Geraden $M_1M_2$ ist.

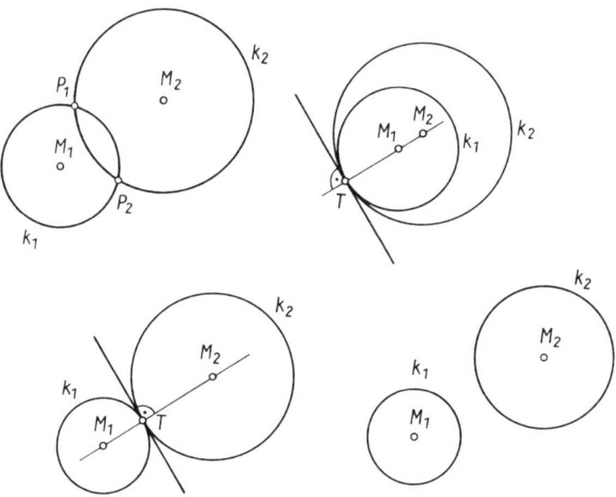


Bild 2.82

## Beispiel

2.18 Gegeben sind zwei Kreise $k_1$, $k_2$ mit $\overline{M_1M_2} > r_1 + r_2$ und $r_1 < r_2$ (Bild 2.83). Es sind die gemeinsamen äußeren Tangenten an beide Kreise zu konstruieren.

*Lösung:*
Die Aufgabe wird auf die in Beispiel 2.15 behandelte Aufgabe, die Tangenten von einem Punkt an einen Kreis zu legen, zurückgeführt. Von $M_1$ werden die Tangenten an einen Hilfskreis um $M_2$ mit dem Radius $r_2 - r_1$ gelegt und zu diesen Tangenten die Parallelen konstruiert.
Konstruktionsbeschreibung:
$k_3 := KR(M_2, r_2 - r_1)$
$t'_1 := M_1Q'$, $t'_2 := M_1R'$ } nach Beispiel 2.15
$s_1$ := Gerade durch $M_1$ senkrecht zu $t'_1$
$s_2$ := Gerade durch $M_1$ senkrecht zu $t'_2$
$P := s_1 \cap k_1$
$Q := M_2Q' \cap k_2$
$t_1 := PQ$
$S := s_2 \cap k_1$
$R := M_2R' \cap k_2$
$t_2 := SR$
Den Beweis für die Konstruktion führe der Leser selbst.

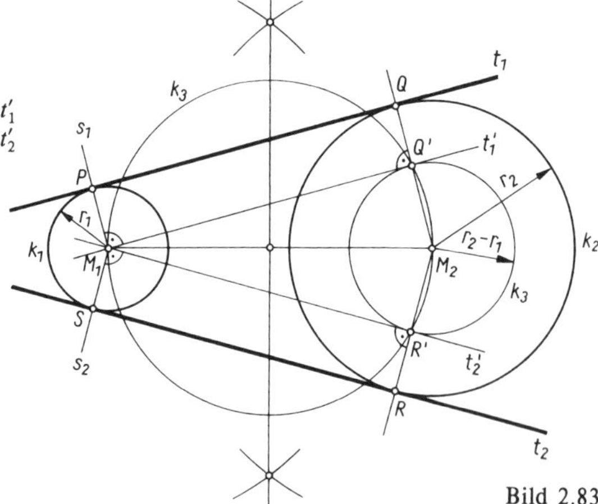


Bild 2.83

**Kontrollfragen**

2.21 Welche wichtigen Geraden und Strecken gibt es am Kreis, und welche Beziehungen bestehen zwischen ihnen?
2.22 Welche Winkelarten gibt es am Kreis, und welche Beziehungen bestehen zwischen ihnen?

**Aufgaben: 2.21 bis 2.29**

### 2.1.11 Flächeninhalte

Um den Flächeninhalt einer ebenen Figur zu bestimmen, wird festgestellt, wie oft ein als Maßeinheit verwendeter Flächeninhalt in dem zu ermittelnden Flächeninhalt enthalten ist. Als Einheit dient der Flächeninhalt eines Quadrates, dessen Seite $a$ eine Längeneinheit ist, z. B. das Quadrat mit $a = 1$ cm und dem Flächeninhalt $A = 1\ \text{cm}^2$.
In das Rechteck des Bildes 2.84 können $12 = 3 \cdot 4$ solcher Quadrate gelegt werden. Der verbleibende Rest wird durch Quadrate mit $a = 1$ mm, $A = 1\ \text{mm}^2$ ausgefüllt. Die Restfigur enthält $2 \cdot 43 + 3 \cdot 30 = 176$ dieser Quadrate (Sollte noch eine Restfigur bleiben, dann wären noch kleinere Quadrate als Einheiten zu verwenden). Damit ist der Flächeninhalt des Rechtecks

$$A = 12\ \text{cm}^2 + 176\ \text{mm}^2 = 13{,}76\ \text{cm}^2 \text{ (wegen } 100\ \text{mm}^2 = 1\ \text{cm}^2\text{) oder}$$
$$A = 4{,}3\ \text{cm} \cdot 3{,}2\ \text{cm} = 13{,}76\ \text{cm}^2.$$

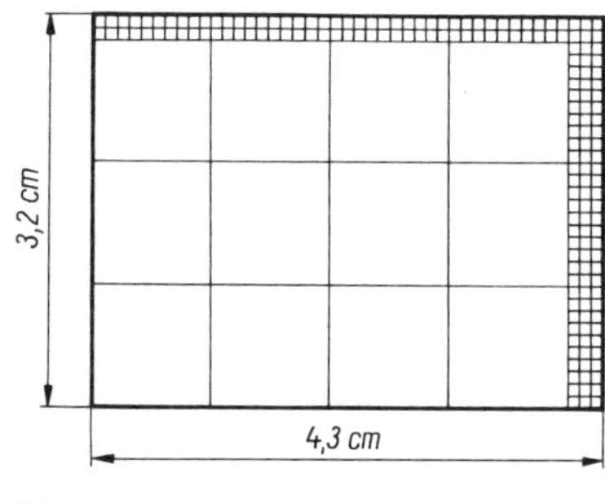


Bild 2.84

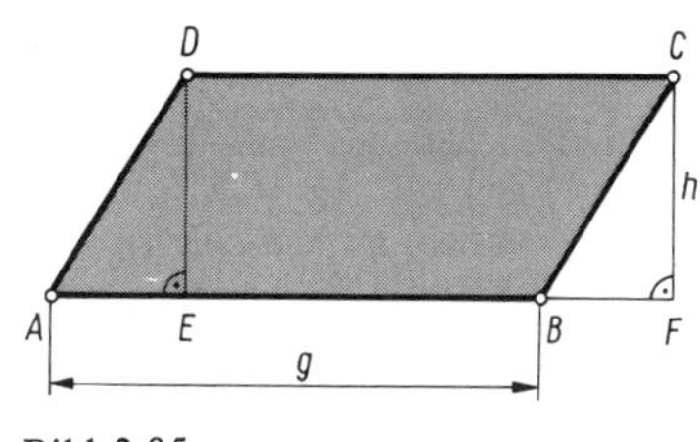


Bild 2.85

Allgemein ist der **Flächeninhalt des Rechtecks** mit den (in gleicher Längeneinheit anzugebenden) Seiten $a$, $b$:

$$\boxed{A = ab} \tag{2.9}$$

und der **Flächeninhalt des Quadrates** mit der Seite $a$

$$\boxed{A = a^2} \tag{2.10}$$

Der Flächeninhalt eines Parallelogramms $ABCD$ ist nach Bild 2.85 gleich dem Flächeninhalt des Rechtecks $EFCD$, da $\triangle AED \cong \triangle BFC$ ist. Mit dem Inhalt der Rechteckfläche

$A_{EFCD} = \overline{EF} \cdot \overline{FC} = \overline{EF} \cdot h$ und mit $\overline{EF} = \overline{AB} = g$ wird der **Flächeninhalt des Parallelogramms**

$$\boxed{A = g \cdot h} \tag{2.11}$$

Wird $g$ als Grundlinie, $h$ als Höhe des Parallelogramms bezeichnet, dann gilt:

■ Der Flächeninhalt des Parallelogramms ist gleich dem Produkt aus Grundlinie und Höhe. Parallelogramme gleicher Grundlinie und gleicher Höhe haben gleichen Flächeninhalt.

Bild 2.86 zeigt drei flächeninhaltsgleiche Parallelogramme.

Ein Dreieck $ABC$ (Bild 2.87) läßt sich durch eine Parallele zu $AC$ durch $B$ und eine Parallele zu $AB$ durch $C$ zu einem Parallelogramm $ABCD$ ergänzen. Wegen $\triangle ABC \cong \triangle BDC$ ist der Inhalt der Dreiecksfläche gleich dem halben Flächeninhalt des Parallelogramms:

■ Der Flächeninhalt des Dreiecks ist gleich dem halben Produkt aus Grundlinie und Höhe. Dreiecke mit gleicher Grundlinie und gleicher Höhe haben gleichen Flächeninhalt.

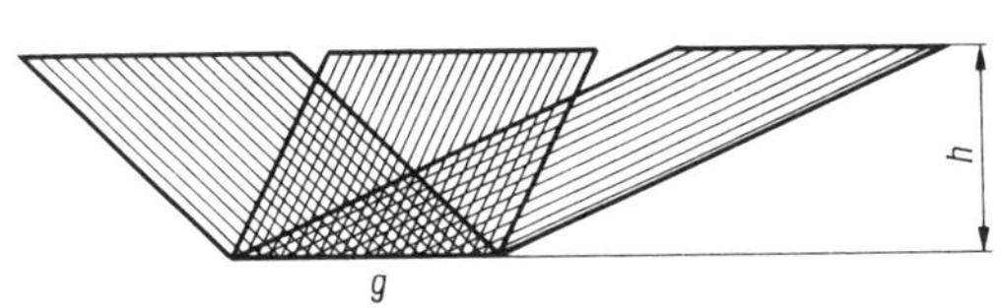


Bild 2.86

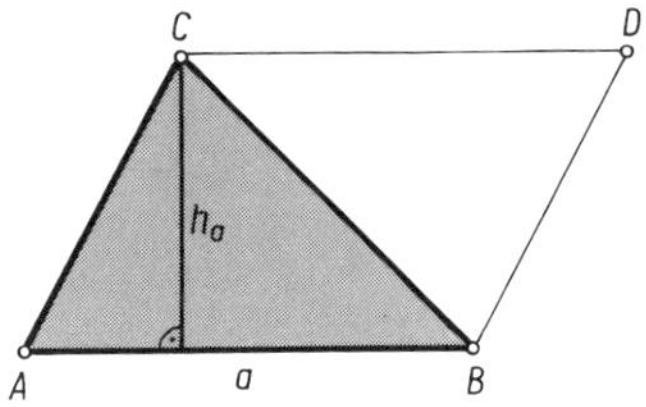

Bild 2.87

Es folgt für den **Flächeninhalt des Dreiecks**:

$$\boxed{A = \frac{a \cdot h_a}{2} = \frac{b \cdot h_b}{2} = \frac{c \cdot h_c}{2}} \tag{2.12}$$

Ohne Beweis wird eine Formel zur Berechnung des Flächeninhalts des Dreiecks aus den drei Seiten $a$, $b$, $c$ angegeben, die auf Heron von Alexandria (etwa um 60 n. Chr.) zurückgeht:

$$\boxed{A = \sqrt{s(s-a)\,(s-b)\,(s-c)}} \quad \text{mit} \quad s = \frac{a+b+c}{2} \tag{2.13}$$

Man beachte auch die Formel (3.29) in 3.2.4 für den Inhalt der Dreiecksfläche.

Zur Bestimmung des Flächeninhalts eines Trapezes $ABCD$ (Bild 2.88) wird dieses in die Dreiecke $ABD$ und $BCD$ zerlegt. Dann folgt für den **Flächeninhalt des Trapezes**

$$A = \frac{a \cdot h}{2} + \frac{b \cdot h}{2}$$

$$\boxed{A = \frac{a+b}{2} \cdot h = m \cdot h} \tag{2.14}$$

■ Der Flächeninhalt des Trapezes ist gleich dem Produkt aus Mittellinie und Höhe.

Der Flächeninhalt eines Vielecks läßt sich durch Zerlegung der Figur in Dreiecke oder in Dreiecke und Trapeze entsprechend der in Bild 2.89 gezeigten Möglichkeiten bestimmen.

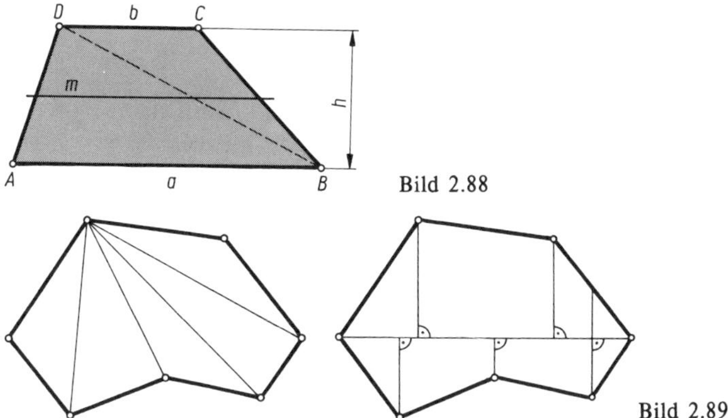


Bild 2.88

Bild 2.89

**Beispiele**

2.19 Gesucht wird der Flächeninhalt eines Bleches mit den in Bild 2.90 gezeigten Abmessungen.

*Lösung:*

Die Figur läßt sich auf verschiedene Arten in Teilfiguren zerlegen. Bei der Zerlegung nach Bild 2.90 ergibt sich der Flächeninhalt als Summe der Flächeninhalte von drei Rechtecken und drei Trapezen:

$$A = \left(24 \cdot 80 + 2 \cdot 10 \cdot 13 + \frac{50 + 24}{2} \cdot 14 + 2 \cdot \frac{18 + 10}{2} \cdot 9\right) \text{FE} = \underline{\underline{2950 \text{ FE}}}$$

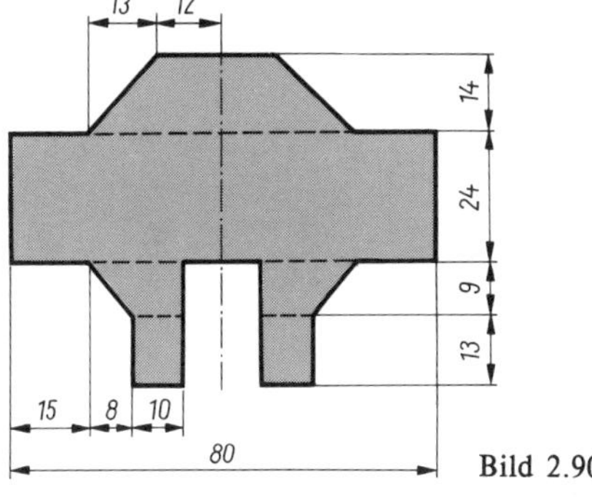


Bild 2.90

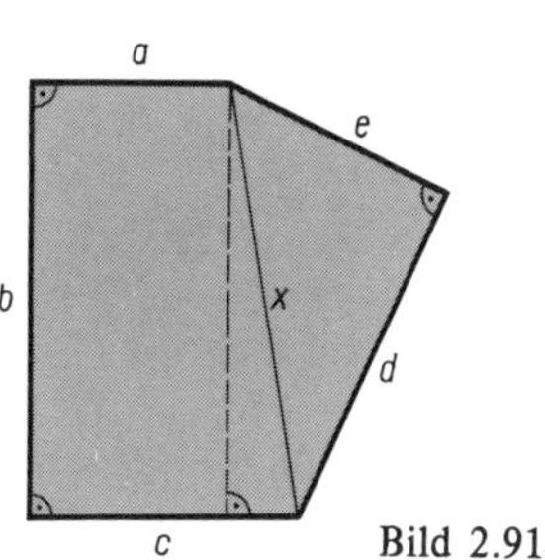


Bild 2.91

2.20 Von dem in Bild 2.91 dargestellten Grundstück sind die Seiten $a = 54{,}87$ m, $b = 116{,}05$ m, $c = 74{,}20$ m, $d = 96{,}15$ m gegeben. Der Flächeninhalt des Grundstücks ist zu berechnen.

*Lösung:*

Das Fünfeck wird in ein Trapez und ein rechtwinkliges Dreieck zerlegt. Zunächst sind die Strecken $x$ und $e$ zu berechnen:

$$x = \sqrt{(c - a)^2 + b^2} = 117{,}65 \text{ m}, \qquad e = \sqrt{x^2 - d^2} = 67{,}80 \text{ m}.$$

Für den Flächeninhalt folgt entsprechend der Zerlegung

$$A = \frac{a + c}{2} \cdot b + \frac{e \cdot d}{2} = \underline{\underline{10\,749 \text{ m}^2}}$$

Der Flächeninhalt des in Bild 2.92 gezeigten regelmäßigen 12-Ecks (vgl. 2.1.9) ist das 12fache des Flächeninhaltes seines Bestimmungsdreiecks

$$A_{12} = 12 \frac{s_{12} \cdot h_{12}}{2}.$$

Allgemein gilt für das $n$-Eck mit der Seite $s_n$ und der Höhe $h_n$ seines Bestimmungsdreiecks:

$$A_n = n \frac{s_n \cdot h_n}{2}. \qquad \text{(I)}$$

Wird die Eckenzahl $n$ ständig vergrößert, z. B. verdoppelt, dann nähert sich der Umfang $u_n = n \cdot s_n$ des $n$-Ecks dem Kreisumfang $u = 2\pi r$, die Höhe $h_n$ nähert sich dem Radius $r$, und der Flächeninhalt $A_n$ des $n$-Ecks nähert sich dem Flächeninhalt $A$ des Kreises. Aus (I) folgt somit für den **Flächeninhalt des Kreises**

$$A = \frac{2\pi r \cdot r}{2}$$

$$\boxed{A = \pi r^2} \qquad (2.15)$$

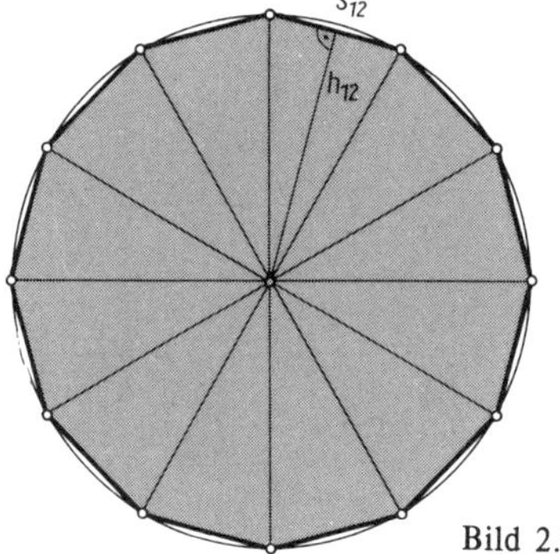

Bild 2.92

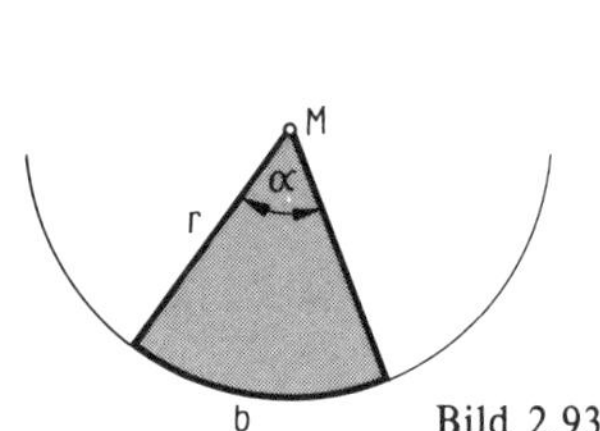

Bild 2.93

Die von zwei Radien und dem Bogen eines Kreises gebildete Figur heißt **Kreissektor** oder **Kreisausschnitt** (Bild 2.93). Die beiden Radien schließen einen Zentriwinkel $\alpha$ ein. Für $\alpha = 180°$ ist der Flächeninhalt des Sektors gleich dem halben Flächeninhalt des Kreises, für $\alpha = 90°$ gleich einem Viertel des Flächeninhalts usw. Allgemein gilt: Der Flächeninhalt des Sektors verhält sich zum Flächeninhalt des Kreises wie der zugehörige Zentriwinkel $\alpha$ zum Vollwinkel:

$$A : \pi r^2 = \alpha : 360°.$$

Daraus folgt der **Flächeninhalt des Kreissektors:**

$$\boxed{A = \frac{\pi r^2 \alpha}{360°}} \qquad (2.15\,\text{a})$$

Wegen $\pi = 180°$ (Gl. (2.1 a) aus 2.1.1) folgt:

$$A = \frac{r^2\alpha}{2} \qquad (2.15\,b)$$

Wegen $b = r\alpha$ (vgl. (2.1)) gilt auch:

$$A = \frac{r \cdot b}{2} \qquad (2.15\,c)$$

Ein **Kreissegment** oder **Kreisabschnitt** wird von einer Sehne und einem der beiden zugehörigen Bogen gebildet (Bild 2.94). Der **Flächeninhalt eines Kreissegments** ergibt sich als Differenz zwischen dem Flächeninhalt des zugehörigen Sektors und dem Flächeninhalt des von der Sehne und den beiden Radien gebildeten Dreiecks: $A = A_{\text{Sektor}} - A_{\text{Dreieck}}$. Bei der Berechnung werden im allgemeinen trigonometrische Funktionen gebraucht.
Die von zwei konzentrischen Kreisen begrenzte Figur heißt **Kreisring** (Bild 2.95). Der **Flächeninhalt des Kreisringes** ist die Differenz der Flächeninhalte zweier Kreise: $A = \pi(r_1^2 - r_2^2)$.

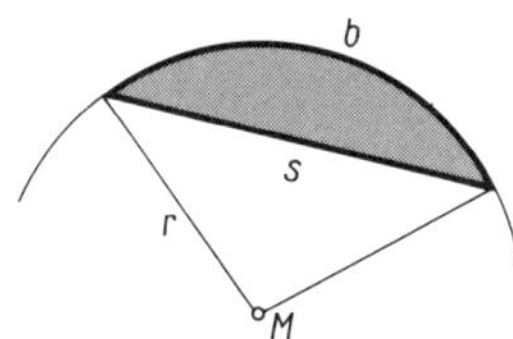


Bild 2.94

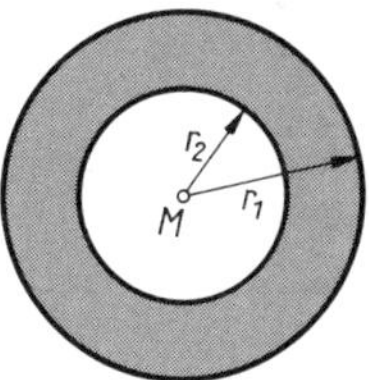


Bild 2.95

## Beispiele

2.21 Einem Quadrat ist ein Kreis umschrieben (Bild 2.96). Um wieviel Prozent ist der Flächeninhalt des Kreises größer als der Flächeninhalt des Quadrates?

*Lösung:*

Aus der Quadratseite $a$ errechnet sich der Radius $r$ mit

$$r^2 = \left(\frac{a}{2}\right)^2 + \left(\frac{a}{2}\right)^2 = \frac{a^2}{2}.$$

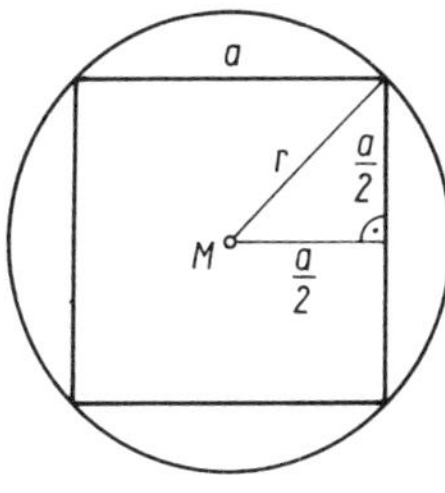


Bild 2.96

Der Flächeninhalt des Kreises ist

$$A_{\text{Kreis}} = \pi r^2 = \frac{\pi a^2}{2}.$$

Die Proportion

$$A_{\text{Kreis}} : A_{\text{Quadrat}} = (100 + x) : 100 \quad \text{oder}$$

$$\frac{\pi a^2}{2} : a^2 = (100 + x) : 100$$

wird nach $x$ aufgelöst:

$$x = 50 \cdot \pi - 100 = 57{,}1.$$

Der Flächeninhalt des Kreises ist um 57,1 % größer als der Flächeninhalt des Quadrates.

2.22 Es ist der Flächeninhalt eines Kreissegments für $r = 15$ cm und $s = 15$ cm zu berechnen.
*Lösung:*
Das von der Sehne und den Radien (vgl. Bild 2.94) gebildete Dreieck ist wegen $s = r$ gleichseitig. Daher ist $\alpha = 60°$. Für die Höhe $h$ gilt nach Beispiel 2.10: $h = \frac{a}{2}\sqrt{3}$. Damit folgt für den Flächeninhalt des Segments

$$A = A_{\text{Sektor}} - A_{\text{Dreieck}} = \frac{\pi r^2 \alpha}{360°} - \frac{r^2}{4}\sqrt{3}$$

$$= \frac{\pi \cdot 225\,\text{cm}^2 \cdot 60°}{360°} - \frac{225}{4}\sqrt{3}\,\text{cm}^2 = \underline{\underline{20{,}38\,\text{cm}^2}}.$$

2.23 Gegeben ist ein gleichseitiges Dreieck mit der Seite $a$. Es ist der in Bild 2.97 angegebene Flächeninhalt zu bestimmen und seine Größe für $a = 20$ cm zu berechnen.

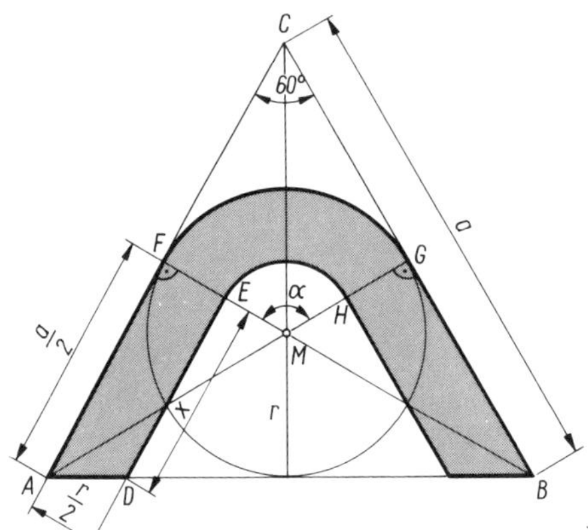


Bild 2.97

*Lösung:*
Die angegebene Fläche setzt sich aus zwei kongruenten Trapezen und einem Kreisringstück zusammen. Zur Berechnung des Inhalts der Trapezfläche $ADEF$ muß die Strecke $\overline{DE} = x$ berechnet werden. Aus $\triangle ABF \sim \triangle DBE$ folgt die Proportion:

$$\overline{AF} : \overline{DE} = \overline{FB} : \overline{EB}. \qquad \text{(II)}$$

Nach Beispiel 2.10 sind die Höhe $\overline{FB} = \frac{a}{2}\sqrt{3}$, der Inkreisradius $r = \frac{a}{6}\sqrt{3}$, $\frac{r}{2} = \frac{a}{12}\sqrt{3}$. Damit wird aus (II) mit $\overline{EB} = \overline{FB} - \overline{FE}$:

$$\frac{a}{2} : x = \frac{a}{2}\sqrt{3} : \left(\frac{a}{2}\sqrt{3} - \frac{a}{12}\sqrt{3}\right)$$

und durch Umstellung nach $x$ und Vereinfachung:

$$x = \frac{5}{12}a.$$

Der Flächeninhalt des Trapezes ist nach (2.14):

$$A_{ADEF} = \frac{\frac{a}{2} + \frac{5}{12}a}{2} \cdot \frac{a}{12}\sqrt{3} = \frac{11}{288}\sqrt{3}\,a^2.$$

Der Flächeninhalt des Kreisringstücks $FEHG$ ist die Differenz der Flächeninhalte zweier Sektoren. Die Radien sind $r_1 = r = \frac{a}{6}\sqrt{3}$, $r_2 = \frac{r}{2} = \frac{a}{12}\sqrt{3}$; der Sektorwinkel ist $\alpha = 120°$. Damit ist der Flächeninhalt des Kreisringstücks:

$$A_{FEHG} = \frac{\pi r_1^2 \alpha}{360°} - \frac{\pi r_2^2 \alpha}{360°} = \frac{\pi(r_1^2 - r_2^2)\alpha}{360°}$$

$$= \pi \frac{\frac{a^2}{36}\cdot 3 - \frac{a^2}{144}\cdot 3}{360°} \cdot 120° = \frac{\pi}{48} a^2.$$

Der gesuchte Inhalt der Gesamtfläche wird

$$A = 2 \cdot A_{ADEF} + A_{FEHG}$$

$$A = \left(\frac{11}{144}\sqrt{3} + \frac{\pi}{48}\right) a^2$$

Für $a = 20$ cm folgt

$$A = 79{,}10 \text{ cm}^2$$

Bild 2.98 zeigt zwei ähnliche Dreiecke $A_1, B_1, C_1$ und $A_2, B_2, C_2$ mit dem Ähnlichkeitsfaktor $k$, es ist also

$$\frac{c_2}{c_1} = k, \frac{h_2}{h_1} = k \quad \text{oder} \quad c_2 = k \cdot c_1,\ h_2 = k \cdot h_1.$$

Die Flächeninhalte der Dreiecke sind

$$A_1 = \frac{c_1 h_1}{2}, \qquad A_2 = \frac{c_2 h_2}{2} = \frac{kc_1 \cdot kh_1}{2} = k^2 \frac{c_1 h_1}{2} = k^2 \cdot A_1.$$

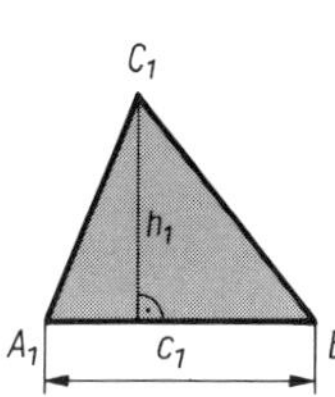


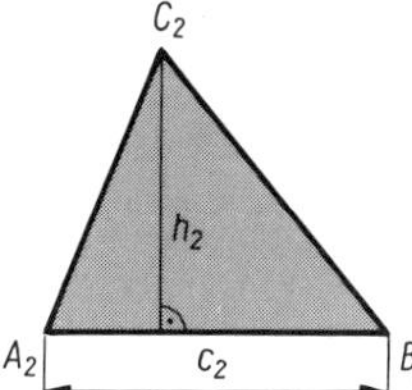


Bild 2.98

Während die Strecken des ersten Dreiecks mit $k$ multipliziert werden, um die Strecken des zweiten Dreiecks zu erhalten, ergibt sich der Flächeninhalt $A_2$ aus $A_1$ durch Multiplikation mit $k^2$. Der Flächeninhalt eines Grundstücks auf einer Karte im Maßstab 1:1 000 ist daher eine Million mal kleiner als in der Natur.
Aus den Proportionen

$$\frac{A_1}{A_2} = \frac{c_1 h_1}{c_2 h_2} \quad \text{und} \quad \frac{h_1}{h_2} = \frac{c_1}{c_2}$$

folgt durch Einsetzen

$$\frac{A_1}{A_2} = \frac{c_1^2}{c_2^2} \quad \text{oder} \quad A_1 : A_2 = c_1^2 : c_2^2.$$

Allgemein gilt der

**Satz**

> Die Flächeninhalte ähnlicher Figuren verhalten sich wie die Quadrate gleichliegender Seiten.

**Kontrollfragen**

2.23 Welche Strecken müssen jeweils gegeben sein, um den Flächeninhalt der in Bild 2.65 gezeigten Vierecke berechnen zu können?

2.24 Durch welche Proportionen läßt sich der Flächeninhalt eines Kreissektors berechnen?

**Aufgaben: 2.30 bis 2.41**

### 2.1.12 Aufgaben

**2.1** Wie lang ist der Bogen, der im Kreis mit dem Radius $r = 100$ m zu dem Zentriwinkel a) $\alpha = 1°$, b) $\alpha = 1'$, c) $\alpha = 1''$ gehört?

**2.2** Welcher Zentriwinkel $\alpha$ gehört im Kreis mit $r = 15{,}18$ m zu dem Bogen $b = 6{,}05$ m?

**2.3** Eine Figur $F$ werde an der Geraden $s_1$ nach $F'$ und dann an der Geraden $s_2$ nach $F''$ gespiegelt. Es ist $s_1 \perp s_2$. Durch welche Bewegung wird $F$ direkt nach $F''$ überführt?

**2.4** Gegeben ist eine Figur $F$. Es sei
$K$ die Menge aller Figuren, die zu $F$ kongruent sind,
$G$ die Menge aller Figuren, die zu $F$ gleichsinnig kongruent sind,
$U$ die Menge aller Figuren, die zu $F$ ungleichsinnig kongruent sind,
$A$ die Menge aller Figuren, die zu $F$ axialsymmetrisch sind,
$Z$ die Menge aller Figuren, die zu $F$ zentralsymmetrisch sind.
Welche Relationen und Operationen gibt es zwischen diesen Mengen?

**2.5** Für folgende Figuren ist anzugeben, ob sie symmetrisch sind, welche Art der Symmetrie vorliegt und was die Symmetrieachsen $s$ bzw. Symmetriezentren $D$ sind: a) Strecke, b) Rechteck, c) gleichschenkliges Dreieck, d) gleichseitiges Dreieck, e) rechtwinkliges Dreieck mit den Katheten $a = 3$, $b = 4$.

**2.6** Mit Zirkel und Lineal ist ein regelmäßiges Achteck zu konstruieren (Teilung eines Kreises in acht kongruente Bogen).

**2.7** Gegeben sind zwei ähnliche Vierecke $F$ und $F'$ (Bild 2.99). Die fehlenden Strecken von $F'$ sind zu berechnen.

**2.8** Ein Dreieck ist zu konstruieren aus $b = 8$ cm, $\alpha = 35°$, $\beta = 70°$.

**2.9** Von der Figur des Bildes 2.100 sind die Dreieckseiten $\overline{AB} = 6{,}0$ cm, $\overline{BC} = 6{,}8$ cm, $\overline{AC} = 8{,}4$ cm sowie die Strecken $\overline{AD} = 2{,}7$ cm, $\overline{AE} = 3{,}8$ cm, $\overline{FD} = 3{,}2$ cm gegeben. Es ist $AB \parallel EG$. Die fehlenden Strecken sind zu berechnen.

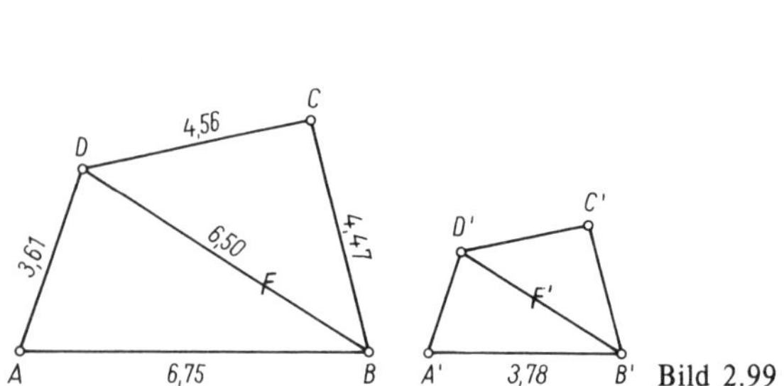


Bild 2.99

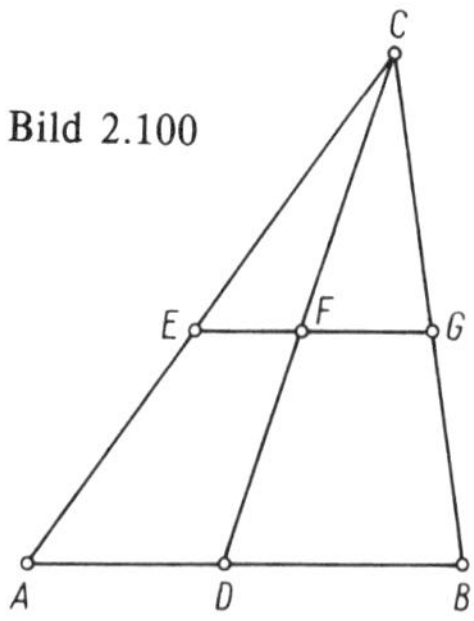


Bild 2.100

**2.10** Welche Höhe $h$ hat das Signalgerüst des Bildes 2.101?

**2.11** Ein Dreieck ist zu konstruieren aus $a = 7$ cm, $h_b = 5$ cm, $s_a = 6$ cm.

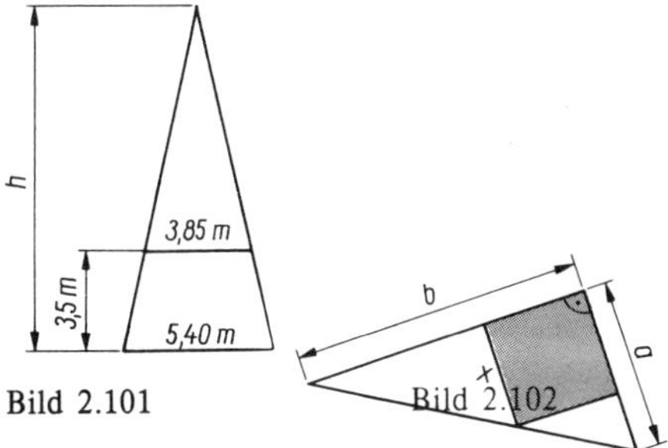


Bild 2.101

Bild 2.102

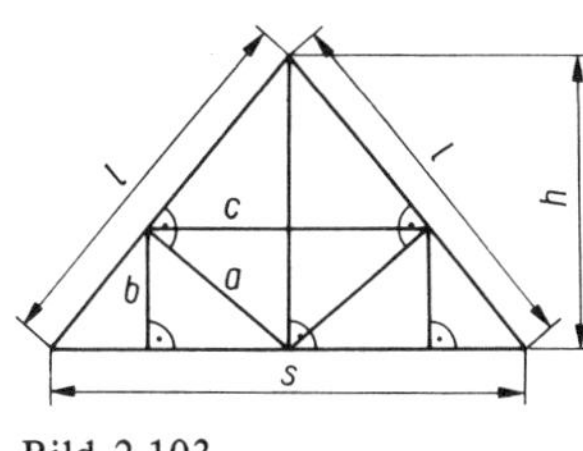


Bild 2.103

**2.12** Im rechtwinkligen Dreieck sind von den Strecken $a$, $b$, $c$, $p$, $q$, $h$ je zwei gegeben. Berechnen Sie die fehlenden Größen.

a) $p = 24{,}03$ m, $q = 12{,}51$ m
b) $c = 6{,}433$ m, $p = 1{,}896$ m
c) $b = 88{,}6$ cm, $h = 82{,}7$ cm
d) $q = 42{,}5$ cm, $a = 27{,}7$ cm
e) $q = 56{,}1$ cm, $h = 32{,}8$ cm

**2.13** Im rechtwinkligen Dreieck sind $c = 34$ cm und $a : b = 15 : 8$ gegeben. Berechnen Sie $a$ und $b$.

**2.14** Einem rechtwinkligen Dreieck mit $a = 4{,}50$ m, $b = 7{,}90$ m ist nach Bild 2.102 ein Quadrat einbeschrieben. Berechnen Sie die Quadratseite $x$.

**2.15** Von einer Dachkonstruktion sind nach Bild 2.103 $l = 5{,}10$ m, $s = 6{,}50$ m gegeben. Berechnen Sie die Höhe $h$ und die Balkenlängen $a$, $b$, $c$.

**2.16** Berechnen Sie den Umkreisradius $r_u$ des gleichseitigen Dreiecks mit der Seite $a$.

**2.17** Konstruieren Sie ein

a) Trapez aus $b = 5$ cm, $d = 4$ cm, $f = 8$ cm, $\alpha = 75°$
b) Rhombus aus $e = 10$ cm, $\alpha = 36°$
c) Drachenviereck aus $a = 5$ cm, $d = 3$ cm, $\beta = 40°$
d) Parallelogramm aus $a = 8{,}0$ cm, $e = 10{,}7$ cm, $f = 6{,}5$ cm.

**2.18** Von einem Parallelogramm sind $a = 22$ cm, $b = 10$ cm, $\alpha = 45°$ gegeben. Berechnen Sie $e$, $f$ und $h$.

**2.19** Ein Trapez ist durch $a = 37{,}9$ cm, $b = 20{,}0$ cm, $d = 27{,}1$ cm, $\beta = 60°$ gegeben. Berechnen Sie die Seite $c$.

**2.20** Ein Rhombus hat die Diagonalen $e = 18{,}5$ cm, $f = 34{,}7$ cm. Berechnen Sie seine Seite $a$.

**2.21** Im Kreis mit dem Radius $r = 10{,}0$ cm ist eine Sehne $s = 6{,}8$ cm gegeben. Welchen Abstand hat die Sehne vom Kreismittelpunkt?

**2.22** Welche Pfeilhöhe $h$ gehört im Kreis mit $r = 2{,}41$ m zur Sehne $s = 1{,}86$ m?

**2.23** Ein Werkstück wird nach Bild 2.104 durch Strecken und Kreisbogen begrenzt. Gegeben sind $a = 12{,}0$ cm, $b = 5{,}1$ cm, $c = 1{,}9$ cm, $d = 2{,}5$ cm. Gesucht wird der Radius des Kreisbogens.

**2.24** Man konstruiere einen Kreis mit $r = 2{,}5$ cm, der die Schenkel des Winkels $\alpha = 40°$ berührt.

**2.25** Es ist ein Kreis zu konstruieren, der eine Gerade $g$ in einem Punkt $A$ berührt und durch einen Punkt $B$ ($B \notin g$) geht.

**2.26** Was ist die Menge der Mittelpunkte aller Kreise, die durch zwei gegebene Punkte $A$ und $B$ gehen?

**2.27** Was ist die Menge der Punkte $C$ aller Dreiecke mit den gleichen Punkten $A$ und $B$ und dem gleichen Winkel $\gamma$?

**2.28** Gegeben sind zwei Kreise mit $r_1 = 14$ cm, $r_2 = 35$ cm und $\overline{M_1M_2} = 80$ cm. Berechnen Sie die Strecken auf den äußeren Tangenten zwischen den Berührungspunkten.

**2.29** Einem Kreis mit $r = 10$ cm ist ein gleichschenkliges Dreieck ($a = b$) mit dem Winkel $\gamma = 45°$ einbeschrieben. Berechnen Sie die Basis $c$ und den Schenkel $a$ des Dreiecks.

**2.30** Welchen Flächeninhalt hat das Dreieck mit den Seiten $a = 29{,}5$ cm, $b = 32{,}0$ cm, $c = 36{,}2$ cm?

**2.31** Im rechtwinkligen Dreieck sind gegeben: a) $a = 12{,}49$ m, $c = 37{,}03$ m, b) $p = 2{,}36$ m, $q = 5{,}61$ m. Gesucht wird der Flächeninhalt des Dreiecks.

**2.32** Welchen Flächeninhalt hat das gleichseitige Dreieck mit der Seite $a$?

**2.33** Von einem Dreieck sind $a = b = 75{,}0$ cm, $h_c = 62{,}5$ cm gegeben. Berechnen Sie den Flächeninhalt $A$.

**2.34** Berechnen Sie den in Bild 2.105 gezeigten Flächeninhalt.

**2.35** Ein Trapez hat die parallelen Seiten $a = 84$ cm, $c = 62$ cm und die Schenkel $b = d = 36$ cm. Berechnen Sie den Flächeninhalt.

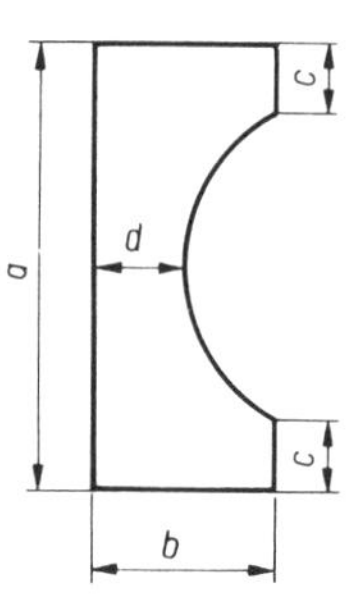


Bild 2.104

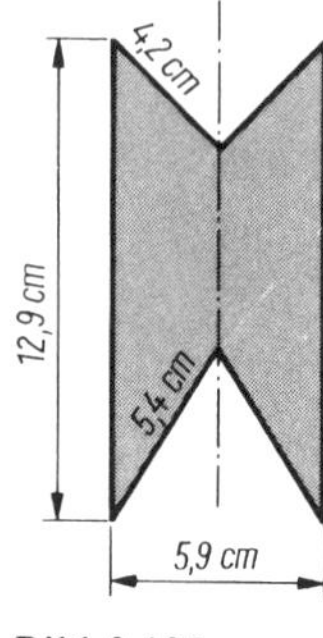


Bild 2.105

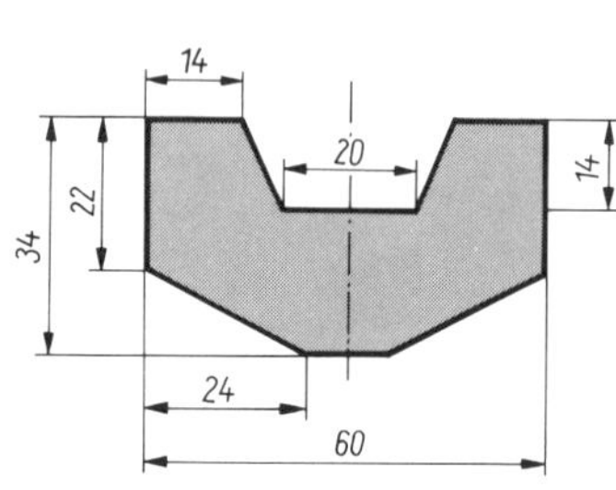


Bild 2.106

**2.36** Von einem Parallelogramm sind $a = 34{,}8$ cm, $b = 21{,}5$ cm, $A = 600\ \text{cm}^2$ gegeben. Gesucht werden die Längen der Diagonalen.

**2.37** Berechnen Sie den in Bild 2.106 dargestellten Flächeninhalt.

**2.38** Im Kreis mit $r = 5{,}0$ cm hat ein Sektor den Flächeninhalt $A = 6{,}15\ \text{cm}^2$. Wie groß ist der Sektorwinkel $\alpha$?

**2.39** Ein Kreisring hat den Flächeninhalt $A = 300\ \text{cm}^2$ und den äußeren Radius $r_1 = 14$ cm. Wie groß ist der innere Radius $r_2$?

**2.40** Gesucht wird der in Bild 2.107 gezeigte Flächeninhalt.

**2.41** Von einem Dreieck mit dem Flächeninhalt $A$ ist durch eine Parallele zu $c$ ein Trapez mit dem Flächeninhalt $A_1 = \frac{3}{4} A$ abzutrennen. Berechnen Sie $x$ (Bild 2.108).

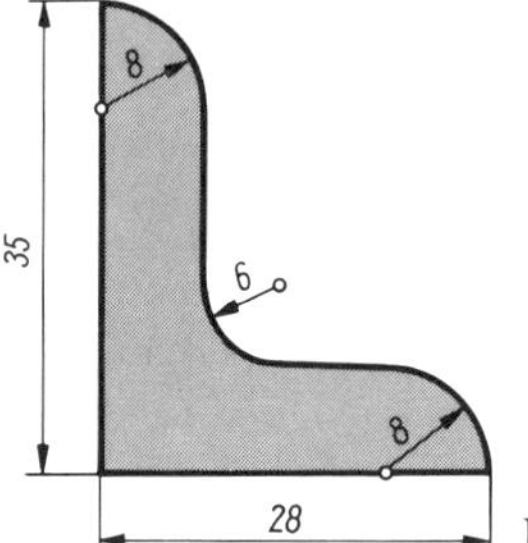


Bild 2.107

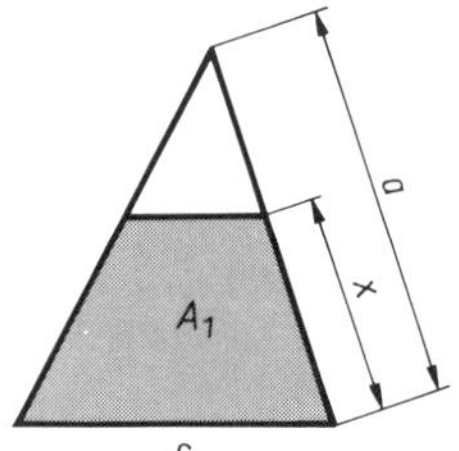


Bild 2.108

---

**2.42** Ein Dreieck ist zu konstruieren aus $\beta = 78°$, $h_c = 6$ cm, $w_\beta = 5$ cm.

**2.43** Beweisen Sie, daß sich die Mittelsenkrechten des Dreiecks in einem Punkt schneiden.

**2.44** Im rechtwinkligen Dreieck sind $a$ und $b$ gegeben. Berechnen Sie den Radius $r_i$ des Inkreises.

**2.45** Von einem gleichseitigen Dreieck ist $r_i$ gegeben. Berechnen Sie $s$, $h$, $r_u$.

**2.46** Ein Antennenmast ist durch drei Drahtseile verspannt. Diese greifen den Mast 10 m über dem Boden an; ihre Bodenanker bilden ein gleichseitiges Dreieck mit 12 m Seitenlänge. Berechnen Sie die Länge $l$ eines Spannseils.

**2.47** Konstruieren Sie ein

a) Viereck aus $a = 7$ cm, $b = 5$ cm, $c = 4$ cm, $\alpha = 65°$, $\delta = 120°$

b) Trapez aus $a = 8$ cm, $b = 4$ cm, $\beta = 60°$, $\delta = 140°$.

**2.48** Konstruieren Sie die inneren Tangenten an zwei Kreise $k_1$, $k_2$ mit $r_1 = 1{,}5$ cm, $r_2 = 3{,}0$ cm, $\overline{M_1M_2} = 8{,}0$ cm.

**2.49** Der Außendurchmesser eines Fahrzeugreifens beträgt 85 cm. Wieviel Umdrehungen in der Minute macht das Rad bei einer Geschwindigkeit von 70 km/h?

**2.50** Im Kreis mit $r = 20$ cm ist die Sehne $s = 32$ cm gegeben. Eine zweite Sehne $l$ ist parallel zu $s$ und hat von $s$ den Abstand $h = 5$ cm. Wie lang ist $l$?

**2.51** Berechnen Sie den Radius $r_1$ des Kreises, der die drei Halbkreise in Bild 2.109 berührt.

**2.52** Vier Punkte $A$, $B$, $C$, $D$, die auf einem Kreis liegen, bilden ein Sehnenviereck. Beweisen Sie den Satz: Im Sehnenviereck beträgt die Summe der Gegenwinkel 180°. Anleitung: Zeichnen Sie $BM$ und $DM$ ($M$ ist Kreismittelpunkt) und verwenden Sie den Satz über Zentri- und Peripheriewinkel.

**2.53** Im rechtwinkligen Dreieck sind $A = 462{,}00\ \text{cm}^2$ und $h = 20{,}7$ cm gegeben. Berechnen Sie die Seiten $a$, $b$, $c$.

**2.54** Gesucht wird der Flächeninhalt des in Bild 2.110 gezeigten konkaven Vierecks.

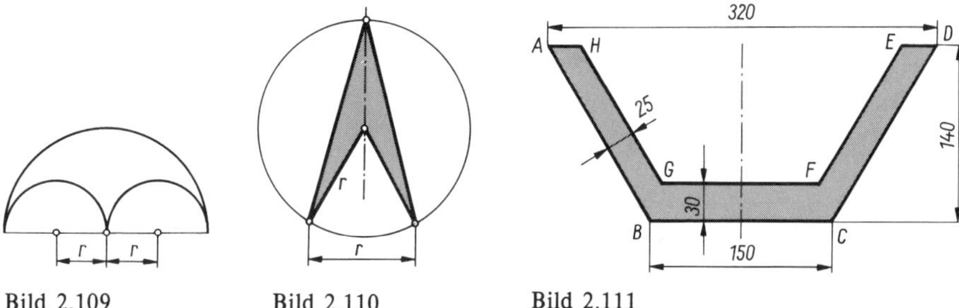


Bild 2.109 Bild 2.110 Bild 2.111

**2.55** Von einem Quadrat mit der Seitenlänge $a$ werden die Ecken so abgeschnitten, daß ein regelmäßiges Achteck entsteht. Berechnen Sie die Seite und den Flächeninhalt des Achtecks.

**2.56** Von einem Rhombus sind die Diagonalen $e = 45$ cm, $f = 22$ cm gegeben. Gesucht wird der Radius des Inkreises.

**2.57** Gesucht wird die Querschnittsfläche einer Betonrinne nach Bild 2.111.

**2.58** Unter Verwendung der Ergebnisse aus Beispiel 2.14 ist der Flächeninhalt des regelmäßigen Zwölfecks zu berechnen.

**2.59** Um wieviel Prozent ist der Umfang eines Kreises kleiner als der eines ihm flächeninhaltsgleichen Quadrates?

**2.60** Ein Kreisringsektor mit $r_1 = 10$ cm und $r_2 = 4$ cm hat den Flächeninhalt $A = 29{,}4$ cm? Wie groß ist der Zentriwinkel $\alpha$?

**2.61** Um wieviel Prozent ist in einem Kreis der zum Zentriwinkel $\alpha = 60°$ gehörige Bogen $b$ länger als die zugehörige Sehne?

**2.62** Berechnen Sie den Flächeninhalt der in Bild 2.112 dargestellten Figur für $a = 6$ cm.

**2.63** Eine Säule hat kreisringförmigen Querschnitt $A = 400\ \text{cm}^2$. Wie groß sind innerer und äußerer Durchmesser zu wählen bei einer Wandstärke von 4 cm?

**2.64** Berechnen Sie den in Bild 2.113 angegebenen Flächeninhalt.

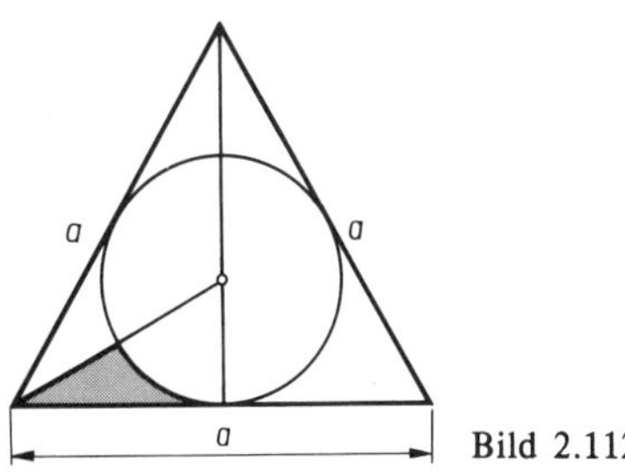

Bild 2.112

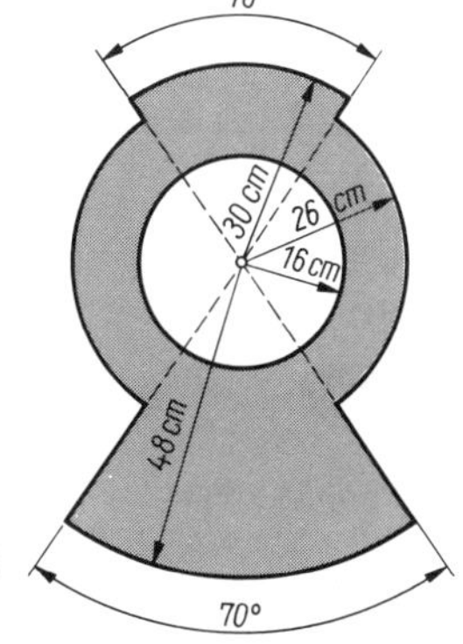


Bild 2.113

## 2.2 Stereometrie

### 2.2.0 Vorbemerkung

In der Stereometrie wird die Form, die Größe und die gegenseitige Lage von geometrischen Objekten im (dreidimensionalen) Raum untersucht. Im folgenden stehen entsprechend den in der Praxis häufig vorkommenden Aufgaben die Berechnungen des Volumens und der Oberfläche von mathematischen Körpern wie Quader, Prisma, Pyramide, Zylinder, Kegel und Kugel im Mittelpunkt.
Vorher werden noch einige oft anzuwendende Grundbegriffe und -aussagen der Geometrie des Raumes behandelt.
In Bild 2.114 sind wichtige Fälle der gegenseitigen Lage von Geraden und Ebenen zusammengestellt. Hierzu noch einige Bemerkungen: Wie die Geraden »fälschlich« als Strecken werden in anschaulichen Bildern die Ebenen »fälschlich« meist als Rechtecke darge-

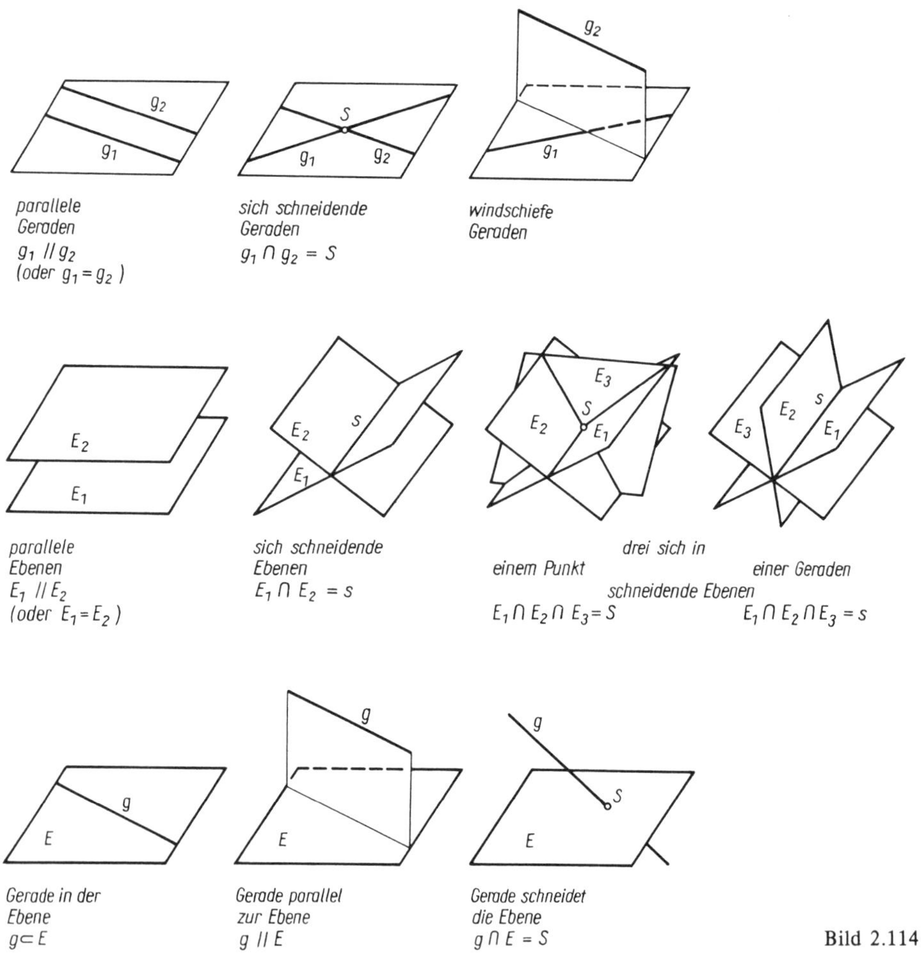

Bild 2.114

stellt; diese müssen also gedanklich über die Rechteckseiten hinaus unbegrenzt erweitert werden. Zwei parallele oder zwei sich schneidende Geraden liegen stets in einer Ebene, windschiefe Geraden dagegen nicht. Drei Ebenen, die nicht paarweise parallel sind und nicht durch eine Gerade gehen, schneiden sich stets in einem Punkt. Durch ihn gehen die Schnittgeraden von je zwei Ebenen, das sind drei Schnittgeraden.
Bei technischen Anwendungen wird häufig der Winkel zwischen zwei Ebenen bzw. der Winkel zwischen Gerade und Ebene verwendet.
Um den Winkel zwischen zwei Ebenen zu definieren, werden die von einem beliebigen Punkt $P$ der Schnittgeraden $s = E_1 \cap E_2$ ausgehenden Strahlen $p$, $q$ betrachtet, die in $E_1$ bzw. $E_2$ liegen und senkrecht zu $s$ sind (Bild 2.115). Der **Winkel $\alpha$ zwischen $E_1$ und $E_2$** ist dann

$$\alpha = \sphericalangle (E_1, E_2) = \sphericalangle (p, q).$$

Die Ebene von $\alpha$ steht senkrecht auf $s$.
Der Winkel zwischen einer Geraden $g$ und einer Ebene $E$ $(g \not\parallel E)$ wird wie folgt erklärt: Von einem beliebigen Punkt $Q$ von $g$ wird das Lot auf $E$ gefällt und ergibt den Lotfußpunkt $Q'$ (Bild 2.116). Die Gerade $SQ' = g'$ ist die senkrechte Projektion der Geraden $g$ auf die Ebene $E$. Der **Winkel $\alpha$ zwischen $g$ und $E$** ist dann

$$\alpha = \sphericalangle QSQ' = \sphericalangle (g, g').$$

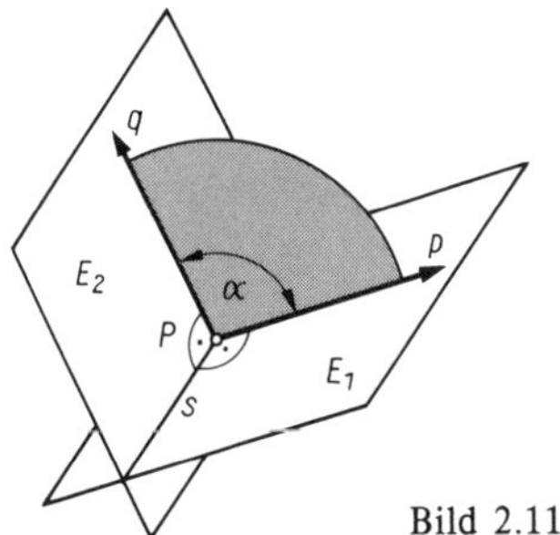

Bild 2.115

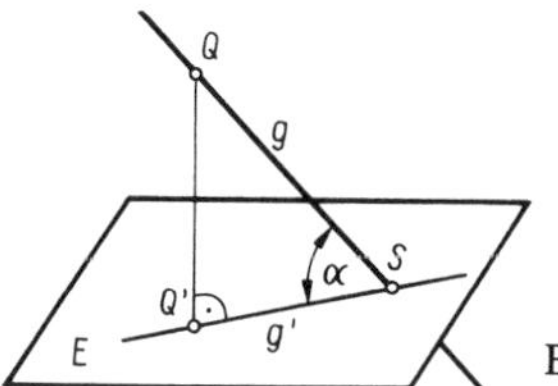

Bild 2.116

### 2.2.1 Quader

Ein **mathematischer Körper** oder kurz Körper ist ein Teil des Raumes, der vollständig von Flächen eingeschlossen wird. Der eingeschlossene Raumteil heißt das **Volumen** oder der Rauminhalt des Körpers, die Menge aller begrenzenden Flächen heißt seine **Oberfläche**.

Anmerkung: Um eine einfachere Ausdrucksweise zu erhalten, werden im folgenden unter Grundfläche, Oberfläche usw. (analog wie bei dem Begriff Strecke, vgl. 2.1.1) nicht nur die geometrischen Figuren, sondern auch ihre Flächeninhalte verstanden.

Die einfachsten Körper werden von ebenen Vielecken, z. B. von Rechtecken, Quadraten oder Dreiecken begrenzt und heißen ebenflächig begrenzte Körper, Vielflächner oder **Polyeder**. Dazu gehören unter anderem Quader, Würfel, Pyramide und Prisma. Je zwei Seitenflächen stoßen in einer **Kante** zusammen. Jeder gemeinsame Punkt von drei oder mehr Kanten und damit von drei oder mehr Seitenflächen heißt **Eckpunkt** des Polyeders.

Ist $f$ die Anzahl der Seitenflächen, $k$ die Anzahl der Kanten und $e$ die Anzahl der Eckpunkte eines konvexen Polyeders (Polyeder ohne »einspringende« Ecken), dann gilt die von dem Mathematiker LEONHARD EULER (1707–1783) gefundene Gleichung:

$$e + f - k = 2 \tag{I}$$

Bild 2.117 zeigt als einfaches Polyeder den **Quader** oder das Rechtkant. Der Quader hat $e = 8$ Eckpunkte, $f = 6$ Rechtecke als Seitenflächen, von denen je zwei gegenüberliegende kongruent sind, und $k = 12$ Kanten. Es seien $a$, $b$, $c$ die Längen von je vier Kanten. In einem Eckpunkt stehen drei Kanten je paarweise aufeinander senkrecht. Die Strecke $\overline{AH}$ ist eine der vier Raumdiagonalen des Quaders. Aus dem rechtwinkligen Dreieck $ACH$ folgt

$$\overline{AH} = \sqrt{\overline{AC}^2 + c^2} \quad \text{und mit} \quad \overline{AC}^2 = a^2 + b^2$$
$$\overline{AH} = \sqrt{a^2 + b^2 + c^2}\,.$$

Für $a = b = c$ folgt aus dem Quader als Sonderfall der Würfel.

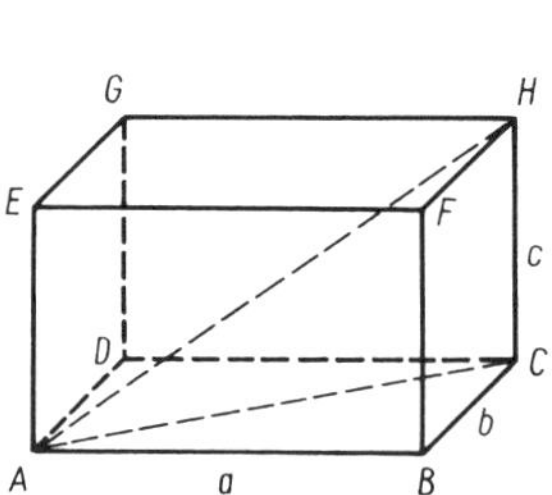

Bild 2.117

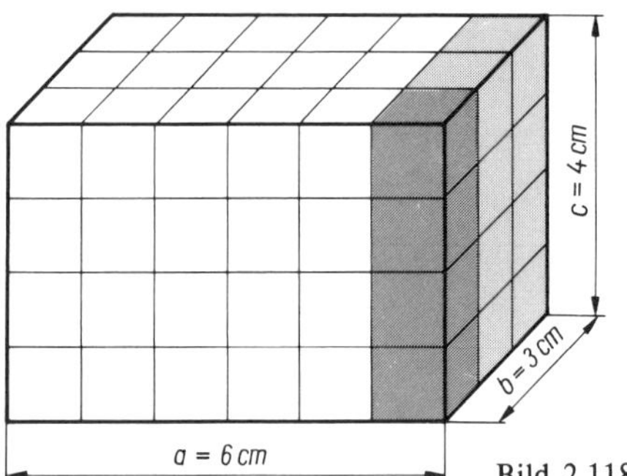

Bild 2.118

Zur Bestimmung des Körpervolumens ist festzustellen, wie oft ein als Maßeinheit verwendetes Volumen in dem zu bestimmenden Volumen enthalten ist. Als Einheit dient das Volumen eines Würfels, dessen Kantenlänge $a$ eine Längeneinheit ist, z. B. ein Würfel mit $a = 1$ cm, der das Volumen $V = 1\ \text{cm}^3$ erhält. Der Quader in Bild 2.118 enthält 6 Scheiben mit je 3 Säulen; jede Säule enthält 4 solcher Würfel. Daher ist das Volumen dieses Quaders

$$V = 6 \cdot 3 \cdot 4 \cdot 1\ \text{cm}^3 = 72\ \text{cm}^3.$$

Hätten die Würfel mit $V = 1\ \text{cm}^3$ das Quadervolumen nicht ausgefüllt, dann müßten entsprechend Bild 2.84 noch Würfel mit $a = 1$ mm, $V = 1\ \text{mm}^3$ verwendet werden usw. Das **Volumen des Quaders** mit den (in gleicher Längeneinheit anzugebenden) Kanten $a$, $b$, $c$ ist

$$\boxed{V = a \cdot b \cdot c} \tag{2.16}$$

Wird die Fläche des Rechtecks $ABCD$ in Bild 2.117 als Grundfläche mit dem Flächeninhalt $A_G = \text{a} \cdot \text{b}$ und die Kantenlänge $c$ als Höhe $h$ bezeichnet, dann wird $V = (a \cdot b) \cdot c = A_G \cdot h$, d. h., das Volumen des Quaders ist gleich dem Produkt aus Grundflächeninhalt und Höhe.

Das **Volumen des Würfels** mit der Kantenlänge $a$ ist

$$V = a^3 \tag{2.17}$$

Denkt man sich einen Quader aus Papier hergestellt, schneidet das Modell längs einiger Kanten auf und breitet es in die Ebene aus, dann entsteht das **Netz** des Quaders (Bild 2.119). Die zeichnerische oder nur gedankliche Darstellung des Netzes erleichtert bei vielen Körpern die Berechnung der Oberfläche.
Die **Oberfläche des Quaders** besteht aus 6 Rechtecken, von denen je 2 kongruent sind:

$$A_0 = 2(ab + ac + bc) \tag{2.18}$$

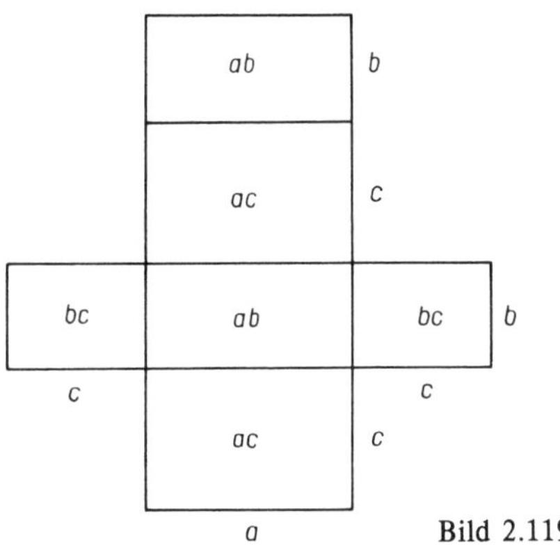

Bild 2.119

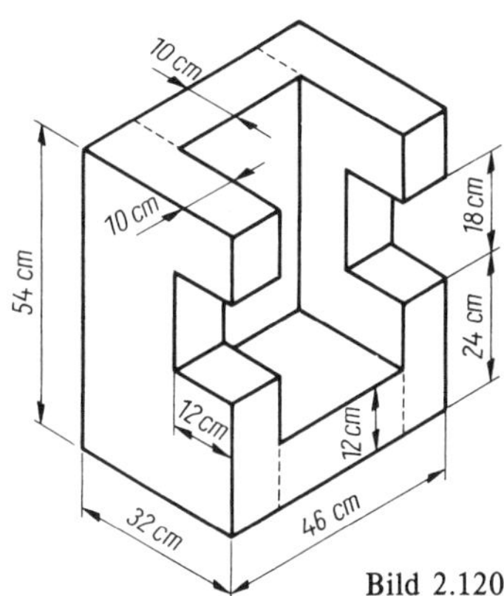

Bild 2.120

**Beispiel**

2.24 Es sind Volumen und Oberfläche des im Bild 2.120 dargestellten Werkstücks zu berechnen.
*Lösung:*
Der Körper kann zur Berechnung des Volumens auf verschiedene Arten in Quader zerlegt werden. Eine Möglichkeit zeigen die gestrichelten Linien in Bild 2.120. Danach ist das Volumen des Körpers die Summe der Volumen von vier Quadern (Grund- und Rückenplatte, 2 Seitenplatten), von der die Volumen von zwei gleichen Quadern (Aussparungen) zu subtrahieren sind:

$$V = 26 \cdot 22 \cdot 12\ \text{cm}^3 + 26 \cdot 10 \cdot 42\ \text{cm}^3 + 2 \cdot 32 \cdot 10 \cdot 54\ \text{cm}^3 - 2 \cdot 12 \cdot 10 \cdot 18\ \text{cm}^3$$
$$\underline{\underline{V = 48{,}024\ \text{dm}^3}}$$

Die Oberfläche ist die Summe von 22 Rechteckflächen, vermindert um 4 Rechteckflächen (Angabe in der Reihenfolge: Rückfläche, Seitenflächen, Grundfläche, Deckfläche, Vorderflächen, innere Flächen, Flächen der Aussparungen):

$$\begin{aligned} A_0 = {} & 54 \cdot 46\ \text{cm}^2 + 2 \cdot 54 \cdot 32\ \text{cm}^2 + 32 \cdot 46\ \text{cm}^2 + 2 \cdot 32 \cdot 10\ \text{cm}^2 \\ & + 10 \cdot 26\ \text{cm}^2 + 2 \cdot 10 \cdot 24\ \text{cm}^2 + 26 \cdot 12\ \text{cm}^2 + 2 \cdot 10 \cdot 12\ \text{cm}^2 \\ & + 22 \cdot 26\ \text{cm}^2 + 26 \cdot 42\ \text{cm}^2 + 2 \cdot 22 \cdot 42\ \text{cm}^2 + 2 \cdot 10 \cdot 18\ \text{cm}^2 \\ & + 4 \cdot 12 \cdot 10\ \text{cm}^2 - 4 \cdot 12 \cdot 18\ \text{cm}^2 \end{aligned}$$
$$\underline{\underline{A_0 = 12\,832\ \text{cm}^2 = 1{,}283\,2\ \text{m}^2}}$$

**Kontrollfragen**

2.25 Welche Lagebeziehungen sind a) zwischen zwei Geraden, b) zwischen zwei Ebenen, c) zwischen Gerade und Ebene möglich?

2.26 Nennen Sie einige Beispiele für Polyeder.

**Aufgaben: 2.65 und 2.66**

### 2.2.2 Prisma und Pyramide

Ein **Prisma** ist ein Polyeder, dessen Grund- und Deckfläche kongruente Vielecke sind, die in parallelen Ebenen liegen und dessen Seitenflächen Parallelogramme sind. Die Anzahl der Seitenflächen ist gleich der Anzahl der Seiten der Grundfläche. Grund- und Deckfläche werden auch gemeinsam als **Grundflächen** bezeichnet. Der Abstand der parallelen Ebenen, in denen die Grundflächen liegen, ist die **Höhe** $h$ des Prismas. Bild 2.121 zeigt einige Prismenarten. Nach der Anzahl der Seiten der Grundflächen werden **3-, 4-, …, *n*-seitige Prismen** und nach der Form der Grundflächen **regelmäßige** und **unregelmäßige** Prismen unterschieden. Sind alle Seitenflächen Rechtecke, dann liegt ein **gerades Prisma** vor, bei beliebigen Parallelogrammen als Seitenflächen ein **schiefes Prisma**. Quader und Würfel sind Sonderfälle des Prismas.

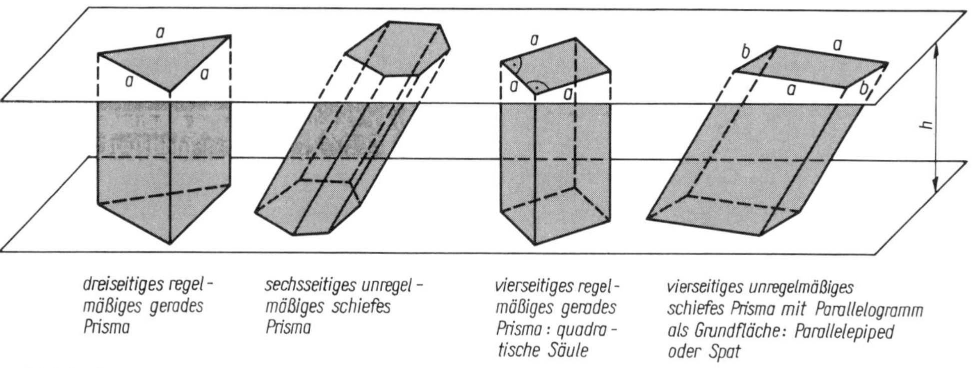


Bild 2.121

Wie das Volumen des Quaders ergibt sich das Volumen beliebiger Prismen als Produkt aus Grundfläche und Höhe: $V = A_G \cdot h$. Für gerade Prismen folgt die Formel sofort aus der Tatsache, daß nach 2.1.11 die Grundfläche $A_G$ als Summe von (genügend klein gewählten) »Einheitsquadraten« angegeben werden kann. Zu jedem dieser Quadrate gehört ein Quader mit dem Quadrat als Grundfläche und der Höhe des Prismas als Höhe (Bild 2.122). Die Summe der zu allen Quadraten gehörenden Quadervolumen ergibt das Volumen des Prismas.

Daß die Formel auch für schiefe Prismen gilt, läßt sich anschaulich wie folgt erklären: Ein gerades Prisma werde durch Schnitte parallel zur Grundfläche in Scheiben zerlegt (Bild 2.123). Bei seitlicher Verschiebung der Scheiben bleibt das Volumen des »Treppenkörpers« als Summe der Scheibenvolumen gleich dem ursprünglichen Prismenvolumen. Werden die Scheiben bei wachsender Anzahl immer dünner gemacht (man denke z.B. an Papierscheiben), dann geht der Treppenkörper in ein schiefes Prisma über.

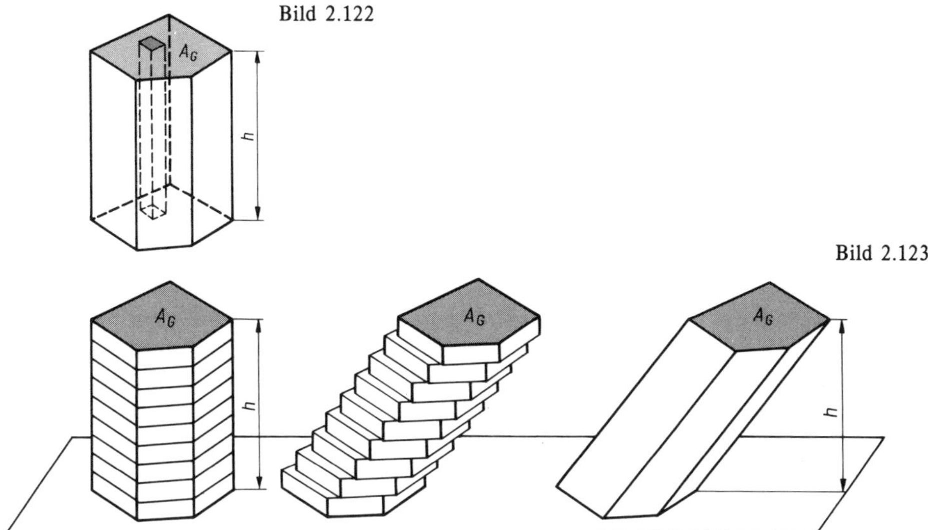


Bild 2.122

Bild 2.123

■ Das **Volumen eines Prismas** ist gleich dem Produkt aus Grundfläche und Höhe:

$$V = A_G \cdot h \tag{2.19}$$

Die Oberfläche des Prismas setzt sich wie bei dem Quader aus den beiden Grundflächen und den aus Rechtecken oder Parallelogrammen bestehenden Seitenflächen zusammen. Die Summe der Seitenflächen ergibt den **Mantel** $A_M$ des Prismas. Die **Oberfläche des Prismas** ist dann

$$A_O = 2A_G + A_M \tag{2.20}$$

## Beispiel

2.25 Es sind Volumen und Oberfläche eines schiefen Prismas mit quadratischen Grundflächen entsprechend Bild 2.124 zu berechnen.

*Lösung:*

Die Höhe des Prismas folgt aus $l^2 = h^2 + h^2 = 2h^2$ mit $h = l/\sqrt{2}$. Das Volumen ist

$$V = A_G \cdot h = a^2 \frac{l}{\sqrt{2}} = 5{,}2^2\,\text{cm}^2 \cdot \frac{14{,}3\,\text{cm}}{\sqrt{2}} = \underline{\underline{273{,}418\,\text{cm}^3}}.$$

Die Oberfläche setzt sich entsprechend dem in Bild 2.125 gezeigten Netz aus 2 Quadraten, 2 Rechtecken und 2 Parallelogrammen zusammen. Die Höhe $h_1$ eines Parallelogramms ist $h_1 = a/\sqrt{2}$. Damit ist die Oberfläche

$$A_O = 2a^2 + 2la + 2la/\sqrt{2} = \underline{\underline{307{,}96\,\text{cm}^2}}$$

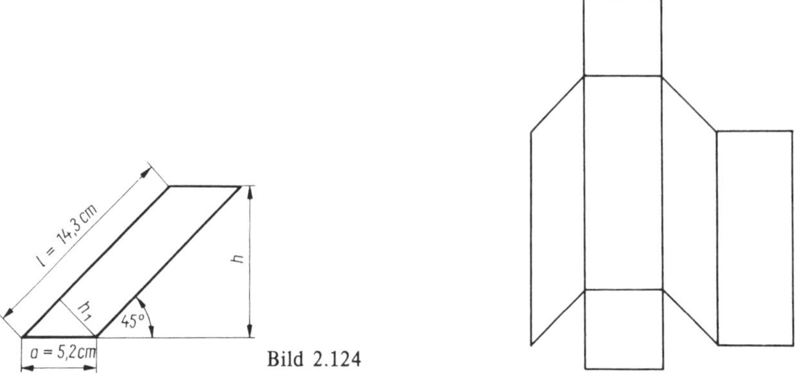


Bild 2.124

Bild 2.125

Die **Pyramide** ist ein Polyeder mit einem $n$-Eck als **Grundfläche** und einem Eckpunkt, der **Spitze** $S$, außerhalb der Grundfläche. $S$ ist mit allen Eckpunkten des $n$-Ecks durch die **Seitenkanten** der Pyramide verbunden. Die Seiten des $n$-Ecks heißen **Grundkanten**. Die Seitenflächen sind Dreiecke. Wird von $S$ das Lot auf die Grundfläche bis $S'$ gefällt (Bild 2.126), dann ist $h = \overline{SS'}$ die **Höhe** der Pyramide. Hat die Grundfläche einen Mittelpunkt (Mittelpunkt des Umkreises der Grundfläche) und fällt $S'$ in diesen Mittelpunkt, dann liegt eine **gerade Pyramide** vor, alle anderen Pyramiden heißen **schiefe Pyramiden**. Ist die Grundfläche ein regelmäßiges $n$-Eck, ist es eine **regelmäßige Pyramide**. Bild 2.126 zeigt einige Pyramidenarten. Das **Tetraeder** hat vier gleichseitige Dreiecke als Begrenzungsflächen. Es ist ein **regelmäßiger Körper**. Jedes der vier Dreiecke kann als Grundfläche betrachtet werden.

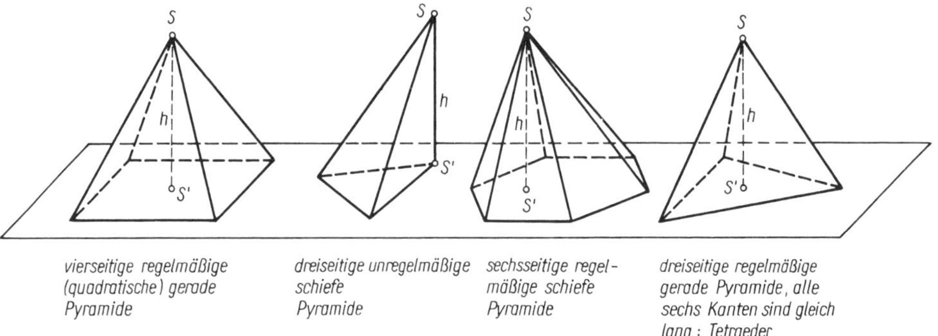


Bild 2.126

Ebenso wie in Bild 2.123 für Prismen läßt sich auch für Pyramiden zeigen, daß ihr Volumen nur von Grundfläche und Höhe abhängt. Bild 2.127 zeigt ein dreiseitiges gerades Prisma mit dem Volumen $V = A_G \cdot h$. Durch zwei ebene Schnitte wird es in drei Pyramiden I, II, III mit den Volumen $V_I$, $V_{II}$, $V_{III}$ zerlegt:

$$V_I + V_{II} + V_{III} = V \qquad \text{(I)}$$

Die Pyramiden I und II haben gleich große Grundflächen:
$\Delta ABC \cong \Delta DEF$ und gleich große Höhen: $\overline{CF} = \overline{AD} = h$; sie haben daher gleiches Volu-

men: $V_I = V_{II}$. Auch die Pyramiden II und III haben gleich große Grundflächen: $\Delta AED \cong \Delta ABE$ und die gleiche Höhe $h_1$; daher ist auch $V_{II} = V_{III}$. Aus $V_I = V_{II} = V_{III}$ und (I) folgt: $V_I = \frac{1}{3}\ V = \frac{1}{3}\ A_G \cdot h$. Die Formel gilt für beliebige Pyramiden.

■ Das **Volumen einer Pyramide** ist gleich einem Drittel des Produktes aus Grundfläche und Höhe:

$$V = \frac{1}{3}\ A_G \cdot h \tag{2.21}$$

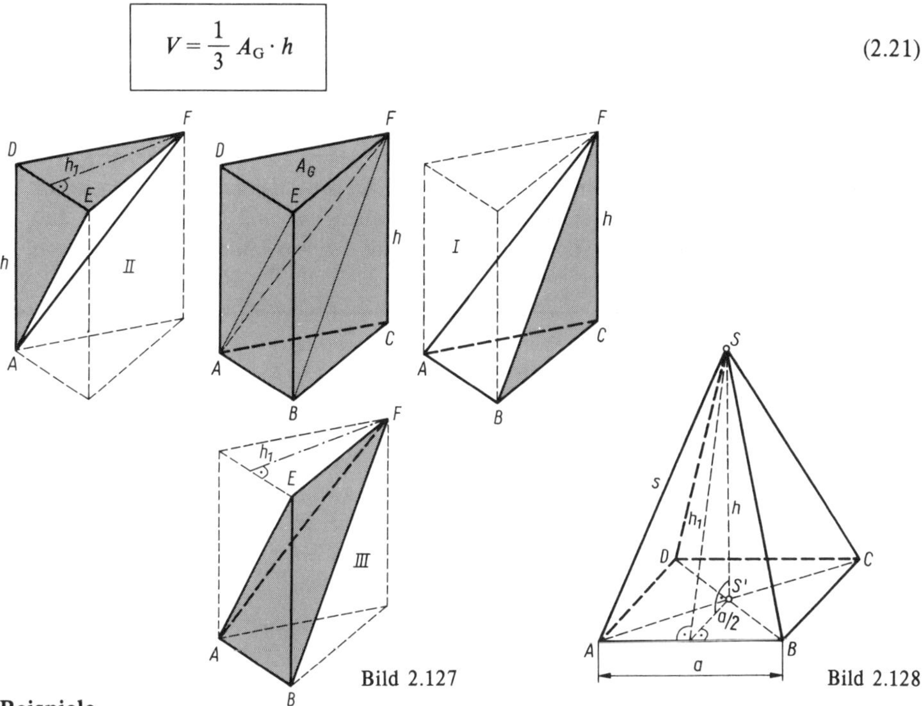


Bild 2.127

Bild 2.128

**Beispiele**

2.26 Eine quadratische Pyramide hat die Grundkante $a = 18$ cm und die Höhe $h = 24$ cm. Es sind die Länge $s$ einer Seitenkante, die Oberfläche $A_0$ und das Volumen $V$ zu berechnen (Bild 2.128).

*Lösung:*

Im rechtwinkligen Dreieck $ABS'$ ist

$$\overline{AS'}^2 + \overline{BS'}^2 = a^2 \quad \text{oder} \quad \overline{AS'} = a/\sqrt{2} \quad \text{und}$$

$$\overline{AS} = s = \sqrt{(a/\sqrt{2})^2 + h^2} = \sqrt{a^2/2 + h^2} = \underline{\underline{27{,}2\ \text{cm}}}$$

Jede Seitenfläche ist ein gleichschenkliges Dreieck mit der Basis $a$ und der Höhe $h_1 = \sqrt{(a/2)^2 + h^2} = 25{,}6$ cm. Die Oberfläche besteht aus der Grundfläche und 4 Seitenflächen:

$$A_0 = a^2 + 4\ \frac{a \cdot h_1}{2} = \underline{\underline{1\,246{,}75\ \text{cm}^2}}$$

Das Volumen der Pyramide ist

$$V = \frac{1}{3}\ a^2 \cdot h = \underline{\underline{2\,592\ \text{cm}^3}}$$

2.27 Eine regelmäßige dreiseitige Pyramide hat das Volumen $V = 36\,\text{cm}^3$ und die Grundkante $a = 4{,}5$ cm. Wie groß ist ihre Höhe?

*Lösung:*

Aus $V = \frac{1}{3} A_G \cdot h$ folgt $h = \frac{3V}{A_G}$. Die Grundfläche ist ein gleichseitiges Dreieck mit der Seite $a$: $A_G = \frac{a^2}{4}\sqrt{3}$ (vgl. Aufgabe 2.32). Damit ist

$$h = \frac{3V}{A_G} = \frac{3V}{\frac{a^2}{4}\sqrt{3}} = \frac{4\sqrt{3}\,V}{a^2} = \underline{\underline{12{,}3\text{ cm}}}$$

Für jede Pyramide gilt:

> Wird eine Pyramide durch eine Ebene parallel zur Grundfläche geschnitten, so ist die Schnittfigur dem $n$-Eck der Grundfläche ähnlich. Die Flächeninhalte $A_G$ und $A_{G1}$ beider $n$-Ecke verhalten sich wie die Quadrate der Abstände ihrer Ebenen von der Spitze.

*Beweis:* Bild 2.129. Aus $\Delta ABS \sim \Delta A_1B_1S$ und aus $\Delta AS'S \sim \Delta A_1S'_1S$ folgt

$$\frac{a}{a_1} = \frac{\overline{AS}}{\overline{A_1S}} = \frac{h}{h_1}. \qquad \text{(II)}$$

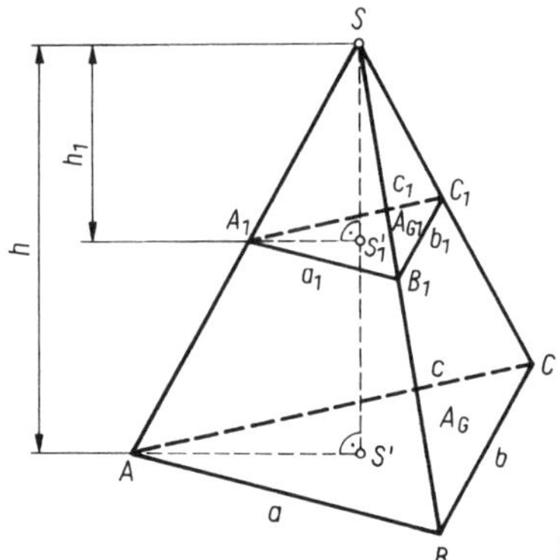


Bild 2.129

Entsprechend ist $\frac{b}{b_1} = \frac{c}{c_1} = \frac{h}{h_1}$. Gleichliegende Seiten der Dreiecke $ABC$ und $A_1B_1C_1$ stehen also im gleichen Verhältnis zueinander, daher sind beide Dreiecke ähnlich: $\Delta ABC \sim \Delta A_1B_1C_1$. Der Beweis läßt sich auf beliebige $n$-Ecke als Grundflächen durch ihre Zerlegung in Dreiecke erweitern. Nach dem letzten Satz aus 2.1.11 ist außerdem

$$A_G : A_{G1} = a^2 : a_1^2$$

und mit (II)

$$A_G : A_{G1} = h^2 : h_1^2. \qquad \text{(III)}$$

Wird von einer Pyramide durch einen Schnitt parallel zur Grundfläche der die Spitze enthaltende Teil abgetrennt, so heißt der Rest ein **Pyramidenstumpf** (Bild 2.130). Der Pyramidenstumpf hat zwei einander ähnliche $n$-Ecke als Grundflächen; die Seitenflächen sind Trapeze. Das Volumen kann als Differenz von zwei Pyramidenvolumen berechnet werden:

$$V = \frac{A_{G1}h_1}{3} - \frac{A_{G2}h_2}{3}. \qquad \text{(IV)}$$

Im allgemeinen sind aber $h_1$, $h_2$ nicht bekannt, sondern es sind außer den Grundflächen $A_{G1}$, $A_{G2}$ ihr Abstand $h = h_1 - h_2$ gegeben. Für diesen Fall wird ohne Beweis die folgende Formel für das **Volumen des Pyramidenstumpfes** angegeben:

$$\boxed{V = \frac{h}{3}\left(A_{G1} + A_{G2} + \sqrt{A_{G1}A_{G2}}\right)} \qquad (2.22)$$

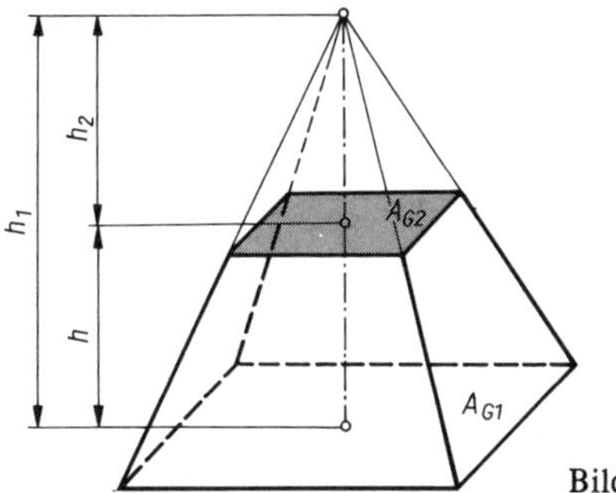

Bild 2.130

**Beispiele**

2.28 Welche Masse hat der in Bild 2.131 im Aufriß dargestellte Sockel aus Sandstein ($\varrho = 2{,}3 \cdot 10^3\,\mathrm{kgm^{-3}}$) mit quadratischer Grundfläche?

*Lösung:*

Für die Masse gilt $m = V \cdot \varrho$. Das Sockelvolumen $V$ setzt sich aus dem Volumen von drei Quadern I, III, V und zwei Pyramidenstümpfen II, IV zusammen. Mit den gegebenen Zahlen folgt:

$$V/\mathrm{cm}^3 = 60^2 \cdot 16 + 28^2 \cdot 36 + 50^2 \cdot 12 + \frac{12}{3}(60^2 + 28^2 + 60 \cdot 28)$$
$$+ \frac{8}{3}(50^2 + 28^2 + 50 \cdot 28)$$
$$V = 152\,571\,\mathrm{cm}^3 = 0{,}152\,6\,\mathrm{m}^3$$

Die Masse $m$ des Sockels ist

$\underline{\underline{m = 351\,\mathrm{kg}}}$

2.29 Ein offener Behälter aus Blech hat die Form eines Pyramidenstumpfes mit rechteckiger Grundfläche (Bild 2.132). Gegeben sind $a = 43{,}2$ cm, $b = 33{,}7$ cm, $c = 77{,}0$ cm, $d = 60{,}1$ cm, $h = 47{,}0$ cm. Wieviel Quadratmeter Blech werden gebraucht? (Die Blechstärke wird vernachlässigt).

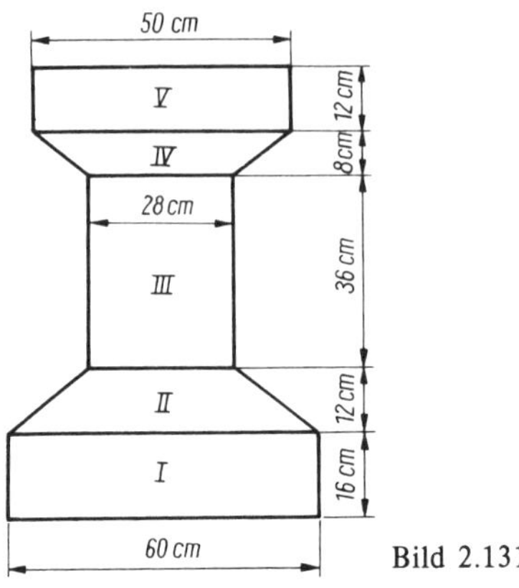


Bild 2.131

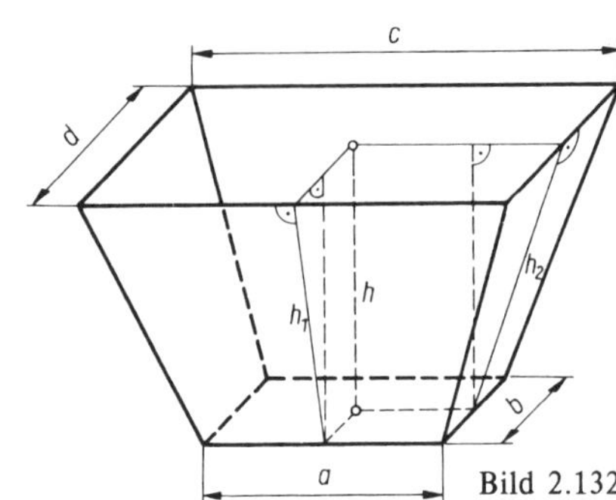


Bild 2.132

*Lösung:*
Die gesuchte Fläche ist die Summe von einer Rechteckfläche und zweimal zwei Trapezflächen. Die Höhen $h_1$, $h_2$ der Trapeze mit den Grundlinien $a$, $c$ bzw. $b$, $d$ sind

$$h_1 = \sqrt{\left(\frac{d-b}{2}\right)^2 + h^2} \quad \text{und} \quad h_2 = \sqrt{\left(\frac{c-a}{2}\right)^2 + h^2}$$

Die gesuchte Gesamtfläche hat den Inhalt

$$A = ab + 2 \cdot \frac{a+c}{2} h_1 + 2 \cdot \frac{b+d}{2} h_2$$

$$A = ab + (a+c)\,h_1 + (b+d)\,h_2 = 12\,009 \text{ cm}^2.$$

Es werden 120 $\text{dm}^2$ Blech für den Behälter gebraucht.

## Kontrollfragen

2.27 Erklären Sie das Prisma und die Pyramide, und nennen Sie verschiedene spezielle Formen dieser Körper.

2.28 Was folgt aus der Tatsache, daß sich das Volumen eines Prismas oder einer Pyramide allein aus Grundfläche und Höhe berechnen läßt?

## Aufgaben: 2.67 bis 2.72

### 2.2.3 Prismatoid

Ein **Prismatoid** (Prismoid) ist ein Polyeder, dessen Grundflächen beliebige Vielecke sind, die in parallelen Ebenen liegen und dessen Seitenflächen Dreiecke oder Trapeze sind. Bild 2.133 zeigt ein Prismatoid mit einer fünfeckigen Grundfläche $A_{G1}$ und einer dreieckigen Grundfläche $A_{G2}$. Die Höhe $h$ ist der Abstand der Grundflächen. Ein ebener Schnitt im Abstand $h/2$ von den Grundflächen und parallel zu diesen ergibt als Schnittfigur den Mittelschnitt $A_{GM}$, z. B. in Bild 2.133 ein Sechseck. Das **Volumen des Prismatoids** berechnet sich aus der Formel

$$V = \frac{h}{6}\left(A_{G1} + 4A_{GM} + A_{G2}\right) \tag{2.23}$$

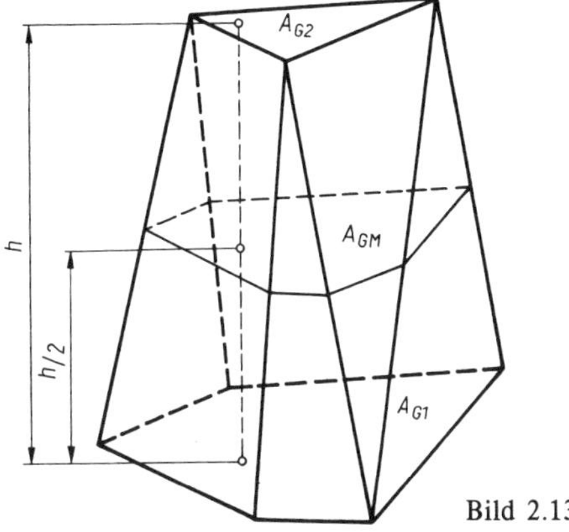


Bild 2.133

Prisma, Pyramide und Pyramidenstumpf sind Sonderfälle des Prismatoids. Bei der Pyramide denkt man sich die Grundfläche $A_{G2}$ zu einem Punkt zusammengeschrumpft. Zwei weitere Sonderfälle werden genannt. Ein Prismatoid, dessen Grundflächen Rechtecke und dessen Seitenflächen Trapeze sind, heißt **Ponton** (Bild 2.134). Schrumpft ein Rechteck zu einer Strecke, der Schneide, zusammen, dann entsteht ein **Keil** (Bild 2.135). Aus (2.23) folgt für das Volumen des Pontons

$$V = \frac{h}{6}\left((2a + c)\,b + (2c + a)\,d\right)$$

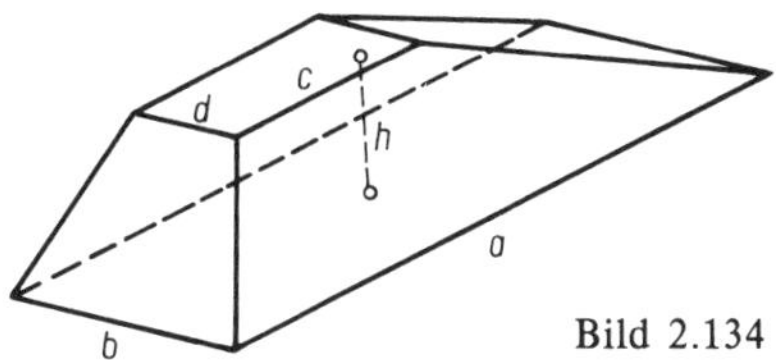


Bild 2.134

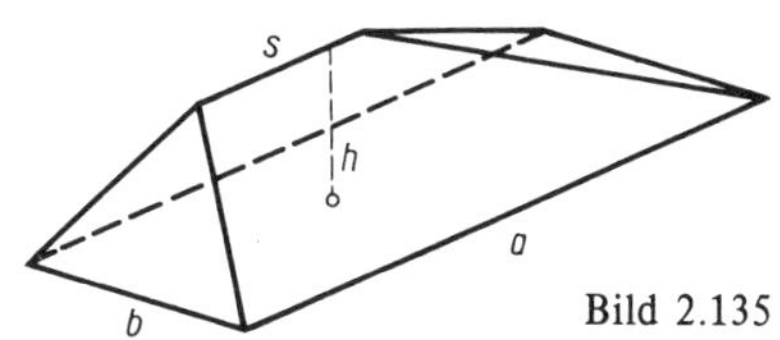


Bild 2.135

und für das Volumen des Keils

$$V = \frac{h}{6}\,(2a + s)\,b. \qquad \text{(vgl. Aufgabe 2.73)}$$

Bei der Berechnung des Volumens eines Prismatoids besteht im allgemeinen die Hauptaufgabe in der Berechnung des Mittelschnitts $A_{GM}$.

**Beispiel**

2.30 Bild 2.136 stellt einen Geländeausschnitt dar (Blockbild). Auf einer schrägen Geländeebene soll ein ansteigender Weg aufgeschüttet werden. Mit Hilfe des Entwurfs in der Karte wurden in Abständen von je 30 m rechtwinklig zum Weg Querschnitte gezeichnet und graphisch die Flächeninhalte $A_1 = 6{,}53\ \text{m}^2$, $A_2 = 16{,}17\ \text{m}^2$, $A_3 = 29{,}76\ \text{m}^2$ ermittelt. Gesucht wird das Volumen der aufzuschüttenden Erdmasse.

*Lösung:*

Der Böschungskörper ist ein Prismatoid mit den Grundflächen $A_1$, $A_3$, dem Mittelschnitt $A_2$ und der Höhe $h = 60\ \text{m}$.

Das Volumen ist nach (2.23):

$$V = \frac{h}{6}(A_1 + 4A_2 + A_3) = 10\,(6{,}53 + 4 \cdot 16{,}17 + 29{,}76)\ \text{m}^2 = \underline{\underline{1\,010\ \text{m}^3}}.$$

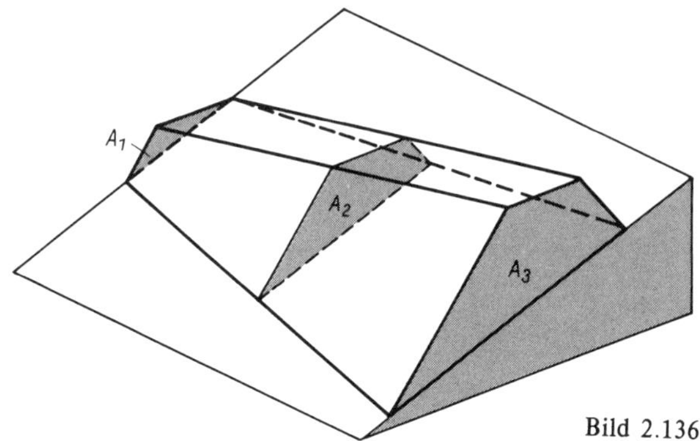


Bild 2.136

**Kontrollfragen**

2.29 Wie wird das Prismatoid definiert?

2.30 Wieviel Ecken hat der Mittelschnitt eines Prismatoids, dessen Grundflächen beliebige Dreiecke mit nicht zueinander parallelen Seiten sind?

2.31 Nennen Sie Sonderfälle des Prismatoids.

**Aufgaben: 2.73 bis 2.75**

### 2.2.4 Zylinder und Kegel

Wenn im Raum eine Gerade, die Erzeugende, parallel zu sich an einer Kurve, der Leitkurve, entlang gleitet, dann beschreibt sie eine **Zylinderfläche** (Bild 2.137). Ist die Leitkurve eine geschlossene Kurve, dann heißt der Körper, der von der Zylinderfläche und zwei parallelen Ebenen (die nicht parallel zur Erzeugenden sind) begrenzt wird, ein **Zylinder**. Die Strecken auf den Erzeugenden zwischen den Parallelebenen sind seine Mantellinien, ihre Gesamtheit ist der Mantel. Die vom Mantel aus den Parallelebenen ausgeschnittenen kongruenten Flächen sind seine Grundflächen und der Abstand der Parallelebenen ist die Höhe $h$ des Zylinders. Für die Technik ist der Zylinder am wichtig-

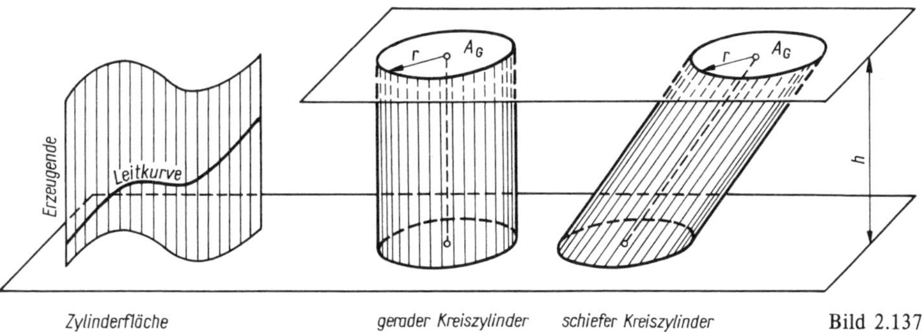


Zylinderfläche gerader Kreiszylinder schiefer Kreiszylinder Bild 2.137

sten, dessen Grundflächen Kreise sind. Er heißt **gerader Kreiszylinder**, wenn die Gerade durch die Kreismittelpunkte, die Zylinderachse, senkrecht zu den Grundflächen ist, sonst **schiefer Kreiszylinder**. Im folgenden wird unter Zylinder im allgemeinen der gerade Kreiszylinder verstanden.

Gleitet die Erzeugende an der Leitkurve und geht dabei stets durch einen festen Punkt $S$, so entsteht eine **Kegelfläche** (Bild 2.138). $S$ ist ihre Spitze. Bei geschlossener Leitkurve hüllen die Kegelfläche und eine nicht durch $S$ gehende Ebene einen **Kegel** ein. Er heißt **Kreiskegel**, wenn seine Grundfläche ein Kreis ist. Die Kegelachse ist die durch $S$ und den Kreismittelpunkt gehende Gerade. Ist die Kegelachse senkrecht zur Grundfläche, dann liegt ein **gerader Kreiskegel** vor, sonst ein **schiefer Kreiskegel**. Die Strecken auf den Erzeugenden von $S$ bis zur Grundfläche sind die Mantellinien $s$ des Kegels.

Bild 2.138

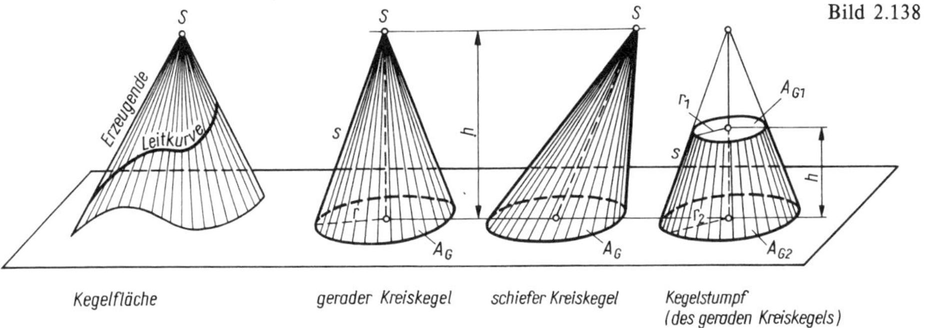


Kegelfläche gerader Kreiskegel schiefer Kreiskegel Kegelstumpf (des geraden Kreiskegels)

Für den geraden Kreiskegel mit der Höhe $h$ und dem Radius $r$ der Grundfläche ist $s = \sqrt{r^2 + h^2}$. Wird der gerade Kreiskegel von einer durch die Achse gehenden Ebene geschnitten, dann entsteht als **Achsenschnitt** ein gleichschenkliges Dreieck (Bild 2.139). Der von den Schenkeln $s$ eingeschlossene Winkel $\gamma$ heißt Öffnungswinkel des Kegels.

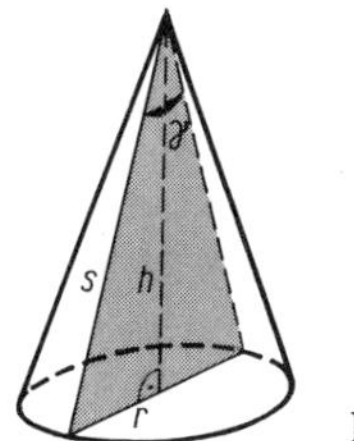


Bild 2.139

Wird von einem Kegel durch einen Schnitt parallel zur Grundfläche der die Spitze enthaltende Teil abgetrennt, so heißt der Rest **Kegelstumpf**.

In 2.1.10 wurde gezeigt, daß sich ein regelmäßiges $n$-Eck bei ständiger Vergrößerung von $n$ immer mehr dem Kreis nähert. Entsprechend geht bei wachsendem $n$ ein regelmäßiges $n$-seitiges Prisma in einen Zylinder und eine regelmäßige Pyramide in einen Kegel über. Die Volumenformeln (2.19), (2.21), (2.22) für Pyramide, Prisma bzw. Pyramidenstumpf bleiben dabei erhalten.

Das Volumen des Zylinders ist $V = A_G \cdot h$ und das **Volumen des Kreiszylinders**

$$V = \pi r^2 h \tag{2.24}$$

Das Volumen des Kegels ist $V = \frac{1}{3} A_G \cdot h$ und das **Volumen des Kreiskegels**

$$V = \frac{1}{3} \pi r^2 h \tag{2.25}$$

Für das **Volumen des Kreiskegelstumpfes** folgt aus (2.22)

$$V = \frac{\pi h}{3} (r_1^2 + r_2^2 + r_1 r_2) \tag{2.26}$$

**Beispiele**

2.31 Welche Masse hat das in Bild 2.140 im Grund- und Aufriß gezeigte gußeiserne Werkstück ($\varrho = 7{,}3 \text{ kg} \cdot \text{dm}^{-3}$)? Maßangaben in mm.

*Lösung:*

Der Körper setzt sich aus einem Zylinder mit dem Volumen $V_1$ und einem Hohlzylinder zusammen, dessen Volumen $V_2$ die Differenz von zwei Zylindervolumen ist:

$$V = \pi \cdot 15^2 \cdot 3{,}5 \text{ cm}^3 + \pi \cdot 7{,}5^2 \cdot 16 \text{ cm}^3 - \pi \cdot 4{,}0^2 \cdot 16 \text{ cm}^3$$

$$= \pi (15^2 \cdot 3{,}5 + (7{,}5^2 - 4{,}0^2)\, 16) \text{ cm}^2 = 4\,497{,}2 \text{ cm}^3 = 4{,}497\,2 \text{ dm}^3$$

$$m = V \cdot \varrho = 4{,}497\,2 \text{ dm}^3 \cdot 7{,}3 \text{ kg dm}^{-3} = \underline{\underline{32{,}830 \text{ kg}}}$$

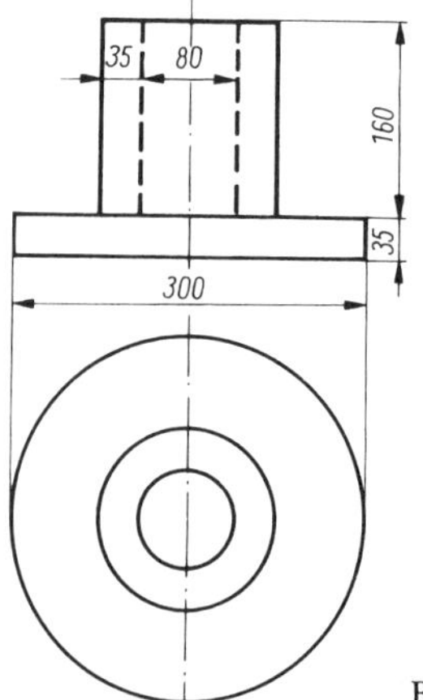


Bild 2.140

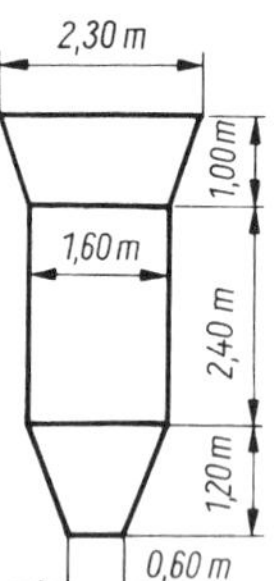


Bild 2.141

2.32 Bild 2.141 zeigt einen Blechschacht für Schüttgut mit kreisförmigem Querschnitt. Wie groß ist sein Volumen?
*Lösung:*
Das Behältervolumen setzt sich aus dem Volumen eines Zylinders und den Volumen von zwei Kegelstümpfen zusammen. Mit den Formeln (2.24) und (2.26) wird

$$V = \pi\, 0{,}8^2 \cdot 2{,}4\ \text{m}^3 + \frac{\pi \cdot 1{,}0}{3}(0{,}8^2 + 1{,}15^2 + 0{,}8 \cdot 1{,}15)\ \text{m}^3 + \frac{\pi \cdot 1{,}2}{3}(0{,}8^2 + 0{,}3^2 + 0{,}8 \cdot 0{,}3)\ \text{m}^3$$

$$= 4{,}825\,5\ \text{m}^3 + 3{,}018\,5\ \text{m}^3 + 1{,}218\,9\ \text{m}^3 = \underline{\underline{9{,}062\,9\ \text{m}^3}}$$

Für die Berechnung des Kegelstumpfvolumens werden in der Praxis oft Näherungsformeln verwendet. Meist wird das Volumen des Kegelstumpfes angenähert durch das Volumen eines Zylinders, der die gleiche Höhe wie der Kegelstumpf hat und dessen Grundfläche gleich dem Mittelschnitt $G_M$ (vgl. 2.2.3) des Kegelstumpfs ist, das ist die Schnittfläche parallel zu den Grundflächen in der Höhe $h/2$:

$$V \approx A_{GM} \cdot h.$$

Der Radius der Kreisfläche des Mittelschnitts ist $r_M = \frac{r_1 + r_2}{2}$. Damit folgt als **Näherungsformel für das Volumen des Kegelstumpfs:**

$$V \approx \pi h \left(\frac{r_1 + r_2}{2}\right)^2 \tag{I}$$

Der Fehler der Näherung ist umso kleiner, je größer $h$ im Verhältnis zu $r_1$, $r_2$ ist. Das nach (I) berechnete Volumen ist stets kleiner als das tatsächliche Volumen des Kegelstumpfs.

**Beispiel**

2.33 Wie groß ist das Volumen eines Baumstammes mit der Länge $h = 10$ m, dessen Schnittflächen die Durchmesser $d_1 = 70$ cm und $d_2 = 56$ cm haben?
*Lösung:*
Nach der Formel (2.26) folgt

$$V = \frac{\pi \cdot 10}{3}(0{,}35^2 + 0{,}28^2 + 0{,}35 \cdot 0{,}28)\ \text{m}^3 = \underline{\underline{3{,}130\ \text{m}^3}}$$

Die Näherungsformel (I) ergibt

$$V \approx \pi \cdot 10 \left(\frac{0{,}35 + 0{,}28}{2}\right)^2 \text{m}^3 = \underline{\underline{3{,}117\ \text{m}^3}}$$

Der Fehler der Näherung beträgt 0,013 $\text{m}^3$, das sind 0,4 %, d.h. im vorliegenden Fall für die Praxis ohne Bedeutung.

Bild 2.142 zeigt einen **schräg geschnittenen geraden Kreiszylinder**. Die Schnittfigur ist eine Ellipse mit den Achsen $\overline{AB} = 2a$ und $\overline{CD} = 2b$. $\overline{AA'} = h_1$ und $\overline{BB'} = h_2$ sind die kleinsten und größten Mantellinien. Ein Vergleich des schräg geschnittenen Zylinders mit dem Zylinder gleicher Grundfläche und der Höhe $h = \frac{1}{2}(h_1 + h_2)$ zeigt, daß sich beide Zylinder um zwei keilförmige und untereinander gleiche Körper mit der gemeinsamen Kante $\overline{CD}$ unterscheiden. Wird vom schräg geschnittenen Zylinder in Bild 2.142 der Keil rechts oben abgenommen und links angesetzt, dann entsteht der Zylinder mit der Höhe $h$. Beide Zylinder haben daher gleiches Volumen. Folglich ist das Volumen des schräg geschnittenen geraden Kreiszylinders

$$V = \pi r^2 \frac{h_1 + h_2}{2} \tag{II}$$

Der Zylindermantel läßt sich in die Ebene abwickeln und ergibt für den geraden Kreiszylinder ein Rechteck mit den Seiten $2r\pi$ und $h$. Nach dem in Bild 2.143 gezeigten Netz ist die **Oberfläche des geraden Kreiszylinders**

$$\boxed{A_O = 2\pi r^2 + 2\pi r h = 2\pi r\,(r + h)} \tag{2.27}$$

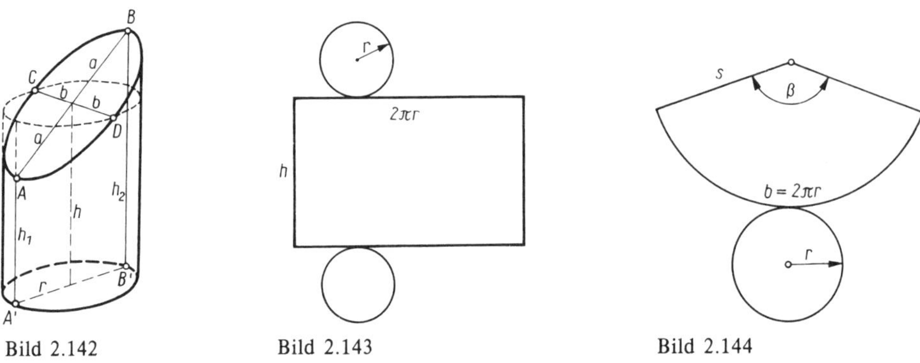


Bild 2.142 Bild 2.143 Bild 2.144

Für den schräg geschnittenen geraden Kreiszylinder in Bild 2.142 ist die Mantelfläche ebenfalls gleich

$$A_M = 2\pi r h = 2\pi r \frac{h_1 + h_2}{2}. \tag{III}$$

Der Flächeninhalt der Ellipse ist $A = ab\pi$, was hier nicht bewiesen werden kann.
Auch der Mantel des Kegels läßt sich in die Ebene abwickeln und ergibt bei dem geraden Kreiskegel einen Kreissektor mit dem Bogen $b = 2\pi r$, dem Radius $s$ und dem Zentriwinkel $\beta$ (Bild 2.144). Die Mantelfläche ist daher als Sektorfläche nach (2.15c):

$$A_M = \frac{s \cdot b}{2} = \frac{s \cdot 2\pi r}{2} = \pi r s = \pi r \sqrt{r^2 + h^2} \tag{IV}$$

Nach dem Netz des Bildes 2.144 ist die **Oberfläche des geraden Kreiskegels**

$$A_O = \pi r^2 + \pi r s$$

$$\boxed{A_O = \pi r\,(r + s) = \pi r\left(r + \sqrt{r^2 + h^2}\right)} \tag{2.28}$$

Zwischen dem Radius der Grundfläche, der Mantellinie $s$ und dem Zentriwinkel $\beta$ gibt es eine einfache Beziehung. Aus der Proportion $\beta{:}360° = b{:}2\pi s$ mit $\beta$ in Grad folgt wegen $b = 2\pi r$

$$\frac{r}{s} = \frac{\beta}{360°} \tag{V}$$

Der **Kegelstumpfmantel** ergibt abgewickelt ein Kreisringstück. Seine Fläche ist mit den Bezeichnungen des Bildes 2.138:

$$\boxed{A_M = \pi s\,(r_1 + r_2)} \qquad (2.29)$$

(Der Leser versuche selbst, die Formel zu beweisen.)

**Beispiele**

2.34 Für das in Bild 2.145 dargestellte Blechrohr mit kreisförmigem Querschnitt ist der Inhalt der Gesamtfläche (Materialbedarf) zu ermitteln.

*Lösung:*

Das Rohr besteht aus drei schräg geschnittenen Kreiszylindern, deren Mantelflächen nach (III) berechnet werden. Nach Ausklammern von $2\pi r$ wird die Gesamtmantelfläche:

$$A_M = 2\pi \cdot 12{,}5\left(\frac{65 + 57}{2} + 38 + \frac{40 + 40 + (65 - 57)}{2}\right)\text{cm}^2$$

$$\underline{\underline{A_M = 112{,}3\ \text{dm}^2}}$$

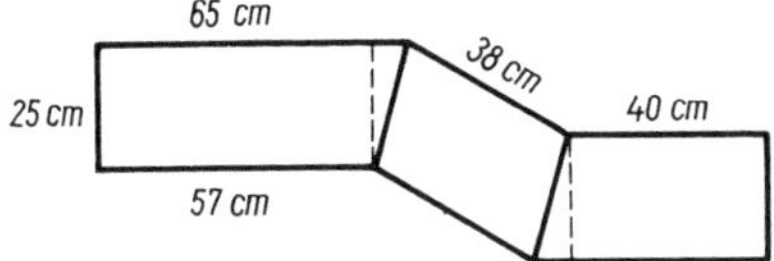


Bild 2.145

2.35 Aus einem Stück Blech ist ein Trichter herzustellen mit der oberen Weite 32 cm und der Tiefe 40 cm (die kleine Öffnung bleibt unberücksichtigt). Mit welchem Radius und welchem Zentriwinkel muß der Kreissektor ausgeschnitten werden und wie groß ist der Materialbedarf?

*Lösung:*

Der Trichter ist ein Kegel mit $r = 16$ cm und $h = 40$ cm. Für die Mantellinie $s$ und damit den Radius des Kreissektors folgt

$$s = \sqrt{16^2 + 40^2}\ \text{cm} = \underline{\underline{43{,}1\ \text{cm.}}}$$

Der Zentriwinkel $\beta$ ist nach (V)

$$\beta = \frac{r}{s} \cdot 360° = \underline{\underline{133{,}7°}}$$

und der Flächeninhalt des Sektors ist nach (IV)

$$A_M = \pi r s = \underline{\underline{21{,}66\ \text{dm}^2}}$$

**Kontrollfragen**

2.32 Erklären Sie die Körper: Zylinder, Kegel, Kegelstumpf. Aus welchen Teilflächen setzt sich jeweils ihre Oberfläche zusammen?

2.33 Wie kann das Volumen eines Kegelstumpfes genähert berechnet werden?

**Aufgaben: 2.76 bis 2.83**

### 2.2.5 Cavalierisches Prinzip

Der in Bild 2.123 veranschaulichte Sachverhalt, daß Prismen und ebenso Zylinder und Kegel mit kongruenten Grundflächen und gleichen Höhen gleiches Volumen haben, läßt sich verallgemeinern. Diese allgemeinere Aussage wurde 1629 von dem italienischen Mathematiker CAVALIERI (um 1598–1647) angegeben und heißt **Cavalierisches Prinzip**.

> Liegen zwei Körper zwischen zwei parallelen Ebenen und schneidet jede dazu parallele und in beliebiger Höhe liegende Ebene die Körper in flächeninhaltsgleiche Figuren, dann haben die Körper gleiches Volumen.

Die in beliebiger Höhe sich ergebenden Schnittfiguren brauchen also nicht kongruent, sondern nur flächeninhaltsgleich zu sein. Außerdem gilt der Satz nicht nur für die bisher behandelten Körper, sondern auch für beliebige.
Bild 2.146 veranschaulicht den Satz an einem Beispiel. Für die Grundflächen der beiden Körper $K$ und $K'$ sei: $A_{G1} = A'_{G1}$, $A'_{G2} = A'_{G2}$, und auch für den in beliebiger Höhe $x$ mit $0 \leqq x \leqq h$ geführten Schnitt gelte: $A_{Gx} = A'_{Gx}$. Daraus folgt für die Volumen beider Körper: $V = V'$.
Im folgenden Abschnitt wird gezeigt, wie das Cavalierische Prinzip zur Bestimmung des Kugelvolumens angewendet wird.

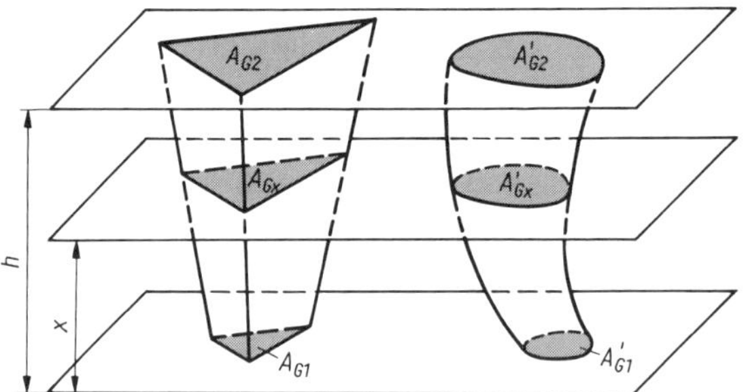


Bild 2.146

### 2.2.6 Kugel und Kugelteile

Die Kugel ist ein Körper, der allseitig von einer gleichmäßig gekrümmten Fläche begrenzt wird. Diese **Kugelfläche** ist die Menge aller Punkte, die von einem festen Punkt $M$ den konstanten Abstand $r$ haben. $M$ heißt **Mittelpunkt**, $r$ heißt **Radius** der Kugel.
Um die Formel für das Volumen der Kugel herzuleiten, wird die Halbkugel nach dem Prinzip von CAVALIERI mit einem Körper verglichen, dessen Volumen bekannt ist. Der Vergleichskörper ist ein Zylinder, aus dem entsprechend Bild 2.147 ein Kegel herausgenommen wurde. Zylinder und Kegel haben gleichen Radius $r$ wie die Halbkugel und die Höhe $h = r$. Die Grundflächen beider Körper liegen in einer Ebene. Es werden nun beide Körper in beliebiger Höhe $x$ mit $0 \leqq x \leqq r$ durch eine Ebene parallel zur Ebene der Grundflächen geschnitten. Für die Halbkugel ist die Schnittfigur ein Kreis mit dem Radius $r_1 = \sqrt{r^2 - x^2}$ und damit ist der Inhalt der Schnittfläche

$$A_{Gx} = \pi r_1^2 = \pi (r^2 - x^2)$$

Für den zweiten Körper ist die Schnittfigur ein Kreisring mit dem äußeren Radius $r$ und dem inneren Radius $x$ (da der halbe Öffnungswinkel des Kegels 45° beträgt). Der Flächeninhalt des Kreisrings ist

$$A'_{Gx} = \pi (r^2 - x^2)$$

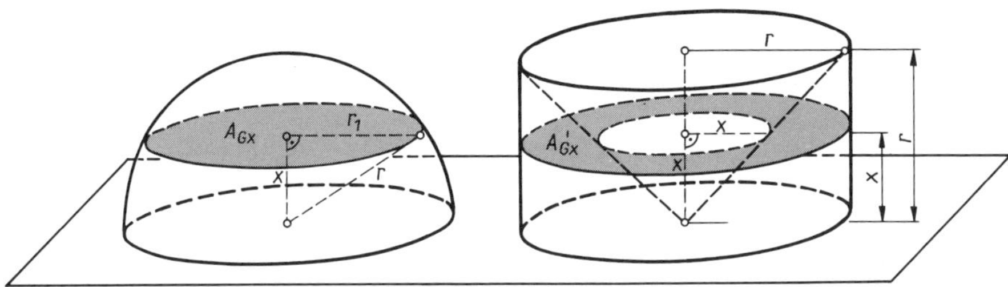


Bild 2.147

Es ist also $A_{Gx} = A'_{Gx}$ für beliebiges $x$ mit $0 \leqq x \leqq r$. Nach dem Prinzip von CAVALIERI haben beide Körper gleiches Volumen, d.h., das Volumen der Halbkugel ist gleich dem Volumen des Zylinders, vermindert um das Volumen des Kegels:

$$V_{\text{Halbkugel}} = \pi r^2 \cdot r - \frac{\pi r^2 \cdot r}{3} = \frac{2}{3} \pi r^3$$

Das **Volumen der Kugel** ist

$$\boxed{V = \frac{4}{3} \pi r^3} \qquad (2.30)$$

Zur Berechnung der Kugeloberfläche denkt man sich diese durch ein Netz von Kreisen (Bild 2.148) in $n$ Teilflächen $\Delta A_{0i}$ $(i = 1, 2, \ldots, n)$ zerlegt, die um so kleiner werden, je

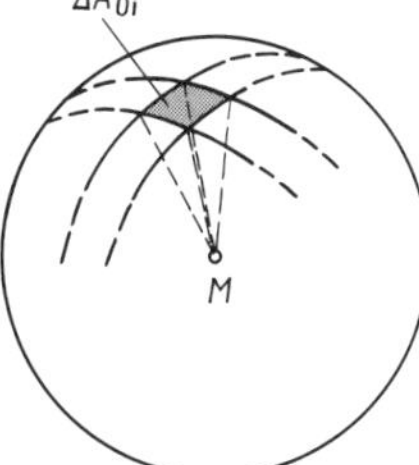


Bild 2.148

größer $n$ wird. Die Ecken jeder Teilfläche, die genähert als eben angesehen wird, ergeben Pyramiden mit dem Volumen $\Delta V_i$ und der genäherten Höhe $r$. Die Summe aller Pyramidenvolumen ist

$$V_n = \Delta V_1 + \Delta V_2 + \ldots + \Delta V_n = \frac{1}{3} \Delta A_{01} r + \frac{1}{3} \Delta A_{02} r + \ldots + \frac{1}{3} \Delta A_{0n} r$$

$$= \frac{1}{3} r (\Delta A_{01} + \Delta A_{02} + \ldots + \Delta A_{0n}) = \frac{1}{3} r A_{0n}$$

Für unbegrenzt wachsendes $n$ nähert sich die Summe $V_n$ immer mehr dem Kugelvolumen $V$ und die Summe $A_{On}$ der Teilflächen $\Delta A_{Oi}$ der Kugeloberfläche $A_O$. Im Grenzfall gilt daher

$$V = \frac{1}{3} r \cdot A_O \quad \text{oder} \quad \frac{4}{3} \pi r^3 = \frac{1}{3} r \cdot A_O .$$

Daraus folgt für die **Oberfläche der Kugel**

$$\boxed{A_O = 4\pi r^2} \tag{2.31}$$

Bild 2.149 zeigt Teile der Kugel. Die Formeln für Volumen und Mantelflächen werden ohne Beweis gegeben.

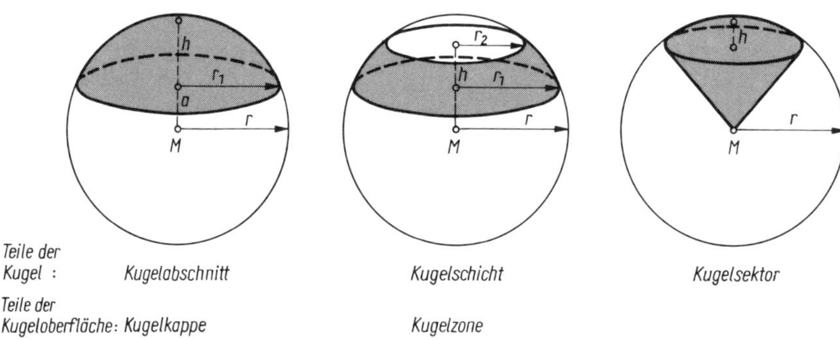


Bild 2.149

Durch den Schnitt der Kugel mit einer Ebene wird die Kugel in zwei **Kugelabschnitte** oder **Kugelsegmente** zerlegt und die Kugelfläche in zwei **Kugelkappen** oder **Kalotten**. Die Höhe $h$ eines Kugelabschnitts ist die Strecke, die sich als Differenz zwischen dem Radius $r$ und dem Abstand $a$ der Schnittebene vom Kugelmittelpunkt $M$ ergibt.

**Volumen des Kugelabschnitts**

$$\boxed{V = \frac{\pi h^2}{3} (3r - h) = \frac{\pi h}{6} (3r_1^2 + h^2)} \tag{2.32}$$

**Flächeninhalt der Kugelkappe**

$$\boxed{A_M = 2\pi r h} \tag{2.33}$$

Durch den Schnitt mit zwei parallelen Ebenen wird aus der Kugel eine **Kugelschicht** und aus der Kugelfläche eine **Kugelzone** ausgeschnitten. Die Höhe $h$ der Kugelschicht ist der Abstand der parallelen Ebenen.

**Volumen der Kugelschicht**

$$\boxed{V = \frac{\pi h}{6} (3r_1^2 + 3r_2^2 + h^2)} \tag{2.34}$$

**Flächeninhalt der Kugelzone**

$$A_M = 2\pi r h \tag{2.35}$$

Wird jeder Punkt des Schnittkreises eines Kugelabschnitts mit dem Kugelmittelpunkt $M$ durch den Radius $r$ verbunden, so entsteht ein Kegel. Der aus dem Kugelabschnitt und dem Kegel gebildete Körper heißt **Kugelsektor**.

**Volumen des Kugelsektors**

$$V = \frac{2}{3}\pi r^2 h \tag{2.36}$$

**Beispiele**

2.36 Welchen Durchmesser muß eine Kugel aus Blei ($\varrho = 11{,}3\ \text{kg}\,\text{dm}^{-3}$) mit der Masse $m = 2{,}5$ kg haben?

*Lösung:*

Aus $V = \frac{4}{3}\pi r^3$ und $V = \frac{m}{\varrho}$ folgt

$$r = \sqrt[3]{\frac{3V}{4\pi}} = \sqrt[3]{\frac{3m}{4\pi\varrho}} = \sqrt[3]{\frac{3 \cdot 2{,}5\ \text{kg}\,\text{dm}^3}{4\pi \cdot 11{,}3\ \text{kg}}} = 0{,}375\ \text{dm}$$

$\underline{\underline{r = 37{,}5\ \text{mm}}}$

2.37 Eine Kugel mit dem Radius $r$ wird von einer punktförmigen Lichtquelle $P$ aus beleuchtet, die den Abstand $kr$ vom Kugelmittelpunkt hat. In welchem Verhältnis stehen beleuchtete und unbeleuchtete Kugelkappe zueinander?

*Lösung:*

Bild 2.150. Im rechtwinkligen Dreieck $PQM$ gilt nach dem Kathetensatz

$$r^2 = x \cdot kr \quad \text{oder} \quad x = \frac{r}{k}.$$

Für die »Höhe« der beleuchteten bzw. unbeleuchteten Kugelkappe folgt

$$h_1 = r - x = r - \frac{r}{k} = \frac{r}{k}(k-1),$$

$$h_2 = r + x = r + \frac{r}{k} = \frac{r}{k}(k+1).$$

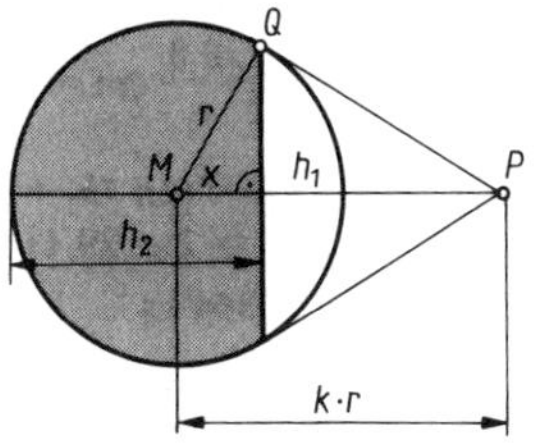

Bild 2.150

Die Mantelflächen beider Kugelkappen sind

$$A_{M1} = 2\pi r h_1, \qquad A_{M2} = 2\pi r h_2.$$

Ihr Verhältnis ist

$$\frac{A_{M1}}{A_{M2}} = \frac{h_1}{h_2} = \frac{k-1}{k+1}.$$

Ist z. B. $k = 2$, also $P$ um $2r$ von $M$ oder um $r$ von der Kugelfläche entfernt, dann ist $A_{M1} : A_{M2} = 1:3$, d. h., ein Viertel der Kugelfläche ist beleuchtet.

2.38 Wie groß ist die Masse eines eisernen zylinderförmigen Kessels mit kugelförmig gewölbten Seitenflächen (Bild 2.151, $\varrho = 7{,}8\ \text{kg}\,\text{dm}^{-3}$). Gegeben sind $h = 146$ cm, $h_1 = 120$ cm, $d = 60$ cm. Die Wandstärke beträgt $e = 12$ mm.

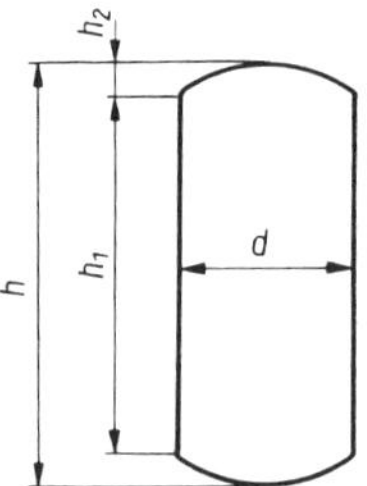


Bild 2.151

*Lösung:*

1. Weg. Das Volumen des vollen Körpers setzt sich aus dem Volumen eines Zylinders und den Volumen zweier Kugelabschnitte zusammen:

$$V = \pi r^2 h_1 + 2\,\frac{\pi h_2^2}{3}\,(3r - h_2)\,.$$

Für das Volumen des gefüllt zu denkenden Kessels folgt:

$$V_1 = \pi \cdot 30^2 \cdot 120\ \text{cm}^3 + \frac{2\pi \cdot 13^2}{3}\,(3 \cdot 30 - 13)\ \text{cm}^3 = 366{,}546\ \text{dm}^3.$$

Für das Volumen des Hohlraumes gilt:

$$V_2 = \pi \cdot 28{,}8^2 \cdot 120\ \text{cm}^3 + \frac{2\pi \cdot 11{,}8^2}{3}\,(3 \cdot 28{,}8 - 11{,}8)\ \text{cm}^3 = 334{,}447\ \text{dm}^3.$$

Das Volumen des Materials ist

$$V = V_1 - V_2 = 32{,}099\ \text{dm}^3$$

und damit die Masse des Kessels

$$\underline{\underline{m = 250{,}372\ \text{kg}.}}$$

2. Weg. Das Materialvolumen ergibt sich in guter Näherung aus dem Produkt von der Oberfläche und der Wandstärke. Zur Berechnung der Oberfläche wird das Mittel aus äußerem und innerem Radius verwendet:

$\bar{r} = \dfrac{30 + 28{,}8}{2}$ cm $= 29{,}4$ cm. Entsprechend ist $\bar{h}_2 = 12{,}4$ cm. Damit erhält man

$$\begin{aligned} V \approx A_O \cdot e &= (2\pi\,\bar{r} h_1 + 2 \cdot 2\pi\,\bar{r}\bar{h}_2)\,e \\ &= 2\pi \cdot 29{,}4\,(120 + 2 \cdot 12{,}4)\,1{,}2\ \text{cm}^3 = 32{,}098\ \text{dm}^3 \end{aligned}$$

$$m = 250{,}364\ \text{kg}$$

Gegenüber dem genauen Wert ergibt sich eine Abweichung von nur 8 g.

2.39 Eine Kugel mit dem Radius $r = 15$ cm wird zylindrisch mit dem Radius $r_1 = 6$ cm entsprechend Bild 2.152 ausgebohrt. Welches Volumen hat der Restkörper?

*Lösung:*

Das Volumen $V$ des Restkörpers ist

$V = V_{\text{Kugel}} - V_{\text{Zylinder}} - 2V_{\text{Kugelabschnitt}}$

Mit den Formeln (2.30), (2.24) und (2.32) folgt:

$$V = \frac{4}{3}\,\pi r^3 - \pi r_1^2 h - 2\,\frac{\pi h_1^2}{3}\,(3r - h_1), \qquad \text{(I)}$$

wobei $h = 2\sqrt{r^2 - r_1^2}$ und $h_1 = r - \frac{h}{2}$ ist.

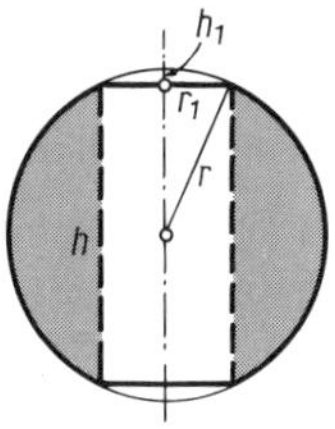

Für die gegebenen Größen folgt:

$V = 14\,137{,}167\ \text{cm}^3 - 3\,109{,}663\ \text{cm}^3 - 143{,}685\ \text{cm}^3 = 10\,883{,}819\ \text{cm}^3$

$\underline{\underline{V = 10{,}884\ \text{dm}^3}}$

Werden in (I) $r_1$ und $h_1$ durch $h$ ausgedrückt mittels der Gleichungen

$$r_1 = \sqrt{r^2 - \frac{h^2}{4}}\,, \quad h_1 = r - \frac{h}{2}\,,$$

dann ergibt sich

$$V = \frac{4}{3}\pi r^3 - \pi\left(r^2 - \frac{h^2}{4}\right)h - \frac{2}{3}\pi\left(r - \frac{h}{2}\right)^2\left(3r - \left(r - \frac{h}{2}\right)\right)$$

und nach Auflösen der Klammern und Zusammenfassen folgt die einfache Formel

$$V = \frac{\pi}{6}h^3 = \frac{4}{3}\pi\sqrt{r^2 - r_1^2}^{\,3}.$$

Bild 2.152

Da jedes Prisma ein Prismatoid ist und z.B. der Zylinder als Grenzfall eines regelmäßigen Prismas mit unbegrenzt großer Zahl der Seitenkanten aufgefaßt werden kann, gilt auch für Zylinder, ebenso für Kegel, Kugel usw. und damit für den in diesem Beispiel betrachteten Körper die Volumenformel (2.23) des Prismatoids.

Für die durchlochte Kugel in Bild 2.152 ist $A_{G1} = 0$, $A_{G2} = 0$. Der Mittelschnitt ist ein Kreisring mit der Fläche

$$A_{GM} = \pi(r^2 - r_1^2) = \pi\left(\frac{h}{2}\right)^2 = \frac{\pi}{4}h^2.$$

Damit folgt sofort aus (2.23) das obige Ergebnis:

$$V = \frac{h}{6}\left(0 + 4\cdot\frac{\pi}{4}h^2 + 0\right) = \frac{\pi}{6}h^3.$$

## Kontrollfragen

2.34 Beschreiben Sie Teile der Kugel und ihre Mantelflächen. Durch welche Größen können diese Teile jeweils bestimmt werden?

2.35 Bestimmen Sie die Formel für das Volumen der Kugel nach der Prismatoidformel.

## Aufgaben: 2.84 bis 2.88

### 2.2.7 Aufgaben

**2.65** Berechnen Sie die Oberfläche eines Würfels mit dem Volumen $V = 450\ \text{cm}^3$.

**2.66** Ein Ziegelstein hat die Kantenlängen $a = 25$ cm, $b = 12$ cm, $c = 6{,}5$ cm. Wieviel Ziegelsteine werden für eine Mauer von 8 m Länge, 2,20 m Höhe und 25 cm Breite gebraucht? Der Mörtel beträgt 8 % des Volumens.

**2.67** Berechnen Sie Oberfläche und Masse eines Sechskantstahls ($\varrho = 7{,}8\ \text{kg dm}^{-3}$) mit der Grundkante $a = 12$ mm und der Höhe $h = 150$ mm.

**2.68** Auf einer waagerechten Ebene ist ein waagerechter Bahndamm mit der Höhe $h = 4$ m und der oberen Breite $b = 6$ m aufzuschütten. Die Länge ist $l = 60$ m. Die Neigung der Böschungsfläche ist 1:1,6. Berechnen Sie das Volumen des Böschungskörpers.

**2.69** Berechnen Sie Volumen und Oberfläche einer geraden Pyramide, deren Grundfläche ein Rechteck mit den Seiten $a = 84$ cm, $b = 52$ cm ist. Die Seitenkante hat die Länge $s = 115$ cm.

**2.70** Berechnen Sie Volumen und Oberfläche eines Tetraeders mit der Kantenlänge $a = 8$ cm.

**2.71** Welche Masse hat die in Bild 2.153 dargestellte quadratische Stahlplatte ($\varrho = 7{,}8$ kg dm$^{-3}$)?

**2.72** Welche Höhe $h$ hat ein Pyramidenstumpf, wenn sein Volumen halb so groß ist wie das Volumen der zugehörigen Pyramide mit der Höhe $h_1$?

**2.73** Leiten Sie aus der Formel für das Volumen des Prismatoids die Formeln für die Volumen des Pontons und des Keils ab.

**2.74** Ein Stahlkeil ($\varrho = 7{,}8$ kg dm$^{-3}$) hat als Grundfläche ein Rechteck mit den Seiten $a = 76$ mm, $b = 34$ mm, die Schneide $s = 50$ mm und ihren Abstand von der Grundfläche $h = 62$ mm. Welche Masse hat der Keil?

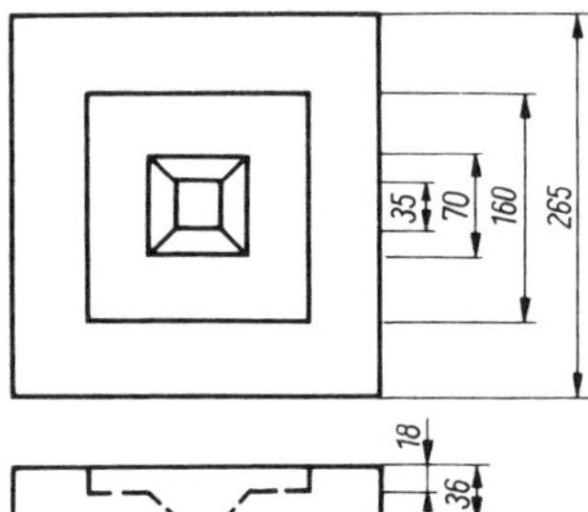


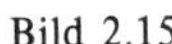


Bild 2.153

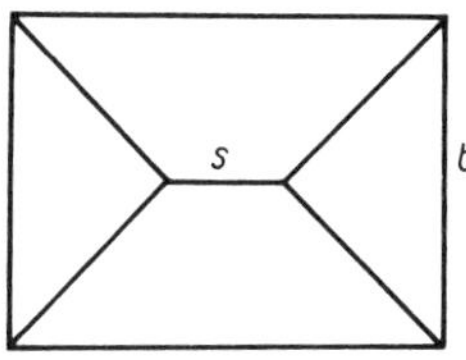


Bild 2.154

**2.75** Wieviel Kubikmeter Schüttgut lassen sich auf einem rechteckigen Platz mit den Seiten $a = 30$ m, $b = 22$ m aufschütten, wenn die Böschungsneigung 1:1,4 beträgt (Bild 2.154)?

**2.76** Ein zylindrisches Hohlmaß soll 2 dm$^3$ fassen und 12 cm hoch sein. Wie groß ist der Radius?

**2.77** Ein Meßzylinder aus Glas hat den inneren Durchmesser $d = 2{,}5$ cm. In welchen Abständen sind Teilstriche anzubringen, damit Kubikzentimeter angezeigt werden?

**2.78** Welche Masse hat das in Bild 2.155 gezeigte Werkstück ($\varrho = 7{,}8$ kg dm$^{-3}$)? Maße in mm.

**2.79** Welche Masse hat ein Eisenrohr ($\varrho = 7{,}8 \cdot 10^3$ kg dm$^{-3}$) mit dem äußeren Durchmesser $d = 12$ cm, der Wandstärke $s = 8$ mm und der Länge $l = 3{,}60$ m?

**2.80** Ein rechtwinkliges Dreieck mit den Katheten $a = 5$ cm und $b = 8$ cm wird um die größere Kathete gedreht. Wie groß sind Volumen und Oberfläche des entstehenden Kegels und wie groß ist der Zentriwinkel $\beta$ des in die Ebene abgerollten Mantels?

**2.81** Ein Schüttkegel aus Sand hat eine Höhe von 3,5 m. Das Böschungsverhältnis ist 1:1,8. Wie groß ist das Volumen des Schüttkegels?

**2.82** Berechnen Sie das Volumen eines Kegels, dessen Mantel durch Zusammenrollen eines Kreissektors mit dem Zentriwinkel $\beta = 90°$ und mit dem Radius $s = 10$ cm entsteht.

**2.83** Wie viele der in Bild 2.156 dargestellten Stahlbolzen mit kreisförmigen Querschnitt lassen sich aus einer Tonne Stahl herstellen ($\varrho = 7{,}8$ kg dm$^{-3}$)? Maße in mm.

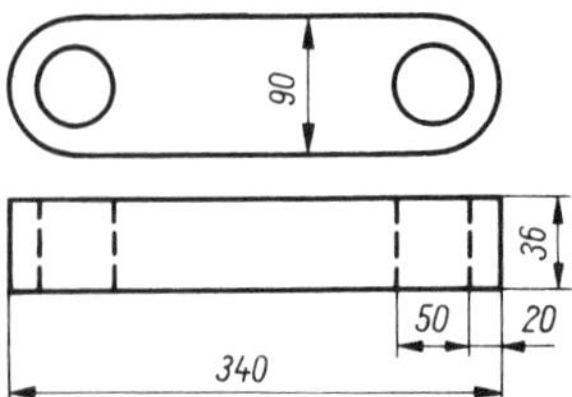


Bild 2.155

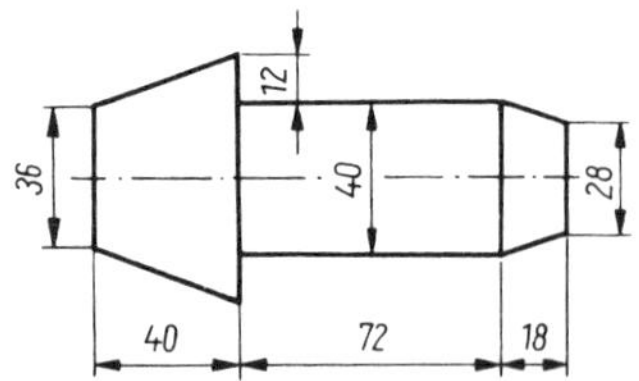


Bild 2.156

**2.84** Wieviel Kugeln von 4 mm Durchmesser lassen sich theoretisch aus 2 kg Zinn ($\varrho = 7{,}28$ kg dm$^{-3}$) gießen?

**2.85** Wie verhalten sich Volumen bzw. Oberfläche einer Kugel zu dem Volumen bzw. der Oberfläche des einbeschriebenen Würfels?

**2.86** Einem Zylinder mit dem Radius $r$ und der Höhe $2r$ sind nach Bild 2.157 ein Kegel und eine Kugel einbeschrieben. In welchem Verhältnis stehen a) die Volumen, b) die Oberflächen der drei Körper zueinander?

Bild 2.157

**2.87** Wie groß ist die Wandstärke $s$ einer Hohlkugel aus Kupfer ($\varrho = 8{,}92$ kg dm$^{-3}$) mit der Masse $m = 1{,}2$ kg und dem äußeren Durchmesser $d_1 = 12$ cm?

**2.88** Wie groß ist der Teil der Erdoberfläche, der von einem Flugzeug theoretisch in $h = 11\,000$ m Höhe sichtbar wäre? Die Erde wird durch eine Kugel mit dem Radius $r = 6\,370$ km angenähert. Der wievielte Teil der Erdoberfläche ist die sichtbare Fläche?

---

**2.89** Ein Blechgefäß in Form eines vierseitigen regelmäßigen geraden Prismas mit der »inneren« Kantenlänge $a = 6$ cm der Grundfläche enthält 0,8 l Flüssigkeit. Welche Höhe hat die Flüssigkeit im Gefäß?

**2.90** Ein rechteckiger offener Holzkasten hat die Maße $a = 52$ cm, $b = 26$ cm, $c = 18$ cm. Wieviel Prozent Holz wird mehr verbraucht, wenn bei gleicher Breite $b$ und Höhe $c$ das Volumen verdoppelt wird?

**2.91** Ein Würfel hat die Raumdiagonale $d = 12$ cm. Wie groß ist die Oberfläche?

**2.92** Ein Kanal hat trapezförmigen Querschnitt mit der unteren Breite $a = 14$ m, der Tiefe $h = 8$ m und der Böschungsneigung 1:1,5. Wieviel Kubikmeter Erde sind je 100 m Länge auszubaggern? Wie groß ist die Wassermenge je 100 m, wenn der Wasserspiegel 7 m hoch steht?

**2.93** Berechnen Sie die Oberfläche eines Pyramidenstumpfes mit der Höhe $h = 14$ cm, dessen Grundflächen regelmäßige Sechsecke mit den Seiten $s_1 = 8$ cm, $s_2 = 3$ cm sind.

**2.94** Von einem Würfel mit der Kantenlänge $a$ werden durch ebene Schnitte an den Ecken Teile so abgetrennt, daß an jeder Ecke von jeder der dort zusammentreffenden Kanten je $\frac{1}{3}a$ abgeschnitten wird. Berechnen Sie Volumen und Oberfläche des restlichen Körpers.

**2.95** Ein Oktaeder (Achtflach) besteht aus zwei Pyramiden mit quadratischer Grundfläche, deren Kanten alle gleich $a$ sind und die mit den Grundflächen zusammen liegen. Berechnen Sie Volumen und Oberfläche des Oktaeders.

**2.96** Eine gerade regelmäßige dreiseitige Pyramide hat die Seite $a = 8$ cm der Grundfläche und die Seitenkante $s = 14$ cm. Berechnen Sie Volumen und Oberfläche.

**2.97** Welches Volumen hat ein Pyramidenstumpf mit quadratischen Grundflächen, wenn die Höhe $h = 10$ cm, die Länge $s = 10{,}8$ cm einer Seitenkante und die Diagonale $d_1 = 15$ cm der größeren Grundfläche gegeben sind?

**2.98** Von einem Prismatoid mit quadratischer Grundfläche und rechteckiger Deckfläche sind nach Bild 2.158 gegeben: $a = 18$ cm, $b = 6$ cm, $c = 22$ cm, $h = 21$ cm. Berechnen Sie das Volumen.

**2.99** Berechnen Sie das Volumen des im Bild 2.159 gezeigten Prismatoids mit $a = 12$ cm, $b = 9$ cm, $h = 15$ cm. Die Schneide $b$ ist parallel zur Grundfläche.

**2.100** Eine Rolle Kupferdraht ($\varrho = 8{,}9$ kg dm$^{-3}$) mit dem Durchmesser $d = 2$ mm hat die Masse $m = 28{,}4$ kg. Wie lang ist der Draht?

**2.101** Ein zylinderförmiges Gefäß mit $r = 4$ cm ist mit Wasser gefüllt. Um wieviel steigt das Wasser, wenn ein Metallwürfel mit der Kantenlänge $a = 1{,}8$ cm in das Gefäß gelegt wird und unter Wasser liegt?

**2.102** Welche Wandstärke $a$ hat ein eisernes Rohr ($\varrho = 7{,}8$ kg dm$^{-3}$), dessen Masse $m = 40$ kg, dessen äußerer Durchmesser $d_1 = 16$ cm und dessen Höhe $h = 1{,}1$ m gegeben sind?

**2.103** Ein gleichschenkliges Trapez mit den Grundlinien $a = 10$ cm, $b = 6$ cm und dem Schenkel $s = 5$ cm wird um die größere Grundlinie gedreht. Berechnen Sie Volumen und Oberfläche des entstehenden Drehkörpers.

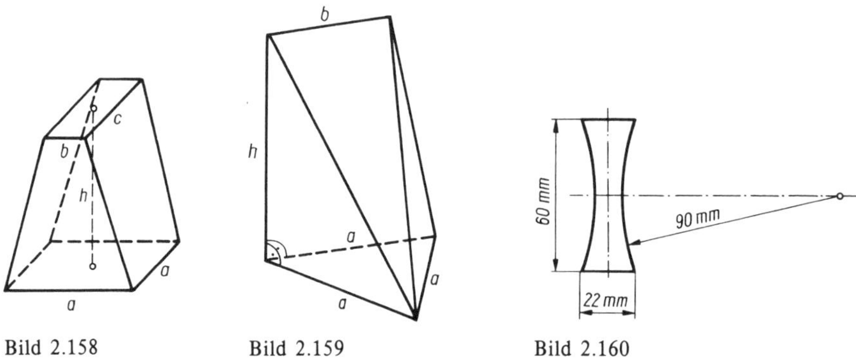


Bild 2.158 Bild 2.159 Bild 2.160

**2.104** Ein regelmäßiges Sechseck mit der Seite $a$ rotiert um eine durch zwei Eckpunkte gehende Symmetrieachse. Welches Volumen hat der Rotationskörper?

**2.105** Wie hoch muß ein kegelförmiges Sektglas mit der Kegelhöhe $h$ gefüllt werden, damit es halbvoll ist?

**2.106** Ein Blech in Form einer halben Kreisfläche mit dem Radius $s = 20$ cm wird zum Mantel eines Kegels zusammengerollt. Wie groß sind der Radius $r$ der Grundfläche, die Höhe und der Öffnungswinkel des Kegels?

**2.107** Welche Masse hat die in Bild 2.160 gezeigte bikonvexe gläserne Linse ($\varrho = 2{,}7$ kg dm$^{-3}$)?

**2.108** Wie groß ist der Durchmesser einer Kugel mit 3 kg Masse, wenn sie aus a) Aluminium ($\varrho = 2{,}7$ kg dm$^{-3}$), b) Blei ($\varrho = 11{,}3$ kg dm$^{-3}$), c) Holz ($\varrho = 0{,}5$ kg dm$^{-3}$) besteht?

# 3 Trigonometrie

## 3.1 Goniometrie

### 3.1.0 Vorbemerkung

In der Planimetrie können aus drei geeigneten Größen (Seiten oder Winkel) beliebige Dreiecke konstruiert, aber nicht berechnet werden. Eine Berechnung ist nur in Einzelfällen durch Beziehungen zwischen den Seiten möglich, z. B. im rechtwinkligen Dreieck nach dem Satz von PYTHAGORAS. Die Berechnung beliebiger Dreiecke erfordert Beziehungen zwischen Seiten und Winkeln und damit als notwendiges Hilfsmittel die trigonometrischen Funktionen.
**Trigonometrie** bedeutete ursprünglich »Dreiecksmessung« (griechisch: trigonon, Dreieck; metrein, messen). Dieses Teilgebiet der Mathematik wurde zunächst aus den Bedürfnissen der Astronomie und später der Geodäsie (Erdvermessung) heraus entwickelt. Die trigonometrischen Funktionen haben aber auch in vielen anderen Gebieten der Mathematik, Physik und Technik Eingang gefunden und werden zum Beispiel bei der mathematischen Beschreibung von Schwingungsvorgängen in der Elektrotechnik verwendet. **Goniometrie** bedeutet Winkelmessung (griechisch: gonia, Winkel); allgemeiner wird darunter die Lehre von den Winkelfunktionen verstanden.
Nach der Definition der trigonometrischen Funktionen und ihrer Anwendung bei der Berechnung rechtwinkliger Dreiecke werden zunächst einige wichtige Eigenschaften dieser Funktionen wie Quadrantenrelationen, Zusammenhang zwischen den Funktionen und Additionstheoreme erläutert. Dann folgt die Berechnung des schiefwinkligen Dreiecks, wobei die vier Grundaufgaben übersichtlich herausgearbeitet und zusammengestellt sind. Einige Beispiele aus verschiedenen Gebieten der Praxis sollen die Anwendungsmöglichkeiten der trigonometrischen Funktionen aufzeigen.

### 3.1.1 Winkelfunktionen im rechtwinkligen Dreieck

Ein Weg mit dem Anstiegswinkel $\alpha$ steigt vom Punkt $A$ aus auf der Wegstrecke $s_1 = 25$ m um den Höhenunterschied $h_1 = 5$ m (Bild 3.1); auf $s_2 = 50$ m steigt er um $h_2 = 10$ m und auf $s_3 = 100$ m um $h_3 = 20$ m. Die rechtwinkligen Dreiecke $AT_1S_1$, $AT_2S_2$ und $AT_3S_3$ sind ähnlich, da sie den Winkel $\alpha$ gemeinsam haben, und aus der Ähnlichkeit folgt:

$$\frac{h_1}{s_1} = \frac{h_2}{s_2} = \frac{h_3}{s_3} = \frac{1}{5}.$$

In allen rechtwinkligen Dreiecken mit dem gleichen Kathetenwinkel $\alpha$ des Bildes 3.1 ist daher das Verhältnis der Gegenkathete zur Hypotenuse konstant 1/5. Da bei einer Vergrößerung oder Verkleinerung von $\alpha$ auf der gleichen Wegstrecke $s_1$ eine größere bzw. kleinere Höhe $h_1$ erreicht würde, vergrößert oder verkleinert sich mit $\alpha$ auch das Streckenverhältnis $h_1/s_1$. Es kann dem Winkel $\alpha$ eindeutig als ein Funktionswert zugeordnet werden.

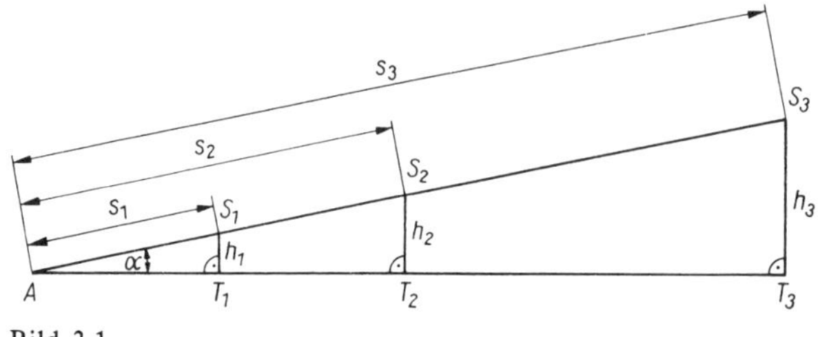


Bild 3.1

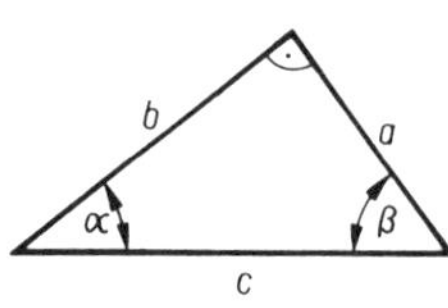


Bild 3.2

Diese Funktion heißt $f(\alpha)$ = Sinus $\alpha$, abgekürzt $f(\alpha) = \sin\alpha$. Im rechtwinkligen Dreieck werden mit $f(\alpha)$ = Cosinus $\alpha = \cos\alpha$, $f(\alpha)$ = Tangens $\alpha = \tan\alpha$ und $f(\alpha)$ = Cotangens $\alpha = \cot\alpha$ noch folgende Streckenverhältnisse als **trigonometrische Funktionen** definiert (Bild 3.2):

$$\begin{aligned} \sin\alpha &= \frac{a}{c} = \frac{\text{Gegenkathete}}{\text{Hypotenuse}} \\ \cos\alpha &= \frac{b}{c} = \frac{\text{Ankathete}}{\text{Hypotenuse}} \\ \tan\alpha &= \frac{a}{b} = \frac{\text{Gegenkathete}}{\text{Ankathete}} \\ \cot\alpha &= \frac{b}{a} = \frac{\text{Ankathete}}{\text{Gegenkathete}} \end{aligned} \tag{3.1}$$

Anmerkung:
Die Streckenverhältnisse $c/b$ und $c/a$ werden als weitere trigonometrische Funktionen $f(\alpha)$ = Sekans $\alpha = \sec\alpha$ bzw. $f(\alpha)$ = Cosekans $\alpha = \operatorname{cosec}\alpha$ definiert. Da sie reziprok zu $\cos\alpha$ bzw. $\sin\alpha$ sind, werden sie kaum verwendet. Häufiger wird $\cot\alpha$ als reziproker Wert von $\tan\alpha$ gebraucht.

In Bild 3.2 sind $\alpha$ und $\beta$ wegen $\alpha + \beta = 90°$ Komplementwinkel. Aus dem Bild läßt sich ablesen:

$$\sin\beta = \cos\alpha = \frac{b}{c}, \qquad \tan\beta = \cot\alpha = \frac{b}{a}$$

$$\cos\beta = \sin\alpha = \frac{a}{c}, \qquad \cot\beta = \tan\alpha = \frac{a}{b}$$

und mit $\beta = 90° - \alpha$ folgt

$$\begin{aligned} \sin(90° - \alpha) &= \cos\alpha \qquad \tan(90° - \alpha) = \cot\alpha \\ \cos(90° - \alpha) &= \sin\alpha \qquad \cot(90° - \alpha) = \tan\alpha \end{aligned} \tag{3.2}$$

In den Funktionspaaren $f(\alpha) = \sin\alpha$, $f(\alpha) = \cos\alpha$ und $f(\alpha) = \tan\alpha$, $f(\alpha) = \cot\alpha$ wird jede Funktion als Cofunktion der anderen bezeichnet; z.B. ist $f(\alpha) = \tan\alpha$ die Cofunktion von $f(\alpha) = \cot\alpha$.

■ Die trigonometrische Funktion eines Winkels ist gleich der Cofunktion des Komplementwinkels.

Ein anschauliches Bild über die Werte der trigonometrischen Funktionen erhält man durch die **graphische Darstellung der Funktionswerte am Einheitskreis.**
Von einem Punkt $O$ aus werden zwei zueinander orthogonale Strahlen $q$, $s$ gelegt und um $O$ wird ein Kreis $k$ mit dem Radius $r = 1$ LE (mit beliebiger Längeneinheit LE) gezeichnet, der $q$ in $T$ und $s$ in $S$ schneidet (Bild 3.3). Ein Strahl $p$ mit dem Anfangspunkt $O$ schneide $k$ in $P$ und bilde mit $q$ den Winkel $\alpha$. Von $P$ wird das Lot auf $q$ bis $Q$ gefällt. Im rechtwinkligen Dreieck $OQP$ ist

$$\sin\alpha = \frac{\overline{PQ}}{\overline{OP}} = \frac{\overline{PQ}}{1\,\text{LE}},$$

d. h., die Maßzahl der Strecke $\overline{PQ}$ ist gleich dem Funktionswert $\sin\alpha$. Für $\alpha = 38°$ und LE = 1 m ist z. B. $PQ = 0{,}6157$ m und damit $\sin 38° = \frac{\overline{PQ}}{1\,\text{m}} = 0{,}6157$. Weiter ist

$$\cos\alpha = \frac{\overline{OQ}}{\overline{OP}} = \frac{\overline{OQ}}{1\,\text{LE}},$$

d. h., die Maßzahl der Strecke $\overline{OQ}$ ist gleich $\cos\alpha$. Für die Darstellung der Werte der Tangens- und Cotangensfunktion werden in $T$ und in $S$ die Tangenten an $k$ gelegt, die $p$ in $R$ bzw. $U$ schneiden. Es ist $\sphericalangle\, OUS = \alpha$ (Wechselwinkel). Aus

$$\tan\alpha = \frac{\overline{RT}}{\overline{OT}} = \frac{\overline{RT}}{1\,\text{LE}} \quad \text{und} \quad \cot\alpha = \frac{\overline{SU}}{\overline{OS}} = \frac{\overline{SU}}{1\,\text{LE}}$$

folgt, daß die Maßzahlen der Strecken $\overline{RT}$ bzw. $\overline{SU}$ die Werte $\tan\alpha$ bzw. $\cot\alpha$ darstellen (im Bild 3.3 wurde LE weggelassen).

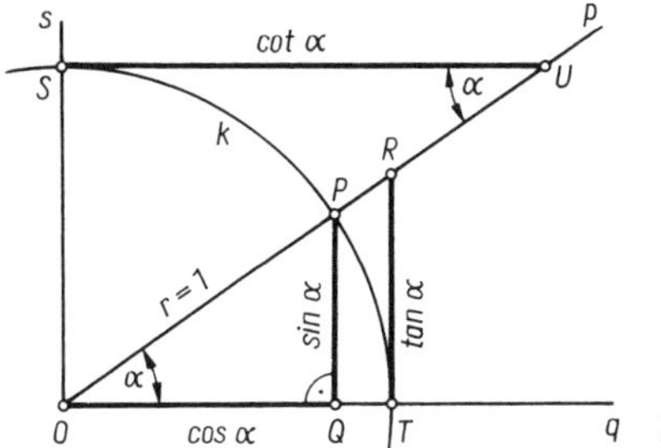

Bild 3.3

Im Bild 3.3 werde nun der Schenkel $q$ von $\alpha$ als fest betrachtet, während der Schenkel $p$ variabel sei und sich von der Ausgangslage $q$ bis zur Endlage $s$ bewege. Dann läuft $P$ auf dem Kreis von $T$ bis $S$ und $\alpha$ nimmt alle Werte von 0° bis 90° an. Aus dem Bild erkennt man für die Funktion

$f(\alpha) = \sin\alpha$: Für $\alpha = 0°$ ist $P = T$ und damit $\sin 0° = 0$. Mit wachsendem $\alpha$ wächst auch $\sin\alpha$ und nimmt für $\alpha = 90°$ wegen $P = S$ den Wert $\sin 90° = 1$ an.

$f(\alpha) = \cos\alpha$: Für $\alpha = 0°$ ist $\cos 0° = 1$. Mit wachsendem $\alpha$ wird $\cos\alpha$ kleiner bis zum Wert $\cos 90° = 0$.

$f(\alpha) = \tan\alpha$: Für $\alpha = 0°$ ist $\tan 0° = 0$. Mit wachsendem $\alpha$ wächst $\tan\alpha$. Nähert sich $\alpha$ dem Winkel 90°, dann nimmt $\tan\alpha$ unbegrenzt große Werte an. $\tan 90°$ ist nicht definiert, da $p$ parallel zur Tangente in $T$ ist und daher $R$ nicht existiert.
$f(\alpha) = \cot\alpha$: $\cot 0°$ ist nicht definiert, da $p$ parallel zur Tangente in $S$ ist, also $U$ nicht existiert. Je näher $\alpha$ bei Null liegt, um so größer ist $\cot\alpha$. Mit wachsendem $\alpha$ fällt $\cot\alpha$ bis zum Wert $\cot 90° = 0$.
Zusammengefaßt gibt es für die Werte der trigonometrischen Funktionen folgende Intervalle:

Für $0° \leqq \alpha \leqq 90°$ gilt $0 \leqq \sin\alpha \leqq 1$
$1 \geqq \cos\alpha \geqq 0$
Für $0° \leqq \alpha < 90°$ gilt $0 \leqq \tan\alpha < \infty$
Für $0° < \alpha \leqq 90°$ gilt $\infty > \cot\alpha \geqq 0$

Man vergleiche auch die Bilder der trigonometrischen Funktionen in 5.2.
Häufig werden die Funktionswerte der speziellen Winkel $\alpha = 30°$, 45° und 60° gebraucht.
Das gleichschenklig-rechtwinklige Dreieck mit den Katheten $a$ (Bild 3.4) hat die Kathetenwinkel $\alpha = \beta = 45°$ und die Hypotenuse $c = \sqrt{a^2 + a^2} = \sqrt{2a^2} = a\sqrt{2}$. Damit ist

$$\sin 45° = \cos 45° = \frac{a}{a\sqrt{2}} = \frac{1}{\sqrt{2}} = \frac{1}{2}\sqrt{2}$$

$$\tan 45° = \cot 45° = \frac{a}{a} = 1\,.$$

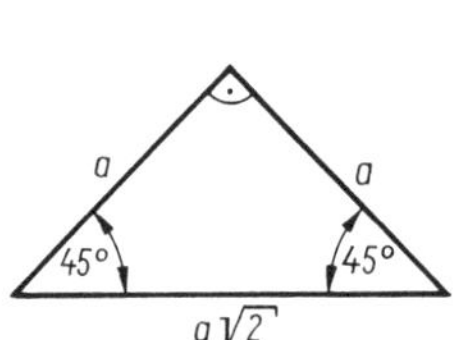

Bild 3.4

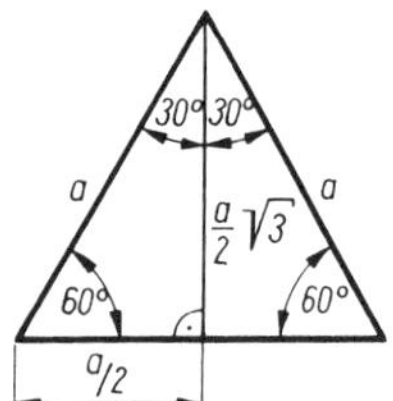

Bild 3.5

Das gleichseitige Dreieck mit den Seiten $a$ hat die Dreieckswinkel $\alpha = 60°$ und die Höhen $h = \sqrt{a^2 - \left(\frac{a}{2}\right)^2} = \frac{a}{2}\sqrt{3}$, die je einen Winkel und eine Seite halbieren. Aus Bild 3.5 ist abzulesen:

$$\sin 30° = \cos 60° = \frac{a}{2} : a = \frac{1}{2}$$

$$\sin 60° = \cos 30° = \frac{a}{2}\sqrt{3} : a = \frac{1}{2}\sqrt{3}$$

$$\tan 30° = \cot 60° = \frac{a}{2} : \frac{a}{2}\sqrt{3} = \frac{1}{\sqrt{3}} = \frac{1}{3}\sqrt{3}$$

$$\tan 60° = \cot 30° = \frac{a}{2}\sqrt{3} : \frac{a}{2} = \sqrt{3}$$

**Zusammenstellung spezieller Funktionswerte** für $0° \leqq \alpha \leqq 90°$:

| $\alpha$ | $0°$ | $30°$ | $45°$ | $60°$ | $90°$ |
|---|---|---|---|---|---|
| $\sin\alpha$ | 0 | $\frac{1}{2}$ | $\frac{1}{2}\sqrt{2}$ | $\frac{1}{2}\sqrt{3}$ | 1 |
| $\cos\alpha$ | 1 | $\frac{1}{2}\sqrt{3}$ | $\frac{1}{2}\sqrt{2}$ | $\frac{1}{2}$ | 0 |
| $\tan\alpha$ | 0 | $\frac{1}{3}\sqrt{3}$ | 1 | $\sqrt{3}$ | – |
| $\cot\alpha$ | – | $\sqrt{3}$ | 1 | $\frac{1}{3}\sqrt{3}$ | 0 |

(3.3)

Die Funktionswerte für beliebige Winkel werden durch die Tasten [sin], [cos], [tan] des Taschenrechners bestimmt. Dabei ist zu unterscheiden, ob der Winkel in dezimal oder sexagesimal unterteilter Gradteilung, in Gon oder in Radiant gegeben ist bzw. gesucht wird. Die Werte der Cotangensfunktion werden mit den Tasten [tan] und [1/x] ermittelt, da $\tan\alpha$ und $\cot\alpha$ reziprok zueinander sind.
Als Umkehrung der obigen Funktionswertbestimmung ist die Aufgabe zu betrachten, für den gegebenen Wert einer trigonometrischen Funktion den zugehörigen Winkel zu ermitteln. Zum Beispiel sei $\sin\alpha = 0{,}547 = m$ gegeben und $\alpha$ werde gesucht. Hierzu wurde das Funktionssymbol **Arcussinus** eingeführt, geschrieben:

$$\alpha = \arcsin m .$$

Diese Bezeichnung läßt sich aus dem Satz erklären:
»***α*** ist der Winkel (im Einheitskreis der Bogen oder **arcus**), dessen **Sin**us gleich ***m*** ist«.
Nach Berechnung des Funktionswertes $m$ ergibt sich $\alpha$ (nach vorheriger Einstellung des gewünschten Winkelmaßes) durch die Taste [arcsin]. Entsprechendes gilt für die Tasten [arccos] und [arctan]. Für obiges Beispiel ist $\arcsin 0{,}547 = 33{,}161°$.
Mit Hilfe dieser neuen Symbole kann zum Beispiel die Gleichung

$$\sin\alpha = \frac{a}{c}$$

nach $\alpha$ umgestellt werden:

$$\alpha = \arcsin\frac{a}{c} .$$

Diese Schreibweise gibt den unmittelbaren Hinweis zur Rechnung: Ausführung der Division $a:c$ und drücken der Taste [arcsin].

Anmerkungen:
Die Funktionen $\alpha = \arcsin m$ usw. heißen zyklometrische Funktionen oder Arcusfunktionen und werden in 5.3.3 behandelt. Die Funktionswerte der trigonometrischen Funktionen für gegebene Winkel bzw. die Winkel für gegebene Funktionswerte können auch aus »Tafeln der natürlichen Werte der trigonometrischen Funktionen« entnommen werden. Solche Tafeln gibt es für verschiedene Genauigkeitsstufen, z. B. für Funktionswerte mit 4, 5 oder 6 Dezimalstellen.

Zur Berechnung des rechtwinkligen Dreiecks folgen einige

## Beispiele

3.1 Von einem rechtwinklichen Dreieck sind die Kathete $a = 21{,}72$ m und der Kathetenwinkel $\alpha = 35{,}149°$ gegeben. Es sind $b$, $c$, $\beta$, $h_c$, $p$, $q$ zu berechnen (Bild 3.6).

*Lösung:*

Wegen $\triangle ABC \sim \triangle BCD$ ist $\sphericalangle BCD = \alpha$. Aus dem Bild folgt:

$$\cot\alpha = \frac{b}{a} \quad \text{oder} \quad b = a\cot\alpha = \underline{\underline{30{,}85\text{ m}}}$$

$$\sin\alpha = \frac{a}{c} \quad \text{oder} \quad c = \frac{a}{\sin\alpha} = \underline{\underline{37{,}73\text{ m}}}$$

$$\beta = 90° - \alpha = \underline{\underline{54{,}851°}}$$

$$\cos\alpha = \frac{h_c}{a} \quad \text{oder} \quad h_c = a\cos\alpha = \underline{\underline{17{,}76\text{ m}}}$$

$$\sin\alpha = \frac{p}{a} \quad \text{oder} \quad p = a\sin\alpha = \underline{\underline{12{,}50\text{ m}}}$$

$$q = c - p = \underline{\underline{25{,}23\text{ m}}}.$$

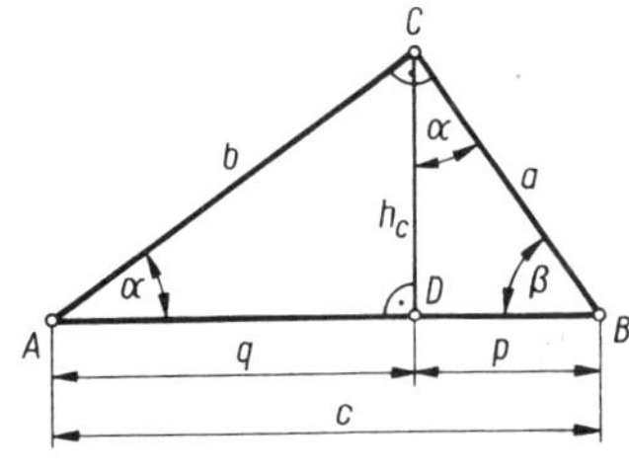


Bild 3.6

3.2 Zwei gerade Straßen stoßen unter dem Winkel $\beta = 108{,}205°$ aufeinander (Bild 3.7). Sie sollen durch einen Kreisbogen mit dem Radius $r = 250$ m verbunden werden. Zur Festlegung der Bogenendpunkte $A$, $B$ und der Bogenmitte sind die Tangentenlängen $\overline{AS} = \overline{BS}$ und die Strecke $\overline{CS}$ zu berechnen. Wie lang ist der Bogen $\overset{\frown}{AB}$?

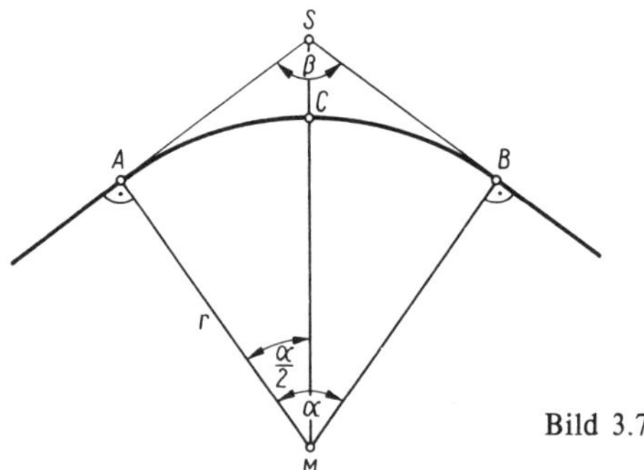


Bild 3.7

*Lösung:*

Der zum Kreissektor $ABM$ gehörende Zentriwinkel ist

$$\alpha = 180° - \beta = 71{,}795°.$$

Aus $\tan\frac{\alpha}{2} = \frac{\overline{AS}}{r}$ folgt

$$\overline{AS} = \overline{BS} = r\tan\frac{\alpha}{2} = 250\text{ m}\cdot\tan 35{,}897\,5° = \underline{\underline{180{,}95\text{ m}}}.$$

Aus

$$\cos\frac{\alpha}{2} = \frac{r}{\overline{SM}} \quad \text{folgt} \quad \overline{SM} = \frac{r}{\cos\frac{\alpha}{2}} = \frac{250\text{ m}}{\cos 35{,}897\,5°} = 308{,}62\text{ m}$$

und daraus $\overline{SC} = \overline{SM} - r = \underline{\underline{58{,}62\text{ m}}}$.

Für die Bogenlänge folgt mit (2.1) und (2.1b) aus 2.1.1

$$\overset{\frown}{AB} = r\cdot\alpha = 250\text{ m}\cdot 71{,}795\cdot\frac{\pi}{180} = \underline{\underline{313{,}26\text{ m}}}$$

3.3 Eine quadratische gerade Pyramide hat die Grundkante $a = 24$ cm und die Höhe $h = 26$ cm. Wie groß sind der Winkel $\alpha$ einer Seitenfläche mit der Grundfläche, der Winkel $\beta$ einer Seitenkante mit der Grundfläche und der Winkel $\gamma$ zwischen zwei benachbarten Seitenkanten?

*Lösung:*

Bild 3.8

$$\tan\alpha = \frac{h}{\frac{a}{2}}, \quad \alpha = \arctan\frac{2h}{a} = \arctan 2{,}1667 = \underline{\underline{65{,}225°}}$$

Die Diagonale $d = \overline{BD}$ ist $d = \sqrt{a^2 + a^2} = a\sqrt{2}.$

$$\tan\beta = \frac{h}{\frac{d}{2}} = \frac{h}{\frac{a}{2}\sqrt{2}}, \qquad \beta = \arctan\frac{2h}{a\sqrt{2}}$$

$$= \arctan 1{,}5321 = \underline{\underline{56{,}867°}}$$

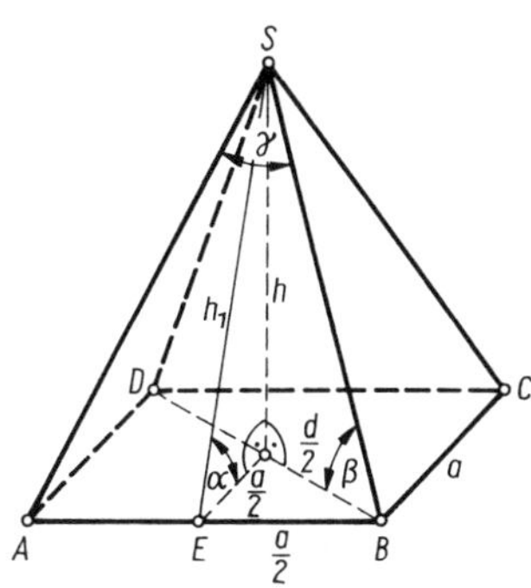


Bild 3.8

Die Höhe $h_1$ im gleichschenkligen Dreieck $ABS$ ist

$$h_1 = \sqrt{\left(\frac{a}{2}\right)^2 + h^2} = \sqrt{12^2 + 26^2}\ \text{cm} = 28{,}635\,6\ \text{cm}.$$

$$\tan\frac{\gamma}{2} = \frac{\frac{a}{2}}{h_1}, \qquad \gamma = 2\arctan\frac{a}{2h_1} = \underline{\underline{45{,}473°}}$$

Die Zwischenergebnisse werden nur zur Kontrolle angegeben. Sie müssen bei Anwendung des Taschenrechners nicht aufgeschrieben werden.

3.4 Welche Masse hat ein Tonnengewölbe mit der Lichtweite $\overline{AB} = s = 4{,}5$ m, der Pfeilhöhe $p = 0{,}96$ m, der Stärke $d = 0{,}58$ m und der Länge $l = 5{,}5$ m (Bild 3.9)? Die Dichte des Mauerwerks ist $\varrho = 2{,}2 \cdot 10^3$ kg m$^{-3}$.

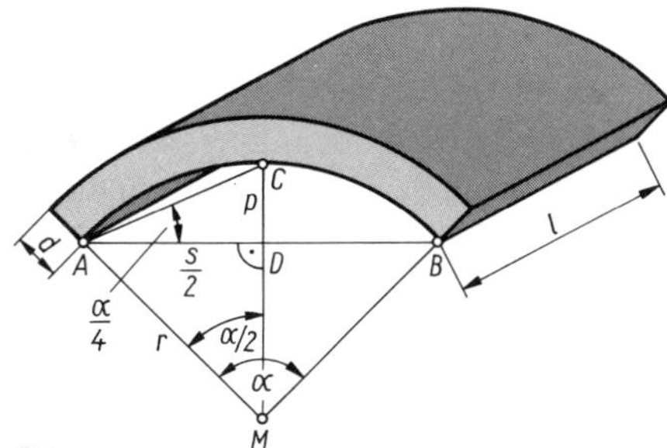


Bild 3.9

*Lösung:*

Es sei $\alpha$ der zum Bogen $\overset{\frown}{AB}$ gehörende Zentriwinkel. Dann ist $\sphericalangle BAC = \frac{\alpha}{4}$, da er Peripheriewinkel über dem Bogen $\overset{\frown}{BC}$ ist und folglich halb so groß wie der Zentriwinkel $\sphericalangle BMC = \frac{\alpha}{2}$ über dem gleichen Bogen. Im Dreieck $ADC$ ist:

$$\tan\frac{\alpha}{4} = \frac{p}{\frac{s}{2}}, \qquad \alpha = 4\arctan\frac{2p}{s} = 92{,}425°$$

und im Dreieck $AMD$ folgt aus $\sin\frac{\alpha}{2} = \frac{\frac{s}{2}}{r}$ für den Radius

$$r = \frac{s}{2\sin\frac{\alpha}{2}} = 3{,}117\ \text{m}.$$

Der Flächeninhalt des Kreisringstücks ist nach (2.15 a)

$$A = \frac{\pi(r+d)^2\alpha}{360^\circ} - \frac{\pi r^2 \alpha}{360^\circ} \quad \text{oder umgeformt}$$

$$A = d(2r+d)\,\frac{\pi\alpha}{360^\circ} = 3{,}1874\ \mathrm{m}^2 .$$

Die Masse des Gewölbes folgt aus

$$m = A \cdot l \cdot \varrho = \underline{\underline{38{,}57\ \mathrm{t}}}\,.$$

## Kontrollfragen

3.1 Wie lauten die Definitionen der vier trigonometrischen Funktionen im rechtwinkligen Dreieck?
3.2 Erläutern Sie die graphische Darstellung der Funktionswerte am Einheitskreis.
3.3 Welche Beziehungen gelten für Funktionen von Komplementwinkeln?
3.4 Welches Funktionssymbol fordert, zu einem gegebenen Funktionswert den Winkel zu bestimmen?

## Aufgaben: 3.1 bis 3.11

### 3.1.2 Winkelfunktionen für beliebige Winkel

Die Berechnung stumpfwinkliger Dreiecke erfordert trigonometrische Funktionen, die auch für Winkel von 90° bis 180° definiert sind. Bei der Beschreibung von Schwingungsvorgängen werden darüber hinaus Funktionswerte für beliebige Winkel gebraucht. Deshalb wird in diesem Abschnitt eine allgemeine, für beliebige Winkel gültige Definition der trigonometrischen Funktionen gegeben.

Zugrundegelegt wird die Darstellung am Einheitskreis. Die Strahlen $q$ und $s$ in Bild 3.3 werden ersetzt durch die Achsen $x$ und $y$ eines kartesischen Koordinatensystems entsprechend Bild 3.10 und der Strahl $p$ wird durch eine Gerade $g$ ersetzt.

Für einen im I. Quadranten liegenden Punkt $P$ des Einheitskreises ist dann entsprechend Bild 3.3 seine Abszisse $x$ gleich dem Funktionswert $\cos\alpha$ und seine Ordinate $y$ gleich dem Funktionswert $\sin\alpha$. Es wird nun definiert, daß auch für beliebige, also auch im II., III. oder IV. Quadranten liegende Punkte des Einheitskreises stets

$$x = \cos\alpha, \qquad y = \sin\alpha \tag{I}$$

sei. Entsprechend den Vorzeichen von $x$ und $y$ erhalten damit die Funktionswerte $\sin\alpha$ und $\cos\alpha$ Vorzeichen. Auch die Funktionswerte $\tan\alpha$ und $\cot\alpha$ werden allgemein durch die Maßzahlen derjenigen Strecken erklärt, die die Gerade $g$ auf den an den Einheitskreis in $T$ bzw. $S$ angelegten Tangenten abschneidet. Ihre Vorzeichen sind positiv oder negativ, je nachdem, ob die Richtung von $T$ nach $R$ mit der positiven oder negativen Richtung der $y$-Achse übereinstimmt bzw. die Richtung von $S$ nach $U$ mit der positiven oder negativen Richtung der $x$-Achse.

Bild 3.10 gibt die Vorzeichen der Funktionswerte für die vier Quadranten des Winkels $\alpha$ an. Die Zusammenstellung (3.4) enthält die Funktionswerte solcher Winkel, die Vielfaches von 90° sind.

| $\alpha$ | 0° | 90° | 180° | 270° | 360° |
|---|---|---|---|---|---|
| $\sin\alpha$ | 0 | 1 | 0 | $-1$ | 0 |
| $\cos\alpha$ | 1 | 0 | $-1$ | 0 | 1 |
| $\tan\alpha$ | 0 | $\pm\infty$ | 0 | $\mp\infty$ | 0 |
| $\cot\alpha$ | $\pm\infty$ | 0 | $\mp\infty$ | 0 | $\pm\infty$ |

(3.4)

Die Funktion $f(\alpha) = \tan\alpha$ ist für 90° und 270°, die Funktion $f(\alpha) = \cot\alpha$ für 0° und 180° nicht definiert. Die Schreibweise $\tan 90° = \pm\infty$ bedeutet: Nähert sich $\alpha$ dem Wert 90° von kleineren Winkeln her unbegrenzt, z. B. $\alpha = 85°$, 89°, 89,9° usw., dann wird $\tan\alpha$ unbegrenzt größer. Nähert sich $\alpha$ dem Wert 90° von größeren Winkeln her unbegrenzt, z. B. $\alpha = 95°$, 91°, 90,1° usw., dann nähert sich $\tan\alpha$ negativen Zahlen mit unbegrenzt größer werdendem Betrag. Zum Beispiel ist

$$\tan 89{,}99° = 5\,729{,}58 \quad \text{und} \quad \tan 90{,}01° = -5\,729{,}58\,.$$

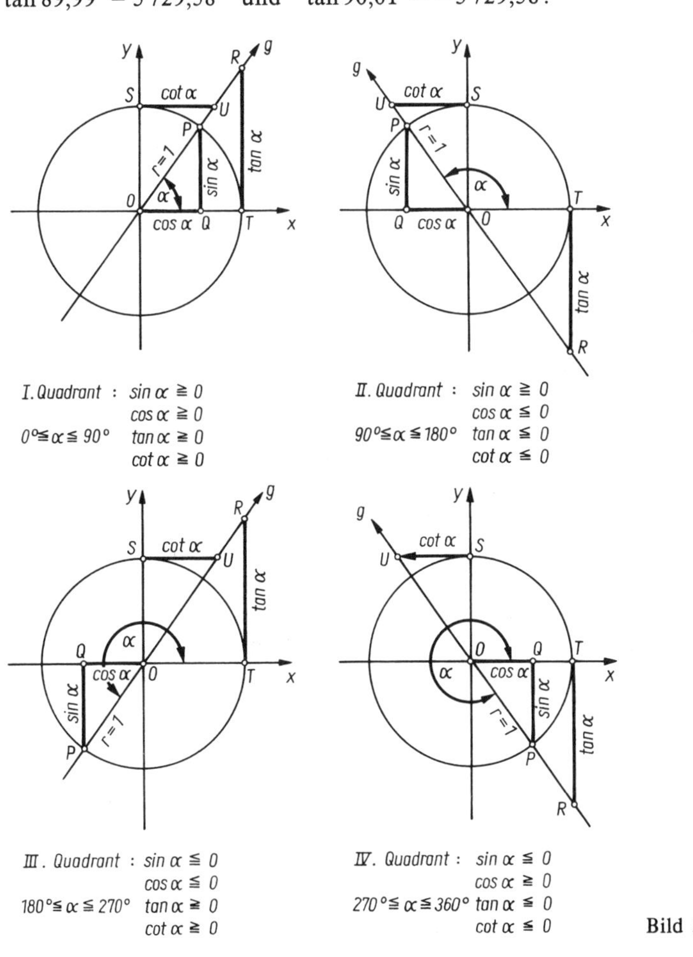


Bild 3.10

Bewegt sich ein Punkt aus der zu $\alpha = 0°$ gehörenden Lage $T$ mathematisch negativ, d. h. im Uhrzeigersinn, auf dem Einheitskreis bis $P$, dann entsteht ein negativer Winkel $-\alpha$ (Bild 3.11). Ein Vergleich der Funktionswerte von $-\alpha$ und von $\alpha$ ergibt: die zu $-\alpha$ gehörenden Werte der Sinus-, Tangens- und Cotangensfunktion haben denselben absoluten Wert wie die entsprechenden Funktionswerte von $\alpha$, aber entgegengesetztes Vorzeichen.

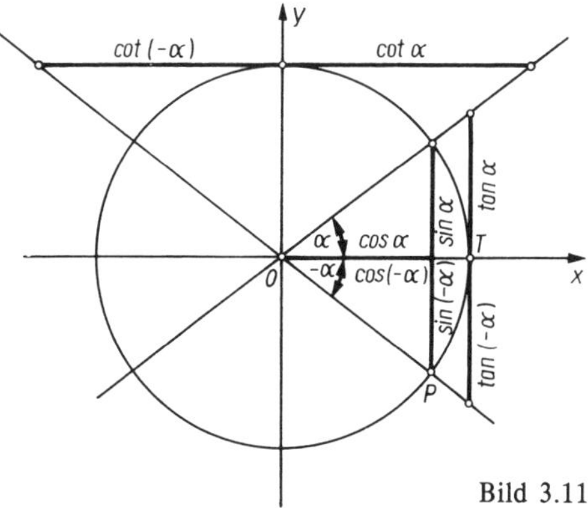


Bild 3.11

Dagegen sind die Werte der Cosinusfunktion für $-\alpha$ und $\alpha$ gleich. Allgemein, d.h. unabhängig vom Quadranten, gilt für die **Funktionswerte negativer Winkel**

$$\begin{aligned} \sin(-\alpha) &= -\sin\alpha \\ \cos(-\alpha) &= \cos\alpha \\ \tan(-\alpha) &= -\tan\alpha \\ \cot(-\alpha) &= -\cot\alpha \end{aligned} \qquad (3.5)$$

Wird die zu einem Winkel $\alpha$ gehörende Gerade $g$ weiter um $0$ um den Winkel 360° positiv oder negativ gedreht, dann nimmt sie wieder ihre vorherige Lage ein. Die zum Winkel $\alpha \pm 360°$ gehörenden Funktionswerte sind somit nach der Definition am Einheitskreis gleich den Funktionswerten von $\alpha$. Die Funktionswerte wiederholen sich daher nach Vergrößerung oder Verkleinerung des Winkels um Vielfaches von 360°. Zum Beispiel ist
$\sin 60° = \sin 420° = \sin 780° = \ldots = \sin(-300°) = \sin(-660°) = \ldots$
Die trigonometrischen Funktionen sind periodische Funktionen (vgl. 5.3.3). Für $f(\alpha) = \tan\alpha$ und $f(\alpha) = \cot\alpha$ wiederholen sich die Funktionswerte schon nach einer Veränderung des Winkels um Vielfaches von $\pm 180°$, wie ein Vergleich der graphischen Darstellung in Bild 3.10 für den I. und III. Quadranten zeigt. Man vergleiche auch die Kurven der trigonometrischen Funktionen in 5.3.3.

**Periodizität der trigonometrischen Funktionen**

$$\left.\begin{aligned} \sin(\alpha + k\cdot 360°) &= \sin\alpha \\ \cos(\alpha + k\cdot 360°) &= \cos\alpha \\ \tan(\alpha + k\cdot 180°) &= \tan\alpha \\ \cot(\alpha + k\cdot 180°) &= \cot\alpha \end{aligned}\right\} \quad k \in Z \qquad (3.6)$$

Durch (3.6) lassen sich die Funktionswerte beliebiger Winkel auf die Funktionswerte von Winkeln zwischen 0° und 360° zurückführen.

**Beispiel**

**3.5** $\sin 788° = \sin(68° + 2 \cdot 360°) = \sin 68°$
$\tan(-240°) = \tan(-240° + 360°) = \tan 120°$

Zusammengefaßt erkennt man: Die Werte der Sinus- und Cosinusfunktion liegen stets zwischen $-1$ und 1 einschließlich der Grenzen:

$$-1 \leqq \sin\alpha \leqq 1, \qquad -1 \leqq \cos\alpha \leqq 1.$$

Dagegen sind die Werte der Tangens- und der Cotangensfunktion beliebige reelle Zahlen:

$$-\infty < \tan\alpha < \infty, \qquad -\infty < \cot\alpha < \infty.$$

**Kontrollfragen**

3.5 Erläutern Sie am Einheitskreis das Verhalten der Werte der vier trigonometrischen Funktionen, wenn der Winkel $\alpha$ von 0° bis 360° wächst (wachsende oder abnehmende Funktionswerte, spezielle Funktionswerte, Vorzeichen usw.).
3.6 Welches periodische Verhalten zeigen die trigonometrischen Funktionen?

**Aufgabe: 3.12**

### 3.1.3 Quadrantenrelationen

Als Quadrantenrelationen werden Gleichungen zwischen Funktionswerten solcher Winkel bezeichnet, die sich entweder um Vielfaches von 90° unterscheiden oder zum Vielfachen von 90° ergänzen. Zum Beispiel unterscheiden sich die Winkel $\alpha = 30°$ und $\beta = 300° = 270° + 30° = 270° + \alpha$ um $270° = 3 \cdot 90°$, während sich die Winkel $\alpha = 20°$ und $\beta = 160° = 180° - 20° = 180° - \alpha$ zu $180° = 2 \cdot 90°$ ergänzen. Mit Hilfe der Quadrantenrelationen können in Weiterführung der Anwendung von (3.6) die Funktionswerte beliebiger Winkel auf die Funktionswerte von spitzen Winkeln zurückgeführt werden.
Einige ausgewählte Quadrantenrelationen werden am Einheitskreis hergeleitet, die restlichen werden ohne Beweis angegeben.
In Bild 3.12 sind für die Winkel $\alpha$ und $90° + \alpha$ die Funktionswerte graphisch dargestellt. Aus der Kongruenz von Dreiecken und zwar aus $\triangle OQP \cong \triangle P_1Q_1O$, $\triangle OTR \cong \triangle OSU_1$, $\triangle OUS \cong \triangle OR_1T$ lassen sich unter Beachtung der Vorzeichen die Quadrantenrelationen direkt ablesen:

$$\begin{aligned} \sin(90° + \alpha) &= \cos\alpha \\ \cos(90° + \alpha) &= -\sin\alpha \\ \tan(90° + \alpha) &= -\cot\alpha \\ \cot(90° + \alpha) &= -\tan\alpha \end{aligned} \qquad (3.7\,\text{a})$$

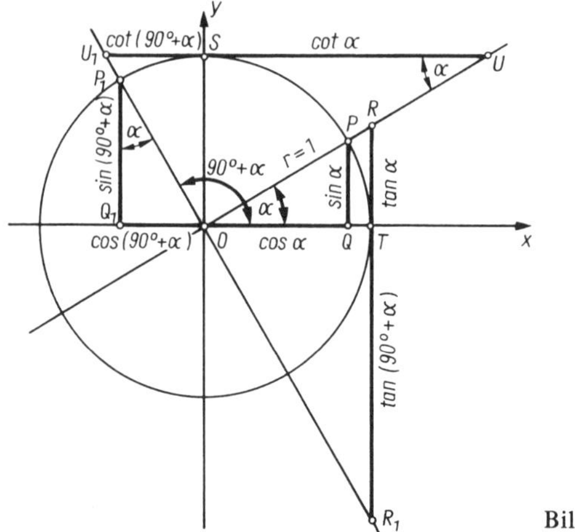


Bild 3.12

Entsprechend ergibt sich am Einheitskreis

$$\begin{aligned} \sin(180° + \alpha) &= -\sin\alpha \\ \cos(180° + \alpha) &= -\cos\alpha \\ \tan(180° + \alpha) &= \tan\alpha \\ \cot(180° + \alpha) &= \cot\alpha \end{aligned} \qquad (3.7\,b)$$

$$\begin{aligned} \sin(270° + \alpha) &= -\cos\alpha \\ \cos(270° + \alpha) &= \sin\alpha \\ \tan(270° + \alpha) &= -\cot\alpha \\ \cot(270° + \alpha) &= -\tan\alpha \end{aligned} \qquad (3.7\,c)$$

Bild 3.13 zeigt die graphische Darstellung der Funktionswerte für die Winkel $\alpha$ und $180° - \alpha$. Aus entsprechend kongruenten Dreiecken wird abgelesen:

$$\begin{aligned} \sin(180° - \alpha) &= \sin\alpha \\ \cos(180° - \alpha) &= -\cos\alpha \\ \tan(180° - \alpha) &= -\tan\alpha \\ \cot(180° - \alpha) &= -\cot\alpha \end{aligned} \qquad (3.7\,d)$$

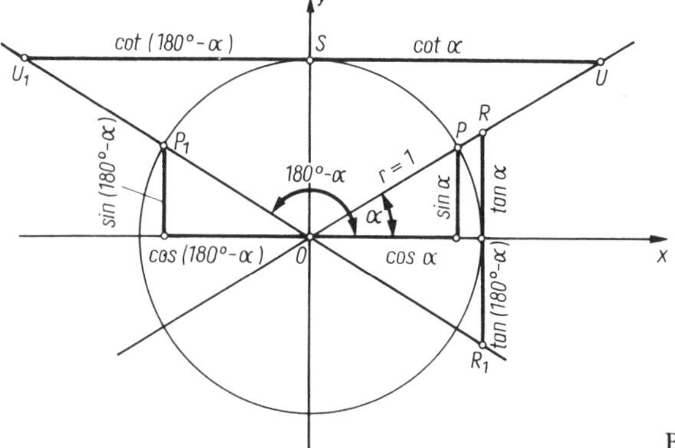


Bild 3.13

Analog lassen sich am Einheitskreis die Gleichungen ablesen:

$$\begin{array}{|l|}\hline \sin(270^\circ-\alpha) = -\cos\alpha \\ \cos(270^\circ-\alpha) = -\sin\alpha \\ \tan(270^\circ-\alpha) = \cot\alpha \\ \cot(270^\circ-\alpha) = \tan\alpha \\ \hline\end{array} \quad (3.7\,\text{e})$$

$$\begin{array}{|l|}\hline \sin(360^\circ-\alpha) = -\sin\alpha \\ \cos(360^\circ-\alpha) = \cos\alpha \\ \tan(360^\circ-\alpha) = -\tan\alpha \\ \cot(360^\circ-\alpha) = -\cot\alpha \\ \hline\end{array} \quad (3.7\,\text{f})$$

Die Beziehungen für die Winkel $\alpha$ und $90^\circ - \alpha$ wurden bereits in (3.2) angegeben. Die Quadrantenrelationen (3.7) wurden zwar nur für spitze Winkel $\alpha$ bewiesen, gelten aber auch für beliebig große Winkel.
Wird unter $f(\alpha)$ einer der vier trigonometrischen Funktionswerte und unter co-$f(\alpha)$ der Wert der entsprechenden Cofunktion verstanden, dann ergibt sich mit (3.2) und (3.7) folgende **Zusammenfassung der Quadrantenrelationen**

$$\begin{array}{|l|}\hline |f(180^\circ \pm \alpha)| = |f(360^\circ \pm \alpha)| = |f(\alpha)| \\ |f(90^\circ \pm \alpha)| = |f(270^\circ \pm \alpha)| = |\text{co-}f(\alpha)| \\ \hline\end{array} \quad (3.8)$$

Die Gleichungen (3.8) enthalten nur die absoluten Beträge der Funktionswerte. Die Vorzeichen ergeben sich nach dem Quadranten des gegebenen Winkels $k \cdot 90^\circ \pm \alpha$, wobei $\alpha$ als spitzer Winkel angenommen wird.

**Beispiele**

3.6 $\sin 240^\circ$ ist auf den Funktionswert eines spitzen Winkels zurückzuführen.
*Lösung:*
Der Winkel liegt im III. Quadranten, daher ist $\sin 240^\circ$ negativ. Nach (3.8) ist entweder
sind $240^\circ = \sin(270^\circ - 30^\circ) = -\cos 30^\circ$
oder $\sin 240^\circ = \sin(180^\circ + 60^\circ) = -\sin 60^\circ$ ($= -\cos 30^\circ$ nach (3.2)).

3.7. Der Term $\dfrac{\sin(\alpha + 450^\circ)}{\sin(\alpha - 450^\circ)}$ ist zu vereinfachen.

*Lösung:*
Aufgrund der Periodizität (3.6) und mit (3.8) folgt:

$$\frac{\sin(\alpha+450^\circ)}{\sin(\alpha-450^\circ)} = \frac{\sin(\alpha+90^\circ+360^\circ)}{\sin(\alpha-450^\circ+720^\circ)} = \frac{\sin(90^\circ+\alpha)}{\sin(270^\circ+\alpha)} = \frac{\cos\alpha}{-\cos\alpha} = \underline{\underline{-1}}$$

Nach der verallgemeinerten Definition der trigonometrischen Funktionen gibt es für jeden Winkel $\alpha$ (bis auf die genannten Einschränkungen für die Tangens- und Cotangensfunktion) für jede der vier Funktionen einen eindeutig bestimmten Funktionswert. Umgekehrt lassen sich jedoch zu einem gegebenen Funktionswert unbegrenzt viele Winkel angeben. Zum Beispiel gehören zu dem Funktionswert $\sin\alpha = 0{,}5 = m$ der Winkel $\alpha = 30^\circ$, nach (3.7a) auch der Winkel $180^\circ - 30^\circ = 150^\circ$ und somit wegen der Periodizität alle Winkel $30^\circ + k \cdot 360^\circ$ und $150^\circ + k \cdot 360^\circ$ mit der beliebigen ganzen Zahl $k$. Um Rechnungen mit den Arcusfunktionen eindeutig durchführen zu können, d.h. für jeden Funktionswert nur einen Winkel zu erhalten, wurden bestimmte Intervalle für den Winkel festgelegt. Der in diesem Intervall liegende Winkel soll mit $\bar{\alpha}$ bezeichnet werden. Bei gegebenem Funktionswert $m$ liegt für

arcsin $m = \bar{\alpha}$ der Winkel im Intervall $-90° \leqq \bar{\alpha} \leqq 90°$,

arccos $m = \bar{\alpha}$ der Winkel im Intervall $0° \leqq \bar{\alpha} \leqq 180°$,

arctan $m = \bar{\alpha}$ der Winkel im Intervall $-90° < \bar{\alpha} < 90°$,

arccot $m = \bar{\alpha}$ der Winkel im Intervall $0° < \bar{\alpha} < 180°$.

arccot $m$ wird kaum verwendet, da dieser Funktionswert mit der Tastenfolge [1/x], [arctan x] auf arctan $m$ zurückgeführt wird. Ergibt die Aufgabenstellung, daß der gesuchte Winkel in einem anderen Quadranten liegt, dann ist unter Verwendung der Quadrantenrelationen oder der Periodizität eine Umrechnung vorzunehmen.

## Beispiele

3.8 Gegeben ist $\sin\alpha = 0{,}285\,1$. Wie groß ist der im II. Quadranten liegende Winkel $\alpha$?
*Lösung:*
$\arcsin 0{,}285\,1 = 16{,}564\,8° = \bar{\alpha}$,

$\alpha = 180° - \bar{\alpha} = \underline{\underline{163{,}435\,2°}}$

3.9 Gegeben ist $\tan\alpha = -2{,}152\,6$, $\alpha$ liege im IV. Quadranten. Wie groß ist $\alpha$?
*Lösung:*
$\arctan(-2{,}152\,6) = -65{,}082\,7° = \bar{\alpha}$,

$\alpha = 360° + \bar{\alpha} = \underline{\underline{294{,}917\,4°}}$.

Eine wichtige Anwendung der Quadrantenrelationen ist die **Umrechnung von rechtwinkligen Koordinaten in Polarkoordinaten und umgekehrt.**
Das **rechtwinklige** oder **kartesische ebene Koordinatensystem** besteht aus zwei senkrecht aufeinanderstehenden orientierten Geraden, der $x$-Achse oder **Abszissenachse** und der $y$-Achse oder **Ordinatenachse**, die sich im Punkt $O$, dem **Ursprung**, schneiden (Bild 3.14). Eine beliebig gewählte Einheitsstrecke $e$, z. B. $e = 1$ cm, wird von $O$ aus auf den Achsen in positiver Richtung abgetragen. Den erhaltenen Punkten $E_x$ bzw. $E_y$ wird je die Zahl 1 zugeordnet. Auf diesem Weg lassen sich die beiden Achsen zu Zahlengeraden vervollständigen. $P$ sei ein beliebiger Punkt der Ebene. Die Lote von $P$ auf die Koordinatenachsen ergeben die Fußpunkte $P_x$ und $P_y$, denen durch $\overline{OP_x} = x \cdot e$ und $\overline{OP_y} = y \cdot e$ die reellen Zahlen $x$ und $y$ zugeordnet sind. Damit wird jedem Punkt $P$ der Ebene eindeutig ein Paar $x$, $y$ reeller Zahlen zugeordnet und umgekehrt. Denn wenn $x$, $y$ gegeben sind, können in den zu $x$, $y$ gehörenden Punkten der $x$- bzw. $y$-Achse die Senkrechten zu der jeweiligen Achse errichtet werden, die sich in $P$ schneiden.

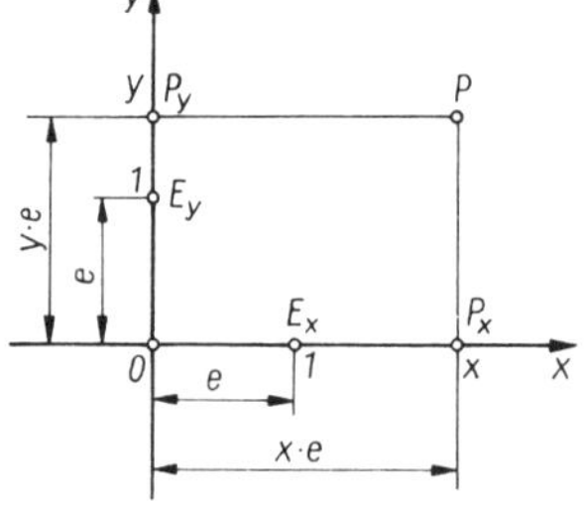


Bild 3.14

Die reellen Zahlen $x$, $y$ sind die rechtwinkligen Koordinaten von $P$. $x$ heißt **Abszisse**, $y$ heißt **Ordinate**. Für den Punkt $P$ mit den Koordinaten $x$, $y$ schreibt man $P(x; y)$.

Ein **Polarkoordinatensystem** besteht aus einem festen Punkt $O$, dem **Pol**, einem von $O$ ausgehenden Strahl, der **Polarachse** und einer gewählten Maßeinheit $e$, so daß dem Punkt $E$ der Polarachse mit $\overline{OE} = e$ die Zahl 1 zugeordnet wird (Bild 3.15). Jeder Punkt $P$ der Ebene (außer $P = O$) läßt sich eindeutig und umkehrbar eindeutig festlegen durch die Maßzahl $r$ seines Abstandes $\overline{OP} = r \cdot e$ vom Pol und durch den Winkel $\alpha$, den $OP$ mit der Polarachse bildet. Es soll stets

$$r > 0 \quad \text{und} \quad 0 \leqq \alpha < 360° \qquad \text{(I)}$$

sein. $r$ und $\alpha$ sind die **Polarkoordinaten** von $P$. $r$ heißt **Abstand** oder **Radiusvektor**, $\alpha$ heißt **Richtungswinkel** oder **Argument**.

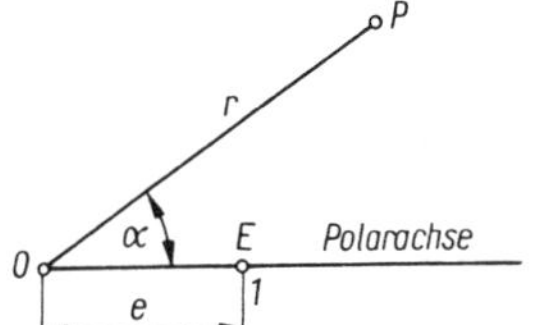


Bild 3.15

In Bild 3.16 sind beide Systeme so übereinander gelegt, daß die $x$-Achse mit der Polarachse und die Punkte $O$ beider Systeme zusammenfallen.

Gegeben sind die Polarkoordinaten $r$, $\alpha$ eines Punktes $P$, gesucht werden seine rechtwinkligen Koordinaten $x$, $y$. Für jeden der vier Quadranten gilt

$$\begin{aligned} x &= r \cos \alpha \\ y &= r \sin \alpha. \end{aligned} \qquad \text{(II)}$$

Sind die rechtwinkligen Koodinaten $x$, $y$ gegeben und werden die Polarkoordinaten $r$, $\alpha$ gesucht, dann folgt:

$$\begin{aligned} \tan \alpha &= \frac{y}{x} \\ r &= \sqrt{x^2 + y^2}\,. \end{aligned} \qquad \text{(III)}$$

Die Vorzeichen von $x$ und $y$ zeigen an, in welchem Quadrant $\alpha$ liegt.

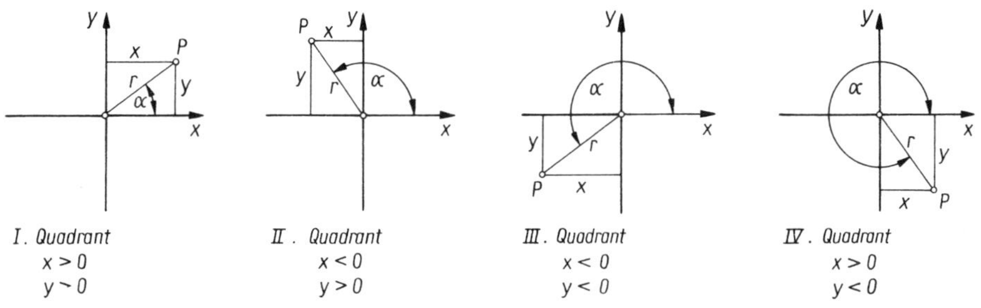


Bild 3.16

## Beispiele

3.10 Von drei Punkten sind die Polarkoordinaten gegeben: $P(r = 22;\ \alpha = 61{,}0°)$, $Q(r = 1{,}084;\ \alpha = 154{,}20°)$, $R(r = 36{,}15;\ \alpha = 288{,}17°)$. Gesucht werden die rechtwinkligen Koordinaten.

*Lösung:*

Nach (II) folgt

$P(x = 10{,}67;\ y = 19{,}24)$, $Q(x = -0{,}976;\ y = 0{,}472)$, $R(x = 11{,}27;\ y = -34{,}35)$.

3.11 Gesucht werden die Polarkoordinaten der Punkte

$P(x = 48{,}05;\ y = 71{,}96)$, $Q(x = -12{,}15;\ y = 85{,}15)$, $R(x = -2{,}19;\ y = -19{,}47)$, $S(x = 19{,}28;\ y = -45{,}30)$.

*Lösung:*

$P$ liegt wegen $x > 0$, $y > 0$ im I. Quadranten. Nach (III) folgt

$$\arctan\frac{y}{x} = 56{,}268° = \bar{\alpha} = \alpha, \qquad r = 86{,}53.$$

$Q$ liegt wegen $x < 0$, $y > 0$ im II. Quadranten:

$$\arctan\frac{y}{x} = -81{,}879° = \bar{\alpha}, \qquad \alpha = 180° + \bar{\alpha} = 98{,}121°, \qquad r = 86{,}01$$

$R$ liegt wegen $x < 0$, $y < 0$ im III. Quadranten:

$$\arctan\frac{y}{x} = 83{,}582° = \bar{\alpha}, \qquad \alpha = 180° + \bar{\alpha} = 263{,}582°, \qquad r = 19{,}59$$

$S$ liegt wegen $x > 0$, $y < 0$ im IV. Quadranten:

$$\arctan\frac{y}{x} = -66{,}945° = \bar{\alpha}, \qquad \alpha = \bar{\alpha} + 360° = 293{,}055°, \qquad r = 49{,}23.$$

## Zusammenfassung

Ergibt die Taste [arctan] den Winkel $\bar{\alpha}$ und liegt

$\alpha$ im I. Quadranten, dann ist $\alpha = \bar{\alpha}$ (mit $\bar{\alpha} > 0$)

$\alpha$ im II. Quadranten, dann ist $\alpha = \bar{\alpha} + 180°$ (mit $\bar{\alpha} < 0$)

$\alpha$ im III. Quadranten, dann ist $\alpha = \bar{\alpha} + 180°$ (mit $\bar{\alpha} > 0$)

$\alpha$ im IV. Quadranten, dann ist $\alpha = \bar{\alpha} + 360°$ (mit $\bar{\alpha} < 0$).

Anmerkung: Im Taschenrechner sind im allgemeinen die Umrechnungen von rechtwinkligen Koordinaten in Polarkoordinaten und umgekehrt als Programme enthalten.

## Beispiel

3.12 In einem Punkt $O$ greifen vier Kräfte $F_1 = 41$ N, $F_2 = 28$ N, $F_3 = 35$ N, $F_4 = 38$ N an. Ihre Wirkungslinien schließen entsprechend Bild 3.17 die Winkel $\alpha_2 = 55°$, $\alpha_3 = 155°$, $\alpha_4 = 208°$ ein. Zu berechnen sind die Resultierende $F$ und der Winkel $\alpha$, den die Wirkungslinien von $F$ und $F_1$ bilden.

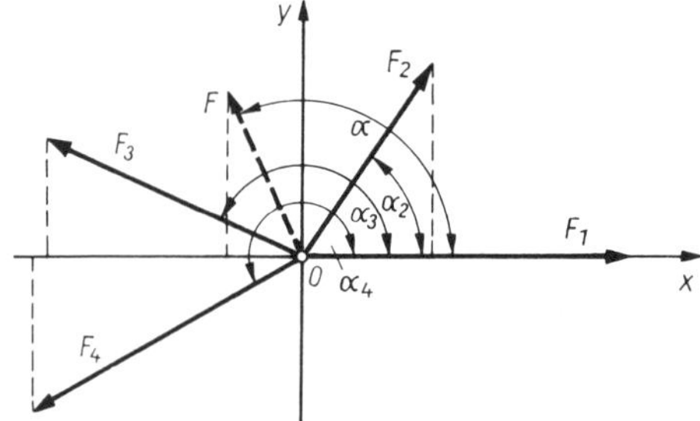


Bild 3.17

*Lösung:*
$O$ sei Ursprung eines rechtwinkligen Koordinatensystems, dessen $x$-Achse in Richtung von $F_1$ liegt. Jede Kraft wird in zwei Komponenten in $x$- und $y$-Richtung zerlegt:

$$F_{ix} = F_i \cos\alpha_i, \qquad F_{iy} = F_i \sin\alpha_i, \qquad i = 1, 2, 3, 4, \qquad \alpha_1 = 0°$$

Die Komponenten der Resultierenden $F$ sind:

$$F_x = \sum_{i=1}^{4} F_{ix} = F_{1x}\cos\alpha_1 + F_{2x}\cos\alpha_2 + F_{3x}\cos\alpha_3 + F_{4x}\cos\alpha_4$$

$$F_x = -8{,}21\,\text{N}$$

$$F_y = \sum_{i=1}^{4} F_{iy} = F_{1y}\sin\alpha_1 + F_{2y}\sin\alpha_2 + F_{3y}\sin\alpha_3 + F_{4y}\sin\alpha_4$$

$$F_y = 19{,}89\,\text{N}.$$

Für $F$ folgt

$$F = \sqrt{F_x^2 + F_y^2} = \underline{\underline{21{,}52\,\text{N}}}$$

Da $\alpha$ wegen $F_x < 0$, $F_y > 0$ im II. Quadranten liegt, ergibt sich

$$\arctan\frac{F_y}{F_x} = \bar{\alpha} = -67{,}56°, \qquad \alpha = \bar{\alpha} + 180° = \underline{\underline{112{,}44°}}$$

**Kontrollfragen**

3.7 Wie wird der Funktionswert eines beliebigen Winkels auf den Funktionswert eines spitzen Winkels zurückgeführt?
3.8 Erläutern Sie die Ermittlung des Winkels für einen gegebenen Funktionswert.

**Aufgaben: 3.13 bis 3.16**

### 3.1.4 Zusammenhang zwischen den Funktionswerten eines Winkels

Jeder Funktionswert eines Winkels kann durch einen der drei anderen Funktionswerte dieses Winkels ausgedrückt werden. Die Formeln, die den Zusammenhang zwischen den trigonometrischen Funktionen zum Ausdruck bringen, werden unter anderem bei der Vereinfachung trigonometrischer Ausdrücke oder bei der Lösung goniometrischer Gleichungen gebraucht.
Nach Bild 3.16 gilt für jeden Quadranten $\sin\alpha = \frac{y}{r}$, $\cos\alpha = \frac{x}{r}$. Nach Quadrieren und Addieren folgt:

$$\sin^2\alpha + \cos^2\alpha = \frac{y^2}{r^2} + \frac{x^2}{r^2} = \frac{y^2 + x^2}{r^2} = \frac{r^2}{r^2} = 1\,.$$

$$\boxed{\sin^2\alpha + \cos^2\alpha = 1} \tag{3.9}$$

Diese Formel wird als »trigonometrischer Pythagoras« bezeichnet. Nach $\sin\alpha$ oder $\cos\alpha$ aufgelöst ergibt:

$$\sin\alpha = \pm\sqrt{1-\cos^2\alpha}, \qquad \cos\alpha = \pm\sqrt{1-\sin^2\alpha}.$$

Von den zwei Vorzeichen ist das durch die Funktion und durch den Quadranten von $\alpha$ bestimmte Vorzeichen entsprechend Bild 3.10 auszuwählen.

Nach Bild 3.16 gilt unabhängig vom Quadrant $\tan\alpha = \frac{y}{x}$, woraus nach Kürzen von Zähler und Nenner mit $r$ folgt:

$$\tan\alpha = \frac{\frac{y}{r}}{\frac{x}{r}} = \frac{\sin\alpha}{\cos\alpha}.$$

$$\boxed{\tan\alpha = \frac{\sin\alpha}{\cos\alpha}} \qquad (3.10)$$

Weiterhin ist

$$\cot\alpha = \frac{x}{y} = \frac{1}{y} = \frac{1}{\tan\alpha}$$

$$\boxed{\cot\alpha = \frac{1}{\tan\alpha}} \qquad (3.11)$$

Mit Hilfe der Gleichungen (3.9) bis (3.11) kann aus jedem trigonometrischen Funktionswert eines Winkels jeder der drei anderen Funktionswerte berechnet werden.

**Beispiel**

3.13 Der Funktionswert $\sin\alpha$ ist durch den Funktionswert $\tan\alpha$ auszudrücken.

*Lösung:*

Aus (3.10) und (3.9) folgt

$$\tan\alpha = \frac{\sin\alpha}{\cos\alpha} = \frac{\sin\alpha}{\pm\sqrt{1-\sin^2\alpha}}$$

Quadriert ergibt

$$\tan^2\alpha = \frac{\sin^2\alpha}{1-\sin^2\alpha}$$

und schrittweise Umstellung nach $\sin\alpha$

$$\tan^2\alpha(1-\sin^2\alpha) = \sin^2\alpha$$

$$\sin^2\alpha(1+\tan^2\alpha) = \tan^2\alpha$$

$$\sin^2\alpha = \frac{\tan^2\alpha}{1+\tan^2\alpha}$$

$$\sin\alpha = \frac{\tan\alpha}{\pm\sqrt{1+\tan^2\alpha}}$$

In der folgenden Übersicht sind alle Beziehungen zusammengestellt.

**Zusammenhang zwischen den trigonometrischen Funktionen**

gesucht gegeben

| | $\sin\alpha$ | $\cos\alpha$ | $\tan\alpha$ | $\cot\alpha$ |
|---|---|---|---|---|
| $\sin\alpha =$ | | $\pm\sqrt{1-\cos^2\alpha}$ | $\dfrac{\tan\alpha}{\pm\sqrt{1+\tan^2\alpha}}$ | $\dfrac{1}{\pm\sqrt{1+\cot^2\alpha}}$ |
| $\cos\alpha =$ | $\pm\sqrt{1-\sin^2\alpha}$ | | $\dfrac{1}{\pm\sqrt{1+\tan^2\alpha}}$ | $\dfrac{\cot\alpha}{\pm\sqrt{1+\cot^2\alpha}}$ |
| $\tan\alpha =$ | $\dfrac{\sin\alpha}{\pm\sqrt{1-\sin^2\alpha}}$ | $\dfrac{\pm\sqrt{1-\cos^2\alpha}}{\cos\alpha}$ | | $\dfrac{1}{\cot\alpha}$ |
| $\cot\alpha =$ | $\dfrac{\pm\sqrt{1-\sin^2\alpha}}{\sin\alpha}$ | $\dfrac{\cos\alpha}{\pm\sqrt{1-\cos^2\alpha}}$ | $\dfrac{1}{\tan\alpha}$ | |

(3.12)

Von den zwei Vorzeichen ist entsprechend der gesuchten Funktion und dem Quadranten von $\alpha$ eines zu wählen.

**Beispiele**

3.14 Gegeben ist $\cos\alpha$ mit $180° < \alpha < 270°$. Gesucht werden die drei anderen Funktionswerte.
*Lösung:*
Aus (3.12) folgt

$$\sin\alpha = -\sqrt{1-\cos^2\alpha}, \qquad \tan\alpha = \frac{\sqrt{1-\cos^2\alpha}}{\cos\alpha}, \qquad \cot\alpha = \frac{\cos\alpha}{\sqrt{1-\cos^2\alpha}}.$$

3.15 Der Term $\sin\varphi\sqrt{1+\cot^2\varphi}$ ist zu vereinfachen ($0° < \varphi < 90°$).
*Lösung:*
Mit (3.10) folgt

$$\sin\varphi\sqrt{1+\cot^2\varphi} = \sin\varphi\sqrt{1+\left(\frac{\cos\varphi}{\sin\varphi}\right)^2} = \sin\varphi\sqrt{\frac{\sin^2\varphi+\cos^2\varphi}{\sin^2\varphi}}$$

$$= \sin\varphi\sqrt{\frac{1}{\sin^2\varphi}} = \underline{\underline{1}} \quad \text{unter Verwendung von (3.9).}$$

**Kontrollfrage**

3.9 Wie lassen sich die Beziehungen (3.12) unmittelbar am Einheitskreis ablesen?

**Aufgaben 3.17 bis 3.19**

### 3.1.5 Additionstheoreme

Bei der Umformung trigonometrischer Ausdrücke ist es oft notwendig, den Funktionswert der Summe zweier Winkel durch die Funktionswerte der einzelnen Winkel anzugeben, z. B. $\tan(\alpha+\beta)$ durch $\tan\alpha$ und $\tan\beta$. Die hierzu benötigten Beziehungen sowie weitere goniometrische Formeln werden als Additionstheoreme bezeichnet. Sie sind für alle mathematischen Anwendungen, bei denen trigonometrische Funktionen verwendet werden, von großer Bedeutung.

Anmerkung: Es ist vorteilhaft, wenn der Leser die Formeln zumindest so weit in das Gedächtnis aufnimmt, daß er sie bei Anwendungen erkennt und dann in der Formelsammlung nachschlagen kann.

In Bild 3.18 haben die Winkel $\alpha$ und $\beta$ einen gemeinsamen Schenkel. Auf dem freien Schenkel von $\alpha$ sei $A$ beliebig gewählt. Von $A$ werden die Lote auf die Schenkel von $\beta$ bis $B$ bzw. $C$ gezeichnet und von $B$ die Lote auf $AC$ bis $D$ sowie auf $OC$ bis $E$. Wegen $AC \perp OC$ und $AB \perp OB$ ist $\sphericalangle BAD = \beta$.

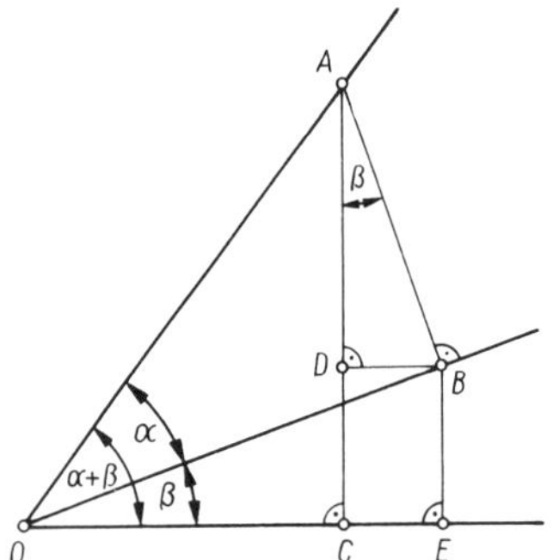


Bild 3.18

Es ist im

$$\triangle OCA: \ \sin(\alpha+\beta) = \frac{\overline{AC}}{\overline{OA}} = \frac{\overline{AD}+\overline{DC}}{\overline{OA}} = \frac{\overline{AD}+\overline{BE}}{\overline{OA}} \qquad \text{(I)}$$

$$\triangle OBA: \ \sin\alpha = \frac{\overline{AB}}{\overline{OA}} \quad \text{oder} \quad \overline{AB} = \overline{OA}\sin\alpha \qquad \text{(II)}$$

$$\triangle ADB: \ \cos\beta = \frac{\overline{AD}}{\overline{AB}} \quad \text{oder} \quad \overline{AD} = \overline{AB}\cos\beta$$

und mit (II)

$$\overline{AD} = \overline{OA}\sin\alpha\cos\beta \qquad \text{(III)}$$

$$\triangle OBA: \ \cos\alpha = \frac{\overline{OB}}{\overline{OA}} \quad \text{oder} \quad \overline{OB} = \overline{OA}\cos\alpha \qquad \text{(IV)}$$

$$\triangle OEB: \ \sin\beta = \frac{\overline{BE}}{\overline{OB}} \quad \text{oder} \quad \overline{BE} = \overline{OB}\sin\beta$$

und mit (IV)

$$\overline{BE} = \overline{OA}\sin\beta\cos\alpha \qquad \text{(V)}$$

Die Ausdrücke für $\overline{AD}$ und $\overline{BE}$ aus (III) bzw. (V) werden in (I) eingesetzt:

$$\sin(\alpha+\beta) = \frac{\overline{OA}\sin\alpha\cos\beta + \overline{OA}\sin\beta\cos\alpha}{\overline{OA}}$$

Nach Kürzen durch $\overline{OA}$ und Umstellung folgt

$$\boxed{\sin(\alpha+\beta) = \sin\alpha\cos\beta + \cos\alpha\sin\beta} \tag{3.13}$$

Wird in (3.13) der Winkel $\beta$ durch $-\beta$ ersetzt, dann ergibt sich

$$\sin(\alpha-\beta) = \sin\alpha\cos(-\beta) + \cos\alpha\sin(-\beta)$$

und wegen (3.5) mit $\sin(-\beta) = -\sin\beta$, $\cos(-\beta) = \cos\beta$ folgt

$$\boxed{\sin(\alpha-\beta) = \sin\alpha\cos\beta - \cos\alpha\sin\beta} \tag{3.14}$$

Auf ähnlichem Weg lassen sich aus Bild 3.18 die Formeln ableiten

$$\cos(\alpha+\beta) = \cos\alpha\cos\beta - \sin\alpha\sin\beta \tag{3.15}$$
$$\cos(\alpha-\beta) = \cos\alpha\cos\beta + \sin\alpha\sin\beta \tag{3.16}$$

Für die Tangensfunktion ergeben sich die Formeln

$$\tan(\alpha+\beta) = \frac{\tan\alpha + \tan\beta}{1-\tan\alpha\tan\beta} \tag{3.17}$$
$$\tan(\alpha-\beta) = \frac{\tan\alpha - \tan\beta}{1+\tan\alpha\tan\beta} \tag{3.18}$$

Die Formeln (3.13) bis (3.18) heißen **Additionstheoreme**. Sie sind für beliebige Winkel $\alpha$ und $\beta$ gültig.

**Beispiele**

3.16 Der Term $T(\varphi) = \sin(150° + \varphi) + \cos(300° + \varphi)$ ist zu vereinfachen.

*Lösung:*

Mit den Additionstheoremen (3.13) und (3.15) folgt

$$T(\varphi) = \sin 150° \cos\varphi + \cos 150° \sin\varphi + \cos 300° \cos\varphi - \sin 300° \sin\varphi.$$

Aus den Zerlegungen $150° = 90° + 60°$ bzw. $300° = 270° + 30°$ ergibt sich mit den Quadrantenrelationen (3.7a) und (3.7c):

$$T(\varphi) = \cos 60° \cos\varphi - \sin 60° \sin\varphi + \sin 30° \cos\varphi + \cos 30° \sin\varphi,$$

und mit den Funktionswerten

$\cos 60° = \sin 30° = \frac{1}{2}$, $\quad \sin 60° = \cos 30° = \frac{1}{2}\sqrt{3}$ wird

$$T(\varphi) = \frac{1}{2}\cos\varphi - \frac{1}{2}\sqrt{3}\sin\varphi + \frac{1}{2}\cos\varphi + \frac{1}{2}\sqrt{3}\sin\varphi$$

$$T(\varphi) = \sin(150° + \varphi) + \cos(300° + \varphi) = \underline{\underline{\cos\varphi}}.$$

3.17 Mit Hilfe der Additionstheoreme lassen sich leicht die Quadrantenrelationen herleiten. Zum Beispiel ist nach (3.14)

$\sin(270° - \alpha) = \sin 270° \cos\alpha - \cos 270° \sin\alpha$

und wegen $\sin 270° = -1$, $\cos 270° = 0$ folgt in Übereinstimmung mit (3.7e):

$\sin(270° - \alpha) = -\cos\alpha$.

Ist in dem Additionstheorem (3.13) im Sonderfall $\alpha = \beta$, dann erhält man, wenn $\beta$ durch $\alpha$ ersetzt wird:
$\sin(\alpha + \alpha) = \sin\alpha\cos\alpha + \cos\alpha\sin\alpha$ oder als

**Formeln für Funktionen des doppelten Winkels**

$$\boxed{\sin 2\alpha = 2\sin\alpha\cos\alpha} \tag{3.19}$$

Entsprechend folgt aus (3.15):

$$\boxed{\begin{aligned}\cos 2\alpha &= \cos^2\alpha - \sin^2\alpha\\ &= 1 - 2\sin^2\alpha\\ &= 2\cos^2\alpha - 1\end{aligned}} \tag{3.20}$$

Die letzten zwei Gleichungen in (3.20) ergeben sich mit dem trigonometrischen PYTHAGORAS; danach kann

$$\cos^2\alpha = 1 - \sin^2\alpha \quad \text{bzw.} \quad \sin^2\alpha = 1 - \cos^2\alpha$$

gesetzt werden. Wird in (3.19) und (3.20) $\alpha$ durch $\frac{\alpha}{2}$ ersetzt, dann entsteht die ebenso häufig gebrauchte Formelgruppe

$$\boxed{\sin\alpha = 2\sin\frac{\alpha}{2}\cos\frac{\alpha}{2}} \tag{3.21}$$

$$\boxed{\begin{aligned}\cos\alpha &= \cos^2\frac{\alpha}{2} - \sin^2\frac{\alpha}{2}\\ &= 1 - 2\sin^2\frac{\alpha}{2}\\ &= 2\cos^2\frac{\alpha}{2} - 1\end{aligned}} \tag{3.22}$$

**Beispiele**

3.18 Der Term $\frac{1-\cos\alpha}{\sin\alpha}$ ist zu vereinfachen.

*Lösung:*
Mit (3.21) und (3.22) folgt

$$\frac{1-\cos\alpha}{\sin\alpha} = \frac{1-\left(1-2\sin^2\frac{\alpha}{2}\right)}{2\sin\frac{\alpha}{2}\cos\frac{\alpha}{2}} = \frac{2\sin^2\frac{\alpha}{2}}{2\sin\frac{\alpha}{2}\cos\frac{\alpha}{2}} = \frac{\sin\frac{\alpha}{2}}{\cos\frac{\alpha}{2}} = \underline{\underline{\tan\frac{\alpha}{2}}}.$$

3.19 Im gleichschenkligen Dreieck sind der Schenkel $a$ und der Basiswinkel $\alpha$ gegeben. Es ist eine Formel für die Höhe $h_a$ aufzustellen (Bild 3.19).

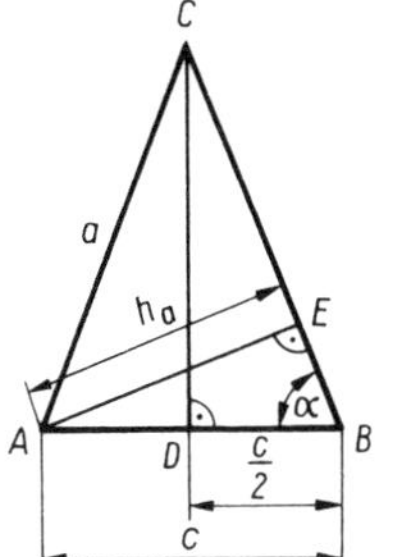


Bild 3.19

*Lösung:*
Im $\triangle DBC$ ist

$$\cos\alpha = \frac{c/2}{a} = \frac{c}{2a}, \qquad c = 2a\cos\alpha \tag{VI}$$

Im $\triangle ABE$ ist

$\sin\alpha = \frac{h_a}{c}$, $h_a = c\sin\alpha$, und mit (VI) und (3.21) wird

$$h_a = 2a\sin\alpha\cos\alpha = \underline{\underline{a\sin 2\alpha}}.$$

Ohne Beweis wird noch eine Formelgruppe angegeben, die Summen oder Differenzen gleichartiger Winkelfunktionen in Produkte verwandelt und daher besonders bei der Vereinfachung von Brüchen genutzt werden kann:

$$\sin\alpha + \sin\beta = 2\sin\frac{\alpha+\beta}{2}\cos\frac{\alpha-\beta}{2} \tag{3.23}$$

$$\sin\alpha - \sin\beta = 2\sin\frac{\alpha-\beta}{2}\cos\frac{\alpha+\beta}{2} \tag{3.24}$$

$$\cos\alpha + \cos\beta = 2\cos\frac{\alpha+\beta}{2}\cos\frac{\alpha-\beta}{2} \tag{3.25}$$

$$\cos\alpha - \cos\beta = -2\sin\frac{\alpha+\beta}{2}\sin\frac{\alpha-\beta}{2} \tag{3.26}$$

**Beispiel**

3.20 Der Term $T(\alpha) = \dfrac{\sin\alpha + \sin\beta}{\cos\alpha + \cos\beta}$ ist zu vereinfachen.

*Lösung:*
Mit den Formeln (3.23) und (3.25) folgt

$$T(\alpha) = \frac{2\sin\frac{\alpha+\beta}{2}\cos\frac{\alpha-\beta}{2}}{2\cos\frac{\alpha+\beta}{2}\cos\frac{\alpha-\beta}{2}} = \frac{\sin\frac{\alpha+\beta}{2}}{\cos\frac{\alpha+\beta}{2}} = \underline{\underline{\tan\frac{\alpha+\beta}{2}}}.$$

**Kontrollfragen**

3.10 Beschreiben Sie, welche grundlegende Umformung die Additionstheoreme ermöglichen.
3.11 Beweisen Sie mit Hilfe der Additionstheoreme einige der Quadrantenrelationen (3.7).

**Aufgaben: 3.20 und 3.21**

## 3.2 Dreiecksberechnung

### 3.2.1 Allgemeines

Im folgenden werden die trigonometrischen Funktionen zur Berechnung beliebiger, d. h. spitz- oder stumpfwinkliger Dreiecke verwendet. Die Dreieckswinkel $\alpha$, $\beta$, $\gamma$ können daher im I. oder im II. Quadranten liegen:

$$0° < \alpha < 180°, \qquad 0° < \beta < 180°, \qquad 0° < \gamma < 180°.$$

Nach Bild 3.10 ist der Funktionswert $\sin\alpha$ in den beiden ersten Quadranten positiv, während die Funktionswerte $\cos\alpha$, $\tan\alpha$, $\cot\alpha$ in dem ersten Quadranten positiv, im II. Quadranten negativ sind. Entsprechendes gilt für $\beta$ und $\gamma$. Daraus ergeben sich Folgerungen für die Eindeutigkeit von Lösungen.
Wird z. B. im Dreieck ein Winkel $\alpha$ nach dem Sinussatz berechnet und ergibt sich $\sin\alpha = 0{,}926\,1$, dann folgt zunächst

$$\arcsin 0{,}926\,1 = \bar{\alpha} = 67{,}834\,8°.$$

Da $\alpha$ im I. oder II. Quadranten liegen kann, sind zwei Winkel möglich:

$$\alpha_1 = \bar{\alpha} = 67{,}834\,8°, \qquad \alpha_2 = 180° - \bar{\alpha} = 112{,}165\,2°.$$

Es muß nun, z. B. mit Hilfe von Sätzen über das Dreieck, entschieden werden, ob beide Lösungen möglich sind, bzw. bei eindeutiger Lösung muß diese ausgewählt werden. Bei Verwendung der drei anderen Funktionen, z. B. bei $\cos\alpha$, bestimmt das Vorzeichen des Funktionswertes eindeutig den Quadranten, in dem der Winkel liegt.
Im schiefwinkligen Dreieck sind alle Seiten gleichberechtigt, ebenso alle Winkel. Aus jeder Formel, die für bestimmte Seiten und Winkel bewiesen ist, folgen daher zwei weitere, wenn nach Bild 3.20 durch **zyklische Vertauschung** (Zyklus; der Kreis) Seiten und Winkel durch die im Kreis entsprechend den Pfeilen folgenden Seiten bzw. Winkel ersetzt werden. Zum Beispiel ergibt sich aus der Formel

$$h_c = b \sin\alpha \quad \text{(vgl. Bild 3.21)}$$

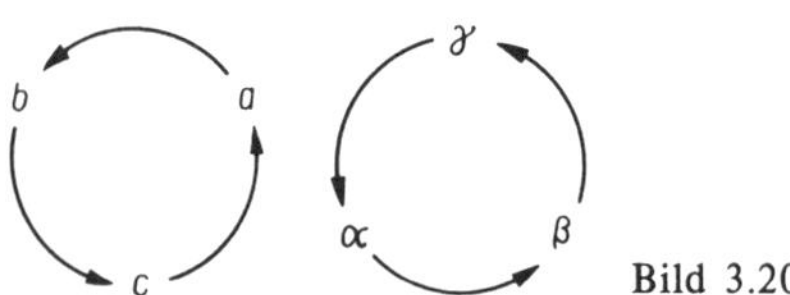


Bild 3.20

nach der 1. zyklischen Vertauschung:

$$h_a = c \sin \beta \quad \text{und}$$

nach der 2. zyklischen Vertauschung:

$$h_b = a \sin \gamma.$$

Nochmalige Vertauschung führt wieder auf die erste Formel.

### 3.2.2 Sinus- und Cosinussatz

Nach Bild 3.21 ist im spitzwinkligen Dreieck $ABC$ und zwar im

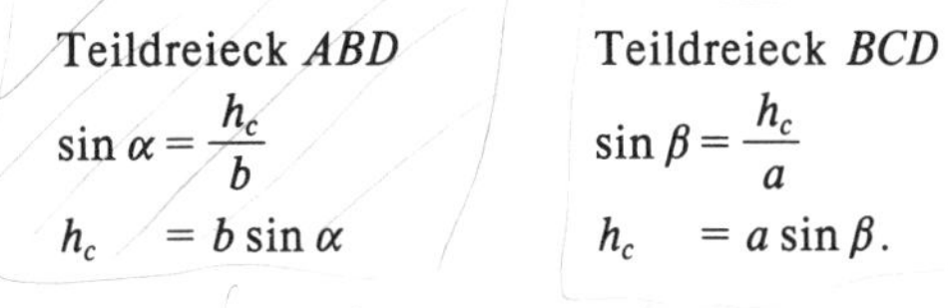

| Teildreieck $ABD$ | Teildreieck $BCD$ |
|---|---|
| $\sin \alpha = \dfrac{h_c}{b}$ | $\sin \beta = \dfrac{h_c}{a}$ |
| $h_c \quad = b \sin \alpha$ | $h_c \quad = a \sin \beta.$ |

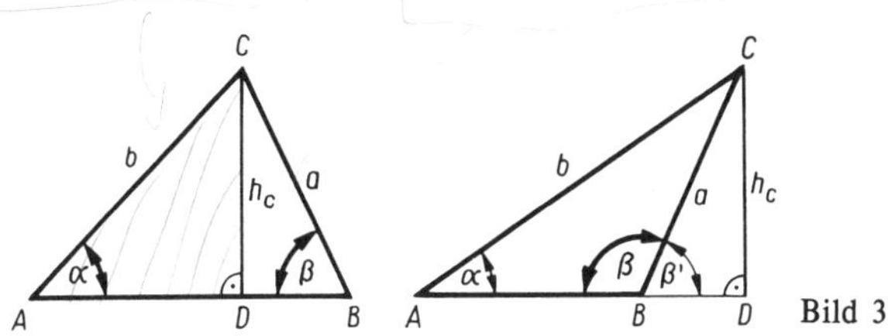


Bild 3.21

Durch Gleichsetzen folgt

$$b \sin \alpha = a \sin \beta \quad \text{oder} \quad \frac{a}{b} = \frac{\sin \alpha}{\sin \beta}. \tag{I}$$

Dieselbe Beziehung gilt auch im stumpfwinkligen Dreieck, denn es ist nach Bild 3.21

$$h_c = b \sin \alpha \qquad h_c = a \sin \beta' = a \sin (180° - \beta) = a \sin \beta.$$

Aus Gleichung (I) folgen zwei weitere durch zyklische Vertauschung.

**Sinussatz**

> Die Seiten eines Dreiecks verhalten sich zueinander wie die Sinus der gegenüberliegenden Winkel.

$$\frac{a}{b} = \frac{\sin \alpha}{\sin \beta}; \qquad \frac{b}{c} = \frac{\sin \beta}{\sin \gamma}; \qquad \frac{c}{a} = \frac{\sin \gamma}{\sin \alpha} \tag{3.27}$$

oder als Proportion geschrieben

$$a : b : c = \sin \alpha : \sin \beta : \sin \gamma. \tag{II}$$

Die Formeln (3.27) lassen sich auch wie folgt zusammenfassen:

$$\frac{a}{\sin \alpha} = \frac{b}{\sin \beta} = \frac{c}{\sin \gamma} \tag{III}$$

■ Im Dreieck ist das Verhältnis jeder Seite zum Sinus ihres gegenüberliegenden Winkels konstant.

Der Sinussatz wird angewendet, wenn von einem Dreieck eine Seite und zwei Winkel oder zwei Seiten und der einer Seite gegenüberliegende Winkel gegeben sind.

**Beispiele**

3.21 Von einem Dreieck sind $b = 23{,}67$ m, $\alpha = 113{,}127°$, $\beta = 32{,}593°$ gegeben. Gesucht werden die restlichen Seiten und Winkel.
*Lösung:*
Aus der Winkelsumme im Dreieck folgt

$$\gamma = 180° - (\alpha + \beta) = \underline{\underline{34{,}280°}}.$$

$a$ und $c$ werden nach dem Sinussatz berechnet:

$$a = \frac{b \sin \alpha}{\sin\beta} = \underline{\underline{40{,}41\text{ m}}}; \qquad c = \frac{b \sin \gamma}{\sin \beta} = \underline{\underline{24{,}75\text{ m}}}.$$

Der Quotient $b/\sin\beta$ kommt bei der Berechnung von $a$ und $c$ vor und kann deshalb im Taschenrechner als Zwischenergebnis gespeichert werden.

3.22 Von einem Dreieck sind $a = 36{,}78$ m, $c = 50{,}21$ m, $\alpha = 42{,}530°$ gegeben. Die restlichen Seiten und Winkel sind zu berechnen.
*Lösung:*
Zuerst wird mit dem Sinussatz $\gamma$ berechnet:

$$\sin\gamma = \frac{c \sin \alpha}{a} = 0{,}922\,80$$

$$\arcsin 0{,}922\,80 = \bar{\gamma} = 67{,}340°.$$

Für $\gamma$ ergeben sich nach dem vorigen Abschnitt zwei Werte:

$$\gamma_1 = 67{,}340°, \qquad \gamma_2 = 112{,}660°.$$

Im Dreieck muß der größeren Seite der größere Winkel gegenüberliegen, daher muß aus $c > a$ folgen $\gamma > \alpha$. Beide Winkel $\gamma_1$ und $\gamma_2$ sind größer als $\alpha$, daher sind zwei Dreiecke $ABC_1$ und $ABC_2$ (Bild 3.22) mit den gegebenen Größen $a$, $c$, $\alpha$ möglich. In beiden Dreiecken werden anschließend getrennt die fehlenden Größen berechnet:

$\triangle ABC_1$

$$\gamma_1 = \underline{\underline{67{,}340°}}$$

$$\beta_1 = 180° - (\alpha + \gamma_1) = \underline{\underline{70{,}130°}}$$

$$b_1 = \frac{a \sin \beta_1}{\sin \alpha} = \underline{\underline{51{,}17\text{ m}}}$$

$\triangle ABC_2$

$$\gamma_2 = \underline{\underline{112{,}660°}}$$

$$\beta_2 = 180° - (\alpha + \gamma_2) = \underline{\underline{24{,}810°}}$$

$$b_2 = \frac{a \sin \beta_2}{\sin \alpha} = \underline{\underline{22{,}83\text{ m}}}$$

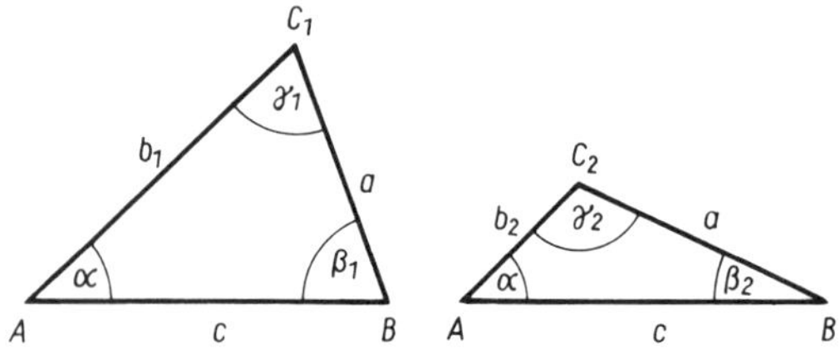

Bild 3.22

3.23 Um den wegen eines Flusses nicht direkt meßbaren Abstand $e$ eines Punktes $P$ vom Rand einer geraden Straße zu bestimmen, wurden auf dem Straßenrand die Punkte $M$ und $N$ gewählt, und es wurden die Strecke $\overline{MN} = c = 145{,}85$ m und die Winkel $\sphericalangle PMN = \alpha = 61{,}274°$,

$\sphericalangle PNM = \beta = 45{,}029°$ gemessen (Bild 3.23). $e$ ist zunächst allgemein durch $c$, $\alpha$, $\beta$ auszudrücken und dann zu berechnen.

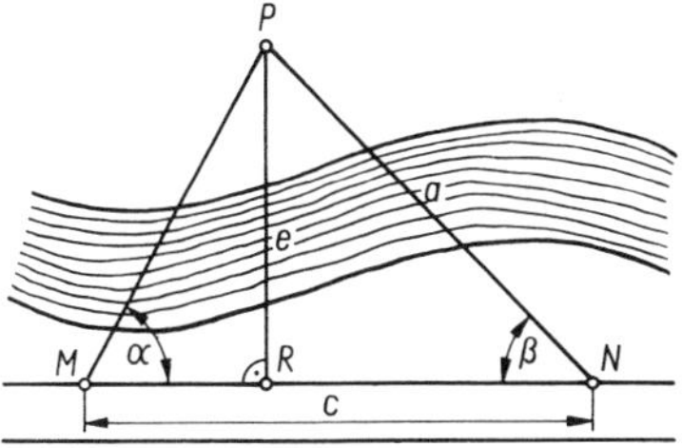


Bild 3.23

*Lösung:*
Im Dreieck $MNP$ ergibt sich die Seite $\overline{NP} = a$ nach dem Sinussatz:

$$a = \frac{c \sin \alpha}{\sin \gamma}.$$

Wegen $\gamma = 180° - (\alpha + \beta)$ und $\sin(180° - (\alpha + \beta)) = \sin(\alpha + \beta)$ folgt:

$$a = \frac{c \sin \alpha}{\sin(\alpha + \beta)}. \qquad \text{(IV)}$$

Der gesuchte Abstand $e$ ist die Höhe im Dreieck $MNP$ und wird im Dreieck $RBP$ berechnet:

$$e = a \sin \beta \qquad \text{(V)}$$

(V) in (IV) eingesetzt ergibt

$$e = \frac{c \sin \alpha \sin \beta}{\sin(\alpha + \beta)} = \underline{\underline{94{,}28\ \text{m}}}.$$

3.24 Im Rahmen der Vorarbeiten für den Bau einer Sprungschanze ist die Höhe $x$ des Punktes $C$ über dem Punkt $A$ zu bestimmen. Es wurde ein Punkt $B$ gewählt, der mit $A$ und $C$ in einer Vertikalebene liegt, und es wurden die Vertikalwinkel $\alpha = 23°58'$, $\beta = 11°51'$, die Strecke $s = 41{,}03$ m und der Höhenunterschied $h = 17{,}88$ m der Punkte $A$ und $B$ gemessen (Bild 3.24). Der Höhenunterschied $x$ ist zu berechnen.

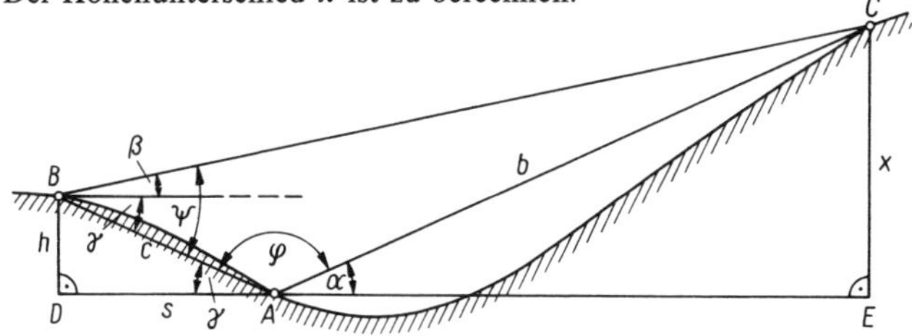


Bild 3.24

*Lösung:*
Berechnung im Dreieck $ABD$:

$$\tan \gamma = \frac{h}{s}, \qquad \gamma = 23{,}546\,5°$$

$$c = \overline{AB} = \sqrt{h^2 + s^2} = 44{,}757\ \text{m}$$

Berechnung im Dreieck $ACB$:

$\varphi = 180° - (\alpha + \gamma) = 132{,}487°$ ($\alpha$ und $\beta$ sind in dezimalgeteiltem Grad anzugeben.)

$$\psi = \beta + \gamma = 35{,}397°$$

$$b = \frac{c \sin \psi}{\sin(\varphi + \psi)} \quad \text{(vgl. Beispiel 3.23)} \qquad \text{(VI)}$$

Berechnung im Dreieck *AEC*:

$$\sin\alpha = \frac{x}{b}, \qquad x = b\sin\alpha \quad \text{und mit (VI)}$$

$$x = \frac{c\sin\psi\sin\alpha}{\sin(\varphi+\psi)} = \underline{\underline{50{,}17\ \text{m}}}$$

In Bild 3.25 gilt für beide Dreiecke nach dem Sinussatz

$$a\sin\beta = b\sin\alpha. \tag{VII}$$

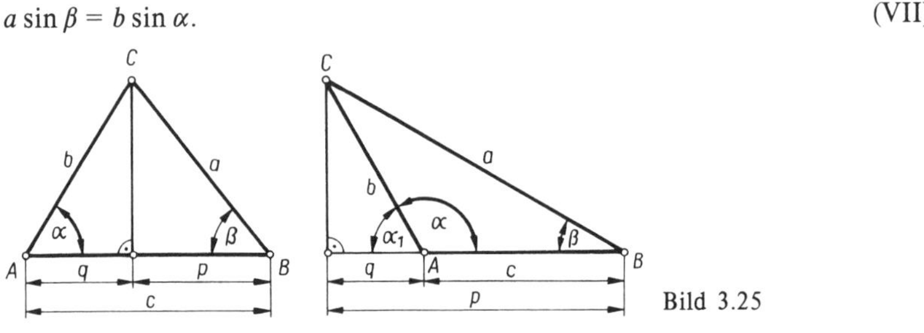


Bild 3.25

Weiterhin ist im

spitzwinkligen Dreieck:

$p = c - q$

mit $p = a\cos\beta$

$q = b\cos\alpha$

stumpfwinkligen Dreieck:

$p = c + q$

$p = a\cos\beta$

$q = b\cos\alpha_1 = b\cos(180° - \alpha)$

$= -b\cos\alpha$

Damit ist in beiden Dreiecken

$$a\cos\beta = c - b\cos\alpha. \tag{VIII}$$

Die Gleichungen (VII) und (VIII) werden quadriert

$$a^2\sin^2\beta = b^2\sin^2\alpha$$

$$a^2\cos^2\beta = c^2 - 2bc\cos\alpha + b^2\cos^2\alpha$$

und addiert

$$a^2(\sin^2\beta + \cos^2\beta) = b^2(\sin^2\alpha + \cos^2\alpha) + c^2 - 2bc\cos\alpha.$$

Wegen (3.9) ist der Inhalt jeder Klammer gleich Eins, und mit zyklischer Vertauschung folgt der

**Cosinussatz**

> In jedem Dreieck ist das Quadrat einer Seite gleich der Summe der Quadrate der beiden anderen Seiten, vermindert um das doppelte Produkt aus diesen beiden Seiten und dem Cosinus des eingeschlossenen Winkels.

$$\begin{aligned} a^2 &= b^2 + c^2 - 2bc\cos\alpha \\ b^2 &= c^2 + a^2 - 2ca\cos\beta \\ c^2 &= a^2 + b^2 - 2ab\cos\gamma \end{aligned} \tag{3.28}$$

Der Cosinussatz wird angewendet, wenn von einem Dreieck zwei Seiten und der eingeschlossene Winkel oder alle drei Seiten gegeben sind.
Im rechtwinkligen Dreieck ist $\gamma = 90°$ und wegen $\cos\gamma = \cos 90° = 0$ folgt aus der letzten Gleichung von (3.28) der Satz des PYTHAGORAS als Sonderfall des Cosinussatzes.

**Beispiele**

3.25 Der Abstand $c$ zweier Punkte $A$ und $B$ kann wegen eines zwischen den Punkten liegenden Gebäudes nicht direkt gemessen werden. Es wurde ein Hilfspunkt $C$ gewählt, und es wurden die Strecken $a = 83{,}87$ m, $b = 74{,}45$ m und der Winkel $\gamma = 134°26'$ gemessen (Bild 3.26). Gesucht wird $c = \overline{AB}$.

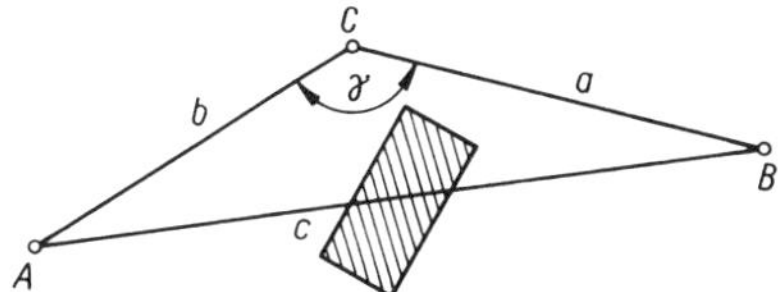


Bild 3.26

*Lösung:*
Nach dem Cosinussatz ist

$$c = \sqrt{a^2 + b^2 - 2ab\cos\gamma} = \underline{\underline{146{,}01\text{ m}}}.$$

3.26 Von einem Dreieck sind $b = 62{,}1$ m, $c = 35{,}8$ cm und $\alpha = 27{,}400°$ gegeben. Zu berechnen sind $a, \beta, \gamma$.
*Lösung:*
Zuerst wird nach dem Cosinussatz die Seite $a$ berechnet:

$$a = \sqrt{b^2 + c^2 - 2bc\cos\alpha} = \underline{\underline{34{,}50\text{ cm}}}.$$

Der Winkel $\beta$ ergibt sich nach dem Sinussatz:

$$\sin\beta = \frac{b\sin\alpha}{a} = 0{,}828\,27,$$

$$\bar{\beta} = \arcsin 0{,}828\,27 = 55{,}922°.$$

Von den zwei möglichen Winkeln $\bar{\beta}$ und $180° - \bar{\beta} = 124{,}078°$ kommt für $\beta$ nur der stumpfe Winkel in Frage; denn aus $c < b$ folgt $\gamma < \beta$. Wäre also $\beta = \bar{\beta} = 55{,}922°$, dann müßte $\gamma < 55{,}922°$ sein. Dann ist aber $\alpha + \beta + \gamma < 180°$ im Widerspruch zur Winkelsumme im Dreieck. Folglich ist

$$\beta = \underline{\underline{124{,}078°}} \quad \text{und für } \gamma \text{ folgt}$$

$$\gamma = 180° - (\alpha + \beta) = \underline{\underline{28{,}522°}}.$$

$\gamma$ kann auch nach dem Sinussatz berechnet und dann die Winkelsumme im Dreieck als Probe verwendet werden.

3.27 In einem Punkt $P$ greifen an einen Körper drei Kräfte $F_1 = 1\,080$ N, $F_2 = 710$ N und $F_3 = 520$ N an (Bild 3.27). Welche Winkel $\alpha, \beta, \gamma$ müssen die Wirkungslinien der Kräfte miteinander bilden, damit die Kräfte im Gleichgewicht sind?
*Lösung:*
Damit Gleichgewicht vorliegt, müssen die Kräfte ein Dreieck bilden (Bild 3.28). Die gesuchten Winkel sind Außenwinkel des Dreiecks. Zur Berechnung von $\alpha$ wird der Cosinussatz

$$F_1^2 = F_2^2 + F_3^2 - 2F_2F_3\cos\alpha'$$

nach $\cos\alpha'$ umgestellt:

$$\cos\alpha' = \frac{F_2^2 + F_3^2 - F_1^2}{2F_2F_3} = -0{,}530\,7.$$

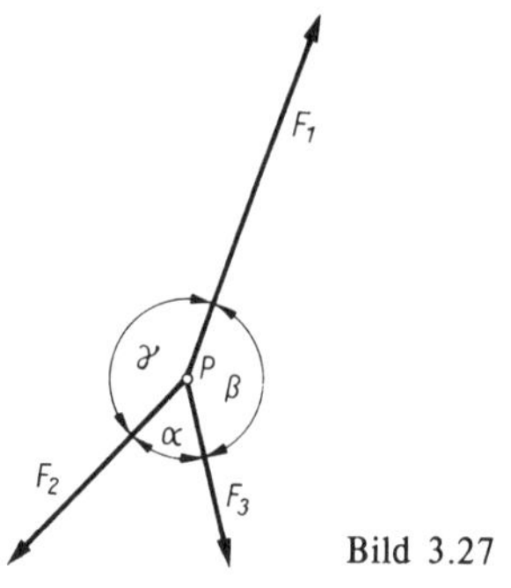

Bild 3.27

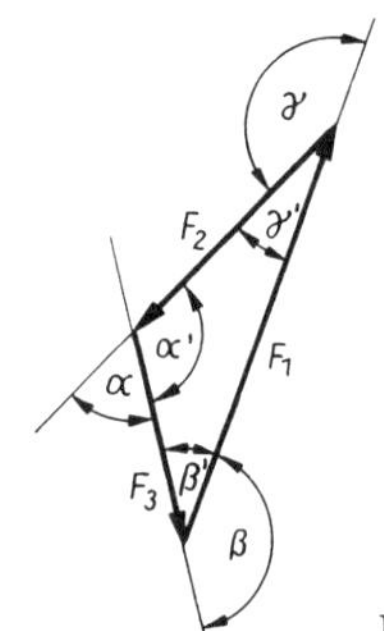

Bild 3.28

Für $\alpha'$ ergibt sich

$\alpha' = \arccos(-0{,}530\,7) = 122{,}055\,6°$

Die Winkel $\beta'$ und $\gamma'$ folgen aus dem Sinussatz und müssen, da $\alpha'$ stumpf ist, spitz sein:

$$\sin\beta' = \frac{F_2 \sin\alpha'}{F_1} \qquad \sin\gamma' = \frac{F_3 \sin\alpha'}{F_1}$$

$$\beta' = 33{,}860\,6° \qquad \gamma' = 24{,}083\,8°$$

Die gesuchten Winkel sind

$\alpha = 180° - \alpha' = \underline{\underline{57{,}944\,4°}}$

$\beta = 180° - \beta' = \underline{\underline{146{,}139\,4°}}$

$\gamma = 180° - \gamma' = \underline{\underline{155{,}916\,2°}}$

Probe: $\alpha + \beta + \gamma = 360°$ als Summe der Außenwinkel eines Dreiecks.

3.28 Zur Bestimmung der Entfernung $e$ zweier unzugänglicher Geländepunkte $P_1$, $P_2$ (Bild 3.29) wurden in einem Standpunkt $S$ der Horizontalwinkel $\beta = 32°25'$ und die Vertikalwinkel $\alpha_1 = 17°05'$, $\alpha_2 = 13°45'$ gemessen. Durch vorhergehende Messung sind die Höhenunterschiede $h_1 = 46{,}20$ m, $h_2 = 38{,}70$ m zwischen $S$ und $P_1$ bzw. $P_2$ gegeben. Zu berechnen ist $e = \overline{P_1P_2}$.

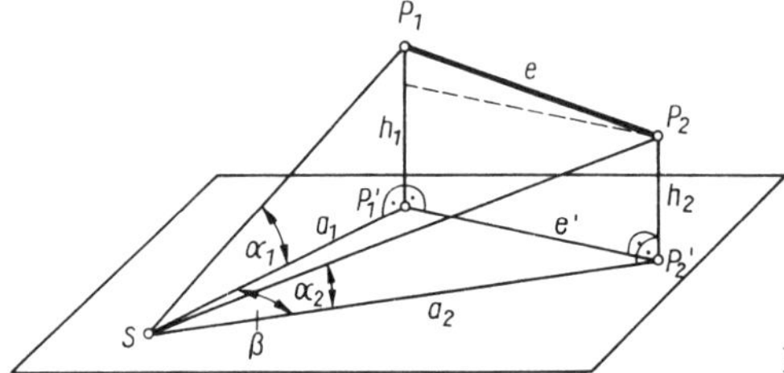

Bild 3.29

*Lösung:*

In den vertikalen rechtwinkligen Dreiecken $SP'_1P_1$ und $SP'_2P_2$ ist

$$a_1 = \frac{h_1}{\tan\alpha_1} = 150{,}33\text{ m}, \qquad a_2 = \frac{h_2}{\tan\alpha_2} = 158{,}15\text{ m}.$$

Die horizontale Entfernung $e' = \overline{P'_1P'_2}$ beider Punkte wird nach dem Cosinussatz berechnet:

$$\overline{P'_1P'_2} = \sqrt{a_1^2 + a_2^2 - 2a_1a_2\cos\beta} = 86{,}43\text{ m}.$$

Der gesuchte Abstand $e = \overline{P_1P_2}$ folgt aus

$$e = \sqrt{e'^2 + (h_1 - h_2)^2} = \underline{\underline{86{,}76\text{ m}}}.$$

**Kontrollfragen**

3.12 Welche Größen im Dreieck müssen gegeben sein, damit der Sinussatz bzw. der Cosinussatz angewendet werden kann?
3.13 Welche Überlegungen sind notwendig, wenn ein Dreieckswinkel mit dem Sinussatz berechnet wird?

**Aufgaben: 3.22 bis 3.25**

### 3.2.3 Grundaufgaben der Dreiecksberechnung

Nach den gegebenen Größen lassen sich bei der trigonometrischen Berechnung des Dreiecks vier Grundaufgaben unterscheiden. Dieselbe Einteilung wird auch den Dreieckskonstruktionen und den Kongruenzsätzen zugrunde gelegt.

**1. Grundaufgabe:** Gegeben sind **eine Seite und zwei Winkel**, und zwar
a) eine Seite und zwei anliegende Winkel, **WSW**
b) eine Seite, ein anliegender und ein gegenüberliegender Winkel, **SWW**

z. B. $a = 29{,}2\ \text{cm}$, $\beta = 63{,}571°$, $\gamma = 77{,}025°$.

Für die gegebenen Winkel gilt die Bedingung: $\beta + \gamma < 180°$. Sie ist für obige Winkel erfüllt.

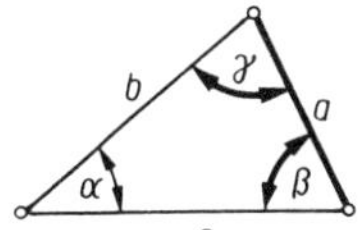


Bild 3.30

*Lösung:*

$\alpha = 180° - (\beta + \gamma) = \underline{\underline{39{,}404°}}$

$b = \dfrac{a \sin\beta}{\sin\alpha} = \underline{\underline{41{,}2\ \text{cm}}}$, $\quad c = \dfrac{a \sin\gamma}{\sin\alpha} = \underline{\underline{44{,}8\ \text{cm}}}$

**2. Grundaufgabe:** Gegeben sind **zwei Seiten und der eingeschlossene Winkel, SWS**

z. B. $a = 10{,}13\ \text{m}$, $b = 15{,}66\ \text{m}$, $\gamma = 61°11'$.

Die gegebenen Größen müssen außer $0° < \gamma < 180°$ keine Bedingung erfüllen.

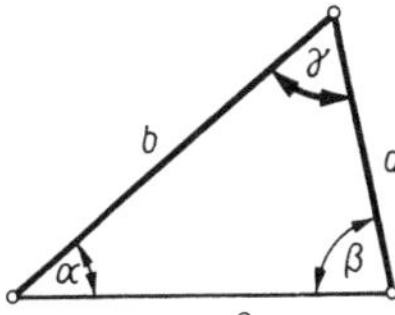


Bild 3.31

1. *Lösung:*
Gesucht wird nur die Seite $c$, oder es sind alle fehlenden Größen zu berechnen.

$$c = \sqrt{a^2 + b^2 - 2ab\cos\gamma} = \underline{\underline{13{,}96\text{ m}}}$$

$$\sin\alpha = \frac{a\sin\gamma}{c} = 0{,}635\,7, \qquad \sin\beta = \frac{b\sin\gamma}{c} = 0{,}982\,8$$

$$\underline{\underline{\alpha = 39°28'}} \qquad \underline{\underline{\beta = 79°21'}}$$

Aus $a < c$ folgt $\alpha < \gamma$. Für $\alpha$ war also der spitze Winkel zu wählen. Wegen der Winkelsumme im Dreieck mußte auch $\beta$ spitz sein.

2. *Lösung:*
Gesucht wird nur ein Winkel, z. B. $\alpha$.
Wie bei der ersten Lösung kann nach dem Cosinussatz die (nicht verlangte) Seite $c$ und dann nach dem Sinussatz der Winkel $\alpha$ berechnet werden. Wesentlich kürzer ist aber die Berechnung unter Verwendung rechtwinkliger Hilfsdreiecke. In Bild 3.32 ist die Höhe $h_b = \overline{BD}$ eingetragen. Es ist

$$\overline{BD} = a\sin\gamma, \quad \overline{CD} = a\cos\gamma$$

$$\tan\alpha = \frac{\overline{BD}}{\overline{AD}} = \frac{\overline{BD}}{\overline{AC} - \overline{CD}} \quad \text{oder}$$

$$\tan\alpha = \frac{a\sin\gamma}{b - a\cos\gamma} = 0{,}823\,5 \tag{I}$$

$$\underline{\underline{\alpha = 39°28'}}$$

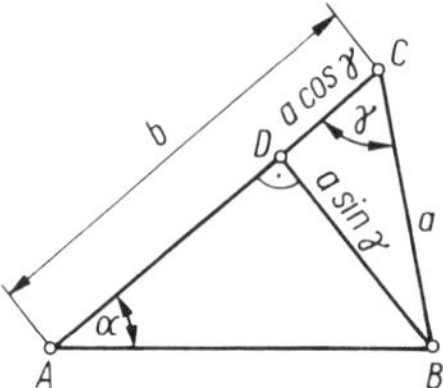

Bild 3.32

Aus der Tangensfunktion ergibt sich $\alpha$ eindeutig. Die verwendete Formel (I) heißt **Tangentenformel**. Sie gilt auch, wenn $\gamma$ stumpf ist.

**3. Grundaufgabe:** Gegeben sind **zwei Seiten und der einer Seite gegenüberliegende Winkel, SSW**
z. B. $a$, $b$, $\alpha$.

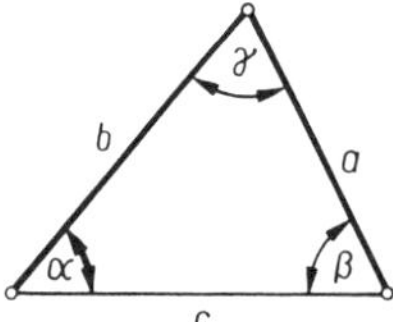

Bild 3.33

*Lösung:*

Zunächst wird nach dem Sinussatz $\beta$ berechnet:

$$\sin\beta = \frac{b\sin\alpha}{a}.$$

Je nach den gegebenen Größen gibt es eine unterschiedliche Zahl von Lösungen für $\beta$. Man unterscheidet folgende Fälle:

1. $\dfrac{b\sin\alpha}{a} > 1$ Da stets $\sin\beta < 1$ sein muß, kann kein Winkel $\beta$ existieren:

**0 Lösungen**

2. $\dfrac{b\sin\alpha}{a} = 1$ Aus $\sin\beta = 1$ folgt $\beta = 90°$. Das Dreieck ist rechtwinklig:

**1 Lösung:** $\beta = 90°$

3. $\dfrac{b\sin\alpha}{a} < 1$ Es sei $\bar\beta$ der sich mit der Taste [arcsin] ergebende spitze Winkel. Es ist zu untersuchen, welcher von den beiden Winkeln $\bar\beta$ und $180° - \bar\beta$ mit den gegebenen Größen ein Dreieck bildet.

3.1 $b > a$ Dann ist $\beta > \alpha$.

3.1.1 $\alpha < 90°$ Es ist $\beta > 90°$ und $\beta < 90°$ möglich:

**2 Lösungen:** $\beta_1 = \bar\beta$, $\beta_2 = 180° - \bar\beta$

3.1.2 $\alpha > 90°$ Wegen $\beta > \alpha$ muß auch $\beta$ stumpf sein; das ist ein Widerspruch zur Winkelsumme im Dreieck: **0 Lösungen**

3.2 $b < a$ Dann ist $\beta < \alpha$.

3.2.1 $\alpha < 90°$ $\beta$ ist durch $\beta < \alpha < 90°$ eindeutig als spitzer Winkel bestimmt:

**1 Lösung:** $\beta = \bar\beta$

3.2.2 $\alpha > 90°$ Wegen der Winkelsumme im Dreieck muß $\beta < 90°$ sein:

**1 Lösung:** $\beta = \bar\beta$

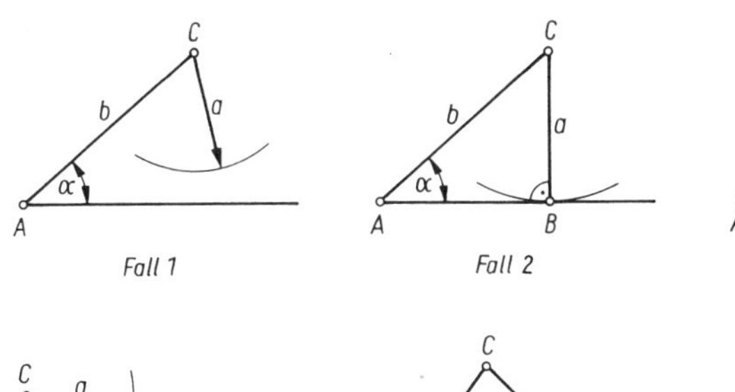

Fall 1 Fall 2

Fall 3.1.1

Fall 3.1.2 Fall 3.2.1

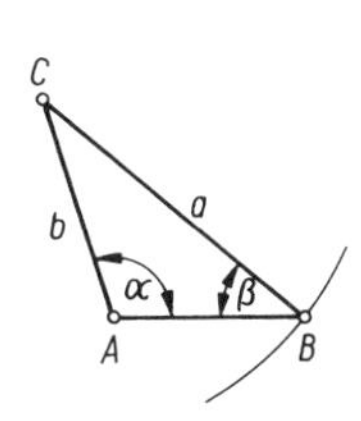

Fall 3.2.2 Bild 3.34

Anschaulich erkennt man die verschiedenen Lösungsmöglichkeiten bei der Konstruktion des Dreiecks. Der Winkel $\alpha$ wird gezeichnet, von $A$ aus auf dem einen Schenkel $b$ abgetragen bis $C$, und um $C$ wird mit der Seite $a$ der Kreisbogen geschlagen. Der Kreisbogen schneidet den freien Schenkel von $\alpha$ in $B$. Bild 3.34 zeigt die Konstruktionen für die betrachteten Fälle.

Für die weitere Lösung der 3. Grundaufgabe werden zwei mögliche Winkel $\beta_1$, $\beta_2$ angenommen. Damit lassen sich zwei Dreiecke berechnen:

$$\gamma_1 = 180° - (\alpha + \beta_1) \qquad \gamma_2 = 180° - (\alpha + \beta_2)$$

$$c_1 = \frac{a \sin \gamma_1}{\sin \alpha} \qquad c_2 = \frac{a \sin \gamma_2}{\sin \alpha}$$

Zum Beispiel ist mit $a = 41{,}18$ m, $b = 53{,}76$ m, $\alpha = 42{,}705°$

$$\sin \beta = \frac{b \sin \alpha}{a} = 0{,}885\,4, \qquad \bar{\beta} = \arcsin 0{,}885\,4 = 62{,}302\,4°.$$

Es liegt Fall 3.1.1 vor, d. h., es gibt zwei Lösungen:

$$\beta_1 = \bar{\beta} = 62{,}302°, \qquad \beta_2 = 180° - \bar{\beta} = 117{,}698°$$

$$\gamma_1 = 74{,}993°, \qquad \gamma_2 = 19{,}597°$$

$$c_1 = 58{,}65 \text{ m}, \qquad c_2 = 20{,}36 \text{ m}$$

**4. Grundaufgabe:** Gegeben sind die **drei Seiten, SSS**

z. B. $a = 123{,}65$ m, $b = 138{,}05$ m, $c = 87{,}16$ m.

Für die Seiten gelten die Bedingungen:

$$a + b > c, \qquad b + c > a, \qquad c + a > b.$$

Sie sind für die gegebenen Seiten erfüllt.

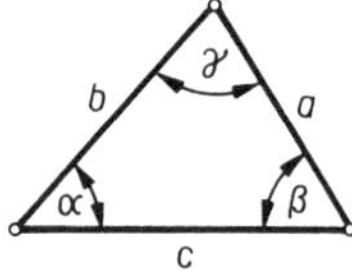


Bild 3.35

*Lösung:*

Man wählt die größte Seite aus, im vorliegenden Beispiel die Seite $b$, und stellt für diese Seite den Cosinussatz auf:

$$b^2 = a^2 + c^2 - 2ac \cos \beta.$$

Er wird nach $\cos \beta$ umgestellt:

$$\cos \beta = \frac{a^2 + c^2 - b^2}{2ac} = 0{,}177\,61, \qquad \underline{\underline{\beta = 79{,}769\,3°}}.$$

Die beiden anderen Winkel werden nach dem Sinussatz berechnet:

$$\sin \alpha = \frac{a \sin \beta}{b} = 0{,}881\,45, \qquad \underline{\underline{\alpha = 61{,}817\,6°}}$$

$$\sin \gamma = \frac{c \sin \beta}{b} = 0{,}621\,33, \qquad \underline{\underline{\gamma = 38{,}413\,1°}}.$$

Durch die Wahl der größten Seite für die erste Berechnung erhält man eindeutige Ergebnisse für die Winkel. Der Winkel $\beta$ ergibt sich nach dem Cosinussatz eindeutig und wegen $b > a$, $b > c$ muß auch $\beta > \alpha$ und $\beta > \gamma$ sein, d. h. gleichgültig, ob $\beta$ spitz oder stumpf ist, müssen die Winkel $\alpha$ und $\gamma$ spitze Winkel sein.

In der folgenden Tafel sind die Grundaufgaben zur Berechnung des schiefwinkligen Dreiecks übersichtlich zusammengestellt.

| 1. SWW, WSW | 2. SWS | 3. SSW | 4. SSS |
|---|---|---|---|
| **Gegeben:**<br>1 Seite und 2 Winkel<br>z. B. $a, \beta, \gamma$ | **Gegeben:**<br>2 Seiten und der eingeschlossene Winkel<br>z. B. $a, b, \gamma$ | **Gegeben:**<br>2 Seiten und der einer Seite gegenüberliegende Winkel<br>z. B. $a, b, \alpha$ | **Gegeben:**<br>3 Seiten $a, b, c$ |
| **Bedingung:**<br>$\beta + \gamma < 180°$ | **Bedingung:**<br>$\gamma < 180°$ | **Bedingung:**<br>$\alpha < 180°$, siehe Fallunterscheidung | **Bedingung:**<br>$a + b > c,\ b + c > a,\ c + a > b$ |
| **Lösung:**<br>$\alpha = 180° - (\beta + \gamma)$<br>$b = \frac{a \sin\beta}{\sin\alpha}$<br>$c = \frac{a \sin\gamma}{\sin\alpha}$ | **1. Lösung:**<br>Gesucht $c$ oder $c, \alpha, \beta$<br>$c = \sqrt{a^2 + b^2 - 2ab\cos\gamma}$<br>$\sin\alpha = \frac{a \sin\gamma}{c}$<br>$\sin\beta = \frac{b \sin\gamma}{c}$<br>oder $\alpha$ und $\beta$ nach 2. Lösung<br>$\alpha$ bzw. $\beta$ können spitz oder stumpf sein. Entscheidung nach Bild oder nach Satz: Der größeren Seite liegt der größere Winkel gegenüber.<br>**Probe:** $\alpha + \beta + \gamma = 180°$<br>**2. Lösung:**<br>Gesucht $\alpha$ oder $\beta$<br>$\tan\alpha = \frac{a \sin\gamma}{b - a\cos\gamma}$<br>$\tan\beta = \frac{b \sin\gamma}{a - b\cos\gamma}$ | **Lösung:**<br>$\sin\beta = \frac{b \sin\alpha}{a}$<br>$\bar{\beta}$ ist der mit [arcsin] folgende spitze Winkel.<br>*Fallunterscheidung:*<br>1. $\frac{b \sin\alpha}{a} > 1$ 0 Lösungen<br>2. $\frac{b \sin\alpha}{a} = 1$ 1 Lösung: $\beta = 90°$<br>3. $\frac{b \sin\alpha}{a} < 1$<br>3.1. $b > a$<br>3.1.1. $\alpha < 90°$ 2 Lösungen: $\beta_1 = \bar{\beta}$, $\beta_2 = 180° - \bar{\beta}$<br>3.1.2. $\alpha > 90°$ 0 Lösungen<br>3.2. $b < a$<br>3.2.1. $\alpha < 90°$ 1 Lösung: $\beta = \bar{\beta}$<br>3.2.2. $\alpha > 90°$ 1 Lösung: $\beta = \bar{\beta}$<br>Weitere Berechnung mit einem Winkel $\beta$ oder mit 2 Winkeln $\beta_1, \beta_2$:<br>$\gamma_1 = 180° - (\alpha + \beta_1)$ $\gamma_2 = 180° - (\alpha + \beta_2)$<br>$c_1 = \frac{a \sin\gamma_1}{\sin\alpha}$ $c_2 = \frac{a \sin\gamma_2}{\sin\alpha}$ | **Lösung:**<br>Es sei $a$ die größte Seite<br>$\cos\alpha = \frac{b^2 + c^2 - a^2}{2bc}$<br>$\sin\beta = \frac{b \sin\alpha}{a}$<br>$\sin\gamma = \frac{c \sin\alpha}{a}$<br>$\beta$ und $\gamma$ sind spitze Winkel<br>**Probe:** $\alpha + \beta + \gamma = 180°$ |

## Kontrollfragen

3.14 Welche Grundaufgaben der Dreiecksberechnung werden nach den gegebenen Größen unterschieden?
3.15 Erläutern Sie den Lösungsweg für die einzelnen Grundaufgaben.

**Aufgabe: 3.26**

### 3.2.4 Weitere Anwendungen

Von einem Dreieck seien die zwei Seiten $a$, $b$ und der eingeschlossene Winkel $\gamma$ gegeben. Gesucht wird der Flächeninhalt $A$ des Dreiecks. Es ist (Bild 3.36):

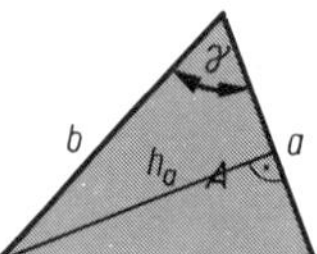


Bild 3.36

$A = \frac{ah_a}{2}$, und mit $h_a = b \sin \gamma$ und zyklischer Vertauschung folgt:

$$A = \frac{1}{2}\, ab \sin \gamma = \frac{1}{2}\, bc \sin \alpha = \frac{1}{2}\, ca \sin \beta \qquad (3.29)$$

■ Der Flächeninhalt eines Dreiecks ist gleich dem halben Produkt aus zwei Seiten und dem Sinus des eingeschlossenen Winkels.

Für den Flächeninhalt eines Parallelogramms mit den Seiten $a$, $b$ und dem von ihnen eingeschlossenen Winkel $\alpha$ folgt durch Zerlegung in zwei Dreiecke sofort (Bild 3.37):

$$A = ab \sin \alpha$$

und für den Flächeninhalt eines Rhombus (Bild 3.38):

Bild 3.37 Bild 3.38

$$A = a^2 \sin \alpha.$$

## Beispiele

3.29 Die Eckpunkte eines Dreiecks $P_1P_2P_3$ sind durch die Polarkoordinaten gegeben:

$P_1$: $r_1 = 6{,}8$, $\alpha_1 = 18{,}6°$

$P_2$: $r_2 = 9{,}0$, $\alpha_2 = 44{,}4°$

$P_3$: $r_3 = 4{,}5$, $\alpha_3 = 84{,}2°$.

Gesucht wird der Flächeninhalt $A$ des Dreiecks.

*Lösung:*
Nach Bild 3.39 ergibt sich $A$ als Summe der Flächeninhalte der Dreiecke $OP_1P_2$ und $OP_2P_3$, vermindert um den Flächeninhalt des Dreiecks $OP_1P_3$:

$A = A_{012} + A_{023} - A_{013}$.

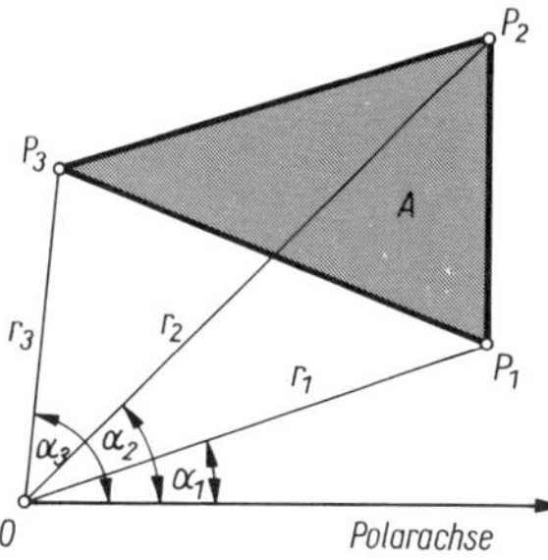

Bild 3.39

Mit der Flächenformel (3.29) folgt damit

$$A = \frac{1}{2} r_1 r_2 \sin(\alpha_2 - \alpha_1) + \frac{1}{2} r_2 r_3 \sin(\alpha_3 - \alpha_2) - \frac{1}{2} r_1 r_3 \sin(\alpha_3 - \alpha_1)$$

$A = 13{,}318 + 12{,}962 - 13{,}933 = 12{,}347$

$\underline{\underline{A = 12{,}35}}$.

3.30 Wie groß ist der Flächeninhalt eines Kreisabschnitts, der im Kreis mit dem Radius $r = 2{,}26$ m zum Zentriwinkel $\alpha = 77°42'$ gehört?
*Lösung:*
Bild 3.40
Die Flächeninhalte von Kreissektor und Dreieck $AMB$ sind nach (2.15b) bzw. (3.29)

$$A_{\text{Sektor}} = \frac{1}{2} r^2 \alpha, \qquad A_{\text{Dreieck}} = \frac{1}{2} r^2 \sin \alpha.$$

Für den Flächeninhalt des Kreisabschnitts folgt

$$A = A_{\text{Sektor}} - A_{\text{Dreieck}} = \frac{1}{2} r^2 (\alpha - \sin \alpha)$$

$$= \frac{1}{2} (2{,}26 \text{ m})^2 \cdot \left(77{,}7 \cdot \frac{\pi}{180} - \sin 77{,}7°\right) = \underline{\underline{0{,}968 \text{ m}^2}}.$$

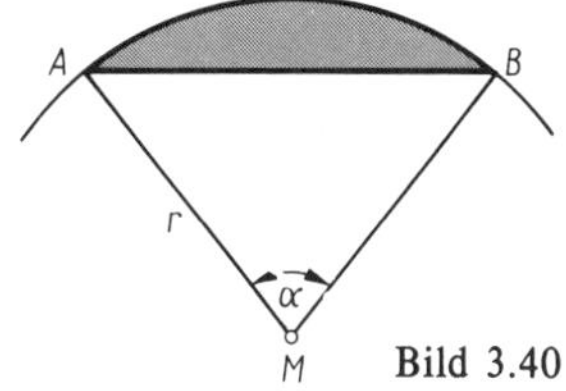

Bild 3.40

3.31 Schneiden sich die Diagonalen $\overline{AC} = e$, $\overline{BD} = f$ eines beliebigen Vierecks $ABCD$ unter dem Winkel $\varepsilon$, dann ist der Flächeninhalt des Vierecks

$$A = \frac{1}{2} ef \sin \varepsilon.$$

Die Formel ist zu beweisen.
*Lösung:*
Mit (3.29) folgt aus Bild 3.41

$$A = \frac{1}{2} e_1 f_1 \sin \varepsilon + \frac{1}{2} e_2 f_1 \sin \varepsilon' + \frac{1}{2} e_2 f_2 \sin \varepsilon + \frac{1}{2} e_1 f_2 \sin \varepsilon'$$

und wegen $\varepsilon' = 180° - \varepsilon$, $\sin \varepsilon' = \sin \varepsilon$ wird

$$A = \frac{1}{2} (e_1 f_1 + e_2 f_1 + e_2 f_2 + e_1 f_2) \sin \varepsilon$$

$$= \frac{1}{2} (e_1 (f_1 + f_2) + e_2 (f_1 + f_2)) \sin \varepsilon$$

$$= \frac{1}{2} (e_1 + e_2)(f_1 + f_2) \sin \varepsilon.$$

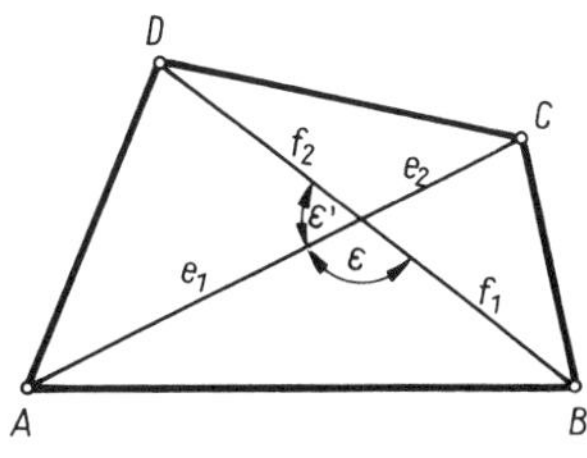

Bild 3.41

Mit $e_1 + e_2 = e$, $f_1 + f_2 = f$ folgt

$$A = \frac{1}{2} ef \sin \varepsilon.$$

Viele Anwendungen führen auf Vierecksaufgaben. Nach 2.1.8 müssen zur Berechnung eines beliebigen Vierecks fünf Größen, darunter mindestens zwei Seiten, gegeben sein. Durch Zerlegung in Teildreiecke mit Hilfe der Diagonalen können die Formeln zur Dreiecksberechnung verwendet werden.

## Beispiele

3.32 Die Entfernung zweier Turmspitzen $P_1$ und $P_2$ ist zu berechnen. Es wurde eine waagerechte Basis $\overline{AB} = c = 104{,}60$ m bestimmt und in den Punkten $A$ und $B$ wurden die Winkel $\alpha_1 = 105°00'30''$, $\alpha_2 = 28°58'00''$, $\beta_1 = 35°36'30''$, $\beta_2 = 109°40'00''$ gemessen (Bild 3.42). Gesucht wird $\overline{P_1P_2} = e$.

*Lösung:*

Im Dreieck $ABP_1$ folgt nach der ersten Grundaufgabe

$$\overline{BP_1} = a_1 = \frac{c \sin \alpha_1}{\sin(\alpha_1 + \beta_1)} = 159{,}229 \text{ m}$$

und im Dreieck $ABP_2$

$$\overline{BP_2} = a_2 = \frac{c \sin \alpha_2}{\sin(\alpha_2 + \beta_2)} = 76{,}653 \text{ m}.$$

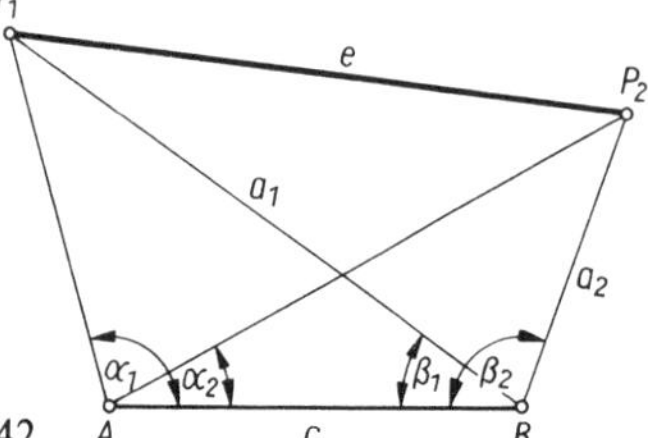


Bild 3.42

Damit sind im Dreieck $P_1BP_2$ zwei Seiten und der eingeschlossene Winkel $\sphericalangle P_1BP_2 = \beta_2 - \beta_1$ gegeben (2. Grundaufgabe) und $e$ folgt mit dem Cosinussatz aus

$$e = \sqrt{a_1^2 + a_2^2 - 2a_1 a_2 \cos(\beta_2 - \beta_1)} = \underline{\underline{156{,}60 \text{ m}}}.$$

$e$ sollte zur Probe ein zweites Mal im Dreieck $P_1AP_2$ berechnet werden.

Diese Aufgabe wird im Vermessungswesen als »Hansensche Aufgabe« oder als »doppelter Vorwärtseinschnitt« bezeichnet.

3.33 Die Entfernung $e$ der Punkte $P_1$, $P_2$ ist zu bestimmen. Zwischen $P_1$ und $P_2$ besteht keine Sicht; der Punkt $P_2$ ist nicht zugänglich. Es wurden die Hilfspunkte $M$, $N$ gewählt und die Strecken $\overline{P_1M} = m = 110{,}42$ m, $\overline{P_1N} = n = 99{,}62$ m, die Winkel $\delta = 137°11'10''$, $\lambda = 78°29'30''$ und $\varepsilon = 100°02'30''$ gemessen (Bild 3.43). Wie groß ist $e$?

*Lösung:*

Durch die Diagonale $MN$ wird das Viereck $MP_1NP_2$ in zwei Dreiecke zerlegt. Im Dreieck $MP_1N$ sind zwei Seiten und der eingeschlossene Winkel bekannt (2. Grundaufgabe), die fehlenden Größen werden berechnet:

$$\overline{MN} = c = \sqrt{m^2 + n^2 - 2mn \cos \delta} = 195{,}589 \text{ m}$$

$$\sin \lambda_1 = \frac{n \sin \delta}{c}, \qquad \lambda_1 = 20°15'08''$$

$$\sin \varepsilon_1 = \frac{m \sin \delta}{c}, \qquad \varepsilon_1 = 22°33'42''.$$

Für die Winkel $\lambda_2$, $\varepsilon_2$ folgt

$$\lambda_2 = \lambda - \lambda_1 = 58°14'22'', \qquad \varepsilon_2 = \varepsilon - \varepsilon_1 = 77°28'48''.$$

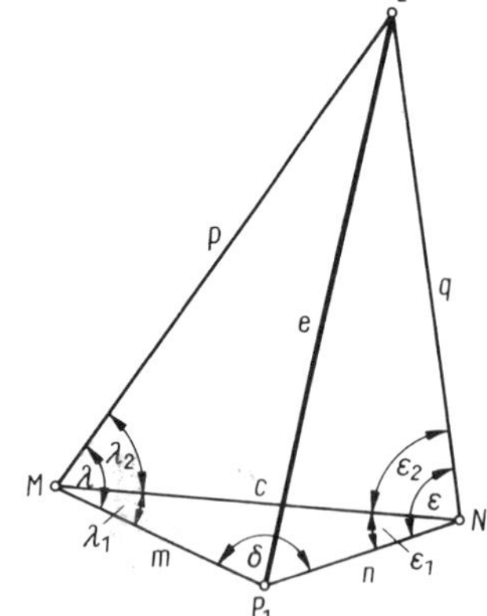


Bild 3.43

Im Dreieck $MNP_2$ sind damit eine Seite und zwei Winkel bekannt (1.Grundaufgabe), die Seiten $p$ und $q$ werden berechnet:

$$p = \frac{c \sin \varepsilon_2}{\sin(\lambda_2 + \varepsilon_2)} = 273{,}483 \text{ m}, \qquad q = \frac{c \sin \lambda_2}{\sin(\lambda_2 + \varepsilon_2)} = 238{,}195 \text{ m}.$$

Nun sind im Dreieck $P_1P_2M$ zwei Seiten und der eingeschlossene Winkel gegeben (2. Grundaufgabe) und $e$ läßt sich mit dem Cosinussatz berechnen:

$$e = \sqrt{m^2 + p^2 - 2mp \cos \lambda} = \underline{\underline{273{,}74 \text{ m}}}.$$

Zur Kontrolle wird $e$ ein zweites Mal im Dreieck $P_1NP_2$ berechnet:

$$e = \sqrt{n^2 + q^2 - 2nq \cos \varepsilon} = \underline{\underline{273{,}74 \text{ m}}}.$$

Die folgenden Beispiele zeigen Anwendungen der Trigonometrie aus verschiedenen Gebieten der Physik, der Technik und der Nautik.

3.34 Ein Lichtstrahl trifft unter dem Einfallswinkel $\alpha = 55°$ auf eine planparallele Platte mit der Dicke $d = 1{,}2$ cm und dem Brechungsindex $n = 1{,}5$. Beim Austritt erfährt der Lichtstrahl eine Parallelverschiebung $v$. Es ist eine Formel für $v$ in Abhängigkeit von $\alpha$ und $d$ aufzustellen. Für die gegebenen Werte ist $v$ mit 0,01 mm Genauigkeit zu berechnen.

*Lösung:*

Bild 3.44. Es ist

$$\sin(\alpha - \beta) = \frac{v}{a} \quad \text{oder} \quad v = a \sin(\alpha - \beta) \tag{I}$$

$$\cos \beta = \frac{d}{a} \quad \text{oder} \quad a = \frac{d}{\cos \beta}. \tag{II}$$

Der Term für $a$ in (II) wird in (I) eingesetzt und das Additionstheorem (3.14) angewendet:

$$v = \frac{d \sin(\alpha - \beta)}{\cos \beta} = \frac{d(\sin \alpha \cos \beta - \cos \alpha \sin \beta)}{\cos \beta}$$

$$v = d(\sin \alpha - \cos \alpha \tan \beta). \tag{III}$$

In (III) muß $\beta$ noch durch $\alpha$ ausgedrückt werden. Aus dem Brechungsgesetz

$$\frac{\sin \alpha}{\sin \beta} = n \quad \text{folgt} \quad \sin \beta = \frac{\sin \alpha}{n}. \tag{IV}$$

Nach der Zusammenstellung (3.12) ist

$$\tan \beta = \frac{\sin \beta}{\sqrt{1 - \sin^2 \beta}} = \frac{\sin \alpha}{n\sqrt{1 - \dfrac{\sin^2 \alpha}{n^2}}} = \frac{\sin \alpha}{\sqrt{n^2 - \sin^2 \alpha}}.$$

Der Term für $\tan \beta$ wird in (III) eingesetzt und ergibt die gesuchte Formel:

$$v = d \sin \alpha \left(1 - \frac{\cos \alpha}{\sqrt{n^2 - \sin^2 \alpha}}\right).$$

Für die gegebenen Werte folgt: $\underline{\underline{v = 0{,}534 \text{ cm}}}$.

3.35 Die Achse eines Eisenbahngleises liegt im Kreisbogen mit dem Radius $r = 500$ m. Die Strecke soll durchschnittlich mit 80 km/h befahren werden. Auf das Fahrzeug wirkt die Schwerkraft $F_G$ und die Zentrifugalkraft $F_Z$ ein. Um wieviel muß die äußere Schiene gegenüber der inneren Schiene überhöht werden, damit die Resultierende $F_R$ aus $F_G$ und $F_Z$ senkrecht zum Gleis ist? (Spurweite $s = 1\,435$ mm, $g = 9{,}81$ m/s$^2$)

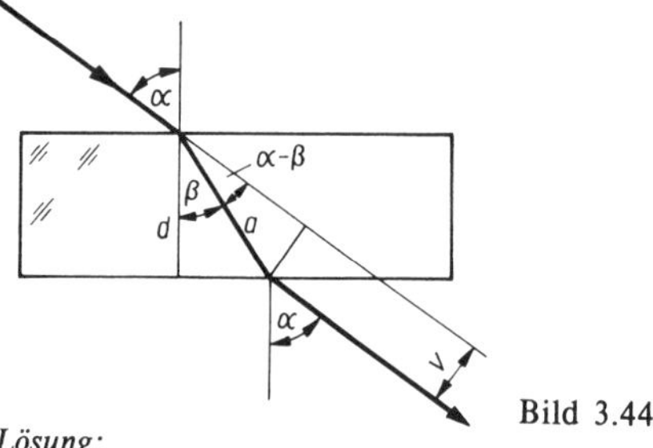

Bild 3.44

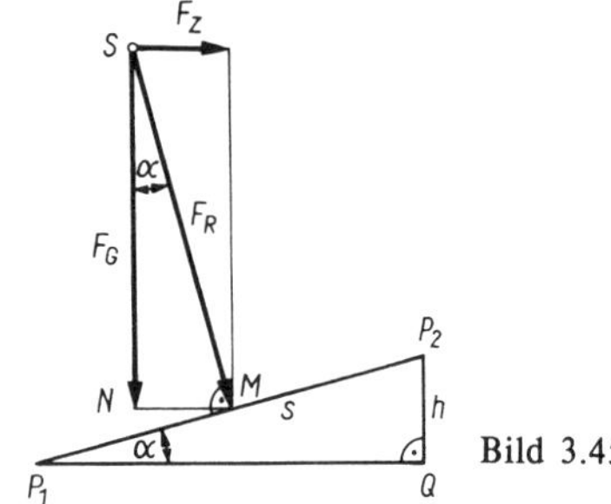

Bild 3.45

*Lösung:*
Bild 3.45. Aus Dreieck $P_1QP_2$ folgt

$$\sin\alpha = \frac{h}{s} \quad \text{oder} \quad h = s\cdot\sin\alpha \tag{V}$$

Für die Zentrifugalkraft bzw. die Schwerkraft gilt

$$F_Z = \frac{mv^2}{r}, \qquad F_G = mg.$$

Es ist $\sphericalangle NSM = \sphericalangle QP_1P_2 = \alpha$. Im Dreieck SNM gilt

$$\tan\alpha = \frac{F_Z}{F_G} = \frac{\frac{mv^2}{r}}{mg} = \frac{v^2}{rg}. \tag{VI}$$

Da $\alpha$ ein sehr kleiner Winkel ist, kann $\tan\alpha \approx \sin\alpha$ gesetzt werden. Damit folgt aus (V) und (VI):

$$h = s\cdot\tan\alpha = \frac{sv^2}{rg} = \frac{1\,435\ \text{mm}\left(\frac{80\cdot 10^3\ \text{m}}{3\,600\ \text{s}}\right)^2}{500\ \text{m}\cdot 9{,}81\ \text{m s}^{-2}}$$

$\underline{\underline{h = 144\ \text{mm}}}$.

Der Fehler obiger Näherung ist kleiner als 1 mm.

3.36 Bild 3.46 zeigt einen Schubkurbeltrieb. Er führt eine Drehbewegung in eine geradlinige Bewegung über bzw. umgekehrt. Die Pleuelstange mit der Länge $s$ ist drehbar am Kreuzkopf im Punkt $K$ und an einem Schwungrad im Punkt $P$ befestigt. $P$ hat vom Radmittelpunkt (Kurbelwelle) den Abstand $r$. Der Abstand $\overline{KM} = e$ ist als Funktion des Drehwinkels $\varphi$ des Schwungrades anzugeben.

*Lösung:*
Aus Bild 3.46 folgt

$$e = r\cos\varphi + s\cos\varepsilon \tag{VII}$$

und nach dem Sinussatz im Dreieck $KMP$:

$$\sin\varepsilon = \frac{r\sin\varphi}{s}.$$

Mit (3.9) folgt:

$$\cos\varepsilon = \sqrt{1-\sin^2\varepsilon} = \sqrt{1-\frac{r^2\sin^2\varphi}{s^2}}.$$

Eingesetzt in (VII) ergibt:

$$e = r\cos\varphi + s\sqrt{1-\frac{r^2\sin^2\varphi}{s^2}}$$

$$e = r\cos\varphi + \sqrt{s^2 - r^2\sin^2\varphi} = f(\varphi).$$

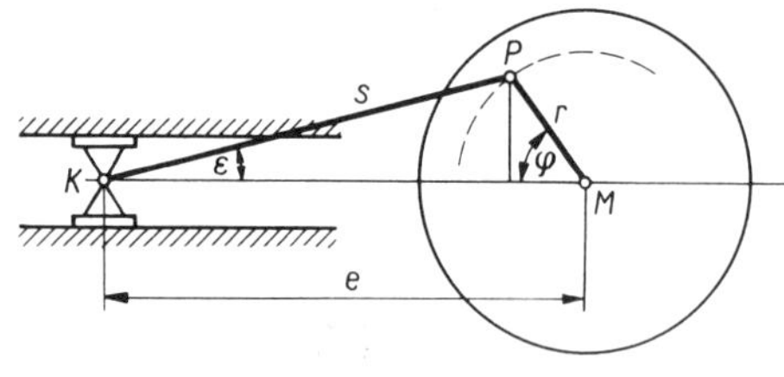

Bild 3.46

3.37 Von der im Kreisbogen liegenden Achse einer im Bau befindlichen Bahnlinie sind der Radius $r$ und die Sehne $\overline{AB}$ gegeben (Bild 3.47). Für den Bau sind Bogenpunkte $P_1$, $P_2$, $P_3$, ... so abzustecken, daß $\widehat{AP_1} = \widehat{P_1P_2} = \widehat{P_2P_3} = \ldots = b$ wird. Gesucht wird eine allgemeine Formel für die zur Absteckung benötigten Polarkoordinaten $s_1$, $\varphi_1$; $s_2$, $\varphi_2$; ... dieser Punkte. Für die Größen $r = 350$ m, $\overline{AB} = 185{,}20$ m und $b = 20$ m sind die Polarkoordinaten $s_i$, $\varphi_i$ für $i = 1, 2, 3$ zu berechnen ($\varphi_i$ in sexagesimal geteiltem Grad).

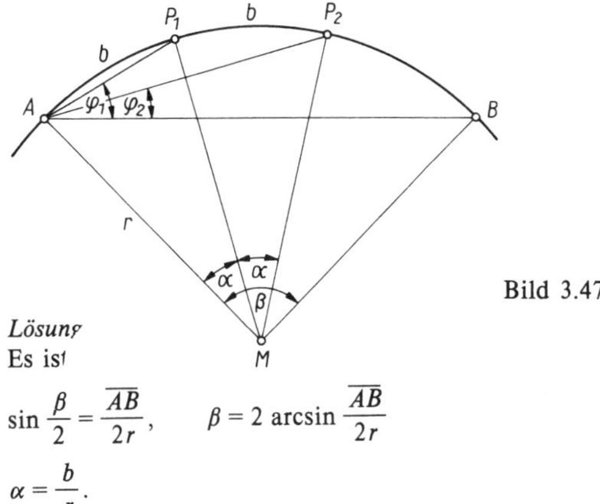


Bild 3.47

*Lösung*

Es ist

$$\sin\frac{\beta}{2} = \frac{\overline{AB}}{2r}, \qquad \beta = 2\arcsin\frac{\overline{AB}}{2r}$$

$$\alpha = \frac{b}{r}.$$

Für $P_1$ berechnet man die Sehne $s_1$ im gleichschenkligen Dreieck $AMP_1$:

$$s_1 = 2r\sin\frac{\alpha}{2}.$$

Der Winkel $\varphi_1$ ist Peripheriewinkel über $\widehat{P_1B}$ und daher gleich dem halben Zentriwinkel $\sphericalangle P_1MB = \beta - \alpha$:

$$\varphi_1 = \frac{\beta - \alpha}{2}.$$

Für $P_2$ ergibt sich entsprechend:

$$s_2 = 2r\sin\frac{2\alpha}{2}, \qquad \varphi_2 = \frac{\beta - 2\alpha}{2}$$

und für $P_n$:

$$s_n = 2r\sin\frac{n\alpha}{2}, \qquad \varphi_n = \frac{\beta - n\alpha}{2}.$$

Mit den gegebenen Werten ist

$\beta = 30{,}682\,98°$, $\qquad \alpha = 3{,}274\,04°$.

Die Absteckkoordinaten für $P_1$, $P_2$, $P_3$ sind:

$P_1$: $s_1 = 19{,}997$ m, $\qquad \varphi_1 = 13°42'16''$

$P_2$: $s_2 = 39{,}978$ m, $\qquad \varphi_2 = 12°04'03''$

$P_3$: $s_3 = 59{,}927$ m, $\qquad \varphi_3 = 10°25'50''$.

3.38 Zur Bestimmung des Standortes $P_0$ eines in Küstennähe fahrenden Schiffes peilt man eine Landmarke $P_1$ in der Richtung $\alpha = 31°18'$ und einen Leuchtturm $P_2$ in der Richtung $\beta = 51°14'$. Aus der Karte entnimmt man die Strecke $\overline{P_1P_2} = e = 13{,}7$ km und die Richtung von $P_1$ nach $P_2$ mit $\gamma = 112°05'$. Wie weit ist das Schiff vom Leuchtturm entfernt und welchen Kurs $\varphi$ muß es fahren, um den Leuchtturm im Abstand $d = 10$ km auf der südlichen Seite zu passieren?

*Lösung:*
Bild 3.48
Peilrichtung und Kurswinkel werden von der Nordrichtung aus rechtsherum gemessen. Die Meeresoberfläche wird bei diesen kleinen Entfernungen genähert als eben angenommen (bei größeren Entfernungen müssen Formeln und Sätze der sphärischen Trigonometrie, das ist die Trigonometrie auf der Kugelfläche, angewendet werden).
Im Dreieck $P_0 P_2 P_1$ ist

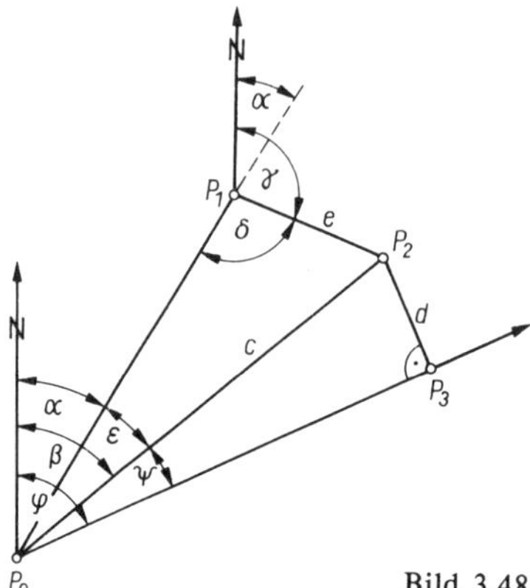


Bild 3.48

$\delta = 180° - (\gamma - \alpha) = 99°13'$

$\varepsilon = \beta - \alpha = 19°56'$

$\overline{P_0 P_2} = c = \dfrac{e \sin \delta}{\sin \varepsilon} = 39{,}67\ \text{km}.$

Der Abstand vom Leuchtturm beträgt $\underline{\underline{39{,}7\ \text{km}}}$.
Um den Leuchtturm im Abstand von 10 km südlich zu passieren, muß das Dreieck $P_0 P_3 P_2$ rechtwinklig sein mit $\overline{P_2 P_3} = 10$ km und der gesuchte Kurswinkel $\varphi$ muß größer als $\beta$ sein. Damit folgt

$\sin \psi = \dfrac{d}{c}, \qquad \psi = 14°36'$

$\varphi = \beta + \psi = 65°50'$

Der gesuchte Kurswinkel beträgt $\underline{\underline{65°50'}}$.

**Aufgaben: 3.27 bis 3.32**

## 3.3 Aufgaben

3.1 Im rechtwinkligen Dreieck sind von den sieben Größen $a$, $b$, $c$, $\alpha$, $\beta$, $h$, $A$ je zwei gegeben. Berechnen Sie die fehlenden Größen.
a) $a = 71{,}18$ m, $\alpha = 67{,}805\,5°$
b) $b = 6{,}12$ m, $h = 1{,}31$ m
c) $c = 138{,}8$ cm, $\alpha = 60{,}424°$
d) $\beta = 27{,}682\,8°$, $h = 4{,}263$ m
e) $a = 36{,}01$ m, $A = 101{,}368\,2\ \text{m}^2$
f) $\beta = 56{,}28°$, $A = 200{,}50\ \text{cm}^2$

**3.2** Im gleichschenkligen Dreieck sind von den sieben Größen $a$, $c$, $\alpha$, $\gamma$, $h_a$, $h_c$, $A$ je zwei gegeben. Berechnen Sie die fehlenden Größen.

a) $a = 26{,}41$ m, $c = 12{,}05$ m
b) $\alpha = 40{,}016°$, $h_c = 3{,}45$ m
c) $a = 76{,}1$ cm, $\gamma = 18{,}603°$
d) $A = 3\,067{,}9$ m², $h_c = 120{,}26$ m
e) $A = 2\,860$ cm², $\alpha = 36°14'$
f) $c = 60{,}50$ cm, $h_a = 54{,}20$ cm

**3.3** Ein Rhombus hat die Seite $a = 34{,}0$ cm, zwei Seiten schließen den Winkel $\alpha = 40°16'$ ein. Wie lang sind die Diagonalen $e$ und $f$?

**3.4** Zwei Punkte $A$ und $B$ mit den Höhen $h_A = 303{,}50$ m, $h_B = 313{,}40$ m sind durch einen Tunnel zu verbinden. Von einem auf dem Berg liegenden Signalpunkt $C$, der mit $A$ und $B$ in einer Vertikalebene liegt und die Höhe $h_C = 392{,}10$ m hat, wurden die Winkel $\alpha = 33°02'$ und $\beta = 26°12'$ gemessen (Bild 3.49). Berechnen Sie die Tunnellänge $\overline{AB}$ und den Anstiegswinkel $\delta$ der Strecke $\overline{AB}$.

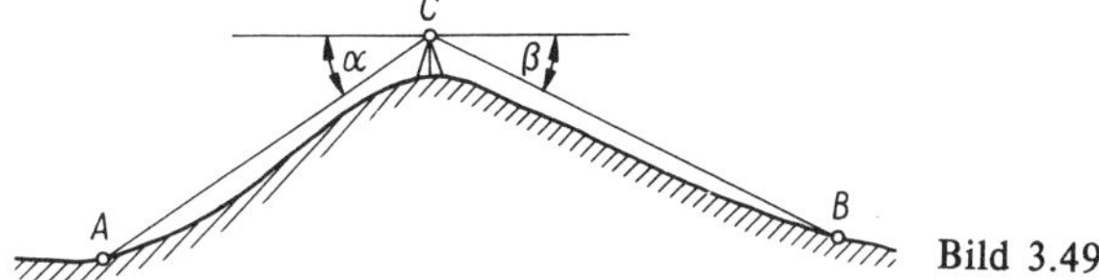

Bild 3.49

**3.5** Zur Bestimmung der Höhe $h$ einer Turmspitze $P$ wurden die waagerechte Strecke $\overline{AB} = c = 214{,}31$ m und in $A$ und $B$ die Horizontalwinkel $\alpha = 73°16'10''$, $\beta = 65°20'00''$ sowie die Vertikalwinkel $\varphi = 12°14'40''$, $\psi = 11°38'00''$ gemessen (Bild 3.50). Berechnen Sie $h$.

**3.6** Ein Körper mit der Masse $m = 300$ kg liegt auf einer geneigten Ebene mit dem Anstiegswinkel $\alpha = 12{,}4°$ (Bild 3.51). Berechnen Sie die Normalkraft $F_N$ und die Hangabtriebskraft $F_H$ ($g = 9{,}81$ m s$^{-2}$).

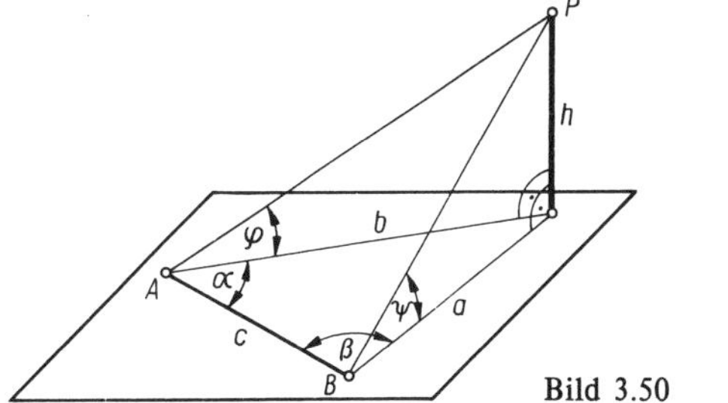

Bild 3.50

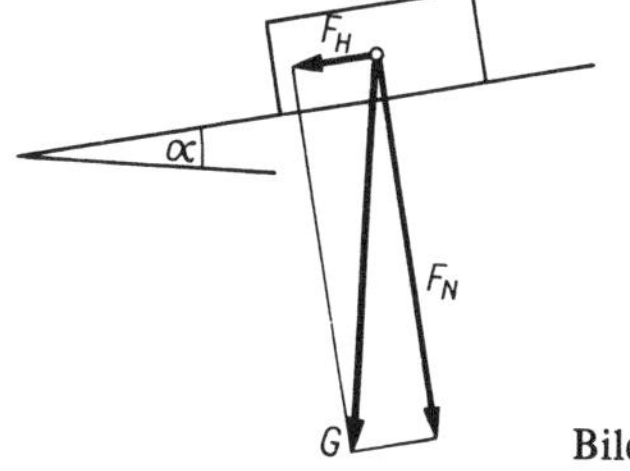

Bild 3.51

**3.7** Die Kraft $F = 520$ N ist in zwei gleichgroße Komponenten $F_1$, $F_2$ zu zerlegen, deren Wirkungslinien miteinander den Winkel $\alpha = \sphericalangle(F_1, F_2) = 63{,}4°$ bilden. Berechnen Sie die Komponenten.

**3.8** Im Kreis mit $r = 13{,}2$ cm liegt eine Sehne $\overline{AB} = s = 22{,}5$ cm. In $A$ und $B$ sind die Tangenten an den Kreis gelegt. Welchen Winkel $\alpha$ bilden die Tangenten miteinander, und wie lang sind die Tangentenabschnitte vom Berührungspunkt bis zum Tangentenschnittpunkt $T$?

**3.9** Von einem geraden Kreiskegel sind der Radius $r = 14{,}5$ cm des Grundkreises und der Winkel $\alpha = 75°$ gegeben, den die Mantellinien mit der Grundfläche bilden. Berechnen Sie das Kegelvolumen, die Länge $s$ einer Mantellinie und den Inhalt der Mantelfläche.

**3.10** Wie groß ist im Kreis mit $r = 300$ m die Differenz zwischen Bogen $b$ und Sehne $s$, wenn $s = 20$ m beträgt?

**3.11** In einem Kreissektor sind die Pfeilhöhe $p = 0{,}510$ m und der Zentriwinkel $\alpha = 15{,}340°$ gegeben. Berechnen Sie den Bogen $b$.

**3.12** Führen Sie die folgenden Funktionswerte auf solche für Winkel zwischen 0° und 360° zurück.

a) $\cos(-45°)$ b) $\tan 1100°$ c) $\sin(-258°)$ d) $\cot 451°$

**3.13** Bestimmen Sie für folgende Funktionswerte die im Intervall $0° \leqq \alpha < 360°$ liegenden Winkel $\alpha$.

a) $\sin\alpha = 0{,}8241$ b) $\tan\alpha = -1{,}5730$
c) $\cos\alpha = 0{,}0169$ d) $\cot\alpha = 41{,}2860$
e) $\sin\alpha = -0{,}5422$ f) $\tan\alpha = 0{,}2126$
g) $\cos\alpha = -1$ h) $\cot\alpha = -0{,}0243$

**3.14** Die rechtwinkligen Koordinaten eines Punktes sind in seine Polarkoordinaten umzuwandeln.

a) $x = 22{,}75;\ y = 76{,}13$ b) $x = -0{,}42;\ y = 1{,}86$
c) $x = 21{,}54;\ y = -1{,}70$ d) $x = -63{,}21;\ y = -127{,}50$
e) $x = 0{,}00;\ y = -78{,}31$

**3.15** Aus den Polarkoordinaten eines Punktes sind die rechtwinkligen Koordinaten zu berechnen.

a) $r = 21{,}26;\ \varphi = 215{,}076°$ b) $r = 107{,}80;\ \varphi = 81{,}157°$
c) $r = 56{,}29;\ \varphi = 314{,}251°$ d) $r = 74{,}08;\ \varphi = 144{,}357°$

**3.16** Vereinfachen Sie die folgenden Terme:

a) $\dfrac{\sin(180° + \varphi)}{\sin(270° + \varphi)}$ b) $\cos\left(\dfrac{7}{2}\pi - \beta\right)$
c) $\tan(x + 450°)$ d) $\sin(\lambda - 810°)$

**3.17** Gegeben ist a) $\tan\alpha = \dfrac{1}{n}$, b) $\cos\alpha = \dfrac{1-a}{1+a}$. Berechnen Sie die drei anderen Funktionswerte.

**3.18** Vereinfachen Sie die folgenden Ausdrücke:

a) $\dfrac{\sin\alpha}{\tan\alpha}$ b) $\tan\alpha\sqrt{1 - \sin^2\alpha}$ c) $\dfrac{\cos^2\alpha}{1 + \sin\alpha}$ d) $\dfrac{1}{\sin\alpha\sqrt{1 + \tan^2\alpha}}$

**3.19** Beweisen Sie die Gleichungen

a) $1 + \tan^2\alpha = \dfrac{1}{\cos^2\alpha}$ b) $1 + \cot^2\alpha = \dfrac{1}{\sin^2\alpha}$

**3.20** Vereinfachen Sie die folgenden Terme:

a) $\sin(330° - \alpha) - \cos(120° + \alpha)$
b) $\sin(45° + \beta) - \sin(45° - \beta)$
c) $\dfrac{\sin 2\alpha}{1 - \cos 2\alpha}$ d) $\dfrac{1 - \cos\alpha}{\sin\alpha}$
e) $\sqrt{\dfrac{1 - \cos(\varphi + \psi)}{1 + \cos(\varphi + \psi)}}$ f) $\dfrac{\cot\alpha - \tan\alpha}{\cot\alpha + \tan\alpha}$

**3.21** Beweisen Sie die folgenden Gleichungen:

a) $\tan\alpha + \cot\alpha = \dfrac{2}{\sin 2\alpha}$
b) $\tan\alpha - \cot\alpha = -2\cot 2\alpha$
c) $\dfrac{1 + \tan\alpha}{1 - \tan\alpha} = \tan(45° + \alpha)$
d) $\sin 3\alpha = 3\sin\alpha - 4\sin^3\alpha$
e) $\sin\dfrac{\alpha}{2} = \dfrac{1}{2}\sqrt{2 - 2\cos\alpha}$ f) $\cos\dfrac{\alpha}{2} = \dfrac{1}{2}\sqrt{2 + 2\cos\alpha}$

**3.22** Zur Bestimmung einer Flußbreite wird parallel zum Ufer im Abstand $e = 15{,}4$ m eine Strecke $\overline{AB} = 200$ m abgesteckt und es werden in $A$ und $B$ die Winkel $\alpha = 101°\,12'$ bzw. $\beta = 39°\,14'$ zwischen der Basis und einem am anderen Ufer stehenden Zielpunkt $C$ gemessen (Bild 3.52). Welche Breite $d$ hat der Fluß?

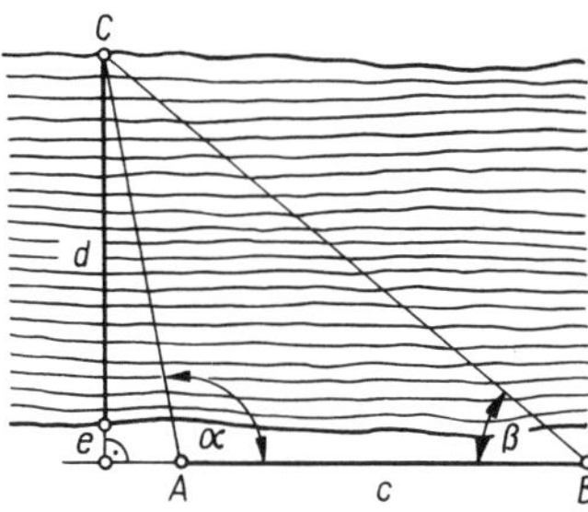


Bild 3.52

**3.23** Von einem Parallelogramm sind die Seiten $a = 41{,}9$ cm, $b = 23{,}4$ cm und der Winkel $\alpha = 34{,}528°$ gegeben. Berechnen Sie die Längen beider Diagonalen und den Schnittwinkel $\varepsilon$ zwischen den Diagonalen.

**3.24** An einem Punkt greifen zwei Kräfte $F_1 = 280$ N und $F_2 = 450$ N an, deren Wirkungslinien den Winkel $\delta = \sphericalangle(F_1, F_2) = 53°20'$ bilden. Berechnen Sie die resultierende Kraft $F_R$ und den Winkel $\varepsilon = \sphericalangle(F_1, F_R)$.

**3.25** Zwei Teilströme $I_1 = 2{,}4$ A und $I_2 = 3{,}7$ A mit der Phasenverschiebung $\varphi = 30°$ von $I_2$ gegenüber $I_1$ werden überlagert. Wie groß ist der Gesamtstrom und wie groß sind seine Phasenverschiebungen gegenüber den Teilströmen (Verwendung des Zeigerdiagramms)?

**3.26** In einem Dreieck sind von den sechs Größen $a, b, c, \alpha, \beta, \gamma$ je drei Größen gegeben, berechnen Sie die restlichen Größen.

a) $a = 244{,}8$ m, $c = 190{,}3$ m, $\beta = 156°42'$
b) $a = 75{,}2$ cm, $c = 96{,}5$ cm, $\gamma = 47{,}157°$
c) $a = 44{,}91$ m, $\alpha = 62{,}094°$, $\gamma = 50{,}748°$
d) $a = 67{,}81$ m, $b = 82{,}19$ m, $\alpha = 52{,}341°$
e) $a = 37{,}4$ cm, $b = 47{,}2$ cm, $c = 51{,}8$ cm
f) $b = 26{,}07$ m, $c = 51{,}47$ m, $\alpha = 26°12'$
g) $b = 67{,}5$ cm, $c = 124{,}1$ cm, $\beta = 123°44'$
h) $a = 7{,}20$ m, $b = 3{,}15$ m, $\alpha = 136{,}760°$
i) $a = 26{,}58$ m, $b = 35{,}02$ m, $c = 53{,}21$ m

**3.27** Von einem gleichschenkligen Dreieck sind die Schenkel $a$ und der Basiswinkel $\alpha$ gegeben. Stellen Sie eine Formel für den Inhalt der Dreiecksfläche auf.

**3.28** Berechnen Sie den Flächeninhalt eines Parallelogramms mit der Seite $a = 25{,}3$ cm, der Diagonalen $e = 42{,}1$ cm und dem Winkel $\beta = 126{,}5°$.

**3.29** Berechnen Sie den Umfang $u_{25}$ und den Flächeninhalt $A_{25}$ eines regelmäßigen 25-Ecks, das einem Kreis mit $r = 100$ m einbeschrieben ist. Um wieviel Prozent weichen $u_{25}$ vom Kreisumfang $u$ und $A_{25}$ vom Flächeninhalt $A$ des Kreises ab?

**3.30** Von einem Viereck sind die Seiten $a = 2{,}441$ m, $b = 3{,}110$ m, $c = 3{,}547$ m, $d = 1{,}901$ m und der Winkel $\beta = 122{,}508°$ gegeben. Berechnen Sie die Diagonale $f$ (vgl. Bild 2.62).

**3.31** An einem aus zwei Stäben $s_1$, $s_2$ bestehenden Gestänge (Bild 3.53) greift eine Gewichtskraft $F = 940$ N an. Berechnen Sie die in Richtung beider Stäbe wirkenden Kräfte.

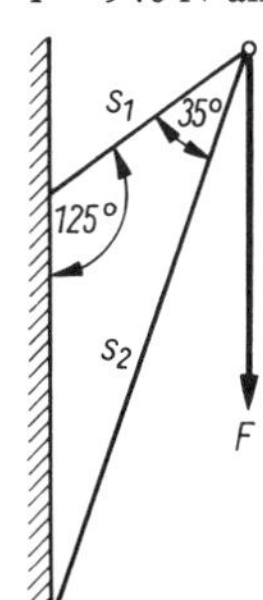


Bild 3.53

**3.32** Ein Schiff peilt einen Leuchtturm unter dem Richtungswinkel $\alpha = 78°51'$. Es fährt dann unter dem Kurswinkel $\beta = 50°15'$ eine Strecke von 12,8 km und peilt den Leuchtturm ein zweites Mal unter $\gamma = 151°42'$. Wie weit war das Schiff während der zweiten Peilung vom Leuchtturm entfernt?

---

**3.33** Ein gleichschenkliges Dreieck ist durch den Schenkel $a = 73{,}41$ m und die Basis $c = 42{,}16$ m gegeben. Berechnen Sie seine Winkel und den In- und Umkreisradius.

**3.34** Eine geologische Schicht wird vertikal durchbohrt, und es ergibt sich die scheinbare Mächtigkeit $a = 2{,}80$ m. Die Schicht hat den Fallwinkel (Neigungswinkel) $\alpha = 32°40'$. Wie groß ist die wirkliche (wahre) Mächtigkeit $d$ (Bild 3.54)?

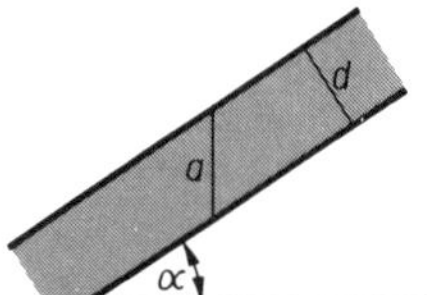


Bild 3.54

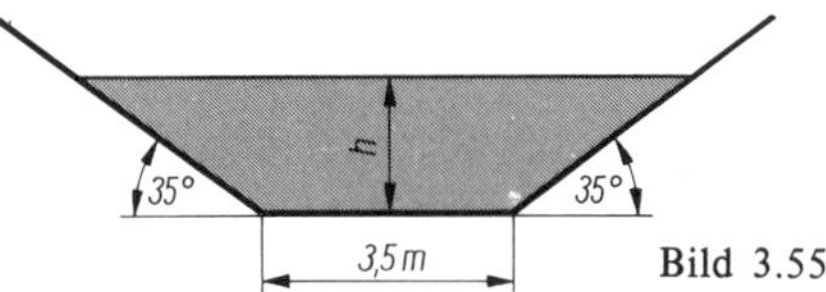


Bild 3.55

**3.35** Bild 3.55 zeigt einen Grabenquerschnitt. Welche Wassermenge fließt in der Sekunde durch den Graben, wenn die Wasserhöhe $h = 1{,}8$ m und die Fließgeschwindigkeit $v = 4$ km/h betragen?

**3.36** Zur Berechnung der Entfernung $e$ wurden die $b = 2$ m voneinander entfernten Endpunkte einer senkrecht gehaltenen Meßlatte angezielt und die Vertikalwinkel $\alpha_1 = 19°18'20''$, $\alpha_2 = 16°42'50''$ gemessen (Bild 3.56). Berechnen Sie $e$.

**3.37** Ein Funkmast wird durch drei Halteseile gestützt, die in 22 m Höhe befestigt sind und mit dem Erdboden Winkel von 62,00° bilden. Berechnen Sie die Länge $l$ der Halteseile. Welchen Abstand $e$ vom Mast haben die Punkte, in denen die Seile am Erdboden befestigt sind, und welchen gleichen Abstand $s$ haben diese Punkte untereinander?

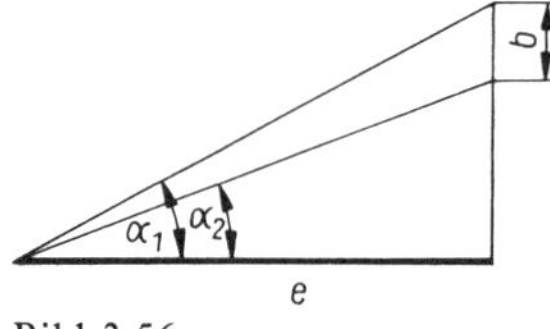


Bild 3.56

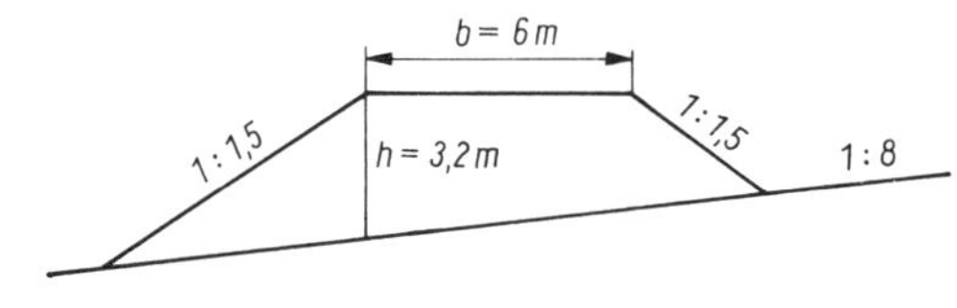


Bild 3.57

**3.38** Auf einer schrägen Geländeebene ist für ein Eisenbahngleis ein Damm mit den in Bild 3.57 angegebenen Maßen aufzuschütten. Die Dammrichtung verläuft parallel zu den Geländehöhenlinien, d. h., alle Querprofile des Dammes sind kongruent. Wieviel Kubikmeter Erde werden für eine Dammlänge von 50 m gebraucht?

**3.39** Berechnen Sie den von den Parallelkreisen mit der geographischen Breite $\varphi_1 = 50°$, $\varphi_2 = 60°$ eingeschlossenen Flächeninhalt der Erdoberfläche (Erdradius $r = 6\,371$ km).

**3.40** Für den Bau einer Straße sind zwei Punkte $P_1$, $P_2$ mit $\overline{P_1P_2} = s = 112{,}30$ m durch einen Kreisbogen mit dem Radius $r = 250$ m zu verbinden. Berechnen Sie den Bogen $\widehat{P_1P_2} = b$ und die zugehörige Pfeilhöhe $p$.

**3.41** Welche Gesamtlänge $l$ hat ein Treibriemen, der über zwei Riemenscheiben mit den Radien $r_1 = 0{,}180$ m, $r_2 = 0{,}355$ m und dem Abstand der Kreismittelpunkte $\overline{M_1M_2} = e = 1{,}960$ m gelegt ist, wenn der Riemen a) gerade, b) gekreuzt läuft?

**3.42** Aus einem Kreissektor mit dem Zentriwinkel $\beta = 128{,}21°$ und dem Radius $s = 38{,}2$ cm entsteht durch Zusammenrollen ein Kegel. Wie groß ist der Öffnungswinkel $\gamma$ des Kegels?

**3.43** Ein Ballon mit 8,4 m Durchmesser erscheint einem Beobachter unter dem Sehwinkel $\delta = 24'$. Welche Entfernung $e$ hat der Ballon vom Beobachter?

**3.44** Im Punkt $A$ ist an eine gerade Straßenachse ein Kreisbogen mit der Länge $b = 126{,}500$ m und mit dem Radius $r = 450$ m tangential anzulegen (Bild 3.58). Berechnen Sie für die Absteckung des Bogenendpunktes $B$ seine Koordinaten $x$ und $y$.

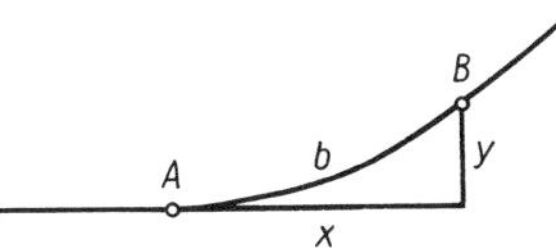


Bild 3.58

**3.45** Vereinfachen Sie folgende Terme:

a) $\cot\left(\frac{\pi}{2} - \alpha + \beta\right) \sin\left(\frac{\pi}{2} + \alpha - \beta\right)$ b) $\tan\left(\alpha + \frac{3}{2}\pi\right)$

c) $\tan\left(180° - \frac{\alpha}{2}\right) \tan\left(270° + \frac{\alpha}{2}\right)$

**3.46** Gegeben ist a) $\tan\alpha = \frac{4\sqrt{k}}{1 - 4k}$, b) $\sin\gamma = \frac{a - b}{\sqrt{a^2 + b^2}}$. Gesucht werden die drei anderen Funktionswerte.

**3.47** Vereinfachen Sie die Terme

a) $\sin(210° - \alpha) + \cos(120° + \alpha)$

b) $\cos(\beta + 60°) - \cos(\beta - 60°)$

c) $\frac{\sin(45° + \alpha) - \cos(45° + \alpha)}{\sin(45° + \alpha) + \cos(45° + \alpha)}$

d) $\frac{\sin 2\alpha \cos\alpha}{(1 + \cos 2\alpha)(1 + \cos\alpha)}$

**3.48** Beweisen Sie die Formeln

a) $\frac{2\tan\frac{\alpha}{2}}{1 + \tan^2\frac{\alpha}{2}} = \sin\alpha$ b) $\frac{1 - \tan^2\frac{\alpha}{2}}{1 + \tan^2\frac{\alpha}{2}} = \cos\alpha$

c) $\tan 3\alpha = \frac{3\tan\alpha - \tan^3\alpha}{1 - 3\tan^2\alpha}$

d) $\sin\varphi + \sin(\varphi + 120°) + \sin(\varphi + 240°) = 0$

e) $\frac{\sin\alpha - \sin\beta}{\sin\alpha + \sin\beta} = \tan\frac{\alpha - \beta}{2} \cot\frac{\alpha + \beta}{2}$

**3.49** Ein Weg steigt von $P_1$ mit dem Anstiegswinkel $\varphi_1 = 9{,}1°$ bis $P_2$ und von $P_2$ mit dem Anstiegswinkel $\varphi_2 = 6{,}3°$ bis $P_3$. Die (schräg) gemessenen Weglängen sind $\overline{P_1P_2} = 163{,}12$ m, $\overline{P_2P_3} = 271{,}11$ m. Der in $P_2$ gemessene Horizontalwinkel zwischen $P_1$ und $P_3$ ist $\gamma = 112{,}3°$. Berechnen Sie den Höhenunterschied $h$ von $P_1$ und $P_3$ sowie die Entfernung $e = \overline{P_1P_3}$.

**3.50** An einem Punkt greifen drei Kräfte $F_1 = 120$ N, $F_2 = 180$ N, $F_3 = 410$ N an. Ihre Wirkungslinien bilden die Winkel $\delta = \sphericalangle(F_1, F_2) = 44{,}0°$, $\varepsilon = \sphericalangle(F_2, F_3) = 78{,}0°$. Berechnen Sie die Resultierende $F_R$ und den Winkel $\varphi = \sphericalangle(F_1, F_R)$.

**3.51** Welches Volumen hat ein 4 m langer Schuppen, dessen Giebelwand die in Bild 3.59 gezeigten Maße hat?

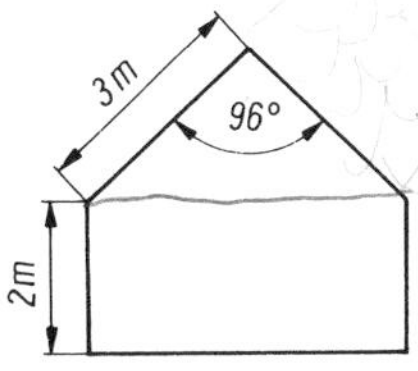


Bild 3.59

**3.52** Ein gerades gleichseitiges Dreikantprisma hat die Seite $s = 15$ cm der Grundfläche. Eine Ebene schneidet die Prismenkanten in den Punkten $A$, $B$, $C$, die von der Grundfläche die Abstände (Höhen) $h_A = 23{,}0$ cm, $h_B = 28{,}0$ cm, $h_C = 41{,}0$ cm haben. Berechnen Sie den Flächeninhalt der Schnittfläche.

**3.53** Berechnen Sie den Flächeninhalt eines Kreisabschnitts, der durch die Sehne $s = 2{,}405$ m und die Pfeilhöhe $p = 0{,}684$ m gegeben ist.

**3.54** Zwischen die Punkte $A$ und $B$, zwischen denen keine Sicht besteht, ist ein Punkt $D$ abzustekken (Bild 3.60). Es wurden gemessen: $a = 141{,}83$ m, $b = 185{,}54$ m, $\gamma = 7°44'44''$. Berechnen Sie für die Absteckung $e$ und $\delta$.

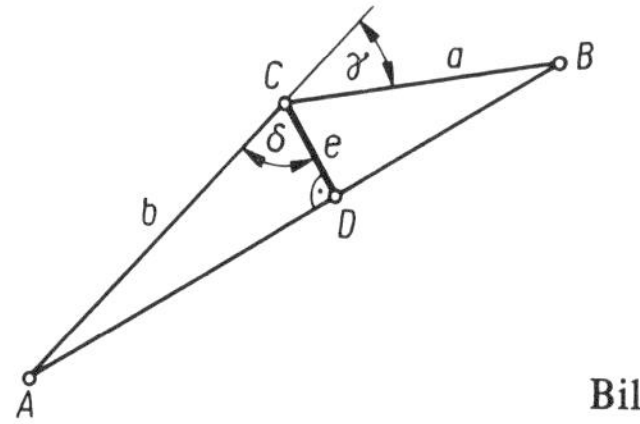

Bild 3.60

**3.55** Im Punkt $A$ am Rand eines Sees werden zum Gipfel $G$ eines Berges der Winkel $\alpha = 14°09'20''$ und zu dessen Spiegelbild der Winkel $\beta = 20°51'30''$ gegen die Horizontale gemessen. Der Punkt $A$ hat über der Wasseroberfläche die Höhe $h_A = 18{,}73$ m. Berechnen Sie die Höhe $h_G$ und den horizontalen Abstand $e$ von $A$ und $G$.

**3.56** In einem Viereck sind $a = 41{,}1$ cm, $c = 20{,}5$ cm, $d = 26{,}4$ cm, $\alpha = 63{,}481°$, $\delta_1 = 27{,}820°$ gegeben. Berechnen Sie die Diagonale $e$ (Bild 3.61).

**3.57** Beweisen Sie den Satz: In jedem Parallelogramm gilt: $a^2 + b^2 = \frac{1}{2}(e^2 + f^2)$, wobei $a$, $b$ die Seiten, $e$, $f$ die Diagonalen sind.

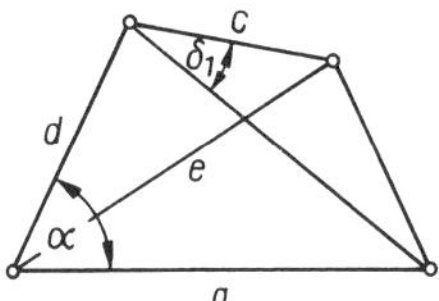

Bild 3.61

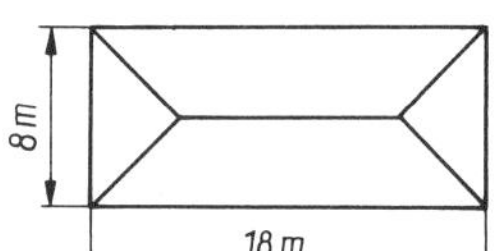

Bild 3.62

**3.58** Bild 3.62 zeigt den Grundriß eines Walmdaches. Welches Volumen hat der Dachraum, und welchen Gesamtflächeninhalt haben die Dachflächen, wenn die Dachneigung 40° beträgt?

**3.59** Ein Schiff fährt vom Standort $P_1$ unter dem Kurswinkel $\alpha = 101°00'$ mit der Geschwindigkeit $v_1 = 28$ km/h. Im Seegebiet existiert eine Strömung mit der Richtung $\beta = 230°$ und der Geschwindigkeit $v_2 = 2$ km/h. Wie weit ist der nach fünf Stunden Fahrzeit erreichte Standort $P_2$ von $P_1$ entfernt, und wie groß ist die Richtung $\gamma$ von $P_1$ nach $P_2$?

# 4 Gleichungen und Ungleichungen

## 4.1 Gleichungen mit einer Variablen

### 4.1.0 Vorbemerkung

In diesem Abschnitt werden wichtige Begriffe, die beim Lösen von Gleichungen auftreten, wiederholt. Daran schließen sich kurzgefaßte theoretische Betrachtungen zum Lösen von Gleichungen unterschiedlicher Typen an. Die durchgerechneten Beispielaufgaben enthalten zusätzliche Hinweise, mit deren Hilfe die angegebenen Übungsaufgaben gelöst werden können. Wesentlich ist das Lösen einer Gleichung durch Näherungsverfahren.

### 4.1.1 Grundbegriffe

Der **Term** $ax + b$ enthält die drei **Variablen** $a$, $b$ und $x$, deren Bedeutung unterschiedlich ist. Vertritt eine Variable eine beliebig wählbare, aber innerhalb einer Sachaufgabe dann konstante Zahl, so heißt sie **gebundene Variable**. Meistens werden für sie die ersten Buchstaben des Alphabets verwendet. Kann eine Variable innerhalb einer Sachaufgabe beliebige Werte eines **Variablengrundbereiches** annehmen, so ist sie eine **freie Variable** oder, wenn keine Zweifel bestehen, wird sie kurz Variable genannt. Sie wird meist mit $x$, $y$ oder $z$, also den letzten Buchstaben des Alphabetes bezeichnet. In den Anwendungsaufgaben werden jedoch für Größen die in den jeweiligen Fachdisziplinen üblichen Bezeichnungen der Variablen benutzt: z.B. $p$ für Druck, $R$ für Widerstand, $t$ für Zeit usw. Soll im Term $ax + b$ hervorgehoben werden, daß $x$ die freie Variable ist, so wird der Term durch $T(x)$ symbolisiert (gelesen: $T$ von $x$).
Den **Definitionsbereich eines Terms** bildet die Menge der Zahlen des Variablengrundbereiches, mit denen die Variable in einem Term belegt werden kann.

**Beispiele**

4.1 Ist der Variablengrundbereich von $x$ die Menge der reellen Zahlen, so ist der Definitionsbereich des Terms $\sqrt{x-2}$ : $X = [2; \infty)$, da der Radikand nicht negativ werden darf.

4.2 Ist wieder $x \in \mathrm{R}$, so ist der Definitionsbereich des Terms $\frac{1}{x^2-4}$: $X = R \setminus \{-2; 2\}$, weil die Division durch 0 nicht definiert ist.

**Definition**

Werden zwei Terme $T_1$ und $T_2$ durch das Gleichheitszeichen miteinander verbunden, so entsteht die **Gleichung** $T_1 = T_2$.

Den **Definitionsbereich einer Gleichung** bilden diejenigen Zahlen, die in beiden Definitionsbereichen der Terme zugleich enthalten sind, also den Durchschnitt der Definitionsbereiche der Terme $T_1$ und $T_2$ bilden.

**Beispiel**

4.3 Welchen Definitionsbereich hat $\sqrt{x-2} = \frac{1}{x^2-4}$?

*Lösung:*
Es ist $X_1 = [2;\ \infty)$ der Definitionsbereich von $\sqrt{x-2}$ und $X_2 = R \setminus \{-2; 2\}$ der Definitionsbereich von $\frac{1}{x^2-4}$. Somit ist $X = X_1 \cap X_2 = (2;\ \infty)$ der Definitionsbereich der Gleichung, d. h., die Zahl 2 gehört nicht zum Definitionsbereich der Gleichung.

Bei einer Vielzahl von Sachaufgaben existieren einschränkende technisch-technologische, ökonomische oder sachlogische Bedingungen, die den aus rein mathematischer Sicht größtmöglichen Definitionsbereich weiter einengen. Dieser eingeengte ist der eigentliche Definitionsbereich der Gleichung.

**Beispiel**

4.4 Ein Gabelstapler kann jeweils 8 LKW-Reifen vom Materiallager in eine Montagehalle befördern. Wie oft muß der Gabelstapler fahren, wenn sich von den insgesamt 420 zu transportierenden Reifen bereits 240 in der Montagehalle befinden?
*Lösung:*
Es sei $x$ die Anzahl der noch notwendigen Transportfahrten des Gabelstaplers. Variablengrundbereich ist $N$, da es sich bei $x$ um eine Anzahl handelt.
Zu bilden sind die Terme

$T_1: 240 + 8x, \quad x \in N$ für den Zustand nach dem Transport;
$T_2: 420$ für den Zustand vor dem Transport.

Definitionsbereich von $T_1$ ist $N$. Deshalb entsteht die Gleichung $240 + 8x = 420$ mit $x \in N$.

Wenn man eine Gleichung mit einer Variablen als ein Gebilde der Logik auffaßt, so ist sie eine **Aussageform**. Wird für die Variable ein Wert des Definitionsbereiches eingesetzt, so entsteht entweder eine wahre oder eine falsche Aussage.

**Definition**

Der Wert $x_1$ aus dem Definitionsbereich einer Gleichung heißt **Lösung**, wenn beim Einsetzen von $x_1$ in die Gleichung eine wahre Aussage entsteht.

**Beispiel** (Fortsetzung)

4.4 Wird in Fortsetzung des vorstehenden Beispiels die Gleichung $240 + 8x = 420$ mit dem geänderten Definitionsbereich $X = R$ betrachtet, so hätte sie die Lösung $x_1 = 22{,}5$. Wird $x_1 = 22{,}5$ eingesetzt, so ist $240 + 180 = 420$ eine wahre Aussage. Da aber 22,5 keine natürliche Zahl, also kein Element des eigentlichen Definitionsbereiches ist, stellt $x_1 = 22{,}5$ keine Lösung der Ausgangsgleichung dar. Obwohl diese im Bereich der natürlichen Zahlen keine Lösung besitzt, kann die gestellte Frage beantwortet werden: Der Gabelstapler muß 23 Fahrten machen und braucht z. B. bei der letzten Fahrt nur 4 LKW-Reifen zu transportieren.

Nun gibt es aber Gleichungen, die nicht nur eine, sondern sogar mehrere Lösungen haben. So sind beispielsweise die Werte $x_1 = 3$ und $x_2 = -3$ Lösungen der Gleichung $x^2 = 9$ mit $x \in R$.
Die Tatsache, daß eine Gleichung mehrere Lösungen haben kann, ist Anlaß zu der

**Definition**

> Sind die Werte $x_1; x_2; \ldots; x_n$ sämtlich Lösungen einer Gleichung, so bezeichnet $L = \{x_1; x_2; \ldots; x_n\}$ die **Lösungsmenge** dieser Gleichung.

In diese Definition sind als Sonderfälle auch die Einermenge $L = \{x_1\}$ und die leere Menge $L = \emptyset$ eingeschlossen. Im zweiten Fall kann entweder gesagt werden: »Die Gleichung hat keine Lösung« oder »die leere Menge ist Lösungsmenge der Gleichung«. Ein weiterer Sonderfall liegt dann vor, wenn alle Werte des Definitionsbereiches Lösungen sind. Das ist beispielsweise der Fall bei $2x - 6 = 2(x - 3)$. Wenn der Definitionsbereich nicht selbst die leere Menge ist, sind alle Werte des Definitionsbereiches Lösungen, denn es entsteht für jedes $x$ stets eine wahre Aussage. Solche Gleichungen heißen **identische Gleichungen** oder **Identitäten.**

**Zusammenfassung**

Bezeichnet $X$ den Definitionsbereich einer Gleichung und $L$ die Lösungsmenge der Gleichung, so gilt stets einer der Lösungsfälle:

a) $L = \emptyset$,
b) $L \subsetneqq X$,
c) $L = X$.

Ein systematisches Lösen von Gleichungen fordert Antwort auf die Fragen: »Hat eine Gleichung überhaupt Lösungen und wenn ja, wie viele sind es?«.
Auf beide Fragen gibt es, da die Gleichungen sehr unterschiedlich sein können, keine allgemeingültigen Antworten. Das ändert sich, wenn die Gleichungen in zwei Gruppen eingeteilt werden:

**Algebraische Gleichungen** sind solche, bei denen bezüglich der Variablen nur die algebraischen Operationen: Addition, Subtraktion, Multiplikation, Division, Potenzieren und Radizieren angewendet wurden.

**Transzendente Gleichungen** sind solche, bei denen bezüglich der freien Variablen die transzendenten Operationen: Logarithmieren und dessen Umkehrung oder die trigonometrischen Funktionen angewendet wurden.

| **algebraische Gleichungen** | **transzendente Gleichungen** |
|---|---|
| $240 + 8x = 420$ | $e^{x+1} - 12 = 0$ |
| $\frac{\sqrt{x+1}}{x^2} = \frac{1}{x}$ | $2^{3x} + 8 = 24$ |
| | $\sin x = 0{,}8$ |
| $x^2 - 3x + 5 = 0$ | $\arctan x = 1{,}2$ |
| $x^2 \ln 4 + 7x = \sqrt{x}$ | $\ln x + x^2 = 10$ |

In den jeweils zuletzt aufgeführten Gleichungen sind Besonderheiten enthalten. Obwohl in $x^2 \ln 4 + 7x = \sqrt{x}$ ein Logarithmus auftritt, ist sie keine transzendente Gleichung, denn die Anwendung des Logarithmus bezieht sich nicht auf die Variable $x$. So ist beispielsweise auch $x^2 = 3xe^4$ eine algebraische Gleichung.
In der Gleichung $\ln x + x^2 = 10$ werden bezüglich der Variablen $x$ sowohl transzendente als auch algebraische Operationen ausgeführt. Da eine transzendente Operation vorhanden ist, handelt es sich um eine transzendente Gleichung.
Die algebraischen Gleichungen treten in Anwendungsfällen häufiger auf als die transzendenten.

Ihre allgemeine Form ist:

$$\boxed{a_n x^n + a_{n-1} x^{n-1} + \ldots + a_2 x^2 + a_1 x + a_0 = 0}, \qquad (4.1)$$

wobei $n \in N$, $a_n \neq 0$ und $a_i \in R$ für alle $i = 0, 1, \ldots, n$ gilt.
Die Zahl $n$, der größte Exponent von $x$, bezeichnet den **Grad** des auf der linken Seite der Gleichung (4.1) stehenden **Polynoms**. Die reellen Zahlen $a_i$ heißen **Koeffizienten** des Polynoms.

**Beispiel**

4.5 Die Gleichung $8x^3 + 2x - 6 = 0$ ist eine algebraische Gleichung dritten Grades oder kubische Gleichung mit den Koeffizienten $a_3 = 8$, $a_2 = 0$, $a_1 = 2$ und $a_0 = -6$.

Liegt eine algebraische Gleichung in der Form (4.1) vor, so läßt sich die aufgeworfene Frage nach der Anzahl der Lösungen beantworten. Eine vorläufige und noch zu präzisierende Antwort ist, daß eine algebraische Gleichung vom Grade $n$ genau $n$ Lösungen hat.
Wird eine algebraische Gleichung aus einem Sachverhalt heraus aufgestellt, so hat sie meist noch nicht die allgemeine Form (4.1), und es sind **Umformungen** erforderlich. Die Notwendigkeit von Umformungen ergibt sich auch beim Lösen von transzendenten Gleichungen. Es ist darauf zu achten, daß bei diesen Umformungen die ursprüngliche Lösungsmenge möglichst erhalten bleibt, insbesondere dürfen keine Lösungen »verlorengehen«.

**Definition**

> Zwei Gleichungen sind zueinander **äquivalent**, wenn sie die gleiche Lösungsmenge haben. Umformungen, bei denen äquivalente Gleichungen entstehen, heißen **äquivalente Umformungen**.

Es ist wichtig zu wissen, durch welche Operationen nichtäquivalente Gleichungen entstehen können. Beim Multiplizieren und Dividieren mit Termen, die den Wert 0 annehmen können, sowie beim Potenzieren, Radizieren, beim Anwenden der trigonometrischen Funktionen und deren Umkehrfunktionen können nichtäquivalente Gleichungen entstehen.
Werden beim Umformen von Gleichungen nur äquivalente Umformungen benutzt, entstehen jeweils zueinander äquivalente Gleichungen mit den gleichen Lösungsmengen. Wie die folgenden Beispiele zeigen werden, ist es aber manchmal beim Lösen von Gleichungen unumgänglich, auch nichtäquivalente Umformungen anzuwenden.

**Beispiele**

4.6 Die Gleichung $\frac{\sqrt{x+2}}{x^2} = \frac{1}{x}$ mit $X = X_1 \cap X_2 = [-2; \infty) \setminus \{0\}$ ist in die allgemeine Form (4.1) zu überführen.

*Lösung:*

Nach Multiplikation mit $x^2$ folgt aus

$$\frac{\sqrt{x+2}}{x^2} = \frac{1}{x} \tag{I}$$

$$\sqrt{x+2} = x. \tag{II}$$

Beim Quadrieren beider Seiten entsteht

$$x + 2 = x^2 \tag{III}$$

und nach Subtraktion von $(x + 2)$

$$x^2 - x - 2 = 0. \tag{IV}$$

Die durch Umformungen entstandene quadratische Gleichung (IV) hat die Lösungen $x_1 = -1$ und $x_2 = 2$. Wenn diese Werte in (IV) eingesetzt werden, entstehen mit

$(-1)^2 - (-1) - 2 = 0$ und $2^2 - 2 - 2 = 0$

jeweils wahre Aussagen.

Werden die Werte $x_1 = -1$ und $x_2 = 2$ in die Ausgangsgleichung (I) eingesetzt, ist das jedoch nicht so:

Bei $x_1 = -1$: $\frac{\sqrt{-1+2}}{(-1)^2} = \frac{1}{-1}$

entsteht mit $1 = -1$ eine falsche Aussage.

Bei $x_2 = 2$: $\frac{\sqrt{2+2}}{2^2} = \frac{1}{2}$

entsteht mit $0{,}5 = 0{,}5$ eine wahre Aussage.

Die Gleichung (IV) hat die Lösungsmenge $L_{IV} = \{-1; 2\}$, während die Ausgangsgleichung (I) nur die Lösungsmenge $L_I = \{2\}$ hat, d. h., die Gleichungen (I) und (IV) sind nicht äquivalent.

4.7 Die Gleichung $x^2(x-3) = 4(x-3)$ hat die Lösungsmenge $L_3 = \{-2; 2; 3\}$, was durch Einsetzen nachgeprüft werden kann. Würde die Gleichung durch $(x-3)$ dividiert werden, so entstünde die quadratische Gleichung $x^2 = 4$, die aber nur die Lösungsmenge $L_2 = \{-2; 2\}$ hat. Die in der Ausgangsgleichung vorhandene Lösung $x_3 = 3$ ist deshalb »verschwunden«, weil der zum Dividieren benutzte Term $(x-3)$ für $x = 3$ den Wert 0 annimmt.

Müssen nichtäquivalente Rechenoperationen zur Umformung von Gleichungen angewendet werden, so sind die ermittelten Rechenergebnisse nicht automatisch auch Lösungen der Ausgangsgleichungen. Erst durch eine **Probe**, d. h. durch das Einsetzen der ermittelten Rechenergebnisse in die Ausgangsgleichung, läßt sich feststellen, ob es sich tatsächlich um Lösungen handelt.
Die Probe dient hierbei nicht vordergründig der Aufdeckung von Rechenfehlern, sondern dem Erkennen von »Scheinlösungen«. Eine Überprüfung der Vollzähligkeit der Lösungen ist auf diesem Wege natürlich nicht möglich.

### Kontrollfragen

4.1 Wodurch ist der Definitionsbereich einer Gleichung bestimmt?
4.2 Woran erkennen Sie eine algebraische bzw. eine transzendente Gleichung?
4.3 Was verstehen Sie unter einer Lösung bzw. Lösungsmenge einer Gleichung?
4.4 Welche Rechenoperationen können nichtäquivalente Gleichungen erzeugen?
4.5 Wozu dient eine Probe, und wie wird sie ausgeführt?

**Aufgaben: 4.1 bis 4.7**

## 4.1.2 Lösen von algebraischen Gleichungen

### Vorbemerkung

Ausgangspunkt der weiteren Betrachtungen ist die allgemeine Form (4.1) einer algebraischen Gleichung

$$a_n x^n + a_{n-1} x^{n-1} + \ldots + a_2 x^2 + a_1 x + a_0 = 0,$$

wobei die Koeffizienten $a_i$ sämtlich reelle Zahlen sind. Wenn nicht ausdrücklich anderes festgelegt wird, ist der Definitionsbereich von (4.1) stets die Menge der reellen Zahlen $R$. Im Zusammenhang mit der Lösung quadratischer Gleichungen werden in sehr knapper Form die komplexen Zahlen eingeführt.

### Lineare Gleichungen

Die allgemeine Form einer linearen Gleichung oder Gleichung 1. Grades lautet

$$\boxed{a_1 x + a_0 = 0}, \tag{4.2}$$

bei der $a_1 \neq 0$ vorausgesetzt wird. Sie hat nur die eine Lösung

$$x_1 = -\frac{a_0}{a_1}.$$

Im folgenden wird das Lösen von einfachen linearen Gleichungen sowie von Bruch- und Wurzelgleichungen, die sich auf lineare Gleichungen zurückführen lassen, demonstriert. Beim Lösen von linearen Gleichungen ergeben sich nur dann Schwierigkeiten, wenn vorherige Umformungen notwendig sind, um die allgemeine Form (4.2) herzustellen. **Grundprinzip** ist dabei, daß die jeweils entgegengesetzten Rechenoperationen anzuwenden sind.

**Beispiele**

4.8 Die Gleichung $3(x-6)+8x(x-2)=8x(x+1)$ ist zu lösen.
*Lösung:*
Es entsteht $3x-18+8x^2-16x=8x^2+8x$,
und nach Subtraktion von $(8x^2+8x)$ entsteht die lineare Gleichung $-21x-18=0$ mit $x_1=-\frac{18}{21}=-0{,}857$.

4.9 Die Gleichung $13x-\frac{2x(x-4)}{2x-6}=12x$ ist zu lösen.

*Lösung:*
Unter der Voraussetzung $2x-6 \neq 0$, d. h. $x \neq 3$, wird mit $(2x-6)$ multipliziert, um den Bruch zu beseitigen.
Dann ist $13x(2x-6)-2x(x-4)=12x(2x-6)$
und $26x^2-78x-2x^2+8x \quad =24x^2-72x$.
Zusammengefaßt: $2x=0$ mit der Lösung $x_1=0$.
Die Voraussetzung $x \neq 3$ ist erfüllt, so daß $x_1=0$ auch Lösung der Ausgangsgleichung ist. Die einfach auszuführende Probe wird dem Leser überlassen.

4.10 $\frac{2-x}{x+3}=\frac{6-5x^2}{5(x+3)^2}$ mit $x \neq -3$ ist zu lösen.
*Lösung:*
Die Multiplikation mit dem Hauptnenner $5(x+3)^2$ führt auf die Gleichung
$5(x+3)(2-x)=6-5x^2$ und weiter auf
$-5x^2-5x+30=6-5x^2$.
Nach Addition von $5x^2$ entsteht
$-5x=-24$ mit $x_1=4{,}8$.

4.11 $\sqrt{x+14}-2\sqrt{x+2}=0$ mit $X=[-14;\infty)\cap[-2;\infty)=[-2;\infty)$ ist zu lösen.
*Lösung:*
Es ist zweckmäßig, vor dem Quadrieren eine Wurzel zu isolieren, weil sonst bei Anwendung der binomischen Formel ein Summand entsteht, der wieder einen Wurzelterm enthält.
Umgestellt ist $\sqrt{x+14}=2\sqrt{x+2}$
und quadriert $x+14=4(x+2)=4x+8$.
Zusammengefaßt $-3x+6=0$ und somit $x_1=2$.
Eine Probe mit $x_1=2$ bestätigt, daß $x_1=2$ Lösung der Ausgangsgleichung ist.

4.12 Die gegenüber dem Beispiel 4.11 nur geringfügig geänderte Gleichung $\sqrt{x+14}+2\sqrt{x+2}=0$ mit $x \geqq -2$ ist zu lösen.
*Lösung:*
Es entsteht zunächst $\sqrt{x+14}=-2\sqrt{x+2}$.
Nun wirkt das Quadrieren als nichtäquivalente Umformung. Es entstehen beim Umformen wieder dieselben Gleichungen, aber $x_1=2$ ist nicht Lösung der Ausgangsgleichung. Sie hat keine Lösung, denn die auf der linken Seite der Gleichung stehende Summe kann für kein reelles $x$ negativ werden.

Charakteristische Aufgabenstellungen, die auf lineare Gleichungen führen, sind Prozent-, Zinsrechnungs-, Mischungs- und Verteilungsaufgaben.

**Beispiele**

4.13 In einem Siemens-Martin-Ofen werden 20 t Stahl von 0,5 % Kohlenstoffgehalt mit 5 t Grauguß von 5 % Kohlenstoffgehalt zusammengeschmolzen. Wieviel Prozent Kohlenstoff enthält die Mischung?

*Lösung:*
Es sei $x$ der Kohlenstoffgehalt der Mischung in Prozent.
Die Summe der Kohlenstoffmengen der Teile muß der Gesamtmenge an Kohlenstoff gleich sein. Das wird ausgedrückt durch die Gleichung:

$$20 \cdot 0{,}5\,\% + 5 \cdot 5\,\% = 25 \cdot x\,\%$$

Dann ist

$$0{,}1 + 0{,}25 = 0{,}25x \quad \text{und} \quad x_1 = \frac{0{,}35}{0{,}25} = 1{,}4\,.$$

Die Mischung enthält 1,4 % Kohlenstoff.

4.14 Zwei Abraumbagger eines Tagebaues bewegen täglich zusammen 31 000 m³ Abraum. Dabei schafft der zweite Bagger 5 000 m³ weniger als das Doppelte des ersten. Wie groß ist die tägliche Abraummenge des ersten Baggers?
*Lösung:*
Es sei $x$ die tägliche Abraummenge des ersten Baggers.
Die Summe der Anteile der Abraummengen beider Bagger muß der Gesamtabraummenge gleich sein. Es gilt also

$$x + (2x - 5\,000) = 31\,000 \quad \text{und weiter}$$
$$3x = 36\,000 \quad \text{mit} \quad x_1 = 12\,000\,.$$

Der erste Bagger bewegt täglich 12 000 m³ Abraum.

**Aufgaben: 4.8 bis 4.12**

## Quadratische Gleichungen

Eine Gleichung 2. Grades oder quadratische Gleichung hat die allgemeine Form

$$\boxed{a_2x^2 + a_1x + a_0 = 0}\,. \tag{4.3}$$

Damit es sich tatsächlich um eine quadratische Gleichung handelt, wird $a_2 \neq 0$ vorausgesetzt. Diese Voraussetzung gestattet es, die Gleichung (4.3) durch $a_2$ zu dividieren. Dadurch entsteht die **Normalform** einer quadratischen Gleichung

$$\boxed{x^2 + px + q = 0}\,. \tag{4.4}$$

In (4.4) bedeuten $p = \dfrac{a_1}{a_2}$ und $q = \dfrac{a_0}{a_2}$.

Der wesentliche Schritt zur Lösung einer quadratischen Gleichung in Normalform ist das Addieren der quadratischen Ergänzung, so daß die linke Seite zu einem vollständigen Quadrat wird. Als Ergebnis entsteht die **Lösungsformel**

$$\boxed{x_{1;\,2} = -\frac{p}{2} \pm \sqrt{\left(\frac{p}{2}\right)^2 - q}}\,. \tag{4.5}$$

Da beim Lösen einer quadratischen Gleichung das Wurzelziehen eine wesentliche Operation ist, werden die Lösungen von quadratischen Gleichungen auch als **»Wurzeln«** bezeichnet. Ohne Hervorhebung von Sonderfällen werden in den folgenden Beispielaufgaben die Gleichungen durch Anwendung der Lösungsformel (4.5) gelöst. Mögliche Vereinfachungen beim Vorliegen der Produktform werden später gezeigt.

**Beispiele**

4.15 Die Gleichung $2x^2 + 2x - 12 = 0$ ist zu lösen.
*Lösung:*
Normalform ist $x^2 + x - 6 = 0$ mit $p = 1$ und $q = -6$. Dann ist nach (4.5) $x_{1;2} = -0{,}5 \pm \sqrt{0{,}25 + 6}$, d.h., $x_1 = -3$ und $x_2 = 2$ sind die Lösungen, was durch Einsetzen in die Ausgangsgleichung bestätigt werden kann.

4.16 $-x^2 + x = 0$ ist zu lösen.
*Lösung:*
Nach Multiplikation mit $-1$ entsteht die Normalform $x^2 - x = 0$. Die Koeffizienten sind $p = -1$ und $q = 0$. Nach (4.5) ist

$$x_{1;2} = 0{,}5 \pm \sqrt{0{,}25 - 0}.$$

$x_1 = 1$ und $x_2 = 0$ sind Lösungen der gegebenen Gleichung.

4.17 Die Lösungsmenge von $7x(x + 4) = (2x + 2)(x + 13)$ ist zu bestimmen.
*Lösung:*
Zusammengefaßt ist

$$7x^2 + 28x = 2x^2 + 28x + 26,$$
$$5x^2 - 26 = 0.$$

In Normalform $x^2 - 5{,}2 = 0$ mit $p = 0$ und $q = -5{,}2$. Nach (4.5) ist $x_{1;2} = 0 \pm \sqrt{0 + 5{,}2} = \pm 2{,}28$. Lösungsmenge ist $L = \{-2{,}28; 2{,}28\}$.

4.18 $x^2 - 14x + 49 = 0$
*Lösung:*
Es liegt bereits die Normalform vor mit $p = -14$ und $q = 49$. Nach (4.5) ist $x_{1;2} = 7 \pm \sqrt{49 - 49} = 7$.
In diesem Fall existiert eine **Doppellösung**.

Charakteristische Sachaufgaben, die auf quadratische Gleichungen führen, basieren auf der Anwendung von Gesetzmäßigkeiten und Formeln, in denen die Unbekannte in der 2. Potenz auftritt.

**Beispiele**

4.19 Der Außenradius einer Kreisringfläche betrage 13,0 cm und ihr Flächeninhalt 48,3 cm². Wie groß ist ihr Innenradius?
*Lösung:*
Es sei $r$ der Innen- und $R$ der Außenradius des Kreisringes, der Flächeninhalt $A$ ergibt sich aus

$$A = \pi(R^2 - r^2) \quad \text{mit} \quad r > 0.$$

Umgestellt ist $r^2 = R^2 - \frac{A}{\pi}$, und mit den gegebenen Werten ist

$$r_{1;2} = \pm\sqrt{13^2 - \frac{48{,}3}{3{,}14}} = \pm 12{,}4.$$

Lösung der Sachaufgabe ist aber nur der positive Wert. Der Innenradius des Kreisringes beträgt 12,4 cm.

4.20 Um die Tiefe eines Brunnens zu bestimmen, läßt man einen Stein frei hineinfallen und hört ihn nach 4,3 s im Wasser aufschlagen. Wie tief liegt der Wasserspiegel unter dem Rand des Brunnens?
*Lösung:*
Es sei $s$ die Wassertiefe in Metern und $t$ die Fallzeit des Steins in Sekunden. Der Fallweg des Steins $s = \frac{g}{2}t^2$ ist gleich dem Schallweg $s = c(4{,}3 - t)$, wobei $g = 9{,}81$ m/s² und die Schallgeschwindigkeit $c = 330$ m/s sind.

Die Gleichsetzung führt auf die quadratische Gleichung

$$\frac{g}{2}t^2 = c(4{,}3 - t) \quad \text{mit} \quad t > 0.$$

Geordnet ist dann

$$\frac{g}{2}t^2 + ct - 4{,}3c = 0$$

und in Normalform

$$t^2 + \frac{2c}{g}t - \frac{8{,}6c}{g} = 0.$$

Nach (4.5) ist

$$t_{1;2} = -\frac{c}{g} \pm \sqrt{\left(\frac{c}{g}\right)^2 + \frac{8{,}6c}{g}}.$$

Beim Einsetzen der gegebenen Größen wird sichtbar, daß nur

$t_1 = -33{,}6 + \sqrt{1420{,}89} = 4{,}1$ Lösung sein kann.

Somit ist $s = c(4{,}3 - 4{,}1) = 7 \cdot 10^1$ (wegen $4{,}3 - 4{,}1 = 0{,}2$ ergibt sich $s$ nur mit einer Genauigkeit von einer signifikanten Ziffer).
Der Brunnen ist etwa $7 \cdot 10^1$ Meter tief.

Bisher hatten die in den Beispielen gelösten quadratischen Gleichungen zwei reelle Lösungen oder eine reelle Doppellösung. Das ist nicht mehr so bei $x^2 - 8x + 20 = 0$.
Nach (4.5) ist

$$x_{1;2} = 4 \pm \sqrt{16 - 20} = 4 \pm \sqrt{-4}.$$

Da $\sqrt{-4}$ keine reelle Zahl ist, hat die Gleichung im Bereich der reellen Zahlen keine Lösung.
Während für eine sehr große Anzahl von Sachaufgaben der Bereich der reellen Zahlen als Definitionsbereich einer Gleichung ausreicht, ist das z.B. bei der Lösung von Aufgaben innerhalb der Wechselstromtechnik nicht mehr der Fall. Es besteht die Notwendigkeit, den Bereich $R$ der reellen Zahlen zu erweitern zum **Bereich der komplexen Zahlen**, der durch **C** symbolisiert werden soll (s. auch Abschn. 1.5). Zunächst wird eine neue Zahlenart eingeführt: die **imaginären Zahlen**.

### Definition

**Die Einheit der imaginären Zahlen** ist eine Zahl j, deren Quadrat $-1$ ist:

$$\mathrm{j}^2 = -1 \tag{4.6}$$

Die imaginäre Einheit wird in der Mathematik mit i bezeichnet. Um Verwechslungen mit $i$ als Symbol für die zeitlich variable Stromstärke zu vermeiden, wird in der Technik die imaginäre Einheit mit j bezeichnet.

Da die reellen Zahlen bereits lückenlos auf der Zahlengeraden abgebildet werden, also für die imaginären Zahlen dort kein Platz vorhanden ist, werden diese auf einer weiteren Achse abgetragen. Dadurch entsteht die **Gaußsche Zahlenebene**. Die reellen Zahlen werden auf die waagerechte Achse, die imaginären auf die senkrechte Achse abgebildet. Außerhalb der Achsen werden diejenigen komplexen Zahlen abgebildet, deren Real- und Imaginärteile verschieden von 0 sind, wie das im Bild 4.1 zu sehen ist.

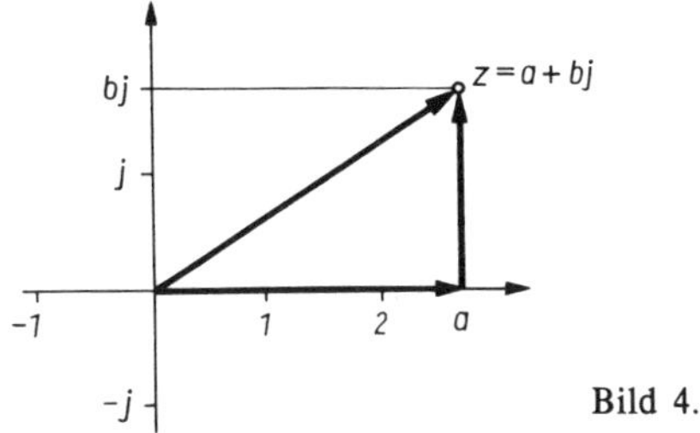


Bild 4.1

**Satz**

> Jede komplexe Zahl $z$ läßt sich als Summe einer reellen Zahl $a$ und einer imaginären Zahl $b$j darstellen:
>
> $$z = a + bj. \qquad (4.7)$$
>
> $a$ heißt Realteil, die reelle Zahl $b$ Imaginärteil von $z$.

Die Zahl $z$ läßt sich als Pfeil (zweidimensionaler Vektor) darstellen, der im Nullpunkt der Gaußschen Zahlenebene beginnt und bis zum Punkt mit den Koordinaten $(a; b)$ geht. Die Darstellung $z = a + bj$ läßt sich als Summe zweier Vektoren deuten, nämlich der beiden in Richtung der Koordinatenachsen liegenden Komponenten mit den Längen $a$ und $b$.

Die Erweiterung von $R$ zum Bereich $C$ der komplexen Zahlen ist so erfolgt, daß alle bisher geltenden Rechenregeln formal mit den Real- und Imaginärteilen ausgeführt werden können und bei $j^2$ die Eigenschaft $j^2 = -1$ zu beachten ist.

Die Anwendung der Grundrechenoperationen (außer der Division) bei komplexen Zahlen wird in den folgenden Beispielen gezeigt.

**Beispiele**

4.21 $x^2 = -9$ ist im Bereich der komplexen Zahlen zu lösen!

*Lösung:*

$x^2 = -9$ hat nach der Lösungsformel (4.5), die auch im Bereich der komplexen Zahlen gültig ist, die Lösungen $x_{1;2} = \pm\sqrt{-9}$. Es sind die imaginären Zahlen $x_1 = 3j$ und $x_2 = -3j$.

Probe für $x_1$: Es ist $(x_1)^2 = (3j)^2 = 9j^2 = 9(-1) = -9$.

Probe für $x_2$: Es ist $(x_2)^2 = (-3j)^2 = (-3)^2j^2 = 9(-1) = -9$.

4.22 Die bereits betrachtete Gleichung $x^2 - 8x + 20 = 0$ mit $x \in C$ hat nach (4.5) die Lösungen $x_{1;2} = 4 \pm \sqrt{-4}$, d. h., Lösungen sind die komplexen Zahlen $x_1 = 4 + 2j$ und $x_2 = 4 - 2j$, was durch die Proben bestätigt wird.

Probe für $x_1$: $x_1 = 4 + 2j$ in die linke Seite der Gleichung eingesetzt ergibt $(4 + 2j)^2 - 8(4 + 2j) + 20 = 16 + 16j + 4j^2 - 32 - 16j + 20$. Werden jeweils die Real- und Imaginärteile zusammengefaßt, so entsteht $4 + 4j^2$. Wegen $j^2 = -1$ ergibt sich $0 = 0$.

Die Probe für $x_2$ verläuft analog und sollte vom Leser durchgeführt werden.

Aus der Lösungsformel (4.5) folgt: Wenn $z = a + bj$ Lösung ist, so ist auch $z^* = a - bj$ Lösung.

**Definition**

> Die Zahlen $z = a + bj$ und $z^* = a - bj$ heißen zueinander **konjugiert komplex.**

Wenn die Lösungen einer quadratischen Gleichung komplex sind, so sind sie zueinander konjugiert komplex.

**Beispiel**

4.23 $\dfrac{2x-1}{x^2-4x} = \dfrac{x+3}{3x-12}$ mit $x \in C$ und $x \notin \{0; 4\}$ ist zu lösen.

*Lösung:*
Um die Brüche zu beseitigen, ist es zweckmäßig, mit dem kleinsten gemeinschaftlichen Vielfachen der Nenner, also mit $3x(x-4)$ zu multiplizieren. Dann entstehen

$$(2x-1)\,3 = (x+3)\,x$$
$$6x - 3 = x^2 + 3x$$
$$x^2 - 3x + 3 = 0.$$

Nach (4.5) ist dann $x_{1;2} = 1{,}5 \pm \sqrt{2{,}25 - 3}$.
Lösungen sind die zueinander konjugiert komplexen Zahlen

$$x_1 = 1{,}5 + \sqrt{-0{,}75} = 1{,}5 + \sqrt{|-0{,}75|}\,j = 1{,}5 + 0{,}866j$$
$$x_2 = 1{,}5 - \sqrt{-0{,}75} = 1{,}5 - \sqrt{|-0{,}75|}\,j = 1{,}5 - 0{,}866j.$$

Die Voraussetzungen $x \notin \{0; 4\}$ sind erfüllt.

Bei Nutzung eines Taschenrechners tritt das Problem auf, daß z.B. $\sqrt{-0{,}75}$ nicht berechnet werden kann. Eine direkte Berechnung dieser imaginären Zahl ist mit Taschenrechnern oder Computern nicht möglich. Es kann aber, wie in den letzten Beispielen bereits geschehen, nach folgender **Regel** gearbeitet werden:

$$\text{Ist } a < 0, \quad \text{so gilt} \quad \sqrt{a} = \sqrt{|a|}\,j \quad . \tag{4.8}$$

Diese Regel besagt, daß vom negativen Radikanten der absolute Betrag gebildet, von ihm der Wurzelwert berechnet und dann mit der imaginären Einheit j multipliziert wird.
Zusammenfassend können nun die **Lösbarkeitsfälle** einer quadratischen Gleichung in Normalform $x^2 + px + q = 0$ betrachtet werden.
Wenn $p$ und $q$ reelle Zahlen sind, entscheidet in

$$x_{1;2} = -\frac{p}{2} \pm \sqrt{\left(\frac{p}{2}\right)^2 - q}$$

der Radikand $D = \left(\dfrac{p}{2}\right)^2 - q$, **Diskriminante** genannt, über die Art der beiden Lösungen:

| Diskriminante | Wurzelwert | die beiden Lösungen sind |
|---|---|---|
| $D > 0$ | reell | reell und verschieden |
| $D = 0$ | Null | reell und gleich |
| $D < 0$ | imaginär | konjugiert komplex |

Diese drei Lösungstypen lassen sich auch veranschaulichen. Dazu werden die Lösungen $x_1$ und $x_2$ einer quadratischen Gleichung als Nullstellen der quadratischen Funktion $y = x^2 + px + q$ aufgefaßt.

Der Scheitelpunkt der im Bild 4.2 dargestellten Parabel liegt für

a) $D > 0$: unterhalb der $x$-Achse b) $D = 0$: auf der $x$-Achse c) $D < 0$: oberhalb der $x$-Achse

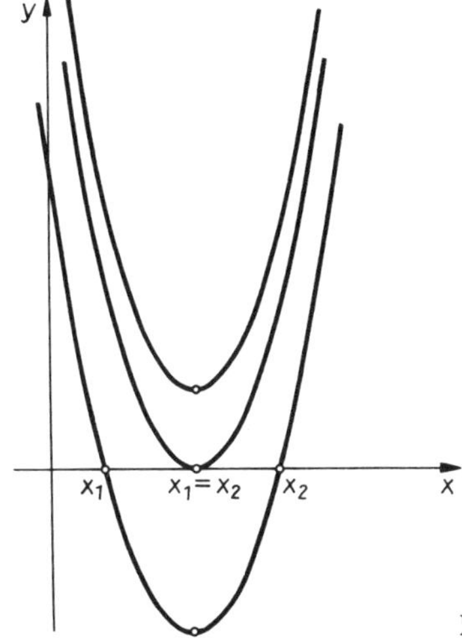


Bild 4.2

Auch aus rechentechnischer Sicht ist der Zusammenhang interessant, der zwischen den Lösungen $x_1$ und $x_2$ und den Koeffizienten einer quadratischen Gleichung in Normalform besteht. Er wird formuliert im folgenden

**Satz** (Wurzelsatz von VIETA)

> Sind $x_1$ und $x_2$ die Lösungen (Wurzeln) der quadratischen Gleichung
>
> $x^2 + px + q = 0$, so gilt
>
> $$x_1 + x_2 = -p \quad \text{und} \quad x_1 \cdot x_2 = q. \tag{4.9}$$

Wenn $x_1$ bereits berechnet ist, ergibt sich die andere Lösung aus $x_2 = -p - x_1$. Eine Proberechnung kann mit der Beziehung $x_1 \cdot x_2 = q$ erfolgen. Das wird demonstriert im folgenden

**Beispiel**

4.24 $x^2 + 12{,}00\,x - 3811{,}26 = 0$ ist zu lösen.

*Lösung:*

Nach (4.5) ist $x_1 = -6 + \sqrt{36 + 3811{,}26} = 56{,}03$, und mit (4.9) ist dann $x_2 = -p - x_1 = -12 - 56{,}03 = -68{,}03$. Es ist $x_1 \cdot x_2 = 56{,}03(-68{,}03) = 3811{,}72$. Das ist unter Berücksichtigung der Rundungsfehler der Wert von $q$.

**Satz**

Sind $x_1$ und $x_2$ die Lösungen der quadratischen Gleichung
$x^2 + px + q = 0$, so gilt die Identität

$$x^2 + px + q = (x - x_1)\,(x - x_2)\,. \tag{4.10}$$

Neben der **Polynomdarstellung** $a_2x^2 + a_1x + a_0 = 0$ für quadratische Gleichungen gibt es auch die **Produktform**

$$a_2(x - x_1)\,(x - x_2) = 0\,, \tag{4.11}$$

bei der $x_1$ und $x_2$ die Lösungen der Gleichung sind.

Daß $x_1$ und $x_2$ Lösungen der Gleichung sind, wird abgeleitet aus der Regel, daß ein Produkt genau dann Null ist, wenn mindestens einer der Faktoren Null ist. Diese Regel wird zur Lösung der Gleichungen in den folgenden Beispielen angewendet.

**Beispiele**

4.25 Gesucht sind die Lösungen von $3(x - 2)\,(x + 1{,}5) = 0$.

*Lösung:*

Das Ausmultiplizieren ($3x^2 - 1{,}5x + 9 = 0$) und Lösen nach Formel wäre nicht zweckmäßig, weil sich die Lösungen $x_1 = 2$ und $x_2 = -1{,}5$ ablesen lassen. Da in (4.11) in den Klammern Minuszeichen stehen, ist z. B. $(x + 1{,}5)$ als $(x - (-1{,}5))$ aufzufassen.

4.26 Die Gleichung $x(x + 10) = 0$ hat die sofort ablesbare Lösungsmenge $L = \{0; -10\}$.

**Kontrollfragen**

4.6 Worin unterscheiden sich die allgemeine Form und die Normalform einer quadratischen Gleichung?
4.7 Wie lautet die Lösungsformel für die Normalform einer quadratischen Gleichung?
4.8 Wie ist die imaginäre Einheit j definiert?
4.9 Woran erkennen Sie zwei zueinander konjugiert komplexe Zahlen?
4.10 Welche Lösbarkeitsfälle treten bei quadratischen Gleichungen auf?
4.11 Worin besteht der Vorteil, wenn eine in Produktform gegebene Gleichung gelöst werden soll?

**Aufgaben: 4.13 bis 4.18**

### Gleichungen dritten und höheren Grades

Gleichungen 3. Grades oder kubische Gleichungen haben abgeleitet aus (4.1) die allgemeine Form

$$\boxed{a_3x^3 + a_2x^2 + a_1x + a_0 = 0} \tag{4.12}$$

oder die Produktdarstellung

$$\boxed{a_3(x - x_1)\,(x - x_2)\,(x - x_3) = 0}\,, \tag{4.13}$$

wobei $x_1$, $x_2$ und $x_3$ die Lösungen der Gleichung sind.
In Sonderfällen, wenn z.B. in (4.12) das absolute Glied $a_0 = 0$ ist oder die Produktdarstellung vorliegt, ist das Lösen einfach.

### Beispiele

4.27 Die Gleichung $12(x + 3)\,(x^2 - 4) = 0$ ist zu lösen.
*Lösung:*
Nach (4.13) ist sofort die Lösung $x_1 = -3$ ablesbar. Die anderen Lösungen ergeben sich aus $x^2 - 4 = 0$:

$$x_{2;\,3} = \pm 2.$$

4.28 Die Gleichung $3x^3 - 8x^2 + 13x = 0$ ist zu lösen.
*Lösung:*
Es kann $x$ ausgeklammert werden, und es entsteht

$$x(3x^2 - 8x + 13) = 0.$$

Eine Wurzel ist sofort durch $x_1 = 0$ angebbar.
Die anderen sind Lösungen der quadratischen Gleichung

$$3x^2 - 8x + 13 = 0.$$

Es sind $x_2 = 1{,}33 + 1{,}60\mathrm{j}$ und $x_3 = 1{,}33 - 1{,}60\mathrm{j}$.

Gleichungen 3. und 4. Grades lassen sich vom Prinzip her durch Umformungen nach $x$ auflösen. Ausgangspunkt dafür sind reduzierte Normalformen, auf die dann Substitutionen und Fallunterscheidungen angewendet werden, so daß im Ergebnis nicht nur eine Lösungsformel entsteht, sondern eine größere Anzahl mehrfach ineinandergeschachtelter Formeln. Deren Anwendung war bisher kaum gebräuchlich, weil zu umständlich. Mit der fortschreitenden Verfügbarkeit eines am Arbeitsplatz befindlichen Computers ist es möglich, daß der Nutzer ein Programm aufruft, durch das nach Eingabe aller Koeffizienten der allgemeinen Form (4.1) einer algebraischen Gleichung sämtliche Lösungen berechnet und gelöst werden.
Ist der **Grad größer als 4**, so ist eine formelmäßige Auflösung einer algebraischen Gleichung vom Prinzip her nicht mehr möglich. Es müssen dann völlig andere, in 4.1.4 beschriebene Lösungsverfahren angewendet werden. Mit diesen Verfahren können aber auch die Gleichungen 3. und 4. Grades gelöst werden, wenn keine Sonderfälle vorliegen.

Abschließend sollen nun noch einige wesentliche Aussagen zur Lösbarkeit von **Gleichungen $n$-ten Grades** gemacht werden. In seiner Dissertation hat F. C. Gauss 1799 den folgenden **Fundamentalsatz der Algebra** bewiesen:

■ Jede algebraische Gleichung $n$-ten Grades hat im Bereich der komplexen Zahlen mindestens eine Lösung.

Die Beweisführung dieses fundamentalen Satzes gestattet aber darüber hinaus eine weitergehende Folgerung. Sie wird formuliert im folgenden

**Satz**

Eine algebraische Gleichung $n$-ten Grades hat im Bereich der komplexen Zahlen stets $n$ Lösungen $x_1; x_2; ...; x_n$. Für das zugehörige Polynom gilt die Identität

$$a_n x^n + a_{n-1} x^{n-1} + \ldots + a_1 x + a_0 = a_n (x - x_1) \ldots (x - x_n) . \qquad (4.14)$$

Die Aussage dieses Satzes präzisiert die zu Beginn des Abschnitts gegebene Formulierung bezüglich der Anzahl der Lösungen einer algebraischen Gleichung $n$-ten Grades: Es gibt im Bereich $C$ der komplexen Zahlen genau $n$ Lösungen. Diese können teilweise reell oder komplex, voneinander verschieden oder gleich sein.
Es kann gezeigt werden:

■ Eine algebraische Gleichung ungeraden Grades hat bei geeignetem Definitionsbereich stets eine reelle Lösung.

Diese Aussage hat große praktische Bedeutung beim Lösen kubischer Gleichungen.
Wenn es gelingt, von einer gegebenen kubischen Gleichung die vorhandene reelle Lösung $x_1$ zu bestimmen, so würde sich bei Division durch $(x - x_1)$ eine quadratische Gleichung ergeben:

$$(a_3 x^3 + a_2 x^2 + a_1 x + a_0) : (x - x_1) = b_2 x^2 + b_1 x + b_0 .$$

Die quadratische Gleichung $b_2 x^2 + b_1 x + b_0 = 0$ kann mit der Lösungsformel (4.5) gelöst werden, so daß dann alle 3 Lösungen vorliegen.
Ist $x_1$ keine Lösung, sondern ein beliebiger Wert $x^*$ des Definitionsbereiches, so geht die Division durch $(x - x^*)$ nicht auf. Es bleibt ein Rest. Es gilt dann

$$(a_3 x^3 + a_2 x^2 + a_1 x + a_0) : (x - x^*) = b_2 x^2 + b_1 x + b_0 + r_0$$

mit $r_0$ als Rest.

Beide Probleme:
- das Finden einer reellen Lösung einer Gleichung und
- das Bestimmen der Koeffizienten der um einen Grad niedrigeren Gleichung

lassen sich mit einem von Horner entwickelten Rechenschema lösen. Dieses wird hier zunächst auf die Anwendung bei Polynomen dritten Grades beschränkt. Es besteht aus einer Kopfzeile, die alle Koeffizienten des Polynoms enthält. Wird im Schema mit dem Wert $x^*$ gearbeitet, so entstehen durch abwechselndes Multiplizieren und Addieren die im Schema aufgeführten Terme. Begonnen wird bei $a_3 = b_2$. Die Pfeile geben die weitere Folge an.

|  | $a_3$ | $a_2$ | $a_1$ | $a_0$ |
|---|---|---|---|---|
|  |  | $b_2x^*$ + | $b_1x^*$ + | $b_0x^*$ + |
| $x = x^*$ | $b_2$ | $b_1$ | $b_0$ | $r_0$ |

Auszuwerten ist die Zeile unter dem Strich. Die Werte $b_2$, $b_1$ und $b_0$ sind die Koeffizienten der gewollten quadratischen Gleichung. Der Wert $r_0$ ist der bei der Division mit $(x - x^*)$ entstehende Rest.
Die gesamte Vorgehensweise bei der Nutzung des Hornerschen Schemas zur Lösung kubischer Gleichungen wird in den folgenden Beispielen gezeigt.

**Beispiele**

4.29 Zu lösen ist die kubische Gleichung $x^3 + x^2 - 10x + 8 = 0$.
*Lösung:*
Es wird probiert, ob z. B. $x^* = 3$ Lösung ist. Im Hornerschen Schema ergibt sich

|  | 1 | 1 | −10 | 8 |
|---|---|---|---|---|
|  |  | 3 | 12 | 6 |
| $x^* = 3$ | 1 | 4 | 2 | $14 = r_0$ |

Da der Rest nicht 0 ist, kann $x^* = 3$ auch nicht Lösung sein. Es wird nun $x^* = 2$ probiert.

|  | 1 | 1 | −10 | 8 |
|---|---|---|---|---|
|  |  | 2 | 6 | −8 |
| $x^* = 2$ | 1 | 3 | −4 | $0 = r_0$ |

Weil $r_0 =$ gilt, ist $x^* = 2$ eine Lösung der kubischen Gleichung. Die beiden anderen sind Lösung der quadratischen Gleichung $x^2 + 3x - 4 = 0$ (die Koeffizienten werden der Zeile unter dem Strich entnommen).

$x_{2;3} = -1{,}5 \pm \sqrt{6{,}25}$, d. h.,
$x_2 = 1$ und $x_3 = -4$.

Die Proben bestätigen $L = \{1, 2; -4\}$ als Lösungsmenge.

4.30 Welche Lösungen hat $x^3 - 8 = 0$ mit $x \in C$?
*Lösung:*
Aus der umgestellten Gleichung $x^3 = 8$ ist die reelle Lösung $x_1 = \sqrt[3]{8} = 2$ leicht zu ermitteln.
Das Hornersche Schema dient nur noch zur Ermittlung der Koeffizienten der quadratischen Gleichung. Die Kopfzeile des Schemas muß auch die Koeffizienten der kubischen Gleichung enthalten, die den Wert 0 haben ($a_2$, $a_1$).

|  | 1 | 0 | 0 | −8 |
|---|---|---|---|---|
|  |  | 2 | 4 | 8 |
| $x_1 = 2$ | 1 | 2 | 4 | 0 |

Die noch fehlenden zwei Wurzeln sind Lösungen der quadratischen Gleichung $x^2 + 2x + 4 = 0$.
Nach (4.5) ist $x_{2;3} = -1 \pm \sqrt{1-4} = -1 \pm \sqrt{3}\,\mathrm{j}$.
Lösungsmenge ist $L = \{2; -1 + \sqrt{3}\,\mathrm{j}; -1 - \sqrt{3}\,\mathrm{j}\}$.

Das Hornersche Schema läßt sich auch zur Lösung von algebraischen Gleichungen vierten und höheren Grades einsetzen.

**Beispiel**

4.31 Die Lösungen von $x^5 - 1{,}6x^4 - 4{,}6x^3 + 5{,}2x^2 = 0$ mit $x \in C$ sind zu bestimmen.

*Lösung:*

Zunächst kann $x^2$ ausgeklammert werden. Es ist dann

$x^2(x^3 - 1{,}6x^2 - 4{,}6x + 5{,}2) = 0.$

$x_{1;2} = 0$ ist eine Doppellösung.

Die verbleibende kubische Gleichung wird mittels HORNER-Schema gelöst. Da die Reste immer kleiner geworden sind, wurde nacheinander mit $x^* = 2$; $x^* = 2{,}5$ und $x^* = 2{,}6$ probiert. Die Kopfzeile wurde nur einmal geschrieben und für alle 3 Schemata genutzt.

| | 1 | −1,6 | −4,6 | 5,2 |
|---|---|---|---|---|
| | | 2 | 0,8 | −7,6 |
| $x^* = 2$ | 1 | 0,4 | −3,8 | $-2{,}4 = r_0$ |
| | | 2,5 | 2,25 | −5,875 |
| $x^* = 2{,}5$ | 1 | 0,9 | −2,35 | $-0{,}675 = r_0$ |
| | | 2,6 | 2,6 | −5,2 |
| $x^* = 2{,}6$ | 1 | 1 | −2 | $0 = r_0$ |

Da bei $x^* = 2{,}6$ der Rest Null ist, ist $x_3 = 2{,}6$ eine weitere Lösung.

Es bleibt nun die quadratische Gleichung $x^2 + x - 2 = 0$. Diese hat nach (4.5) die Lösungen $x_4 = 1$ und $x_5 = -2$. Die gegebene Gleichung 5ten Grades hat die Lösungsmenge $L = \{-2; 0; 1; 2{,}6\}$.

**Kontrollfragen**

4.12 Wie viele Lösungen hat eine Gleichung $n$-ten Grades im Bereich der komplexen Zahlen?
4.13 Bis zu welchem Grade lassen sich algebraische Gleichungen formelmäßig auflösen?
4.14 Wie wird das Hornersche Schema zur Lösung kubischer Gleichungen genutzt?

**Aufgaben: 4.19 bis 4.21**

### 4.1.3 Lösen von transzendenten Gleichungen

**Grundbegriffe**

Die Definitionsbereiche der in diesem Abschnitt betrachteten Gleichungen sind die reellen Zahlen oder geeignete Untermengen.

**Transzendente Gleichungen** sind dadurch gekennzeichnet, daß die freie Variable auftritt:

a) in einem Exponenten, z. B. in der **Exponentialgleichung**

$$e^{2x-3} = 5,$$

b) im Argument eines Logarithmus, z. B. in der **logarithmischen Gleichung**

$$\lg(x + 2) - 3 = 0,$$

c) im Argument goniometrischer Terme, z. B. in den **goniometrischen Gleichungen**

$$\sin\frac{x}{2} = 0{,}3$$

$$\arctan\frac{x}{4} = 0{,}7.$$

In diesem Abschnitt werden nur **Sonderfälle** transzendenter Gleichungen betrachtet, bei denen, wie in den obigen Beispielen, jeweils nur eine transzendente Operation auftritt. Im allgemeinen können in einer transzendenten Gleichung unterschiedliche transzendente und algebraische Operationen auftreten, wie das beispielsweise bei $e^x - \sin x = x^2$ der Fall ist. Derartige transzendente Gleichungen lassen sich nur durch die in 4.1.4 beschriebenen Näherungsverfahren lösen. Da aber bei der Lösung von Sachaufgaben häufig die Sonderfälle auftreten, soll an Hand einiger Beispiele die Vorgehensweise bei diesen Sonderfällen demonstriert werden.
Bei aller Unterschiedlichkeit der Gleichungen besteht das **Ziel** jeweils darin, die gegebene transzendente Gleichung durch Anwendung der jeweiligen Umkehroperation in eine algebraische zu überführen. Diese kann dann wie im vorigen Abschnitt beschrieben gelöst werden.

### Exponentialgleichungen

Exponentialgleichungen der Form $a^x = b$ lassen sich lösen, indem beide Seiten der Gleichung zur selben Basis logarithmiert werden. Bei den weiteren Umformungen sind die Logarithmengesetze anzuwenden. In Sonderfällen ist auch ein Exponentenvergleich der Lösungsansatz.

### Beispiele

4.32 Die Exponentialgleichung $e^{2x-3} = 5$ ist zu lösen.
*Lösung:*
Die Umkehroperation ist hierbei das Logarithmieren. Vorteilhaft ist es, wenn ein Logarithmus zur gleichen Basis benutzt werden kann. Durch Anwendung des natürlichen Logarithmus auf beide Seiten der Gleichung entsteht eine algebraische Gleichung:

$$\ln e^{2x-3} = \ln 5$$

$$(2x - 3)\ln e = \ln 5$$

$$2x - 3 = \ln 5$$

Diese hat die Lösung $x_1 = \frac{3 + \ln 5}{2} = 2{,}305$, was beim Einsetzen in die Ausgangsgleichung bestätigt wird.

4.33 Die Exponentialgleichung $1{,}32^x = 5{,}40$ ist zu lösen.

*Lösung:*

Es kann mit einem Logarithmus zu jeder beliebigen Basis $a > 0$ und $a \neq 1$ gearbeitet werden. Für $a = 10$ bzw. $a = \mathrm{e}$ ergeben sich z. B. die Gleichungen:

$$x \cdot \lg 1{,}32 = \lg 5{,}40 \qquad x \cdot \ln 1{,}32 = \ln 5{,}40$$

$$\text{mit}\quad x_1 = \frac{\lg 5{,}40}{\lg 1{,}32} = \frac{0{,}7324}{0{,}1206} = 6{,}07 \qquad \text{mit}\quad x_1 = \frac{\ln 5{,}40}{\ln 1{,}32} = \frac{1{,}6864}{0{,}2776} = 6{,}07.$$

4.34 Die Zustandsgleichung $\frac{T_1}{T_2} = \left(\frac{p_1}{p_2}\right)^{\frac{n-1}{n}}$ eines idealen Gases ist nach dem Polytropenexponenten $n$ aufzulösen.

*Lösung:*

Da die gesuchte Größe $n$ im Exponent auftritt, handelt es sich um eine Exponentialgleichung. Das Logarithmieren zur Basis 10 führt auf die algebraische Gleichung

$$\lg\left(\frac{T_1}{T_2}\right) = \frac{n-1}{n} \lg\left(\frac{p_1}{p_2}\right) \quad \text{und weiter auf}$$

$$n \cdot \lg(T_1/T_2) = n \cdot \lg(p_1/p_2) - \lg(p_1/p_2).$$

Somit ist dann $n = \dfrac{\lg(p_1/p_2)}{\lg(p_1/p_2) - \lg(T_1/T_2)}$.

4.35 Erwärmungsprozesse werden durch $T = T_\mathrm{E}\,(1 - \mathrm{e}^{-\alpha t})$ beschrieben, wobei $T_\mathrm{E}$ ein sich einstellender Endwert, $t$ die ablaufende Zeit und $\alpha$ eine stoffbezogene Zeitkonstante ist. Nach welcher Zeit hat die Temperatur die Hälfte des Endwertes erreicht?

*Lösung:*

Mit $T = \frac{T_\mathrm{E}}{2}$ ergibt sich die Exponentialgleichung $\frac{T_\mathrm{E}}{2} = T_\mathrm{E}(1 - \mathrm{e}^{-\alpha t})$. Nach Division durch $T_\mathrm{E}$ gilt $\frac{1}{2} = 1 - \mathrm{e}^{-\alpha t}$ und zusammengefaßt $\mathrm{e}^{-\alpha t} = 0{,}5$. Erst jetzt, da der Grundtyp der Exponentialgleichung vorliegt, wird – passend zur Basis e – logarithmiert. Der gesuchte Zeitwert ist $t_1 = \frac{\ln 0{,}5}{-\alpha} = \frac{\ln 2}{\alpha}$.

**Aufgaben: 4.22 und 4.23**

## Logarithmische Gleichungen

Ziel der Umformungen ist das Zurückführen der logarithmischen Gleichung auf den Grundtyp $\log_a x = b$.
Durch Anwendung der entgegengesetzten Operation entsteht dann die algebraische Gleichung $x = a^b$.

### Beispiele

4.36 Die Gleichung $\lg(x^2 + 2) - 3 = 0$ ist zu lösen.

*Lösung:*

Die logarithmische Gleichung $\lg(x^2 + 2) = 3$ wird durch das Anwenden der Umkehroperation zur Basis 10 in eine algebraische Gleichung übergeführt:

$$10^{\lg(x^2+2)} = 10^3$$

$$x^2 + 2 = 1000.$$

Diese quadratische Gleichung hat die beiden Lösungen

$x_{1;2} = \pm\sqrt{998} = \pm 31{,}59.$

Die Probe ist leicht auszuführen und bestätigt, daß beide Werte Lösungen der Ausgangsgleichung sind.

4.37 Die Gleichung $2 \ln x = 10$ mit $x > 0$ ist zu lösen.

*Lösung:*

Ein erster Weg ist:

$\ln x = 5$

$x_1 = e^5 = 148{,}413.$

Da nach den Logarithmengesetzen formal $2 \ln x = \ln x^2$ gilt, kann auch die Gleichung $\ln x^2 = 10$ betrachtet werden. Aus ihr folgt aber $x^2 = e^{10}$ mit den beiden Werten $x_{1;2} = \pm e^5$, wobei wegen $x > 0$ nur $x_1 = e^5$ Lösung sein kann.

4.38 $\ln x^2 + \ln x = 23{,}5$ ist zu lösen.

*Lösung:*

Aus $\ln x^2 + \ln x = 23{,}5$ folgt wegen $\ln x^2 = 2 \ln x$

$2 \ln x + \ln x = 23{,}5$, d. h. $3 \ln x = 23{,}5$.

Somit ist $\ln x = \frac{23{,}5}{3}$ und $x_1 = e^{(23{,}5/3)} = 2\,523{,}3$.

4.39 Zum Vergleich zweier Schallstärken gibt man den mit 10 multiplizierten Logarithmus des Verhältnisses dieser Größen an, da die menschliche Empfindung für Lautstärke nicht der Reizstärke proportional ist:

$x = 10 \cdot \lg \frac{J_2}{J_1}$ ausgedrückt in Dezibel.

Wurden in einer Werkhalle $x = 94$ dB gemessen und besitzt eine erste Schallquelle eine Intensität von $J_1 = 10^{-12}\,\text{Wm}^{-2}$, so ist $J_2$ berechenbar.

Aus $x = 10 \lg (J_2/J_1)$ folgt $0{,}1x = \lg (J_2/J_1)$ und $\frac{J_2}{J_1} = 10^{0{,}1x}$.

Somit ist $J_2 = J_1 \cdot 10^{0{,}1x}$, und mit den gegebenen Werten ist $J_2 = 10^{-12}\,\text{Wm}^{-2} \cdot 10^{9{,}4} = 0{,}002\,51\,\text{Wm}^{-2}$.

### Aufgaben 4.24 bis 4.26

### Goniometrische Gleichungen

Goniometrische Gleichungen in einfachster Form sind bereits als trigonometrische Gleichungen aufgetreten.

Während das Logarithmieren und dessen Umkehrung äquivalente Operationen sind, ist bei den trigonometrischen Funktionen die Beziehung zwischen Funktionswert und Argument (z. B. zwischen $\sin x$ und $x$) nicht eineindeutig.

### Beispiel

4.40 Die Gleichung $\sin x = 0{,}5$ mit $x \in R$ ist zu lösen.

*Lösung:*

Zunächst ist $x_1 = \arcsin 0{,}5 = \frac{\pi}{6} = 0{,}524$ eine vom Taschenrechner (Modus RAD einstellen) angezeigte Lösung ($0{,}524 = 30°$). Werden Winkel über 90° betrachtet, so ist wegen der Periodizität der Sinusfunktion auch $x_2 = \pi - \frac{\pi}{6} = \frac{5}{6}\pi = 2{,}618$ eine Lösung der Gleichung.

Die Proben: $\sin x_1 = \sin 0{,}524 = 0{,}5$ und $\sin x_2 = \sin 2{,}618 = 0{,}5$ bestätigen, daß beide Werte Lösungen sind.
Da in dieser Beispielaufgabe $x$ eine beliebige reelle Zahl sein kann, gibt es sogar unendlich viele Lösungen, die sich aber von den bereits ermittelten nur durch ganzzahlige Vielfache von $2\pi$ unterscheiden:

$$x_1 = \frac{\pi}{6} + 2k\pi \quad \text{und} \quad x_2 = \frac{5}{6}\pi + 2k\pi, \quad \text{wobei} \quad k \in Z \quad \text{gilt.}$$

Diese unendlich vielen Lösungen werden ausschnittweise im Bild 4.3 veranschaulicht.

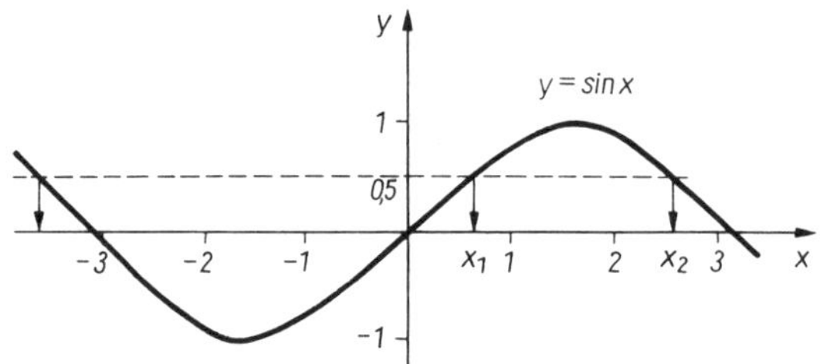


Bild 4.3

Im weiteren werden in den Beispielaufgaben nur diejenigen Werte als Lösungen angegeben, die bei der Benutzung eines Taschenrechners von diesem angezeigt werden und darüber hinaus eine weitere aus dem Intervall $0 \leqq x \leqq 2\pi$. Bei der Lösung von Sachaufgaben reichen diese beiden Lösungen meistens aus.
Zu beachten ist, daß grundsätzlich mit $x \in R$, d.h. mit reellen Zahlen gearbeitet wird. Sie sind Maßzahlen für das Bogenmaß. Der Taschenrechner ist deshalb vor Beginn der Rechnung auf den Modus »RAD« einzustellen.
Lösungen einer goniometrischen Gleichung, die in Bogenmaß (Einheit Radiant) vorliegen und die Bedingung $0 \leqq x \leqq \frac{\pi}{2}$ erfüllen, können mit dem Taschenrechner in die Einheit Grad umgewandelt werden:
Modus »RAD« einstellen, Bogenmaß eingeben, Taste [sin] betätigen, Modus auf »DEG« umstellen, Tastenfolge für arcsin betätigen (z.B. [F], [arcsin]), der Wert wird in der Einheit Grad angezeigt. Andererseits ist es möglich, diese Umrechnungen selbständig durchzuführen: Die Maßzahl des Winkels ist mit $\frac{\pi}{180}$ zu multiplizieren bzw. zu dividieren (s. 2.1.1, Gln. (2.1b)).

**Beispiele**

4.41 $\sin\frac{x}{2} = 0{,}367$ mit $0 \leqq \frac{x}{2} \leqq \frac{\pi}{2}$ ist zu lösen.

*Lösung:*
Nach Anwendung der Umkehroperation entsteht eine algebraische Gleichung:

$$\arcsin\left(\sin\frac{x}{2}\right) = \arcsin 0{,}367$$

$$\frac{x}{2} = \arcsin 0{,}367$$

mit der Lösung $x_1 = 0{,}752$.

Umgerechnet ist $x_1 = 0{,}752 = \frac{180°}{\pi} 0{,}752 = 43{,}09°$.

Probe: $\sin \frac{0{,}752}{2} = 0{,}367$.

4.42 $\arctan \frac{x}{4} = 0{,}7$ mit $0 \leqq \frac{x}{4} \leqq \frac{\pi}{2}$ ist zu lösen.

*Lösung:*

Durch Anwendung der Umkehroperation entsteht eine algebraische Gleichung:

$$\tan\left(\arctan \frac{x}{4}\right) = \tan 0{,}7$$

$$\frac{x}{4} = 0{,}842.$$

Lösung ist $x_1 = 3{,}369$.

Schwieriger zu lösen sind solche goniometrischen Gleichungen, die Terme mit verschiedenen goniometrischen Funktionen enthalten. Durch Anwendung jeweils zweckmäßiger Umwandlungsbeziehungen ist die gegebene Gleichung so umzuformen, daß nur noch eine Funktionsart vorhanden ist.

**Beispiel**

4.43 $3 \sin x - 4 \cos x = 0$ mit $0 \leqq x \leqq 2\pi$ ist zu lösen.

*Lösung:*

Wegen $\tan x = \frac{\sin x}{\cos x}$ wird die Gleichung durch $\cos x$ dividiert. Dabei ist zu beachten, daß $\cos x$ nicht Null werden darf. Deshalb wird für die weitere Rechnung $x \neq k\frac{\pi}{2}$ vorausgesetzt ($k \in Z$).

Es entsteht nun mit $3 \tan x - 4 = 0$ eine Gleichung, in der nur noch eine trigonometrische Funktion enthalten ist. Aus $\tan x = \frac{4}{3}$ folgt $x_1 = \arctan\left(\frac{4}{3}\right) = 0{,}927 = 53{,}13°$. Eine weitere Lösung ist

$$x_2 = 180° + 53{,}13° = 233{,}13° = 233{,}13° \cdot \frac{\pi}{180°} = 4{,}07\,.$$

Die Proben werden dem Leser überlassen.

Eine weitere Möglichkeit, eine goniometrische Gleichung in eine algebraische zu überführen, besteht in einer zweckmäßigen Substitution.

**Beispiel**

4.44 Die Gleichung $\sin^2 x + 4 \sin x - 5 = 0$ mit $0 \leqq x \leqq 2\pi$ ist zu lösen.

*Lösung:*

Es sei $u = \sin x$. (I)

Wird die Beziehung (I) in die Ausgangsgleichung substituiert, so entsteht die algebraische Gleichung

$$u^2 + 4u - 5 = 0.$$

Diese hat die Lösungen $u_1 = 1$ und $u_2 = -5$. Werden diese Werte in (I) eingesetzt, so gilt

a) $\sin x = 1$ mit der Lösung

$$x_1 = \arcsin 1 = \frac{\pi}{2} = 1{,}571;$$

b) $\sin x = -5$ hat keine Lösung.

## Kontrollfragen

4.15 Welche Arten von transzendenten Gleichungen gibt es?
4.16 Woran erkennen Sie, daß eine transzendente Gleichung formelmäßig lösbar ist?
4.17 Welche Möglichkeiten gibt es, eine transzendente Gleichung in eine algebraische zu überführen?
4.18 Welche transzendenten Operationen erzeugen äquivalente Gleichungen?
4.19 Weshalb haben goniometrische Gleichungen im allgemeinen unendlich viele Lösungen?

**Aufgabe: 4.27**

## 4.1.4 Lösen von Gleichungen durch Näherungsverfahren

### Vorbemerkung

In den vorausgegangenen Abschnitten 4.1.2 und 4.1.3 ist offen geblieben, wie

a) algebraische Gleichungen mit einem Grad $n > 4$, z. B.

$$x^5 - x^2 + 3 = 0, \quad \text{oder}$$

b) transzendente Gleichungen, bei denen auf die freie Variable unterschiedliche Rechenoperationen angewendet wurden, z. B. $2x - 3 = -\sin x$,

gelöst werden.

In beiden Fällen können die Lösungen nur durch die Anwendung eines Näherungsverfahrens gewonnen werden. Es gibt mehrere Näherungsverfahren, die sich u. a. dadurch unterscheiden, ob Mittel der Differentialrechnung eingesetzt werden oder nicht und welcher Aufwand an Einzelrechnungen jeweils notwendig ist.

Jedes **Näherungsverfahren** verläuft in **zwei Schritten:**

1. Es ist ein erster, mehr oder weniger genauer Näherungswert $x_1$ für den wahren Wert $x_0$, der Lösung der Gleichung $T_1(x) = T_2(x)$ ist, zu bestimmen.
2. Das eigentliche Näherungsverfahren besteht dann darin, den ersten Näherungswert $x_1$ mittels einer Vorschrift schrittweise durch einen zweiten, einen dritten usw. so lange zu verbessern, bis eine vorgegebene Genauigkeit erreicht ist. Insofern sind die Näherungsverfahren nicht »ungenauer« als die direkten Lösungswege.

Die Ermittlung eines **ersten Näherungswertes** $x_1$ kann durch Abschätzen, Probieren sowie auf graphischem Wege erfolgen. Letzteres soll im weiteren betrachtet werden.

Die **graphische Lösung einer Gleichung** kann auf 2 Wegen erfolgen:

a) Die gegebene Gleichung $T_1(x) = T_2(x)$ mit $x \in X$ wird zerlegt in die zwei Kurvengleichungen

$$y_1 = T_1(x) \quad \text{mit} \quad x \in X \quad \text{und}$$
$$y_2 = T_2(x) \quad \text{mit} \quad x \in X.$$

Beide werden in einem $x, y$-Koordinatensystem gezeichnet. Die gesuchten ersten Näherungswerte können als Abszissen der Schnitt- oder Berührungspunkte der beiden Kurven abgelesen werden, wie das im Bild 4.4 dargestellt ist.
Ist die Gleichung in der Form $T(x) = 0$ mit $x \in X$ gegeben, muß sie vorher zu $T_1(x) = T_2(x)$ umgeformt werden.

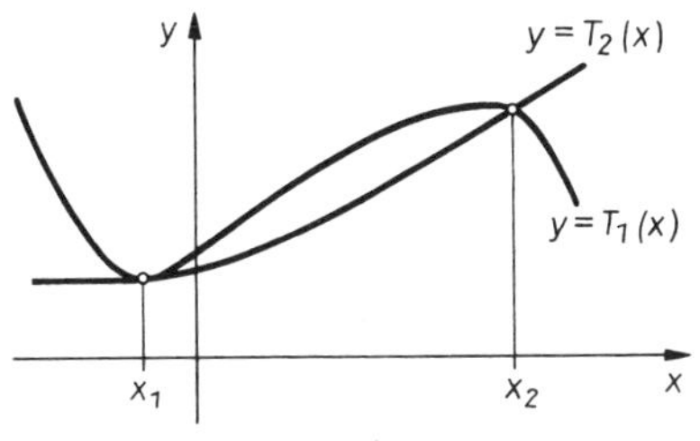


Bild 4.4

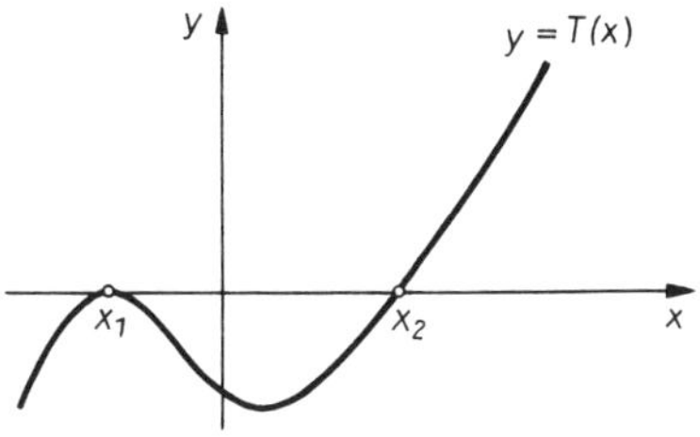

Bild 4.5

b) Die zur gegebenen Gleichung $T(x) = 0$ mit $x \in X$ zugehörige Kurvengleichung $y = T(x)$ mit $x \in X$ wird in einem $x, y$-Koordinatensystem gezeichnet.
Die gesuchten ersten Näherungswerte können als Abszissen der Schnitt- oder Berührungspunkte der Kurve mit der $x$-Achse (Nullstellen der Funktion) abgelesen werden, wie es im Bild 4.5 dargestellt ist.
Ist die Gleichung in der Form $T_1(x) = T_2(x)$ mit $x \in X$ gegeben, so muß sie vorher zu $T(x) = 0$ umgeformt werden.

Im Rahmen dieses Lehrbuches werden nur zwei Näherungsverfahren, die Iteration und das Sekantenverfahren, betrachtet.

### Iteration

Die **Iteration** basiert auf folgendem Grundgedanken:
Obwohl sich die in diesem Abschnitt zu lösenden Gleichungen $T_1(x) = T_2(x)$ nicht nach der freien Variablen auflösen lassen, ist es aber stets möglich, aus einem der Terme ein $x$ zu isolieren.
Es entsteht, allgemein formuliert, die Gleichung: $x = \varphi(x)$. Diese Gleichung wird als eine Ergibtanweisung interpretiert, mit der beim Einsetzen des ersten Näherungswertes $x_1$ in die rechte Seite ein verbesserter Wert

$x_2 = \varphi(x_1)$ entstehen kann, mit diesem dann
$x_3 = \varphi(x_2)$ ein dritter, ein vierter usw.

Allgemein ergeben sich durch die **Iterationsvorschrift**

$$\boxed{x_{i+1} = \varphi(x_i)} \qquad (4.15)$$

schrittweise immer bessere Näherungswerte $x_2; x_3; x_4; \ldots$ für die Lösung $x_0$ der Gleichung $T_1(x) = T_2(x)$. Voraussetzung ist, daß die Konvergenzbedingung (s. u.) erfüllt ist.

**Beispiele**

4.45 Die Gleichung $2x - 2 = -\sin x$ mit $x \in R$ ist zu lösen. Als Genauigkeit wird $|x_{i+1} - x_i| \leqq 0{,}001$ gefordert.

*Lösung:*

Ein Näherungswert $x_1 = 0{,}7$ ist aus Bild 4.6 ablesbar. Wird das auf der linken Seite stehende $x$ isoliert, so ergibt sich als Iterationsvorschrift:

$$x_{i+1} = 1 - 0{,}5 \sin x_i.$$

Ausgehend von $x_1 = 0{,}700$ entstehen nacheinander

$$x_2 = 1 - 0{,}5 \sin 0{,}700 = 0{,}678$$
$$x_3 = 1 - 0{,}5 \sin 0{,}678 = 0{,}686$$
$$x_4 = 1 - 0{,}5 \sin 0{,}686 = 0{,}683$$
$$x_5 = 1 - 0{,}5 \sin 0{,}683 = 0{,}684$$
$$x_6 = 1 - 0{,}5 \sin 0{,}684 = 0{,}684.$$

Bei $x_6$ ist die geforderte Genauigkeit erreicht.
Lösung ist $x_6 = 0{,}684$.

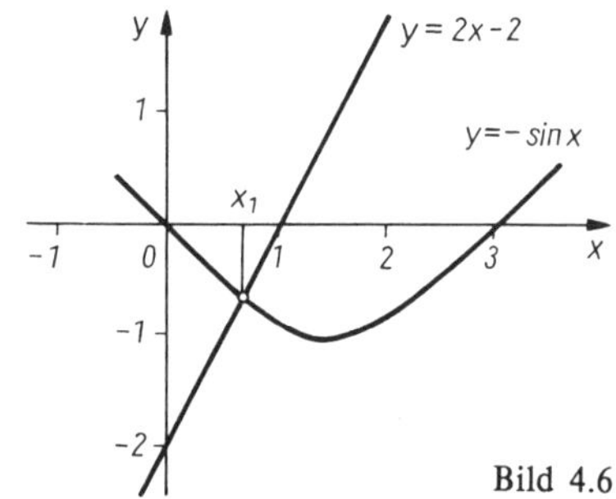


Bild 4.6

4.46 $\dfrac{1}{x} = \ln x$ ist mit $|\Delta x_i| \leqq 0{,}01$ zu lösen.

Größter Definitionsbereich ist $X = (R \setminus \{0\}) \cap (0; \infty) = (0; \infty)$.

*Lösung:*

$x_1 = 2$ ist wegen $\ln 2 \approx 0{,}5$ als Startwert geeignet. Wird das im Nenner stehende $x$ isoliert, so entsteht die Iterationsvorschrift: $x_{i+1} = \dfrac{1}{\ln x_i}$.

Ausgehend vom Startwert $x_1 = 2$ ergeben sich nacheinander die Werte

$$x_2 = \frac{1}{\ln 2} = 1{,}443$$
$$x_3 = \frac{1}{\ln 1{,}443} = 2{,}728$$
$$x_4 = \frac{1}{\ln 2{,}728} = 0{,}996$$
$$x_5 = \frac{1}{\ln 0{,}996} = -296{,}2.$$

Die Iteration muß abgebrochen werden, weil die berechneten Werte nicht dem Wert der Lösung zustreben, sondern auseinanderstreben. (Die für $x_i$ gegebenen Werte sind gerundet; es wurde jeweils mit dem Wert weitergerechnet, der sich im Register des Taschenrechners befindet.)

In Bild 4.7 ist die Wirkungsweise des Iterationsverfahrens zu erkennen. Ausgehend von $x_1$ streben die folgenden Werte $x_2; x_3; x_4; \ldots$ dem Schnittpunkt der Kurven $y = x$ und $y = \varphi(x)$ zu. Das ist auch so in Bild 4.8, bei dem sich die Pfeile nicht nur von einer Seite, sondern spiralförmig dem Schnittpunkt nähern. In diesen Fällen konvergiert das Verfahren. Unter der **Konvergenz** versteht man in diesem Zusammenhang, daß die Differenz der aufeinanderfolgenden Werte $x_i$ verschwindend klein wird. Werden die Differenzen größer, so liegt die **Divergenz** vor.

Die Bilder 4.9 und 4.10 demonstrieren die Möglichkeit, daß sich – wie im letzten Beispiel – die Werte $x_2; x_3; x_4; \ldots$ immer weiter von $x_0$ entfernen (Divergenz des Verfahrens).

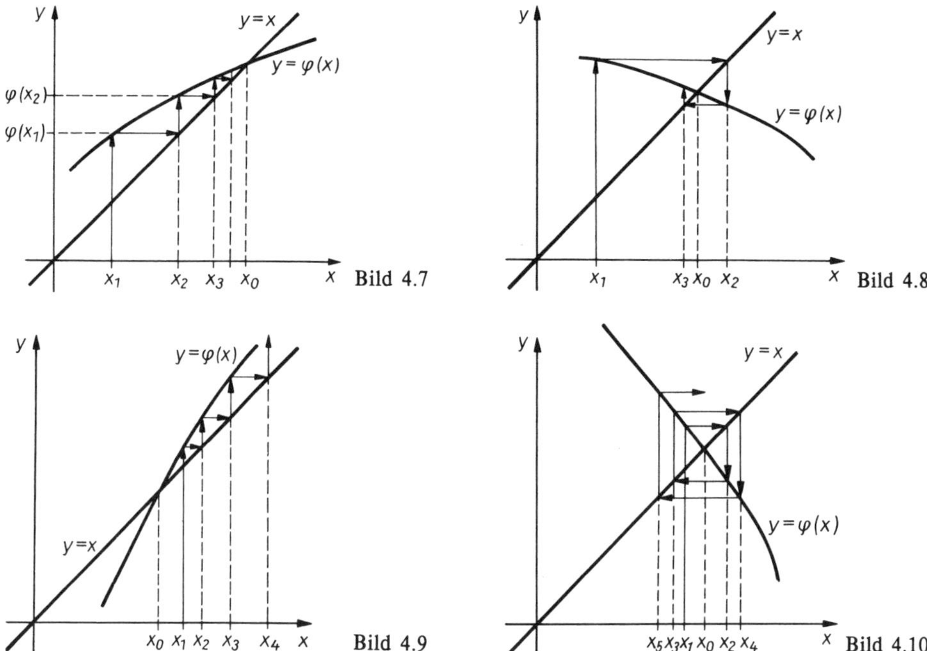

Bild 4.7

Bild 4.8

Bild 4.9

Bild 4.10

Die durch die Iterationsvorschrift (4.15) ermittelten $x_i$ streben offensichtlich nur dann gegen $x_0$, wenn der Anstiegswinkel der Tangente an die Kurve $y = \varphi(x)$ in der Umgebung von $x_0$ zwischen 0° und 45° oder zwischen 135° und 180° liegt. Diese **Konvergenzbedingung** des Iterationsverfahrens war für die Iterationsvorschrift des Beispiels 4.46 nicht erfüllt.

**Beispiel** (Fortsetzung)

4.46 In Fortsetzung des letzten Beispiels wird die Gleichung $\frac{1}{x} = \ln x$ mit $x > 0$ nun nach dem auf der rechten Seite enthaltenen $x$ aufgelöst. Es ergibt sich als neue Iterationsvorschrift:

$$x_{i+1} = e^{\frac{1}{x_i}}.$$

Bei gleichem Startwert $x_1 = 2$ entstehen nun nacheinander

$$x_2 = e^{\frac{1}{2}} = 1{,}649$$

$$x_3 = e^{\frac{1}{1{,}649}} = 1{,}834$$

$$\vdots \qquad \vdots$$

$$x_{10} = e^{\frac{1}{1{,}768}} = 1{,}762$$

$$x_{11} = e^{\frac{1}{1{,}762}} = 1{,}764.$$

Das Verfahren konvergiert, und nach 10 Iterationen ist die Lösung mit $x_{11} = 1{,}76$ mit der erforderlichen Genauigkeit erreicht.

**Sekantenverfahren (regula falsi)**

Das **Sekantenverfahren** oder die **regula falsi** ist ein weiteres Näherungsverfahren, welches den Mathematikern schon sehr lange bekannt ist. Sinngemäß übersetzt handelt es sich um die »Regel des Arbeitens mit dem Falschen«, weil anstelle der Kurve von $y = T(x)$ eine Sekante zur Ermittlung von Lösungen benutzt wird.

Die zu lösende Gleichung muß die **Form $T(x) = 0$** haben. Ist das zunächst nicht der Fall, muß sie entsprechend umgeformt werden.

Betrachtet wird nun die zu $T(x) = 0$ zugehörige Kurvengleichung $y = T(x)$ in einem $x, y$-Koordinatensystem, wie das in den Bildern 4.11a und 4.11b dargestellt ist.

Die Lösung der Gleichung ist die Abszisse $x_0$ des Schnittpunktes der Kurve mit der $x$-Achse (Nullstelle).

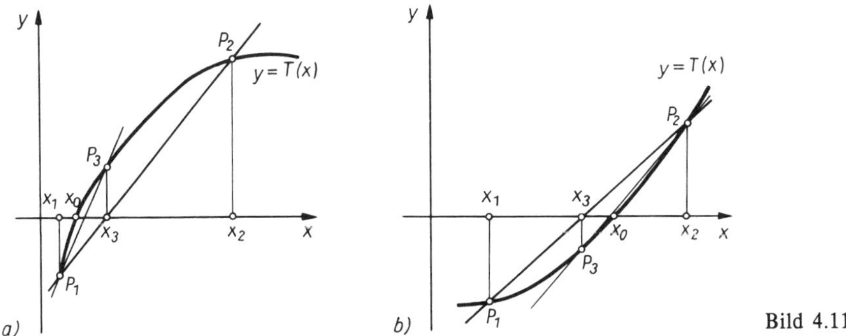


Bild 4.11

Auch das Sekantenverfahren besteht aus zwei Schritten: Zunächst werden **zwei Näherungswerte** $x_1$ und $x_2$ ermittelt, die möglichst nahe an $x_0$ liegen sollten und deren Werte $T(x_1)$ und $T(x_2)$ **unterschiedliches Vorzeichen** besitzen, d. h. $T(x_1) \cdot T(x_2) < 0$ gilt. Dadurch ist gesichert, daß der gesuchte Wert $x_0$ im Intervall $(x_1; x_2)$ liegt.

Ausgehend von den Startwerten $x_1$ und $x_2$, ergeben sich auf der Kurve die Punkte $P_1$ und $P_2$, die durch eine Sekante verbunden werden. Diese Sekante schneidet die $x$-Achse bei $x_3$. Je nach Krümmungsrichtung der Kurve liegt $x_0$ zwischen $x_1$ und $x_3$ oder $x_2$ und $x_3$ (siehe Bilder 4.11a und 4.11b).

Werden nun $P_1$ und $P_3$ bzw. $P_2$ und $P_3$ erneut durch eine Sekante verbunden, wird mit $x_4$ eine weitere Annäherung an $x_0$ erreicht. Das Verfahren wird so lange fortgesetzt, bis ein Wert $x_i$ mit der geforderten Genauigkeit als Lösung vorliegt.

Die Vorschrift, mit der die neuen $x_i$-Werte berechnet werden können, läßt sich folgendermaßen herleiten: Die erste Sekante durch die Punkte $P_1$ und $P_2$ wird durch die Zwei-Punkte-Gleichung (s. Gl. (5.21))

$$\frac{T(x) - T(x_1)}{x - x_1} = \frac{T(x_2) - T(x_1)}{x_2 - x_1}$$

beschrieben. Wird für $x$ der Wert $x_3$ gesetzt, so ist wegen $T(x_3) = 0$

$$\frac{-T(x_1)}{x_3 - x_1} = \frac{T(x_2) - T(x_1)}{x_2 - x_1},$$

und umgestellt ist $x_3 = x_1 - T(x_1) \cdot \dfrac{x_2 - x_1}{T(x_2) - T(x_1)}$.

Verallgemeinert ergibt sich daraus die Vorschrift:

$$x_{i+2} = x_i - T(x_i) \cdot \frac{x_{i+1} - x_i}{T(x_{i+1}) - T(x_i)}, \tag{4.16}$$

wobei stets $T(x_i) \cdot T(x_{i+1}) < 0$ gelten muß.

**Beispiele**

4.47 Um den unterschiedlichen Rechenaufwand zeigen zu können, wird nochmals die Gleichung $\frac{1}{x} = \ln x$ mit $x > 0$ wie im Beispiel 4.46 gelöst.

*Lösung:*

Zunächst muß die gegebene Gleichung umgeformt werden in

$$\frac{1}{x} - \ln x = 0.$$

Als Startwerte eignen sich z. B. $x_1 = 1$ und $x_2 = 2$, denn $T(1) = 1 - \ln 1 = 1$ und $T(2) = 0{,}5 - \ln 2 = -0{,}19$ haben unterschiedliches Vorzeichen.

Die weitere Rechnung erfolgt vorteilhaft in einer Tabelle:

| $x_i$ | $x_{i+1}$ | $T(x_i)$ | $T(x_{i+1})$ | $T(x_i) \cdot \frac{x_{i+1} - x_i}{T(x_{i+1}) - T(x_i)}$ | $x_{i+2}$ |
|---|---|---|---|---|---|
| 1 | 2 | 1 | −0,193 1 | −0,838 1 | 1,84 |
| 1,84 | 1 | −0,066 3 | 1 | 0,052 2 | 1,788 |
| 1,788 | 1 | −0,021 8 | 1 | 0,016 8 | 1,771 |
| 1,771 | 1 | −0,006 9 | 1 | 0,005 2 | 1,766 |

Die geforderte Genauigkeit ist bei $x_6 = 1{,}766$ nach nur viermaligem Rechendurchlauf erreicht. Im vorigen Beispiel wurde erst nach 10 Iterationen $x_{11} = 1{,}764$ berechnet. Lösungsmenge ist $L = \{1{,}77\}$.

4.48 Die Gleichung $3x^2 - 4x - 48 = 0$ mit $x > 0$ ist zu lösen.

*Lösung:*

Die Anwendung eines Näherungsverfahrens ist nicht notwendig, denn die quadratische Gleichung hat die Normalform $x^2 - \frac{4}{3}x - 16 = 0$ mit den Wurzeln $x_{1;2} = \frac{2}{3} \pm \sqrt{\frac{4 + 144}{9}}$, von denen aber wegen $x > 0$ nur $x_1 = 4{,}72$ Lösung ist. Startwerte für die regula falsi sind z. B. $x_1 = 4$ und $x_2 = 5$. Die weitere Rechnung erfolgt in der Tabelle:

| $x_i$ | $x_{i+1}$ | $T(x_i)$ | $T(x_{i+1})$ | $T(x_i) \cdot \frac{x_{i+1} - x_i}{T(x_{i+1}) - T(x_i)}$ | $x_{i+2}$ |
|---|---|---|---|---|---|
| 4 | 5 | −16 | 7 | −0,7 | 4,7 |
| 4,7 | 5 | − 0,53 | 7 | −0,02 | 4,72 |

Mit $x_4 = 4{,}72$ ist die erforderliche Genauigkeit erreicht. Eine Lösung der Gleichung ist $x_1 = 4{,}72$.

Mit dem Beispiel 4.48 wurde demonstriert, daß auch solche Gleichungen mit beliebiger Genauigkeit gelöst werden können, bei denen das nicht unbedingt notwendig ist. Natürlich ist im allgemeinen der Rechenaufwand gegenüber dem direkten Lösungsweg erheblich größer. Bei Vorhandensein eines Computers und der notwendigen Software ist dieser Nachteil aber aufhebbar.

**Kontrollfragen**

4.20 Woran erkennen Sie, daß eine Gleichung nur durch ein Näherungsverfahren lösbar ist?
4.21 Wie werden die Startwerte für den Beginn eines Näherungsverfahrens ermittelt?
4.22 Welche Konvergenzbedingungen sind bei der Iteration und bei der regula falsi zu beachten?
4.23 Lassen sich alle Gleichungen durch Näherungsverfahren lösen?

**Aufgabe: 4.28**

## 4.2 Ungleichungen

### 4.2.0 Vorbemerkung

In diesem Abschnitt werden als Ergänzung zur Theorie der Lösung von Gleichungen der Begriff der Ungleichung wiederholt und einige einfache Typen von linearen Ungleichungen gelöst. Wegen ihres häufigen Auftretens werden auch Ungleichungen betrachtet, in denen Beträge enthalten sind.

### 4.2.1 Grundbegriffe

**Definition**

Werden zwei Terme $T_1(x)$ und $T_2(x)$ durch die Relationszeichen $<$ oder $>$ verbunden, entsteht die Ungleichung

$$T_1(x) < T_2(x) \quad \text{oder} \quad T_1(x) > T_2(x).$$

Durch die Ungleichungen $T_1(x) \leqq T_2(x)$ und $T_1(x) \geqq T_2(x)$ werden die Formulierungen »höchstens« und »mindestens« symbolisiert. Da die in ihnen enthaltenen Gleichheitsbeziehungen gesondert betrachtet werden können, werden im weiteren nur die in der Definition erfaßten echten Ungleichungen behandelt.

Der **Definitionsbereich einer Ungleichung** ist, wie bei den Gleichungen, der Durchschnitt der Definitionsbereiche der beiden Terme $T_1(x)$ und $T_2(x)$.

**Definition**

Ein Wert $x_1$ aus dem Definitionsbereich einer Ungleichung heißt **Lösung,** wenn beim Einsetzen von $x_1$ in die Ungleichung eine wahre Aussage entsteht.

## 4.2.2 Einfache Typen linearer Ungleichungen

Im Unterschied zu den Gleichungen sind die Lösungsmengen von Ungleichungen im allgemeinen **Intervalle** unendlich vieler reeller Zahlen.

**Beispiel**

4.49 Die Lösungsmenge für $3x + 7 < 2x - 3$ mit $x \in R$ ist zu ermitteln!
*Lösung:*
Aus $3x + 7 < 2x - 3$ folgt $x < -10$.
Lösungsmenge ist $L = (-\infty;\ -10)$. Sie ist im Bild 4.12 dargestellt.

Bild 4.12

Da das Lösen von Ungleichungen durch Anwendung der jeweiligen Umkehroperationen geschieht, ist zu sichern, daß beim Umformen zueinander äquivalente Ungleichungen entstehen. Wesentlich für das Lösen linearer Ungleichungen ist der

**Satz**

> Werden beide Seiten einer Ungleichung mit einem negativen Wert multipliziert oder durch einen negativen Wert dividiert, so kehrt sich die Ordnungsrelation um.

**Beispiele**

4.50 Von $3x + 4 < 5(2 - x) + 18x$ mit $x \in R$ ist die Lösungsmenge zu bestimmen!
*Lösung:*
Nach Ausmultiplizieren der Klammer und Ordnen ergeben sich
$3x + 4 < 10 - 5x + 18x$ und $-10x < 6$.
Die notwendige Division durch $-10$ kehrt das Relationszeichen um. Es gilt somit $x > -0{,}6$, d. h., die Lösungsmenge ist $L = (-0{,}6;\ \infty)$.

4.51 Welche Lösungsmenge hat $3x - 8(x + 2) < 1 - 5x$ mit $x \in R$?
*Lösung:*
Es folgt $3x - 8x - 16 < 1 - 5x$ und $-16 < 1$.
Diese Aussage ist aber für jedes $x$ wahr, also ist $L = R$.

4.52 Welche Lösungen hat $3[x - 2(4 + 8x)] > 9(2 - 5x)$?
*Lösung:*
Ausmultiplizieren und Ordnen ergeben
$$3[x - 8 - 16x] > 18 - 45x$$
$$-45x - 24 > 18 - 45x$$
$$-24 > 18.$$
Diese Ungleichung ist für kein $x$ erfüllt, d. h. $L = \emptyset$.

Nicht selten enthalten Ungleichungen auch Beträge von Termen. Diese sind zunächst zu berücksichtigen.

Es gilt (vgl. 1.2.2, Gl. (1.10c)):

a) $|x| \leqq a \Leftrightarrow -a \leqq x \leqq a$ mit $a > 0$ (Bild 4.13),

b) $|x| \geqq b \Leftrightarrow x \geqq b$ oder $x \leqq -b$ mit $b > 0$ (Bild 4.14).

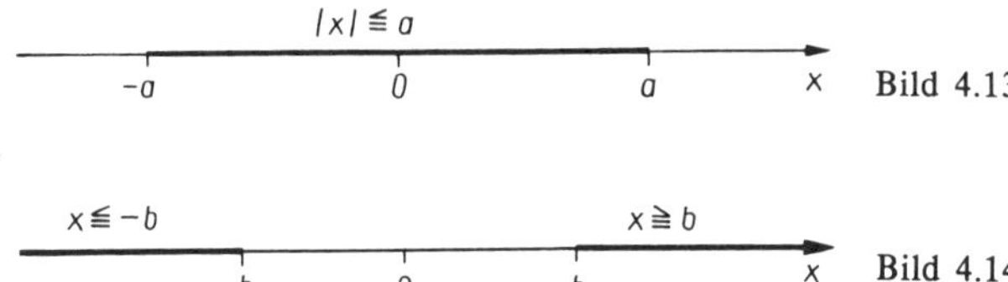


Bild 4.13

Bild 4.14

Diese beiden Äquivalenzen werden bei der Lösung von Ungleichungen mit Beträgen in den folgenden Beispielen genutzt.

## Beispiele

4.53 Die Ungleichung $|2x + 4| \leqq 7$ mit $x \in R$ ist zu lösen!
*Lösung:*
Da der Fall a) vorliegt, ergibt sich die Doppelungleichung $-7 \leqq 2x + 4 \leqq 7$.
Weiter entsteht dann
$-11 \leqq 2x \leqq 3$ und $-5{,}5 \leqq x \leqq 1{,}5$.
Die Lösungsmenge ist $L = [-5{,}5;\ 1{,}5]$.

4.54 Welche Lösung hat $-2|x - 3| < -10$?
*Lösung:*
Zunächst folgt $|x - 3| > 5$.
Entsprechend Fall b) gelten die beiden Ungleichungen

$$x - 3 < -5 \quad \text{oder} \quad x - 3 > 5,$$
$$x < -2 \quad \text{oder} \quad x > 8.$$

Lösungsmenge ist die Vereinigungsmenge

$$L = L_1 \cup L_2 = (-\infty;\ -2) \cup (8;\ \infty).$$

4.55 Die Lösungsmenge von $|12x - 7| \leqq -4$ ist zu bestimmen!
*Lösung:*
Da der Betrag stets nichtnegativ ist, wird die Ungleichung durch kein $x$ erfüllt, d. h. $L = \emptyset$.

## Kontrollfragen

4.24 Bei welchen Rechenoperationen kehrt sich die Ordnungsrelation um?
4.25 Wie werden Ungleichungen mit Beträgen gelöst?

**Aufgaben: 4.29 bis 4.31**

## 4.3 Lineare Gleichungssysteme

### 4.3.0 Vorbemerkung

In 4.1 wurden Gleichungen mit *einer* freien Variablen gelöst. Diese Gleichungen sind bei Sachaufgaben der formalisierte Ausdruck *einer* real existierenden Gleichheitsbeziehung.
Außerordentlich viele technische und ökonomische Problemstellungen enthalten aber zwei und **mehrere freie Variablen,** und es lassen sich meist auch zwei oder **mehrere Gleichheitsbeziehungen** aufstellen.

**Beispiele**

4.56 In einer Betriebsabteilung werden aus 2 Rohstoffen $R_1$ und $R_2$ zwei Erzeugnisse $E_1$ und $E_2$ produziert.
Der Sachverhalt wird qualitativ in Bild 4.15 dargestellt. Der quantitative Zusammenhang zwischen den einzusetzenden Mengen $y_1$ und $y_2$ der Rohstoffe $R_1$ und $R_2$ und den daraus produzierten Mengen $x_1$ und $x_2$ bei $E_1$ und $E_2$ sei durch die beiden Gleichheitsbeziehungen

$y_1 = 4x_1 + 1x_2$ und $y_2 = 2x_1 + 3x_2$ gegeben.

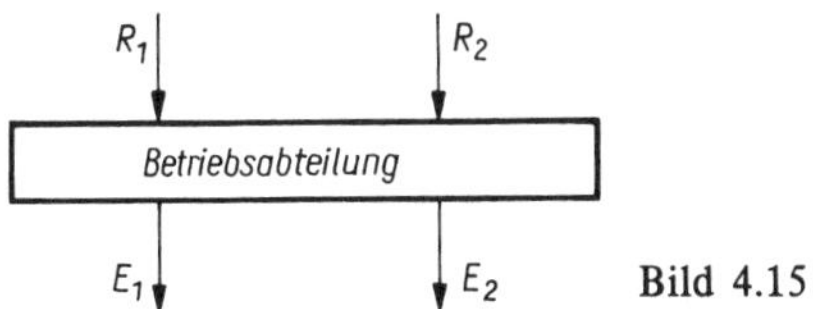

Bild 4.15

Beide Gleichungen zusammen bilden das Gleichungssystem

$$\left| \begin{array}{l} y_1 = 4x_1 + 1x_2 \\ y_2 = 2x_1 + 3x_2 \end{array} \right|.$$

4.57 Für den im Bild 4.16 dargestellten Vierpol, bei dem $U_1$ und $U_2$ sowie $R_1$; $R_2$ und $R_3$ bekannte Größen sein sollen, gelten die Gleichheitsbeziehungen

$U_1 = R_1 I_1 + R_3(I_1 - I_2)$ und $U_2 = -R_2 I_2 + R_3(I_1 - I_2)$.

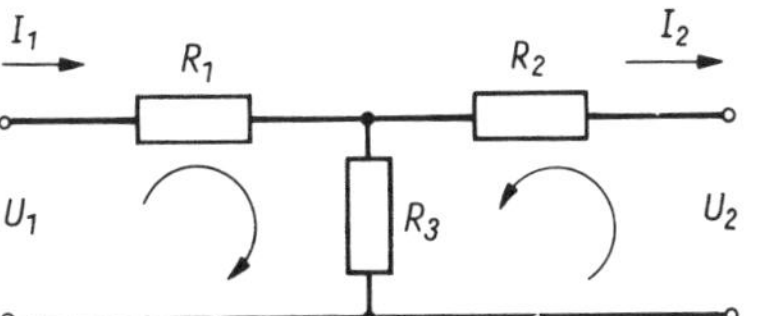

Bild 4.16

Weiter geordnet lassen sich diese zusammenfassen zum Gleichungssystem

$$\left| \begin{array}{r} (R_1 + R_3)I_1 - \qquad R_3 I_2 = U_1 \\ R_3 I_1 - (R_2 + R_3)I_2 = U_2 \end{array} \right|.$$

Ausgehend von den in den Beispielen aufgestellten Gleichungssystemen mit 2 Gleichungen und 2 Unbekannten, kann die **allgemeine Form eines linearen Gleichungssystems** angegeben werden:

$$\left| \begin{array}{l} a_{11}x_1 + a_{12}x_2 + a_{13}x_3 + \ldots + a_{1n}x_n = b_1 \\ a_{21}x_1 + a_{22}x_2 + a_{23}x_3 + \ldots + a_{2n}x_n = b_2 \\ \qquad\qquad\qquad\qquad\qquad\qquad \vdots \\ a_{m1}x_1 + a_{m2}x_2 + a_{m3}x_3 + \ldots + a_{mn}x_n = b_m \end{array} \right| . \tag{4.17}$$

Es handelt sich bei diesem Gleichungssystem um die Zusammenfassung vom ***m* Gleichungen** mit den ***n* Unbekannten** $x_i$, den **Absolutgliedern** $b_j$ und den **Koeffizienten** $a_{ij}$.

Der Index $i$ ist die Nummer der Gleichung, der Index $j$ ist die Nummer der Unbekannten. Der Koeffizient $a_{ij}$ hat somit einen Doppelindex, der z.B. bei $a_{13}$ als »a-eins-drei« gelesen wird.

Ein Gleichungssystem hat auch einen Definitionsbereich. Da aber bei Systemen zwei oder mehrere freie Variablen vorhanden sind, besteht der Definitionsbereich aus einer Menge von

- geordneten **Paaren** $(x_1; x_2)$ bei 2 Unbekannten;
- geordneten **Tripeln** $(x_1; x_2; x_3)$ bei 3 Unbekannten;
- geordneten **Quadrupeln** $(x_1; x_2; x_3; x_4)$ bei 4 Unbekannten

und verallgemeinert aus einer Menge von

- geordneten ***n*-Tupeln** $(x_1; x_2; x_3; \ldots; x_n)$ bei $n$ Unbekannten.

**Definition**

> **Lösung** eines Gleichungssystems von *m* Gleichungen mit *n* Variablen sind alle *n*-Tupel, die, in alle *m* Gleichungen des Systems eingesetzt, diese zu wahren Aussagen werden lassen.

Wie bei den Gleichungen, so treten auch bei den Systemen im Hinblick auf das Lösen folgende Fragen auf:

- Hat ein gegebenes Gleichungssystem überhaupt Lösungen, und wie viele sind es?
- Mit welchen Methoden werden die Lösungen ermittelt?

Beide Fragen werden, eingeschränkt für lineare Gleichungssysteme, in 4.3.2 beantwortet.

### 4.3.1 Herkömmliche Lösungsverfahren

Als herkömmliche Lösungsverfahren werden hier

- das Additionsverfahren;
- das Einsetzungsverfahren und
- das Gleichsetzungsverfahren betrachtet.

Sie haben alle das gleiche **Ziel:** Es soll zunächst **eine Gleichung mit einer Unbekannten** (freien Variablen) entstehen. Wie das bei den einzelnen Verfahren erreicht werden kann, wird in den folgenden Beispielen gezeigt.

**Beispiele**

4.56 (Fortsetzung) Für die Rohstoffmengen $y_1 = 8$ und $y_2 = 14$, die für eine Tagesproduktion benötigt werden, sind die produzierten Mengen $x_1$ und $x_2$ zu berechnen.
Das entstehende Gleichungssystem

$$\left| \begin{array}{l} 4x_1 + 1x_2 = 8 \\ 2x_1 + 3x_2 = 14 \end{array} \right|$$

läßt sich vorteilhaft mit dem **Additionsverfahren** lösen.
Das **Wesen dieses Verfahrens** besteht darin, daß eine mit einem passend gewählten Faktor multiplizierte Gleichung zu der anderen addiert wird, so daß dabei Koeffizienten zu Null werden.

$$\text{Aus} \quad \begin{array}{r} \text{(I)} \\ \text{(II)} \end{array} \left| \begin{array}{l} 4x_1 + 1x_2 = 8 \\ 2x_1 + 3x_2 = 14 \end{array} \right| \downarrow (-0{,}5)$$

$$\text{entsteht} \quad \begin{array}{r} \text{(I)} \\ \text{(IIa)} \end{array} \left| \begin{array}{r} 4x_1 + 1x_2 = 8 \\ 2{,}5x_2 = 10 \end{array} \right|.$$

Mit (IIa) ist eine Gleichung mit einer Unbekannten entstanden. Sie hat die Lösung $x_2 = 4$.
Wird dieser Wert nun in (I) eingesetzt, entsteht mit $4x_1 + 4 = 8$ wieder eine Gleichung mit einer Unbekannten. Sie hat die Lösung $x_1 = 1$.
Lösung des Systems ist $L = \{(x_1; x_2)\} = \{(1; 4)\}$, was durch Einsetzen in das Ausgangssystem bestätigt wird.
Aus den täglich benötigten Rohstoffmengeneinheiten $(y_1; y_2) = (8; 14)$ können in der Betriebsabteilung täglich $(x_1; x_2) = (1; 4)$ Mengeneinheiten Erzeugnisse produziert werden.

4.57 (Fortsetzung) Das Gleichungssystem für den Vierpol

$$\begin{array}{r} \text{(I)} \\ \text{(II)} \end{array} \left| \begin{array}{l} (R_1 + R_3)I_1 - R_3 I_2 = U_1 \\ R_3 I_1 - (R_2 + R_3)I_2 = U_2 \end{array} \right|,$$

bei dem die Spannungen $U_1$ und $U_2$ von den Strömen $I_1$ und $I_2$ abhängig sind, soll so umgestellt werden, daß $U_1$ und $I_1$ als von $U_2$ und $I_2$ abhängig erscheinen.
*Lösung:*
Als zweckmäßig erweist sich hier das **Einsetzungsverfahren.**
Das **Wesen dieses Verfahrens** besteht darin, daß eine Gleichung nach einer Unbekannten aufgelöst und diese dann in die andere Gleichung eingesetzt wird.
Wird (II) nach $I_1$ aufgelöst, so gilt

$$\text{(IIa)} \quad I_1 = \frac{U_2}{R_3} + \left(\frac{R_2}{R_3} + 1\right) I_2.$$

Wird (IIa) in (I) eingesetzt, so folgt

$$\text{(Ia)} \quad (R_1 + R_3)\left[\frac{U_2}{R_3} + \left(\frac{R_2}{R_3} + 1\right) I_2\right] - R_3 I_2 = U_1.$$

Vereinfacht und zusammengefaßt entsteht das System

$$\left| \begin{array}{l} U_1 = \left(\dfrac{R_1}{R_3} + 1\right) U_2 + \left(\dfrac{R_1 R_2}{R_3} + R_1 + R_2\right) I_2 \\ I_1 = \dfrac{1}{R_3} U_2 + \left(\dfrac{R_2}{R_3} + 1\right) I_2 \end{array} \right|.$$

Damit ist, wie gefordert, $U_1$ und $I_1$ als von $U_2$ und $I_2$ abhängig dargestellt.

4.58 Ein Motor mit einer Leistung von 1,0 kW treibt ein Förderband an, das 18 t Baumaterial auf eine Höhe von 6 m transportieren soll. Der Wirkungsgrad der Anlage sei $\eta = 0{,}6$. Welche Mindestzeit muß für den Transportprozeß geplant werden ($g = 10\ \text{m/s}^2$; $1\ \text{kW} = 1\,000\ \text{kg m}^2/\text{s}^3$)?

*Lösung:*
Bezogen auf die angegebene Leistung und Energie gelten die Beziehungen

$$\left| \begin{array}{l} P_{ab} = \eta P_{zu} \\ W_{ab} = P_{ab} t \end{array} \right| \quad \text{und} .$$

Das Einsetzungsverfahren liefert (I) $W_{ab} = \eta P_{zu} t$.
Die verrichtete Hubarbeit ist (II) $W_{auf} = mgh$.
Da nach dem Energieerhaltungssatz $W_{ab} = W_{auf}$ gilt, ist hier das **Gleichsetzungsverfahren** besonders geeignet. Das **Wesen dieses Verfahrens** besteht darin, daß die Gleichungen nach jeweils dem gleichen Term aufgelöst werden und danach eine Gleichsetzung der verbleibenden Terme erfolgt.
Die Gleichsetzung $W_{ab} = W_{auf}$ liefert $\eta P_{zu} t = mgh$.
Dann ist $t = \frac{mgh}{\eta P_{zu}}$, und mit den gegebenen Größen ist

$$t_1 = \frac{18\,000 \text{ kg} \cdot 10 \text{ m/s}^2 \cdot 6 \text{ m}}{0{,}6 \cdot 1\,000 \text{ kg m}^2/\text{s}^3} = 1\,800 \text{ s}$$

Es ist eine Mindesttransportzeit von 1 800 s = 30 min zu planen.

4.59 Ein Behälter mit dem Volumen $V$ wird bei gleichzeitigem Arbeiten zweier Pumpen $P_1$ und $P_2$ in 6 Stunden gefüllt. Da die Pumpe $P_2$ nach 3 Stunden ausgefallen ist, war der Behälter erst nach weiteren 5 Stunden gefüllt. Welche Zeiten $t_1$ und $t_2$ werden benötigt, wenn jede Pumpe einzeln arbeitet?
*Lösung:*
Die Förderleistung von $P_1$ ist $\frac{V}{t_1}$, von $P_2$ ist sie $\frac{V}{t_2}$, wobei $t_1 > 6$ und $t_2 > 6$ gilt.

Im ersten Zustand gilt $6\frac{V}{t_1} + 6\frac{V}{t_2} = V$,

im zweiten gilt $(5+3)\frac{V}{t_1} + 3\frac{V}{t_2} = V$.

Nach Division beider Gleichungen durch $V$ entsteht das **nichtlineare System**

$$\left| \begin{array}{l} 6\frac{1}{t_1} + 6\frac{1}{t_2} = 1 \\ 8\frac{1}{t_1} + 3\frac{1}{t_2} = 1 \end{array} \right| .$$

Durch die Substitutionen $x_1 = \frac{1}{t_1}$ und $x_2 = \frac{1}{t_2}$ wird es in das lineare System

$$\begin{array}{l} \text{(I)} \\ \text{(II)} \end{array} \left| \begin{array}{l} 6x_1 + 6x_2 = 1 \\ 8x_1 + 3x_2 = 1 \end{array} \right| \; \downarrow (-0{,}5)$$

übergeführt.
Bei Multiplikation mit dem angegebenen Faktor und Addition entsteht $5x_1 = 0{,}5$, d. h., $x_1 = 0{,}1$ und $t_1 = 10$. Aus (I) folgt $x_2 = \frac{1 - 6x_1}{6} = \frac{0{,}4}{6}$ und damit $t_2 = 15$.
Es benötigen allein $P_1$ 10 Stunden und $P_2$ 15 Stunden.

## Kontrollfragen

4.26 An welcher Stelle steht der Koeffizient $a_{ij}$ in der allgemeinen Form eines linearen Gleichungssystems?
4.27 Was verstehen Sie unter einem $n$-Tupel?
4.28 Welches sind die herkömmlichen Lösungsverfahren?

### 4.3.2 Lösbarkeitsbetrachtungen

Im vorigen Abschnitt wurden nur solche Gleichungssysteme gelöst, die genau eine Lösung hatten. Das ist aber nicht immer der Fall. Die Ursachen für das Auftreten der weiteren Lösbarkeitsfälle werden in den folgenden Beispielen aufgezeigt.

**Beispiel**

4.60 Mit Hilfe eines Wärmetauschers soll Frischwasser mit $T_2 = 12\,°\mathrm{C}$ durch Kondensat mit $T_1 = 88\,°\mathrm{C}$ auf $T_m = 52\,°\mathrm{C}$ erwärmt werden. Welche Mengen $m_2$ und $m_1$ werden dazu benötigt?

*Lösung:*

Abgegebene und aufgenommene Wärmemenge werden erfaßt durch $\Delta Q_1 = c_1 m_1 (T_1 - T_m)$ und $\Delta Q_2 = c_2 m_2 (T_m - T_2)$.

Bei verlustlosem Wärmeaustausch gilt bekanntlich $\Delta Q_1 = \Delta Q_2$ und somit $c_1 m_1 (T_1 - T_m) = c_2 m_2 (T_m - T_2)$.

Wegen $c_1 = c_2 = c$ kann durch $c$ dividiert werden, und es entsteht mit

$$| m_1(T_1 - T_m) = m_2 (T_m - T_2) | \qquad \text{(I)}$$

ein Gleichungssystem, das nur aus einer Gleichung mit den zwei Unbekannten $m_1$ und $m_2$ besteht.

Wird (I) z. B. nach $m_2$ aufgelöst, so ist

$$m_2 = \frac{T_1 - T_m}{T_m - T_2}\, m_1 .$$

Mit gegebenen Größen ist

$$m_2 = \frac{36\,°\mathrm{C}}{40\,°\mathrm{C}} \cdot m_1 = 0{,}9\, m_1 . \qquad \text{(I')}$$

Lösungsmenge ist $L = \{(m_1 ; m_2)\} = \{(m_1 ; 0{,}9\, m_1)\}$ mit $m_1 \geqq 0$.

Das im Beispiel 4.60 gelöste Gleichungssystem hat, da **mehr Unbekannte als Gleichungen** vorhanden sind, unendlich viele Lösungen. Wenn in einer Lösung eines Gleichungssystems mindestens eine frei wählbare Variable enthalten ist, nennt man solche Art Lösungen **Parameterlösungen** und die enthaltene Variable **Parameter**. Im Beispiel 4.60 ist $m_1$ ein Parameter.

Beim Auftreten von Parameterlösungen besteht der Vorteil, daß aus den unendlich vielen Lösungen eine solche spezielle Lösung gewählt werden kann, die eine weitere, bisher nicht berücksichtigte Bedingung erfüllt.

**Beispiele**

4.60 (Fortsetzung) Beispiel 4.60 wird durch Hinzufügen folgender Bedingung fortgesetzt: Es werden stündlich 5 000 kg angewärmtes Wasser benötigt. Nun lassen sich die stündlich benötigten Mengen $M_1$ und $M_2$ aus dem neuen System

$$\left| \begin{aligned} M_1 + M_2 &= 5\,000 \\ M_2 &= 0{,}9\, M_1 \end{aligned} \right|$$

ermitteln.

Das **Einsetzungsverfahren** liefert $M_1 + 0{,}9\, M_1 = 5\,000$. Somit ist $M_1 = \dfrac{5\,000}{1{,}9} = 2\,632$ und wegen $M_1 + M_2 = 5\,000$ ist $M_2 = 2\,368$, d. h., es werden stündlich etwa 2 630 kg Frischwasser und 2 370 kg Kondensat benötigt.

4.61 Ein Träger wird, wie dem Bild 4.17 zu entnehmen ist, durch die Kräfte $F_1$ und $F_2$ belastet. Wie groß sind die Auflagekräfte $F_A$ und $F_B$?

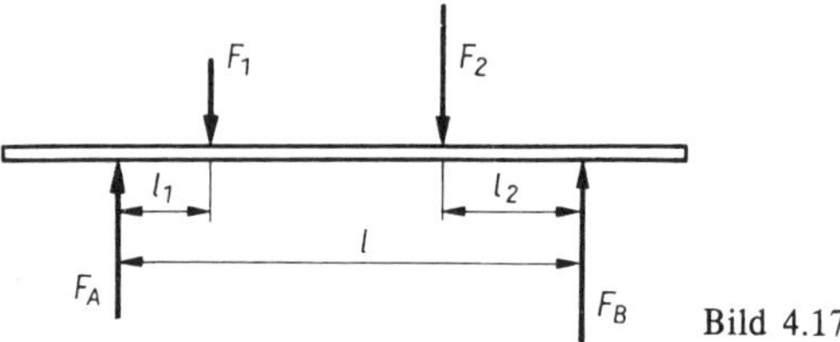

Bild 4.17

*Lösung:*
Die den Gleichgewichtszustand beschreibenden Beziehungen sind:
- Die Summe der angreifenden Kräfte ist Null.
- Die Summe der Drehmomente bezüglich $A$ ist Null.
- Die Summe der Drehmomente bezüglich $B$ ist Null.

Formalisiert ergibt sich ein System von 3 Gleichungen mit nur 2 Unbekannten:

$$\begin{array}{r|l|}
\text{(I)} & F_1 + F_2 - F_A - F_B = 0 \\
\text{(II)} & l_1 F_1 + (l - l_2) F_2 - l F_B = 0 \\
\text{(III)} & l_2 F_2 + (l - l_1) F_1 - l F_A = 0
\end{array}$$

Werden die Gleichungen (II) und (III) addiert, so entsteht

$l F_1 + l F_2 - l F_A - l F_B = 0$ und weiter

$l(F_1 + F_2 - F_A - F_B) = 0.$

Daraus folgt nur $F_1 + F_2 - F_A - F_B = 0$.
Das ist aber die schon existierende Gleichung (I).

## Definition

> Eine Gleichung heißt **linear abhängig**, wenn sie ein Vielfaches einer anderen ist oder durch Addition der Vielfachen anderer Gleichungen entstanden ist.

Wenn in der Definition von Vielfachen die Rede ist, so ist darin auch der Sonderfall eingeschlossen, daß es sich um das 1fache handeln kann, die Gleichungen also identisch sind.

Das im Beispiel 4.61 aufgestellte Gleichungssystem enthält eine Gleichung, die von den anderen beiden linear abhängig ist. Eine der drei Gleichungen kann aus dem System entfernt werden, weil sie keine prinzipiell neue Information enthält. Welche Gleichung in einem solchem Falle weggelassen wird, ist beliebig.

## Beispiel

4.61 (Fortsetzung) Wird aus dem aufgestellten System z. B. die Gleichung (I) eliminiert, so hat das neue System

$$\begin{array}{r|l|}
\text{(II)} & l_1 F_1 + l F_2 - l_2 F_2 - l F_B = 0 \\
\text{(III)} & -l_1 F_1 + l F_1 + l_2 F_2 - l F_A = 0
\end{array}$$

die eindeutige Lösung

$$F_B = \frac{F_1 l_1 - F_2 l_2 + F_2 l}{l} \quad \text{und}$$

$$F_A = \frac{F_1 l + F_2 l_2 - F_1 l_1}{l}.$$

Der Nachweis, daß sich beim Weglassen einer anderen Gleichung die gleiche Lösung ergibt, wird dem Leser überlassen.

Neben der Möglichkeit, daß in einem Gleichungssystem eine oder mehrere Gleichungen von den anderen linear abhängig sind, gibt es auch den Fall, daß eine oder mehrere Gleichungen zueinander im **Widerspruch** stehen.

**Beispiel**

4.62 $\left|\begin{array}{l} 3x_1 + 4x_2 = 5 \\ 3x_1 + 4x_2 = 6 \end{array}\right|.$

Da die links stehenden Terme nicht gleichzeitig den Wert 5 und 6 haben können, hat dieses Gleichungssystem wegen des in ihm enthaltenen Widerspruchs keine Lösung.

Die **drei Lösbarkeitsfälle:**
Ein lineares Gleichungssystem hat

- **genau eine Lösung,**
- **unendlich viele Lösungen** oder
- **keine Lösung**

werden zusammenfassend betrachtet bei der Lösung der folgenden

**Beispiele**

4.63 a) $\begin{array}{l}\text{(I)} \\ \text{(II)}\end{array}\left|\begin{array}{l} 2x - y = 1 \\ 2x + 3y = 6 \end{array}\right|$ b) $\begin{array}{l}\text{(I)} \\ \text{(II)}\end{array}\left|\begin{array}{l} 2x - y = 1 \\ 4x - 2y = 2 \end{array}\right|$ c) $\begin{array}{l}\text{(I)} \\ \text{(II)}\end{array}\left|\begin{array}{l} 2x - y = 1 \\ 2x - y = 2 \end{array}\right|$

Da nur zwei Variablen auftreten, lassen sich die gegebenen Gleichungen als Funktionsgleichungen auffassen und die Funktionen in einem $x, y$-Koordinatensystem zeichnen. Nach $y$ aufgelöst, entstehen die Systeme:

a) $\begin{array}{l}\text{(I)} \\ \text{(II)}\end{array}\left|\begin{array}{l} y = 2x - 1 \\ y = \dfrac{-2}{3}x + 2 \end{array}\right|$ b) $\begin{array}{l}\text{(I)} \\ \text{(II)}\end{array}\left|\begin{array}{l} y = 2x - 1 \\ y = 2x - 1 \end{array}\right|$ c) $\begin{array}{l}\text{(I)} \\ \text{(II)}\end{array}\left|\begin{array}{l} y = 2x - 1 \\ y = 2x - 2 \end{array}\right|$

Den Bildern 4.18a bis 4.18c ist zu entnehmen:
Im Fall a) schneiden sich die Geraden in einem Punkt $S$.
Es existiert genau eine Lösung $L = \{(x_S; y_S)\} = \left\{\left(\frac{9}{8}; \frac{5}{4}\right)\right\}$.
Im Fall b) sind die Geraden identisch, weil die Gleichungen linear abhängig sind.
Es entsteht eine Parameterlösung $L = \{(x; y)\} = \{(x; 2x - 1)\}$ mit $x \in R$. Die Variable $x$ ist in diesem Fall der Parameter.
Im Fall c) verlaufen die Geraden parallel zueinander.

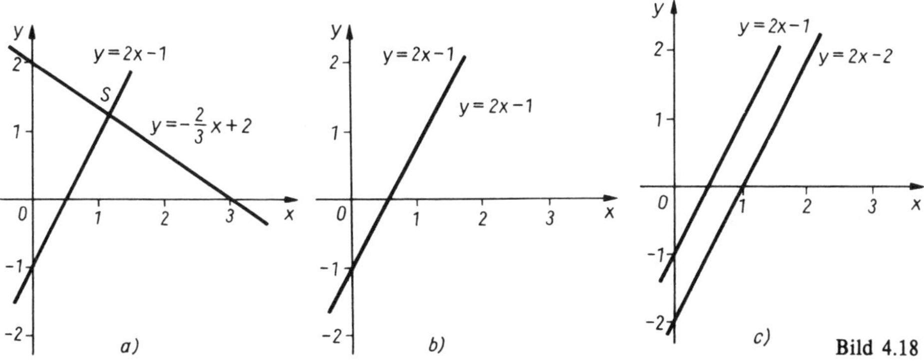

Bild 4.18

Daß es keinen Punkt gibt, den beide Geraden gemeinsam haben, ist Ausdruck für die Widersprüchlichkeit der Gleichungen. Das System hat keine Lösung, d. h. $L = \emptyset$.

In den folgenden Abschnitten wird die zur Darstellung der Lösungen eines Gleichungssystems benutzte Mengenschreibweise nur dann angewendet, wenn die Lösung mehr als ein $n$-Tupel umfaßt.

### Kontrollfragen

4.29 Wann sind Gleichungen linear abhängig?
4.30 Welche Lösbarkeitsfälle gibt es bei den linearen Gleichungssystemen?
4.31 Was verstehen Sie unter einer Parameterlösung?

**Aufgaben: 4.32 bis 4.35**

### 4.3.3 Gaußscher Algorithmus

Die bisher in den Beispielaufgaben gelösten Systeme hatten jeweils nur 2 Unbekannte. Besonders bei ökonomischen Sachverhalten entstehen Gleichungssysteme mit über 100 Unbekannten. Aber auch komplexere technische Systeme mit vielen Eingangs- und Ausgangsgrößen führen auf Systeme mit einer großen Anzahl von Unbekannten und Gleichungen.
Zur Lösung größerer Systeme hat GAUSS einen Algorithmus (eine Vorschrift) ausgearbeitet, mit der beim Additionsverfahren eine hohe Übersichtlichkeit gewährleistet ist und Schreibarbeit eingespart wird.
Der Algorithmus besteht aus 2 Teilen, die hier an einem System von 3 Gleichungen mit 3 Unbekannten erläutert werden sollen:

1. Das gegebene System

$$\left| \begin{aligned} a_{11}x_1 + a_{12}x_2 + a_{13}x_3 &= b_1 \\ a_{21}x_1 + a_{22}x_2 + a_{23}x_3 &= b_2 \\ a_{31}x_1 + a_{32}x_2 + a_{33}x_3 &= b_3 \end{aligned} \right|$$

   wird durch Addition von geeigneten Vielfachen der oberen Zeilen zu den unteren schrittweise in die **gestaffelte Form**

$$\left| \begin{aligned} b_{11}x_1 + b_{12}x_2 + b_{13}x_3 &= c_1 \\ b_{22}x_2 + b_{23}x_3 &= c_2 \\ b_{33}x_3 &= c_3 \end{aligned} \right|$$

   übergeführt.

2. Nun beginnt die Rückrechnung von unten nach oben. Aus der letzten Gleichung des gestaffelten Systems wird $x_3$ berechnet. Dieses wird in die darüberstehende Gleichung eingesetzt und $x_2$ berechnet. Beide Werte in die obere Gleichung eingesetzt, ermöglichen die Berechnung von $x_1$.

**Beispiel**

4.64 Zu lösen ist das lineare Gleichungssystem

$$\begin{array}{l|rcrcrcl|}
\text{(I)} & 3x_1 &+& 4x_2 &-& x_3 &=& 5 \\
\text{(II)} & 5x_1 &-& x_2 &+& 3x_3 &=& 7 \\
\text{(III)} & x_1 &+& 3x_2 &-& x_3 &=& 3
\end{array} \quad \left(-\frac{5}{3}\right)\downarrow \quad \left(-\frac{1}{3}\right)\downarrow$$

*Lösung:*

Die Gleichung (I), genauer der Koeffizient $a_{11}$, dient der Eliminierung der $x_1$ in den darunter stehenden Gleichungen. Dieser Koeffizient der Zeile, mit dem die Eliminierung ausgeführt wird, heißt **Pivotelement.** Der Faktor, mit dem die obere Gleichung jeweils zu multiplizieren ist, hat formal die Gestalt: $-\dfrac{\text{zu beseitigender Koeffizient}}{\text{Pivotelement}}$.

Im Beispiel sind es die Faktoren $\left(-\frac{5}{3}\right)$ und $\left(-\frac{1}{3}\right)$.

Nach der ersten Umformung entsteht

$$\begin{array}{l|rcrcl|}
\text{(I)} & 3x_1 + 4x_2 &-& x_3 &=& 5 \\
\text{(II')} & -\frac{23}{3}x_2 &+& \frac{14}{3}x_3 &=& -\frac{4}{3} \\
\text{(III')} & \frac{5}{3}x_2 &-& \frac{2}{3}x_3 &=& \frac{4}{3}
\end{array} \quad \left(\frac{5}{23}\right)\downarrow$$

Nur wird die zweite Gleichung mit $\frac{5}{23}$ multipliziert und zur dritten Gleichung addiert. Danach entsteht bereits das gestaffelte System

$$\begin{array}{l|rcrcl|}
\text{(I)} & 3x_1 + 4x_2 &-& x_3 &=& 5 \\
\text{(II')} & -\frac{23}{3}x_2 &+& \frac{14}{3}x_3 &=& -\frac{4}{3} \\
\text{(III'')} & & & \frac{24}{69}x_3 &=& \frac{72}{69}
\end{array}.$$

Dieser erste Teil des Lösungsvorganges kann von überflüssiger Schreibarbeit befreit werden, wenn nur noch mit den Koeffizienten und Absolutgliedern gearbeitet wird und diese in eine Rechentabelle eingetragen werden.

Die bisher erfolgte Rechnung zur Erzeugung des gestaffelten Systems führt dann zu folgendem Rechenschema:

| | $x_1$ | $x_2$ | $x_3$ | $b$ |
|---|---|---|---|---|
| E | 3 | 4 | −1 | 5 |
| | 5 | −1 | 3 | 7 |
| | 1 | 3 | −1 | 3 |
| E | | $-\frac{23}{3}$ | $\frac{14}{3}$ | $-\frac{4}{3}$ |
| | | $\frac{5}{3}$ | $-\frac{2}{3}$ | $\frac{4}{3}$ |
| | | | $\frac{24}{69}$ | $\frac{72}{69}$ |

Die zur Eliminierung benutzten Zeilen werden beim nächsten Schritt nicht noch einmal mitgeschrieben.

Die letzte Zeile und die mit »E« gekennzeichneten Eliminierungszeilen werden zur Rückrechnung benutzt.

Aus der letzten Zeile folgt $x_3 = \frac{72}{24} = 3$. Wird dieser Wert in die darüberstehende »E«-Zeile eingesetzt, so ist

$$-\frac{23}{3}x_2 + 14 = -\frac{4}{3} \quad \text{und} \quad x_2 = \frac{46}{23} = 2.$$

Beide Werte in die obere »E«-Zeile eingesetzt, ergibt $3x_1 + 8 - 3 = 5$. Somit ist dann $3x_1 = 0$ und $x_1 = 0$. Lösung des Systems ist das Tripel $(x_1; x_2; x_3) = (0; 2; 3)$.

Bei beiden Teilrechnungen wurden gemeine Brüche verwendet. Dadurch wurden für alle drei Komponenten der Lösung ganzzahlige Werte ermittelt, die exakt sind. Das ist bei der Nutzung von Dezimalbrüchen, wie sie bei der Nutzung eines Taschenrechners unumgänglich sind, nicht immer der Fall.
Damit der Gaußsche Algorithmus so problemlos ablaufen kann, müssen drei Voraussetzungen erfüllt werden:

1. Die Anzahl $m$ der Gleichungen stimmt mit $n$, der Anzahl der Unbekannten überein, d.h., es gilt $m = n$.
2. Die Pivotelemente $a_{ii}$ sind stets verschieden von Null.
3. Die Gleichungen sind nicht linear abhängig oder widersprüchlich.

Ob die letzte Voraussetzung erfüllt ist, läßt sich bei einem gegebenen Gleichungssystem nur selten direkt ablesen. Erst bei dem Versuch, das gestaffelte System zu erreichen, wird erkannt, ob lineare Abhängigkeiten oder Widersprüche vorliegen, d.h., welcher der drei Lösbarkeitsfälle zutrifft. Woran die einzelnen Fälle zu erkennen sind, zeigen die folgenden Beispiele, bei denen stets die Anzahl der Gleichungen mit der Anzahl der Unbekannten übereinstimmt.

## Beispiele

4.65 Zu lösen ist

$$\begin{array}{l|rcrcrcr|} \text{(I)} & & & 2x_2 & + & 3x_3 & = & 7 \\ \text{(II)} & x_1 & + & x_2 & - & x_3 & = & 5 \\ \text{(III)} & 3x_1 & + & 5x_2 & & & = & 22 \end{array}.$$

*Lösung:*
Um die Voraussetzung $a_{11} \neq 0$ für das Pivotelement zu erfüllen, werden die Gleichungen (I) und (II) vertauscht.

| | $x_1$ | $x_2$ | $x_3$ | $b$ | |
|---|---|---|---|---|---|
| E | 1 | 1 | −1 | 5 | ↓ (0) ↓ (−3) |
| | 0 | 2 | 3 | 7 | |
| | 3 | 5 | 0 | 22 | |
| E | | 2 | 3 | 7 | ↓ (−1) |
| | | 2 | 3 | 7 | |
| | | 0 | 0 | 0 | |

Das gestaffelte System wird nicht vollständig erreicht. Nach der 2. Umformung entsteht **eine Zeile, in der nur Nullen auftreten.** Das ist das entscheidende Kennzeichen für die **lineare Abhängigkeit** von Gleichungen.

Aus der unteren »E«-Zeile: $2x_2 + 3x_3 = 7$ folgt z. B.

$$x_2 = \frac{7 - 3x_3}{2} = 3{,}5 - 1{,}5x_3.$$

Nach Einsetzen von $x_2$ ergibt sich aus der oberen »E«-Zeile $x_1 = 5 - (3{,}5 - 1{,}5x_3) + x_3 = 1{,}5 + 2{,}5x_3$.

Lösung ist $L = \{(x_1; x_2; x_3)\} = \{(1{,}5 + 2{,}5x_3; 3{,}5 - 1{,}5x_3; x_3)\}$, wobei $x_3 \in R$ der Parameter ist.

Es gibt unendlich viele Lösungen, aus denen bestimmte ausgewählt werden können. Wird z. B. der Wert $x_3 = 1$ als zweckmäßig erachtet, so hat das System die spezielle Lösung $(x_1; x_2; x_3) = (4; 2; 1)$.

4.66 $$\left| \begin{array}{rrrrr} x_1 + & x_2 + 2x_3 & & = & 7 \\ 2x_1 - & 3x_2 & + x_4 & = & 10 \\ & x_2 & - x_4 & = & 3 \\ 3x_1 - & x_2 + 2x_3 & & = & 0 \end{array} \right|$$

*Lösung:*

| | $x_1$ | $x_2$ | $x_3$ | $x_4$ | $b$ | |
|---|---|---|---|---|---|---|
| E | 1 | 1 | 2 | 0 | 7 | ↓(−2) ↓(0) ↓(−3) |
| | 2 | −3 | 0 | 1 | 10 | |
| | 0 | 1 | 0 | −1 | 3 | |
| | 3 | −1 | 2 | 0 | 0 | |
| E | | −5 | −4 | 1 | − 4 | ↓(0,2) ↓(−0,8) |
| | | 1 | 0 | −1 | 3 | |
| | | −4 | −4 | 0 | −21 | |
| E | | | −0,8 | −0,8 | 2,2 | ↓(−1) |
| | | | −0,8 | −0,8 | −17,8 | |
| | | | 0 | 0 | −20,0 | |

In der **letzten Zeile sind alle Koeffizienten Null, nicht aber das Absolutglied.** Das ist das entscheidende Kennzeichen für den **Widerspruch** im System.

Die letzte Zeile: $0x_3 + 0x_4 = -20$ kann durch kein Paar $(x_3; x_4)$ erfüllt werden. Es ist $L = \emptyset$.

Bei größeren Gleichungssystemen treten manchmal Ungenauigkeiten bei der berechneten Lösung auf. Eine Ursache dafür kann die zu geringe Anzahl signifikanter Ziffern bei den Koeffizienten sein.

Wie kann dem entgegengewirkt werden?

Bisher wurden beim Gaußschen Algorithmus stets die oberen Zeilen als Eliminationszeilen ausgewählt. Das ist nicht notwendig und manchmal unzweckmäßig. Vorteilhaft ist folgende **Regel**:

> Um die bei der Berechnung des gestaffelten Systems auftretenden Ungenauigkeiten möglichst klein zu halten, sind als Eliminationszeilen solche auszuwählen, deren Anfangselement den absolut größten Betrag aufweist.

Bei Anwendung dieser Regel wird erreicht, daß die Beträge der Faktoren, mit denen multipliziert wird, kleiner als Eins sind.

Das folgende Gleichungssystem, das im Zusammenhang mit der Berechnung einer 3stufigen Verdampferanlage aufgestellt wurde, ist mit Hilfe eines Computers nach dem Gaußschen Algorithmus gelöst worden.

| $x_1$ | $x_2$ | $x_3$ | $x_4$ | $x_5$ | $x_6$ | $x_7$ | $b$ |
|---|---|---|---|---|---|---|---|
| 525,2 | −537,2 | 0 | 0 | 0 | 0 | 0 | 2 040,0 |
| 0 | 519,7 | −548,1 | 0 | 0 | 0 | 0 | −437,5 |
| 0 | −33,5 | 514,6 | −568,1 | 0 | 0 | 0 | −837,5 |
| 0 | 1 | 1 | 1 | 0 | 0 | 0 | 20 000,0 |
| 525,2 | 0 | 0 | 0 | −1 980 | 0 | 0 | 0 |
| 0 | 537,2 | 0 | 0 | 0 | −1 925 | 0 | 0 |
| 0 | 0 | 548,1 | 0 | 0 | 0 | −3 685 | 0 |

Als Eliminationszeilen wurden zunächst stets die oberen Zeilen gewählt. Bei einer nochmaligen Berechnung wurden der Regel entsprechend stets die betragsmäßig größten Koeffizienten als Pivotelemente ausgewählt. Die zweite berechnete Lösung weicht von der ersteren ab und macht den Einfluß deutlich, den die Auswahl des Pivotelementes hatte:

| **2. Lösung (genau)** | **1. Lösung (ungenau)** |
|---|---|
| $x_1 = 7\,446{,}79$ | $x_1 = 7\,448{,}86$ |
| $x_2 = 7\,276{,}64$ | $x_2 = 7\,278{,}67$ |
| $x_3 = 6\,900{,}40$ | $x_3 = 6\,902{,}59$ |
| $x_4 = 5\,822{,}95$ | $x_4 = 5\,818{,}74$ |
| $x_5 = 1\,975{,}28$ | $x_5 = 1\,975{,}83$ |
| $x_6 = 2\,030{,}66$ | $x_6 = 2\,031{,}22$ |
| $x_7 = 1\,026{,}35$ | $x_7 = 1\,026{,}68$ |

Die zweite Lösung ist die genauere Lösung des Systems, was beim Einsetzen der beiden Lösungen in das Ausgangssystem im Sinne einer Proberechnung sichtbar wird.
Eine weitere Ursache für ungenaue Lösungen eines linearen Gleichungssystems kann in den schlecht zueinander passenden Koeffizienten und Absolutgliedern liegen. Allgemein nennt man solche Systeme **schlecht konditioniert** (schlecht veranlagt). Sie enthalten Gleichungen, die »fast linear abhängig« sind.

**Beispiel**

4.67 Das System

$$\left| \begin{array}{r} x + 0{,}99y = 1{,}99 \\ 0{,}99x + 0{,}98y = 1{,}97 \end{array} \right| \qquad \text{(I)}$$

hat die exakte Lösung $(x_\text{I}; y_\text{I}) = (1; 1)$, was durch Einsetzen sofort überprüft werden kann. Das System (II), bei dem gegenüber dem System (I) nur die Absolutglieder sehr geringfügig abgeändert wurden

$$\left| \begin{array}{r} x + 0{,}99y = 1{,}989\,903 \\ 0{,}99x + 0{,}98y = 1{,}970\,106 \end{array} \right| \qquad \text{(II)}$$

hat die exakte Lösung $(x_\text{II}; y_\text{II}) = (3; -1{,}020\,3)$, die ganz erheblich von $(x_\text{I}; y_\text{I})$ abweicht.

Bei schlecht konditionierten Gleichungssystemen äußert sich die »fast lineare Abhängigkeit« von Gleichungen graphisch in einem »schleifenden Schnittpunkt«. Damit wird ausgedrückt, daß z. B. die Geraden der zuletzt betrachteten Systeme (I) und (II) fast parallel zueinander verlaufen. Um jede Gerade herum existiert ein Ungenauigkeitsbereich, der um so größer ist, je geringer die mit dem verwendeten Rechenhilfsmittel erreichbare Stellenanzahl ist. Im Bild 4.19 ist stark vergrößert der Bereich dargestellt, der bei einer vorgegebenen Stellenanzahl als Lösungsbereich akzeptiert werden muß.

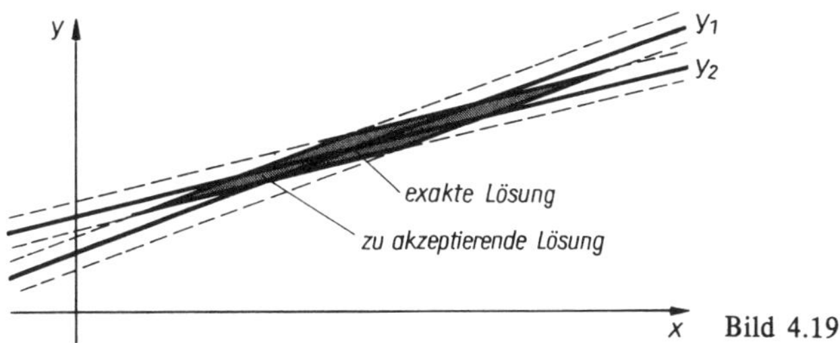

Bild 4.19

Abschließend müssen noch die Systeme betrachtet werden, bei denen die Anzahl $m$ der Gleichungen nicht mit der Anzahl $n$ der Unbekannten übereinstimmt. Zu den beiden Fällen $m < n$ und $m > n$ können im Rahmen dieses Lehrbuches nur einige Anmerkungen gemacht werden. Beiden Fällen gemeinsam ist, daß jeweils eine **Rückführung auf den Fall $m = n$** möglich ist.

**Fall $m < n$:** (weniger Gleichungen als Unbekannte).
Im Bild 4.20 ist dieser Fall symbolisch dargestellt.

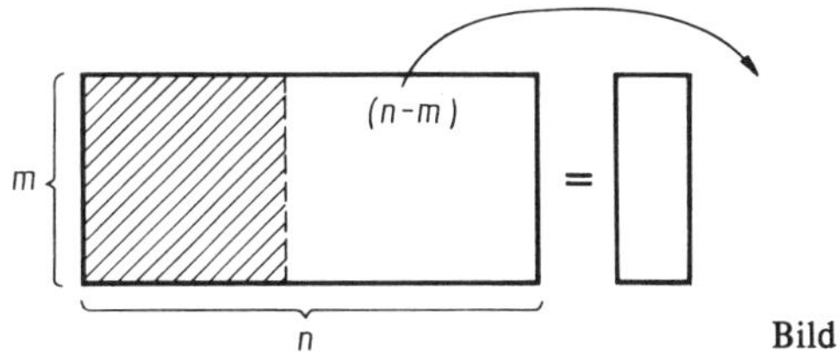

Bild 4.20

Die überzähligen $(n - m)$ Variablen werden auf die rechte Seite des Systems gebracht. Sie werden dadurch zu Parametern der Lösung. Bei Sachaufgaben kann es von Bedeutung sein, welche der freien Variablen als Parameter ausgewählt werden, denn diese Größen müssen sich im real existierenden System direkt größenmäßig einstellen lassen.

**Beispiel**

4.68 Gegeben ist ein System mit 3 Gleichungen und 4 Variablen

$$\left| \begin{array}{l} x_1 + 2x_2 - x_3 = 0 \\ 2x_1 - 3x_3 + x_4 = 6 \\ x_3 - x_4 = 2 \end{array} \right| .$$

Als überzählige Variable wird $x_4$ ausgewählt. Das nun entstehende System wird in das Rechenschema eingetragen:

| | $x_1$ | $x_2$ | $x_3$ | $b$ | $x_4$ | |
|---|---|---|---|---|---|---|
| E | 1 | 2 | −1 | 0 | 0 | ↓ (−2) |
| | 2 | 0 | −3 | 6 | −1 | |
| | 0 | 0 | 1 | 2 | 1 | |
| E | | −4 | −1 | 6 | −1 | |
| | | | 1 | 2 | 1 | |

Die Rückrechnung liefert $x_3 = 2 + x_4$.
Damit ist

$$x_2 = \frac{6 - x_4 + x_3}{-4} = \frac{6 - x_4 + 2 + x_4}{-4} = -2 \quad \text{und}$$

$$x_1 = -2x_2 + x_3 = 6 + x_4.$$

Die von $x_4$ abhängige Parameterlösung ist somit

$$L = \{(x_1; x_2; x_3; x_4)\} = \{(6 + x_4; -2; 2 + x_4; x_4)\} \quad \text{mit} \quad x_4 \in R.$$

Es wird dem Leser überlassen, mit diesem Quadrupel die Einsetzprobe für alle 4 Gleichungen durchzuführen.

**Fall $m > n$:** (mehr Gleichungen als Unbekannte)
Im Bild 4.21 ist dieser Fall symbolisch dargestellt.

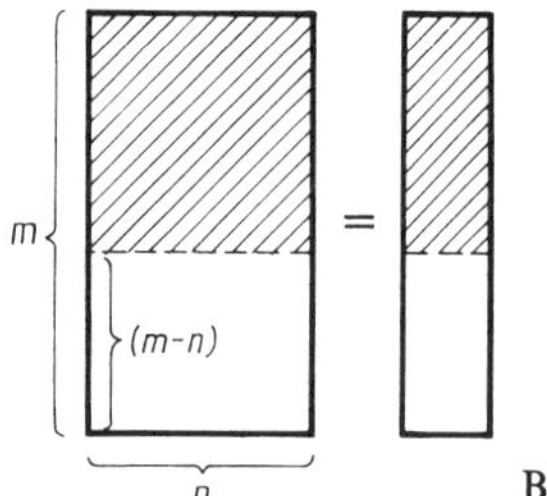


Bild 4.21

Eine Rückführung auf den Fall $m = n$ ist dadurch möglich, daß zunächst ein **Teilsystem** mit $n$ Gleichungen ausgewählt und gelöst wird. Hierbei tritt einer der drei Fälle auf:

1. Das Teilsystem hat keine Lösung. Dann hat auch das Gesamtsystem keine Lösung.
2. Das Teilsystem hat genau eine Lösung. Dann ist durch Einsetzen dieser Lösung in die restlichen $(m - n)$ Gleichungen zu prüfen, ob sich stets wahre Aussagen ergeben. Ist das der Fall, so ist die Lösung des Teilsystems zugleich auch Lösung des Gesamtsystems.
   Tritt beim Einsetzen eine falsche Aussage auf, so hat das Gesamtsystem keine Lösung.
3. Das Teilsystem hat eine Parameterlösung. Dann sind die linear abhängigen Gleichungen zu eliminieren, $n$ neue Gleichungen zu einem Teilsystem zusammenzufassen und die Rechnung erneut zu beginnen.

Für alle drei Fälle sind Übungsaufgaben gestellt worden. Hier wird nur der zweite Fall vorgeführt im folgenden

**Beispiel**

4.69 Das System

| | | |
|---|---|---|
| (I) | $x + y = 5$ | |
| (II) | $2x - y = 1$ | |
| (III) | $-x + 3y = 7$ | ist zu lösen! |

*Lösung:*
Willkürlich werden die Gleichungen (I) und (II) zu einem Teilsystem zusammengefaßt. Im Schema ergibt sich

| | $x$ | $y$ | $b$ | |
|---|---|---|---|---|
| E | 1 | 1 | 5 | ↓ (−2) |
| | 2 | −1 | 1 | |
| | | −3 | −9 | |

Die Rückrechnung ergibt $y = 3$ und $x = 5 - y = 2$.
Lösung des Teilsystems ist $L_T = \{(x; y)\} = \{(2; 3)\}$.
Die Einsetzprobe in (III) ergibt mit $-2 + 9 = 7$ eine wahre Aussage. Somit ist $L = L_T = \{(x; y)\} = \{(2; 3)\}$ auch Lösungsmenge des Gesamtsystems.

Der Gaußsche Algorithmus zeichnet sich nicht nur durch eine hohe Übersichtlichkeit beim Lösen größerer Gleichungssysteme aus, sondern eignet sich auch zur Ausarbeitung eines Programms zur Lösung linearer Gleichungssysteme durch Computer. Solche Programme existieren schon recht lange und werden durch das Vorhandensein arbeitsplatznaher Rechentechnik zunehmend für die Lösung umfangreicherer technischer und ökonomischer Probleme eingesetzt. Bei diesen Programmen handelt es sich um Programme mit »Pivotisierung«. Damit wird erreicht, daß der bei der Lösung sich ergebende Fehler möglichst klein ist.

**Kontrollfragen**

4.32 Unter welchen Bedingungen hat ein Gleichungssystem eine Parameterlösung?
4.33 Was verstehen Sie unter einem vollständigen gestaffelten System?
4.34 Woran erkennen Sie bei Anwendung des Gaußschen Algorithmus, daß ein lineares Gleichungssystem genau eine, keine oder unendlich viele Lösungen hat?
4.35 Welche Möglichkeiten bestehen, um ein Gleichungssystem, bei dem die Anzahl der Gleichungen nicht mit der Anzahl der Unbekannten übereinstimmt, zu lösen?

**Aufgaben: 4.36 und 4.37**

## 4.4 Matrizen

### 4.4.0 Vorbemerkung

In diesem Abschnitt wird der Begriff der Matrix eingeführt, ein Überblick über deren Arten gegeben, und es werden die Rechenoperationen mit Matrizen behandelt.
Mit Matrizen ist es möglich, die bei der Lösung praktischer Probleme häufig auftretenden großen linearen Gleichungssysteme in übersichtlicher Form darzustellen und zu lösen.

Welche Anwendungsrichtungen sich für den Techniker ergeben, wird durch die Sachbeispiele verdeutlicht.

Für die unterschiedlichsten technisch-technologischen und ökonomischen Belange werden Zusammenstellungen in Form von **Tabellen** verwendet.

Im Bild 4.22 ist der Materialfluß in einer Produktionsstätte mit 2stufiger Produktion dar-

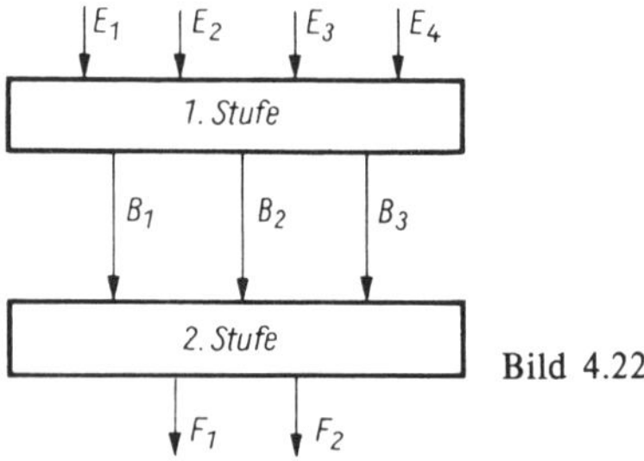


Bild 4.22

gestellt. In einer 1. Stufe werden aus Einzelteilen zunächst Baugruppen und aus diesen in einer 2. Stufe Finalprodukte hergestellt.

| Einzelteil | Baugruppe | | |
|---|---|---|---|
| | $B_1$ | $B_2$ | $B_3$ |
| $E_1$ | 5 | 2 | 3 |
| $E_2$ | 3 | 4 | |
| $E_3$ | 2 | 3 | 5 |
| $E_4$ | | 1 | |

| Baugruppe | Finalprodukt | |
|---|---|---|
| | $F_1$ | $F_2$ |
| $B_1$ | 2 | 1 |
| $B_2$ | 4 | 2 |
| $B_3$ | 4 | 1 |

In den Tabellen neben Bild 4.22 sind die quantitativen Beziehungen zwischen den Ein- und Ausgangsgrößen jeweils einer Stufe **(Teilnormentabellen)** angegeben. In ihnen sind die Normverbräuche an Eingangsgröße bezogen auf eine Mengeneinheit Ausgangsgröße festgelegt.

Bezeichnen $e_1; e_2; e_3; e_4$ die Stückzahlen von $E_1; E_2; E_3; E_4$
$b_1; b_2; b_3$ die Stückzahlen von $B_1; B_2; B_3$
$f_1; f_2$ die Stückzahlen von $F_1; F_2$,

so beschreibt das lineare Gleichungssystem

$$\left| \begin{array}{l} e_1 = 5b_1 + 2b_2 + 3b_3 \\ e_2 = 3b_1 + 4b_2 \\ e_3 = 2b_1 + 3b_2 + 5b_3 \\ e_4 = \qquad\quad b_2 \end{array} \right| \qquad \text{(I)}$$

den Materialfluß in der 1. Stufe und

$$\left| \begin{array}{l} b_1 = 2f_1 + \ f_2 \\ b_2 = 4f_1 + 2f_2 \\ b_3 = 4f_1 + \ f_2 \end{array} \right| \qquad \text{(II)}$$

den Materialfluß in der 2. Stufe.

Wenn in den Teilnormentabellen und bei den Gleichungssystemen auf die Variablenbezeichnungen verzichtet wird, bleibt jeweils ein **rechteckiges Schema** von Zahlen übrig, das als **Matrix** bezeichnet wird.

### 4.4.1 Grundbegriffe

**Definition**

> **Eine Matrix vom Typ $(m; n)$** ist ein rechteckiges Schema von $m \cdot n$ Elementen, die in $m$ Zeilen und in $n$ Spalten angeordnet sind.

Die Elemente einer Matrix werden mit $a_{ij}$ bezeichnet, wobei $i$ die Nummer der Zeile und $j$ die Nummer der Spalte angibt, in der das Element steht. Das Element $a_{23}$ (lies: a-zwei-drei) steht in der 2. Zeile und in der 3. Spalte der Matrix.
Symbolisiert werden Matrizen durch große Buchstaben $\boldsymbol{A}$, $\boldsymbol{B}$, ..., $\boldsymbol{M}$, $\boldsymbol{N}$ usw., die fett gedruckt sind. Als Index kann der Typ der Matrix angegeben werden. Werden die Elemente der Matrix direkt angegeben, so werden diese zwischen Klammern geschrieben.

$$\boldsymbol{A}_{(m;\,n)} = \begin{pmatrix} a_{11} & a_{12} & a_{13} & \cdots & a_{1n} \\ a_{21} & a_{22} & a_{23} & \cdots & a_{2n} \\ . & . & . & \cdots & . \\ a_{m1} & a_{m2} & a_{m3} & \cdots & a_{mn} \end{pmatrix}$$

Der Inhalt der Teilnormentabellen des einführenden Beispiels kann somit durch die Matrizen

$$\boldsymbol{A}_{(4;\,3)} = \begin{pmatrix} 5 & 2 & 3 \\ 3 & 4 & 0 \\ 2 & 3 & 5 \\ 0 & 1 & 0 \end{pmatrix} \quad \text{und} \quad \boldsymbol{B}_{(3;\,2)} = \begin{pmatrix} 2 & 1 \\ 4 & 2 \\ 4 & 1 \end{pmatrix}$$

dargestellt werden. Sie sind gleichzeitig die **Koeffizientenmatrizen** der in 4.4.0 aufgestellten Gleichungssysteme.

Es ist zu beachten, daß die Möglichkeit der Darstellung von Nullen in Tabellen und Gleichungssystemen durch Leerstellen bei der Matrixdarstellung nicht zugelassen ist. Nullen müssen geschrieben werden.

In einer verkürzten Darstellungsart wird zwischen die Matrizenklammern lediglich ein allgemeines Element $a_{ij}$ aufgeführt, das die Menge aller Elemente der Matrix repräsentiert:

$$\boldsymbol{A}_{(m;\,n)} = (a_{ij})_{(m;\,n)}.$$

Der Typangabe entsprechend durchläuft der Index $i$ alle natürlichen Zahlen von 1 bis $m$, der Index $j$ alle Zahlen von 1 bis $n$. Die Typangabe kann entfallen, wenn alle Elemente der Matrix direkt angegeben werden.

**Spezielle Matrizen**

Sie ergeben sich durch

a) ihren **speziellen Typ** oder

b) durch **spezielle Zahlenwerte der Elemente**.

Im Hinblick auf den speziellen Typ sind hervorzuheben:

**Quadratische Matrizen**. Sie haben den **Typ (*m*; *m*)**.

**Spaltenvektoren.** Sie haben den **Typ (*m*; 1)**.

$$\boldsymbol{a}_{(m;\,1)} = \begin{pmatrix} a_1 \\ a_2 \\ \vdots \\ a_m \end{pmatrix}$$

**Zeilenvektoren.** Sie haben den **Typ (1; *n*)**.

$$\boldsymbol{b}_{(1;\,n)} = (b_1\ b_2\ b_3 \ldots b_n)$$

Allgemein werden Vektoren durch kleine Buchstaben symbolisiert. Der Begriff des Vektors ist gleichbedeutend mit dem Begriff des $n$-Tupels. Wie in der Physik üblich, werden die Elemente eines Vektors als seine **Komponenten** bezeichnet. Im Gegensatz zu den vektoriellen Größen, die aus mehreren Komponenten bestehen, ist ein **Skalar** eine Größe, die keine Komponenten aufweist.

Besonders bei Anwendungsaufgaben ist es zweckmäßig, sich die Matrix als eine Zusammenfassung von $n$ Spaltenvektoren mit $m$ Komponenten oder als Zusammenfassung von $m$ Zeilenvektoren mit $n$ Komponenten aufzufassen:

$$\begin{pmatrix} a_{11} & a_{12} & \ldots & a_{1n} \\ a_{21} & a_{22} & \ldots & a_{2n} \\ \cdot & \cdot & \ldots & \cdot \\ a_{m1} & a_{m2} & \ldots & a_{mn} \end{pmatrix} = \left( \begin{pmatrix} a_{11} \\ a_{21} \\ \cdot \\ a_{m1} \end{pmatrix} \begin{pmatrix} a_{12} \\ a_{22} \\ \cdot \\ a_{m2} \end{pmatrix} \ldots \begin{pmatrix} a_{1n} \\ a_{2n} \\ \cdot \\ a_{mn} \end{pmatrix} \right) = \begin{pmatrix} (a_{11}\ a_{12} \ldots a_{1n}) \\ (a_{21}\ a_{22} \ldots a_{2n}) \\ \cdot\ \cdot\ \cdot\ \ldots\ \cdot \\ (a_{m1}\ a_{m2} \ldots a_{mn}) \end{pmatrix}$$

Hinsichtlich der speziellen Zahlenwerte der Elemente von Matrizen existieren:

a) zu jedem beliebigen Typ eine **Nullmatrix *N***, deren Elemente sämtlich den Wert 0 haben.

b) zu jeder quadratischen Matrix eine **Diagonalmatrix**

$$\boldsymbol{D}_{(m;\,m)} = \begin{pmatrix} d_{11} & 0 & 0 & \ldots & 0 \\ 0 & d_{22} & 0 & \ldots & 0 \\ \ldots & \ldots & \ldots & \ldots & 0 \\ 0 & 0 & 0 & \ldots & d_{mm} \end{pmatrix},$$

bei der alle Elemente, die nicht auf der von links oben nach rechts unten verlaufenden Diagonale **(Hauptdiagonale)** liegen, den Wert 0 haben. Die Elemente auf der Hauptdiagonale können beliebige Werte annehmen.

c) zu jeder Diagonalmatrix eine **Einheitsmatrix**

$$\boldsymbol{E}_{(m;\,m)} = \begin{pmatrix} 1 & 0 & 0 & \dots & 0 \\ 0 & 1 & 0 & \dots & 0 \\ \dots & \dots & \dots & \dots & \dots \\ 0 & 0 & 0 & \dots & 1 \end{pmatrix},$$

bei der alle Hauptdiagonalelemente den Wert 1 haben.

**Definition**

**Zwei Matrizen** $\boldsymbol{A}$ und $\boldsymbol{B}$ sind dann und nur dann **gleich**, wenn sie den gleichen Typ haben und wenn die an den gleichen Stellen stehenden Elemente jeweils gleich sind.

$$\boldsymbol{A}_{(m;\,n)} = \boldsymbol{B}_{(m;\,n)} \Leftrightarrow \boldsymbol{a}_{ij} = \boldsymbol{b}_{ij} \quad \text{für alle} \quad i;j \tag{4.18}$$

**Beispiel**

4.70 Aus der Gleichung $\begin{pmatrix} a_{11} & a_{12} \\ a_{21} & a_{22} \\ a_{31} & a_{32} \end{pmatrix} = \begin{pmatrix} 1 & 0 \\ 5 & 6 \\ -3 & 0{,}5 \end{pmatrix}$

folgt nach (4.18)

$a_{11} = 1$; $a_{21} = 5$; $a_{31} = -3$ und
$a_{12} = 0$; $a_{22} = 6$; $a_{32} = 0{,}5$.

**Kontrollfragen**

4.36 Worin besteht der Zusammenhang zwischen Tabellen und Matrizen?
4.37 Wie viele Spalten, Zeilen und Elemente hat eine Matrix vom Typ (7; 3)?
4.38 Was verstehen Sie unter einem Spaltenvektor?
4.39 Was unterscheidet vektorielle und skalare Größen?
4.40 Welcher Zusammenhang besteht zwischen den Diagonal- und den Einheitsmatrizen?

### 4.4.2 Matrizenoperationen

**Transponieren**

**Definition**

Werden in einer Matrix $\boldsymbol{A}_{(m;\,n)}$ die Zeilen mit den gleichstelligen Spalten vertauscht, so entsteht die **transponierte Matrix** $\boldsymbol{A}^{\mathrm{T}}_{(n;\,m)}$.

**Beispiel**

4.71 Die Matrix $A_{(3;4)} = \begin{pmatrix} 5 & 3 & -2 & 0 \\ 2 & 4 & 3 & 1 \\ 3 & 0 & 5 & 0 \end{pmatrix}$ geht beim Vertauschen der Zeilen mit den jeweiligen Spalten

über in die transponierte Matrix $A^{T}_{(4;3)} = \begin{pmatrix} 5 & 2 & 3 \\ 3 & 4 & 0 \\ -2 & 3 & 5 \\ 0 & 1 & 0 \end{pmatrix}$.

Ein nochmaliges Transponieren der Matrix $A^T$ führt wieder auf die Matrix $A$. Es gilt also $(A^T)^T = A$.

Um die Art eines Vektors an seiner symbolischen Schreibweise erkennen zu können, wird vereinbart, daß mit Kleinbuchstaben nur Spaltenvektoren symbolisiert werden. Werden Zeilenvektoren benötigt, so können dazu transponierte Spaltenvektoren benutzt werden.

$$\boldsymbol{a} = \begin{pmatrix} a_1 \\ a_2 \\ \vdots \\ a_m \end{pmatrix}; \quad \boldsymbol{b}^T = (b_1\ b_2\ \dots\ b_n)$$

### Addition und Subtraktion von Matrizen

**Definition**

Zwei Matrizen $A$ und $B$, die den gleichen Typ haben, werden addiert (subtrahiert), indem die jeweils an gleicher Stelle stehenden Elemente addiert (subtrahiert) werden.

$$(a_{ij})_{(m;\,n)} \pm (b_{ij})_{(m;\,n)} = (a_{ij} \pm b_{ij})_{(m;\,n)} \text{ für alle } i, j \qquad (4.19)$$

**Beispiel**

4.72 Die Kräfte $F_1 = \begin{pmatrix} x_1 \\ y_1 \end{pmatrix}$ und $F_2 = \begin{pmatrix} x_2 \\ y_2 \end{pmatrix}$ sind zu einer resultierenden Kraft $F_R$ zu addieren.

*Lösung:*

Es ist $F_R = F_1 + F_2 = \begin{pmatrix} x_1 \\ y_1 \end{pmatrix} + \begin{pmatrix} x_2 \\ y_2 \end{pmatrix} = \begin{pmatrix} x_1 + x_2 \\ y_1 + y_2 \end{pmatrix}$.

Im Bild 4.23 ist die Addition der Kräfte $F_1$ und $F_2$ zur resultierenden Kraft $F_R$ dargestellt.

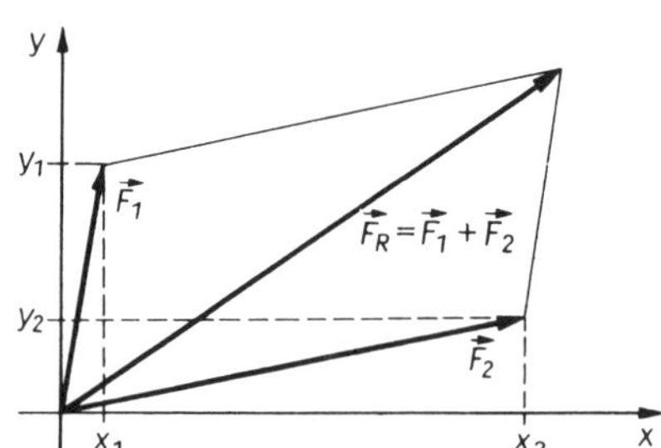


Bild 4.23

Da die Addition (Subtraktion) von Matrizen durch die Addition (Subtraktion) einander entsprechender Elemente erfolgt, so gelten die Gesetze der

**Kommutativität** $A + B = B + A$ (4.20)

**Assoziativität** $(A + B) + C = A + (B + C) = A + B + C$ (4.21)

sofern sie für die Elemente der Matrizen erfüllt sind.
In den hier betrachteten Anwendungsfällen sind die Elemente der Matrizen stets reelle Zahlen, so daß (4.20) und (4.21) gültig sind.

### Multiplikation von Matrizen

#### Definition

Eine **Matrix** $A_{(m;\,n)}$ wird **mit einem Skalar** $s$ multipliziert, indem jedes Element der Matrix mit $s$ multipliziert wird.

$$s \cdot \boldsymbol{A} = s \cdot (\boldsymbol{a}_{ij}) = (s \cdot \boldsymbol{a}_{ij}) \textit{ für alle } i, j \qquad (4.22)$$

Aus (4.22) folgt, wenn die Gleichungen von rechts nach links gelesen werden, daß ein allen Elementen gemeinsamer Faktor als Faktor vor die Matrix geschrieben werden kann.

#### Beispiele

4.73 $\boldsymbol{M} = \begin{pmatrix} 2 & -4 & 4 \\ 1 & 2 & -1 \end{pmatrix}$ ist mit $-1{,}5$ zu multiplizieren.

*Lösung:*

Es ist $-1{,}5 \cdot \boldsymbol{M} = -1{,}5 \cdot \begin{pmatrix} 2 & -4 & 4 \\ 1 & 2 & -1 \end{pmatrix} = \begin{pmatrix} -3 & 6 & -6 \\ -1{,}5 & -3 & 1{,}5 \end{pmatrix}$.

4.74 Aus dem Vektor $\boldsymbol{p}^{\mathrm{T}} = (15\,000 \; 7\,000 \; 23\,000 \; 600)$, der Preise in € für vier Erzeugnisse erfaßt, ist ein geeigneter Faktor herauszuziehen.

*Lösung:*

Es ist zweckmäßig, den Faktor 1000 herauszuziehen. Dann ist $(15\,000 \; 7\,000 \; 23\,000 \; 600) = 1\,000 \cdot (15 \; 7 \; 23 \; 0{,}6)$, und im verbleibenden Vektor werden die Preise in Tausend-€ ausgedrückt.

Da die Multiplikation einer Matrix mit einem Skalar elementweise erfolgt, gelten die Gesetze der

**Kommutativität** $s \cdot \boldsymbol{A} = \boldsymbol{A} \cdot s$ (4.23)

**Assoziativität** $s \cdot (t \cdot \boldsymbol{A}) = (s \cdot t) \cdot \boldsymbol{A} = s \cdot t \cdot \boldsymbol{A}$ (4.24)

| | | |
|---|---|---|
| **Distributivität** | $(s+t)\boldsymbol{A} = s \cdot \boldsymbol{A} + t \cdot \boldsymbol{A}$ | (4.25) |
| | $s \cdot (\boldsymbol{A} + \boldsymbol{B}) = s \cdot \boldsymbol{A} + s \cdot \boldsymbol{B}$ | (4.26) |

wenn sie für die Elemente gültig sind.
Die für die Lösung von Sachaufgaben wesentliche Operation ist die **Multiplikation von Matrizen**. Sie wird als Multiplikation von Vektoren ausgeführt. Diese kann auf unterschiedliche Weise definiert werden, z. B. so, daß die einander entsprechenden Elemente multipliziert werden:

$$(3\ 4\ 5) \cdot (2\ 5\ 2) = (6\ 20\ 10).$$

Das Ergebnis dieser Multiplikation ist wieder ein Vektor. In sehr vielen Anwendungsfällen ist es aber zweckmäßig, wenn die entstehenden Produkte anschließend noch addiert werden. Das Ergebnis der Multiplikation zweier Vektoren ist dann ein Skalar.

**Beispiel**

4.75 Ein Betrieb erzeugt monatlich 4 Erzeugnisse in den Mengen $(x_1\ x_2\ x_3\ x_4) = (20\ 35\ 42\ 15)$ und zu den Preisen $(p_1\ p_2\ p_3\ p_4) = (10\ 15\ 12\ 34)$.
Wie groß ist der Erlös beim Verkauf der Erzeugnisse?
*Lösung:*
Der Gesamterlös ist die Summe der Einzelerlöse, d. h., es gilt $E = p_1x_1 + p_2x_2 + p_3x_3 + p_4x_4 = 1739$.
Dieses Ergebnis ergibt sich auch durch die skalare Multiplikation des Preisvektors mit dem Mengenvektor:

$$E = \boldsymbol{p}^{\mathrm{T}} \cdot \boldsymbol{x} = (p_1\ p_2\ p_3\ p_4) \cdot \begin{pmatrix} x_1 \\ x_2 \\ x_3 \\ x_4 \end{pmatrix} = (10\ 15\ 12\ 34) \cdot \begin{pmatrix} 20 \\ 35 \\ 42 \\ 15 \end{pmatrix}$$
$$= p_1x_1 + p_2x_2 + p_3x_3 + p_4x_4 = 200 + 525 + 504 + 510 = 1739.$$

**Definition**

Das **Skalarprodukt** eines Zeilenvektors $\boldsymbol{a}^{\mathrm{T}}$ mit einem Spaltenvektor $\boldsymbol{b}$ ist die Summe der Produkte $a_i \cdot b_i$, die aus den einander entsprechenden Elementen gebildet werden:

$$\boldsymbol{a}^{\mathrm{T}} \cdot \boldsymbol{b} = (a_1\ a_2\ \dots\ a_n) \cdot \begin{pmatrix} b_1 \\ b_2 \\ \vdots \\ b_n \end{pmatrix} = a_1b_1 + a_2b_2 + \dots + a_nb_n = \sum_{i=1}^{n} a_ib_i \qquad (4.27)$$

Voraussetzung für die Bildung eines Skalarproduktes ist, daß die Anzahl der Komponenten beider Vektoren gleich ist.

**Beispiele**

4.76 Die Skalarprodukte sind zu bilden.

a) $\boldsymbol{a}^{\mathrm{T}} \cdot \boldsymbol{b} = (3\ 2\ -4) \cdot \begin{pmatrix} 2 \\ -3 \\ 1 \end{pmatrix} = 6 - 6 - 4 = -4$

b) $\boldsymbol{x}^{\mathrm{T}} \cdot \boldsymbol{y} = (4\ 2\ 0\ 3) \cdot \begin{pmatrix} 1 \\ -2 \\ 3 \\ 0 \end{pmatrix} = 4 - 4 + 0 + 0 = 0$

4.77 Wie groß ist die Verschiebungsarbeit, die durch die Kraft $\boldsymbol{F} = (1; 3)$ entlang des Weges $\boldsymbol{s} = \begin{pmatrix} 2 \\ 1 \end{pmatrix}$ verrichtet wird?

*Lösung:*

Es ist $W = \boldsymbol{F} \cdot \boldsymbol{s} = (1\ 3) \cdot \begin{pmatrix} 2 \\ 1 \end{pmatrix} = 2 + 3 = 5.$

4.78 Es sei $\boldsymbol{k}^{\mathrm{T}} = (k_1\ k_2\ k_3) = (12\ 15\ 18)$ der Zeilenvektor, der die Fahrtkosten pro Kilometer für drei unterschiedliche LKW-Typen angibt.

Der Vektor $\boldsymbol{l} = \begin{pmatrix} l_1 \\ l_2 \\ l_3 \end{pmatrix} = \begin{pmatrix} 120 \\ 320 \\ 410 \end{pmatrix}$ enthält die von den LKW gefahrenen Strecken in Kilometer.

Die Gesamtkosten $G$ sind zu berechnen.

*Lösung:*

$$\text{Es ist} \quad G = \boldsymbol{k}^{\mathrm{T}} \cdot \boldsymbol{l} = (12\ 15\ 18) \cdot \begin{pmatrix} 120 \\ 320 \\ 410 \end{pmatrix} = 1440 + 4800 + 7380 = 13620.$$

## Schema von Falk

Um die **Multiplikation einer Matrix mit einem Vektor** in der Anwendung zeigen zu können, wird die im Beispiel 4.78 gelöste Aufgabe erweitert. Die an sechs Wochentagen gefahrenen Strecken sind als Spaltenvektoren in der Tabelle erfaßt:

| | Mo | Di | Mi | Do | Fr | Sa |
|---|---|---|---|---|---|---|
| LKW-Typ I | **120** | 100 | 60 | 80 | 110 | 100 |
| LKW-Typ II | **320** | 0 | 40 | 70 | 30 | 300 |
| LKW-Typ III | **410** | 130 | 0 | 0 | 70 | 200 |

Die erste Spalte der Tabelle ist identisch mit dem Vektor $\boldsymbol{l}$ der letzten Beispielaufgabe. Dieser und die hinzugekommenen Vektoren bilden die Matrix $\boldsymbol{L}$, die hier als eine Zusammenfassung von 6 Spaltenvektoren angesehen wird. Somit ist es möglich, die Gesamtkosten für jeden Tag durch die Bildung von 6 Skalarprodukten auszurechnen. Damit die Übersichtlichkeit bei der Multiplikation erhöht wird, werden die zu multiplizierenden Matrizen in das Schema von Falk eingetragen. Im **Falkschen Schema** steht links unten der linke Faktor und rechts oben der rechte Faktor. Das Ergebnis der Multiplikation steht rechts unten. Dort sind Gesamtkosten für jeden Wochentag abzulesen:

| $k^{\mathrm{T}} \cdot L$ | | | | | | |
|---|---|---|---|---|---|---|
| | **120** | 100 | 60 | 80 | 110 | 100 |
| | **320** | 0 | 40 | 70 | 30 | 300 |
| | **410** | 130 | 0 | 0 | 70 | 200 |
| 12 15 18 | **13620** | 3540 | 1320 | 2010 | 3030 | 9300 |

Um das **Produkt $\boldsymbol{A} \cdot \boldsymbol{B}$ der Matrizen $\boldsymbol{A}$** und $\boldsymbol{B}$ in dieser Reihenfolge bilden zu können, wird die Matrix $\boldsymbol{A}$ als eine Zusammenfassung von Zeilenvektoren, die Matrix $\boldsymbol{B}$ als eine Zusammenfassung von Spaltenvektoren angesehen.

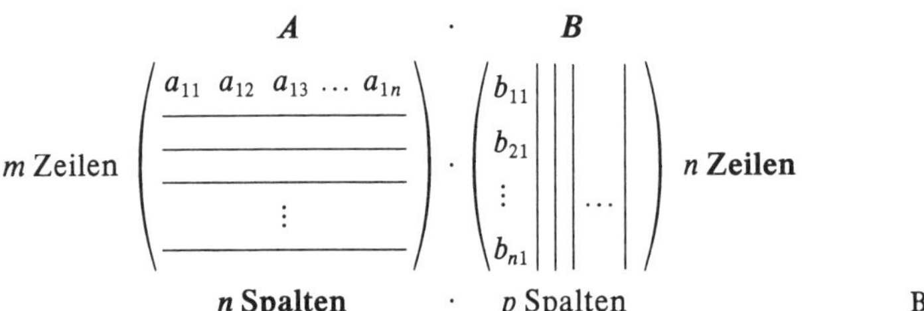


Bild 4.24

Der schematischen Darstellung im Bild 4.24 ist zu entnehmen, daß an den Typ der zu multiplizierenden Matrizen eine Bedingung gestellt ist: Die Anzahl der Spalten von $A$ muß mit der Anzahl der Zeilen von $B$ übereinstimmen. Diese **Verkettungsbedingung** wird sichtbar in der jeweils aufzustellenden

**Typgleichung:** (4.28)

$(m;n) \quad (n;p) \quad = \quad (m;p)$

Verkettung

Typ des Ergebnisses

**Beispiele**

4.79 Mit $\boldsymbol{A} = \begin{pmatrix} 2 & 3 \\ 4 & 5 \\ 1 & -2 \end{pmatrix}$ und $\boldsymbol{B} = \begin{pmatrix} 2 & 4 \\ 3 & 5 \end{pmatrix}$

sind die Produkte $\boldsymbol{A} \cdot \boldsymbol{B}$ und $\boldsymbol{B} \cdot \boldsymbol{A}$ zu bilden.

*Lösung:*

Die Typgleichung für $\boldsymbol{A} \cdot \boldsymbol{B}$: (3; 2) (2; 2) = (3; 2) zeigt, daß die Produktbildung möglich ist. Sie wird im Falkschen Schema ausgeführt:

| | | 2 | 4 |
|---|---|---|---|
| $\boldsymbol{A} \cdot \boldsymbol{B}$ | | 3 | 5 |
| 2 | 3 | 13 | 23 |
| 4 | 5 | 23 | 41 |
| 1 | −2 | −4 | −6 |

Das Produkt $\boldsymbol{B} \cdot \boldsymbol{A}$ kann nicht gebildet werden, da die Matrizen in dieser Reihenfolge nicht verkettet sind.

4.80 Von $\boldsymbol{A} = \begin{pmatrix} 1 & 2 \\ 4 & 0 \\ 6 & 1 \end{pmatrix}$ und $\boldsymbol{B} = \begin{pmatrix} 4 & 6 & 3 \\ 1 & -1 & 2 \end{pmatrix}$

sind die Produkte $\boldsymbol{A} \cdot \boldsymbol{B}$ und $\boldsymbol{B} \cdot \boldsymbol{A}$ zu bilden.

*Lösung:*
Die Typgleichungen
für $\boldsymbol{A} \cdot \boldsymbol{B}$: $(3; 2)(2; 3) = (3; 3)$ und
für $\boldsymbol{B} \cdot \boldsymbol{A}$: $(2; 3)(3; 2) = (2; 2)$
zeigen, daß beide Produktbildungen möglich sind.

| | | | | |
|---|---|---|---|---|
| | | 4 | 6 | 3 |
| ***A · B*** | | 1 | −1 | 2 |
| 1 | 2 | 6 | 4 | 7 |
| 4 | 0 | 16 | 24 | 12 |
| 6 | 1 | 25 | 35 | 20 |

| | | | | |
|---|---|---|---|---|
| | | | 1 | 2 |
| | | | 4 | 0 |
| ***B · A*** | | | 6 | 1 |
| 4 | 6 | 3 | 46 | 11 |
| 1 | −1 | 2 | 9 | 4 |

Die Produktmatrizen $\boldsymbol{A} \cdot \boldsymbol{B}$ und $\boldsymbol{B} \cdot \boldsymbol{A}$ sind den betreffenden Schemata zu entnehmen.

Die Ergebnisse der Beispielaufgabe 4.80 zeigen, daß das Kommutativgesetz der Multiplikation offensichtlich nicht gültig ist. Selbst wenn die Verkettung gewährleistet ist, gilt im allgemeinen

$$\boxed{\boldsymbol{A} \cdot \boldsymbol{B} \neq \boldsymbol{B} \cdot \boldsymbol{A}} \tag{4.29}$$

Für die Matrizenmultiplikation gilt das Distributivgesetz

$$\boxed{\boldsymbol{A} \cdot (\boldsymbol{B} + \boldsymbol{C}) = \boldsymbol{A} \cdot \boldsymbol{B} + \boldsymbol{A} \cdot \boldsymbol{C}}\,. \tag{4.30}$$

Wird eine Matrix $\boldsymbol{A}$ mit einer verketteten Nullmatrix $\boldsymbol{O}$ multipliziert, so entsteht eine Nullmatrix:

$$\boxed{\boldsymbol{A} \cdot \boldsymbol{O} = \boldsymbol{O} \cdot \boldsymbol{A} = \boldsymbol{O}} \tag{4.31}$$

Umgekehrt kann als Produkt zweier Matrizen die Nullmatrix entstehen, ohne daß einer der Faktoren die Nullmatrix ist.

### Beispiel

4.81 Im Falkschen Schema werden zwei Matrizen in unterschiedlicher Reihenfolge miteinander multipliziert.

| | | | |
|---|---|---|---|
| | | 1 | 4 |
| ***A · B*** | | 5 | 20 |
| 3 | −0,6 | 0 | 0 |
| −10 | 2 | 0 | 0 |

| | | | |
|---|---|---|---|
| | | 3 | −0,6 |
| ***B · A*** | | −10 | 2 |
| 1 | 4 | −37 | 7,4 |
| 5 | 20 | −185 | 37 |

Es gilt hier $\boldsymbol{A} \cdot \boldsymbol{B} = \boldsymbol{O}$, aber es ist $\boldsymbol{B} \cdot \boldsymbol{A} \neq \boldsymbol{O}$.

Wird eine quadratische Matrix $\boldsymbol{A}$ mit einer Einheitsmatrix $\boldsymbol{E}$ multipliziert, so gilt

$$\boxed{\boldsymbol{A} \cdot \boldsymbol{E} = \boldsymbol{E} \cdot \boldsymbol{A} = \boldsymbol{A}} \tag{4.32}$$

**Beispiel**

4.82

$$\begin{array}{rr|rr} \multicolumn{2}{c|}{\boldsymbol{A}\cdot\boldsymbol{E}} & 1 & 0 \\ & & 0 & 1 \\ \hline 2 & 4 & 2 & 4 \\ -3 & 1 & -3 & 1 \end{array} \qquad \begin{array}{rr|rr} \multicolumn{2}{c|}{\boldsymbol{E}\cdot\boldsymbol{A}} & 2 & 4 \\ & & -3 & 1 \\ \hline 1 & 0 & 2 & 4 \\ 0 & 1 & -3 & 1 \end{array}$$

Im Ergebnis der Multiplikation entsteht stets wieder die Matrix $\boldsymbol{A}$.

Mit Hilfe der Matrizenmultiplikation ist es möglich, von einer gegebenen Matrix $\boldsymbol{A}$ die Spaltensummen oder auch die Zeilensummen zu bilden. Dazu wird ein jeweils verketteter Vektor benötigt, dessen Komponenten alle den Wert 1 haben.

**Beispiel**

4.83

$$\begin{array}{rrrr|rr} & & & & 419 & 813 \\ & & & & 230 & 540 \\ & & & & 720 & 311 \\ & & & & 819 & 735 \\ \hline 1 & 1 & 1 & 1 & 2188 & 2399 \end{array} \qquad \begin{array}{rr|r} & & 1 \\ & & 1 \\ \hline 419 & 813 & 1232 \\ 230 & 540 & 770 \\ 720 & 311 & 1033 \\ 819 & 735 & 1554 \end{array}$$

Bildung von Spaltensummen — Bildung von Zeilensummen

Das Bilden von Spalten- bzw. Zeilensummen durch die Multiplikation mit einem speziellen Vektor ist dann vorteilhaft, wenn diese Rechnung mit Hilfe eines Computers ausgeführt werden soll. Es wird dann dazu nicht ein gesondertes Programm benötigt, sondern das vorhandene Programm zur Multiplikation von Matrizen kann auch zur Lösung dieser Aufgabenstellungen benutzt werden.

Ist die Verkettung gewährleistet, so lassen sich auch mehr als zwei Matrizen miteinander multiplizieren. Die Multiplikation läßt sich im Falkschen Schema schrittweise ausführen:

für $[(\boldsymbol{A}\cdot\boldsymbol{B})\cdot\boldsymbol{C}]\cdot\boldsymbol{D}$ im Schema
$$\begin{array}{c|c|c|c} & \boldsymbol{B} & \boldsymbol{C} & \boldsymbol{D} \\ \hline \boldsymbol{A} & \boldsymbol{A}\cdot\boldsymbol{B} & \boldsymbol{A}\cdot\boldsymbol{B}\cdot\boldsymbol{C} & \boldsymbol{A}\cdot\boldsymbol{B}\cdot\boldsymbol{C}\cdot\boldsymbol{D} \end{array}$$

für $\boldsymbol{A}\cdot[\boldsymbol{B}(\cdot(\boldsymbol{C}\cdot\boldsymbol{D})]$ im Schema
$$\begin{array}{c|l} & \boldsymbol{D} \\ \hline \boldsymbol{C} & \boldsymbol{C}\cdot\boldsymbol{D} \\ \hline \boldsymbol{B} & \boldsymbol{B}\cdot\boldsymbol{C}\cdot\boldsymbol{D} \\ \hline \boldsymbol{A} & \boldsymbol{A}\cdot\boldsymbol{B}\cdot\boldsymbol{C}\cdot\boldsymbol{D} \end{array}$$

**Kontrollfragen**

4.41 Weshalb können Matrizen unterschiedlichen Typs nicht addiert werden?
4.42 Was verstehen Sie unter dem Skalarprodukt zweier Vektoren?
4.43 Woran erkennen Sie, daß zwei Matrizen verkettet sind und welchen Typ das Produkt hat?
4.44 Für welche speziellen Matrizen $\boldsymbol{X}$ gilt das Kommutativgesetz $\boldsymbol{A}\cdot\boldsymbol{X}=\boldsymbol{X}\cdot\boldsymbol{A}$?

**Aufgaben: 4.38 bis 4.40**

### 4.4.3 Matrizengleichungen und inverse Matrix

Zu Beginn des Abschn. 4.4.0 wurde ein 2stufiger Produktionsprozeß betrachtet, bei dem aus 4 Einzelteilen zunächst 3 Baugruppen und aus diesen 2 Finalprodukte entstanden (s. Bild 4.22). Die Materialflüsse in der 1. und 2. Stufe werden durch die in 4.4.0 aufgestellten linearen Gleichungssysteme (I) und (II) beschrieben.
Beide Systeme können auch als Matrizengleichung geschrieben werden:

$$\begin{pmatrix} e_1 \\ e_2 \\ e_3 \\ e_4 \end{pmatrix} = \begin{pmatrix} 5 & 2 & 3 \\ 3 & 4 & 0 \\ 2 & 3 & 5 \\ 0 & 1 & 0 \end{pmatrix} \cdot \begin{pmatrix} b_1 \\ b_2 \\ b_3 \end{pmatrix}, \qquad \begin{pmatrix} b_1 \\ b_2 \\ b_3 \end{pmatrix} = \begin{pmatrix} 2 & 1 \\ 4 & 2 \\ 4 & 1 \end{pmatrix} \cdot \begin{pmatrix} f_1 \\ f_2 \end{pmatrix}$$

Noch weiter symbolisiert gilt:

$$\boldsymbol{e} = \boldsymbol{T}_1 \cdot \boldsymbol{b} \quad (\mathrm{I}'), \qquad \boldsymbol{b} = \boldsymbol{T}_2 \cdot \boldsymbol{f} \quad (\mathrm{II}')$$

Zur Lösung von Planungsaufgaben ist es wesentlich, nicht nur den quantitativen Zusammenhang zwischen den Eingangs- und Ausgangsgrößen einer Stufe zu kennen, sondern den Zusammenhang zwischen den Eingangsgrößen (Einzelteile) und den Ausgangsgrößen (Finalprodukte) des Gesamtsystems. Solche **Verflechtungsbeziehungen** lassen sich durch Matrizengleichungen vorteilhaft erfassen.
Wird in das System (I′) das System (II′) substituiert, so ergibt sich mit

$$\boldsymbol{e} = (\boldsymbol{T}_1 \cdot \boldsymbol{T}_2) \cdot \boldsymbol{f} \qquad (\mathrm{III})$$

das System, mit dem die Abhängigkeit der Eingangsgrößen von den Ausgangsgrößen des Gesamtsystems erfaßt ist.
Die Matrix $\boldsymbol{T} = (\boldsymbol{T}_1 \cdot \boldsymbol{T}_2)$ heißt **Matrix der totalen Einsatzkoeffizienten**. Ihre Berechnung erfolgt wieder im Falkschen Schema:

| | | | | |
|---|---|---|---|---|
| | | | 2 | 1 |
| | | | 4 | 2 |
| $\boldsymbol{T}_1 \cdot \boldsymbol{T}_2$ | | | 4 | 1 |
| 5 | 2 | 3 | 30 | 12 |
| 3 | 4 | 0 | 22 | 11 |
| 2 | 3 | 5 | 36 | 13 |
| 0 | 1 | 0 | 4 | 2 |

$$\boldsymbol{T} = \begin{pmatrix} 30 & 12 \\ 22 & 11 \\ 36 & 13 \\ 4 & 2 \end{pmatrix}.$$

Die Elemente der Matrix $T$ bedeuten, daß für jeweils ein Stück Finalprodukt

| | |
|---|---|
| bei $F_1$: 30 Einzelteile von $E_1$; | bei $F_2$: 12 Einzelteile von $E_1$ |
| 22 Einzelteile von $E_2$ | 11 Einzelteile von $E_2$ |
| 36 Einzelteile von $E_3$ | 13 Einzelteile von $E_3$ |
| 4 Einzelteile von $E_4$ | 2 Einzelteile von $E_4$ |

benötigt werden.
Sind z. B. monatlich $(f_1 f_2) = (400, 520)$ Stück Finalprodukte zu produzieren, so können die dazu erforderlichen Einzelteil-Stückzahlen durch eine inhaltlich richtig verkettete Multiplikation schnell berechnet werden.

Es sind $(e_1 \ e_2 \ e_3 \ e_4) = (18\,240 \ \ 14\,520 \ \ 21\,160 \ \ 2\,640)$, wie dem Schema zu entnehmen ist:

| $T \cdot f$ | $f_1$ | $f_2$ | | |
|---|---|---|---|---|
| | | $f_1$ | 400 | 500 |
| | | $f_2$ | 520 | 600 |
| $e_1$ | 30 | 12 | 18 240 | 22 200 |
| $e_2$ | 22 | 11 | 14 520 | 17 600 |
| $e_3$ | 36 | 13 | 21 160 | 25 800 |
| $e_4$ | 4 | 2 | 2 640 | 3 200 |

Werden die Sollzahlen auf $(f_1 f_2) = (500\,600)$ erhöht, so ist auch nur eine Multiplikation mit der Matrix $\boldsymbol{T}$ notwendig, um die bei erhöhtem Plan benötigten Stückzahlen zu kennen. Diese neuen Werte stehen in der letzten Spalte des Rechenschemas.

Verallgemeinernd kann zusammengefaßt werden, daß das lineare Gleichungssystem

$$\left| \begin{array}{l} a_{11}x_1 + a_{12}x_2 + \ldots + a_{1n}x_n = y_1 \\ a_{21}x_1 + a_{22}x_2 + \ldots + a_{2n}x_n = y_2 \\ \qquad\qquad\qquad\qquad\qquad\quad \vdots \\ a_{m1}x_1 + a_{m2}x_2 + \ldots + a_{mn}x_n = y_m \end{array} \right|$$

als Matrizengleichung

$$\begin{pmatrix} a_{11} & a_{12} & \ldots & a_{1n} \\ a_{21} & a_{22} & \ldots & a_{2n} \\ \ldots & \ldots & \ldots & \ldots \\ a_{m1} & a_{m2} & \ldots & a_{mn} \end{pmatrix} \cdot \begin{pmatrix} x_1 \\ x_2 \\ \vdots \\ x_n \end{pmatrix} = \begin{pmatrix} y_1 \\ y_2 \\ \vdots \\ y_m \end{pmatrix}$$

und diese noch kürzer durch

$$\boxed{\boldsymbol{A} \cdot \boldsymbol{x} = \boldsymbol{y}} \tag{4.33}$$

dargestellt werden kann.

Ein lineares Gleichungssystem zu lösen, ist somit gleichbedeutend mit der Aufgabe, die Matrizengleichung $\boldsymbol{A} \cdot \boldsymbol{x} = \boldsymbol{y}$ nach $\boldsymbol{x}$ aufzulösen. Da die Division von Matrizen nicht möglich ist, muß dazu ein anderer Weg gewählt werden.

**Definition**

Zwei quadratische Matrizen $\boldsymbol{A}$ und $\boldsymbol{A}^{-1}$ heißen zueinander **invers**, wenn ihr Produkt gleich der Einheitsmatrix $\boldsymbol{E}$ ist.

$$\boldsymbol{A} \cdot \boldsymbol{A}^{-1} = \boldsymbol{A}^{-1} \cdot \boldsymbol{A} = \boldsymbol{E} \tag{4.34}$$

Die Symbolik für die inverse Matrix ist $\boldsymbol{A}^{-1}$. Sie ist der für reelle Zahlen definierten Beziehung $\frac{1}{a} = a^{-1}$ entlehnt. $\boldsymbol{A}^{-1}$ bedeutet aber nicht $\frac{1}{\boldsymbol{A}}$.

Wird die Existenz der inversen Matrix $\boldsymbol{A}^{-1}$ vorausgesetzt, so läßt sich die Matrizengleichung (4.33) folgendermaßen lösen:
Von links mit $\boldsymbol{A}^{-1}$ multipliziert folgt aus (4.33)

$$\boldsymbol{A}^{-1} \cdot \boldsymbol{A} \cdot \boldsymbol{x} = \boldsymbol{A}^{-1} \cdot \boldsymbol{y}.$$

Wegen $\boldsymbol{A}^{-1} \cdot \boldsymbol{A} = \boldsymbol{E}$ ist dann

$$\boldsymbol{E} \cdot \boldsymbol{x} = \boldsymbol{A}^{-1} \cdot \boldsymbol{y},$$

und schließlich ist

$$\boxed{\boldsymbol{x} = \boldsymbol{A}^{-1} \cdot \boldsymbol{y}}\,. \tag{4.35}$$

Bei Existenz der inversen Matrix hat das System (4.33) die eindeutige Lösung (4.35). Umgekehrt gilt, wenn ein lineares Gleichungssystem mit quadratischer Koeffizientenmatrix genau eine Lösung hat, so existiert auch die inverse Matrix.
Nachdem geklärt ist, wann eine inverse Matrix existiert, ergibt sich nun die Frage, wie von einer gegebenen Matrix die Inverse zu berechnen ist.
Ausgangspunkt für das **Invertieren einer Matrix** ist die grundlegende Beziehung (4.34): $\boldsymbol{A} \cdot \boldsymbol{A}^{-1} = \boldsymbol{E}$.
Diese Matrizengleichung, bei der die Elemente von $\boldsymbol{A}^{-1}$ die Unbekannten sind, hat ausführlicher geschrieben folgende Form:

| $\boldsymbol{A}$ · | $\boldsymbol{A}^{-1}$ = | $\boldsymbol{E}$ |
|---|---|---|
| $a_{11}\ a_{12}\ \dots\ a_{1n}$ | $x_{11}\ x_{12}\ \dots\ x_{1n}$ | $1\ 0\ \dots\ 0$ |
| $a_{21}\ a_{22}\ \dots\ a_{2n}$ | $x_{21}\ x_{22}\ \dots\ x_{2n}$ | $0\ 1\ \dots\ 0$ |
| ............ | ............ | ........ |
| $a_{n1}\ a_{n2}\ \dots\ a_{nn}$ | $x_{n1}\ x_{n2}\ \dots\ x_{nn}$ | $0\ 0\ \dots\ 1$ |

Beim Ausmultiplizieren der $n$ Zeilen mit den $n$ Spalten wird sichtbar, daß die Elemente von $\boldsymbol{A}^{-1}$ Lösung eines Gleichungssystems von $n^2$ Gleichungen mit $n^2$ Variablen sind.
Obwohl die Matrizen nicht wie im Falkschen Schema angeordnet stehen, erfolgt die Multiplikation formalisiert nach folgender **Regel**:

> $i$-te Zeile von $\boldsymbol{A}$ mal $j$-te Spalte von $\boldsymbol{A}^{-1}$ ergibt das Element von $\boldsymbol{E}$, das dort in der $i$-ten Zeile und $j$-ten Spalte steht.

In vielen Anwendungsfällen entsteht eine Matrix, bei der die Elemente unterhalb der von oben links nach unten rechts verlaufenden Hauptdiagonale sämtlich den Wert 0 haben. Dann hat die zugehörige inverse Matrix ebenfalls diese Eigenschaft. Die zu lösenden Gleichungssysteme liegen bereits in der gestaffelten Form vor. Dieser Sonderfall ist gegeben im folgenden

**Beispiel**

4.84 Die Matrix $\boldsymbol{A} = \begin{pmatrix} 1 & 0 & 1 \\ 0 & 2 & 4 \\ 0 & 0 & -3 \end{pmatrix}$ ist zu invertieren.

*Lösung:*
Die Beziehung $\boldsymbol{A} \cdot \boldsymbol{A}^{-1} = \boldsymbol{E}$ wird in ein Rechenschema übertragen:

| $\boldsymbol{A}$ | | | $\boldsymbol{A}^{-1}$ | | | $\boldsymbol{E}$ | | |
|---|---|---|---|---|---|---|---|---|
| 1 | 0 | 1 | $x_{11}$ | $x_{12}$ | $x_{13}$ | 1 | 0 | 0 |
| 0 | 2 | 4 | $x_{21}$ | $x_{22}$ | $x_{23}$ | 0 | 1 | 0 |
| 0 | 0 | −3 | $x_{31}$ | $x_{32}$ | $x_{33}$ | 0 | 0 | 1 |

Da die gestaffelte Form bereits vorliegt, kann die Rückrechnung sofort mit der unteren Zeile von $\boldsymbol{A}$ beginnen.
Bei der skalaren Multiplikation der Elemente der 3. Zeile von $\boldsymbol{A}$ mit den Elementen der 3 Spalten von $\boldsymbol{A}^{-1}$ ergeben sich nacheinander:

1. $-3x_{31} = 0$, d. h. $x_{31} = 0$,
2. $-3x_{32} = 0$, $x_{32} = 0$,
3. $-3x_{33} = 1$, $x_{33} = -\dfrac{1}{3}$.

Die ermittelten Werte werden nun bei der skalaren Multiplikation der 2. Zeile von $\boldsymbol{A}$ mit den 3 Spalten von $\boldsymbol{A}^{-1}$ berücksichtigt:

4. $2x_{21} + 0 = 0$, d. h. $x_{21} = 0$,
5. $2x_{22} + 0 = 1$, $x_{22} = \dfrac{1}{2}$,
6. $2x_{23} - \dfrac{4}{3} = 0$, $x_{23} = \dfrac{2}{3}$.

Alle bereits ermittelten Werte werden bei der skalaren Multiplikation der 1. Zeile von $\boldsymbol{A}$ mit den 3 Spalten von $\boldsymbol{A}^{-1}$ eingesetzt:

7. $x_{11} + 0 + 0 = 1$, d. h. $x_{11} = 1$,
8. $x_{12} + 0 + 0 = 0$, $x_{12} = 0$,
9. $x_{13} + 0 - \dfrac{1}{3} = 0$, $x_{13} = \dfrac{1}{3}$.

Zusammengefaßt ist $\boldsymbol{A}^{-1} = \begin{pmatrix} 1 & 0 & \frac{1}{3} \\ 0 & \frac{1}{2} & \frac{2}{3} \\ 0 & 0 & -\frac{1}{3} \end{pmatrix}$.

Die in den beiden folgenden Schemata ausgeführten Proberechnungen zeigen, daß die inverse Matrix richtig berechnet wurde. Außerdem wird die in der Beziehung (4.34) enthaltene Kommutativität bei der Multiplikation einer Matrix mit ihrer Inversen demonstriert.

| | | | 1 | 0 | 1 |
|---|---|---|---|---|---|
| | | | 0 | 2 | 4 |
| $\boldsymbol{A}^{-1} \cdot \boldsymbol{A} = \boldsymbol{E}$ | | | 0 | 0 | −3 |
| 1 | 0 | $\frac{1}{3}$ | 1 | 0 | 0 |
| 0 | $\frac{1}{2}$ | $\frac{2}{3}$ | 0 | 1 | 0 |
| 0 | 0 | $-\frac{1}{3}$ | 0 | 0 | 1 |

| | | | 1 | 0 | $\frac{1}{3}$ |
|---|---|---|---|---|---|
| | | | 0 | $\frac{1}{2}$ | $\frac{2}{3}$ |
| $\boldsymbol{A} \cdot \boldsymbol{A}^{-1} = \boldsymbol{E}$ | | | 0 | 0 | $-\frac{1}{3}$ |
| 1 | 0 | 1 | 1 | 0 | 0 |
| 0 | 2 | 4 | 0 | 1 | 0 |
| 0 | 0 | −3 | 0 | 0 | 1 |

Die im Beispiel 4.84 gezeigte Vorgehensweise beim Invertieren einer Matrix läßt sich auch dann anwenden, wenn kein Sonderfall vorliegt, d. h. die Elemente unterhalb der Hauptdiagonale der zu invertierenden Matrix verschieden von Null sind. In diesen Fällen werden wie beim Gaußschen Algorithmus zunächst einmal die gestaffelten Systeme erzeugt. Beim Rechnen im Schema ist darauf zu achten, daß die notwendigen Umformungen auch auf die Elemente der Einheitsmatrix angewendet werden.

**Beispiel**

4.85 $\boldsymbol{B}=\begin{pmatrix}-1 & 2 & 1\\ 3 & 7 & 4\\ 3 & 5 & 3\end{pmatrix}$ ist zu invertieren.

*Lösung:*

Die Beziehung $\boldsymbol{B}\cdot\boldsymbol{B}^{-1}=\boldsymbol{E}$ wird wieder in ein Rechenschema übertragen:

| $\boldsymbol{B}$ | | | $\boldsymbol{B}^{-1}$ | | | $\boldsymbol{E}$ | | | |
|---|---|---|---|---|---|---|---|---|---|
| −1 | 2 | 1 | | | | 1 | 0 | 0 | ↓ (3) ↓ (3) |
| 3 | 7 | 4 | | | | 0 | 1 | 0 | |
| 3 | 5 | 3 | | | | 0 | 0 | 1 | |
| −1 | 2 | 1 | | | | 1 | 0 | 0 | ↓ $\left(-\frac{11}{13}\right)$ |
| 0 | 13 | 7 | | | | 3 | 1 | 0 | |
| 0 | 11 | 6 | | | | 3 | 0 | 1 | |
| −1 | 2 | 1 | $x_{11}$ | $x_{12}$ | $x_{13}$ | 1 | 0 | 0 | |
| 0 | 13 | 7 | $x_{21}$ | $x_{22}$ | $x_{23}$ | 3 | 1 | 0 | |
| 0 | 0 | $\frac{1}{13}$ | $x_{31}$ | $x_{32}$ | $x_{33}$ | $\frac{6}{13}$ | $-\frac{11}{13}$ | 1 | |

Da die gestaffelte Form erreicht ist, kann die Rückrechnung beginnen. Aus der 3. Zeile von $\boldsymbol{B}$ ergeben sich:

1. $\frac{1}{13}x_{31}=\frac{6}{13}$, d. h. $x_{31}=6$,
2. $\frac{1}{13}x_{32}=-\frac{11}{13}$, $x_{32}=-11$,
3. $\frac{1}{13}x_{33}=1$, $x_{33}=13$.

Mit den schon berechneten Werten ergeben sich beim Multiplizieren mit der 2. Zeile von $\boldsymbol{B}$:

4. $13x_{21}+42=3$, d. h. $x_{21}=-3$,
5. $13x_{22}-77=1$, $x_{22}=6$,
6. $13x_{23}+91=0$, $x_{23}=-7$.

Jeweils beide Werte eingesetzt ergeben

7. $-x_{11}-6+6=1$, d. h. $x_{11}=-1$,
8. $-x_{12}+12-11=0$, $x_{12}=1$,
9. $-x_{13}-14+13=0$, $x_{13}=-1$.

Zusammengefaßt ist $\boldsymbol{B}^{-1}=\begin{pmatrix}-1 & 1 & -1\\ -3 & 6 & -7\\ 6 & -11 & 13\end{pmatrix}$.

Die Proberechnung ist im folgenden Schema ausgeführt:

| $B \cdot B^{-1} = E$ | | | -1 | 1 | -1 |
|---|---|---|---|---|---|
| | | | -3 | 6 | -7 |
| | | | 6 | -11 | 13 |
| -1 | 2 | 1 | 1 | 0 | 0 |
| 3 | 7 | 4 | 0 | 1 | 0 |
| 3 | 5 | 3 | 0 | 0 | 1 |

Bei vielen einfachen Anwendungsaufgaben ist ein **System mit 2 Gleichungen und 2 Variablen** aufzustellen, das gelöst werden muß. Deshalb ist es zweckmäßig, ein solches System in allgemeiner Form zu lösen. Die entstehenden Formeln vermindern den Umformungsaufwand beim Lösen eines Gleichungssystems erheblich.
Gegeben sei das System

$$\left| \begin{array}{l} a_{11}x_1 + a_{12}x_2 = y_1 \\ a_{21}x_1 + a_{22}x_2 = y_2 \end{array} \right| \quad \text{mit} \quad A = \begin{pmatrix} a_{11} & a_{12} \\ a_{21} & a_{22} \end{pmatrix}.$$

Die (als existent vorausgesetzte) inverse Matrix $A^{-1}$ wird mit dem bekannten Schema berechnet:

| $A$ | | $A^{-1}$ | | $E$ | | |
|---|---|---|---|---|---|---|
| $a_{11}$ | $a_{12}$ | | | 1 | 0 | $\downarrow \left(-\frac{a_{21}}{a_{11}}\right)$ |
| $a_{21}$ | $a_{22}$ | | | 0 | 1 | |
| $a_{11}$ | $a_{12}$ | $x_{11}$ | $x_{12}$ | 1 | 0 | |
| 0 | $a_{22} - \frac{a_{12}a_{21}}{a_{11}}$ | $x_{21}$ | $x_{22}$ | $-\frac{a_{21}}{a_{11}}$ | 1 | |

Die Rückrechnung liefert

1. $$\left(a_{22} - \frac{a_{12}a_{21}}{a_{11}}\right) x_{21} = -\frac{a_{21}}{a_{11}} \quad \text{und zusammengefaßt}$$

$$\frac{a_{22}a_{11} - a_{12}a_{21}}{a_{11}} x_{21} = -\frac{a_{21}}{a_{11}}.$$

Somit ist dann

$$x_{21} = -\frac{a_{21}}{a_{11}a_{22} - a_{12}a_{21}}.$$

2. $$\left(a_{22} - \frac{a_{12}a_{21}}{a_{11}}\right) x_{22} = 1.$$

Daraus folgt

$$x_{22} = \frac{a_{11}}{a_{11}a_{22} - a_{12}a_{21}}.$$

Wird $D = a_{11}a_{22} - a_{12}a_{21}$ gesetzt, so ist

$$x_{21} = -\frac{a_{21}}{D} \quad \text{und} \quad x_{22} = \frac{a_{11}}{D}.$$

Diese beiden Ergebnisse werden eingesetzt, und es entstehen

3. $$a_{11}x_{11} - \frac{a_{12}a_{21}}{D} = 1.$$

Daraus folgt

$$x_{11} = \frac{a_{22}}{a_{11}a_{22} - a_{12}a_{21}} = \frac{a_{22}}{D}.$$

4. $$a_{11}x_{12} + \frac{a_{12}a_{11}}{D} = 0.$$

Daraus folgt

$$x_{12} = -\frac{a_{12}}{a_{11}a_{22} - a_{12}a_{21}} = -\frac{a_{12}}{D}.$$

Zusammengefaßt ergibt sich als inverse Matrix:

$$A^{-1} = \begin{pmatrix} \frac{a_{22}}{D} & \frac{-a_{12}}{D} \\ \frac{-a_{21}}{D} & \frac{a_{11}}{D} \end{pmatrix} = \frac{1}{D} \cdot \begin{pmatrix} a_{22} & -a_{12} \\ -a_{21} & a_{11} \end{pmatrix}. \tag{4.36}$$

$D$ ist das Symbol einer **zweireihigen Determinante**. Sie läßt sich als Differenz der Produkte der Elemente berechnen, die auf den Diagonalen des durch die Koeffizienten gebildeten Schemas stehen:

$$\begin{vmatrix} a_{11} & a_{12} \\ a_{21} & a_{22} \end{vmatrix} = a_{11}a_{22} - a_{12}a_{21} = D. \tag{4.37}$$

In (4.36) steht die Determinante im Nenner. Die Bedingung $D \neq 0$ ist somit eine Voraussetzung für die Existenz der inversen Matrix und damit zugleich für die Existenz einer eindeutigen Lösung des linearen Gleichungssystems. Ohne einen Nachweis zu führen, sei mitgeteilt:

■ Hat die Determinante den Wert 0, so hat das zugehörige lineare Gleichungssystem keine Lösung oder die Gleichungen sind linear abhängig.

**Beispiele**

4.86 Das System $\begin{vmatrix} 3x_1 + 4x_2 = 10 \\ x_1 - 8x_2 = -9 \end{vmatrix}$ ist als Matrizengleichung zu schreiben und als solche zu lösen.

*Lösung:*

$\begin{pmatrix} 3 & 4 \\ 1 & -8 \end{pmatrix} \cdot \begin{pmatrix} x_1 \\ x_2 \end{pmatrix} = \begin{pmatrix} 10 \\ -9 \end{pmatrix}$ ist die Matrizengleichung.

Es ist $D = \begin{vmatrix} 3 & 4 \\ 1 & -8 \end{vmatrix} = -24 - 4 = -28.$

Nach (4.36) ist dann $A^{-1} = -\frac{1}{28} \begin{pmatrix} -8 & -4 \\ -1 & 3 \end{pmatrix} = \begin{pmatrix} 0{,}286 & 0{,}143 \\ 0{,}036 & -0{,}107 \end{pmatrix}.$

Nach (4.35) ist $\begin{pmatrix} x_1 \\ x_2 \end{pmatrix} = \begin{pmatrix} 0{,}286 & 0{,}143 \\ 0{,}036 & -0{,}107 \end{pmatrix} \cdot \begin{pmatrix} 10 \\ -9 \end{pmatrix} = \begin{pmatrix} 1{,}573 \\ 1{,}323 \end{pmatrix}.$

4.87 $\begin{vmatrix} 12x - 18y = 34 \\ 2x - 3y = -5 \end{vmatrix}$ ist zu lösen.

*Lösung:*
Es ist $D = -36 - (-36) = 0$. Das System hat keine Lösung, da die Gleichungen widersprüchlich sind.

Ein lineares System als Matrizengleichung $\boldsymbol{A} \cdot \boldsymbol{x} = \boldsymbol{y}$ durch $\boldsymbol{x} = \boldsymbol{A}^{-1} \cdot \boldsymbol{y}$ zu lösen, ist wegen des Rechenaufwandes bei der Berechnung der inversen Matrix nur dann vorteilhaft, wenn sich die Komponenten von $\boldsymbol{y}$ mehrfach ändern, die Elemente der Koeffizientenmatrix jedoch konstant bleiben. Der Vorteil besteht darin, daß die inverse Matrix der Koeffizientenmatrix nur einmal berechnet werden muß. Durch einfach auszuführende Matrizenmultiplikationen sind dann die jeweilig unterschiedlichen Lösungen zu ermitteln.

**Beispiel**

4.88 Das System $\begin{vmatrix} 2x_1 + 4x_2 = y_1 \\ 2x_1 - x_2 = y_2 \end{vmatrix}$ mit $\boldsymbol{A} = \begin{pmatrix} 2 & 4 \\ 2 & -1 \end{pmatrix}$ ist für die drei Vektoren $\boldsymbol{y}_{\text{I}} = \begin{pmatrix} 10 \\ 30 \end{pmatrix}$, $\boldsymbol{y}_{\text{II}} = \begin{pmatrix} 40 \\ 50 \end{pmatrix}$ und $\boldsymbol{y}_{\text{III}} = \begin{pmatrix} 60 \\ 60 \end{pmatrix}$ zu lösen.

*Lösung:*

Es ist $D = \begin{vmatrix} 2 & 4 \\ 2 & -1 \end{vmatrix} = -2 - 8 = -10$.

Nach (4.36) ist $\boldsymbol{A}^{-1} = -\frac{1}{10} \begin{pmatrix} -1 & -4 \\ -2 & 2 \end{pmatrix} = \begin{pmatrix} 0{,}1 & 0{,}4 \\ 0{,}2 & -0{,}2 \end{pmatrix}$.

Das nach $\boldsymbol{x}$ aufgelöste System $\boldsymbol{x} = \boldsymbol{A}^{-1}\boldsymbol{y}$ hat als Gleichungssystem geschrieben die Gestalt:

$$\begin{vmatrix} x_1 = 0{,}1y_1 + 0{,}4y_2 \\ x_2 = 0{,}2y_1 - 0{,}2y_2 \end{vmatrix}.$$

Die Lösungen des Systems für die drei gegebenen Vektoren sind $\boldsymbol{x}_{\text{I}} = (13; -4)$, $\boldsymbol{x}_{\text{II}} = (24; -2)$ und $\boldsymbol{x}_{\text{III}} = (30; 0)$, die dem folgenden Schema entnommen wurden.

| $\boldsymbol{A}^{-1}\boldsymbol{y}$ | | 10<br>30 | 40<br>50 | 60<br>60 |
|---|---|---|---|---|
| 0,1 | 0,4 | 13 | 24 | 30 |
| 0,2 | −0,2 | −4 | −2 | 0 |

Das Invertieren einer Matrix und das Lösen linearer Gleichungssysteme werden in zunehmendem Maße durch Computerprogramme realisiert.

**Kontrollfragen**

4.45 Auf welche Weise kann ein lineares Gleichungssystem durch eine Matrizengleichung dargestellt werden?
4.46 Wie ist eine inverse Matrix definiert?
4.47 Welcher Zusammenhang besteht zwischen der eindeutigen Lösbarkeit eines linearen Gleichungssystems und der Existenz der inversen Matrix der Koeffizientenmatrix?
4.48 Wie läßt sich formal die Lösung eines linearen Gleichungssystems angeben?
4.49 In welchen Fällen ist es vorteilhaft, ein lineares Gleichungssystem durch die Berechnung der inversen Matrix der Koeffizientenmatrix zu lösen?
4.50 Wie wird die Determinante einer Matrix vom Typ (2; 2) berechnet?

**Aufgaben: 4.41 bis 4.44**

## 4.5 Aufgaben

**4.1** Bestimmen Sie die Definitionsbereiche für die Terme!

a) $T = \sqrt{4 - x}$ b) $T = \ln(5x - 1)$ c) $T = \frac{0{,}7}{9 - a^2}$

d) $T = \frac{1}{x^2 - 8}$ e) $T = \frac{R}{(1 + R)(1 - R)}$

**4.2** Ermitteln Sie die größtmöglichen Definitionsbereiche!

a) $x^2(x + 2) = x + 2$ b) $\frac{1}{1 - x} = \sqrt{\frac{1}{x}}$ c) $\sin^2 x + \cos^2 x = 1$

d) $\sqrt{4 - x} = \frac{567}{x^2 - 25}$ e) $\ln 3 = (x + 4)^2$

**4.3** Welche der in der Aufgabe 4.2 gegebenen Gleichungen sind algebraische Gleichungen?

**4.4** Die in der Aufgabe 4.2 gegebenen algebraischen Gleichungen sind in die allgemeine Form zu überführen!

**4.5** Ermitteln Sie durch die Einsetzprobe, für welche der in der Aufgabe 4.2 gegebenen Gleichungen $x_1 = -2$ oder $x_2 = 0$ Lösungen sind!

**4.6** Die folgenden Gleichungen sind zu lösen:

a) $3x + 5(x + 7) = 6x + 19$ b) $3x[2(x + 7)] - 4x = -48x + 6x^2$

c) $\frac{1}{x} = \frac{4}{x - 2}$ d) $2x - 7 = \frac{2x^2}{x + 4}$

e) $\frac{3}{x + 1} - \frac{7}{x - 1} = \frac{8}{x^2 - 1}$ f) $\sqrt{3x + 5} + \sqrt{x + 1} = 0$

g) $\frac{2(x + 2)}{x - 3} + \frac{2x}{2x - 6} = \frac{12}{3x - 9}$ h) $1 - \frac{8}{4 - x} = \frac{13x - 7}{x - 4}$

**4.7** Folgende Formeln sind nach der jeweils angegebenen Variablen aufzulösen.

a) $V = \pi hs(2r + s)$ nach $r$

b) $\frac{1}{R} = \frac{1}{R_1} + \frac{1}{R_2}$ nach $R_2$

c) $Q = \frac{1}{1 + \frac{a}{b} + \frac{4b}{3u}}$ nach $u$

d) $W = mgh + \frac{m}{2}v^2$ nach $m$

e) $\frac{1}{f} = (n - 1)\left(\frac{1}{e_1} + \frac{1}{e_2}\right)$ nach $e_1$

f) $F = F_0\left(1 - \frac{r}{n} - 0{,}8\frac{a}{n}\right)$ nach $n$

**4.8** Drei gleiche Nähroboter benötigen für 200 Kleidungsstücke insgesamt 8 Stunden.

a) In welcher Zeit bearbeiten sie bei gleicher Leistung 65 Kleidungsstücke?

b) Wieviel Zeit wird benötigt, wenn für die 200 Stück fünf dieser Nähroboter eingesetzt werden?

c) Berechnen Sie die Anzahl der benötigten Nähroboter gleichen Typs, wenn 200 Stück in 1,5 Stunden bearbeitet sein sollen.

**4.9** Die Warenproduktion eines Betriebsteiles betrug 2005 1,4 Millionen €.
a) Wie groß war die Warenproduktion 2004, wenn sie auf 106 % gesteigert wurde?
b) Um wieviel Prozent steigt die Warenproduktion, wenn für 2006 1,47 Mill. € Warenproduktion vorgesehen ist?
c) Wie groß ist die prozentuale Steigerung von 2004 zu 2006?

**4.10** Ein 400 m langer Draht mit dem Durchmesser von 4 mm hat eine Masse von 36,7 kg. Wieviel Meter Draht aus dem gleichen Material, aber mit dem Durchmesser von 6 mm, haben eine Masse von 90 kg?

**4.11** Zwei LKW unterschiedlicher Ladekapazität transportieren zusammen 12 t Material. Der erste transportiert 0,5 t weniger als das Dreifache des zweiten. Wieviel Tonnen transportiert jeder LKW?

**4.12** Acht Liter einer 10 %igen Säure werden mit 3 l einer 2 %igen Säure gemischt. Wie groß ist der Prozentgehalt an Säure in der Mischung?

**4.13** Folgende Gleichungen sind zu lösen:

a) $x^2 - 64 = 0$ b) $x^2 + 2x = 0$

c) $x^2 + 2x = 8$ d) $3x^2 - 5x = x^2 + 9x + 18$

e) $x^2 - 6x = x(x - 6)$ f) $(x + 4)(x - 3) = 0$

g) $(x + 1{,}9)^2 = 0$ h) $2x^2 = 8x - 8$

i) $x^2 - 0{,}6x + 17{,}3 = 0$ j) $8x^2 - 6x + 1 = 0$

k) $(x + a)^2 = b^2$ l) $-0{,}1x^2 + 2x + 50 = 0$

m) $4x^2 - 24x = 28$ n) $x^2 = -81$

o) $-0{,}030x^2 + 0{,}150x - 0{,}185 = 0$ mit einer Genauigkeit von $10^{-5}$.

**4.14** Stellen Sie die Terme als Produkte von Linearfaktoren dar.

a) $x^2 - 8x + 16$ b) $x^2 - 5x$ c) $x^2 + 4$

**4.15** Welche quadratische Gleichung in Normalform hat folgende Lösungsmengen?

a) $\{1; 3\}$ b) $\{0; 5\}$ c) $\{-3\}$ (zweifach)

d) $\{2 + 3\mathrm{j}; 2 - 3\mathrm{j}\}$ e) $\{1 - \mathrm{j}; 2 + \mathrm{j}\}$

**4.16** Die gegebenen Gleichungen sind in die Normalform der quadratischen Gleichung zu überführen und zu lösen.

a) $\frac{1}{x} = 2x + 3$ b) $x - 9 - \frac{\sqrt{3x}}{2} = 0$

c) $x + 1 = \sqrt{5 - 2x} + 10$ d) $\frac{x + 11}{x + 3} = \frac{2x + 1}{x + 5}$

e) $\frac{1}{x - 1} + \frac{2}{x - 3} = \frac{x^2 - 2x - 1}{x^2 - 4x + 3}$

**4.17** Wird der Radius einer Kugel um 3 cm vergrößert, so verdoppelt sich ihre Oberfläche. Wie groß war der Radius?

**4.18** In einem Stromkreis, an dem eine Spannung von 220 V angelegt ist, fließt bei Parallelschaltung zweier Widerstände ein Strom von 4 A und bei Reihenschaltung der gleichen Widerstände ein Strom von 1 A. Wie groß sind die Widerstände?

**4.19** Folgende Gleichungen sind zu lösen.

a) $x^3 - 27 = 0$ b) $x^3 - 2x^2 - 12x = 0$

c) $(x - 3)(x + 4)^2 = 0$ d) $x^3 + 5x^2 = 0$

**4.20** Bei einem Quader ist die erste Kante um 5 cm länger als die zweite und um 4 cm kürzer als die dritte. Er hat ein Volumen von 700 cm³. Welche Längen haben die Kanten?

**4.21** Ermitteln Sie unter Nutzung des Hornerschen Schemas die Lösungen der folgenden Gleichungen.

a) $x^3 - x^2 - 41x + 105 = 0$  b) $x^3 - 3x^2 + 3x - 9 = 0$

**4.22** Lösen Sie folgende Exponentialgleichungen.

a) $8^x = 64$  b) $8^x = 164$

c) $3{,}11^{x-1} = 12{,}56$  d) $0{,}56^{3-x} \cdot 1{,}23^x = 15.$

e) $2e^x - 3e^{-x} = 1$  f) $a^{x+7} = a^{16}$

g) $(r^{x-2})^{x-4} = (r^{2-x})^{7-x}$  h) $\left(\frac{3}{4}\right)^x = \left(\frac{4}{3}\right)^x$

**4.23** Die gegebenen Formeln sind aufzulösen.

a) $D = \frac{1 - e^{-kt}}{1 + e^{-kt}}$ nach $t$  b) $A_n = A_1 q^{n-1}$ nach $n$

c) $K = K_0(1 - p)^n$ nach $n$

**4.24** Lösen Sie die logarithmischen Gleichungen.

a) $6 + 3 \lg x = 7{,}9$  b) $4 - 8 \lg 3x = -18{,}3$

c) $\lg x^3 + 2 \lg x^2 = 30{,}6$  d) $\ln x^2 + 23 = \lg 12\,700$

e) $\ln(x^2 + 2x - 7) = \ln(x + 3)$

**4.25** Der Zeitwert $K_Z$ einer Maschine mit einem Neuwert $K$ beträgt nach $n$ Jahren $K_Z = K(1 - p)^n$, wenn jährlich $p$ Prozent abgeschrieben werden.
Nach wieviel Jahren ist der Zeitwert auf ein Drittel des Neuwertes gesunken, wenn mit $p = 8\,\%$ abgeschrieben wird?

**4.26** Die gegebenen Formeln sind aufzulösen.

a) $F_1 = \frac{F_2}{2^n}$ nach $n$  b) $f = \ln \frac{D_0}{D_0 - d} + 0{,}3$ nach $D_0$

c) $AB^{C \lg D + E} = F$ nach $A, B, C, D$ und $E$.

**4.27** Von den gegebenen goniometrischen Gleichungen sind Lösungen aus dem Intervall $I_1 = \left[0; \frac{\pi}{2}\right]$ bzw. $I_2 = [0; 2\pi]$ in den Einheiten Radiant und Grad anzugeben.

a) $\sin 3x = 0{,}345;\quad x \in I_1$  b) $3 \tan 0{,}6x = 2{,}33;\quad x \in I_1$

c) $\cos x - \sin x = 1;\quad x \in I_2$  d) $\frac{\cos x}{\tan x} = -3;\quad x \in I_2$

e) $\cos 2x = -2;\quad x \in I_2$  f) $\sin^2 x + \cos^2 x = 1;\quad x \in I_2$

**4.28** Ermitteln Sie auf graphischem Wege und danach mittels der Iteration oder dem Sekantenverfahren mit einer Genauigkeit von $10^{-3}$ die Lösungen folgender Gleichungen.

a) $\ln x = x - 3$  b) $\sin 2x - e^x + 3x = 0,\quad x \in [0; 0{,}5]$

c) $x^3 - 3x - 16 = 0$  d) $x^4 - 2x^2 = 3x + 4$

**4.29** Die Lösungsmengen für die folgenden Ungleichungen sind zu ermitteln.

a) $3x - 4(7 - x) > 12x + 28$  b) $2(x + 2) - 10x \leqq -8x$

c) $4 - x[6 - 5(3 - x)] \leqq x[-2 - 5(x + 12)]$

d) $2u + 10(3 - 5u) < 8u + u(2u - 1) - 2(u + 1)^2$

e) $(x - 3)(2x + 4) > 0$ (Produkt beachten!)

**4.30** Bestimmen Sie die größtmöglichen Definitionsbereiche!

a) $\ln(3x - 1)$  b) $\sqrt{4u + 12}$  c) $\sqrt{\frac{4}{2 - 5t}}$

**4.31** Die folgenden Ungleichungen sind zu lösen.

a) $|x+3| \leqq 2$ b) $|x+4| > 5$ c) $|8x-3| \leqq 12$

**4.32** Bestimmen Sie die Lösungen folgender Gleichungssysteme durch ein zweckmäßiges herkömmliches Lösungsverfahren ( a) bis d) auch graphisch).

a) $\left| \begin{array}{l} 3x - 2y = 6 \\ 6x - 4y = 12 \end{array} \right|$ b) $\left| \begin{array}{l} 3x - 2y = 6 \\ 6x - 4y = 18 \end{array} \right|$

c) $\left| \begin{array}{r} 12x - 8y = 24 \\ 2y = 3x - 6 \end{array} \right|$ d) $\left| \begin{array}{r} 4x_2 - 2 = 8x_1 \\ x_1 = 12x_2 - 9 \end{array} \right|$

e) $\left| \begin{array}{l} 3x_1 = 4 + 2x_2 \\ 3x_1 = 12x_2 - 2 \end{array} \right|$ f) $\left| \begin{array}{r} x_1 + x_2 - 2 = 0 \\ 3x_1 - x_2 + 7 = 0 \end{array} \right|$

**4.33** Stellen Sie aus den dargestellten Sachverhalten heraus die Gleichungssysteme auf, und lösen Sie diese mit einem passend gewählten Lösungsverfahren.

a) Zwei Bautrupps $B_1$ und $B_2$ sollten eine Werkhalle in 45 Tagen montieren. Der Bautrupp $B_1$ wurde nach 10 Tagen abgezogen, und der Bautrupp $B_2$ benötigte deshalb noch 42 Tage zur Fertigstellung der Halle. In welcher Zeit hätte jeder Bautrupp allein die Montage durchführen können?

b) Beim DIN-gerechten Papierformat A0 stehen die Seiten im Verhältnis $1 : \sqrt{2}$. Die Fläche beträgt 1 m². Wie lang sind die beiden Seiten?

c) Wird die lange Seite einer rechteckigen Platte um 4 cm verkürzt und die kurze um 2 cm, so entsteht eine quadratische Platte mit einem um 84 cm² geringeren Flächeninhalt. Wie lang sind die Seiten vorher gewesen?

d) Das von einer Kraft erzeugte Drehmoment bleibt konstant, wenn die Kraft um 68 N vergrößert und der Hebelarm um 32 cm verkürzt wird oder wenn die Kraft um 68 N verringert und der Hebelarm um 64 cm verlängert wird. Wie groß sind die Kraft und ihr Hebelarm?

e) In einem einfachen Stromkreis bewirkt die Verringerung des Widerstandes um 50 Ω ein Ansteigen der Stromstärke um 2,4 A. Bei Vergrößerung des Widerstandes um 20 Ω sinkt die Stromstärke um 0,6 A. Wie groß sind Widerstand und Stromstärke?

f) Eine 6 mm dicke Messingplatte ist 43 cm breit und 1,25 m lang. Sie hat eine Masse von 26,123 kg. Wieviel Kupfer mit $\varrho = 8{,}9$ kg/dm³ und wieviel Zink mit $\varrho = 7{,}14$ kg/dm³ sind darin enthalten?

g) Schwefelsäure mit einer Dichte von 1,15 kg/dm³ und 1,21 kg/dm³ ergeben beim Mischen 60 dm³ Schwefelsäure mit der Dichte 1,18 kg/dm³. Wie groß sind die Ausgangsmengen gewesen?

**4.34** Berechnen Sie die Koordinaten der Schnittpunkte der durch die Funktionen gegebenen Geraden.

a) $y = 2x - 3$ und $y = -0{,}5x + 2$ mit $x \in R$
b) $x - y = 0$ und $3x + y = 1$ mit $x \in R$.

**4.35** Fassen Sie zusammen und ermitteln Sie dann die Lösungsmengen der folgenden Gleichungssysteme.

a) $\left| \begin{array}{r} 2(x-3) + y(x+4) - xy + 12 = 0 \\ 8(3x+6) - 2(12x - 5y) = 36x - 1 \end{array} \right|$ b) $\left| \begin{array}{l} (x+3)^2 = x^2 - 3y \\ 12x + 6y = 10 \end{array} \right|$

c) $\left| \begin{array}{r} -(3x+2y)6 + 9(2y - 3x) = 0 \\ 6y - 45x = 0 \end{array} \right|$ d) $\left| \begin{array}{l} 0{,}780x + 0{,}563y = 0{,}217 \\ 0{,}913x + 0{,}659y = 0{,}254 \end{array} \right|$

e) $\left| \begin{array}{l} x + y = 34{,}87 \\ 12{,}35x - 56{,}73 = y \end{array} \right|$ f) $\left| \begin{array}{l} \dfrac{2}{x+3} = \dfrac{6{,}7}{y - 3{,}3} \\ \dfrac{3{,}1}{15 - y} = \dfrac{0{,}3}{8{,}11x} \end{array} \right|$

**4.36** Die Lösungen der folgenden Systeme sind mit Hilfe des Gaußschen Algorithmus zu ermitteln und auf 4 Dezimalstellen genau anzugeben.

a) $\left|\begin{array}{rl} 3{,}8x_1 + 9{,}4x_2 = & 0{,}2 \\ 72{,}3x_1 + \quad x_2 = & -0{,}4 \end{array}\right|$ b) $\left|\begin{array}{rl} 9{,}81u + 7{,}2 \; = & 120{,}1v \\ 3v - 2{,}8u = & 0 \end{array}\right|$

c) $\left|\begin{array}{rl} 12x_1 + \; 3x_2 - \; x_3 = & 12 \\ 5x_1 \qquad\quad + \; x_3 = & 16 \\ 19x_2 - 8x_3 = & -9 \end{array}\right|$ d) $\left|\begin{array}{rl} 1{,}5x_1 - 12{,}4x_2 + \; 2{,}9x_3 = & 14{,}05 \\ 3{,}6x_2 + \; 4{,}4x_3 = & 11{,}68 \\ 3{,}2x_1 - 21{,}2x_2 + 10{,}2x_3 = & 39{,}78 \end{array}\right|$

**4.37** Lösen Sie das System $\left|\begin{array}{rl} x + \; y + \; z = & c \\ x - \; y + \; z = & 2 \\ 2x \qquad + 2z = & 8 \\ -x - 2y - \; z = & -8 \end{array}\right|$

mit dem Gaußschen Algorithmus, indem Sie

a) $c = -2$ b) $c = 6$

einsetzen. (Hinweis: Es können auch 2 Gleichungen linear abhängig sein.)

**4.38** Mit $\boldsymbol{A} = \begin{pmatrix} -2 & 0 & 4 \\ 8 & 2 & 12 \end{pmatrix}$; $\boldsymbol{B} = \begin{pmatrix} -1 & -4 & 3 \\ 0 & 2 & -6 \end{pmatrix}$; $\boldsymbol{N} = \begin{pmatrix} 0 & 0 & 0 \\ 0 & 0 & 0 \end{pmatrix}$

sind zu berechnen:

a) $\boldsymbol{A} - \boldsymbol{B}$ b) $\boldsymbol{B} - \boldsymbol{A}$ c) $\boldsymbol{A} + \boldsymbol{B} - \boldsymbol{N}$ d) $2\boldsymbol{B} - 3\boldsymbol{N} + \boldsymbol{A}$ e) $0{,}5\boldsymbol{A}^{\mathrm{T}} - 2\boldsymbol{B}^{\mathrm{T}}$

**4.39** Mit $\boldsymbol{a}^{\mathrm{T}} = (2 \;\; 1 \;\; -1)$, $\boldsymbol{b}^{\mathrm{T}} = (-1 \;\; 3 \;\; 2)$ und $\boldsymbol{c}^{\mathrm{T}} = (1 \;\; 1 \;\; 1)$ sind zu berechnen:

a) $\boldsymbol{a}^{\mathrm{T}}\boldsymbol{b}$ b) $\boldsymbol{b}^{\mathrm{T}}\boldsymbol{a}$ c) $\boldsymbol{a}^{\mathrm{T}}\boldsymbol{c}$ d) $\boldsymbol{c}^{\mathrm{T}}\boldsymbol{c}$
e) $\boldsymbol{a}\boldsymbol{a}^{\mathrm{T}}$ (Typgleichung aufstellen)

**4.40** Mit $\boldsymbol{A} = \begin{pmatrix} 1 & 2 & 3 \\ 0 & -3 & -8 \end{pmatrix}$, $\boldsymbol{B} = \begin{pmatrix} 1 & 3 \\ -2 & 1 \end{pmatrix}$ und $\boldsymbol{C} = \begin{pmatrix} 0 & 2 \\ -1 & 3 \\ 3 & 4 \end{pmatrix}$

sind bei erfüllter Verkettungsbedingung die folgenden Produkte mit Hilfe des Falkschen Schemas zu bilden:

a) $\boldsymbol{A} \cdot \boldsymbol{B}$ b) $\boldsymbol{B} \cdot \boldsymbol{A}$ c) $\boldsymbol{B} \cdot \boldsymbol{B}$ d) $\boldsymbol{A} \cdot \boldsymbol{C}$ e) $\boldsymbol{C} \cdot \boldsymbol{A}$
f) $\boldsymbol{B} \cdot \boldsymbol{C}$ g) $\boldsymbol{C} \cdot \boldsymbol{B}$ h) $(\boldsymbol{C} \cdot \boldsymbol{A})^{\mathrm{T}}$ i) $\boldsymbol{A}^{\mathrm{T}} \cdot \boldsymbol{C}^{\mathrm{T}}$

**4.41** $\left|\begin{array}{rl} x - y = & 4 \\ x + z = & 13 \\ y + z = & 9 \end{array}\right|$ (I) $\left|\begin{array}{rl} x + \; y + \; z = & 9 \\ x + 2y + 4z = & 15 \\ x + 3y + 9z = & 23 \end{array}\right|$ (II)

a) Schreiben Sie die Systeme als Matrizengleichungen.
b) Berechnen Sie die eventuell vorhandenen inversen Matrizen der Koeffizientenmatrizen und mit diesen die Lösungen.

**4.42** $\left|\begin{array}{l} 2x_1 + \; 5x_2 - 3x_3 = y_1 \\ 4x_1 + \; 9x_2 - 4x_3 = y_2 \\ 5x_1 + 11x_2 - 4x_3 = y_3 \end{array}\right|$ (I)

$\left|\begin{array}{l} y_1 = \; 2x_1 + 3x_2 + \; 7x_3 + 4x_4 \\ y_2 = -x_1 + 2x_2 + \; 4x_3 + 2x_4 \\ y_3 = \; 3x_1 + 5x_2 + 11x_3 + 7x_4 \\ y_4 = \; 3x_1 + 4x_2 + 10x_3 - 5x_4 \end{array}\right|$ (II)

a) Schreiben Sie die Systeme als Matrizengleichungen.
b) Invertieren Sie die Koeffizientenmatrizen (bei (II) auf 3 Dezimalstellen genau).
c) Berechnen Sie mittels der jeweiligen inversen Matrizen die Lösungen für die Absolutgliedervektoren

bei (I): $y_1 = \begin{pmatrix} 7 \\ 2 \\ 9 \end{pmatrix}$, $y_2 = \begin{pmatrix} 0 \\ -2 \\ 10 \end{pmatrix}$, $y_3 = \begin{pmatrix} 0 \\ 0 \\ 0 \end{pmatrix}$

bei (II): $y_1^T = (1\ \ 1\ \ 1\ \ 1)$ und $y_2^T = (10\ \ 20\ \ 30\ \ 40)$.

**4.43** Ermitteln Sie für die gegebenen Gleichungssysteme die Lösungen mit Hilfe der Formeln (4.34), (4.35) und (4.36).

a) $\begin{vmatrix} 3x + 4y = 12 \\ 16x - 2y = -14 \end{vmatrix}$ b) $\begin{vmatrix} 3 - x + 2y = 0 \\ 2x + 8y - 1 = 0 \end{vmatrix}$

**4.44** In den Teilnormentabellen $T_1$ und $T_2$ ist festgehalten, in welchen Stückzahlen die Einzelteile $E_i$ in den Bauteilen $B_j$ und diese in den Fertigerzeugnissen $F_k$ enthalten sind.

| $T_1$ | $B_1$ | $B_2$ | $B_3$ |
|---|---|---|---|
| $E_1$ | 3 | 2 | 3 |
| $E_2$ | 6 | 4 | 3 |
| $E_3$ | 11 | 3 | 0 |
| $E_4$ | 0 | 1 | 6 |

| $T_2$ | $F_1$ | $F_2$ | $F_3$ |
|---|---|---|---|
| $B_1$ | 2 | 0 | 1 |
| $B_2$ | 3 | 1 | 0 |
| $B_3$ | 0 | 4 | 5 |

a) Berechnen Sie die Matrix $\boldsymbol{T}$ der totalen Einsatzkoeffizienten.
b) Wie viele Einzelteile werden benötigt, wenn die Produktionsauflage $(f_1\ f_2\ f_3) = (160\ \ 420\ \ 809)$ in Stück beträgt?
c) Berechnen Sie die Gesamtkosten für alle Einzelteile bei gegebener Produktionsauflage, wenn ein Preisvektor $(p_1\ p_2\ p_3\ p_4) = (2{,}73\ \ 9{,}75\ \ 11{,}33\ \ 17{,}94)$ in € pro Stück vorausgesetzt wird.
Alle erforderlichen Rechenoperationen sind mit Hilfe von Matrizen (Vektoren) auszuführen.

---

**4.45** Ermitteln Sie die größtmöglichen Definitionsbereiche!

a) $\frac{7}{1-x} = \sqrt{x+3}$ b) $\sqrt{x+13} = \sqrt{16-x}$ c) $\lg \frac{1}{x} = 0$

d) $(x+3)^2 = x^2 + 6x + 9$ e) $\sqrt[3]{81 - x} = \sin 35°$

**4.46** Die in der Aufgabe 4.45 gegebenen algebraischen Gleichungen sind in die allgemeine Form zu überführen!

**4.47** Lösen Sie folgende Gleichungen!

a) $x^2 + (x-2)^2 = (x+2)^2$ b) $2x^2 + 6 = (x-3)(x-2)$

c) $\frac{x+1}{x-1} - \frac{x-1}{x+1} = \frac{x^2}{x^2-1}$ d) $\frac{a}{a+5} + \frac{a}{a-5} = \frac{a^2+8a}{a^2-25}$

**4.48** Für welche Zahlen $c$ haben die gegebenen Gleichungen zwei reelle Lösungen, eine reelle Doppellösung bzw. keine reelle Lösung?

a) $x^2 + 6x + c = 0$ b) $x^2 + cx + 4 = 0$

**4.49** Ermitteln Sie mit Hilfe des Satzes von VIETA die Werte $p$ und $q$ der Normalform der quadratischen Gleichung!

a) $x_1 = 3;\ \ x_2 = -4$ b) $x_1 = 2 - 3\mathrm{j};\ \ x_2 = 2 + 3\mathrm{j}$

c) $x_1 = 0{,}357;\ \ x_2 = -12{,}381$ d) $x_{1;2} = 34$

**4.50** Bei einer Brinellhärteprüfung einer Stahlsorte, bei der eine Stahlkugel mit 10 mm Durchmesser auf die ebene Oberfläche des zu prüfenden Werkstückes gedrückt wird, ergibt sich ein Kugeleindruck mit 4 mm Durchmesser. Wie tief ist die Kugel in das Werkstück eingedrungen?

**4.51** In einer Anlage bewegen sich zwei Körper in einer Gesamtstrecke von 80 cm aufeinander zu. Der untere wird mit der konstanten Geschwindigkeit von 13 m/s angehoben, der obere bewegt sich mit der gleichmäßigen Beschleunigung von $4\ \text{m/s}^2$ nach unten. Wann treffen sich beide Körper, und welchen Weg hat dann jeder Körper zurückgelegt?

**4.52** Wird eine Seite eines Quadrates um 3 m verkürzt, die andere um 5 m verlängert, so entsteht ein Rechteck mit $20\ \text{m}^2$ Flächeninhalt. Wie lang sind die Seiten des Rechtecks?

**4.53** Ermitteln Sie eine, wenn möglich zwei Lösungen!

a) $3 + x = 0{,}43$ b) $3x = 0{,}43$ c) $3^x = 0{,}43$

d) $\log_3 x = 0{,}43$ e) $3 \sin x = 0{,}43; \quad x \in [0; 2\pi]$

f) $\tan\frac{x}{3} = 0{,}43; \quad \frac{x}{3} \in [0; 2\pi]$ g) $\arctan(3 - x) = 0{,}43$

h) $\sqrt[x]{3} = 0{,}43$

**4.54** Lösen Sie durch vorherige Umformungen oder mittels Substitution folgende Gleichungen!

a) $\lg x^4 = 5 \lg 12 - \lg x$ b) $\ln(2x + 3) = \ln(x - 1) + 3$

c) $23{,}56^x = 14^{x-3}$ d) $e^{2x} + 3e^x = 0$

e) $2 \cos 2x - 3 \sin 2x = 1$ f) $6 \sin x = 12 \sin x$

**4.55** Für einen Potenzflaschenzug gilt $F_1 = \frac{F_2}{2^n \cdot \eta}$. Wie viele Rollen werden benötigt, um die Last $F_2 = 54\,000$ N mit der Kraft $F_1 = 400$ N bei einem Wirkungsgrad $\eta = 0{,}78$ heben zu können?

**4.56** Die Amplituden eines Federschwingers bilden eine fallende geometrische Folge mit der Gesetzmäßigkeit $A_n = A_0 q^n$. Dabei bedeuten: $A_0$ die Anfangsamplitude, $A_n$ die Amplitude der $n$-ten Schwingung und $q = 0{,}95 = 95\,\%$ die jeweilige Amplitudenabnahme. Bei welcher Periode unterschreitet die Amplitude 10 % des Anfangswertes?

**4.57** Bei der Papierherstellung wird die Papierbahn über Trockenzylinder geleitet, wie es dem Bild 4.25 zu entnehmen ist. Mit den seitlich angeordneten Walzen läßt sich der Umschlingungswinkel $\alpha$ verändern. Ermitteln Sie diesen für den Fall $a = 350$ mm, $R = 320$ mm, $r = 44$ mm.

**4.58** Ein liegender zylindrischer Kessel mit dem Radius $r$ soll zu einem Drittel mit Wasser gefüllt werden. In welcher Höhe (gemessen in Bruchteilen des Radius) ist dann die Wasseroberfläche (Bild 4.26)?

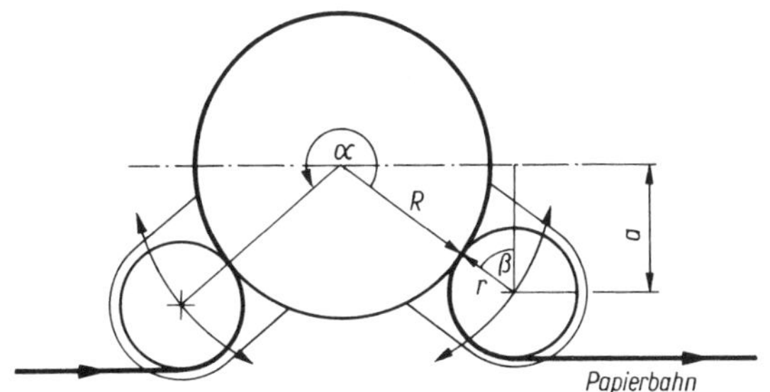

Bild 4.25

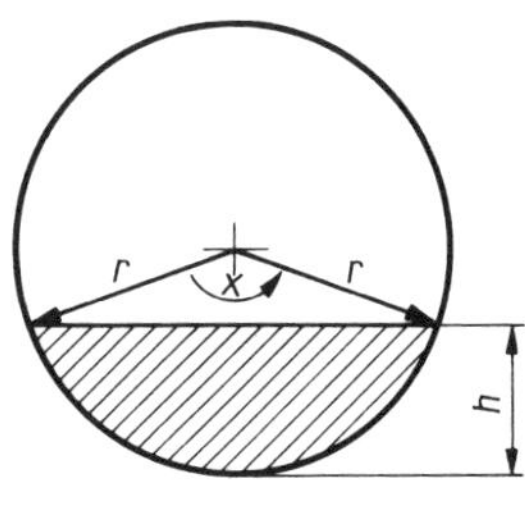

Bild 4.26

**4.59** Lösen Sie die gegebenen Ungleichungen.

a) $\frac{1}{x+1} \leqq 2$ b) $\frac{1}{2x-3} > 2$ c) $\frac{2}{x+5} \leqq \frac{4}{8-2x}$

d) $|2-x| + x < 4$ e) $|6-2x| + 1 \leqq x$

f) $|6x+19| \geqq 2x + 34$

**4.60** Welche Lösungen hat die Ungleichung $(2x-3)(x+1) < 0$?

**4.61** Ein Körper bewegt sich geradlinig gleichförmig. Für ihn gilt deshalb $s = v_0 t + s_0$.

Zwei Messungen ergaben:

| $t$/s | 3 | 6 |
|---|---|---|
| s/m | 12,4 | 28,2 |

Ermitteln Sie aus dem aufzustellenden Gleichungssystem die Werte von $v_0$ und $s_0$.

**4.62** Die nachstehend aufgeführten Punkte $P_1$ und $P_2$ liegen jeweils auf einer Geraden mit der Funktionsgleichung $y = mx + n$. Stellen Sie durch Einsetzen der Koordinaten die zugehörigen Gleichungssysteme auf, und ermitteln Sie die Werte für $m$ und $n$.

a) $P_1(x;y) = P_1(2;3)$, $P_2(x;y) = P_2(-3;1)$

b) $P_1(0;0)$, $P_2(8;8)$ c) $P_1(4;0)$, $P_2(-3;0)$

d) $P_1(12{,}65;-32{,}19)$, $P_2(-38{,}13;-66{,}63)$

**4.63** Lösen Sie die folgenden nichtlinearen Systeme durch vorherige Substitutionen.

a) $\left|\begin{array}{l} \frac{6}{x} + 3y - 8 = 0 \\ \frac{1}{x} + 2y + 2 = 0 \end{array}\right|$ b) $\left|\begin{array}{l} \frac{4}{x} + \frac{5}{y} = 3 \\ \frac{7}{x} - \frac{1}{y} = 2 \end{array}\right|$

**4.64** Ein zweiseitig belasteter Hebel wird durch folgendes System beschrieben:

$$\left|\begin{array}{r} F_1 l_1 = F_2 l_2 \\ l_1 + l_2 = 60 \\ l_2 - l_1 = 20 \\ F_1 = 2F_2 \end{array}\right|.$$

Ermitteln Sie die Werte für $l_1$ und $l_2$, danach die Werte für $F_1$ und $F_2$.

**4.65** Bilden Sie mit den in der Aufgabe 4.40 gegebenen Matrizen die Produkte a) ***CBA*** und b) ***ACB***.

**4.66** Führen Sie die vorbereitete Matrizenmultiplikation aus, und interpretieren Sie das Ergebnis der Multiplikation einer Matrix von links und von rechts mit einer speziellen Diagonalmatrix.

| | | | 20 | 30 | 40 |
|---|---|---|---|---|---|
| | ***D·A*** | | 30 | 80 | 0 |
| | | | −10 | 40 | 10 |
| 4 | 0 | 0 | | | |
| 0 | 5 | 0 | | | |
| 0 | 0 | 6 | | | |

| | | | 4 | 0 | 0 |
|---|---|---|---|---|---|
| | ***A·D*** | | 0 | 5 | 0 |
| | | | 0 | 0 | 6 |
| 20 | 30 | −20 | | | |
| 30 | 80 | 0 | | | |
| −10 | 40 | 10 | | | |

# 5 Funktionen und Kurven

## 5.0 Vorbemerkung

In diesem Kapitel werden vorhandene Kenntnisse über reelle Funktionen und Kurven zusammengefaßt und erweitert. Durch eine Gliederung in einfache Funktionen und in Operationen mit ihnen werden Möglichkeiten gezeigt, wie die Funktionen zur Darstellung einfacher Zusammenhänge, aber auch von komplizierteren Beziehungen eingesetzt werden können.

## 5.1 Funktionsbegriff

In der Technik, in den Naturwissenschaften und in der Ökonomie gibt es eine Vielzahl von Zusammenhängen und Gesetzmäßigkeiten, die mit einem geeigneten mathematischen Mittel dargestellt werden müssen. Oft anzutreffende Formulierungen wie z. B.

- die Bewegung eines Körpers wird beschrieben, indem jeder Zeit der in dieser Zeit zurückgelegte Weg zugeordnet wird;
- die Temperatur eines Körpers ist abhängig von der ihm zugeführten Wärmemenge;
- der Materialverbrauch ist eine Funktion der Stückzahl der herzustellenden Erzeugnisse

haben gemeinsam, daß den Elementen einer Menge jeweils ein Element einer anderen Menge zugeordnet wird. Anders ausgedrückt handelt es sich bei dieser elementweisen Zuordnung um eine **Abbildung**.
Ist die Abbildung eindeutig, wie das bei den meisten Zusammenhängen und Gesetzmäßigkeiten der Fall ist, so bezeichnet man diese Abbildungen als Funktionen.

**Definition**

> Ist jedem Element $x$ einer Menge $D$ genau ein Element $y$ einer Menge $W$ zugeordnet, so heißt die Menge $f$ der geordneten Paare $(x; y)$ eine **Funktion**.
> $D$ ist der Definitionsbereich und $W$ ist der Wertebereich der Funktion.

Mit geordnetem Paar $(x; y)$ ist gemeint, daß die Reihenfolge der Variablen wesentlich ist. Das Paar (7; 3) ist nicht identisch mit dem Paar (3; 7).

Als Menge geordneter Paare wird eine Funktion $f$ symbolisiert durch

$$f = \{(x; y): x \in D \wedge y \in W\} \tag{5.1}$$

Hinweis: Gelesen als »Menge aller geordneten Paare $(x; y)$ mit der Eigenschaft, daß $x$ ein Element des Definitionsbereiches und $y$ ein Element des Wertebereiches ist«.

Das Kennzeichnen dieser Menge $f$ durch einen Kleinbuchstaben soll darauf aufmerksam machen, daß es sich bei dieser Menge speziell um eine Funktion handelt. Um unterschiedliche Funktionen voneinander unterscheiden zu können, werden anstelle von $f$ auch andere Bezeichnungen wie $g$, $h$, $\varphi$, $f_1$, $f_2$ benutzt.
In den Fachdisziplinen werden an Stelle von $x$ und $y$ die Bezeichnungen für Größen (auch Großbuchstaben) verwendet, z. B. bei $U = R \cdot I$ oder $W = P/t$.
Für den Funktionswert $y$ wird oft $f(x)$ geschrieben. Mit dieser Schreibweise wird das Wesen des Funktionsbegriffes besonders gut dargestellt: Die elementweise Abbildung eines jeden Wertes $x$ auf einen zugehörigen Funktionswert $f(x)$.
Da für alle Werte $x$ des Definitionsbereiches ein zugehöriger Funktionswert $f(x)$ existiert, ist eine Funktion eine **eindeutige Abbildung** der Elemente eines Definitionsbereiches auf die Elemente des Wertebereiches. Beides sollen im weiteren Teilmengen der Menge der reellen Zahlen sein. Bild 5.1 veranschaulicht den Funktionsbegriff für reelle Funktionen.
Der im Bild 5.1 gezeichnete Pfeil kennzeichnet die Zuordnungsrichtung, die auch im geordneten Paar $(x; y)$ vorhanden ist. Die rechts stehende Variable ist von der links stehenden Variablen abhängig. Damit ist eine Unterscheidung von Ursache und Wirkung bzw. von Eingangs- und Ausgangsgröße bei einem Prozeßablauf möglich. Der funktionale Zusammenhang $y = f(x)$ läßt sich folgendermaßen veranschaulichen:

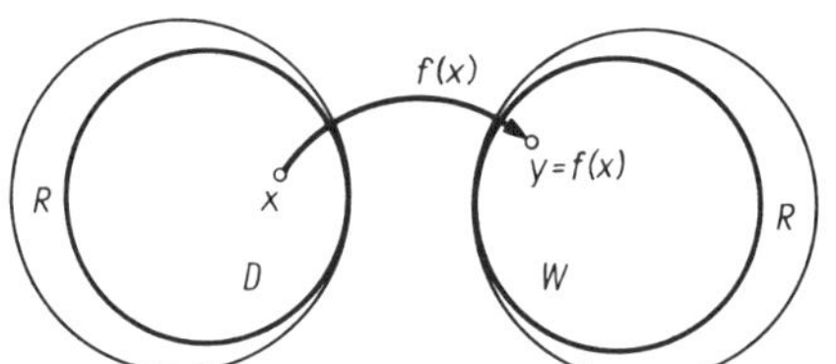

Bild 5.1

Besonders für den Techniker ist die im Bild 5.2 mit einer Funktion erfaßbare Dynamik eines Prozeßablaufs wesentlich: Der augenblickliche Wert der Ausgangsgröße $y$ bei einem Prozeßablauf ist abhängig vom momentanen Wert der Eingangsgröße $x$.

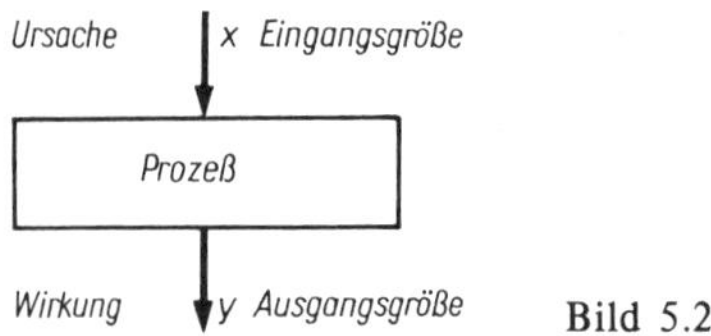

Bild 5.2

Je nachdem, ob bei einer Funktion die eindeutige Zuordnung, Abbildung oder Abhängigkeit hervorgehoben werden soll, nennt man

| **das Element** $x$ | **das Element** $y$ |
|---|---|
| Argument | Funktionswert |
| Urbild | Bild |
| unabhängige Variable | abhängige Variable |

In vielen Fällen kann die durch die Funktion $f(x)$ festgelegte Zuordnungsrichtung umgekehrt werden. Entsteht dabei wieder eine eindeutige Abbildung, so liegt eine neue Funktion vor. Das ist so im

**Beispiel**

5.1 Einem Quadrat mit der Seitenlänge $a$ ist eindeutig ein Flächeninhalt $A$ zugeordnet.
Die Funktion ist hier $A(a) = a^2$ mit $a > 0$ und $A > 0$.
Umgekehrt ist jeder Quadratfläche $A$ eindeutig eine Seitenlänge $a$ zugeordnet.
Funktion ist nun $a(A) = \sqrt{A}$ mit $A > 0$.

**Definition**

Ist die aus einer Funktion $f$ durch Umkehrung der Zuordnung hervorgehende Umkehrabbildung eindeutig, so heißt die Funktion $f$ **eineindeutig** und hat die **Umkehrfunktion** $f^{-1}$ von $f$.

**Kontrollfragen**

5.1 Woran erkennen Sie, ob eine gegebene Abbildung mehrdeutig, eindeutig oder eineindeutig ist?
5.2 Wie ist eine Funktion definiert?
5.3 Welche Funktionen haben eine Umkehrfunktion?

**Aufgaben: 5.1 und 5.2**

## 5.2 Darstellung und Eigenschaften von Funktionen

Die **verbale Beschreibung** einer Funktion ist möglich, aber nicht praktikabel genug. Das zeigt das

**Beispiel**

5.2 Jedem Element $x$ der Menge $D = \{0, 1, 2, 3, 4, 5\}$ ist als Funktionswert die Hälfte von $x$ zugeordnet.

Bevorzugt werden deshalb die Darstellungen in Form einer

- **Wertetabelle;**
- **graphischen Darstellung;**
- **analytischen Darstellung** (durch Angabe von Funktionsgleichung mit Definitionsbereich).

**Beispiel** (Fortsetzung)

5.2 Die im begonnenen Beispiel bereits verbal formulierte Funktion kann dargestellt werden

a) als Wertetabelle

| $x$ | 0 | 1 | 2 | 3 | 4 | 5 |
|---|---|---|---|---|---|---|
| $y$ | 0 | 0,5 | 1 | 1,5 | 2 | 2,5 |

b) als graphische Darstellung (siehe Bild 5.3)

c) als analytische Darstellung

$$y = \frac{x}{2} \quad \text{mit} \quad x \in \{0, 1, 2, 3, 4, 5\}$$

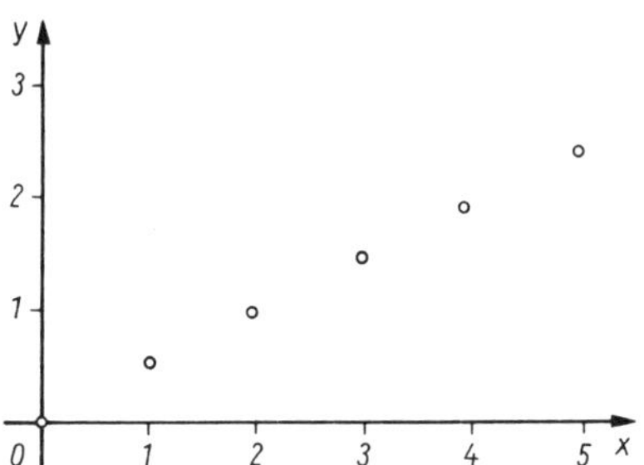


Bild 5.3

Da die Funktion im Beispiel 5.2 nur aus 6 Wertepaaren besteht, sind die drei Darstellungsarten gleichwertig. Das ist nicht mehr der Fall, wenn es sich um eine Funktion mit unendlich vielen Wertepaaren handelt. Diese lassen sich nicht in einer Wertetabelle erfassen und bei zu großem Definitions- oder Wertebereich auch nur noch ausschnittweise graphisch darstellen.

Dem jeweiligen Zweck entsprechend hat jede Darstellungsart Vor- und Nachteile gegenüber den beiden anderen.

| Darstellungsart | Vorteile |
|---|---|
| **Wertetabelle** (z. B. im Tabellenbuch oder als Meßprotokoll) | schnelles Ablesen von Funktionswerten mit festliegender Genauigkeit |
| **graphische Darstellung** (z. B. als Aufzeichnung beim EKG oder auf Bildschirm) | Eigenschaften der Funktion werden anschaulich sichtbar |
| **analytische Darstellung** (z. B. Formelsammlung) | alle Funktionswerte können beliebig genau berechnet werden |

Nicht immer liegen die Funktionen bereits in der Darstellungsart vor, die zweckentsprechend ist. Damit ergibt sich die Frage, ob die Umwandlung einer gegebenen Darstellungsart in die beiden anderen möglich ist. Die folgende Übersicht enthält Einschätzungen über den jeweils notwendigen Arbeitsaufwand beim Umwandeln:

| von | in | | |
|---|---|---|---|
| | tabellarisch | graphisch | analytisch |
| tabellarisch | ——— | gering | groß |
| graphisch | gering | ——— | (groß) |
| analytisch | gering | gering | ——— |

Von den insgesamt 6 möglichen Umwandlungen ist nur der Übergang von der tabellarischen zur analytischen Darstellung problematisch. Der Übergang von der graphischen zur analytischen Darstellung erfolgt nicht direkt, sondern über die Wertetabelle als Zwischenstufe.

### Graphische Darstellung einer Funktion

In der Praxis werden mit dem Temperaturschreiber, dem Elektrokardiograph, dem Oszillograph und mit den Computermonitoren Geräte eingesetzt, mit denen sich ändernde Größen, wie Temperatur, Spannung, Strom oder Ausbeute, meist in Abhängigkeit von der Zeit als Kurvenzug aufgezeichnet werden. Die aufgezeichneten Kurven stellen Funktionen dar. Umgekehrt sind aber nicht alle Kurven die graphischen Darstellungen von Funktionen, wie das dem Bild 5.4 zu entnehmen ist.

Die graphische Darstellung gibt eine anschauliche Vorstellung von der Eindeutigkeit einer Abbildung. Für die Eindeutigkeit einer Abbildung und damit für das Vorliegen einer Funktion gilt folgendes **Kriterium**:

■ Jede Parallele zur $y$-Achse hat mit der Kurve höchstens einen Punkt gemeinsam.

Bei der Kurve $f$ im Bild 5.5 ist dieses Kriterium erfüllt, d. h., $f$ ist eine Funktion.

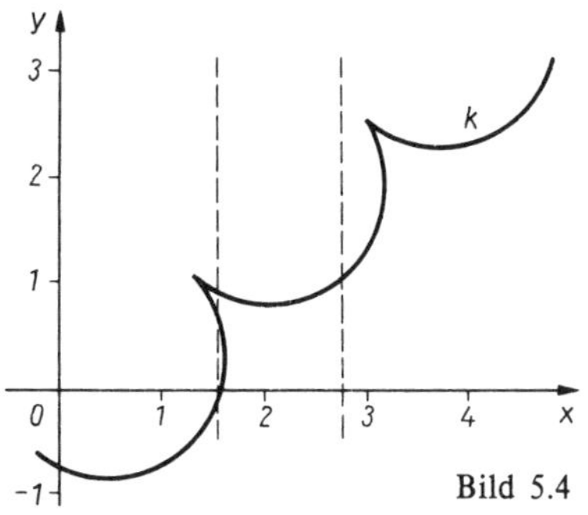


Bild 5.4

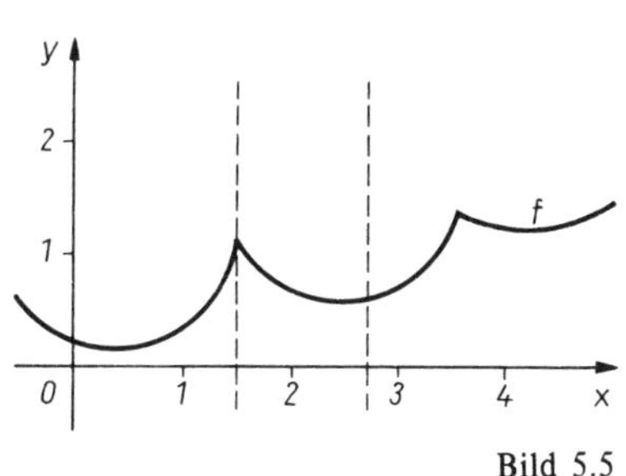


Bild 5.5

Die graphische Darstellung von Funktionen wird in fast allen Fachdisziplinen genutzt. Diese arbeiten jedoch meist nicht mit reellen Zahlen, sondern mit Größen, die ein Produkt aus Zahlenwert und Einheit sind. Mit Hilfe der Beziehung

$$\text{Zahlenwert} = \text{Größe}/\text{Einheit}$$

kann stets mit reellen Zahlen gearbeitet werden.

Das Bild 5.6 zeigt das Weg-Zeit-Diagramm einer gleichmäßig beschleunigten Bewegung. An die Achsenteilungen wurden die Zahlenwerte geschrieben, weil die Achsenbezeichnungen mit dem Quotienten Größe/Einheit vorgenommen wurden. Die Maßstäbe auf der Abszissen- und Ordinatenachse wurden unterschiedlich gewählt, weil das hier zweckmäßig ist.

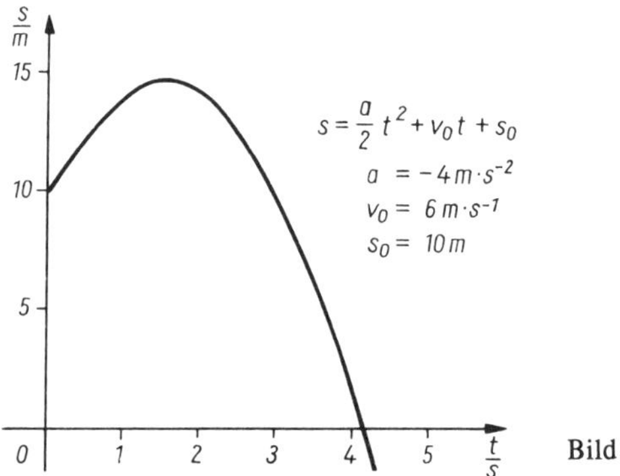


Bild 5.6

Neben der graphischen Darstellung einer Funktion in einem rechtwinkligen Koordinatensystem durch Punkte bzw. Linien gibt es auch noch die graphische Darstellung als Säulen-, Balken- oder Kreisdiagramm. Der wesentliche Unterschied zu den in der Mathematik üblichen Darstellungsweisen besteht darin, daß nun die Funktionswerte durch Flächen symbolisiert werden. Damit wird eine besonders hohe Anschaulichkeit und Faßlichkeit erreicht. In den Bildern 5.7a und 5.7b werden typische Sachverhalte als Säulen- bzw. Kreisdiagramm dargestellt.

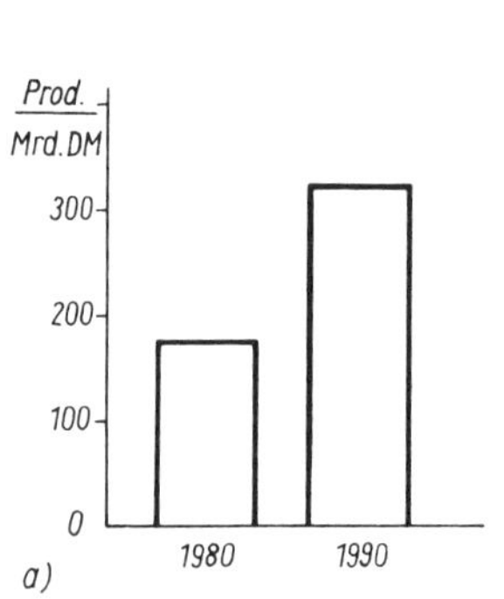


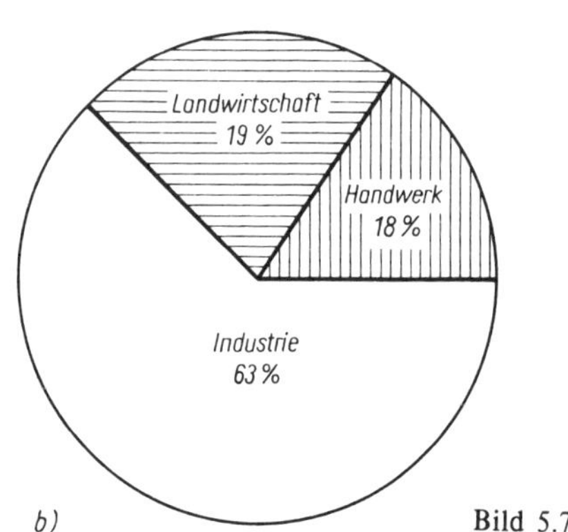


Bild 5.7

## Analytische Darstellung von Funktionen

Für mathematische Zwecke wird die analytische Darstellung einer Funktion bevorzugt. Dabei muß beachtet werden, daß die Angabe des Definitionsbereiches eine entscheidende Bedeutung besitzt, wie das folgende Beispiel zeigt.

**Beispiel**

5.3 Die Funktionen
$f_1(x) = 0{,}5x$ mit $x \in \{0, 1, 2, 3, 4, 5\}$ und
$f_2(x) = 0{,}5x$ mit $x \in [0; 5]$
haben dieselbe Funktionsgleichung, aber unterschiedliche Definitionsbereiche. Deshalb handelt es sich um verschiedene Funktionen. Während $f_1(x)$ von nur 6 Wertepaaren gebildet wird, ist $f_2(x)$ eine Menge mit unendlich vielen Wertepaaren.

Der Definitionsbereich einer Funktion wird aus mathematischer Sicht von der Ausführbarkeit der jeweiligen Rechenoperationen bestimmt. Im Anwendungsfall wird der Definitionsbereich einer Funktion durch untere und obere Werte begrenzt. Diese engen den aus mathematischer Sicht möglichen Bereich in vielen Fällen ein.
Für die analytische Darstellung einer Funktion, speziell für die Funktionsgleichung, gibt es zwei Darstellungsformen.
Die **explizite Form:**

$$y = f(x) \tag{5.2}$$

ist dann gegeben, wenn die Funktionsgleichung nach der abhängigen Variablen $y$ aufgelöst ist.
Die **implizite Form:**

$$F(x; y) = 0 \tag{5.3}$$

liegt beispielsweise bei

$$2x - 3y = 0 \quad \text{oder}$$
$$2x - 3y + y^5 + 7 = 0 \quad \text{vor.}$$

Von der letztgenannten Funktion gibt es keine explizite Darstellung, weil es prinzipiell nicht möglich ist, diese Gleichung fünften Grades formelmäßig nach $y$ aufzulösen.
Die **Eigenschaften von Funktionen** müssen den Eigenschaften der Zusammenhänge bzw. Systeme, die sie widerspiegeln sollen, entsprechen.
Eine große Zahl von Gesetzmäßigkeiten und Zusammenhängen ist dadurch gekennzeichnet, daß die Funktionswerte ausgehend von einem Anfangswert stets entweder nur größer oder nur kleiner werden. Diese Eigenschaft wird bei den Funktionen **Monotonie** genannt.

**Definition**

Eine Funktion $f$ heißt im Intervall $I \subseteqq D$ **monoton wachsend**, wenn für alle $\{x_1; x_2\} \subseteqq I$ mit $x_1 < x_2$ stets $f(x_1) < f(x_2)$ gilt.
Sie heißt **monoton fallend**, wenn mit $x_1 < x_2$ stets $f(x_1) > f(x_2)$ gilt.
Gilt $f(x_1) = f(x_2)$, so ist die Funktion im Intervall $I$ **konstant**.

In Anwendungsfällen interessiert neben der Tatsache, daß eine Funktion monoton ist, auch die Art des Steigens und Fallens. Die Bilder 5.8a bis 5.8f zeigen die 6 prinzipiell möglichen Funktionsverläufe monotoner Funktionen.
Progressives Steigen oder Fallen bedeutet, daß mit wachsenden Argumentwerten $x$ die Funktionswerte **immer stärker** steigen oder fallen; sie steigen oder fallen überproportional. Degressiv bedeutet unterproportional.

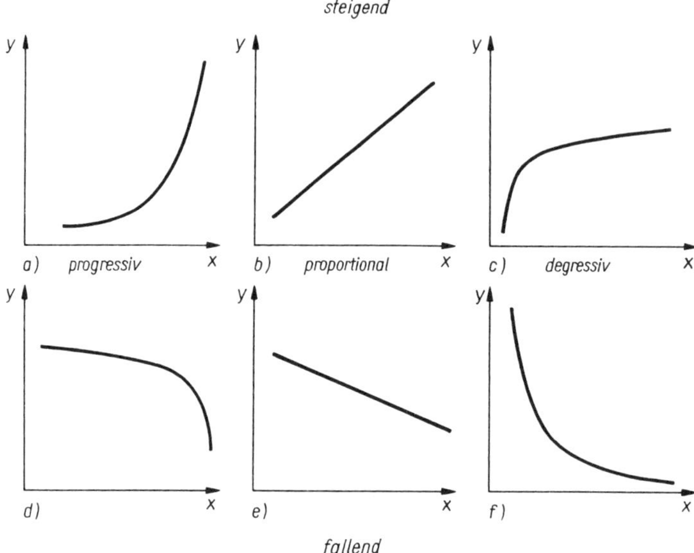


Bild 5.8

Wie allen Funktionsverläufen monotoner Funktionen zu entnehmen ist, tritt kein Funktionswert wiederholt auf.

**Folgerung**

| Monotone Funktionen sind eineindeutig und haben eine Umkehrfunktion. |
|---|

Das **Ermitteln einer Umkehrfunktion** zu einer gegebenen Funktion erfolgt in Abhängigkeit von der Darstellungsart in unterschiedlicher Weise:
Ist die Funktion in analytischer Darstellung gegeben, so erfolgt die Umkehrung in zwei Schritten:

1. Schritt: Die Funktionsgleichung $y = f(x)$ mit $x \in D$ und $y \in W$ wird durch Anwendung der jeweiligen Umkehroperationen nach $x$ aufgelöst. Dabei entsteht $x = f^{-1}(y)$ mit $x \in D$ und $y \in W$.
2. Schritt: Das Vertauschen der Variablenbezeichnungen führt dann auf die Umkehrfunktion $y = f^{-1}(x)$ mit $x \in W$ und $y \in D$.

Der 2. Schritt wird nur deshalb ausgeführt, weil dadurch die übliche Abhängigkeit – $y$ ist Funktionswert von $x$ – entsteht. Das Vertauschen der Variablenbezeichnungen hat zur Folge, daß sich einander entsprechen:

| $f(x)$ | | $f^{-1}(x)$ |
|---|---|---|
| Argument $x$ | $\leftrightarrow$ | Funktionswert $f(x)$ |
| Definitionsbereich $D$ | $\leftrightarrow$ | Wertebereich $W$ |

**Beispiel**

5.4 Die Funktion $y = 0{,}5x - 1$ mit $x \in [-3;\ 5]$ ist umzukehren.
*Lösung:*
Im 1. Schritt entsteht die nach $x$ aufgelöste Gleichung
$x = 2y + 2$ mit $x \in [-3;\ 5]$ und $y \in [-2{,}5;\ 1{,}5]$.
Nach Vertauschen der Variablen entsteht im 2. Schritt die Umkehrfunktion $y = 2x + 2$ mit $x \in [-2{,}5;\ 1{,}5]$.

Ist eine Funktion als Kurve in einem gleichgeteilten rechtwinkligen Koordinatensystem gegeben, so ist die Kurve der zugehörigen Umkehrfunktion das Spiegelbild bezogen auf die **Spiegelachse $y = x$.**
Im Bild 5.9 sind die im Beispiel 5.4 betrachtete Funktion und ihre Umkehrfunktion dargestellt.

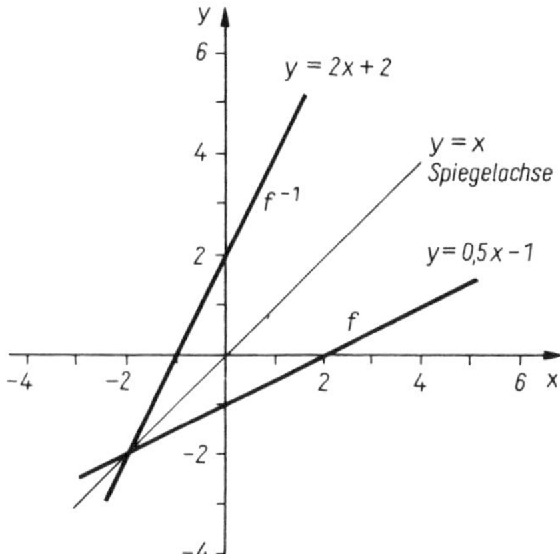


Bild 5.9

Ist die Funktion als Wertetabelle gegeben, so ist die Wertetabelle bei geänderter Ableserichtung zugleich die Wertetabelle der Umkehrfunktion. So ist bekanntlich eine Quadrattafel zugleich eine Tafel für das Ermitteln von Quadratwurzeln.
Bei Taschenrechnern, die Funktionstasten haben, sind die Umkehrfunktionen teilweise mit $f^{-1}$ gekennzeichnet und meist über die Tasten [INV] (invers) bzw. [SHIFT] aufzurufen.
Ist eine Funktion nicht eineindeutig, so läßt sie sich nicht umkehren. Es ist aber möglich, sie durch Aufspaltung des Definitionsbereiches in mehrere, jeweils monotone Teilfunktionen zu zerlegen und von diesen dann die Umkehrfunktionen zu bilden.

**Beispiel**

5.5 Die Funktion $y = f(x) = x^2$ mit $x \in [-2;\ 2]$ ist umzukehren.

*Lösung:*
Da die Funktion im Intervall $[-2;\ 0]$ monoton fallend und im Intervall $[0;\ 2]$ monoton wachsend ist, erfolgt eine Zerlegung in die Teilfunktionen
$y_1 = f_1(x) = x^2$ mit $x \in [-2;\ 0]$ und
$y_2 = f_2(x) = x^2$ mit $x \in [0;\ 2]$.

Diese werden nun einzeln in 2 Schritten umgekehrt.

a) Aus $y_1 = x^2$ mit $x \in [-2; 0]$ und $y \in [0; 4]$ folgt

$x_1 = -\sqrt{y}$ und dann

$y_1 = -\sqrt{x}$ mit $x \in [0; 4]$ und $y \in [-2; 0]$.

b) Aus $y_2 = x^2$ mit $x \in [0; 2]$ und $y \in [0; 4]$ folgt

$x_2 = +\sqrt{y}$ und dann

$y_2 = \sqrt{x}$ mit $x \in [0; 4]$ und $y \in [0; 2]$.

Dem Bild 5.10 ist zu entnehmen, wie die Umkehrung der Teilfunktionen auf graphischem Wege erfolgt.

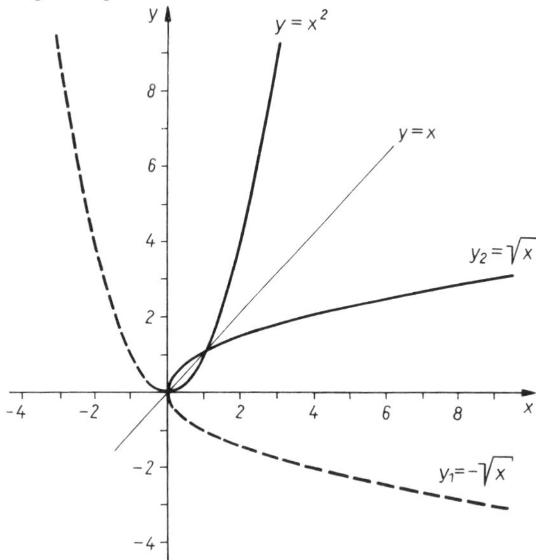


Bild 5.10

Bei vielen Gesetzmäßigkeiten und Zusammenhängen sind die Werte, die die abhängige Variable annehmen kann, nicht unbegrenzt, d.h., die Funktionswerte sind beschränkt. So ist es z. B. sachlogisch bedingt, daß der Flächeninhalt $A$ eines Quadrates, dargestellt durch die Funktion $A = a^2$ mit $a \in R$, nicht negativ werden kann. Die Funktionswerte sind hier nach unten hin beschränkt. In einem anderen Falle ist es sinnvoll, daß die Funktionswerte nach oben hin beschränkt sind, weil z.B. nur ein Sättigungsgrad von maximal 100% erreicht werden kann.

### Definition

Die Funktion $y = f(x)$ mit $x \in D$ heißt auf einem Intervall $I$

a) **nach oben beschränkt**, wenn es eine Zahl $o$ gibt, so daß für alle $x \in I$ stets $f(x) \leqq o$ gilt;

b) **nach unten beschränkt**, wenn es eine Zahl $u$ gibt, so daß für alle $x \in I$ stets $f(x) \geqq u$ gilt.

Die Zahl $o$ heißt obere Schranke, die Zahl $u$ heißt untere Schranke.

Es muß beachtet werden, daß diese unteren und oberen Schranken nicht eindeutig festgelegt sind. So ist beispielsweise $u_1 = -8$ eine untere Schranke für die Funktion $y = x^2$ mit $x \in R$, denn alle Funktionswerte sind größer als $-8$. Ebenso ist auch $u_2 = -3{,}3$ eine untere Schranke. Der Wert $u_3 = 0$ ist die größte der möglichen unteren Schranken.

Oft wird aus praktischer Sicht die Frage gestellt, ob es im Definitionsbereich einer Funktion Stellen gibt, bei denen die abhängige Variable, also der Funktionswert, den Wert 0 annimmt.

**Definition**

Ein Wert $x_N \in D$, für den $f(x_N) = 0$ gilt, heißt **Nullstelle** der Funktion $y = f(x)$.

In dieser Definition ist auch gesagt, wie die Nullstellen einer in der analytischen Darstellung gegebenen Funktion ermittelt werden: In die explizite oder implizite Form der Funktionsgleichung wird für $y$ der Wert 0 eingesetzt. Die dadurch entstehende Gleichung mit einer Variablen ist dann nach den in Abschn. 4 beschriebenen Verfahren zu lösen. Zu beachten ist, daß nur solche Rechenergebnisse Nullstellen sind, die im Definitionsbereich der Funktion liegen.
Bei graphischer Darstellung einer Funktion sind die Nullstellen als $x$-Koordinaten der Schnitt- oder Berührungspunkte der Funktionskurve mit der $x$-Achse ablesbar (vgl. Bild 4.5).
Eng verbunden mit dem Nullstellenproblem ist das Schnittstellenproblem von zwei oder mehreren Funktionen. Im einfachsten Falle, wenn nur die zwei Funktionen

$$y_1 = f_1(x) \text{ mit } x \in D_1 \quad \text{und} \quad y_2 = f_2(x) \text{ mit } x \in D_2$$

gegeben sind, wird gefragt, ob es im Durchschnitt der Definitionsbereiche der Funktionen Werte $x_s$ gibt, bei denen die Funktionswerte jeweils gleich groß sind. Formalisiert wird nach den Lösungen des Gleichungssystems

$$\left| \begin{array}{l} y_1 = f_1(x) \\ y_2 = f_2(x) \end{array} \right| \quad \text{gefragt.}$$

Da oft beide Funktionsgleichungen in der expliziten Form vorliegen, ist das Gleichsetzungsverfahren besonders vorteilhaft zur Lösung des Systems geeignet. Es entsteht in diesem Falle die Gleichung

$$f_1(x) = f_2(x) \text{ mit } x \in D_1 \cap D_2,$$

die zu lösen ist. Einfache Beispiele wurden bereits in 4.3.2 durchgerechnet.

**Kontrollfragen**

5.4 Welche Darstellungsarten für Funktionen gibt es, und worin besteht ihr Vorteil gegenüber den anderen?
5.5 Woran erkennen Sie, daß eine Kurve die graphische Darstellung einer Funktion ist?

5.6 Weshalb ist die Angabe der Funktionsgleichung zur Darstellung einer Funktion allein nicht ausreichend?
5.7 Wodurch ist der Definitionsbereich einer Funktion bestimmt?
5.8 Läßt sich jede implizit gegebene Funktionsgleichung in die explizite Form umwandeln?
5.9 Wann ist eine Funktion monoton fallend?
5.10 Wann ist eine Funktion progressiv steigend?
5.11 Wieso haben alle monotonen Funktionen eine Umkehrfunktion?
5.12 Wie wird zu einer Funktion $f$ die Umkehrfunktion ermittelt, wenn $f$ a) analytisch, b) graphisch gegeben ist?
5.13 Wie können von nichtmonotonen Funktionen Umkehrfunktionen gebildet werden?
5.14 Kann eine Funktion nach unten und nach oben beschränkt sein?
5.15 Was verstehen Sie unter Nullstellen einer Funktion, und wie werden diese ermittelt?
5.16 Wie können Sie prüfen, ob sich die graphischen Darstellungen zweier Funktionen in einem gegebenen Punkt schneiden oder berühren?

**Aufgaben: 5.3 bis 5.10**

## 5.3 Einfache Funktionen

### 5.3.0 Vorbemerkung

So, wie sich ein komplexer Prozeß aus mehreren, miteinander verknüpften einfachen Prozessen zusammensetzt, so lassen sich auch die Funktionen, die wesentliche Eigenschaften dieser Prozesse widerspiegeln sollen, aus einfachen Funktionen zusammensetzen.
Solche **einfachen Funktionen** sind dadurch charakterisiert, daß in der Funktionsgleichung die Variable $x$ nur einmal auftritt und bezüglich dieser nur eine Operation ausgeführt wird. Bei der Nutzung eines Taschenrechners ist bei den einfachen Funktionen nach der Eingabe eines $x$-Wertes nur ein einziger Tastendruck erforderlich, um den Funktionswert anzuzeigen. Falls die Taste [INV] oder [SHIFT] benutzt werden muß, so soll diese hier nicht mitgezählt werden.
Diese – bezüglich der Variablen $x$ angewendete – Operation ist ausschlaggebend für eine charakteristische Eigenschaft einer einfachen Funktion. Um welche charakteristische Eigenschaft es sich jeweils handelt, wird in den folgenden Abschnitten herausgestellt.

### 5.3.1 Potenz- und Wurzelfunktionen

Eine Potenzfunktion hat die Funktionsgleichung

$$\boxed{y = x^n \quad \text{mit} \quad n \in N}. \tag{5.4}$$

Potenzfunktionen werden zur Darstellung von Zusammenhängen und Gesetzmäßigkeiten in den Naturwissenschaften, in der Technik und auch in der Ökonomie sehr häufig benötigt, denn in vielen Fällen besteht zwischen der Größe $y$ und der Potenz $x^n$ ein proportionaler Zusammenhang. Im Anwendungsfall ist meist $n < 4$, weil konkret gegebene Größen, wie Strecken, Flächen bzw. Volumina oder physikalische Größen, in den Dimensionen $n = 1;2;3$ auftreten.

Wegen $x^0 = 1$ wird die konstante Funktion $y = x^0 = 1$ als Sonderfall zu den Potenzfunktionen gezählt.
Die Kurven der Potenzfunktionen $y = x^n$ mit $x \in R$ sind im Bild 5.11 für gerades $n$ und im Bild 5.12 für ungerades $n$ ausschnittweise dargestellt.
Die Potenzfunktionen ungerader Ordnung und die Potenzfunktionen gerader Ordnung sind auf unterschiedliche Weise symmetrisch. Diese Eigenschaft ist Anlaß zu folgender

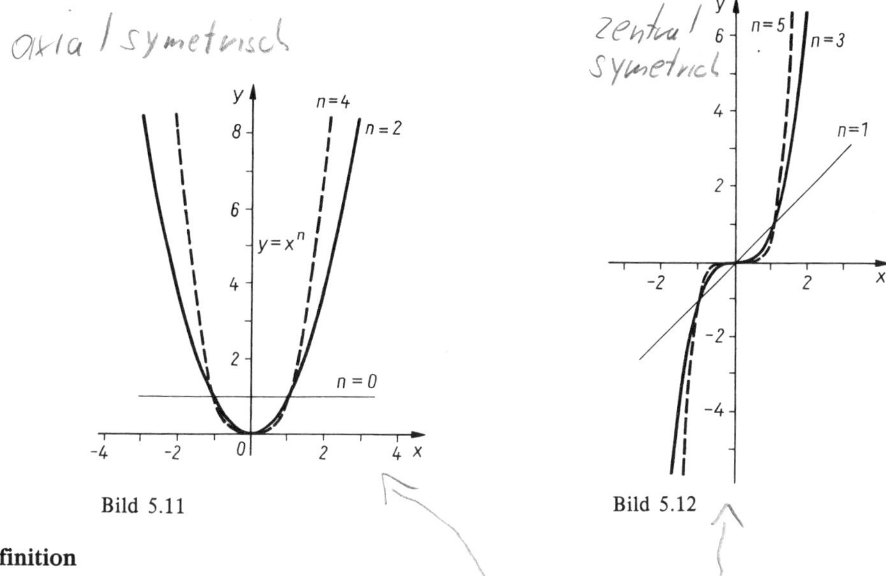


Bild 5.11

Bild 5.12

**Definition**

> Eine Funktion $y = f(x)$, bei der für alle $x \in D$
> a) $f(-x) = f(x)$ gilt, heißt **gerade Funktion**;
> b) $f(-x) = -f(x)$ gilt, heißt **ungerade Funktion**.

**Beispiele**

5.6 a) Die Funktion $y = f(x) = x^4$ mit $x \in R$ ist eine gerade Funktion, denn es gilt für alle $x$ des Definitionsbereiches
$f(-x) = (-x)^4 = x^4 = f(x)$.
b) Die Funktion $y = f(x) = x^3 - 6x$ mit $x \in R$ ist eine ungerade Funktion.
Es gilt hier für alle $x \in D$
$f(-x) = (-x)^3 - 6(-x) = -x^3 + 6x = -(x^3 - 6x) = -f(x)$.
c) Die Funktion $y = f(x) = x^3 + x^2$ mit $x \in R$ ist weder gerade noch ungerade.

5.7 Die in 5.3.3 näher betrachtete Funktion $y = \cos x$ mit $x \in R$ ist eine gerade Funktion, denn es gilt bekanntlich für jeden Wert $x$: $\cos(-x) = \cos x$.
Bei dieser Funktion ist die Eigenschaft nicht so leicht wie im Beispiel 5.6 am Auftreten gerade oder ungerader Exponenten zu erkennen.

Die Funktionskurve einer geraden Funktion liegt axialsymmetrisch zur $y$-Achse. Die Funktionskurve einer ungeraden Funktion liegt zentralsymmetrisch zum Koordinatenursprung.

Gerade und ungerade Potenzfunktionen unterscheiden sich besonders durch ihren Wertebereich. Er ist bei geradem $n$ beschränkt auf $W = [0; +\infty)$; bei ungeradem $n$ ist $W = R$, und somit ist der Wertebereich nicht beschränkt.

Die Umkehrfunktionen zu den Potenzfunktionen sind die **Wurzelfunktionen**.

Im Beispiel 5.5 wurde gezeigt, wie eine quadratische Funktion in Teilintervalle zerlegt und in diesen dann umgekehrt werden kann. Das gleiche Problem ergibt sich allgemein für die Potenzfunktion $y = x^n$ mit $x \in R$.

Potenzfunktionen gerader Ordnung sind im Intervall $(-\infty; 0]$ monoton fallend und im Intervall $[0; \infty)$ monoton steigend. (vgl. Bild 5.11). Bezogen auf diese Intervalle entstehen die beiden Umkehrfunktionen

$$y_1 = -\sqrt[n]{x} \quad \text{mit} \quad x \geqq 0 \quad \text{und}$$
$$y_2 = \sqrt[n]{x} \quad \text{mit} \quad x \geqq 0.$$

Potenzfunktionen ungerader Ordnung sind im gesamten Definitionsbereich monoton steigend (vgl. Bild 5.12), also eineindeutig und haben die Umkehrfunktion

$$y = \sqrt[n]{x} \quad \text{mit} \quad x \in [0; \infty) \quad \text{und } n \text{ ungerade.}$$

Die Bilder 5.13 und 5.14 zeigen Ausschnitte der Umkehrfunktionen von den Funktionen $y = x^3$ und $y = x^4$ mit $x \in R$.

Die Kurven der Potenzfunktionen und der Wurzelfunktionen heißen **Parabeln der Ordnung $n$** bei $n \neq 0; 1$.

Die Kurve für $n = 2$ heißt **Normalparabel.**

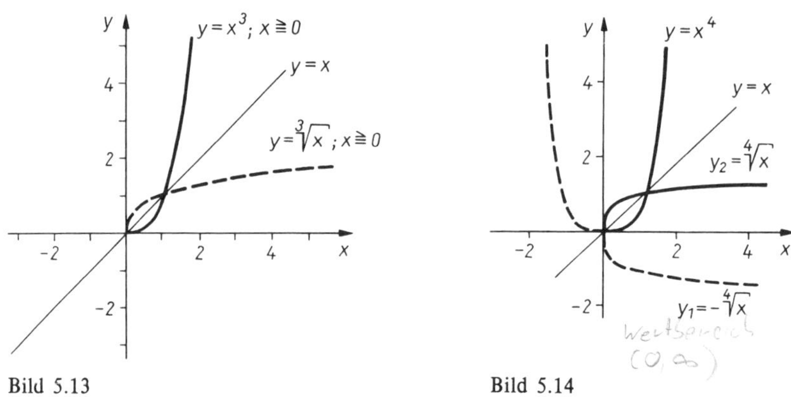


Bild 5.13

Bild 5.14

### 5.3.2 Exponential- und Logarithmusfunktionen

Eine Exponentialfunktion hat die Funktionsgleichung

$$\boxed{y = a^x \quad \text{mit} \quad a > 0 \quad \text{und} \quad a \neq 1}. \qquad (5.5)$$

Die Basis $a = 1$ wird nicht zugelassen, weil $y = 1^x = 1$ bereits als Sonderfall einer konstanten Potenzfunktion definiert wurde. Daß bei negativen Basen nicht immer reelle Funktionswerte entstehen, soll folgendes Beispiel demonstrieren.

**Beispiel**

5.8 Es sei $a = -3$ eine gewünschte negative Basis. Dann wäre $y = (-3)^x$ mit $x \in R$ die entsprechende Exponentialfunktion. Ist beispielsweise $x_1 = 0{,}5$, so ergibt sich mit $y\,(0{,}5) = (-3)^{0{,}5} = \sqrt{-3}$ keine reelle Zahl als Funktionswert. Deshalb sind für Exponentialfunktionen keine negativen Basen zugelassen.

Da das Berechnen von Funktionswerten einer Exponentialfunktion ohne Rechenhilfsmittel im allgemeinen schwierig ist, haben sich die Basen $a = 2$, $a = \mathrm{e}$ (s. 1.4.2) und $a = 10$ durchgesetzt.

Mit einem Taschenrechner, der die Funktionstaste $\boxed{y^x}$ bzw. die Taste $\boxed{x^y}$ besitzt, lassen sich Funktionswerte zu beliebigen Basen leicht berechnen. Andererseits läßt sich eine Exponentialfunktion mit der beliebigen Basis $a$ auf eine Exponentialfunktion mit der Basis e – die **e-Funktion** – umrechnen:

Ausgehend von der Identität $a = \mathrm{e}^{\ln a}$ folgt sofort die gesuchte Beziehung

$$a^x = \mathrm{e}^{x \ln a}. \tag{5.6}$$

Im Bild 5.15 sind die Funktionskurven von Exponentialfunktionen für ausgewählte Basen $a$ dargestellt.

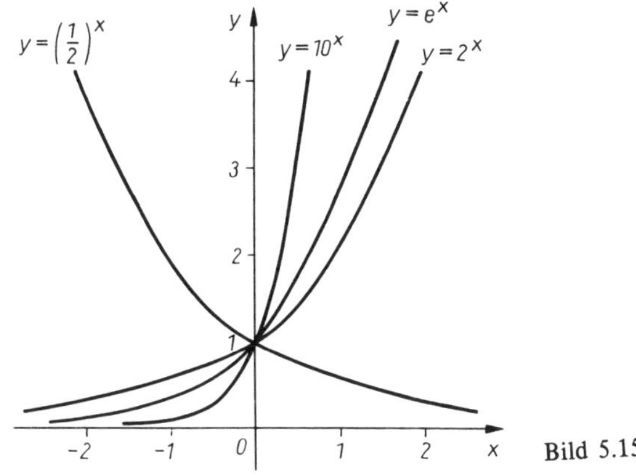


Bild 5.15

Für $0 < a < 1$ sind die Exponentialfunktionen degressiv fallend, für $a > 1$ sind sie progressiv steigend.

Alle Exponentialfunktionen haben den Punkt (0; 1) gemeinsam und nähern sich der $x$-Achse an, ohne sie jedoch jemals zu berühren. Ein solcher Kurvenverlauf ist auch bei anderen Funktionen vorhanden und deshalb Anlaß zu folgender

**Definition**

> Eine Kurve, die sich einer anderen Kurve immer weiter annähert, ohne daß eine kleinste Entfernung beider angegeben werden kann, heißt **Grenzkurve**. Erfolgt die Annäherung an eine Gerade, so heißt die Grenzkurve **Asymptote**.

Dieser Definition entsprechend ist die $x$-Achse eine Asymptote für die Funktionskurven der Exponentialfunktionen (vgl. Bild 5.15).
Die besondere Eigenschaft der Exponentialfunktionen besteht darin, daß sie in der Natur vorkommende Wachstumsprozesse, wie z. B. das organische Wachstum bei Pflanzen und Tieren oder den radioaktiven Zerfall eines Isotops, beschreiben können. Noch weiter verallgemeinert kann gezeigt werden, daß alle Prozesse, bei denen ein entstehender Größenzuwachs selbst wieder Quelle eines weiteren Größenzuwachses ist, ihrem Wesen entsprechend durch eine Exponentialfunktion dargestellt werden müssen. Unter Zuwachs ist hierbei auch negativer Zuwachs, also eine Abnahme zu verstehen.

**Beispiel**

5.9 Bezeichnet $b_0$ den Anfangsbestand der zum Zeitpunkt $t_0$ in einem Wald vorhandenen Holzmenge und $\alpha$ die Wachstumsrate pro Zeiteinheit, so ergibt sich mit $b = b_0\, e^{\alpha t}$ der Bestand zu einem beliebigen Zeitpunkt $t$.

Aus dem ökonomischen Bereich sind die Verzinsung eines Guthabens in Form von Zinseszins oder die Entwicklung betriebswirtschaftlicher Kennziffern wie Umsatz oder Warenproduktion weitere Beispiele für ein im Prinzip exponentielles Wachstum. Das charakteristische Merkmal ist hierbei, daß die auf eine Zeiteinheit bezogenen prozentualen Steigerungsraten konstant sind, z. B. 5 % jährliche Steigerung.
Die Umkehrfunktionen zu den Exponentialfunktionen sind die **Logarithmusfunktionen**. Da alle Exponentialfunktionen eineindeutig sind (vgl. Bild 5.15), gibt es zu jeder Exponentialfunktion $y = a^x$ mit $x \in R$ und $y \in (0; \infty)$ eine Logarithmusfunktion

$$\boxed{y = \log_a x \quad \text{mit} \quad x \in (0; \infty)}\,. \tag{5.7}$$

Bezogen auf die bevorzugten Basen hat die Funktion

$y = 2^x$ die Umkehrfunktion $y = \log_2 x = \operatorname{lb} x$ mit $x \in (0; \infty)$,
$y = e^x$ die Umkehrfunktion $y = \log_e x = \ln x$ mit $x \in (0; \infty)$,
$y = 10^x$ die Umkehrfunktion $y = \log_{10} x = \lg x$ mit $x \in (0; \infty)$.

Die Basis e führt zu dem »natürlichen« Logarithmus. Diese Bezeichnung wurde gewählt, weil mehrere in der Natur vorkommende und besonders die Sinneswahrnehmung des Menschen betreffende Zusammenhänge und Gesetzmäßigkeiten durch den natürlichen Logarithmus erfaßt werden.
Im Bild 5.16 sind die Funktionsverläufe einiger Logarithmusfunktionen dargestellt. Sie sind Spiegelbilder der jeweiligen Exponentialfunktionen an der Geraden $y = x$.
Wie bei den Exponentialfunktionen, so ist es auch bei den Logarithmusfunktionen möglich, sie stets auf die Basis e umzurechnen. Es gilt

$$\log_a x = \frac{1}{\ln a} \ln x, \tag{5.8}$$

vgl. Gl. (1.61) in 1.4.2.

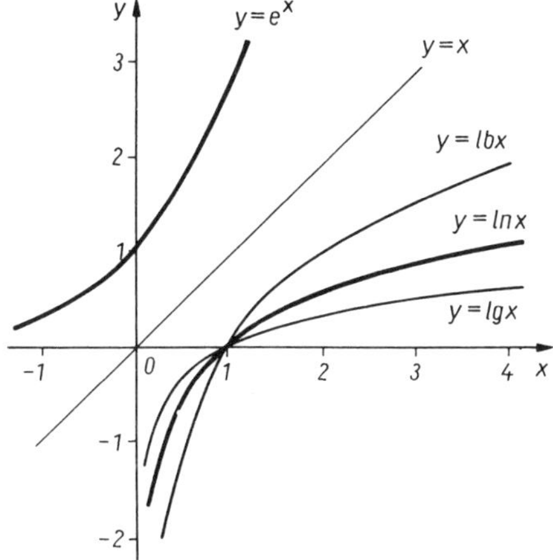


Bild 5.16

### 5.3.3 Trigonometrische und zyklometrische Funktionen

Die wesentlichste Eigenschaft der trigonometrischen Funktionen ist, daß durch sie periodisch ablaufende Vorgänge dargestellt werden können.

**Definition**

> Eine Funktion heißt **periodisch** mit der Periode $p > 0$, wenn für alle $x \in D$ stets $f(x + kp) = f(x)$ mit $k \in Z$ gilt.

Ein Hauptvertreter der trigonometrischen Funktionen ist die **Sinusfunktion**

$$y = \sin x \quad \text{mit} \quad x \in R. \tag{5.9}$$

Im Bild 5.17 ist dargestellt, wie aus dem Quotienten

Gegenkathete/Hypotenuse

im rechtwinkligen Dreieck innerhalb eines Einheitskreises die Funktionswerte der Sinusfunktion für beliebige Winkel $x$ abgeleitet werden können.

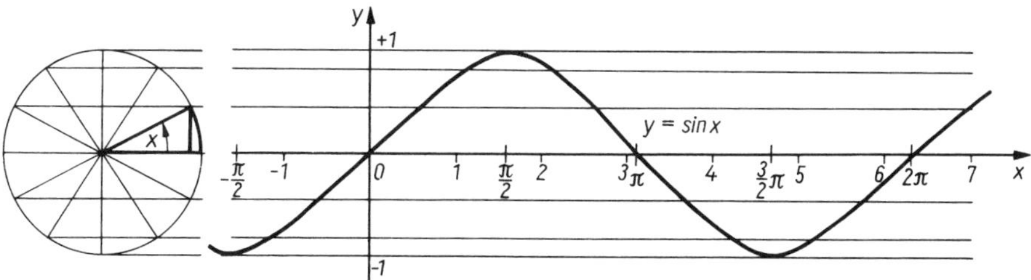


Bild 5.17

Gleichzeitig läßt sich erkennen, daß es sich um eine periodische Funktion mit der kleinsten Periode $p = 2\pi$ handelt.
Die Sinusfunktion ist nach oben durch $o = 1$ und nach unten durch $u = -1$ beschränkt. Zu beachten ist, daß die Argumente der Sinusfunktion als Bogenmaße von Winkeln reelle Zahlen sind.
Die anderen trigonometrischen Funktionen können aus der Sinusfunktion abgeleitet werden und sind deshalb nicht als einfache Funktionen, sondern als zusammengesetzte Funktionen anzusehen. So ist die Cosinusfunktion die Sinusfunktion des zum Winkel $x$ zugehörigen Komplementwinkels $\left(\frac{\pi}{2} - x\right)$ (vgl. Gl. (3.2) in 3.1.1), d. h., es ist $y = \cos x = \sin\left(\frac{\pi}{2} - x\right)$ mit $x \in R$.
Bild 5.18 zeigt analog zum Bild 5.17 die Entstehung und Periodizität der Cosinusfunktion. Sie hat, da sie eine »Co-Sinusfunktion« ist, die gleiche kleinste Periode $p = 2\pi$ wie die Sinusfunktion selbst.

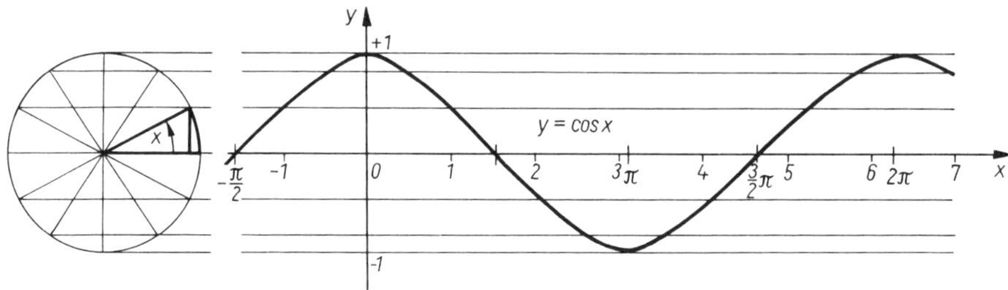


Bild 5.18

Abgeleitet aus der Beziehung $\tan\alpha = \sin\alpha/\cos\alpha$ ist die Tangensfunktion als das Verhältnis von Sinus- zu Cosinusfunktion erklärt (Bild 5.19):

$$y = \tan x = \frac{\sin x}{\cos x} \quad \text{mit} \quad x \neq (2k+1)\frac{\pi}{2} \quad \text{und} \quad k \in Z.$$

Da die Tangensfunktion ein Quotient zweier anderer Funktionen ist, ist sie nur für solche $x$ definiert, die den Nenner nicht zu Null werden lassen. Alle diejenigen $x$, bei denen die Cosinusfunktion den Wert 0 hat, also die Nullstellen (vgl. Bild 5.18), liegen nicht im Definitionsbereich der Tangensfunktion. Im Hinblick auf die Tangensfunktion handelt es sich um Stellen, bei denen die Tangenskurve eine senkrechte Asymptote hat. Die Funktionswerte streben bei Annäherung der unabhängigen Variablen $x$ an diese Stellen gegen unbegrenzt große positive bzw. negative Werte.
Die Cotangensfunktion $y = \cot x = \frac{1}{\tan x}$ mit $x \neq k\pi$ und $k \in Z$ ist auf dem Taschenrechner als Funktionstaste nicht vorhanden. Da $\cot x$ reziprok zu $\tan x$ ist, ergibt sich der Wert der Cotangensfunktion, indem die Tasten [tan] und [1/x] nacheinander gedrückt werden.
Die Umkehrfunktionen zu den trigonometrischen Funktionen sind die **zyklometrischen Funktionen**, auch **Arcusfunktionen** genannt. Wegen ihrer Periodizität haben alle trigo-

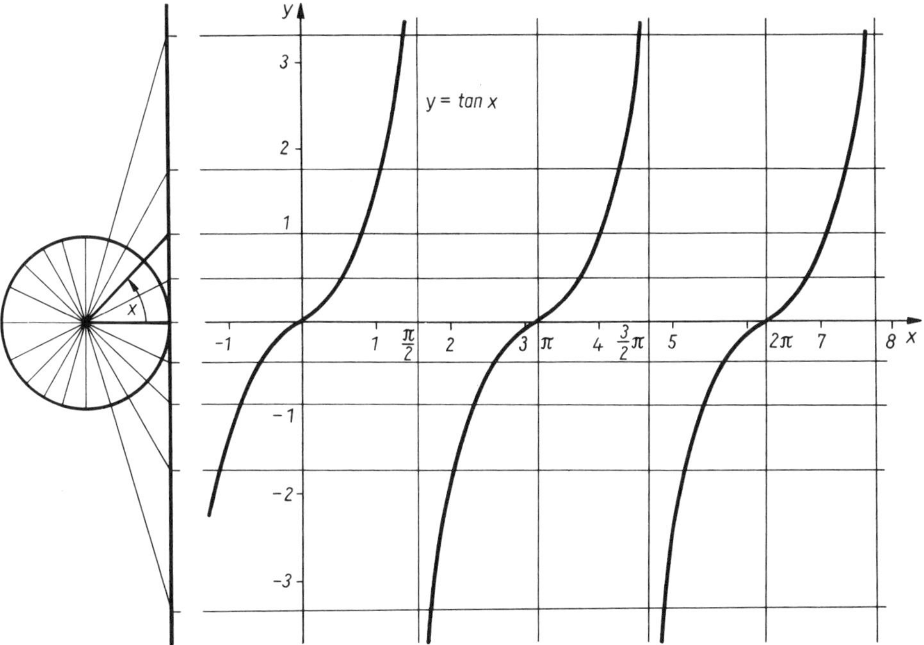


Bild 5.19

nometrischen Funktionen unendlich viele Umkehrfunktionen. Es ist deshalb notwendig, durch Aufspaltung des Definitionsbereiches die umzukehrende Funktion in jeweils monotone Teilfunktionen zu zerlegen. Im Bild 5.20 wurde zunächst die Kurve der Sinusfunktion insgesamt an der Geraden $y = x$ gespiegelt.

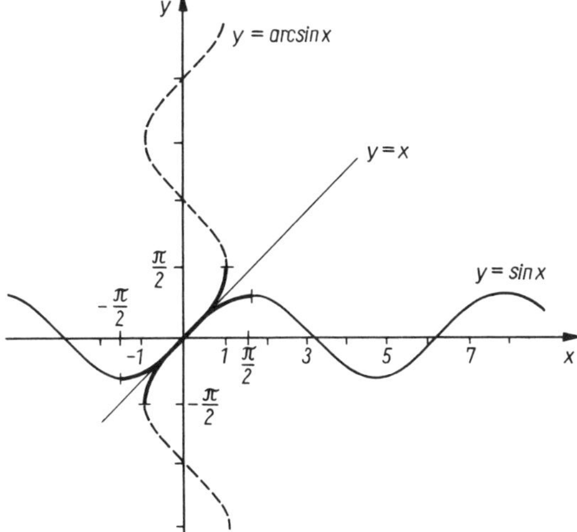


Bild 5.20

Wird nun die monotone Teilfunktion $y = \sin x$ mit $x \in \left[-\frac{\pi}{2}; \frac{\pi}{2}\right]$ betrachtet, so entstehen mit der Funktion

$$y = \arcsin x \quad \text{mit} \quad x \in [-1; 1]$$

die sogenannten **Hauptwerte**, die im Bild 5.20 durchgehend gezeichnet sind. Sie sind diejenigen Winkel (in Radiant) aus dem Intervall $\left[-\frac{\pi}{2}; \frac{\pi}{2}\right]$, deren Sinuswerte gleich $x$ sind. Auf gleiche Weise lassen sich auch die Hauptwerte der anderen zyklometrischen Funktionen gewinnen:

Zu $y = \cos x$ mit $x \in [0; \pi]$ gehört $y = \arccos x$ mit $x \in [-1;1]$;

zu $y = \tan x$ mit $x \in \left(-\frac{\pi}{2}; \frac{\pi}{2}\right)$ gehört $y = \arctan x$ mit $x \in R$

als jeweilige Hauptwerte der Umkehrfunktionen. Diese sind in den Bildern 5.21 und 5.22 dargestellt.

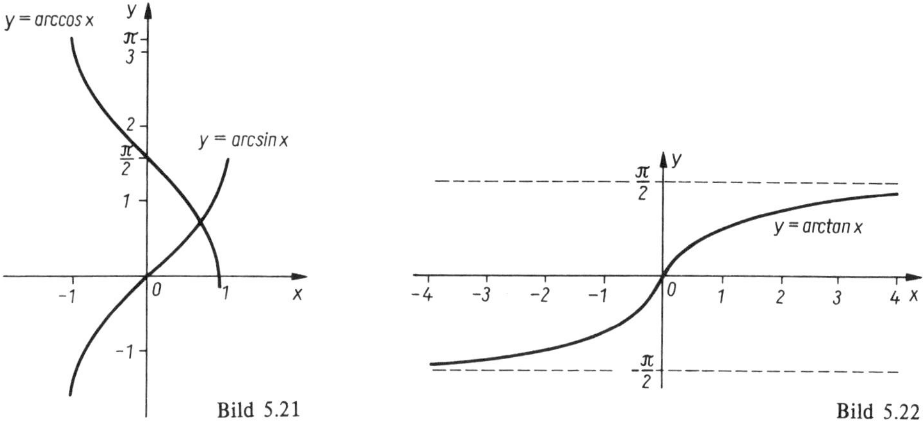


Bild 5.21

Bild 5.22

Bei der Berechnung von Funktionswerten zyklometrischer Funktionen mit dem Taschenrechner werden nur die in den Bildern 5.21 und 5.22 eingezeichneten Hauptwerte angezeigt:

| **Funktion** | **Wertebereich** |
|---|---|
| $y = \arcsin x$ mit $x \in [-1; 1]$ | $y \in \left[-\frac{\pi}{2}; \frac{\pi}{2}\right]$ |
| $y = \arccos x$ mit $x \in [-1; 1]$ | $y \in [0; \pi]$ |
| $y = \arctan x$ mit $x \in R$ | $y \in \left(-\frac{\pi}{2}; \frac{\pi}{2}\right)$ |
| $y = \operatorname{arccot} x$ mit $x \in R$ | $y \in (0; \pi)$ |

Bekanntlich läßt sich $\cot x$ mit dem Rechner nur als $\frac{1}{\tan x}$ ermitteln. Deshalb muß auch $\operatorname{arccot} x$ indirekt berechnet werden.

Es ist

$$\begin{aligned} \operatorname{arccot} x &= \arctan \frac{1}{x} \quad \text{für} \quad x > 0 \\ &= \pi + \arctan \frac{1}{x} \quad \text{für} \quad x < 0 \end{aligned} \quad . \tag{5.10a}$$

**Beispiel**

5.10 Es sind a) $\arcsin\left(\frac{1}{2}\sqrt{3}\right)$, b) $\arccos\left(\frac{1}{2}\sqrt{3}\right)$, c) $\arctan(-2{,}4)$, d) $\arccos 0{,}6$ und e) $\operatorname{arccot}(-0{,}6)$ zu bestimmen.

*Lösung:*

a) Es ist $\arcsin\left(\frac{1}{2}\sqrt{3}\right) = \frac{\pi}{3} = 60°$,

denn $\sin 60° = \frac{1}{2}\sqrt{3}$.

b) Es ist $\arccos\left(\frac{1}{2}\sqrt{3}\right) = \frac{\pi}{6} = 30°$.

c) Es ist $\arctan(-2{,}4) = -1{,}176 = -67{,}38°$.

d) Es ist $\arccos 0{,}6 = 0{,}927 = 53{,}13°$.

e) Es ist $\operatorname{arccot}(-0{,}6) = \pi + \arctan\left(-\frac{1}{0{,}6}\right) = \pi - 1{,}030$

$= 2{,}112 = 120{,}96°$.

Nach Beispiel 5.10 a) und b) ist für $x = \frac{1}{2}\sqrt{3}$ die Summe von $\arcsin x$ und $\arccos x$ gleich $\frac{\pi}{2}$. Diese Beziehung gilt allgemein für ein beliebiges Argument $x \in D$ (auch für die Summe von $\arctan x$ und $\operatorname{arccot} x$) und folgt aus der Komplementwinkelbeziehung (3.2) in 3.1.1:

$$\begin{aligned} \arcsin x + \arccos x &= \frac{\pi}{2} \\ \arctan x + \operatorname{arccot} x &= \frac{\pi}{2} \end{aligned} \tag{5.10b}$$

Aus der letzten Gleichung ergibt sich $\operatorname{arccot} x = \frac{\pi}{2} - \arctan x$. Diese Beziehung kann ebenso wie (5.10a) zur Berechnung von Funktionswerten der Arcuscotangens-Funktion benutzt werden. Weitere Beziehungen, die im Zusammenhang mit Problemen der Informatik genutzt werden können, sind:

$$\pi = 4 \arctan 1 \tag{5.10c}$$

$$\arcsin x = \arctan\left(\frac{x}{\sqrt{1 - x^2}}\right) \tag{5.10d}$$

Gleichung (5.10c) folgt aus $\arctan 1 = \frac{\pi}{4}$.

Gleichung (5.10d) folgt aus einer Formel der Tabelle (3.12) in 3.1.4:

$$\tan\alpha = \frac{\sin\alpha}{\sqrt{1-\sin^2\alpha}} \quad \text{ergibt} \quad \alpha = \arctan\left(\frac{\sin\alpha}{\sqrt{1-\sin^2\alpha}}\right);$$

mit $\alpha = \arcsin x$, d. h., $x = \sin\alpha$ folgt (5.10d).

**Kontrollfragen**

5.17 Was sind einfache Funktionen, und welche gibt es?
5.18 Welche Funktionsgleichungen haben die Potenz- und Exponentialfunktion?
5.19 Wie nennt man die Kurven der Potenzfunktionen?
5.20 Was verstehen Sie unter einer Asymptote?
5.21 Wodurch sind Prozeßabläufe charakterisiert, die durch Exponentialfunktionen beschrieben werden?
5.22 Weshalb gibt es von negativen Werten keine Logarithmen?
5.23 Was ist die charakteristischste Eigenschaft der trigonometrischen Funktionen?
5.24 In welchen Bereichen liegen bei den Arcusfunktionen für negative Argumente $x$ die Funktionswerte?

**Aufgaben: 5.11 bis 5.13**

## 5.4 Operationen mit Funktionen

### 5.4.0 Vorbemerkung

Um Zusammenhänge oder Gesetzmäßigkeiten auch quantitativ richtig darstellen zu können, reichen die einfachen Funktionen meist nicht aus. Die somit notwendigen Erweiterungen lassen aus den einfachen Funktionen zusammengesetzte Funktionen entstehen. Dieses Zusammensetzen ist auf zwei prinzipiell unterschiedliche Arten möglich:

- durch die Anwendung der 4 Grundrechenoperationen;
- durch die Verkettung.

### 5.4.1 Summen und Produkte von Funktionen

Zunächst wird bei der Bildung von Summen und Produkten der einfache Fall betrachtet, daß nur zwei Funktionen miteinander verbunden werden, von denen eine der Funktionen konstant ist. Wenn $y = f(x)$ eine einfache Funktion ist, so entstehen auf diese Weise:

$$y = f(x) + c \quad \text{mit} \quad x \in D \quad \text{oder}$$
$$y = c \cdot f(x) \quad \text{mit} \quad x \in D \quad \text{oder beides zugleich.}$$

Es ist zu untersuchen, welche Veränderungen die jeweiligen Operationen hervorrufen:
Bei $\boldsymbol{y = f(x) + c}$ wird zu jedem Funktionswert die Konstante $c$ addiert (oder subtrahiert,

wenn $c < 0$). Bei graphischer Darstellung wird die Kurve der zusammengesetzten Funktion $y = f(x) + c$ gegenüber der Kurve der einfachen Funktion parallel zur $y$-Achse

bei $c > 0$ um den Wert $c$ nach oben,
bei $c < 0$ um den Wert $c$ nach unten verschoben.

**Beispiel**

5.11 Im Bild 5.23 sind die zusammengesetzten Funktionen
a) $y = x + 2$ mit $x \in [-3; 3]$;
b) $y = e^x - 1$ mit $x \in [-3; 1{,}5]$ dargestellt.

Bei $\boldsymbol{y = c \cdot f(x)}$ wird jeder Funktionswert mit dem konstanten Wert $c$ multipliziert. Bei graphischer Darstellung wird die Kurve der zusammengesetzten Funktion $y = c \cdot f(x)$ gegenüber der Kurve der einfachen Funktion $y = f(x)$

bei $|c| > 1$ in $y$-Richtung gestreckt,
bei $|c| < 1$ in $y$-Richtung gestaucht.

Ist $c < 0$, so wird die bereits gestreckte oder gestauchte Kurve zusätzlich an der $x$-Achse gespiegelt.

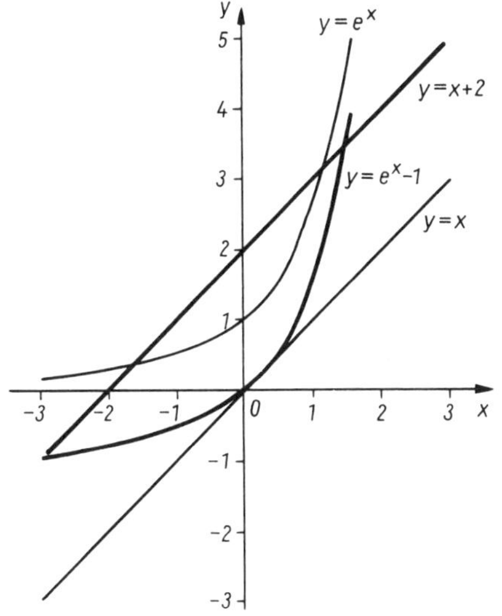


Bild 5.23

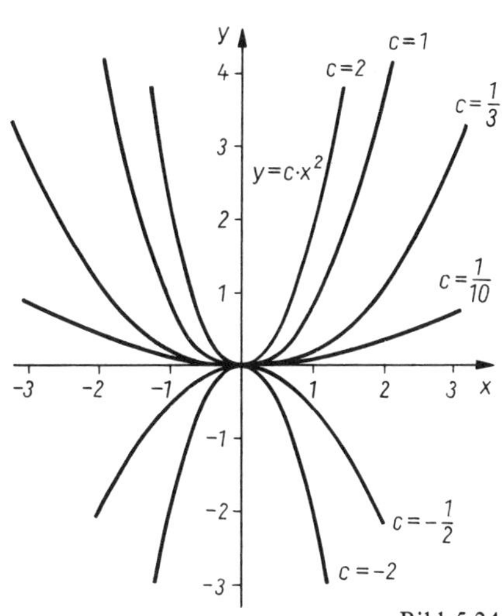


Bild 5.24

**Beispiel**

5.12 Im Bild 5.24 wird die Funktion $y = c \cdot x^2$; $x \in [-2; 2]$ mit unterschiedlichen Werten $c$ dargestellt.

Nicht selten treten beide Operationen zugleich auf. Dann ist die zusammengesetzte Funktion $y = a \cdot f(x) + b$ mit $x \in D$ zu betrachten. Im Anwendungsfall ist der Faktor $a$ ein Proportionalitätsfaktor, der die Proportion $y \sim f(x)$ in die Gleichung $y = a \cdot f(x)$ überführt. Der Wert $b$ dient der Anpassung an eine konkrete Ausgangssituation, bei zeitlichen

Abläufen der Anpassung an den Zeitpunkt des Beginns eines Vorganges. Beispiel dafür ist das Geschwindigkeits-Zeit-Gesetz einer beschleunigten Bewegung.

**Beispiele**

5.13 Es gilt bekanntlich $v = a \cdot t + v_0$. Dabei ist die Beschleunigung $a$ der Proportionalitätsfaktor, der aussagt, wie stark die Geschwindigkeit $v$ im Verlauf der Zeit $t$ anwächst oder bei $a < 0$ abnimmt. Mit $v_0$ wird die zum Zeitpunkt $t = 0$ vorhandene Anfangsgeschwindigkeit berücksichtigt. Bild 5.25 zeigt ein mögliches Geschwindigkeits-Zeit-Diagramm.

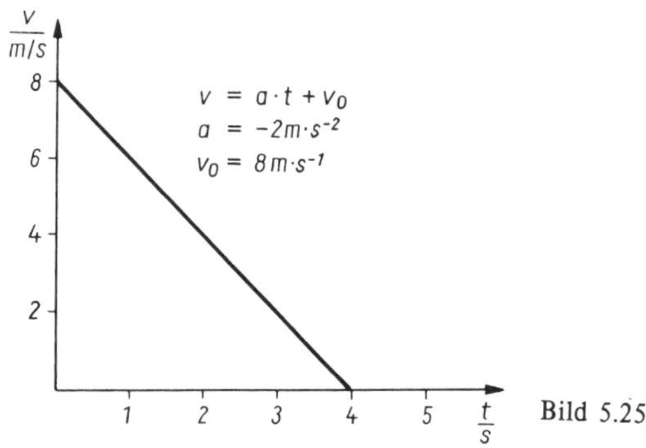


Bild 5.25

5.14 In den Bildern 5.26a und 5.26b sind die Kurven von a) $y = 4\sin x - 2$ und b) $y = -2x + 2$ dargestellt. Zusätzlich wurden die jeweiligen einfachen Funktionen eingezeichnet, aus denen sie entstanden sind.

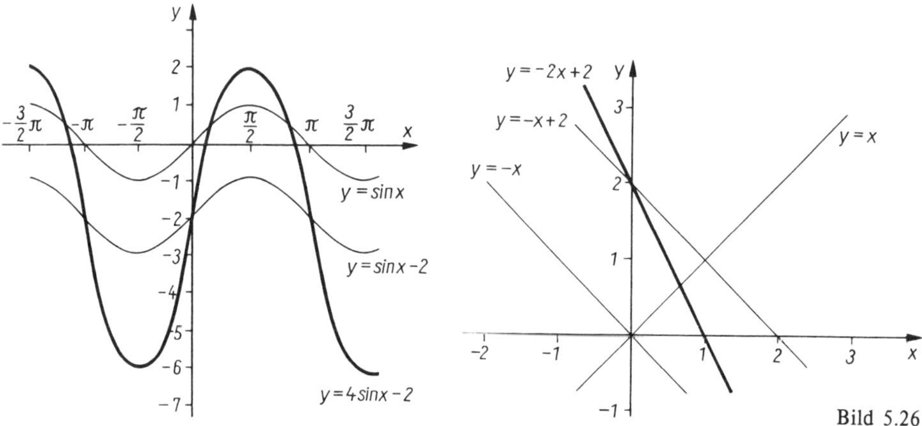


Bild 5.26

Es ist für einen Techniker von Vorteil, wenn er in der Lage ist, die einem vorliegenden Kurvenzug zugrunde liegende einfache Funktion zu erkennen und die möglicherweise vorhandenen Verschiebungen und Streckungen analysieren zu können. In den beiden folgenden Beispielen werden Summen und Produkte zweier unterschiedlicher Funktionstypen betrachtet, die bei komplexeren Prozeßabläufen, z. B. bei der Überlagerung von Schwingungen bzw. bei gedämpften Schwingungen, auftreten.

**Beispiel**

5.15 a) $y = |\sin x| + x$ mit $x \geqq 0$
Im Bild 5.27 ist die Kurve dieser Funktion ausschnittweise dargestellt. Zusätzlich eingezeichnet sind $y = |\sin x|$ und $y = x$, die sich überlagern.

b) $y = \mathrm{e}^{-t} \sin t$ mit $t \geqq 0$
$y = \mathrm{e}^{-t}$ ist der sich ändernde Dämpfungsfaktor für $y = \sin t$. Im Bild 5.28 sind die Kurven von $y = \mathrm{e}^{-t}$ und $y = -\mathrm{e}^{-t}$ gestrichelt eingezeichnet.

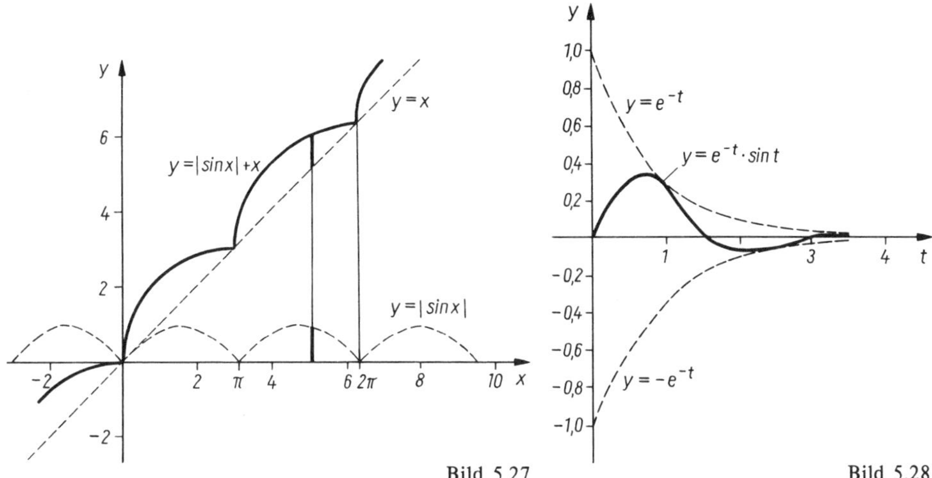


Bild 5.27

Bild 5.28

**Kontrollfrage**

5.25 Wie ändert sich der Kurvenverlauf einer einfachen Funktion, wenn sie mit einer Konstanten $c$ multipliziert oder zu ihr eine Konstante $c$ addiert wird?

**Aufgabe 5.14**

## Ganzrationale Funktionen

Die ganzrationale Funktion ist eine zusammengesetzte Funktion, die eine Summe von Potenzfunktionen verschiedenen Grades ist:

> Alle Funktionen, deren Funktionsgleichung in der Form
>
> $$y = f(x) = a_n x^n + a_{n-1} x^{n-1} + \ldots + a_2 x^2 + a_1 x + a_0 \quad \text{mit} \quad n \in N \qquad (5.11)$$
>
> darstellbar ist, heißen bei $a_n \neq 0$ **ganzrationale Funktionen $n$-ten Grades.**

Da der Term auf der rechten Seite der Funktionsgleichung ein Polynom ist, spricht man auch von einer **Polynomfunktion $n$-ten Grades.**

**Beispiel**

5.16 a) $y = 8x^5 - 5x^4 + 2x^3 - 5x + 7$ mit $x \in R$ ist eine Polynomfunktion 5. Grades.
b) $y = 2x^2 + \ln 5$ mit $x \in R$ ist eine Funktion 2. Grades.
Die weiteren Beispiele für Funktionsgleichungen von Polynomfunktionen zeigen, daß erst nach entsprechenden Umformungen die in Gl. (5.11) angegebene Form entsteht.
c) $y = (2x + 1)^2 (x^2 - 2x) = 4x^4 - 4x^3 - 7x^2 - 2x$ ist eine Polynomfunktion 4. Grades.
d) $y = \dfrac{3x^2 - 5x}{2x} = 1{,}5x - 2{,}5$ ist für alle Werte $x \neq 0$ eine Polynomfunktion ersten Grades.

Eine ganzrationale Funktion 1. Grades heißt **lineare Funktion**. Ihre Funktionsgleichung $y = a_1x + a_0$ wird meist in der Form $y = mx + n$ geschrieben.
In der graphischen Darstellung handelt es sich um eine Gerade mit dem Anstieg $m$, die die $y$-Achse bei $n$ schneidet (s. 5.5.2).

**Beispiel**

5.17 Das Bild 5.29 zeigt ausschnittweise vier lineare Funktionen, bei denen die Werte für $m$ und $n$ deutlich variieren.

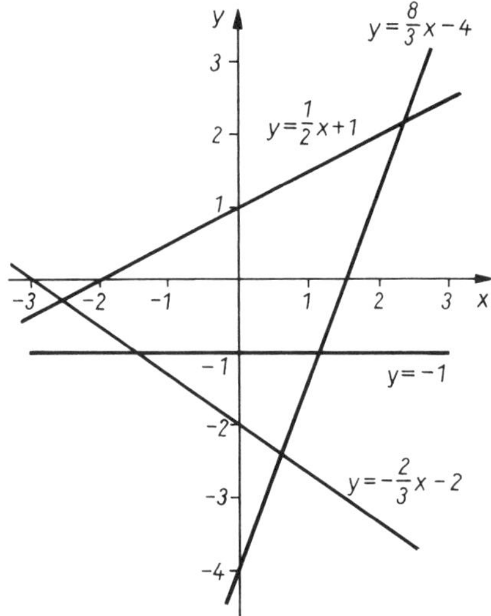


Bild 5.29

Eine ganzrationale Funktion 2. Grades heißt **quadratische Funktion**. Ihre Funktionsgleichung

$$y = a_2x^2 + a_1x + a_0 \quad \text{wird oft in der Form}$$
$$y = Ax^2 + Bx + C \quad \text{geschrieben.}$$

Die zugehörige Kurve ist eine Parabel. Die Lage der Parabel, speziell die Lage des Scheitelpunktes der Parabel im Koordinatensystem, läßt sich aus der Polynomdarstellung nicht sofort erkennen. Deshalb wird das Polynom in eine zweckmäßigere Darstellung umgewandelt, und aus dieser lassen sich dann die Koordinaten des Scheitelpunktes ablesen:

Es ist

$$Ax^2 + Bx + C = A\left(x^2 + \frac{B}{A}x + \frac{C}{A}\right)$$

und mit quadratischer Ergänzung

$$= A\left[\left(x + \frac{B}{2A}\right)^2 + \frac{C}{A} - \left(\frac{B}{2A}\right)^2\right]$$

$$= A\left(x + \frac{B}{2A}\right)^2 + C - \frac{B^2}{4A}.$$

Dem letzten Term ist zu entnehmen, daß es sich bei der Kurve der Funktion $y = Ax^2 + Bx + C$ um die mit dem Faktor $A$ gestreckte Kurve der Normalparabel handelt, deren Scheitelpunkt $S$ die Koordinaten $x_s = -\frac{B}{2A}$ und $y_s = C - \frac{B^2}{4A}$ hat.

Ist der Koeffizient $A$ des quadratischen Gliedes positiv, so ist die Parabel nach oben geöffnet. Ist $A < 0$, so ist sie nach unten offen.

**Beispiel**

5.18 a) Die Funktion $y = -0{,}5x^2 + x + 4$ mit $x \in [-3; 5]$ wird dargestellt durch eine nach unten geöffnete und auf die Hälfte gestauchte Normalparabel, deren Scheitelpunktskoordinaten $x_s = -\frac{1}{-1} = 1$ und $y_s = 4 - \frac{1^2}{-2} = 4{,}5$ sind (vgl. Bild 5.30).

b) Bei $y = x^2 - 2x + 3$ mit $x \in [-2; 4]$ handelt es sich um eine Normalparabel, deren Scheitelpunkt $S = (x_s; y_s) = (1; 2)$ ist. Sie ist im Bild 5.30 gestrichelt gezeichnet.

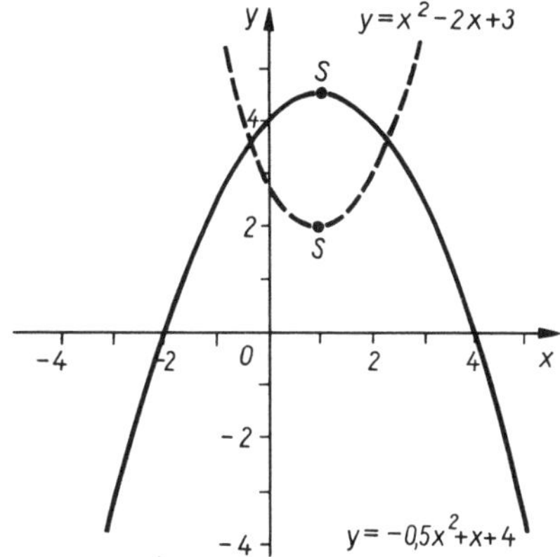


Bild 5.30

Den Polynomfunktionen kommt in der Menge der zusammengesetzten Funktionen eine besondere Bedeutung zu. Diese ergibt sich daraus, daß

- eine große Anzahl von Zusammenhängen und Gesetzmäßigkeiten ihrem Wesen nach durch Polynomfunktionen dargestellt werden;
- in allen den Fällen, in denen ein spezieller Funktionstyp nicht bekannt ist, wegen der einfachen Berechnung von Funktionswerten ersatzweise mit Polynomfunktionen gearbeitet wird.

Wenn, wie im erstgenannten Fall, ein Zusammenhang durch eine Polynomfunktion dargestellt werden muß, so kommt den einzelnen Summanden des Polynoms eine konkrete Bedeutung zu.

**Beispiel**

5.19 Das Weg-Zeit-Gesetz einer gleichmäßig beschleunigten Bewegung wird dargestellt durch die Polynomfunktion

$$s = s(t) = \frac{a}{2} t^2 + v_0 t + s_0 \quad \text{mit} \quad t \geqq 0.$$

Der zu einem Zeitpunkt $t$ zurückgelegte Weg $s$ setzt sich additiv zusammen aus den Anteilen

$\frac{a}{2} t^2$, der durch die Beschleunigung $a$,

$v_0 t$, der durch die Anfangsgeschwindigkeit $v_0$ und

$s_0$, der durch den Anfangsweg $s_0$ zum Zeitpunkt $t = 0$

verursacht wird.

Bei den Polynomfunktionen von höherem als 2. Grade sind die Zusammenhänge zwischen den Koeffizienten der Funktionsgleichung und der Lage der Kurve komplizierter. Um den Kurvenverlauf richtig darstellen zu können, wird entweder eine umfangreiche Wertetabelle benötigt oder es müssen mit Mitteln der Analysis weitergehende Untersuchungen durchgeführt werden.

Die Berechnung von Funktionswerten von Polynomfunktionen höheren Grades ist zeitaufwendig. Vorteilhaft ist deshalb die Nutzung des von Horner entwickelten Rechenschemas zur Berechnung von Funktionswerten ganzrationaler Funktionen. Der Vorteil entsteht dadurch, daß das Potenzieren als ein mehrfaches Multiplizieren realisiert wird. Die notwendigen Umformungen werden an einem Polynom 4. Grades gezeigt, von dem aus eine weitergehende Verallgemeinerung leicht möglich ist. Durch in diesem Falle dreimaliges Ausklammern von $x$ entsteht aus

$$\begin{aligned} & a_4x^4 + a_3x^3 + a_2x^2 + a_1x + a_0 \\ = \; & (a_4x^3 + a_3x^2 + a_2x + a_1)x + a_0 \\ = \; & ((a_4x^2 + a_3x + a_2)x + a_1)x + a_0 \\ = \; & (((a_4x + a_3)x + a_2)x + a_1)x + a_0. \end{aligned}$$

Der letzte Term zeigt, daß zur Berechnung eines Funktionswertes abwechselnd nur noch Multiplikationen und Additionen auszuführen sind. Diese beiden Operationen werden in dem von Horner eingeführten Schema realisiert.

Das Schema beginnt mit einer **Kopfzeile**. In diese werden, beginnend mit $a_n$, **alle Koeffizienten**, d. h. auch die mit dem Wert 0, aufgenommen. Der zu berechnende Polynomwert ergibt sich mit Hilfe von Zwischenergebnissen, die in zwei darunter stehenden Zeilen notiert werden.

Das Horner-Schema wurde schon in 4.1.2. eingeführt, um Lösungen einer Gleichung $n$-ten Grades zu ermitteln. Deshalb kann eine weitere Beschreibung des Arbeitens mit dem Schema an dieser Stelle entfallen, und es wird auf 4.1.2. verwiesen. Die Variable $r_0$ in dem dort eingeführten Schema (d. i. der bei der Partialdivision entstehende Rest) ist identisch mit dem hier zu berechnenden Polynomwert $f(x)$.

**Beispiele**

5.20 Für die Funktion $y = 0{,}6x^3 - 3{,}6x^2 + 3{,}15x + 4{,}5$ sind die Funktionswerte für a) $x_1 = -2$ und b) $x_2 = 5$ mit dem Hornerschen Schema zu berechnen.

*Lösung:*

Beide Rechnungen werden in einem Schema mit der gleichen Kopfzeile durchgeführt:

| | | | | | |
|---|---|---|---|---|---|
| | 0,6 | −3,6 | 3,15 | 4,5 | |
| | | −1,2 | 9,60 | −25,5 | |
| $x_1 = -2$ | 0,6 | −4,8 | 12,75 | −21,0 | $= f(-2)$ |
| | | 3,0 | −3,00 | 0,75 | |
| $x_2 = \ \ 5$ | 0,6 | −0,6 | 0,15 | 5,25 | $= f(5)$ |

5.21 Von $y = 3{,}9x^5 - 2{,}7x^3 + 17{,}3x - 2{,}5$ ist der Funktionswert an der Stelle $x_1 = -1{,}75$ mit einer Genauigkeit von vier Stellen nach dem Komma zu berechnen.

*Lösung:*

Das Besondere dieses Beispiels ist, daß in die Kopfzeile des Hornerschen Schemas auch die Koeffizienten aufgenommen werden müssen, die den Wert 0 haben.

| | | | | | | |
|---|---|---|---|---|---|---|
| | 3,9 | 0 | −2,7 | 0 | 17,3 | −2,5 |
| | | −6,8250 | 11,9438 | −16,1766 | 28,3090 | −79,8157 |
| −1,75 | 3,9 | −6,8250 | 9,2438 | −16,1766 | 45,6090 | −82,3157 |

Es ist $f(-1{,}75) = -82{,}3157$.

Wird bei der Rechnung ein Taschenrechner benutzt, ist es vorteilhaft, den Argumentwert $x$ (im Beispiel 5.21 war das die Zahl $-1{,}75$) in den Speicher zu nehmen und mit folgendem Algorithmus zu arbeiten:

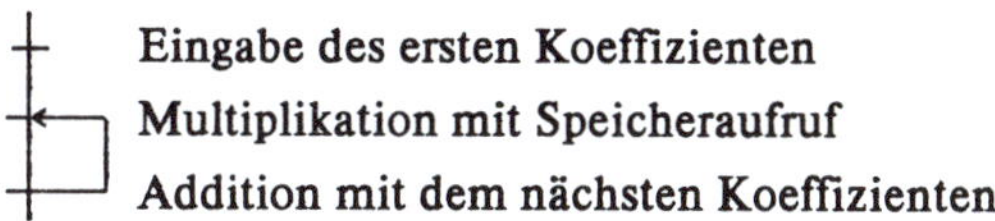


bis der Funktionswert berechnet ist. Bei einiger Übung kann dann auf das Hinschreiben von Zwischenergebnissen im Schema verzichtet werden.

**Beispiel**

5.22 Die Funktionsverläufe der ganzrationalen Funktionen

a) $y = 0{,}6x^3 - 3{,}6x^2 + 3{,}15x + 4{,}5$ mit $x \in [-2;\ 5]$ und

b) $y = -x^4 + 2x^3 - 0{,}5x^2 + x - 1$ mit $x \in [-2;\ 3]$

sind dargestellt in den Bildern 5.31 und 5.32. Eine Vorstufe bildeten die folgenden Wertetabellen, die mit Hilfe des Hornerschen Schemas berechnet wurden.

zu a)

| $x$ | −2 | −1 | 0 | 1 | 2 | 3 | 4 | 5 |
|---|---|---|---|---|---|---|---|---|
| $y$ | −21 | −2,85 | 4,50 | 4,65 | 1,20 | −2,25 | −2,1 | 5,25 |

zu b)

| $x$ | −2 | −1 | 0 | 1 | 2 | 3 |
|---|---|---|---|---|---|---|
| $y$ | −37 | −5,5 | −1 | 0,5 | −1 | −29,5 |

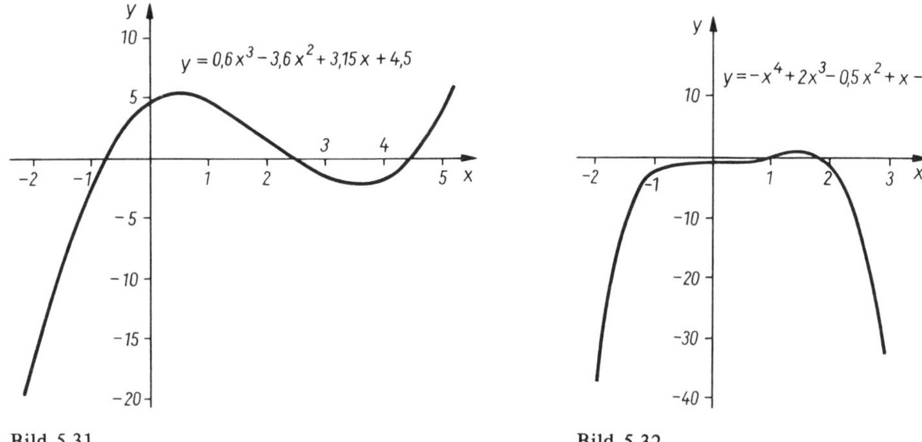


Bild 5.31

Bild 5.32

In 5.2 wurde das Problem der Umwandlung einer durch die Wertetabelle gegebenen Funktion in die analytische Darstellung aufgeworfen. Wenn über die Art und Weise des funktionellen Zusammenhanges der beiden Größen nichts Näheres zum Funktionstyp bekannt ist, dann ist es gerechtfertigt, als Funktionstyp eine ganzrationale Funktion mit der Funktionsgleichung

$$y = a_n x^n + a_{n-1} x^{n-1} + \ldots + a_1 x + a_0$$

zu benutzen. Unbekannt sind in dieser Funktionsgleichung der Grad $n$ des Polynoms und die $n + 1$ Koeffizienten $a_n, a_{n-1}, \ldots, a_0$.
Im einfachsten Falle, wenn es sich um 2 Wertepaare handelt, gibt es stets eine Gerade und damit eine lineare Funktion, die durch die beiden Punkte hindurchgeht.

**Beispiel**

5.23 Gesucht ist die Gleichung einer linearen Funktion, deren graphische Darstellung (Gerade) durch die Punkte $(-2;\ 1)$ und $(2;\ 3)$ hindurchgeht.

*Lösung:*
Der Ansatz ist hier $y = a_1 x + a_0$. Werden die Koordinaten der gegebenen Punkte in diese Gleichung eingesetzt, so entsteht das lineare Gleichungssystem

$$\left| \begin{array}{l} 1 = -2a_1 + a_0 \\ 3 = \phantom{-}2a_1 + a_0 \end{array} \right| .$$

Lösung des Systems ist $\{(a_1;\ a_0)\} = \{(0{,}5;\ 2)\}$.
Die gesuchte Funktion hat die Gleichung $y = 0{,}5x + 2$ mit $x \in R$.
Die graphische Lösung ist im Bild 5.33 dargestellt.

Bild 5.33

Sind in einer Sachaufgabenstellung oder in einer Wertetabelle 3 Wertepaare gegeben, so ist eine quadratische Funktion, weil diese 3 Koeffizienten enthält, in Ansatz zu bringen.

## Beispiel

5.24 Es ist eine ganzrationale Funktion gesucht, deren graphische Darstellung durch die in der Wertetabelle gegebenen Punkte hindurchgeht:

| $x$ | 1 | 3 | 6 |
|---|---|---|---|
| $y$ | 1,5 | 0,5 | 2 |

*Lösung:*
Werden die gegebenen Werte in $y = a_2x^2 + a_1x + a_0$ eingesetzt, ergibt sich

$$\left| \begin{array}{l} 1{,}5 = a_2 + a_1 + a_0 \\ 0{,}5 = 9a_2 + 3a_1 + a_0 \\ 2 = 36a_2 + 6a_1 + a_0 \end{array} \right|$$

mit der Lösung $\{(a_2; a_1; a_0)\} = \{(0{,}2; -1{,}3; 2{,}6)\}$.
Die gesuchte Funktion ist $y = 0{,}2x^2 - 1{,}3x + 2{,}6$ mit $x \in R$.

Das in den letzten beiden Beispielen demonstrierte Vorgehen zur Gewinnung von Funktionsgleichungen ganzrationaler Funktionen aus Wertepaaren kann weiter verallgemeinert werden. Dazu wird vereinbart: Die in der Wertetabelle vorgegebenen Argumentwerte $x_0; x_1; \ldots; x_n$ heißen **Stützstellen;** die ihnen zugeordneten Funktionswerte $y_0; y_1; \ldots; y_n$ heißen **Stützwerte** der Funktion.

Besteht nun die Aufgabe, eine Polynomfunktion zu bestimmen, deren graphische Darstellung durch die $n+1$ vorgegebenen Punkte $(x_0; y_0)$, $(x_1; y_1)$, ..., $(x_n; y_n)$ hindurchgeht, sind alle Wertepaare in die Polynomfunktion $n$-ten Grades $y = a_nx^n + a_{n-1}x^{n-1} + \ldots + a_2x^2 + a_1x + a_0$ einzusetzen, so daß dadurch ein lineares Gleichungssystem entsteht. Die Komponenten des Lösungsvektors sind die Koeffizienten des Polynoms.

Es läßt sich zeigen, daß das entstehende Gleichungssystem bei $n+1$ voneinander verschiedenen Stützstellen stets eine eindeutige Lösung hat. Es ist möglich, daß im Ergebnis der Berechnung des Systems $a_n = a_{n-1} = \ldots = a_{n-k} = 0$ ist. Dann ist der Grad des Polynoms kleiner als $n$. Dieser Sachverhalt tritt bereits dann auf, wenn 3 Punkte gegeben sind, die auf einer Geraden liegen. Eine lineare Funktion ist in diesem Sonderfall ausreichend.

Die aufgezeigte Methode zur Ermittlung einer Funktionsgleichung ist in den Fällen, wo viele Wertepaare gegeben sind, wegen der Größe des dann zu lösenden Gleichungssystems nicht besonders gut geeignet. Es wurden deshalb Verfahren entwickelt, die mit einem anderen Polynomansatz arbeiten.

## Kontrollfragen

5.26 Mit welcher Funktionsgleichung werden die ganzrationalen Funktionen dargestellt?

5.27 Welche Bedeutung haben bei einer linearen Funktion $y = mx + n$ die Parameter $m$ und $n$?

5.28 Woran erkennen Sie bei einer gegebenen quadratischen Funktion, ob die zugehörige Parabel nach oben oder nach unten geöffnet ist?

5.29 Worin besteht der Vorteil bei der Anwendung des Hornerschen Schemas?

5.30 Welchen Grad muß eine Polynomfunktion haben, wenn ihre graphische Darstellung durch 5 vorgegebene Punkte hindurchgehen soll und kein Sonderfall vorliegt?

**Aufgaben: 5.15 bis 5.17**

## Gebrochenrationale Funktionen

Alle Funktionen, deren Funktionsgleichung in der Form

$$y = \frac{p(x)}{q(x)} = \frac{a_n x^n + a_{n-1} x^{n-1} + \ldots + a_1 x + a_0}{b_m x^m + b_{m-1} x^{m-1} + \ldots + b_1 x + b_0}, \{n; m\} \subset N \qquad (5.12)$$

darstellbar ist, heißen **gebrochenrationale Funktionen.**

Sie sind, da es sich um einen Quotienten von zwei Polynomfunktionen handelt, überall dort nicht definiert, wo das Nennerpolynom den Wert 0 annimmt. Die Nullstellen des Nennerpolynoms, die nicht zugleich Nullstellen des Zählerpolynoms sind, heißen Polstellen der gebrochenrationalen Funktion.

### Definition

Gegeben sei die gebrochenrationale Funktion $y = f(x) = \frac{p(x)}{q(x)}$. Der Wert $x_P$ heißt **Polstelle** der Funktion $y = f(x)$, wenn $q(x_P) = 0$ und $p(x_P) \neq 0$ gilt. Die graphische Darstellung der Funktion $y = f(x)$ hat an der Stelle $x_P$ eine senkrechte Asymptote (Pol).

Die einfachsten Vertreter der gebrochenrationalen Funktionen haben die Funktionsgleichung

$$y = x^{-n} = \frac{1}{x^n} \quad \text{mit} \quad x \neq 0 \quad \text{und} \quad n \in N \setminus \{0\} \qquad (5.13)$$

Dieser Spezialfall kann auch als Potenzfunktion mit negativem Exponenten bezeichnet werden. In den Bildern 5.34 und 5.35 werden die Kurven der Funktionen für gerades und ungerades $n$ dargestellt. Die Kurven heißen **Hyperbeln.** In Abhängigkeit von $n$ entstehen Hyperbeln gerader und ungerader Ordnung, die unterschiedliche Arten der Symmetrie aufweisen. Die zwei Äste der Hyperbel sind bei geradem $n$ axialsymmetrisch und bei ungeradem $n$ zentralsymmetrisch gespiegelt. Polstelle für alle diese Funktionen ist $x_P = 0$. Die Hyperbeln nähern sich der $y$-Achse und auch der $x$-Achse asymptotisch.
Im Anwendungsfall wird oft die zusammengesetzte Funktion

$$y = a \cdot \frac{1}{x^n} = \frac{a}{x^n} \quad \text{mit} \quad x \neq 0 \quad \text{benötigt.}$$

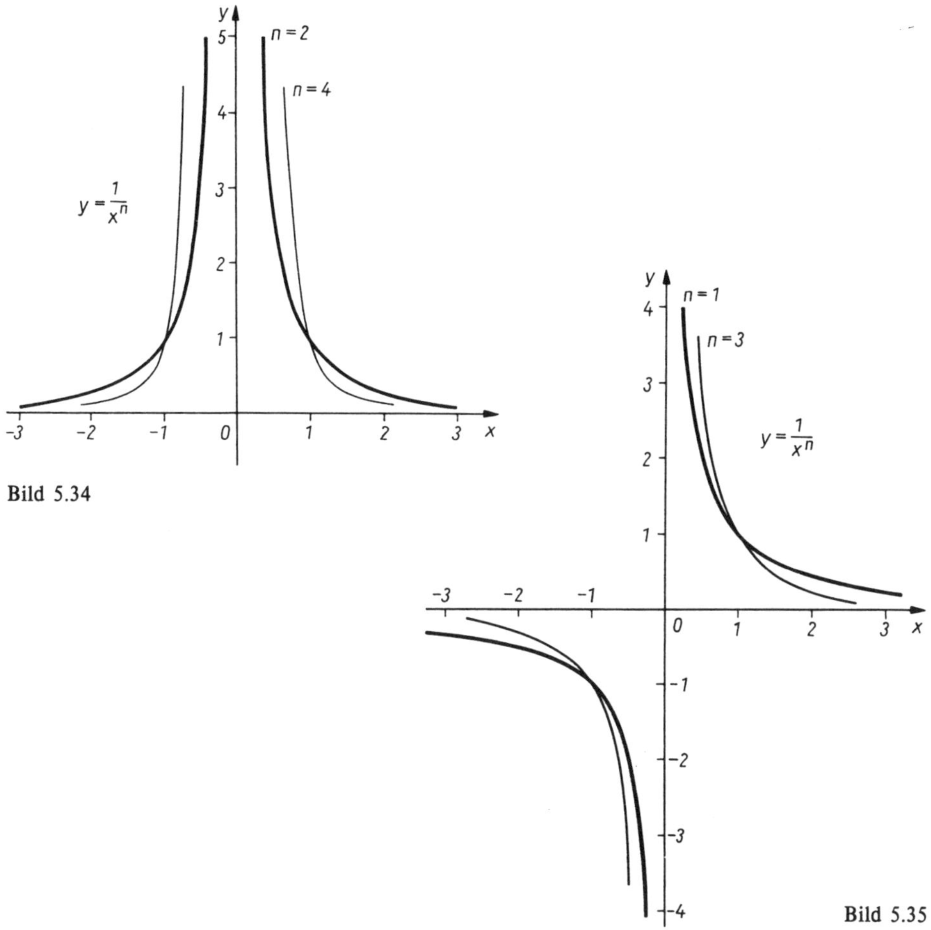


Bild 5.34

Bild 5.35

Durch sie wird die indirekte Proportionalität zwischen der Größe $y$ und $x^n$ zum Ausdruck gebracht. Zuweilen wird aber nicht diese indirekte Proportionalität hervorgehoben, sondern mit der umgeformten Darstellung durch $y \cdot x^n = a$ mit $a$ konstant betont, daß das Produkt aus $y$ und $x^n$ konstant ist.

Einfache Beispiele dafür sind die Gesetzmäßigkeiten $pv = \text{const}$ und $R \cdot I = U$, wobei $U$ als konstant vorausgesetzt wird.

Im folgenden Beispiel werden gebrochenrationale Funktionen vorgestellt, die in der Praxis zur Beschreibung von Sättigungsprozessen dienen können.

**Beispiel**

5.25 a) Die Kurve der Funktion $y = k\dfrac{x}{x+a}$ mit $a > 0$ und $x \in [0;\ \infty)$ beginnt im Koordinatenursprung, ist monoton wachsend und nähert sich asymptotisch dem Sättigungswert $k$. Der Kurvenverlauf für $a = 2$ und $k = 6$ ist im Bild 5.36 dargestellt.

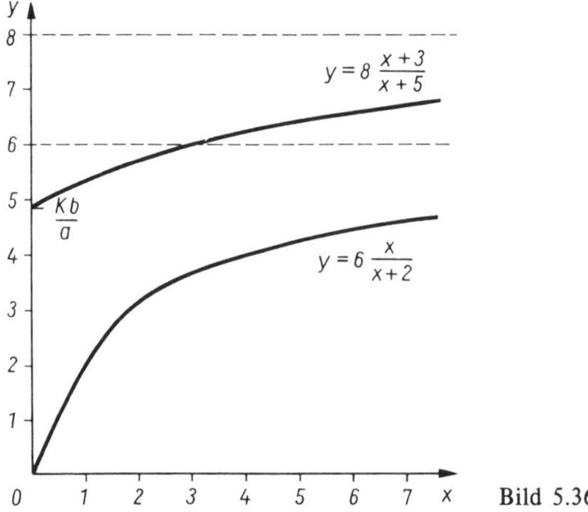


Bild 5.36

b) Die Kurve der Funktion $y = k\dfrac{x+b}{x+a}$ mit $a > 0$ und $x \in [0; \infty)$ beginnt nicht im Koordinatenursprung, sondern bei $\dfrac{kb}{a}$, ist monoton wachsend und nähert sich asymptotisch dem Sättigungswert $k$. Für $a = 5$, $b = 3$ und $k = 8$ ist der Kurvenverlauf ebenfalls im Bild 5.36 dargestellt.

Komplizierter gestaltet sind die gebrochenrationalen Funktionen im folgenden

**Beispiel**

5.26 a) $y = \dfrac{p(x)}{q(x)} = \dfrac{3x^3 - 7x^2 + 5x + 2}{x^4 + 3x^2 + 1}$ mit $x \in R$

b) $y = \dfrac{p(x)}{q(x)} = \dfrac{x - 3}{x^2 + 2}$ mit $x \in R$

Bei den im Beispiel 5.26 aufgeführten Funktionen ist der Grad $m$ des Nennerpolynoms $q(x)$ größer als der Grad $n$ des Zählerpolynoms $p(x)$. Sie heißen deshalb **echt gebrochenrationale Funktionen**. Gilt in der Gleichung (5.12) $n \geqq m$, so handelt es sich um **unecht gebrochenrationale Funktionen.** Diese lassen sich mittels Partialdivision in eine Summe zweier Summanden zerlegen:

$$\frac{p(x)}{q(x)} = g(x) + \frac{r(x)}{q(x)}.$$

Der erste Summand $g(x)$ ist eine ganzrationale Funktion, der zweite Summand ist als Rest der Division die echt gebrochenrationale Funktion $\dfrac{r(x)}{q(x)}$. In der Summendarstellung läßt sich der Kurvenverlauf besser erkennen, weil die ganzrationale Funktion $g(x)$ eine Grenzkurve für die gesamte Funktion $y = \dfrac{p(x)}{q(x)}$ darstellt. Wachsen die Argumentwerte in der echt gebrochenrationalen Funktion $\dfrac{r(x)}{q(x)}$ betragsmäßig an, so liefert dieser

Quotient einen immer geringer werdenden Beitrag zum Gesamtfunktionswert. Das bedeutet, daß sich die Kurve der Gesamtfunktion immer mehr an die Kurve von $g(x)$ annähert.

**Beispiele**

5.27 $y = \frac{4x + 2}{2x + 3}$ mit $x \neq -1{,}5$

Aus $4x + 2 = 0$ ergibt sich $x_N = -0{,}5$ als Nullstelle der Funktion. Polstelle ist $x_P = -1{,}5$. Die $y$-Achse wird geschnitten bei $y(0) = \frac{2}{3}$.

Es ist $(4x + 2):(2x + 3) = 2 - \frac{4}{2x + 3}$.

$y = 2$ ist die Gleichung der Asymptote (vgl. Bild 5.37).

5.28 $y = \frac{2x^2 + x + 2}{x + 1}$ mit $x \neq -1$

Es ist $(2x^2 + x + 2):(x + 1) = 2x - 1 + \frac{3}{x + 1}$.

Somit ist $y = 2x - 1$ eine Asymptote der Funktion (vgl. Bild 5.38).

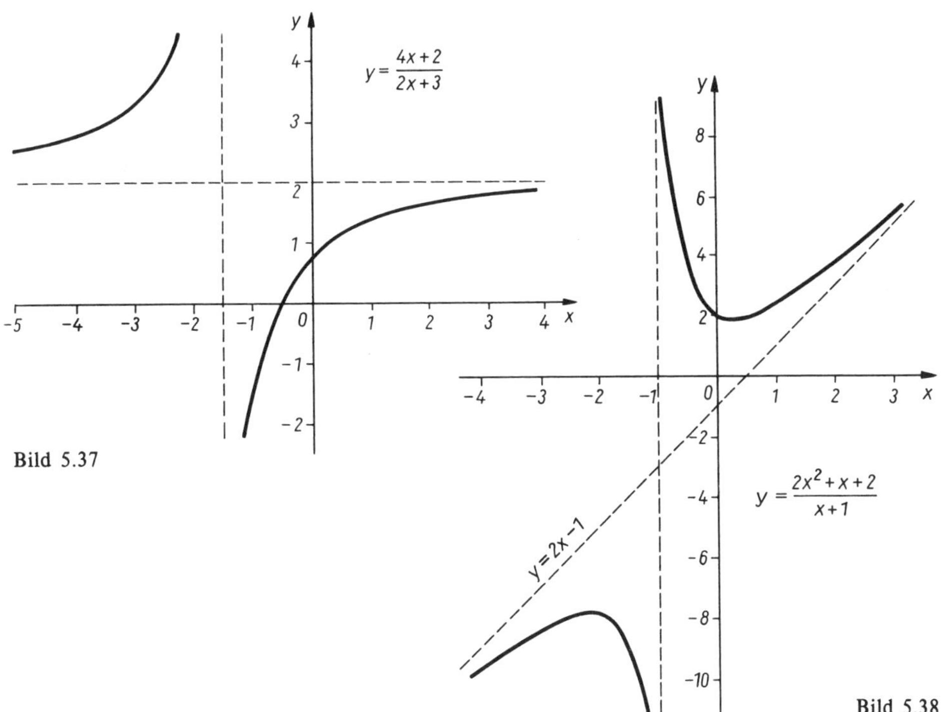


Bild 5.37

Bild 5.38

Bei höherem Grad der Zähler- oder Nennerpolynome ergeben sich recht kompliziert gestaltete Funktionskurven. Neben einer Wertetabelle sind zu ihrer Ermittlung die Berechnung von Nullstellen, Polstellen, Asymptoten bzw. Grenzkurven notwendig. Es ist zweckmäßig, wenn die ermittelten Grenzkurven zuerst in das Koordinatensystem eingezeichnet werden, weil dadurch der prinzipielle Verlauf der zu zeichnenden Funktion erkannt wird. Oft können solche gebrochenrationalen Funktionen erst mit weitergehenden Mitteln der Analysis untersucht werden.

**Kontrollfragen**

5.31 Mit welcher Funktionsgleichung werden die gebrochenrationalen Funktionen dargestellt?
5.32 Wie werden Nullstellen und Polstellen gebrochenrationaler Funktionen ermittelt?
5.33 Welche Art Kurve bringt den Sachverhalt zum Ausdruck, daß das Produkt zweier Größen stets konstant ist?
5.34 Welche Art der Symmetrie liegt bei einer Hyperbel ungerader Ordnung vor?
5.35 Woran erkennen Sie eine echt gebrochenrationale Funktion?
5.36 Wo treten bei einer unecht gebrochenrationalen Funktion Asymptoten auf, und wie werden sie ermittelt?

**Aufgabe: 5.18**

### 5.4.2 Verkettung von Funktionen

Zusammengesetzte Funktionen werden auch dadurch erzeugt, daß von einer einfachen Funktion eine weitere einfache Funktion gebildet wird. Dieser dadurch entstehende Funktionstyp heißt **verkettete Funktion** oder **mittelbare Funktion.**
Eine durch einen einfachen Sachverhalt begründete Verkettung soll verdeutlicht werden im

**Beispiel**

5.29 Der Kohleverbrauch $K$ eines Kraftwerkes ist abhängig von der Außentemperatur $T$, d. h., es ist $K = K(T)$.
Die Außentemperatur $T$ ist aber selbst wieder abhängig von der Jahreszeit $t$, d. h., es ist $T = T(t)$.
Zusammengefaßt entsteht die Verkettung oder mittelbare Funktion $K = K(T(t))$ mit $t \in D$.

Mit den in der Mathematik üblichen Variablenbezeichnungen läßt sich eine Verkettung zweier Funktionen folgendermaßen symbolisieren:
Ist eine Funktion $y = f(u)$ mit $u \in D_f$ und eine weitere durch

$u = \varphi(x)$ mit $x \in D_\varphi$ gegeben, so ist

$y = f(\varphi(x))$ mit $x \in D_f \cap D_\varphi$

eine **Verkettung** der Funktionen $f$ und $\varphi$. Dabei ist $f$ die äußere Funktion und $\varphi$ die innere Funktion.
Da die Funktionswerte der inneren Funktion $u = \varphi(x)$ die Argumente der äußeren Funktion sind, muß $W_\varphi \subseteqq D_f$ gelten, da sonst die Verkettung auch praktisch nicht existieren kann.

**Beispiel**

5.30 a) $y = (x-3)^2$ mit $x \in R$. Innere Funktion ist $u = x - 3$.
b) $y = \ln(2x^2 - 8)$ mit $|x| > 2$. Innere Funktion ist $u = 2x^2 - 8$.
c) $y = \ln(-2x^2 - 8)$ ist keine mittelbare Funktion, denn die innere Funktion $u = -2x^2 - 8$ liefert nur negative Funktionswerte, und für diese ist die Logarithmusfunktion nicht definiert.

Im weiteren soll nur der Fall betrachtet werden, daß zwei Funktionen miteinander verkettet sind.
Eine Verkettung liegt bereits dann vor, wenn die Argumente einer einfachen Funktion additiv oder multiplikativ mit einer Konstanten $c$ verknüpft werden zu

$y = f(x + c)$ mit $x \in D$ oder
$y = f(c \cdot x)$ mit $x \in D$ oder beides zugleich.

Es ergibt sich die Frage, welche Änderungen im Kurvenverlauf die jeweiligen Operationen gegenüber den einfachen Funktionen hervorrufen:
Bei $\boldsymbol{y = f(x + c)}$ wird zu jedem $x$ die Konstante $c$ addiert (oder subtrahiert, wenn $c < 0$). Bei graphischer Darstellung wird deshalb die Kurve von $y = f(x + c)$ gegenüber der von $y = f(x)$

bei $c > 0$ um den Wert $c$ nach links
bei $c < 0$ um den Wert $c$ nach rechts

verschoben.

**Beispiel**

5.31 Für die Funktionen
a) $y = \sqrt[3]{x}$ und $y = \sqrt[3]{x + 2}$,
b) $y = x^2$ und $y = (x - 4)^2$,
c) $y = e^x$ und $y = e^{x+1}$
sind die Kurven der einfachen Funktionen und der Verkettungen in den Bildern 5.39 bis 5.41 dargestellt.

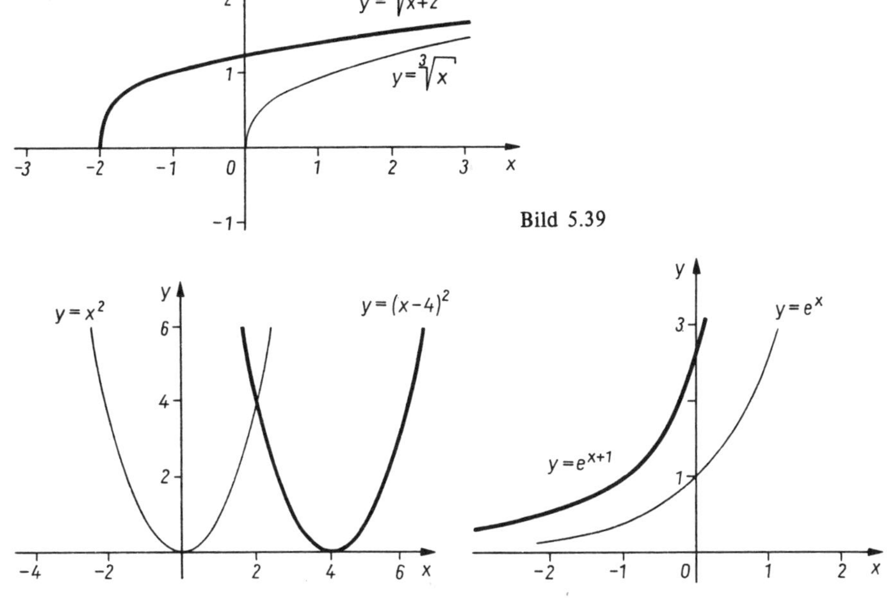


Bild 5.39

Bild 5.40

Bild 5.41

Bei der Funktion mit der Funktionsgleichung $y = e^{x+1}$ ist $u = x + 1$ die innere Funktion. Die Darstellung der Funktionsgleichung mit der Symbolik der Gl. (1.59a) aus 1.4.2 zeigt das deutlicher: $y = \exp(x + 1)$.

Bei $\boldsymbol{y = f(c \cdot x)}$ wird jeder Argumentwert $x$ mit der Konstanten $c$ multipliziert. Bei graphischer Darstellung wird die Kurve der Funktion $y = f(c \cdot x)$ gegenüber der Kurve von $y = f(x)$ in Richtung der $x$-Achse gestreckt oder gestaucht. Ist $c < 0$, so wird die gestreckte oder gestauchte Funktion zusätzlich an der $x$-Achse gespiegelt.
Es ist zu beachten, daß z. B. die Streckung einer gegebenen Kurve in Richtung der $x$-Achse auch als eine Stauchung der gegebenen Kurve in $y$-Richtung aufgefaßt werden kann.

**Beispiel**

5.32 Für die Funktionen
a) $y = \sin x$ und $y = \sin(2x)$,
b) $y = e^x$ und $y = e^{-x}$
sind die Kurven der Grundfunktionen und der Verkettungen in den Bildern 5.42 und 5.43 dargestellt.

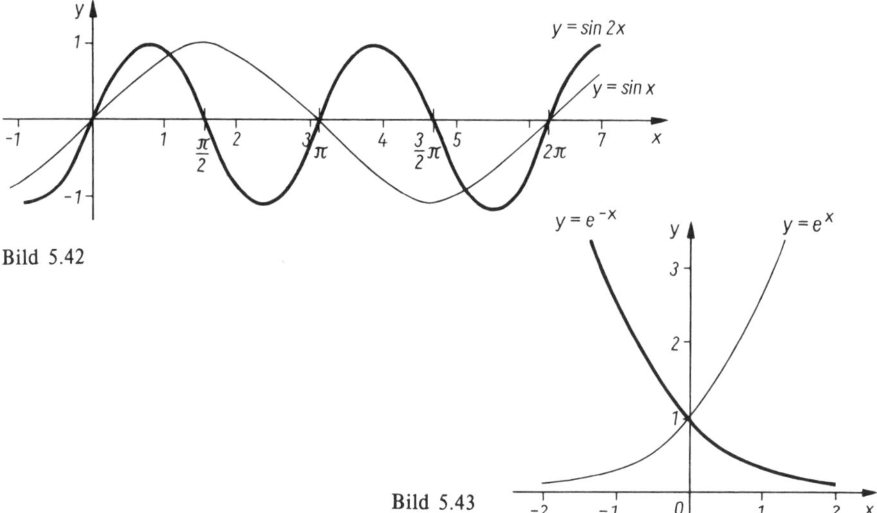


Bild 5.42

Bild 5.43

Es ist möglich, daß beide Formen der Verkettung zugleich auftreten. Dann ist die Verkettung $y = f[a(x + b)]$ mit $x \in D$ zu betrachten, bei der sowohl eine Verschiebung als auch eine Streckung in Richtung der $x$-Achse zu beachten ist. Da innerhalb des Terms $f(x)$ Umformungen vorgenommen werden können, können sich die jeweiligen Werte $a$ und $b$ ändern.

**Beispiel**

5.33 Die Funktionsgleichung $y = \sqrt{3x - 12}$ läßt sich umformen in $y = \sqrt{3(x - 4)} = \sqrt{3}\,\sqrt{x - 4}$. Daraus folgt, daß die graphische Darstellung aus der Kurve von $y = \sqrt{x}$ durch eine Schiebung in $x$-Richtung um 4 Einheiten nach rechts und eine Streckung in $y$-Richtung auf das $\sqrt{3}$fache entsteht.

Unter Hinzunahme der am Anfang von 5.4.1 gezeigten Erweiterungen können im Hinblick auf eine einfache Funktion $y = f(x)$ insgesamt 4 Operationen mit Konstanten ausgeführt werden. Allgemein formuliert entsteht dabei die Funktion mit der Funktionsgleichung

$$y = a \cdot f(bx + c) + d. \tag{5.14}$$

Oft wird in Anwendungsfällen die **allgemeine Sinusfunktion** benutzt. Ist $y = \sin t$ mit $t \in R$ die gegebene einfache Funktion, so entsteht entsprechend Gleichung (5.14) die allgemeine Sinusfunktion

$$y = a \sin(\omega t + \varphi) \quad \text{mit} \quad t \in R. \tag{5.15}$$

Durch sie werden u.a. harmonische Schwingungen dargestellt. Die Variablen haben dann folgende Bedeutung:

$y$ die Elongation, $t$ die Zeit, $a$ die Amplitude,

$\omega = \dfrac{2\pi}{T}$ die Kreisfrequenz mit $T$ als Periodendauer,

$\omega t + \varphi$ der Phasenwinkel mit $\varphi$ als Nullphasenwinkel.

**Beispiel**

5.34 Die Kurve der Funktion $y = \frac{5}{2} \sin\left(\frac{2}{3} t + \frac{\pi}{6}\right)$ ist für $t \in [-2\pi; 2\pi]$ darzustellen.

*Lösung:*

Um die Verschiebung in $x$-Richtung deutlicher erfassen zu können, ist die umgeformte Funktionsgleichung

$y = \frac{5}{2} \sin \frac{2}{3}\left(t + \frac{\pi}{4}\right)$ besser geeignet.

Im Bild 5.44 sind die Funktionen $y_1 = \sin t$, $y_2 = \sin \frac{2}{3} t$, $y_3 = \sin\left(t + \frac{\pi}{4}\right)$ und $y_4 = \frac{5}{2} \sin t$ dargestellt, um die Auswirkungen der jeweiligen Operation im einzelnen sichtbar zu machen. Im Bild 5.45 ist die gesuchte Funktion gezeichnet.

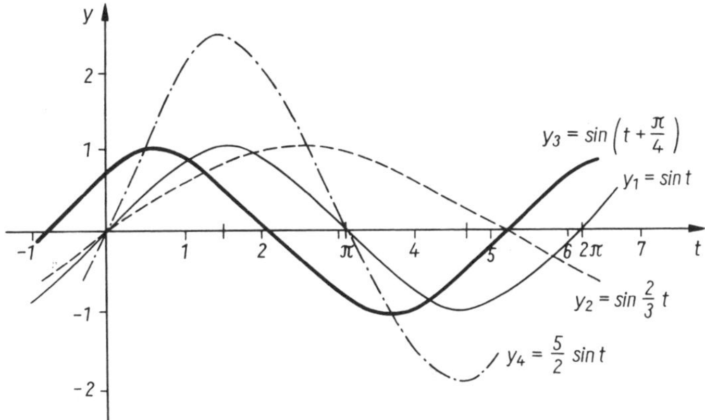


Bild 5.44

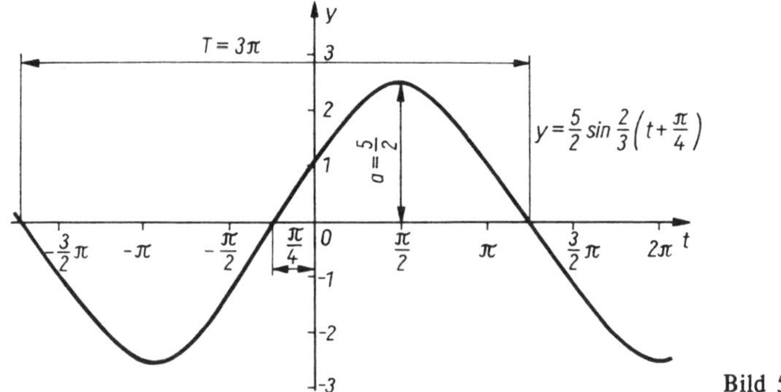


Bild 5.45

In manchen Fällen kann eine Verkettung zweier Funktionen durch entsprechende Umformungen aufgehoben werden. Beispiel dafür ist $y = (x - 2)^2 = x^2 - 4x + 4$. Der Vorteil der verketteten Darstellung ist jedoch, daß die Lage der Kurve im Koordinatensystem direkt ablesbar ist: Es handelt sich um eine Normalparabel, die in $x$-Richtung um 2 Einheiten nach rechts verschoben ist.
Abschließend soll noch der Fall betrachtet werden, daß mehr als 2 Funktionen miteinander verkettet sind. Verkettungen von jeweils 3 Funktionen sind gegeben im folgenden

**Beispiel**

5.35 $y = f(x) = e^{(2x+3)^2}$.
Innere Funktion ist hier die lineare Funktion $v = 2x + 3$. Mittlere Funktion ist die quadratische Funktion $u = v^2$. Äußere Funktion ist die Exponentialfunktion $y = e^u$. Formal ist $y = f\{u[v(x)]\}$ also eine Verkettung von 3 Funktionen.

**Kontrollfragen**

5.37 Woran erkennen Sie bei der analytischen Darstellung einer Funktion, daß es sich um eine Verkettung von zwei Funktionen handelt?
5.38 Wie ändert sich der Kurvenverlauf einer einfachen Funktion, wenn zum Argument eine Konstante $c$ addiert oder das Argument mit einem konstanten Wert $c$ multipliziert wird?
5.39 Können auch mehr als zwei Funktionen miteinander verkettet sein?
5.40 Welche Art zusammengesetzter Funktion kann vorliegen, wenn es sich nicht um eine Verkettung handelt?
5.41 Welche physikalisch-technischen Prozesse werden mit der allgemeinen Sinusfunktion beschrieben?

**Aufgaben: 5.19 bis 5.22**

## 5.5 Strecke und Gerade

### 5.5.0 Vorbemerkung

Die in der Planimetrie verwendeten Konstruktionen und anderen Verfahren sind für schwierigere Aufgaben oft ungeeignet, z. B. wenn außer der Geraden und dem Kreis weitere Kurven in die Lösung geometrischer Aufgaben einbezogen werden oder wenn eine größere Genauigkeit verlangt wird.
Durch Verwendung eines Koordinatensystems ist es dann möglich, solche Probleme einfacher und genauer mit Hilfe algebraischer Methoden zu lösen. Jedem Punkt der Ebene wird ein Zahlenpaar, das sind seine Koordinaten $x$ und $y$, zugeordnet, und zu jeder Kurve, als Punktmenge aufgefaßt, gibt es eine Kurvengleichung, die die Koordinaten der Kurvenpunkte enthält. Geometrischen Aufgaben entsprechen somit algebraische Rechnungen mit den Koordinaten. Zum Beispiel entspricht der geometrischen Aufgabe, die Schnittpunkte zweier Kurven zu bestimmen, algebraisch die Lösung eines aus den zwei Kurvengleichungen bestehenden Gleichungssystems.
Dieses Gebiet der Geometrie heißt **analytische Geometrie**. Sie wurde von DESCARTES (RENÉ DESCARTES, lat. Cartesius, französischer Philosoph, Mathematiker und Physiker, 1596 bis 1650) begründet. In den vorliegenden Abschnitten werden in einer kurzen Einführung die Gerade, der Kreis und die Parabel als technisch wichtigste Kurven behandelt.

### 5.5.1 Strecke

Die Endpunkte $P_1$ und $P_2$ einer Strecke seien durch ihre Koordinaten $x_1$, $y_1$ bzw. $x_2$, $y_2$ gegeben (Bild 5.46). Die Länge $\overline{P_1P_2} = l$ der Strecke läßt sich nach dem Satz von PYTHAGORAS aus Koordinatenunterschieden berechnen:

$$\overline{P_1P_2} = l = \sqrt{(x_2 - x_1)^2 + (y_2 - y_1)^2} \tag{5.16}$$

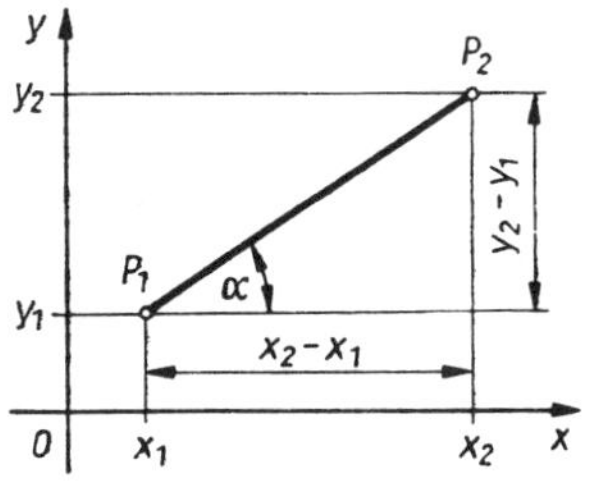

Bild 5.46

Die Formel gilt unabhängig von der Lage der Punkte $P_1$ und $P_2$ in den vier Quadranten des Koordinatensystems. Unter dem **Anstiegswinkel** der Strecke $\overline{P_1P_2}$ wird der Winkel $\alpha$ aus dem Intervall $0° \leqq \alpha < 180°$ verstanden, den die Strecke mit der positiven Richtung der $x$-Achse bildet. Der Winkel $\alpha$ ergibt sich nach Bild 5.46 aus

$$\tan \alpha = \frac{y_2 - y_1}{x_2 - x_1} \tag{5.17}$$

**tan $\alpha$ heißt der Anstieg** der Strecke.

**Beispiel**

5.36 Gegeben sind die Strecken $\overline{P_1P_2}$ mit $P_1$ (−2,6; 2,0), $P_2$ (4,2; 7,7) und $\overline{P_3P_4}$ mit $P_3$ (4,8; −6,0), $P_4$ (−9,2; 2,1). Gesucht werden die Längen und die Anstiegswinkel der Strecken.

*Lösung:*

Bild 5.47

$$l_1 = \overline{P_1P_2} = \sqrt{(4{,}2-(-2{,}6))^2 + (7{,}7-2{,}0)^2} = \sqrt{6{,}8^2 + 5{,}7^2} = \underline{\underline{8{,}9}}$$

$$\tan\alpha_1 = \frac{7{,}7-2{,}0}{4{,}2-(-2{,}6)} = \frac{5{,}7}{6{,}8} = 0{,}8382, \; \underline{\underline{\alpha_1 = 39{,}97°}}$$

$$l_2 = \overline{P_3P_4} = \sqrt{(-9{,}2-4{,}8)^2 + (2{,}1-(-6{,}0))^2} = \sqrt{(-14)^2 + 8{,}1^2} = \underline{\underline{16{,}2}}$$

$$\tan\alpha_2 = \frac{2{,}1-(-6{,}0)}{-9{,}2-4{,}8} = \frac{8{,}1}{-14} = -0{,}5786, \; \underline{\underline{\alpha_2 = 149{,}95°}}$$

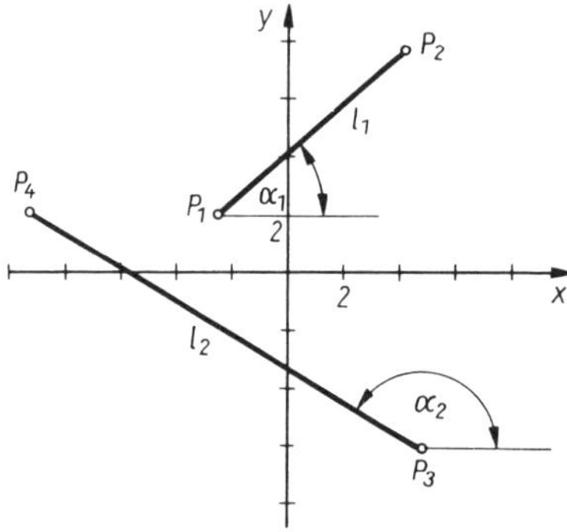


Bild 5.47

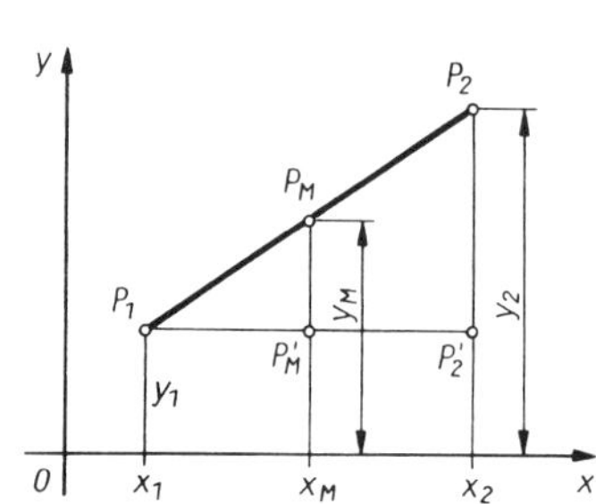


Bild 5.48

Häufig ist der Mittelpunkt einer Strecke zu bestimmen. In Bild 5.48 sei $P_M(x_M; y_M)$ der Mittelpunkt der Strecke $\overline{P_1P_2}$, d.h., es ist

$$\overline{P_1P_M} = \overline{P_2P_M} = \frac{1}{2}\,\overline{P_1P_2} \quad \text{oder}$$

$$\overline{P_1P_2} = 2\overline{P_1P_M}. \tag{I}$$

Aus der Ähnlichkeit der Dreiecke $P_1P'_MP_N$ und $P_1P'_2P_2$ folgt mit (I)

$$\frac{x_M - x_1}{x_2 - x_1} = \frac{\overline{P_1P_M}}{\overline{P_1P_2}} = \frac{1}{2}, \qquad \frac{y_M - y_1}{y_2 - y_1} = \frac{\overline{P_1P_M}}{\overline{P_1P_2}} = \frac{1}{2}.$$

Nach $x_M$ bzw. $y_M$ aufgelöst ergibt

$$x_M = \frac{1}{2}(x_2 - x_1) + x_1, \qquad y_M = \frac{1}{2}(y_2 - y_1) + y_1$$

und damit die Koordinaten des **Mittelpunktes der Strecke**

$$\boxed{x_M = \frac{x_1 + x_2}{2}; \qquad y_M = \frac{y_1 + y_2}{2}} \tag{5.18}$$

**Beispiel**

5.37 Die in Beispiel 5.36 gegebene Strecke $\overline{P_1P_2}$ hat den Mittelpunkt $P_M$ mit den Koordinaten

$$x_M = \frac{-2{,}6 + 4{,}2}{2} = 0{,}8, \qquad y_M = \frac{2{,}0 + 7{,}7}{2} = 4{,}85, \qquad P_M\,(0{,}8;\, 4{,}85).$$

(Berechnen Sie zur Übung $\overline{P_1P_M}$ und kontrollieren Sie das Ergebnis nach (I)).

**Aufgaben: 5.23 bis 5.25**

### 5.5.2 Gerade

Jede Kurve der Ebene kann als Menge von Punkten aufgefaßt werden, die bestimmte Bedingungen erfüllen. Diese Bedingungen können wie in der Planimetrie durch Worte festgelegt sein. Zum Beispiel ist in der Ebene die Mittelsenkrechte einer Strecke $\overline{AB}$ die Menge derjenigen Punkte, deren Abstände von den Punkten $A$ und $B$ jeweils gleich sind. Unter Verwendung eines Koordinatensystems kann die Bedingung auch durch eine Gleichung zwischen den Koordinaten $x$, $y$ der Kurvenpunkte gegeben sein. Solche Kurvengleichungen sind z. B.

$$y = 6x + 12 \quad \text{(Gerade)}$$
$$y = \pm\sqrt{25 - x^2} \quad \text{(Kreis)}$$
$$3x^2 + 6y - 4 = 0 \quad \text{(Parabel)}$$

In den ersten beiden Gleichungen liegt die **explizite Form der** Kurvengleichung vor:

$$y = f(x) \tag{I}$$

und im dritten Beispiel die **implizite Form der Kurvengleichung**:

$$F(x;\, y) = 0. \tag{II}$$

Eine Kurve $k$ ist daher die Menge aller Punkte $P(x;\, y)$ der Ebene, deren Koordinaten, in die Kurvengleichung (I) bzw. (II) eingesetzt, diese erfüllen. Umgekehrt erfüllen die Koordinaten von Punkten, die keine Kurvenpunkte sind, nicht die Kurvengleichung. Man erhält den wichtigen

**Satz**

Ein Punkt $P_0\,(x_0;\, y_0)$ liegt genau dann auf einer Kurve $k$, wenn seine Koordinaten die Kurvengleichung von $k$ erfüllen:

$$P_0\,(x_0;\, y_0) \in k \Leftrightarrow y_0 = f(x_0) \quad \text{bzw.} \quad F(x_0;\, y_0) = 0$$

Mit $P(x;\, y)$ wird ein beliebiger Kurvenpunkt bezeichnet. Da seine Koordinaten Variablen sind, heißt $P$ **variabler Punkt**. Ändert sich $x$ stetig, dann folgt daraus im allgemeinen auch eine stetige Änderung von $y$, und der zugehörige Punkt $P(x;\, y)$ bewegt sich auf der Kurve $k$. Für die Darstellung eines festen Kurvenpunktes werden Indizes verwendet, z. B. $P_1\,(x_1;\, y_1)$ oder $Q_2\,(3;\, -1)$.

Die einfachste Kurve ist die Gerade. Eine Gerade $g$ sei durch ihren Schnittpunkt $P_0\,(x_0 = 0;\, y_0)$ mit der $y$-Achse und durch ihren Anstiegswinkel $\alpha$ nach Bild 5.49 gegeben. $P(x;\, y)$ ist ein variabler Punkt von $g$. Die aus dem Bild 5.49 abzulesende Gleichung

$$y - y_0 = \tan \alpha \cdot x \qquad \text{(III)}$$

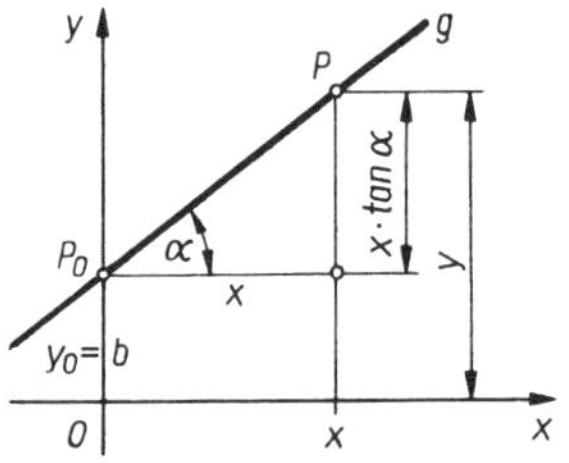

Bild 5.49

ist bereits die Geradengleichung, da sie von den Koordinaten $x$, $y$ jedes Geradenpunktes erfüllt wird. Sie wird explizit nach $y$ umgestellt, und abkürzend wird

$$\tan \alpha = m,\; y_0 = b$$

gesetzt. Damit folgt aus (III) die

**Normalform der Geradengleichung**

$$\boxed{y = mx + b} \qquad (5.19)$$

■ In der Geradengleichung (5.19) ist $m$ der Anstieg der Geraden gegen die $x$-Achse und $b$ ist die Ordinate des Schnittpunktes der Geraden mit der $y$-Achse.

Im allgemeinen läßt sich jede Geradengleichung auf die Normalform bringen, so daß z. B. mit $m$ und $b$ die zugehörige Gerade gezeichnet werden kann.

**Beispiel**

5.38 Die Gerade mit der Gleichung $y = 1{,}2x + 0{,}7$ ist im Koordinatensystem zu zeichnen.
*Lösung:*
Es ist $m = 1{,}2$, $b = 0{,}7$. Zuerst wird der Schnittpunkt $P_0\,(0;\, 0{,}7)$ mit der $y$-Achse gezeichnet. Ein zweiter Geradenpunkt $P_1$ ergibt sich mit $m = \tan \alpha = 0{,}7 = \frac{0{,}7}{1}$ durch Konstruktion des Anstiegsdreiecks $P_0P_1'P_1$ nach Bild 5.50. Dann wird $g = \overline{P_0P_1}$ gezeichnet.
Bei $m = -1{,}2$ wäre die Strecke von $P_1'$ aus nach unten abzutragen.

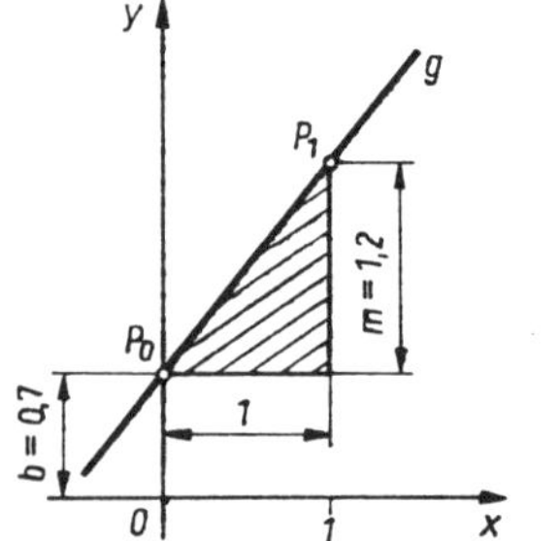


Bild 5.50

Ist die Gerade $g$ durch einen beliebigen Punkt $P_1\,(x_1;\,y_1)$ und durch ihren Anstiegswinkel $\alpha$ gegeben, dann ergibt sich mit einem variablen Geradenpunkt $P(x;\,y)$ und mit $\tan\alpha = m$ aus Bild 5.51 die

**Punkt-Richtungs-Gleichung der Geraden**

$$\boxed{y - y_1 = m\,(x - x_1)} \qquad (5.20)$$

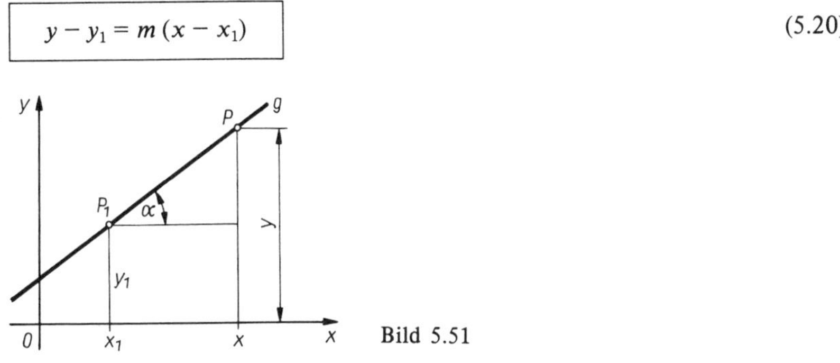

Bild 5.51

**Beispiel**

5.39 Eine Gerade geht durch $P_1\,(-3{,}2;\ 2{,}5)$ und hat den Anstiegswinkel $\alpha = 135°$. Wie heißt ihre Gleichung in Normalform? Welche Koordinaten hat ihr Schnittpunkt $P_0$ mit der $y$-Achse? Welcher der Punkte $Q\,(-1{,}0;\ 0{,}3)$, $R\,(4{,}0;\ -4{,}8)$ liegt auf der Geraden?

*Lösung:*

Mit $m = \tan 135° = -1$ folgt nach (5.20) $y - 2{,}5 = -1\,(x + 3{,}2)$ und als Normalform

$\underline{\underline{y = -x - 0{,}7.}}$

Es ist $b = -0{,}7$, folglich $\underline{\underline{P_0\,(0;\ -0{,}7)}}$

Die Koordinaten von $Q$ werden in die Geradengleichung eingesetzt:

$0{,}3 = -(-1{,}0) - 0{,}7$ oder $0{,}3 = 0{,}3$.

Da die Koordinaten die Geradengleichung erfüllen, liegt $Q$ auf der Geraden. Für $R$ folgt entsprechend mit

$-4{,}8 = -4{,}0 - 0{,}7$ oder $-4{,}8 = -4{,}7$

eine falsche Aussage. Die Gleichung ist nicht erfüllt, $R$ liegt nicht auf der Geraden.

Eine Gerade $g$ sei durch zwei Punkte $P_1\,(x_1;\,y_1)$, $P_2\,(x_2;\,y_2)$ gegeben und ihre Gleichung ist aufzustellen. Nach Bild 5.52 läßt sich unter Verwendung des variablen Geradenpunktes $P(x;\,y)$ aus ähnlichen Dreiecken die **Zwei-Punkte-Gleichung der Geraden**

$$\boxed{\frac{y - y_1}{x - x_1} = \frac{y_2 - y_1}{x_2 - x_1}} \qquad (5.21)$$

sofort als Proportion ablesen. Der Term der rechten Seite ist $m$ (vgl. (5.20)).

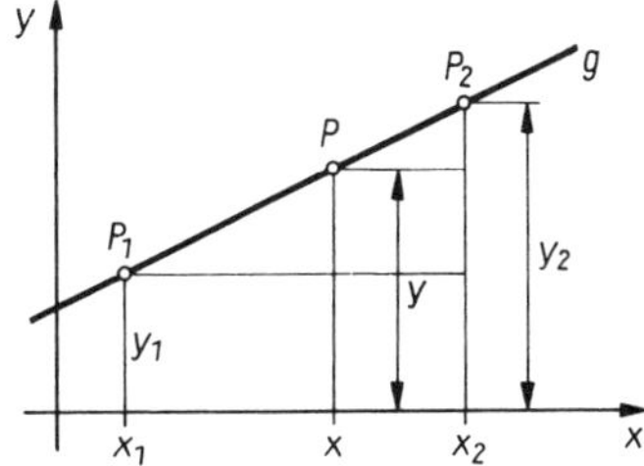

Bild 5.52

**Beispiel**

5.40 Gesucht wird die Normalform der Gleichung der Geraden durch die Punkte $P_1(-1;\ 4)$, $P_2(5;\ 2)$.

*Lösung:*

Nach (5.21) folgt

$$\frac{y-4}{x+1} = \frac{2-4}{5+1}$$

und nach $y$ aufgelöst

$$\underline{\underline{y = -\frac{1}{3}x + \frac{11}{3}}}.$$

Für eine Gerade parallel zur $x$-Achse durch den Punkt $P_1(x_1;\ y_1)$ folgt wegen $\alpha = 0$ und damit $m = \tan\alpha = 0$ aus (5.20): $y - y_1 = 0$ oder

$$y = y_1 = \text{konstant} \tag{IV}$$

als **Gleichung einer Parallelen zur $x$-Achse** im Abstand $y_1$ von dieser. Entsprechend ist

$$x = x_1 = \text{konstant} \tag{V}$$

die **Gleichung einer Parallelen zur $y$-Achse** im Abstand $x_1$.

Man beachte: $y = 5$ ist die Gleichung einer Geraden parallel zur $x$-Achse im Abstand 5, während $y_1 = 5$ die Ordinate des Punktes $P_1$ ist.

Allgemein läßt sich die Gleichung einer Geraden in der Form

$$Ax + By + C = 0$$

schreiben. $A$, $B$, $C$ sind reelle Zahlen und $A$, $B$ sind nicht beide zugleich Null. Die Geradengleichung ist eine lineare Kurvengleichung oder Kurvengleichung 1. Grades, da $x$ und $y$ höchstens in der 1. Potenz vorkommen.

Der Schnittpunkt $S(x_s;\ y_s)$ zweier nicht paralleler Geraden $g_1$, $g_2$ mit den Gleichungen

$$g_1: y = m_1x + b_1 \qquad g_2: y = m_2x + b_2$$

ist zu berechnen. Wegen $S \in g_1$ und $S \in g_2$ müssen die Koordinaten $x_S$, $y_S$ beide Geradengleichungen erfüllen:

$$\begin{aligned} y_S &= m_1x_S + b_1 \\ y_S &= m_2x_S + b_2 \end{aligned} \tag{VI}$$

(VI) ist ein Gleichungssystem mit zwei Unbekannten, dessen Lösung das Koordinatenpaar $x_S$, $y_S$ des Schnittpunktes ist. Den drei möglichen Geradenlagen entsprechen drei Fälle für die Lösung:

- $g_1 \cap g_2 = P \quad \Leftrightarrow$ Es existiert genau eine Lösung.
- $g_1 = g_2 \quad \Leftrightarrow$ Es existieren unendlich viele Lösungen.
- $g_1 \parallel g_2 \quad \Leftrightarrow$ Es existiert keine Lösung.

Allgemein gilt der

**Satz**

> Um die Koordinaten der Schnittpunkte zweier Kurven zu berechnen, werden die beiden Kurvengleichungen zu einem Gleichungssystem zusammengefaßt, und dessen Lösungsmenge wird bestimmt.

**Beispiel**

5.41 Es sind die Koordinaten des Schnittpunktes $S$ der Geraden

$$g_1: y = 0{,}8x - 3{,}4 \qquad g_2: y = -1{,}5x + 3{,}5$$

zu berechnen.

*Lösung:*

Aus dem Gleichungssystem

$$y_S = 0{,}8x_S - 3{,}4$$

$$y_S = -1{,}5x_S + 3{,}5$$

folgt durch Gleichsetzen

$$0{,}8x_S - 3{,}4 = -1{,}5x_S + 3{,}5$$
$$x_S = 3$$

und damit aus der ersten Gleichung

$$y_S = 0{,}8 \cdot 3 - 3{,}4 = -1.$$

Der Schnittpunkt ist $\underline{\underline{S(3;\ -1)}}$

Der Schnittwinkel $\delta$ zweier Geraden $g_1$, $g_2$ mit den Anstiegswinkeln $\alpha_1$ bzw. $\alpha_2$ ist nach Bild 5.53

$$\delta = \alpha_2 - \alpha_1.$$

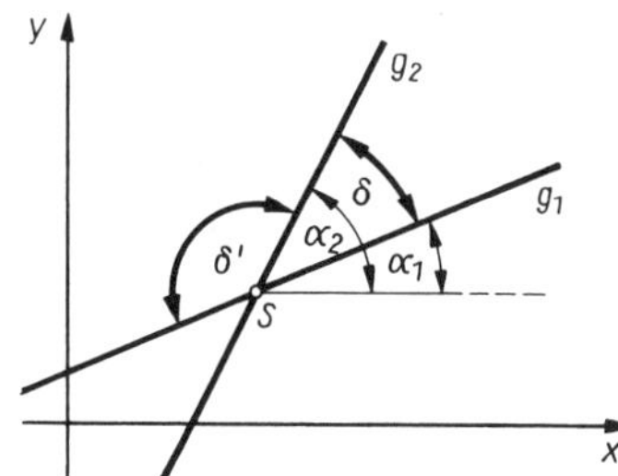


Bild 5.53

Die Bezeichnung sei so gewählt, daß $\alpha_2 > \alpha_1$ ist. Da zwei Geraden zwei Schnittwinkel $\delta$ und $\delta'$ (Nebenwinkel) bilden, muß bei Anwendungen nach der Skizze geprüft werden, welcher Winkel gesucht wird.

Für zwei parallele Geraden $g_1$, $g_2$ ist $\alpha_1 = \alpha_2$ und folglich $\tan \alpha_1 = \tan \alpha_2$ oder $m_1 = m_2$. Stehen die Geraden senkrecht aufeinander, dann ist $\alpha_2 = \alpha_1 + 90°$ und damit nach (3.7a)

$$\tan \alpha_2 = \tan(\alpha_1 + 90°) = -\cot \alpha_1 = -\frac{1}{\tan \alpha_1} \text{ oder } m_2 = -\frac{1}{m_1}$$

Für die Anstiege $m_1$, $m_2$ zweier zueinander

$$\left\{\begin{array}{l}\text{paralleler}\\ \text{orthogonaler}\end{array}\right\} \text{ Geraden } g_1, g_2 \text{ gilt: } \left\{\begin{array}{l} m_2 = m_1 \\ m_2 = -\dfrac{1}{m_1}\end{array}\right.$$

## Beispiele

5.42 Wie lautet die Gleichung der Geraden $g_2$, die durch den Punkt $Q(-2{,}0;\ 1{,}6)$ geht und parallel zur Geraden $g_1: y = 1{,}4x - 5{,}7$ ist?

*Lösung:*

In der Normalform der Gleichung von $g_2$:

$$y = m_2 x + b_2$$

ist $m_2 = m_1 = 1{,}4$ bekannt:

$$g_2: y = 1{,}4x + b_2. \tag{VII}$$

Um $b_2$ zu bestimmen, wird $Q \in g_2$ verwendet, d.h., die Koordinaten von $Q$ müssen (VII) erfüllen:

$$1{,}6 = 1{,}4\,(-2{,}0) + b_2 \quad \text{oder} \quad b_2 = 4{,}4$$
$$g_2: \underline{\underline{y = 1{,}4x + 4{,}4}}.$$

Das Anfertigen einer Zeichnung wird für die meisten Aufgaben empfohlen.

5.43 Ein Grundstück ist durch die Koordinaten seiner Eckpunkte nach Bild 5.54 gegeben. Das Grundstück ist so zu teilen, daß die neue Grenze von der Mitte der Seite $\overline{AB}$ ausgeht und senkrecht zu $AB$ ist. Zu berechnen sind die Koordinaten der Grenzpunkte $M$ und $N$ sowie die Strecken $\overline{AM}$ und $\overline{DN}$.

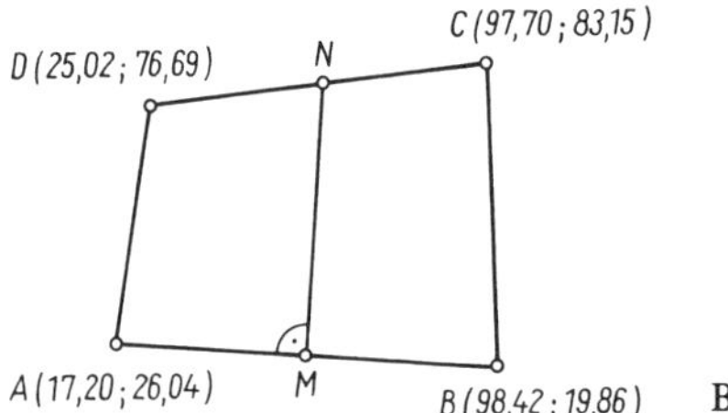


Bild 5.54

*Lösung:*

Nach (5.18) ist

$$x_M = \frac{x_A + x_B}{2} = 57{,}81, \qquad y_M = \frac{y_A + y_B}{2} = 22{,}95 \qquad \underline{\underline{M\,(57{,}81;\ 22{,}95)}}.$$

Der Anstieg der Geraden $g_1 = AB$ folgt aus

$$m_1 = \frac{y_B - y_A}{x_B - x_A} = -0{,}076\,09.$$

Die Gleichung der Geraden $g_2 = MN$ ist nach (5.20) unter Beachtung von $g_2 \perp g_1$:

$$g_2: \frac{y - y_M}{x - x_M} = m_2 = -\frac{1}{m_1}.$$

Die gegebenen Koordinaten werden eingesetzt, und es wird nach $y$ umgestellt:

$$g_2: y = 13{,}142\,4x - 736{,}811\,8. \tag{VIII}$$

Die Gleichung der Geraden $g_3 = CD$ folgt nach (5.21)

$$g_3: \frac{y - y_C}{x - x_C} = \frac{y_C - y_D}{x_C - x_D}$$

$$g_3: y = 0{,}088\,88x + 74{,}466\,2. \qquad \text{(IX)}$$

Das Koordinatenpaar $(x_N; y_N)$ ist die Lösung des aus (VIII) und (IX) gebildeten Gleichungssystems. Man erhält

$\underline{\underline{N(62{,}15;\ 79{,}99)}}$.

Für die gesuchten Strecken folgt nach (5.16)

$$\overline{AM} = \sqrt{(x_A - x_M)^2 + (y_A - y_M)^2} = \underline{\underline{40{,}73}}$$

$$\overline{DN} = \sqrt{(x_D - x_N)^2 + (y_D - y_N)^2} = \underline{\underline{37{,}28}}.$$

## Kontrollfragen

5.42 Wie erkennt man bei vorliegender Kurvengleichung, ob ein gegebener Punkt auf der Kurve liegt oder nicht?

5.43 Wie werden auf analytischem Weg die Schnittpunkte von zwei Kurven bestimmt?

5.44 Welche Form muß die Kurvengleichung haben, damit sie eine Gerade beschreibt?

5.45 Welche geometrische Bedeutung haben die Konstanten in der Normalform der Geradengleichung?

5.46 Woran erkennt man an den Geradengleichungen, ob zwei Geraden parallel oder senkrecht zueinander sind?

**Aufgaben: 5.26 bis 5.34**

# 5.6 Kreis und Parabel

## 5.6.1 Kreis

Der Kreis wird in der Planimetrie als die Menge aller Punkte einer Ebene definiert, die von einem festen Punkt $M$ dieser Ebene einen konstanten Abstand $r$ haben. Diese Bedingung ist durch eine Kurvengleichung zu erfassen. In Bild 5.55 ist $M(x_M; y_M)$ der Kreismittelpunkt, $r$ der Radius und $P(x; y)$ ein variabler Punkt des Kreises. Aus der Bedingung $\overline{PM} = r =$ konstant für alle Kreispunkte $P$ folgt nach (5.16)

$$\sqrt{(x - x_M)^2 + (y - y_M)^2} = r \quad \text{bzw. die}$$

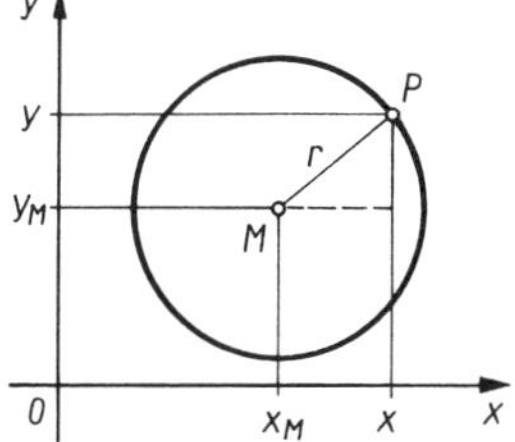


Bild 5.55

**allgemeine Kreisgleichung**

$$(x - x_M)^2 + (y - y_M)^2 = r^2 \qquad (5.22)$$

Die Gleichung wird einfacher, wenn der Mittelpunkt $M$ mit dem Koordinatenursprung $O$ zusammenfällt. Aus Bild 5.56 folgt sofort die

**Mittelpunktsgleichung des Kreises**

$$x^2 + y^2 = r^2 \qquad (5.23)$$

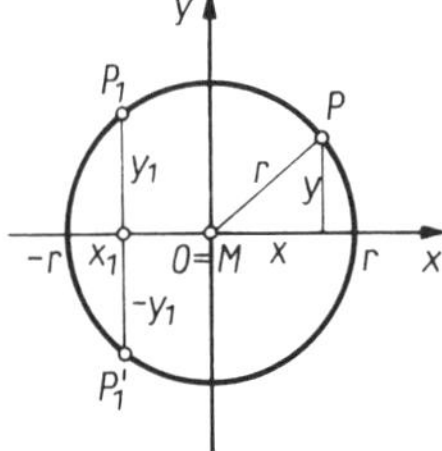


Bild 5.56

oder in expliziter Form

$$y = \pm\sqrt{r^2 - x^2} \qquad (5.24)$$

Im Gegensatz zur Geradengleichung enthalten die Kreisgleichungen (5.22) und (5.23) die variablen Koordinaten $x$ und $y$ im Quadrat, d. h., die Kreisgleichungen sind **Kurvengleichungen 2. Grades**. Wegen der Wurzel in (5.24) gibt es nur für $x \in [-r, r]$ reelle $y$-Werte. Für $x < -r$ und $x > r$ wird $y$ imaginär, und es existieren in Übereinstimmung mit Bild 5.56 keine Kurvenpunkte. Das doppelte Vorzeichen in (5.24) sagt aus, daß zu jedem $x \in (-r, r)$ zwei Kurvenpunkte $P_1(x_1; y_1)$, $P'_1(x_1; -y_1)$ existieren. Für das Pluszeichen in (5.24) ergibt sich der über der $x$-Achse, für das Minuszeichen der unter der $x$-Achse gelegene Halbkreis.

**Beispiele**

5.44 Wie heißt die Gleichung des Kreises, dessen Mittelpunkt $M$ im Ursprung liegt und der durch den Punkt $P_1(-14{,}4; 6{,}0)$ geht? Wie groß ist der Radius?

*Lösung:*

Dic Koordinaten von $P_1$ müssen die Mittelpunktsgleichung (5.23) erfüllen:

$$(-14{,}4)^2 + 6{,}0^2 = r^2.$$

Daraus folgt $r^2 = 243{,}36$, $\underline{\underline{r = 15{,}6}}$ und die Kreisgleichung lautet: $\underline{\underline{x^2 + y^2 = 243{,}36}}$

5.45 Ein Kreis hat den Mittelpunkt $M(2{,}85; -1{,}50)$ und den Radius $r = 5{,}40$. Wie lautet seine Gleichung und in welchen Punkten schneidet der Kreis die Koordinatenachsen?

*Lösung:*

Mit den gegebenen Werten lautet (5.22)

$$\underline{\underline{(x - 2{,}85)^2 + (y + 1{,}50)^2 = 29{,}16}} \qquad (I)$$

Die Schnittpunkte $P_1$, $P_2$ des Kreises mit der $x$-Achse haben die Ordinaten Null, daher wird in (I) $y = 0$ gesetzt:

$$(x - 2{,}85)^2 + 1{,}50^2 = 29{,}16.$$

Die Lösungen der Gleichung sind die Abszissen der Schnittpunkte:

$$(x - 2{,}85)^2 = 29{,}16 - 1{,}50^2 = 26{,}91$$

$$x - 2{,}85 = \pm\sqrt{26{,}91} = \pm 5{,}19$$

$$x_1 = -2{,}34 \qquad x_2 = 8{,}04$$

$$\underline{\underline{P_1(-2{,}34;\, 0)}} \qquad \underline{\underline{P_2(8{,}04;\, 0)}}$$

Die Schnittpunkte $P_3$, $P_4$ des Kreises mit der $y$-Achse ergeben sich aus (I), wenn $x = 0$ gesetzt wird:

$$(-2{,}85)^2 + (y + 1{,}50)^2 = 29{,}16 \quad \text{mit}$$

$$y_3 = -6{,}09, \quad y_4 = 3{,}09, \quad \underline{\underline{P_3(0;\, -6{,}09)}}, \quad \underline{\underline{P_4(0;\, 3{,}09)}}.$$

5.46 Gegeben ist ein Kreis mit der Gleichung

$$2x^2 + 2y^2 + 8{,}4x - 13{,}6y - 14{,}14 = 0. \qquad \text{(II)}$$

Welche Koordinaten hat der Mittelpunkt und wie groß ist $r$?

*Lösung:*
Wenn Gleichung (II) tatsächlich einen Kreis beschreibt, dann muß sie auf die Form (5.22) gebracht werden können, so daß sich $x_M$, $y_M$ und $r$ ablesen lassen. Division von Gleichung (II) durch 2 und Umstellung ergibt:

$$x^2 + 4{,}2x + y^2 - 6{,}8y = 7{,}07.$$

Für die Glieder mit $x$ und $y$ werden zu der Gleichung die quadratischen Ergänzungen addiert:

$$x^2 + 4{,}2x + \left(\frac{4{,}2}{2}\right)^2 + y^2 - 6{,}8y + \left(\frac{6{,}8}{2}\right)^2 = 7{,}07 + \left(\frac{4{,}2}{2}\right)^2 + \left(\frac{6{,}8}{2}\right)^2.$$

Durch Zusammenfassung der Binome und des Terms auf der rechten Seite der Gleichung folgt

$$(x + 2{,}1)^2 + (y - 3{,}4)^2 = 23{,}04.$$

Der Vergleich mit (5.22) ergibt

$$\underline{\underline{x_M = -2{,}1}}, \qquad \underline{\underline{y_M = 3{,}4}}, \qquad \underline{\underline{r = 4{,}8}}.$$

Anknüpfend an Beispiel 5.46 wird festgestellt, daß sich allgemein die Gleichung eines Kreises in der Form

$$Ax^2 + Ay^2 + Bx + Cy + D = 0$$

schreiben läßt. Die quadratischen Glieder haben gleiche Koeffizienten. Es läßt sich zeigen, daß die Gleichung für

$$B^2 + C^2 - 4AD \left\{ \begin{array}{ll} >0 & \text{einen Kreis} \\ =0 & \text{einen Punkt} \\ <0 & \text{keine reelle Kurve} \end{array} \right\} \text{darstellt.}$$

## Beispiel

5.47 Von der Achse einer im Kreisbogen liegenden Straße sind die Koordinaten von drei Punkten bekannt:

$$A(36{,}5;\, 122{,}3), \qquad B(130{,}1;\, 119{,}9), \qquad C(196{,}5;\, 78{,}0).$$

Gesucht werden Mittelpunkt und Radius des Kreises.

*Lösung:*
Ein erster Lösungsweg folgt der planimetrischen Konstruktion, durch drei Punkte einen Kreis zu legen. Es werden die Gleichungen der Mittelsenkrechten der Strecken $\overline{AB}$ bzw. $\overline{BC}$ aufgestellt (vgl. Beispiel 5.43), und es wird ihr Schnittpunkt $M$ als der gesuchte Kreismittelpunkt berechnet. Den Methoden der analytischen Geometrie besser angepaßt ist der zweite Lösungsweg. Für die drei Unbekannten $x_M$, $y_M$, $r$ wird ein System mit drei Gleichungen aufgestellt und gelöst.
Der Kreis $k$ soll durch $A$, $B$ und $C$ gehen, deshalb müssen die Koordinaten dieser Punkte die Kreisgleichung (5.22) erfüllen:

$$A \in k: (36{,}5 - x_M)^2 + (122{,}3 - y_M)^2 = r^2 \qquad \text{(III)}$$

$$B \in k: (130{,}1 - x_M)^2 + (119{,}9 - y_M)^2 = r^2 \qquad \text{(IV)}$$

$$C \in k: (196{,}5 - x_M)^2 + (78{,}0 - y_M)^2 = r^2 \qquad \text{(V)}$$

Damit liegt ein Gleichungssystem für $x_M$, $y_M$ und $r$ vor. Durch Ausmultiplizieren entstehen die Gleichungen

$$x_M^2 + y_M^2 - 73{,}0x_M - 244{,}6y_M + 16\,289{,}54 = r^2 \qquad \text{(VI)}$$

$$x_M^2 + y_M^2 - 260{,}2x_M - 239{,}8y_M + 31\,302{,}02 = r^2 \qquad \text{(VII)}$$

$$x_M^2 + y_M^2 - 393{,}0x_M - 156{,}0y_M + 44\,696{,}25 = r^2 \qquad \text{(VIII)}$$

Die Gleichungen werden paarweise subtrahiert:

$$\text{(VI)} - \text{(VII)}: 187{,}2x_M - 4{,}8y_M - 15\,012{,}48 = 0$$

$$\text{(VI)} - \text{(VIII)}: 320{,}0x_M - 88{,}6y_M - 28\,406{,}71 = 0$$

Dieses Gleichungssystem hat die Lösung

$$\underline{\underline{x_M = 79{,}3,}} \qquad \underline{\underline{y_M = -34{,}1}}$$

Durch Einsetzen beider Koordinaten in eine der Gleichungen (III) bis (V) folgt

$$\underline{\underline{r = 162{,}2.}}$$

## Kreis und Gerade

Es seien ein Kreis in Mittelpunktlage und eine Gerade gegeben. Zur Berechnung der Koordinaten der Schnittpunkte von Kreis und Gerade ist das Gleichungssystem

$$x^2 + y^2 = r^2$$
$$y = mx + b$$

zu lösen. Nach Einsetzen von $y$ aus der Geradengleichung in die Kreisgleichung und nach Umformung ergibt sich eine quadratische Gleichung für $x$. Den drei Lösungsmöglichkeiten der quadratischen Gleichung entsprechen die drei möglichen Lagebeziehungen von Kreis und Gerade:
Die quadratische Gleichung hat

- zwei reelle Lösungen $\Leftrightarrow$ Die Gerade schneidet den Kreis in zwei Punkten als Sekante.
- zwei reelle zusammenfallende Lösungen $\Leftrightarrow$ Die Gerade berührt den Kreis in einem Punkt als Tangente.
- zwei konjugiert-komplexe Lösungen $\Leftrightarrow$ Die Gerade hat mit dem Kreis keinen Punkt gemeinsam.

**Beispiel**

5.48 Gesucht werden die Koordinaten der Schnittpunkte zwischen dem Kreis $k: x^2 + y^2 = 9$ und den Geraden $g_1: y = -\frac{1}{4}x + 2$, $g_2: y = \frac{3}{4}x - \frac{15}{4}$, $g_3: y = \frac{1}{2}x + 4$.

*Lösung:*
Schnitt von $k$ und $g_1$: Aus dem Gleichungssystem

$$x^2 + y^2 = 9 \qquad \text{(IX)}$$

$$y = -\frac{1}{4}x + 2 \qquad \text{(X)}$$

folgt durch Einsetzen von (X) in (IX) und Umstellung die quadratische Gleichung

$$x^2 - \frac{16}{17}x - \frac{80}{17} = 0$$

mit den Lösungen

$$x_1 = 2{,}69, \qquad x_2 = -1{,}75.$$

Damit ergibt sich aus (X)

$$y_1 = 1{,}33, \qquad y_2 = 2{,}44.$$

$g_1$ schneidet $k$ in den Punkten $\underline{\underline{P_1(2{,}69;\ 1{,}33)}}$, $\underline{\underline{P_2(-1{,}75;\ 2{,}44)}}$.
Schnitt von $k$ und $g_2$: wie oben ergibt sich

$$x^2 - \frac{18}{5}x + \frac{81}{25} = 0$$

$$x_1 = x_2 = x_0 = 1{,}8, \qquad y_0 = -2{,}4.$$

Die Gerade berührt als Tangente den Kreis in $\underline{\underline{P_0(1{,}8;\ -2{,}4)}}$.
Schnitt von $k$ und $g_3$:

$$x^2 + \frac{16}{5}x + \frac{28}{5} = 0$$

$$x_1 = -1{,}6 + 1{,}74\mathrm{j}, \qquad x_2 = -1{,}6 - 1{,}74\mathrm{j}.$$

Das Auftreten komplexer Koordinaten zeigt, daß die Gerade mit dem Kreis keinen gemeinsamen Punkt hat (Bild 5.57).

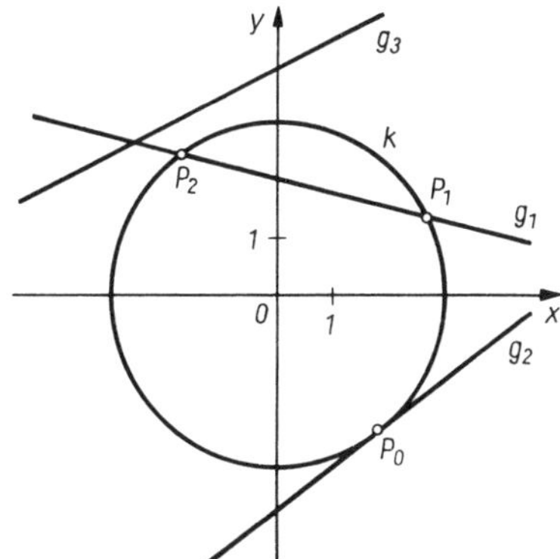


Bild 5.57

## Kontrollfragen

5.47 Woran erkennt man an einer Kurvengleichung, daß sie einen Kreis beschreibt?

5.48 Wie wird die Gleichung des Kreises bestimmt, wenn die Koordinaten von drei Kreispunkten gegeben sind?

**Aufgaben: 5.35 bis 5.42**

### 5.6.2 Parabel

**Definition**

> Die Parabel ist die Menge aller Punkte der Ebene, deren Abstände von einer festen Geraden und von einem festen Punkt dieser Ebene gleich sind.

Die feste Gerade heißt **Leitlinie** $l$, der feste Punkt heißt **Brennpunkt** $F$. Die Parabel wird durch den Abstand $p$ des Brennpunktes von der Leitlinie bestimmt (Bild 5.58). $p$ heißt **Halbparameter** der Parabel. Ist $P$ ein variabler Parabelpunkt und $L$ der Fußpunkt des von $P$ auf $l$ gefällten Lotes, dann ist nach Definition

$$\overline{PF} = \overline{PL}\,. \tag{I}$$

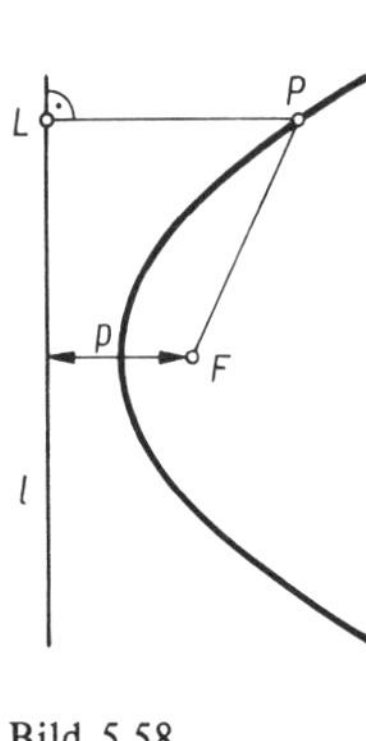


Bild 5.58

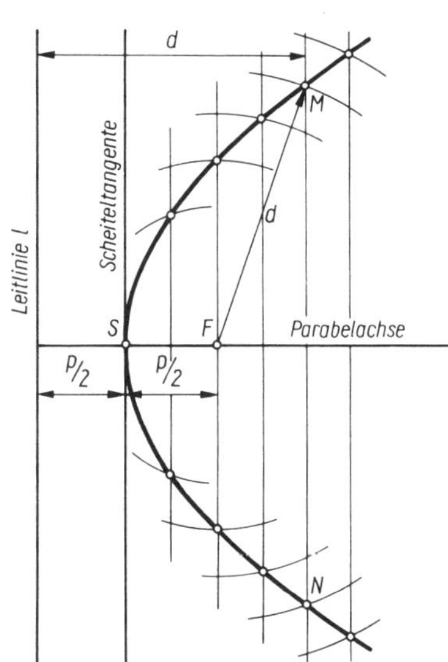


Bild 5.59

Aus (I) folgt eine **Parabelkonstruktion**:

Mit gegebenem $p$ werden $l$ und $F$ in der Zeichenebene festgelegt. Dann wird eine Schar von Parallelen zu $l$ gezeichnet (Bild 5.59). Ist $d$ der Abstand einer dieser Parallelen von $l$ und wird um $F$ mit $d$ der Kreisbogen geschlagen, so schneidet dieser die Parallele in zwei Parabelpunkten $M$ und $N$, wenn $d > \frac{p}{2}$ ist. Für $d = \frac{p}{2}$ berührt der Kreisbogen die Parabel in dem **Scheitelpunkt** $S$ und für $d < \frac{p}{2}$ gibt es keine Schnittpunkte. $S$ halbiert den Abstand zwischen Brennpunkt und Leitlinie. Die Strecke $\overline{SF} = p/2 = f$ wird **Brennweite** der Parabel genannt. Die Konstruktion zeigt, daß die Gerade *SF*, die **Parabelachse**, eine Symmetrieachse der Parabel ist. Die durch *S* gehende Parallele zur Leitlinie berührt die Parabel und heißt **Scheiteltangente**.

Der Leser konstruiere eine Parabel mit $p = 2$ cm.

Die im folgenden aufzustellende Kurvengleichung der Parabel ist abhängig von der Wahl des Koordinatensystems. Die Kurvengleichung ist am einfachsten, wenn der Koordinatenursprung mit dem Scheitelpunkt und die $x$-Achse (oder $y$-Achse) mit der Parabelachse zusammenfallen (Bild 5.60). Für den variablen Parabelpunkt $P(x; y)$ ist dann

$$\overline{PF} = \sqrt{\left(x - \frac{p}{2}\right)^2 + y^2}, \qquad \overline{PL} = x + \frac{p}{2}.$$

Nach der Definition (I) folgt mit

$$\sqrt{\left(x - \frac{p}{2}\right)^2 + y^2} = x + \frac{p}{2}$$

die Parabelgleichung. Sie wird noch umgeformt. Durch Quadrieren

$$x^2 - px + \frac{p^2}{4} + y^2 = x^2 + px + \frac{p^2}{4}$$

und Umstellung ergibt sich die **Scheitelgleichung der Parabel**

$$\boxed{y^2 = 2px} \qquad (5.25)$$

und in expliziter Form

$$\boxed{y = \pm\sqrt{2px}}\,. \qquad (5.26)$$

Damit der Radikand in (5.26) nicht negativ wird, muß wegen $p > 0$ auch $x \geqq 0$ sein. Für unbegrenzt größer werdendes $x$ wird nach (5.26) auch $|y|$ unbegrenzt größer. Daher gilt für die Koordinaten jedes Parabelpunktes: $0 \leqq x \leqq \infty$, $-\infty \leqq y \leqq \infty$. Das doppelte Vorzei-

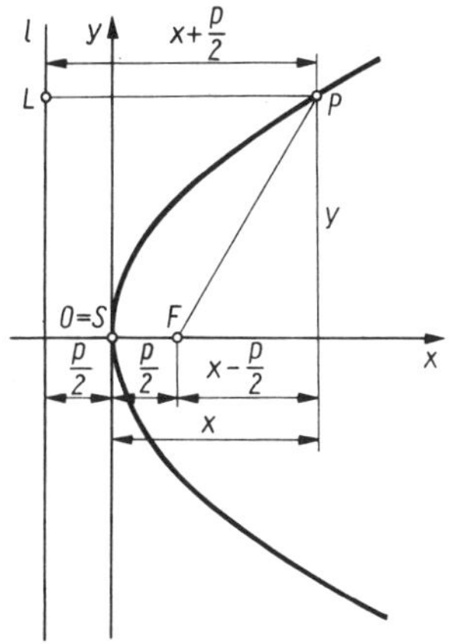


Bild 5.60

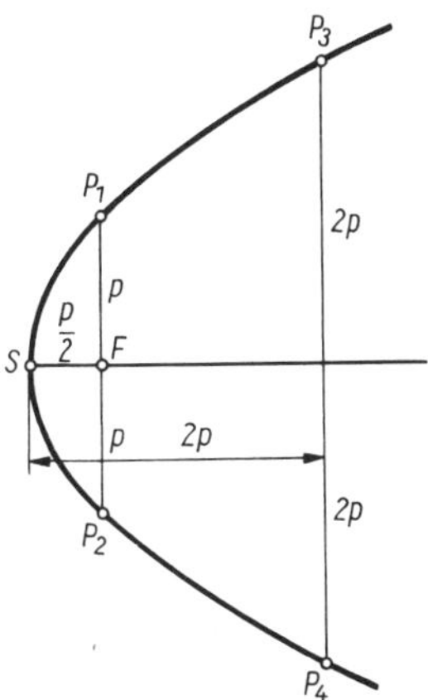


Bild 5.61

chen in (5.26) bringt wieder die Symmetrie der Parabel zur $x$-Achse (= Parabelachse) zum Ausdruck.

Für $x = \frac{p}{2}$ folgt aus (5.26) $y = \pm p$. Man erhält die Parabelpunkte $P_1\left(\frac{p}{2}; p\right)$, $P_2\left(\frac{p}{2}; -p\right)$ (Bild 5.61). $\overline{P_1P_2} = 2p$ ist die durch den Brennpunkt senkrecht zur Parabelachse gehende Sehne. Für $x = 2p$ folgt aus (5.26) $y = \pm 2p$, und man erhält die Parabelpunkte $P_3(2p; 2p)$, $P_4(2p; -2p)$. Mit Hilfe der fünf Punkte $S$, $P_1$, $P_2$, $P_3$ $P_4$ läßt sich eine durch $p$ gegebene Parabel schnell und annähernd genau skizzieren.

**Beispiel**

5.49 Eine Parabel in Scheitellage entsprechend Bild 5.60 geht durch den Punkt $P_0(5{,}0; 6{,}0)$. Gesucht werden die Parabelgleichung und die Koordinaten des Brennpunktes.

*Lösung:*

Die Koordinaten von $P_0$ müssen die Scheitelgleichung (5.25) erfüllen:

$$36 = 2p \cdot 5.$$

Daraus folgt für den Halbparameter

$$p = 3{,}6$$

und die Parabelgleichung lautet

$$\underline{\underline{y^2 = 7{,}2x}}.$$

Für den Brennpunkt ergibt sich

$$F\left(\frac{p}{2}; 0\right) = \underline{\underline{F(1{,}8; 0)}}.$$

Die Bilder 5.58 bis 5.61 zeigen nach rechts geöffnete Parabeln, die Bilder 5.62, 5.63 und 5.64 nach links, oben bzw. nach unten geöffnete Parabeln mit den Gleichungen (5.27), (5.28) bzw. (5.29).

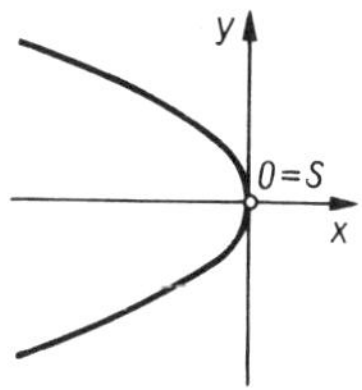


Bild 5.62

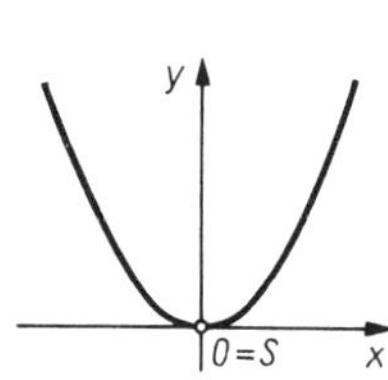


Bild 5.63

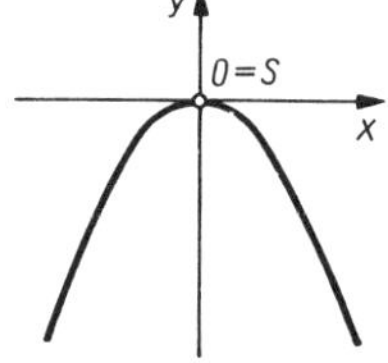


Bild 5.64

$$\boxed{y^2 = -2px} \quad (5.27) \qquad \boxed{x^2 = 2py} \quad (5.28) \qquad \boxed{x^2 = -2py} \quad (5.29)$$

Gleichung (5.27) folgt aus (5.25) durch Spiegelung der Kurve an der $y$-Achse. (5.28) und (5.29) ergeben sich aus (5.25) bzw. (5.27) durch Vertauschen von $x$ und $y$ (Umkehrabbildung). Aus (5.28) folgt nach $y$ umgestellt: $y = \frac{1}{2p}x^2$. Die von der Schule bekannte „Normalparabel" mit der Gleichung $y = x^2$ hat den Halbparameter $p = \frac{1}{2}$.

Bei Anwendungen kann es vorkommen, daß der Scheitelpunkt der Parabel nicht mit dem Koordinatenursprung zusammenfällt, während die Parabelachse parallel zu einer Koordinatenachse ist. Der Scheitelpunkt $S$ hat die Koordinaten $x_S$, $y_s$ (Bild 5.65). Man erhält dann die folgenden Gleichungen (vgl. allgemeine Kreisgleichung (5.22):

**Parabel mit dem Scheitelpunkt $S(x_S; y_S)$**

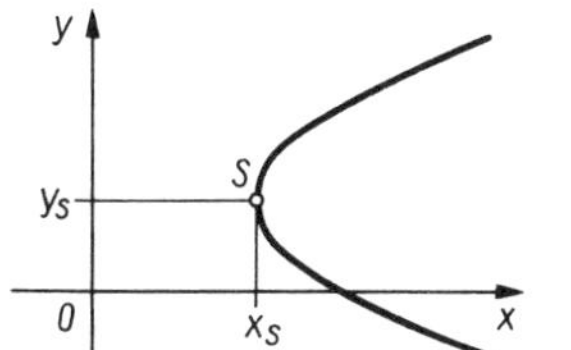

Bild 5.65

**nach rechts geöffnet** $$(y - y_S)^2 = 2p(x - x_S) \tag{5.30}$$

**nach links geöffnet** $$(y - y_S)^2 = -2p(x - x_S) \tag{5.31}$$

**nach oben geöffnet** $$(x - x_S)^2 = 2p(y - y_S) \tag{5.32}$$

**nach unten geöffnet** $$(x - x_S)^2 = -2p\,(y - y_S) \tag{5.33}$$

Werden in (5.30) und (5.31) die Klammern ausgerechnet und werden die Gleichungen nach $x$ aufgelöst, dann ergibt sich als Gleichung einer **Parabel, deren Achse parallel zu $x$-Achse ist**:

$$x = a_0 + a_1y + a_2y^2\,. \tag{5.34}$$

Entsprechend folgt aus (5.32) und (5.33) durch Auflösen nach $y$ die Gleichung einer **Parabel, deren Achse parallel zur $y$-Achse ist**:

$$y = b_0 + b_1 + b_2x^2 \tag{5.35}$$

Die Koeffizienten $a_i$, $b_i$ sind beliebige reelle Zahlen, aber $a_2 \neq 0$, $b_2 \neq 0$. Die Gleichungen (5.34) und (5.35) weisen die Parabel als Bild einer ganzrationalen Funktion 2. Grades aus.

**Beispiele**

5.50 Von einer Parabel, deren Achse parallel zur $x$-Achse ist, sind der Scheitelpunkt $S(6{,}2;\ 2{,}0)$ und ein Kurvenpunkt $P_1(2{,}6;\ 4{,}4)$ gegeben. Wie lautet die Parabelgleichung?

*Lösung:*
Wegen $x_1 = 2{,}6 < x_S = 6{,}2$ ist die Parabel nach links geöffnet (Skizze anfertigen), deshalb hat sie allgemein die Kurvengleichung (5.31), und mit den Koordinaten von $S$ folgt

$$(y - 2{,}0)^2 = -2p(x - 6{,}2).$$

Die Koordinaten von $P_1$ müssen diese Gleichung erfüllen:

$$(4{,}4 - 2{,}0)^2 = -2p(2{,}6 - 6{,}2).$$

Daraus folgt

$$2p = -\frac{2{,}4^2}{-3{,}6} = 1{,}6$$

und die Parabelgleichung lautet

$$\underline{\underline{(y - 2{,}0)^2 = -1{,}6(x - 6{,}2)}}.$$

5.51 Ein parabolischer Brückenbogen hat die Spannweite $s = 50{,}00$ m und die Pfeilhöhe $h = 10{,}00$ m. In Abständen von je 5 m sind Vertikalstäbe angebracht. Ihre Längen sind zu berechnen.
*Lösung:*
Die $x$-Achse wird durch die Auflagepunkte $A$ und $B$ gelegt, die $y$-Achse durch den Scheitelpunkt $S$ (Bild 5.66). Die Parabel ist nach unten geöffnet und hat nach (5.33) mit $S(0;\ 10)$ die Gleichung

$$x^2 = -2p(y - 10). \qquad \text{(II)}$$

Da $A$ ein Parabelpunkt ist, müssen seine Koordinaten die Gleichung (II) erfüllen:

$$625 = -2p(-10).$$

Daraus folgt $2p = 62{,}5$. Die Parabelgleichung lautet

$$x^2 = -62{,}5(y - 10) \quad \text{oder} \quad y = 10 - 0{,}016x^2. \qquad \text{(III)}$$

Für $x_1 = -20$ und $x_8 = 20$ wird $y_1 = y_8 = 3{,}60$ m.
Für $x_2 = -15$ und $x_7 = 15$ wird $y_2 = y_7 = 6{,}40$ m.
Für $x_3 = -10$ und $x_6 = 10$ wird $y_3 = y_6 = 8{,}40$ m.
Für $x_4 = -5$ und $x_5 = 5$ wird $y_4 = y_5 = 9{,}60$ m.
Die Längen der Vertikalstäbe sind

$\underline{\underline{h_1 = h_8 = 3{,}60 \text{ m}}}$, $\underline{\underline{h_2 = h_7 = 6{,}40 \text{ m}}}$, $\underline{\underline{h_3 = h_6 = 8{,}40 \text{ m}}}$, $\underline{\underline{h_4 = h_5 = 9{,}60 \text{ m}}}$.

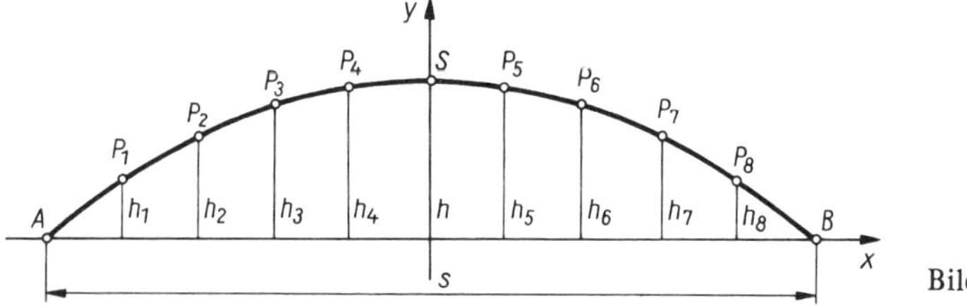

Bild 5.66

5.52 Das Leiterseil einer 110-kV-Leitung hat infolge des Durchhangs annähernd die Form einer nach oben geöffneten Parabel. Der waagerechte Abstand zweier Masten beträgt $s = 284{,}6$ m, der Höhenunterschied der Aufhängepunkte $A$ und $B$ ist $h = 21{,}2$ m und der in der Mitte zwischen $A$ und $B$ gemessene »Durchhang« ist $f = 7{,}8$ m (Bild 5.67). Gesucht werden die Gleichung der Parabel in dem angegebenen Koordinatensystem und die Koordinaten des Scheitelpunktes.

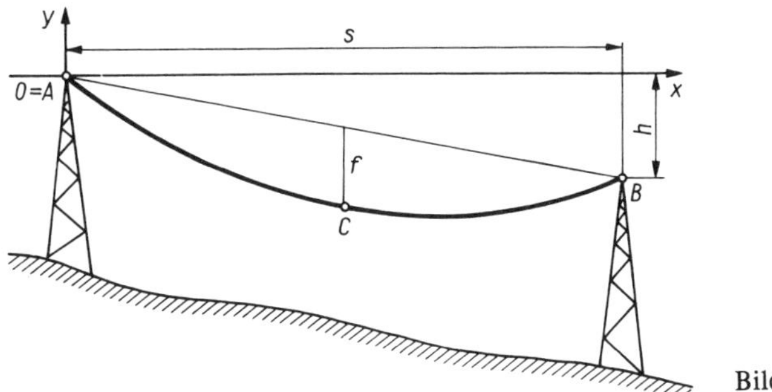


Bild 5.67

*Lösung:*
Die Parabelachse ist parallel zur $y$-Achse, deshalb wird Gleichung (5.35) verwendet:

$$y = b_0 + b_1 x + b_2 x^2. \qquad \text{(IV)}$$

Zur Bestimmung der Koeffizienten $b_0$, $b_1$, $b_2$ sind drei Gleichungen notwendig. Es müssen daher drei Punkte der Parabel bekannt sein. Nach Bild 5.67 sind das die Punkte

$A(0;\ 0)$, $B(284{,}6;\ -21{,}2)$, $C(142{,}3;\ -18{,}4)$.

Ihre Koordinaten müssen jeweils Gleichung (IV) erfüllen:

$$\begin{aligned} 0 &= b_0 \\ -21{,}2 &= b_0 + 284{,}6 b_1 + 284{,}6^2 b_2 \\ -18{,}4 &= b_0 + 142{,}3 b_1 + 142{,}3^2 b_2. \end{aligned}$$

Aus diesem Gleichungssystem werden die Unbekannten $b_0$, $b_1$, $b_2$ berechnet:

$b_0 = 0$, $b_1 = -0{,}184\,12$, $b_2 = 0{,}000\,385\,20$.

Die Parabelgleichung lautet

$$\underline{\underline{y = -0{,}184\,12x + 0{,}000\,385\,20x^2}}. \qquad \text{(V)}$$

Um die Koordinaten des Scheitelpunktes zu erhalten, wird (V) schrittweise auf die Form (5.32) gebracht:

$$\begin{aligned} &x^2 - 477{,}98x = 2\,596{,}06y \\ &x^2 - 477{,}98x + 57\,116{,}71 = 2\,596{,}06y + 57\,116{,}71 \\ &(x - 239{,}0)^2 = 2\,596{,}1\,(y + 22{,}0). \end{aligned}$$

Aus dieser Gleichung lassen sich durch Vergleich mit (5.32) die Koordinaten des Scheitelpunktes ablesen:

$\underline{\underline{S(239{,}0;\ -22{,}0).}}$

Die angegebenen Zwischenwerte sind gerundet. Den Speichermöglichkeiten des Taschenrechners entsprechend wurde mit genaueren Werten weiter gerechnet.

5.53 Ein Körper wird mit der Geschwindigkeit $v$ unter einem Winkel $\alpha$ gegen die Horizontalebene abgeworfen. Der Abwurfort liegt in der Horizontalebene.

a) Für die Bahnkurve des Körperschwerpunktes ist die Kurvengleichung aufzustellen.

b) Wie groß sind die Wurfhöhe und die Wurfweite?

*Lösung:*

a) Nach Bild 5.68 wird ein Koordinatensystem gewählt, dessen Ursprung im Abwurfort und dessen $x$-Achse in der Horizontalebene liegt. Ohne Einfluß der Schwerkraft würde sich der Körper auf der Geraden $y = \tan\alpha \cdot x$ bewegen, nach der Zeit $t$ die Strecke $\overline{OQ} = vt$ zurücklegen und sich im Punkt $Q$ befinden. Durch die Einwirkung der Schwerkraft fällt er aber gleichzeitig um die Strecke $\overline{QP} = \frac{g}{2} t^2$. Daher befindet sich der Körperschwerpunkt nach der Zeit $t$ im Punkt $P$ der zu bestimmenden Bahnkurve. Für die Koordinaten des variablen Kurvenpunktes $P$ liest man aus Bild 5.68 ab:

$$x = vt \cos\alpha \qquad = \varphi(t) \qquad \text{(VI)}$$

$$y = vt \sin\alpha - \frac{g}{2} t^2 = \psi(t). \qquad \text{(VII)}$$

In den Gleichungen (VI) und (VII) erscheinen $x$ und $y$ jeweils abhängig von der Variablen $t$, der Zeit. Durch beide Gleichungen wird die Kurve eindeutig beschrieben.

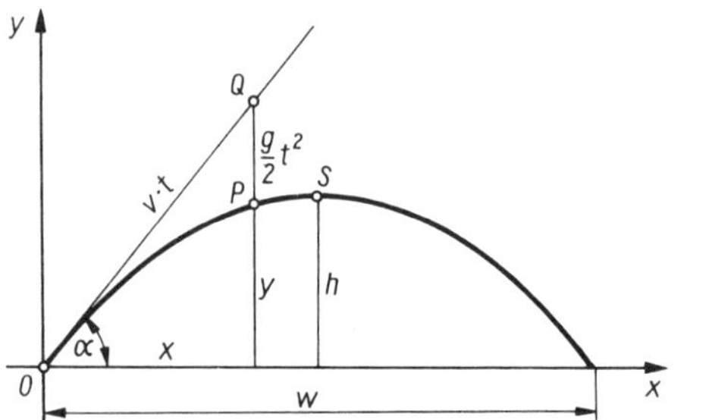


Bild 5.68

Anmerkung:
Allgemein heißt eine Kurvendarstellung der Form $x = \varphi(t)$, $y = \psi(t)$ eine **Parameterdarstellung** der Kurve; $t$ heißt ihr Parameter und kann eine beliebige Variable sein.
Um zur Kurvengleichung $y = f(x)$ zu kommen, wird $t$ aus (VI) berechnet

$$t = \frac{x}{v \cos\alpha}$$

und in (VII) eingesetzt

$$y = x \tan\alpha - \frac{g}{2v^2 \cos^2\alpha} x^2.$$

Der Vergleich mit (5.35) zeigt, daß die Bahnkurve eine Parabel mit zur $y$-Achse paralleler Achse ist. Sie läßt sich schrittweise auf die Form (5.33) bringen:

$$\left(x - \frac{v^2 \sin 2\alpha}{2g}\right)^2 = -\frac{2v^2 \cos^2\alpha}{g} \left(y - \frac{v^2 \sin^2\alpha}{2g}\right).$$

Die Koordinaten des Scheitelpunktes sind

$$x_S = \frac{v^2 \sin 2\alpha}{2g}, \qquad y_S = \frac{v^2 \sin^2\alpha}{2g}.$$

b) Die Wurfhöhe ist $h = y_S = \frac{v^2 \sin^2\alpha}{2g}$, und die Wurfweite ist wegen der Symmetrie der Parabel bezüglich ihrer Achse

$$w = 2x_S = \frac{v^2 \sin 2\alpha}{g}.$$

**Ergänzung**
Neben dem Kreis und der Parabel sind von den in der Technik verwendeten Kurven auch die **Ellipse** und die **Hyperbel** hervorzuheben. Ihre Kurvengleichungen enthalten wie der Kreis die Koordinaten $x$ und $y$ im Quadrat und sind daher, wie auch die Parabelgleichung, Kurvengleichungen 2. Grades. Die genannten vier Kurven heißen daher Kurven 2. Ordnung. Sie werden auch **Kegelschnitte** genannt, weil sie sich als Schnittkurven zwischen einem geraden Kreiskegel und einer Ebene ergeben.

## Definition

Die $\left\{\begin{array}{l}\text{Ellipse}\\ \text{Hyperbel}\end{array}\right\}$ ist die Menge aller Punkte der Ebene, für die die $\left\{\begin{array}{l}\text{Summe}\\ \text{Differenz}\end{array}\right\}$ ihrer Abstände von zwei festen Punkten der Ebene konstant ist.
Die festen Punkte heißen Brennpunkte $F_1$, $F_2$ (Bilder 5.69, 5.70), für ihren Abstand wird $\overline{F_1F_2} = 2e$ gesetzt. $e$ heißt lineare Exzentrizität. Die konstante Summe bzw. Differenz der Abstände wird mit $2a$ bezeichnet. Dann gilt nach Definition für einen beliebigen

Ellipsenpunkt $P$

$r_1 + r_2 = 2a$

Hyperbelpunkt $P$

$|r_1 - r_2| = 2a.$

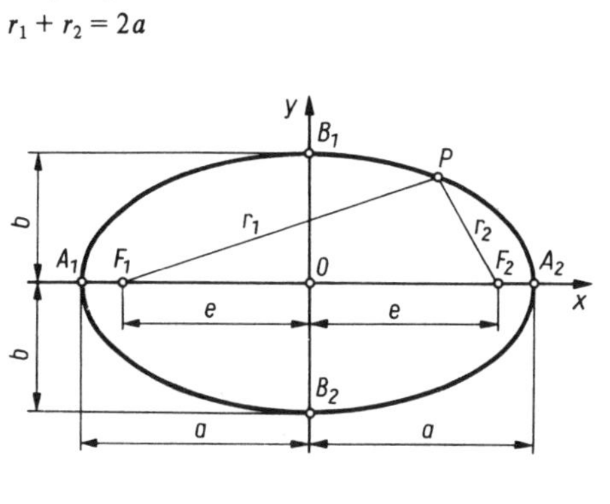


Bild 5.69

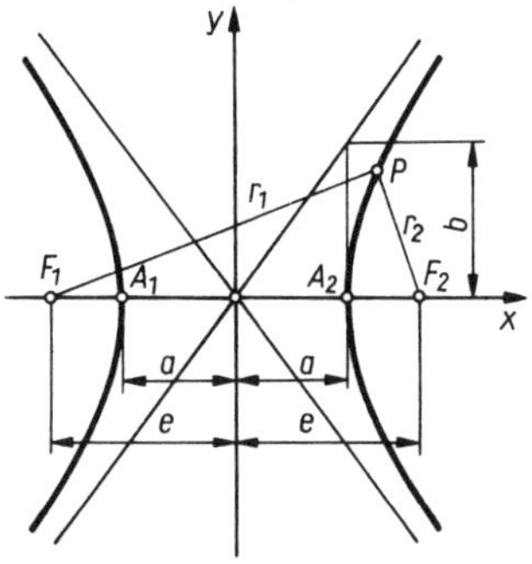

Bild 5.70

$r_1$, $r_2$ heißen Brennstrahlen. Für das in den Bildern 5.69, 5.70 eingetragene Koordinatensystem ergibt sich die **Mittelpunktsgleichung der**

**Ellipse**

$$\frac{x^2}{a^2} + \frac{y^2}{b^2} = 1$$

**Hyperbel**

$$\frac{x^2}{a^2} - \frac{y^2}{b^2} = 1$$

oder explizit

$$y = \pm \frac{b}{a}\sqrt{a^2 - x^2}$$

$$y = \pm \frac{b}{a}\sqrt{x^2 - a^2}\,.$$

Die Ellipse hat zwei Hauptscheitelpunkte $A_1(-a,\ 0)$, $A_2(a,\ 0)$ und zwei Nebenscheitelpunkte $B_1(0,\ b)$, $B_2(0,\ -b)$. $a$ heißt die große Halbachse, $b$ die kleine Halbachse der Ellipse.
Die Hyperbel hat die zwei Scheitelpunkte $A_1(-a,\ 0)$, $A_2(a,\ 0)$. $a$ ist die (reelle) Halbachse der Hyperbel. Die Hyperbel besteht aus zwei getrennten »Ästen«. Die zwei Geraden mit den Gleichungen $y = \pm \frac{b}{a}x$ heißen Asymptoten der Hyperbel, da sich die Kurvenpunkte für immer größer oder kleiner werdendes $x$ unbegrenzt einer dieser Geraden nähern. Mit Hilfe der Asymptoten kann die Hyperbel leichter gezeichnet werden.
Weitere Eigenschaften der Kegelschnitte kann der Leser aus Lehrbüchern der analytischen Geometrie oder aus geeigneten Formelsammlungen entnehmen.

## Kontrollfragen

5.49 Woran erkennt man an einer Kurvengleichung, daß
a) eine Parabel vorliegt,
b) die Parabel nach rechts, links, oben oder unten geöffnet ist?

5.50 Durch wieviel Punkte ist eine Parabel
   a) in Scheitellage,
   b) in allgemeiner Lage mit der zu einer Koordinatenachse parallelen Parabelachse festgelegt?

**Aufgaben: 5.43 bis 5.48**

## 5.7 Aufgaben

**5.1** Welche der durch die nachstehenden Wertetabellen gegebenen Abbildungen sind eindeutig bzw. eineindeutig?

a)

| $x$ | $-2$ | $-1$ | $0$ | $1$ | $2$ |
|---|---|---|---|---|---|
| $y$ | $3$ | $3$ | $3$ | $3$ | $3$ |

b)

| $x$ | $-2$ | $-1$ | $0$ | $1$ | $2$ |
|---|---|---|---|---|---|
| $y$ | $3$ | $2$ | $1$ | $0$ | $-1$ |

c)

| $x$ | $-2$ | $-1$ | $0$ | $1$ | $2$ |
|---|---|---|---|---|---|
| $y$ | $3$ | $2$ | $1$ | $2$ | $3$ |

d)

| $x$ | $3$ | $2$ | $1$ | $2$ | $3$ |
|---|---|---|---|---|---|
| $y$ | $3$ | $2$ | $1$ | $0$ | $-1$ |

**5.2** Von den folgenden Funktionen ist der Wertebereich zu bestimmen.

a) $y = -x$ mit $x \in R$   b) $y = \dfrac{1}{x+2}$ mit $0 \leqq x \leqq 8$

c) $y = 2x^2 - 1$ mit $x \geqq 0$   d) $y = \sqrt{4 - x^2}$ mit $|x| < 2$

**5.3** Die gegebenen Funktionsgleichungen sind nach $y$ umzustellen.

a) $4x + 8y - 10 = 0$   b) $2x^2y + 3y - 4 = 0$

c) $xy - 40 = 0$   d) $y^2 + x = 0$ mit $y \leqq 0$

**5.4** Für alle in Aufgabe 5.3 gegebenen Funktionen ist $y(-3)$ zu berechnen.

**5.5** Geben Sie die Intervalle an, in denen die im Bild 5.71 dargestellte Funktion monoton wachsend, monoton fallend bzw. konstant ist.

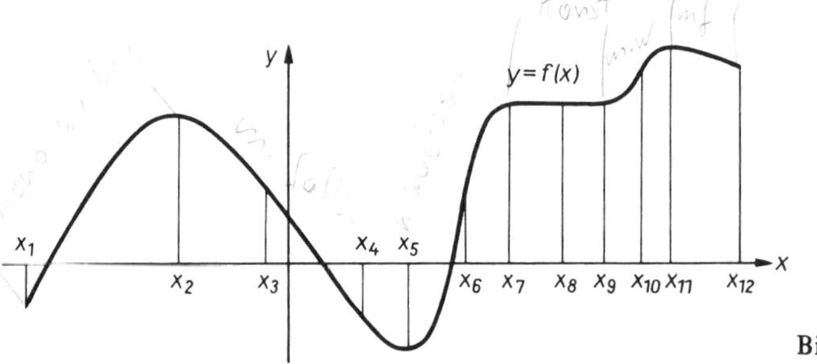


Bild 5.71

**5.6** Von den nachstehend aufgeführten Funktionen sind im Falle der Eineindeutigkeit die Umkehrfunktionen zu bilden.

a)

| $x$ | $-2$ | $-1$ | $0$ | $1$ | $2$ |
|---|---|---|---|---|---|
| $y$ | $-4$ | $-1$ | $2$ | $5$ | $8$ |

b)

| $x$ | $0$ | $1$ | $2$ | $3$ | $4$ |
|---|---|---|---|---|---|
| $y$ | $1$ | $0$ | $2$ | $0$ | $3$ |

c) $y = f(x) = 3x + 2$ mit $x \in [-2; 2]$

d) $y = f(x) = -\dfrac{4}{3}x - 2$ mit $x \leqq 0$

5.7 Die nachstehenden Funktionen sind im Bereich $-4 \leqq x \leqq 4$ graphisch darzustellen. In welchen Intervallen sind die Funktionen progressiv steigend bzw. degressiv fallend?

a) $y = -3x$ mit $x \in R$ b) $y = \sin x$ mit $x \in R$

c) $y = e^x$ mit $x \in R$ d) $y = \sqrt[3]{x}$ mit $x \in [0; \infty)$

5.8 Welche der in Aufgabe 5.7 gegebenen Funktionen ist

a) nach unten oder nach oben beschränkt,
b) gerade bzw. ungerade?

5.9 Von den in Aufgabe 5.7 gegebenen Funktionen sind die Nullstellen zu ermitteln.

5.10 Die eventuell vorhandenen Schnittpunkte der Kurve der Funktion $y = 3x$ mit $x \in R$ mit den Kurven der in Aufgabe 5.7 gegebenen Funktionen sind graphisch und rechnerisch (Genauigkeit: $10^{-3}$) zu ermitteln.

5.11 Mit Hilfe der Gln. (5.6) und (5.8) sind die nachstehend aufgeführten Funktionen in Exponential- bzw. Logarithmusfunktionen zur Basis e umzuwandeln.

a) $y = 4^x$ b) $y = 0{,}2^x$ c) $y = \log_6 x$ d) $y = \log_{0,8} x$

5.12 Die nachstehend aufgeführten Funktionswerte sind allein durch die Kenntnis des Funktionsverlaufes in den Einheiten Radiant und Grad zu ermitteln.

a) $\arcsin 0{,}5$ b) $\arccos 0{,}5$ c) $\arcsin 2$

d) $\arccos(-1)$ e) $\arctan 1$

5.13 Die Funktionswerte sind in Radiant und Grad anzugeben.

a) $\arctan 1{,}73$ b) $\arccos(-0{,}24)$ c) $\arcsin(-0{,}81)$

d) $\arctan(-12{,}47)$ e) $\arccos(-3{,}96)$

5.14 Die Funktionen sind (wenn möglich, mit Hilfe einer Schablone) graphisch darzustellen.

a) $y = -x^2 + 2;\quad x \in [-3; 3]$ b) $y = 4x - 3;\quad x \in [0; 2]$

c) $y = 2\sqrt[3]{x} + 1;\quad x \in [0; 3]$ d) $y = 1 - 2\sin x;\quad x \in [-3; 3]$

e) $y = 2{,}5 - \ln x;\quad 0 < x \leqq 6$

5.15 Berechnen Sie für die Parabeln der nachstehenden quadratischen Funktionen die Koordinaten $(x_S; y_S)$ des Scheitelpunktes, und stellen Sie im Intervall $x \in [x_S - 3;\ x_S + 3]$ die Parabeln graphisch dar.

a) $y = x^2 - 13x + 12;\quad x \in R$ b) $y = -x^2 + 2x - 3;\quad x \in R$

c) $y = (x+3)^2 - 1;\quad x \in R$ d) $y = 0{,}1x^2 - 2x;\quad x \geqq 0$

5.16 Für die angegebenen Funktionen ist unter Nutzung des HORNER-Schemas eine Wertetabelle aufzustellen.

a) $y = f(x) = -x^3 + 2x^2 - 15x + 3$ für $x \in \{-2; -1; \ldots; 4\}$

b) $y = f(x) = x^5 + 2x^3 - x^2 - 5$ für $x \in \{-1; 0; 1; 2\}$

c) $y = f(x) = -4{,}75x^4 + 3{,}62x^3 - 2{,}11x^2 - 8{,}65x + 10{,}97$ für $x_1 = -1{,}75$ und $x_2 = 2{,}63$

5.17 Die Funktionsgleichungen von Polynomfunktionen sind zu bestimmen, deren graphische Darstellungen durch die gegebenen Punkte hindurchgehen.

a)

| $x$ | 2 | 5 |
|---|---|---|
| $y$ | 3 | −3 |

b)

| $x$ | 3 | 6 | 9 |
|---|---|---|---|
| $y$ | 7 | 9 | 11 |

c)

| $x$ | −1 | 1 | 3 | 5 |
|---|---|---|---|---|
| $y$ | −8 | 0 | 0 | −8 |

**5.18** Nullstellen, Polstellen und Asymptoten der nachstehenden Funktionen sind zu bestimmen.

a) $y = \frac{2}{3x+4}$; $x \in D$ b) $y = \frac{3x}{4x-10}$; $x \in D$

c) $y = \frac{12x+15}{x-6}$; $x \in D$ d) $y = \frac{3x^2+4}{x-2}$; $x \in D$

e) $y = \frac{x^2-4}{x^2-1}$; $x \in D$ f) $y = \frac{x^2+2x-4}{x^2-2x+4}$; $x \in D$

**5.19** Die folgenden Funktionen sind graphisch darzustellen.

a) $y = (x-3)^2$ b) $y = \sqrt{x-2}$

c) $y = \sqrt{2-x}$ d) $y = \mathrm{e}^{-x+1}$; $x \in [0; 3]$

e) $y = \sin(3x+1)$; $x \in [-1; 1]$ f) $y = \frac{-1}{(x+3)^2}$

**5.20** Art und Verlauf der Graphen der folgenden Funktionen sind zu beschreiben.

a) $y = 2\ln(x+1)$; $x > -1$ b) $y = -\frac{4}{5}(x+2)^2 + 3$; $x \in R$

c) $y = \frac{1}{2}\cos\left(\frac{x}{3} + \pi\right) - 6$; $x \in R$ d) $y = \frac{3}{3+9x}$; $x \neq -\frac{1}{3}$

e) $y = 1 - \arcsin(x-3)$; $|x-3| \leqq \frac{\pi}{2}$

**5.21** Die nachstehend aufgeführten Funktionen sind graphisch darzustellen.

a) $v = v(s) = \sqrt{2as}$ mit $a = 3\,\mathrm{m\,s^{-2}}$ und $0\,\mathrm{m} \leqq s \leqq 1\,\mathrm{m}$

b) $f = f(l) = \frac{1}{2\pi}\sqrt{\frac{g}{l}}$ mit $g = 10\,\mathrm{m\,s^{-2}}$ und $0\,\mathrm{m} < l \leqq 2\,\mathrm{m}$

c) $u = u(t) = U_0\mathrm{e}^{-\frac{t}{RC}}$ mit $U_0 = 200\,\mathrm{V}$; $R = 600\,\mathrm{k\Omega}$; $C = 20\,\mathrm{\mu F}$ und $0\,\mathrm{s} \leqq t \leqq 30\,\mathrm{s}$

d) $I = I(R) = \frac{U}{R}$ mit $U = 6\,\mathrm{V}$ und $0\,\Omega < R \leqq 10\,\Omega$

e) $G = G(\alpha) = F\cos\alpha$ mit $F = 30\,\mathrm{N}$ und $0 \leqq \alpha \leqq \frac{\pi}{2}$

f) $U = U(t) = U_0\sin(\omega t + \varphi) + U_1$ mit $U_0 = 220\,\mathrm{V}$; $f = 50\,\mathrm{s^{-1}}$
$\varphi = 0$; $U_1 = 40\,\mathrm{V}$ und $0\,\mathrm{s} \leqq t \leqq 0{,}1\,\mathrm{s}$.

**5.22** Welche der folgenden Funktionen sind gerade, welche sind ungerade?

a) $y = x$ b) $y = 2x^3 - x + 2$ c) $y = \frac{1}{x}$

d) $y = \frac{1}{x+1}$ e) $y = x\sin x$ f) $y = \cos x$

g) $y = -5x^4 + 2{,}3x^2 + 13$ h) $y = 4x^2 - 2x$

**5.23** Berechnen Sie die Länge, den Anstiegswinkel und den Mittelpunkt der durch folgende Punkte gegebenen Strecke:

a) $A(2; 8)$, $B(10; 2)$ b) $C(4{,}7; 3{,}5)$, $D(-9{,}1; -0{,}8)$

c) $R(-3{,}16; 12{,}06)$, $Q(3{,}16; 0{,}58)$ d) $P_1(2{,}5; -7{,}6)$, $P_2(2{,}5; -1{,}2)$

**5.24** Welcher Punkt liegt auf der $x$-Achse und hat vom Punkt $A(-4; 8)$ den Abstand 17?

**5.25** Welcher Punkt $P_0$ hat von $A(-4; 2)$ den Abstand 13 und von $B(15; -17)$ den Abstand 25?

**5.26** Welche der Punkte $P_1(2{,}50; -2{,}91)$, $P_2(7{,}50; -0{,}80)$, $P_3(4{,}00; -2{,}28)$ liegen auf der Geraden $g: y = 0{,}42x - 3{,}96$?

**5.27** Für die folgenden Geraden sind der Anstiegswinkel $\alpha$ und der Achsenabschnitt auf der $y$-Achse zu bestimmen.

a) $y = 0{,}4x + 1{,}8$ b) $5x + 3y - 7 = 0$ c) $x + y = 0$
d) $3{,}8x + 2{,}5y + 11{,}2 = 0$ e) $y + 3{,}7 = 0$

**5.28** Wie heißt die Gleichung der Geraden, die durch den Punkt $P_0$ geht und den Anstiegswinkel $\alpha$ hat?

a) $P_0(5{,}4; -1{,}0)$, $\alpha = 142°$ b) $P_0(1{,}8; 4{,}7)$, $\alpha = 90°$
c) $P_0(-2{,}4; 3{,}2)$, $\alpha = 35°$ d) $P_0(-0{,}7; 1{,}15)$, $\alpha = 0°$
e) $P_0(-3{,}0; -6{,}2)$, $\alpha = 45°$

**5.29** Wie heißt die Gleichung der Geraden, die durch die Punkte $P_1$ und $P_2$ geht?

a) $P_1(-2{,}2; 5{,}1)$, $P_2(7{,}5; 1{,}6)$
b) $P_1(1{,}2; 5{,}4)$, $P_2(-4{,}8; 2{,}1)$
c) $P_1(6{,}4; 2{,}8)$, $P_2(-9{,}6; -4{,}2)$
d) $P_1(1{,}7; 9{,}3)$, $P_2(1{,}7; 6{,}4)$

**5.30** Wie heißen die Gleichungen der in Bild 5.72 gezeichneten Geraden?

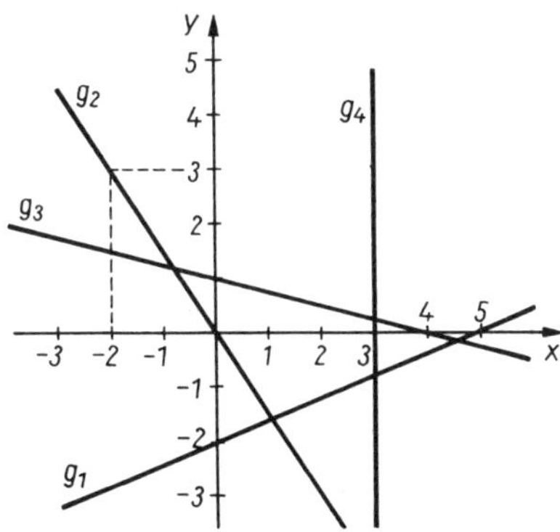


Bild 5.72

**5.31** In welchen Punkten schneidet die Gerade $g: 1{,}52x - 3{,}18y - 5{,}95 = 0$ die Koordinatenachsen?

**5.32** Berechnen Sie den Schnittpunkt $S$ und den Schnittwinkel $\delta$ der Geraden $g_1$ und $g_2$.

a) $g_1$: $y = 0{,}2x - 3{,}9$
$g_2$: $y = 1{,}5x - 6{,}5$

b) $g_1$: $y = 0{,}5x + 2{,}9$
$g_2$: $y = -2x - 4{,}1$

c) $g_1$: $4{,}6x - 2y + 3{,}6 = 0$
$g_2$: $6{,}9x - 3y + 10{,}5 = 0$

d) $g_1$: $2{,}41x + 1{,}30y - 5{,}62 = 0$
$g_2$: $1{,}95x - 0{,}84y - 1{,}40 = 0$

**5.33** Wie lautet die Gleichung der Geraden, die durch $P_0(-1{,}2; 2{,}8)$ geht und a) parallel, b) senkrecht zur Geraden mit der Gleichung $3{,}2x - 2{,}0y - 6{,}4 = 0$ ist?

**5.34** Ein Grundstück $ABCDE$ mit den Eckpunkten $A(39{,}92; 30{,}04)$, $B(146{,}17; 12{,}50)$, $C(183{,}27; 104{,}63)$, $D(128{,}83; 152{,}09)$, $E(56{,}45; 134{,}25)$ ist so zu teilen, daß die neue Grenze durch $D$ geht und parallel zu $\overline{AE}$ ist. Berechnen Sie den auf $\overline{AB}$ liegenden neuen Grenzpunkt $F$.

**5.35** Wie lautet die allgemeine Gleichung des Kreises mit

a) $M(3; -5)$, $r = 8$ b) $M(0; 10)$, $r = 10$
c) $M(1/8; -1/6)$, $r = 5/24$ d) $M(-4; 7)$, $r = 7$?

**5.36** Es sind Mittelpunkt und Radius der durch folgende Gleichungen bestimmten Kreise zu ermitteln:

a) $x^2 + y^2 - 12x + 6y - 99 = 0$ b) $x^2 + y^2 + y - 2 = 0$

c) $2x^2 + 2y^2 + 8x = 0$ d) $x^2 + y^2 - 10{,}4x - 1{,}6y + 7{,}43 = 0$

e) $5x^2 + 5y^2 - \frac{20}{3}x - 2y - \frac{7}{9} = 0$ f) $x^2 + y^2 + \frac{2}{3}x - \frac{1}{3}y + \frac{5}{6} = 0$

g) $x^2 + y^2 + 2x - y + 1{,}25 = 0$

**5.37** Wie heißt die Gleichung des Kreises, der den Mittelpunkt $M(4{,}2; -5{,}6)$ hat und durch den Ursprung geht?

**5.38** Ein Kreis mit dem Mittelpunkt $M(-1{,}5; -3{,}8)$ geht durch den Punkt $P_1(1{,}5; 3{,}4)$. Gesucht wird seine Gleichung.

**5.39** Ein Kreis berührt die $y$-Achse im Punkt $P_1(0; -0{,}4)$ und geht durch den Punkt $P_2(1; 1{,}6)$. Wie heißt seine Gleichung?

**5.40** Wie heißt die Gleichung des Kreises durch die drei Punkte $P_1(8; 16)$, $P_2(15; 9)$, $P_3(8; -8)$?

**5.41** Es sind die Schnittpunkte zwischen Kreis und Gerade zu bestimmen. Welche Lage hat die Gerade zum Kreis?

a) $x^2 + y^2 = 100$, $y = 7x - 50$ b) $x^2 + y^2 = 74$, $y = \frac{5}{7}x + \frac{74}{7}$

c) $x^2 + y^2 = 30$, $x - 3y - 20 = 0$ d) $x^2 + y^2 - 10x + 2y + 6 = 0$, $2x + 4y - 26 = 0$

**5.42** Der Kreis mit $M(4; -4)$ und $r = 10$ wird von der Geraden $y = -7x + 74$ geschnitten. Man berechne die Länge $s$ der Sehne, den Sehnenmittelpunkt $S$ und zeige, daß die Gerade $MS$ senkrecht zur Sehne ist.

**5.43** Es sind Parabeln mit den Halbparametern $p = 0{,}5$ cm, 1 cm, 3 cm und 5 cm zu konstruieren.

**5.44** Zeichnen Sie unter Verwendung der in Bild 5.61 dargestellten Punkte die folgenden, durch ihre Scheitelgleichungen gegebenen Parabeln:

a) $y^2 = 1{,}5x$ b) $y^2 = 4x$ c) $y^2 = -3x$

d) $y = x^2$ e) $x^2 = -5y$

**5.45** a) Eine Parabel geht durch den Punkt $P_1(9; 6)$, ihr Scheitelpunkt liegt in $O$, und ihre Achse fällt mit der $x$-Achse zusammen. Wie heißt die Scheitelgleichung?

b) Desgleichen für $P_1\left(-\frac{5}{8}; \frac{5}{2}\right)$, c) desgleichen für $P_1(2{,}75; -1{,}42)$

**5.46** Stellen Sie die Gleichung einer Parabel auf nach folgenden Angaben:

a) $S(-2; -5)$, $p = 4$, Parabel nach rechts geöffnet

b) $S(3; 0)$, $p = 0{,}5$, Parabel nach unten geöffnet

c) $S(-1; 10)$, $p = 1{,}5$, Parabel nach links geöffnet

d) $S(6; -6)$, $p = 7$, Parabel nach oben geöffnet

**5.47** Eine Parabel ist durch drei Punkte und ihre Achsenrichtung bestimmt. Gesucht werden die Scheitel- und die Brennpunktkoordinaten.

a) $P_1(10; 15)$, $P_2(1; -3)$, $P_3\left(-\frac{5}{4}; 6\right)$, Parabelachse parallel zur $x$-Achse.

b) $P_1\left(1;\frac{23}{6}\right)$, $P_2\left(2;\frac{10}{3}\right)$, $P_3\left(\frac{8}{3};\frac{4}{3}\right)$, Parabelachse parallel zur $y$-Achse.

c) $P_1(-2{,}15;0{,}60)$, $P_2(-2{,}60;1{,}20)$, $P_3(-3{,}35;1{,}80)$, Parabelachse parallel zur $x$-Achse.

5.48 Der parabolische Träger einer Brücke mit aufgehängter Fahrbahn $\overline{CD}$ hat die Spannweite $l$ und die zugehörige Pfeilhöhe $h + a$ (Bild 5.73).

a) Es ist die Gleichung der Parabel im angegebenen System aufzustellen.

b) Es sei in a) speziell $a = h$. Wie groß ist die Länge $\overline{CD}$ der Fahrbahn?

c) Für $l = 36$ m, $h = 6$ m, $a = 3$ m berechne man die Länge der Fahrbahn $\overline{CD}$ sowie die Längen der Vertikalstäbe, die 5 m bzw. 10 m von der Brückenmitte entfernt angebracht sind.

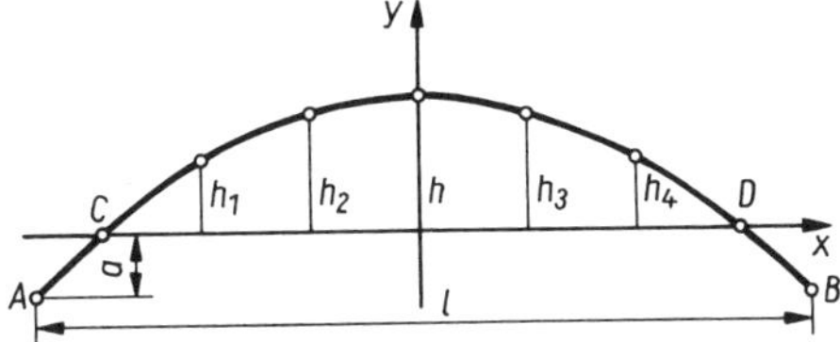


Bild 5.73

5.49 Welche der folgenden Mengen geordneter Paare sind keine Funktionen?

$M_1 = \{(1;1), (2;4), (3;9), (4;16), (5;25), (6;36)\}$

$M_2 = \{(-2;0), (-1;0), (0;0), (1;0), (2;0)\}$

$M_3 = \{(0;-2), (0;-1), (0;0), (0;1), (0;2)\}$

$M_4 = \{(0;2), (1;3), (2;4), (3;5), (4;6), (5;7), (6;8)\}$

$M_5 = \left\{\left(\frac{1}{16};\frac{1}{4}\right), \left(\frac{1}{16};-\frac{1}{4}\right), \left(\frac{1}{4};\frac{1}{2}\right), \left(\frac{1}{4};-\frac{1}{2}\right)\right\}$

5.50 Welche der im Bild 5.74 dargestellten Kurven bzw. Punktmengen sind nicht Graph einer Funktion der Form $y = f(x)$?

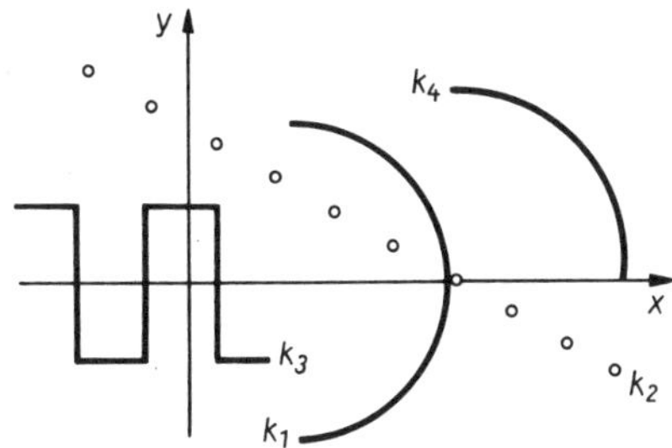


Bild 5.74

5.51 Welche der folgenden Kurvengleichungen sind keine Funktionsgleichungen?

a) $xy = 3$ mit $x \neq 0$ b) $\frac{1}{x^2} + \frac{1}{y^2} = 8$ mit $x; y \neq 0$

c) $y_{1;2} = \pm\sqrt{x^2 + 2}$; $x \in R$ d) $x^2 + y^2 = 5$ mit $y \geqq 0$; $x \in R$

5.52 Gegeben sind die Funktionen

a) $y = x^3$; $x \in R$ b) $y = \sqrt[7]{x}$; $x \in [0; \infty)$

c) $y = 6^x$; $x \in R$ d) $y = \lg x$; $x \in (0; \infty)$

e) $y = \sin x; \quad x \in [0; 1]$ f) $y = \tan x; \quad x \neq \frac{(2k+1)}{2}\pi$

Welche der folgenden Bedingungen werden durch die einzelnen Funktionen erfüllt?

(1) Die Funktion hat genau eine Nullstelle.

(2) Die Funktion ist im gesamten Definitionsbereich monoton wachsend.

(3) Die Funktion ist periodisch.

5.53 Die nachstehenden Funktionen sind umzukehren.

a) $y = f(x) = 4x - 1; \quad x \in R$ b) $y = f(x) = -\frac{4}{5}x + 6; \quad x \in R$

c) $y = f(x) = \frac{9}{3-x}; \quad x \in R \setminus \{3\}$ d) $y = f(x) = 8 - x^2; \quad x \in R$

e) $y = f(x) = \sqrt{1+x}; \quad x \in [-1; \infty)$ f) $y = f(x) = e^{x+2}; \quad x \in R$

g) $y = f(x) = 2 - \arccos x; \quad x \in [-1; 1]$

h) $y = f(t) = 4 \sin(t - 0{,}5)$ mit $t \geqq 0$

5.54 Gegeben sind zwei Funktionen durch die Gleichungen

$y = 0{,}5x + 1$ und $y = 1{,}5x - 3$ mit $x \in R$.

a) Stellen Sie diese Funktionen graphisch dar, und lesen Sie die Nullstellen und die Koordinaten des Schnittpunktes aus der Zeichnung ab.

b) Berechnen Sie die Schnittpunktskoordinaten.

5.55 Gegeben sind zwei Funktionen durch

$y = m_1 x + n_1$ und $y = m_2 x + n_2$

Welche Bedingungen müssen $m_1$; $m_2$; $n_1$ und $n_2$ erfüllen, damit die Graphen der Funktionen

a) einander in einem Punkt schneiden;

b) parallel, aber nicht identisch sind?

5.56 Im Bild 5.75 sind mit $g_1$ und $g_2$ die Graphen zweier linearer Funktionen gegeben.

a) Ermitteln Sie die zu den Graphen gehörende Funktionsgleichung.

b) Geben Sie die Funktionsgleichung des Graphen an, der zu $g_1$ parallel verläuft und die $y$-Achse im gleichen Punkt schneidet wie $g_2$.

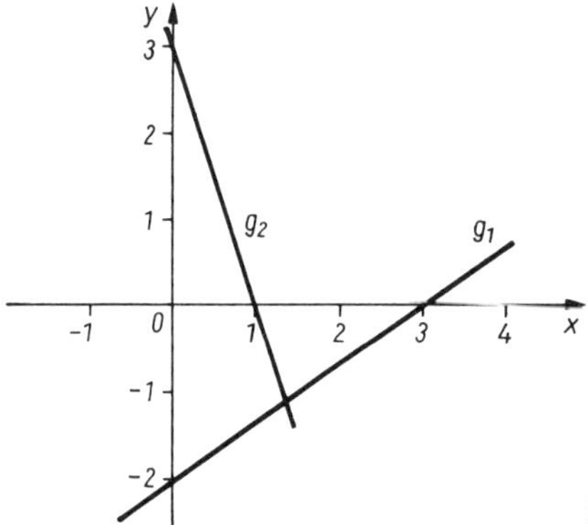


Bild 5.75

5.57 Berechnen Sie die Koordinaten der Schnittpunkte für die Graphen nachstehender Funktionen.

a) $y = 2x + 3$ und $y = x^2 - 2x + 5$ mit $x \in R$

b) $y = -2x^2 + 13$ und $y = x^2 - 18x - 10$ mit $x \in R$ und $x > 2$

c) $y = x^2 + 12$ und $y = -3x - 4$ mit $x \in R$

**5.58** Nachstehende Funktionen sind im Intervall $0 \leqq x \leqq 2\pi$ einzeln und als Summe graphisch darzustellen.

a) $y = 0{,}5x + \sin 2x$ b) $y = \sin x + \sin 2x$

**5.59** Die Nullstellen einer Funktion $y = x^3 + ax + b$ lassen sich graphisch ermitteln, indem die Abszissen der Schnittpunkte der Kurven von $y = x^3$ und $y = -ax - b$ ermittelt werden. Ermitteln Sie auf diesem Wege die Nullstellen der folgenden Funktionen.

a) $y = x^3 + 2x - 4;\quad x \in R$ b) $y = x^3 - 0{,}5x - 3;\quad x \in R$

c) $y = 1{,}2x^3 + 0{,}72x - 2{,}88$ mit $x \in R$

**5.60** Die Funktion $y = f(t) = 2\sin(0{,}5t + 0{,}2)$ ist für $t \in [0; 5]$ graphisch darzustellen. Als Zwischenstufe ist die Funktion $y = \sin 0{,}5(t + 0{,}4)$ zusätzlich zu zeichnen.

**5.61** Welcher Punkt $P$ hat von den Punkten $A(7{,}1; 2{,}8)$, $B(-1{,}4; 2{,}3)$, $C(3{,}6; -1{,}9)$ den gleichen Abstand?

**5.62** Berechnen Sie Schnittpunkt und Schnittwinkel der Geraden $g_1$ und $g_2$.

a) $g_1$: $y = x - 6$, $g_2$: $y = -3x + 10$

b) $g_1$: $y = 4x - 3{,}6$, $g_2$: $y = -0{,}25x + 6{,}1$

c) $g_1$: $y = 0{,}75x + 2$, $g_2$: $y = 0{,}75x - 5$

d) $g_1$: $y = 0{,}8x + 3{,}2$, $g_2$: $y = -\frac{1}{9}x + 3{,}2$

**5.63** Wie lautet die Gleichung der Geraden, die durch $P(4{,}8; 12)$ geht und a) parallel, b) senkrecht zur Geraden mit der Gleichung $2{,}4x - 7{,}2y + 10 = 0$ ist?

**5.64** Berechnen Sie den Abstand des Punktes $P_1(-5; -4)$ von der Geraden $g$: $y = -\frac{4}{3}x + 6$.

**5.65** Gegeben ist ein Dreieck $ABC$ mit $A(-2; 2)$, $B(8; -2)$, $C(6; 6)$. Gesucht werden die Gleichungen der Mittelsenkrechten und ihr Schnittpunkt $M$.

**5.66** Wie lang ist die Seitenhalbierende $s_c$ im Dreieck $A(-3; 2)$, $B(7; 8)$, $C(-4; 13)$?

**5.67** Gegeben ist ein Dreieck mit den Eckpunkten $A(-2; -3)$, $B(10; 2)$, $C(-1; 6)$. Gesucht werden
a) die Längen der Dreieckseiten,
b) die Gleichungen der Geraden durch je zwei Eckpunkte,
c) die Gleichungen der Höhen des Dreiecks,
d) der Schnittpunkt der Höhen,
e) die Gleichungen der Seitenhalbierenden,
f) der Schnittpunkt der Seitenhalbierenden,
g) die Innenwinkel.

**5.68** Gegeben sind zwei Geraden $g_1$: $2{,}2x - 8{,}4y + 15{,}96 = 0$ und $g_2$: $5{,}8x - y - 21{,}36 = 0$. Durch den Punkt $A(13{,}6; 11{,}0)$ sind Parallelen $g_3, g_4$ zu $g_1$ bzw. $g_2$ zu legen. Berechnen Sie
a) die Gleichungen der beiden Parallelogrammseiten $AB$ und $AD$,
b) die Koordinaten der drei fehlenden Eckpunkte $B, C, D$.

**5.69** Berechnen Sie die Gleichung der Tangente im Punkt $P_0$ mit $x_0 = 5{,}4$ an den Kreis mit der Gleichung $x^2 + y^2 = 81$.

**5.70** Ein Kreis enthält die Punkte $P_1\left(\frac{7}{4}; -\frac{1}{2}\right)$ und $P_2\left(-2; \frac{19}{2}\right)$. Sein Mittelpunkt liegt auf der Geraden $g$: $y = -\frac{4}{11}x + \frac{3}{2}$. Gesucht wird die Kreisgleichung.

**5.71** Von einem Dreieck sind die Eckpunkte $P_1(-11; 0)$, $P_2(12; -7)$, $P_3(12; 23)$ gegeben. Berechnen Sie die Gleichung des Umkreises.

**5.72** Für die in Bild 5.67 gezeigte Parabel ist die Gleichung für die allgemeinen Größen $s, h, f$ aufzustellen, und es ist der Scheitelpunkt zu bestimmen.

**5.73** Um ein gleichseitiges Dreieck mit der Seite $a$ ist eine Parabel zu legen, deren Scheitelpunkt in einer Ecke des Dreiecks liegt. Wie groß ist der Halbparameter $p$?

**5.74** Von den folgenden Parabeln sind die Koordinaten des Scheitelpunktes und des Brennpunktes zu bestimmen.

a) $2y^2 - 24x - 12y - 6 = 0$ b) $5x^2 + 40x + 25y + 230 = 0$

c) $y^2 + 4x + 20y + 100 = 0$ d) $3x^2 - 21x - 3y + 36 = 0$

**5.75** Man lege durch den Brennpunkt der Parabel mit der Gleichung $y^2 = 4x$ eine Gerade mit dem Anstieg $m = -\frac{4}{3}$. Welche Koordinaten hat der Mittelpunkt der auf der Geraden liegenden Parabelsehne?

# 6 Zahlenfolgen

## 6.0 Vorbemerkung

Für das Verständnis zahlreicher technischer und ökonomischer Prozesse haben die Zahlenfolgen – oft kurz Folgen genannt – eine große Bedeutung.
Sie bilden die Grundlage für die Normung von Hauptabmessungen industrieller Erzeugnisse und ermöglichen die Wahl zweckmäßiger Größenstufungen bei Drehzahlen, Vorschüben, Gewindedurchmessern, Batterien, Schreibmaterialien und dergleichen mehr. Eine weitere Anwendung finden Folgen bei der Lösung spezieller ökonomischer Probleme. So können durch die Berechnung eines durchschnittlichen jährlichen Wachstumstempos wirtschaftliche Entwicklungen quantitativ erfaßt werden. Auf dem Gebiet des Geld- und Bankwesens (Zinseszinsrechnung) ermöglichen es Folgen, Aussagen über das Anwachsen eines Guthabens durch jährliche Verzinsung zu machen, wenn die Zinsen nicht abgehoben werden.
Zunächst werden in diesem Abschnitt die elementaren Eigenschaften von Zahlenfolgen betrachtet. Danach folgt die Behandlung arithmetischer und geometrischer Zahlenfolgen mit einigen Anwendungen.

## 6.1 Grundbegriffe

Zu den oben genannten Anwendungsgebieten von Folgen soll ein Beispiel betrachtet werden.

**Beispiel**

6.1 Eine Drehmaschine soll 11 Drehzahlstufen erhalten. Die Drehzahlen sollen von Stufe zu Stufe um 25 % wachsen. Für den Bereich von 100 $\text{min}^{-1}$ bis 1 000 $\text{min}^{-1}$ ergeben sich folgende gerundete Werte:

| Stufe | 1 | 2 | 3 | 4 | 5 | 6 | 7 | 8 | 9 | 10 | 11 |
|---|---|---|---|---|---|---|---|---|---|---|---|
| Drehzahl in $\text{min}^{-1}$ | 100 | 125 | 160 | 200 | 250 | 315 | 400 | 500 | 630 | 800 | 1 000 |

Aus dem Beispiel folgt, daß in der Praxis Probleme auftreten, in denen durch eine Größe ein Vorgang beschrieben wird, der mehrere Stufen durchläuft und diese Größe deshalb eine Folge von Zahlen annimmt. Hinsichtlich der Anordnung der Elemente erkennt man, welches an erster, welches an zweiter, ..., welches an $n$-ter Stelle steht. Damit kann eine

Zuordnung zwischen den natürlichen Zahlen und den Elementen der Menge vorgenommen werden.

**Definition**

> Eine reelle Zahlenfolge ist eine reelle Funktion mit der Menge (oder einer endlichen Teilmenge) der natürlichen Zahlen als Definitionsbereich.

Die Elemente des Wertebereichs heißen **Glieder der Zahlenfolge**. Enthält der Definitionsbereich endlich viele natürliche Zahlen, heißt die Zahlenfolge **endlich**. Besteht der Definitionsbereich aus unendlich vielen Zahlen, heißt sie **unendlich**. Folgende Symbolik wird meist verwendet:

$k$ für das Argument,
$a_k$ für das zu $k$ gehörende Glied der Zahlenfolge,
$(a_k)$ für die gesamte Folge, ausführlich auch,
$(a_k) = (a_1; a_2; \ldots; a_k; \ldots)$.

Für die eindeutige Fortsetzung einer Zahlenfolge wird – wenn möglich – das allgemeine Glied $a_k$ angegeben. Anstelle von $a$ und $k$ werden auch andere Buchstaben verwendet.
Das erste Glied (Anfangsglied) der Folge wird meist mit $a_1$ bezeichnet. Aus dem Definitionsbereich wird deshalb die 0 ausgeschlossen ($k = 1, 2, 3, \ldots$).
$a_k = f(k)$ ist eine Zuordnungsvorschrift der Folge und entspricht einer Funktionsgleichung. Sie gibt an, wie das Glied $a_k$ (der Funktionswert) aus der Gliednummer (dem Argument) zu berechnen ist.
In den Beispielen 6.2 bis 6.8 werden die unterschiedlichen Möglichkeiten der Darstellung von Folgen charakterisiert.

**Beispiele**

6.2 **Wortdarstellung:** Den positiven ganzen Zahlen $k$ ($k = 1, 2, 3, 4$) ist die zweite Potenz von $k$ zuzuordnen.
Aus der Wortdarstellung folgt die

- **unabhängige Darstellung:** Die gesamte Zahlenfolge läßt sich durch die Funktionsgleichung $a_k = k^2$ ($k = 1, 2, 3, 4$) beschreiben. Es kann jedes beliebige Glied der Folge angegeben werden, wenn man weiß, an welcher Stelle es steht.
- **tabellarische Darstellung:**

| $k$ | 1 | 2 | 3 | 4 |
|---|---|---|---|---|
| $a_k = k^2$ | 1 | 4 | 9 | 16 |

- **graphische Darstellung:** siehe Bild 6.1.

6.3 **Darstellung durch Angabe der ersten Glieder:**

$$(a_k) = \left(1; \frac{1}{2}; \frac{1}{3}; \frac{1}{4}; \ldots\right)$$

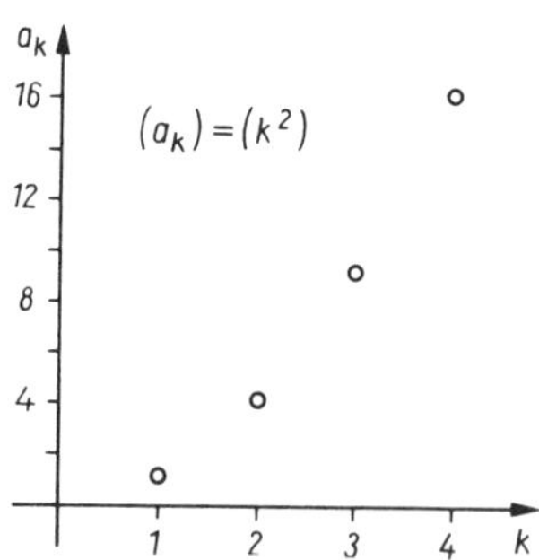

Bild 6.1

6.4 **Rekursive Darstellung:** Mitunter ist die unabhängige Darstellung einer Zahlenfolge etwas kompliziert, daher schwer zu finden und unbequem im Gebrauch. In solchen Fällen wählt man eine rekursive Darstellung. Bei dieser wird angegeben, wie man jedes Glied aus voranstehenden Gliedern gewinnen kann. Die Folge
$(a_k) = (4k + 2) = (6; 10; 14 \ldots), (k = 1, 2, 3, \ldots)$ kann auch folgendermaßen festgelegt werden: $a_1 = 6; a_{k+1} = a_k + 4; (k = 1, 2, 3, \ldots)$. Die rekursive Darstellung ist erst dann vollständig, wenn eine Anfangsbedingung, z. B. das Glied $a_1$, gegeben ist.
Zu beachten ist, daß sich nicht jede Folge durch eine unabhängige oder rekursive Darstellung angeben läßt.

6.5 $(a_k) = (3k - 1), \quad (k = 1, 2, 3, \ldots);$ $\quad (a_k) = (2; 5; 8; \ldots)$
6.6 $(a_k) = (2), \quad (k = 1, 2, 3, \ldots);$ $\quad (a_k) = (2; 2; 2; \ldots)$
6.7 $(a_k = (-k^2), \quad (k = 1, 2, 3, \ldots);$ $\quad (a_k) = (-1; -4; -9; \ldots)$
6.8 $(a_k) = ((-1)^{k+1} \cdot 2k), \quad (k = 1, 2, 3, \ldots 10);$ $\quad (a_k) = (2; -4; 6; \ldots; -20)$

In den Beispielen 6.2 und 6.8 sind endliche Folgen angegeben. Alle anderen Beispiele sind unendliche Folgen.

### Definition

Eine Zahlenfolge heißt

$$\left.\begin{array}{r}\text{monoton } \textbf{wachsend}\\ \text{monoton } \textbf{fallend}\\ \textbf{alternierend}\\ \textbf{konstant}\end{array}\right\},\ \text{wenn für alle } k \text{ gilt}\ \left\{\begin{array}{l} a_k \leqq a_{k+1}\\ a_k \geqq a_{k+1}\\ a_k \cdot a_{k+1} < 0\\ a_k = a_{k+1}\end{array}\right.$$

Gilt für eine Folge $(a_k)$ stets $a_k < a_{k+1}$ bzw. $a_k > a_{k+1}$, heißt sie **streng monoton wachsend** bzw. **streng monoton fallend**. Die Folgen in den Beispielen 6.2, 6.4 und 6.5 sind streng monoton wachsend, die in den Beispielen 6.3 und 6.7 streng monoton fallend.
Im Beispiel 6.8 liegt eine alternierende Folge vor (das Vorzeichen der Glieder wechselt). Eine konstante Folge findet man im Beispiel 6.6.

### Kontrollfragen

6.1 Wie wird der Begriff »Zahlenfolge« definiert?
6.2 Welche Darstellungsarten von Zahlenfolgen gibt es?
6.3 Welche Eigenschaften für Folgen konnten bisher formuliert werden?

**Aufgaben: 6.1 bis 6.4**

## 6.2 Arithmetische Folgen

### Definition

Eine Zahlenfolge $(a_k)$ heißt **arithmetische Folge**, wenn für alle $k = 1, 2, 3, \ldots, n$ die Differenz der Glieder $a_{k+1} - a_k = d =$ konst. ist.

Aus der Definition folgt die rekursive Darstellung für arithmetische Folgen:

$$a_{k+1} = a_k + d \tag{6.1}$$

Betrachtet werden nur endliche arithmetische Folgen. Das letzte Glied $a_n$ heißt **Endglied**.

Für $d > 0$ ist die arithmetische Folge streng monoton wachsend und für $d < 0$ streng monoton fallend. Eine Folge mit konstanten Gliedern kann als arithmetische Folge mit $d = 0$ angesehen werden. Nach der Definition erhält man mit dem Anfangsglied $a_1$ und der Differenz $d$ die endliche arithmetische Folge

$a_1;\ a_1 + d;\ a_1 + 2d;\ \ldots;\ a_1 + (k-1)\,d;\ \ldots;\ a_1 + (n-1)\,d$

und ihre **unabhängige Darstellung**

$$\boxed{a_k = a_1 + (k-1)\,d \quad \text{mit} \quad k = 1, 2, \ldots, n} \tag{6.2}$$

Für das Endglied ist in (6.2) $k = n$ zu setzen.

In bestimmten Fällen ist es notwendig, die **Summe** der Glieder einer Folge zu berechnen. Man erhält dann die **endliche Reihe**

$$s_n = a_1 + a_2 + \ldots + a_k + \ldots + a_n$$

**Definition**

Unter einer **endlichen Reihe** versteht man einen Ausdruck der Form

$$\sum_{k=1}^{n} a_k = a_1 + a_2 + \ldots + a_k + \ldots + a_n$$

Sind die Summanden Elemente einer endlichen arithmetischen Folge $(a_k)$, so spricht man von einer **endlichen arithmetischen Reihe**.

Die Summenformel dieser Reihe erhält man durch die Addition der Gleichungen

$$\begin{aligned} s_n &= a_1 + (a_1 + d) + (a_1 + 2d) + \ldots + a_n \quad \text{und} \\ s_n &= a_n + (a_n - d) + (a_n - 2d) + \ldots + a_1 \\ \hline 2s_n &= (a_1 + a_n) + (a_1 + a_n) + (a_1 + a_n) + \ldots + (a_1 + a_n) \\ 2s_n &= n\,(a_1 + a_n) \end{aligned}$$

$$\boxed{s_n = \frac{n}{2}\,(a_1 + a_n)} \tag{6.3}$$

Mit $a_n = a_1 + (n-1)\,d$ läßt sich die Summenformel auch in folgender Weise formulieren:

$$\boxed{s_n = \frac{n}{2}\,[2a_1 + (n-1)d]} \tag{6.4}$$

**Beispiele**

6.9 Von einer arithmetischen Folge sind bekannt:

$a_1 = 4, \qquad a_n = 44 \quad \text{und} \quad d = 4.$

Gesucht werden die Anzahl $n$ der Glieder und die Summe $s_n$.
*Lösung:*
Aus der Gleichung (6.2) folgt

$44 = 4 + (n - 1)4, \qquad n = 11.$

$s_n$ erhält man aus der Summenformel (6.3)

$$s_n = \frac{11}{2}(4 + 44) = 264.$$

6.10 Von einer arithmetischen Folge sind bekannt:

$a_3 = 11, \qquad a_8 = 31.$

Gesucht werden das Anfangsglied $a_1$, die konstante Differenz $d$, $a_{20}$ und $s_{20}$.
*Lösung:*
Aus der Gleichung (6.2) folgt

$a_3 = 11 = a_1 + 2d$

$a_8 = 31 = a_1 + 7d.$

Die Lösung des linearen Gleichungssystems liefert $d = 4$ bzw. $a_1 = 3$ und damit folgt

$a_{20} = 3 + 19 \cdot 4 = 79.$

Mit der Gleichung (6.3) ergibt sich

$$s_{20} = \frac{20}{2}(3 + 79) = 820.$$

6.11 Von einer arithmetischen Folge sind bekannt:

$d = -0{,}5, \qquad a_1 = 3 \quad \text{und} \quad s_n = -222.$

Gesucht werden die Anzahl der Glieder $n$ und das Endglied $a_n$.
*Lösung:*
Umstellen von (6.4) nach $n$ und Einsetzen der gegebenen Werte, liefert die quadratische Gleichung

$n^2 - 13n - 888 = 0 \quad \text{mit} \quad n_1 = 37, \qquad n_2 = -24.$

Da die Anzahl der Glieder nicht negativ sein kann, scheidet $n_2$ aus der Lösungsmenge aus. Die Anzahl der Glieder ist somit $n = 37$.
Aus der Gleichung (6.2) folgt für $k = n$

$a_n = 3 + (37 - 1)(-0{,}5) = -15.$

6.12 Eine Anlage in einem Betrieb verursachte im Januar des laufenden Jahres 100 000 € Kosten. Diese sollen bis Dezember des laufenden Jahres durchschnittlich um 300 € pro Monat gesenkt werden. Wie groß sind die im Dezember des laufenden Jahres zu erwartenden Kosten? Welche Kostensumme ergibt sich für den genannten Zeitraum?
*Lösung:*
Die Kosten bilden eine arithmetische Folge mit $a_1 = 100\,000$ und $d = -300$.
Mit (6.2) ergeben sich die Kosten im Dezember des laufenden Jahres

$a_{12} = 100\,000 + 11(-300) = 96\,700.$

Aus der Gleichung (6.3) folgt

$s_{12} = 6\,(100\,000 + 96\,700) = 1\,180\,200$.

Die Kosten im Dezember des laufenden Jahres betragen 96 700 €. Für den genannten Zeitraum ergibt sich eine Kostensumme von 1 180 200 €.

## Kontrollfragen

6.4 Was ist das Kennzeichen einer arithmetischen Zahlenfolge?
6.5 Wie ist der Begriff »endliche Reihe« definiert?

**Aufgaben: 6.5 bis 6.10**

## 6.3 Geometrische Folgen

### Definition

Eine Zahlenfolge $(a_k)$ heißt **geometrische Folge**, wenn für alle $k = 1, 2, 3, \ldots, n$ der Quotient der Glieder $a_{k+1}/a_k = q = \text{konst.}$ ist.

Aus der Definition folgt die **rekursive Darstellung** für geometrische Folgen:

$$a_{k+1} = a_k \cdot q \tag{6.5}$$

Die Glieder einer endlichen geometrischen Folge mit dem Anfangsglied $a_1$ und dem Quotient $q$ lassen sich wie folgt angeben

$$a_1;\ a_1 \cdot q;\ a_1 \cdot q^2;\ \ldots;\ a_1 \cdot q^{k-1};\ \ldots;\ a_1 \cdot q^{n-1}.$$

Die **unabhängige Darstellung** einer geometrischen Zahlenfolge lautet somit

$$\boxed{a_k = a_1 \cdot q^{k-1} \quad \text{mit} \quad k = 1, 2, \ldots, n}. \tag{6.6}$$

Die Auflösung der Gleichung (6.6) nach $k$ und $q$ liefert

$$\boxed{k = \frac{\lg a_k - \lg a_1}{\lg q} + 1}, \qquad \boxed{q = \sqrt[k-1]{\frac{a_k}{a_1}}}. \tag{6.6a}$$

Für das Endglied ist in (6.6) $k = n$ zu setzen.
Geometrische Folgen sind für $a_1 > 0, q > 1$ und für $a_1 < 0, 0 < q < 1$ streng monoton wachsend, sowie für $a_1 > 0$, $0 < q < 1$ bzw. für $a_1 < 0$, $q > 1$ streng monoton fallend.
Mit $q = 1$ ergibt sich eine Folge mit konstanten Gliedern und für $q < 0$ eine alternierende geometrische Folge.
Eine Zusammenstellung zur Klassifizierung von Folgen wird im Beispiel 6.13 gegeben.

**Beispiel**

6.13

| $a_1$ | $q$ | Allgemeines Glied der Folge $(a_k)$ $(k = 1, 2, 3, \dots)$ | Einzelglieder $a_k$ $a_1; a_2; a_3; \dots$ | Monotonieverhalten |
|---|---|---|---|---|
| 2 | 3 | $2 \cdot 3^{k-1}$ | $2; 6; 18; \dots$ | streng monoton wachsend |
| $-2$ | $\frac{1}{2}$ | $-2 \cdot \left(\frac{1}{2}\right)^{k-1}$ | $-2; -1; -\frac{1}{2}; \dots$ | streng monoton wachsend |
| 4 | $\frac{1}{4}$ | $4\left(\frac{1}{4}\right)^{k-1}$ | $4; 1; \frac{1}{4}; \dots$ | streng monoton fallend |
| $-\frac{1}{2}$ | 2 | $-\frac{1}{2} \cdot 2^{k-1}$ | $-\frac{1}{2}; -1; -2; \dots$ | streng monoton fallend |
| 3 | 1 | $3 \cdot 1^{k-1}$ | $3; 3; 3; \dots$ | konstant |
| 5 | $-2$ | $5(-2)^{k-1}$ | $5; -10; 20; \dots$ | alternierend |

Die Summe der ersten $n$ Glieder einer endlichen geometrischen Folge erhält man durch die Subtraktion der Gleichungen:

$$s_n = a_1 + a_1 \cdot q + a_1 \cdot q^2 + \dots + a_1 \cdot q^{n-1} \quad \text{und}$$
$$s_n q = \qquad a_1 \cdot q + a_1 \cdot q^2 + \dots + a_1 \cdot q^{n-1} + a_1 \cdot q^n$$

$$s_n - s_n q = a_1 - a_1 \cdot q^n$$
$$s_n (1 - q) = a_1 (1 - q^n)$$

$$\boxed{s_n = a_1 \frac{1 - q^n}{1 - q} = a_1 \frac{q^n - 1}{q - 1}, \qquad q \neq 1} \qquad (6.7)$$

Mit $a_n = a_1 \cdot q^{n-1}$ läßt sich die Summenformel auch in folgender Weise formulieren:

$$s_n = \frac{a_1 - a_1 q^n}{1 - q} = \frac{a_1 - a_1 \cdot q^{n-1} q}{1 - q}$$

$$\boxed{s_n = \frac{a_1 - a_n q}{1 - q} = \frac{a_n q - a_1}{q - 1}, \qquad q \neq 1} \qquad (6.8)$$

**Beispiele**

6.14 Von einer geometrischen Folge sind bekannt:

$a_4 = 16, \qquad a_n = 256, \qquad q = 2.$

Gesucht werden das allgemeine Glied $a_k$, die Anzahl $n$ der Glieder und die Summe $s_n$.

*Lösung:*

Aus der Gleichung (6.6) folgt

$16 = a_1 \cdot 2^3, \qquad a_1 = 2.$

Für $k = n$ folgt aus der Gleichung (6.6a)

$$n = \frac{\lg 256 - \lg 2}{\lg 2} + 1 = 8.$$

Das allgemeine Glied ist $a_k = 2 \cdot 2^{k-1} = 2^k$. $s_8$ ergibt sich aus der Gleichung (6.8)

$$s_8 = \frac{256 \cdot 2 - 2}{2 - 1} = 510.$$

6.15 Von einer geometrischen Folge sind bekannt

$$a_3 = 160, \qquad a_8 = \frac{1\,024}{625}, \qquad n = 8.$$

Gesucht werden das Anfangsglied $a_1$, der Quotient $q$ und $s_8$.
*Lösung:*
Aus der Definition der geometrischen Folge folgt

$$a_8 = a_3 \cdot q^5, \qquad \frac{1\,024}{625} = 160 \cdot q^5$$

$$q = \sqrt[5]{\frac{1\,024}{625 \cdot 160}} = 0{,}4.$$

Mit der Gleichung (6.6) ergibt sich $a_1$

$$a_1 = \frac{\frac{1\,024}{625}}{0{,}4^7} = 1\,000.$$

Aus der Summenformel (6.7) folgt

$$s_8 = 1\,000 \cdot \frac{1 - 0{,}4^8}{1 - 0{,}4} = 1\,665{,}574\,4.$$

## Kontrollfragen

6.6 Was ist das Kennzeichen einer geometrischen Zahlenfolge?
6.7 Wann ist eine geometrische Folge streng monoton wachsend bzw. fallend?

## Aufgaben: 6.11 bis 6.13

## 6.4 Anwendungsbeispiele der geometrischen Folge

### Durchschnittliches Wachstumstempo

Die prozentuale Änderung der Glieder einer geometrischen Folge ist konstant, da die Quotienten benachbarter Glieder gleich sind.
Ökonomische Kennziffern, denen eine gleichbleibende prozentuale Entwicklung zugrunde liegt, können deshalb mit den Gleichungen der geometrischen Folge mathematisch beschrieben werden.

Es sei $a_i$ ($i = 1, 2, 3, \ldots, n$) der jährliche Nettogewinn eines Betriebes. Da bei den einzelnen statistischen Werten bestimmte Abweichungen gegenüber einer gleichmäßigen prozentualen Entwicklung auftreten, spiegelt $q$ in der Gleichung (6.6a) das **durchschnittliche Wachstumstempo** im betrachteten Zeitraum wider. Das durchschnittliche jährliche Wachstumstempo $q$ berechnet sich nach

$$q = \sqrt[n-1]{\frac{a_n}{a_1}} \tag{6.9}$$

$n - 1$ ist die Anzahl der Wachstumsintervalle.
$n$ ist die Wachstumsdauer (z. B. Jahre). Die Zuwachsrate $r$ ergibt sich aus

$$r = q - 1 \tag{6.10}$$

Das Produkt $q \cdot 100\,\%$ gibt an, **auf** wieviel Prozent die ökonomische Kennziffer (z. B. Nettogewinn) im betrachteten Zeitraum (z. B. Jahre) gewachsen ist, dagegen gibt $r \cdot 100\,\%$ an, **um** wieviel Prozent dieses Wachstum erfolgte.

### Beispiel

6.16 Ein neugegründeter Reparaturbetrieb erzielte im ersten Jahr Leistungen in Höhe von 35,7 Mill. € und plant bei konstanter prozentualer Steigerung für das fünfte Jahr 45,3 Mill. €. Wie groß muß das jährliche durchschnittliche Wachstumstempo bzw. die Zuwachsrate sein? Mit welchem Ergebnis ist im dritten Jahr zu rechnen?

*Lösung:*

Aus der Gleichung (6.9) folgt

$$q = \sqrt[4]{\frac{45{,}3}{35{,}7}} = 1{,}061\,3 = 106{,}13\,\%.$$

$a_3$ erhält man aus der Gleichung (6.6)

$$a_3 = a_1 \cdot q^2, \qquad a_3 = 35{,}7 \cdot 1{,}061\,3^2 = 40{,}21.$$

**Das mittlere jährliche Wachstumstempo beträgt 106,13 %, die Zuwachsrate pro Jahr 6,13 %. Im dritten Jahr werden bei konstanter prozentualer Steigerung Reparaturleistungen von 40,21 Mill. € erzielt.**

### Vorzugszahlen

Geometrische Folgen bilden die Grundlage für die Normung von Hauptabmessungen industrieller Erzeugnisse und ermöglichen die Wahl zweckmäßiger Größenstufungen bei Drehzahlen, Gewindedurchmessern, Leistungen von Elektromotoren und dergleichen mehr. Sie liefern Größenabstufungen, die bei einer minimalen Anzahl von Stufen und Bedürfnissen der Praxis weitestgehend Rechnung tragen. Deshalb bilden geometrische Folgen in Form der Vorzugszahlen die Grundlage für die Erarbeitung von Normen.

Vorzugszahlen erhält man, indem zwischen zwei aufeinanderfolgende Zehnerpotenzen die Glieder einer geometrischen Zahlenfolge mit dem Quotienten $q = \sqrt[n]{10}$ für $n = 5$, 10, 20, 40, 80, 160 eingeschoben werden. Der Quotient $q$ der geometrischen Folge wird hier Stufensprung genannt und mit $\varphi$ bezeichnet. Die Kurzschreibweise für diese Reihen wird mit R5, R10, R20, R40, R80, R160 angegeben. Die auf 5 Stellen errechneten Genauwerte der Vorzugszahlen werden im allgemeinen in der Praxis nicht benutzt. Zur Anwendung kommen gerundete Genauwerte, die Hauptwerte.

**Beispiele**

6.17 Die Hauptwerte der Grundreihe R5 und R10 sind zu ermitteln.
*Lösung:*
Folgende Stufensprünge ergeben sich
R5: $\sqrt[5]{10} \approx 1{,}5849$, R10: $\sqrt[10]{10} \approx 1{,}2589$.

Gerundete Stufensprünge sind

R5: $\varphi = 1{,}6$; R10: $\varphi = 1{,}25$.

Für den Bereich von 1...10 ergeben sich damit folgende Hauptwerte für R5 und R10:

R5 = (1,0; 1,6; 2,5; 4,0; 6,3; 10,0)
R10 = (1,00; 1,25; 1,60; 2,00; 2,50; 3,15; 4,00; 5,00; 6,30; 8,00; 10,0)

6.18 Für Maschinenschrauben ist der Nenndurchmesser des metrischen Gewindes nach R10 zu stufen. Für den Bereich von 4 mm bis 36 mm ergibt sich mit dem Stufensprung $\varphi = 1{,}25$ die Folge (Werte gerundet)
$(d)$ = (4,00; 5,00; 6,25; 7,80; 9,80; 12,20; 15,30; 19,10; 23,80; 29,80; 37,20 mm).
Stellt man der geometrischen Stufung des Nenndurchmessers die arithmetische gegenüber, erhält man folgende Ergebnisse:

$$d = \frac{a_k - a_1}{k-1} = \frac{36-4}{10} = 3{,}2$$

$(d)$ = (4,0; 7,2; 10,4; 13,6; 16,8; 20,0; 23,2; 26,4; 29,6; 32,8; 36) mm

Es wird deutlich, daß bei arithmetischer Stufung des Nenndurchmessers der prozentuale Zuwachs sehr unausgeglichen ist. Von der ersten zur zweiten Schraube beträgt er 80 %, von der fünften zur sechsten Schraube etwa 19 %. Dagegen ist der prozentuale Zuwachs des Nenndurchmessers bei geometrischer Stufung von Schraubendurchmesser zu Schraubendurchmesser gleich. Die geometrische Stufung wird deshalb in der Praxis vorgezogen.

Eine weitere Anwendung der Vorzugszahlen wurde im Beispiel 6.1 dargestellt.

## Zinseszinsrechnung

Die Gesetze der geometrischen Folge bilden die mathematische Grundlage zur Berechnung von Zins für mehrere Verzinsungsperioden, wenn der in einer Verzinsungsperiode anfallende Zins zum Grundbetrag addiert wird und von da ab seinerseits der Verzinsung unterliegt. Die **Zinseszinsformel** kann wie folgt hergeleitet werden.
Ein Guthaben $b_0$ wird zu einem Zinssatz $p$ verzinst, d.h., 1 % von $b_0$ sind $\frac{b_0}{100}$ und $p$ % von $b_0$ sind $\frac{p}{100} \cdot b_0$. Die Jahreszinsen $z = b_0 \frac{p}{100}$ werden diesem Grundbetrag $b_0$ zugeschrieben und im folgenden Jahr ebenfalls verzinst.
Werden diese Überlegungen fortgeführt, erhält man die Guthaben nach dem ersten, zweiten, ..., $n$-ten Jahr: $b_1, b_2, \ldots, b_n$.

$$b_1 = b_0 + b_0 \frac{p}{100} = b_0\left(1 + \frac{p}{100}\right) = b_0 \cdot q$$

$$b_2 = b_1 + b_1 \frac{p}{100} = b_1\left(1 + \frac{p}{100}\right) = b_0 \cdot q^2$$

$$\vdots \qquad \vdots \qquad \vdots \qquad \vdots$$

$$b_n = b_{n-1} + b_{n-1} \frac{p}{100} = b_{n-1}\left(1 + \frac{p}{100}\right) = b_0 \cdot q^n$$

Die Beträge $b_1$, $b_2$, ..., $b_n$ bilden eine geometrische Folge mit dem Anfangsglied $b_0$ und dem konstanten Quotienten $q$. Die Formel der Zinseszinsrechnung ist

$$\boxed{b_n = b_0 \cdot q^n} \qquad (6.11)$$

mit $b_n$ Endbetrag, $p$ Zinssatz, $\frac{p}{100}$ Zinsrate, $\left(1 + \frac{p}{100}\right) = q$ Aufzinsungsfaktor, $n$ Verzinsungsdauer in Jahren.
Die Berechnung heißt **Aufzinsen.**
Sind der Endbetrag $b_n$ und der Aufzinsungsfaktor $q$ bekannt, kann mit Hilfe der Zinseszinsformel der Anfangsbetrag $b_0$ berechnet werden.
Aus der Formel (6.11) folgt

$$b_0 = b_n \cdot q^{-n}$$

Mit dem Abzinsungs- oder Diskontierungsfaktor $v = \frac{1}{q}$ ergibt sich

$$\boxed{b_0 = b_n \cdot v^n} \qquad (6.12)$$

Diesen Sachverhalt bezeichnet man als **Diskontierung**.

## Beispiele

6.19 Ein Guthaben von 6000 € soll bei $3\frac{1}{4}$ % 3 Jahre auf Zinseszins stehen. Wie groß ist das Guthaben nach dieser Zeit?
Gegeben sind $b_0 = 6000$ €, $p = 3{,}25$ $n = 3$.
*Lösung:*
Aus der Gleichung (6.11) folgt mit

$$q = 1 + \frac{3{,}25}{100} = 1{,}032\,5,$$

$$b_3 = 6\,000 \cdot 1{,}032\,5^3 = 6\,604{,}22.$$

6000 € wachsen bei $3\frac{1}{4}$ %iger Jahresverzinsung in 3 Jahren auf 6604,22 € an.

6.20 Diskontieren Sie einen nach 5 Jahren fälligen Betrag von 10000 € bei 5 % Zinseszins auf die Gegenwart.
Gegeben sind $b_5 = 10\,000$, $p = 5$, $n = 5$.
*Lösung:*
Aus der Gleichung (6.12) folgt mit

$$q = 1 + \frac{5}{100} = 1{,}05 \quad \text{und} \quad v = \frac{1}{q} = 0{,}952\,381$$

$$b_0 = 10\,000 \cdot 0{,}952\,381^5 = 7\,835{,}26$$

Der Barwert eines nach 5 Jahren fälligen Betrages von 10000 € beträgt bei 5 % Zinsen 7835,26 €.

**Aufgaben: 6.14 bis 6.17**

## 6.5 Aufgaben

**6.1** Geben Sie die ersten fünf Glieder der nachstehenden Zahlenfolgen an ($k = 1, 2, 3, \ldots$)!

a) $\left(\frac{1}{3}k\right)$ b) $\left(\frac{k}{k+2}\right)$ c) $[(-1)^k \cdot 2^k]$

d) $(\cos k\pi)$ e) $(3 - 2k)$ f) $(3k - k^2)$

**6.2** Charakterisieren Sie die Folgen der Aufgabe 6.1 hinsichtlich Monotonie und Vorzeichenwechsel!

**6.3** Geben Sie für die nachfolgenden Folgen das allgemeine Glied an!

a) 2; 6; 10; 14; 18; ... b) −3; 6; −9; 12; −15; ...

**6.4** Stellen Sie die Folge $(a_k)$ mit $a_1 = 1$; $a_k = a_{k-1} + \frac{1}{2}$ und $k = 2, 3, \ldots, 6$ graphisch dar!

**6.5** Für die nachstehenden arithmetischen Folgen sind das allgemeine Glied und die Anzahl der Glieder anzugeben.
a) −3; 2; ...; 32 b) 2; −1; ...; −25

**6.6** Wie lautet das allgemeine Glied der arithmetischen Folge?
a) $a_3 = 10$, $a_{10} = 31$ b) $a_4 = 0{,}13$ $a_8 = 0{,}21$

**6.7** Es sind die fehlenden Größen der arithmetischen Folgen zu berechnen.

| | $a_1$ | $d$ | $n$ | $a_n$ | $s_n$ |
|---|---|---|---|---|---|
| a) | 12 | – | 15 | – | 225 |
| b) | 0,8 | 0,2 | – | 10,6 | – |
| c) | −3 | 5 | – | – | 351 |
| d) | – | 0,7 | – | 30 | 483 |

**6.8** Von einer arithmetischen Folge $(a_k)$ sind gegeben
a) $a_3 = 5$, $d = -3$ b) $a_4 = 1{,}3$, $a_{10} = 2{,}5$ c) $a_3 = 8$, $s_9 = 126$
Ermitteln Sie $a_8$ und $s_{15}$.

**6.9** Welche Gesamtkosten entstehen beim Bohren eines 18 m tiefen Brunnens, wenn für das erste Meter 25,– €, für das achtzehnte Meter 93,– € in Rechnung gestellt werden (Die Kosten steigen linear.)?
Wie groß ist die Kostenzunahme je Meter Tiefe?

**6.10** Berechnen Sie die Summe aller durch 13 teilbaren natürlichen Zahlen zwischen 100 und 1 000.

**6.11** Berechnen Sie $q$ für die geometrische Folge $(a_k)$
a) 2; 6; 18; ... b) $3x$; $6xy$; $12xy^2$; ...

**6.12** Berechnen Sie $n$ für die geometrische Folge $(a_k)$.

a) 72; 36; ...; $\frac{9}{64}$ b) 4; −8; ...; −128

**6.13** Von einer geometrischen Folge $(a_k)$ sind

a) gegeben $a_1 = 729$, $q = \frac{1}{3}$; gesucht $a_6$, $s_6$

b) gegeben $a_1 = 4$, $a_n = 4\,096$, $q = 4$; gesucht $n$

c) gegeben $a_1 = 3$, $q = 2$, $s_n = 381$; gesucht $a_n$, $n$

**6.14** An einem Regelwiderstand sollen die 10 abgreifbaren Widerstände
a) eine arithmetische
b) eine geometrische Folge bilden.
Der erste beträgt 20 kΩ, der zehnte 1 500 Ω. Berechnen Sie den dritten Widerstand und den prozentualen Abfall vom Widerstand $a_1$ zu $a_2$ sowie vom Widerstand $a_2$ zu $a_3$.

**6.15** Ein Betrieb plant, Materialkosten im Laufe eines Jahres monatlich um 1,5 % zu senken. Die Kosten betrugen im Januar 180 000,– €.
Bestimmen Sie die Kosten im Monat Juni und die Gesamtkosten für das laufende Jahr.

**6.16** Für Achsen und Wellen ist der Durchmesser nach R5 zu stufen. Ermitteln Sie mit dem Stufensprung $\varphi = 1{,}6$ für den Bereich von 10 mm bis 100 mm die einzelnen Stufen.

**6.17** Auf welchen Betrag wachsen 6 000 € bei 4 % Zinseszins in 3 und 5 Jahren an?

---

**6.18** Geben Sie die ersten fünf Glieder der nachstehenden Zahlenfolgen an!

a) $\left((-1)^k \cdot \frac{3-k}{k^2}\right)$ b) $(\sqrt[k]{8} + 2)$

c) $\left(\frac{5k + (-1)^k}{k}\right)$ d) $(k^3 - k^2)$

**6.19** Charakterisieren Sie die Folgen der Aufgabe 6.18 a, b, c, d hinsichtlich Monotonie und Vorzeichenwechsel!

**6.20** Geben Sie für die Folge $(a_k) = (2;\ 5;\ 10;\ 17;\ \ldots)$ das allgemeine Glied an!

**6.21** Für die nachstehenden arithmetischen Folgen sind das allgemeine Glied und $n$ anzugeben.
a) $3;\ 4;\ 5;\ \ldots;\ 15$ b) $-3;\ -5;\ \ldots;\ -25$

**6.22** Es sind die fehlenden Größen der arithmetischen Folge $(a_k)$ zu berechnen.

| | $a_1$ | $d$ | $n$ | $a_n$ | $s_n$ |
|---|---|---|---|---|---|
| a | 4,5 | −2 | 15 | – | – |
| b) | – | 3,2 | 25 | 78 | – |
| c) | −9 | – | – | −108 | −702 |
| d) | 8 | 2,2 | – | – | 3 095 |

**6.23** Von einer arithmetischen Folge $(a_k)$ sind gegeben
a) $a_3 = 17$, $d = 6$; b) $a_4 = 14$, $a_8 = 30$; c) $a_8 = 4{,}5$, $s_{11} = 38{,}5$.
Ermitteln Sie $a_7$ und $s_{20}$.

**6.24** Auf einem Holzplatz sollen 51 Baumstämme auf Lücke übereinander gestapelt werden, so daß in jeder Schicht ein Baumstamm weniger liegt als in der vorigen. Die oberste Schicht soll aus 6 Baumstämmen bestehen. Wieviel Baumstämme müssen in die unterste Schicht gelegt werden, und wieviel Schichten umfaßt der ganze Stapel?

**6.25** Der Anschaffungspreis für eine Maschine beträgt 5 000 €. Die Maschine soll jährlich mit 7 % des Anschaffungspreises linear abgeschrieben werden. Welchen Zeitwert hat die Maschine nach 4 Jahren? Nach wieviel Jahren ist sie abgeschrieben?

**6.26** Berechnen Sie $q$ für die geometrische Folge $(a_k)$

a) $3;\ \sqrt{3};\ 1;\ \ldots$ b) $3a^2;\ \frac{9}{2};\ \frac{27}{4a^2};\ \ldots$

**6.27** Berechnen Sie $n$ für die geometrische Folge $(a_k)$

a) $1024;\ 256;\ \ldots;\ \frac{1}{4}$ b) $-\frac{25}{8};\ -\frac{5}{2};\ \ldots;\ -\frac{128}{125}$

**6.28** Es sind die fehlenden Größen der geometrischen Folge zu berechnen.

| | $a_1$ | $q$ | $n$ | $a_n$ | $s_n$ |
|---|---|---|---|---|---|
| a) | 920 | 0,8 | 12 | – | – |
| b) | 3 | – | 5 | 12 | – |
| c) | 10 | 1,4 | – | 147,58 | – |
| d) | 0,6 | 2 | – | – | 306,6 |

**6.29** Von einer geometrischen Folge $(a_k)$ sind gegeben

a) $a_1 = 135{,}5 \quad q = \frac{3}{5}$ b) $a_1 = -96, \quad q = -2{,}5$

Ermitteln Sie $a_5$ und $s_8$.

**6.30** Zwei Zahnräder haben die Durchmesser $d = 90$ mm und $D = 360$ mm. Zwischen ihnen sollen 4 weitere Zahnräder eingeschoben werden, die geometrisch gestuft sind. Berechnen Sie den Stufensprung und den Durchmesser der vier Zahnräder.

**6.31** Für Papierformate legt die Norm fest, daß die Breite und Länge des Bogens im Verhältnis $1:\sqrt{2}$ stehen muß. Nach der DIN 476 ist das Ausgangsformat der Reihe A ein Rechteck mit der Fläche von 1 $m^2$. Durch wiederholtes Halbieren der langen Seite erhält man die weiteren Formate. Wie lauten die Abmessungen (in mm) der Formate A0, A4 und A6?

**6.32** Ein Betrieb will bei gleichbleibender Zuwachsrate seine Produktion in 5 Jahren von 14,90 Mill. auf 18,50 Mill. € steigern. Berechnen Sie

a) die durchschnittliche jährliche Zuwachsrate,
b) die Produktion für das dritte Jahr.

**6.33** Ein Guthaben von 2 000 € verbleibt 5 Jahre auf einem Sparkonto und wird mit 3,25 % verzinst. Wie groß ist der gesamte Zinsbetrag, wenn

a) die Zinsen jährlich abgehoben werden,
b) die Zinsen jeweils nach Ablauf eines Jahres dem Guthaben zur weiteren Verzinsung zugeschlagen werden?

# 7 Grenzwerte

## 7.0 Vorbemerkung

Gegenstand dieses Abschnittes ist die Einführung des Grenzwertes. Der Begriff ist Voraussetzung für das Verständnis der Differential- und Integralrechnung. Mit seiner Hilfe kann man auch das Verhalten einer Funktion an der Stelle $x = a$ untersuchen und z. B. die Stetigkeit einer Funktion definieren.

## 7.1 Grenzwert einer Zahlenfolge

In diesem Abschnitt sollen die unendlichen Folgen näher betrachtet werden. Von besonderem Interesse ist dabei das Verhalten der Glieder der Folge bei unbeschränkt wachsender Gliednummer. Die graphische Darstellung der unendlichen Zahlenfolge

$$(a_k) = 1;\ 1{,}5;\ 1{,}66;\ 1{,}75;\ \ldots;\ 2 - \frac{1}{k};\ \ldots \quad (k = 1, 2, 3 \ldots)$$

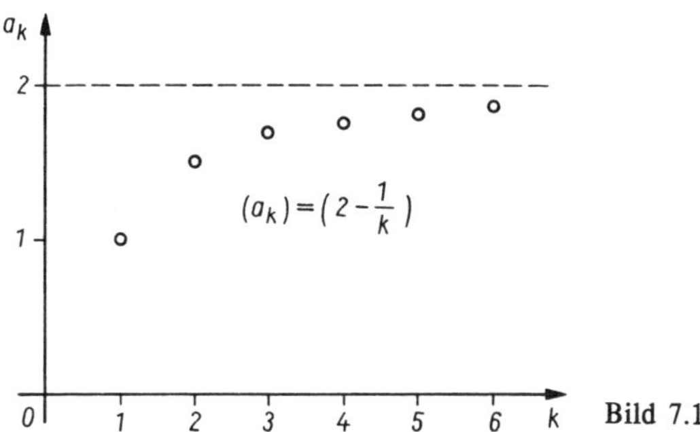


Bild 7.1

(Bild 7.1) zeigt, daß sich die Glieder mit wachsenden Gliednummern immer mehr von unten her der Zahl 2 nähern. Der Abstand zwischen $a_k$ und der Zahl 2 wird beliebig klein, wenn man $k$ genügend groß wählt. Trotzdem wird wegen $2 - \frac{1}{k} < 2$ der Wert 2 nicht erreicht. Das Verhalten der Folge in der Umgebung von 2 soll näher untersucht werden. Dazu wird der Begriff der $\varepsilon$-Umgebung eingeführt.

**Definition**

> Das offene Intervall $(a - \varepsilon;\ a + \varepsilon)$ nennt man die **$\varepsilon$-Umgebung von $a$**, wobei $a$ eine beliebige reelle Zahl und $\varepsilon$ eine beliebige positive reelle Zahl ist.

($\varepsilon$ griechischer Buchstabe; gelesen: »epsilon«). Die $\varepsilon$-Umgebung der Zahl $a$ ist im Bild 7.2 dargestellt. Für das vorliegende Beispiel ist $a = 2$. Wählt man $\varepsilon = \frac{1}{10}$, so ist die $\varepsilon$-Umgebung das offene Intervall $\left(2 - \frac{1}{10};\ 2 + \frac{1}{10}\right)$. Da jedoch oberhalb von 2 keine Glieder der Folge existieren, genügt es, als Umgebung das Intervall $\left(2 - \frac{1}{10};\ 2\right) = (1{,}9;\ 2)$ zu betrachten (Bild 7.3). Für $\varepsilon = \frac{1}{10}$ erkennt man, daß nur endlich viele Glieder – $a_1, a_2, \ldots a_{10}$ –

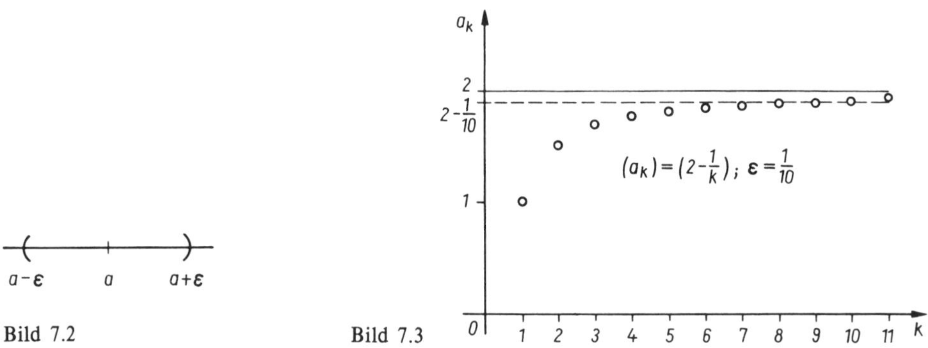


Bild 7.2

Bild 7.3

kleiner oder gleich 1,9 sind. **Fast alle Glieder** $a_k$ der Folge – das heißt vom Glied $a_{11}$ an – liegen in der $\varepsilon$-Umgebung von 2 (Bild 7.3). Wie man auch eine $\varepsilon$-Umgebung von 2 wählt, stets gilt: Von einer bestimmten Gliedernummer an liegen alle Glieder der Folge $(a_k)$ in der $\varepsilon$-Umgebung von 2. Die Zahl 2 ist **Grenzwert der Folge** $(a_k)$.

**Definition**

> Eine Zahl $g$ heißt **Grenzwert** $g$ der Zahlenfolge $(a_k)$, wenn für jede Zahl $\varepsilon > 0$ fast alle Glieder der Folge in der Umgebung $(g - \varepsilon;\ g + \varepsilon)$ liegen.

Hat eine Zahlenfolge einen Grenzwert, so heißt sie **konvergent** (lat: »convergere, zusammenstreben«). Zahlenfolgen, die keinen Grenzwert haben, heißen **divergent** (lat: »divergere, auseinanderstreben«). Konvergiert eine Zahlenfolge, so hat sie einen Grenzwert $g$. Man schreibt dafür auch:

$$\lim_{k \to \infty} a_k = g$$

(gelesen: »limes $a_k$ für $k$ gegen unendlich ist gleich $g$«). Auf die vorhergehende Folge bezogen bedeutet dies: Für $k \to \infty$ strebt die Folge $\left(2 - \frac{1}{k}\right)$ gegen den Wert 2. Die Zahl 2 ist Grenzwert der Folge, d. h., $\lim\limits_{k \to \infty} \left(2 - \frac{1}{k}\right) = 2 = g$.

Wachsen bzw. fallen die Glieder einer Zahlenfolge $(a_k)$ für $k \to \infty$ unbeschränkt, strebt die Zahlenfolge gegen $+\infty$ bzw. $-\infty$. Diese Zahlenfolgen haben keinen Grenzwert. Sie sind divergent. Obwohl kein Grenzwert existiert, schreibt man symbolisch

$$\lim_{k \to \infty} (a_k) = +\infty \quad \text{bzw.} \quad -\infty.$$

Allgemein werden sie **uneigentliche Grenzwerte** genannt. In den nachfolgenden Beispielen sollen einige Folgen näher charakterisiert werden.

**Beispiele**

7.1 $(a_k) = \left(\frac{1}{k^2+1}\right) \qquad k = 1, 2, 3, 4, \ldots$

Glieder der Folge: $(a_k) = \left(\frac{1}{2}; \frac{1}{5}; \frac{1}{10}; \frac{1}{17}; \ldots\right)$

Grenzwert der Folge für $k \to \infty$: $\lim\limits_{k \to \infty} \frac{1}{k^2+1} = 0$

Bezeichnung der Folge: konvergent
Eine Zahlenfolge mit dem Grenzwert $g = 0$ heißt **Nullfolge**.

7.2 $(a_k) = \left(2 + \frac{1}{k^2}\right) \qquad k = 1, 2, 3, 4, \ldots$

Glieder der Folge: $(a_k) = (3; 2{,}25; 2{,}11; 2{,}06; \ldots)$

Grenzwert der Folge für $k \to \infty$: $\lim\limits_{k \to \infty} \left(2 + \frac{1}{k^2}\right) = 2$

Bezeichnung der Folge: konvergent

7.3 $(a_k) = (k^2) \qquad k = 1, 2, 3, 4, \ldots$
Glieder der Folge: $(a_k) = (1; 4; 9; 16; \ldots)$
Grenzwert der Folge für $k \to \infty$: $\lim\limits_{k \to \infty} (k^2) = \infty$
Bezeichnung der Folge: divergent

7.4 $(a_k) = (-3k) \qquad k = 1, 2, 3, 4, \ldots$
Glieder der Folge: $(a_k) = (-3; -6; -9; -12; \ldots)$
Grenzwert der Folge für $k \to \infty$: $\lim\limits_{k \to \infty} (-3k) = -\infty$
Bezeichnung der Folge: divergent

7.5 $(a_k) = ((-1)^{k+1} \cdot k^3) \qquad k = 1, 2, 3, 4, \ldots$
Glieder der Folge: $(a_k) = (1; -8; 27; -64; \ldots)$
Grenzwert der Folge für $k \to \infty$: Die Folge hat keinen Grenzwert.
Bezeichnung der Folge: divergent

Grenzwerte gewisser Zahlenfolgen lassen sich mit Hilfe der Grenzwertsätze bestimmen. Diese Sätze und einige ausgewählte Grenzwerte sollen ohne Beweis angegeben werden.

**Satz**

Sind die Folgen $(a_k)$ und $(b_k)$ konvergent mit den Grenzwerten

$$\lim_{k\to\infty} a_k = a \quad \text{und} \quad \lim_{k\to\infty} b_k = b, \quad \text{so gilt}$$

$$\lim_{k\to\infty} (a_k \pm b_k) = \lim_{k\to\infty} a_k \pm \lim_{k\to\infty} b_k = a \pm b$$

$$\lim_{k\to\infty} c \cdot a_k = c \lim_{k\to\infty} a_k = c \cdot a \quad (c = \text{konst.})$$

$$\lim_{k\to\infty} (a_k \cdot b_k) = \lim_{k\to\infty} a_k \cdot \lim_{k\to\infty} b_k = a \cdot b$$

$$\lim_{k\to\infty} \frac{a_k}{b_k} = \frac{\lim\limits_{k\to\infty} a_k}{\lim\limits_{k\to\infty} b_k} = \frac{a}{b} \quad (b \neq 0)$$

**Einige Grenzwerte:**

$$\lim_{k\to\infty} \frac{c}{k} = 0; \quad c \in R \qquad \lim_{k\to\infty} \frac{1}{k^p} = 0; \quad p > 0 \qquad (7.1)\quad(7.2)$$

$$\lim_{k\to\infty} \left(1 + \frac{1}{k}\right)^k = \mathrm{e} = 2{,}718\,28\ldots \quad (\mathrm{e}, \text{ Eulersche Zahl}) \qquad (7.3)$$

Die Zahl e ist die Basis der natürlichen Logarithmen ($\log_e x = \ln x$).

**Beispiele**

7.6 $\lim\limits_{k\to\infty} \left(3 + \frac{2}{k^2}\right) = \lim\limits_{k\to\infty} 3 + \lim\limits_{k\to\infty} \frac{2}{k^2} = 3 + 0 = 3$

7.7 $\lim\limits_{k\to\infty} \left(\frac{2}{k} - \frac{4}{k^3}\right) = \lim\limits_{k\to\infty} \frac{2}{k} - \lim\limits_{k\to\infty} \frac{4}{k^3} = 0 - 0 = 0$

7.8 $\lim\limits_{k\to\infty} \frac{2k^2 + 5}{5k^2 - 3}$

Die Folgen $(2k^2 + 5)$ und $(5k^2 - 3)$ wachsen für $k \to \infty$ monoton. Sie sind divergent. Eine Aussage über das Konvergenzverhalten ist zunächst nicht möglich. Vor dem Grenzübergang sind Umformungen notwendig.

Für die Berechnung des Grenzwertes eines Quotienten zweier Folgen wird im Zähler und im Nenner die höchste im Nenner auftretende Potenz von $k$ ausgeklammert und anschließend gekürzt.

$$\lim_{k\to\infty} \frac{k^2\left(2 + \frac{5}{k^2}\right)}{k^2\left(5 - \frac{3}{k^2}\right)} = \frac{\lim\limits_{k\to\infty} 2 + \lim\limits_{k\to\infty} \frac{5}{k^2}}{\lim\limits_{k\to\infty} 5 - \lim\limits_{k\to\infty} \frac{3}{k^2}} = \frac{2 + 0}{5 - 0} = \frac{2}{5}$$

**Kontrollfragen**

7.1 Was versteht man unter einer $\varepsilon$-Umgebung einer Zahl $a$?
7.2 Wie ist der Grenzwert einer Zahlenfolge definiert?
7.3 Was bringt man mit dem Symbol $k \to \infty$ zum Ausdruck?
7.4 Welche Folgen werden als Nullfolgen bezeichnet?
7.5 Wann spricht man von konvergenten bzw. divergenten Folgen?

**Aufgaben: 7.1 und 7.2**

## 7.2 Grenzwert einer Funktion

### 7.2.1 Grenzwert einer Funktion an der Stelle $x = a$

Betrachtet man die graphischen Darstellungen der Funktionen

$$(1)\, f(x) = x^2; \qquad (2)\, f(x) = \frac{x^2 - 4}{x - 2};$$

$$(3)\, f(x) = \begin{cases} x + 1 & \text{für} \quad x < 2 \\ x + 2 & \text{für} \quad x \geqq 2 \end{cases} \qquad (4)\, f(x) = \frac{1}{x - 2}$$

(vgl. Bild 7.4 bis 7.7), erkennt man, daß die Funktionen (1) und (3) an der Stelle $x = 2$ definiert und die Funktionen (2) und (4) an der Stelle $x = 2$ nicht definiert sind.
Will man nun das Verhalten der Funktion in der näheren Umgebung von $x = a$ (für die Beispiele ist $a = 2$) untersuchen, so setzt man für $x$ eine Folge aus dem Definitionsbereich mit dem Grenzwert $a$ ein.

$$(x_k) = (x_1, x_2, x_3, \ldots) \quad \text{mit} \quad \lim_{k \to \infty} x_k = a$$

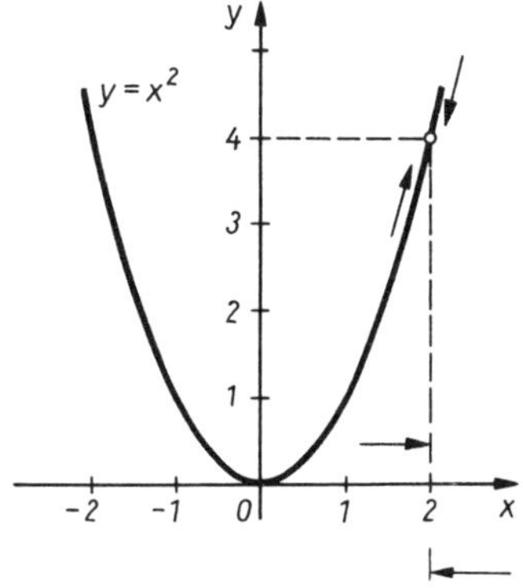


Bild 7.4

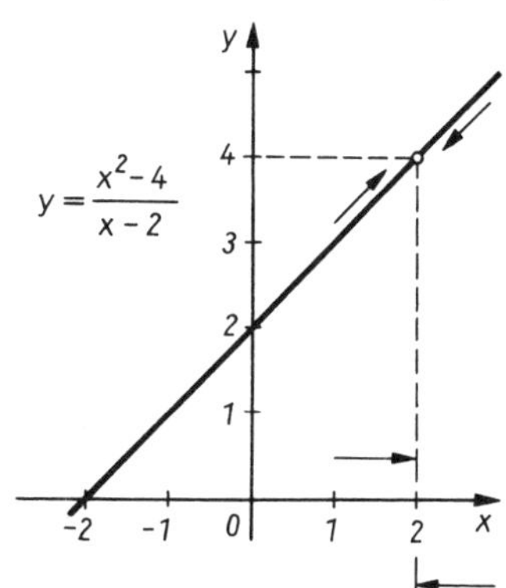


Bild 7.5

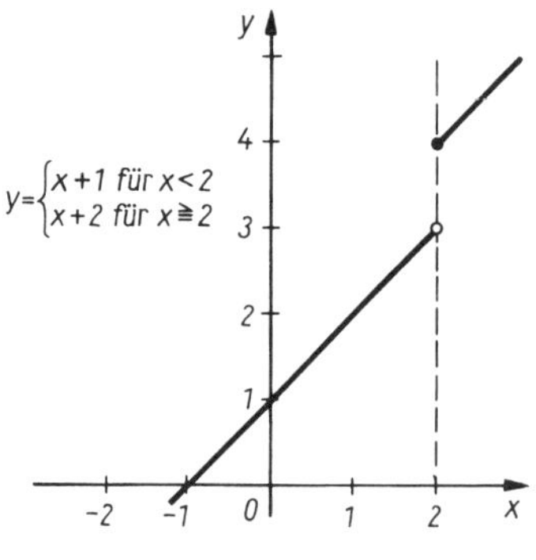


Bild 7.6

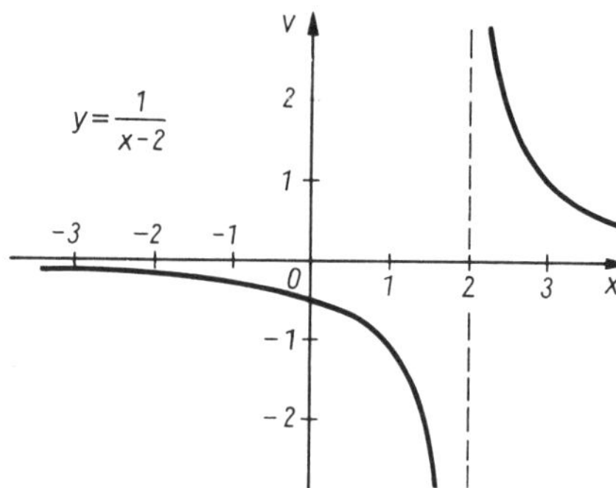


Bild 7.7

Die Funktionswerte ergeben dann die Folge

$$(f(x_k)) = (f(x_1), f(x_2), f(x_3), \ldots).$$

Die Glieder dieser Folge bzw. ihr Grenzwert geben Auskunft über das Verhalten der Funktion in der Umgebung von $x = a$. Konvergiert die Folge $(x_k)$ aus dem Definitionsbereich von links oder von rechts gegen $a$, spricht man vom **linksseitigen Grenzwert** $\lim\limits_{x \to a^-} f(x) = g-$ oder vom **rechtsseitigen Grenzwert** $\lim\limits_{x \to a^+} f(x) = g+$ der Funktion an der Stelle $x = a$.

Die Zeichen − und + kennzeichnen die Richtung der Annäherung. Die Berechnung der Grenzwerte wird oft mit Hilfe der Substitution

$$x = a \pm h \quad \text{für} \quad h \to 0 \quad \text{oder} \quad x = a \pm \frac{1}{k} \quad \text{für} \quad k \to \infty$$

möglich.

Da aus den Grenzwertsätzen für Folgen sich analoge Sätze für Grenzwerte von Funktionen ergeben, können sie zur Ermittlung von Grenzwerten mit genutzt werden.
An einem Beispiel soll erläutert werden, wie eine Funktion $y = f(x)$ an der Stelle $x = a$ untersucht wird.

## Beispiel

7.9 Die Funktion $y = \dfrac{x^2 - 4}{x - 2}$ ist an der Stelle $x = 2$ zu untersuchen. Der Grenzwert dieser Funktion an der Stelle $x = 2$ soll dadurch bestimmt werden, indem man $x$ von rechts und links her gegen 2 streben läßt. Eine Wertetabelle liefert folgende Ergebnisse:

| $x$ | 1,9 | 1,95 | 1,99 | 1,999 | … … | 2,001 | 2,01 | 2,05 | 2,1 |
|---|---|---|---|---|---|---|---|---|---|
| $y$ | 3,9 | 3,95 | 3,99 | 3,999 | … … | 4,001 | 4,01 | 4,05 | 4,1 |

Der Graph der Funktion hat an der Stelle $x = 2$ eine Lücke. Für $x \to 2$ strebt die Funktion dem Wert 4 zu. Es ist

$$\lim_{x \to 2} \frac{x^2 - 4}{x - 2} = 4.$$

Zum gleichen Ergebnis gelangt man auch, wenn man aus dem Definitionsbereich der Funktion zwei beliebige Folgen auswählt, die den Grenzwert 2 haben.
Eine Folge soll von rechts, die andere von links gegen den Grenzwert konvergieren.

$$(x_k) = \left(2 + \frac{1}{k}\right) \quad (k = 1, 2, 3, \dots) \qquad (x_k) = (3;\ 2{,}5;\ 2{,}33;\ \dots)$$

$$(x_k) = \left(2 - \frac{1}{k}\right) \quad (k = 1, 2, 3, \dots) \qquad (x_k) = (1;\ 1{,}5;\ 1{,}67;\ \dots)$$

(vgl. Bild 7.5)
Nun bestimmt man die Grenzwerte $\lim\limits_{k \to \infty} f(x_k)$ der zugehörigen Funktionswertfolgen $(f(x_k))$, $g+$ und $g-$.

$$g+ = \lim_{k \to \infty} f(x_k) = \lim_{k \to \infty} \frac{\left(2 + \frac{1}{k}\right)^2 - 4}{2 + \frac{1}{k} - 2} = \lim_{k \to \infty} \frac{\left(4 + \frac{4}{k} + \frac{1}{k^2} - 4\right) \cdot k}{1}$$

$$\lim_{k \to \infty} \left(4 + \frac{1}{k}\right) = 4$$

$$g- = \lim_{k \to \infty} f(x_k) = \lim_{k \to \infty} \frac{\left(2 - \frac{1}{k}\right)^2 - 4}{2 - \frac{1}{k} - 2} = \lim_{k \to \infty} \frac{\left(4 - \frac{4}{k} + \frac{1}{k^2} - 4\right) \cdot k}{-1}$$

$$\lim_{k \to \infty} \left(4 - \frac{1}{k}\right) = 4.$$

Die Ergebnisse zeigen, daß beide Grenzwerte gleich sind, $g+ = g- = 4$ (vgl. Bild 7.5).

## Definition

> Konvergiert für jede Argumentwertfolge $(x_k) \to a$ $(k = 1, 2, 3, \dots)$, die dazugehörige Funktionswertfolge $(f(x_k))$ $(k = 1, 2, 3, \dots)$ stets gegen denselben Wert $g$, heißt $g$ **Grenzwert** der Funktion $f(x)$ an der Stelle $x = a$:
>
> $$\lim_{x \to a} f(x) = g$$

(gelesen: »limes $f(x)$ für $x$ gegen $a$ ist gleich $g$«).
Die Untersuchung der Funktionen (1), (3) und (4) an der Stelle $x = 2$ liefert folgende Ergebnisse.

## Beispiele

7.10 $f(x) = x^2$, gesucht wird $\lim\limits_{x \to 2} f(x)$

*Lösung:*

Die Berechnung der Grenzwerte erfolgt über die Substitution $x = 2 \pm \frac{1}{k}$ für $k \to \infty$. Man erhält für den rechtsseitigen und linksseitigen Grenzwert

$$g+ = \lim_{k \to \infty} \left(2 + \frac{1}{k}\right)^2 = \lim_{k \to \infty} \left(4 + \frac{4}{k} + \frac{1}{k^2}\right) = 4,$$

$$g- = \lim_{k \to \infty} \left(2 - \frac{1}{k}\right)^2 = \lim_{k \to \infty} \left(4 - \frac{4}{k} + \frac{1}{k^2}\right) = 4.$$

Da $g+ = g-$, gilt $\lim\limits_{x \to 2} x^2 = 4$ (vgl. Bild 7.4).

Die Funktion hat an der Stelle $x = 2$ den Grenzwert $g = 4$.

7.11 $f(x) = \begin{cases} x+1 & \text{für} \quad x < 2 \\ x+2 & \text{für} \quad x \geqq 2 \end{cases}$, gesucht wird $\lim\limits_{x \to 2} f(x)$.

*Lösung:*

Für $x$ wird die Folge $x = 2 \pm \frac{1}{k}$ mit $k \to \infty$ eingesetzt. Man erhält

$$g- = \lim_{k \to \infty} \left(2 - \frac{1}{k} + 1\right) = 3, \qquad g+ = \lim_{k \to \infty} \left(2 + \frac{1}{k} + 2\right) = 4.$$

Da $g+ \neq g-$ ist, hat die Funktion an der Stelle $x = 2$ keinen Grenzwert.

Sind der linksseitige und der rechtsseitige Grenzwert an der Stelle $x = a$ verschieden voneinander, nennt man $a$ **Sprungstelle** der Funktion (vgl. Bild 7.6).

### Beispiel

7.12 $f(x) = \dfrac{1}{x-2}$, gesucht wird $\lim\limits_{x \to 2} f(x)$.

*Lösung:*

Für $x$ wird die Folge $x = 2 \pm \frac{1}{k}$ mit $k \to \infty$ eingesetzt. Man erhält

$$g+ = \lim_{k \to \infty} \frac{1}{2 + \frac{1}{k} - 2} = \infty, \qquad g- = \lim_{k \to \infty} \frac{1}{2 - \frac{1}{k} - 2} = -\infty.$$

Obwohl die Argumentwertfolgen gegen einen endlichen Wert streben, ist zu erkennen, daß die Funktionswertfolgen gegen $+\infty$ bzw. $-\infty$ divergieren (vgl. Bild 7.7). Die Funktion hat an der Stelle einen **Pol**.

Auf der Grundlage der vorhergehenden Untersuchungen kann nun der Begriff »stetige Funktion« definiert werden. Weist eine Funktionskurve in einem zusammenhängenden Intervall $I$ einen ununterbrochenen Linienzug auf, so ist die Funktion im Intervall $I$ stetig. Das bedeutet, daß die Funktion an jeder Stelle des Intervalls definiert ist und daß der Grenzwert an jeder Stelle des Intervalls existiert und gleich dem Funktionswert ist.

### Definition

Eine Funktion $f(x)$ ist an der Stelle $x = a$ **stetig**, wenn

1. die Funktion an der Stelle $x = a$ definiert ist,
2. der Grenzwert $\lim\limits_{x \to a} f(x) = g$ existiert und
3. $\lim\limits_{x \to a} f(x) = f(a)$ gilt.

Ist eine der drei Bedingungen der Definitionen nicht erfüllt, dann ist die Funktion an der betrachteten Stelle unstetig.

**Definition**

> **Eine Funktion** $f(x)$ heißt stetig in einem Intervall $I$, wenn sie an jeder Stelle des Intervalls $I$ stetig ist.

Die Funktionen $f(x) = \sin x$ und $f(x) = \cos x$ sind für $x \in R$ stetig.

**Beispiele**

7.13 $y = x^2$ ist für $x \in R$ stetig (vgl. Bild 7.4).

7.14 $y = \dfrac{x^2 - 4}{x - 2}$ ist bei $x = 2$ unstetig, da die Funktion für $x = 2$ nicht definiert ist (vgl. Bild 7.5).
Sind bei einer Funktion $f(x)$ an der Stelle $x = a$, an der sie nicht definiert ist, der linksseitige und rechtsseitige Grenzwert gleich, $g- = g+ = g$, so kann durch die zusätzliche Festlegung $f(a) = g$ der fehlende Funktionswert ergänzt werden. Definition: $f(2) = g = 4$.
Die Unstetigkeit wird hebbare Unstetigkeit genannt.

7.15 $y = \begin{cases} x + 1 & \text{für} \quad x < 2 \\ x + 2 & \text{für} \quad x \geqq 2 \end{cases}$ ist bei $x = 2$ unstetig, da der Grenzwert $\lim\limits_{x \to 2} f(x)$ nicht existiert, weil der rechts- und linksseitige Grenzwert voneinander verschieden sind (vgl. Bsp. 7.11 und Bild 7.6).

**Kontrollfragen**

7.6 Durch welche Methode kann das Verhalten einer Funktion in einer Umgebung einer Stelle beschrieben werden?

7.7 Was bedeuten die Schreibweisen $x \to a$, $x \to a+$ und $x \to a-$ ?

7.8 Wann ist eine Funktion an einer Stelle stetig?

7.9 Wann ist eine Funktion in einem Intervall stetig?

**Aufgaben: 7.3 und 7.4**

### 7.2.2 Grenzwert einer Funktion für $x \to \pm\infty$

Der Begriff des Grenzwertes $g$ einer Funktion $y = f(x)$ kann auch auf den Fall unbeschränkt wachsender oder fallender Argumentwertfolgen, d.h. $x \to +\infty$ oder $x \to -\infty$ ausgedehnt werden. Die Grenzwerte $\lim\limits_{x \to +\infty} f(x)$ und $\lim\limits_{x \to -\infty} f(x)$ der Funktion $f(x)$ charakterisieren, falls sie existieren, den Verlauf der Funktion im Unendlichen, d. h. wenn $x$ unbeschränkt wächst bzw. fällt. Zur Berechnung des Grenzwertes können die Umformungsregeln, die bereits in 7.1 erläutert wurden, angewandt werden.

**Beispiele**

7.16 Der Grenzwert der Funktion $f(x) = -5x^3 + 2x^2 + 3x + 5$ ist für $x \to \pm\infty$ zu ermitteln.
*Lösung:*

$$\lim_{x \to \pm\infty} (-5x^3 + 2x^2 + 3x + 5)$$

$$= \lim_{x \to \pm\infty} x^3\left(-5 + \frac{2}{x} + \frac{3}{x^2} + \frac{5}{x^3}\right) = \mp\infty$$

Der Grenzwert des Klammerterms ist $-5$, da die anderen Glieder Nullfolgen sind.
(Berechnet wurden zwei Grenzwerte.)

7.17 Der Grenzwert der Funktion $f(x) = \dfrac{x^2 - 1}{x^2 + 1}$

ist für $x \to \pm\infty$ zu berechnen.
*Lösung:*

$$\lim_{x \to \pm\infty} \frac{x^2 - 1}{x^2 + 1} = \lim_{x \to \pm\infty} \frac{x^2\left(1 - \frac{1}{x^2}\right)}{x^2\left(1 + \frac{1}{x^2}\right)} = 1$$

(Berechnet wurden zwei Grenzwerte.)
Der Graph der Funktion $f(x)$ kommt der Geraden $y = 1$ bei unbeschränkt wachsendem bzw. fallendem $x$ beliebig nahe (vgl. Bild 7.8). Man nennt die Gerade $y = 1$ eine **Asymptote** (Näherungslinie) der Kurve.

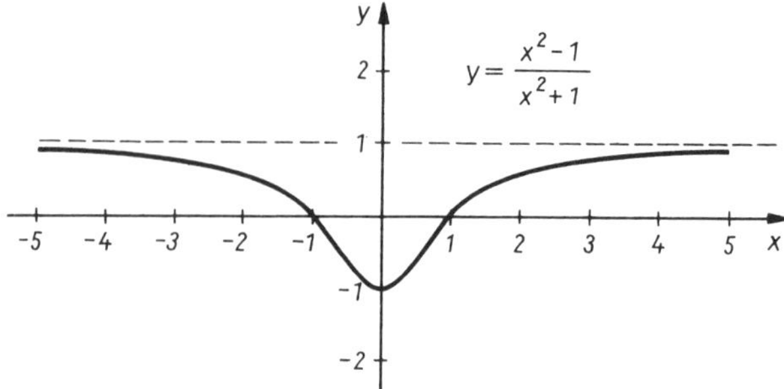


Bild 7.8

**Kontrollfragen**

7.10 Was wird unter dem Verhalten einer Funktion für $x \to \pm\infty$ verstanden?
7.11 Was versteht man unter einer Asymptote?

**Aufgabe:** 7.5

## 7.3 Aufgaben

**7.1** Berechnen Sie die Grenzwerte der Folgen!

a) $\lim\limits_{k\to\infty} \frac{8}{k^6}$ b) $\lim\limits_{k\to\infty} \frac{2+3k}{3-2k}$ c) $\lim\limits_{k\to\infty} \frac{2k^2+2}{k}$

d) $\lim\limits_{k\to\infty} \frac{-3k+2k^2}{k^2+3}$ e) $\lim\limits_{k\to\infty} \frac{5k^2-2k+3}{-3k^2-3k+4}$

**7.2** Geben Sie jeweils eine Folge $(a_n)$ mit folgenden Eigenschaften an!

a) $(a_n)$ ist monoton fallend und $\lim\limits_{n\to\infty} a_n = 2$

b) $(a_n)$ ist monoton wachsend und $\lim\limits_{n\to\infty} a_n = -1$

**7.3** Bestimmen Sie den Grenzwert der Funktionen!

a) $\lim\limits_{x\to -3} \frac{x+3}{3x^2-27}$ b) $\lim\limits_{x\to 2} \frac{x^2+2x-8}{x-2}$

**7.4** Untersuchen Sie die Funktionen auf Unstetigkeiten!

a) $y = \frac{x^2-25}{x+5}$ b) $y = \frac{x^2-1}{x^2+1}$ c) $y = 3^{\frac{1}{x}}$

**7.5** Untersuchen Sie das Verhalten der Funktionen im Unendlichen!

a) $y = 3x^3 - 2x^2 + 6x - 7$ b) $y = -2x^2 + 3x$

c) $y = \frac{3x-2}{3x^2+4}$ d) $y = 7 - 3e^{-x}$

---

**7.6** Berechnen Sie die Grenzwerte der Folgen!

a) $\lim\limits_{k\to\infty} \frac{2}{3k^3}$ b) $\lim\limits_{n\to\infty} \frac{30}{2^n}$ c) $\lim\limits_{n\to\infty} \frac{n^4+1}{3n^4-5}$

d) $\lim\limits_{n\to\infty} \frac{(2n-1)^2-2n^2}{(3n+1)^2+n^2}$ e) $\lim\limits_{n\to\infty} \frac{(n+1)(n-1)}{n+2}$

**7.7** Geben Sie jeweils eine Folge $(a_n)$ mit folgenden Eigenschaften an!

a) $(a_n)$ ist monoton fallend und $\lim\limits_{n\to\infty} a_n = \frac{3}{2}$

b) $(a_n)$ ist nicht monoton und $\lim\limits_{n\to\infty} a_n = +3$

**7.8** Berechnen Sie den Grenzwert durch Einsetzen einer geeigneten Substitution!

a) $\lim\limits_{x\to 0} \frac{x^2+3x}{x^2+2x}$ b) $\lim\limits_{x\to \frac{1}{2}} \frac{2x^2+x-1}{4x^2-1}$

**7.9** Untersuchen Sie das Verhalten der Funktionen im Unendlichen!

a) $y = -6x^3 + 3x - 2$ b) $y = e^{-5x}$

**7.10** Untersuchen Sie die Funktionen auf Unstetigkeiten!

a) $y = \frac{1-x}{1-\sqrt{x}}$ b) $y = \frac{10-3x-x^2}{2x^2+x-10}$

# 8 Einführung in die Differential- und Integralrechnung

## 8.1 Differentialrechnung

### 8.1.0 Vorbemerkung

In der zweiten Hälfte des 17. Jahrhunderts entwickelten der englische Physiker und Mathematiker Isaac Newton (1643–1727) und der deutsche Mathematiker und Philosoph Gottfried Wilhelm Leibniz (1646–1716) unabhängig voneinander die Grundlagen der Differentialrechnung. Während Newton vom Geschwindigkeitsproblem ausging, gelangte Leibniz durch die Untersuchung des Tangentenproblems zur Differentialrechnung. Mit ihrer Hilfe konnten eine Reihe wichtiger naturwissenschaftlicher, technischer und ökonomischer Fragestellungen beantwortet werden.
Der zentrale und grundlegende Begriff der Differentialrechnung ist die Ableitung. Mit ihm kann der gemeinsame mathematische Inhalt solcher Begriffe wie Geschwindigkeit oder Kurventangente erfaßt werden. Auf der Grundlage der Definition der Ableitung als Grenzwert werden Ableitungsregeln von Funktionen hergeleitet bzw. angegeben. Es folgt die Erklärung des Differentials mit einfachen Anwendungen in der Fehlerrechnung. Über die geometrische Interpretation der ersten Ableitung wird gezeigt, wie man die Differentialrechnung sinnvoll zur Untersuchung von Funktionen mit einer unabhängigen Variablen anwenden kann.

### 8.1.1 Grundbegriffe

Das Problem der Ermittlung der Augenblicksgeschwindigkeit $v_0$ eines **ungleichförmig bewegten Körpers** zum Zeitpunkt $t_0$ soll näher betrachtet werden. Erfolgt die Bewegung **gleichförmig**, so ist die Geschwindigkeit für jeden Zeitpunkt der Bewegung konstant. Der **Differenzenquotient**

$$\frac{\text{Wegdifferenz}}{\text{Zeitdifferenz}} = \frac{\Delta s}{\Delta t} = \frac{s_1 - s_0}{t_1 - t_0}$$

gibt die Geschwindigkeit an, mit der sich der Körper bewegt (vgl. Bild 8.1).
Ist die Bewegung des Körpers **ungleichförmig**, d. h., die Geschwindigkeit ist zu jedem Zeitpunkt eine andere, liefert uns der Differenzenquotient $\Delta s/\Delta t$ nur die Durchschnittsgeschwindigkeit $\bar{v}$, mit der sich der Körper in der Zeit $\Delta t$ bewegt. Er ist gleich dem Anstieg der Sekante durch die Punkte $P_0$ und $P_1$ (vgl. Bild 8.2). Die Augenblicksgeschwindigkeit $v_0$

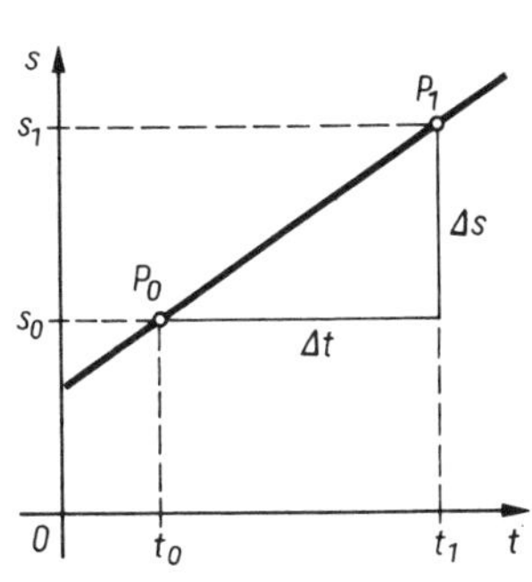


Bild 8.1

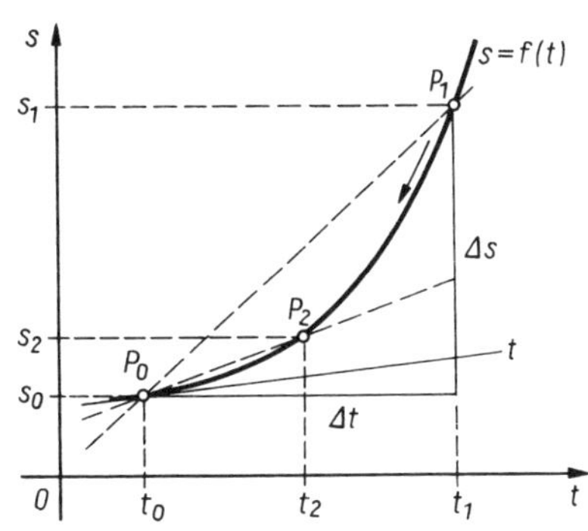


Bild 8.2

eines Körpers zum Zeitpunkt $t_0$ erhält man auf diese Weise nicht. Man erhält einen Näherungswert, der um so besser ist, je kleiner man das Zeitintervall $\Delta t$ und damit die Meßstrecke $\Delta s$ wählt. Die Durchschnittsgeschwindigkeit $\bar{v}$ wird dann der Augenblicksgeschwindigkeit $v_0$ zum Zeitpunkt $t_0$ immer besser angenähert (vgl. Bild 8.2). Strebt dieser Differenzenquotient für $\Delta t \to 0$ einem Grenzwert zu, so kann er als die Augenblicksgeschwindigkeit $v_0$ zum Zeitpunkt $t_0$ angesehen werden.

Existiert der **Grenzwert des Differenzenquotienten**

$$v_0 = \lim_{\Delta t \to 0} \frac{\Delta s}{\Delta t} = \lim_{\Delta t \to 0} \frac{f(t_0 + \Delta t) - f(t_0)}{\Delta t},$$

so versteht man darunter die **Augenblicksgeschwindigkeit $v_0$ zum Zeitpunkt $t_0$**. Die Augenblicksgeschwindigkeit $v_0$ zum Zeitpunkt $t_0$ entspricht dem Anstieg der Tangente $t$ an dem Graph von $f$ im Punkt $P_0$ (vgl. Bild 8.2).

Auf das gleiche mathematische Problem stößt man, wenn in einem beliebigen Kurvenpunkt die Tangente $t$ an die Kurve der Funktion $y = f(x)$ gelegt werden soll (Tangentenproblem). Es läßt sich folgendermaßen charakterisieren:

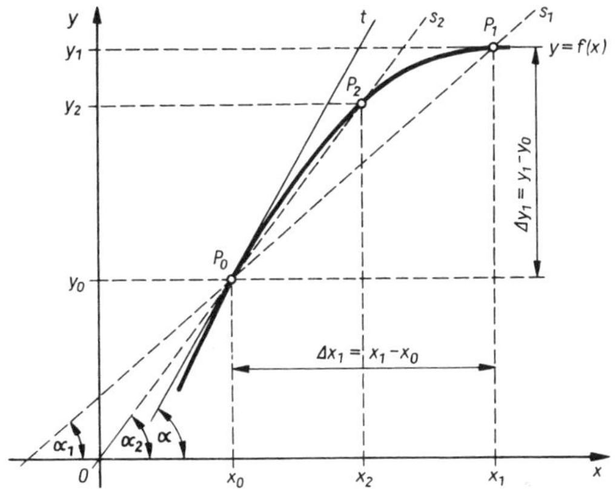


Bild 8.3

Gegeben sind eine im Intervall $I \in R$ definierte Funktion $y = f(x)$, $P_n(x_n, y_n)$ ein Punkt auf der Bildkurve $K$ der Funktion und $P_0(x_0, y_0)$ ein fester Punkt von $K$ (vgl. Bild 8.3).
Läßt man nun $P_n$ eine beliebige Folge von Punkten $(P_1, P_2, \ldots, P_n, \ldots)$, $P_n \neq P_0$, durchlaufen, gibt es immer genau je eine Sekante durch die Kurvenpunkte $P_0(x_0, y_0)$ und $P_n(x_n, y_n)$. Strebt $P_n \rightarrow P_0$, so dreht sich die Sekante um den Punkt $P_0$ und strebt immer mehr einer »Grenzgeraden« $t$ zu. Die Grenzlage der Sekante wird als Tangente $t$ der Kurve im Punkt $P_0$ definiert (vgl. Bild 8.3).
Die Lage der Tangente $t$ wird durch den Punkt $P_0$ und die Richtung der Tangente bestimmt. Zur Ermittlung des Anstiegs der Tangente im Punkt $P_0$ der Kurve der Funktion $y = f(x)$ geht man vom Sekantenanstieg der Funktion $y = f(x)$ aus, der durch den **Differenzenquotienten** gegeben ist (vgl. Bild 8.3).

$$m = \tan \alpha_n = \frac{\Delta y_n}{\Delta x_n} = \frac{y_n - y_0}{x_n - x_0} = \frac{f(x_n) - f(x_0)}{x_n - x_0} = \frac{f(x_0 + \Delta x_n) - f(x_0)}{\Delta x_n} \qquad (8.1)$$

Der Differenzenquotient stellt geometrisch den Anstieg $\tan \alpha_n$ der Geraden durch die Punkte $P_0$ und $P_n$ dar. Die Zahl $m$ ist der mittlere Anstieg der Kurve der Funktion innerhalb des Intervalls $[x_0; x_0 + \Delta x_n]$. Strebt $\Delta x_n \rightarrow 0$, d.h., $x_n \rightarrow x_0$ und $y_n \rightarrow y_0$, dreht sich die Sekante in die Lage der Tangente (vgl. Bild 8.3). Zur Bestimmung des Anstiegs der Tangente im Punkt $P_0$ muß daher der Grenzwert des Differenzenquotienten gebildet werden:

$$\lim_{\Delta x_n \rightarrow 0} \tan \alpha_n = \lim_{\Delta x_n \rightarrow 0} \frac{\Delta y_n}{\Delta x_n} = \lim_{\Delta x_n \rightarrow 0} \frac{f(x_0 + \Delta x_n) - f(x_0)}{\Delta x_n} = \tan \alpha .$$

Da dieser Sachverhalt für jeden beliebigen Punkt $P_n$ auf der Bildkurve gilt, kann $n$ als Index weggelassen werden.

### Definition

Ist $f$ eine in der Umgebung von $x_0$ definierte Funktion und existiert der Grenzwert

$$\lim_{\Delta x \rightarrow 0} \frac{\Delta y}{\Delta x} = \lim_{\Delta x \rightarrow 0} \frac{f(x_0 + \Delta x) - f(x_0)}{\Delta x},$$

so heißt die Funktion $f$ an der Stelle $x_0$ differenzierbar. Der Grenzwert heißt **Ableitung** der Funktion $f$ an der Stelle $x_0$.

Die Bildung des Grenzwertes nennt man Ableiten oder Differenzieren, den Vorgang Differentiation.
Für die Ableitung der Funktion $f$ an der Stelle $x_0$ werden folgende Schreibweisen verwendet:

$f'(x_0)$ (gelesen: »$f$ Strich von $x_0$«) oder
$y'(x_0)$ (gelesen: »$y$ Strich von $x_0$«).

Geometrisch bedeutet die Ableitung $f'(x_0)$ den Anstieg der Tangente der Funktion $f$ an der Stelle $x = x_0$:

$$\boxed{f'(x_0) = \tan \alpha} \qquad (8.2)$$

**Beispiel**

8.1 Für die Kurve der Funktion $y = f(x) = 0{,}4x^2$ sind der Kurvenanstieg und der Anstiegswinkel $\alpha$ der Tangente an der Stelle $x_0 = 1$ zu ermitteln.

*Lösung:*

$P_0$ hat die Koordinaten (1;0,4). Wählt man zunächst $\Delta x = 1$, so ergibt sich für $P_1$

$x_0 + \Delta x = 1 + 1 = 2$

$f(x_0 + \Delta x) = 0{,}4 \cdot 2^2 = 1{,}6$

Der Punkt $P_1$ hat die Koordinaten (2; 1,6) (vgl. Bild 8.4). Der Anstieg der Sekante ist nach Gl. (8.1)

$$m = \tan \alpha_1 = \frac{f(x_0 + \Delta x) - f(x_0)}{\Delta x} = \frac{1{,}6 - 0{,}4}{1} = 1{,}2,$$

$\alpha_1 \approx 50{,}19°$.

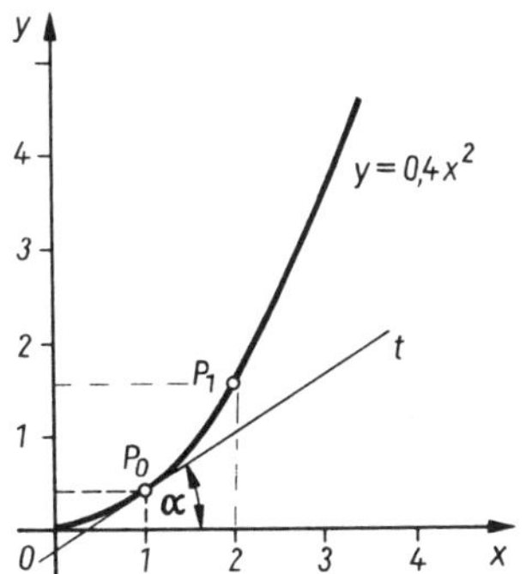


Bild 8.4

Läßt man nun $P_1$ gegen $P_0$ wandern, indem für $\Delta x$ nacheinander die Werte 1; 0,5; 0,1; 0,01; 0,001 eingesetzt werden, streben die Werte von $\tan \alpha_1$ mit Annäherung von $P_1$ an $P_0$ einem Grenzwert zu (siehe Tabelle). Dieser Grenzwert ist der Anstieg der Tangente im Punkt $P_0$ (1; 0,4).

| $x_0$ | $f(x_0)$ | $\Delta x$ | $x_0 + \Delta x$ | $f(x_0 + \Delta x)$ | $\Delta y$ | $\frac{\Delta y}{\Delta x} = \tan \alpha_1$ | $\alpha_1$ |
|---|---|---|---|---|---|---|---|
| 1 | 0,4 | 1 | 2 | 1,6 | 1,2 | 1,2 | 50,19° |
| 1 | 0,4 | 0,5 | 1,5 | 0,9 | 0,5 | 1,0 | 45,00° |
| 1 | 0,4 | 0,1 | 1,1 | 0,484 | 0,084 | 0,84 | 40,03° |
| 1 | 0,4 | 0,01 | 1,01 | 0,408 04 | 0,008 04 | 0,804 | 38,80° |
| 1 | 0,4 | 0,001 | 1,001 | 0,400 800 4 | 0,000 800 4 | 0,800 4 | 38,67° |
| ... | ... | ... | ... | ... | ... | ... | ... |
| ... | ... | ... | ... | ... | ... | ... | ... |
| ... | ... | ... | ... | ... | ... | ... | ... |

Jetzt soll gezeigt werden, wie der Anstieg der Kurve der Funktion durch Bilden des Grenzwerts des Differenzenquotienten der Funktion ermittelt wird.
Der Differenzenquotient der Funktion $y = f(x)$ an der Stelle $x_0$ ist (siehe Gl. 8.1):

$$\frac{\Delta y}{\Delta x} = \frac{f(x_0 + \Delta x) - f(x_0)}{\Delta x},$$

$$\frac{\Delta y}{\Delta x} = \frac{0{,}4\,(x_0 + \Delta x)^2 - (0{,}4x_0^2)}{\Delta x}.$$

Durch Umformungen folgt

$$\frac{\Delta y}{\Delta x} = \frac{0{,}4\,[x_0^2 + 2x_0\Delta x + (\Delta x)^2] - 0{,}4x_0^2}{\Delta x},$$

$$\frac{\Delta y}{\Delta x} = \frac{0{,}8x_0\Delta x + 0{,}4(\Delta x^2)}{\Delta x} = 0{,}8x_0 + 0{,}4\Delta x.$$

Der Kurvenanstieg der Tangente ergibt sich durch den Grenzwert dieses Differenzenquotienten für $\Delta x \to 0$:

$$\tan\alpha = f'(x_0)$$
$$= \lim_{\Delta x \to 0} (0{,}8x_0 + 0{,}4\Delta x)$$
$$\tan\alpha = 0{,}8x_0.$$

Der Anstieg der Kurve der Funktion an der Stelle $x_0 = 1$ ist $y'(1) = \tan\alpha = 0{,}8$. Für den Anstiegswinkel der Tangente an die Kurve an der Stelle $x_0 = 1$ erhält man $\alpha \approx 38{,}66°$ (Bild 8.4).

Die Existenz der Ableitung einer Funktion $f$ an der Stelle $x_0$ kann nicht immer vorausgesetzt werden.

**Definition**

Eine Funktion $f$ sei an Stelle $x_0$ definiert. Nimmt der Grenzwert des Differenzenquotienten

$$\lim_{\Delta x \to 0} \frac{f(x_0 + \Delta x) - f(x_0)}{\Delta x}$$

an der Stelle $x_0$ einen bestimmten Wert $y'(x_0) = g$ an, dann heißt die Funktion $f$ an der Stelle $x_0$ differenzierbar.

Aus der Definition folgt, daß eine an der Stelle $x_0$ differenzierbare Funktion $f$ dann auch in $x_0$ stetig ist. Die Stetigkeit ist eine notwendige, aber nicht hinreichende Bedingung für die Differenzierbarkeit. Es gibt Funktionen, die an einer Stelle stetig, aber nicht differenzierbar sind. Die Funktion $y = \frac{1}{x-1}$ ist an der Stelle $x = 1$ nicht definiert und damit an dieser Stelle nicht differenzierbar. Betrachtet man die im Bild 8.5 dargestellte Funktion, erkennt man, daß die Funktion zwar an der Stelle $x_0$ stetig, aber nicht differenzierbar ist. Im Punkt $P_0(x_0; y_0)$ hat die Kurve der Funktion zwei Tangenten mit unterschiedlichem Anstieg. Durch die Bildung des links- und rechtsseitigen Grenzwertes kann man dies nachweisen.

**Definition**

> Ist eine Funktion $f$ an jeder Stelle eines Intervalls $I$ differenzierbar, so heißt sie im Intervall $I$ differenzierbar.

Die Menge $f'$ der geordneten Paare $(x;\ f'(x))$ mit $x \in I$ ist wieder eine Funktion. Die Funktion $f'$ nennt man **Ableitungsfunktion** von der Funktion $f$ im Intervall $I$. Die Funktion $y = 0{,}4x^2$ (vgl. Beispiel 8.1) ist im gesamten Intervall $x \in I$ differenzierbar, weil der Grenzwert $f'(x_0) = 0{,}8x_0$ für jedes $x_0 \in R$ existiert.

**Satz**

> Eine im Intervall $I$ differenzierbare Funktion $f$ ist dort auch stetig.

Die Umkehrung dieses Satzes gilt nicht (vgl. Bild 8.5).

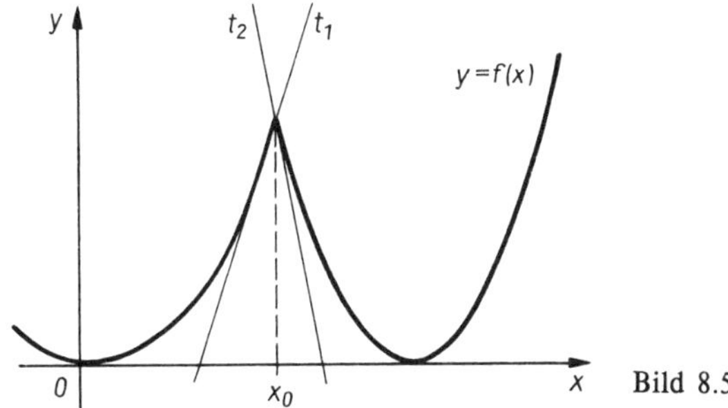


Bild 8.5

**Kontrollfragen**

8.1 Was versteht man unter dem Anstiegswinkel einer Kurve in einem Punkt $P$?
8.2 Wie wird die Ableitung einer Funktion $f$ an der Stelle $x_0$ definiert?
8.3 Welche geometrische Bedeutung haben der Differenzenquotient und die Ableitung einer Funktion $f$ an der Stelle $x_0$?
8.4 Unter welchen Voraussetzungen kann eine Funktion $f$ an der Stelle $x_0$ differenziert werden?
8.5 Folgt aus der Stetigkeit von $f$ im Intervall $I$ die Differenzierbarkeit von $f$ im Intervall $I$?

**Aufgabe: 8.1**

### 8.1.2 Ableitung der Potenzfunktion

Die Bestimmung der Ableitung einer Funktion über den Differenzenquotient ist sehr aufwendig. Aus diesem Grunde sollen in den folgenden Abschnitten Ableitungen elementarer Funktionen und Grundregeln der Differentiation zusammengestellt und davon nur einige hergeleitet werden.

Gegeben ist die Potenzfunktion $y = f(x) = x^n$ $(n \in N)$. Die Ableitung an der Stelle $x_0$ ist:

$$f'(x_0) = \lim_{\Delta x \to 0} \frac{(x_0 + \Delta x)^n - x_0^n}{\Delta x}.$$

$(x_0 + \Delta x)^n$ läßt sich nach dem binomischen Lehrsatz wie folgt entwickeln (s. Gl. (1.64) in 1.4.3):

$$(x_0 + \Delta x)^n = x_0^n + n x_0^{n-1} \Delta x + \binom{n}{2} x_0^{n-2} (\Delta x)^2 + \ldots + \binom{n}{n} (\Delta x)^n$$

$$= x_0^n + n x_0^{n-1} \Delta x + \frac{n(n-1)}{2} x_0^{n-2} (\Delta x)^2 + \ldots + (\Delta x)^n.$$

Somit folgt

$$f'(x) = \lim_{\Delta x \to 0} \frac{x_0^n + n x_0^{n-1} \Delta x + \frac{n(n-1)}{2} x_0^{n-2} (\Delta x)^2 + \ldots + (\Delta x)^n - x_0^n}{\Delta x}$$

$$= \lim_{\Delta x \to 0} \left( n x_0^{n-1} + \frac{n(n-1)}{2} x_0^{n-2} \Delta x + \ldots + (\Delta x)^{n-1} \right)$$

$$= n x_0^{n-1}.$$

Da jedem Wert $x$ aus dem Definitionsbereich eine Ableitung zugeordnet werden kann, gilt die Regel

$$\boxed{(x^n)' = n x^{n-1}} \qquad (8.3)$$

Das Ergebnis kann auch für jeden reellen Exponenten $n$ angewandt werden. Für $n \notin N$ muß die Voraussetzung der Differenzierbarkeit überprüft werden.

Auf die Angabe der Gültigkeitsbereiche der Ableitungsregeln soll im folgenden verzichtet werden.

**Beispiele**

8.2 a) $y = f(x) = x^5$, $\quad y' = f'(x) = 5x^{5-1} = 5x^4$.

b) $y = f(x) = \sqrt{x} = x^{\frac{1}{2}}$, $\quad y' = f'(x) = \frac{1}{2} x^{\frac{1}{2}-1} = \frac{1}{2} x^{-\frac{1}{2}} = \frac{1}{2\sqrt{x}}$.

Die Ableitungsfunktion ist nur für $x > 0$ definiert.

c) $y = f(x) = \frac{1}{x^5} = x^{-5}$, $\quad y' = f'(x) = -5x^{-5-1} = -5x^{-6} = -\frac{5}{x^6}$.

d) $v = f(t) = \sqrt[5]{t^2} = t^{\frac{2}{5}}$, $\quad v' = f'(t) = \frac{2}{5} t^{\frac{2}{5}-1} = \frac{2}{5} t^{-\frac{3}{5}} = \frac{2}{5\sqrt[5]{t^3}}$.

8.3 Unter welchem Winkel steigt die Tangente der Funktion $y = f(x) = \sqrt[3]{x}$ an der Stelle $x_0 = 8$ an, und wie lautet die Gleichung der Tangente an die Kurve der Funktion im Punkte $P_0$ (8; 2)?

*Lösung:*
Die Ableitungsfunktion ist

$$y' = f'(x) = \frac{1}{3\sqrt[3]{x^2}}.$$

Für $x_0 = 8$ erhält man

$$f'(8) = \frac{1}{3\sqrt[3]{64}} = \frac{1}{12} = 0{,}083.$$

Es gilt

$$\tan\alpha = f'(8) = 0{,}083, \qquad \alpha = 4{,}76°.$$

Der Anstiegswinkel der Tangente beträgt $\alpha = 4{,}76°$. Durch Einsetzen von $P_0(8;\ 2)$ und $m = \tan\alpha = \frac{1}{12}$ in die Punktrichtungsgleichung $y - y_0 = m\,(x - x_0)$ ergibt sich die Gleichung der Tangente:

$$y - 2 = \frac{1}{12}(x - 8), \qquad y = \frac{1}{12}x + \frac{4}{3}.$$

8.4 An welcher Stelle hat die Tangente an die Kurve $y = f(x) = x^3$ eine Neigung von 45° gegen die $x$-Achse?
*Lösung:*
Die Ableitungsfunktion lautet

$$y' = f'(x) = 3x^2.$$

Es gilt

$$y' = \tan\alpha = 3x^2.$$

Mit $\alpha = 45°$ folgt

$$\tan 45° = 3x^2, \qquad 1 = 3x^2.$$

Löst man die Gleichung nach $x$ auf, erhält man die Lösungen:

$$x_1 = +\sqrt{\frac{1}{3}}, \qquad x_2 = -\sqrt{\frac{1}{3}}.$$

Die Tangente hat an den Stellen $x_1 = \sqrt{\frac{1}{3}}$ und $x_2 = -\sqrt{\frac{1}{3}}$ eine Neigung von 45° gegen die $x$-Achse.

**Aufgaben: 8.2 und 8.3**

### 8.1.3 Ableitung einer konstanten Funktion und einer Funktion mit konstantem Faktor

Die Funktion $y = f(x) = c \quad (c = \text{konst.})$ ist zu differenzieren. Da das Bild der Funktion eine Parallele zur $x$-Achse im Abstand $c$ ergibt, ist ihr Anstieg an jeder Stelle $x$ gleich Null, d. h., $\tan\alpha = 0$.

Es gilt demnach

$$(c)' = 0 \tag{8.4}$$

Die Ableitung einer Konstanten ist gleich Null.
Die Funktion $y = af(x)$ $(a = \text{konst.})$ soll abgeleitet werden. Bei der Bildung des Differenzenquotienten kann der Faktor $a$ ausgeklammert werden. Unter Beachtung der Grenzwertsätze (Abschn. 7) erhält man die Ableitungsregel

$$[af(x)]' = af'(x) \tag{8.5}$$

Ein konstanter Faktor bleibt beim Differenzieren erhalten.

**Beispiele**

8.5 $y = f(x) = 5x^7$, $y' = f'(x) = 5 \cdot 7x^6 = 35x^6$.

8.6 $y = f(x) = \frac{x^3}{9}$, $y' = f'(x) = \frac{1}{9} \cdot 3x^2 = \frac{1}{3}x^2$.

**Aufgabe: 8.4**

### 8.1.4 Ableitung einer Summe von Funktionen

Die Funktion $y = f(x) = u(x) + v(x)$ soll differenziert werden. Die Ableitung ist:

$$y' = f'(x) = \lim_{\Delta x \to 0} \frac{u(x + \Delta x) + v(x + \Delta x) - [u(x) + v(x)]}{\Delta x}.$$

Nach den Rechenregeln für Grenzwerte folgt

$$y' = f'(x) = \lim_{\Delta x \to 0} \frac{u(x + \Delta x) - u(x)}{\Delta x} + \lim_{\Delta x \to 0} \frac{v(x + \Delta x) - v(x)}{\Delta x},$$

$$y' = u'(x) + v'(x).$$

Es gilt also:

$$y' = [u(x) + v(x)]' = u'(x) + v'(x),$$

in abgekürzter Form geschrieben:

$$y' = (u + v)' = u' + v' \tag{8.6}$$

Eine Summe von Funktionen wird differenziert, indem man jeden einzelnen Summanden differenziert. Die Regel gilt auch für mehr als zwei Summanden.

**Beispiele**

8.7 $y = f(x) = 3x - \sqrt{x} + \frac{2}{x} - 4$, $y' = f'(x) = 3 - \frac{1}{2\sqrt{x}} - \frac{2}{x^2}$.

8.8 In welchen Punkten hat die Funktion $y = f(x) = x^2 + 2x - 15$ waagerechte Tangenten?
*Lösung:*
Hat die Kurve der Funktion waagerechte Tangenten, dann ist $\alpha = 0°$ und damit $f'(x) = \tan\alpha = 0$. Aus $y' = 2x + 2$ folgt mit $y' = 0$ die Stelle $x = -1$.
Aus der Ausgangsgleichung folgt der zu $x = -1$ gehörende Wert der Ordinate $y = -16$. Die Kurve der Funktion hat im Punkt $P\,(-1;\ -16)$ eine waagerechte Tangente.

**Aufgaben: 8.5 bis 8.11**

### 8.1.5 Differential einer Funktion

Gegeben ist eine in einem Intervall differenzierbare Funktion $y = f(x)$. Ändert man das Argument $x = x_0$ um $\Delta x$, so ändert sich der Funktionswert um $\Delta y$ (vgl. Bild 8.6).

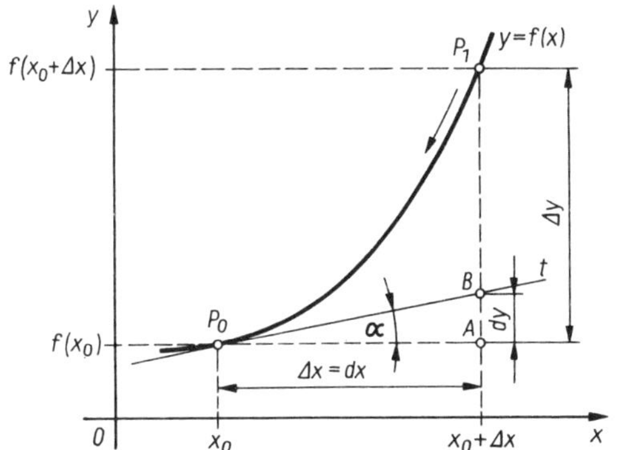


Bild 8.6

Es soll jetzt von der Annahme ausgegangen werden, daß die Kurve von Punkt $P_0\,(x_0;\,y_0)$ an durch die Tangente an $y = f(x)$ linear fortgesetzt wird. Erteilt man $x_0$ den Argumentzuwachs $\Delta x = \mathrm{d}x$, so ist $\overline{AB}$ der Funktionszuwachs (vgl. Bild 8.6). Diese Änderung $\overline{AB}$ wird mit $\mathrm{d}y$ bezeichnet und **Differential** der Funktion $y = f(x)$ genannt. Aus dem Tangentendreieck $P_0AB$ folgt:

$$\overline{AB} = \mathrm{d}y = \mathrm{d}f(x_0) = \tan\alpha\ \Delta x.$$

Die Größe $\mathrm{d}x$ heißt Differential der unabhängigen Variablen. Es gilt stets $\mathrm{d}x = \Delta x$. Mit $\tan\alpha = f'(x)$ gilt:

$$\mathrm{d}y = f'(x_0)\,\mathrm{d}x \qquad (8.7)$$

Das Differential $\mathrm{d}y$ der Funktion $y = f(x)$ ist der Zuwachs der Tangentenordinate für den Argumentenzuwachs $\Delta x$ an der Stelle $x_0$.
$\Delta y$ ist dagegen der wirkliche Funktionszuwachs. Es gilt im allgemeinen $\Delta y \neq \mathrm{d}y$.

Für die konstante und lineare Funktion ist $\Delta y = \mathrm{d}y$.

Der Unterschied von $\Delta y$ und $\mathrm{d}y$ soll an einem Beispiel erläutert werden.

**Beispiel**

8.9 Für die Funktion $y = f(x) = x^2$ sind $\Delta y$ und $dy$ an der Stelle $x = x_0 = 1$ zu berechnen, wenn für $\Delta x = dx$ die Werte 10; 1; 0,1; 0,01; 0,001; 0,000 1 gewählt werden.

*Lösung:*

Aus $y = f(x) = x^2$ folgt $y' = 2x$ und $dy = 2x_0 dx$.

Für $\Delta y$ erhält man

$$\Delta y = f(x_0 + \Delta x) - f(x_0) = (x_0 + \Delta x)^2 - x_0^2,$$
$$\Delta y = x_0^2 + 2x_0\Delta x + (\Delta x)^2 - x_0^2,$$
$$\Delta y = 2x_0\Delta x + (\Delta x)^2.$$

An der Stelle $x_0 = 1$ gilt:

$$dy = 2dx, \qquad \Delta y = 2\Delta x + (\Delta x)^2.$$

Für die gewählten Werte von $\Delta x = dx$ ergibt sich folgende Tabelle

| $x_0$ | $\Delta x$ | $\Delta y$ | $dy$ | $\Delta y - dy$ |
|---|---|---|---|---|
| 1 | 10 | 120 | 20 | 100 |
| 1 | 1 | 3 | 2 | 1 |
| 1 | 0,1 | 0,21 | 0,2 | 0,01 |
| 1 | 0,01 | 0,020 1 | 0,02 | 0,000 1 |
| 1 | 0,001 | 0,002 001 | 0,002 | 0,000 001 |
| 1 | 0,000 1 | 0,000 200 01 | 0,000 2 | 0,000 000 01 |

Aus der Tabelle ist zu erkennen, daß das Differential $dy$ sich vom tatsächlichen Funktionswertzuwachs $\Delta y$ um so weniger unterscheidet, je kleiner der Abszissenzuwachs $\Delta x = dx$ ist. Für genügend kleine $\Delta x = dx$ gilt die Näherungsformel $\Delta y \approx dy$. Die Tangente durch $P_0(1;\ 1)$ stellt deshalb eine lineare Annäherung der Bildkurve von $f(x) = x^2$ in der **Umgebung** von $P_0$ dar (vgl. Bild 8.7).

Diese Beziehung spielt in der Fehlerrechnung eine große Rolle. An einem Beispiel soll dieser Sachverhalt erläutert werden.

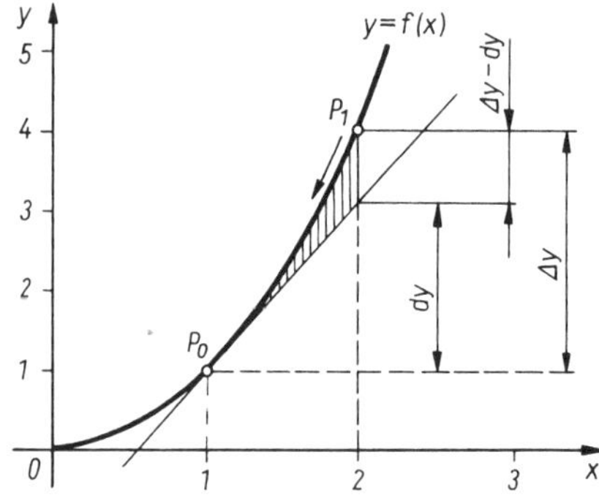


Bild 8.7

**Beispiel**

8.10 Es ist die Änderung der Periodendauer $T$ eines mathematischen Pendels zu berechnen, wenn sich die Pendellänge $l$ von 100 cm auf 100,5 cm ändert.

*Lösung:*

Die Änderung der Länge ist $\Delta l = 0{,}5$ cm. Da $\Delta l$ im Vergleich zu $l$ klein ist, kann $\Delta T$ näherungsweise durch das Differential $dT$ berechnet werden.

Es ist

$$T = f(l) = 2\pi\sqrt{\frac{l}{g}} = \frac{2\pi}{\sqrt{g}} \cdot l^{\frac{1}{2}},$$

daraus folgt

$$\frac{\mathrm{d}T}{\mathrm{d}l} = \frac{2\pi}{\sqrt{g}} \cdot \frac{1}{2} l^{-\frac{1}{2}} = \frac{\pi}{\sqrt{g \cdot l}} \quad \text{und}$$

$$\mathrm{d}T = \frac{\pi}{\sqrt{g \cdot l}} \mathrm{d}l.$$

Mit $g = 981 \text{ cm s}^{-2}$
und $\mathrm{d}l = \Delta l = +0{,}5$ cm erhält man

$$\mathrm{d}T \approx +0{,}005\,015 \text{ s}.$$

Der Wert $\mathrm{d}T \approx 0{,}005\,015$ s heißt absoluter Maximalfehler der Periodendauer $T$, wenn die Pendellänge $l$ mit dem absoluten Fehler $\Delta l = 0{,}5$ cm gemessen wird.
Der Wert von $\Delta T$ ist

$$\Delta T = 2\pi\sqrt{\frac{100{,}5 \text{ cm}}{981 \text{ cm s}^{-2}}} - 2\pi\sqrt{\frac{100 \text{ cm}}{981 \text{ cm s}^{-2}}},$$

$$\Delta T \approx 2{,}011\,075\,6 \text{ s} - 2{,}006\,066\,7 \text{ s},$$

$$\Delta T \approx +0{,}005\,008\,9 \text{ s}.$$

Der Wert von $\Delta T$ ist auf 4 Dezimalen dem berechneten Näherungswert $\mathrm{d}T$ gleich.

Allgemein gilt bei hinreichend kleinem $\Delta x = \mathrm{d}x$

$$\boxed{\Delta y \approx \mathrm{d}y \quad \text{mit} \quad \mathrm{d}y = f'(x)\,\mathrm{d}x}. \tag{8.8}$$

Diese Beziehung gilt für jedes $x = x_0$, für die die Funktion differenzierbar ist. Aus diesem Grund wird der Index 0 weggelassen.
Dividiert man Gl. (8.8) durch $\mathrm{d}x$ (nach Voraussetzung ist $\mathrm{d}x \neq 0$), so folgt

$$\boxed{\frac{\mathrm{d}y}{\mathrm{d}x} = f'(x)} \tag{8.9}$$

Der Quotient $\frac{\mathrm{d}y}{\mathrm{d}x}$ heißt **Differentialquotient**. Nach Gl. (8.9) kann die Ableitung einer Funktion auch als Differentialquotient geschrieben werden, d. h., $\lim\limits_{\Delta x \to 0} \frac{\Delta y}{\Delta x} = \frac{\mathrm{d}y}{\mathrm{d}x}$.
Diese Symbolik soll an den physikalischen Größen Geschwindigkeit und Beschleunigung erläutert werden.

Für die ungleichförmige Bewegung gilt die Beziehung $v_{\mathrm{m}} = \frac{\Delta s}{\Delta t}$. Die Augenblicksgeschwindigkeit ist der Grenzwert der mittleren Geschwindigkeit für $\Delta t \to 0$ (vgl. 8.1.1):

$$v = \lim_{\Delta t \to 0} \frac{\Delta s}{\Delta t} = \frac{\mathrm{d}s}{\mathrm{d}t} = \dot{s}(t) \tag{8.10}$$

In der Physik wird durch das Setzen des Punktes über ein Größensymbol immer die Ableitung dieser Größe nach der Zeit gekennzeichnet. Differenziert man die Geschwindigkeit nach der Zeit, so erhält man die Beschleunigung zum Zeitpunkt $t$:

$$a = \lim_{\Delta t \to 0} \frac{\Delta v}{\Delta t} = \frac{\mathrm{d}v}{\mathrm{d}t} = \dot{v}(t) \tag{8.11}$$

### Beispiel

8.11 Ein PKW fährt mit einer Geschwindigkeit von $v_0 = 80$ km/h. Zur Zeit $t = 0$ wird der PKW mit einer Verzögerung von $a = 3\ \mathrm{m/s^2}$ gebremst.

a) Welche Geschwindigkeit hat das Fahrzeug 2,8 s nach dem Einleiten des Bremsvorganges?

b) Wie groß ist die Bremsstrecke bis zum Stillstand des Fahrzeugs?

*Lösung:*

a) Das Weg-Zeit-Gesetz für die Bewegung lautet:

$$s(t) = v_0 t - \frac{a}{2} t^2 .$$

Das Geschwindigkeits-Zeit-Gesetz folgt aus der Ableitung des Weg-Zeit-Gesetzes

$$v(t) = v_0 - at .$$

Für $t = 2{,}8$ s ergibt sich $v \approx 50$ km/h.

b) Aus $v(t) = 0$ folgt $t = \frac{v_0}{a}$ und

$$s = v_0 \cdot \frac{v_0}{a} - \frac{a}{2} \cdot \frac{v_0^2}{a^2} = \frac{v_0^2}{2a} .$$

Der Bremsweg beträgt 82,3 m.

Die Aufgabe kann auch ohne Anwendung der Differentialrechnung gelöst werden.

### Kontrollfragen

8.6 Wie ist das Differential definiert?

8.7 Wie kann das Differential am Graph der Funktion gedeutet werden?

8.8 Welcher Unterschied und welche Beziehung besteht zwischen $\mathrm{d}y$ und $\Delta y$?

**Aufgaben: 8.12 bis 8.14**

## 8.1.6 Weitere Grundregeln der Differentialrechnung

### 8.1.6.1 Ableitung eines Produktes von Funktionen

Es ist die Ableitung des Produktes $y = f(x) = u(x) \cdot v(x)$ der differenzierbaren Funktionen $u(x)$ und $v(x)$ zu bilden. Der Differenzenquotient ist:

$$y' = \lim_{\Delta x \to 0} \frac{\Delta y}{\Delta x} = \lim_{\Delta x \to 0} \frac{u(x + \Delta x) \cdot v(x + \Delta x) - u(x) \cdot v(x)}{\Delta x} .$$

Der rechts stehende Bruch muß so umgeformt werden, daß die Differenzenquotienten von $u(x)$ und $v(x)$ auftreten. Dazu muß im Zähler der Term $u(x)\,v(x+\Delta x)$ gleichzeitig addiert und subtrahiert werden.

$$y' = \lim_{\Delta x \to 0} \frac{u(x+\Delta x)\,v(x+\Delta x) - u(x)\,v(x+\Delta x) + u(x)\,v(x+\Delta x) - u(x)\,v(x)}{\Delta x}$$

$$= \lim_{\Delta x \to 0} \frac{u(x+\Delta x) - u(x)}{\Delta x} \cdot v(x+\Delta x) + u(x) \cdot \lim_{\Delta x \to 0} \frac{v(x+\Delta x) - v(x)}{\Delta x}$$

$$= u'(x) \cdot v(x) + u(x) \cdot v'(x)\,,$$

oder kurz

$$\boxed{(u \cdot v)' = u' \cdot v + u \cdot v'} \tag{8.12}$$

Die erhaltene Differentiationsregel nennt man **Produktregel**. Die Produktregel gilt auch für mehr als zwei Faktoren. Für drei bzw. $n$ Faktoren folgt

$$(u \cdot v \cdot w)' = u'\,v\,w + u\,v'\,w + u\,v\,w'\,,$$

$$(u_1 \cdot u_2 \cdot \ldots \cdot u_n)' = u_1'\,u_2 \ldots u_n + u_1\,u_2' \ldots u_n + \ldots + u_1\,u_2 \ldots u_n'\,.$$

**Beispiel**

8.12 Die Funktion $y = f(x) = (x+3)\,(3x-1)$ ist nach der Produktregel zu differenzieren.

*Lösung:*

$u(x) = x + 3\,, \qquad u'(x) = 1\,,$

$v(x) = 3x - 1\,, \qquad v'(x) = 3\,.$

Nach Gl. (8.12) folgt

$y' = f'(x) = 1 \cdot (3x-1) + (x+3) \cdot 3\,,$

$y' = 6x + 8\,.$

Die Aufgabe kann auch ohne Anwendung der Produktregel gelöst werden.

### 8.1.6.2 Ableitung eines Quotienten zweier Funktionen

Für die Ableitung des Quotienten $y = f(x) = \dfrac{u(x)}{v(x)}$, $v(x) \neq 0$ der differenzierbaren Funktion $u(x)$ und $v(x)$ läßt sich gleichfalls eine Regel finden. Auf die Herleitung soll an dieser Stelle verzichtet werden. Die **Quotientenregel** hat die Form

$$f'(x) = \left(\frac{u(x)}{v(x)}\right)' = \frac{u'(x) \cdot v(x) - u(x) \cdot v'(x)}{v(x)^2}\,,$$

in abgekürzter Schreibweise

$$\boxed{\left(\frac{u}{v}\right)' = \frac{u'v - uv'}{v^2}} \tag{8.13}$$

**Beispiele**

8.13 $y = \dfrac{2x-1}{x^2+5}$. Es ist $y'$ zu berechnen.

*Lösung:*
Es ist

$$u(x) = 2x - 1, \qquad u'(x) = 2,$$
$$v(x) = x^2 + 5, \qquad v'(x) = 2x.$$

Nach Gl. (8.13) folgt

$$y' = \frac{2(x^2+5) - (2x-1)\,2x}{(x^2-5)^2}, \quad y' = \frac{-2x^2+2x+10}{(x^2-5)^2}.$$

8.14 Unter welchen Winkeln schneidet die Funktion $y = f(x) = \dfrac{x^2-4}{x^2+4}$ die $x$-Achse?

*Lösung:*
Aus der Gleichung $0 = \dfrac{x^2-4}{x^2+4}$ ergeben sich folgende Schnittstellen mit der $x$-Achse: $x_1 = 2$, $x_2 = -2$. Zur Ermittlung der Schnittwinkel an diesen Stellen ist die Ableitung der Funktion zu bilden.

$$y' = \frac{2x(x^2+4) - (x^2-4)\,2x}{(x^2+4)^2} = \frac{16x}{(x^2+4)^2}$$

Aus der Beziehung

$$y' = \tan\alpha = \frac{16x}{(x^2+4)^2}$$

folgt für $x_1 = 2$ und $x_2 = -2$

$$y'(2) = \tan\alpha_1 = \frac{1}{2}, \qquad \alpha_1 = 26{,}57°; \quad \text{bzw.}$$

$$y'(-2) = \tan\alpha_2 = -\frac{1}{2}, \qquad \alpha_2 = -26{,}57°, \quad \text{oder} \quad \alpha_2 = 180° - 26{,}57° = 153{,}43°.$$

Die gegebene Funktion schneidet die $x$-Achse unter den Winkeln $\alpha_1 = 26{,}57°$ und $\alpha_2 = -26{,}57°$.

### 8.1.6.3 Ableitung der mittelbaren Funktion

Die Funktion $y = f(x) = \sqrt{2x-1}$ kann mit den bisher erarbeiteten Regeln nicht differenziert werden, da $y = f(x)$ eine mittelbare Funktion ist. Mittelbare Funktionen entstehen, wenn man Funktionen verkettet (zusammensetzt).
Die Funktion $y = \sqrt{2x-1}$ ist die Verkettung der Funktion $z = g(x) = 2x - 1$ mit der Funktion $y = f(z) = \sqrt{z}$. Man nennt $g(x)$ die **innere** und $y = f(z)$ die **äußere Funktion**.
Die allgemeine Schreibweise von mittelbaren Funktionen ist

$$y = f[g(x)].$$

Die Funktion $y = f(x) = \sqrt{2x-1}$ soll nun differenziert werden. Durch die **Substitution** $z = g(x) = 2x - 1$ geht die betrachtete Funktion über in

$$y = f(z) = \sqrt{z}.$$

$y$ erscheint als Funktion von $z$, wobei $z$ selbst wieder eine Funktion von $x$ ist. Verkettet man beide Funktionen, so entsteht

$$y = f[g(x)] = \sqrt{2x-1}\,.$$

Um die Ableitung $y' = \frac{dy}{dx}$ zu erhalten, müssen zunächst die Ableitungen $\frac{dy}{dz}$ und $\frac{dz}{dx}$ gebildet werden. Voraussetzung ist, daß die Ableitungen der Funktionen $y = f(z)$ und $z = g(x)$ existieren. Die Ableitung $\frac{dy}{dx}$ ergibt sich dann aus dem Produkt der Ableitungen $\frac{dy}{dz}$ und $\frac{dz}{dx}$.

Es ist also

$$\boxed{\frac{dy}{dx} = \frac{dy}{dz} \cdot \frac{dz}{dx}} \tag{8.14}$$

oder in anderer Schreibweise

$$\boxed{\{f[g(x)]\}' = f'[g(x)]\,g'(x)}\,. \tag{8.15}$$

Die erhaltene Differentiationsregel nennt man **Kettenregel**. Eine mittelbare Funktion wird also differenziert, indem man die Ableitung der äußeren Funktion mit der Ableitung der inneren Funktion multipliziert.

Wendet man die Kettenregel auf die Funktion $y = f[g(x)] = \sqrt{2x-1}$ an, so folgt

$$y = f(z) = \sqrt{z}\,, \qquad \frac{dy}{dz} = \frac{1}{2\sqrt{z}}\,,$$

$$z = g(x) = 2x - 1\,, \qquad \frac{dz}{dx} = 2\,,$$

$$\frac{dy}{dx} = \frac{dy}{dz} \cdot \frac{dz}{dx} = \frac{1}{2\sqrt{z}} \cdot 2\,.$$

Für $z$ den Term $2x - 1$ wieder eingesetzt, ergibt

$$\frac{dy}{dx} = \frac{1}{2\sqrt{2x-1}} \cdot 2 = \frac{1}{\sqrt{2x-1}}\,.$$

**Beispiele**

8.15 Die Ableitung der Funktion $y = f(x) = (2x^2 + 3x + 1)^{10}$ ist zu ermitteln.

*Lösung:*

$y = f(z) = z^{10}$ ist die äußere und

$z = g(x) = 2x^2 + 3x + 1$ die innere Funktion.

Durch Differenzieren erhält man $\frac{dy}{dz} = 10z^9$ und $\frac{dz}{dx} = 4x + 3$.

Nach Gl. (8.14) folgt

$$y' = \frac{dy}{dx} = 10z^9(4x+3).$$

Für $z$ den Term $2x^2 + 3x + 1$ eingesetzt, ergibt

$$y' = \frac{dy}{dx} = 10(2x^2+3x+1)^9\,(4x+3).$$

8.16 Die Ableitung der Funktion $y = f(x) = x^2\sqrt{2x-3}$ ist zu ermitteln.
*Lösung:*
Zur Lösung der Aufgabe wird die Kettenregel in Verbindung mit der Produktregel angewandt.
Nach Gl. (8.12) folgt

$$u = x^2, \qquad u' = 2x, \qquad v = \sqrt{2x-3}.$$

Für $v'$ folgt nach Gl. (8.14) mit $z = 2x - 3$ als innere und $v = \sqrt{z}$ als äußere Funktion mit den Ableitungen

$$\frac{dz}{dx} = 2 \quad \text{und} \quad \frac{dv}{dz} = \frac{1}{2\sqrt{z}}$$

$$v' = \frac{2}{2\sqrt{2x-3}} = \frac{1}{\sqrt{2x-3}}.$$

Durch Anwenden der Produktregel Gl. (8.12) auf $y = f(x)$ erhält man

$$y' = 2x\sqrt{2x-3} + \frac{x^2}{\sqrt{2x-3}} = \frac{5x^2-6x}{\sqrt{2x-3}}.$$

### Kontrollfragen

8.9 Nach welchen Regeln wird ein Produkt bzw. Quotient zweier Funktionen differenziert?
8.10 Wie wird eine mittelbare Funktion differenziert?

### Aufgaben: 8.15 bis 8.18

## 8.1.7 Regeln für die Ableitung weiterer Funktionen

Ähnlich wie für die Ableitung der Potenzfunktion (vgl. 8.1.2) lassen sich durch das Bilden des Grenzwertes des Differenzenquotienten die Ableitungen weiterer Funktionen herleiten. Für einige ausgewählte Funktionen sind die Ableitungen in der folgenden Übersicht zusammengestellt:

1. $$(\sin x)' = \cos x \tag{8.16}$$

2. $$(\cos x)' = -\sin x \tag{8.17}$$

3. $$(\tan x)' = \frac{1}{\cos^2 x} = 1 + \tan^2 x, \qquad x \neq (2n+1)\cdot\frac{\pi}{2}; \qquad n \in Z \tag{8.18}$$

4. $$(\cot x)' = -\frac{1}{\sin^2 x} = -(1+\cot^2 x), \qquad x \neq n\pi; \qquad n \in Z \tag{8.19}$$

5. $$(\ln x)' = \frac{1}{x}, \qquad x > 0 \tag{8.20}$$

6. $(\log_a x)' = \frac{1}{\ln a} \cdot \frac{1}{x}, \qquad a > 0, \qquad a \neq 1, \qquad x > 0$ (8.21)

7. $(a^x)' = a^x \ln a, \qquad a > 0$ (8.22)

8. $(\mathrm{e}^x)' = \mathrm{e}^x$ (8.23)

9. $(\arcsin x)' = \frac{1}{\sqrt{1 - x^2}}, \qquad |x| < 1$ (8.24)

10. $(\arccos x)' = \frac{-1}{\sqrt{1 - x^2}}, \qquad |x| < 1$ (8.25)

11. $(\arctan x)' = \frac{1}{1 + x^2}$ (8.26)

12. $(\operatorname{arccot} x)' = -\frac{1}{1 + x^2}$ (8.27)

**Beispiele**

8.17 $y = x^2 \cdot \sin x$.

Nach der Produktregel folgt

$y' = 2x \sin x + x^2 \cos x,$

$y' = x(2 \sin x + x \cos x)$.

8.18 $z = f(s) = \tan^2(3s + 1)$.

Es liegt eine mittelbare Funktion vor:

$u(s) = 3s + 1, \qquad v(u) = \tan u, \qquad z(v) = v^2.$

$\frac{\mathrm{d}u}{\mathrm{d}s} = 3, \qquad \frac{\mathrm{d}v}{\mathrm{d}u} = \frac{1}{\cos^2 u}, \qquad \frac{\mathrm{d}z}{\mathrm{d}v} = 2v,$

$\frac{\mathrm{d}z}{\mathrm{d}s} = \frac{3 \cdot 2\tan(3s + 1)}{\cos^2(3s + 1)},$

$z' = 6\,\frac{\tan(3s + 1)}{\cos^2(3s + 1)}.$

8.19 $y = \ln(2x + 1)$.

Es liegt eine mittelbare Funktion vor:

$z(x) = 2x + 1, \qquad y(z) = \ln z,$

$\frac{\mathrm{d}z}{\mathrm{d}x} = 2, \qquad \frac{\mathrm{d}y}{\mathrm{d}z} = \frac{1}{z},$

$y' = \frac{2}{2x + 1}.$

8.20 $y = \ln \frac{x + 1}{3x - 1} = \ln(x + 1) - \ln(3x - 1)$.

Auf beide Terme ist die Kettenregel anzuwenden.

$y' = \frac{1}{x + 1} - \frac{3}{3x - 1} = \frac{-4}{(x + 1)(3x - 1)}$

8.21 $y = 2x \ln x$.

Nach der Produktregel folgt

$$y' = 2\ln x + \frac{2x}{x} = 2\ln x + 2\,, \qquad y' = 2(\ln x + 1)\,.$$

8.22 $y = \mathrm{e}^{3x-2}$.

Nach der Kettenregel folgt

$$z(x) = 3x - 2\,, \qquad y(z) = \mathrm{e}^{z}\,,$$

$$\frac{\mathrm{d}z}{\mathrm{d}x} = 3\,, \qquad \frac{\mathrm{d}y}{\mathrm{d}z} = \mathrm{e}^{z}\,,$$

$$y' = 3\mathrm{e}^{3x-2}\,.$$

8.23 $y = \sin x \cdot \mathrm{e}^{1-x}$.

Nach der Produkt- und Kettenregel folgt

$$y' = \cos x(\mathrm{e}^{1-x}) + \sin x(-\mathrm{e}^{1-x})\,,$$

$$y' = \mathrm{e}^{1-x}(\cos x - \sin x)\,.$$

**Aufgaben: 8.19 bis 8.21**

## 8.1.8 Höhere Ableitungen

Ist $y = f(x)$ eine Funktion von $x$, so ist auch ihre Ableitung $f'(x)$ selbst wieder eine Funktion von $x$. Die Ableitungsfunktion $f'(x)$ kann dann wiederum differenziert werden. Voraussetzung ist, daß $f'(x)$ eine differenzierbare Funktion ist. Die neue Ableitung heißt **zweite Ableitung** der Funktion $y = f(x)$. Diese Funktion bezeichnet man durch

$$y'' = f''(x) = \frac{\mathrm{d}^2 y}{\mathrm{d}x^2}$$

(gelesen: »d zwei $y$ nach d$x$ Quadrat«).

Da auch die zweite Ableitung wieder eine Funktion von $x$ ist, kann die dritte Ableitung von $f(x)$ $f'''(x)$ gebildet werden usw.

Für die weiteren höheren Ableitungen wird

$$y''' = \frac{\mathrm{d}^3 y}{\mathrm{d}x^3}\,; \qquad y^{(4)} = \frac{\mathrm{d}^4 y}{\mathrm{d}x^4}\,; \qquad \ldots\,; \qquad y^{(n)} = \frac{\mathrm{d}^n y}{\mathrm{d}x^n}$$

geschrieben.

**Beispiele**

8.24 Von der Funktion $y = 3x^3 + 2x^2 + 5x - 1$ ist die dritte Ableitung zu bilden.

*Lösung:*

$$y' = 9x^2 + 4x + 5\,; \qquad y'' = 18x + 4\,; \qquad y''' = 18\,.$$

8.25 Es sind die erste und zweite Ableitung der Funktion $y = x \ln x$ zu berechnen.

*Lösung:*

$$y' = \ln x + 1\,; \qquad y'' = \frac{1}{x}\,.$$

**Aufgabe: 8.22**

### 8.1.9 Geometrische Interpretation der ersten Ableitung

Der Verlauf der Kurve einer Funktion mußte bisher mittels einer Wertetabelle ermittelt werden. Die Differentialrechnung gibt die Möglichkeit, die Untersuchung von Funktionen zu vereinfachen. Die geometrische Bedeutung der ersten Ableitung soll an Hand der Funktion

$$y = f(x) = \frac{1}{3}x^3 - 3x^2 + 8x + 1$$

erklärt werden. Die erste Ableitung der Funktion ist

$$y' = x^2 - 6x + 8.$$

Betrachtet man den Verlauf der Kurve $y = f(x)$ (vgl. Bild 8.8), erkennt man, daß diese mit wachsenden $x$-Werten bis zum Punkt $H$ wächst. Der Anstiegswinkel $\alpha$ der Tangente liegt im Intervall $-\infty < x < x_H$ zwischen 0° und 90°, und es gilt $y' = f'(x) > 0$ (vgl. auch Bild 8.8). Vom Punkt $H$ bis zum Punkt $T$ fällt die Kurve. Der Anstiegswinkel $\alpha$ der Tangente liegt im Intervall $x_H < x < x_T$ zwischen $-90°$ und 0°, und es gilt $y' = f'(x) < 0$ (vgl. auch Bild 8.8). Im Intervall $x_T < x < \infty$ wächst die Kurve wieder, und es gilt $y' = f'(x) > 0$.
Das Vorzeichen der ersten Ableitung einer Funktion gibt somit Auskunft, ob die Kurve wächst oder fällt.

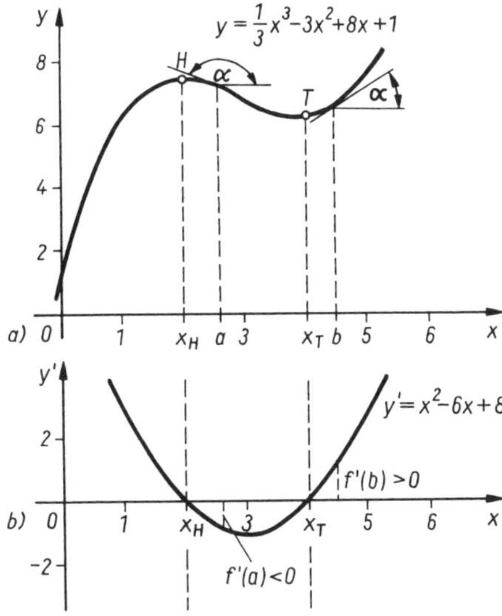


Bild 8.8

**Definition**

> Die Kurve einer im Intervall $I$ differenzierbaren Funktion $f$ wächst bzw. fällt monoton, wenn für alle $x$ aus diesem Intervall $I$ gilt $y' = f'(x) \geqq 0$ bzw. $y' = f'(x) \leqq 0$. Der zugehörige Kurvenbogen heißt **wachsender bzw. fallender Monotoniebogen.**

Werden naturwissenschaftliche, technische bzw. ökonomische Zusammenhänge durch Funktionen beschrieben, ist die Ermittlung von charakteristischen Punkten der zugehörigen Kurve oft von besonderem Interesse. Betrachtet man im Bild 8.9 den Punkt $H$, so erkennt man, daß seine Ordinate, d. h. der Funktionswert $f(x_H)$, größer ist als die Funktionswerte in der näheren Umgebung $U$ von $x_H$. (Eine Umgebung von $x_H$ ist ein offenes Intervall $U = (x_1; x_2)$, das $x_H$ enthält: $x_H \in U$, wobei die Breite des Intervalls $x_2 - x_1$ beliebig klein sein kann, vgl. 7.1). Die Funktion nimmt an der Stelle $x_H$ im Vergleich zu anderen Funktionswerten in der näheren Umgebung von $x_H$ einen Höchstwert an. Dieser Wert $f(x_H)$ wird **(relatives) Maximum** von $y = f(x)$ genannt. Entsprechend gilt für den Punkt $T$, daß seine Ordinate, d.h. der Funktionswert $f(x_T)$, kleiner ist als die Funktionswerte in der näheren Umgebung $U$ von $x_T$. Der Wert $f(x_T)$ heißt **(relatives) Minimum** von $y = f(x)$ (vgl. Bild 8.9).

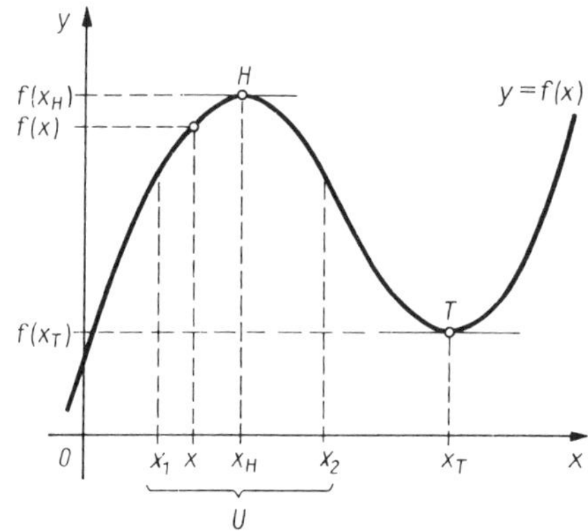


Bild 8.9

**Definition**

Die Funktion $f$ hat in $\begin{Bmatrix} x_H \\ x_T \end{Bmatrix}$ eine (relative) $\begin{Bmatrix} \text{Maximumstelle} \\ \text{Minimumstelle} \end{Bmatrix}$, wenn eine Umgebung $U = (x_1; x_2)$ von $\begin{Bmatrix} x_H \\ x_T \end{Bmatrix}$ existiert,

so daß für alle $x \in U$ $\begin{Bmatrix} f(x) \leqq f(x_H) \\ f(x) \geqq f(x_T) \end{Bmatrix}$ ist.

Der Funktionswert $\begin{Bmatrix} y_H = f(x_H) \\ y_T = f(x_T) \end{Bmatrix}$ heißt (relatives) $\begin{Bmatrix} \text{Maximum} \\ \text{Minimum} \end{Bmatrix}$ von $f$.

Minimum und Maximum werden auch unter dem Begriff Extremum zusammengefaßt. Die Punkte $H$ und $T$ sind (relative) Extrempunkte, speziell (relativer) Maximum- oder Hochpunkt $H$ bzw. (relativer) Minimum- oder Tiefpunkt $T$. Zu beachten ist, daß die Extremwerte nur in einem bestimmten Intervall Höchst- und Tiefstwerte sind.

Aus dem Bild 8.10 wird ersichtlich, daß der Funktionswert an der Stelle $x = c$ kleiner ist als der Funktionswert an der Stelle $x = g$, obwohl sich an der Stelle $x = c$ ein relatives Maximum befindet. An den Stellen $x = b$ und $x = d$ liegt ein relatives Minimum vor. Daraus folgt, daß Extremwerte nicht die absolut größten bzw. kleinsten Funktionswerte sind. Sie sind nur die größten bzw. kleinsten Werte einer Funktion bezüglich ihrer unmittelbaren Umgebung. Deshalb bezeichnet man sie auch als relative Extremwerte. Gilt für den gesamten Definitionsbereich $f(x_H) \geqq f(x)$ bzw. $f(x_T) \leqq f(x)$, so spricht man von einem **absoluten Maximum** oder **absoluten Minimum.** Da absolute Extremwerte hier nicht behandelt werden, wird der Zusatz »relativ« nachfolgend weggelassen.

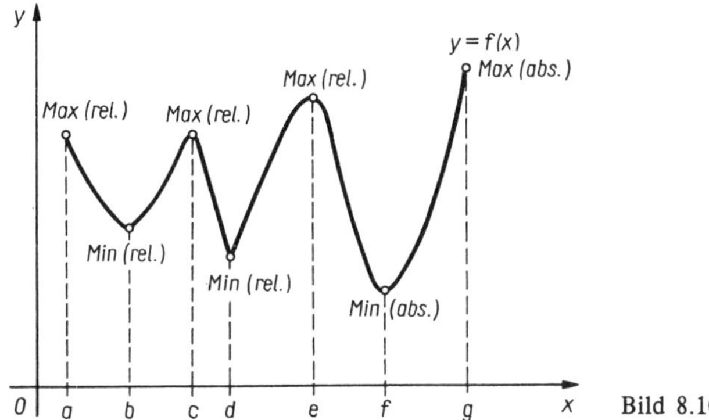

Bild 8.10

Betrachtet man im Bild 8.10 alle die Punkte der Kurve, die den Extrema der Funktion $f$ entsprechen und keine Randpunkte des Definitionsbereichs sind, so haben sie eine charakteristische Eigenschaft: Wenn die Tangente an den Graphen existiert, so verläuft sie parallel zur $x$-Achse, d.h., daß die Ableitung von $f$ an den Extremstellen gleich 0 ist. Allgemein gilt folgender Satz:

**Satz**

> Wenn eine Funktion $f$ in $x = x_E$ eine Extremstelle hat und $f$ in einer Umgebung $U$ von $x_E$ differenzierbar ist, so gilt $f'(x_E) = 0$.

Die Bedingung $f'(x_E) = 0$ ist eine notwendige Bedingung für das Vorhandensein eines Extremwertes von $f$ an der Stelle $x = x_E$. Nur die Lösungen der Gleichung $f'(x_E) = 0$ können Extremstellen der Funktion $f$ sein. Darunter können aber auch Lösungen sein, die keine Extremstellen von $f$ sind.

**Beispiel**

8.26 $y = (x-1)^3 + 1$.
Es ist $y' = 3(x-1)^2$.
Die Gleichung $3(x-1)^2 = 0$ liefert die Lösung $x_0 = 1$. Die Funktion $f$ hat dennoch an der Stelle $x_0 = 1$ kein Extremum. In jeder Umgebung $U$ von $x = 1$ gibt es sowohl Funktionswerte, die kleiner als $f(1)$, als auch größer als $f(1)$ sind (Bild 8.11).

Zur Bestimmung der Extrema einer Funktion muß deshalb ein ergänzendes Kriterium gefunden werden, das es gestattet, die tatsächlichen Extrema einer Funktion auszusondern. Aus den Bildern 8.8 und 8.9 erkennt man, daß in den Extrema jeweils die Funktion $f$ ihr

Monotonieverhalten ändert. Diese Eigenschaft besitzt die im Bild 8.11 dargestellte Funktion $f$ nicht. Sie hat deshalb in $f(1)$ kein Extremum. Allgemein läßt sich für den Wechsel des Monotonieverhaltens einer Funktion $f$ an den Stellen ihrer Extrema folgender Satz formulieren (hinreichende Bedingung für Extrema).

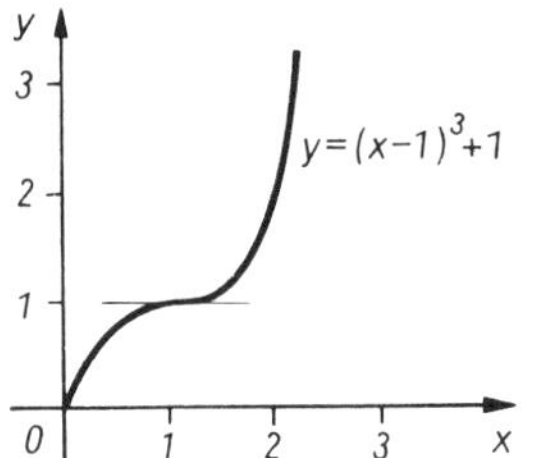


Bild 8.11

**Satz**

Eine im Intervall $I$ differenzierbare Funktion $y = f(x)$ hat in $x = x_E$ ein Extremum, wenn ein beliebig kleines Intervall $x_E - a < x < x_E + a$, $a > 0$, existiert, indem die Ableitung $f'(x)$ ihr Vorzeichen wechselt. Dabei handelt es sich um ein Maximum, wenn

$$f'(x) \begin{cases} = 0 & \text{für} \quad x = x_E, \\ > 0 & \text{für alle} \quad x \in (x_E - a;\ x_E) \\ < 0 & \text{für alle} \quad x \in (x_E;\ x_E + a), \end{cases}$$

und um ein Minimum, wenn

$$f'(x) \begin{cases} = 0 & \text{für} \quad x = x_E, \\ < 0 & \text{für alle} \quad x \in (x_E - a;\ x_E) \\ > 0 & \text{für alle} \quad x \in (x_E;\ x_E + a) \quad \text{ist.} \end{cases}$$

Wechselt das Vorzeichen von $f'(x)$ nicht im Intervall $x_E - a < x < x_E + a$, das heißt, gilt für dieses Intervall nur $f'(x) \geqq 0$ oder $f'(x) \leqq 0$, so hat $f$ in $x_E$ kein Extremum.

Zusammengefaßt sind folgende Schritte bei der Ermittlung von Extrema differenzierbarer Funktionen zu beachten.

(1) Ermittlung der 1. Ableitung der Funktion,

(2) Berechnung der Nullstellen der 1. Ableitung von $f$ ($f'(x) = 0$),

(3) Überprüfung des Vorzeichenverhaltens der ersten Ableitung von $f$ in der Umgebung der ermittelten Nullstellen.

## Kontrollfragen

8.11 Wann wächst bzw. fällt eine im Intervall $I$ differenzierbare Funktion?

8.12 Wie verhält sich die Kurve einer Funktion in der Umgebung einer Extremstelle?

8.13 Welcher Unterschied besteht zwischen einem relativen und einem absoluten Maximum?

8.14 Geben Sie die notwendige und hinreichende Bedingung für die Existenz des Extremwertes einer Funktion $y = f(x)$ an!

### 8.1.10 Kurvendiskussion

In den Naturwissenschaften, in der Technik und in der Ökonomie werden viele Zusammenhänge mit Funktionen beschrieben. Eine in der Praxis häufige Aufgabenstellung ist, sich für eine gegebene Funktion schnell einen Überblick über den Verlauf der Kurve der Funktion zu verschaffen. Eine Wertetabelle ist dazu nicht immer geeignet, da solche charakteristischen Punkte der Kurve, wie z.B. die Extrempunkte, im allgemeinen nicht erfaßt werden. Mit Hilfe der Differentialrechnung kann man meist recht schnell die charakteristischen Punkte und Eigenschaften der Kurve der Funktion erfassen und sie im Koordinatensystem darstellen. Die Untersuchungen zur Gewinnung des Bildes einer Funktion nennt man **Kurvendiskussion.**

Zweckmäßig werden dabei folgende wichtige Punkte und Eigenschaften einer Kurve untersucht:

1. Nullstellen,
2. Unstetigkeitsstellen,
3. Definitionsbereich,
4. Schnittpunkt mit der $y$-Achse,
5. Extrempunkte und Art der Extremwerte,
6. Verhalten der Funktion im Unendlichen,
7. Asymptoten bei gebrochenrationalen Funktionen,
8. Skizze der Funktion,
9. Wertebereich.

*1. Nullstellen*

Nullstellen der Funktion $y = f(x)$ sind die reellen Lösungen der Gleichung $y = f(x) = 0$. Nullstellen gebrochenrationaler Funktionen erhält man als Nullstellen des Zählers, für die nicht gleichzeitig der Nenner Null wird.

*2. Unstetigkeitsstellen*

Ist die graphische Darstellung einer Funktion an einer Stelle unterbrochen, so heißt die Stelle Unstetigkeitsstelle. Dort existiert entweder kein Funktionswert oder kein Grenzwert, oder es sind beide vorhanden, aber einander nicht gleich. **Unendlichkeitsstellen** oder **Pole** gebrochenrationaler Funktionen gehören zu den Unstetigkeitsstellen. Sie erhält man als Nullstellen des Nenners, für die nicht gleichzeitig der Zähler Null wird. Liegt an der Stelle $x = x_p$ eine Polstelle vor, stellt die Gerade $x = x_p$ eine Asymptote (Näherungslinie) der Kurve der Funktion dar.

Wird bei gebrochenrationalen Funktionen an einer Stelle $x = x_L$ sowohl der Zähler als auch der Nenner gleich Null, ergibt sich der unbestimmte Ausdruck $y = \frac{0}{0}$. Eine solche Stelle wird **Lücke** der Funktion genannt. Der fehlende Funktionswert kann dann durch den Grenzwert der Funktion an dieser Stelle ergänzt werden (vgl. 7.2.1).

*3. Definitionsbereich*

Wenn keine einschränkenden Bedingungen bez. des Definitionsbereiches vorliegen (z.B. bei Wurzelfunktionen), soll er allgemein der Bereich der reellen Zahlen $R$ sein. Unstetigkeitsstellen gehören nicht zum Definitionsbereich.

*4. Schnittpunkt mit der y-Achse*
Aus der Bedingung $x = 0$ ergibt sich der Schnittpunkt mit der $y$-Achse.

*5. Extrempunkte und Art der Extremwerte*
Ist $x = x_E$ eine Lösung der Gleichung $y' = 0$, so hat die Funktion an der Stelle $x_E$ ein Maximum,

wenn $f'(x) > 0$ für alle $x \in (x_E - a;\, x_E)$,
und $f'(x) < 0$ für alle $x \in (x_E;\, x_E + a)$.

Ein Minimum liegt vor,

wenn $f'(x) < 0$ für alle $x \in (x_E - a;\, x_E)$,
und $f'(x) > 0$ für alle $x \in (x_E;\, x_E - a)$.

Wechselt das Vorzeichen von $f'(x)$ dagegen nicht, so hat $f$ in $x_E$ kein Extremum.

*6. Verhalten der Funktion im Unendlichen*
Das Verhalten der Funktion im Unendlichen wird durch die Grenzwertbildung $\lim\limits_{x \to \pm\infty} f(x)$ untersucht (vgl. 7.2.2).

*7. Asymptoten bei gebrochenrationalen Funktionen*
Jede echt gebrochenrationale Funktion hat die $x$-Achse zur Asymptote. Eine unecht gebrochenrationale Funktion $y = f(x)$ kann durch Partialdivision in eine ganzrationale $g(x)$ und eine echt gebrochenrationale Funktion $h(x)$ zerlegt werden, so daß $y = f(x) = g(x) + h(x)$ ist. Für $x \to \pm\infty$ strebt $h(x)$ gegen Null, und die Kurve von $f(x)$ nähert sich asymptotisch der Kurve von $g(x)$. $g(x)$ wird **Grenzkurve** genannt. Wenn sie linear ist, heißt sie auch **Asymptote.**

*8. Skizze der Funktion*
Die berechneten Punkte werden in ein Koordinatensystem gezeichnet. Asymptoten erscheinen als Hilfslinien. Falls erforderlich, muß zusätzlich eine Wertetabelle aufgestellt werden.

*9. Wertebereich*
Der Wertebereich $y$ wird zweckmäßigerweise unter Berücksichtigung des Bildes der Funktion ermittelt.

**Beispiele**

8.27 Die Funktion $y = x^3 - 3x^2 - x + 3$ ist zu diskutieren.
*Lösung:*
1. Nullstellen: Nach dem Schema von HORNER folgt:

| | 1 | −3 | −1 | 3 |
|---|---|---|---|---|
| | | 1 | −2 | −3 |
| 1 | 1 | −2 | −3 | 0 |

$x^2 - 2x - 3 = 0, \quad x_1 = 1, \quad x_2 = -1, \quad x_3 = 3$

2. Unstetigkeitsstellen: Unstetigkeitsstellen gibt es bei ganzrationalen Funktionen nicht.
3. Definitionsbereich: $x \in R$.
4. Schnittpunkt mit der $y$-Achse: Aus der Bedingung $x = 0$ folgt $y = 3$.
5. Extrempunkte und Art der Extremwerte:
   Es ist $y' = 3x^2 - 6x - 1$.
   Aus $y' = 3x^2 - 6x - 1 = 0$ folgt $x_4 \approx 2{,}15$, $x_5 \approx -0{,}15$.
   Die Funktionsgleichung liefert die zugehörigen $y$-Werte $y_4 \approx -3{,}08$, $y_5 \approx 3{,}08$. Die Überprüfung des Vorzeichenverhaltens der ersten Ableitung von $f$ in der Umgebung von $x_4 (x = x_4 \pm 0{,}35)$ bzw. $x_5$ ergibt:

| $x$ | 1,8 | 2,15 | 2,5 |
|---|---|---|---|
| $y'$ | −2,08 | 0 | 2,75 |
| Vorzeichen von $y'$ | − | | + |

| $x$ | −0,5 | −0,15 | 0,2 |
|---|---|---|---|
| $y'$ | 2,75 | 0 | −2,08 |
| Vorzeichen von $y'$ | + | | − |

   Wegen $f'(1{,}8) < 0$ und $f'(2{,}5) > 0$ ist $x_4$ Minimumstelle, und entsprechend ist $x_5$ Maximumstelle. Die Extrempunkte sind $T(2{,}15; -3{,}08)$, $H(-0{,}15; 3{,}08)$.
6. Verhalten der Funktion im Unendlichen:

$$\lim_{x \to \pm\infty} (x^3 - 3x^2 - x + 3) = \pm\infty.$$

7. Asymptoten:
   Es liegen keine Asymptoten vor.
8. Skizze: Das Koordinatensystem wird mit geeigneten Teilungen auf den Achsen gezeichnet, die errechneten Punkte werden eingetragen, und der Kurvenverlauf wird skizziert (s. Bild 8.12).
9. Wertebereich: $W = (-\infty; \infty) = R$.

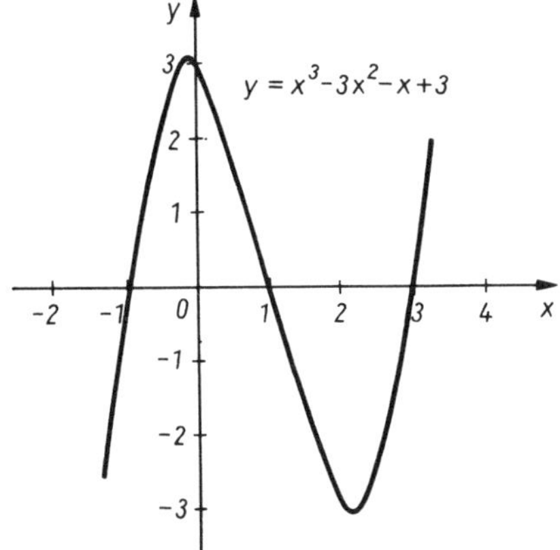


Bild 8.12

8.28 Die Funktion $y = \dfrac{x^2 - 5}{3 - x}$ ist zu diskutieren.

*Lösung:*

1. Nullstellen: Aus $x^2 - 5 = 0$ folgt

$$x_1 = \sqrt{5} \approx 2{,}24, \quad x_2 = -\sqrt{5} \approx -2{,}24.$$

   Da der Nenner an diesen Stellen ungleich Null ist, sind $x_1$ und $x_2$ die Nullstellen der Funktion.
2. Unstetigkeitsstellen: Aus $3 - x = 0$ folgt die Polstelle $x_3 = 3$, denn der Zähler ist ungleich Null für $x = x_3$.
3. Definitionsbereich: $x \in R \setminus \{3\}$.

4. Schnittpunkt mit der $y$-Achse: Aus der Bedingung $x = 0$ folgt $y = -\frac{5}{3} \approx -1{,}67$.
5. Extrempunkte und Art der Extremwerte: Es ist $y' = \frac{-x^2 + 6x - 5}{(3-x)^2}$. Aus $y' = 0$ folgt $-x^2 + 6x - 5 = 0$ und damit $x_4 = 5$, $x_5 = 1$. Die zugehörigen Funktionswerte sind $y(5) = -10$ und $y(1) = -2$. Die Überprüfung des Vorzeichenverhaltens der ersten Ableitung von $f$ in der Umgebung von $x_4$ und $x_5$ ergibt:

| $x$ | 0,5 | 1 | 1,5 |
|---|---|---|---|
| $y'$ | −0,36 | 0 | 0,78 |
| Vorzeichen von $y'$ | − | | + |

| $x$ | 4,5 | 5 | 5,5 |
|---|---|---|---|
| $y'$ | 0,78 | 0 | −0,36 |
| Vorzeichen von $y'$ | + | | − |

Wegen $f'(0{,}5) < 0$ und $f'(1{,}5) > 0$ ist $x_5$ Minimumstelle, wegen $f'(4{,}5) > 0$ und $f'(5{,}5) < 0$ ist $x_4$ Maximumstelle: Extrempunkte sind $T(1;\, -2)$, $H(5;\, -10)$.
6. Verhalten der Funktion im Unendlichen:

$$\lim_{x \to \pm\infty} \frac{x^2 - 5}{3 - x} = \lim_{x \to \pm\infty} \frac{x\left(x - \frac{5}{x}\right)}{x\left(\frac{3}{x} - 1\right)} = \lim_{x \to \pm\infty} \frac{x - \frac{5}{x}}{\frac{3}{x} - 1} = \mp\infty.$$

7. Asymptoten: Mit Hilfe der Partialdivision folgt

$$y = (x^2 - 5) : (-x + 3) = -x - 3 + \frac{4}{-x + 3}$$

$y_A = -x - 3$ ist die Asymptote der Funktion.
8. Skizze: Mit den errechneten Punkten kann das Bild der Funktion annähernd gezeichnet werden (vgl. Bild 8.13).
9. Wertebereich: $W = (-\infty;\, -10] \cup [-2;\, \infty)$.

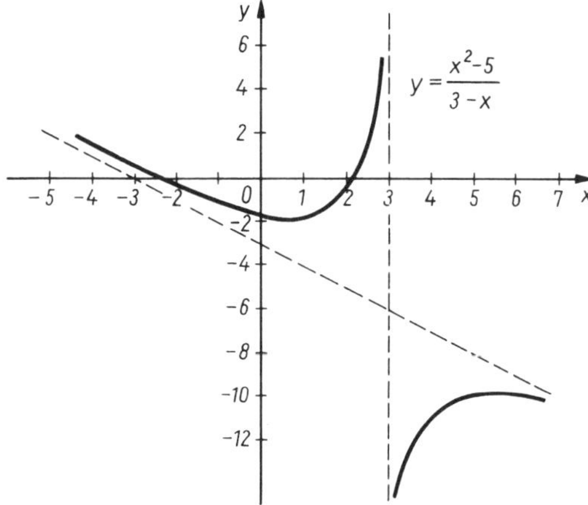


Bild 8.13

8.29 Die Funktion $y = e^{-x^2}$ ist zu diskutieren.

*Lösung:*

1. Nullstellen: Die Funktion besitzt keine Nullstellen (denn Potenzwerte mit der Basis $e \approx 2{,}7$ sind stets positiv).
2. Unstetigkeitsstellen: Unstetigkeitsstellen gibt es nicht.
3. Definitionsbereich: $x \in R$.
4. Schnittpunkt mit der $y$-Achse: Aus der Bedingung $x = 0$ folgt $y = 1$.

5. Extrempunkte und Art der Extremwerte: Es ist

$y' = -2x\,\mathrm{e}^{-x^2}$.

Aus $y' = -2x\,\mathrm{e}^{-x^2}$ folgt $x_1 = 0$.

Der zugehörige $y$-Wert ist $y_1 = 1$. Die Überprüfung des Vorzeichenverhaltens der ersten Ableitung von $f$ in der Umgebung von $x_1$ ergibt

| $x$ | $-0{,}5$ | $0$ | $0{,}5$ |
|---|---|---|---|
| $y'$ | $0{,}78$ | $0$ | $-0{,}78$ |
| Vorzeichen von $y'$ | $+$ | | $-$ |

Daraus folgt, daß $x_1$ Maximumstelle ist und als Extrempunkt ein Hochpunkt vorliegt: $H(0; 1)$.

6. Verhalten der Funktion im Unendlichen:

$\lim\limits_{x \to \pm\infty} \mathrm{e}^{-x^2} = 0$.

7. Asymptoten:
   Die $x$-Achse ist Asymptote (vgl. 6.).
8. Skizze: Siehe Bild 8.14.
9. Wertebereich: $W = (0; 1]$.

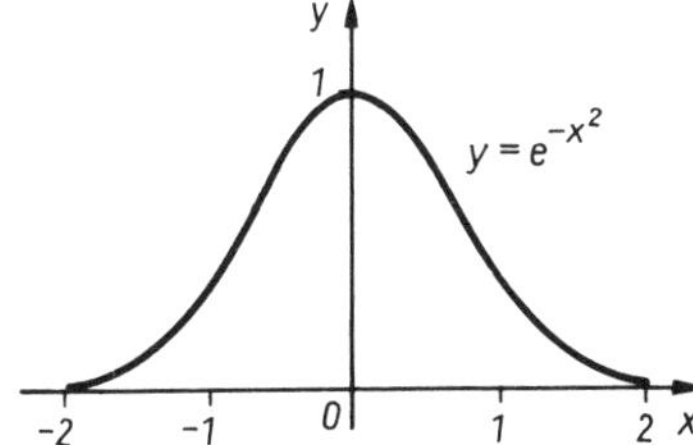


Bild 8.14

## Kontrollfrage

8.15 Welche Punkte und Eigenschaften der Kurve werden bei einer Kurvendiskussion am zweckmäßigsten untersucht?

**Aufgabe: 8.23**

### 8.1.11 Extremwertaufgaben

In der Naturwissenschaft, Technik und Ökonomie gibt es Probleme, bei denen ein Optimum (Maximum oder Minimum) einer Größe unter Berücksichtigung bestimmter Vorgaben gesucht ist. Die Optimalwerte, wie z. B. minimaler Verschleiß, Materialaufwand, minimale Kosten, maximale Leistungen, Volumen usw., sind dann die Extrema der Funktion, die den betreffenden Sachverhalt charakterisieren. Wenn die Funktion nichtlinear ist, läßt sich eine solche Extremwertaufgabe mit Hilfe der Differentialrechnung lösen.

**Beispiel**

8.30 Ein unterirdischer Kanal zur Aufnahme von Abwässern hat einen rechteckigen Querschnitt. Der Umfang soll 5 m betragen. Welche Abmessungen sind zu wählen, damit die Querschnittsfläche möglichst groß wird?

*Lösung:*

Es muß die Funktion ermittelt werden, die die Querschnittsfläche des Kanals in Abhängigkeit von der Tiefe $x$ und der Breite $y$ ausdrückt. Die Querschnittsfläche $A$ muß ein Maximum werden (vgl. Bild 8.15). Es gilt:

$$A = f(x; y) = x \cdot y \rightarrow \text{Maximum}. \tag{I}$$

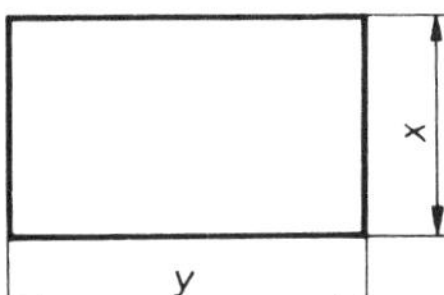


Bild 8.15

Die Variablen sind $x$ und $y$, von denen $A$ abhängig ist. Die Funktion (I) kann noch nicht differenziert werden, da zwei unabhängige Variablen vorliegen. Durch die Berücksichtigung der Nebenbedingung $u = 5$ m kann $y$ durch $x$ und $u$ bzw. $x$ durch $y$ und $u$ ausgedrückt werden. Es ist

$u = 2(y + x) = 5$ m und damit

$$x = \frac{u}{2} - y \quad \text{bzw.} \tag{II}$$

$$y = \frac{u}{2} - x.$$

Setzt man (II) in (I) ein, erhält man eine Funktion mit einer unabhängigen Variablen:

$$A = f(y) = y\left(\frac{u}{2} - y\right) = \frac{uy}{2} - y^2, \quad y > 0.$$

Zur Ermittlung der Extremwerte wird die erste Ableitung gebildet:

$$\frac{dA}{dy} = \frac{u}{2} - 2y.$$

Aus $\dfrac{dA}{dy} = \dfrac{u}{2} - 2y = 0$

folgt $y_E = \dfrac{u}{4}$.

Mit $u = 5$ m ergibt sich die Lösung $y_E = 1{,}25$ m. Die Überprüfung des Vorzeichenverhaltens der ersten Ableitung von $A(y)$ in der Umgebung von $y_E$ ergibt:

| $y$ | 1 | 1,25 | 1,5 |
|---|---|---|---|
| $A'$ | + | 0 | − |

Wegen $A'(1) > 0$ und $A'(1{,}5) < 0$ liegt an der Stelle $y_E = 1{,}25$ m ein Maximum vor. Aus (II) kann die Tiefe des Kanals $x_E = 1{,}25$ m berechnet werden. Die größte Querschnittsfläche des Kanals ergibt sich für die Abmessungen $y_E = 1{,}25$ m und $x_E = 1{,}25$ m, d.h., der Querschnitt ist quadratisch.

Zusammengefaßt ergeben sich zur **Lösung einer Extremwertaufgabe** folgende Schritte:

1. Analyse der Problemstellung. Welche Größen sind gegeben bzw. gesucht? Welche Größe soll ein Extremum annehmen? Wenn möglich, ist vom Sachverhalt eine Skizze anzufertigen.

2. Aufstellen der Funktionsgleichung für die Größe, die ein Extremwert werden soll. Diese Funktion heißt **Zielfunktion.**
3. Treten in der Funktionsgleichung zwei oder mehrere unabhängige Variablen auf, so muß unter Verwendung der in der Aufgabe gegebenen **Nebenbedingungen** die Zahl der unabhängigen Variablen bis auf eine reduziert werden. Dies erfolgt dadurch, daß man sie durch diese eine Variable und die konstanten Größen ausdrückt. Es entsteht eine Funktionsgleichung der Form $y = f(x)$, deren Definitionsbereich zu ermitteln ist.
4. Die Funktionsgleichung wird auf das Vorhandensein von Extremwerten untersucht. Praktisch bedeutungslose Ergebnisse werden ausgeschlossen (Beachtung des Definitionsbereichs).
5. Alle zu ermittelnden Größen werden dann mit dem errechneten Wert bestimmt.
6. Treten scheinbar mehrere brauchbare Lösungen auf, muß das Vorzeichenverhalten der ersten Ableitung von $f$ in der Umgebung der Extremwerte zur Entscheidung über die Art der Extremwerte herangezogen werden.
7. Formulieren des Ergebnisses (Antwortsatz).

**Beispiel**

8.31 Ein oben offenes Sammelbecken (Bild 8.16) mit einem Volumen von 50 m³ soll mit möglichst geringem Materialaufwand hergestellt werden. Die Breite soll zur Länge im Verhältnis 2:3 stehen. Welche Innenabmessungen muß das Sammelbecken haben?

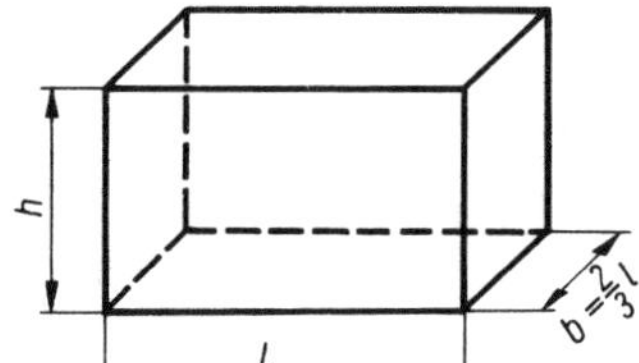


Bild 8.16

*Lösung:*
Die benötigte Materialmenge wird durch den Oberflächeninhalt $A_0$ bestimmt. Sie muß ein Minimum werden (vgl. Bild 8.16). Für den Oberflächeninhalt $A_0$ gilt, wenn $l$, $b$ und $h$ die Kantenlängen des Beckens sind

$$A_0 = f(l, b, h) = 2bh + 2lh + lb \rightarrow \text{Minimum}. \qquad \text{(I)}$$

$A_0$ hängt von $l$, $b$ und $h$ ab. Über Nebenbedingungen müssen zwei Variablen durch die dritte ausgedrückt werden.

Nebenbedingungen:

$b : l = 2 : 3$ und $V = lbh = 50\text{ m}^3$.

Die zweite Bedingung wird nach $h$ aufgelöst, $h = \frac{V}{lb}$, und in (I) eingesetzt.

$$A_0 = f(l, b) = 2b\frac{V}{lb} + 2l\frac{V}{lb} + lb$$

$$A_0 = f(l, b) = \frac{2V}{l} + \frac{2V}{b} + lb \qquad \text{(II)}$$

Die erste Bedingung nach $b$ umgestellt $\left(b = \frac{2}{3} l\right)$ und in (II) eingesetzt, ergibt

$$A_0 = f(l) = \frac{2V}{l} + \frac{3V}{l} + \frac{2}{3} l^2,$$

$$A_0 = f(l) = \frac{5V}{l} + \frac{2}{3} l^2.$$

Zur Ermittlung der Extremwerte wird die erste Ableitung gebildet.

$$A_0' = f'(l) = -\frac{5V}{l^2} + \frac{4}{3} l.$$

Aus $A_0' = 0$ folgt

$$-\frac{5V}{l^2} + \frac{4}{3} l = 0, \qquad l^3 = \frac{15}{4} V, \qquad l_E = \sqrt[3]{\frac{15}{4} V}.$$

Mit $V = 50\ \text{m}^3$ ergibt sich

$l_E \approx 5{,}72\ \text{m}$.

Die Überprüfung des Vorzeichenverhaltens der ersten Ableitung von $A_0(l)$ in der Umgebung von $l_E$ ergibt

| $l$ | 5,0 | 5,72 | 6,0 |
|---|---|---|---|
| $A_0'$ | − | 0 | + |

Wegen $A_0'(5{,}0) < 0$ und $A_0'(6{,}0) > 0$ liegt an dieser Stelle ein Minimum vor.

Aus der Beziehung $b = \frac{2}{3} l$ folgt $b \approx 3{,}82\ \text{m}$.

Aus $h = \frac{50\ \text{m}^3}{l \cdot b}$ ergibt sich $h \approx 2{,}29\ \text{m}$.

Der geringste Materialverbrauch entsteht, wenn man das Sammelbecken mit den Abmessungen $l \approx 5{,}72\ \text{m}$, $b \approx 3{,}82\ \text{m}$ und $h \approx 2{,}29\ \text{m}$ baut.

## Kontrollfrage

8.16 Welche Schritte sind zur Lösung einer Extremwertaufgabe zu beachten?

## Aufgaben: 8.24 bis 8.28

### 8.1.12 Aufgaben

**8.1** Bilden Sie von der gegebenen Funktion $f$ den Differenzenquotienten allgemein und davon ausgehend die Ableitung an der Stelle $x_0$:

a) $y = f(x) = x^2 - 1, \quad x_0 = 2,$

b) $y = f(x) = x^3 + 2, \quad x_0 = 1.$

Bestimmen Sie jeweils die Gleichung der Tangente im Punkt $P_0(x_0;\ f(x_0))$ und den Schnittwinkel $\alpha$ der Tangente mit der $x$-Achse!

**8.2** Ermitteln Sie die Ableitung der Funktionen:

a) $y = f(x) = x^{10}$ b) $y = f(x) = \sqrt[4]{x}$ c) $y = f(x) = \frac{1}{x^3}$

d) $s = f(r) = \frac{1}{\sqrt[3]{r^2}}$

**8.3** Wie groß sind der Anstieg und der Anstiegswinkel der Funktion $y = f(x)$ an der Stelle $x = -2$:

a) $y = f(x) = x^4$ b) $y = f(x) = \frac{1}{x^2}$

**8.4** Ermitteln Sie die Ableitung der Funktionen:

a) $y = f(x) = 9x^{10}$ b) $y = f(x) = \frac{x^{10}}{20}$

**8.5** Ermitteln Sie die Ableitung der Funktionen:

a) $y = f(x) = 3x^4 - 5x^3 + 2x + 7$ b) $y = f(x) = \frac{1}{x} + 2\sqrt{x} + \mathrm{e}$

c) $s = f(t) = (t-3)(t+2)$ d) $n = f(r) = \frac{3}{r^2} - \frac{1}{r} + 3$

e) $y = f(x) = \sqrt{x}\,\sqrt[5]{x^3}$ f) $y = f(x) = (x^5 + 2)x^{-2}$

**8.6** Welchen Wert hat die Ableitung der Funktion $y = f(x)$ an der Stelle $x_0$, und welchen Winkel bildet dort die Kurventangente mit der $x$-Achse?

a) $y = x^2 - 4x + 3,\quad x_0 = 1$

b) $y = x\sqrt[3]{x} + 1,\quad x_0 = 8$

**8.7** Bestimmen Sie diejenigen Punkte, wo die Kurve mit der Gleichung $y = f(x)$ waagerechte Tangenten hat:

a) $y = 3x^2 + 12x + 8$

b) $s = f(t) = t^3 - 2t^2 - 6$

**8.8** Geben Sie die Gleichung der Tangente an der Stelle $x_0$ für die gegebenen Funktionen an:

a) $y = 4x^2 + 2x,\quad x_0 = \frac{1}{2}$

b) $y = x + \frac{1}{2x},\quad x_0 = 1$

**8.9** Bestimmmen Sie die Winkel, unter denen die Kurven der Funktionen die $x$-Achse schneiden:

a) $y = x(x^2 - 4)$ b) $y = \frac{x^3 - 2x}{x}$

**8.10** An welchen Stellen der Kurve mit der Gleichung $y = f(x) = 2x^3 - 9x^2 - 23x + 112$ bildet die Tangente mit der $x$-Achse einen Winkel von 45°?

**8.11** Die Kurve einer ganzrationalen Funktion der Form $y = ax^2 + bx + c$ schneidet die $y$-Achse bei $y = 6$ und steigt im Punkt $P(-3; 0)$ unter dem Winkel −45° an. Ermitteln Sie die Gleichung der Funktion.

**8.12** Ermitteln Sie das Differential der Funktionen!

a) $y = 2x^3 + 3x^2 - 3$ b) $y = \frac{1}{x^2} - \sqrt{x}$

c) $A(r) = \pi r^2$ d) $F(r) = m\frac{v^2}{r}$

**8.13** Die Spannung eines von Gleichstrom durchflossenen Leiters mit dem Widerstand $R = 20\,\Omega$ wird mit Hilfe des Ohmschen Gesetzes bestimmt. Mit welchem Fehler ist die Spannung behaftet, wenn die Stromstärke mit $I = (5 \pm 0{,}2)$ A gemessen wurde?

**8.14** Ein Körper wird vom Boden aus mit einer Anfangsgeschwindigkeit $v_0 = 200$ m/s nach oben geschossen. Berechnen Sie seine Geschwindigkeit nach 2 s ($g = 9{,}81$ m/s²).

**8.15** Differenzieren Sie folgende Funktionen nach der Produktregel.

a) $y = (2x^2 - 1)(3x^3 + 3)$ b) $a = f(z) = \left(2z + \frac{1}{z}\right)(z^2 - 2)$

**8.16** Differenzieren Sie nachstehende Funktionen:

a) $y = \frac{5}{1 + x^2}$ b) $y = \frac{3 - x}{x + 1}$

c) $y = \frac{x^3 + 5x - 2}{3x^2 + 1}$ d) $z = f(a) = \frac{a^2 - 3a + 1}{2a^2 + 6a - 5}$

**8.17** Differenzieren Sie nachstehende Funktionen:

a) $y = (3x^2 + 5)^7$ b) $y = \sqrt{x^2 + 3}$

c) $e = f(r) = r \cdot \sqrt{2r + 1}$ d) $y = \frac{x}{\sqrt{2x^3 - 1}}$

**8.18** Bestimmen Sie den Anstieg und den Anstiegswinkel der Kurve $y = f(x)$ an der Stelle $x_0$:

a) $y = \left(\frac{x}{2} - 1\right)^{10} + \sqrt{2x + 1}$, $x_0 = 4$

b) $y = \sqrt{x^2 - x + 1}$, $x_0 = 3$

**8.19** Differenzieren Sie nachstehende Funktionen:

a) $y = \sin x - x \cos x$ b) $f(t) = \sin(5t - 1)$

c) $y = (1 - \tan x)^2$ d) $y = \frac{\sin x + 1}{\cos x}$

**8.20** Differenzieren Sie nachstehende Funktionen:

a) $y = x^2 \ln x$ b) $y = \ln \sin x$

c) $y = (\ln 2x)^4$ d) $z = f(t) = \frac{\ln t}{t}$

e) $y = \frac{e^x}{x^2}$ f) $y = 3^x$

g) $y = e^{5x+1} + e^{x^3}$ h) $y = e^{2x} \cdot \sin 2x$

i) $y = \arctan 2x$

**8.21** An welchen Stellen hat die Kurve von $y = 3x \cdot e^x$ waagerechte Tangenten?

**8.22** Bilden Sie die erste und die zweite Ableitung der folgenden Funktionen:

a) $y = 6x^5 - 12x^3 + 5$ b) $y = \frac{x}{e^x}$

**8.23** Diskutieren Sie die zu den angegebenen Funktionen gehörigen Kurven:

a) $y = x^3 - \frac{15}{2}x^2 + 18x$ b) $y = 0{,}2x^4 - 2x^2 + 1{,}8$

c) $y = \frac{8x}{x^2 + 2}$ d) $s = f(v) = \frac{v^2 - 4}{v^2 + 4}$

e) $y = \frac{x^2 - 16}{x - 5}$ f) $y = 2xe^{-x+1}$

g) $k = f(s) = \frac{\ln 2s}{s}$

**8.24** Die Zahl 80 ist in zwei Summanden zu zerlegen, so daß ihr Produkt am größten ist.

**8.25** Einem Kreis mit dem Radius $r$ ist ein gleichschenkliges Dreieck mit größtem Flächeninhalt einzubeschreiben. Wie groß ist die Fläche?

**8.26** Einer Kugel mit dem Radius $R = 20$ cm ist ein Zylinder mit maximalem Volumen einzubeschreiben. Berechnen Sie seine Abmessungen und sein Volumen.

**8.27** Ein Fenster soll die Form eines Rechtecks mit aufgesetztem Halbkreis haben. Welche Abmessungen muß das Fenster erhalten, damit bei einem vorgegebenen Umfang $u = 10$ m die Fensterfläche $A$ ein Maximum wird.

**8.28** Welche Abmessungen müssen zylindrische Schöpfwerkzeuge mit dem Volumen $V = 3\ \text{dm}^3$ haben, damit möglichst wenig Material verbraucht wird?

---

**8.29** Bilden Sie von der gegebenen Funktion $f$ den Differenzenquotient allgemein und davon ausgehend die Ableitung an der Stelle $x_0$ *bzw.* $a_0$!

a) $y = f(x) = 2x^2 + x, \quad x_0 = 1$

b) $v = f(a) = -2a^3 + a, \quad a_0 = 1$

Bestimmen Sie jeweils die Gleichung der Tangente im Punkt $P_0$ und den Schnittwinkel $\alpha$ der Tangente mit der $x$-Achse bzw. $a$-Achse.

**8.30** Ermitteln Sie für den freien Fall durch Differentiation der Weg-Zeit-Funktion $s = f(t) = g\dfrac{t^2}{2}$ nach der Zeit $t$ die Geschwindigkeit $v$ zur Zeit $t = t_0$!

**8.31** Ermitteln Sie die Gleichung der Tangente an die Kurve der Funktion $y = f(x) = \sqrt[3]{x^2}$ im Punkt $P\ (1;\ 1)$!

**8.32** Ermitteln Sie die Ableitung der Funktionen

a) $y = f(x) = \dfrac{6}{x^3}$ b) $y = f(x) = \dfrac{\sqrt[3]{x}}{4}$

**8.33** Ermitteln Sie die Ableitung der Funktionen

a) $y = f(x) = \dfrac{3x^2 + 4}{x^2}$ b) $y = f(x) = \dfrac{5x}{\sqrt[3]{x}} + bx + c$

c) $y = f(x) = \dfrac{3x - 1}{\sqrt{x}}$ d) $s = f(t) = (2t + 1)(\sqrt{t} - 1)$

**8.34** Welchen Wert hat die Ableitung der Funktion $y = f(x)$ an der Stelle $x_0$, und welchen Winkel bildet dort die Kurventangente mit der $x$-Achse?

a) $y = \dfrac{x + 2}{\sqrt{x}}, \quad x_0 = 4$ b) $y = (2 + \sqrt{x})(1 + 3\sqrt{x}), \quad x_0 = 9$

**8.35** Bestimmen Sie diejenigen Stellen, wo die Kurve mit der Gleichung

$y = f(x) = 0{,}2x^3 - 0{,}3x^2 - 3{,}6x + 1$

waagerechte Tangenten hat.

**8.36** Geben Sie die Gleichung der Tangente an der Stelle $x_0 = 8$ für die Kurve der Funktion $y = f(x) = \dfrac{2x}{\sqrt[3]{x}} + 2$ an.

**8.37** Unter welchem Winkel schneidet die Kurve mit der Gleichung $y = f(x) = \dfrac{1}{x} - \dfrac{1}{2x^2}$ die $x$-Achse?

**8.38** An welchen Stellen der Kurve mit der Gleichung

$y = f(x) = \dfrac{-2\sqrt[3]{x}\,\sqrt[4]{x^3}}{\sqrt[12]{x}} + 3x^3 + 3$ bildet die Tangente mit der $x$-Achse einen Winkel von $-45°$?

**8.39** Für einen frei fallenden Körper gilt die Beziehung $s = \dfrac{g}{2}t^2$. Mit welchem Fehler ist die Fallstrecke $s$ behaftet, wenn die Fallzeit mit $t = (2{,}0 \pm 0{,}1)$ s gemessen wurde ($g = 9{,}81\ \dfrac{\text{m}}{\text{s}^2}$)?

**8.40** Differenzieren Sie folgende Funktionen nach der Produktregel:

a) $y = x(x+1)(x-3)$  b) $a = f(t) = \left(t^2 - \frac{1}{t}\right)\left(t^3 + \frac{1}{t^2}\right)$

**8.41** Differenzieren Sie nachstehende Funktionen:

a) $y = \frac{a+bx}{a-bx}$  b) $z = f(t) = \frac{1+\sqrt{t}}{2-\sqrt{t}}$

**8.42** Differenzieren Sie nachstehende Funktionen:

a) $y = \sqrt[3]{x} \cdot \sqrt{x^2-1}$  b) $y = \left(\frac{4x+5}{2x-1}\right)^3$

**8.43** Geben Sie die Gleichung der Tangente mit dem Anstieg $m$ für die Kurven der gegebenen Funktionen an. Berechnen Sie die Koordinaten des Berührungspunktes.

a) $y = \frac{x-2}{x+2}$, $m = 1$  b) $y = \sqrt{2+x^2}$, $m = 0{,}5$

**8.44** Differenzieren Sie nachstehende Funktionen:

a) $y = \sin\sqrt{2x}$  b) $y = \frac{2x}{1+\sin x}$

c) $z = f(t) = \cot t\,(1 - \tan t)$

**8.45** Differenzieren Sie nachstehende Funktionen:

a) $y = \ln\sqrt[3]{3x-2}$  b) $y = \frac{\ln 2x}{\mathrm{e}^{3x}}$

c) $z = f(t) = \mathrm{e}^{\cos\omega t}$  d) $y = \ln(x \cdot \mathrm{e}^x)$

**8.46** Unter welchem Winkel schneidet der Graph von $y = x \cdot \ln x$ die $x$-Achse?

**8.47** Ermitteln Sie den Wert der Ableitung der nachfolgenden Funktionen an der Stelle $x_0$:

a) $y = \mathrm{e}^{-\frac{x^2}{2}}$, $x_0 = 2$  b) $y = \mathrm{e}^{\cos 2x}$, $x_0 = \frac{\pi}{4}$

**8.48** Ermitteln Sie das Differential der nachfolgenden Funktionen:

a) $y = \mathrm{e}^{\sqrt{x}}$  b) $y = \ln\frac{3x}{x+1}$

**8.49** Die Kurve der Funktion $y = \mathrm{e}^{\sin t}$ ist zu diskutieren $(0 \leqq t \leqq 2\pi)$.

**8.50** Durch die Funktion $f$ mit $y = f(t) = 2\mathrm{e}^{-t}\cos t\,(0 \leqq t \leqq 2\pi)$ wird die Elongation eines Federschwingers in Abhängigkeit von der Zeit beschrieben. Die Kurve der Funktion ist zu diskutieren.

**8.51** Ein Graben hat einen trapezförmigen Querschnitt (Bild 8.17). Wie groß ist $\alpha$ zu wählen, damit die Querschnittsfläche des Grabens möglichst groß wird?

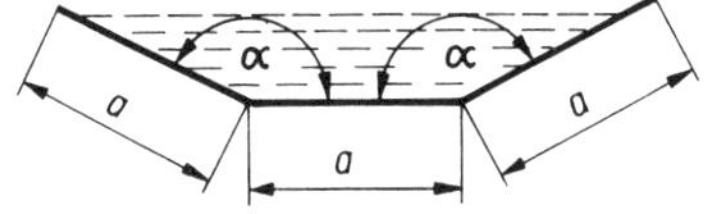


Bild 8.17

**8.52** Ein Geschoß wird mit einer Anfangsgeschwindigkeit $v_0 = 200$ m/s aus einer Schußwaffe senkrecht nach oben geschossen. Welche maximale Höhe erreicht es, wenn der Luftwiderstand vernachlässigt wird ($g = 9{,}81$ m/s$^2$).

**8.53** Zwei ohmsche Widerstände $R_1$ und $R_2$ ergeben bei Parallelschaltung einen Gesamtwiderstand von 160 Ω. In Reihenschaltung soll ihr Gesamtwiderstand minimal sein. Berechnen Sie $R_1$ und $R_2$.

8.54 Der jährliche Absatz eines Erzeugnisses (gemessen in 100 000 Stück) ändert sich mit der Zeit ($t$), gemessen in Jahren. Die zeitliche Entwicklung kann im Zeitraum bis zu 10 Jahren durch die Funktion

$$y = f(t) = 1 - \frac{t}{10} - e^{-0,5\,(t-1)}$$

dargestellt werden. Berechnen Sie in diesem Intervall den Zeitpunkt für maximalen Absatz. Wie groß ist dieser Absatz?

## 8.2 Integralrechnung

### 8.2.0 Vorbemerkung

In diesem Abschnitt werden zwei Begriffe der Analysis – das unbestimmte und das bestimmte Integral – definiert. Beide Begriffe stehen in enger Beziehung zur Differentialrechnung. Die Bildung des unbestimmten Integrals kann als Umkehrung der Differentiation aufgefaßt werden, d. h., es ist eine Funktion zu ermitteln, deren Ableitung vorliegt. Mit der Definition des bestimmten Integrals kann das Problem der Berechnung des Flächeninhaltes unter Kurven von Funktionen gelöst werden.
Zusammen mit der Einführung der beiden Integralbegriffe werden Grundintegrale und Integrationsregeln gegeben bzw. hergeleitet und einfache Anwendungen behandelt. Das Verfahren der numerischen Integration wird an Hand der Simpsonschen Regel erläutert.

### 8.2.1 Unbestimmtes Integral

Im Beispiel 8.11 wurde gezeigt, daß die Ableitung der Weg-Zeit-Funktion einer Bewegung nach der Zeit die Geschwindigkeits-Zeit-Funktion ist $\left(v = \frac{\mathrm{d}s}{\mathrm{d}t} = \frac{\mathrm{d}s(t)}{\mathrm{d}t}\right)$.
Oft tritt die Umkehrung dieser Fragestellung auf, d. h., die Geschwindigkeits-Zeit-Funktion einer Bewegung ist bekannt, und es wird die Weg-Zeit-Funktion gesucht.
Mathematisch gesehen ist eine Funktion zu ermitteln, deren Ableitung vorliegt. Dieser Vorgang wird **Integration** genannt.
Die **Grundaufgabe der Integralrechnung** läßt sich wie folgt formulieren:
Zu einer im Intervall $I$ gegebenen Funktion $f(x)$ ist eine im betrachteten Intervall $I$ differenzierbare Funktion $F(x)$ so zu bestimmen, daß ihre Ableitung $F'(x) = f(x)$ ist.
Damit wird deutlich, daß die Integralrechnung die Umkehrung der Differentialrechnung ist.

**Beispiel**

8.32 Gegeben: $y = f(x) = x^3$. Gesucht ist die Funktion $F(x)$, deren Ableitung gleich $x^3$ ist.
*Lösung:*

$$F(x) = \frac{x^4}{4}, \text{ denn } F'(x) = x^3 = f(x).$$

Offensichtlich ist dies aber nicht die einzige Lösung, denn die Funktion

$F(x) = \frac{x^4}{4} + 4$ oder $F(x) = \frac{x^4}{4} - 2$ erfüllt auch die Bedingung $F'(x) = x^3 = f(x)$. Es können beliebig viele Lösungen angegeben werden. Die Lösungsfunktionen unterscheiden sich nur durch eine additive Konstante. Sie wird mit $C$ bezeichnet. Allgemein ergibt sich deshalb folgende Lösung:

$$F(x) = \frac{x^4}{4} + C, \qquad C \in R, \quad \text{denn} \quad F'(x) = x^3 = f(x).$$

Die Funktion $F(x)$ heißt **Stammfunktion** oder **Integralfunktion** und $C$ **Integrationskonstante**. Die Gesamtheit aller Stammfunktionen von $f(x)$ heißt **unbestimmtes Integral** der Funktion $y = f(x)$ und wird mit $\int f(x)\mathrm{d}x$ (gelesen: »Integral über $f$ von $x$ d$x$«) bezeichnet. Es gilt:

$$\boxed{\int f(x)\mathrm{d}x = F(x) + C; \qquad [F(x) + C]' = f(x), \qquad C \in R} \tag{8.28}$$

$f(x)$ heißt Integrand, $x$ Integrationsvariable und d$x$ ist das Differential der Integrationsvariablen $x$. Die Ermittlung des unbestimmten Integrals wird Integration genannt.

**Beispiele**

8.33 $f(x) = x^6$; $\quad \int x^6\mathrm{d}x = \frac{x^7}{7} + C, \quad$ denn $\quad \left(\frac{x^7}{7} + C\right)' = x^6.$

8.34 Die Stammfunktionen der Funktion $y = f(x) = 2x$ sind für $C = -1, 0, 1, 2$ graphisch darzustellen.

*Lösung:*

$\int 2x\,\mathrm{d}x = x^2 + C, \quad$ denn $\quad (x^2 + C)' = 2x.$

Das unbestimmte Integral $\int 2x\,\mathrm{d}x = x^2 + C$ kann durch eine Kurvenschar veranschaulicht werden, wenn für die Integrationskonstante $C$ reelle Zahlen eingesetzt werden (vgl. Bild 8.18).

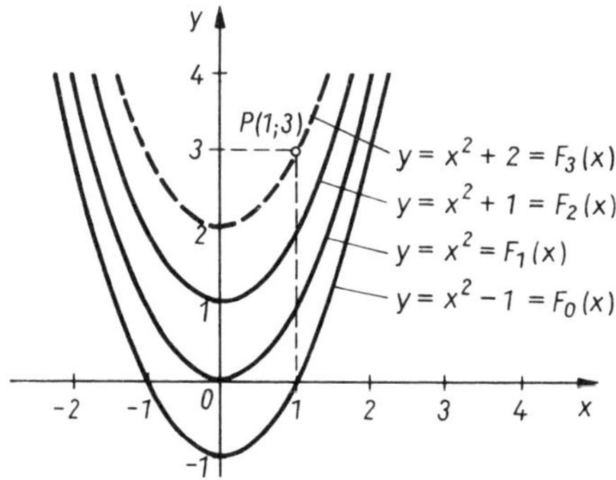


Bild 8.18

8.35 $f(x) = \cos x$; $\quad \int \cos x\,\mathrm{d}x = \sin x + C, \quad$ denn $\quad (\sin x + C)' = \cos x.$

Wird die Gleichung (8.28) differenziert, so folgt

$$\left(\int f(x)\mathrm{d}x\right)' = (F(x) + C)' = F'(x) = f(x).$$

Die Beziehung läßt sich auch wie folgt schreiben

$$\frac{\mathrm{d}}{\mathrm{d}x}\int f(x)\mathrm{d}x = f(x),$$

oder

$$\mathrm{d}\int f(x)\mathrm{d}x = f(x)\,\mathrm{d}x.$$

Aus der Beziehung geht hervor, daß sich die Zeichen d und $\int$, also Integration und Differentiation, aufheben. Die Umkehrung der Beziehung gilt ebenfalls.
Unter Berücksichtigung der bekannten Differentiationsregeln kann man weitere einfache Integrale lösen. Diese Integrale werden **Grundintegrale** genannt. Sie sind in der folgenden Übersicht zusammengestellt.

**Grundintegrale**

1. $\int 0\,\mathrm{d}x = C$ (8.29)
2. $\int 1\,\mathrm{d}x = \int \mathrm{d}x = x + C$ (8.30)
3. $\int x^n\,\mathrm{d}x = \frac{x^{n+1}}{n+1} + C \quad (n \neq -1)$ (8.31)
4. $\int \frac{1}{x}\,\mathrm{d}x = \int \frac{\mathrm{d}x}{x} = \ln|x| + C \quad (x \neq 0)$ (8.32)
5. $\int \mathrm{e}^x\,\mathrm{d}x = \mathrm{e}^x + C$ (8.33)
6. $\int a^x\,\mathrm{d}x = \frac{a^x}{\ln a} + C = a^x \cdot \log_a \mathrm{e} + C \quad (a > 0;\ a \neq 1)$ (8.34)
7. $\int \sin x\,\mathrm{d}x = -\cos x + C$ (8.35)
8. $\int \cos x\,\mathrm{d}x = \sin x + C$ (8.36)
9. $\int \frac{\mathrm{d}x}{\cos^2 x} = \tan x + C \quad \left(x \neq \frac{(2n+1)\,\pi}{2};\quad n \in Z\right)$ (8.37)
10. $\int \frac{\mathrm{d}x}{\sin^2 x} = -\cot x + C \quad (x \neq n\pi;\quad n \in Z)$ (8.38)
11. $\int \frac{\mathrm{d}x}{\sqrt{1-x^2}} = \arcsin x + C = -\arccos x + \overline{C} \quad (|x| < 1)$ (8.39)
12. $\int \frac{\mathrm{d}x}{1+x^2} = \arctan x + C = -\operatorname{arccot} x + \overline{C}$ (8.40)

Zum Grundintegral Nr. 11 beachte man die Beziehung $\arcsin x = \frac{\pi}{2} - \arccos x$, also ist $\overline{C} = C + \frac{\pi}{2}$. Zum Grundintegral Nr. 12 beachte man die Beziehung $\arctan x = \frac{\pi}{2} - \operatorname{arccot} x$, also ist $\overline{C} = C + \frac{\pi}{2}$.
Weitere Grundintegrale können aus mathematischen Formelsammlungen oder weiterführender Literatur entnommen werden.

**Beispiele**

8.36 $\int \frac{1}{x^5}\mathrm{d}x = \int x^{-5}\,\mathrm{d}x = \frac{x^{-5+1}}{-5+1} + C = -\frac{1}{4x^4} + C$

8.37 $\int \sqrt[4]{x}\,\mathrm{d}x = \int x^{\frac{1}{4}}\,\mathrm{d}x = \frac{x^{\frac{1}{4}+1}}{\frac{1}{4}+1} + C = \frac{4}{5}x^{\frac{5}{4}} + C = \frac{4}{5}x\sqrt[4]{x} + C$

8.38 $\int 5^x \,\mathrm{d}x = \dfrac{5^x}{\ln 5} + C$

Aus den Differentiationsregeln ergeben sich unmittelbar folgende Integrationsregeln:

a) **Integranden mit konstanten Faktoren**

Ein konstanter Faktor $a$ des Integranden darf vor das Integralzeichen geschrieben werden.

$$\int af(x)\,\mathrm{d}x = a\int f(x)\,\mathrm{d}x, \qquad a \neq 0 \tag{8.41}$$

b) **Integration einer Summe**

Eine Summe von Funktionen wird integriert, indem man jeden Summanden einzeln integriert.

$$\int [f(x) \pm g(x)]\,\mathrm{d}x = \int f(x)\,\mathrm{d}x \pm \int g(x)\,\mathrm{d}x \tag{8.42}$$

**Beispiele**

8.39 $\int 3x^4 \,\mathrm{d}x = 3\int x^4 \,\mathrm{d}x = \dfrac{3}{5}x^5 + C$

8.40 $\int 2x \cos u \,\mathrm{d}u = 2x \int \cos u \,\mathrm{d}u = 2x \sin u + C$

8.41 $\int (3\mathrm{e}^x + \sin x)\,\mathrm{d}x = 3\int \mathrm{e}^x \,\mathrm{d}x + \int \sin x \,\mathrm{d}x$

$= 3\mathrm{e}^x + C_1 - \cos x + C_2 = 3\mathrm{e}^x - \cos x + C \quad \text{mit} \quad C = C_1 + C_2$

8.42 $\int \left(\dfrac{1}{x} - \dfrac{1}{\sqrt{x}} + 2\right)\mathrm{d}x = \int \dfrac{1}{x}\mathrm{d}x - \int x^{-\frac{1}{2}}\,\mathrm{d}x + 2\int \mathrm{d}x$

$= \ln|x| - 2\sqrt{x} + 2x + C$

**Kontrollfragen**

8.17 Welche Beziehung besteht zwischen der Integral- und Differentialrechnung?
8.18 Wie kann das unbestimmte Integral geometrisch gedeutet werden?
8.19 Wie wird ein konstanter Faktor bei Integration behandelt?
8.20 Wie wird eine Summe integriert?

**Aufgabe: 8.55**

### 8.2.2 Bestimmtes Integral

Das unbestimmte Integral ist die Menge aller Stammfunktionen $y = F(x) + C$, $C \in R$. Es soll nun aus dieser Kurvenschar eine bestimmt werden, die durch den Punkt $P(x_1, y_1)$ verläuft. Eine solche Forderung wird **Anfangsbedingung** genannt.

Aus der im Bild 8.18 (Bsp. 8.34) dargestellten Kurvenschar soll die Kurve ausgewählt werden, die durch den Punkt $P$ (1; 3) geht. Das Integral $\int 2x\mathrm{d}x = x^2 + C = y$ ($y$ Menge der Stammfunktionen) muß dann für $x = 1$ den Wert 3 annehmen. Setzt man die Koordina-

ten in das unbestimmte Integral $y = x^2 + C$ ein, so folgt $C = 2$. Die Lösungsfunktion $y = F_3(x) = x^2 + 2$ erfüllt die vorgegebene Anfangsbedingung (vgl. Bild 8.18).
Jede Stammfunktion, deren Integrationskonstante auf Grund einer Anfangsbedingung festliegt, heißt **partikuläres Integral.** Es soll jetzt aus der Menge der Stammfunktionen $y = F(x) + C$ das partikuläre Integral bestimmt werden, welches an der Stelle $x = a$ eine Nullstelle hat, d. h. durch den Punkt $P\ (a;\ 0)$ geht. Durch Einsetzen der Koordinaten $0 = F(a) + C$ erhält man: $C = -F(a)$. Damit ist das partikuläre Integral $y = F(x) - F(a)$. Diese Differenz wird symbolisch wie folgt ausgedrückt:

$$F(x)\Big|_a^x = F(x) - F(a).$$

(gelesen: »$F(x)$ in den Grenzen von $a$ bis $x$«).
Die Nullstelle bei $x = a$ wird als untere Grenze und die unabhängige Variable als obere Grenze an das Integralzeichen geschrieben. Für das partikuläre Integral ergibt sich damit

$$I(x) = \int\limits_a^x f(x)dx = F(x)\Big|_a^x = F(x) - F(a) \tag{8.43}$$

(gelesen: »Integral von $a$ bis $x$ über $f(x)\mathrm{d}x$«).
Für das Symbol $F(x)\Big|_a^x$ ist auch die Schreibweise $[F(x)]_a^x$ gebräuchlich.
In (8.43) sind Integrationsvariable und obere Grenze mit der gleichen Variablen $x$ bezeichnet. Um den Unterschied hervorzuheben, werden für Integrationsvariable und obere Grenze auch verschiedene Variablen geschrieben, z. B.

$$\int\limits_a^x f(t)\,\mathrm{d}t = F(t)\,\Big|_a^x = F(x) - F(a).$$

**Beispiel**

8.43 $\int\limits_0^t \sin x\ \mathrm{d}x = -\cos x\ \Big|_0^t = -\cos t - (-\cos 0) = -\cos t + 1$

Nachdem das partikuläre Integral definiert wurde, soll nun auf das Problem der Flächenberechnung eingegangen werden. Mit Hilfe der Formeln der Planimetrie kann man nur die Flächeninhalte von Vielecken und Kreisen berechnen. Im folgenden soll das Problem gelöst werden, wie man den Flächeninhalt eines krummlinig begrenzten ebenen Flächenstückes definiert und berechnet.
Es sei $y = f(x)$ eine im Intervall $a \leqq x \leqq b$ streng monoton wachsende, stetige und differenzierbare Funktion, die dort nur positive Werte annimmt. Gesucht ist der Inhalt der Fläche $A$ zwischen der Kurve $y = f(x)$ und der $x$-Achse im Intervall $a \leqq x \leqq b$ (Bild 8.19). Der Flächeninhalt $A$ ist von der Wahl der seitlichen Begrenzungslinien abhängig. Der variable Flächeninhalt $A(x)$ soll zunächst untersucht werden. Dazu wird die untere Grenze $a$ als fest und die obere Grenze $b$ als variabel angesehen (Bild 8.19). Der Flächeninhalt ist eine Funktion der oberen Grenze, $A = A(x)$. Wird $x$ um $\Delta x$ geändert, wächst die Ordinate $y$ um $\Delta y$ und der Flächeninhalt $A(x)$ um $\Delta A$. Ein Vergleich des Flächenstückes $\Delta A$ mit dem einbeschriebenen Rechteck (Höhe: $y$, Breite: $\Delta x$) und dem umbeschriebenen

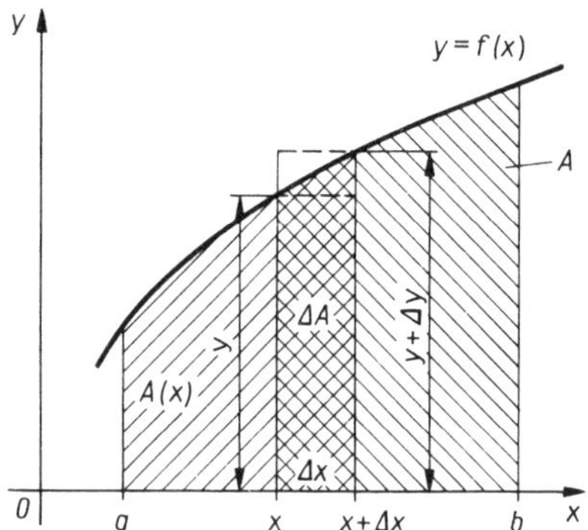

Bild 8.19

Rechteck (Höhe: $y + \Delta y$, Breite: $\Delta x$) liefert die Beziehung

$$y\Delta x \leqq \Delta A \leqq (y + \Delta y)\Delta x$$

und

$$y \leqq \frac{\Delta A}{\Delta x} \leqq y + \Delta y.$$

Da $y = f(x)$ ist, läßt sich auch schreiben

$$f(x) \leqq \frac{\Delta A}{\Delta x} \leqq f(x + \Delta x).$$

Strebt $\Delta x$ gegen Null, geht der Differenzenquotient $\frac{\Delta A}{\Delta x}$ in den Differentialquotienten $\frac{\mathrm{d}A}{\mathrm{d}x} = A'(x) = \lim\limits_{\Delta x \to 0} \frac{\Delta A}{\Delta x}$ über.

Es entsteht die Ungleichung

$$f(x) \leqq A'(x) \leqq f(x).$$

Diese Beziehung gilt nur, wenn

$$f(x) = A'(x).$$

Das Ergebnis läßt sich wie folgt formulieren:
Die Ableitung $A'(x)$ des veränderlichen Flächeninhaltes $A(x)$ wird durch die Funktion $f(x)$ der begrenzenden Kurve dargestellt.
Aus diesem Zusammenhang und der Definition des unbestimmten Integrals (8.28) folgt für die Flächenfunktion

$$A(x) = \int f(x)\,\mathrm{d}x = F(x) + C.$$

Da die Fläche einen ganz bestimmten Inhalt hat, muß $C$ einen speziellen Wert annehmen. Wird die rechte Begrenzungslinie soweit nach links verschoben, bis sie mit der linken Begrenzungslinie zusammenfällt, ist der Flächeninhalt gleich Null. Für $x = a$ gilt also

$$A(x) = F(x) + C; \qquad 0 = F(a) + C; \qquad C = -F(a);$$
$$A(x) = F(x) - F(a).$$

Auf Grund der Ausführungen über das partikuläre Integral (8.43) folgt für den variablen Flächeninhalt

$$A(x) = \int_a^x f(x)\,\mathrm{d}x = F(x)\Big|_a^x = F(x) - F(a).$$

Nimmt die obere Grenze $x$ den Wert $b$ an, so erhält man den gesuchten Inhalt der Fläche zwischen der Kurve $y = f(x)$ und der $x$-Achse in den Grenzen von $x = a$ bis $x = b$ (Bild 8.19)

$$\boxed{A = \int_a^b f(x)\,\mathrm{d}x = F(x)\Big|_a^b = F(b) - F(a)}\,. \qquad (8.44)$$

**Definition**

$\int_a^b f(x)\,\mathrm{d}x$ heißt **bestimmtes Integral**

über die Funktion $f(x)$ in den Grenzen von $x = a$ bis $x = b$. Die Berechnung erfolgt, indem zunächst $f(x)$ unbestimmt integriert und dann die Differenz der Funktionswerte $F(b) - F(a)$ der gefundenen Stammfunktion $F(x)$ ermittelt wird. Die Zahlen $a$ und $b$ heißen untere bzw. obere Integrationsgrenze, $a \leqq x \leqq b$ Integrationsintervall, $x$ Integrationsvariable, $f(x)$ Integrand.

Das bestimmte Integral $\int_a^b f(x)\,\mathrm{d}x$ bedeutet geometrisch die Maßzahl für den Inhalt der Fläche zwischen der Kurve mit der Gleichung $y = f(x)$ und der $x$-Achse in den Grenzen von $x = a$ bis $x = b$. Die Maßzahl für den Inhalt der Fläche ist gleich dem Funktionswert der Flächenfunktion $A(x)$, die als partikuläres Integral diejenige von allen zu $f(x)$ gehörigen Stammfunktionen ist, die bei $x = a$ eine Nullstelle hat (Bild 8.20). Die Formel (8.44) beschreibt den Inhalt einer Fläche nur dann richtig, wenn die eingangs gemachten Voraussetzungen über die Funktion $f(x)$ (Stetigkeit, Differenzierbarkeit und positive Funktionswerte im Intervall $a \leqq x \leqq b$) erfüllt sind.

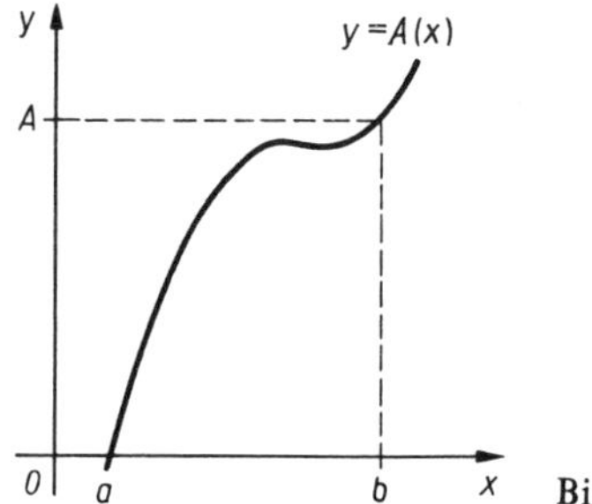


Bild 8.20

## Beispiele

8.44 Es ist der Flächeninhalt des Trapezes unter der Geraden $y = f(x) = x + 1$ in den Grenzen von $x = 1$ bis $x = 3$ zu berechnen (Bild 8.21).

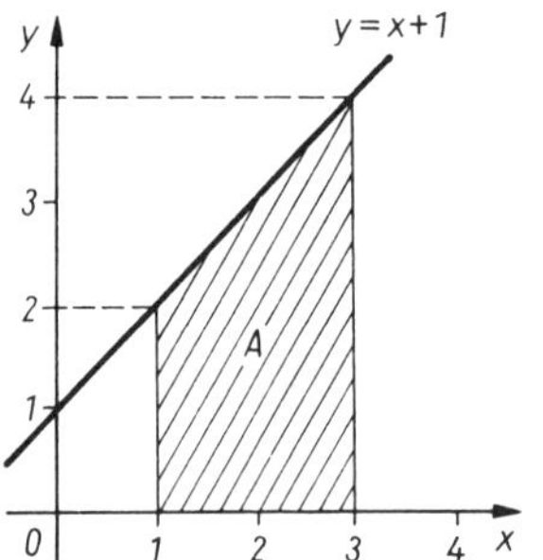


Bild 8.21

*Lösung:*

$$A = \int_1^3 (x+1)\,\mathrm{d}x = \left(\frac{x^2}{2} + x\right)\Big|_1^3 = \left(\frac{9}{2} + 3\right) - \left(\frac{1}{2} + 1\right) = 6$$

Treten in der Stammfunktion mehrere Summanden auf, ist eine Klammersetzung zweckmäßig.
Prüft man das Ergebnis mit der Trapezformel nach, folgt:

$$A = \frac{a + c}{2} \cdot h = \frac{2 + 4}{2} \cdot 2 = 6.$$

Wurden die Grundseiten $a$, $c$ und die Höhe $h$ in cm gegeben, so beträgt der Flächeninhalt $A = 6\,\text{cm}^2$. Im Bild 8.21 ist diese Fläche schraffiert dargestellt. Ihre Maßzahl ist gleich der Differenz der Funktionswerte $F(b) - F(a)$ der Stammfunktion $F(x)$ von $f(x)$ (Bild 8.22) bzw. gleich dem Funktionswert der zugehörigen Flächenfunktion $A(x)$ an der Stelle $x = 3$, die bei $x = 1$ eine Nullstelle hat (Bild 8.23).

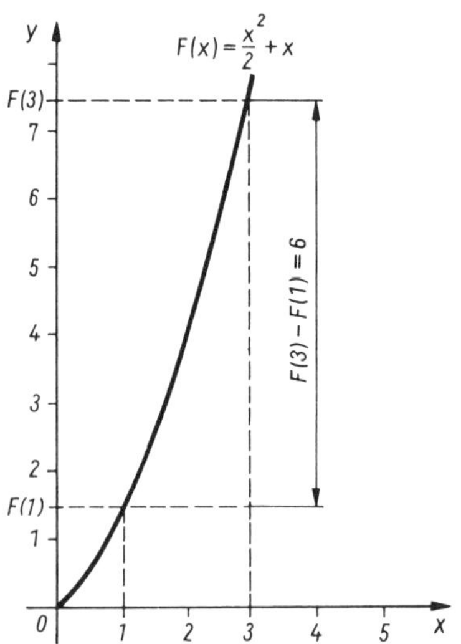


Bild 8.22

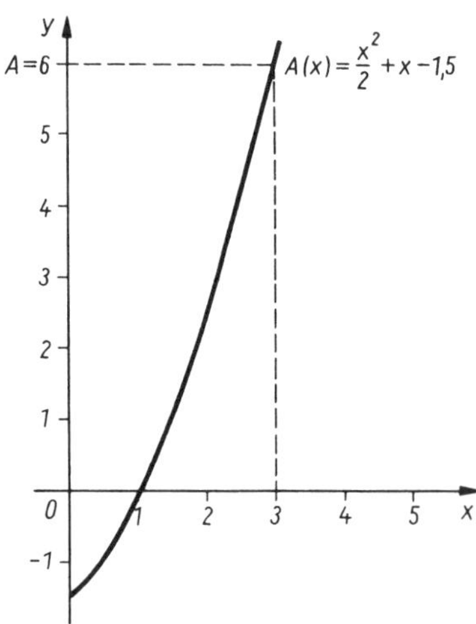


Bild 8.23

8.45 Es ist der Inhalt der Fläche unter der Parabel $y = 3x^2$ für das Intervall $0 \leqq x \leqq 3$ (Bild 8.24) zu berechnen.

*Lösung:*

$$A = \int_0^3 3x^2 \,dx = x^3 \Big|_0^3 = 27 - 0 = 27$$

Der Inhalt der Fläche beträgt 27 Flächeneinheiten.

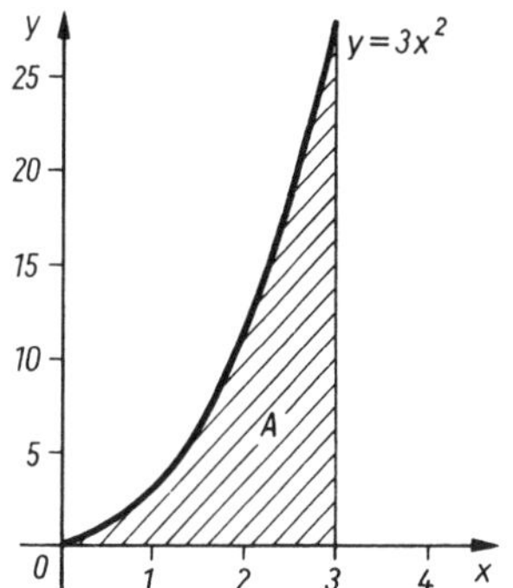


Bild 8.24

## Kontrollfragen

8.21 Was versteht man unter einem partikulären Integral?

8.22 Wie kann das partikuläre Integral graphisch gedeutet werden?

8.23 Welche beiden geometrischen Deutungen des bestimmten Integrals kennen Sie?

8.24 Wie berechnet man den Inhalt der Fläche zwischen der Kurve $y = f(x)$ und der $x$-Achse in den Grenzen von $x = a$ bis $x = b$?

8.25 Welche Bedingung muß zur Berechnung des Flächeninhaltes unter Funktionskurven erfüllt sein?

**Aufgaben: 8.56 und 8.57**

### 8.2.3 Eigenschaften bestimmter Integrale

Ohne Beweis sollen zwei Eigenschaften bestimmter Integrale angegeben werden.

**Zerlegen des Integrationsintervalles in Teilintervalle**

Der Wert des bestimmten Integrals ändert sich nicht, wenn man das Integrationsintervall in Teile zerlegt und die Funktion über die einzelnen Teilintervalle integriert.

$$\int_a^c f(x)\,dx = \int_a^b f(x)\,dx + \int_b^c f(x)\,dx \qquad (8.45)$$

**Beispiel**

8.46 $\int_1^4 t^2\,\mathrm{d}t = \frac{1}{3}t^3 \Big|_1^4 = \frac{4^3}{3} - \frac{1}{3} = 21$

Wird das Integrationsintervall $1 \leqq t \leqq 4$ in die Teilintervalle $1 \leqq t \leqq 2$ und $2 \leqq t \leqq 4$ zerlegt, folgt

$$\int_1^2 t^2\,\mathrm{d}t + \int_2^4 t^2\,\mathrm{d}t = \frac{1}{3}t^3 \Big|_1^2 + \frac{1}{3}t^3 \Big|_2^4 = \left(\frac{2^3}{3} - \frac{1}{3}\right) + \left(\frac{4^3}{3} - \frac{2^3}{3}\right) = 21.$$

**Vertauschen der Integrationsgrenzen**

Durch Vertauschen der Integrationsgrenzen ändert das bestimmte Integral sein Vorzeichen:

$$\int_a^b f(x)\,\mathrm{d}x = -\int_b^a f(x)\,\mathrm{d}x \qquad (8.46)$$

**Beispiel**

8.47 a) $\int_1^2 \mathrm{e}^x\,\mathrm{d}x = \mathrm{e}^x \Big|_1^2 \approx 4{,}67$ b) $\int_2^1 \mathrm{e}^x\,\mathrm{d}x = \mathrm{e}^x \,{}_2^1 \approx -4{,}67$

**Kontrollfrage**

8.26 Wie ändert sich der Wert des bestimmten Integrals, wenn die Grenzen vertauscht werden?

### 8.2.4 Bestimmtes Integral als Grenzwert einer Summenfolge

Im folgenden soll das bestimmte Integral unabhängig von der Differentialrechnung hergeleitet werden, und zwar als Grenzwert einer Summenfolge. Diese Darstellung ist für die Anwendung der Integralrechnung auf Probleme der Naturwissenschaft und Technik, wie z. B. die Berechnung der Arbeit, von großer Bedeutung.

Es sei $y = f(x)$ eine im Intervall $a \leqq x \leqq b$ streng monoton wachsende und stetige Funktion, die dort nur positive Werte annimmt. Der Inhalt der Fläche zwischen der Kurve $y = f(x)$ und der $x$-Achse in den Grenzen von $x = a$ bis $x = b$ ist zu berechnen. Dazu wird das Intervall $a \leqq x \leqq b$ in $n$ gleiche Teilintervalle der Breite $\Delta x = \frac{b-a}{n}$ zerlegt. Um den Flächeninhalt $A$ zu berechnen, werden dem Flächenstück $n$ Rechtecke einbeschrieben und umbeschrieben. Ein Vergleich des Flächenstückes $\Delta A$ mit dem einbeschriebenen Rechteck und dem umbeschriebenen Rechteck (Bild 8.25) liefert die Beziehung

$$m_i \cdot \Delta x \leqq \Delta A \leqq M_i \cdot \Delta x. \qquad (8.47)$$

Für die Summen der Rechteckflächen gilt dann

$$\sum_{i=1}^{n} m_i \cdot \Delta x \leqq A \leqq \sum_{i=1}^{n} M_i \cdot \Delta x. \tag{8.48}$$

Die links stehende Summe wird auch als Untersumme $s_n$, die rechts stehende Summe als Obersumme $S_n$ bezeichnet. Es gilt

$$s_n \leqq A \leqq S_n.$$

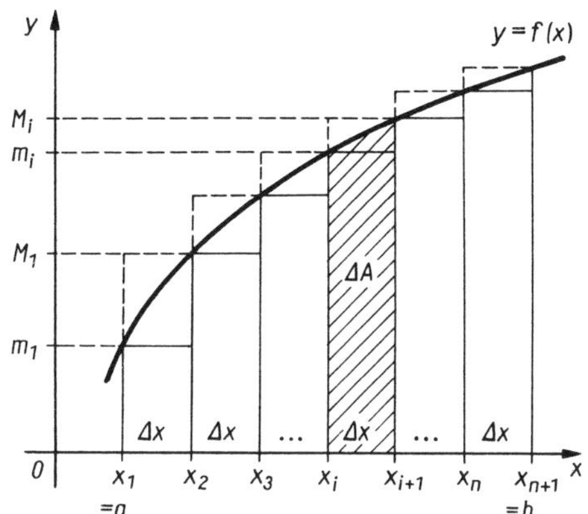


Bild 8.25

Wird die Teilung verfeinert, indem man die Anzahl $n$ der Streifen erhöht (vgl. Bild 8.25) und damit die Breite $\Delta x$ verringert, kann die Untersumme höchstens größer und die Obersumme nur kleiner werden. Die Untersumme $s_n$ kann aber nicht größer bzw. die Obersumme $S_n$ nicht kleiner als der Inhalt der Fläche zwischen Kurve und $x$-Achse werden.

Verfeinert man die Teilung weiter, d. h., die Anzahl $n$ der Streifen wächst unbegrenzt ($n \to \infty$) und die Breite $\Delta x$ wird beliebig klein ($\Delta x \to 0$), bilden die Untersummen $s_n$ eine monoton wachsende Folge und die Obersummen $S_n$ eine monoton fallende Folge. Da jede beschränkte und monotone Folge konvergent ist, streben beide Folgen einem Grenzwert zu:

$$\lim_{n \to \infty} s_n = s \quad \text{bzw.} \quad \lim_{n \to \infty} S_n = S.$$

Haben die Folgen $(s_n)$ und $(S_n)$ einen gemeinsamen Grenzwert, d. h. gilt

$$\lim_{n \to \infty} s_n = \lim_{n \to \infty} S_n = I,$$

so nennt man diesen gemeinsamen Grenzwert $I$ das **bestimmte Integral** der Funktion $y = f(x)$ im Intervall $a \leqq x \leqq b$. Man schreibt dafür:

$$I = \lim_{\substack{n \to \infty \\ \Delta x \to 0}} \sum_{i=1}^{n} m_i \Delta x = \lim_{\substack{n \to \infty \\ \Delta x \to 0}} \sum_{i=1}^{n} M_i \Delta x = \int_a^b f(x)\,\mathrm{d}x \tag{8.49}$$

Der Grenzwert $I$ kann als Flächeninhalt der gesuchten Fläche definiert werden. Nach der Gleichung (8.49) ist der Flächeninhalt $A$ für die Folge $(s_n)$ eine obere und für die Folge $(S_n)$ eine untere Schranke. Die Grenzwerte $s$ und $S$ können deshalb nur identisch sein, wenn sie beide gleich $A$ sind. Somit folgt unter den gegebenen Voraussetzungen $I = A$.

LEIBNIZ führte für die Beziehung (8.49) das Integralzeichen $\int$ ein. Es stellt ein stilisiertes S (Summe) dar. Ohne Beweis sollen die Bedingungen für die Existenz des bestimmten Integrals angegeben werden:

**Satz 1**

Jede im Intervall $a \leqq x \leqq b$ stetige Funktion ist dort integrierbar.

**Satz 2**

Jede im Intervall $a \leqq x \leqq b$ beschränkte Funktion, die im Intervall $a \leqq x \leqq b$ nur endlich viele Unstetigkeitsstellen hat, ist dort integrierbar.

**Satz 3**

Ist die Funktion $f$ im ganzen Intervall $a \leqq x \leqq b$ negativ, d. h. $f(x) < 0$ für $a \leqq x \leqq b$, so ist auch

$$I = \int_a^b f(x)\,\mathrm{d}x < 0.$$

Der Flächeninhalt der entsprechenden Fläche unterhalb der $x$-Achse hat dann ein negatives Vorzeichen. Nimmt die Funktion im betrachteten Intervall teils positive und teils negative Funktionswerte an, so ist das bestimmte Integral die Differenz zwischen der Summe aller Flächeninhalte der Flächenstücke oberhalb und unterhalb der $x$-Achse. Weitere Hinweise dazu erfolgen in 8.2.5.

Der in der Formel (8.49) dargelegte Sachverhalt läßt noch eine etwas veränderte Deutung zu, die für die Anwendung der Integralrechnung wichtig ist.

Gegeben sei eine integrierbare Funktion $y = f(x)$. Der Inhalt der Fäche zwischen der Kurve $y = f(x)$ und der $x$-Achse in den Grenzen von $x = a$ bis $x = b$ ist zu berechnen.

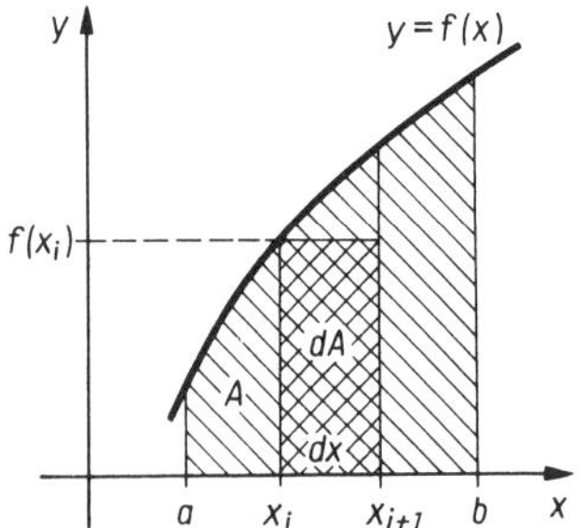


Bild 8.26

Die Fläche wird in $n$ gleiche Streifen der Breite $\Delta x = \mathrm{d}x = \dfrac{b-a}{n}$ zerlegt (Bild 8.26). Ihr Flächeninhalt sei $\Delta A$. $\Delta A$ kann näherungsweise durch den Inhalt $\mathrm{d}A$ eines Rechtecks mit der Höhe $f(x_i)$ und der Breite $\mathrm{d}x$ ersetzt werden. Es gilt demnach

$$\Delta A \approx \mathrm{d}A = f(x_i) \cdot \mathrm{d}x.$$

Das Rechteck **d*A*** wird als **Flächenelement** bezeichnet. Das vorgesetzte d deutet an, daß es sich nur um einen Näherungswert handelt, während das Δ grundsätzlich die wahre oder genaue Größe der Teilstücke kennzeichnet (Man vergleiche in diesem Zusammenhang noch einmal die Bedeutung des Differentials d$y$, vgl. 8.1.5).
Den Inhalt der Gesamtfläche erhält man durch Integration über alle Flächenelemente d$A$. Dies bedeutet stets die Summierung der Flächeninhalte der endlich vielen Rechteckstreifen mit anschließender Berechnung des Grenzwertes dieser Summe für $n \to \infty$ und $\mathrm{d}x \to 0$:

$$A = \int_A \mathrm{d}A = \lim_{\substack{n \to \infty \\ \mathrm{d}x \to 0}} \sum_{i=1}^{n} f(x_i)\,\mathrm{d}x = \int_a^b f(x)\,\mathrm{d}x \tag{8.50}$$

Der an das erste Integral angesetzte Buchstabe $A$ soll besagen, daß die Grenzen bei der Berechnung des Integrals so zu wählen sind, daß die gesamte Fläche $A$ erfaßt wird.
Geht man beim Lösungsansatz immer gleich zum Näherungswert und dann direkt zur Integration über, kann man in einfacher Weise auch zu Regeln für die Berechnung von Anwendungsaufgaben kommen.

**Beispiel**

8.48 Mit Hilfe des bestimmten Integrals soll eine Formel für die Berechnung der mechanischen Arbeit hergeleitet werden. Die Kraft wirkt in Richtung des Weges und ist eine wegabhängige Größe.

*Lösung:*
Wenn die Kraft $F$ konstant ist und in Richtung des Weges wirkt, beträgt die Arbeit im Wegintervall

$$s_1 \leqq s \leqq s_2 \qquad W = F(s_2 - s_1).$$

Ist die Kraft $F$ vom Weg abhängig, $F = f(s)$, wird zur Berechnung der Arbeit $W$ das Intervall $s_1 \leqq s \leqq s_2$ in $n$ gleiche Wegelemente $\mathrm{d}s = \dfrac{s_2 - s_1}{n}$ zerlegt, in denen die Kraft $F(s_i)$ als konstant betrachtet wird. Die Arbeit $\Delta W$ längs des Wegelementes d$s$ läßt sich näherungsweise durch das Arbeitselement $\mathrm{d}W(s) = F(s_i) \cdot \mathrm{d}s$ darstellen (Bild 8.27). Durch Integration über alle Arbeitselemente folgt nach (8.50):

$$W = \int_W \mathrm{d}W = \lim_{\substack{n \to \infty \\ \mathrm{d}s \to 0}} \sum_{i=1}^{n} F(s_i)\,\mathrm{d}s = \int_{s_1}^{s_2} F(s)\,\mathrm{d}s.$$

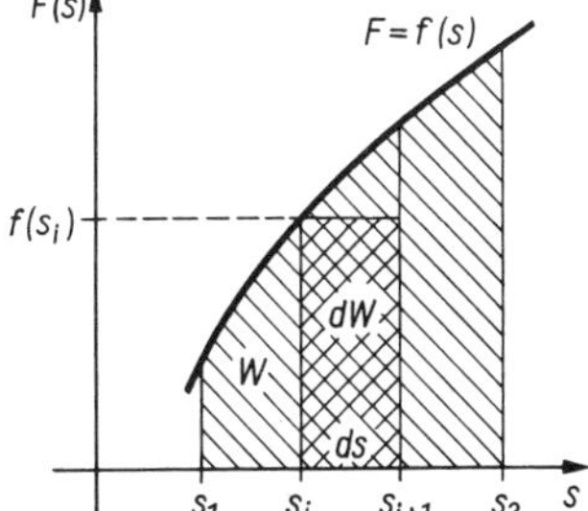


Bild 8.27

Unter Berücksichtigung der Tatsache, daß jedes bestimmte Integral als Flächeninhalt gedeutet werden kann, läßt sich die Arbeit auch geometrisch als Inhalt der Fläche unter der Kurve $F = f(s)$ und der $s$-Achse in den Grenzen von $s_1$ bis $s_2$ im $(F, s)$-Diagramm darstellen.

Für eine stetige Funktion läßt sich nachweisen, daß das durch die Gleichung (8.49) definierte bestimmte Integral mit dem in Gl. (8.44) definierten übereinstimmt. Für stetige Integranden wird deshalb für die Berechnung des bestimmten Integrals die leichter handhabbare Gleichung (8.44) bevorzugt.

## Beispiel

8.49 Eine Schraubenfeder soll um die Länge $l = s_2 - s_1$ gedehnt und die hierbei verrichtete Arbeit berechnet werden. Die Kraft $F$ ist proportional zum Weg $s$.

*Lösung:*

Es gilt $F = f(s) = k \cdot s$.

Der Einfluß des Materials und der Abmessungen der Feder wird in dem Proportionalitätsfaktor $k$ (Federkonstante) zusammengefaßt. Die aufzuwendende Arbeit beträgt

$$W = \int_{s_1}^{s_2} F \, \mathrm{d}s = \int_{s_1}^{s_2} ks \, \mathrm{d}s = k \int_{s_1}^{s_2} s \, \mathrm{d}s = \left. \frac{ks^2}{2} \right|_{s_1}^{s_2},$$

$$W = \frac{k}{2} (s_2^2 - s_1^2).$$

Für eine Dehnung der Feder aus der Ruhelage ($s_1 = 0$) um $s_2 = s_e$ folgt

$$W = \frac{1}{2} k s_e^2.$$

## Kontrollfragen

8.27 Wie ist das bestimmte Integral als Grenzwert einer Summenfolge definiert?

8.28 Wann ist eine Funktion $f$ im Intervall $a \leqq x \leqq b$ integrierbar?

## Aufgaben: 8.58 und 8.59

### 8.2.5 Flächeninhalte ebener Flächen zwischen einer Kurve und der $x$-Achse

Ist der Inhalt der Fläche zwischen einer Kurve $f(x)$ und der $x$-Achse in den Grenzen von $x = a$ bis $x = b$ zu berechnen, so müssen zunächst die Nullstellen der Funktion ermittelt werden. Das Integrationsintervall wird unter Berücksichtigung der Nullstellen, die im Integrationsintervall liegen, in Teilintervalle zerlegt. Der Inhalt der Gesamtfläche ergibt sich dann als Summe der Beträge der Inhalte der Teilflächen.

**Beispiel**

8.50 Es ist der Inhalt der Fläche zwischen der Kurve $y = x^2 - 4x + 3$ und der $x$-Achse in den Grenzen von $a = 0$ und $b = 4$ zu berechnen (Bild 8.28).

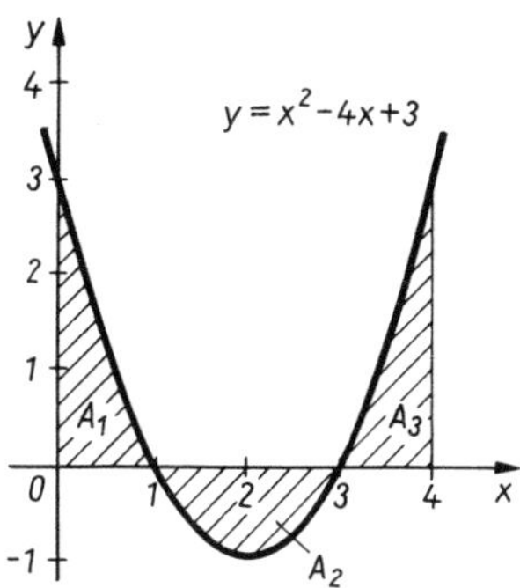


Bild 8.28

*Lösung:*

1. Berechnung der Nullstellen der Funktion

$$x^2 - 4x + 3 = 0, \qquad x_1 = 1, \qquad x_2 = 3.$$

2. Auswahl der Nullstellen, die im Integrationsintervall $0 \leqq x \leqq 4$ liegen: $x_1 = 1$, $x_2 = 3$.
3. Berechnung der Teilintegrale

$$I_1 = \int_0^1 (x^2 - 4x + 3)\,dx = \left[\frac{x^3}{3} - 2x^2 + 3x\right]_0^1 = \left(\frac{1}{3} - 2 + 3\right) - 0 = \frac{4}{3},$$

$$I_2 = \int_1^3 (x^2 - 4x + 3)\,dx = \left[\frac{x^3}{3} - 2x^2 + 3x\right]_1^3 = (9 - 18 + 9) - \left(\frac{1}{3} - 2 + 3\right) = -\frac{4}{3},$$

$$I_3 = \int_3^4 (x^2 - 4x + 3)\,dx = \left[\frac{x^3}{3} - 2x^2 + 3x\right]_3^4 = \left(\frac{64}{3} - 32 + 12\right) - (9 - 18 + 9) = \frac{4}{3}.$$

Betrachtet man die Berechnung des Teilintegrals $I_2$, so folgt:
Sind im Integrationsintervall die Funktionswerte des Integranden negativ, so erscheint auch das Flächenstück mit negativen Vorzeichen (vgl. Bild 8.28). Zur Ermittlung des Gesamtflächeninhalts müssen deshalb die Absolutbeträge der Teilintegrale gebildet werden.

4. Ermittlung der Gesamtfläche

$$A = |I_1| + |I_2| + |I_3|,$$

$$A = \left|\frac{4}{3}\right| + \left|-\frac{4}{3}\right| + \left|\frac{4}{3}\right|,$$

$$A = 4.$$

Der Inhalt der Fläche beträgt 4 Flächeneinheiten. Die Maßeinheiten werden bei allen folgenden Beispielen weggelassen. Bereits vor der Rechnung ist zu klären, welche Maßeinheit zu erwarten ist. An dieser Stelle soll noch einmal auf den Unterschied der Aufgabe hingewiesen werden, den Inhalt einer eingeschlossenen Fläche oder den Wert des Integrals zu ermitteln. Der Wert des Integrals berechnet sich im obigen Beispiel wie folgt:

$$\int_0^4 (x^2 - 4x + 3)\,dx = \left[\frac{x^3}{3} - 2x^2 + 3x\right]_0^4 = \left(\frac{64}{3} - 32 + 12\right) - (0) = \frac{4}{3}.$$

Das Vorzeichen des Flächenstücks hängt mit dem Umlaufsinn zusammen, der sich beim Durchlaufen des Flächenrandes ergibt. Wenn dabei das Integrationsintervall auf der $x$-Achse stets in Richtung von der unteren nach der oberen Grenze durchlaufen wird, stimmt das Vorzeichen des Flächenstücks mit dem Vorzeichen des Umlaufsinns überein (Bild 8.29).

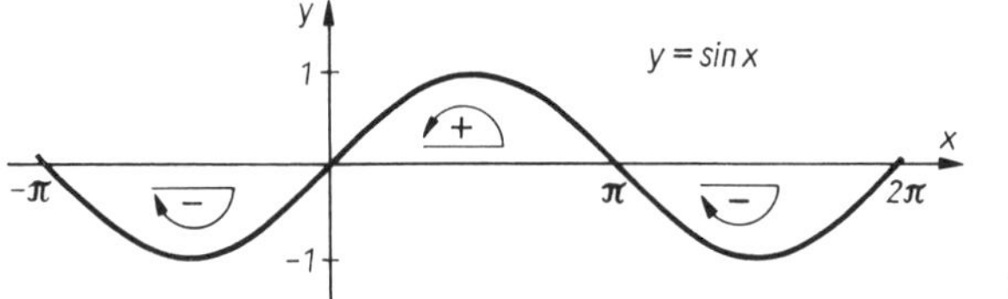


Bild 8.29

**Beispiel**

8.51 Es ist der Inhalt der Fläche zwischen der Kurve $y = \cos x$ in den Grenzen von $a = \frac{\pi}{4}$ und $b = \pi$ zu berechnen (Bild 8.30).

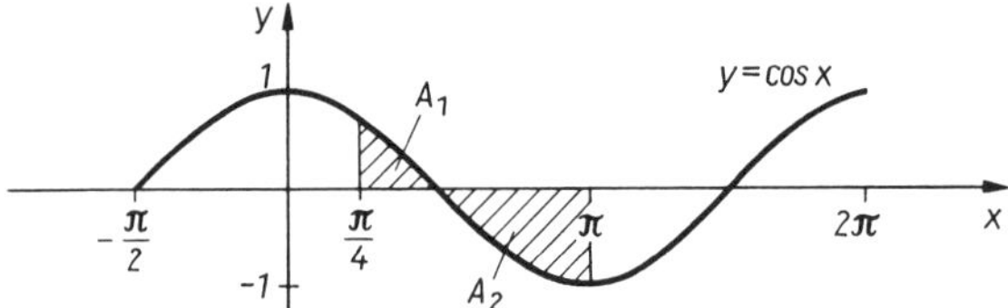


Bild 8.30

*Lösung:*

1. Berechnung der Nullstellen

$$\cos x = 0, \quad x_N = \frac{\pi}{2} \pm k\pi, \quad k \in Z.$$

2. Auswahl der Nullstellen, die im Integrationsintervall $\frac{\pi}{4} \leqq x \leqq \pi$ liegen:

$$x_N = \frac{\pi}{2}.$$

3. Berechnung der Teilintegrale

$$I_1 = \int_{\frac{\pi}{4}}^{\frac{\pi}{2}} \cos x \, dx = \sin x \Big|_{\frac{\pi}{4}}^{\frac{\pi}{2}} = \sin\frac{\pi}{2} - \sin\frac{\pi}{4} \approx 0{,}293,$$

$$I_2 = \int_{\frac{\pi}{2}}^{\pi} \cos x \, dx = \sin x \Big|_{\frac{\pi}{2}}^{\pi} = \sin\pi - \sin\frac{\pi}{2} = -1.$$

4. Ermittlung der Gesamtfläche

$A = |I_1| + |I_2| \approx |0{,}293| + |-1| = 1{,}293.$

Der Inhalt der Fläche beträgt 1,293 Flächeneinheiten.

**Kontrollfragen**

8.29 Welche Arbeitsschritte sind notwendig, um den Inhalt von Flächen zwischen Kurve und $x$-Achse zu berechnen? Was ist besonders zu beachten?
8.30 Welche Regel gilt zur Bestimmung des Vorzeichens der einzelnen Flächenstücke?

**Aufgabe: 8.60**

### 8.2.6 Flächen zwischen zwei Kurven

Wird ein Flächenstück in den Grenzen von $a$ bis $b$ durch zwei Kurven eingeschlossen, so wird sein Flächeninhalt als Betrag der Differenz der Flächeninhalte unter den beiden Kurven berechnet (Bild 8.31). Der Flächeninhalt unter der Kurve $g(x)$ ergibt sich aus

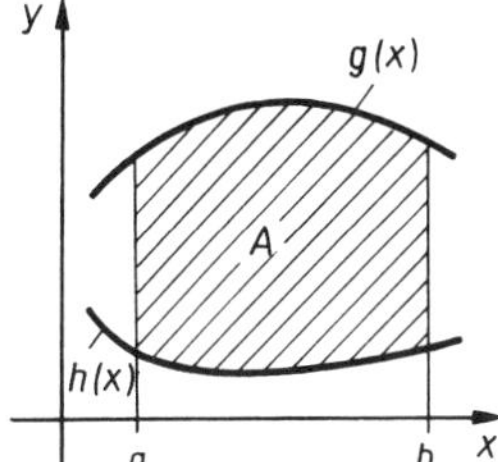


Bild 8.31

dem Integral $\int_a^b g(x)\,dx$, und den Flächeninhalt unter der Kurve $h(x)$ liefert das Integral $\int_a^b h(x)\,dx$.

Der eingeschlossene Flächeninhalt $A$ ist der Betrag der Differenz beider Integrale

$$A = \left| \int_a^b g(x)\,dx - \int_a^b h(x)\,dx \right|.$$

Nach (8.42) folgt

$$A = \left| \int_a^b [g(x) - h(x)]\,dx \right| \tag{8.51}$$

Liegt die eingeschlossene Fläche teilweise oder vollständig unterhalb der $x$-Achse, gilt die Beziehung auch. Man verschiebt beide Kurven in Richtung der $y$-Achse, bis das eingeschlossene Flächenstück oberhalb der $x$-Achse liegt. Beide Funktionen ändern sich um die gleiche additive Konstante. Beim Bilden der Differenz entfällt diese.
Schneiden sich die beiden Kurven $g(x)$ und $h(x)$ in $[a; b]$, ist die Gesamtfläche in Teilflächen zu zerlegen. Dazu müssen die Schnittstellen, die im Integrationsintervall liegen, aus der Beziehung $g(x) = h(x)$ ermittelt werden (Bild 8.32).

Der Inhalt der eingeschlossenen Fläche wird dann wie folgt ermittelt:

$$A = \left| \int_a^{x_1} [g(x) - h(x)]\,\mathrm{d}x \right| + \left| \int_{x_1}^{b} [g(x) - h(x)]\,\mathrm{d}x \right| \tag{8.52}$$

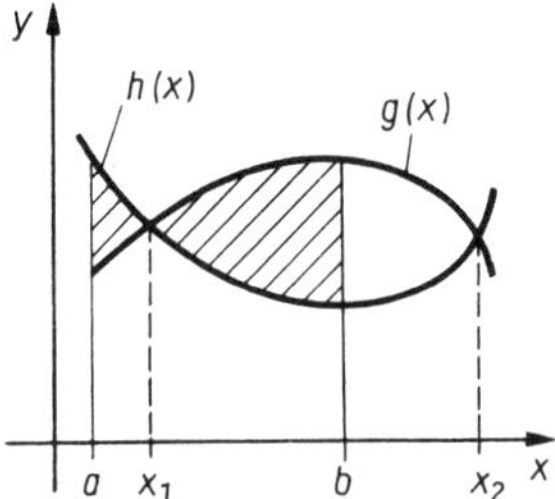


Bild 8.32

**Beispiel**

8.52 Es ist der Inhalt der Fläche zwischen den Kurven mit den Gleichungen $y = x^2 - 4x - 1$ und $y = x - 1$ in den Grenzen von $a = -1$ bis $b = 3$ zu berechnen (Bild 8.33).

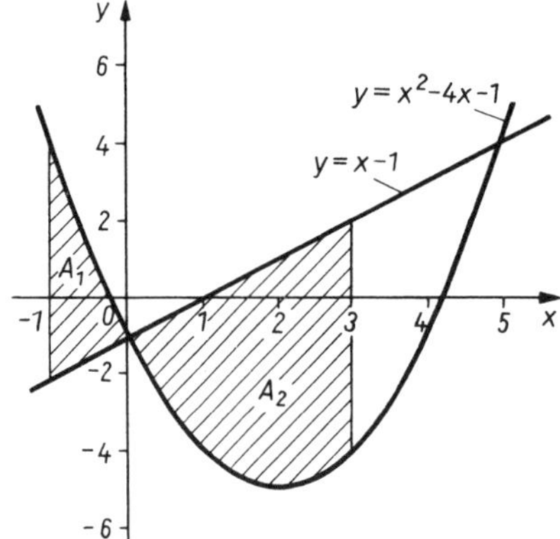


Bild 8.33

*Lösung:*

1. Ermittlung der Schnittstellen der beiden Kurven durch Gleichsetzen der Funktionsgleichungen:

   $x^2 - 4x - 1 = x - 1$

   $x^2 - 5x = 0, \qquad x_1 = 0, \qquad x_2 = 5.$

2. Auswahl der Schnittstellen, die im Intervall $-1 \leqq x \leqq 3$ liegen. Es folgt: $x_1 = 0$.
3. Berechnung der Teilintegrale:

$$I_1 = \int_{-1}^{0} [(x^2 - 4x - 1) - (x - 1)]\,\mathrm{d}x$$

$$= \int_{-1}^{0} (x^2 - 5x)\,\mathrm{d}x = \left[\frac{x^3}{3} - \frac{5x^2}{2}\right]_{-1}^{0}$$

$$= (0) - \left(-\frac{1}{3} - \frac{5}{2}\right) = \frac{17}{6},$$

$$I_2 = \int_0^3 (x^2 - 5x)\,dx = \left[\frac{x^3}{3} - \frac{5}{2}\cdot x^2\right]_0^3$$

$$= \left(9 - \frac{45}{2}\right) - (0) = -\frac{27}{2}.$$

4. Ermittlung der Gesamtfläche:

$$A = |I_1| + |I_2|,$$

$$A = \frac{17}{6} + \frac{27}{2} = 16{,}33.$$

Der Inhalt der eingeschlossenen Fläche beträgt 16,33 Flächeneinheiten.

## Kontrollfrage

8.31 Wie berechnet man den Inhalt der Fläche zwischen zwei Kurven in den Grenzen von $a$ bis $b$?

## Aufgaben: 8.61 und 8.62

### 8.2.7 Numerische Integration

In den nachfolgenden Ausführungen soll ein Verfahren dargestellt werden, welches es gestattet, bestimmte Integrale näherungsweise mit beliebiger Genauigkeit zu berechnen. Unter der numerischen Integration wird die näherungsweise zahlenmäßige Berechnung des bestimmten Integrals

$$I = \int_{x_0}^{x_n} f(x)\,dx \quad \text{verstanden,}$$

wenn z. B. sich die Stammfunktion $F(x)$ der Funktion $y = f(x)$ (Bild 8.34) nicht durch reelle Funktionen ausdrücken läßt oder nur mit großem Aufwand integrierbar ist, die zu integrierende Funktion nur als Wertetabelle oder als Kurve vorliegt. An Hand der Simpson-

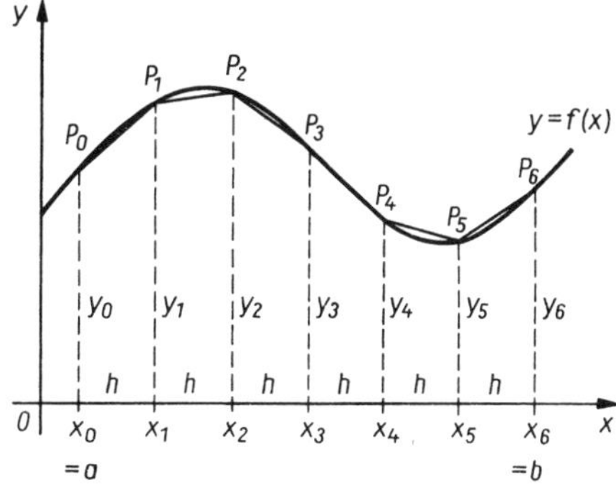


Bild 8.34

schen Regel soll ein Verfahren der numerischen Integration erläutert werden. Ihr Wesen läßt sich wie folgt darstellen:
Das Integrationsintervall $x_0 \leqq x \leqq x_n$ der Funktion $y = f(x)$ wird in eine gerade Anzahl $n$ gleichbreiter Teilintervalle $h = \frac{x_n - x_0}{n}$ zerlegt (vgl. Bild 8.34). Im Bereich eines Doppelstreifens wird die begrenzende Kurve $y = f(x)$ durch eine Parabel mit der Gleichung

$$y = a_0 + a_1 x + a_2 x^2 \tag{8.53}$$

ersetzt. An den Stützstellen (Randpunkte eines Teilintervalls) $x_{i-1}$, $x_i$, $x_{i+1}$ sollen die Parabeln jeweils die gleichen Ordinaten wie $y = f(x)$ haben (Bild 8.34). Der Flächeninhalt unter jeder Parabel ist ein Näherungswert für die Fläche unter der Kurve $y = f(x)$ in diesem Intervall.
Zur Berechnung des Flächeninhalts des ersten Doppelstreifens soll $x_1$ in den Nullpunkt auf der $x$-Achse verschoben werden, so daß $x_0 = -h$, $x_1 = 0$, $x_2 = h$ wird (Bild 8.35). Da die Parabel durch die Punkte $P_0(-h;\, y_0)$, $P_1(0;\, y_1)$ und $P_2(h;\, y_2)$ gehen soll, müssen sie die Parabelgleichung (8.53) erfüllen.

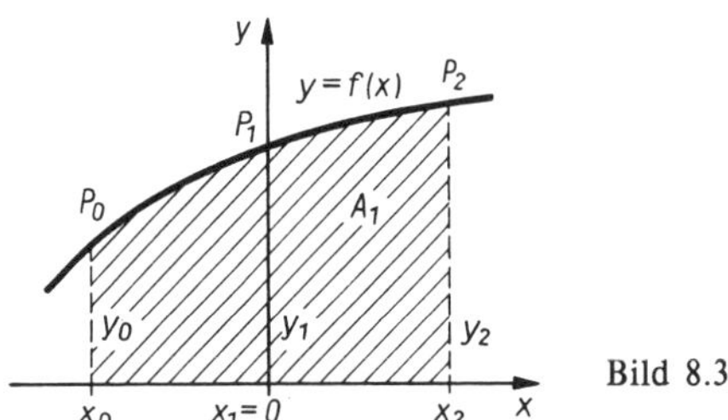


Bild 8.35

Es folgt

$$y_0 = a_0 - a_1 h + a_2 h^2$$
$$y_1 = a_0$$
$$y_2 = a_0 + a_1 h + a_2 h^2$$

und hieraus

$$a_0 = y_1, \quad a_1 = \frac{1}{2h}(y_2 - y_0), \quad a_2 = \frac{1}{2h^2}(y_0 - 2y_1 + y_2).$$

Für die Fläche des Doppelstreifens unter der Parabel

$$y = a_0 + a_1 x + a_2 x^2 \quad \text{gilt}$$

$$A_1 = \int_{-h}^{h} (a_0 + a_1 x + a_2 x^2)\,\mathrm{d}x = \left[a_0 x + a_1 \frac{x^2}{2} + a_2 \frac{x^3}{3}\right]_{-h}^{h}$$

$$= 2a_0 h + 2a_2 \frac{h^3}{3}.$$

Werden $a_0$ und $a_2$ in den berechneten Ausdruck für $A_1$ eingesetzt, so erhält man angenähert den Flächeninhalt des Doppelstreifens

$$A_1 \approx \frac{h}{3}(y_0 + 4y_1 + y_2) \quad \textbf{Keplersche Faßregel} \tag{8.54}$$

Die Formel wurde 1615 von dem deutschen Astronomen JOHANNES KEPLER (1571 bis 1630) veröffentlicht.
Wird (8.54) nun auf den zweiten Doppelstreifen angewandt, so folgt

$$A_2 \approx \frac{h}{3}(y_2 + 4y_3 + y_4).$$

Der Inhalt der gesamten Fläche $A$ und damit das bestimmte Integral $I = \int\limits_{x_0}^{x_n} f(x)\,\mathrm{d}x$ ergibt sich als Summe der Flächeninhalte von $\frac{n}{2}$ Doppelstreifen:

$$A = \int\limits_{x_0}^{x_n} f(x)\,\mathrm{d}x \approx \frac{h}{3}(y_0 + 4y_1 + 2y_2 + 4y_3 + 2y_4 + \ldots + 2y_{n-2} + 4y_{n-1} + y_n).$$

Nach Umformungen und mit $h = \frac{x_n - x_0}{n}$ folgt die **Simpsonsche Regel:**

$$A = \int\limits_{x_0}^{x_n} f(x)\,\mathrm{d}x \approx \frac{x_n - x_0}{3n}[y_0 + y_n + 2(y_2 + y_4 + \ldots + y_{n-2}) + 4(y_1 + y_3 + \ldots + y_{n-1})] \quad (n \text{ gerade}) \tag{8.55}$$

Die Formel wurde 1743 von dem englischen Mathematiker SIMPSON (1710–1761) veröffentlicht.
Treten im Kurvenverlauf von $y = f(x)$ Ecken oder Sprungstellen auf, so darf über diese nicht hinweg integriert werden. Die Intervallteilung ist dann so zu wählen, daß diese Stellen mit dem Anfang oder Ende eines Doppelstreifens zusammenfallen. Die Formel (8.55) gilt auch dann, wenn die Funktion $y = f(x)$ im Intervall $x_0 \leqq x \leqq x_n$ negative Werte annimmt.
Die praktische Berechnung eines bestimmten Integrals mittels der Simpsonschen Regel soll an den nachfolgenden Beispielen erläutert werden.

**Beispiele**

8.53 $\int\limits_0^1 \mathrm{e}^x\,\mathrm{d}x$

*Lösung:*
Das Integral ist elementar lösbar. Das Ergebnis der exakten Lösung soll deshalb mit dem der Näherungslösung verglichen werden.

1. Exakte Lösung: $\int\limits_0^1 \mathrm{e}^x\,\mathrm{d}x = \mathrm{e}^x \Big|_0^1 = \mathrm{e}^1 - 1 \approx 1{,}718\,3$

2. Näherungslösung nach SIMPSON: Das Intervall $0 \leqq x \leqq 1$ muß in eine gerade Anzahl Streifen eingeteilt werden. Es soll hier $n = 10$ und damit $h = \frac{1-0}{10} = 0{,}1$ gewählt werden.

Die Berechnung erfolgt nach folgendem Schema:

| $i$ | $x_i$ | $y_i$ |
|---|---|---|
| 0 | 0 | 1 |
| 1 | 0,1 | 1,1052 |
| 2 | 0,2 | 1,2214 |
| 3 | 0,3 | 1,3499 |
| 4 | 0,4 | 1,4918 |
| 5 | 0,5 | 1,6487 |
| 6 | 0,6 | 1,8221 |
| 7 | 0,7 | 2,0138 |
| 8 | 0,8 | 2,2255 |
| 9 | 0,9 | 2,4596 |
| 10 | 1,0 | 2,7183 |

$$S_0 = y_0 + y_{10} = 3{,}7183$$

$$S_1 = y_1 + y_3 + y_5 + y_7 + y_9 = 8{,}5772$$

$$S_2 = y_2 + y_4 + y_6 + y_8 = 6{,}7608$$

$$\int_0^1 e^x \, dx \approx \frac{h}{3}(S_0 + 2 \cdot S_2 + 4 \cdot S_1)$$

$$= \frac{0{,}1}{3}(3{,}7183 + 13{,}5216 + 34{,}3088)$$

$$= \frac{0{,}1}{3} \cdot 51{,}5487 = 1{,}7183$$

Man erkennt, daß der mit der Simpsonschen Regel berechnete Wert mit den angegebenen fünf signifikanten Ziffern des exakten Wertes übereinstimmt.

8.54 $\int_0^1 \frac{\sin x}{x} \, dx, \qquad h = 0{,}1$

*Lösung:*

Das Integral ist nicht geschlossen integrierbar.

| $i$ | $x_i$ | $y_i$ |
|---|---|---|
| 0 | 0 | 1,0000 |
| 1 | 0,1 | 0,9983 |
| 2 | 0,2 | 0,9933 |
| 3 | 0,3 | 0,9851 |
| 4 | 0,4 | 0,9735 |
| 5 | 0,5 | 0,9589 |
| 6 | 0,6 | 0,9411 |
| 7 | 0,7 | 0,9203 |
| 8 | 0,8 | 0,8967 |
| 9 | 0,9 | 0,8704 |
| 10 | 1,0 | 0,8415 |

Es gilt

$$\lim_{x \to 0} \frac{\sin x}{x} = 1$$

$$S_0 = y_0 + y_{10} \qquad = 1{,}841\,5$$

$$S_1 = y_1 + y_3 + y_5 + y_7 + y_9 = 4{,}733\,0$$

$$S_2 = y_2 + y_4 + y_6 + y_8 \qquad = 3{,}804\,6$$

$$\int_0^1 \frac{\sin x}{x}\,dx \approx \frac{h}{3}(S_0 + 2 \cdot S_2 + 4 \cdot S_1)$$

$$= \frac{0{,}1}{3}(1{,}841\,5 + 7{,}609\,2 + 18{,}932\,0)$$

$$= \frac{0{,}1}{3} \cdot 28{,}382\,7 = 0{,}946\,1$$

Mit der Simpsonschen Formel kann theoretisch jede gewünschte Genauigkeit erzielt werden. Man braucht dazu nur die Zahl $n$ der Teilintervalle genügend groß zu wählen. Zweckmäßig ist dann der entsprechende Einsatz von Computerprogrammen zur numerischen Integration. Soll eine eingehendere Behandlung der numerischen Integration erfolgen, muß weiterführende Literatur benutzt werden.

**Kontrollfragen**

8.32 Was ist beim Auftreten von Ecken oder Sprungstellen im Kurvenverlauf von $y = f(x)$ bei der näherungsweisen Berechnung des bestimmten Integrals nach der Simpsonschen Regel zu beachten?

8.33 Wie könnte man jede theoretisch gewünschte Genauigkeit mit der Simpsonschen Regel erzielen?

**Aufgabe: 8.63**

### 8.2.8 Aufgaben

**8.55** a) $\int x^5\,dx$ b) $\int \sqrt[3]{x}\,dx$ c) $\int \frac{1}{x^3}\,dx$

d) $\int a \cdot 2^s\,ds$ e) $\int 2\,e^t\,dt$ f) $\int (2x - 3)\,dx$

g) $\int x\sqrt[4]{x}\,dx$ h) $\int \left(\frac{1}{\sqrt[3]{x}} + \sin x\right)dx$

i) $\int (u + 2)^2\,du$ j) $\int \left(\cos\alpha + \frac{3}{\sin^2\alpha}\right)d\alpha$

k) $\int \frac{x^3 - 1}{x}\,dx$ l) $\int \frac{2 - 3\tan^2 x}{\sin^2 x}\,dx$

**8.56** Ermitteln Sie die Integrale:

a) $\int_0^x (u^3 + 1)\,du$ b) $\int_1^t t^5\,dt$

**8.57** Berechnen Sie die Werte der Integrale:

a) $\int\limits_0^3 x^2\,dx$ b) $\int\limits_1^4 \sqrt{x}\,dx$ c) $\int\limits_0^2 e^t\,dt$

d) $\int\limits_{-2}^2 10^x\,dx$ e) $\int\limits_1^4 (x + 2\sqrt{x})\,dx$

f) $\int\limits_{-\pi/4}^{\pi/4} \left(3\sin x + \frac{1}{\cos^2 x}\right)dx$

**8.58** Berechnen Sie die verrichtete Arbeit:

a) Konstante Kraft: $F = 10\,\text{N}$, $s = 25\,\text{m}$;

b) Hangabtriebskraft auf der geneigten Ebene: $F = F_G \sin\alpha$, Gewichtskraft $F_G = 25\,\text{N}$, $\alpha = 30°$, überwundener Höhenunterschied $s = 3\,\text{m}$;

c) Zugkraft einer Schraubenfeder: $F = k \cdot s$. Federkonstante $k = 0{,}2\,\text{N}\,\text{cm}^{-1}$. Berechnen Sie die Arbeit $W$ für eine Federverlängerung von 0 cm auf 10 cm, von 5 cm auf 15 cm und von 10 cm auf 20 cm. (Die Aufgabe kann auch ohne Anwendung der Integralrechnung gelöst werden.)

**8.59** Auf Grund schwankender Belastung gibt ein Motor eine von der Zeit abhängige Leistung ab. Dabei gilt

$$P = f(t) = \begin{cases} t^3 & \text{für } 0 \leqq t \leqq 1 \quad t \text{ in s} \\ t - 1 & \text{für } 1 \leqq t \leqq 6 \quad P \text{ in kW} \end{cases}$$

Berechnen Sie die vom Motor verrichtete Arbeit im Zeitintervall von 0 bis 6 Sekunden!

**8.60** Es ist der Inhalt der Fläche zwischen der Kurve von $y = f(x)$ und der $x$-Achse in den Grenzen von $x = a$ bis $x = b$ zu bestimmen:

a) $y = -x^2 - 2x$, $a = -1{,}5$, $b = 1$

b) $y = x^2 - 8x + 15$, $a = 4$, $b = 6$

c) $y = \frac{1}{x^2} - \frac{1}{4}$, $a = 1$, $b = 4$

d) $y = \sqrt{x} - 2$, $a = 1$, $b = 9$

**8.61** Es ist der Inhalt der Fläche zwischen den Kurven $f$ und $g$ in den Grenzen von $x = a$ bis $x = b$ zu berechnen:

a) $f\colon y = x^2 - 2$, $g\colon y = 2x + 1$, $a = -2$, $b = 1$

b) $f\colon y = -x^2 + 4x + 2$, $g\colon y = 2x - 6$, $a = 0$, $b = 4$

**8.62** Bestimmen Sie den Inhalt der Flächen, die von den folgenden Funktionen eingeschlossen werden.

a) $y = x^2$, $y = \sqrt{x}$ b) $xy = 6$, $y = -x + 7$

c) $y = 3x^2 + 2x - 1$, $y = -x + 5$

**8.63** Berechnen Sie die folgenden Integrale nach der Simpsonschen Regel:

a) $\int\limits_0^{1,2} e^{-x^2}\,dx$ b) $\int\limits_0^1 \frac{dx}{1 + x^2}$ c) $\int\limits_0^{1,2} \sin^2 x\,dx$

---

**8.64** Es sind zu integrieren:

a) $\int \frac{(u + 3)^2}{u^2}\,du$ b) $\int \frac{x^2 - 5\sqrt[4]{x}}{\sqrt[3]{x}}\,dx$

c) $\int \sqrt[3]{t \cdot \sqrt[5]{t^2}}\,dt$ d) $\int \frac{1}{e^{-u}}\left(2 + \frac{e^{-u}}{u^2}\right)du$

**8.65** Es sind zu integrieren:

a) $\int_1^9 \left(\frac{1}{x^2} + \frac{1}{\sqrt{x}}\right) \mathrm{d}x$ b) $\int_{-2}^{2} (2^u + 3\,\mathrm{e}^u)\,\mathrm{d}u$

**8.66** Es ist der Inhalt der Fläche zwischen der Kurve von $y = f(x)$ und der $x$-Achse in den Grenzen von $x = a$ bis $x = b$ zu berechnen (Skizze!):

a) $y = x^3 - 3x^2 + 2x,\quad a = -1,\quad b = 3$

b) $y = 3^x - 3,\quad a = -1,\quad b = 2$

**8.67** Bestimmen Sie den Inhalt der Flächen, die von den folgenden Funktionen eingeschlossen werden.

a) $y = x^2 - x + 6,\quad y = -x^2 + 5x + 2$

b) $y = x^3 + x^2 - 3x + 5,\quad y = 3x^2 + 2x - 1$

# 9 Beschreibende Statistik

## 9.0 Vorbemerkung

In vielen Bereichen der Natur-, Technik- und Gesellschaftswissenschaften treten Massenerscheinungen auf, deren Untersuchung eine Menge Daten liefert. Diese Datenmenge kann sehr umfangreich und unübersichtlich sein. Aufgabe der Statistik ist, Verfahren zur Beschreibung und Auswertung eines solchen aus der Erfahrung gewonnenen (empirischen) Zahlenmaterials bereitzustellen.
Beispiele für die Anwendung statistischer Verfahren sind die Auswertung von Versuchsergebnissen und die statistische Qualitätskontrolle in der Industrie.

## 9.1 Grundbegriffe

Gegenstand einer statistischen Untersuchung sind **Einheiten:** einzelne Objekte (Lebewesen, Stücke oder Stoffmengen), die ein bestimmtes **Merkmal** haben, das untersucht werden soll. (Es gibt auch statistische Untersuchungen, bei denen mehrere Merkmale bei jeder Einheit untersucht werden.)
Die nachstehende Tabelle enthält Beispiele für Einheiten und Merkmale, die Gegenstand einer Untersuchung sein können:

| Nr. | Einheit | Merkmal |
|---|---|---|
| 1 | Zylinderkolben | Durchmesser |
| 2 | Kondensator | Kapazität |
| 3 | Kondensator | Funktionsfähigkeit |
| 4 | Arbeitnehmer | Alter |
| 5 | Arbeitnehmer | Beruf |
| 6 | Beton-Probewürfel | Würfeldruckfestigkeit |
| 7 | 1 Hektar Nutzfläche | Hektarertrag von Weizen |
| 8 | Prüfungsarbeit | Prüfungsergebnis (verbal) |

Merkmale treten in verschiedenen **Ausprägungen** auf. Sie sind **quantitativer Art,** wenn sie sich durch Zahlen darstellen lassen, die aus Messungen gewonnen werden (s. die Nummern 1, 2, 4, 6, 7 der Tabelle); sie sind **qualitativer Art,** wenn sie Eigenschaften der Einheiten sind, die sich in bestimmten (voneinander verschiedenen) Kategorien angeben lassen (s. die Nummern 3, 5, 8).

In der Literatur werden quantitative Merkmale auch als meßbare oder Variablenmerkmale, qualitative Merkmale auch als Attributmerkmale bezeichnet.

Jedes Merkmal ist entweder **stetig** (kontinuierlich) oder **nicht stetig** (diskret). Bei einem stetigen Merkmal können die Ausprägungen jeden Wert (in einem Bereich möglicher Werte) annehmen (s. die Nummern 1, 2, 6, 7), während bei einem diskreten Merkmal nur endlich viele Werte oder Kategorien möglich sind (s. die Nummern 3, 4, 5, 8). Den Kategorien eines qualitativen Merkmals können Zahlen zugeordnet werden, z.B. bei Nr. 3 der Tabelle für »funktionsfähig« die Zahl »1«, für »nicht funktionsfähig« die Zahl »0«, oder bei Nr. 8 die Zuordnungen »sehr gut« – »1«, »gut« – »2« usw. Merkmale mit nur zwei möglichen Ausprägungen heißen **alternative Merkmale** (s. die Nr. 3 der Tabelle).
Ziel einer statistischen Untersuchung ist, für eine vorliegende Menge von Einheiten bei jeder Einheit die Merkmalsausprägung zu ermitteln (z.B. bei Zylinderkolben den Durchmesser zu messen) und die Ergebnisse in knapper und übersichtlicher Form zu beschreiben. Die zu untersuchende Menge wird **Gesamtheit** (auch Posten, Los oder Charge) genannt. Um bei großen Gesamtheiten Kosten, Arbeitszeit und Arbeitskräfte einzusparen, wird oft eine **Stichprobe** aus der Gesamtheit ausgewählt, untersucht und ausgewertet. Sie ist eine Teilmenge der Gesamtheit und muß diese bezüglich des zu untersuchenden Merkmals möglichst gut widerspiegeln. Eine solche Stichprobe, die **repräsentativ** heißt, erhält man, wenn die Einheiten vor der Auswahl gut durchmischt und dann nach einem bestimmten Plan entnommen werden (Zufallsauswahl). Z. B. würde sich nach Entnahme jeder zwanzigsten Einheit eine Stichprobe ergeben, deren Umfang fünf Prozent des Umfangs der Gesamtheit wäre. Untersuchungen, bei denen die Einheit zerstört wird (z.B. Lebensdaueruntersuchungen), sind nur als Stichprobenuntersuchungen möglich.

**Kontrollfragen**

9.1 Welche Arten von Merkmalsausprägungen werden unterschieden?
9.2 Wie unterscheidet sich ein stetiges von einem diskreten Merkmal?
9.3 Wie können Sie erreichen, daß eine Stichprobe repräsentativ für die Gesamtheit ist?

## 9.2 Verfahren für ein quantitatives Merkmal

### 9.2.0 Vorbemerkung

Es gibt zahlreiche Verfahren zur Auswertung statistischen Materials. Da im Rahmen dieses Lehrbuchs keine umfassende Darstellung möglich ist, werden nur Verfahren für quantitative Merkmale beschrieben, denn diese sind in Technik und Wirtschaft weitaus häufiger der Gegenstand der Untersuchung als qualitative Merkmale.

### 9.2.1 Verteilungstafeln

Grundlage einer statistischen Auswertung sind Messungen an den Einheiten einer Gesamtheit oder einer Stichprobe. Die Anzahl der Einheiten, der **Umfang,** wird bei einer

Gesamtheit mit $N$, bei einer Stichprobe mit $n$ bezeichnet. Im folgenden wird stets eine Stichprobenuntersuchung angenommen.
Die **Urliste** enthält die Meßwerte in der Reihenfolge, wie sie gemessen wurden, also ungeordnet. Eine erste Information über ihre Streuung, d. h. über die Breite des Bereichs, in dem sie verteilt sind, gibt die **Spannweite (Variationsbreite)** $R$. Sie ist die Differenz zwischen dem größten und dem kleinsten Meßwert:

$$R = x_{\max} - x_{\min} \tag{9.1}$$

Wenn die Meßwerte der Größe nach geordnet werden, ergibt sich die **primäre Verteilungstafel** ($h_i$ ist die absolute Häufigkeit des Meßwertes $x_i$).

**Beispiel**

9.1 Bei 20 Probewürfeln Beton wird die Druckfestigkeit gemessen. Die Meßwerte sind

| $x_i$/N mm$^{-2}$ | | | | |
|---|---|---|---|---|
| 38,0 | 33,1 | 34,4 | 35,2 | 38,0 |
| 39,6 | 31,5 | 30,6 | 33,2 | 33,1 |
| 28,2 | 28,7 | 30,6 | 41,2 | 46,1 |
| 42,3 | 42,3 | 38,0 | 42,3 | 40,1 |

Es ist die Spannweite zu berechnen, und die Meßwerte der Urliste sind in einer primären Verteilungstafel darzustellen.
*Lösung:*
Spannweite: $R = (46{,}1 - 28{,}2)\,\mathrm{N\,mm^{-2}} = 17{,}9\,\mathrm{N\,mm^{-2}}$
Primäre Verteilungstafel:

| $x_i$/N mm$^{-2}$ | $h_i$ |
|---|---|
| 28,2 | 1 |
| 28,7 | 1 |
| 30,6 | 2 |
| 31,5 | 1 |
| 33,1 | 2 |
| 33,2 | 1 |
| 34,4 | 1 |

| $x_i$/N mm$^{-2}$ | $h_i$ |
|---|---|
| 35,2 | 1 |
| 38,0 | 3 |
| 39,6 | 1 |
| 40,1 | 1 |
| 41,2 | 1 |
| 42,3 | 3 |
| 46,1 | 1 |

Die primäre Verteilungstafel kann bei großem Stichprobenumfang unübersichtlich werden. Um das zu vermeiden, faßt man mehrere aufeinanderfolgende Werte zu **Klassen** zusammen. Die entstehende Darstellung heißt **sekundäre Verteilungstafel.**
Für die Klassenbildung werden folgende Regeln empfohlen:

1. Die Klassenbreite $d$ sollte konstant sein;
2. für die Anzahl $k$ der Klassen ist ein Wert zwischen 5 und 20 zu wählen;
3. die Klassengrenzen sind eindeutig den Klassen zuzuordnen.

Regel 3 wird erfüllt, wenn die Klassen entweder rechts offene (»von $a$ bis unter $b$«, d. h., $a \leqq x_i < b$) oder links offene Intervalle sind (»von über $a$ bis $b$«, d. h., $a < x_i \leqq b$). Mit der

Klassenbildung ist ein Informationsverlust verbunden, da man die in der gleichen Klasse liegenden Werte nicht mehr unterscheiden kann. Als Repräsentanten der Klassen werden die Klassenmitten gewählt.
Bei manueller Auswertung der Urliste wird empfohlen, die Verteilungstafel mit Hilfe einer Strichliste zu erarbeiten. Die Werte in der Urliste werden der Reihe nach abgearbeitet, indem jeder Wert durch einen Strich in der Klasse markiert wird, in der er liegt (senkrechte Striche, jeder fünfte waagerecht).

**Beispiel**

9.2 Die Werte der Urliste in Beispiel 9.1 sind in einer sekundären Verteilungstafel darzustellen.
*Lösung:*
Wegen des kleinen Umfangs werden nach Regel 2 fünf Klassen gewählt ($k = 5$); als Klassenbreite wird $d = 4\,\mathrm{N\,mm^{-2}}$ festgelegt (wegen $R/k = 17{,}9\,\mathrm{N\,mm^{-2}}/5 \approx 4\,\mathrm{N\,mm^{-2}}$); es werden rechts offene Klassen gewählt, beginnend bei $28\,\mathrm{N\,mm^{-2}}$ (wegen $x_{\min} = 28{,}2\,\mathrm{N\,mm^{-2}}$).

| Klassen (Grenzen in $\mathrm{N\,mm^{-2}}$) | Strichliste | Klassenmitten ($\mathrm{N\,mm^{-2}}$) | absolute Häufigkeit |
|---|---|---|---|
| von 28 bis unter 32 | ~~\|\|\|\|~~ | 30 | 5 |
| von 32 bis unter 36 | ~~\|\|\|\|~~ | 34 | 5 |
| von 36 bis unter 40 | \|\|\|\| | 38 | 4 |
| von 40 bis unter 44 | ~~\|\|\|\|~~ | 42 | 5 |
| von 44 bis unter 48 | \| | 46 | 1 |
| | | | $n = 20$ |

Die Summe der Klassenhäufigkeiten ist gleich dem Stichprobenumfang.
Die Verteilungstafel kann noch um zwei Spalten erweitert werden, indem aus den absoluten (Klassen-) Häufigkeiten $h_i$ die relativen (Klassen-) Häufigkeiten $h_i/n$ und aus diesen durch zeilenweises Summieren die relativen Summenhäufigkeiten $\sum_{m=1}^{i} h_m/n$ berechnet werden. Beide werden oft in Prozent angegeben. Die Spalte mit den relativen Summenhäufigkeiten ist die tabellarische Darstellung der empirischen **Verteilungsfunktion.**

**Beispiel**

9.3 Die Werte der folgenden Urliste (60 Messungen an Widerständen) sind in einer sekundären Verteilungstafel darzustellen.

| $x_i/\Omega$ | ($n = 60$) | | | | | | | | | | |
|---|---|---|---|---|---|---|---|---|---|---|---|
| 210 | 214 | 222 | 222 | 224 | 219 | 228 | 216 | 210 | 228 | 233 | 231 |
| 232 | 228 | 222 | 223 | 223 | 219 | 219 | 217 | 216 | 221 | 220 | 227 |
| 212 | 214 | 223 | 224 | 224 | 221 | 219 | 228 | 232 | 215 | 218 | 224 |
| 225 | 224 | 224 | 229 | 219 | 218 | 218 | 224 | 229 | 213 | 222 | 229 |
| 219 | 220 | 223 | 220 | 225 | 220 | 228 | 225 | 224 | 228 | 228 | 222 |

*Lösung:*
Spannweite: $R = (233 - 210)\,\Omega = 23\,\Omega$
Anzahl der Klassen: Gewählt wird $k = 6$.
Die Klassen seien rechts offen, Breite $d = 4\,\Omega$ (wegen $R/k = 3{,}8\,\Omega \approx 4\,\Omega$); für die untere Grenze der ersten Klasse wird $210\,\Omega$ (wegen $x_{\min} = 210\,\Omega$) gewählt.

| Klassen von $x_{m-1}$ bis unter $x_m$ (Grenzen in $\Omega$) | Strichliste | Klassen-mitten $x_i/\Omega$ | absolute Häufig-keit $h_i$ | relative Häufig-keit $h_i/n$ in % | relative Summen-häufig-keit in % |
|---|---|---|---|---|---|
| (1) | (2) | (3) | (4) | (5) | (6) |
| von 210 bis unter 214 | \|\|\|\| | 212 | 4 | 6,67 | 6,67 |
| von 214 bis unter 218 | ~~\|\|\|\|~~ \| | 216 | 6 | 10,00 | 16,67 |
| von 218 bis unter 222 | ~~\|\|\|\|~~ ~~\|\|\|\|~~ ~~\|\|\|\|~~ | 220 | 15 | 25,00 | 41,67 |
| von 222 bis unter 226 | ~~\|\|\|\|~~ ~~\|\|\|\|~~ ~~\|\|\|\|~~ ~~\|\|\|\|~~ | 224 | 20 | 33,33 | 75,00 |
| von 226 bis unter 230 | ~~\|\|\|\|~~ ~~\|\|\|\|~~ \| | 228 | 11 | 18,33 | 93,33 |
| von 230 bis unter 234 | \|\|\|\| | 232 | 4 | 6,67 | 100,00 |
| | | | 60 | 100,00 | |

Anmerkungen:

1. Zu den Klassengrenzen (Spalte (1)): Während $x_1 = 210\,\Omega$ zur ersten Klasse gehört, ist $x_2 = 214\,\Omega$ der zweiten Klasse zuzuordnen, denn die erste Klasse geht bis unter $214\,\Omega$, und die zweite beginnt bei $214\,\Omega$.

2. Zur empirischen Verteilungsfunktion (Spalte (6)): Die Häufigkeiten in Spalte (6) geben den Anteil der Werte an, die kleiner sind als die jeweilige obere Klassengrenze der betreffenden Zeile (Beispiel: Die 41,67 % in Zeile 3 sagen aus, daß 41,67 % aller Werte kleiner sind als $222\,\Omega$.) Damit lassen sich Intervallhäufigkeiten berechnen (Beispiel: Der Anteil der Werte, die zwischen $218\,\Omega$ und $230\,\Omega$ liegen, ist gleich der Differenz der Summenhäufigkeiten in den Zeilen mit $218\,\Omega$ und $230\,\Omega$ als oberen Klassengrenzen, also $93{,}33\,\% - 16{,}67\,\% = 76{,}66\,\%$; dieser Wert ist gleich der Summe der relativen Häufigkeiten für die Klassen von $218\,\Omega$ bis $230\,\Omega$.)

Die Form der sekundären Verteilungstafel hängt von der unteren Grenze der ersten Klasse, der **Reduktionslage**, und der Klassenbreite $d$ ab. Je größer $d$ gewählt wird, um so kleiner ist $k$; die Anzahl der Werte pro Klasse vergrößert sich, und da in der gleichen Klasse liegende Werte sich nicht mehr unterscheiden lassen, verringert sich der Informationsgehalt der Tafel. Andererseits ergibt eine zu kleine Klassenbreite eine unnötige Differenziertheit und unübersichtliche Darstellung.
Den Einfluß der Reduktionslage auf die Form der Verteilungstafel zeigt das nächste Beispiel.

### Beispiel

9.4 Für die Urliste in Beispiel 9.3 ist mit $d = 4\,\Omega$ und der Reduktionslage $208\,\Omega$ die sekundäre Verteilungstafel darzustellen (Spalten (1) bis (4)).

*Lösung:*

| Klassen (Grenzen in Ω) | Strichliste | Klassenmitten $x_i/\Omega$ | absolute Häufigkeit $h_i$ |
|---|---|---|---|
| (1) | (2) | (3) | (4) |
| von 208 bis unter 212 | \|\|\| | 210 | 3 |
| von 212 bis unter 216 | ~~\|\|\|\|~~ \| | 214 | 6 |
| von 216 bis unter 220 | ~~\|\|\|\|~~ ~~\|\|\|\|~~ \|\|\|\| | 218 | 14 |
| von 220 bis unter 224 | ~~\|\|\|\|~~ ~~\|\|\|\|~~ ~~\|\|\|\|~~ \|\|\|\| | 222 | 19 |
| von 224 bis unter 228 | ~~\|\|\|\|~~ ~~\|\|\|\|~~ \| | 226 | 11 |
| von 228 bis unter 232 | ~~\|\|\|\|~~ \| | 230 | 6 |
| von 232 bis unter 236 | \| | 234 | 1 |
| | | | 60 |

### 9.2.2 Graphische Darstellungen

Die gebräuchlichsten Darstellungsarten von Häufigkeitsverteilungen sind das Histogramm und das Häufigkeitspolygon.

Das **Histogramm** (Staffelbild, Treppenpolygon) ist ein Flächendiagramm: Auf der waagerechten Achse (der Merkmalsachse) werden die Klassengrenzen abgetragen und über den Klassen Rechtecke errichtet, deren Höhe die (absoluten oder relativen) Klassenhäufigkeiten darstellen. Die Strichliste kann man als ein um 90° gedrehtes Histogramm auffassen. Das Histogramm für die Verteilung in Beispiel 9.3 ist in Bild 9.1 dargestellt.

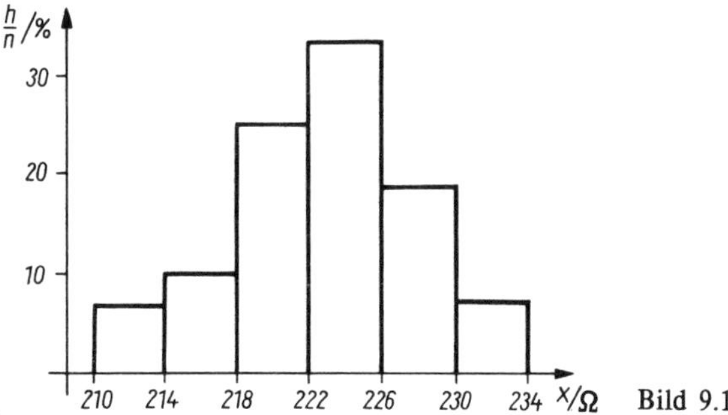


Bild 9.1

Das **Häufigkeitspolygon** ist ein Liniendiagramm: Auf der Merkmalsachse werden die Klassenmitten abgetragen und über ihnen Senkrechte errichtet, deren Höhe die (absoluten oder relativen) Klassenhäufigkeiten darstellen, und die Endpunkte miteinander verbunden. Das Polygon beginnt über der Mitte der ersten Klasse und endet über der Mitte der letzten. Man kann es auf beiden Seiten bis zur Merkmalsachse fortsetzen; das Polygon beginnt und endet dann jeweils eine halbe Klassenbreite außerhalb der äußeren Klassengrenzen. In Bild 9.2 ist das Häufigkeitspolygon für die Verteilung in Beispiel 9.3 dargestellt.

Entsprechend läßt sich auch die empirische Verteilungsfunktion als Treppen- oder Häufigkeitspolygon darstellen. Die Häufigkeiten werden jeweils über den oberen Klassengrenzen errichtet (s. Anm. 2. in Beispiel 9.3): Bilder 9.3 und 9.4.
Typische Verteilungsformen für Häufigkeitsverteilungen sind die symmetrische (Bild 9.5 a) und die links- oder rechtssteile Verteilung (Bilder 9.5 b, c). Symmetrische Verteilungen haben oft (etwa) glockenförmige Gestalt. Bild 9.6 stellt eine zweigipflige linkssteile Verteilung dar.

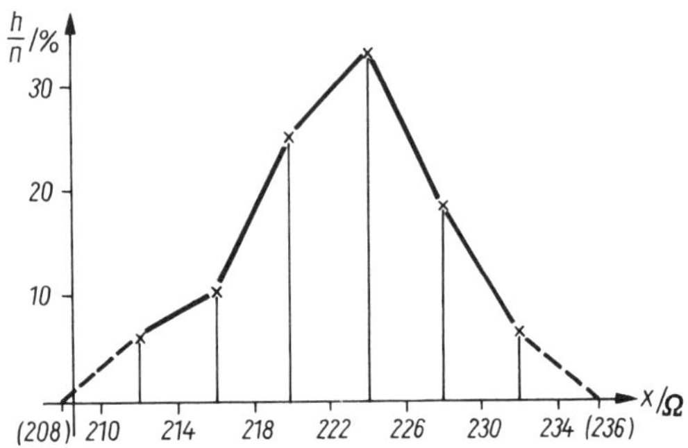

Bild 9.2

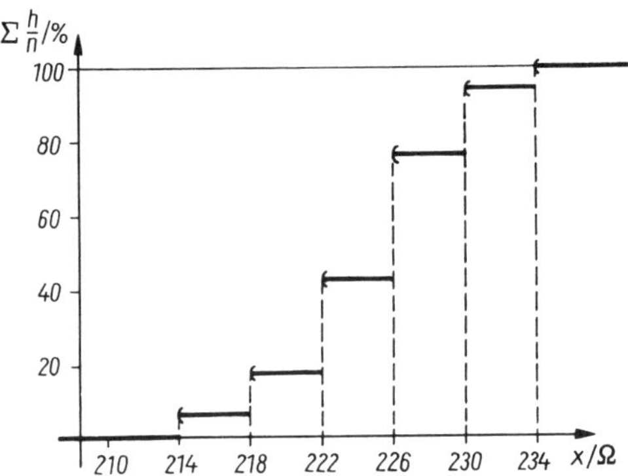

Bild 9.3

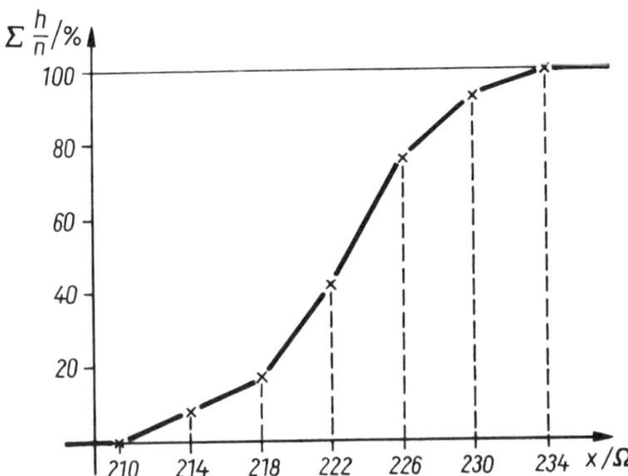

Bild 9.4

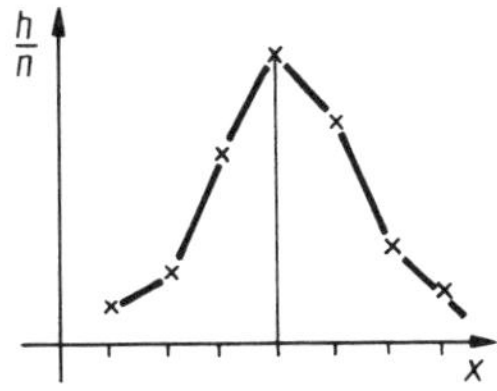

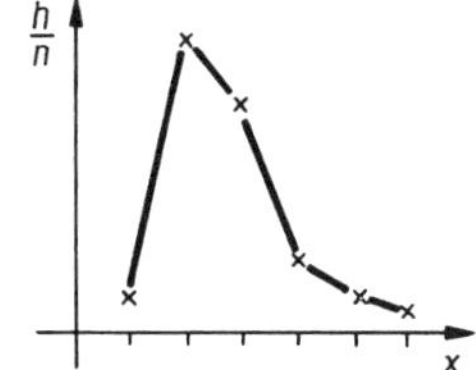

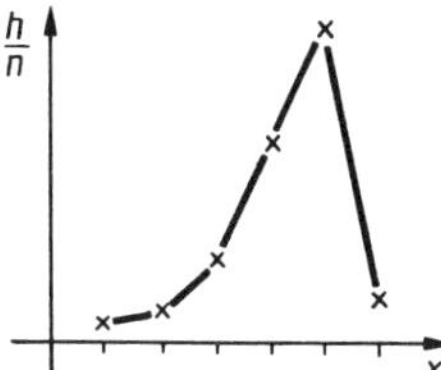


Bild 9.5

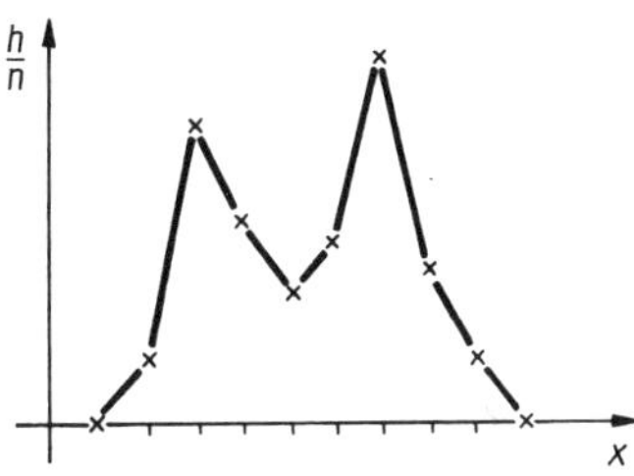


Bild 9.6

### 9.2.3 Statistische Maßzahlen

Um Häufigkeitsverteilungen zu beschreiben und miteinander vergleichen zu können, berechnet man statistische Maßzahlen. Die wichtigsten sind die Mittelwerte und die Streuungsmaße.

**Mittelwerte**

Von besonderer Bedeutung ist das **arithmetische Mittel** $\bar{x}$ (lies: »$x$ quer«). Es wird in der Statistik am häufigsten verwendet. Man berechnet es, indem man die Summe aller Meßwerte bildet und durch ihre Anzahl dividiert:

$$\bar{x} = \frac{1}{n} \sum_{i=1}^{n} x_i \qquad (9.2\,\text{a})$$

Mit den Werten einer Verteilungstafel wird $\bar{x}$ nach folgender Formel berechnet:

$$\bar{x} = \frac{1}{n} \sum_{i=1}^{k} x_i h_i; \qquad n = \sum_{i=1}^{k} h_i \qquad (9.2)$$

Bei einer primären Verteilungstafel sind die $x_i$ die Meßwerte, $h_i$ ihre absoluten Häufigkeiten, und $k$ ist die Anzahl der in der Tafel stehenden $x_i$; bei einer sekundären Verteilungstafel sind die $x_i$ die Klassenmitten, $h_i$ die absoluten Klassenhäufigkeiten, und $k$ ist die Anzahl der Klassen.

Die Berechnung des arithmetischen Mittels mit Hilfe der Klassenmitten ergibt einen Fehler, der aber in den meisten Fällen so gering ist, daß er vernachlässigt wird.

Eigenschaften des arithmetischen Mittels

1. Die Summe der Abweichungen aller Meßwerte von $\bar{x}$ ist Null:

$$\sum_{i=1}^{k} h_i(x_i - \bar{x}) = 0$$

2. Die Summe der Quadrate der Abweichungen aller Meßwerte von einem beliebigen Wert $a$ ist für $a = \bar{x}$ ein Minimum.

Eigenschaft 1 eignet sich als Probe für die richtige Berechnung des arithmetischen Mittels.

Zum Beweis der Eigenschaft 1 wird die Summe umgeformt:

$$\sum_{i=1}^{k} h_i(x_i - \bar{x}) = \sum_{i=1}^{k} (h_i x_i - h_i \bar{x}) = \sum_{i=1}^{k} h_i x_i - \sum_{i=1}^{k} h_i \bar{x}$$

Der konstante Faktor $\bar{x}$ wird ausgeklammert und der Ausdruck mit Hilfe der Gln. (9.2) umgeformt:

$$\ldots = \sum_{i=1}^{k} h_i x_i - \bar{x} \sum_{i=1}^{k} h_i = \bar{x}n - \bar{x}n = 0$$

Eigenschaft 2 wird nicht bewiesen (es werden Kenntnisse der Differentialrechnung gebraucht); statt dessen wird im nächsten Beispiel an Hand von angenommenen Werten für $a$ gezeigt, daß sie gilt.

## Beispiel

9.5 (1) Für die Verteilung in Beispiel 9.3 ist aus den Werten der sekundären Verteilungstafel $\bar{x}$ zu berechnen.

(2) Es ist zu zeigen, daß für $\bar{x}$ die Eigenschaften 1 und 2 gelten.

*Lösung:*

(1) Mit den Werten der Spalten (3) und (4) der Verteilungstafel ergibt sich

$$\bar{x}/\Omega = \frac{1}{60}(212 \cdot 4 + 216 \cdot 6 + \ldots + 232 \cdot 4)$$

$$= \frac{1}{60}\, 13\,360 = 222{,}67$$

$$\bar{x}/\Omega = 223$$

(Wenn $\bar{x}$ direkt aus den Werten der Urliste berechnet wird, ergibt sich $\bar{x}/\Omega = (210 + 214 + \ldots + 222)/60 = 222{,}23$. Der Fehler ist $0{,}44/222{,}23 = 0{,}2\,\%$, also vernachlässigbar klein, der Rechenaufwand – wenn mit den Werten der Verteilungstafel gerechnet wird – aber wesentlich geringer.)

(2) Um die Eigenschaften 1 und 2 zu bestätigen, wird mit $\bar{x}/\Omega = 222{,}67$ gerechnet, damit die Rundungsfehler möglichst klein bleiben; für $a$ wird $a_1 = \bar{x}$, $a_2 = 220\,\Omega$ gewählt:

Eigenschaft 1:

$$S/\Omega = \sum_{i=1}^{6} h_i(x_i - 222{,}67)$$

$$= 4(212 - 222{,}67) + 6(216 - 222{,}67) + \ldots + 4(232 - 222{,}67)$$

$$= (-42{,}68) + (-40{,}02) + \ldots + (37{,}32) = -0{,}2$$

Es müßte sich $S = 0$ ergeben; die Abweichung von Null entsteht, weil mit einem gerundeten Wert für $\bar{x}$ gerechnet wurde.

Eigenschaft 2:

$$S_1/\Omega^2 = \sum_{i=1}^{6} h_i(x_i - 222{,}67)^2$$
$$= 4(212 - 222{,}67)^2 + 6(216 - 222{,}67)^2 + \ldots + 34(232 - 222{,}67)^2$$
$$= 455{,}395\,6 + 266{,}933\,4 + \ldots + 348{,}195\,6 = 1525{,}334$$

$$S_2/\Omega^2 = \sum_{i=1}^{6} h_i(x_i - 220)^2$$
$$= 4(212 - 220)^2 + 6(216 - 220)^2 + \ldots + 4(232 - 220)^2$$
$$= 256 + 96 + \ldots + 576 = 1952$$

Eigenschaft 2 gilt für die Werte $a_1$ und $a_2$, denn es ist $S_1 < S_2$.

Das arithmetische Mittel läßt sich in physikalischer Sicht anschaulich deuten: $\bar{x}$ ist für die Fläche zwischen Histogramm und Merkmalsachse die Abszisse des Schwerpunkts.

Ein weiterer Mittelwert ist der **Median** (Zentralwert) $\tilde{x}$ (lies: »$x$ Schlange«). Er wird vor allem in der statistischen Qualitätskontrolle angewendet.

### Definition

Für $n$ Meßwerte $x_i$, die der Größe nach geordnet sind, ist der Median $\tilde{x}$

- der mittelste Wert, wenn die Anzahl $n$ ungerade ist,
- das arithmetische Mittel der beiden mittleren Werte, wenn die Anzahl $n$ gerade ist.

### Beispiel

9.6 Für folgende Meßreihen ist der Median zu ermitteln:

(1) $x_i/\text{cm} = 12;\ 15;\ 17;\ 20;\ 24$

(2) $x_i/\text{kg} = 200;\ 300;\ 500;\ 600;\ 700;\ 900$

(3) für die Werte in Beispiel 9.1

*Lösung:*

(1) Da $n = 5$ (ungerade Zahl) ist, liegt genau ein Wert in der Mitte:

$$\tilde{x}/\text{cm} = 17.$$

(2) Wegen $n = 6$ (gerade Zahl) liegen 2 Werte in der Mitte:

$$\tilde{x}/\text{kg} = \frac{1}{2}(500 + 600) = 550.$$

(3) Aus der primären Verteilungstafel folgt wegen $n = 20$, daß $\tilde{x}$ das arithmetische Mittel aus dem zehnten und elften Wert ist:

$$\tilde{x}/\text{Nmm}^{-2} = \frac{1}{2}(35{,}2 + 38{,}0) = 36{,}6.$$

Der Median läßt sich bei kleinen Stichproben schnell bestimmen. Deshalb wird er in der Kontrollkartentechnik, einem Hilfsmittel zur laufenden Kontrolle eines Fertigungsprozesses, dem arithmetischen Mittel vorgezogen. Der laufenden Produktion werden periodisch kleine Stichproben (5 oder 7 Einheiten) entnommen, aus den Meßwerten wird der Median bestimmt und in eine Kontrollkarte eingetragen. Aus ihr kann man erkennen, ob der Prozeß stabil ist oder außer Kontrolle gerät.

Ein weiterer Mittelwert, der sich besonders zur Charakterisierung von zwei- oder mehrgipfligen Verteilungen eignet, ist der **Modalwert** (Dichtemittel) $D$:

■ Der Modalwert ist derjenige Wert einer Verteilung, der (bezüglich seiner Nachbarwerte) die größte Häufigkeit hat.

Eine zweigipflige Verteilung hat zwei Modalwerte (s. Bild 9.6).
Für spezielle statistische Untersuchungen, besonders in der Wirtschaftsstatistik, wird das **geometrische Mittel** $G$ genutzt:

**Definition**

Für $n$ positive Meßwerte $x_1, x_2, \ldots, x_n$ ist

$$G = \sqrt[n]{x_1 \cdot x_2 \cdot \ldots \cdot x_n} \tag{9.3}$$

Mit ihm können durchschnittliche relative (prozentuale) Änderungen berechnet werden: Es sei $k_0$ der Wert einer ökonomischen Kennziffer zu Beginn des Untersuchungszeitraums; $k_1, k_2, \ldots, k_5$ seien ihre Werte nach 1, 2, …, 5 Jahren. Die jährlichen relativen Änderungen sind dann $x_1 = k_1/k_0$, $x_2 = k_2/k_1$, …, $x_5 = k_5/k_4$. Das geometrische Mittel ist

$$G = \sqrt[5]{\frac{k_1}{k_0} \cdot \frac{k_2}{k_1} \cdot \frac{k_3}{k_2} \cdot \frac{k_4}{k_3} \cdot \frac{k_5}{k_4}} = \sqrt[5]{\frac{k_5}{k_0}}.$$

Man erhält das gleiche Ergebnis für den Quotienten $q$ einer geometrischen Folge mit Anfangsglied $k_0$, Endglied $k_5$ und $n - 1 = 5$ Intervallen (s. 6.4). Er ist bekanntlich die konstante relative Änderung der Glieder der geometrischen Folge, und wegen $G = q$ ist $G$ die durchschnittliche jährliche Änderung der Kennziffern $k_i$. $G = q$ heißt das (durchschnittliche) Wachstumstempo, $r = q - 1$ die (durchschnittliche) Zuwachsrate.

**Beispiele**

9.7 Die Nettoproduktion $p$ (in $10^3$ €) eines Betriebes betrug

| Jahr | 2000 | 2001 | 2002 | 2003 | 2004 | 2005 |
|---|---|---|---|---|---|---|
| $p/(10^3$ €) | 4545 | 5350 | 6494 | 8034 | 9472 | 10788 |

Es sind das durchschnittliche jährliche Wachstumstempo und die durchschnittliche jährliche Zuwachsrate zu berechnen.

*Lösung:*
Es ist

$x_1 = 5350/4545 = 1{,}177$, $x_2 = 6494/5350 = 1{,}214$,
$x_3 = 1{,}237$, $x_4 = 1{,}179$, $x_5 = 1{,}139$
$G = \sqrt[5]{1{,}177 \cdot 1{,}214 \cdot 1{,}237 \cdot 1{,}179 \cdot 1{,}139} = 1{,}189$

Kürzer: $G = \sqrt[5]{\frac{10788}{4545}} = 1{,}189$

Durchschnittliches Wachstumstempo pro Jahr: 118,9 %;
durchschnittliche Zuwachsrate pro Jahr: 18,9 %.

9.8 Eine Kennziffer ändert sich in 4 aufeinanderfolgenden Jahren um +12 %, −20 %, −30 %, +8 % (jährliche Änderungsraten). Es ist die durchschnittliche jährliche Änderungsrate zu berechnen.
*Lösung:*
Die durchschnittliche Änderung nach Gl. (9.3) berechnet sich aus den jährlichen Wachstumstempi

$x_1 = 100\,\% + 12\,\% = 1{,}12,\; x_2 = 0{,}80,\; x_3 = 0{,}70,\; x_4 = 1{,}08;$

$G = \sqrt[4]{1{,}12 \cdot 0{,}80 \cdot 0{,}70 \cdot 1{,}08} = 0{,}907.$

Die durchschnittliche jährliche Änderungsrate beträgt

$r = 0{,}907 - 1 = -0{,}093 = -9{,}3\,\%.$

**Streuungsmaße**

Die beiden Stichproben

$$S_1:\; x_i/\text{cm} = 85;\, 90;\, 95;\, 100;\, 105;\, 110;\, 115$$

$$S_2:\; x_i/\text{cm} = 40;\, 60;\, 80;\, 100;\, 120;\, 140;\, 160$$

haben zwar das gleiche arithmetische Mittel $\bar{x} = 100$ cm, aber in $S_2$ sind die Abweichungen von ihm größer als in $S_1$. Die Abweichungen der Meßwerte vom arithmetischen Mittel werden als Streuung bezeichnet. $S_2$ hat demnach eine größere Streuung als $S_1$.
Ein einfach zu berechnendes Streuungsmaß ist die **Spannweite** (s. Gl. (9.1)). Sie wird deshalb zusammen mit dem Median in der Kontrollkartentechnik verwendet.
Ein anderes Streuungsmaß ist der Mittelwert aller Abweichungen $(x_i - \bar{x})$. Allerdings ist das arithmetische Mittel dieser Abweichungen nicht brauchbar, denn dieses ist nach Eigenschaft 1 des arithmetischen Mittels stets gleich Null. Deshalb wird als Streuungsmaß der quadratische Mittelwert, d.h. die Wurzel aus dem arithmetischen Mittel der Quadrate dieser Abweichungen, definiert.
(Empirische) **Streuung**

$$s^2 = \frac{1}{n-1} \sum_{i=1}^{n} (x_i - \bar{x})^2 \qquad (9.4a)$$

Wenn die Werte einer Verteilungstafel entnommen werden, so ist

$$s^2 = \frac{1}{n-1} \sum_{i=1}^{k} (x_i - \bar{x})^2 h_i \qquad (9.4)$$

Die Quadratwurzel aus $s^2$ heißt **Standardabweichung** (mittlere quadratische Abweichung) $s$.

In der Literatur findet man diese Formeln auch mit dem Divisor $n$ statt $n - 1$, analog zur Definition des arithmetischen Mittels. Aus theoretischen Gründen, die an dieser Stelle nicht erläutert werden können, folgt, daß die Definitionen mit dem Divisor $n - 1$ vorzuziehen sind.

Um die Berechnung zu vereinfachen, wird Gl. (9.4) umgeformt:

$$s^2 = \frac{1}{n-1} \sum_{i=1}^{k} (x_i^2 h_i - 2x_i\bar{x}h_i + \bar{x}^2 h_i)$$

$$= \frac{1}{n-1} \left( \sum_{i=1}^{k} x_i^2 h_i - 2\bar{x} \sum_{i=1}^{k} x_i h_i + \bar{x}^2 \sum_{i=1}^{k} h_i \right)$$

$$= \frac{1}{n-1} \left( \sum_{i=1}^{k} x_i^2 h_i - 2\bar{x} \cdot n\bar{x} + \bar{x}^2 \cdot n \right)$$

$$s^2 = \frac{1}{n-1} \left( \sum_{i=1}^{k} x_i^2 h_i - n\bar{x}^2 \right) \tag{9.4b}$$

**Beispiel**

9.9 Für die Verteilung in Beispiel 9.3 sind aus der sekundären Verteilungstafel Streuung und Standardabweichung zu berechnen.
*Lösung:*
1. Möglichkeit: Berechnung nach Gl. (9.4)

$s^2/\Omega^2 = \frac{1}{59} \cdot 1525{,}334$ (s. $S_1$ in Beispiel 9.5)

$s^2/\Omega^2 = 25{,}85$; $s/\Omega = 5{,}1 \approx 5$

2. Möglichkeit: Berechnung nach Gl. (9.4b)

$$\sum_{i=1}^{6} x_i^2 h_i = 212^2 \cdot 4 + 216^2 \cdot 6 + \ldots + 232^2 \cdot 4 = 2\,976\,352$$

$$s^2/\Omega^2 = \frac{1}{59} \left( 2\,976\,352 - 60 \cdot \left( \frac{13\,360}{60} \right)^2 \right) = 25{,}84; \qquad s/\Omega = 5{,}1 \approx 5$$

Um die Streuung von Häufigkeitsverteilungen miteinander vergleichen zu können, wird der **Variationskoeffizient** berechnet:

$$v = \frac{s}{\bar{x}} \cdot 100\,\% \tag{9.5}$$

**Beispiel**

9.10 Es sind zwei Verteilungen mit

$\bar{x}_1 = 365{,}3$ cm; $s_1 = 6{,}5$ cm
$\bar{x}_2 = 1\,245{,}6$ cm; $s_2 = 15{,}3$ cm

miteinander zu vergleichen. Welche Verteilung hat die größere Streuung?
*Lösung:*
Es ist $v_1 = \frac{6{,}5 \text{ cm}}{365{,}3 \text{ cm}} = 1{,}8\,\%$, $v_2 = \frac{15{,}3 \text{ cm}}{1\,245{,}6 \text{ cm}} = 1{,}2\,\%$.
Die zweite Verteilung hat zwar die größere absolute Streuung, aber $v_2$ ist kleiner als $v_1$, d.h., die auf das arithmetische Mittel bezogene relative Standardabweichung ist kleiner.

Ein Berechnungsverfahren für $\bar{x}$ und $s$, das zum großen Teil manuell ausgeführt werden kann, ist das **Verfahren des angenommenen Mittelwertes** (Multiplikationsverfahren). Es ist nur anwendbar, wenn die Klassen der sekundären Verteilungstafel konstante Breite haben.

1. Wahl eines Schätzwertes $\bar{x}_a$ für das arithmetische Mittel (angenommener Mittelwert): $\bar{x}_a$ muß eine Klassenmitte sein, empfohlen wird das Dichtemittel $D$.
2. Berechnen von Hilfswerten (Klassennummern) $m_i = (x_i - \bar{x}_a)/d$ ($d$ ist die Klassenbreite); die Klassennummern sind ganze Zahlen (Vorzeichen beachten!)
3. Berechnen der Summen $P = \sum_{i=1}^{k} h_i m_i, \qquad Q = \sum_{i=1}^{k} h_i m_i^2$
4. Berechnen von $\bar{x}$ und $s^2$ nach den Formeln

$$\bar{x} = \bar{x}_a + \frac{d}{n} P; \qquad s^2 = \frac{d^2}{n-1}\left(Q - \frac{P^2}{n}\right) \tag{9.6}$$

Das Verfahren ist unabhängig von der Wahl des angenommenen Mittelwertes, d.h., wenn man für $\bar{x}_a$ eine andere Klassenmitte als das Dichtemittel $D$ wählt, erhält man das gleiche Ergebnis.

Herleitung der Formel für $\bar{x}$:

$$\bar{x} = \frac{1}{n}\sum_{i=1}^{k} h_i x_i = \frac{1}{n}\sum_{i=1}^{k} h_i(\bar{x}_a + x_i - \bar{x}_a)$$

$$= \frac{1}{n}\sum_{i=1}^{k} h_i \bar{x}_a + \frac{1}{n}\sum_{i=1}^{k} h_i(x_i - \bar{x}_a) = \bar{x}_a \frac{1}{n}\sum_{i=1}^{k} h_i + \frac{d}{n}\sum_{i=1}^{k} h_i \frac{x_i - \bar{x}_a}{d}$$

(der zweite Summand wurde mit $d$ erweitert)

$$\bar{x} = \bar{x}_a \frac{1}{n} n + \frac{d}{n}\sum_{i=1}^{k} h_i m_i = \bar{x}_a + \frac{d}{n} P$$

Die Formel für $s^2$ wird nicht hergeleitet. Sie ergibt sich durch analoge Umformungen, die aber wesentlich umfangreicher sind.

### Beispiel

9.11 Für die Verteilung in Beispiel 9.3 sind $\bar{x}$ und $s$ nach dem Verfahren des angenommenen Mittelwertes zu berechnen.

*Lösung:*

Die Werte für $P$ und $Q$ werden mit Hilfe der nachstehenden Tabelle berechnet. Die Spalten (1) und (2) dieser Tabelle sind die Spalten (3), (4) der Tabelle in Beispiel 9.3.

Aus Spalte (1) folgt $d/\Omega = 4$ (das ist die konstante Differenz der Werte in dieser Spalte); die Summe der Werte in Spalte (2) ergibt $n = 60$.

Als Schätzwert für das arithmetische Mittel wird $\bar{x}_a/\Omega = 224$ gewählt, denn die betreffende Klasse (Zeile 4 der Tabelle) enthält mit $h_i = 20$ die meisten Meßwerte.

Nun werden in Spalte (3) die Klassennummern eingetragen: Man beginnt mit der Zeile, die den Schätzwert $\bar{x}_a$ enthält, und gibt ihr die Nummer Null. Die Klassennummern der anderen Zeilen ergeben sich, indem jeweils eins addiert bzw. subtrahiert wird.

Als nächstes berechnet man die Werte in Spalte (4) als Produkte der Werte in den Spalten (2) und (3), danach die Werte in Spalte (5) als Produkte der Werte in den Spalten (3) und (4) (denn es ist $m_i \cdot h_i m_i = h_i m_i^2$).

Die Summen der Werte in den Spalten (4) und (5) ergeben $P$ und $Q$.

| $x_i/\Omega$ | $h_i$ | $m_i$ | $h_i m_i$ | $h_i m_i^2$ |
|---|---|---|---|---|
| (1) | (2) | (3) | (2) · (3) = (4) | (3) · (4) = (5) |
| 212 | 4 | −3 | −12 | 36 |
| 216 | 6 | −2 | −12 | 24 |
| 220 | 15 | −1 | −15 | 15 |
| 224 | 20 | 0 | 0 | 0 |
| 228 | 11 | 1 | 11 | 11 |
| 232 | 4 | 2 | 8 | 16 |
| | 60 | | P = −20 | Q = 102 |

Damit ergibt sich

$$\bar{x}/\Omega = 224 + \frac{4}{60} \cdot (-20) = 222{,}67$$

$$s^2/\Omega^2 = \frac{16}{59}\left[102 - \frac{(-20)^2}{60}\right] = 25{,}85;\ s/\Omega = 5{,}1 \approx 5$$

## Kontrollfragen

9.4 Worin unterscheiden sich primäre und sekundäre Verteilungstafel?
9.5 Welche Regeln sind beim Bilden von Klassen zu beachten?
9.6 Worin unterscheiden sich Histogramm und Häufigkeitspolygon?
9.7 Welche Eigenschaften hat das arithmetische Mittel?
9.8 Welche Voraussetzung muß erfüllt sein, um das Verfahren des angenommenen Mittelwertes anwenden zu können?

**Aufgaben: 9.1 bis 9.6**

## 9.3 Verfahren für zwei quantitative Merkmale

Zwischen zwei Merkmalen kann ein Zusammenhang bestehen, der mehr oder weniger stark ausgeprägt sein kann.
Beispiele für solche Merkmalspaare sind:

1. der Spannungsabfall über einem ohmschen Widerstand und der durch ihn fließende Strom;
2. Geschwindigkeit und Kraftstoffverbrauch eines Personenkraftwagens;
3. der Einsatz eines Düngemittels und der Ertrag an Getreide;
4. der Anteil an Zuschlagstoffen in Beton und die Druckfestigkeit.

Während in Beispiel 1 ein linearer Zusammenhang zwischen Spannung und Strom besteht (Ohmsches Gesetz: $I = U/R$), ist in den Beispielen 2 bis 4 die Art des Zusammenhangs nur durch Messungen feststellbar, und es ist auch von vornherein nicht sicher, ob

er so eng ist, daß er sich durch eine Funktion beschreiben läßt. Vermutlich ist in Beispiel 2 der Kraftstoffverbrauch um so größer, je höher die Geschwindigkeit ist, während in Beispiel 4 mit höherem Anteil an Zuschlagstoffen die Druckfestigkeit abnimmt. Falls sich in Beispiel 3 kein Zusammenhang feststellen läßt, kann man daraus schließen, daß das Düngemittel wirkungslos ist. Genauere Aussagen sind nur auf der Grundlage von Messungen möglich. Sie haben eine um so größere Aussagekraft, je umfangreicher sie sind.
Die beiden Merkmale sollen allgemein mit $X$ und $Y$ bezeichnet werden, die Meßwerte mit $x_i$ und $y_i$. Für eine Stichprobe mit $n$ Einheiten Umfang ergibt sich eine Urliste in der Form

| $X$ | $x_1$ | $x_2$ | ... | $x_i$ | ... | $x_n$ |
|---|---|---|---|---|---|---|
| $Y$ | $y_1$ | $y_2$ | ... | $y_i$ | ... | $y_n$ |

Faßt man die Wertepaare $(x_i, y_i)$ als Koordinaten von Punkten auf und trägt diese in ein Koordinatensystem ein, so erhält man eine Punktwolke (Punkt-, Streuungsdiagramm). Sie vermittelt einen Eindruck über die Art und die Stärke des Zusammenhangs. Er wird als **Korrelation** bezeichnet. Die Korrelation ist positiv, wenn die Punktwolke nach rechts oben ansteigt. Es gilt dann: Je größer $x_i$ ist, desto größer ist (i. allg.) $y_i$. Je schmaler die Punktwolke ist (d. h. je enger die Punkte um eine Gerade streuen), um so stärker ist die Korrelation. In den Bildern 9.7 a und 9.7 b sind positive Korrelationen dargestellt, wobei die Korrelation in Bild 9.7 a stärker ist als in Bild 9.7 b. Eine extrem starke positive Korrelation zeigt Bild 9.7 c: Die Punkte liegen auf einer Geraden. In Bild 9.7 d sind die Punkte etwa gleichmäßig verteilt, d. h., die Merkmale $X$ und $Y$ sind nahezu unkorreliert. Wenn die Punktwolke nach rechts unten fällt, liegt negative Korrelation vor: Je größer $x_i$ ist, desto kleiner ist (i. allg.) $y_i$. Die Merkmalspaare in den Beispielen 1, 2 und – falls das Düngemittel den Ertrag beeinflußt – 3 sind positiv korreliert, in Beispiel 4 liegt negative Korrelation vor.

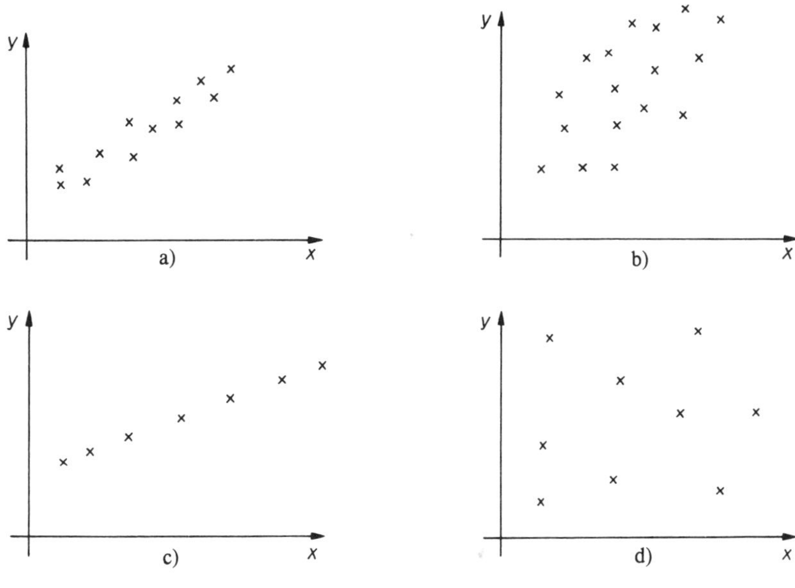


Bild 9.7

Unter Korrelation versteht man i. allg. einen (mehr oder weniger starken) linearen Zusammenhang. Er kann mit den in diesem Abschnitt betrachteten Verfahren untersucht werden. Es gibt auch nichtlineare Korrelation (s. Bild 9.8). Auf diese sind die folgenden Ver-

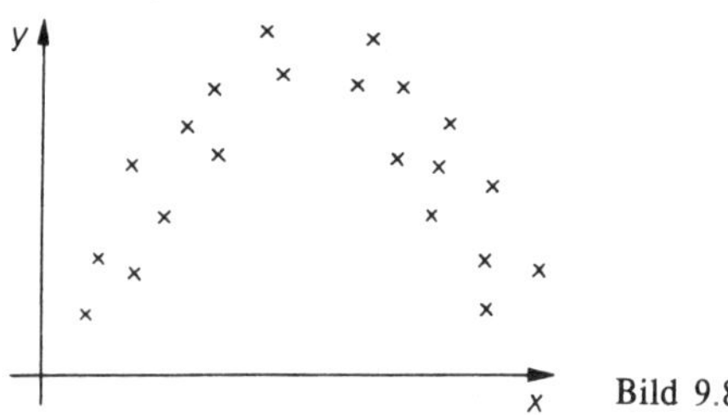

Bild 9.8

fahren nicht anwendbar.
Die Stärke des linearen Zusammenhangs zwischen $X$ und $Y$ wird durch den **Korrelationskoeffizienten** ausgedrückt:

$$r_{xy} = \frac{\sum_{i=1}^{n} (x_i - \bar{x})(y_i - \bar{y})}{\sqrt{\sum_{i=1}^{n} (x_i - \bar{x})^2 \sum_{i=1}^{n} (y_i - \bar{y})^2}} \tag{9.7}$$

Umformungen, die denen in der Herleitung der Gl. (9.4b) entsprechen, ergeben

$$r_{xy} = \frac{\sum_{i=1}^{n} x_i y_i - n\bar{x}\bar{y}}{\sqrt{\left(\sum_{i=1}^{n} x_i^2 - n\bar{x}^2\right)\left(\sum_{i=1}^{n} y_i^2 - n\bar{y}^2\right)}} \tag{9.7a}$$

Der Korrelationskoeffizient liegt zwischen $-1$ und $+1$. Für $r_{xy} > 0$ liegt positive Korrelation vor (steigende Punktwolke), für $r_{xy} < 0$ negative Korrelation (fallende Punktwolke). Wenn $r_{xy} = 1$ oder $r_{xy} = -1$ ist, liegen alle Punkte auf einer (steigenden oder fallenden) Geraden; wenn $r_{xy} = 0$ ist, sind $X$ und $Y$ nicht korreliert.

Der entscheidende Teil in der Formel ist der Zählerterm. Der Wurzelterm im Nenner hat nur die Funktion, den Wert zu normieren, d. h. auf das Intervall zwischen $-1$ und $+1$ zu beschränken.

### Beispiele

9.12 Bei einem Pkw wurden die CO – Leerlaufemission ($X$) und der Kraftstoffverbrauch ($Y$) gemessen:

| $x_i$/Vol.-% | 2 | 4 | 5,6 | 3,2 | 2,8 | 6 | 3,5 | 7,2 | 8 | 10 |
|---|---|---|---|---|---|---|---|---|---|---|
| $y_i$/(g/Test) | 360 | 380 | 420 | 380 | 375 | 392 | 390 | 416 | 418 | 424 |

Es ist zu untersuchen, ob ein Zusammenhang besteht, d. h., ob die Vergasereinstellung den Kraftstoffverbrauch beeinflußt.

*Lösung:*
Nach Gl. (9.7 a) wird der Korrelationskoeffizient berechnet:
(1) Zunächst die arithmetischen Mittel ($n = 10$)

$$\bar{x} = \frac{1}{10}(2 + 4 + \ldots + 10) = 5{,}23; \quad \bar{y} = 395{,}5;$$

(2) dann die Summen

$$S_{xy} = \sum_{i=1}^{10} x_i y_i = 2 \cdot 360 + 4 \cdot 380 + \ldots + 10 \cdot 424 = 21\,154{,}2$$

$$S_{xx} = \sum_{i=1}^{10} x_i^2 = 2^2 + 4^2 + \ldots + 10^2 = 333{,}53$$

$$S_{yy} = \sum_{i=1}^{10} y_i^2 = 360^2 + 380^2 + \ldots + 424^2 = 1\,568\,745;$$

(3) mit ihnen ergibt sich

$$r_{xy} = \frac{S_{xy} - n\bar{x}\bar{y}}{\sqrt{(S_{xx} - n\bar{x}^2)(S_{yy} - n\bar{y}^2)}} = \frac{469{,}55}{\sqrt{60{,}001 \cdot 4\,542{,}5}} = 0{,}9.$$

$r_{xy}$ liegt nahe an 1. $X$ und $Y$ sind demnach stark positiv korreliert; unvollständige Verbrennung führt zu erhöhtem Kraftstoffverbrauch.

9.13 Welche Korrelation besteht zwischen $X$ und $Y$ in den Beispielen a) und b)?

a)

| $x_i$ | 200 | 250 | 280 | 300 | 350 |
|---|---|---|---|---|---|
| $y_i$ | 90 | 110 | 70 | 85 | 80 |

b)

| $x_i$ | 20 | 30 | 35 | 40 | 50 |
|---|---|---|---|---|---|
| $y_i$ | 7 | 40 | 5 | 20 | 10 |

*Lösung:*

a) $\bar{x} = 276$, $\bar{y} = 87$; $S_{xy} = 118\,600$, $S_{xx} = 393\,400$, $S_{yy} = 38\,725$
$r_{xy} = -0{,}4$

Die Korrelation ist negativ von mittlerer Stärke (Bild 9.9).

b) $\bar{x} = 35$, $\bar{y} = 16{,}4$; $S_{xy} = 2\,815$, $S_{xx} = 6\,625$, $S_{yy} = 2\,174$

$r_{xy} = -0{,}085$

$r_{xy}$ liegt nahe an Null: $X$ und $Y$ sind sehr schwach korreliert (Bild 9.10), möglicherweise auch nicht korreliert. Da die Urliste nur wenige Wertepaare enthält, ist ihre Aussagekraft gering. In der statistischen Praxis würde man durch weitere Messungen den Umfang $n$ der Stichprobe vergrößern, um aus ihr einen Korrelationskoeffizienten mit stärkerer Aussagekraft zu erhalten.

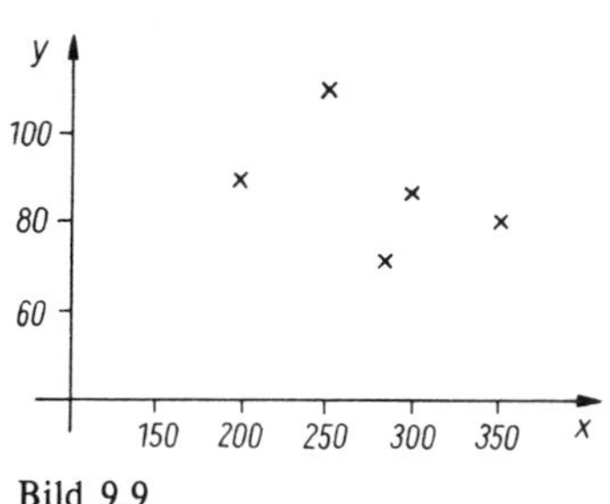


Bild 9.9

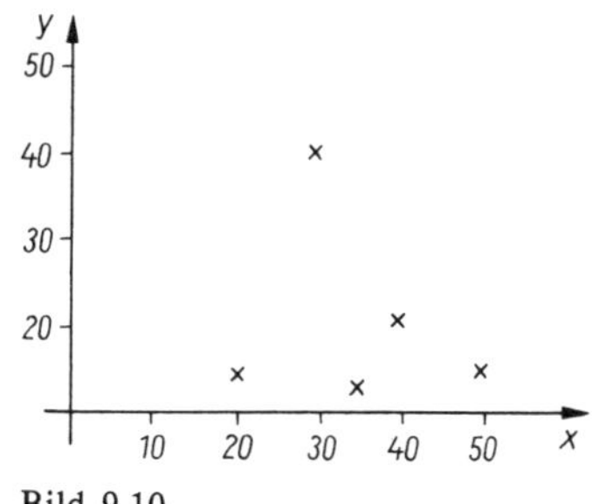


Bild 9.10

Wenn sich für die Merkmale $X$ und $Y$ eine mittlere bis starke Korrelation ergibt, kann diese durch eine Gerade beschrieben werden: **Regressions-** (Ausgleichs-)-**gerade**. Sie soll den Verlauf der Punktwolke möglichst gut wiedergeben. Wenn $y = a_x + b_x x$ die Gleichung der Regressionsgeraden sein soll, so folgen Formeln für die Berechnung von $a_x$ und

$b_x$ aus der Bedingung: Die Summe der Quadrate der vertikalen Abstände zwischen jedem Meßpunkt $P_i$ und dem entsprechenden Punkt $P_{gi}$ auf der Geraden soll ein Minimum werden (Bild 9.11), d. h.:

$$\sum_{i=1}^{n} [y_i - (a_x + b_x x_i)]^2 \to \text{Min}$$

(Die Ordinate von $P_i$ ist der Meßwert $y_i$, die Ordinate von $P_{gi}$ ist $a_x + b_x x_i$.)

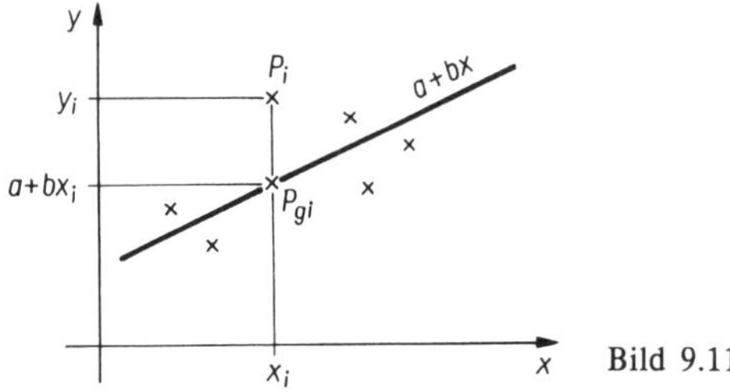


Bild 9.11

Mit den Verfahren der Differentialrechnung erhält man

$$b_x = \frac{\sum_{i=1}^{n} (x_i - \bar{x})(y_i - \bar{y})}{\sum_{i=1}^{n} (x_i - \bar{x})^2} = \frac{\sum_{i=1}^{n} x_i y_i - n\bar{x}\bar{y}}{\sum_{i=1}^{n} x_i^2 - n\bar{x}^2}$$
$$a_x = \bar{y} - b_x \bar{x}$$
$$y = a_x + b_x x \qquad (9.8)$$

Der Koeffizient $b_x$ heißt **Regressionskoeffizient**. Er ist der Anstieg der Regressionsgeraden, d. h., er gibt die (durchschnittliche) Änderung der Merkmalswerte von $Y$ an, wenn sich die Merkmalswerte von $X$ um eine Einheit ändern.

**Beispiel**

9.14 Für die Wertepaare der Urliste in Beispiel 9.12 ist die Gleichung der Regressionsgeraden zu berechnen.

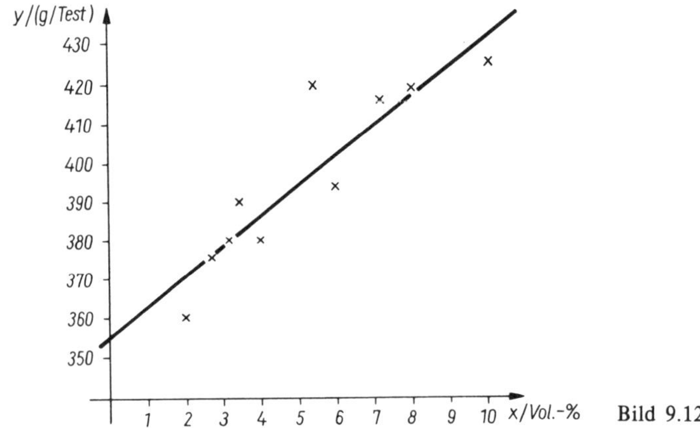


Bild 9.12

*Lösung:*
Mit den in Beispiel 9.12 berechneten Werten ergibt sich

$$b_x = \frac{S_{xy} - n\bar{x}\bar{y}}{S_{xx} - n\bar{x}^2} = \frac{469{,}55}{60{,}001} = 7{,}8257,$$

$b_x \approx 7{,}8$ (g/Test)/Vol.-%,

$a_x = 354{,}57; \qquad a_x \approx 355$ g/Test.

Regressionsgleichung: $y/(\text{g/Test}) = 355 + 7{,}8x$ (Bild 9.12). Aus $b_x$ folgt, daß der Kraftstoffverbrauch durchschnittlich um 7,8 g/Test für jedes Vol.-% CO – Leerlaufemission zunimmt.

Anmerkungen:
1. Während $r_{xy}$ dimensionslos ist, haben $a_x$ und $b_x$ eine Dimension.
2. Die Regressionsgerade wird aus einer Bedingung berechnet, die der Eigenschaft 2 des arithmetischen Mittels entspricht. Es gibt auch eine der Eigenschaft 1 entsprechende Eigenschaft: Die Summer aller vertikalen Abweichungen ist Null.

Wenn das Merkmal $X$ die Zeit ist, wird durch die Werte $y_i$ eine zeitliche Entwicklung des Merkmals $Y$ ausgedrückt. Man nennt die Folge der $y_i$ ($i = 1, 2, \ldots, n$) eine Zeitreihe, ihre graphische Darstellung heißt Entwicklungskurve. Die Entwicklungstendenz einer Zeitreihe heißt **Trend**. Eventuelle periodische Schwankungen werden dabei nicht berücksichtigt. Ein Trend kann linear steigend oder fallend sein (Bilder 9.13a, b). Er heißt progressiv (steigend oder fallend), wenn seine Änderung pro Zeiteinheit zunimmt (Bilder 9.13c, d); wenn sie abnimmt, heißt er degressiv (Bilder 9.13e, f).

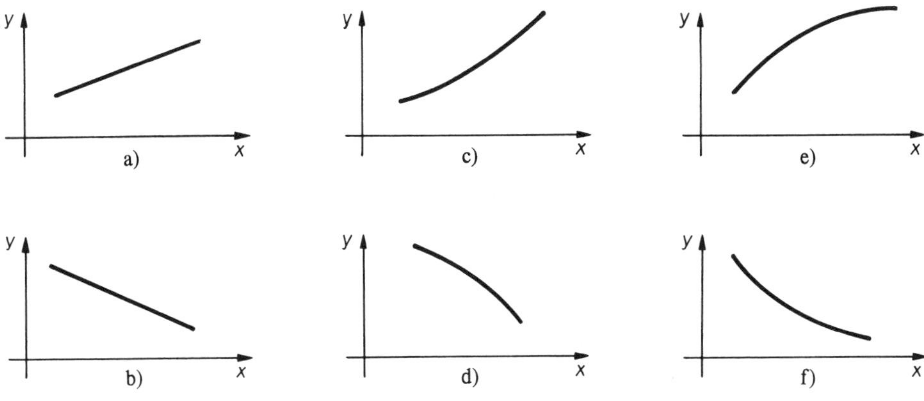


Bild 9.13

Die Gleichung der linearen Trendfunktion (Trendgerade) kann nach Gln. (9.8) berechnet werden. Man sollte aber vor Beginn der Rechnung anhand einer graphischen Darstellung überprüfen, ob auch wirklich linearer Trend vorliegt.
Wenn die Zeitpunkte äquidistant sind, d. h. wenn sie gleichen Abstand haben, läßt sich das Berechnungsverfahren vereinfachen: Für die Werte $x_i$ werden durch Substitution neue Werte $z_i$ eingeführt, die die Bedingung

$$\sum_{i=1}^{n} z_i = 0 \qquad \text{(I)}$$

erfüllen. Das kann man mit ganzen Zahlen erreichen, die äquidistant sind und symmetrisch zur Null liegen. Die beiden folgenden Beispiele zeigen mögliche Substitutionen für eine gerade und eine ungerade Anzahl $n$ von Werten:

| $x_i$ | 2001 | 2002 | 2003 | 2004 |
|---|---|---|---|---|
| $z_i$ | −3 | −1 | 1 | 3 |

| $x_i$ | 6.15 Uhr | 6.45 Uhr | 7.15 Uhr | 7.45 Uhr | 8.15 Uhr |
|---|---|---|---|---|---|
| $z_i$ | −2 | −1 | 0 | 1 | 2 |

Aus der Bedingung (I) folgt $\bar{z} = \frac{1}{n}\sum_{i=1}^{n} z_i = 0$. Damit ergibt sich aus den Gln. (9.8)

$$b_z = \frac{\sum_{i=1}^{n} z_i y_i - n\bar{z}\bar{y}}{\sum_{i=1}^{n} z_i^2 - n\bar{z}^2}; \qquad a_z = \bar{y} - b_z\bar{z}$$

$$b_z = \frac{\sum_{i=1}^{n} z_i y_i}{\sum_{i=1}^{n} z_i^2}; \qquad a_z = \bar{y} \qquad y = a_z + b_z z \tag{9.9}$$

### Beispiel

9.15 Für die folgenden Zeitreihen ist die Gleichung der linearen Trendfunktion zu berechnen und der Wert, der für 2006 zu erwarten ist, wenn gleichbleibender Trend vorausgesetzt wird.

a) Produktion $p$ (in Stück) eines Erzeugnisses in einem Betrieb

| Jahr | 2001 | 2002 | 2003 | 2004 | 2005 |
|---|---|---|---|---|---|
| $p$/(Stück) | 233 726 | 234 153 | 238 052 | 240 304 | 243 444 |

b) Index des spezifischen Materialverbrauchs in einem Industriezweig (1995 $\hat{=}$ 100)

| Jahr | 1985 | 2001 | 2002 | 2003 | 2004 | 2005 |
|---|---|---|---|---|---|---|
| Index | 95,7 | 90,2 | 86,9 | 84,7 | 83,4 | 80,2 |

*Lösung:*

a)

| $z_i$ | −2 | −1 | 0 | 1 | 2 |
|---|---|---|---|---|---|
| $y_i$ | 233 726 | 234 153 | 238 052 | 240 304 | 243 444 |

$$\sum_{i=1}^{5} z_i y_i = (-2)\cdot 233\,726 + \ldots + 2\cdot 243\,444 = 25\,587$$

$$\sum_{i=1}^{5} z_i^2 = 10; \qquad b_z = \frac{25\,587}{10} = 2\,558{,}7$$

$$a_z = \frac{1}{5}(233\,726 + \ldots + 243\,444) = 237\,935{,}8$$

Gleichung der Trendgeraden: $y = 237\,935{,}8 + 2\,558{,}7\,z$
Der Jahreszahl $x_i = 2006$ entspricht $z_i = 3$.

Die Trendgleichung ergbit $y = 245611,9$.
Im Jahr 2006 ist eine Produktion von 245612 Stück zu erwarten.

b)

| $z_i$ | $-5$ | $-3$ | $-1$ | 1 | 3 | 5 |
|---|---|---|---|---|---|---|
| $y_i$ | 95,7 | 90,2 | 86,9 | 84,7 | 83,4 | 80,2 |

$$b_z = \frac{-100,1}{70} = -1,43 \qquad a_z = \frac{521,1}{6} = 86,85$$

Gleichung der Trendgeraden: $y = 86,85 - 1,43\,z$
Der Jahreszahl $x_i = 2006$ entspricht $z_i = 7$
($z_i$ wächst pro Jahr um 2 Einheiten), folglich $y = 76,84$.
Im Jahr 2006 ist der Indexwert 76,8 zu erwarten.

## Kontrollfragen

9.9 Welche Werte kann der Korrelationskoeffizient annehmen?

9.10 Wie groß ist der Korrelationskoeffizient, wenn die Punkte der Punktwolke genau auf einer fallenden Geraden liegen?

9.11 Was sagt der Regressionskoeffizient über den Zusammenhang zwischen den Merkmalen $X$ und $Y$ aus?

9.12 Was bedeutet Trend?

9.13 Welche Bedingung müssen bei der vereinfachten Trendberechnung die durch Substitution eingeführten Werte $z_i$ erfüllen, und wie läßt sie sich für geradzahlige und ungeradzahlige Stichprobenumfänge $n$ realisieren?

## Aufgaben: 9.7 bis 9.10

# 9.4 Aufgaben

**9.1** Stellen Sie die Verteilung der Werte der folgenden Urliste (Messungen an Kondensatoren) als sekundäre Verteilungstafel und als Histogramm dar und berechnen Sie aus den Werten der Tafel $R$, $D$, $\bar{x}$, $s$ (nach den Gln. (9.2) und (9.4b)) und $v$

a) für die Reduktionslage 135 pF und $d = 5$ pF;
b) für die Reduktionslage 134 pF und $d = 4$ pF.

| $x_i$/pF | | | | | | | | | |
|---|---|---|---|---|---|---|---|---|---|
| 139 | 144 | 149 | 149 | 152 | 152 | 147 | 147 | 151 | 151 |
| 155 | 155 | 145 | 143 | 144 | 147 | 147 | 157 | 160 | 145 |
| 135 | 143 | 142 | 145 | 146 | 150 | 156 | 160 | 152 | 153 |
| 147 | 151 | 157 | 157 | 150 | 140 | 141 | 137 | 148 | 149 |
| 160 | 161 | 156 | 150 | 151 | 153 | 146 | 147 | 141 | 147 |
| 157 | 151 | 161 | 150 | 136 | 140 | 150 | 146 | 151 | 142 |
| 156 | 150 | 135 | 143 | 147 | 156 | 161 | 138 | 144 | 146 |
| 158 | 151 | 154 | 158 | 151 | 158 | 149 | 149 | 144 | 148 |

**9.2** Berechnen Sie $\bar{x}$ und $s$ für die Werte der gegebenen Verteilung nach dem Verfahren des angenommenen Mittelwertes
a) mit $\bar{x}_a = D$ b) mit $\bar{x}_a = 148$ kg

| $x_i$/kg | $h_i$ |
|---|---|
| 128 | 4 |
| 133 | 8 |
| 138 | 14 |
| 143 | 10 |
| 148 | 8 |
| 153 | 6 |

**9.3** Berechnen Sie für die gegebene Verteilung die Werte der empirischen Verteilungsfunktion und daraus die Intervallhäufigkeiten für $3{,}20 \leqq x_i/\text{k}\Omega < 3{,}40$ und für $3{,}35 \leqq x_i/\text{k}\Omega < 3{,}50$.

| Klassen (Grenzen in kΩ) | $h_i$ |
|---|---|
| von 3,15 bis unter 3,20 | 12 |
| von 3,20 bis unter 3,25 | 18 |
| von 3,25 bis unter 3,30 | 24 |
| von 3,30 bis unter 3,35 | 36 |
| von 3,35 bis unter 3,40 | 24 |
| von 3,40 bis unter 3,45 | 18 |
| von 3,45 bis unter 3,50 | 10 |

**9.4** Für die Werte der folgenden Urliste (Zeitdauer von Telefongesprächen in Sekunden) sind $R$, $\tilde{x}$, $\bar{x}$ und $s$ zu berechnen

| $x_i$/s | | | | | | | | | |
|---|---|---|---|---|---|---|---|---|---|
| 5 | 7 | 12 | 25 | 10 | 16 | 32 | 18 | 12 | 14 |
| 16 | 15 | 9 | 22 | 17 | 13 | 11 | 10 | 12 | 10 |

**9.5** a) Der Index des spezifischen Materialverbrauchs für ein Erzeugnis war (1995 ≙ 100)

| Jahr | 2002 | 2003 | 2004 | 2005 |
|---|---|---|---|---|
| Index | 73,9 | 70,9 | 69,6 | 67,0 |

Berechnen Sie die jährlichen prozentualen Änderungen und die jährliche Änderungsrate.

b) Berechnen Sie die jährliche Änderungsrate für eine Kennziffer, die in einem Jahr um 40 % abnahm und im folgenden um 40 % zunahm.

c) In einem Industriezweig war die jährliche Änderung der Bruttoproduktion von 2000 bis 2005:
−18,6 %, −5,4 %, −4,2 %, 7,6 %, 3,4 %.
Berechnen Sie das jährliche Wachstumstempo und die jährliche Änderungsrate.

**9.6** Ermitteln Sie für die folgenden Meßwerte den Median und die Spannweite:
a) $x_i$/cm: 32, 30, 28, 26, 40, 50, 31, 25
b) $x_i$/g: 6, 8, 12, 11, 10, 10, 8, 8, 6, 7, 6, 6, 11, 12, 7
c)

| $x_i$/m | 3,25 | 3,28 | 3,29 | 3,30 |
|---|---|---|---|---|
| $h_i$ | 4 | 8 | 7 | 6 |

**9.7** Bei Zementbeton hängt die Druckfestigkeit $Y$ vom Wasser-Zement-Verhältnis $X$ ab. Für 15 Prüfwürfel (Kantenlänge 150 mm, Zementfestigkeitsklasse 45) ergab sich

| $x_i$ | 0,4 | 0,6 | 0,7 | 0,9 | 0,45 | 0,95 | 0,8 | 0,35 |
|---|---|---|---|---|---|---|---|---|
| $y_i$/MPa | 52 | 36 | 28 | 18 | 46 | 16 | 23 | 53 |

| $x_i$ | 0,75 | 0,65 | 0,5 | 0,55 | 0,85 | 0,3 | 1,0 |
|---|---|---|---|---|---|---|---|
| $y_i$/MPa | 25 | 32 | 44 | 40 | 20 | 54 | 17 |

Berechnen Sie den Korrelationskoeffizienten und die Gleichung der Regressionsgeraden.

**9.8** Welcher Zusammenhang besteht zwischen der relativen Kapazitätsänderung $\Delta C/C$ eines Papierkondensators und der Frequenz $f$?

| $f$/kHz | 15 | 20 | 30 | 40 | 60 | 10 | 45 | 55 |
|---|---|---|---|---|---|---|---|---|
| $\Delta C/C$ | −15 | −20 | −18 | −25 | −23 | −14 | −23 | −21 |

Wie groß ist die relative Kapazitätsänderung pro Kilohertz Frequenzänderung in dem untersuchten Bereich?

**9.9** In einem Betrieb waren die spezifischen Produktionskosten $k$ für ein Erzeugnis (in €/Stück)

| Jahr | 1998 | 1999 | 2000 | 2001 | 2002 | 2003 | 2004 | 2005 |
|---|---|---|---|---|---|---|---|---|
| $k$ | 5930 | 5922 | 5917 | 5912 | 5907 | 5894 | 5881 | 5875 |

Berechnen Sie die Gleichung der linearen Trendfunktion. Wie groß war die durchschnittliche jährliche Änderung?

**9.10** Der Grundmittelbestand änderte sich in einem Betrieb von 2001 bis 2005 (in $10^3$ €):

| 2001 | 2002 | 2003 | 2004 | 2005 |
|---|---|---|---|---|
| 8119,9 | 8165,0 | 8749,6 | 9498,1 | 10546,6 |

Berechnen Sie die Gleichung der linearen Trendfunktion. Welcher Wert ist für 2006 zu erwarten, wenn gleichbleibender Trend vorausgesetzt wird?

---

**9.11** Stellen Sie die Verteilung der Werte der folgenden Urliste (Längenmessungen an einem Werkstück) als sekundäre Verteilungstafel dar und berechnen Sie mit den Werten der Tafel $\bar{x}$, $s$ und $v$

a) für die Reduktionslage 18,8 mm, $d = 0{,}4$ mm;
b) für die Reduktionslage 18,5 mm, $d = 0{,}5$ mm.

| $x_i$/mm | | | | | | | | | | | |
|---|---|---|---|---|---|---|---|---|---|---|---|
| 19,6 | 19,6 | 20,1 | 20,4 | 20,1 | 18,9 | 20,7 | 19,8 | 20,1 | 19,8 | 19,8 | 20,4 |
| 19,9 | 20,1 | 20,4 | 19,9 | 20,3 | 20,6 | 20,0 | 20,7 | 19,5 | 20,1 | 20,4 | 19,6 |
| 20,0 | 19,6 | 20,2 | 19,7 | 20,0 | 19,8 | 19,2 | 20,1 | 20,4 | 19,5 | 19,8 | 20,0 |
| 20,3 | 19,4 | 20,0 | 20,2 | 19,2 | 19,7 | 20,1 | 19,2 | 20,1 | 20,0 | 20,0 | 20,3 |
| 19,6 | 20,1 | 19,2 | 19,9 | 19,7 | 20,3 | 20,4 | 20,0 | 19,7 | 20,7 | 19,7 | 20,1 |
| 19,4 | 20,4 | 19,7 | 20,6 | 20,6 | 19,0 | 19,8 | 19,7 | 19,3 | 19,8 | 20,8 | 20,0 |
| 20,1 | 19,2 | 20,4 | 19,7 | 20,2 | 19,7 | 20,1 | 19,0 | 20,5 | 19,6 | 19,7 | 20,3 |
| 20,3 | 19,7 | 20,1 | 19,3 | 20,5 | 20,2 | 19,3 | 20,5 | 19,8 | 19,1 | 20,5 | 20,0 |
| 20,1 | 19,6 | 19,8 | 20,3 | 19,8 | 20,6 | 20,1 | 20,2 | 19,6 | 20,5 | 19,7 | 20,5 |
| 19,6 | 20,1 | 20,2 | 19,9 | 20,5 | 20,9 | 19,6 | 20,7 | 20,2 | 20,1 | 20,6 | 20,1 |

**9.12** Berechnen Sie für die Werte der folgenden Verteilung
$D$, $\bar{x}$, s und $v$.

| Klassen (Grenzen in m) | $h_i$ |
|---|---|
| von 623 bis unter 630 | 7 |
| von 630 bis unter 636 | 26 |
| von 636 bis unter 641 | 23 |
| von 641 bis unter 646 | 25 |
| von 646 bis unter 652 | 8 |
| von 652 bis unter 660 | 3 |

**9.13** Die jährlichen Änderungen einer Kennziffer sind −60 %, −20 %, −30 %, 10 %, 15 %. Berechnen Sie das jährliche Wachstumstempo und die jährliche Änderungsrate.

**9.14** Bei einem Motor wurden Drehzahl ($X$) und Leistung ($Y$) gemessen:

| $x_i/\text{min}^{-1}$ | 1 500 | 1 800 | 2 000 | 2 100 | 2 250 | 2 300 | 2 450 | 2 500 |
|---|---|---|---|---|---|---|---|---|
| $y_i/\text{kW}$ | 5 | 10 | 12 | 18 | 25 | 28 | 31 | 37 |

| | | | | | |
|---|---|---|---|---|---|
| 2 600 | 2 750 | 2 800 | 2 900 | 3 000 | 3 100 |
| 38 | 42 | 51 | 53 | 58 | 59 |

Berechnen Sie den Korrelationskoeffizienten, die Gleichung der Regressionsgeraden und den durchschnittlichen Leistungszuwachs pro 100 $\text{min}^{-1}$.

**9.15** Der Index des Außenhandelsumsatzes in einem Betrieb (1985 ≙ 100) war

| 1996 | 1997 | 1998 | 1999 | 2000 | 2001 | 2002 | 2003 | 2004 | 2005 |
|---|---|---|---|---|---|---|---|---|---|
| 154 | 161 | 184 | 211 | 229 | 231 | 271 | 269 | 280 | 292 |

Welcher Wert ist für 2006 zu erwarten, wenn gleichbleibender Trend vorausgesetzt wird?

# 10 Wahrscheinlichkeitsrechnung

## 10.0 Vorbemerkung

Es gibt Vorgänge (Erscheinungen), bei denen sich unter bekannten Bedingungen ein Ergebnis einstellt, das mit Sicherheit vorausgesagt werden kann. Wenn z. B. Wasser bei normalem Luftdruck erwärmt wird, beginnt es bei 100 °C zu sieden. Man nennt solche Erscheinungen deterministisch. Andererseits gibt es Vorgänge, bei denen das Ergebnis zufällig ist, z. B. die Zeitdauer eines Telefongesprächs. Sie heißen stochastische (zufällige) Erscheinungen und sind Untersuchungsgegenstand der Wahrscheinlichkeitsrechnung.

## 10.1 Zufällige Ereignisse

Grundlegender Begriff der Wahrscheinlichkeitsrechnung ist das zufällige **Ereignis**. Es ist das Ergebnis eines zufälligen **Versuchs**. Unter einem zufälligen Versuch versteht man einen Vorgang, der sich beliebig oft wiederholen läßt (zumindest gedanklich), und dessen Ergebnis bei jeder Wiederholung ungewiß ist.

Die Bedingung, daß ein zufälliger Versuch beliebig oft wiederholbar sein muß, läßt sich damit begründen, daß bei einem Einzelversuch keine Aussagen über das Versuchsergebnis und sich daraus herleitende Gesetzmäßigkeiten möglich sind. Dazu bedarf es einer Vielzahl von Wiederholungen des Versuchs. Ein zufälliger Versuch ist demnach das Modell einer Massenerscheinung.

Beispiele für zufällige Versuche ($V$) und mögliche Ereignisse ($E_i$) sind:

1. $V$: Messung des Durchmessers eines Zylinderkolbens.
   $E_i$: Die sich ergebenden Meßwerte.
2. $V$: Messung des elektrischen Widerstandes (s. Beispiel 9.3).
   $E_i$: Die Klassen, in denen die Meßwerte liegen können.
3. $V$: Untersuchung eines Kondensators auf Funktionsfähigkeit.
   $E_i$: Funktionsfähigkeit ($E_1$), Ausschuß ($E_2$). Es sind nur diese beiden Ereignisse möglich.
4. $V$: Leistungskontrolle eines Fachschülers.
   $E_i$: »Sehr gut« ($E_1$), »Gut« ($E_2$), ..., »Ungenügend« ($E_6$).
5. $V$: 1 Wurf mit einem Würfel.
   $E_i$: Es sind 6 Ereignisse möglich, die Zahlen 1 bis 6.

Wenn ein Versuch mehrmals durchgeführt wird, kann man die Ergebnisse als eine repräsentative Stichprobe aus einer Gesamtheit auffassen, die aus der Menge aller möglichen (also unendlich vielen) Versuchsergebnisse besteht. Ein solches Modell einer Gesamtheit mit unendlich vielen Elementen heißt Grundgesamtheit. Jedes Ereignis kommt in der Stichprobe mit einer relativen Häufigkeit vor, die um einen konstanten Wert schwankt, und zwar um so weniger, je größer der Stichprobenumfang ist. Dieser konstante Wert, der i. allg. nicht bekannt ist, heißt die **Wahrscheinlichkeit** $P(E)$ für das Ereignis $E$ (gelesen: »$P$ von $E$« in Anlehnung an das Funktionssymbol). Er ist der Sicherheitsgrad, mit dem das Ereignis $E$ bei einem Versuch eintritt. Wenn der Versuch $n$-mal durchgeführt wird und dabei das Ereignis $E$ $m$-mal eintritt, ist die **relative** Häufigkeit $\frac{m}{n}$ ein Schätzwert für die Wahrscheinlichkeit $P(E)$.
Er ist um so besser, je größer der Stichprobenumfang $n$ ist.

**Beispiel**

10.1 Beim Würfeln mit einem Würfel wurden bei $n = 120$, 360, 480 und 600 Würfen die Zahlen 1 bis 6 mit folgenden Häufigkeiten geworfen:

| $n$ | Zahl | | | | | |
|---|---|---|---|---|---|---|
| | 1 | 2 | 3 | 4 | 5 | 6 |
| 120 | 19 | 19 | 18 | 24 | 25 | 15 |
| 360 | 45 | 75 | 57 | 73 | 69 | 41 |
| 480 | 60 | 95 | 76 | 99 | 95 | 55 |
| 600 | 71 | 119 | 98 | 127 | 118 | 67 |

Es sind die relativen Häufigkeiten zu berechnen und die Wahrscheinlichkeiten für $E_1 = \{1\}$, $E_2 = \{2\}, \ldots, E_6 = \{6\}$, d. h. für das Werfen der Zahlen 1 bis 6, zu schätzen.
*Lösung:*
Die relativen Häufigkeiten sind

| $n$ | Zahl | | | | | |
|---|---|---|---|---|---|---|
| | 1 | 2 | 3 | 4 | 5 | 6 |
| 120 | 0,1583 | 0,1583 | 0,1500 | 0,2000 | 0,2083 | 0,1250 |
| 360 | 0,1250 | 0,2083 | 0,1583 | 0,2028 | 0,1917 | 0,1139 |
| 480 | 0,1250 | 0,1979 | 0,1583 | 0,2062 | 0,1979 | 0,1146 |
| 600 | 0,1183 | 0,1983 | 0,1633 | 0,2117 | 0,1967 | 0,1117 |

Für $n = 480$ und $n = 600$ unterscheiden sich die Werte in jeder Spalte um weniger als 0,01. Die Werte für $n = 600$ werden (auf Hundertstel gerundet) als Schätzwerte für die Wahrscheinlichkeiten genommen:

$P(\{1\}) = 0{,}12$; $P(\{2\}) = 0{,}20$; $P(\{3\}) = 0{,}16$;
$P(\{4\}) = 0{,}21$; $P(\{5\}) = 0{,}20$; $P(\{6\}) = 0{,}11$.

Für die Zahlen 1 und 6 ergibt sich eine geringere Wahrscheinlichkeit als für die anderen. Da im Idealfall jede Zahl die gleiche Wahrscheinlichkeit haben müßte (bei 600 Würfen müßte jede etwa 100mal eintreten, d. h., $P(E_i) = 100/600 \approx 0{,}17$ für $i = 1, 2, \ldots, 6$), ist der untersuchte Würfel offenbar kein »idealer« Würfel.

Extremfälle eines zufälligen Ereignisses sind

- das **sichere Ereignis** $\Omega$ und
- das **unmögliche Ereignis** $\emptyset$.

Bei jeder Wiederholung des Versuchs tritt das sichere Ereignis stets und das unmögliche Ereignis niemals ein. Beispiele beim Würfeln sind das Werfen einer beliebigen Zahl ($E = \{1; 2; 3; 4; 5; 6\} = \Omega$) bzw. der Zahl 7 ($E = \{7\} = \emptyset$).

Zwischen Ereignissen und Mengen besteht eine Analogie. Deshalb werden die folgenden **Relationen und Operationen zwischen Ereignissen** mit den gleichen Symbolen wie bei Mengen bezeichnet (die Beispiele beziehen sich stets auf den Versuch: 1 Wurf mit einem Würfel):

1. $E_1 \subset E_2$ bedeutet: Ereignis $E_1$ zieht Ereignis $E_2$ nach sich, d. h., mit $E_1$ tritt stets auch $E_2$ ein (umgekehrt kann mit $E_2$ auch $E_1$ eintreten, muß aber nicht).

   Beispiel: Mit $E_1 = \{4\}$, $E_2 = \{2; 4; 6\}$ (gerade Zahl) ist $E_1 \subset E_2$.

2. $E_1 = E_2$ bedeutet: $E_1$ und $E_2$ sind gleich, d. h., mit $E_1$ tritt stets auch $E_2$ ein, und mit $E_2$ tritt stets auch $E_1$ ein.

   Beispiel: $E_1 = \{2; 4; 6\}$ (gerade Zahl), $E_2 = \{2; 4; 6\}$ (eine durch 2 teilbare Zahl); es ist $E_1 = E_2$.

3. $E_1 \cup E_2$ heißt **Summe** von $E_1$, $E_2$ und bedeutet: Es tritt $E_1$ oder $E_2$ ein, d. h. mindestens eins der beiden Ereignisse.

   Beispiel: $E_1 = \{1; 3; 5\}$ (ungerade Zahl), $E_2 = \{1; 2; 3; 4\}$ (eine Zahl kleiner als 5); es ist $E_1 \cup E_2 = \{1; 3; 5\} \cup \{1; 2; 3; 4\} = \{1; 2; 3; 4; 5\}$ (eine Zahl ungleich 6).

4. $E_1 \cap E_2$ heißt das **Produkt** von $E_1$, $E_2$ und bedeutet: Es treten $E_1$ und $E_2$ ein, d. h. sowohl $E_1$ als auch $E_2$.

   Beispiel: Mit $E_1$, $E_2$ aus dem Beispiel zu 3. ist $E_1 \cap E_2 = \{1; 3; 5\} \cap \{1; 2; 3; 4\} = \{1; 3\}$.

5. $\bar{E}$ heißt das zu $E$ entgegengesetzte (komplementäre) Ereignis und bedeutet: $\bar{E}$ tritt genau dann ein, wenn $E$ nicht eintritt.

   Beispiel: $E = \{2; 4; 6\}$ (gerade Zahl); $\bar{E} = \{1; 3; 5\}$ (ungerade Zahl).

6. $E_1$, $E_2$ heißen unvereinbar (schließen sich gegenseitig aus), wenn ihr gleichzeitiges Eintreten unmöglich ist: $E_1 \cap E_2 = \emptyset$.

   Beispiele: 1. $E_1 = \{2; 3\}$, $E_2 = \{4; 5\}$; $E_1 \cap E_2 = \emptyset$.
   2. Entgegengesetzte Ereignisse sind unvereinbar: $E \cap \bar{E} = \emptyset$.

7. Alle Ereignisse, die bei einem zufälligen Versuch eintreten können, bilden das Ereignisfeld des Versuchs. (Mit 2 Ereignissen $E_1$ und $E_2$ enthält es demnach auch $E_1 \cup E_2$, $E_1 \cap E_2$, $\bar{E}_1$ $\bar{E}_2$ sowie $\Omega$ und $\emptyset$.)

8. $E$ heißt elementares Ereignis (Elementarereignis, atomares Ereignis), wenn es sich nicht weiter zerlegen läßt (d. h., es darf nicht als Summe anderer Ereignisse des Ereignisfeldes darstellbar sein). $E$ heißt zusammengesetztes Ereignis, wenn es kein elementares Ereignis ist.

**Beispiel**

10.2 Die in Beispiel 9.3 ausgewerteten Messungen an Widerständen werden als 60mal durchgeführter Versuch interpretiert. Die Klassen der sekundären Verteilungstafel sind die möglichen Elementarereignisse, d. h., wenn z. B. ein Meßwert $x$ im Intervall $200 \leqq x < 214$ liegt, ist $E_1$ eingetreten usw. Mit den relativen Häufigkeiten in Spalte (5) werden die Wahrscheinlichkeiten für diese Ereignisse geschätzt:

| $i$ | Ereignis $E_i$ | Wahrscheinlichkeit $P(E_i)$ |
|---|---|---|
| 1 | $\{x: 210 \leqq x < 214\}$ | 0,066 7 |
| 2 | $\{x: 214 \leqq x < 218\}$ | 0,100 0 |
| 3 | $\{x: 218 \leqq x < 222\}$ | 0,250 0 |
| 4 | $\{x: 222 \leqq x < 226\}$ | 0,333 3 |
| 5 | $\{x: 226 \leqq x < 230\}$ | 0,183 3 |
| 6 | $\{x: 230 \leqq x < 234\}$ | 0,066 7 |

Es sind die folgenden Operationen zu bilden:

a) $E_1 \cap E_2$, $E_1 \cup E_2$, $E_1 \cup E_2 \cup \ldots \cup E_6$

b) $E_7 = E_2 \cup E_3 \cup E_4$, $E_8 = E_4 \cup E_5$, $E_9 = E_7 \cap E_8$, $E_{10} = E_7 \cup E_8$

c) $\overline{E}_{10}$

*Lösung:*

a) Das Produkt von $E_1$, $E_2$ ergibt sich als Durchschnitt der beiden Mengen, und dieser ist leer: $E_1 \cap E_2 = \emptyset$, d. h., $E_1$ und $E_2$ sind unvereinbar (es ist unmöglich, daß ein Meßwert zugleich in beiden Klassen liegt). Alle anderen elementaren Ereignisse sind gleichfalls paarweise unvereinbar.
Die Summe ergibt sich als Vereinigung beider Mengen: $E_1 \cup E_2 = \{x: 210 \leqq x < 218\}$; folglich ist $E_1 \cup E_2 \cup \ldots \cup E_6 = \Omega$, d. h., jeder Meßwert liegt mit Sicherheit in einer der 6 Klassen.

b) $E_7 = \{x: 214 \leqq x < 226\}$, $E_8 = \{x: 222 \leqq x < 230\}$, $E_9 = E_7 \cap E_8 = \{x: 222 \leqq x < 226\} = E_4$ (ein Meßwert, der zugleich in $214 \leqq x < 226$ und in $222 \leqq x < 230$ liegt, muß im Intervall $222 \leqq x < 226$ liegen), $E_{10} = E_7 \cup E_8 = \{x: 214 \leqq x < 230\}$

c) Da $E_{10} = E_2 \cup E_3 \cup E_4 \cup E_5$ ist, ergibt sich
$\overline{E}_{10} = E_1 \cup E_6 = \{x: (210 \leqq x < 214) \vee (230 \leqq x < 234)\}$ (das Zeichen »$\vee$« lies: »oder«), d. h., ein Meßwert, der nicht in $214 \leqq x < 230$ liegt, muß in $210 \leqq x < 214$ oder in $230 \leqq x < 234$ liegen.

Die Wahrscheinlichkeit eines Ereignisses $E$ wurde als der Grad der Sicherheit erklärt, mit dem es eintritt; als Schätzwert wird die relative Häufigkeit berechnet, mit der $E$ bei einer hinreichend großen Anzahl von Wiederholungen des Versuchs eintritt.
Für relative Häufigkeiten von Ereignissen gilt:

1. Wenn bei $n$ Versuchen das Ereignis $E$ $m$-mal eintritt, so ist $0 \leqq m \leqq n$, und die relative Häufigkeit $\frac{m}{n}$ ist eine Zahl, die zwischen 0 und 1 liegt.
2. Für das sichere Ereignis ist $m = n$, und die relative Häufigkeit ist 1.
3. Wenn $E_1$, $E_2$ unvereinbar sind und bei $n$ Versuchen $E_1$ $m_1$-mal, $E_2$ $m_2$-mal eintritt, so tritt $E_1 \cup E_2$ $(m_1 + m_2)$-mal ein.
   Es ist $\frac{m_1 + m_2}{n} = \frac{m_1}{n} + \frac{m_2}{n}$; die relative Häufigkeit der Summe $E_1 \cup E_2$ ist gleich der Summe der relativen Häufigkeiten der Ereignisse $E_1$ und $E_2$.

Da die Wahrscheinlichkeit durch die relative Häufigkeit geschätzt wird, hat sie offensichtlich die gleichen Eigenschaften.

Deshalb wird definiert:

**Axiomatische Definition der Wahrscheinlichkeit**

In dem Ereignisfeld eines zufälligen Versuchs wird jedem Ereignis $E$ eine reelle Zahl $P(E)$ zugeordnet, für die gilt:

1. $P(E)$ liegt zwischen 0 und 1

$$0 \leqq P(E) \leqq 1 \tag{10.1}$$

2. Die Wahrscheinlichkeit des sicheren Ereignisses ist 1:

$$P(\Omega) = 1 \tag{10.2}$$

3. Additionsaxiom: Wenn $E_1$, $E_2$ unvereinbar sind ($E_1 \cap E_2 = \emptyset$), so ist

$$P(E_1 \cup E_2) = P(E_1) + P(E_2) \tag{10.3}$$

1. Die Definition stammt von dem sowjetischen Mathematiker KOLMOGOROV und wurde von ihm 1933 erstmalig veröffentlicht. Seitdem ist sie die Grundlage der modernen Wahrscheinlichkeitsrechnung.
2. Der Wahrscheinlichkeitsbegriff wird durch 3 Axiome definiert. Axiome sind grundlegende Aussagen, die so offensichtlich sind, daß sie ohne Beweis als gültig anerkannt werden.
3. Die Aussage (10.2) ist nicht umkehrbar, d. h., wenn ein Ereignis die Wahrscheinlichkeit 1 hat, tritt es »mit an Sicherheit grenzender Wahrscheinlichkeit« ein. Es ist ein fast sicheres Ereignis, d. h., es ist möglich, daß es bei einer großen Zahl von Wiederholungen des Versuchs bei einigen wenigen nicht eintritt.

**Beispiel**

10.3 Für die Ereignisse $E_1 \cup E_2$, $E_7$, $E_8$, $E_9$, $E_{10}$ und $\bar{E}_{10}$ des Beispiels 10.2 sind die Wahrscheinlichkeiten zu berechnen.

*Lösung:*

Wegen $E_1 \cap E_2 = \emptyset$ ist Axiom (10.3) anwendbar:

$P(E_1 \cup E_2) = 0{,}0667 + 0{,}1000 = 0{,}1667$

Auch $P(E_7)$ wird nach Axiom (10.3) berechnet, denn $E_7 = E_2 \cup E_3 \cup E_4$ und $E_2$, $E_3$, $E_4$ sind unvereinbar: $P(E_7) = 0{,}1000 + 0{,}2500 + 0{,}3333 = 0{,}6833$, desgl. $P(E_8) = P(E_4 \cup E_5) = 0{,}3333 + 0{,}1833 = 0{,}5166$. Die Wahrscheinlichkeiten für $E_9$, $E_{10}$ und $\bar{E}_{10}$ ergeben sich aus den Darstellungen durch die Elementarereignisse $E_1$ bis $E_6$:

$P(E_9) \;= P(E_4) = 0{,}3333;$

$P(E_{10}) = P(E_2 \cup E_3 \cup E_4 \cup E_5) = 0{,}8666;$

$P(\bar{E}_{10}) = P(E_1 \cup E_6) = 0{,}1334$

Anmerkung:

Die Wahrscheinlichkeit $P(E_{10}) = P(E_7 \cup E_8)$ kann nicht nach Axiom (10.3) berechnet werden, denn $E_7$, $E_8$ sind nicht unvereinbar; die Summe beider Wahrscheinlichkeiten ergäbe auch einen Wert größer als 1, der nach Axiom (10.1) sinnlos ist.

Wesentlich älter als die axiomatische ist eine andere Definition der Wahrscheinlichkeit, die von P. LAPLACE (1749–1827) stammt und u. a. zur Untersuchung von Glücksspielen genutzt wurde, die

### Klassische Definition der Wahrscheinlichkeit

Wenn das Ereignisfeld eines zufälligen Versuchs $k$ elementare Ereignisse enthält, die alle gleichmöglich (gleichwahrscheinlich) sind, und sich das Ereignis $E$ in eine Summe von $g$ elementaren Ereignissen zerlegen läßt, so ist

$$P(E) = \frac{g}{k} = \frac{\text{Anzahl der für } E \text{ günstigen elementaren Ereignisse}}{\text{Anzahl aller elementaren Ereignisse}} \qquad (10.4)$$

Bei $k$ gleichmöglichen Elementarereignissen $A_i$ $(i = 1, 2, \ldots, k)$ ist die Wahrscheinlichkeit für jedes $A_i$ gleich $P(A_i) = 1/k$.

### Beispiele

10.4 Für einen Wurf mit einem idealen Würfel sind für $E_1 = \{6\}$, $E_2 = \{2; 4; 6\}$ (gerade Zahl), $E_3 = \{x : x \geqq 5\}$ (mindestens 5) die Wahrscheinlichkeiten zu berechnen.
*Lösung:*
Wenn der Würfel ideal ist, gibt es bei einem Wurf 6 gleichmögliche Elementarereignisse. Die Voraussetzung für die Anwendung der klassischen Definition ist erfüllt.

$P(E_1) = 1/6 = 0{,}166\,7$; $P(E_2) = 3/6 = 0{,}5$; $P(E_3) = P(\{5; 6\}) = 2/6 = 0{,}333\,3$

10.5 Für einen Wurf mit zwei idealen Würfeln sind die Wahrscheinlichkeiten für die Ereignisse zu berechnen: Sechserpasch, d. h. zweimal die Zahl 6 ($E_1$), beliebiger Pasch ($E_2$), Gesamtzahl 3 ($E_3$), Gesamtzahl 8 ($E_4$).
*Lösung:*
Die Elementarereignisse sind alle möglichen Paare (1; 1), (1; 2) usw. bis (6; 6). In Bild 10.1 bedeutet jedes Feld des Quadrates ein Elementarereignis; es gibt demnach 36 Elementarereignisse. Nach Gl. (10.4) ist

$P(E_1) = P(\{(6; 6)\}) = 1/36 = 0{,}027\,8$;

$P(E_2) = P(\{(1; 1), (2; 2), \ldots, (6; 6)\}) = 6/36 = 1/6 = 0{,}166\,7$;

$P(E_3) = P(\{(1; 2), (2; 1)\}) = 2/36 = 0{,}055\,6$;

$P(E_4) = P(\{(2; 6), (3; 5), \ldots, (6; 2)\}) = 5/36 = 0{,}138\,9$

(s. die markierten Felder in Bild 10.1)
Die Wahrscheinlichkeit, eine 8 zu werfen, ist also etwas kleiner als die Wahrscheinlichkeit, einen beliebigen Pasch zu werfen.

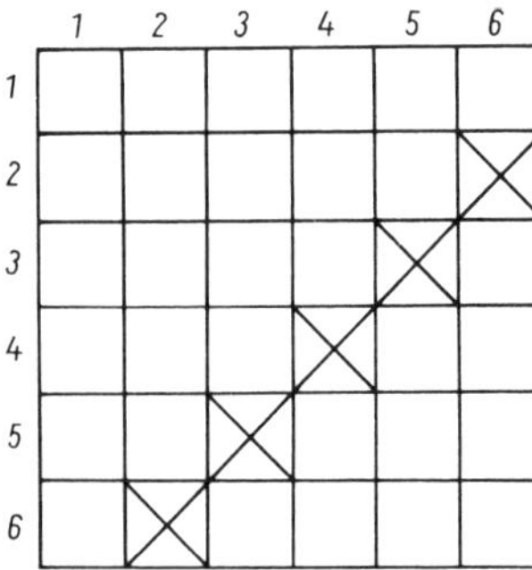

Bild 10.1

Die Voraussetzung für die Anwendung der klassischen Definition der Wahrscheinlichkeit ist in der Praxis meist nicht erfüllt. Weder beim Würfel in Beispiel 10.1 noch bei der Meßreihe in Beispiel 10.2 sind die Elementarereignisse gleich möglich. Deshalb ist die klassische Definition in beiden Fällen nicht anwendbar.

**Rechenregeln für Wahrscheinlichkeiten**

Die ersten beiden Regeln werden aus den Axiomen hergeleitet, die folgenden aus der Analogie zwischen Ereignissen und Mengen gewonnen.

1. Wahrscheinlichkeit des zu $E$ entgegengesetzten Ereignisses $\bar{E}$:
   Es ist $E \cup \bar{E} = \Omega$ (d. h., es ist sicher, daß $E$ entweder eintritt oder nicht), folglich $P(E \cup \bar{E}) = P(\Omega)$.
   Wegen $E \cap \bar{E} = \emptyset$ ist nach Axiom (10.3) $P(E \cup \bar{E}) = P(E) + P(\bar{E})$, und nach Axiom (10.2) ist $P(\Omega) = 1$.

$$P(E) + P(\bar{E}) = 1$$

$$\boxed{P(\bar{E}) = 1 - P(E)} \tag{10.5}$$

2. Wahrscheinlichkeit des unmöglichen Ereignisses $\emptyset$:
   $\Omega$ und $\emptyset$ sind entgegengesetzte Ereignisse.
   Nach Gl. (10.5) ist $P(\emptyset) = 1 - P(\Omega) = 1 - 1$

$$\boxed{P(\emptyset) = 0} \tag{10.6}$$

   Diese Aussage ist nicht umkehrbar (vgl. Anmerkung 3 zur axiomatischen Definition): Wenn ein Ereignis die Wahrscheinlichkeit 0 hat, ist es ein fast unmögliches Ereignis.

3. Additionsregel (Wahrscheinlichkeit der Summe zweier beliebiger Ereignisse):
   In Bild 10.2 sind Ereignisse durch Mengen dargestellt. Ihre Wahrscheinlichkeiten lassen sich als Verhältnis von Flächeninhalten deuten, z. B. ist
   $P(E_1) = \dfrac{\text{Inhalt der Fläche } E_1}{\text{Inhalt der Fläche } \Omega}$. Wegen $P(\Omega) = 1$ wird die Maßzahl des Flächeninhalts von $\Omega$ gleich 1 gesetzt. Damit wird

$$P(E_1) = \frac{\text{Inhalt der Fläche } E_1}{1} = \text{Inhalt der Fläche } E_1 .$$

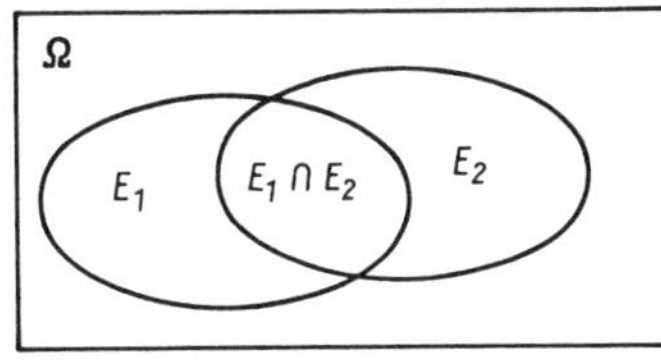


Bild 10.2

   Die Wahrscheinlichkeiten der Ereignisse in Bild 10.2 werden demnach durch die Maßzahlen der Flächeninhalte dargestellt. Es gilt

$$\boxed{P(E_1 \cup E_2) = P(E_1) + P(E_2) - P(E_1 \cap E_2)} \tag{10.7}$$

   Nach Bild 10.2 überdeckt nämlich die Summe $P(E_1) + P(E_2)$ die Fläche $P(E_1 \cap E_2)$ doppelt, während sie in $P(E_1 \cup E_2)$ nur einfach enthalten ist.

**Beispiel**

10.6 Für die Ereignisse $E_i$ sind nach Gl. (10.5) aus $P(E_i)$ die Wahrscheinlichkeiten für die entgegengesetzten Ereignisse zu ermitteln:
a) $E_1$: Nicht funktionierendes Maschinenteil;
Ausschußwahrscheinlichkeit $P(E_1) = 3{,}5\,\% = 0{,}035$;
b) $E_2 = \{1; 2\}$ (eine Zahl weniger als 3 bei 1 Wurf mit einem idealen Würfel);
c) $E_{10}$ in Beispiel 10.3; $P(E_{10}) = 0{,}8666$
*Lösung:*
a) $P(\bar{E}_1) = 1 - 0{,}035 = 0{,}965$ (Funktionswahrscheinlichkeit)
b) $P(E_2) = 2/6$; $P(\bar{E}_2) = 1 - 2/6 = 0{,}667$
c) $P(\bar{E}_{10}) = 1 - 0{,}8666 = 0{,}1334$ (vgl. Beispiel 10.3)

Mit Gl. (10.7) läßt sich die Wahrscheinlichkeit für die Summe zweier beliebiger Ereignisse berechnen, d. h., auch dann, wenn sie nicht unvereinbar sind (wenn $E_1 \cap E_2 = \emptyset$, ergibt sich Axiom (10.3) als Sonderfall). Allerdings kann Gl. (10.7) nur dann genutzt werden, wenn $P(E_1 \cap E_2)$ bekannt ist oder sich berechnen läßt. Das ist genau dann möglich, wenn die **Ereignisse $E_1$, $E_2$ unabhängig voneinander** sind. Darunter versteht man die Eigenschaft, daß die Wahrscheinlichkeit für $E_1$ konstant bleibt unabhängig davon, ob $E_2$ eintritt oder nicht. In Bild 10.2 muß demnach das Verhältnis der Fläche $E_1$ zur Gesamtfläche $\Omega$ gleich dem Verhältnis der Flächen $E_1 \cap E_2$ und $E_2$ sein (denn $E_1 \cap E_2$ ist der Anteil von $E_1$, der in $E_2$ liegt):

$$\frac{P(E_1)}{P(\Omega)} = \frac{P(E_1 \cap E_2)}{P(E_2)} \quad \text{mit} \quad P(\Omega) = 1$$

Auflösen der Gleichung nach $P(E_1 \cap E_2)$ ergibt die **Multiplikationsregel**:

$$\boxed{P(E_1 \cap E_2) = P(E_1) \cdot P(E_2)} \tag{10.8}$$

Sie gilt nur dann, wenn $E_1$, $E_2$ voneinander unabhängig sind. Umgekehrt folgt: Wenn die Regel gilt, sind die Ereignisse voneinander unabhängig.
Mit Gl. (10.8) folgt aus Gl. (10.7)

$$\begin{aligned} P(E_1 \cup E_2) &= P(E_1) + P(E_2) - P(E_1)P(E_2) \\ &= 1 - [1 - P(E_1) - P(E_2) + P(E_1)P(E_2)] \end{aligned}$$

$$\boxed{P(E_1 \cup E_2) = 1 - [1 - P(E_1)] \cdot [1 - P(E_2)]} \tag{10.9a}$$

**Additionsregel für unabhängige Ereignisse**
Eine einfachere Form ergibt sich nach Gl. (10.5):

$$\boxed{P(E_1 \dot{\cup} E_2) = 1 - P(\bar{E}_1)P(\bar{E}_2)} \tag{10.9}$$

1. Mit $P(E_1) = p_1$, $P(E_2) = p_2$, $1 - p_1 = q_1$, $1 - p_2 = q_2$ folgen die Gleichungen: $P(E_1 \cup E_2) = 1 - (1 - p_1)(1 - p_2) = 1 - q_1 q_2$.
2. Die Regel läßt sich leicht verallgemeinern. Für 3 unabhängige Ereignisse ist z. B. $P(E_1 \cup E_2 \cup E_3) = 1 - q_1 q_2 q_3$.
3. Die Regel läßt sich auch über das entgegengesetzte Ereignis herleiten: Es ist nämlich $\overline{E_1 \cup E_2} = \bar{E}_1 \cap \bar{E}_2$, d. h., wenn $E_1$ oder $E_2$ (oder beide) nicht eintreten, dann ist das gleichbedeutend damit, daß $E_1$ nicht eintritt und auch $E_2$ nicht eintritt. Damit ist

$$P(\overline{E_1 \cup E_2}) = P(\bar{E}_1 \cap \bar{E}_2) = q_1 q_2 \quad \text{und}$$

$$P(E_1 \cup E_2) = 1 - P(\overline{E_1 \cup E_2}) = 1 - q_1 q_2 .$$

4. Es wird noch einmal betont, daß diese Regel nur unter der Annahme gilt, daß die Ereignisse voneinander unabhängig sind. Eine andere Möglichkeit, $P(E_1 \cup E_2)$ allgemein zu berechnen, gibt es nicht. Deshalb wird bei allen folgenden Überlegungen die Unabhängigkeit der betrachteten Ereignisse vorausgesetzt.

### Beispiel

10.7 Bei einem Wettkampf schießen 3 Personen je einmal auf ein Ziel. Die Wahrscheinlichkeiten, bei einem Schuß zu treffen, sind $P(E_1) = 0{,}8$, $P(E_2) = P(E_3) = 0{,}6$ (d. h., die erste Person schießt besser als die beiden anderen). Mit welcher Wahrscheinlichkeit wird das Ziel a) 3mal, b) genau 2mal, c) mindestens 1mal getroffen?

*Lösung:*

a) $P(E_1 \cap E_2 \cap E_3) = 0{,}8 \cdot 0{,}6 \cdot 0{,}6 = 0{,}288$ (Gl. (10.8))

b) Es gibt 3 mögliche Ereignisse, die unvereinbar sind; bei jedem treffen jeweils 2 Personen und die dritte nicht:

$$P[(\bar{E}_1 \cap E_2 \cap E_3) \cup (E_1 \cap \bar{E}_2 \cap E_3) \cup (E_1 \cap E_2 \cap \bar{E}_3)]$$
$$= 0{,}2 \cdot 0{,}6 \cdot 0{,}6 + 0{,}8 \cdot 0{,}4 \cdot 0{,}6 + 0{,}8 \cdot 0{,}6 \cdot 0{,}4 = 0{,}456 \text{ (Gln. (10.8), (10.3))}$$

c) Es trifft die erste oder zweite oder dritte Person; die Ereignisse sind nicht unvereinbar:

$$P(E_1 \cup E_2 \cup E_3) = 1 - 0{,}2 \cdot 0{,}4 \cdot 0{,}4 = 0{,}968 \text{ (Gl. (10.9))}$$

Eine praktisch wichtige Anwendung ist die Berechnung der Funktionswahrscheinlichkeit eines Systems von Elementen in der Zuverlässigkeitstheorie. Es werden zwei Grundstrukturen unterschieden. Serienschaltung (Bild 10.3 a): Das System arbeitet ausfallfrei, wenn alle Elemente (d. h. Element 1 und Element 2) ausfallfrei arbeiten.
Parallelschaltung (Bild 10.3 b): Das System arbeitet ausfallfrei, wenn mindestens ein Element (d. h. Element 1 oder Element 2) ausfallfrei arbeitet.

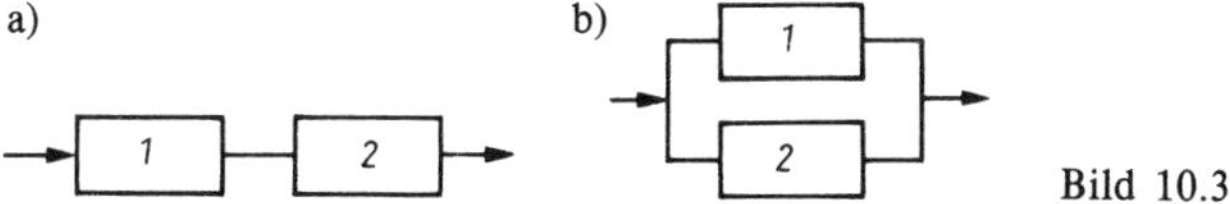

Bild 10.3

Die Funktionswahrscheinlichkeiten für die einzelnen Elemente (d. h. die Wahrscheinlichkeiten, daß die Elemente bis zum Zeitpunkt $t$ unfallfrei arbeiten) seien $p_1$ und $p_2$. Sie sind zeitabhängig, denn die Elemente sind funktions- und umgebungsbedingten Beanspruchungen ausgesetzt, und nehmen ab, je größer das Zeitintervall $[0; t]$ wird. Um die Regeln der Wahrscheinlichkeitsrechnung anwenden zu können, wird vorausgesetzt, daß die Elemente unabhängig voneinander funktionieren sollen. Für die Funktionswahrscheinlichkeiten der Systeme zur Zeit $t$ ergibt sich damit:

Seriensystem: $p_S = p_1 \cdot p_2$

Parallelsystem: $p_P = 1 - (1 - p_1)(1 - p_2)$

Bei einem Parallelsystem sind ein Element als Grund- und die anderen Elemente als Reserveelemente aufzufassen, die dazu dienen, die Zuverlässigkeit zu erhöhen. Dagegen ist bei Parallelschaltungen im physikalischen Sinn (z. B. 2 Widerstände) jedes Element zur Funktion der Parallelschaltung nötig; deshalb ist eine solche Schaltung im Sinne der Zuverlässigkeitstheorie eine Serienschaltung.

### Beispiele

10.8 Ein Element mit der Funktionswahrscheinlichkeit $p = 0{,}6$ wird zur Erhöhung der Zuverlässigkeit durch a) 1 Reserveelement, b) 2 Reserveelemente mit der gleichen Funktionswahrscheinlichkeit ergänzt. Um wieviel Prozent erhöht sich jeweils die Funktionswahrscheinlichkeit?

*Lösung:*
a) $p_P = 1 - 0{,}4 \cdot 0{,}4 = 0{,}84$; Erhöhung um $(0{,}84 - 0{,}6)/0{,}6 = 40\,\%$.
b) $p_P = 1 - 0{,}4 \cdot 0{,}4 \cdot 0{,}4 = 0{,}936$; Erhöhung um $(0{,}936 - 0{,}84)/0{,}84 = 11\,\%$.
Beim zweiten Reserveelement ist der Zuwachs an Zuverlässigkeit geringer als beim ersten.

10.9 Für das gemischte System in Bild 10.4 ist die Funktionswahrscheinlichkeit zu berechnen. Es ist $p_1 = 0{,}6$; $p_2 = p_3 = 0{,}3$; $p_4 = 0{,}8$; $p_5 = 0{,}7$; $p_6 = 0{,}6$.

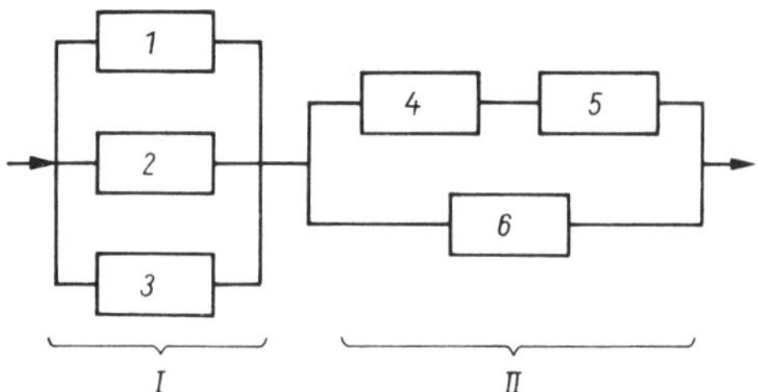


Bild 10.4

*Lösung:*

$$p_I = 1 - q_1 q_2 q_3 = 1 - 0{,}4 \cdot 0{,}7 \cdot 0{,}7 = 0{,}804$$

$$p_{45} = 0{,}8 \cdot 0{,}7 = 0{,}56$$

$$p_{II} = 1 - q_{45} q_6 = 1 - 0{,}44 \cdot 0{,}4 = 0{,}824$$

$$p = p_I p_{II} = 0{,}66$$

Die folgenden Probleme benötigen zu ihrer Lösung Kenntnisse aus dem Gebiet der Kombinatorik. In der **Kombinatorik** wird untersucht, wie viele Möglichkeiten es gibt, die Elemente einer Menge oder einer aus ihr gebildeten Teilmenge anzuordnen. Im folgenden werden ohne Beweis die für die Anwendung wichtigsten Formeln gegeben.

**Permutationen** (Anordnungsmöglichkeiten von $n$ Elementen):

$n$ verschiedene Elemente

$$P_n = n! = 1 \cdot 2 \cdot \ldots \cdot n \qquad (10.10)$$

(lies »$n$ Fakultät«, s. 1.4.3)

$n_1, n_2, \ldots, n_m$ gleiche Elemente

$$P_n^{(n_1, n_2, \ldots, n_m)} = \frac{n!}{n_1! n_2! \ldots n_m!} \qquad (10.10\,\text{a})$$

$(n_1 + n_2 + \ldots + n_m = n)$

**Beispiele**

10.10 a) Für 10 verschiedene Elemente gibt es $10! = 3\,628\,800$ Anordnungsmöglichkeiten (z. B. Sitzordnungen für 10 Personen).

b) Für 2 weiße, 3 rote und 5 blaue Kugeln gibt es $\frac{10!}{2!3!5!} = 2\,520$ Möglichkeiten, sie zu einer Kette zu ordnen.

**Kombinationen** (Anordnungsmöglichkeiten von $k$ Elementen, die aus $n$ Elementen ausgewählt werden):

Es gibt 2 Auswahlmöglichkeiten: Jedes Element wird entweder nach der Auswahl wieder zurückgelegt (so daß es mehrfach gewählt werden kann) oder nicht. Auch die Reihenfolge, in der ausgewählt wird, kann berücksichtigt werden oder nicht. Damit ergeben sich 4 Möglichkeiten: Kombinationen mit/ohne Berücksichtigung der Anordnung und mit/

ohne Wiederholung. Praktisch von Bedeutung sind
Kombinationen mit Berücksichtigung der Anordnung (Variationen) und mit Wiederholung

$$^{w}V_n^k = n^k; \tag{10.11}$$

Kombination ohne Berücksichtigung der Anordnung (Kombinationen) und ohne Wiederholung

$$C_n^k = \binom{n}{k} = \frac{n!}{(n-k)!k!} = \frac{n(n-1)\ldots(n-k+1)}{k!} \tag{10.12}$$

$\left(\binom{n}{k}\right.$ lies »$n$ über $k$«, s. 1.4.3$\left.\right)$.

Speziell wird definiert:

$$0! = 1;\ 1! = 1;\ \binom{n}{0} = 1 \tag{10.12a}$$

**Beispiele**

10.11 a) Ein Bit kann eine von zwei Informationen speichern (0 oder 1). Ein Speicher, der aus 16 Bit besteht, wobei jedes Bit eine Ziffer einer 16stelligen Binärzahl bedeutet, kann nach Gl. (10.11) eine von $2^{16} = 65\,537$ Zahlen speichern; denn aus der Menge, die die Elemente 0 und 1 enthält ($n = 2$), werden mit Berücksichtigung der Anordnung $k = 16$ Auswahlvorgänge durchgeführt, wobei nach jeder Auswahl das Element wieder zurückgelegt wird.

b) Bei einer Umfrage werden 8 Personen um Bewertung einer Ware gebeten (Wertungsnoten 1 bis 5). Es gibt $^{w}V_5^8 = 5^8 = 39\,062$ Möglichkeiten.

c) Im Lotto »6 aus 49« gibt es $C_{49}^{6} = \binom{49}{6} = \frac{49 \cdot 48 \cdot 47 \cdot 46 \cdot 45 \cdot 44}{1 \cdot 2 \cdot 3 \cdot 4 \cdot 5 \cdot 6} = 13\,983\,816$ Möglichkeiten.

Eine von ihnen ist ein Sechser; seine Wahrscheinlichkeit ist nach der klassischen Definition Gl. (10.4) gleich $1/13\,983\,816 = 7 \cdot 10^{-8}$.

d) Anzahl der Dreier bei »6 aus 49« : Wenn 6 Gewinnzahlen gezogen werden, wird die Menge der 49 Zahlen in zwei Teilmengen mit 6 bzw. 43 Zahlen zerlegt. Ein Dreier besteht aus 3 beliebigen Gewinnzahlen aus der ersten Teilmenge [$\binom{6}{3}$ Kombinationen] und 3 beliebigen Zahlen aus der zweiten Teilmenge [$\binom{43}{3}$ Kombinationen]. Jede der $\binom{6}{3}$ Kombinationen tritt $\binom{43}{3}$fach auf, es gibt also $\binom{6}{3} \cdot \binom{43}{3} = 246\,800$ Dreier. Die Wahrscheinlichkeit für einen Dreier ist $246\,800/13\,983\,816 = 0{,}01765 \approx 1/57.$, d. h., etwa jeder 57. Tip ist ein Dreier.

**Kontrollfragen**

10.1 Was ist ein zufälliger Versuch? Wie heißt sein Ergebnis?
10.2 Was versteht man unter der Summe und dem Produkt zweier Ereignisse?
10.3 Welches sind die Axiome der axiomatischen Definition der Wahrscheinlichkeit?
10.4 Unter welcher Voraussetzung ist die klassische Definition der Wahrscheinlichkeit anwendbar?
10.5 Unter welchen Voraussetzungen gelten a) das Additionsaxiom, b) die Multiplikationsregel?
10.6 Wie heißt die Additionsregel für unabhängige Ereignisse?

**Aufgaben: 10.1 bis 10.8**

## 10.2 Zufallsgrößen

Eine **Zufallsgröße** (Zufallsvariable) beschreibt einen zufälligen Versuch. Die möglichen Versuchsergebnisse (Ereignisse) werden **Realisierungen** der Zufallsgröße genannt. Wenn die Ereignisse keine Zahlenwerte sind, ist es zweckmäßig, sie auf reelle Zahlen abzubilden. Zufallsgrößen werden mit großen lateinischen Buchstaben ($X$, $Y$, ...), ihre Realisierungen mit kleinen lateinischen Buchstaben ($x$, $y$, ...; evtl. mit Index) bezeichnet. Um eine Zufallsgröße vollständig zu beschreiben, muß ihre **Wahrscheinlichkeitsverteilung** (kurz: **Verteilung**) angegeben werden. Sie gibt Auskunft, wie sich die Gesamtwahrscheinlichkeit 1 auf die Realisierungen verteilt. Eine Zufallsgröße heißt **diskret**, wenn sie endlich (oder abzählbar unendlich) viele Werte annehmen kann; sie heißt **stetig**, wenn sie innerhalb eines Intervalls jeden beliebigen Wert annehmen kann. Die Verteilung einer diskreten Zufallsgröße kann durch eine **Verteilungstabelle** beschrieben werden.

### Beispiele

10.12 In einem Lieferposten Kondensatoren werden 5 % Ausschuß festgestellt. Die Zufallsgröße $X$ soll angeben, ob ein zufällig dem Posten entnommener Kondensator Ausschuß ist oder nicht. Den zwei möglichen Ereignissen »Ausschuß« ($E$) und »kein Ausschuß« ($\bar{E}$) werden die Zahlen 1 und 0 zugeordnet:
$E = (X = 1)$, $\bar{E} = (X = 0)$; diese beiden Zahlen sind damit die Realisierungen von $X$. Die Verteilungstabelle enthält die zu den Realisierungen gehörenden Wahrscheinlichkeiten:

$$X: \frac{1 \quad\quad 0}{0{,}05 \quad 0{,}95}$$

Man schreibt: $P(X = 1) = 0{,}05$, d. h., die Wahrscheinlichkeit, daß $X$ den Wert 1 annimmt, ist 0,05. Entsprechend ist $P(X = 0) = 0{,}95$.

10.13 Für den Würfel in Beispiel 10.1 ist die Verteilungstabelle anzugeben. Die Zufallsgröße $X$ sei das Ergebnis eines Wurfs. Die Wahrscheinlichkeiten für das Werfen einer geraden Zahl und für das Werfen einer Zahl kleiner als 3 sind zu berechnen.
*Lösung:*

$$X: \frac{1 \quad\quad 2 \quad\quad 3 \quad\quad 4 \quad\quad 5 \quad\quad 6}{0{,}12 \quad 0{,}20 \quad 0{,}16 \quad 0{,}21 \quad 0{,}20 \quad 0{,}11} \qquad \text{(Bild 10.5)}$$

$$P((X = 2) \cup (X = 4) \cup (X = 6)) = 0{,}20 + 0{,}21 + 0{,}11 = 0{,}52$$

$$P(X < 3) = P((X = 1) \cup (X = 2)) = 0{,}12 + 0{,}20 = 0{,}32$$

Wenn der Würfel ein idealer Würfel wäre, hätten alle Wahrscheinlichkeiten der Verteilungstabelle den gleichen Wert 1/6, und $X$ wäre eine **gleichmäßig verteilte Zufallsgröße**.

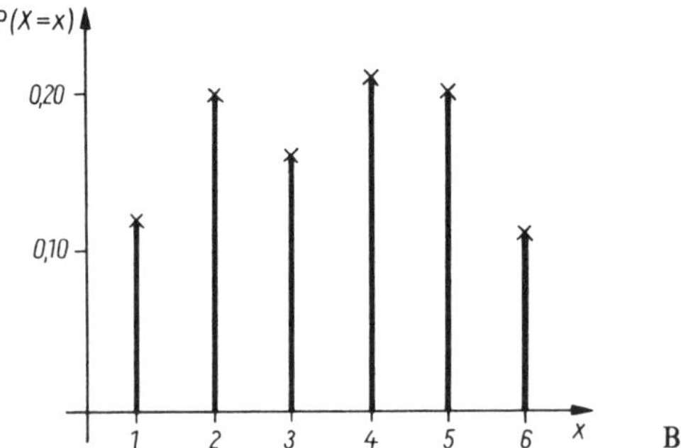


Bild 10.5

Eine andere Möglichkeit, die Verteilung einer Zufallsgröße zu beschreiben, ist die

**Verteilungsfunktion**

> Die Verteilungsfunktion einer Zufallsgröße $X$ gibt für alle Realisierungen $x$ die Wahrscheinlichkeit an, mit der $X$ einen Wert annimmt, der kleiner als $x$ ist:
>
> $$F(x) = P(X < x) \tag{10.13}$$

1. In der Literatur findet man auch das Symbol $F_X(x)$. Damit soll ausgedrückt werden, daß es sich um die Verteilungsfunktion der Zufallsgröße $X$ handelt.
2. Mit der Verteilungsfunktion läßt sich die Verteilung diskreter und stetiger Zufallsgrößen angeben. Mit der Verteilungstabelle kann man nur die Verteilung diskreter Zufallsgrößen beschreiben; denn wenn $X$ stetig ist, gibt es unendlich viele Realisierungen, und diese können nicht alle in einer Tabelle angegeben werden.

Mit Hilfe der Verteilungsfunktion lassen sich mühelos Intervallwahrscheinlichkeiten berechnen. Nach Bild 10.6 ist

$$P(x_1 \leqq X < x_2) = P(X < x_2) - P(X < x_1)$$

$$\boxed{P(x_1 \leqq X < x_2) = F(x_2) - F(x_1)} \tag{10.14}$$

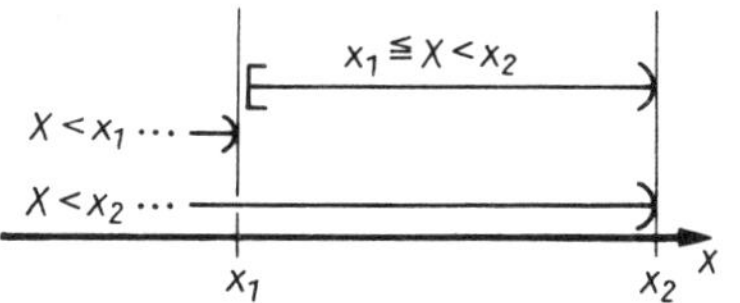


Bild 10.6

## Beispiele

10.14 Für den Würfel in Beispiel 10.1 (s. auch Beispiel 10.13) und die Zufallsgröße $X$: »Ergebnis eines Wurfs« ist die Verteilungsfunktion anzugeben. Mit ihr ist die Wahrscheinlichkeit zu berechnen, mit der eine Zahl zwischen 3 und 5 geworfen wird.

*Lösung:*

Die Wahrscheinlichkeiten für $F(x)$ ergeben sich durch schrittweise Addition der Einzelwahrscheinlichkeiten (s. dazu $P(X < 3)$ in Beispiel 10.13).

| $x$ | $F(x)$ |
|---|---|
| $-\infty < x \leqq 1$ | 0 |
| $1 < x \leqq 2$ | 0,12 |
| $2 < x \leqq 3$ | 0,32 |
| $3 < x \leqq 4$ | 0,48 |
| $4 < x \leqq 5$ | 0,69 |
| $5 < x \leqq 6$ | 0,89 |
| $6 < x < \infty$ | 1 |

$F(x)$ ist für jedes reelle $x$ definiert (Bild 10.7), z. B. ist $F(2{,}6) = P(X < 2{,}6) = P((X = 1) \cup (X = 2)) = 0{,}32$; für $x > 6$ ist $F(x) = 1$, d. h., es ist sicher, daß eine Zahl kleiner als z. B. 7 geworfen wird.

Berechnung der Intervallwahrscheinlichkeit: Die Zahlen 3 bis 5 liegen im rechts offenen Intervall $3 \leqq x < 6$, und es ist $P(3 \leqq x < 6) = F(6) - F(3) = 0{,}89 - 0{,}32 = 0{,}57$.

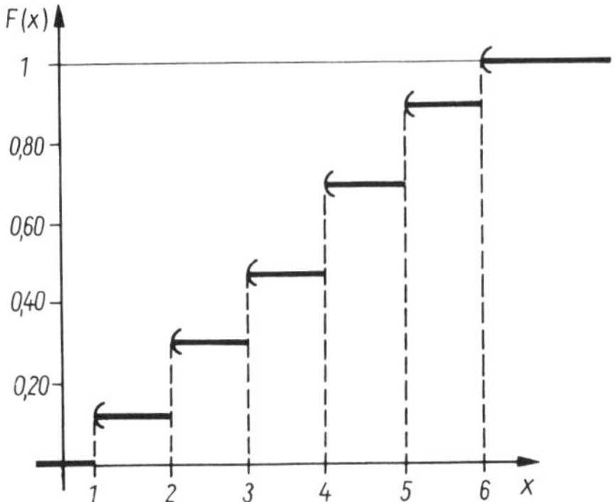


Bild 10.7

10.15 Die Tabelle in Beispiel 10.2 (s. auch Beispiel 9.3) ist die Verteilungstabelle einer Zufallsgröße $X$, deren Realisierungen die in die gegebenen Intervalle fallenden Meßwerte sind. Die Verteilungsfunktion ist in Spalte (6) des Beispiels 9.3 tabellarisiert. Verteilungstabelle und Verteilungsfunktion sind in den Bildern 9.1 und 9.3 als Balkendiagramme graphisch dargestellt.

In den beiden folgenden Aussagen sind Eigenschaften der Verteilungstabelle und der Verteilungsfunktion zusammengefaßt:

*A* 1: In einer Verteilungstabelle ist die Summe aller Wahrscheinlichkeiten gleich 1. In ihrer graphischen Darstellung als Strecken- oder Balkendiagramm ist die Summe der Längen aller Strecken (Balken) gleich 1.

*A* 2: Die Verteilungsfunktion ist eine monoton nichtabnehmende Funktion, die Werte zwischen 0 und 1 annimmt. Für immer kleiner werdendes $x$ geht sie gegen 0 und für immer größer werdendes $x$ gegen 1.

Die Verteilung einer Zufallsgröße wird durch Parameter charakterisiert, denen Maßzahlen der beschreibenden Statistik entsprechen. Dem arithmetischen Mittel entspricht der **Erwartungswert** $\mu$, d.i. der Mittelwert aller möglichen Realisierungen von $X$, also der bei einem Versuch zu erwartende »durchschnittliche« Wert. Der zweite Parameter ist die **Streuung** $\sigma^2$.

Nach Gl. (9.2) ist $\bar{x} = \frac{1}{n} \sum_{i=1}^{k} x_i h_i = \sum_{i=1}^{k} x_i \frac{h_i}{n}$, und da $\frac{h_i}{n}$ Schätzwerte für die Wahrscheinlichkeiten $p_i$ sind, ergibt sich

$$\mu = \sum_{i=1}^{k} x_i p_i \tag{10.15}$$

Durch entsprechende Umformungen folgt aus den Gln. (9.4) und (9.4b) (wobei $n-1$ durch $n$ ersetzt werden muß):

$$\sigma^2 = \sum_{i=1}^{k} (x_i - \mu)^2 p_i = \sum_{i=1}^{k} x_i^2 p_i - \mu^2 \tag{10.16}$$

Die Quadratwurzel aus $\sigma^2$ und $\sigma$ und heißt **Standardabweichung** von $X$.

**Beispiel**

10.16 a) Für die Zufallsgröße $X: \frac{1 \quad 0}{p \quad 1-p}$ (d.h., ein Ergebnis tritt entweder mit der Wahrscheinlichkeit $p$ ein oder es tritt nicht ein) ist

$$\mu = 1 \cdot p + 0 \cdot (1-p) = p$$

$$\sigma^2 = 1 \cdot p + 0 \cdot (1-p) - p^2 = p - p^2 = p(1-p)$$

Für die Zufallsgröße in Beispiel 10.12 ist demnach

$\mu = 0{,}05; \qquad \sigma = 0{,}218$

b) Für $X$ in Beispiel 10.13 ist

$$\mu = 1 \cdot 0{,}12 + \ldots + 6 \cdot 0{,}11 = 3{,}5$$

$$\sigma^2 = (1 \cdot 0{,}12 + 4 \cdot 0{,}20 + \ldots + 36 \cdot 0{,}11) - 3{,}5^2$$

$$\sigma = 1{,}56$$

c) Die Parameter von $X$ in Beispiel 10.2 (Messungen an Widerständen) werden berechnet, indem für $x_i$ die Klassenmitten eingesetzt werden:

$$\mu = 212 \cdot 0{,}0667 + \ldots + 232 \cdot 0{,}0667 = 222{,}67 \approx 223$$

$$\sigma^2 = (212^2 \cdot 0{,}0667 + \ldots + 232^2 \cdot 0{,}0667) - 222{,}67^2$$

$$= 49\,605{,}7536 - 222{,}67^2; \qquad \sigma = 4{,}88$$

(vgl. mit $\bar{x}$ in Beispiel 9.5 und $s = \sigma \sqrt{\frac{n}{n-1}}$ in Beispiel 9.9; die Abweichung von $s$ entsteht durch Rundungsfehler.)

Bisher wurden nur diskrete Zufallsgrößen betrachtet. Ihre Verteilungstabelle und Verteilungsfunktion können als Balkendiagramm dargestellt werden (Bilder 10.8, 10,9).

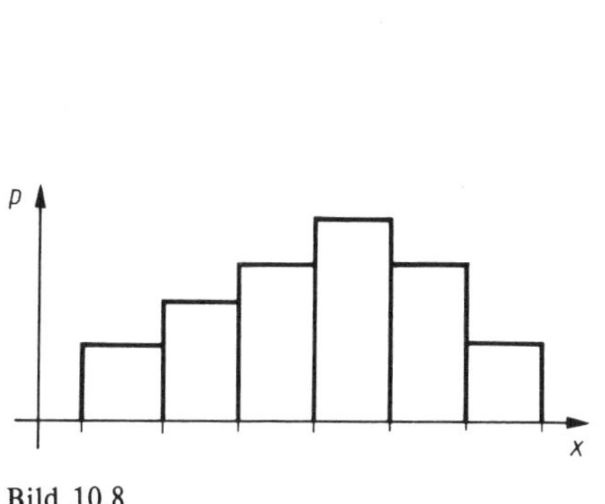


Bild 10.8

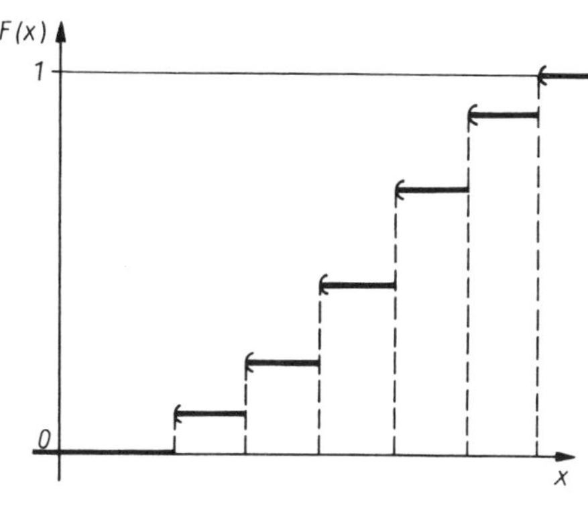


Bild 10.9

Wenn die Zufallsgröße stetig ist, wird die Verteilungstabelle durch eine stetige Funktion $f$, die **Wahrscheinlichkeitsdichte**, ersetzt, und auch die Verteilungsfunktion $F$ ist stetig (Bilder 10.10, 10.11). Um Aussagen über beide Funktionen exakt formulieren zu können, werden Kenntnisse der Differential- und Integralrechnung gebraucht. In $A1'$ sind

Eigenschaften der Wahrscheinlichkeitsdichte zusammengestellt. Sie werden ohne Differential- und Integralrechnung elementar anhand der graphischen Darstellungen erklärt.

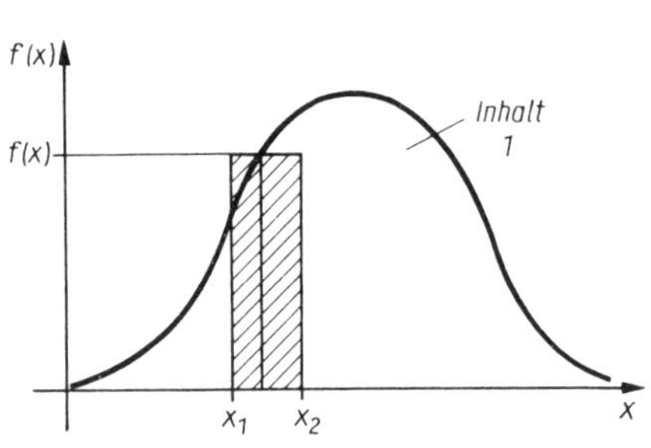


Bild 10.10

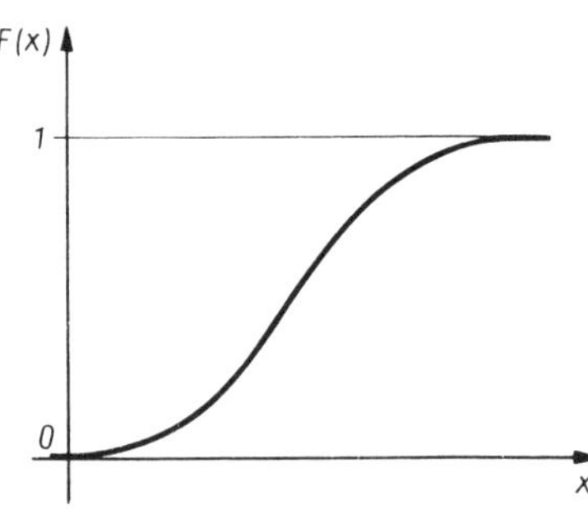


Bild 10.11

$A1'$: Die Wahrscheinlichkeitsdichte ist eine Funktion mit nichtnegativen Funktionswerten ($f(x) \geqq 0$).

Die Fläche zwischen der graphischen Darstellung der Wahrscheinlichkeitsdichte und der $x$-Achse hat den Inhalt 1. Die Wahrscheinlichkeit dafür, daß $X$ einen Wert im Intervall $[x_1; x_2)$ annimmt, ist gleich dem Inhalt des Flächenstreifens, der über $[x_1; x_2)$ liegt und oben von $f(x)$ begrenzt wird (schraffierte Fläche in Bild 10.10).

Für die stetige Verteilungsfunktion gilt die Aussage $A2$ in unveränderter Form.

1. Den Wert $f(x)$ kann man als Wahrscheinlichkeit pro Längeneinheit der $x$-Achse deuten (daraus erklärt sich der Name Wahrscheinlichkeitsdichte). Daraus folgt für das Intervall $[x_1; x_2)$ mit der Breite $(x_2 - x_1)$, daß das Produkt $f(x) \cdot (x_2 - x_1)$ eine (Wahrscheinlichkeit/Länge) · Länge ist, also eine Wahrscheinlichkeit bedeutet. Es ist die Wahrscheinlichkeit, mit der $X$ einen Wert in $[x_1; x_2)$ annimmt ($f(x)$ ist für einen Wert $x$ aus $[x_1; x_2)$ zu berechnen). Andererseits ist dieses Produkt (und damit die Wahrscheinlichkeit) gleich dem Inhalt des Rechteckstreifens über $[x_1; x_2)$ mit der Höhe $f(x)$, und dieser ist annähernd gleich dem Inhalt des Flächenstreifens mit gleicher Breite, der oben von der Kurve von $f(x)$ begrenzt wird.
2. Mit den Mitteln der Differential- und Integralrechnung erhalten $A1'$ und $A2$ die Form:

$$\int_{-\infty}^{\infty} f(x)\,\mathrm{d}x = 1; \qquad P(x_1 \leqq X < x_2) = \int_{x_1}^{x_2} f(x)\,\mathrm{d}x;$$

$$\lim_{x \to -\infty} F(x) = 0; \qquad \lim_{x \to \infty} F(x) = 1$$

Beziehung zwischen $f$ und $F$:

$$\int_{x_1}^{x_2} f(x)\,\mathrm{d}x = [F(x)]_{x_1}^{x_2} = F(x_2) - F(x_1)$$

Vergleich mit Gl. (10.14) ergibt: Die Verteilungsfunktion $F$ ist Stammfunktion der Wahrscheinlichkeitsdichte $f$.

In den Formeln für $\mu$ und $\sigma$ werden bei einer stetigen Zufallsgröße die Summenzeichen zu Integralzeichen:

$$\mu = \int_{-\infty}^{\infty} x f(x)\,\mathrm{d}x; \qquad \sigma^2 = \int_{-\infty}^{\infty} (x-\mu)^2 f(x)\,\mathrm{d}x$$

Aus $A1'$ folgt der Sonderfall:
Die Wahrscheinlichkeit dafür, daß eine stetige Zufallsgröße $X$ einen bestimmten Wert $x_1$ annimmt, ist 0: $P(X = x_1) = 0$.
Wenn nämlich die Breite des Intervalls $[x_1; x_2)$ immer kleiner wird, wird auch der Inhalt des über ihm liegenden Flächenstreifens immer kleiner und geht gegen Null. Damit läßt sich für stetige Zufallsgrößen $X$ die Formel für die Intervallwahrscheinlichkeit (Gl. (10.14)) auf abgeschlossene Intervalle erweitern:

$$P(x_1 \leqq X \leqq x_2) = F(x_2) - F(x_1) \tag{10.14a}$$

## Spezielle Verteilungen

*Binomialverteilung*

Es wird ein Versuch durchgeführt und festgestellt, ob ein zufälliges Ereignis eintritt ($E$) oder nicht ($\bar{E}$). Die Wahrscheinlichkeit für $E$ ist bekannt: $P(E) = p$; dann ist $P(\bar{E}) = 1 - p$.
Wenn der Versuch $n$-mal durchgeführt wird, soll $E$ $k$-mal eintreten. Die Zufallsgröße $X$ ist die Zahl $k$ der Versuche, bei denen $E$ eintritt. Für $X$ gibt es $n + 1$ Realisierungen ($k = 0$, 1, ..., $n$), d. h., $X$ ist diskret. Die Versuche sollen unabhängig voneinander durchgeführt werden (um die Multiplikationsregel anwenden zu können).

### Beispiel

10.17 Bei einer Gütekontrolle wird ein Posten Erzeugnisse geprüft. Die Ausschußwahrscheinlichkeit ist $p = 40\,\%$. Wie groß ist die Wahrscheinlichkeit dafür, daß unter $n = 6$ Erzeugnissen $k = 4$ Stücke Ausschuß sind?
*Lösung:*
Mit 4 Stücken Ausschuß sind zugleich 2 Stücke brauchbar. Nach Gl. (10.8) ist $P(E \cap E \cap E \cap E \cap \bar{E} \cap \bar{E}) = p^4 \cdot (1 - p)^2$. Die Ausschuß- und die brauchbaren Stücke können aber auch in anderer Reihenfolge auftreten, z. B. $E \cap \bar{E} \cap E \cap E \cap \bar{E} \cap E$. Nach Gl. (10.12) gibt es $\binom{6}{4}$ Möglichkeiten, die miteinander unvereinbar sind. Das Axiom (10.3) ist anwendbar und es ergibt sich:

$$P(X = 4) = \binom{6}{4} 0{,}4^4 \cdot 0{,}6^2 = 15 \cdot 0{,}4^4 \cdot 0{,}6^2 = 0{,}138\,24$$

Allgemein gilt:

Die Wahrscheinlichkeit, daß ein Ereignis $E$ (mit $P(E) = p$) bei $n$ Versuchen $k$-mal eintritt, ist

$$P(X = k) = \binom{n}{k} p^k (1 - p)^{n-k} \quad (k = 0, 1, \ldots, n) \tag{10.17}$$

Erwartungswert, Streuung:

$$\boxed{\mu = n\,p; \qquad \sigma^2 = n\; p(1-p)} \tag{10.18}$$

Die Formeln für $\mu$ und $\sigma^2$ ergeben sich aus den Gleichungen (10.15) und (10.16). Ihre Herleitung übersteigt den Rahmen dieses Lehrbuchs. Das gilt auch für viele Formeln in den folgenden Ausführungen.

**Beispiel**

10.18 Für die Zufallsgröße in Beispiel 10.17 sind die Verteilungstabelle, Erwartungswert und Standardabweichung zu berechnen.

*Lösung:*

Es ist $P(X=k) = \binom{6}{k}\, 0{,}4^k \cdot 0{,}6^{6-k}$

Auf 3 Dezimalen gerundet:

$P(X=0) = \binom{6}{0}\, 0{,}4^0 \cdot 0{,}6^6 = 0{,}047$ (s. Gl. (10.12a))

$P(X=1) = \binom{6}{1}\, 0{,}4^1 \cdot 0{,}6^5 = 0{,}187$ usw.

| $k$ | 0 | 1 | 2 | 3 | 4 | 5 | 6 |
|---|---|---|---|---|---|---|---|
| $P(X=k)$ | 0,047 | 0,187 | 0,311 | 0,277 | 0,138 | 0,037 | 0,004 |

(Bild 10.12)

$\mu = 6 \cdot 0{,}4 = 2{,}4;$ $\sigma^2 = 6 \cdot 0{,}4 \cdot 0{,}6;$ $\sigma = 1{,}2$

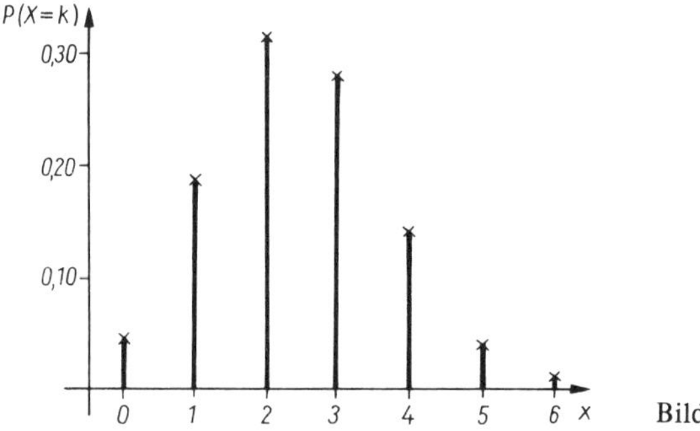


Bild 10.12

Die Berechnung der Binomialwahrscheinlichkeiten kann aufwendig werden, wenn $n$ groß ist. In diesem Fall kann mit Näherungsformeln gerechnet werden (s. Poisson-Verteilung, Normalverteilung).

*Poisson-Verteilung*

Eine diskrete Zufallsgröße $X$ heißt Poisson-verteilt mit dem Parameter $\lambda$ ($\lambda > 0$), wenn sie die Werte $k = 0, 1, 2, \ldots$ (abzählbar unendlich viele) mit den Wahrscheinlichkeiten

$$P(X = k) = \frac{\lambda^k}{k!} e^{-\lambda} \qquad (k = 0, 1, 2, \ldots) \tag{10.19}$$

annehmen kann.

Erwartungswert, Streuung:

$$\mu = \lambda; \qquad \sigma^2 = \lambda \tag{10.20}$$

Die Form der Verteilung wird durch den Parameter $\lambda$ bestimmt.
Wenn man annimmt, daß eine Zufallsgröße Poisson-verteilt ist, bildet man aus den Realisierungen $x_i$ einer Stichprobe das arithmetische Mittel $\bar{x}$. Dieses ist ein Schätzwert für $\mu$ und nach Gl. (10.20) auch für $\lambda$.

Die Poisson-Verteilung ist nach S. D. Poisson (1781–1840) benannt, der sie als erster beschrieb und wesentliche Eigenschaften entdeckte.

**Beispiel**

10.19 Für a) $\lambda = 4$, b) $\lambda = 0,4$ sind die Verteilungstabellen (auf 2 Dezimalen genau) zu berechnen und graphisch darzustellen.
*Lösung:*

a)

| $k$ | 0 | 1 | 2 | 3 | 4 | 5 | 6 | 7 | 8 | 9 | 10 | 11 | … |
|---|---|---|---|---|---|---|---|---|---|---|---|---|---|
| $P(X = k)$ | 0,02 | 0,07 | 0,15 | 0,20 | 0,20 | 0,16 | 0,10 | 0,06 | 0,03 | 0,01 | 0,01 | 0,00 | … |

(Bild 10.13)

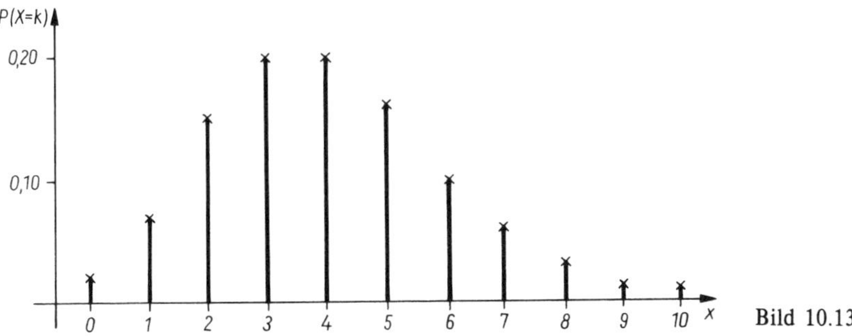


Bild 10.13

b)

| $k$ | 0 | 1 | 2 | 3 | 4 | ... |
|---|---|---|---|---|---|---|
| $P(X = k)$ | 0,67 | 0,27 | 0,05 | 0,01 | 0,00 | ... |

(Bild 10.14)

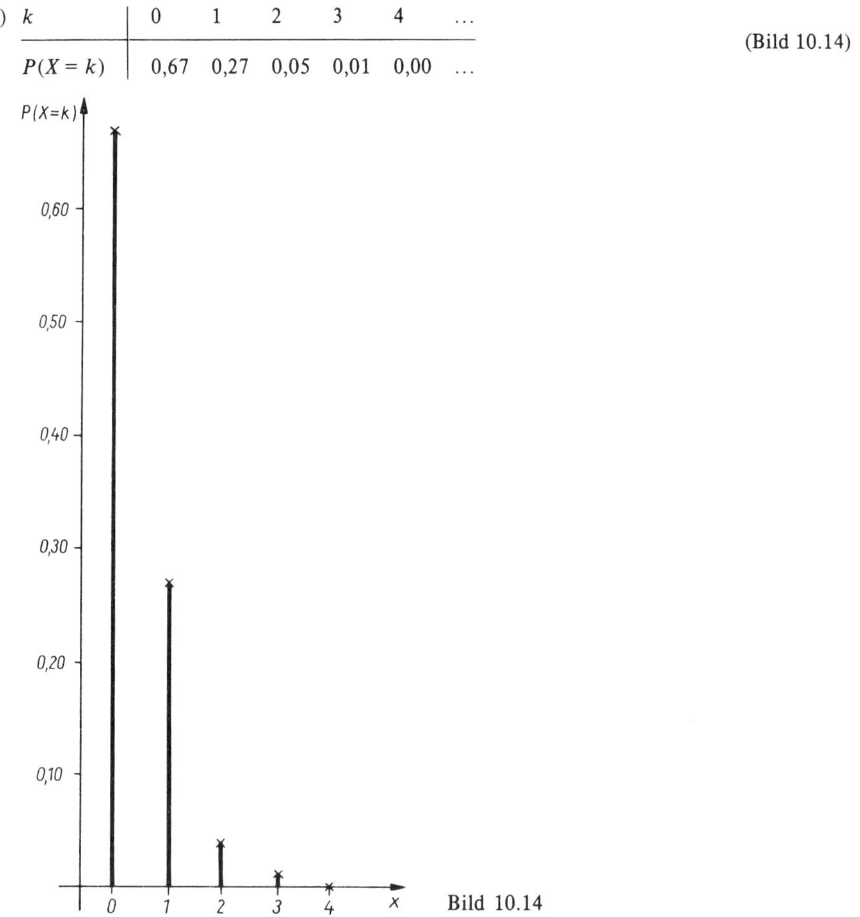


Bild 10.14

Die graphische Darstellung der Verteilungstabelle ist unsymmetrisch (linkssteil). Wenn $\lambda$ groß ist, wird sie fast symmetrisch.

POISSON-verteilte Zufallsgrößen treten bei vielen Problemen der Praxis auf. Beispiele sind die Anzahl der in einer bestimmten Zeiteinheit ankommenden Gespräche in einer Telefonzentrale, die Anzahl der Fadenbrüche pro Zeiteinheit bei einer bestimmten Garnsorte in einer Spinnerei oder die Anzahl der auf einem Parkplatz pro Zeiteinheit ankommenden Personenkraftwagen.

Wenn für eine Zufallsgröße mit unbekannter Verteilung eine POISSON-Verteilung vermutet wird, können als erster Anhaltspunkt zur Bestätigung dieser Vermutung die Gln. (10.20) überprüft werden: Aus einer Stichprobe mit $n$ Realisierungen von $X$ werden als Schätzwerte für $\mu$ und $\sigma$ die Maßzahlen $\bar{x}$ und $s$ berechnet; nach den Gln. (10.20) müßte $\bar{x} = s^2$ gelten.

**Beispiel**

10.20 In einer Telefonzentrale kommen durchschnittlich 240 Gespräche pro Stunde an. Wie groß ist die Wahrscheinlichkeit dafür, daß höchstens 3 Gespräche pro Minute ankommen?

*Lösung:*
Nach den oben genannten Beispielen ist $X$ POISSON-verteilt. Wegen $\bar{x} = 240/\text{h}$ ist $\lambda = 4$ Gespräche pro Minute.

$P((X = 0) \cup (X = 1) \cup (X = 2) \cup (X = 3))$
$= 0{,}02 + 0{,}07 + 0{,}15 + 0{,}20 = 0{,}44$ (s. Beispiel 10.19a))

Die Binomialverteilung wird zur POISSON-Verteilung, wenn die Anzahl $n$ der Versuche immer größer und die Wahrscheinlichkeit $p$ immer kleiner wird. Der Parameter $\lambda$ berechnet sich nach $\lambda = n\,p$.

Genauer: Die POISSON-Verteilung ist der Grenzwert der Binomialverteilung für $n \to \infty$ und $p \to 0$, wobei $n\,p = \lambda = \text{const.}$

Diese Eigenschaft wird genutzt, um Wahrscheinlichkeiten für binomialverteilte Zufallsgrößen zu berechnen, wenn $n$ groß und $p$ klein ist.

**Beispiel**

10.21 Für 200 Personen ist die Wahrscheinlichkeit dafür zu berechnen, daß eine von ihnen am 25. oder 26. Dezember Geburtstag hat.

*Lösung:*
Es wird angenommen, daß jeder Tag des Jahres als Geburtstag gleich möglich ist. Dann ist nach Gl. (10.4) $p = 2/365$. $X$ ist binomialverteilt. Da $n$ groß und $p$ klein ist, ist $X$ näherungsweise POISSON-verteilt mit $\lambda = 200 \cdot \frac{2}{365} \approx 1{,}096$.

$P(X = 1) = \frac{\lambda^1}{1!} e^{-\lambda} = 0{,}37$

Die exakte Rechnung $P(X = 1) = \binom{200}{1} \left(\frac{2}{365}\right)^1 \left(\frac{363}{365}\right)^{199}$ ergibt gleichfalls 0,37, ist aber aufwendiger.

*Normalverteilung*

Die Normalverteilung ist ein Beispiel für die Verteilung einer stetigen Zufallsgröße $X$. Sie tritt in der Praxis am häufigsten auf, weil Zufallsgrößen, die das Ergebnis einer Überlagerung von vielen unabhängigen und etwa gleichstarken Einflüssen sind, normalverteilt sind.

Beispiele sind

- Meßfehler, die bei mehrfacher Messung derselben Größe auftreten,
- Abweichungen von einem Sollmaß bei Werkstücken, die auf einem Automaten hergestellt werden,
- Inhalt von Gefäßen, die automatisch abgefüllt werden.

Eine stetige Zufallsgröße $X$ heißt normalverteilt mit den Parametern $\mu$ und $\sigma^2$ ($N(\mu, \sigma^2)$-verteilt), wenn ihre Wahrscheinlichkeitsdichte die Form hat

$$\varphi(x; \mu, \sigma^2) = \frac{1}{\sigma\sqrt{2\pi}}\, e^{-\frac{(x-\mu)^2}{2\sigma^2}} \qquad (10.21)$$

$\mu$ ist der Erwartungswert, $\sigma^2$ die Streuung.

Die graphische Darstellung der Wahrscheinlichkeitsdichte wird Glockenkurve oder Gaußsche Fehlerkurve genannt und ist in Bild 10.15 dargestellt. Die Kurve ist symmetrisch zur Symmetrieachse $x = \mu$. Sie hat ein Maximum bei $x = \mu$ mit dem Wert $\frac{1}{\sigma\sqrt{2\pi}}$ und bei $x = \mu \pm \sigma$ 2 Wendepunkte. Für immer kleiner und größer werdendes $x$ schmiegt sie sich an die $x$-Achse an.

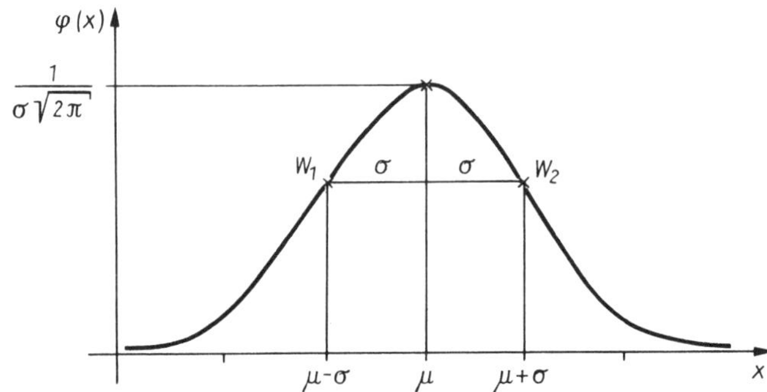


Bild 10.15

Die Parameter $\mu$ und $\sigma$ bedeuten nach Bild 10.15:

> Der **Erwartungswert** $\mu$ ist die Stelle, an der die Glockenkurve das Maximum hat;
> die **Standardabweichung** $\sigma$ ist der Abstand der beiden Wendepunkte von der Symmetrieachse.

1. Die Glockenkurve hat Carl Friedrich Gauss (1777–1855) im Zusammenhang mit Arbeiten über die Theorie der Beobachtungsfehler entdeckt.
2. In der Literatur wird bei der Normalverteilung das Funktionszeichen $f$ für die Wahrscheinlichkeitsdichte durch das Zeichen $\varphi$ ersetzt. In Gl. (10.21) und den folgenden Ausführungen wird deshalb auch diese Symbolik verwendet.
3. Der Wendepunkt ist ein Punkt einer Kurve, für den die zu beiden Seiten liegenden Kurvenbögen verschiedene Krümmungsart haben (wenn man die Verhältnisse auf eine Straße überträgt, gibt es die beiden Arten »Linkskurve« und »Rechtskurve«).

**Beispiel**

10.22 Für $\mu = 3$ und a) $\sigma = \frac{1}{2}$, b) $\sigma = \frac{3}{2}$ sind die Glockenkurven graphisch darzustellen.

*Lösung:*

a) $\varphi(x) = \frac{1}{1{,}25}\, e^{-\frac{(x-3)^2}{0{,}5}}$

| $x$ | 3 | 3 ± 0,25 | 3 ± 0,5 | 3 ± 0,75 | 3 ± 1 | 3 ± 1,25 |
|---|---|---|---|---|---|---|
| $\varphi(x)$ | 0,80 | 0,70 | 0,48 | 0,26 | 0,11 | 0,04 |

b) $\varphi(x) = \frac{1}{3{,}76} e^{-\frac{(x-3)^2}{4{,}5}}$

| $x$ | 3 | $3 \pm 0{,}5$ | $3 \pm 1$ | $3 \pm 1{,}5$ | $3 \pm 2$ |
|---|---|---|---|---|---|
| $\varphi(x)$ | 0,27 | 0,25 | 0,21 | 0,16 | 0,11 |

Graphische Darstellungen: Bild 10.16.

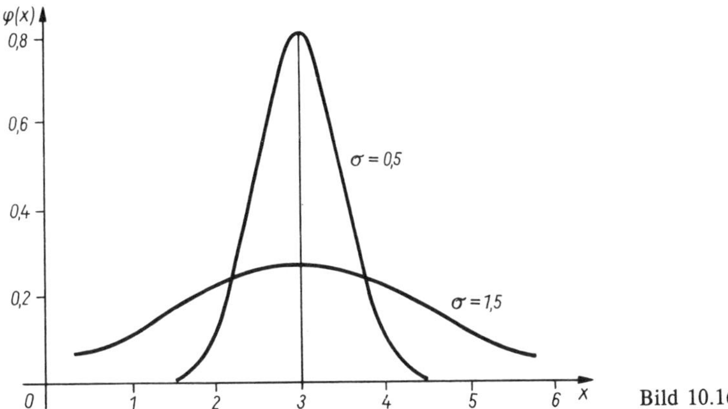


Bild 10.16

Je größer die Streuung $\sigma^2$ einer $N(\mu, \sigma^2)$-verteilten Zufallsgröße ist (z. B. die Streuung der Meßwerte einer Meßreihe um ihren Mittelwert), um so breiter ist die Glockenkurve. Da der Inhalt zwischen Kurve und $x$-Achse stets gleich 1 ist (s. Aussage $A$ 1'), muß die Glokkenkurve um so flacher verlaufen, je größer die Streuung ist. Dieser Zusammenhang ist in Bild 10.16 gut zu erkennen.

Für $N(\mu, \sigma^2)$-verteilte Zufallsgrößen kann man mit Hilfe der Verteilungsfunktion, die entsprechend der Wahrscheinlichkeitsdichte mit $\Phi(x)$ bezeichnet wird, Intervallwahrscheinlichkeiten nach Gl. (10.14) oder (10.14a) berechnen. Die Werte für $\varphi(x)$ und $\Phi(x)$ sind tabellarisiert und können der Fachliteratur entnommen werden.

Von praktischer Bedeutung sind Wahrscheinlichkeiten für Intervalle, die symmetrisch zum Erwartungswert liegen (Bild 10.17). Es ist

$$\begin{aligned} P(\mu - \sigma \leqq X \leqq \mu + \sigma) &= 0{,}683\,; \\ P(\mu - 2\sigma \leqq X \leqq \mu + 2\sigma) &= 0{,}955\,; \\ P(\mu - 3\sigma \leqq X \leqq \mu + 3\sigma) &= 0{,}997\,. \end{aligned} \tag{10.22}$$

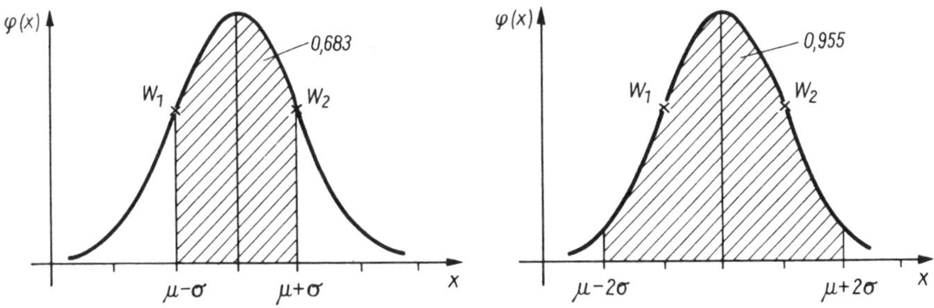


Bild 10.17

Die letzte Intervallwahrscheinlichkeit besagt, daß bei einer normalverteilten Zufallsgröße $X$ 99,7 % aller Werte innerhalb der »3-Sigma-Grenzen« liegen, d. h., von 1 000 Werten liegen etwa 3 Werte außerhalb. Es ist also praktisch fast sicher, daß eine Zahl in diesem Bereich liegt **(3-$\sigma$-Regel).** Jeder Wert innerhalb des Bereichs ist eine Realisierung von $X$, seine Abweichung von $\mu$ ist zufälliger Natur. Auch ein Wert außerhalb des Bereichs kann eine solche Realisierung sein, aber nur mit 0,3 % Wahrscheinlichkeit. Man entscheidet in diesem Fall, daß seine Abweichung von $\mu$ nicht mehr zufällig ist. Diese Entscheidung ist in nur 0,3 % aller Fälle fehlerhaft. In der statistischen Qualitätskontrolle wird der 3-Sigma-Bereich genutzt.

**Beispiel**

10.23 Der Durchmesser eines in Serie produzierten Werkstückes ist $N(\mu; \sigma^2)$-verteilt mit $\mu = 12{,}83$ mm und $\sigma = 0{,}06$ mm. Es ist zu untersuchen, ob der Durchmesser $d_1 = 12{,}99$ mm im 3-Sigma-Bereich liegt.

*Lösung:*

Es ist $\mu + 3\sigma = 13{,}01$ ; $\mu - 3\sigma = 12{,}65$

Der 3-Sigma-Bereich ist $12{,}65 \leqq d/\text{mm} \leqq 13{,}01$ .

$d_1$ liegt in diesem Bereich, d. h., die Abweichung von $\mu$ ist eine Zufallsabweichung.

In den Anwendungen (z. B. bei den Prüfverfahren der mathematischen Statistik) ist es üblich, mit ganzzahligen Prozentwerten für die Wahrscheinlichkeiten zu arbeiten.
Es ist

$$P(\mu - z_\alpha \sigma \leqq X \leqq \mu + z_\alpha \sigma) = S = 1 - \alpha$$

| $\alpha$ | $S$ | $z_\alpha$ |
|---|---|---|
| 0,05 | 0,95 | 1,960 |
| 0,01 | 0,99 | 2,576 |
| 0,001 | 0,999 | 3,291 |

(10.23)

Die Wahrscheinlichkeit $S$ heißt statistische Sicherheit, $\alpha$ heißt Irrtumswahrscheinlichkeit.

**Beispiel**

10.24 Die Masse (in Gramm) eines in Serie produzierten Werkstückes ist $N(8{,}435;\ 0{,}025^2)$-verteilt).

In welchem Bereich liegen die Werte mit a) 5 %, b) 1 % Irrtumswahrscheinlichkeit?

*Lösung:*

Mit $\mu = 8{,}435$ und $\sigma = 0{,}025$ ergeben sich die Bereiche

a) $\mu \pm 1{,}960 \cdot \sigma = 8{,}435 \pm 0{,}049$ oder $8{,}386 \leqq X \leqq 8{,}484$

b) $\mu \pm 2{,}576 \cdot \sigma = 8{,}435 \pm 0{,}064$ oder $8{,}371 \leqq X \leqq 8{,}499$

Je kleiner die Irrtumswahrscheinlichkeit ist, um so größer ist der Bereich der zufällig um $\mu$ streuenden Werte.

Eine spezielle Form der Normalverteilung ist die **standardisierte Normalverteilung** mit $\mu = 0$ und $\sigma = 1$ ($N(0;\ 1)$-Verteilung):

$$\varphi(x; 0, 1) = \frac{1}{\sqrt{2\pi}} e^{-\frac{x^2}{2}} \qquad (10.24)$$

Die Glockenkurve liegt symmetrisch zur senkrechten Achse. Die Bereiche, in denen die zufällig von $\mu = 0$ abweichenden Werte liegen, sind von $-z_\alpha$ und $z_\alpha$ begrenzt. In Bild 10.18 ist z. B. der Bereich für $\alpha = 5\,\%$ dargestellt.

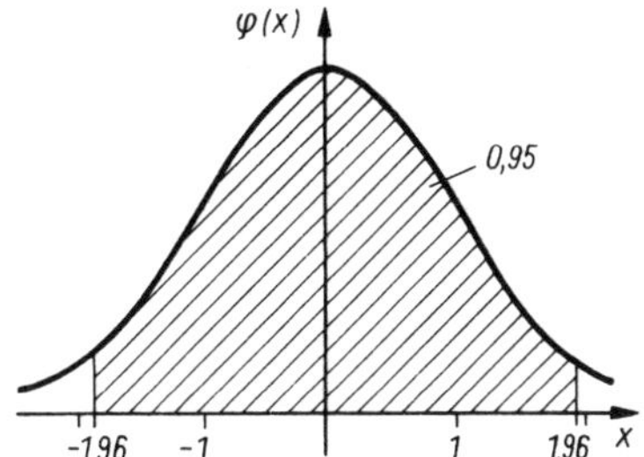


Bild 10.18

Jede $N(\mu; \sigma^2)$-verteilte Zufallsgröße kann durch eine Transformation in eine $N(0; 1)$-verteilte Zufallsgröße umgeformt werden:

■ Wenn $X$ eine $N(\mu; \sigma^2)$-verteilte Zufallsgröße ist, so ist $\frac{X-\mu}{\sigma}$ eine $N(0; 1)$-verteilte Zufallsgröße.

Aus dem Erwartungswert $x = \mu$ wird z. B. $\frac{\mu - \mu}{\sigma} = 0$, und aus $x = \mu + \sigma$ (Abszisse des Wendepunktes $W_2$) wird $\frac{(\mu + \sigma) - \mu}{\sigma} = 1$.

Umgekehrt läßt sich auch jede $N(\mu; \sigma^2)$-Verteilung durch Transformation aus der $N(0; 1)$-Verteilung gewinnen. Deshalb findet man in der Literatur nur Tabellen für die $N(0; 1)$-Verteilung.

### Beispiel

10.25 Bei der Herstellung von Kondensatoren mit 2 µF Kapazität ist die Kapazität eine normalverteilte Zufallsgröße mit $\mu = 2{,}00$ und $\sigma = 0{,}03$. Bei der Qualitätskontrolle werden 2,08 µF gemessen, also 0,08 µF Abweichung von $\mu$. Ist diese Abweichung (bei 5 % Irrtumswahrscheinlichkeit) noch als Zufallsabweichung aufzufassen?

*Lösung:*

Zu $\alpha = 5\,\%$ gehört nach Tabelle (10.23) $z_\alpha = 1{,}96$.
Der Bereich der Zufallsabweichungen ist

$$\mu \pm 1{,}96\,\sigma = 2{,}00 \pm 0{,}06$$

Der Wert 2,08 liegt außerhalb des Bereichs. Die Abweichung ist keine Zufallsabweichung.
Ein zweiter Lösungsweg, der in der statistischen Praxis oft gegangen wird, ist die Transformation auf die $N(0; 1)$-Verteilung: Dabei wird geprüft, ob die transformierte Größe $\frac{x-\mu}{\sigma} = \frac{2{,}08 - 2{,}00}{0{,}03} = 2{,}67$ innerhalb des Bereichs der Zufallsabweichungen von $\mu = 0$ liegt

(statt $X$ wird $x$ geschrieben, weil eine Realisierung der Zufallsgröße $X$ gemeint ist). Für $\alpha = 5\,\%$ ist dieser Bereich $[-z_\alpha; z_\alpha] = [-1{,}96; 1{,}96]$. Da 2,67 außerhalb des Bereichs liegt, ist die Abweichung nicht zufällig.

Aussagen über normalverteilte Zufallsgrößen lassen sich auf binomialverteilte Zufallsgrößen übertragen, wenn $n$ hinreichend groß ist:

■ Wenn $X$ binomialverteilt und $n$ groß ist, so ist $X$ näherungsweise $N(\mu; \sigma^2)$-verteilt mit $\mu = np$, $\sigma^2 = np(1-p)$. (10.26)

Insbesondere gelten dann auch näherungsweise die Aussagen (10.22) und (10.23) über Intervallwahrscheinlichkeiten.
Als Forderung an die Mindestgröße von $n$ findet man u. a. in der Literatur die Faustregel:

■ Die binomialverteilte Zufallsgröße $X$ ist näherungsweise normalverteilt, wenn das Kriterium erfüllt ist:

$$n \geqq \frac{5}{p} \quad (\text{für} \quad p \leqq 0{,}5) \quad \text{bzw.} \quad n \geqq \frac{5}{1-p} \quad (\text{für} \quad p \geqq 0{,}5) \qquad (10.26\,\text{a})$$

**Beispiel**

10.26 Widerstände werden in Posten zu je 500 Stück geliefert. Sie werden mit einer Ausschußquote von 4 % produziert. Wieviel Stück Ausschuß sind in einem Posten zu erwarten ($\alpha = 5\,\%$)?
*Lösung:*
$X$ ist binomialverteilt und $n$ hinreichend groß, denn das Kriterium (10.26 a) ist mit $n = 500$ erfüllt (wegen $p = 0{,}04$ muß $n \geqq \frac{5}{0{,}04} = 125$ gelten).
Mit Aussage (10.26) und Tabelle (10.23) ist
$\mu = 500 \cdot 0{,}04 = 20$; $\quad \sigma^2 = 500 \cdot 0{,}04 \cdot 0{,}96$; $\quad \sigma = 4{,}38$
$\mu \pm 1{,}96\,\sigma = 20 \pm 8{,}59 \approx 20 \pm 9$
Es sind zwischen 11 und 29 Stück Ausschuß zu erwarten.

*Exponentialverteilung*

Eine stetige Zufallsgröße $X$ heißt exponentialverteilt mit dem Parameter $\alpha$ ($\alpha > 0$), wenn sie die Wahrscheinlichkeitsdichte hat:

$$f(x) = \begin{cases} 0 & \text{für} \quad x < 0 \\ \alpha\,\mathrm{e}^{-\alpha x} & \text{für} \quad x \geqq 0 \end{cases} \qquad (10.27)$$

Erwartungswert, Streuung:

$$\mu = \frac{1}{\alpha}; \qquad \sigma^2 = \frac{1}{\alpha^2} \qquad (10.28)$$

Verteilungsfunktion:

$$F(x) = \begin{cases} 0 & \text{für} \quad x < 0 \\ 1 - \mathrm{e}^{-\alpha x} & \text{für} \quad x \geqq 0 \end{cases} \tag{10.29}$$

Während sich bei der Exponentialverteilung $F(x)$ als Funktionsgleichung angeben läßt, ist das bei der Normalverteilung mit Hilfe von elementaren reellen Funktionen nicht möglich.

In Bild 10.19 ist $f(x)$ für $\alpha = 1$ und $\alpha = 2$ dargestellt.

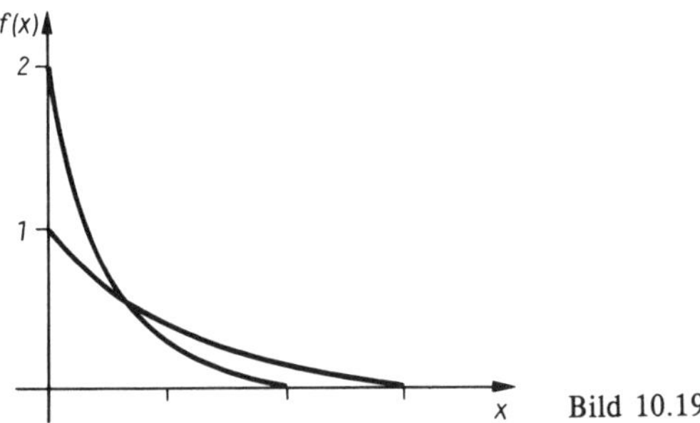


Bild 10.19

In der Praxis treten exponentialverteilte Zufallsgrößen auf, wenn diese z. B. eine zufallsabhängige Zeit oder Zeitdifferenz sind. Beispiele sind

- die Zeitdauer von Telefongesprächen,
- die Reparaturzeiten in einem Reparaturwerk,
- die Lebensdauer von Werkstücken oder Lebewesen.

Wenn vermutet wird, daß $X$ exponentialverteilt ist, kann als erster Anhaltspunkt überprüft werden, ob bei einer Stichprobe vom Umfang $n$ für die Maßzahlen $\bar{x}$ und $s$ die Gleichung $\bar{x} = s$ gilt, denn $\bar{x}$ und $s$ sind Schätzwerte für $\mu$ und $\sigma$, für die nach den Gln. (10.28) $\mu = \sigma$ gilt.

**Beispiel**

10.27 Ein elektrisches Haushaltgerät hat eine durchschnittliche Lebensdauer von 2 600 Betriebsstunden. Wie groß ist die Wahrscheinlichkeit dafür, daß es eine Lebensdauer von a) höchstens 100, b) zwischen 1 500 und 2 000, c) mindestens 2 000 Betriebsstunden hat?

*Lösung:*

Die Lebensdauer $T$ ist eine exponentialverteilte Zufallsgröße. Aus dem Mittelwert $\bar{t} = 2\,600\,\text{h}$ folgt nach Gl. (10.28)

$\alpha = 1/(2\,600\,\text{h}) = 3{,}846 \cdot 10^{-4}\,\text{h}^{-1}$.

a) $P(0 \leqq T \leqq 100) = F(100) - F(0)$
$= (1 - \mathrm{e}^{-\alpha \cdot 100}) - (1 - \mathrm{e}^{-\alpha \cdot 0})$
$= (1 - 0{,}96) - (1 - 1) = 0{,}04 = 4\,\%$

b) $F(2\,000) - F(1\,500) = 0{,}536\,6 - 0{,}438\,4 = 10\,\%$

c) $F(\infty) - F(2\,000) = (1 - 0) - (1 - 0{,}463\,4) = 46\,\%$

Mit der Exponentialverteilung wird die Zusammenstellung spezieller Verteilungen abgeschlossen. Informationen über weitere Verteilungen (z. B. die geometrische Verteilung, die WEIBULL-Verteilung und die Prüfverteilungen der mathematischen Statistik) sind der Fachliteratur zu entnehmen.

## Kontrollfragen

10.7 Was sagt die Verteilung einer Zufallsgröße aus? Womit kann sie bei einer diskreten Zufallsgröße beschrieben werden?

10.8 Was versteht man unter der Verteilungsfunktion einer Zufallsgröße?

10.9 Welche Eigenschaften hat die Verteilungsfunktion?

10.10 Welche Eigenschaften hat die Wahrscheinlichkeitsdichte?

10.11 Unter welcher Voraussetzung ist eine Zufallsgröße binomialverteilt? Mit welchen Formeln werden Erwartungswert und Streuung berechnet?

10.12 Nennen Sie Beispiele von Zufallsgrößen, die a) POISSON-verteilt, b) exponentialverteilt sind!

10.13 Unter welcher Bedingung ist eine binomialverteilte Zufallsgröße a) POISSON-, b) normalverteilt?

10.14 An welchen Stellen liegen Maximumpunkt und Wendepunkte der Glockenkurve der Normalverteilung?

10.15 Durch welche Transformation wird eine $N(\mu;\ \sigma^2)$-Verteilung zu einer $N(0;\ 1)$-Verteilung?

**Aufgaben: 10.9 bis 10.21**

## 10.3 Aufgaben

**10.1** Eine Stichprobe mit $n = 400$ Längenmessungen ergab (Maße in mm):

| $i$ | $x_{i-1} \leqq x < x_i$ | $h_i$ |
|---|---|---|
| 1 | $126{,}0 \leqq x < 126{,}2$ | 40 |
| 2 | $126{,}2 \leqq x < 126{,}4$ | 60 |
| 3 | $126{,}4 \leqq x < 126{,}6$ | 90 |
| 4 | $126{,}6 \leqq x < 126{,}8$ | 120 |
| 5 | $126{,}8 \leqq x < 127{,}0$ | 70 |
| 6 | $127{,}0 \leqq x < 127{,}2$ | 20 |

Wenn $x$ in der Klasse $i$ liegt, sei das Ereignis $E_i$ eingetreten; $P(E_i)$ wird durch $h_i/n$ geschätzt $(i = 1, 2, \ldots, 6)$

Berechnen Sie die Wahrscheinlichkeiten für

a) $E_7 = E_3 \cup E_4 \cup E_5$; $E_8 = E_4 \cup E_5 \cup E_6$,

b) Summe und Produkt von $E_7$ und $E_8$,

c) das entgegengesetzte Ereignis der Summe von $E_7$ und $E_8$,

d) das Ereignis, daß $x \geqq 126{,}8$ mm ist,

e) das Ereignis, daß $x < 126{,}6$ mm ist.

**10.2** Berechnen Sie die Funktionswahrscheinlichkeit für das gemischte System in Bild 10.20. Es ist $p_1 = 0{,}6$; $p_2 = 0{,}8$; $p_3 = p_4 = p_5 = 0{,}5$; $p_6 = p_8 = 0{,}9$; $p_7 = p_9 = 0{,}75$; $p_{10} = 0{,}4$.

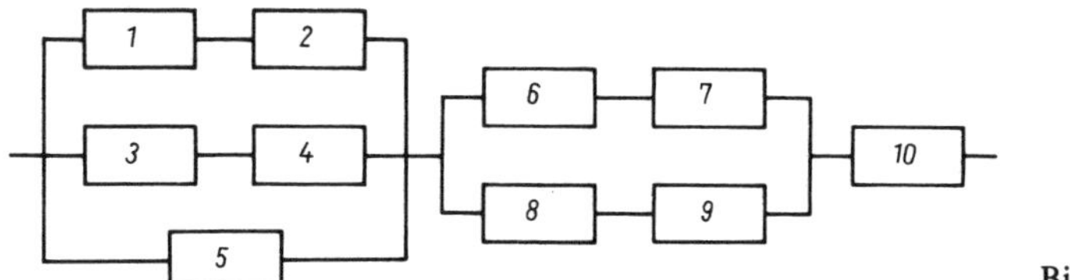


Bild 10.20

**10.3** Zwei Elemente mit den Funktionswahrscheinlichkeiten $p_1 = 0{,}8$ und $p_2 = 0{,}6$ sind im Sinne der Zuverlässigkeitstheorie in Serie geschaltet. Um wieviel Prozent erhöht sich die Funktionswahrscheinlichkeit des Systems, wenn zum zweiten Element ein Reserveelement mit der gleichen Funktionswahrscheinlichkeit $p_2$ parallel geschaltet wird?

**10.4** Ein Element hat die Funktionswahrscheinlichkeit 0,7. Durch Parallelschaltung von Reserveelementen, von denen jedes die Funktionswahrscheinlichkeit 0,3 hat, soll die Funktionswahrscheinlichkeit des Systems auf mindestens 0,95 erhöht werden. Wie viele Elemente sind zuzuschalten?

**10.5.** Mit der klassischen Definition der Wahrscheinlichkeit sind die Wahrscheinlichkeiten für folgende Ereignisse zu berechnen:

a) bei 3 Würfen mit einer Münze genau zweimal »Zahl«;
b) bei 1 Wurf mit 2 Würfeln eine Gesamtzahl, die größer als 4 und kleiner als 8 ist;
c) bei 1 Wurf mit 3 Würfeln einen Fünfer- oder Sechserpasch;
d) bei 1 Wurf mit 3 Würfeln genau zweimal Sechs;
e) bei 1 Wurf mit 3 Würfeln die Gesamtzahl 14.

**10.6** a) An einem Handballturnier nehmen 12 Mannschaften teil, von denen jede Mannschaft gegen jede andere spielen soll. Wie viele Spiele sind zu spielen?
b) Wie viele Mannschaften können an einem Turnier teilnehmen, wenn jede Mannschaft gegen jede andere spielen soll und höchstens 200 Spiele gespielt werden können?

**10.7** Ein Schütze hat die Treffwahrscheinlichkeit 0,8. Berechnen Sie die Wahrscheinlichkeiten, bei 6 Schuß a) 6mal, b) genau 4mal, c) mindestens 1mal, d) höchstens 3mal zu treffen.

**10.8** Im Morsealphabet gibt es 30 Kombinationen mit höchstens 4 kurzen oder langen Impulsen, mit denen die 26 Buchstaben von a bis z sowie ä, ch, ö, ü dargestellt werden. Werden damit alle möglichen Kombinationen genutzt?

**10.9** Eine Zufallsgröße $X$ hat die Verteilungstabelle

| $X$: | 10 | 15 | 20 | 30 | 35 |
|---|---|---|---|---|---|
| | 0,10 | 0,40 | 0,25 | 0,20 | 0,05 |

a) Berechnen Sie Erwartungswert und Standardabweichung;
b) geben Sie die Tabelle der Verteilungsfunktion an und stellen Sie sie grpahisch dar;
c) berechnen Sie mit ihr die Wahrscheinlichkeit für das Intervall $18 \leqq X < 32$.

**10.10** Die Funktionswahrscheinlichkeit eines Motors nach 5 Jahren Betrieb ist 85 %. Mit welcher Wahrscheinlichkeit sind von 8 Motoren dieser Bauart nach 5 Jahren a) mindestens 4, b) höchstens 4 funktionsfähig?

**10.11** Ein Schütze schießt mit 75 % Treffwahrscheinlichkeit. Berechnen Sie die Verteilungstabelle für 8 Schüsse. Welche Trefferzahl hat die größte Wahrscheinlichkeit?

**10.12** In einer Fernsprechzentrale wird im Mittel aller 8 Sekunden eine Gesprächsanforderung registriert. Berechnen Sie die Wahrscheinlichkeit dafür, daß a) höchstens 4, b) 5 bis 8, c) mindestens 9 Anforderungen pro Minute registriert werden.

**10.13** Auf einem Parkplatz kommt durchschnittlich alle 6 Minuten ein Fahrzeug an. Mit welcher Wahrscheinlichkeit kommen a) 5, b) mindestens 8 Fahrzeuge pro Stunde an?

**10.14** Ein Bauteil wird in Stückzahlen zu je 100 Stück geliefert. Berechnen Sie die Wahrscheinlichkeit dafür, daß in einem Posten höchstens 3 Stück Ausschuß sind, wenn die Ausschußwahrscheinlichkeit 2 % ist.

**10.15** Bei der Herstellung von Widerständen sind die Werte normalverteilt mit $\mu = 1{,}50\ \text{k}\Omega$, $\sigma = 0{,}07\ \text{k}\Omega$. Berechnen Sie den 1-, 2- und 3-Sigma-Bereich.

**10.16** Bei der Herstellung von Bohrungen mit Nennmaß 60 mm ist die Abweichung vom Nennmaß normalverteilt mit $\mu = 24\ \mu\text{m}$ und $\sigma = 7{,}5\ \mu\text{m}$. Liegt der 3-Sigma-Bereich innerhalb des Maßtoleranzfeldes von 0 bis 46 μm?

**10.17** Für eine Längenmessung wird eine Meßreihe durchgeführt. Die Beobachtungsfehler sind $N(\mu;\, \sigma^2)$-verteilt mit $\mu = 38{,}42$ und $\sigma = 0{,}13$ (Maße in mm). In welchem Bereich liegen die Meßwerte bei a) 5 %, b) 1 % Irrtumswahrscheinlichkeit?

**10.18** Die Meßwerte in Beispiel 9.3 sollen einer normalverteilten Grundgesamtheit entstammen mit $\mu = 223\ \Omega$ und $\sigma = 5\ \Omega$ (vgl. Beispiele 9.5, 9.9).
a) Berechnen Sie die Grenzen des 1-Sigma- und des 3-Sigma-Bereichs;
b) In welchem Bereich liegen bei 5 % Irrtumswahrscheinlichkeit die Werte?

**10.19** In einer Werkstatt ist für ein Gerät die durchschnittliche Reparaturzeit 95 Minuten. Mit welcher Wahrscheinlichkeit wird es in einer Zeit von a) höchstens 1 Stunde, b) 1 bis 2 Stunden, c) mehr als 2 Stunden repariert?

**10.20** Für einen Parkplatz werden 2,3 Stunden als mittlere Parkdauer gemessen. Berechnen Sie die Wahrscheinlichkeit für eine Parkdauer von a) 30 Minuten bis 2 Stunden, b) mehr als 3 Stunden.

**10.21** In einem Betrieb sind 850 gleichartige Aggregate eingesetzt, von denen jedes eine Ausfallrate $\lambda = 3 \cdot 10^{-4}\ \text{h}^{-1}$ hat. Wie viele Ausfälle sind in den ersten 2 000 Betriebsstunden zu erwarten? (Die Ausfallrate $\lambda$ ist gleich dem Parameter $\alpha$ der Exponentialverteilung.)

---

**10.22** Berechnen Sie die Funktionswahrscheinlichkeit für das gemischte System in Bild 10.21. Es ist $p_1 = 0{,}6$; $p_2 = 0{,}7$; $p_3 = 0{,}4$; $p_4 = 0{,}3$.

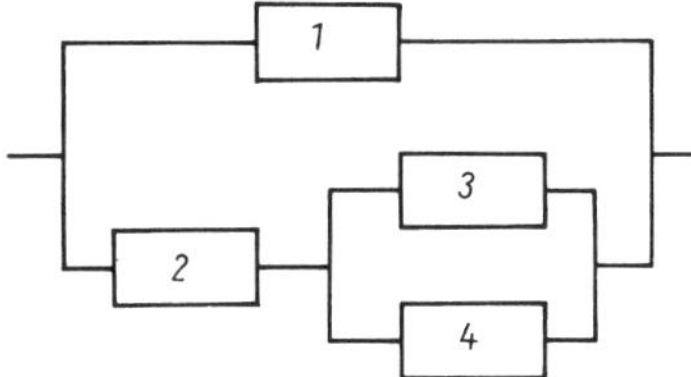


Bild 10.21

**10.23** Bild 10.22 a stellt eine Brückenschaltung im Sinne der Zuverlässigkeitstheorie dar. Die Funktionswahrscheinlichkeit ist die Summe der Wahrscheinlichkeiten für die beiden Ereignisse »Element 5 funktioniert und die Elemente 1 bis 4 sind eine Serie von 2 Parallelschaltungen« (Bild 10.22 b) und »Element 5 funktioniert nicht und die Elemente 1 bis 4 sind eine Parallelschaltung von 2 Serienschaltungen« (Bild 10.22 c). Berechnen Sie die Funktionswahrscheinlichkeit für $p_1 = p_2 = p_3 = p_4 = 0{,}3$; $p_5 = 0{,}4$.

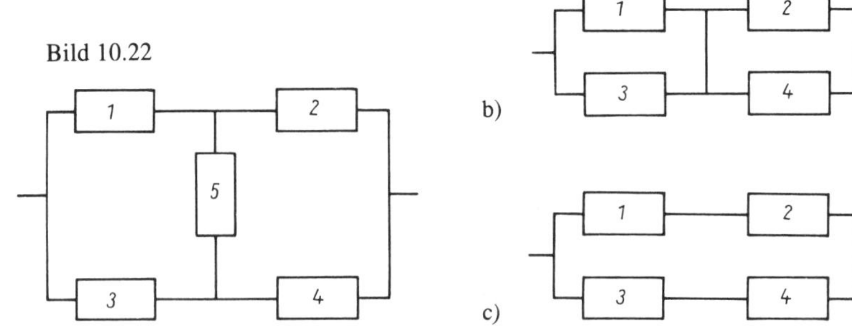


Bild 10.22

**10.24** Eine Parallelschaltung von $n$ Elementen mit gleicher Funktionswahrscheinlichkeit $p$ soll eine Funktionswahrscheinlichkeit von mindestens 0,90 haben. Berechnen Sie $p$ allgemein und speziell für $n = 2$ und $n = 3$.

**10.25** Ein Werkstück wird mit 20 % Ausschußwahrscheinlichkeit hergestellt. Wie groß ist die Wahrscheinlichkeit, daß in einem Posten von 15 Stück weniger als 3 Stück Ausschuß sind?

**10.26** Die Treffwahrscheinlichkeiten von 3 Schützen sind $p_1 = p_2 = 0{,}6$; $p_3 = 0{,}7$. Jeder schießt höchstens einmal. Der zweite schießt nur, wenn der erste nicht trifft und der dritte nur, wenn der zweite nicht trifft. Mit welcher Wahrscheinlichkeit wird das Ziel getroffen?

**10.27** Drei Granatwerfer schießen mit 3 Salven auf ein Ziel. Die Treffwahrscheinlichkeit je Schuß ist 0,1. Ein Treffer genügt, um das Ziel zu vernichten. Mit welcher Wahrscheinlichkeit wird das Ziel vernichtet?

**10.28** Berechnen Sie die Wahrscheinlichkeit für a) einen Vierer bei Lotto »6 aus 49«.

**10.29** Nach dem Statistischen Jahrbuch ist die Wahrscheinlichkeit für die Geburt eines Jungen konstant gleich 0,513. Wie groß ist die Wahrscheinlichkeit dafür, daß in einer Familie mit 4 Kindern a) 3 Jungen, b) mindestens 2 Jungen, c) 3 Mädchen geboren werden?

**10.30** Der Anteil der Wegeunfälle an den meldepflichtigen Arbeits- und Wegeunfällen war 2005 und 2006 im Durchschnitt 28,3 %.
a) Berechnen Sie für $n = 35$ Erwartungswert und Standardabweichung.
b) Wie groß ist die Wahrscheinlichkeit dafür, daß von 35 Unfällen in einem Betrieb höchstens 10 Wegeunfälle sind?
c) Wie viele Wegeunfälle sind bei 35 Unfällen mit 5 % Irrtumswahrscheinlichkeit mindestens und höchstens zu erwarten?

**10.31** Ein Betrieb stellt ein Bauelement mit 76 % Funktionswahrscheinlichkeit her. Berechnen Sie, wie viele von 700 Bauelementen einer Lieferung funktionsfähig sind ($\alpha = 5\,\%$).

**10.32** Bei der Herstellung von Wellen mit Nennmaß 150 mm sind die Abweichungen vom Nennmaß $N(50; 12^2)$-verteilt (Maße in µm). a) In welchem Bereich liegen diese Abweichungen ($\alpha = 5\,\%$)? b) Wird das Maßtoleranzfeld 0...103 µm eingehalten?

**10.33** Für die Wahrscheinlichkeitsdichte der $N(0; 1)$-Verteilung sind als Hilfsmittel für die graphische Darstellung die Funktionswerte für $x = 0$; $\pm 0{,}5$; $\pm 1$; $\pm 2$ zu berechnen und gerundet in der Form $\frac{k}{8} \cdot y_{\max}$ ($y_{\max} = \varphi(0)$) anzugeben.

**10.34** In einer Montagehalle werden im Mittel 2 Maschinenausfälle in 8 Stunden registriert. Wie groß ist die Wahrscheinlichkeit dafür, daß a) keine, b) 1 bis 2, c) 3 Maschinen pro Stunde ausfallen?

**10.35** In der Werkzeugausgabe eines Betriebes wird die Anzahl der Anforderungen durch Arbeiter registriert. Auf 15-Minuten-Intervalle bezogen, ergibt sich

| $x_i$ | 3...5 | 6...8 | 9...11 | 12...14 | 15...17 | 18...20 | 21...23 |
|---|---|---|---|---|---|---|---|
| $h_i$ | 2 | 3 | 16 | 36 | 26 | 13 | 4 |

a) Überprüfen Sie mittels $\bar{x}$ und $s$ nach Gl. (10.20), ob eine Poisson-Verteilung angenommen werden kann ($\bar{x}$ und $s$ werden mit den Klassenmitten berechnet, z. B. $x_1 = 4$).

b) Mit Hilfe der Poisson-Verteilung ist $P(X < 15)$ zu berechnen und mit dem aus der Tabelle gewonnenen Wert zu vergleichen.

**10.36** In einer Fernsprechzentrale wurde als mittlere Gesprächsdauer 3,6 Minuten gemessen. Wie groß ist die Wahrscheinlichkeit für eine Gesprächsdauer von a) 2 bis 3, b) mehr als 15, c) genau 4 Minuten?

**10.37** In einem Supermarkt wurde bei 1000 Personen die zum Einkauf benötigte Zeit gemessen. Auf Intervalle mit 200 Sekunden Breite bezogen ergab sich

| $t_i$/s | $h_i$ | $t_i$/s | $h_i$ |
|---|---|---|---|
| 0... 200 | 500 | 1000...1200 | 17 |
| 200... 400 | 258 | 1200...1400 | 9 |
| 400... 600 | 115 | 1400...1600 | 4 |
| 600... 800 | 60 | 1600...1800 | 2 |
| 800...1000 | 33 | 1800...2000 | 1 |
| | | 2000...2200 | 1 |

a) Überprüfen Sie mittels $\bar{t}$ und $s$ nach Gl. (10.28), ob eine Exponentialverteilung angenommen werden kann ($\bar{t}$ und $s$ werden mit den Klassenmitten berechnet, z. B. $t_1 = 100$).

b) Mit Hilfe der Exponentialverteilung ist die Wahrscheinlichkeit dafür zu berechnen, daß die Einkaufszeit weniger als 400 Sekunden dauert und mit dem aus der Tabelle gewonnenen Wert zu vergleichen.

# Lösungen

1.1 Aussagen: a), e); Aussageformen: b), c), g); weder Aussagen noch Aussageformen: d), f)

1.2 a) $A = \{0; 1; 2; 3; 4\}$ b) $B = \{4\}$ c) $C = \{3; 5\}$ d) $D = \emptyset$

1.3 a) $A \supsetneqq B$ b) $A = B$ c) $A$, $B$ sind disjunkt

1.4 Vgl. Beispiele 1.29, 1.30
a) $H(x) \Rightarrow K(x)$; $H(x)$ ist hinreichende Bedingung für $K(x)$
b) notwendige und hinreichende Bedingung
c) notwendige Bedingung

1.5 a) $\{r; s; t\}$, $\{q; r; s; t; u\}$, $\{u\}$, $\{q\}$
b) $\{t; u\} = C$, $\{r; s; t; u\} = A$, $\{r; s\}$, $\emptyset$
c) $\emptyset$, $\{r; s; t; u; v; w\}$, $\{r; s; t; u\} = A$, $\{v; w\} = D$

1.6 a) $\{4; 5; 6\}$, $\{0; 1; 2; \ldots; 10\}$, $\{0; 1; 2; 3\}$, $\{7; 8; 9; 10\}$
b) $\emptyset$, $\{0; 1; 2; 3; 4; 5; 6; 8; 9; 10\}$, $A$, $C$
c) $D$, $A$, $\{0; 1; 2; 3\}$, $\emptyset$

1.7 a) $K \cap \{n; r\} = \{n\}$ b) $K \cup \{n; r; s\} = \{m; n; o; p; q; r; s\}$
c) $K \setminus \{n; o; p; q; r; s; t\} = \{m\}$ d) $K \setminus \{o; p; q\} = \{m; n\}$

1.8 a) $A \cup B$ b) $\emptyset$ c) $A$ d) $B$

1.9 Erste Gleichung: $A \cap (B \cup C) = A \cap \{q; r; s; t; u\} = \{q; r\}$
$(A \cap B) \cup (A \cap C) = \{r\} \cup \{q; r\} = \{q; r\}$;
zweite Gleichung: $A \cup (B \cap C) = A \cup \{r\} = \{p; q; r\}$
$(A \cup B) \cap (A \cup B) = \{p; q; r; s; t\} \cap \{p; q; r; u\} = \{p; q; r\}$

1.10 a) $0{,}21\overline{3}$ b) $0{,}\overline{135}$ c) $0{,}09\overline{615384}$

1.11 a) $(7; 10]$, $[5; 15)$, $[5; 7]$, $(10; 15)$
b) vgl. Beispiele 1.38, 1.39: $\emptyset$, $(3; 7) \cup (7; 15) = (3; 15) \setminus \{7\}$, $\{5\}$, $[2; 10]$
c) $(3; 10] \setminus B = (3; 7]$, $(3; 5] \setminus A = (3; 5)$
d) $A \setminus ((3; 15) \setminus \{7\}) = \{7\}$, $C \cap (5; 10] = (5; 7)$

1.12 a) $-2$ b) 30 c) 6

1.13 Vgl. Beispiel 1.42: a) 10, 4, $-2$, $-8$ b) 7, 15, $-11$, $-3$ c) 4

1.14 a) $\begin{cases} 6r, & r - 2s \geqq 0 \\ -2r + 16s, & r - 2s < 0 \end{cases}$ b) $\begin{cases} -u - 3v, & 2u + v \geqq 0 \\ 11u + 3v, & 2u + v < 0 \end{cases}$
(vgl. Beispiel 1.43)

1.15 a) $A = \{10; 20\}$ b) $B = \{-12; 8\}$ (vgl. Beispiel 1.45)

1.16 a) $(205)_{10} = (CD)_{16}$ b) $(11\,1111\,0100)_2 = (3F4)_{16}$ c) $(1010\,0100\,1011)_2 = (2635)_{10}$

1.17 a) 6,38 b) 3,45 c) 3,79 d) 12,35

1.18 a) 0,0643 b) $3{,}76 \cdot 10^5$ c) 70,0

1.19 a) $4{,}65 \approx 4{,}6$ b) $6{,}25 \cdot 10^4 \approx 6{,}3 \cdot 10^4$ c) $895 \approx 8{,}9 \cdot 10^2$

1.20 a) $0{,}5 \cdot 10^{-2}$, $5 \cdot 10^{-5}$ b) $0{,}5 \cdot 10^1$, $5 \cdot 10^{-4}$
c) $0{,}5 \cdot 10^{-2}$, $5 \cdot 10^{-4}$ d) $0{,}5 \cdot 10^{-3}$, $5 \cdot 10^{-2}$

1.21 a) $x_1$ und $x_3$ b) $x_2$ und $x_3$ c) $x_2$ d) $x_4$

1.22 a) $x_1 = 2$; $x_2 = -3$ b) $x(x-4) = 0$; $x_1 = 0$; $x_2 = 4$
c) $x_1 = -3$; $x_2 = 4$

1.23 a) 18,6 b) 0,27

c) Nenner: $0{,}007 + 0{,}035 = 0{,}042$ (2 sign. Ziffern): $2{,}7 \cdot 10^6$

d) Zähler: $1{,}91 \cdot 10^3 - 83{,}2 = 1{,}83 \cdot 10^3$ (3 sign. Ziffern); Nenner: $6{,}6 \cdot 10^5$ (2 sign. Ziffern): $2{,}8 \cdot 10^{-3}$

e) Zähler: 4 sign. Ziffern; Nenner: $1{,}16 \cdot 10^3 - 1{,}19 \cdot 10^3 = -0{,}03 \cdot 10^3$ (1 sign. Ziffer!) Ergebnis: $-1$

1.24 a) $-a$ b) $0{,}528x + 0{,}412z$ c) $-40x^3 + 40x^2 - 16$ d) $-6a^2 - 16ab + 6b^2$

1.25 a) $9uvw(4v - 7u)$ b) $4x(2x + 3y)(x - 2)$

c) $2(9p + 4q)(9p - 4q)$ d) $4(a - 2b)^2$

e) $(2x - 3y)(4u + v)$ f) $(2m + 5n)(4m - 3n)$

1.26 a) $3x^2 - 8x + 5$ b) Ordnen; $2ab + c - 4$ c) $4x - 7 + \dfrac{1}{5x + 3}$

d) $\dfrac{1}{2}x^2 + \dfrac{3}{4}x + \dfrac{9}{8} + \dfrac{27/8}{2x - 3} = \dfrac{1}{2}x^2 + \dfrac{3}{4}x + \dfrac{9}{8} + \dfrac{27}{8(2x - 3)}$

1.27 a) $\dfrac{35xy^2}{42y^3}$ (Erweiterungsfaktor: $7y^2$) b) $\dfrac{45q}{55p^2q^2}$ (Erweiterungsfaktor: $5q$)

c) $\dfrac{4ab - 6b^2}{10ab - 8b^2}$ (Erw.-f.: $2b$) d) $\dfrac{8ux - 12vx}{4u^2 - 9v^2}$ (Erw.-f.: $2u - 3v$)

1.28 a) $\dfrac{2a}{5b^2}$ b) $\dfrac{2x}{3y}$ c) $\dfrac{2x}{4p + 5q}$ d) $\dfrac{5x}{5x + 3y}$

e) $\dfrac{3u(3u + 1)}{3u - 1}$ f) Vereinfachung durch Kürzen nicht möglich

1.29 $\dfrac{2a + \dfrac{25b^2}{2a}}{1 + \dfrac{5b}{2a}}$

1.30 a) $60a^2b^3c$; Erw.-f.: $5b^2c$; $4a^2$; $3ab^3$

b) $6ab(a + 4b)$; Erw.-f.: $6b$; $2a$; $b(a + 4b)$

c) $6m(4m + 5n)(4m - 5n)$; Erw.-f.: $3(4m + 5n)$; $(4m - 5n)$; $6m$

1.31 a) $\dfrac{1}{2b}$ b) $\dfrac{9xy + 10yz - 10yz + 30z^2 - 15x^2 - 9xy}{15xyz} = \dfrac{2z^2 - x^2}{xyz}$

c) $\dfrac{3u^2 - 7uv + 4v^2}{30(3u - 4v)} = \dfrac{(3u - 4v)(u - v)}{30(3u - 4v)} = \dfrac{u - v}{30}$

d) den 2. Bruch mit $-1$ erweitern: $\ldots + \dfrac{25y^2}{4x^2 - 10xy}$

$$\frac{8x^3 + 125y^3 + 50xy^2 - 125y^3 - 8x^3 + 20x^2y}{10xy(2x - 5y)} = \frac{2x + 5y}{2x - 5y}$$

e) $\dfrac{2x^2 - 10x - 150}{x(x + 5)(x + 15)}$

f) $\dfrac{(u - 1)^2 - (u + 1)^2 - (u + 1)(u - 1) + 4u}{u(u + 1)(u - 1)}$

$$= \frac{-u^2 + 1}{u(u + 1)(u - 1)} = \frac{-(u^2 - 1)}{u(u + 1)(u - 1)} = -\frac{1}{u}$$

1.32 a) $60\,\dfrac{a^3b}{c}$ b) $\dfrac{100xy^2}{3}$ c) $y$ d) $\dfrac{9a(a - b)}{4b(a + b)}$

1.33 a) $\dfrac{5}{4}$ b) $\dfrac{18ab^2 - 15b}{6b^2 + 1}$ c) $\dfrac{1}{3ab}$ d) $\dfrac{RR_2R_3}{R_2R_3 - RR_3 - RR_2}$

1.34 a) um 64,09 % bzw. 114,09 % höher
b) um 39,06 % niedriger bzw. um 30,47 % höher

1.35 a) 75 b) 32; 5 % ( = 0,1172 · 0,4267)

1.36 $\frac{1350}{1{,}184} = 1140$ Stück/Tag; $\frac{1{,}32}{0{,}857} = 1{,}54$ kg/Stück

1.37 a) 27008 € b) 3,5 % c) 18500 €

1.38 a) $6 + 5 - 2 + \ldots = 5$ b) $1 + 4 = 5$ c) 11 d) 4

1.39 a) $\sum_{i=1}^{4} x_i^2$ b) $\sum_{i=3}^{5} \frac{1}{y_i}$ c) $\sum_{n=1}^{5} 4n$ d) $\sum_{n=1}^{5} n^2$

Es sind auch andere Darstellungen möglich (andere Bezeichnung des Summationsindex, andere untere und obere Grenzen)

1.40 a) $16a$ b) $\frac{8b^2}{a^3}$ c) $\frac{x}{y^3}$ d) $3(2a - 3b)^{20} = 3(3b - 2a)^{20}$

e) $-2(x - 2y)^{11} = 2(2y - x)^{11}$

f) $\frac{1}{4096x^{12}}$; $\frac{x^{12}}{16}$; $-\frac{8}{x^{12}}$; $-16x^{12}$; $-2x^{81}$

1.41 a) $\frac{b^{x+2}c^{y-1}}{a^2}$ b) $\frac{z}{x^a y}$ c) $a^{2n}b^{n+4}$ d) $r^{4a}s^{-2}t = \frac{r^{4a}t}{s^2}$

e) $\frac{y^2}{x(x - y)^2}$ f) $\left(\frac{v}{w^9}\right)^8 = \frac{v^8}{w^{72}}$ g) $\frac{u^2}{s^2} = \left(\frac{u}{s}\right)^2$

h) $\frac{3a^2}{b^5}$ i) $\frac{3}{32b}$

1.42 a) $x^{\frac{1}{5}} = x^{0,2}$; $y^{\frac{5}{7}}$; $(a + 2b)^{\frac{2}{3}}$; $x^{-\frac{3}{4}} = x^{-0,75}$; $(x^2 + y^2)^{\frac{1}{2}}$

b) $\sqrt[4]{a^3}$; $\sqrt[4]{x}$; $\sqrt{x - y}$; $\frac{1}{\sqrt[10]{b^8}} = \frac{1}{\sqrt[5]{b^4}}$

c) 4; $\sqrt[5]{32^2} = 2^2 = 4$; $\sqrt[3]{\left(\frac{8}{27}\right)^2} = \left(\frac{2}{3}\right)^2 = \frac{4}{9}$; $\frac{3}{4}$

1.43 a) $\sqrt[4]{a^5}$; $\sqrt{x^7}$; $\sqrt[3]{x^4}$; $\sqrt{(2a + 3b)^2 c}$; $\sqrt{48}$; $\sqrt{98}$

b) $a^2 \sqrt{a}$; $b^2 \sqrt[4]{b}$; $4 \sqrt{5}$; $2 \sqrt[3]{2}$

1.44 a) $16 \cdot 5 - 25 \cdot 3 = 5$ b) $12xy$ c) nicht umformbar

d) $90 \sqrt{2} - 108 \sqrt{3} = 18(5 \sqrt{2} - 6 \sqrt{3})$ e) $45 - 12 = 33$

f) $96 \sqrt{3} + 90 \sqrt{2} - 36$ g) $105 - 60 \sqrt{3}$

h) $a^2 x \sqrt{b} - b^2 x \sqrt{a}$ i) $\sqrt[n]{a^{2n}b^{4n}} = a^2 b^4$ j) $a^{\frac{7}{6}} = a \sqrt[6]{a}$

k) $x^{\frac{47}{30}} = x \sqrt[30]{x^{17}}$ l) $\sqrt[36]{x^{13}}$ m) $\sqrt[3]{a^2}$ n) $\sqrt{a}$

o) $\sqrt[12]{x^7}$ p) $\sqrt[12]{128}$

1.45 a) $\frac{5}{6} \sqrt{3}$ b) $\frac{3}{5} \sqrt{6}$ c) $x \sqrt{x}$ d) $a^2 \sqrt[4]{a^3}$

e) $\frac{a(1 + 2\sqrt{b})}{1 - 4b}$ f) $x + \sqrt{x^2 - 1}$

1.46 $h = \frac{2}{3} R \sqrt{3}$

1.47 a) $l = \sqrt[4]{\frac{120EIf}{q_m}}$ b) $E = \sqrt{\left(\frac{p_{max}}{0{,}388}\right)^3 \cdot \frac{r^2}{F}} = \left(\frac{p_{max}}{0{,}388}\right)^{1{,}5} \cdot \frac{r}{F^{0{,}5}}$

c) $H = \sqrt[3]{\frac{12l_x + bh^3}{B}}$ d) $R = 2L\sqrt{\frac{1}{LC} - \omega^2}$

e) $n_{max} = n_{min}\varphi^{z-1}$ f) $\frac{T_1}{T_2} = \varphi^{\frac{1}{y}}$; $T_2 = T_1\varphi^{-\frac{1}{y}}$

g) $C = FL^{0{,}3}$ h) $R = \left(\frac{v}{kJ^{\frac{1}{2}}}\right)^{\frac{3}{2}} = \left(\frac{v}{k}\right)^{1{,}5} J^{-0{,}75}$

1.48 a) 2,71 b) 2,86 c) 15,1 d) 29,2 e) 0,016 66

1.49 a) $(4 \cdot 10^2)^3 = 64 \cdot 10^6 \approx 6 \cdot 10^7$

b) $(4 \cdot 10^{-3})^4 \approx 20^2 \cdot 10^{-12} = 4 \cdot 10^{-10}$

c) $(38{,}5 \cdot 10^6)^{\frac{1}{2}} \approx 6 \cdot 10^3$ d) $(68{,}3 \cdot 10^{-6})^{\frac{1}{2}} \approx 8 \cdot 10^{-3}$

e) $(68{,}3 \cdot 10^{-6})^{\frac{1}{3}} \approx 4 \cdot 10^{-2}$

1.50 a) 5; 4; 2 b) −5; −4; −2 c) $\frac{1}{5}$; $\frac{1}{4}$; $\frac{1}{2}$

1.51 a) 8; 9; 10 000 b) 5; 10; 4

1.52 a) $2\log_a x - (\log_a y + \log_a z)$ b) $3(2\log_u a + \log_u b - \log_u c)$

c) $\frac{1}{5}(2\log_x a + \log_x b - 3\log_x c)$ d) $2\log_a(x+y) - \log_a(x^2+y^2)$

e) $-\log_m(x+y)$ f) $2 - \log_c d$ g) $\frac{1}{2}[\log_x(1+x) - \log_x(1-x)]$

1.53 a) $\log_a\left(\frac{x^2}{y}\right)$ b) $\log_u\left(\frac{\ }{x}\right)$ c) $\log_x \sqrt[3]{\frac{a}{b^4}} = \log_x\left(\frac{a}{b^4}\right)^{\frac{1}{3}}$

d) $\log_c \frac{1}{(x-y)^4}$

1.54 a) 4,299 b) 0,604 5 c) 0,239 d) 1,03

1.55 a) 0; 0,199; 0,390; 0,569 b) 0; 0,203; 0,424; 0,693

c) 1; 1,02; 1,08; 1,19 d) 0,399; 0,391; 0,369; 0,333

1.56 a) 5; 1,68; −1,64 b) 3,59; 0,830; 2,04

1.57 a) $t = -T\ln\left(\frac{i}{I}\right) = T\ln\left(\frac{I}{i}\right)$ b) $U_x = U_0 \cdot 10^{\frac{p_s}{20}} = U_0 \exp_{10}\left(\frac{p_s}{20}\right)$

c) $r_2 = r_1 e^{\frac{U}{Er}} = r_1 \exp\left(\frac{U}{Er}\right)$ d) $\log_{\left(\frac{T_1}{T_2}\right)} \varphi = y$; $y = \frac{\ln\varphi}{\ln\left(\frac{T_1}{T_2}\right)}$

1.58 a) 792 b) 792 c) 1 140 d) 1 e) 0 f) −4

g) 5 h) $\frac{5}{81}$

1.59 a) $a^8 - 8a^7b + 28a^6b^2 - 56a^5b^3 + 70a^4b^4 - 56a^3b^5 + 28a^2b^6 - 8ab^7 + b^8$

b) $81x^4 - 108x^3y + 54x^2y^2 - 12xy^3 + y^4$

c) $a^{30} - 30a^{29} + 435a^{28} - 4\,060a^{27} + - \ldots$ d) $\binom{9}{4} = 126$

1.60 a) $-2j$ b) $-6$ c) $1{,}5$ d) $-10j$ e) $-1$ f) $-1{,}5j$

1.61 a) $23 - 27j$ b) $(16 - 30j)(2 + 4j) = 152 + 4j$

c) $\frac{22+14j}{-3-6j} = \frac{-150+90j}{45} = -\frac{10}{3} + 2j$

d) $(5-3j) + \frac{30+60j}{5} = 11 + 9j$

e) $\frac{2+4j}{-33-21j} = \frac{-150-90j}{1530} = -0{,}098 - 0{,}059j$

1.62 a) $5{,}4\,e^{j\,21{,}8°}$ b) $23{,}7\,e^{j\,139{,}4°}$ c) $25{,}7\,\underline{/256{,}5°} = 25{,}7\,\underline{/-103{,}5°}$
d) $183{,}5\,\underline{/355{,}63°} = 183{,}5\,\underline{/-4{,}37°}$

1.63 a) $-19{,}6 + 4{,}06j$ b) $3{,}69 - 1{,}54j$
c) $-0{,}127 - 0{,}272j$ d) $-108{,}4 - 120{,}4j$

1.64 a) $8\,\underline{/-90°}$ b) $220\,\underline{/0°}$ c) $-4$

d) $-20j$ e) $\omega L\,\underline{/90°}$ f) $\frac{1}{\omega C}\,\underline{/-90°}$

1.65 a) $12\,\underline{/166°} = -11{,}6 + 2{,}90j$ b) $0{,}2\,\underline{/206°} = -0{,}18 - 0{,}088j$

c) $(4\,\underline{/144°})^3 = 64\,\underline{/72°} = 19{,}8 + 60{,}9j$

d) $1{,}73\,\underline{/147{,}5°} = -1{,}46 + 0{,}931j$

$1{,}73\,\underline{/327{,}5°} = 1{,}46 - 0{,}931j$

1.66 a) $(27{,}7\,\underline{/25{,}6°})^3 = 2{,}13 \cdot 10^4\,\underline{/76{,}8°} = (0{,}485 + 2{,}07j) \cdot 10^4$

b) $(27{,}7\,\underline{/25{,}6°})^{0{,}5} = \pm(5{,}13 + 1{,}17j)$

c) $(81\,\underline{/0° + k \cdot 360°})^{1/4} = 3\,\underline{/0°} = 3\,;\; = 3\,\underline{/90°} = 3j;$
$= 3\,\underline{/180°} = -3\,;\; = 3\,\underline{/270°} = -3j$

1.67 a) $\{r; s\}$ ; Ø b) $\{q\}$ ; {7; 8; 9; 10}
1.68 a) $(A \cap B) \setminus C = \{7; 9\} \setminus C = \{9\}$ ; $(A \setminus C) \cap B = \{3; 9\} \cap B = \{9\}$
b) $(A \setminus B) \setminus C = \{3; 5\} \setminus C = \{3\}$ ; $A \setminus \{4; 5; 6; 7; 8; 9\} = \{3\}$
1.69 a) Siehe Bild L1

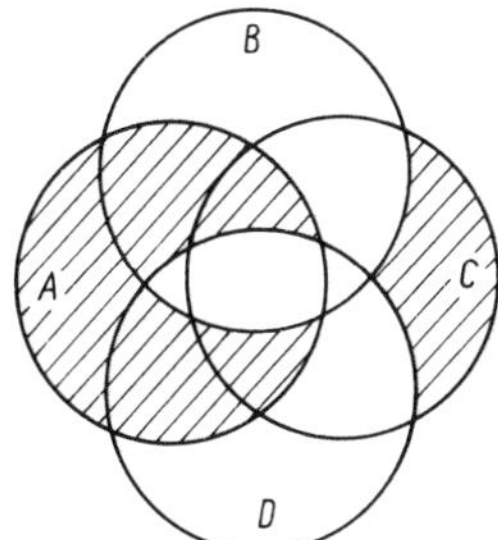

Bild L1

b) $(A \cap B) \setminus D$ c) $(C \cap D) \cup [D \setminus (A \cup B)]$

1.70 a) $(6; 12) \setminus (2; 10] = (10; 12)$ b) $(2; 10] \setminus (6; 8] = (2; 6] \cup (8; 10]$
c) $D \setminus B = \{12\}$, $A \cap C = [3; 8]$; Ergebnis: $\{12\} \cup [3; 6]$

1.71 $\pm 3, \pm 7, \pm 9, \pm 19$

1.72

| $x$ | −2 | −1 | 0 | 1 | 2 | 3 | 4 | 5 | 6 |
|---|---|---|---|---|---|---|---|---|---|
| $y$ | 3 | 2,5 | 2 | 1,5 | 1 | 1,5 | 2 | 2,5 | 3 |

1.73 a) $\begin{cases} -a-4b; & 2a \geqq 0, \quad 3a+4b \geqq 0 \\ 5a+4b; & 2a \geqq 0, \quad 3a+4b < 0 \\ -5a-4b; & 2a < 0, \quad 3a+4b \geqq 0 \\ a+4b; & 2a < 0, \quad 3a+4b < 0 \end{cases}$

b) $\begin{cases} a; \; a-b \geqq 0 \\ b; \; a-b < 0; \end{cases}$ falls $a \neq b$, ergibt sich die größere der beiden Zahlen $a$, $b$

1.74 a) $\{5\}$ b) $\{-5; 3\}$

1.75 a) MDCCXXXIX b) MCMXCIII

1.76 a) 1873 b) 2962

1.77 $(1111'1111)_2 = (FF)_{16} = (255)_{10}$
8 bit = 1 byte können eine natürliche Zahl, die kleiner als 256 ist, speichern.

1.78 a) $(1C7)_{16} = (455)_{10} = (707)_8$ b) $(10\,0011\,1010\,1101)_2 = (9133)_{10} = (21655)_8$

1.79 a) $(10\,0111)_2$ b) $(C1E)_{16}$

1.80 a) Zähler: $37{,}431 + 3{,}742 \cdot 10^6 \approx 3{,}742 \cdot 10^6$; $x = 6{,}84 \cdot 10^7$
b) $x = 0{,}02$; der Term in der Klammer ergibt nur eine signifikante Ziffer.

1.81 a) 0 b) $-4x^2 + 3$ c) $0{,}169a^2 - 0{,}096ab + 0{,}0409b^2$

1.82 a) $1{,}2x^2 + 1{,}5xy - 0{,}8y^2$ b) $25x^4 + 15x^2yz + 9y^2z^2$
c) $3a^2 + 2ab - b^2 + \dfrac{3b^3}{3a-2b}$

1.83 a) $\dfrac{4x^2}{4x^2+6xy}$ b) $\dfrac{8b-12a}{4b-4a}$ c) $\dfrac{10x+5y}{2x^2-5xy-6y^2}$

1.84 a) $\dfrac{-1}{3x+2y} = -\dfrac{1}{3x+2y}$ b) $\dfrac{c-2d}{4}$ c) $\dfrac{2u-3v}{2u+3v}$ d) $\dfrac{x-y}{2x}$

1.85 a) $-\dfrac{1}{2}$ b) $\dfrac{12y^2-4xy}{2xy(3y-x)} = \dfrac{2}{x}$

c) $\dfrac{8x^3+14x^2y-30xy^2}{2x(4x+5y)(4x-5y)} = \dfrac{2x(4x-5y)(x+3y)}{2x(4x+5y)(4x-5y)} = \dfrac{x+3y}{4x+5y}$

d) $\dfrac{3a(9a^2+3ab-2b^2)}{6ab(3a+b)(3a-b)} = \dfrac{3a+2b}{2b(3a+b)}$

e) $\dfrac{-16m^2-20mn+66n^2}{(3m+4n)(2m-3n)} = \dfrac{(2m-3n)(-8m-22n)}{(3m+4n)(2m-3n)} = -\dfrac{2(4m+11n)}{3m+4n}$

1.86 a) $\dfrac{b^2x}{ay^2} - \dfrac{a^2y}{bx^2}$ b) $\dfrac{a+1}{2p+3}$

1.87 a) $3a - 4b$ b) $\dfrac{6-10x}{4x + \dfrac{15(2-6x)}{10}} = 2$

1.88 a) 18,84 % b) 13,85 % c) 2,61 % (= 0,1884 · 0,1385) d) 20,00 %
e) 6,15 % absolut; (6,15 %)/(13,85 %) = 44,40 % relativ

1.89 22,8 %, 2,6 % (= 0,228 · 0,311 · 0,368), 31,1 %, 36,8 %

1.90 a) $\sum\limits_{n=3}^{k} (n+2)$ b) $\sum\limits_{i=1}^{n} x_i - na$ c) $\sum\limits_{i=1}^{10} (i+1)^2$

1.91 a) $(3a-b)^7 = -(b-3a)^7$ b) $x^{-a+b}y^b = \dfrac{y^b}{x^{a-b}}$

c) $a^{n+1}b^{3n}c^m$ d) $a^{-r+2}c^2$ e) $\left(\frac{(a-2b)(x+2y)}{2ax}\right)^3$

f) $\frac{3}{2ab}$

1.92 a) 6 b) $-48\sqrt{2}-8\sqrt{3}$

c) $a^3bx^2\sqrt{a}+a^4x\sqrt{x}-ab^2x^3\sqrt{a}-a^2bx^2\sqrt{x}$

d) $\sqrt[60]{a^3}=\sqrt[20]{a}$ e) $\sqrt[24]{x}$

1.93 a) $2+\sqrt{1-x^2}$ b) $\sqrt{\frac{x(3-\sqrt{7})}{2}}=\frac{1}{2}\sqrt{2x(3-\sqrt{7})}$ c) $\frac{20\sqrt{6}}{30}=\frac{2}{3}\sqrt{6}$

1.94 a) $\frac{1}{(1+x)\sqrt{1-x^2}}$ b) $\frac{1}{(1+x^2)^{1,5}}$

1.95 a) $T_1=100\left[\frac{Q}{C'A}+\left(\frac{T_2}{100}\right)^4\right]^{0,25}$ b) $\sigma_x=\sigma_y\pm 2\sqrt{\tau_m^2-\tau^2}$

c) $p_D=p_S\left(\frac{1-\lambda_0}{\varepsilon_0}+1\right)^{n'}$ d) $p_S=p_e x^{-i}$

1.96 $x=1{,}16$

1.97 a) $v=2{,}99\ \text{m s}^{-1}$ b) $p_1=258{,}3$ kPa c) $f_0=455$ kHz

1.98 a) $-\frac{1}{5}$ b) 0,1 c) $\frac{1}{8}$

1.99 $-\ln(x+\sqrt{x^2-1})=\ln\left(\frac{1}{x+\sqrt{x^2-1}}\right)$;

den Nennerterm rational machen.

1.100 a) $\beta=\left(\frac{\exp(2\varphi_1)-0{,}7}{0{,}3}\right)^{0,5}$ b) $\beta=\frac{1}{\mu}\ln\left(\frac{F_n}{F_2}+1\right)$

c) $\log_B\varphi=\frac{1}{z-1}$; $z=\frac{\ln B}{\ln\varphi}+1$

d) $\log_{\left(\frac{p_1}{p_2}\right)}\left(\frac{T_1}{T_2}\right)=\frac{n-1}{n}=1-\frac{1}{n}$; $n=\frac{1}{1-\frac{\ln(T_1/T_2)}{\ln(p_1/p_2)}}$

1.101 a) $\varphi_1=0{,}078$ b) $i=66$ mA

c) $L_J=82$ dB (Dieser Pegel entspricht einem sehr starken Lärm.)

1.102 $10\lg\left(\frac{x_2}{x_1}\right)$ dB $=\ln\left(\frac{x_2}{x_1}\right)$ Np; 1 Np = 4,343 dB; 1 dB = 0,230 Np

1.103 a) $20a^4+160a^2+64$

b) $64x^6+192x^5y+240x^4y^2+160x^3y^3+60x^2y^4+12y^5+y^6$

c) $1-15a+105a^2-455a^3+1\,365a^4-+\ldots$

1.104 $2^n=\binom{n}{0}+\binom{n}{1}+\binom{n}{2}+\ldots+\binom{n}{n}=\sum_{k=0}^{n}\binom{n}{k}$

1.105 a) $\frac{(106{,}8+2{,}4j)\cdot 10^3}{670+30j}=159{,}2-3{,}5j=159{,}2\ \underline{/-1{,}3°}$

$\frac{424{,}3\ \underline{/8{,}1°}\cdot 251{,}8\ \underline{/-6{,}8°}}{670{,}7\ \underline{/2{,}6°}}=159{,}3\ \underline{/-1{,}3°}=159{,}3-3{,}6j$

b) $z = 0{,}6304 + 0{,}2496\mathrm{j}$

$$\frac{1+z}{1-z} = \frac{1{,}6304 + 0{,}2496j}{0{,}3696 - 0{,}2496j} = 2{,}72 + 2{,}51j = 3{,}70\ \underline{/42{,}7°}$$

1.106 a) $\frac{6}{\mathrm{j}} - 2 = -2 - 6\mathrm{j}$

b) $2{,}71\ \underline{/30° + k \cdot 120°} = 2{,}35 + 1{,}36\mathrm{j};\ -2{,}35 + 1{,}36\mathrm{j};\ -2{,}71\mathrm{j}$

c) $\ln(126{,}5\ \underline{/-18{,}4°}) = 4{,}84 - \mathrm{j}(18{,}4° + k \cdot 360°);\quad k \in G$

d) $\ln(20\ \underline{/90°}) = 3{,}00 + \mathrm{j}\,(90° + k \cdot 360°);\quad k \in G$

1.107 $\sqrt{z^2 - 1} = \pm(0{,}4470 - 1{,}1405\mathrm{j});\ z_1 = \pm[0{,}79 - \mathrm{j}\,(59{,}2° + k \cdot 360°)];\quad k \in G$

2.1 a) $b = r\alpha = 100\,\mathrm{m} \cdot \frac{\pi}{180} = 1{,}745\,\mathrm{m}$ b) 0,029 m c) 0,000 5 m

2.2 $\alpha = 22{,}835°$

2.3 Spiegelung am Punkt $S = s_1 \cap s_2$

2.4 $K = G \cup U,\quad A \subset U,\quad Z \subset G$

2.5 a) axialsymmetrisch, $s$ ist Mittelsenkrechte der Strecke und zentralsymmetrisch, $S$ ist Mittelpunkt der Strecke
b) axialsymmetrisch, $s_1$, $s_2$ sind Mittellinien des Rechtecks und zentralsymmetrisch, $S$ ist Schnittpunkt der Mittellinien bzw. Diagonalen
c) axialsymmetrisch, $s$ ist Mittelsenkrechte der Basis
d) axialsymmetrisch, $s_1$, $s_2$, $s_3$ sind die Mittelsenkrechten der Seiten
e) keine Symmetrie

2.6 Der Vollwinkel im Kreismittelpunkt wird in 8 kongruente Winkel zerlegt, deren Schenkel den Kreis in den Eckpunkten des regelmäßigen Achtecks schneiden. Konstruktion: Wahl eines Durchmessers $\overline{AE}$. Die Mittelsenkrechte von $\overline{AE}$ ergibt Durchmesser $\overline{CG}$. Halbierung der Winkel *AMC* und *AMG* ergibt die Durchmesser $\overline{BF}$ und $\overline{HD}$. *ABCDEFGH* ist das gesuchte Achteck.

2.7 $3{,}78/6{,}75 = 0{,}56 = k,\quad \overline{B'C'} = k \cdot \overline{BC} = 2{,}50,\quad \overline{C'D'} = 2{,}55,\quad \overline{A'D'} = 2{,}02,\quad \overline{B'D'} = 3{,}64$

2.8 Bild L2
Zeichnen des Strahls $p$ mit Anfangspunkt $A$
$q :=$ Antragen von $\alpha$ in $A$ an $p$
$C :=$ Abtragen von $b$ auf $q$ von $A$ aus
$B_1 \in p$ beliebig gewählt
$r :=$ Antragen von $\beta$ an $p$ in $B_1$
$g :=$ Parallele zu $r$ durch $C$
$B := g \cap p$

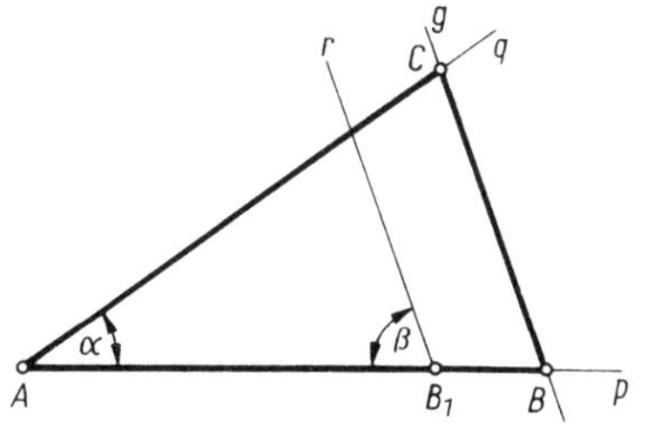

Bild L2

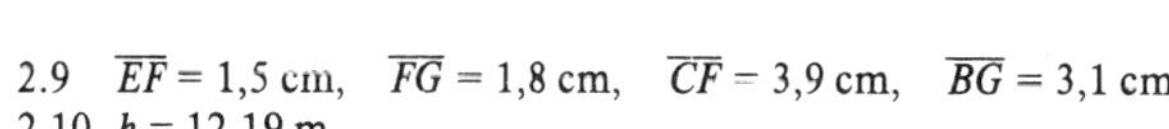
2.9 $\overline{EF} = 1{,}5$ cm, $\overline{FG} = 1{,}8$ cm, $\overline{CF} = 3{,}9$ cm, $\overline{BG} = 3{,}1$ cm

2.10 $h = 12{,}19$ m

2.11 Bild L3
Zeichnen einer Geraden $g$
$H_b \in g$ beliebig
$h :=$ Gerade durch $H_b$ senkrecht zu $g$
$B :=$ Abtragen von $h_b$ auf $h$ von $H_b$ aus
$\{C_1, C_2\} := KR(B, a) \cap g$
$M_{a1} :=$ Mittelpunkt von $\overline{BC_1}$
$M_{a2} :=$ Mittelpunkt von $\overline{BC_2}$
$A_1 := KR(M_{a1}, s_a) \cap g$
$A_2 := KR(M_{a2}, s_a) \cap g$
2 Lösungen: $\Delta A_1BC_1$ und $\Delta A_2BC_2$

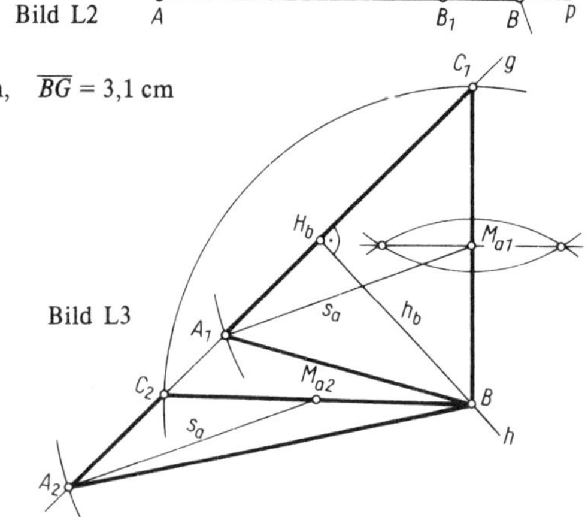


Bild L3

2.12 a) $a = 29{,}63$ m, $b = 21{,}38$ m, $c = 36{,}54$ m, $h = 17{,}34$ m
b) $a = 3{,}492$ m, $b = 5{,}402$ m, $q = 4{,}537$ m, $h = 2{,}933$ m
c) $a = 230{,}6$ cm, $c = 247{,}0$ cm, $p = 215{,}2$ cm, $q = 31{,}8$ cm
d) $b = 48{,}9$ cm, $c = 56{,}2$ cm, $p = 13{,}7$ cm, $h = 24{,}1$ cm
e) $a = 38{,}0$ cm, $b = 65{,}0$ cm, $c = 75{,}3$ cm, $p = 19{,}2$ cm

2.13 $a = 30$ cm, $b = 16$ cm

2.14 Aus ähnlichen Dreiecken folgt $x = \dfrac{ab}{a+b} = 2{,}87$ m

2.15 $h = 3{,}93$ m, $a = \dfrac{hs}{2l} = 2{,}50$ m, $b = a^2/h = 1{,}60$ m, $c = \sqrt{a^2 - b^2} = 1{,}93$ m

2.16 $r_u^2 = (a/2)^2 + r_i^2$ (vgl. Beispiel 2.10), $r_u = \dfrac{1}{3}\sqrt{3}\,a$

2.17 a) Zeichnen des Strahles $p$ mit Anfangspunkt $A$
$q :=$ Antragen von $\alpha$ an $p$ in $A$
$D :=$ Abtragen von $d$ auf $q$
$g :=$ Parallele zu $p$ durch $D$
$B := KR(D, f) \cap p$
$C := KR(B, b) \cap g$

b) Zeichnen des Strahles $p$ mit Anfangspunkt $A$
$q :=$ Antragen von $\alpha$ an $p$ in $A$
$w_\alpha :=$ Halbieren von $\alpha$
$C :=$ Abtragen von $e$ auf $w_\alpha$ von $A$ aus
$g_1 :=$ Parallele zu $p$ durch $C$
$g_2 :=$ Parallele zu $q$ durch $C$
$B := p \cap g_2$
$D := q \cap g_1$

c) Zeichnen des Strahles $p$ mit Anfangspunkt $B$
$q :=$ Antragen von $\beta$ an $p$ in $B$
$A :=$ Abtragen von $a$ auf $q$ von $B$ aus
$C :=$ Abtragen von $a$ auf $p$ von $B$ aus
$w_\beta :=$ Halbieren von $\beta$
$D := KR(A, d) \cap w_\beta$

d) Zeichnen des Strahles $p$ mit Anfangspunkt $A$
$B :=$ Abtragen von $a$ auf $p$ von $A$ aus
$k_1 := KR(A, e/2)$
$k_2 := KR(B, f/2)$
$M := k_1 \cap k_2$
$C :=$ Abtragen von $e$ auf $AM$ von $A$ aus
$D :=$ Abtragen von $f$ auf $BM$ von $B$ aus

2.18 $h = \dfrac{b}{2}\cdot\sqrt{2} = 7{,}1$ cm, $e = \sqrt{(a+h)^2 + h^2} = 29{,}9$ cm

$f = \sqrt{(a-h)^2 + h^2} = 16{,}5$ cm

2.19 $h = \dfrac{b}{2}\sqrt{3} = 17{,}3$ cm, $c = a - b/2 - \sqrt{d^2 - h^2} = 29{,}6$ cm

2.20 $a = \dfrac{1}{2}\sqrt{e^2 + f^2} = 19{,}7$ cm

2.21 $e = \sqrt{r^2 - (s/2)^2} = 9{,}4$ cm

2.22 $h = r - \sqrt{r^2 - (s/2)^2} = 0{,}187$ m

2.23 Nach Beispiel 2.17 ist $r = \dfrac{(a-2c)^2}{8(b-d)} + \dfrac{b-d}{2} = 4{,}5$ cm

2.24 Zeichnen von $\alpha = \sphericalangle(p, q)$
$w$ := Winkelhalbierende von $\alpha$
$g$ := Parallele zu $p$ im Abstand $r$ ($g$ geht durch das Innere von $\alpha$)
$M := w \cap g$
$k := KR\ (M, r)$

2.25 $h$ := Gerade durch $A$ senkrecht zu $g$
$m$ := Mittelsenkrechte von $\overline{AB}$
$M := h \cap m$
$r := \overline{MA}$
$k := KR\ (M, r)$

2.26 Die Mittelsenkrechte der Strecke $\overline{AB}$.

2.27 Der Kreis mit $\overline{AB}$ als Sehne und $\gamma$ als zugehörigen Peripheriewinkel

2.28 Nach Bild 2.83 ist $\overline{PQ} = \overline{SR} = \overline{M_1Q'} = 77{,}2$ cm

2.29 $\triangle ABM$ ist rechtwinklig (Bild L 4), daher ist $c = \sqrt{2} \cdot r = 14{,}1$ cm

$h = \frac{r}{2}\sqrt{2}, \quad a = \sqrt{(c/2)^2 + (r+h)^2} = r\sqrt{2 + \sqrt{2}} = 18{,}5$ cm

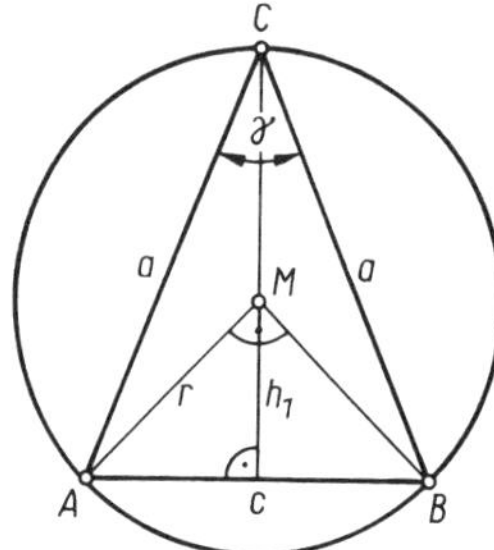

Bild L4

2.30 $s = 48{,}85$ cm, $A = 448{,}87$ cm²

2.31 a) $A = \frac{a\sqrt{c^2 - a^2}}{2} = 217{,}70\ \text{m}^2$ b) $A = \frac{(p+q)\sqrt{pq}}{2} = 14{,}50\ \text{m}^2$

2.32 $h = \frac{a}{2}\sqrt{3}, \quad A = \frac{a^2}{4}\sqrt{3}$

2.33 $c = 2\sqrt{a^2 - h_c^2}, \quad A = \frac{ch_c}{2} = 2\,591{,}11\ \text{cm}^2$

2.34 $A = 53{,}95\ \text{cm}^2$

2.35 $h = \sqrt{d^2 - \left(\frac{a-c}{2}\right)^2} = 34{,}28$ cm, $A = 2\,502{,}31\ \text{cm}^2$

2.36 $h = A/a, \quad x = \sqrt{b^2 - h^2}, \quad e = \sqrt{(a+x)^2 + h^2} = 50{,}7$ cm

$f = \sqrt{(a-x)^2 + h^2} = 27{,}9$ cm (Bild L 5)

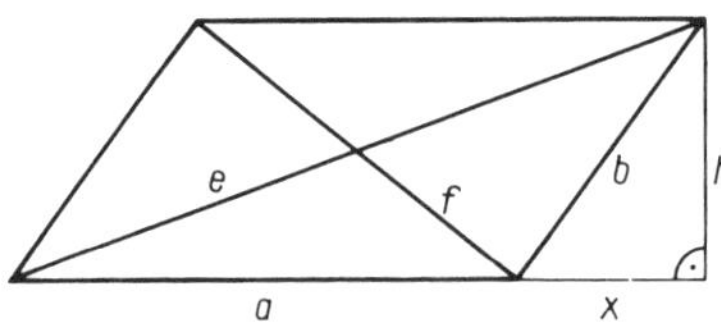

Bild L5

2.37 $A = 1\,388$ FE

2.38 $\alpha = \frac{2A}{r^2} = 0{,}492\ \text{rad} = 28{,}19°$

2.39 $r_2 = \sqrt{r_1^2 - \frac{A}{\pi}} = 10{,}0\,\text{cm}$

2.40 $A = 420{,}26\,\text{cm}^2$

2.41 $A:(A - A_1) = a^2:(a - x)^2, \quad x = \frac{a}{2}$

2.42 Bild L 6
Zeichnen des Strahles $p$ mit Anfangspunkt $B$
$q$ := Antragen von $\beta$ in $B$ an $p$
$w$ := Halbieren des Winkels $\beta$
$g$ := Parallele zu $q$ im Abstand $h_c$
$C$ := $g \cap p$
$W_b$ := Abtragen von $w_\alpha$ auf $w$ von $B$ aus
$A$ := $CW_b \cap q$

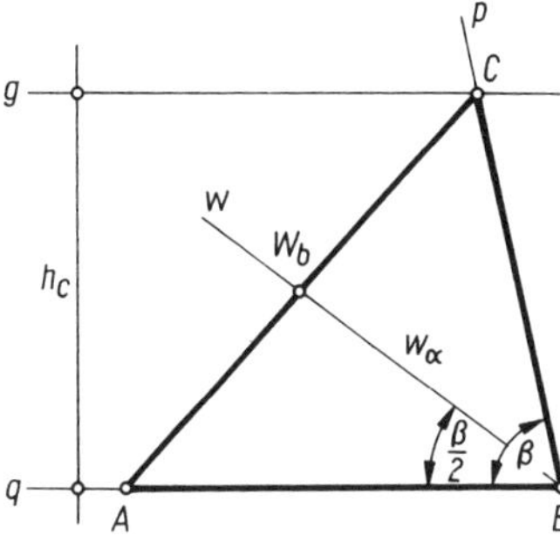


Bild L6

2.43 vgl. Bild 2.50
$m_a$, $m_b$ sind Mittelsenkrechte von $a$ bzw. $b$ und schneiden sich in $M$. Beweis von $\triangle AMM_b \cong \triangle CM_bM$, daraus folgt $\overline{AM} = \overline{CM}$. Beweis von $\triangle BM_aM \cong \triangle CMM_a$, daraus folgt $\overline{BM} = \overline{CM}$. Die Senkrechte zu $AB$ durch $M$ schneidet $AB$ in $M_c$. Beweis von $\triangle AM_cM \cong \triangle BMM_c$, daraus folgt $\overline{AM_c} = \overline{BM_c}$, d. h., $MM_c = m_c$ ist Mittelsenkrechte von $AB$.

2.44 $c = (a - r_i) + (b - r_i), \quad a^2 + b^2 = (a + b - 2r_i)^2$, daraus folgt $r_i = \frac{1}{2}\left(a + b - \sqrt{a^2 + b^2}\right)$.

2.45 $s = 2\sqrt{3}\, r_i, \quad h = 3r_i, \quad r_u = 2r_i$

2.46 $l = \sqrt{148}\,\text{m} = 12{,}17\,\text{m}$

2.47 a) Zeichnen des Strahles $p$ mit Anfangspunkt $A$
$B$ := Abtragen von $a$ auf $p$
$q$ := Antragen von $\alpha$ an $p$ in $A$
$P \in q$ beliebig gewählt
$s$ := Antragen von $\delta$ an $q$ in $P$
$Q$ := Abtragen von $c$ auf $s$ von $P$ aus
$g$ := Parallele zu $q$ durch $Q$
$C$ := $KR\,(B, b) \cap g$
$h$ := Parallele zu $s$ durch $C$
$D$ := $h \cap q$

b) Zeichnen des Strahles $p$ mit Anfangspunkt $A$
$B$ := Abtragen von $a$ auf $p$ von $A$ aus
$q$ := Antragen von $\alpha = 180° - \delta$ an $p$ in $A$
$s$ := Antragen von $\beta$ an $p$ in $B$
$C$ := Abtragen von $b$ auf $s$ von $B$ aus
$g$ := Parallele zu $p$ durch $C$
$D$ := $q \cap g$

2.48 Die Konstruktion verläuft wie im Beispiel 2.18 mit dem Unterschied, daß der Hilfskreis $k_3$ den Radius $r_3 = r_1 + r_2$ hat (Bild L 7).

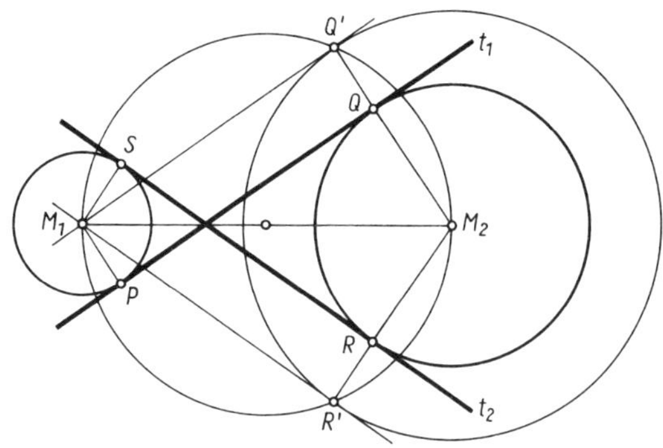


Bild L7

2.49 437 Umdrehungen pro Minute
2.50 2 Lösungen: $l_1 = 37{,}5$ cm, $l_2 = 21{,}1$ cm
2.51 $(2r - r_1)^2 + r^2 = (r + r_1)^2$, daraus folgt $r_1 = \frac{2}{3} r$
2.52 Bild L 8, $\alpha = \alpha_1/2$, $\gamma = \gamma_1/2$, $\alpha + \gamma = \frac{\alpha_1 + \gamma_1}{2} = \frac{360°}{2} = 180°$

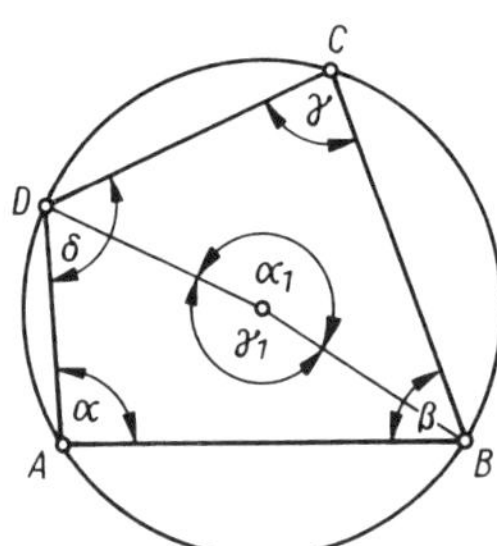


Bild L8

Nach der Winkelsumme im Viereck ist auch $\beta + \delta = 180°$
2.53 $c = 2A/h = 44{,}6$ cm. Aus $ab = 2A$, $a^2 + b^2 = c^2$ folgt
$(a + b)^2 = a^2 \pm 2ab + b^2 = c^2 \pm 4A = w_{1,2}^2$, $a \pm b = \pm w_{1,2}$;
$a = \frac{1}{2}(w_1 \pm w_2)$, $b = \frac{1}{2}(w_1 \mp w_2)$.
$a_1 = 37{,}0$ cm, $b_1 = 25{,}0$ cm, $a_2 = 25{,}0$ cm, $b_2 = 37{,}0$ cm
2.54 $A = \frac{1}{2} r^2$
2.55 Im Bestimmungsdreieck ist $s_8 = \frac{a}{\sqrt{2} + 1}$, $h_8 = \frac{a}{2}$, $A_8 = 8 \cdot \frac{s_8 h_8}{2} = 2(\sqrt{2} - 1)\, a^2$
2.56 $a = \frac{1}{2}\sqrt{e^2 + f^2}$, $A = \frac{ef}{2}$, $h = \frac{A}{a}$, $r = \frac{h}{2} = \frac{ef}{2\sqrt{e^2 + f^2}} = 9{,}9$ cm
2.57 Zerlegung in drei Trapeze, $\overline{CD} = 163{,}78$, $\overline{FE} = 128{,}69$, $\overline{GF} = 127{,}93$, $A = 11\,480{,}78$ FE
2.58 $h_{12} = \sqrt{r^2 - (s_{12}/2)^2} = \frac{r}{2}\sqrt{2 + \sqrt{3}}$, $A_{12} = 3r^2$
2.59 11,4 %
2.60 $\alpha = 0{,}7$ rad $= 40{,}1°$
2.61 4,72 %

2.62 $A = \frac{a^2}{72}(3\sqrt{3} - \pi) = 1{,}03\ \text{cm}^2$

2.63 $r_1 - r_2 = 4\ \text{cm}, \quad r_1 + r_2 = \frac{400\ \text{cm}^2}{4\pi}, \quad d_1 = 35{,}8\ \text{cm}, \quad d_2 = 27{,}8\ \text{cm}$

2.64 $A = 2\,450{,}79\ \text{cm}^2$

2.65 $A_0 = 6\sqrt[3]{V^2} = 352\ \text{cm}^2$

2.66 2 076 Ziegelsteine

2.67 $A_0 = 109\ \text{cm}^2, \quad m = 438\ \text{g}$

2.68 $a = b + 2 \cdot 1{,}6 \cdot h = 18{,}8\ \text{m}, \quad V = \frac{a+b}{2} \cdot h \cdot l = 2\,976\ \text{m}^3$

2.69 $h = \sqrt{s^2 - \frac{1}{4}(a^2 + b^2)}, \quad V = \frac{1}{3} abh = 151{,}207\ \text{dm}^3$

$h_a = \sqrt{s^2 - \left(\frac{a}{2}\right)^2}, \quad h_b = \sqrt{s^2 - \left(\frac{b}{2}\right)^2}, \quad A_0 = ab + ah_a + bh_b = 191{,}86\ \text{dm}^2$

2.70 $h = a\sqrt{\frac{2}{3}} = 6{,}5\ \text{cm}, \quad V = \frac{a^3}{12}\sqrt{2} = 60{,}340\ \text{cm}^3, \quad A_0 = a^2\sqrt{3} = 110{,}85\ \text{cm}^2$

2.71 $m = 15{,}72\ \text{kg}$

2.72 Es ist $A_{G2}$ Grundfläche, $h_2$ Höhe der abgeschnittenen Pyramide. Aus
$V_2 : V = 1 : 2 = A_{G2}h_2 : A_{G1}h_1$ und $A_{G1} : A_{G2} = h_1^2 : h_2^2$ folgt $h_2 = \sqrt[3]{\frac{1}{2}}\,h_1, \quad h = h_1 - h_2 = 0{,}206h_1$

2.73 Ponton: $A_{G1} = ab, \quad A_{GM} = \frac{a+c}{2} \cdot \frac{b+d}{2}, \quad A_{G2} = cd$

Keil: $A_{G1} = ab, \quad A_{GM} = \frac{a+s}{2} \cdot \frac{b}{2}, \quad A_{G2} = 0$

2.74 $m = 0{,}5536\ \text{kg}$

2.75 Keil mit $a = 30\ \text{m}, \quad b = 22\ \text{m}, \quad h = 7{,}86\ \text{m}, \quad s = a - b = 8\ \text{m}, \quad V = 1\,959\ \text{m}^3$

2.76 $r = \sqrt{\frac{V}{\pi h}} = 7{,}3\ \text{cm}$

2.77 $h = \frac{V}{\pi r^2} = 2{,}04\ \text{mm}$

2.78 Das Volumen ist das Volumen eines Quaders plus Volumen eines Zylinders (2 Halbzylinder) minus Volumen zweier Zylinder. $m = 7{,}00\ \text{kg}$.

2.79 $m = \pi h(r_1^2 - r_2^2)\varrho = 79\ \text{kg}$

2.80 $V = \frac{\pi}{3}a^2 b = 209{,}440\ \text{cm}^3, \quad A_0 = 226{,}73\ \text{cm}^2, \quad \beta = 190{,}8°$

2.81 $r = h \cdot 1{,}8 = 6{,}3\ \text{m}, \quad V = 145\ \text{m}^3$

2.82 $V = \frac{\sqrt{15}}{192}\pi s^3 = 63{,}372\ \text{cm}^3$

2.83 $V = 0{,}1809\ \text{dm}^3$, 683 Bolzen

2.84 8 198 Kugeln

2.85 $V_K : V_W = \frac{\pi}{2}\sqrt{3}, \quad A_{0K} : A_{0W} = \frac{\pi}{2}$

2.86 a) $V_Z : V_{Ku} : V_{Ke} = 1 : \frac{2}{3} : \frac{1}{3}$, b) $A_{0Z} : A_{0Ku} : A_{0Ke} = 1 : \frac{2}{3} : \frac{1+\sqrt{5}}{6}$

2.87 $r_2 = \sqrt[3]{r_1^3 - \frac{3V}{4\pi}} = 0{,}569\ \text{dm}, \quad s = 3{,}1\ \text{mm}$

2.88 Mit dem Kathetensatz folgt $A_M = \frac{2\pi r^2 h}{r+h} = 439\,504\ \text{km}^2$, der 1 160ste Teil der Erdoberfläche ist sichtbar.

2.89 $h = 22\ \text{cm}$

2.90 $a_1 = 104\ \text{cm}$, es wird 77,5 % Holz mehr verbraucht.

2.91 $A_0 = 2d^2 = 288\ \text{cm}^2$

2.92 20 800 m³ Erde, 17 150 m³ Wasser

2.93 $A_{G1} = \frac{s_1^2}{4}\sqrt{3}\cdot 6,\quad A_{G2} = \frac{s_2^2}{4}\sqrt{3}\cdot 6,\quad h_1 = \sqrt{\left(\frac{s_1}{2}\sqrt{3} - \frac{s_2}{2}\sqrt{3}\right)^2 + h^2}$

$A_{G1} = 166{,}28\ \text{cm}^2,\quad A_{G2} = 23{,}38\ \text{cm}^2,\quad h_1 = 14{,}65\ \text{cm}$

$A_M = 6\,\frac{s_1 + s_2}{2}\,h_1 = 483{,}59\ \text{cm}^2,\quad A_0 = 673{,}25\ \text{cm}^2$

2.94 $V = \frac{77}{81}a^3,\quad A_0 = \left(\frac{14}{3} + \frac{4}{9}\sqrt{3}\right)a^2 = 5{,}436a^2$

2.95 $V = \frac{a^3}{3}\sqrt{2},\quad A_0 = 2a^2\sqrt{3}$

2.96 $V = \frac{a^2}{12}\sqrt{3s^2 - a^2} = 122{,}086\ \text{cm}^3,\quad h_1 = \sqrt{s^2 - \frac{1}{4}a^2},$

$A_0 = \frac{a^2}{4}\sqrt{3} + \frac{3a}{4}\sqrt{4s^2 - a^2} = 188{,}71\ \text{cm}^2$

2.97 $V = 624{,}051\ \text{cm}^3$

2.98 $V = 4{,}956\ \text{dm}^3$

2.99 $V = 5{,}456\ \text{dm}^3$

2.100 $l \approx 1016\ \text{m}$

2.101 $h = 1{,}2\ \text{mm}$

2.102 $a = 1\ \text{cm}$

2.103 $V = 154\,\pi\ \text{cm}^3 = 483{,}805\ \text{cm}^3,\quad A_0 = 22\sqrt{21}\,\pi = 316{,}72\ \text{cm}^2$

2.104 $V = \pi a^3$

2.105 $h_1 = \sqrt[3]{0{,}5}\,h$

2.106 $r = s/2,\quad h = \frac{s}{2}\sqrt{3}$, Öffnungswinkel 60°

2.107 $m = 128\ \text{g}$

2.108 a) $d = 12{,}9\ \text{cm}$ b) $d = 8{,}0\ \text{cm}$ c) $d = 22{,}5\ \text{cm}$

3.1 a) $b = 29{,}04\ \text{m},\quad c = 76{,}88\ \text{m},\quad \beta = 22{,}1945°,\quad h = 26{,}89\ \text{m},\quad A = 1034\ \text{m}^2$
b) $a = 1{,}34\ \text{m},\quad c = 6{,}27\ \text{m},\quad \alpha = 12{,}360°,\quad \beta = 77{,}640°,\quad A = 4{,}10\ \text{m}^2$
c) $a = 120{,}7\ \text{cm},\quad b = 68{,}51\ \text{cm},\quad \beta = 29{,}576°,\quad h = 59{,}58\ \text{cm},\quad A = 4135\ \text{cm}^2$
d) $a = 9{,}176\ \text{m},\quad b = 4{,}814\ \text{m},\quad c = 10{,}36\ \text{m},\quad \alpha = 62{,}3172°,\quad A = 22{,}09\ \text{m}^2$
e) $b = 5{,}630\ \text{m},\quad c = 36{,}45\ \text{m},\quad \alpha = 81{,}1140°,\quad \beta = 8{,}8860°,\quad h = 5{,}562\ \text{m}$
f) $a = 16{,}4\ \text{cm},\quad b = 24{,}5\ \text{cm},\quad c = 29{,}5\ \text{cm},\quad \alpha = 33{,}72°,\quad h = 13{,}6\ \text{cm}$

3.2 a) $\alpha = 76{,}813°,\quad \gamma = 26{,}374°,\quad h_a = 11{,}73\ \text{m},\quad h_c = 25{,}71\ \text{m},\quad A = 154{,}9\ \text{m}^2$
b) $a = 5{,}37\ \text{m},\quad c = 8{,}22\ \text{m},\quad \gamma = 99{,}968°,\quad h_a = 5{,}28\ \text{m},\quad A = 14{,}2\ \text{m}^2$
c) $c = 24{,}6\ \text{cm},\quad \alpha = 80{,}699°,\quad h_a = 24{,}3\ \text{cm},\quad h_c = 75{,}1\ \text{cm},\quad A = 923\ \text{cm}^2$
d) $a = 122{,}94\ \text{m},\quad c = 51{,}021\ \text{m},\quad \alpha = 78{,}023°,\quad \gamma = 23{,}953°,\quad h_a = 49{,}910\ \text{m}$
e) $a = 77{,}45\ \text{cm},\quad c = 124{,}9\ \text{cm},\quad \gamma = 107°\,32',\quad h_a = 73{,}85\ \text{cm},\quad h_c = 45{,}78\ \text{cm}$
f) $a = 68{,}08\ \text{cm},\quad \alpha = 63{,}620°,\quad \gamma = 52{,}760°,\quad h_c = 60{,}99\ \text{cm},\quad A = 1845\ \text{cm}^2$

3.3 $e = 2a\cos\frac{\alpha}{2} = 63{,}8\ \text{cm},\quad f = 2a\sin\frac{\alpha}{2} = 23{,}4\ \text{cm}$

3.4 $a = h_C - h_A,\quad b = h_C - h_B,\quad e = h_B - h_A,\quad c = a\cot\alpha,\quad d = b\cot\beta,$

$\overline{AB} = \sqrt{(c+d)^2 + e^2} = 296{,}36\ \text{m},\quad \delta = \arctan\frac{e}{c+d} = 1°\,55'$

3.5 $h = a\tan\psi = \frac{c\sin\alpha\tan\psi}{\sin(\alpha+\beta)} = 63{,}90\ \text{m}$

$= b\tan\varphi = \frac{c\sin\beta\tan\varphi}{\sin(\alpha+\beta)} = 63{,}92\ \text{m}$

Die zwei Werte weichen wegen Meßungenauigkeiten voneinander ab und werden gemittelt: $h = 63{,}91\ \text{m}$.

3.6 $F_N = mg\cos\alpha = 2874\ \text{N},\quad F_H = mg\sin\alpha = 632\ \text{N}$

3.7 $F_1 = F_2 = \dfrac{F}{2\cos\dfrac{\alpha}{2}} = 305{,}6\ \text{N}$

3.8 $\alpha = 2\arccos\dfrac{s}{2r} = 63{,}08°,\quad \overline{AT} = \overline{BT} = r\cot\dfrac{\alpha}{2} = 21{,}5\ \text{cm}$

3.9 $h\ = r\tan\alpha,\quad V = 11{,}9\ \text{dm}^3,\quad s = \dfrac{r}{\cos\alpha} = 56{,}0\ \text{cm}$

$A_M = \pi\, rs = 25{,}5\ \text{cm}^2$

3.10 $\alpha = 2\arcsin\dfrac{s}{2r},\quad b = r\alpha\ (\alpha \text{ in rad}),\quad b - s = 4\ \text{mm}$

3.11 $s = 2p\cot\dfrac{\alpha}{4},\quad r = \dfrac{s}{2\sin\dfrac{\alpha}{2}},\quad b = 15{,}262\ \text{m}$

3.12 a) $\cos 315°$ b) $\tan 20°$ c) $\sin 102°$ d) $\cot 91°$

3.13 a) $\alpha_1 = 55{,}497°,\quad \alpha_2 = 124{,}503°$
b) $\alpha_1 = 122{,}445°,\quad \alpha_2 = 302{,}445°$
c) $\alpha_1 = 89{,}032°,\quad \alpha_2 = 270{,}968°$
d) $\alpha_1 = 1{,}3875°,\quad \alpha_2 = 181{,}3875°$
e) $\alpha_1 = 212{,}834°,\quad \alpha_2 = 327{,}166°$
f) $\alpha_1 = 12{,}0024°,\quad \alpha_2 = 192{,}0024°$
g) $\alpha\ = 180°$
h) $\alpha_1 = 91{,}392°,\quad \alpha_2 = 271{,}392°$

3.14 a) $r = 79{,}46,\quad \varphi = 73{,}3622°$
b) $r = 1{,}91,\quad \varphi = 102{,}7244°$
c) $r = 21{,}61,\quad \varphi = 355{,}4874°$
d) $r = 142{,}31,\quad \varphi = 243{,}6294°$
e) $r = 78{,}31,\quad \varphi = 270°$

3.15 a) $x = -17{,}40,\quad y = -12{,}22$
b) $x = 16{,}57,\quad y = 106{,}52$
c) $x = 39{,}28,\quad y = -40{,}32$
d) $x = -60{,}20,\quad y = 43{,}17$

3.16 a) $\tan\varphi$ b) $-\sin\beta$ c) $-\cot x$ d) $-\cos\lambda$

3.17 a) $\sin\alpha = \dfrac{1}{\sqrt{1+n^2}},\quad \cos\alpha = \dfrac{n}{\sqrt{1+n^2}},\quad \cot\alpha = n$

b) $\sin\alpha = \dfrac{2\sqrt{a}}{1+a},\quad \tan\alpha = \dfrac{2\sqrt{a}}{1-a},\quad \cot\alpha = \dfrac{1-a}{2\sqrt{a}}$

3.18 a) $\cos\alpha$ b) $\sin\alpha$ c) $1 - \sin\alpha$ d) $\cot\alpha$

3.19 Anwendung von (3.10) und (3.9)

3.20 a) 0 b) $\sqrt{2}\sin\beta$ c) $\cot\alpha$ d) $\tan\dfrac{\alpha}{2}$

e) $\tan\dfrac{\varphi+\psi}{2}$ f) $\cos 2\alpha$

3.21 a) (3.9), (3.10) und (3.19) anwenden
b) (3.9), (3.19) und (3.20) anwenden
c) folgt aus $1 = \tan 45°$ und (3.17)
d) Ansatz: $\sin 3\alpha = \sin(2\alpha + \alpha) = \sin 2\alpha\cos\alpha + \cos 2\alpha\sin\alpha$, dann (3.19), (3.20) und (3.9) anwenden
e), f) (3.22) anwenden

3.22 $d = \dfrac{c\sin\beta}{\sin(\alpha+\beta)}\sin\alpha - e = 179{,}4\ \text{m}$

3.23 $e = \sqrt{a^2 + b^2 - 2ab\cos(180° - \alpha)} = 62{,}6$ cm

$f = \sqrt{a^2 + b^2 - 2ab\cos\alpha} = 26{,}2$ cm

$$\varepsilon = \arccos\frac{\left(\frac{e}{2}\right)^2 + \left(\frac{f}{2}\right)^2 - a^2}{2\,\frac{e}{2}\cdot\frac{f}{2}} = 137{,}384°$$

3.24 $F_R = \sqrt{F_1^2 + F_2^2 + 2F_1F_2\cos\delta} = 657$ N

$\varepsilon \;= \arcsin\dfrac{F_2\sin\delta}{F_R} = 33°\,20'$

3.25 Bild L 9. $I = I_1^2 + I_2^2 - 2I_1I_2\cos(180° - \varphi) = 5{,}9$ A

$\varphi_1 = \arcsin\dfrac{I_2\sin\varphi}{I} = 18{,}268°, \quad \varphi_2 = 11{,}732°$

$I_1$ eilt um $\varphi_1$ voraus, $I_2$ bleibt um $\varphi_2$ zurück

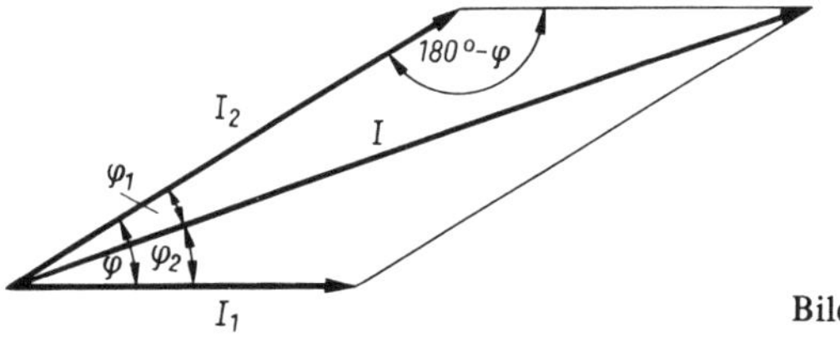

Bild L9

3.26 a) Grundaufg. 2: $b = 426{,}3$ m, $\alpha = 13°\,08'$, $\gamma = 10°\,10'$

b) Grundaufg. 3.2.1: $b = 130{,}3$ cm, $\alpha = 34{,}846°$, $\beta = 97{,}997°$

c) Grundaufg. 1: $b = 46{,}83$ m, $c = 39{,}35$ m, $\beta = 67{,}158°$

d) Grundaufg. 3.1.1, zwei Lösungen:
$c_1 = 69{,}31$ m, $\beta_1 = 73{,}647°$, $\gamma_1 = 54{,}012°$
$c_2 = 31{,}12$ m, $\beta_2 = 106{,}353°$, $\gamma_2 = 21{,}306°$

e) Grundaufg. 4: $\alpha = 44{,}09°$, $\beta = 61{,}41°$, $\gamma = 74{,}50°$

f) Grundaufg. 2: $a = 30{,}35$ m, $\beta = 22°\,17'$, $\gamma = 131°\,31'$

g) Grundaufg. 3.1.2, 0 Lösungen

h) Grundaufg. 3.2.2, eine Lösung: $c = 4{,}57$ m, $\beta = 17{,}440°$, $\gamma = 25{,}800°$

i) Grundaufg. 4: $\alpha = 25{,}945°$, $\beta = 35{,}200°$, $\gamma = 118{,}854°$

3.27 $A = \dfrac{1}{2}\,a^2\sin 2\alpha$

3.28 $A = 443{,}62$ cm$^2$

3.29 $u_{25} = 25\cdot 2\cdot r\sin\dfrac{360°}{25\cdot 2} = 626{,}666$ m

$A_{25} = 25\cdot\dfrac{r^2}{2}\sin\dfrac{360°}{25} = 31\,086{,}236$ m$^2$

$u_{25}$ weicht um 0,26 % von $u$ und $A_{25}$ weicht um 1,05 % von $A$ ab.

3.30 Berechnung in der Reihenfolge $e$, $\alpha_1$, $\gamma_1$, $\alpha_2$, $\gamma_2$ und doppelte Berechnung von $f$. $f = 2{,}513$ m (Bild L 10).

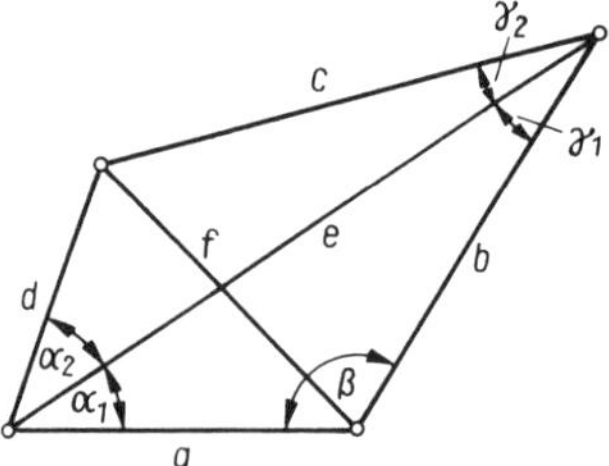


Bild L10

3.31 $F_1 = 561$ N, $F_2 = 1\,342$ N
3.32 $e = 6{,}4$ km
3.33 $\alpha = 73{,}312°$, $\gamma = 33{,}375°$, $r_i = 15{,}69$ m, $r_u = 38{,}32$ m
3.34 $d = 2{,}36$ m
3.35 $V = 12{,}141\ m^3 s^{-1}$
3.36 Aus den zwei Gleichungen $\tan\alpha_1 = \frac{h+b}{e}$, $\tan\alpha_2 = \frac{h}{e}$ folgt $e = \frac{b}{\tan\alpha_1 - \tan\alpha_2} = 39{,}98$ m
3.37 $l = 24{,}92$ m, $e = 11{,}70$ m, $s = 20{,}26$ m
3.38 Bild L 11, $\tan\alpha = 1/8$, $\tan\beta = 2/3$

$x = \frac{h}{\tan\beta - \tan\alpha} = 5{,}908$, $y = 0{,}738$ m

$z = 0{,}750$ m, $w = \frac{h-z}{\tan\alpha + \tan\beta} = 3{,}095$ m

$u = 2{,}063$ m, $v = 0{,}387$ m, $V = 1\,509{,}668\ m^3 \approx 1\,510\ m^3$

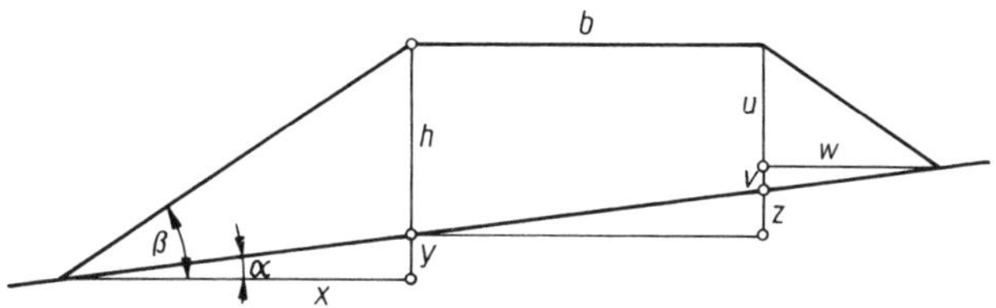


Bild L11

3.39 $A = 2\pi r^2(\sin\varphi_2 - \sin\varphi_1) = 25\,498\,368\ km^2 \approx 2{,}550 \cdot 10^7\ km^2$
3.40 $b = 113{,}27$ m, $p = 6{,}39$ m
3.41 a) $\sin\alpha = \frac{r_2 - r_1}{e}$, $l = 2e\cos\alpha + r_1(\pi - 2\alpha) + r_2(\pi + 2\alpha) = 5{,}616$

b) $\sin\alpha = \frac{r_1 + r_2}{e}$, $l = 2e\cos\alpha + (r_1 + r_2)(\pi + 2\alpha) = 5{,}748$ m

3.42 $\gamma = 41{,}73°$ 3.43 $e = 1{,}2$ km
3.44 $x = 124{,}840$ m, $y = 17{,}663$ m
3.45 a) $\sin(\alpha - \beta)$ b) $-\cot\alpha$ c) 1
3.46 a) $\sin\alpha = \frac{4\sqrt{k}}{1+4k}$, $\cos\alpha = \frac{1-4k}{1+4k}$, $\cot\alpha = \frac{1-4k}{4\sqrt{k}}$

b) $\cos\gamma = \sqrt{\frac{2ab}{a^2+b^2}}$, $\tan\gamma = \frac{a-b}{\sqrt{2ab}}$, $\cot\gamma = \frac{\sqrt{2ab}}{a-b}$

3.47 a) $-\cos\alpha$ b) $-\sqrt{3}\sin\beta$ c) $\tan\alpha$ d) $\tan\frac{\alpha}{2}$
3.48 a) und b) Anwendung von (3.10), (3.9), (3.19) bzw. (3.20)
c) Zerlegung: $\tan 3\alpha = \tan(2\alpha + \alpha)$, (3.17) anwenden usw.
d) (3.13) anwenden e) (3.23), (3.24) anwenden
3.49 $h = 55{,}55$ m, $e = 366{,}86$ m
3.50 $F_R = 474$ N, $\varphi = 86{,}1°$
3.51 $V = 53{,}6\ m^3$
3.52 $A = 155{,}12\ cm^2 \approx 155\ cm^2$
3.53 $A = 1{,}164\,675\ m^2 \approx 1{,}165\ m^2$
3.54 $e = 10{,}856$ m, $\delta = 86°\,38'\,44''$
3.55 $h_G = 92{,}07\ m \approx 92$ m, $e = 290{,}80\ m \approx 291$ m
3.56 $e = 37{,}5$ cm
3.57 Es sei $M = e \cap f$. Cosinussatz für $a^2$ in $\triangle ABM$ und für $b^2$ in $\triangle BCM$ aufstellen und addieren.
3.58 $V = 205{,}86\ m^2$ (vgl. 2.2.3), $A = 188\ m^2$
3.59 $P_1P_2 = 134$ km, $\gamma = 104°\,20'$
4.1 a) $(-\infty; 4]$ b) $(0{,}2; \infty)$ c) $R \setminus \{-3; 3\}$
d) $R \setminus \{-\sqrt{8}; \sqrt{8}\}$ e) $|R| + 1$

4.2 a) $X = R$ b) $X = (0; 1) \cup (1; \infty)$ c) $X = R$
d) $X_1 = (-\infty; 4]$, $X_2 = R \setminus \{-5; 5\}$, $X = X_1 \cap X_2 = (-\infty; 4] \setminus \{-5\}$
e) $X = R$

4.3 Algebraische Gleichungen sind: 4.2 a), b), d) und e).

4.4 4.2 a) $x^3 + 2x^2 - x - 2 = 0$ 4.2 b) $x^2 - 3x + 1 = 0$
4.2 d) $-x^5 + 4x^4 + 50x^3 - 200x^2 - 625x - 318\,989 = 0$
4.2 e) $x^2 + 8x + 16 - \ln 3 = 0$

4.5 $x_1$ ist Lösung für 4.2 a), $x_2$ für 4.2 c).

4.6 a) $x_1 = -8$ b) $x_1 = 0$ c) $x_1 = -\dfrac{2}{3}$
d) $x_1 = 28$ e) $x_1 = -4{,}5$ f) $L = \emptyset$
g) $x_1 = 0$ h) $x_1 = \dfrac{11}{12}$

4.7 a) $r = \dfrac{V}{2\pi ns} - \dfrac{s}{2}$ b) $R_2 = \dfrac{RR_1}{R_1 - R}$
c) $u = \dfrac{4Qb^2}{3(b - Qb - Qa)}$ d) $m = \dfrac{2W}{2gh + v^2}$
e) $e_1 = \dfrac{f(n-1)e_2}{e_2 - f(n-1)}$ f) $n = \dfrac{F_0(r + 0{,}8a)}{F_0 - F}$

4.8 a) $t = 156$ min $= 2{,}60$ h b) $t = 288$ min $= 4{,}80$ h
c) $n = 16$ Stück

4.9 a) 1,321 Millionen € b) 5 % c) 11,3 %

4.10 436 m

4.11 3,125 t und 8,875 t

4.12 7,8 %

4.13 a) $x_{1;2} = \pm\sqrt{8}$ b) $x_1 = 0$; $x_2 = -2$
c) $x_1 = 2$; $x_2 = -4$ d) $x_1 = 8{,}110$; $x_2 = -1{,}110$
e) $L = R$ f) $x_1 = -4$; $x_2 = 3$ g) $x_{1;2} = -1{,}9$
h) $x_{1;2} = 2$ i) $x_1 = 0{,}300 + 4{,}148\mathrm{j}$; $x_2 = 0{,}300 - 4{,}148\mathrm{j}$
j) $x_1 = 0{,}50$; $x_2 = 0{,}25$ k) $x_1 = -a + b$; $x_2 = -a - b$
l) $x_1 = 34{,}495$; $x_2 = -14{,}495$ m) $x_1 = 7$; $x_2 = -1$
n) $x_{1;2} = \pm 9\mathrm{j}$ o) $x_1 = 2{,}788\,68$; $x_2 = 2{,}211\,32$

4.14 a) $(x - 4)(x - 4)$ b) $x(x - 5)$ c) $(x + 2\mathrm{j})(x - 2\mathrm{j})$

4.15 a) $x^2 - 4x + 3 = 0$ b) $x^2 - 5x = 0$ c) $x^2 + 6x + 9 = 0$
d) $x^2 - 4x + 13 = 0$ e) existiert nicht

4.16 a) $x_1 = 0{,}281$; $x_2 = -1{,}781$ b) $x_1 = 12$
c) $L = \emptyset$ d) $x_1 = 13$; $x_2 = -4$ e) nur $x = 4$ (!)

4.17 $r = 7{,}243$ cm

4.18 $R_1 = R_2 = 110\,\Omega$

4.19 a) $x_1 = 3$; $x_2 = -1{,}500 + 2{,}598\mathrm{j}$; $x_3 = -1{,}500 - 2{,}598\mathrm{j}$
b) $x_1 = 0$; $x_2 = 4{,}606$; $x_3 = -2{,}606$
c) $x_1 = 3$; $x_{2;3} = -4$ d) $x_{1;2} = 0$; $x_3 = -5$

4.20 $a = 10$ cm; $b = 5$ cm; $c = 14$ cm

4.21 a) $x_1 = 3$; $x_2 = 5$; $x_3 = -7$ b) $x_1 = 3$; $x_{2;3} = \pm\sqrt{3}\,\mathrm{j}$

4.22 a) $x_1 = 2$ b) $x_1 = 2{,}453$ c) $x_1 = 3{,}230$
d) $x_1 = 5{,}652$ e) $x_1 = 0{,}405$ (Substitution: $e^x = u$)
f) $x_1 = 9$ g) $x_1 = 2$ h) $x_1 = 0$

4.23 a) $t = -\dfrac{1}{k}\ln\dfrac{1 - D}{1 + D}$ b) $n = \dfrac{\ln(A_n/A_1)}{\ln q} + 1$ c) $n = \dfrac{\ln(K/K_0)}{\ln(1 - p)}$

4.24 a) $x_1 = 4{,}229$ b) $x_1 = 204{,}352$ c) $x_1 = 23\,519{,}53$ d) $x_1 = 7{,}884 \cdot 10^{-5}$
e) $x_1 = 2{,}702$ ($x_2 = -3{,}702$ ist nicht Lösung der Ausgangsgleichung)

4.25 $n = 13$ Jahre

4.26 a) $n = \dfrac{\lg F_2 - \lg F_1}{\lg 2}$ b) $D_0 = \dfrac{d e^{f - 0{,}3}}{e^{f - 0{,}3} - 1}$

c) $A = \dfrac{E}{B^{C \lg D + E}}$; $B = \sqrt[C \lg D + E]{\dfrac{F}{A}}$; $C = \dfrac{\dfrac{\lg F - \lg A}{\lg B} - E}{\lg D}$

$D = 10^{\frac{\frac{\lg F - \lg A}{\lg B} - E}{C}}$; $E = \dfrac{\lg F - \lg A}{\lg B} - C \lg D$

4.27 a) $x_1 = 0{,}117 = 6{,}73°$ $x_2 = 0{,}930 = 53{,}27°$ b) $x_1 = 1{,}101 = 63{,}06°$

c) $\cos x = 1 + \sin x$; quadrieren; mit (3.9) folgt
$2 \sin^2 x + 2 \sin x = 0$; ausklammern ergibt
$\sin x = 0$ mit $x_1 = 0 = 0°$ ($x = \pi$ ist keine Lösung der Ausgangsgleichung);
$\sin x = -1$ mit $x_2 = 1{,}5\,\pi = 270°$

d) $\cos x / (\sin x / \cos x) = -3$ ergibt $\sin^2 x - 3 \sin x - 1 = 0$
mit $\sin x = -0{,}3028$ (und $\sin x = 3{,}3028$),
$x_1 = 5{,}976 = 342{,}4°$; $x_2 = 1{,}724 = 197{,}6°$

e) $L = \emptyset$ f) $L = I_2$

4.28 a) Bild L 12a; $x_{L1} = 0{,}052$, $x_{L2} = 4{,}505$

b) Bild L 12b; $x_L = 0{,}266$ c) Bild L 12c; $x_L = 2{,}914$

d) Bild L 12d; $x_{L1} = -1{,}385$, $x_{L2} = 2{,}087$

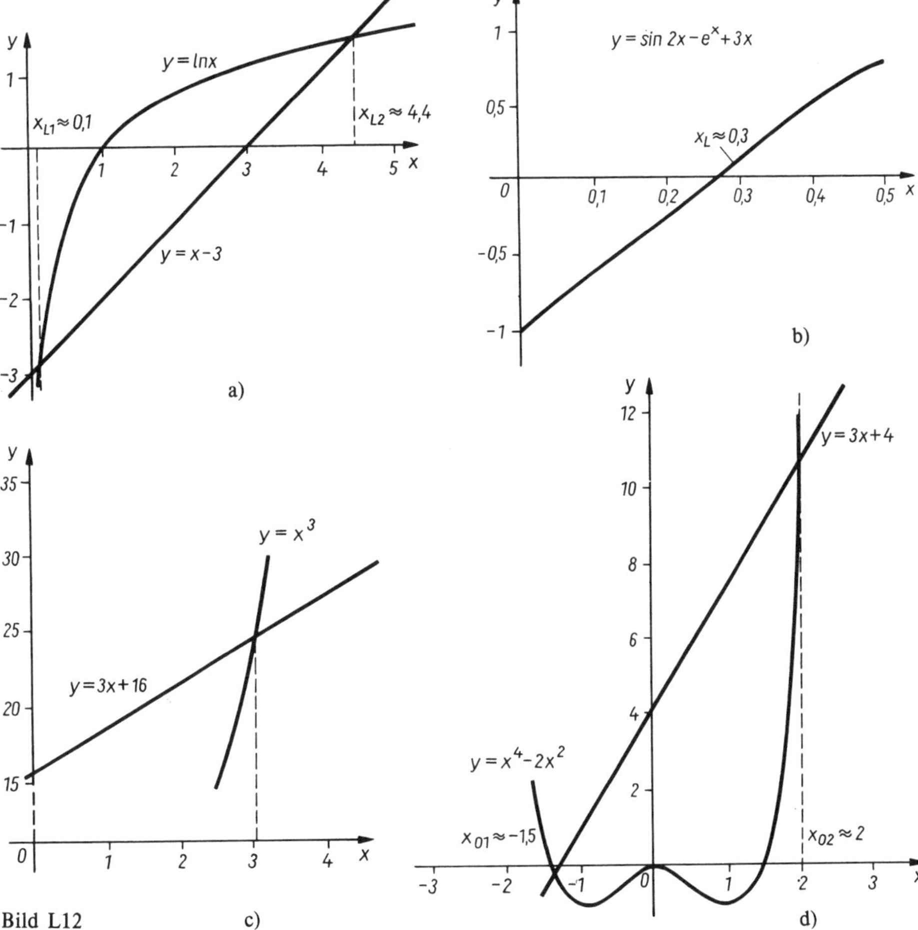


Bild L12

4.29 a) $L = (-\infty; -11{,}2)$ b) $L = \emptyset$ c) $L = \left(-\infty; -\frac{4}{71}\right]$

d) $L = \left(\frac{32}{51}; \infty\right)$

e) Beide Faktoren müssen gleiche Vorzeichen haben:
$(x > 3 \wedge x > -2) \vee (x < 3 \wedge x < -2)$; $L = (-\infty; -2) \cup (3; \infty)$

4.30 a) $X = \left(\frac{1}{3}; \infty\right)$ b) $U = [-3; \infty)$ c) $T = (-\infty; 0{,}4)$

4.31 a) $L = [-5; -1]$ b) $L = (-\infty; -9) \cup (1; \infty)$ c) $L = \left[-\frac{9}{8}; \frac{15}{8}\right]$

4.32 a) Bild L 13a; $L = \{(x; y)\} = \{(x; 1{,}5x - 3)\}$
b) Bild L 13a; $L = \emptyset$ c) Lösung wie bei 4.32a)
d) Bild L 13b; $(x_1; x_2) = (0{,}130; 0{,}761)$
e) $(x_1; x_2) = (1{,}733; 0{,}600)$ f) $(x_1; x_2) = (-1{,}25; 3{,}25)$

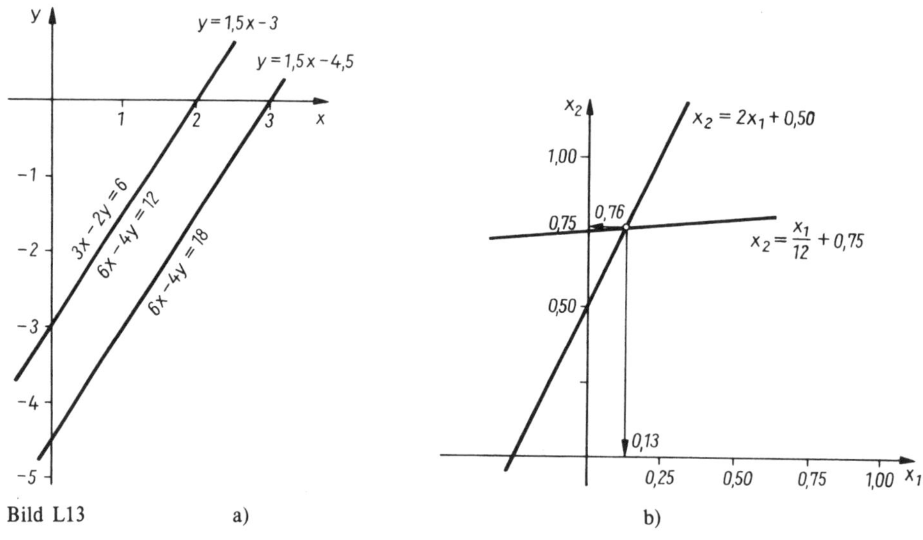


Bild L13 a) b)

4.33 a) $t_1 = 270$ Tage; $t_2 = 54$ Tage b) $a = 1{,}189$ m; $b = 0{,}841$ m
c) $a = 16{,}67$ cm; $b = 14{,}67$ cm d) $F = 204$ N; $l = 128$ cm
e) $R = 167\ \Omega$; $I = 5{,}6$ A
f) $m_{Cu} = 15{,}658$ kg; $m_{Zn} = 10{,}465$ kg
g) Jeweils 30 $dm^3$ Säure wurden gemischt.

4.34 a) $(x_s; y_s) = (2; 1)$ b) $(x_s; y_s) = (0{,}25; 0{,}25)$

4.35 a) $(x; y) = (0{,}829; -1{,}915)$ b) $L = \emptyset$ c) $L = \{(x; y)\} = \{(x; 7{,}5x)\}$
d) $(x; y) = (1; -1)$ e) $(x; y) = (6{,}861; 28{,}008)$
f) $(x; y) = (0{,}0189; 13{,}41)$

4.36 a) $(x_1; x_2) = (-0{,}0059; 0{,}0236)$ b) $(u; v) = (0{,}0704; 0{,}0657)$
c) $(x_1; x_2; x_3) = (0{,}8621; 4{,}4483; 11{,}6897)$
d) $(x_1; x_2; x_3) = (0{,}0000; -0{,}4300; 3{,}0063)$

4.37 a) $L = \emptyset$, da Widerspruch enthalten
b) $L = \{(x; y; z)\} = \{(x; 2; 4 - x)\} = \{(4 - z; 2; z)\}$

4.38 a) $\boldsymbol{A} - \boldsymbol{B} = \begin{pmatrix} -1 & 4 & 1 \\ 8 & 0 & 18 \end{pmatrix}$ b) $\boldsymbol{B} - \boldsymbol{A} = \begin{pmatrix} 1 & -4 & 1 \\ -8 & 0 & -18 \end{pmatrix}$ c) $\boldsymbol{A} + \boldsymbol{B} - \boldsymbol{N} = \begin{pmatrix} -3 & -4 & 7 \\ 8 & 4 & 6 \end{pmatrix}$

d) $2\boldsymbol{B} - 3\boldsymbol{N} + \boldsymbol{A} = \begin{pmatrix} -4 & -8 & 10 \\ 8 & 6 & 0 \end{pmatrix} = 2 \cdot \begin{pmatrix} -2 & -4 & 5 \\ 4 & 3 & 0 \end{pmatrix}$ e) $0{,}5\boldsymbol{A}^T - 2\boldsymbol{B}^T = \begin{pmatrix} 1 & 4 \\ 8 & -3 \\ -4 & 18 \end{pmatrix}$

4.39 a) $a^T \cdot b = -1$ b) $b^T \cdot a = a^T \cdot b = -1$ c) $a^T \cdot c = 2$

d) $c^T \cdot c = 3$ e) $a \cdot a^T = \begin{pmatrix} 4 & 2 & -2 \\ 2 & 1 & -1 \\ -2 & -1 & 1 \end{pmatrix}$

4.40 a) $A \cdot B$ existiert nicht b) $B \cdot A = \begin{pmatrix} 1 & -7 & -21 \\ -2 & -7 & -14 \end{pmatrix}$

c) $B \cdot B = \begin{pmatrix} -5 & 6 \\ -4 & -5 \end{pmatrix}$ d) $A \cdot C = \begin{pmatrix} 7 & 20 \\ -21 & -41 \end{pmatrix}$

e) $C \cdot A = \begin{pmatrix} 0 & -6 & -16 \\ -1 & -11 & -27 \\ 3 & -6 & -23 \end{pmatrix}$ f) $B \cdot C$ existiert nicht

g) $C \cdot B = \begin{pmatrix} -4 & 2 \\ -7 & 0 \\ -5 & 13 \end{pmatrix}$ h) $(C^T \cdot A) = \begin{pmatrix} 0 & -1 & 3 \\ -6 & -11 & -6 \\ -16 & -27 & -23 \end{pmatrix}$ i) $A^T \cdot C^T = (C \cdot A)^T$

4.41 a) $\begin{pmatrix} 1 & -1 & 0 \\ 1 & 0 & 1 \\ 0 & 1 & 1 \end{pmatrix} \cdot \begin{pmatrix} x \\ y \\ z \end{pmatrix} = \begin{pmatrix} 4 \\ 13 \\ 9 \end{pmatrix}$ (I) $\begin{pmatrix} 1 & 1 & 1 \\ 1 & 2 & 4 \\ 1 & 3 & 9 \end{pmatrix} \cdot \begin{pmatrix} x \\ y \\ z \end{pmatrix} = \begin{pmatrix} 9 \\ 15 \\ 23 \end{pmatrix}$ (II)

b) Von (I) existiert keine inverse Matrix, da eine Gleichung linear abhängig ist.
$L_I = \{(x;\ y;\ z)\} = \{(13 - z;\ 9 - z;\ z)\}$
$L_{II} = \{(x;\ y;\ z)\} = \{(5;\ 3;\ 1)\}$.

4.42 a) $\begin{pmatrix} 2 & 5 & -3 \\ 4 & 9 & -4 \\ 5 & 11 & -4 \end{pmatrix} \cdot \begin{pmatrix} x_1 \\ x_2 \\ x_3 \end{pmatrix} = \begin{pmatrix} y_1 \\ y_2 \\ y_3 \end{pmatrix}$ (I) $\begin{pmatrix} y_1 \\ y_2 \\ y_3 \\ y_4 \end{pmatrix} = \begin{pmatrix} 2 & 3 & 7 & 4 \\ -1 & 2 & 4 & 2 \\ 3 & 5 & 11 & 7 \\ 3 & 4 & 10 & -5 \end{pmatrix} \cdot \begin{pmatrix} x_1 \\ x_2 \\ x_3 \\ x_4 \end{pmatrix}$ (II)

b) $A_I^{-1} = \begin{pmatrix} -8 & 13 & -7 \\ 4 & -7 & 4 \\ 1 & -3 & 2 \end{pmatrix}$ $A_{II}^{-1} = \begin{pmatrix} -0{,}650 & -0{,}500 & 0{,}550 & 0{,}050 \\ -6{,}575 & -0{,}250 & 4{,}025 & 0{,}275 \\ 2{,}975 & 0{,}250 & -1{,}825 & -0{,}075 \\ 0{,}300 & 0{,}000 & -0{,}100 & -0{,}100 \end{pmatrix}$

c) $L_{I1} = \{(x_1;\ x_2;\ x_3)\} = \{(-93;\ 50;\ 19)\}$
$L_{I2} = \{(-96;\ 54;\ 26)\}$, $L_{I3} = \{(0;\ 0;\ 0)\}$
$L_{II1} = \{(x_1;\ x_2;\ x_3;\ x_4)\} = \{(-0{,}550;\ -2{,}525;\ 1{,}325;\ 0{,}100)\}$
$L_{II2} = \{(2;\ 61;\ -23;\ -4)\}$

4.43 a) $A^{-1} = -\frac{1}{70} \cdot \begin{pmatrix} -2 & -4 \\ -16 & 3 \end{pmatrix}$ $(x;\ y) = \left(-\frac{32}{70};\ \frac{234}{70}\right) = (-0{,}457;\ 3{,}343)$

b) $A^{-1} = -\frac{1}{12} \cdot \begin{pmatrix} 8 & -2 \\ -2 & -1 \end{pmatrix}$ $(x;\ y) = \left(\frac{26}{12};\ -\frac{5}{12}\right) = (2{,}167;\ -0{,}417)$

4.44 a) $T = T_1 T_2 = \begin{pmatrix} 12 & 14 & 18 \\ 24 & 16 & 21 \\ 31 & 3 & 11 \\ 3 & 25 & 30 \end{pmatrix}$ b) $e = \begin{pmatrix} \mathbf{22\,362} \\ \mathbf{27\,549} \\ \mathbf{15\,119} \\ \mathbf{35\,250} \end{pmatrix}$

c) $G = 1\,133\,334{,}28$ € Gesamtmaterialkosten

4.45 a) $X_1 = R \setminus \{1\}$, $X_2 = [-3;\ \infty)$, $X = X_1 \cap X_2 = [-3;\ 1) \cup (1;\ \infty)$
b) $X_1 = [-13;\ \infty)$, $X_2 = (-\infty;\ 16]$, $X = X_1 \cap X_2 = [-13;\ 16]$
c) $X = (0;\ \infty)$ d) $X = R$ e) $X = (-\infty;\ 81]$

4.46 4.45a): $x^3 + x^2 - 5x - 46 = 0$ 4.45b): $2x - 3 = 0$
4.45d): Es ist eine identische Gleichung.
4.45e): $x + (\sin 35°)^3 - 81 = 0$

4.47 a) $x_1 = 0;$ $x_2 = 8$ b) $x_1 = 0;$ $x_2 = -5$
c) $x_1 = 0;$ $x_2 = 4$ d) $a_1 = 0;$ $a_2 = 8$

4.48 a) zwei reelle Lösungen für $c < 9$, eine Doppellösung für $c = 9$, keine reelle Lösung für $c > 9$
b) zwei reelle Lösungen für $|c| > 4$, eine Doppellösung für $|c| = 4$, keine reelle Lösung für $|c| < 4$

4.49 a) $p = 1;$ $q = -12$ b) $p = -4,$ $q = 13$
c) $p = 12{,}024;$ $q = 4{,}420$ d) $p = -68;$ $q = 1\,156$

4.50 0,417 mm tief

4.51 $t_u = t_0 = 0{,}061$ s; $l_u = 79{,}3$ cm; $l_0 = 0{,}7$ cm
4.52 $a = 2$ m; $b = 10$ m
4.53 a) $x_1 = -2{,}57$ b) $x_1 = 0{,}143$
c) $x_1 = \frac{\lg 0{,}43}{\lg 3} = -0{,}768$ d) $x_1 = 3^{0{,}43} = 1{,}604$
e) $x_1 = \arcsin\frac{0{,}43}{3} = 0{,}144, \quad x_2 = \pi - 0{,}144 = 2{,}998$
f) $x_1 = 3\arctan 0{,}43 = 1{,}218, \quad x_2 = 3(\pi + 0{,}406) = 10{,}643$
g) $x_1 = 3 - \tan 0{,}43 = 2{,}541$ h) $x_1 = \frac{\lg 3}{\lg 0{,}43} = -1{,}302$
4.54 a) $x_1 = 12$ b) $x_1 = 1{,}276$ c) $x_1 = -15{,}21$
d) $L = \emptyset$ e) $x_1 = 0{,}153$; $x_2 = 2{,}005$ f) $x_k = k\pi$ mit $k \in Z$
4.55 $n > \frac{\ln(F_2/(F_1\eta))}{\ln 2}, \quad n = 8$
4.56 $n > \frac{\ln 0{,}1}{\ln 0{,}95}, \quad n = 45$
4.57 $\alpha = 180° + 2\arcsin\frac{a}{R+r}, \quad \alpha \approx 212°$
4.58 $h = 0{,}735r \quad \left(x \text{ berechnen aus } \frac{x}{2} - \sin\frac{x}{2}\cos\frac{x}{2} - \frac{\pi}{3} = 0; \text{ dann } h = r\left(1 - \cos\frac{x}{2}\right)\right)$
4.59 a) $L = [-0{,}5; \infty)$ b) $L = (-\infty\ 1{,}75)$ c) $L = [-0{,}5; \infty)$
d) Auflösen der Betragstriche in $|2 - x| < 4 - x$ ergibt
$(2 - x) < 4 - x$ für $2 - x \geqq 0$, d. h. $x \leqq 2$
$-(2 - x) < 4 - x$ für $2 - x < 0$, d. h. $x > 2$; $L = (-\infty; 3)$
e) $L = [7/3; 5]$
4.60 $L = (-1; 1{,}5)$
4.61 $(v_0; s_0) = (5{,}27$ m/s; $-3{,}4$ m$)$
4.62 a) $(m; n) = (0{,}4; 2{,}2)$ und $y = 0{,}4x + 2{,}2$
b) $(m; n) = (1; 0)$ und $y = x$
c) $(m; n) = (0; 0)$ und $y = 0$
d) $(m; n) = (0{,}678; -40{,}77)$ und $y = 0{,}678x - 40{,}77$
4.63 a) $(x; y) = (0{,}409; -2{,}222)$ b) $(x; y) = (3; 3)$
4.64 $L = \{(l_1; l_2; F_1; F_2)\} = \{(20; 40; F_1; 0{,}5F_1)\}$
$= \{(20; 40; 2F_2; F_2)\}$ mit $F_1; F_2 \in R$
4.65 a) $\boldsymbol{C}\cdot\boldsymbol{B}\cdot\boldsymbol{A} = \begin{pmatrix} -4 & -14 & -28 \\ -7 & -14 & -21 \\ -5 & -49 & -119 \end{pmatrix}$ b) $\boldsymbol{A}\cdot\boldsymbol{C}\cdot\boldsymbol{B} = \begin{pmatrix} -33 & 41 \\ 61 & -104 \end{pmatrix}$
4.66 $\boldsymbol{D}\cdot\boldsymbol{A} = \begin{pmatrix} 80 & 120 & 160 \\ 150 & 400 & 0 \\ -60 & 240 & 60 \end{pmatrix}$ zeilenweise skalare Multiplikation

$\boldsymbol{A}\cdot\boldsymbol{D} = \begin{pmatrix} 80 & 150 & -120 \\ 120 & 400 & 0 \\ -40 & 200 & 60 \end{pmatrix}$ spaltenweise skalare Multiplikation
5.1 a) nur eindeutig b) eineindeutig
c) nur eindeutig d) nicht eindeutig
5.2 a) $W = R$ b) $W = [0{,}1; 0{,}5]$ c) $W = [-1; \infty)$ d) $W = (0; 2]$
5.3 a) $y = -0{,}5x + 1{,}25$ b) $y = \frac{4}{2x^2 + 3}$
c) $y = \frac{40}{x}$ d) $y = -\sqrt{-x}$
5.4 a) $y(-3) = 2{,}750$ b) $y(-3) = 0{,}190$
c) $y(-3) = -13{,}333$ d) $y(-3) = -1{,}732$
5.5 monoton wachsend in $[x_1; x_2]$; $[x_5; x_7]$ und $[x_9; x_{11}]$
monoton fallend in $[x_2; x_5]$ und $[x_{11}; x_{12}]$
konstant in $[x_7; x_9]$

5.6 a) $f^{-1}$:

| $x$ | $-4$ | $-1$ | $2$ | $5$ | $8$ |
|---|---|---|---|---|---|
| $y$ | $-2$ | $-1$ | $0$ | $1$ | $2$ |

b) nicht eineindeutig

c) $y = f^{-1}(x) = \frac{1}{3}x - \frac{2}{3}$ mit $x \in [-4; 8]$

d) $y = f^{-1}(x) = -0{,}75x - 1{,}5$ mit $x \in [-2; \infty)$

5.7 Graphische Darstellung Bilder L 14a und L 14b

a) $y = -3x$: weder progressiv steigend, noch degressiv fallend

b) $y = \sin x$: progressiv steigend in $\left[-\frac{1}{2}\pi + 2k\pi; 2k\pi\right]$ und degressiv fallend in $\left[\pi + 2k\pi; \frac{3}{2}\pi + 2k\pi\right]$ mit $k \in Z$

c) $y = e^x$: progressiv steigend in $(-\infty; +\infty)$

d) $y = \sqrt[3]{x}$: weder progressiv steigend, noch degressiv fallend

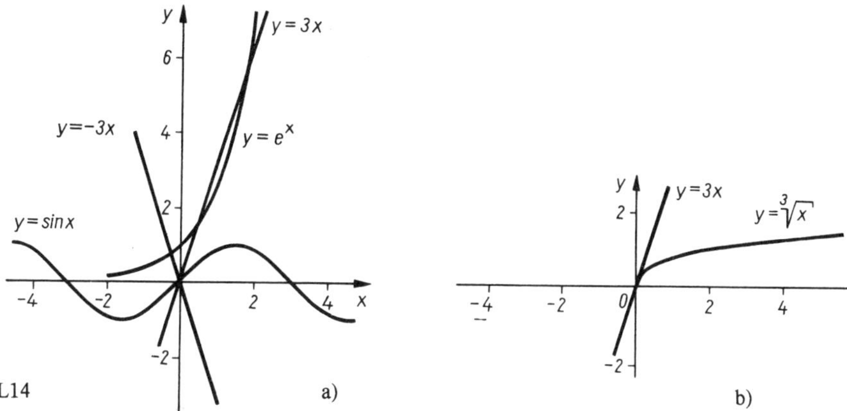


Bild L14

5.8 a) $y = -3x$: weder nach unten, noch nach oben beschränkt
$y = \sin x$: nach oben beschränkt durch z. B. $o = 1$, nach unten beschränkt durch z. B. $u = -1$
$y = e^x$: nur nach unten beschränkt durch z. B. $u = 0$
$y = \sqrt[3]{x}$: nur nach unten beschränkt durch z. B. $u = 0$

b) $y = -3x$: ungerade, da stets gilt: $-3(-x) = -(-3x)$
$y = \sin x$: ungerade, da stets gilt: $\sin(-x) = -\sin x$
$y = e^x$: weder gerade, noch ungerade
$y = \sqrt[3]{x}$: weder gerade, noch ungerade wegen Def.-Bereich

5.9 a) $x_N = 0$ b) $x_N = k\pi$ mit $k \in Z$
c) existieren nicht d) $x_N = 0$

5.10 Graphische Darstellung siehe Bilder L 14a und L 14b

a) $(x_s; y_s) = (0; 0)$ b) $(x_s; y_s) = (0; 0)$

c) $(x_{S1}; y_{S1}) = (1{,}512; 4{,}536)$ und $(x_{S2}; y_{S2}) = (0{,}619; 1{,}857)$

d) $(x_{S1}; y_{S1}) = (0; 0)$ und $(x_{S2}; y_{S2}) = (0{,}192; 0{,}576)$

5.11 a) $y = 4^x = e^{x \ln 4} = e^{1{,}39x}$ b) $y = 0{,}2^x = e^{x \ln 0{,}2} = e^{-1{,}61x}$

c) $y = \log_6 x = \frac{1}{\ln 6} \ln x = 0{,}558 \ln x$

d) $y = \log_{0{,}8} x = \frac{1}{\ln 0{,}8} \ln x = -4{,}481 \ln x$

5.12 a) $\arcsin 0{,}5 = \frac{\pi}{6} = 30°$ b) $\arccos 0{,}5 = \frac{\pi}{3} = 60°$

c) arcsin 2 existiert nicht

d) $\arccos(-1) = \pi = 180°$ e) $\arctan 1 = \frac{\pi}{4} = 45°$

5.13 a) $\arctan 1{,}73 = 1{,}047 = 59{,}971°$
b) $\arccos(-0{,}24) = 1{,}813 = 103{,}887°$
c) $\arcsin(-0{,}81) = -0{,}994 = -54{,}096°$
d) $\arctan(-12{,}47) = -1{,}491 = -85{,}415°$
e) $\arccos(-3{,}96)$ existiert nicht

5.14 a), b) und c) Bild L 15
d) und e) Bild L 16

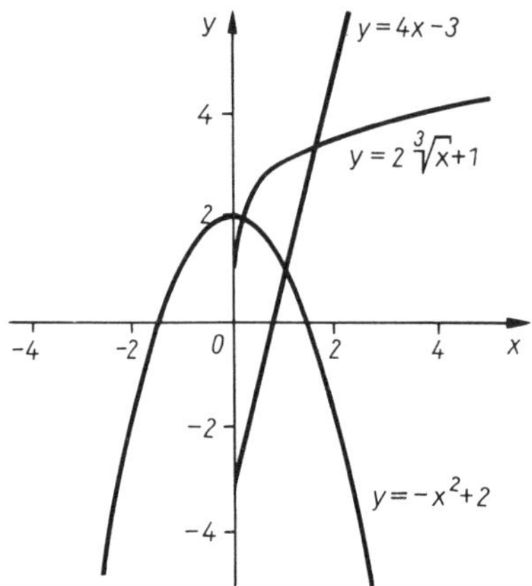

Bild L15

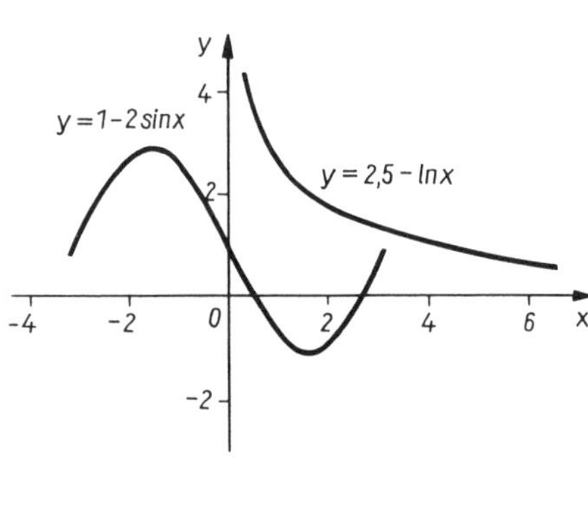

Bild L16

5.15 Graphische Darstellung von a) und b) Bild L 17
a) $(x_s;\ y_s) = (6{,}50;\ -30{,}25)$ b) $(x_s;\ y_s) = (1;\ -2)$
Graphische Darstellung von c) und d) Bild L 18
c) $(x_s;\ y_s) = (-3;\ -1)$ d) $(x_s;\ y_s) = (10;\ -10)$

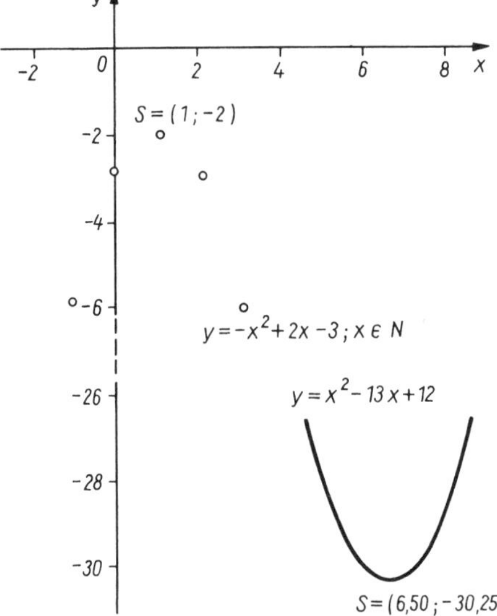

Bild L17

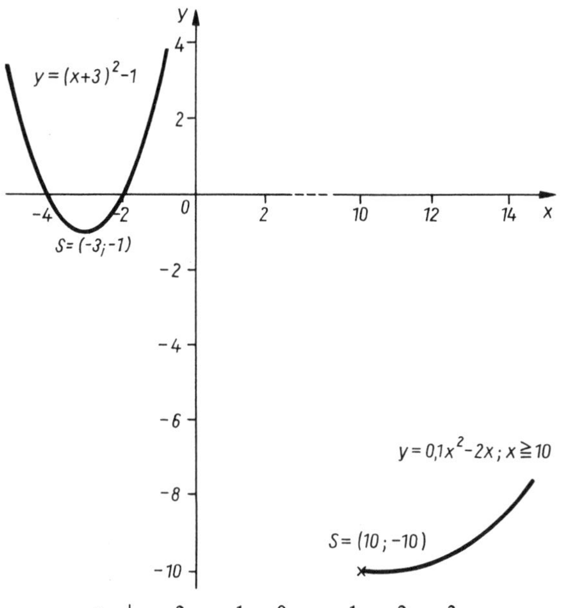


Bild L18

5.16 a)

| $x$ | $-2$ | $-1$ | $0$ | $1$ | $2$ | $3$ |
|---|---|---|---|---|---|---|
| $y$ | $49$ | $21$ | $3$ | $-11$ | $-27$ | $-51$ |

b)

| $x$ | $-1$ | $0$ | $1$ | $2$ |
|---|---|---|---|---|
| $y$ | $-9$ | $-5$ | $-3$ | $39$ |

c)

| $x$ | $-1{,}750$ | $2{,}630$ |
|---|---|---|
| $y$ | $-44{,}305$ | $-187{,}778$ |

5.17 a) $y = -2x + 7$ b) $y = \frac{2}{3}x + 5$ c) $y = -x^2 + 4x - 3$

5.18 a) Nullstellen existieren nicht, $x_p = -1{,}333$ ist Polstelle und Gleichung der Asymptote. $y = 0$ ist eine weitere Asymptote.

b) $x_N = 0$ ist Nullstelle, $x_P = 2{,}5$ ist Polstelle und Gleichung einer Asymptote. $y = 0{,}75$ ist eine weitere Asymptote.

c) $x_N = -1{,}25$ ist Nullstelle, $x_p = 6$ ist Polstelle und Gleichung einer Asymptote. $y = 12$ ist eine weitere Asymptote.

d) Nullstellen existieren nicht, $x_p = 2$ ist Polstelle und Gleichung einer Asymptote. $y = 3x + 6$ ist eine weitere Asymptote.

e) $x_{N_1} = -2$ und $x_{N_2} = 2$ sind die Nullstellen, $x_{p_2} = -1$ und $x_{p_2} = 1$ sind die Polstellen und Gleichungen von Asymptoten. $y = 1$ ist eine weitere Asymptote.

f) $x_{N_1} = 1{,}236$ und $x_{N_2} = -3{,}236$ sind die Nullstellen, Polstellen existieren nicht. $y = 1$ ist die Asymptote.

5.19 a), b) und c) Bild L 19

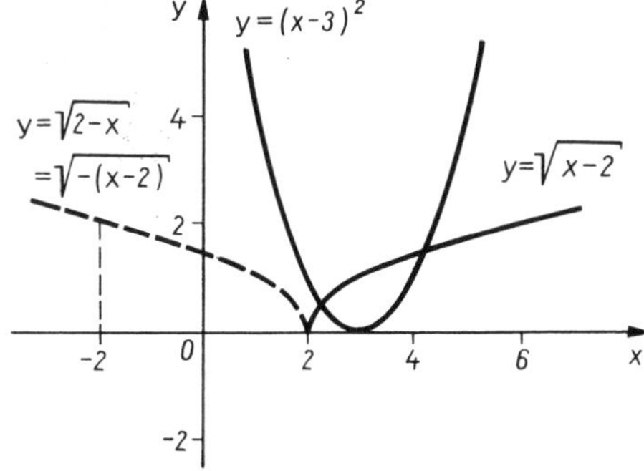


Bild L19

d), e) und f) Bild L 20

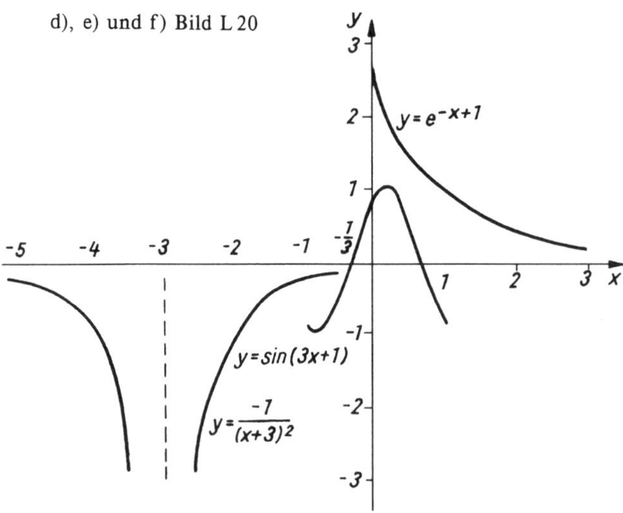


Bild L20

5.20 a) $y = \ln x$, gestreckt in $y$-Richtung mit Faktor 2 und verschoben in $x$-Richtung um $-1$

b) $y = x^2$, gestaucht in $y$-Richtung mit Faktor 0,8; gespiegelt an der $x$-Achse, verschoben in $x$-Richtung um $-2$ und in $y$-Richtung um 3

c) $y = \cos x$, gestaucht in $y$-Richtung mit Faktor 0,5; gestreckt in $x$-Richtung mit Faktor 3, verschoben in $x$-Richtung um $-3\pi$ und in $y$-Richtung um $-6$

d) $y = \frac{1}{x}$, gestaucht in $y$-Richtung mit Faktor $\frac{1}{3}$, verschoben in $x$-Richtung um $-\frac{1}{3}$

e) $y = \arcsin x$, gespiegelt an der $x$-Achse, verschoben in $x$-Richtung um 3 und in $y$-Richtung um 1

5.21 a) Bild L 21 b) Bild L 22 c) Bild L 23
d) Bild L 24 e) Bild L 25 f) Bild L 26

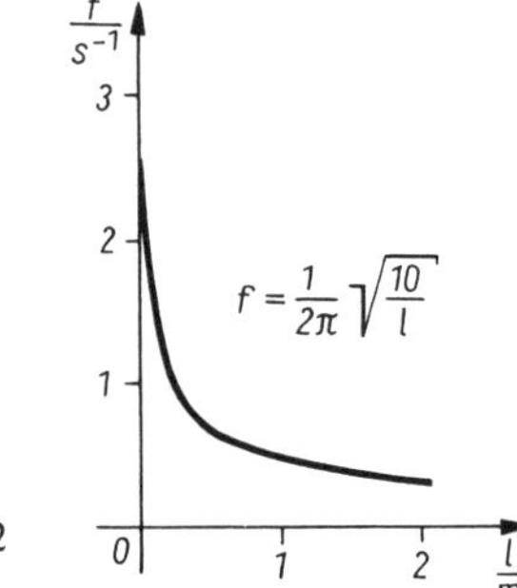


Bild L22

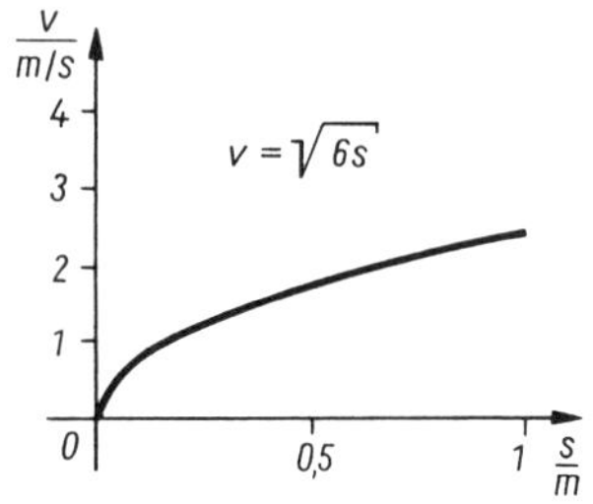

$v = \sqrt{6s}$

Bild L21

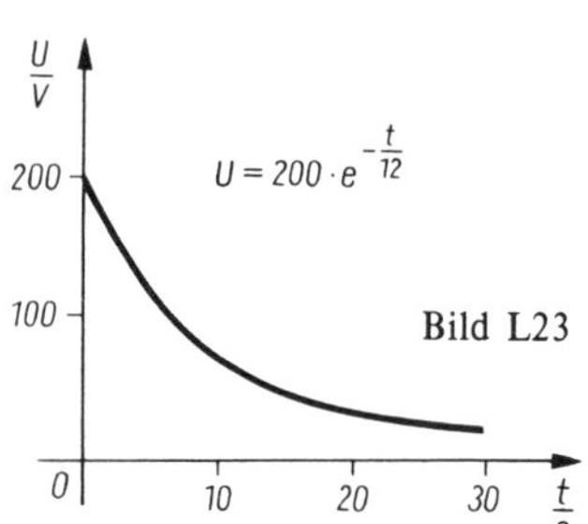


Bild L23

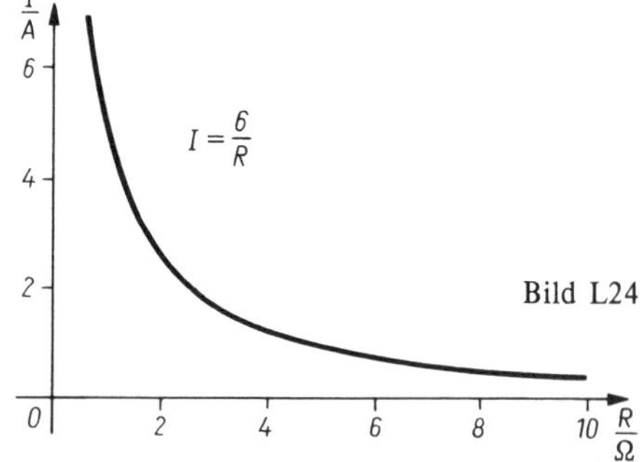


Bild L24

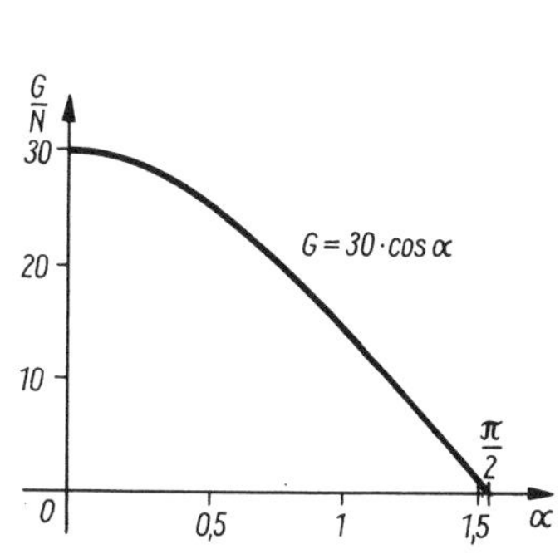


Bild L25

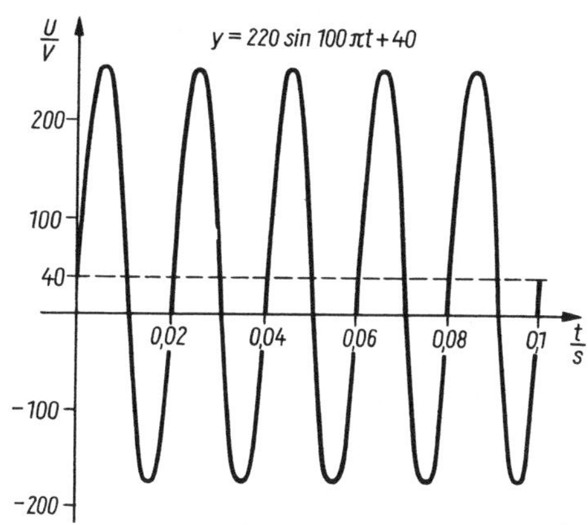


Bild L26

5.22 a) ungerade, da stets gilt: $-x = -(x)$
b) weder gerade, noch ungerade
c) ungerade, da stets gilt: $\frac{1}{(-x)} = -\frac{1}{x}$
d) weder gerade, noch ungerade
e) gerade, da stets gilt: $(-x) \cdot \sin(-x) = x \cdot \sin x$
f) gerade, da stets gilt: $\cos(-x) = \cos x$
g) gerade, da stets gilt: $-5(-x)^4 + 2{,}3(-x)^2 + 13 = -5x^4 + 2{,}3x^2 + 13$
h) weder gerade, noch ungerade

5.23 a) $\overline{AB} = 10$, $\alpha = 143{,}130°$, $M(6; 5)$
b) $\overline{CD} = 14{,}5$, $\alpha = 17{,}307°$, $M(-2{,}2; 1{,}35)$
c) $\overline{RQ} = 13{,}10$, $\alpha = 118{,}834°$, $M(0; 6{,}32)$
d) $\overline{P_1P_2} = 6{,}4$, $\alpha = 90°$, $M(2{,}5; 4{,}4)$

5.24 2 Lösungen: $P_1(11; 0)$, $P_2(-19; 0)$

5.25 Es ist das Gleichungssystem
$(x_0 + 4)^2 + (y_0 - 2)^2 = 169$
$(x_0 - 15)^2 + (y_0 + 17)^2 = 625$
zu lösen. Zwei Lösungen: $P_1(8; 7)$, $P_2(-9; -10)$

5.26 $P_1 \in g$, $P_2 \notin g$, $P_3 \in g$

5.27 a) $\alpha = 21{,}80°$, $b = 1{,}8$ b) $\alpha = 120{,}96°$, $b = 2{,}33$
c) $\alpha = 135°$, $b = 0$ d) $\alpha = 123{,}34°$, $b = -4{,}48$
e) $\alpha = 0°$, $b = -3{,}7$

5.28 a) $y = -0{,}78x + 3{,}22$ b) $x = 1{,}8$
c) $y = 0{,}70x + 4{,}88$ d) $y = 1{,}15$
e) $y = x - 3{,}2$

5.29 a) $y = -0{,}36x + 4{,}31$ b) $y = 0{,}55x + 4{,}74$
c) $y = 0{,}44x$ d) $x = 1{,}7$

5.30 $g_1$: $y = 0{,}4x - 2$, $g_2$: $y = -1{,}5x$, $g_3$: $y = -0{,}25x + 1$, $g_4$: $x = 3$

5.31 $P_1(3{,}91; 0)$, $P_2(0; -1{,}87)$

5.32 a) $S(2{,}0; -3{,}5)$, $\delta_1 = 45°$, $\delta_2 = 135°$
b) $S(-2{,}8; 1{,}5)$, $\delta = 90°$
c) kein Schnittpunkt, da $g_1 \| g_2$, $\delta = 0°$
d) $S(1{,}43; 1{,}66)$, $\delta_1 = 51{,}648°$, $\delta_2 = 128{,}352°$

5.33 a) $y = 1{,}6x + 4{,}72$ b) $y = -0{,}625x + 2{,}05$

5.34 $AB$: $y = -0{,}16508x + 36{,}63009$
$DF$: $y = 6{,}30430x - 660{,}0924$, $F(107{,}70; 18{,}85)$

5.35 a) $x^2+y^2-6x+10y-30=0$ b) $x^2+y^2-20y=0$

c) $x^2+y^2-\frac{1}{4}x+\frac{1}{3}y=0$ d) $x^2+y^2+8x-14y+16=0$

5.36 a) $M(6;\,-3),\quad r=12$ b) $M\left(0;\,-\frac{1}{2}\right),\quad r=\frac{3}{2}$

c) $M(-2;\,0),\quad r=2$ d) $M(5{,}2;\,0{,}8),\quad r=4{,}5$

e) $M\left(\frac{2}{3};\,\frac{1}{5}\right),\quad r=\frac{12}{25}$

f) $M\left(-\frac{1}{3};\,\frac{1}{6}\right),\quad r=\frac{5}{6}\mathrm{j}$, keine reelle Kurve

g) $M\left(-1;\,\frac{1}{2}\right),\quad r=0$, Punkt

5.37 $(x-4{,}2)^2+(y+5{,}6)^2=49$

5.38 $(x+1{,}5)^2+(y+3{,}8)^2=60{,}84$

5.39 $(x-2{,}5)^2+(y+0{,}4)^2=6{,}25$

5.40 $(x-3)^2+(y-4)^2=169$

5.41 a) $P_1(8;\,6)$, $P_2(6;\,-8)$, die Gerade schneidet den Kreis.

b) $P_1(-5;\,7)=P_2$, die Gerade ist Tangente des Kreises.

c) $P_1(2+3\mathrm{j};\,-6+\mathrm{j})$, $P_2(2-3\mathrm{j};\,-6-\mathrm{j})$, die Gerade schneidet den Kreis nicht.

d) $P_1(7;\,3)=P_2$, die Gerade ist Tangente des Kreises.

5.42 $s=10\sqrt{2}$, $S(11;\,-3)$, Richtungsfaktor der Sehne: $m_1=-7$, Richtungsfaktor der Geraden: $m_2=1/7$

5.44 Parabeln nach a), b) rechts, c) links, d) oben, e) unten geöffnet.

5.45 a) $y^2=4x$ b) $y^2=-10x$ c) $y^2=0{,}733x$

5.46 a) $(y+5)^2=8(x+2)$ b) $(x-3)^2=-y$

c) $(y-10)^2=-3(x+1)$ d) $(x-6)^2=14(y+6)$

5.47 a) $S(-2;\,3)$, $F(1;\,3)$ b) $S\left(\frac{4}{3};\,4\right)$, $F\left(\frac{4}{3};\,\frac{23}{6}\right)$

c) $S(-2;\,0)$, $F(-2{,}6;\,0)$

5.48 a) $x^2=-\frac{l^2}{4(h+a)}(y-h)$

b) $a=h\Rightarrow x^2=-\frac{l^2}{8h}(y-h)$, $y_D=0\Rightarrow x_D=\frac{l}{4}\sqrt{2}$ wegen $\overline{CO}=\overline{OD}=x_D$ folgt $\overline{CD}=\frac{l}{2}\sqrt{2}$

c) $\overline{CD}=29{,}4\,\mathrm{m}$; $h_1=h_4=3{,}22\,\mathrm{m}$; $h_2=h_3=5{,}31\,\mathrm{m}$

5.49 $M_3$ und $M_5$ sind keine Funktionen.

5.50 $k_1$ und $k_3$ sind keine Funktionen.

5.51 b), c) sind keine Funktionsgleichungen.

5.52

| | a) | b) | c) | d) | e) | f) |
|---|---|---|---|---|---|---|
| (1) | w | w | f | w | w | f |
| (2) | w | w | w | w | w | f |
| (3) | f | f | f | f | f | w |

5.53 a) $f^{-1}(x)=0{,}25x+0{,}25$ mit $x\in R$

b) $f^{-1}(x)=-1{,}25x+7{,}50$ mit $x\in R$

c) $f^{-1}(x)=3-\frac{9}{x}$ mit $x\in R\setminus\{0\}$

d) $f_1^{-1}(x)=\sqrt{8-x}$ mit $x\in(-\infty;\,8]$

$f_2^{-1}(x)=-\sqrt{8-x}$ mit $x\in(-\infty;\,8]$

e) $f^{-1}(x) = x^2 - 1$ mit $x \in [0; \infty)$

f) $f^{-1}(x) = \ln x - 2$ mit $x \in (0; \infty)$

g) $f^{-1}(x) = \cos(2 - x)$ mit $x \in [2 - \pi; 2]$

h) $f^{-1}(t) = \arcsin \frac{t}{4} + 0{,}5$ mit $t \in [-4; 4]$

5.54 Bild L27; $x_{N1} = 2$, $x_{N2} = -2$, $S(4; 3)$

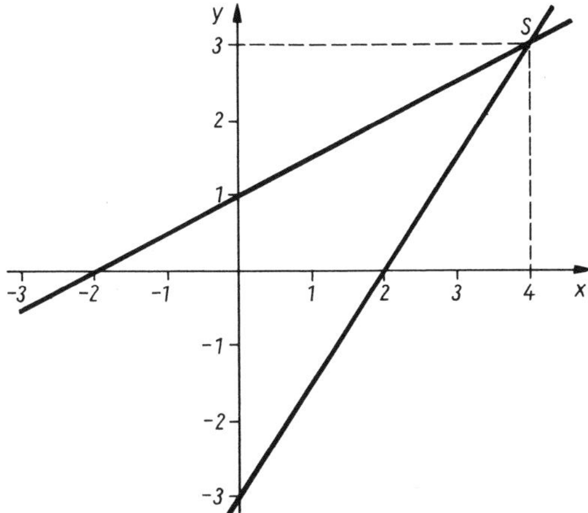


Bild L27

5.55 a) $m_1 \neq m_2$ und $n_1 \neq n_2$ b) $m_1 = m_2$

5.56 a) $g_1$: $y = \frac{2}{3}x - 2$ mit $x \in R$

$g_2$: $y = -3x + 3$ mit $x \in R$

b) $g_3$: $y = \frac{2}{3}x + 3$ mit $x \in R$

5.57 a) $(x_{s_1}; y_{s_1}) = (3{,}414; 9{,}828)$, $(x_{s_2}; y_{s_2}) = (0{,}586; 4{,}172)$

b) $(x_{s_1}; y_{s_1}) = (7{,}082; -87{,}323)$, $(x_{s_2}; y_{s_2}) = (-1{,}082; 10{,}656)$

c) Es existiert kein Schnittpunkt.

5.58 a) Bild L28 b) Bild L29

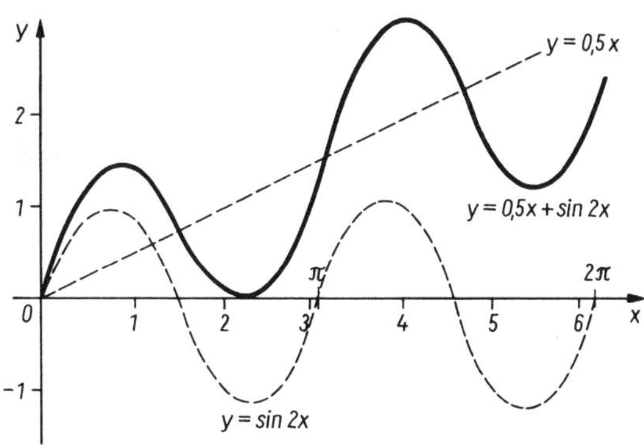


Bild L28

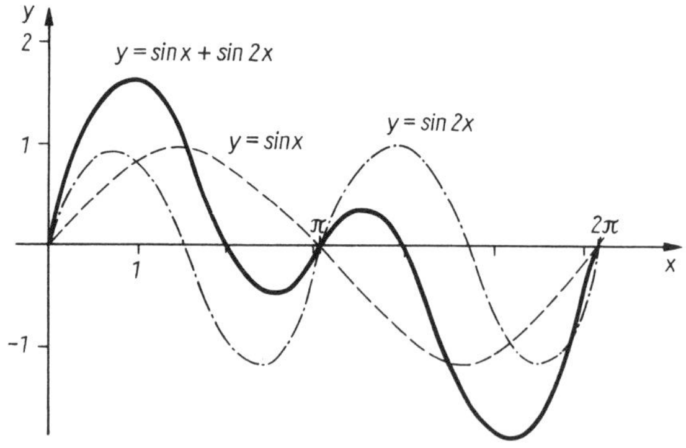


Bild L29

5.59 a) $x_N \approx 1{,}2$ b) $x_N \approx 1{,}6$ c) $x_N \approx 1{,}2$

5.60 Graphische Darstellung Bild L30

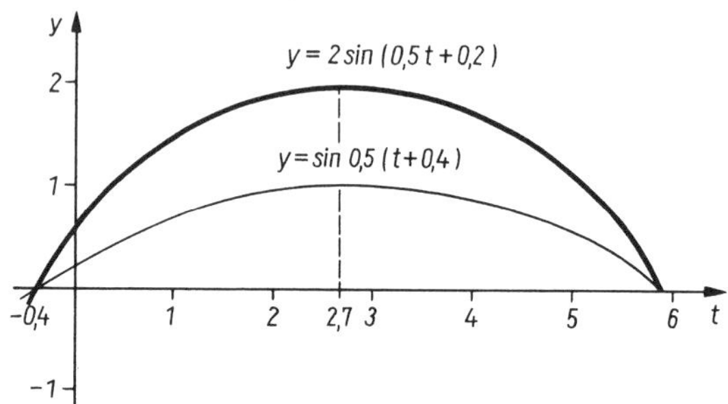


Bild L30

5.61 Die Bedingungen $\overline{AP} = \overline{BP}$ und $\overline{BP} = \overline{CP}$ ergeben zwei Gleichungen, aus denen sich die Koordinaten von $P$ berechnen lassen: $P(2{,}86;\, 2{,}30)$.

5.62 a) $P_0(4;\, -2)$, $\delta_1 = 63°26'$ bzw. $\delta_2 = 116°34'$

b) $P_0(2{,}28;\, 5{,}53)$, $\delta = 90°$

c) kein Schnittpunkt, da $g_1 \parallel g_2$, $\delta = 0°$

d) $P_0(0;\, 3{,}2)$, $\delta_1 = 45°$ bzw. $\delta_2 = 135°$

5.63 a) $y = \frac{1}{3}x + 10{,}4$ b) $y = -3x + 26{,}4$

5.64 $h$ Gerade durch $P_1$ senkrecht zu $g$:

$h$: $y = 0{,}75x - 0{,}25$

$S = g \cap h$, $S(3;\, 2)$, $e = \overline{P_1S} = 10$

5.65 $m_a$: $y = 0{,}25x + 0{,}25$, $m_b$: $y = -2x + 8$, $m_c$: $y = 2{,}5x - 7{,}5$ $M(3{,}44;\, 1{,}11)$

5.66 $s_c = 10$

5.67 a) $a = 11{,}70$, $b = 9{,}06$, $c = 13{,}0$

b) $AB$: $y = \frac{5}{12}x - \frac{13}{6}$, $BC$: $y = -\frac{4}{11}x + \frac{62}{11}$, $AC$: $y = 9x + 15$

c) $h_a$: $y = \frac{11}{4}x + \frac{5}{2}$, $h_b$: $y = -\frac{1}{9}x + \frac{28}{9}$, $h_c$: $y = -\frac{12}{5}x + \frac{18}{5}$

d) $H(0{,}21;\, 3{,}09)$

e) $s_a$: $y = \frac{14}{13}x - \frac{11}{13}$, $s_b$: $y = \frac{1}{23}x + \frac{36}{23}$, $s_c$: $y = -\frac{13}{10}x + \frac{47}{10}$

f) $S(7/3;\, 5/3)$

g) $\alpha = 61{,}0°$, $\beta = 42{,}6°$, $\gamma = 76{,}4°$

5.68 a) $g_3$: $y = 0{,}262x + 7{,}438$, $g_4$: $y = 5{,}80x - 67{,}88$
b) $B(5{,}2;\ 8{,}8)$, $C(4{,}2;\ 3{,}0)$, $D(12{,}6;\ 5{,}2)$

5.69 2 Lösungen $t_1$: $y = -0{,}75x + 11{,}25$, $t_2$: $y = 0{,}75x - 11{,}25$

5.70 $\left(x + \frac{33}{8}\right)^2 + (y-3)^2 = \frac{2\,993}{64} = 46{,}766$

5.71 $(x-4)^2 + (y-8)^2 = 289$

5.72 $y = -\frac{h+4f}{s}\,x + \frac{4f}{s^2}\,x^2$, $x_S = \frac{(h+4f)\,s}{8f}$, $y_S = -\frac{(h+4f)^2}{16f}$

5.73 $p = \frac{a}{12}\sqrt{3}$

5.74 a) $S(-1;\ 3)$, $F(2;\ 3)$ b) $S(-4;\ -6)$, $F(-4;\ -7{,}25)$
c) $S(0;\ -10)$, $F(-1;\ -10)$ d) $S(3{,}5;\ -0{,}25)$, $F(3{,}5;\ 0)$

5.75 $M(2{,}125;\ -1{,}5)$

6.1 a) $\frac{1}{3};\ \frac{2}{3};\ 1;\ \frac{4}{3};\ \frac{5}{3}$ b) $\frac{1}{3};\ \frac{1}{2};\ \frac{3}{5};\ \frac{2}{3};\ \frac{5}{7}$
c) $-2;\ 4;\ -8;\ 16;\ -32$ d) $-1;\ 1;\ -1;\ 1;\ -1$
e) $1;\ -1;\ -3;\ -5;\ -7$ f) $2;\ 2;\ 0;\ -4;\ -10$

6.2 a) streng monoton wachsend
b) streng monoton wachsend
c) alternierend d) alternierend
e) streng monoton fallend
f) monoton fallend

6.3 a) $a_k = 4k - 2$ b) $a_k = (-1)^k \cdot 3k$

6.4 Bild L31

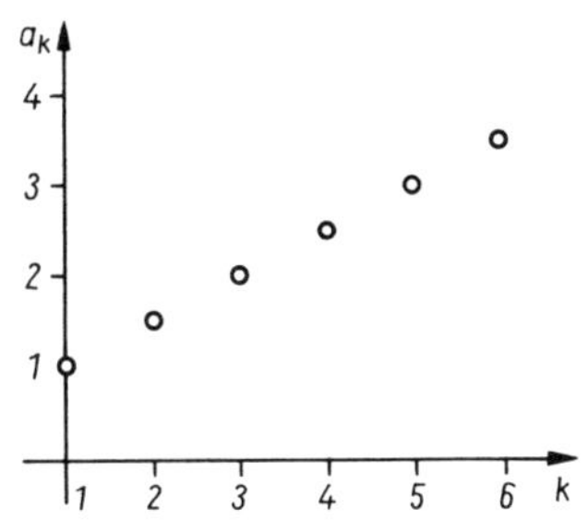

Bild L31

6.5 a) $a_k = -8 + 5k$ $k = 1, 2, \ldots, 8$
b) $a_k = 5 - 3k$ $k = 1, 2, \ldots, 10$

6.6 a) $a_k = 1 + 3k$ b) $a_k = 0{,}05 + 0{,}02k$

6.7 a) $d = \frac{3}{7}$, $a_{15} = 18$ b) $n = 50$, $s_{50} = 285$
c) $n = 13$, $a_{13} = 57$ d) 1.Lösung $n_1 = 21$, $a_1 = 16$
2.Lösung $n_2 = 65{,}71$ entfällt

6.8 a) $a_8 = -10$, $s_{15} = -150$ b) $a_8 = 2{,}1$, $s_{15} = 31{,}5$
c) $a_8 = 23$, $s_{15} = 345$

6.9 $d = 4$; $s_{18} = 1\,062$; Kostenzunahme 4 € je m;
Gesamtkosten 1 062,– €

6.10 37 674

6.11 a) $q = 3$ b) $q = 2y$

6.12 a) $q = 0{,}5,\ n = 10$ b) $q = -2,\ n = 6$

6.13 a) $a_6 = 3,\ s_6 = 1\,092$ b) $n = 6$

c) $a_7 = 192,\ n = 7$

6.14 a) $d = -2\,055{,}56,\ a_3 = 15\,888{,}9\ \Omega \approx 15{,}9\ \text{k}\Omega$; 10,3 %; 11,5 %

b) $q = 0{,}7499,\ a_3 = 11\,247{,}18\ \Omega \approx 11{,}2\ \text{k}\Omega$; 25 %; 25 %

6.15 $q = 1 - 0{,}015 = 0{,}985$, Kosten im Juni 166 898,97 €, Gesamtkosten 1 990 416,– €

6.16 $d$ [mm] = (10; 16; 25,6; 40,96; 65,54; 104,86)

6.17 6 749,18 €, 7 299,92 €

6.18 a) $-2;\ \frac{1}{4};\ 0;\ -\frac{1}{16};\ +\frac{2}{25}$

b) 10; 4,83; 4; 3,68; 3,52;

c) $4;\ \frac{11}{2};\ \frac{14}{3};\ \frac{21}{4};\ \frac{24}{5}$ d) 0; 4; 18; 48; 100

6.19 a) alternierend

b) streng monoton fallend

c) weder wachsend noch fallend

d) streng monoton wachsend

6.20 $a_k = k^2 + 1$

6.21 a) $a_k = 1{,}5 + 1{,}5k$ $n = 9$

b) $a_k = -1 - 2k$ $n = 12$

6.22 a) $a_{15} = -23{,}5;\ s_{15} = -142{,}5$, b) $a_1 = 1{,}2;\ s_{25} = 990$

c) $d = -9,\ n = 12$, d) $n = 50,\ a_n = 115{,}8$

6.23 a) $a_7 = 41,\ s_{20} = 1\,240$ b) $a_7 = 26,\ s_{20} = 800$

c) $a_7 = 4,\ s_{20} = 115$

6.24 11 Baumstämme, 6 Schichten

6.25 Anfangsglied $a_0 = 5\,000$ € (Anschaffungspreis) $d = -350$ €

Zeitwert nach 4 Jahren $a_4 = 3\,600$ €, vollständige Abschreibung nach 14,28 Jahren.

6.26 a) $q = \frac{\sqrt{3}}{3}$ b) $q = \frac{3}{2a^2}$

6.27 a) $n = 7$ b) $n = 6$

6.28 a) $a_{12} = 79{,}0274,\ s_{12} = 4\,283{,}8904$

b) $q = \sqrt{2},\ s_n = 33{,}7279$

c) $n = 9,\ s_n = 491{,}53$ d) $n = 9,\ a_n = 153{,}6$

6.29 a) $a_5 = 17{,}6,\ s_8 = 333{,}06$ b) $a_5 = -3\,750,\ s_8 = 41\,825{,}25$

6.30 $q = 1{,}3195,\ a_2 = 119,\ a_3 = 157,\ a_4 = 207$

$a_5 = 273$ (Werte gerundet)

6.31 A0 : 841 × 1 189,

A4 : 210 × 297 (Briefblatt),

A6 : 105 × 148 (Normalpostkarte)

6.32 a) $q = 105{,}56$ %, Zuwachsrate 5,56 %

b) Produktion im dritten Jahr 16,60 Mill. €.

6.33 a) 325,– € b) 346,82 €

7.1 a) 0 b) $-\frac{3}{2}$ c) $\infty$ d) 2 e) $-\frac{5}{3}$

7.2 a) $(a_n) = \left(2 + \frac{1}{n}\right)$ b) $(a_n) = \left(-1 - \frac{1}{n}\right)$

7.3 a) $-\frac{1}{18}$ b) 6

7.4 a) unstetig bei $x = -5$ b) überall stetig

c) unstetig bei $x = 0$

7.5 Grenzwert für $x \to \pm\infty$

a) $\infty;\ -\infty$ b) $-\infty;\ -\infty$ c) 0; 0 d) 7; $-\infty$

7.6 a) 0 b) 0 c) $\frac{1}{3}$ d) $\frac{1}{5}$ e) $\infty$

7.7 a) $(a_n) = \left(\frac{3}{2} + \frac{1}{n}\right)$ b) $(a_n) = \left((-1)^n\left(3 + \frac{1}{n}\right)\right)$

7.8 a) $\frac{3}{2}$ b) $\frac{3}{4}$

7.9 a) $-\infty$; $+\infty$ b) 0; $\infty$

7.10 a) unstetig bei $x = 1$

b) unstetig bei $x = 2$ und $x = -2{,}5$

8.1 a) $\frac{\Delta y}{\Delta x} = 2x_0 + \Delta x$, $f'(x_0) = 2x_0$, $f'(2) = 4$;

$y - y_0 = m(x - x_0)$, $y_t = 4x - 5$, $\alpha = 75{,}96°$

b) $\frac{\Delta y}{\Delta x} = 3x_0^2 + 3x_0\Delta x + (\Delta x)^2$

$f'(x_0) = 3x_0^2$, $f'(1) = 3$;

$y_t = 3x$, $\alpha = 71{,}56°$

8.2 a) $y' = 10x^9$ b) $y' = \frac{1}{4\sqrt[4]{x^3}}$

c) $y' = -\frac{3}{x^4}$ d) $s' = -\frac{2}{3\sqrt[3]{r^5}} = -\frac{2}{3r\sqrt[3]{r^2}}$

8.3 a) $y' = 4x^3$, $m = -32$, $\alpha = -88{,}21°$

b) $y' = -\frac{2}{x^3}$, $m = 0{,}25$, $\alpha = 14{,}04°$

8.4 a) $y' = 90x^9$ b) $y' = \frac{1}{2}x^9$

8.5 a) $y' = 12x^3 - 15x^2 + 2$ b) $y' = -\frac{1}{x^2} + \frac{1}{\sqrt{x}}$

c) $s' = 2t - 1$ d) $n' = -\frac{6}{r^3} + \frac{1}{r^2}$

e) $y' = \frac{11}{10} \cdot \sqrt[10]{x}$ f) $y' = 3x^2 - \frac{4}{x^3}$

8.6 a) $y' = 2x - 4$, $y'(1) = -2$, $\alpha = -63{,}43°$

b) $y' = \frac{4}{3}\sqrt[3]{x}$, $y'(8) = \frac{8}{3}$, $\alpha = 69{,}44°$

8.7 a) $P(-2;\ -4)$ b) $P_1(0;\ -6)$ und $P_2\left(\frac{4}{3};\ -\frac{194}{27}\right)$

8.8 a) $y = 6x - 1$ b) $y = \frac{1}{2}x + 1$

8.9 a) $x = 0$, $\alpha = -75{,}96°$ und $x = \pm 2$, $\alpha = 82{,}87°$

b) $x = \sqrt{2}$, $\alpha = 70{,}53°$ und $x = -\sqrt{2}$, $\alpha = -70{,}53°$

8.10 $x_1 = -1$, $x_2 = 4$ 8.11 $y = x^2 + 5x + 6$

8.12 a) $\mathrm{d}y = (6x^2 + 6x)\,\mathrm{d}x$ b) $\mathrm{d}y = \left(-\frac{2}{x^3} - \frac{1}{2\sqrt{x}}\right)\mathrm{d}x$

c) $\mathrm{d}A = 2\pi r\ \mathrm{d}r$ d) $\mathrm{d}F = -m\frac{v^2}{r^2}\,\mathrm{d}r$

8.13 $U = R \cdot I$, $\Delta U = R \cdot \Delta I$, $\Delta U = \pm 4$ V

8.14 $s = v_0 \cdot t - \frac{g}{2}t^2$, $v = v_0 - gt$, $v = 180{,}38$ m/s

8.15 a) $y' = 30x^4 - 9x^2 + 12x$ b) $\frac{da}{dz} = 6z^2 - 3 + \frac{2}{z^2} = \frac{6z^4 - 3z^2 + 2}{z^2}$

8.16 a) $y' = -\frac{10x}{(1+x^2)^2}$ b) $y' = \frac{-4}{(x+1)^2}$

c) $y' = \frac{3x^4 - 12x^2 + 12x + 5}{(3x^2+1)^2}$ d) $\frac{dz}{da} = \frac{12a^2 - 14a + 9}{(2a^2 + 6a - 5)^2}$

8.17 a) $y' = 42x(3x^2+5)^6$ b) $y' = \frac{x}{\sqrt{x^2+3}}$

c) $\frac{de}{dr} = \sqrt{2r+1} + \frac{r}{\sqrt{2r+1}} = \frac{3r+1}{\sqrt{2r+1}}$

d) $y' = -\frac{x^3+1}{\sqrt{2x^3-1}\cdot(2x^3-1)}$

8.18 a) $\frac{16}{3}$; 79,38° b) 0,945; 43,38°

8.19 a) $y' = x \sin x$ b) $y' = 5\cos(5t-1)$

c) $y' = -\frac{2(1-\tan x)}{\cos^2 x}$ d) $y' = \frac{\cos^2 x + \sin^2 x + \sin x}{\cos^2 x}$

$y' = \frac{1+\sin x}{\cos^2 x} = \frac{1}{1-\sin x}$

8.20 a) $y' = x(2\ln x + 1)$ b) $y' = \cot x$

c) $y' = \frac{4(\ln 2x)^3}{x}$ d) $f'(t) = \frac{1-\ln t}{t^2}$

e) $y' = \frac{e^x(x-2)}{x^3}$ f) $y' = 3^x \cdot \ln 3$

g) $y' = 5e^{5x+1} + 3x^2 e^{x^3}$ h) $y' = 2e^{2x}(\sin 2x + \cos 2x)$

i) $y' = \frac{2}{1+4x^2}$

8.21 $y' = 3e^x[1+x]$, $x = -1$

8.22 a) $y' = 30x^4 - 36x^2$, $y'' = 120x^3 - 72x$

b) $y' = \frac{1-x}{e^x}$, $y'' = \frac{x-2}{e^x}$

8.23 a) $P(0; 0)$, $x \in R$, $H(2; 14)$, $T(3; 13{,}5)$, $\lim_{x\to\pm\infty} y = \pm\infty$, Bild L32, $y \in R$.

b) $P_1(-3; 0)$, $P_2(-1; 0)$, $P_3(1; 0)$, $P_4(3; 0)$, $x \in R$, $P_5(0; 1{,}8)$, $T_1(-2{,}24; -3{,}20)$, $H(0; 1{,}8)$, $T_2(2{,}24; -3{,}20)$, $\lim_{x\to\pm\infty} y = \infty$, Bild L33, $y \in [-3{,}20; \infty)$.

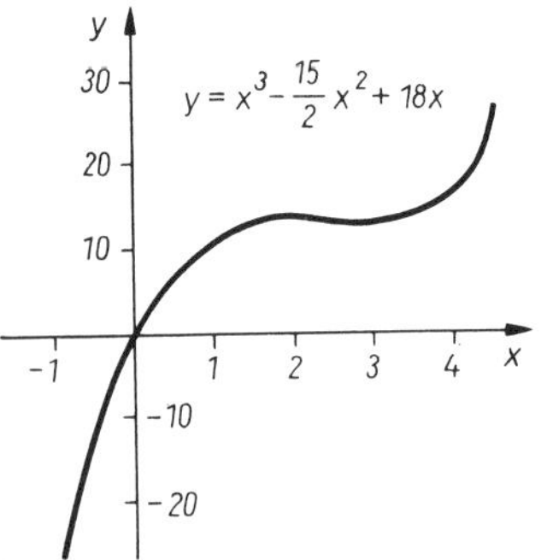


Bild L32

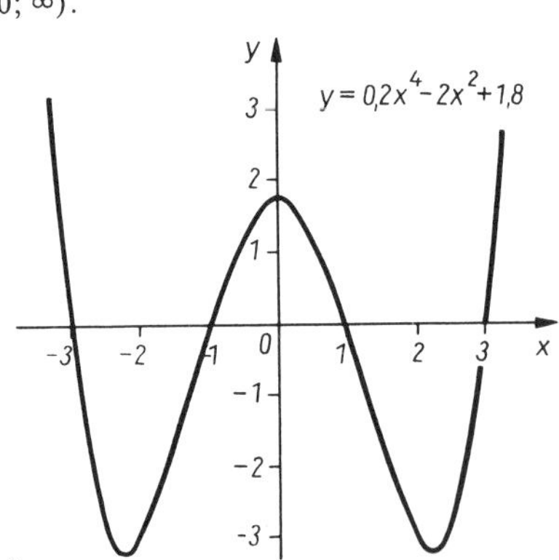


Bild L33

c) $P_1(0; 0)$, $x \in R$, $T(-1{,}41; -2{,}83)$, $H(1{,}41; 2{,}83)$, $\lim\limits_{x \to \pm\infty} y = 0$, $y_A = 0$, Bild L34, $y \in [-2{,}83; 2{,}83]$.

d) $P_1(-2; 0)$, $P_2(2; 0)$, $v \in R$, $P_3(0; -1)$, $T(0; -1)$, $\lim\limits_{v \to \pm\infty} s = 1$, $s_A = 1$, Bild L35, $s \in [-1; 1)$.

e) $P_1(-4; 0)$, $P_2(4; 0)$, Pol bei $x = 5$, $x \in R \setminus \{5\}$, $P_3(0; 3{,}2)$, $H(2; 4)$, $T(8; 16)$, $\lim\limits_{x \to \pm\infty} y = \pm\infty$, $y_A = x + 5$, Bild L36, $y \in (-\infty, 4] \cup [16; \infty)$

f) $P(0; 0)$, $x \in R$, $H(1; 2)$, $\lim\limits_{x \to \pm\infty} y = \begin{cases} 0 \\ -\infty \end{cases}$, Bild L37. $y \in (-\infty; 2]$.

g) $P_1(0{,}5; 0)$, $s \in (0; \infty)$, senkrechte Asymptote bei $s = 0$, $H(1{,}36; 0{,}74)$ $\lim\limits_{s \to +\infty} k = 0$, Bild L38, $k \in (-\infty; 0{,}74]$.

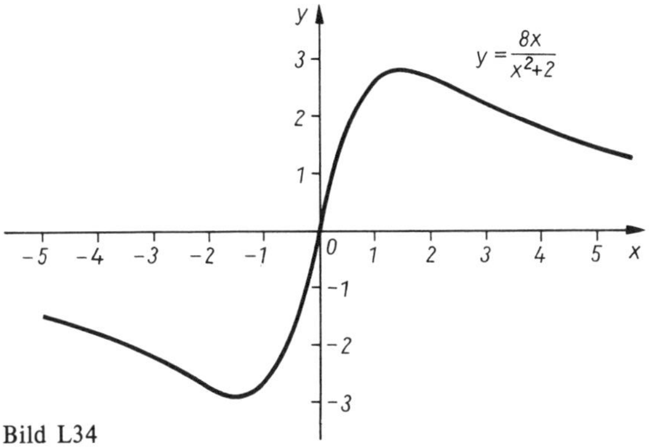

Bild L34

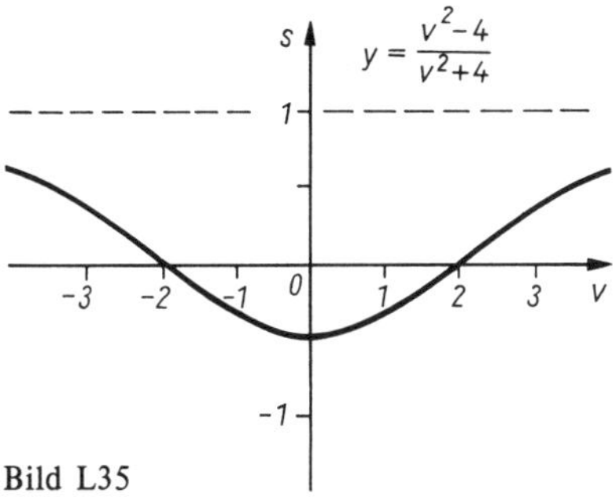

Bild L35

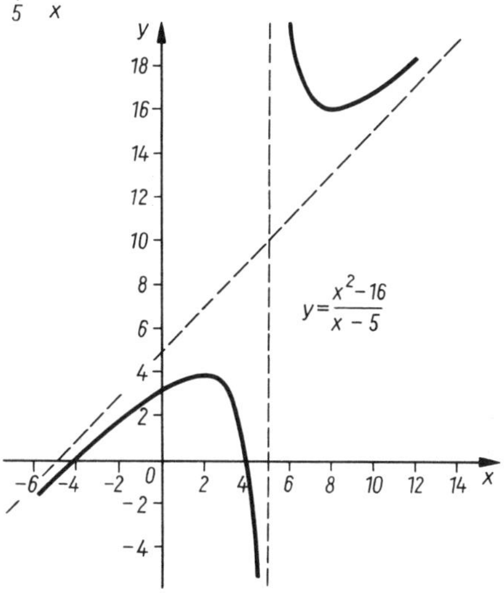

Bild L36

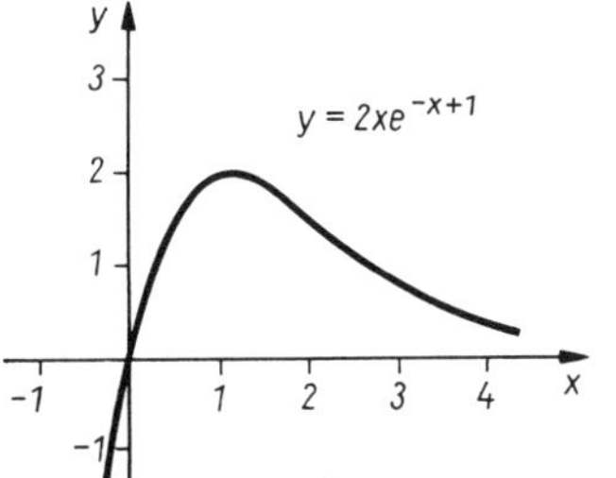


Bild L37

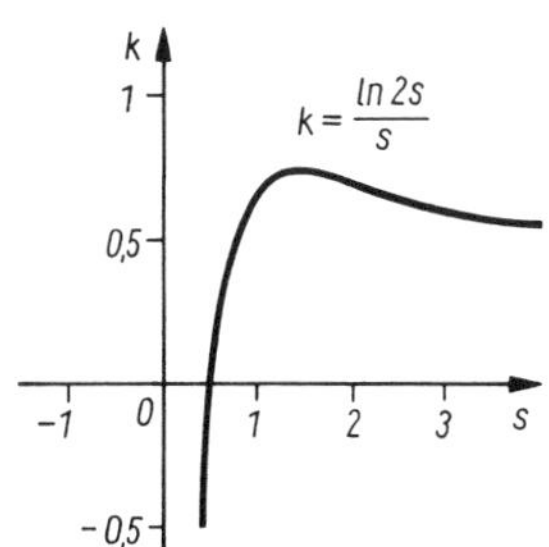


Bild L38

8.24 Die Summanden sind $x = y = 40$.

8.25 $A = f(h) = h\sqrt{2hr - h^2}$ ($h$ Höhe des Dreiecks), $h_E = \frac{3}{2}r$, Grundlinie $a_E = \sqrt{3}\,r$, $A_E = \frac{3\sqrt{3}}{4}\cdot r^2$

8.26 $V_2 = f(h) = \pi\left(R^2h - \frac{h^3}{4}\right)$, $h_E = \frac{2}{3}\sqrt{3}\,R$, Radius $r \approx 16{,}33$ cm, Höhe $h \approx 23{,}1$ cm

8.27 $A = f(r) = U\cdot r - 2r^2 - 0{,}5\pi r^2$, $r_E \approx 1{,}4$ m, $h \approx 1{,}4$ m, $a \approx 2{,}8$ m

8.28 $A_0 = f(r) = \frac{2V}{r} + \pi r^2$, $r_E \approx 0{,}98$ dm, $h_E \approx 0{,}98$ dm; $r_E = h_E$

8.29 a) $\frac{\Delta y}{\Delta x} = 4x_0 + 2\Delta x + 1$, $f'(x_0) = 4x_0 + 1$

$f'(1) = 5$, $y_T = 5x - 2$, $\alpha = 78{,}69°$

b) $\frac{\Delta v}{\Delta a} = -6a_0^2 - 6a_0\Delta a - 2(\Delta a)^2 + 1$, $f'(a_0) = -6a_0^2 + 1$, $f'(1) = -5$

$v_t = -5a + 4$, $\alpha = -78{,}69°$

8.30 $\frac{ds}{dt} = g t_0$

8.31 $y' = \frac{2}{3\sqrt[3]{x}}$, $m = \frac{2}{3}$, $y = \frac{2}{3}x + \frac{1}{3}$

8.32 a) $y' = -\frac{18}{x^4}$ b) $y' = \frac{1}{12\sqrt[3]{x^2}}$

8.33 a) $y' = \frac{-8}{x^3}$ b) $y' = \frac{10}{3\sqrt[3]{x}} + b$

c) $y' = \frac{3}{2\sqrt{x}} + \frac{1}{2x\sqrt{x}}$ d) $s' = 3\sqrt{t} - 2 + \frac{1}{2\sqrt{t}}$

8.34 a) $y' = \frac{1}{2\sqrt{x}} - \frac{1}{x\sqrt{x}}$, $y'(4) = \frac{1}{8}$, $\alpha = 7{,}12°$

b) $y' = \frac{7}{2\sqrt{x}} + 3$, $y'(9) = \frac{25}{6}$, $\alpha = 76{,}5°$

8.35 $x_1 = -2$, $x_2 = 3$ 8.36 $y = \frac{2}{3}x + \frac{14}{3}$

8.37 $x = \frac{1}{2}$, $\alpha = 75{,}96°$ 8.38 $x_1 = -\frac{1}{3}$, $x_2 = \frac{1}{3}$

8.39 $ds = gt\,dt$, $\Delta s \approx ds$, $ds \approx \pm 1{,}96$ m

8.40 a) $y' = 3x^2 - 4x - 3$ b) $\frac{da}{dt} = 5t^4 - 2t + \frac{3}{t^4} = \frac{5t^8 - 2t^5 + 3}{t^4}$

8.41 a) $y' = \frac{2ab}{(a - bx)^2}$ b) $\frac{dz}{dt} = \frac{3}{2\sqrt{t}\,(2 - \sqrt{t})^2}$

8.42 a) $y' = \frac{\sqrt{x^2 - 1}}{3\sqrt[3]{x^2}} + \frac{\sqrt[3]{x}\cdot x}{\sqrt{x^2 - 1}} = \frac{4x^2 - 1}{3\sqrt[3]{x^2}\cdot\sqrt{x^2 - 1}}$

b) $y' = 3\left(\frac{4x + 5}{2x - 1}\right)^2\cdot\frac{-14}{(2x - 1)^2} = \frac{-42(4x + 5)^2}{(2x - 1)^4}$

8.43 a) $P_1(0; -1)$, $P_2(-4; 3)$ b) $P\left(\sqrt{\frac{2}{3}}; \sqrt{\frac{8}{3}}\right)$

$y_1 = x - 1$, $y_2 = x + 7$ $y = 0{,}5x + 1{,}22$

8.44 a) $y' = \dfrac{\cos\sqrt{2x}}{\sqrt{2x}}$ b) $y' = 2\,\dfrac{1 + \sin x - x\cos x}{(1 + \sin x)^2}$

c) $z' = \dfrac{1}{\sin^2 t}$

8.45 a) $y' = \dfrac{1}{3x - 2}$ b) $y' = \dfrac{1}{e^{3x}}\left(\dfrac{1}{x} - 3\ln 2x\right)$

c) $f'(t) = -\omega\sin\omega t\, e^{\cos\omega t}$ d) $y' = 1 + \dfrac{1}{x}$

8.46 $\alpha = 45°$

8.47 a) $y' = -0{,}271$ b) $y' = -2$

8.48 a) $dy = \dfrac{1}{2\sqrt{x}}\, e^{\sqrt{x}}\, dx$

b) $dy = \left(\dfrac{1}{x} - \dfrac{1}{x+1}\right) dx = \dfrac{1}{x(x+1)}\, dx$

8.49 $P(0; 1)$, $H(\pi/2; e)$, $T\left(\dfrac{3}{2}\pi; e^{-1}\right)$, Bild L39, $0{,}37 \leqq y \leqq 2{,}72$

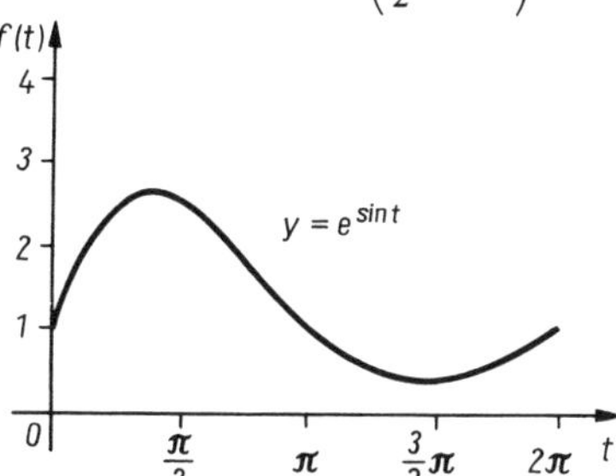


Bild L39

8.50 $P(\pi/2; 0)$, $P\left(\dfrac{3}{2}\pi; 0\right)$, $T\left(\dfrac{3}{4}\pi; -0{,}13\right)$, $H\left(\dfrac{7}{4}\pi; 0{,}006\right)$, Bild L40, $-0{,}13 \leqq y \leqq 2$.

Es liegt eine gedämpfte Schwingung vor. Da $e^{-t}$ monoton fällt, nimmt die Amplitude mit wachsender Zeit ab.

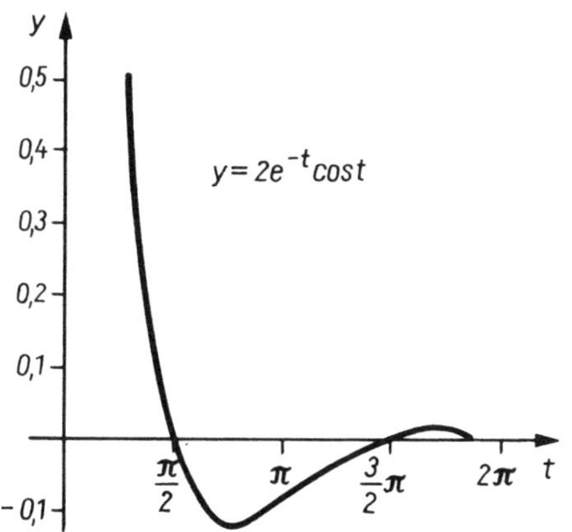


Bild L40

8.51 $\alpha_1 = \alpha - 90°$; $A = f(\alpha_1) = a^2(\cos\alpha_1 + \sin\alpha_1\cos\alpha_1)$,

$A' = a^2(-2\sin^2\alpha_1 - \sin\alpha_1 + 1)$; $(\sin\alpha_1)_1 = 0{,}5$, $(\sin\alpha_1)_2 = -1$

$\alpha_1 = 30°$, $\alpha_E = \alpha_1 + 90° = 120°$

8.52 $s(t) = v_0 t - \frac{g}{2} t^2, \quad t \geqq 0, \quad t_E = \frac{v_0}{g},$

$s_E = s\left(\frac{v_0}{g}\right) = \frac{1}{2} \cdot \frac{v_0^2}{g}; \quad s_E = 2\,038{,}74\text{ m}$

8.53. $R = f(R_2) = \frac{160 R_2}{R_2 - 160} + R_2, \quad R_2 = 320\,\Omega,$

$R_1 = 320\,\Omega$

8.54 $t_E \approx 4{,}22$ Jahre, $f(4{,}22) \approx 0{,}38 \cdot 10^5$ Stück

8.55 a) $\frac{x^6}{6} + C$ b) $\frac{3}{4} x \cdot \sqrt[3]{x} + C$ c) $-\frac{1}{2x^2} + C$

d) $\frac{a \cdot 2^s}{\ln 2} + C$ e) $2e^t + C$ f) $x^2 - 3x + C$

g) $\frac{4}{9} x^2 \sqrt[4]{x} + C$ h) $\frac{3}{2} \sqrt[3]{x^2} - \cos x + C$

i) $\frac{u^3}{3} + 2u^2 + 4u + C$ j) $\sin\alpha - 3\cot\alpha + C$

k) $\frac{x^3}{3} - \ln|x| + C$ l) $-2\cot x - 3\tan x + C$

8.56 a) $I(x) = \frac{x^4}{4} + x$ b) $I(t) = \frac{1}{6}(t^6 - 1)$

8.57 a) 9 b) $\frac{14}{3}$ c) $e^2 - 1 \approx 6{,}39$

d) 43,425 e) 16,83 f) 2,00

8.58 a) $W = 250$ Nm b) $W = 37{,}5$ Nm

c) $W_1 = 0{,}1$ Nm, $W_2 = 0{,}2$ Nm, $W_3 = 0{,}3$ Nm

8.59 $W = 12{,}75$ kWs

8.60 a) $I_1 = 1{,}125, \quad I_2 = -1{,}333, \quad A = 2{,}458$

b) $I_1 = -\frac{2}{3}, \quad I_2 = \frac{4}{3}, \quad A = 2$

c) $I_1 = \frac{1}{4}, \quad I_2 = -\frac{1}{4}, \quad A = \frac{1}{2}$

d) $I_1 = -\frac{4}{3}, \quad I_2 = \frac{8}{3}, \quad A = 4$

8.61 a) $I_1 = \frac{7}{3}, \quad I_2 = -\frac{16}{3}, \quad A = \frac{23}{3}$

b) $A = \frac{80}{3}$

8.62 a) $A = \frac{1}{3}$ b) $x_1 = 1, \quad x_2 = 6, \quad A \approx 6{,}75$

c) $x_1 = -2, \quad x_2 = 1, \quad A = \frac{27}{2}$

8.63 a) 0,8067 b) 0,7854 c) 0,4311

8.64 a) $u + 6\ln|u| - \frac{9}{u} + C$ b) $\frac{3}{8} x^2 \sqrt[3]{x^2} - \frac{60}{11} \sqrt[12]{x^{11}} + C$

c) $\frac{15}{22} t \cdot \sqrt[15]{t^7} + C$ d) $2e^u - \frac{1}{u} + C$

8.65 a) 4,89 b) 27,17

8.66 a) $I_1 = -\frac{9}{4}$, $I_2 = \frac{1}{4}$, $I_3 = -\frac{1}{4}$, $I_4 = \frac{9}{4}$, $A = 5$

b) $x_N = 1$ $I_1 \approx -3{,}573$, $I_2 \approx 2{,}461$, $A \approx 6{,}034$

8.67 a) $x_1 = 1$, $x_2 = 2$ $A = 0{,}33$

b) $x_1 = -2$, $x_2 = 1$, $x_3 = 3$, $A = \frac{253}{12} \approx 21{,}08$

---

9.1 a)

| Klassen (Grenzen in pF) | $x_i$/pF | $h_i$ | $h_i/n$ in % | $\sum h_i/n$ in % |
|---|---|---|---|---|
| von 135 bis unter 140 | 137,5 | 6 | 7,50 | 7,50 |
| von 140 bis unter 145 | 142,5 | 13 | 16,25 | 23,75 |
| von 145 bis unter 150 | 147,5 | 22 | 27,50 | 51,25 |
| von 150 bis unter 155 | 152,5 | 20 | 25,00 | 76,25 |
| von 155 bis unter 160 | 157,5 | 13 | 16,25 | 92,50 |
| von 160 bis unter 165 | 162,5 | 6 | 7,50 | 100,00 |

$R = (161 - 135)\text{pF} = 26$ pF; $D = 147{,}5$ pF;
$\bar{x}/\text{pF} = 11\,995/80 \approx 149{,}9$

$s^2/(\text{pF})^2 = \frac{1}{79}(1\,802\,100 - 80\bar{x}^2)$; $s/\text{pF} = 6{,}750 \approx 6{,}8$

$v = 4{,}4\,\%$, Bild L41

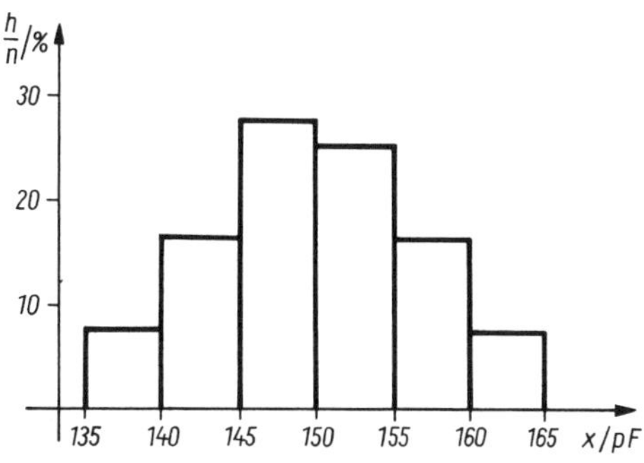


Bild L41

---

b)

| Klassen (Grenzen in pF) | $x_i$/pF | $h_i$ | $h_i/n$ in % | $\sum h_i/n$ in % |
|---|---|---|---|---|
| von 134 bis unter 138 | 136 | 4 | 5,00 | 5,00 |
| von 138 bis unter 142 | 140 | 6 | 7,50 | 12,50 |
| von 142 bis unter 146 | 144 | 12 | 15,00 | 27,50 |
| von 146 bis unter 150 | 148 | 19 | 23,75 | 51,25 |
| von 150 bis unter 154 | 152 | 19 | 23,75 | 75,00 |
| von 154 bis unter 158 | 156 | 11 | 13,75 | 88,75 |
| von 158 bis unter 162 | 160 | 9 | 11,25 | 100,00 |

$R = 26$ pF; $D_1 = 148$ pF; $D_2 = 152$ pF;
$\bar{x}/\text{pF} = 11\,968/80 = 149{,}6$

$s^2/(\text{pF})^2 = \frac{1}{79}(1\,793\,664 - 80\bar{x}^2)$; $s/\text{pF} = 6{,}4$; $v = 4{,}3\,\%$, Bild L42

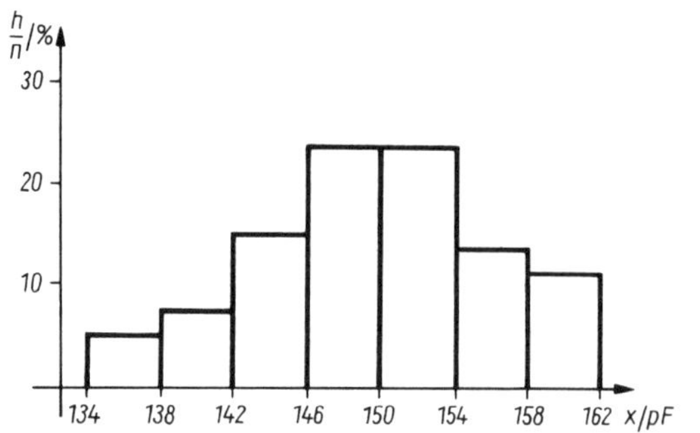


Bild L42

9.2 a)

| $x_i$/kg | $h_i$ | $m_i$ |
|---|---|---|
| 128 | 4 | −2 |
| 133 | 8 | −1 |
| 138 | 14 | 0 |
| 143 | 10 | 1 |
| 148 | 8 | 2 |
| 153 | 6 | 3 |

$n = 50$; $d = 5$ kg;
$P = 28$; $Q = 120$;
$\bar{x} = 140{,}8$ kg
$s = 7{,}296$ kg
$\approx 7{,}3$ kg

b)

| $x_i$/kg | $h_i$ | $m_i$ |
|---|---|---|
| 128 | 4 | −4 |
| 133 | 8 | −3 |
| 138 | 14 | −2 |
| 143 | 10 | −1 |
| 148 | 8 | 0 |
| 153 | 6 | 1 |

$P = -72$
$Q = 208$
$\bar{x}$, $s$
s. 9.2 a)

9.3 80,28 % − 8,45 % = 71,83 %; 100,00 % − 63,38 % = 36,62 %

9.4 $R = 27$ s; $\tilde{x} = 12{,}5$ s; $\bar{x} = 14{,}3$ s; $s = 6{,}4$ s

9.5 a) −4,1 %; −1,8 %; −3,7 %

$Q = \sqrt[3]{0{,}959 \cdot 0{,}982 \cdot 0{,}963} = \sqrt[3]{67{,}0/73{,}9} = 0{,}968$

$r = -3{,}2$ %

b) − 8,3 % c) 96,1 %; − 3,9 %

9.6 a) $\tilde{x} = 30{,}5$ cm; $R = 25$ cm b) $\tilde{x} = 8$ g; $R = 6$ g

c) $\tilde{x} = 3{,}29$ m; $R = 0{,}05$ m

9.7 $r_{xy} = -0{,}983$; $y$/MPa = 73,3 − 61,1$x$

9.8 $r_{xy} = -0{,}797$ starke negative Korrelation; $y = -14{,}06 - 0{,}17x$; Kapazitätsänderung −0,17/kHz

9.9 $y$/(€/Stück) = 5 904,75 − 3,95$z$;
durchschnittliche jährliche Änderung
2(−3,95) €/Stück = −7,90 €/Stück

9.10 $y/(10^3$ €) = 9 015,84 + 618,65$z$;
für 2006 ($z = 3$): 10 871,8 · $10^3$ €

9.11 a)

| Klassen (Grenzen in mm) | $x_i$/mm | $h_i$ | $h_i/n$ in % | $\sum h_i/n$ in % |
|---|---|---|---|---|
| von 18,8 bis unter 19,2 | 19,0 | 4 | 3,33 | 3,33 |
| von 19,2 bis unter 19,6 | 19,4 | 12 | 10,00 | 13,33 |
| von 19,6 bis unter 20,0 | 19,8 | 36 | 30,00 | 43,33 |
| von 20,0 bis unter 20,4 | 20,2 | 42 | 35,00 | 78,33 |
| von 20,4 bis unter 20,8 | 20,6 | 24 | 20,00 | 98,33 |
| von 20,8 bis unter 21,2 | 21,0 | 2 | 1,67 | 100,00 |

$\bar{x}$/mm = 2 406,4/120 = 20,05

$s^2/(\text{mm})^2 = \frac{1}{119}(48\,278{,}08 - 120\bar{x}^2)$; $s$/mm = 0,43

$v = 2{,}1$ %

b)

| Klassen (Grenzen in mm) | $x_i$/mm | $h_i$ | $h_i/n$ in % | $\sum h_i/n$ in % |
|---|---|---|---|---|
| von 18,5 bis unter 19,0 | 18,75 | 1 | 0,83 | 0,83 |
| von 19,0 bis unter 19,5 | 19,25 | 13 | 10,83 | 11,66 |
| von 19,5 bis unter 20,0 | 19,75 | 38 | 31,67 | 43,33 |
| von 20,0 bis unter 20,5 | 20,25 | 50 | 41,67 | 85,00 |
| von 20,5 bis unter 21,0 | 20,75 | 18 | 15,00 | 100,00 |

$\bar{x}/\text{mm} = 2\,405{,}5/120 = 20{,}05$

$s^2/\text{mm}^2 = \frac{1}{119}(48\,244{,}5 - 120\bar{x}^2)$; $s/\text{mm} = 0{,}45$

$v = 2{,}2\,\%$

9.12 Berechnung mit Hilfe der Klassenmitten
$D_1 = 633$ m; $D_2 = 643{,}5$ m; $\bar{x} = 638{,}9$ m; $s = 6{,}8$ m; $v = 1{,}1\,\%$

9.13 77,7 %; −22,3 %

9.14 $r_{xy} = 0{,}984$; $y/\text{kW} = -58{,}31 + 0{,}038x$
durchschnittlicher Zuwachs 3,8 kW/(100 $\text{min}^{-1}$)

9.15 $y = 228{,}2 + 8{,}13z$; für 1991 ($z = 11$): 318

10.1 a) 0,7; 0,525 b) 0,75; 0,475 c) 0,25
d) 0,225 e) 0,475

10.2 $p_\text{I} = 1 - 0{,}52 \cdot 0{,}75 \cdot 0{,}5 = 0{,}805$; $p_\text{II} = 1 - 0{,}325^2 = 0{,}894$
$p = p_\text{I} \cdot p_\text{II} \cdot 0{,}4 = 0{,}29$

10.3 um 40 % (von 0,48 auf 0,672)

10.4 $1 - 0{,}3 \cdot 0{,}7^n = 0{,}95$; $n = 5{,}02$; zuzuschalten sind 6 Elemente

10.5 a) $P(E) = 0{,}5$; $\binom{3}{2} \qquad = 0{,}375$

b) $P(\{(1;4), (2;3), \ldots, (5;2), (6;1)\}) = 15/36 = 0{,}416\,7$

c) $2/216 = 0{,}009\,3$; d) $\binom{3}{2} \cdot \frac{1}{6} \cdot \frac{1}{6} \cdot \frac{5}{6} = 0{,}0694$

e) $P(\{(2;6;6), (3;5;6), (3;6;5), \ldots, (6;6;2)\}) = 15/216 = 0{,}069\,4$

10.6 a) $\binom{12}{2} = 66$ b) $\binom{n}{2} = 200$; $n = 20$

10.7 a) $0{,}8^6 = 0{,}262\,1$ b) $\binom{6}{4} 0{,}8^4 \cdot 0{,}2^2 = 0{,}245\,8$
c) $1 - 0{,}2^6 = 0{,}999\,9$
d) »höchstens 3mal« bedeutet »0mal oder 1mal oder 2mal oder 3mal«: 0,098 9

10.8 alle Kombinationen, denn $2^1 + 2^2 + 2^3 + 2^4 = 30$

10.9 a) $\mu = 19{,}75$; $\sigma = 7{,}15$

b)

| $x$ | $F(x)$ |
|---|---|
| $-\infty < x \leqq 10$ | 0 |
| $10 < x \leqq 15$ | 0,10 |
| $15 < x \leqq 20$ | 0,50 |
| $20 < x \leqq 30$ | 0,75 |
| $30 < x \leqq 35$ | 0,95 |
| $35 < x < \infty$ | 1 |

c) $F(32) - F(18) = 0{,}45$

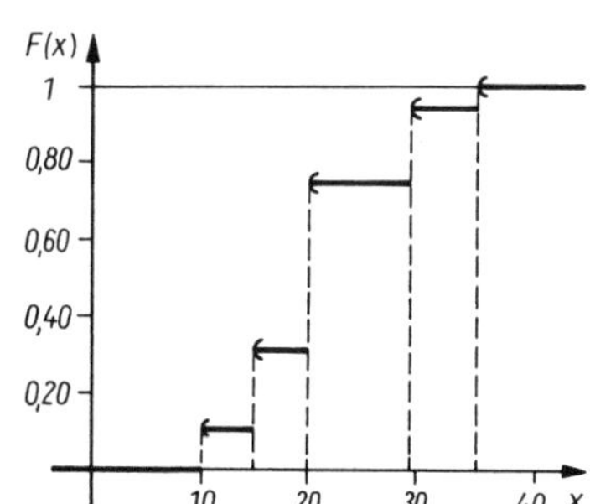


Bild L43

10.10 a) $P(X=4)+P(X=5)+\ldots P(X=8)=0{,}997$ b) 0,021

10.11 X:

| 0 | 1 | 2 | 3 | 4 | 5 | 6 | 7 | 8 |
|---|---|---|---|---|---|---|---|---|
| 0,000 | 0,000 | 0,004 | 0,023 | 0,087 | 0,208 | 0,311 | 0,267 | 0,100 |

wahrscheinlichste Trefferzahl: 6

10.12 $X$ ist POISSON-verteilt: $\lambda = 7{,}5\ \text{min}^{-1}$;

a) $\sum_{k=0}^{4} P(X=k)=0{,}132$; b) 0,530; c) $1-\sum_{k=0}^{8} P(X=k)=0{,}338$

10.13 $X$ ist POISSON-verteilt: $\lambda = 10\ \text{h}^{-1}$; a) 0,038; b) 0,780
10.14 $X$ ist näherungsweise POISSON-verteilt: $\lambda = np = 2$; 0,857
10.15 $1{,}43 \leqq R/\text{k}\Omega \leqq 1{,}57$; $1{,}36 \leqq R/\text{k}\Omega \leqq 1{,}64$; $1{,}29 \leqq R/\text{k}\Omega \leqq 1{,}71$

10.16 $\mu \pm 3\sigma = (24 \pm 22{,}5)\ \mu\text{m}$; das Maßtoleranzfeld wird überschritten.

10.17 a) $38{,}17 \leqq x/\text{mm} \leqq 38{,}67$ b) $38{,}09 \leqq x/\text{mm} \leqq 38{,}75$

10.18 a) $218 \leqq x/\Omega \leqq 228$; $208 \leqq x/\Omega \leqq 238$
b) $223 \pm 1{,}96 \cdot 5$; $213 \leqq x/\Omega \leqq 233$
Ein Vergleich mit den Häufigkeiten in Beispiel 9.3 ergibt annähernd Übereinstimmung.

10.19 $X$ ist exponentialverteilt: $\alpha = 1/1{,}583\ \text{h}^{-1}$
a) $F(1)=0{,}468$ b) $F(2)-F(1)=0{,}249$ c) $1-F(2)=0{,}283$

10.20 $X$ ist exponentialverteilt: $\alpha = 1/2{,}3\ \text{h}^{-1}$
a) 0,386 b) 0,271

10.21 $F(2\,000)=0{,}45$; 384 Aggregate
10.22 0,762 4
10.23 $p_5(1-q_1q_3)(1-q_2q_4)+q_5[1-(1-p_1p_2)(1-p_3p_4)]=0{,}207$

10.24 $1-(1-p)^n=0{,}90$; $p(n)=1-\sqrt[n]{0{,}10}$; $p(2)=0{,}683\,8$; $p(3)=0{,}535\,8$

10.25 $0{,}2^0 \cdot 0{,}8^{15} + \binom{15}{1} 0{,}2^1 \cdot 0{,}8^{14} + \binom{15}{2} 0{,}2^2 \cdot 0{,}8^{13} = 0{,}398\,0$

10.26 $P[E_1 \cup (\bar{E}_1 \cap E_2) \cup (\bar{E}_1 \cap \bar{E}_2 \cap E_3)] = 0{,}952$

10.27 Treffwahrscheinlichkeit je Salve: $1-0{,}9^3=0{,}271$;
$0{,}271+0{,}729\cdot 0{,}271+0{,}729^2\cdot 0{,}271=0{,}613$

10.28 a) $\frac{14850}{13\,983\,816} = 1{,}06 \cdot 10^{-3} = \frac{1}{942}$

b) $\binom{11}{9}(3^2-1)=440$; $440/(177\,147)=2{,}48\cdot 10^{-3}=1/403$

10.29 a) 0,263 b) 0,668 c) 0,237

10.30 a) $\mu = 9{,}91 \approx 10$; $\sigma = 2{,}66$

b) $\sum_{k=0}^{10} P(X=k)=0{,}598$

c) Kriterium $n \geqq \frac{5}{p} = 18$ ist erfüllt;
$\mu \pm 1{,}96\sigma = 9{,}91 \pm 5{,}21$; mindestens 5, höchstens 15

10.31 $\mu = 532$; $\sigma = 11{,}3$; zwischen 510 und 554 Bauelemente

10.32 a) Bereich von 26,5 µm bis 73,5 µm
b) $50 \pm 36$; das Maßtoleranzfeld wird eingehalten

10.33

| $x$ | 0 | $\pm 0{,}5$ | $\pm 1$ | $\pm 2$ |
|---|---|---|---|---|
| $\varphi(x)$ | $y_{\max}$ | $\frac{7}{8}y_{\max}$ | $\frac{5}{8}y_{\max}$ | $\frac{1}{8}y_{\max}$ |

10.34 $\lambda = 0{,}25\ \text{h}^{-1}$ a) 0,779 b) 0,219 c) 0,002

10.35 a) $\bar{x}=14{,}08$; $s^2=13{,}37$; $s=3{,}66$. $\bar{x}=s^2$ ist näherungsweise erfüllt

b) $\lambda \approx 14$; $\sum_{k=0}^{14} P(X=k) = 0{,}57$;

nach Tabelle: $\frac{2}{100} + \frac{3}{100} + \ldots + \frac{36}{100} = 0{,}57$

10.36 $\alpha = 1/3{,}6\,\text{min}^{-1}$; a) 0,139; b) 0,016; c) 0

10.37 a) $\bar{t} = 300{,}4$; $s = 285{,}5$. $\bar{t} = s$ ist näherungsweise erfüllt.

b) $\alpha = 1/300{,}4\,\text{s}^{-1}$; $F(400) = 0{,}74$

nach Tabelle: $\frac{500}{1\,000} + \frac{258}{1\,000} = 0{,}758$

# Sachwortverzeichnis

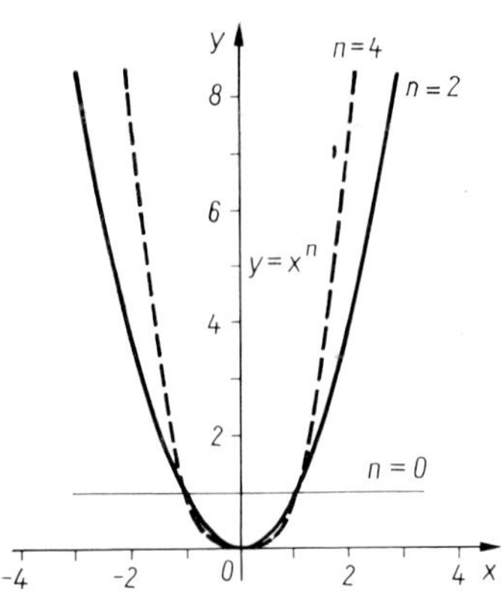
y
n=4
n=2
8
6
y=xⁿ
4
2
n=0
-4
-2
0
2
4
x

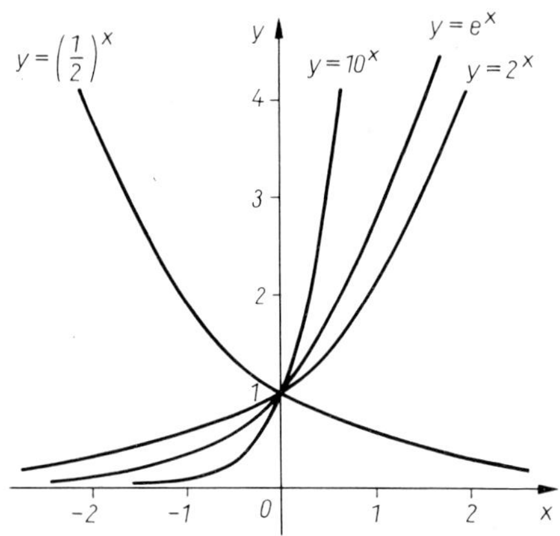
y = (1/2)^x
y
y = 10^x
y = e^x
y = 2^x
4
3
2
1
-2
-1
0
1
2
x

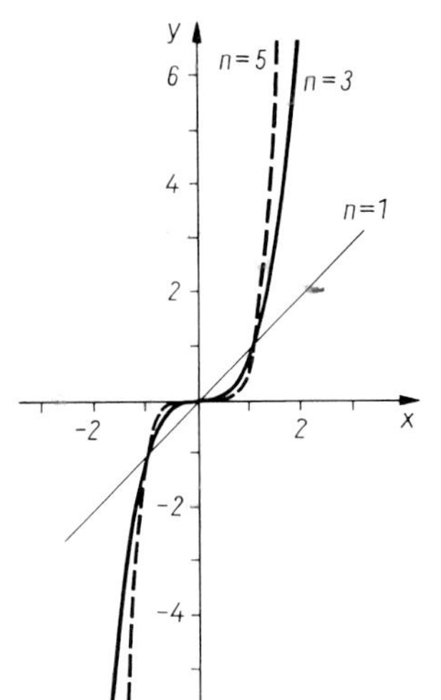
y
n=5
n=3
6
4
n=1
2
-2
2
x
-2
-4

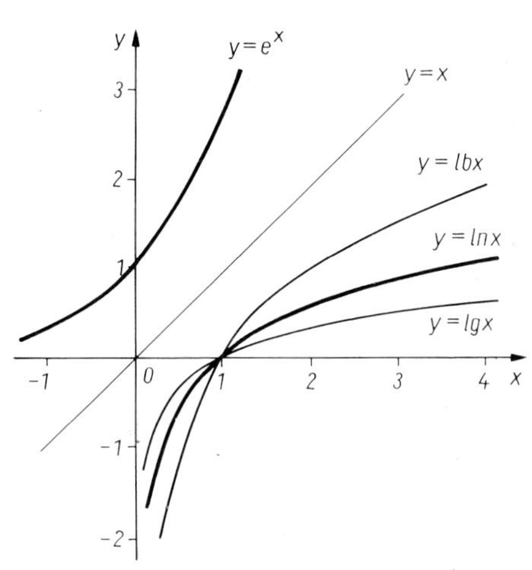
y
y=e^x
3
y=x
y=lbx
2
y=lnx
1
y=lgx
-1
0
1
2
3
4
x
-1
-2

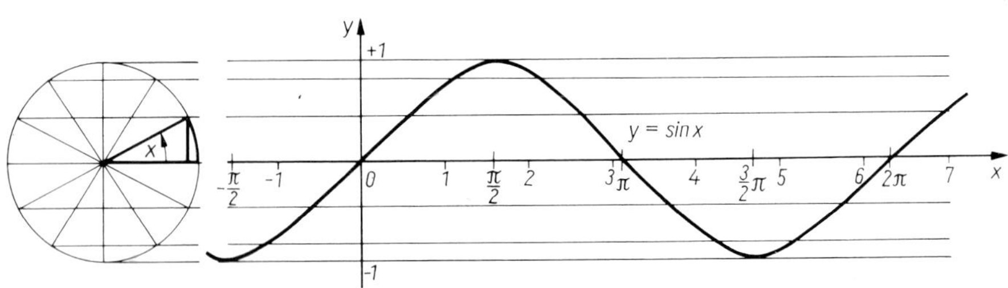
y
+1
x
y = sin x
-π/2
-1
0
1
π/2
2
3
π
4
3/2 π
5
6
2π
7
x
-1